Heise-Herbst

Lehrbuch der
Bergbaukunde

mit besonderer Berücksichtigung
des Steinkohlenbergbaues

Zweiter Band
Sechste Auflage

Neubearbeitet von

Dr. Dr.-Ing. C. Hellmut Fritzsche

o. Professor der Bergbaukunde und Bergwirtschaftslehre
an der Technischen Hochschule Aachen

Mit 742 Abbildungen im Text

Springer-Verlag Berlin Heidelberg GmbH 1943

ISBN 978-3-662-35676-0   ISBN 978-3-662-36506-9 (eBook)
DOI 10.1007/978-3-662-36506-9

Vorwort zur sechsten Auflage.

Nach zehnjähriger Pause, zuletzt noch durch die Zeitverhältnisse verzögert, erscheint nunmehr auch der 2. Band dieses Lehrbuchs in neuer Auflage. Die Grundsätze, von denen ich mich bei seiner Bearbeitung habe leiten lassen, sind naturgemäß die gleichen gewesen wie beim 1. Band. Ich habe sie in dessen Vorwort ausführlich dargelegt. Es sei hier nur wiederholt, daß der Überlieferung des Lehrbuchs getreu sowie im Einvernehmen und unter Fühlungnahme mit der Westfälischen Berggewerkschaftskasse in Bochum bei Inhalt und Ausgestaltung auch dieses Bandes besondere Rücksicht auf den Unterricht an den Bergschulen genommen worden ist. Mit diesem Hauptziel ließen sich zwei andere verbinden, nämlich das Lehrbuch auch als Einführung in die Bergbaukunde an den Berghochschulen dienen zu lassen und zugleich dem Manne der Praxis ein Hilfs- und Auskunftsmittel zu bieten.

Bergbauwissenschaft und -praxis sind in den letzten 10 Jahren auf geraden und verschlungenen Wegen vorwärtsgeschritten. Kaum ein Teilgebiet, kaum ein Betriebsvorgang sind hiervon auszunehmen. Entsprechend eingehend hat die Neubearbeitung dieses Bandes sein müssen. Alle Abschnitte sind infolgedessen umfassend umgearbeitet und neu gestaltet worden. Die stärkste Veränderung haben die Abschnitte „Grubenausbau", „Schachtabteufen" und „Förderung" erfahren. Sie sind zum größten Teil neu geschrieben worden. Bei den Abschnitten „Wasserhaltung" sowie „Grubenbrände und Atemschutzgeräte" hat eine weniger weitgehende Neuformung genügt, jedoch wurde auch hier überall Überholtes ausgemerzt, das Neue an dessen Stelle gesetzt und auch in der Einteilung ·und Aufeinanderfolge des Stoffes mancherlei geändert.

Wie bei den früheren Auflagen dieses Bandes, so hat auch bei dieser Herr Dr.-Ing. eh. Hermann Herbst, Leiter der Seilprüfstelle der Westfälischen Berggewerkschaftskasse, mitgearbeitet. Seiner bewährten Feder entstammen — von den Darlegungen über Füllort und Hängebank und dem Vergleich zwischen Dampf und Elektrizität als Antriebskraft von Fördermaschinen abgesehen — die wichtigen Kapitel „Die abwärts und aufwärts gehende Zwischenförderung" und „Die Schachtförderung". Ich danke Herrn Dr. H. Herbst auch an dieser Stelle herzlich für diese wertvollen Beiträge.

Mein weiterer Dank gilt Herrn Oberbergrat Kuhn, Berlin, und Herrn Dipl.-Ing. Rauer vom Bergbauverein in Essen. Herr Oberbergrat Kuhn hat mich beim Korrekturlesen mit manchem wertvollen Rat und durch Ausräumen zeitbedingter Schwierigkeiten unterstützt. Herr Dipl.-Ing. Rauer hat mir bei der Vorbereitung der Kapitel „Ausbau im Abbau", „Streckenausbau" sowie „Abbau- und Streckenförderung" wertvolle Hilfe geleistet. Herrn Dipl.-Ing. Bredenbruch von der Hauptstelle für das Grubenrettungswesen in Essen verdanke ich Material über Grubenbrandbekämpfung und Grubenrettungswesen. Außerdem danke ich meinem Assistenten, Herrn Dipl.-Ing. Fritz Müller, der mir auch bei diesem Band wirkungsvoll und unermüdlich zur Seite gestanden hat. Weiterhin sind viele Fachgenossen sowie Maschinenfabriken und Firmen durch bereitwillig erteilte Auskünfte an dem Zustandekommen dieses Werkes in dankenswerter Weise beteiligt. Von ersteren darf ich die Herren Bergassessor Braune, Bergassessor Burckhardt, Bergassessor Deilmann, Professor Dr.-Ing. eh. Domke, Bergassessor Giesa, Dr.-Ing. habil. Glebe, Dr.-Ing. Jonas, Dr.-Ing. H. Koch, Dr.-Ing. Krekler, Studienrat Dipl.-Ing. Kühn, Erster Bergrat Nehring, Dr.-Ing. Passmann und Erster Bergrat Willert namentlich nennen. Schließlich danke ich Herrn Gries, Bürovorsteher bei der Westfälischen Berggewerkschaftskasse, sowie Herrn Jäger, Vorsteher des Technischen Büros des „Glückauf-Verlags" für die Anfertigung zahlreicher Zeichnungen.

Mit Befriedigung gebe ich davon Kenntnis, daß der Umfang des Buches nicht weiter angeschwollen ist, sondern von 805 Seiten auf 708 Seiten, also um 97 Seiten gekürzt werden konnte. 363 neue Abbildungen sind eingefügt worden. Im ganzen hat sich die Zahl der Abbildungen von 864 auf 742 erniedrigt.

Möge das Buch seine alten Freunde erhalten und neue dazu erwerben.

Aachen, im September 1942.

C. H. Fritzsche.

Inhaltsverzeichnis.

Siebenter Abschnitt.

Schachtabteufen.

104. Die Fahrdraht-Lokomotive. — 105. Die Akkumulatorlokomotive. — 106. Die Fahrdraht-Akku-Lokomotive. — 107. Anwendungsbereich elektrischer Lokomotiven. — 108. Druckluft-Lokomotiven. — 109. Brennstoff-Lokomotiven. Allgemeines. — 110. Leichtöl-Lokomotiven. — 111. Diesellokomotive. — 112. Betriebstechnischer Vergleich der verschiedenen Lokomotivarten. — 113. Wirtschaftlichkeitsvergleich der einzelnen Lokomotivarten. — 114. Abbaustreckenförderung mit Lokomotiven. — 115. Die Akkumulator-Abbaulokomotive. — 116. Die Druckluft-Abbaulokomotive. — 117. Die Diesellokomotive. — 118. Vergleich der einzelnen Abbaulokomotiven.

119. Vergleich zwischen Lokomotivförderung und Förderung mit endlosem Zugmittel. — 120. Leistungen und Kosten der Lokomotivförderung. — 121. Der Förderbetrieb mit Lokomotiven. — 122. Bahnhöfe und Anschläge. — 123. Verständigungs- und Signalvorrichtungen. — 124. Aufstellräume und Werkstätten.

Anhang

125. Die Druckluftwirtschaft im allgemeinen. — 126. Die Fortleitung der Druckluft im Untertagebetrieb. — 127. Die Mengenverluste. — 128. Der Druckabfall. — 129. Berechnung des Rohrleitungsnetzes. — 130. Luftverbrauch der einzelnen Arbeitsmaschinen. — 131. Der Rohrleitungsplan. — 132. Elektrizität und Druckluft. — 133. Der Betrieb mit einem elektrisch angetriebenen Untertagekompressor.

134. Stromart und schlagwettergeschützte Kapselung. — 135. Fortleitung und Verteilung des Stromes. — 136. Die Schalter. — 137. Kabel und Gummischlauchleitungen. — 138. Berechnung des Kabels- und Leitungsnetzes. — 139. Umspanner. — 140. Die Motoren. — 141. Schutzmaßnahmen.

142. Vorbemerkung. — 143. Einteilung der Bremsberge. — 144. Einrichtungen an den Anschlägen. — 145. Seigere Bremsschächte. — 146. Hochfördern von Versatzgut in Bremsbergen und Bremsschächten. — 147. Das Bremswerk.

148. Die Ausführung der Seigerförderer. — 149. Leistung und Anwendungsbereich. — 150. Betriebskosten.

151. Bedeutung der Rollochförderung. — 152. Ausbau und Ausrüstung der Rollöcher. — 153. Stürzrollen zwischen Tagesoberfläche und Grubenbauen. — 154. Ausführung der Wendelrutschen. — 155. Leistung und Anwendungsbereich.

Zehnter Abschnitt.

Grubenbrände und Atemschutzgeräte.

Grubenausbau.

I. Der Grubenausbau in Abbaubetrieben und Strecken aller Art.

A. Wesen, Bedeutung und Arten des Grubenausbaues.

a) Allgemeine Bedeutung des Grubenausbaues.

1. — Aufgaben des Grubenausbaues. Der Grubenausbau hat zwei Hauptaufgaben: das Offenhalten der Grubenräume und den Schutz der Bergleute. Beide Aufgaben fallen in der Regel, aber keineswegs immer, zusammen. Das Offenhalten der Grubenbaue schließt den Kampf des Bergmanns gegen den Gebirgsdruck in sich; der Ausbau soll das durch die Baue gestörte Gleichgewicht im Gebirge wiederherstellen, kommt also nach dieser Richtung hin vorzugsweise bei „druckhaftem" Gebirge zur Geltung. Dem Schutz der Leute dagegen dient in erster Linie das Zurückhalten loser Schalen oder Massen bei „gebrächem" Gebirge. Ein wenig gebräches, aber stark druckhaftes Gebirge kann an den Ausbau sehr hohe Anforderungen stellen; umgekehrt kann man sich in einem gebrächen, aber nicht druckhaften Gebirge vielfach mit einem verhältnismäßig leichten Ausbau begnügen.

Gebräch ist ein Gestein, wenn entweder die Schichtfugen und Lösen sehr zahlreich sind (z. B. dünnplattiger Schiefer) oder wenn es von Klüften (in der Kohle Schlechten genannt) sowie von Rissen (Drucklagen in der Kohle) durchsetzt ist[1]). Gesteinsklüfte mit weißlicher Ausfüllung nennt der westfälische Bergmann allgemein „Kalkschnitte", doch besteht die Ausfüllungsmasse nur bei stärkeren Klüften aus Kalk (oder Dolomit), im übrigen aus einer ton- oder talkartigen Masse, die das Ergebnis von Zerreibung durch Gebirgsbewegungen darstellt. Durch das Zusammenwirken dieser verschiedenen Klüfte werden die gefährlichen „Sargdeckel" gebildet[1]). Besondere Aufmerksamkeit verdienen auch die fremden Einlagerungen im Hangenden, die mit dem umgebenden Gestein nur lose zusammenhängen. Hervorzuheben sind hier die dem Steinkohlenbergmann bekannten „Konkretionen" von Toneisenstein[2]) sowie die — vom Ruhrkohlenbergmann als „Kessel" bezeichneten — Wurzelstöcke versteinerter Bäume,

---

[1]) Siehe Bd. I, 4. Abschnitt: Die Grubenbaue.
[2]) Glückauf 1924, S. 1204; P. Kukuk: Das Nebengestein der Steinkohlenflöze im Ruhrbezirk.

die häufig unmittelbar über dem Flöz ins Hangende eingebettet, von diesem aber durch einen dünnen, glatten Überzug kohliger Masse getrennt sind, so daß sie wegen ihrer sich nach oben verjüngenden Gestalt leicht herausfallen können.

Gebrächem Gebirge sind lose und überhängende Massen gleich zu achten. Infolgedessen sind hierher auch Ausbauvorrichtungen zu rechnen, deren Zweck das Tragen des Bergeversatzes oder das Abfangen von Schweben bei steilerer Lagerung oder das Zurückhalten der Bruchmassen des alten Mannes in mächtigen Flözen ist.

Im Bergbau auf Erzgängen, die meist in sehr festen, geologisch alten Sedimentgesteinen oder in Eruptivgesteinen auftreten, kommt man vielfach ohne

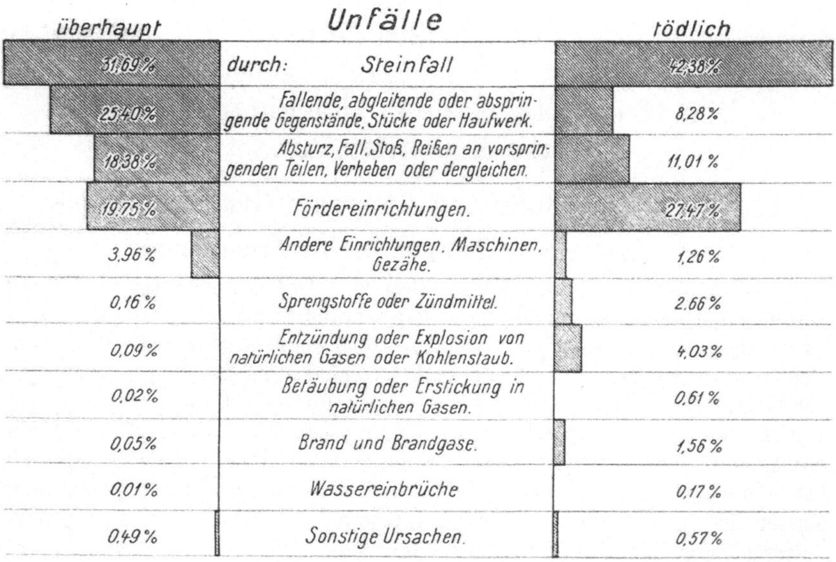

überhaupt	Unfälle	tödlich
31,69 %	durch: Steinfall	42,38 %
25,40 %	Fallende, abgleitende oder abspringende Gegenstände, Stücke oder Haufwerk.	8,28 %
18,38 %	Absturz, Fall, Stoß, Reißen an vorspringenden Teilen, Verheben oder dergleichen.	11,01 %
19,75 %	Fördereinrichtungen.	27,47 %
3,96 %	Andere Einrichtungen, Maschinen, Gezähe.	1,26 %
0,16 %	Sprengstoffe oder Zündmittel.	2,66 %
0,09 %	Entzündung oder Explosion von natürlichen Gasen oder Kohlenstaub.	4,03 %
0,02 %	Betäubung oder Erstickung in natürlichen Gasen.	0,61 %
0,05 %	Brand und Brandgase.	1,56 %
0,01 %	Wassereinbrüche	0,17 %
0,49 %	Sonstige Ursachen.	0,57 %

Abb. 1. Darstellung der Unfallgefahr nach ihren verschiedenen Ursachen im preußischen Steinkohlenbergbau für die Zeit von 1935—1938.

oder mit nur wenig Ausbau aus. Das gleiche gilt wegen der zähen Natur des Nebengesteins in verstärktem Maße für den Steinsalz- und Kalibergbau.

Im Steinkohlenbergbau mit seinem aus Tonschiefer, Sandstein und Sandschiefer bestehenden Gebirge, im Braunkohlentiefbau, aber auch auf zahlreichen Erzgruben spielt der Grubenausbau dagegen eine sehr große Rolle. Wie wichtig seine Schutzaufgabe ist, zeigt Abb. 1. Aus ihr geht hervor, daß im Jahre 1938 im untertägigen Betrieb des deutschen Steinkohlenbergbaus 31,69% der der Bergbehörde gemeldeten und 42,38% der tödlichen Unfälle allein durch Stein- und Kohlenfall herbeigeführt worden sind, und zwar der größte Teil von ihnen im Abbau. Die Kosten je t Kohle werden im Ruhrbergbau allein durch die Ausbaustoffe mit r. RM. 1.10 belastet.

Gelegentlich werden mit dem Ausbau auch andere Zwecke verfolgt. So dient er öfter lediglich zum dichten Abschluß der Stöße, z. B. im Tonschiefergebirge zur Verhütung der das „Quellen" begünstigenden Aufnahme von Feuchtigkeit aus den Wettern, in brandgefährlicher Kohle zum Abschluß des Luftsauerstoffes. Manchmal soll er auch die Verunreinigung der gewonnenen Kohle durch nachbrechende dünne Schieferlagen verhüten. Für diese Zwecke kommt es weniger auf die Stärke als vielmehr auf die Dichtigkeit des Ausbaues an. Besonders dicht muß der zur Fernhaltung der Gebirgswasser dienende Ausbau sein. Dieser wasserdichte Ausbau bildet eine Besonderheit des Schachtausbaues, wogegen er in Strecken nur vereinzelt Anwendung findet.

b) Gebirgsdruck.

2. — Der Druck im unverritzten Gebirge. Auch das unverritzte, d. h. das noch nicht vom Bergbau berührte Gebirge steht unter Druck; es befindet sich in einem Spannungszustand. Ursache dieses Spannungszustandes ist die Schwerkraft. Sie bewirkt, daß jedes Gesteinsteilchen, das an der Zusammensetzung des Gebirges teilnimmt, einen von oben gerichteten Druck erleidet. Damit · ist die senkrechte Druckspannung erklärt. Da sich aber das Gebirge aus einer Vielzahl von über- und nebeneinanderliegenden Teilchen zusammensetzt und die Teilchen sich in den Querrichtungen nicht ausdehnen können, beeinflussen sie sich auch in seitlicher Richtung, so daß es nicht einseitigem, sondern allseitigem Druck ausgesetzt ist. Ein allseitiger Druck, sogar ein allseitig gleichmäßiger, herrscht auch im Wasser, und zwar ist er allseitig gleichmäßig, da die einzelnen Wasserteilchen beliebig gegeneinander beweglich sind. Das ist bei

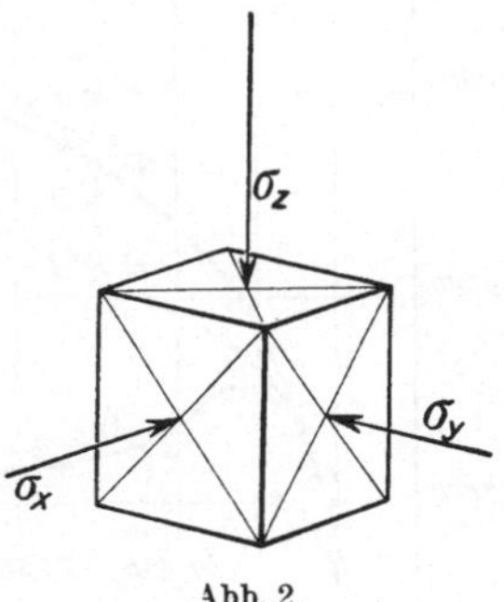

Abb. 2.

den Gesteinsteilchen nicht der Fall, und so herrscht im Gebirge zwar ein allseitiger, aber ein allseitig verschiedener Druck, der sich auf einen dreiachsigen Spannungszustand zurückführen läßt[1]). Er ist an dem Würfel der Abb. 2. der ein kleines Gesteinsteilchen verkörpert, schematisch dargestellt.

Die in Richtung der senkrechten Achse, also der Erdschwere verlaufende Hauptspannung ist die größte. Sie läßt sich, solange die Gesteine elastisches Verhalten zeigen, rechnerisch mit Hilfe der Formel $\sigma_z = \gamma \cdot h$ ermitteln, wobei unter h die Teufe und unter γ das Artgewicht der überlagernden Massen zu verstehen ist. Die seitlichen Hauptspannungen σ_x und σ_y sind einander gleich und betragen nur einen Bruchteil der senkrechten Hauptspannung. Kühn gibt für die Errechnung der seitlichen Hauptspannungen die Formel an:

$$\sigma_x = \sigma_y = \frac{\sigma_z}{m-1} \, .$$

m ist die Querdehnungsziffer nach Poisson, deren Größe bei Gesteinen zwischen 5 und 10 schwankt und für Gesteine des Steinkohlengebirges zu 6—7 angenommen werden kann. Die seitlichen Hauptspannungen erreichen daher nur r. 10—25% der senkrechten Hauptspannung.

Aus diesem Unterschied in der Größe der senkrechten und seitlichen Spannungen darf jedoch nicht etwa der Schluß gezogen werden, daß die Beanspru-

---

[1]) Glückauf 1933, S. 560; P. Kühn: Spannungs- und Strukturzustand des Gesteins im ungestörten Gebirge.

chung der Streckenstöße geringer sei als die der Streckenfirste. Vielmehr ist zu beachten, daß um einen bergmännischen Hohlraum die zusätzlichen Belastungen eine entscheidende Rolle spielen. Sie bewirken im Gegenteil vielfach eine besonders starke Spannungserhöhung des die Stöße bildenden Gebirges, worauf in Ziff. 12 S. 10 näher eingegangen werden wird.

3. — Elastisches und plastisches Verhalten fester Gebirgsschichten. Jeder feste Körper, also auch die Gesteine, erfahren unter der Einwirkung äußerer Lasten Formänderungen. Nimmt das Gestein nach Aufhören der Belastung seine ursprüngliche Gestalt wieder an, federt es mehr oder weniger schnell zurück, so sagt man, das Gestein sei elastisch. Erleidet es dagegen unter der äußeren Kraftwirkung Formänderungen, die auch nach Aufhören der Last in ihrer Gesamtheit bestehen bleiben, so ist das Gestein bildsam oder plastisch[1]). Elastische Körper gehorchen andern Gesetzen als plastische. Für elastische Körper gilt das Hookesche Gesetz, d. h. die Spannungen und die von ihnen verursachten Dehnungen verlaufen einander proportional, während bei plastischen Körpern die Dehnungen wesentlich stärker zunehmen als die Spannungen. Überschreitet die Dehnung eine gewisse Grenze, so tritt Bruch ein. Ähnliches gilt für Druckbeanspruchungen.

Da jeder feste Körper bis zu einer bestimmten Grenzbelastung elastisches Verhalten zeigt und erst bei Überschreitung dieser Belastung plastisch wird, gilt auch für die natürlichen Gesteine, daß sie sowohl elastisch als plastisch sein können. Es hängt lediglich von ihren Eigenschaften sowie von der Höhe und Art ihrer Beanspruchung (Druckbelastung z. B.) ab, wieweit ihre elastischen und plastischen Bereiche gehen. v. Karman[2]) und O. Müller haben darüber Versuche angestellt. In Abb. 3 sind die Ergebnisse von Versuchen an einem Sandstein wiedergegeben. Die Kurven zeigen, daß die Elastizitätsgrenze um so höher liegt, je größer der seitliche Druck (σ_2) ist. Sie zeigen weiter, daß der Sandstein nach Überschreitung der Elastizitätsgrenze plastisches Verhalten aufweist, d. h. dauernde Formänderungen erleidet, ehe der Bruch eintritt. Schließlich ist aus ihnen zu erkennen, daß die Dehnung ε, die das Gestein aus-

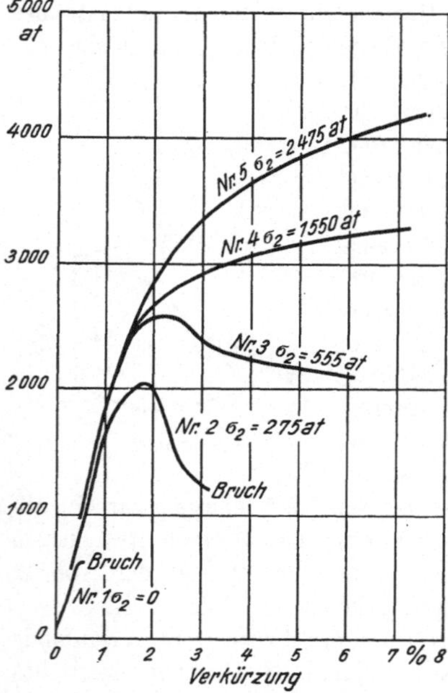

Abb. 3. Die Elastizitätsgrenze in Abhängigkeit vom Manteldruck.

---

[1]) Glückauf 1932, S. 185; P. Kühn: Elastizität und Plastizität des Gesteins und ihre Bedeutung für die Gebirgsdruckfrage. — C. Schreyer: Praktische Baustatik. Leipzig 1940.

[2]) Z. VDI. 1911, S. 1749; von Karman: Festigkeitsversuche unter allseitigem Druck. — Glückauf 1930, S. 1601; O. Müller: Untersuchungen an Karbongesteinen zur Klärung von Gebirgsdruckfragen.

halten kann, ehe es bricht, mit wachsendem Seitendruck σ_2 zunimmt. Gestein, das nur in einer Hauptspannungsrichtung gedrückt wird, wie dieses z. B. bei Pressen von Würfeln zwischen zwei Druckflächen geschieht, weist also eine geringere Druckfestigkeit auf, als wenn es unter allseitigem Druck steht. Aber auch diese Druckfestigkeit ist für den Bergbau von Bedeutung, da am Rande bergmännischer Hohlräume der allseitige Druck aufgehoben ist.

Druckfestigkeit von Gesteinen in kg/cm²

	größte	kleinste
Granit	2040	1230
Basalt	4570	920
dichter Kalkstein	1920	390
Sandstein	1840	290
Tonschiefer	850	250
Kohle	290	35

Auch O. Müller weist die Zusammendrückbarkeit von Gesteinen nach und hat durch Versuche im geschlossenen Zylinder, der einen wenn auch nur geringen Manteldruck ausübte, z. B. die nachstehenden Zahlen gefunden.

Die durch die Zusammendrük-kung erzeugte Raumverminderung erwies sich zum großen Teil als elastisch, bei Sandstein und Kohle mehr, bei Tonschiefer weniger. Sie erzeugt daher Wirkungen, die man als latentes Arbeitsvermögen

Druck in kg/cm²	Zusammendrückung in % bei		
	Sandstein	Tonschiefer	Kohle
200	0,19	0,16	0,63
300	0,27	0,20	0,83
500	0,40	0,32	1,25
1000	0,57	0,71	2,22

der Gesteine zusammenzufassen pflegt. Auf sie sind die Spannungsschläge (4. Abschnitt, Bd. I) zurückzuführen. Auch die von Weißner beobachtete Hebung von Gesteinsstrecken infolge eines über ihnen umgehenden Abbaus kann auf diese Weise ihre Erklärung finden[1]).

Aber noch ein wichtigerer Schluß läßt sich aus diesen Versuchen ziehen, nämlich der, daß die meisten Gesteine auch im geschlossenen Gebirgsverband innerhalb der bis jetzt im allgemeinen vom Bergbau erreichten Teufen elastisches Verhalten zeigen. Zum mindesten gilt dieses für Eruptivgesteine, Grauwacken, Sandsteine und Sandschiefer. Bei Tonschiefern liegt die Elastizitätsgrenze sicherlich in geringerer Teufe als bei Sandsteinen, und es ist möglich, daß in tieferen Grubenbauen bei ihnen bereits die Elastizitätsgrenze überschritten und der plastische Bereich vorliegt. Schon in sehr geringer Teufe dürfte er bei Schiefertonen erreicht sein, während bei eigentlichen Tonen der elastische Bereich nur eine sehr untergeordnete Rolle spielt.

Viel geringer als die Druckfestigkeit der Gesteine sind ihre Biege-, Scher- und Zugfestigkeit. Erstere beträgt im allgemeinen nur $^1/_7$, die Scherfestigkeit $^1/_{14}$ und die Zugfestigkeit $^1/_{30}$ der Druckfestigkeit.

4. — Der Gebirgsdruck um Gesteinsstrecken. Durch die Herstellung jeden bergmännischen Hohlraumes, also auch von Gesteinsstrecken, wie Richtstrecken oder Querschlägen, wird das vorher im Gebirge vorhanden gewesene Gleichgewicht gestört. Das Gestein, das vorher den Streckenquerschnitt ausfüllte und herausgenommen worden ist, hilft nicht mehr dazu mit, den durch die überlagernden Schichten hervorgerufenen Druck zu tragen. Diese Aufgabe

---

[1]) J. Weißner im Bd. I des Sammelwerks 1942. (Glückauf-Verlag, Essen.)

fällt nunmehr dem Gestein in der Umgebung des Hohlraumes zu. Dieses wird zusätzlich belastet. Die Art dieser Belastungsänderung haben Kühn und Fenner[1]) durch Rechnung, Dorstewitz[1]) durch den Modellversuch festgestellt. Als übereinstimmendes Ergebnis dieser Untersuchungen ist gefunden worden, daß die Streckenstöße zusätzlich auf Druck, Firste und Sohle dagegen auf Zug beansprucht werden.

Liegen die Druck- und Zugfestigkeiten des Gesteins höher als diese Beanspruchungen, so ist keinerlei Auswirkung des Gebirgsdrucks festzustellen. Von dem Einfluß etwa auftretender geringer elastischer Formänderungen des Gesteins kann in diesem Zusammenhang abgesehen werden. Eine Belastung des Streckenausbaus findet jedenfalls nicht statt, und man kann entweder ohne oder mit einem nur leichten Ausbau zum Schutz gegen Steinfall auskommen.

Tritt dagegen in der Zone um den Streckenhohlraum eine Spannungserhöhung ein, die das Maß des Erträglichen für das dort befindliche Gestein übersteigt, so treten Erscheinungen ein, die wir als Äußerungen des Gebirgsdrucks kennen und die zu einer Belastung des Ausbaus und bei ungeeignetem oder zu schwachem Ausbau zu seiner Zerstörung führen.

Je nach der Art des Gesteins sind diese Erscheinungen verschieden. Handelt es sich um sprödes Gestein, wie Eruptivgestein, Grauwacke oder Sandstein, um Gestein also, das nur geringfügige Dehnungen ertragen kann, so tritt Bruch ein. Es bilden sich Risse, und die Folge dieser Rißbildung ist eine Zertrümmerung und Auflockerung[2]). Die Auflockerung bewirkt eine Volumenvermehrung und damit einen Druck auf den Ausbau, der in der Firste zudem noch das Gewicht der gelockerten Massen zu tragen hat. Die Rißbildung kann schließlich zu einer mehr oder weniger völligen Loslösung der Auflockerungszone um den Streckenhohlraum von dem übrigen noch festen Gebirgskörper und damit zu einer teilweisen oder völligen Entspannung dieser Zone führen[3]). Die Größe dieser Zone ist abhängig von der Teufe und der Druckfestigkeit des Gebirges. Sie nimmt mit wachsender Teufe und abnehmender Druckfestigkeit des Gebirges zu. Fenner weist z. B. darauf hin, daß es zur Bildung einer besonders ausgedehnten Zertrümmerungszone kommt, wenn eine Tonschicht zwischen Sandsteinen eingebettet ist.

Handelt es sich dagegen um tonschieferartige Gesteine, die mild und zäh sind, also eine große Bruchdehnung besitzen, so tritt bei Überlastung nach einer größeren Formänderung auch Bruch und damit Auflockerung und Volumenvermehrung ein. Zugleich können aber diese Gesteinsarten in einen

---

[1]) Glückauf 1931, S. 1477; P. Kühn: Betrachtungen über die Gebirgsdruckfrage; — ferner Glückauf 1938, S. 681; R. Fenner: Untersuchungen zur Erkenntnis des Gebirgsdrucks; — ferner Arch. f. bergb. Forsch. 1940, S. 1; G. Dorstewitz: Spannungsoptische Untersuchungen als Beitrag zur Klärung von Gebirgsspannungen um bergmännische Hohlräume. (Diss. Aachen 1940.)

[2]) Glückauf 1932, S. 185; P. Kühn: Elastizität und Plastizität und ihre Bedeutung für Gebirgsdruckfragen.

[3]) Eine um den Streckenhohlraum sich bildende Entspannungszone hat man als Trompetersche Zone bezeichnet, aber ihre Entstehung auf die bruchlose Ausdehnung der Gesteine in den Streckenhohlraum erklärt. Abgesehen davon, daß eine spannungslose Zone dadurch nicht eintreten kann — sie ist nur durch intensive Rißbildung möglich — vermeidet man diesen Ausdruck besser, da Trompeter an eine entspannte Zone selbst nicht gedacht hat.

Zustand des langsamen Fließens geraten, d. h. einer Umformung mit Hilfe zahlloser kleiner Bruchflächen, die es dem Gestein ermöglichen, von Stellen höheren Drucks zu Stellen niederen Drucks abzuwandern. Die bei Tonschiefern, in größeren Teufen auch bei Sandschiefern zu beobachtende Stauchung der Gesteinsschichten in Firste (Abb. 4) und Sohle ist hierauf zurückzuführen. Auch das „Quellen" des Liegenden erklärt sich in der Hauptsache durch den Druck, den die Stöße auf das Liegende ausüben und durch den dieses innerhalb des Hohlraumes hoch gepreßt wird.

Durch die Einwirkung von Wasser auf den Schieferton können diese Druckerscheinungen noch verstärkt werden, und zwar im wesentlichen deshalb, weil der Schieferton durch das Wasser aufgeweicht und dadurch noch beweglicher gemacht wird. Die vielfach verbreitete Ansicht, daß

Abb. 4. Faltung als Ergebnis der Auflockerung und der Seitenwanderung gepreßter Gesteinsmassen.

der Tonschiefer das Wasser aufsaugt und dadurch sein Volumen vergrößert, wird von Terzaghi[1]) bestritten.

5. — Der Gebirgsdruck in Abbaustrecken. Der Gebirgsdruck in Abbaustrecken unterliegt im allgemeinen den gleichen Gesetzmäßigkeiten wie in Gesteinsstrecken. Da das Hangende und Liegende der Flöze in den meisten Fällen aus Tonschiefern besteht, treten die diesen Gesteinen eigenen Erscheinungen häufig auf. Eine entscheidende Besonderheit des Gebirgsdrucks in Abbaustrecken wird jedoch durch den Umstand hervorgerufen, daß das Mineral — im Steinkohlenbergbau die Kohle — an einer oder an beiden Seiten der Strecke herausgenommen wird. Das Hangende senkt sich also entsprechend ab, und zwar um einen Betrag, der je nach Ausfüllung des Hohlraumes mehr oder weniger groß ist. Diese Absenkung ist naturgemäß von Druckerscheinungen begleitet, deren Ausmaß von der Natur des Gesteins sowie von der Art der Ausfüllung des Hohlraumes in unmittelbarer Umgebung der Strecke abhängt. Ist diese Ausfüllung (Bergeversatz) weniger zusammendrückbar als die Ausfüllung des Hohlraumes im benachbarten Abbau, so findet eine Konzentration der Druckkräfte neben der Strecke statt. Die Auswirkung dieser Konzentration kann in einer Rißbildung und Zerstörung des Hangenden bestehen. Da der Druck durch das feste seitliche Widerlager außerdem auf das Liegende übertragen wird, ist dieses besonderer Beanspruchung ausgesetzt. Es wird ebenfalls zerstört,

---

[1]) K. Terzaghi: Erdbaumechanik (Leipzig und Wien 1935).

und es wandert besonders, wenn es aus milden, zähen, also beweglichen Schichten besteht, in den Streckenhohlraum hinein, die Sohle „quillt".

6. — Gebirgsdruck im Abbau. Über die Änderungen, die in den Spannungsverhältnissen des Gebirgskörpers im Gefolge des Abbaus eintreten, über den Kämpferdruck und seine Auswirkungen sowie über die seitlichen in den Abbauhohlraum hinein gerichteten Bewegungen, denen das unmittelbare Hangende und das Liegende sowie auch das Flöz selbst ausgesetzt sein können, sind bereits im 4. Abschnitt, IV. Abbau, Bd. I ausführliche Darlegungen gemacht worden. Es sei in diesem Zusammenhang auf sie verwiesen.

7. — Statischer und dynamischer Druck. Die in den drei vorangegangenen Ziffern behandelten Gebirgsdruckerscheinungen können als Äußerungen des statischen Gebirgsdrucks, deren alleinige Ursache die Schwerkraft ist, bezeichnet werden. Die bergmännischen Hohlräume sind jedoch noch anderen Beanspruchungen ausgesetzt, und zwar denen des dynamischen Gebirgsdrucks. Auch dessen Erscheinungen gehen letzten Endes auf die Schwerkraft zurück. Ausgelöst werden sie jedoch durch die gegenseitige Beeinflussung bergmännischer Hohlräume. Insbesondere gehen diese Einflüsse von der Störung des Gleichgewichts der Kräfte des Gebirges durch den Abbau aus.

Wie im 4. Abschnitt, Bd. I näher ausgeführt worden ist, treten über jedem Abbau im Steinkohlengebirge Senkungen, Pressungen und Zerrungen auf. Sie erfassen nicht nur die Erdoberfläche, sondern das ganze oberhalb des Abbaus liegende Grubengebäude mit seinem Streckennetz. Die Strecken senken sich ab, werden gepreßt und gezerrt, das den Streckenhohlraum umgebende Gestein wird zerrissen und verschoben, so daß dynamische Beanspruchungen auftreten können, die die des statischen Gebirgsdrucks noch weit übertreffen.

Aber auch in seitlicher, d. h. horizontaler Richtung und nach unten finden Übertragungen zusätzlicher Drucke statt, die insbesondere von Abbauhohlräumen, aber auch von Strecken ausgehen. Auf die voreilende Auswirkung des Kämpferdrucks wurde bereits im Bd. I hingewiesen. Auch die von Spackeler[1]) mitgeteilte Beobachtung an einem im Liegenden eines Abbaus aufgefahrenen Querschlag fällt in dieses Gebiet. Die Form dieses Querschlags änderte sich bei dem im Flöz von Osten nach

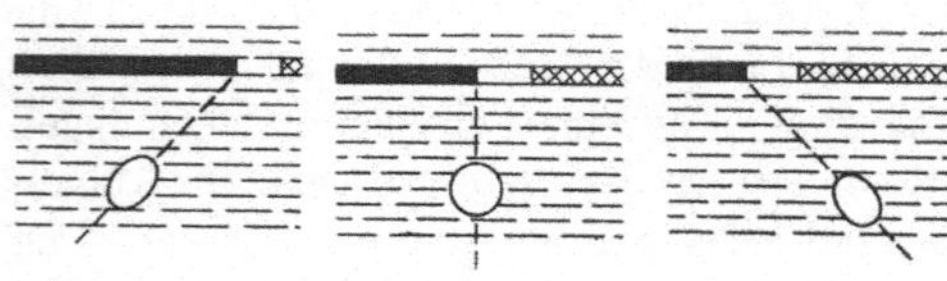

Abb. 5. Elastische Formänderungen an einem Querschlag bei fortschreitendem Abbau.

Westen fortschreitenden Abbau derart, daß sie zunächst die Gestalt einer nach Osten geneigten Ellipse annahm, die sich dann wieder in einen Kreis verwandelte, um schließlich in die Gestalt einer nach Westen geneigten Ellipse überzugehen (Abb. 5). Diese Beobachtung kann zugleich als Beweis für das elastische Verhalten geschlossener Gesteinsverbände in Anspruch genommen werden. Als Wirkung einer Druckentlastung ist die von Weißner beobachtete Hebung (8 cm) eines überbauten Querschlags zu deuten.

8. — Beeinflussung des Gebirgsdruckes durch gebirgsbildende Vorgänge. Die in Ziff. 3 besprochenen Festigkeitsverhältnisse können durch Einwirkungen. die mit der Gebirgsbildung zusammenhängen, ge-

---

[1]) Glückauf 1930. S. 801; Spackeler: Druckwirkungen im Liegenden.

ändert worden sein. Zunächst steigern in allen Fällen Gebirgsstörungen den Gebirgsdruck, indem sie einerseits den Gebirgskörper in eine Anzahl selbständig verschiebbarer Schollen zerlegen, anderseits durch die Gewaltsamkeit der mit ihnen verknüpften Gebirgsbewegungen das Gebirge in ihrer Umgebung zerdrücken und zerreiben und so seiner Festigkeit berauben. Diese letztere Erscheinung ist besonders in der Nähe von Überschiebungen zu beobachten, die vielfach gefürchtete Druckstreifen bilden. Ferner wird durch kleinere Spalten aller Art der natürliche Zusammenhang der Gesteine unterbrochen, so daß Stücke aus der Decke des Hohlraumes sowohl wie aus seinen Stößen herausbrechen können. Solche Spalten können sein: Trocken- oder Schwindrisse bei den sandstein- und tonschieferartigen, Schrumpfrisse bei den granitartigen Gesteinen, Auswaschungsklüfte bei den Kalksteinarten, Druckspalten infolge von Faltungserscheinungen bei allen Gesteinen.

Die Faltungserscheinungen sind überhaupt für den Gebirgsdruck von besonderer Bedeutung. Ist die Faltung so stark gewesen, daß sie das Gefüge der Gesteine zerstört hat, so zeigen sich diese in den Mulden- und Sattelbiegungen stark zerrüttet und zerklüftet, so daß man hier auch bei sonst gutartigem Gebirge mit starkem Drucke zu kämpfen hat. Bei schwächerer Faltung kann in einigermaßen elastische Gesteine, wie Sandstein und Sandschiefer, ein Spannungszustand gekommen sein, in dem sie so lange verharren müssen, wie sie von den benachbarten Schichten fest umschlossen bleiben. Sobald sie aber durch den Bergbau freigelegt werden, kann diese „aufgespeicherte" Spannung sich auslösen, indem unter starken Erschütterungen Brüche eintreten. Besonders heftig können solche Brucherscheinungen dann werden, wenn eine flache Sattelbiegung vorliegt. Hier tritt nämlich zu dieser Biegungspannung noch diejenige eines natürlichen Gewölbes, das dem von oben nachdrückenden Gesteinsgewicht länger Widerstand leisten kann, schließlich aber mit um so größerer Heftigkeit nachgibt, so daß regelrechte „tektonische Erdbeben" entstehen können.

9. — **Gebirgsdruck und Teufe.** Es ist zweifellos, daß der Gebirgsdruck, d. h. die Spannungen, denen das Gebirge ausgesetzt ist, mit der Teufe zunehmen. Damit ist aber noch nicht gesagt, daß sichtbare Äußerungen des Gebirgsdrucks im gleichen Maße wachsen. Solange das die bergmännischen Hohlräume — es ist hier in erster Linie an die Strecken gedacht — umgebende Gestein den größeren Spannungen gewachsen ist, solange wird eine Zunahme der Gebirgsdruckwirkungen nicht zu beobachten sein. Erst wenn die Spannungen die Gesteinsfestigkeit übersteigen, kommt es zum Bruch und zu Fließerscheinungen. Es ist sicher, daß in größerer Teufe diese Äußerungen schneller und kräftiger vor sich gehen und eine etwas umfangreichere Zone um den Streckenquerschnitt ergreifen als in geringeren Teufen. Im allgemeinen wird man jedoch annehmen können, daß ein Selbstschutz des Gebirges Platz greift: die um die Strecke sich bildende Bruch- und Auflockerungszone hört auf, sobald die zusätzlichen Spannungen des Gebirges ein von der Gesteinsfestigkeit abhängiges Maß unterschreiten. Dieses ist dann der Fall, wenn die Bruchzone eine gegenüber den Spannungen günstigste Form angenommen hat. Diese Form ist auf Grund von Beobachtungen und Modellversuchen die einer stehenden Ellipse. Wenn also auch die Gebirgsdruckerscheinungen mit der Teufe zunehmen, so ist die

Zunahme jedoch sicherlich nicht proportional, sondern wesentlich geringer. Wichtig ist in diesem Zusammenhang, wann das Gebirge mit zunehmender Teufe vom elastischen in den plastischen Bereich übergeht. Bei diesem Übergang ist ein sprunghaftes Wachsen der Gebirgsdruckerscheinungen wahrscheinlich.

10. — Gebirgsdruck und Fallwinkel. Die vorstehenden Betrachtungen bezogen sich im allgemeinen auf flaches Einfallen. Naturgemäß ändern sich aber mit dem Fallwinkel die Beanspruchungen. Bei senkrechtem Einfallen wird gerade umgekehrt wie vorhin das Nebengestein auf Druck, die Ausfüllung der Lagerstätte auf Biegung beansprucht. In allen dazwischenliegenden Fällen werden sich entsprechende Verschiebungen der beiderseitigen Beanspruchungen ergeben, so daß eine

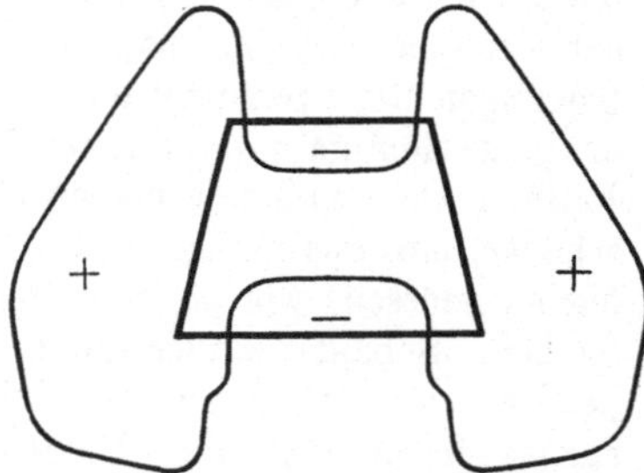

Abb. 7.   Verlauf der Randspannung.

große Anzahl von Möglichkeiten gegeben ist, auf die nicht im einzelnen eingegangen werden kann.

11. — Beeinflussung des Gebirgsdruckes durch die Art der Herstellung der Hohlräume. Beim Auffahren von Querschlägen und Richtstrecken

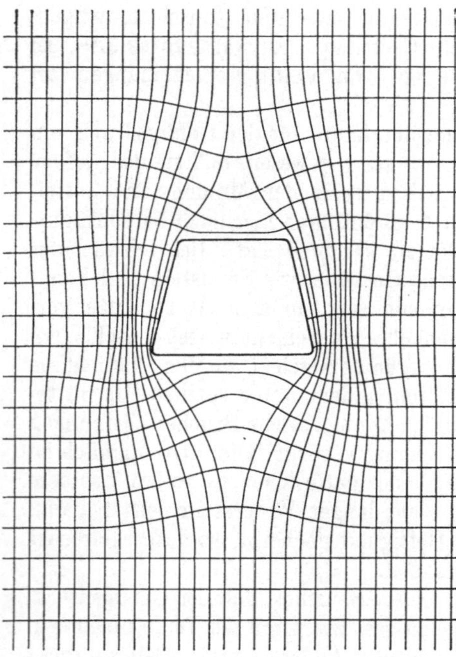

Abb. 6.   Verlauf der Druckspannungslinien um einen Türstockquerschnitt.

ist eine möglichst große Sorgfalt im Ansetzen der Kranzschüsse und in der Bemessung ihrer Sprengladungen wichtig, damit eine Zerklüftung und Zerrüttung der unmittelbar benachbarten Gebirgschichten möglichst vermieden wird.

Teil- und Abbaustrecken, die mit mildem Nebengestein zu rechnen haben, können zuweilen mit schweren Abbauhämmern an Stelle der Schießarbeit aufgefahren werden, wodurch das Gebirge in denkbar größtem Maße geschont und für die zum Ausbau dienenden Holzkästen und Bergemauern eine gesunde und dauernd tragfähige Unterlage geschaffen wird.

12. — Gebirgsdruck und Form des Streckenquerschnitts. Statische Betrachtungen. Das Ausmaß und die Art der um eine Strecke auftretenden zusätzlichen Spannungen sind von der Form des Streckenquerschnitts weitgehend abhängig. Kürzlich angestellte Modellversuche mit verschiedenen Streckenquerschnitten und bei senkrecht von oben wirkendem Druck haben diese Abhängigkeiten klar zutage treten lassen[1]).

Recht ungünstige Verhältnisse weisen der trapezförmige und der rechteckige Querschnitt auf. Die Stöße sind starken Druckbeanspruchungen ausgesetzt, was an der starken Verengung der Druckspannungslinien in Abb. 6 zu erkennen ist. Außerdem treten in Sohle und Firste erhebliche Zugspannungen auf (Abb. 7). Diese sind bei dem halbbogenförmigen sowie beim Fünfeckquerschnitt in der Firste bereits stark gemildert, und außerdem häufen sich die Druckbeanspruchungen beim Vieleckquerschnitt an den Ecken, so daß von den vier bisher genannten Querschnittsformen das Vieleck die günstigste ist. Ungünstig ist dagegen das Sechseck.

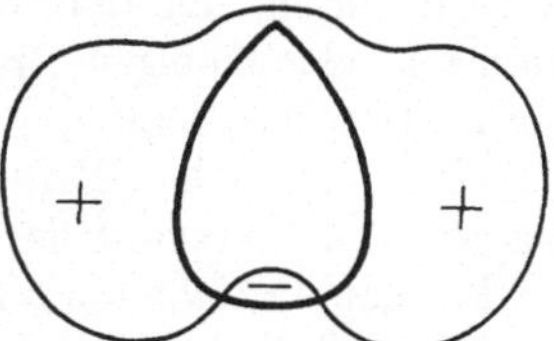

Abb. 8. Verlauf der Randspannung.

Zwar sind die Zugzonen in Sohle und Firste gemildert, jedoch sind die seitlichen Stöße in ihrer ganzen Ausdehnung starken Druckbeanspruchungen ausgesetzt. Das gleiche gilt für den Spitzbogenquerschnitt, bei dem man, wie übrigens auch bei andern Querschnittsformen, die Zugzone in der Sohle dadurch etwas mildern kann, daß man sie mehr oder weniger stark nachnimmt. Auch der Kreis scheint weniger günstig zu sein, als vielfach angenommen wird. Zu den Zugzonen in Firste und Sohle treten hier starke Druckbeanspruchungen an den Stößen in beträchtlichem Umfang auf.

Am günstigsten dagegen sind offenbar die Querschnittsformen, die

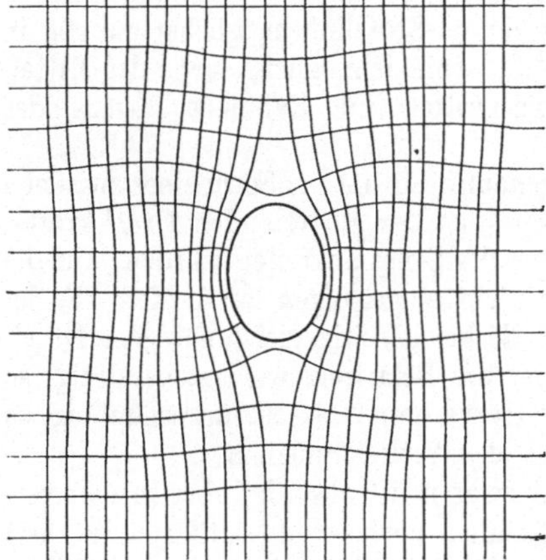

Abb. 9. Verlauf der Druckspannungslinien um einen ellipsenförmigen Querschnitt.

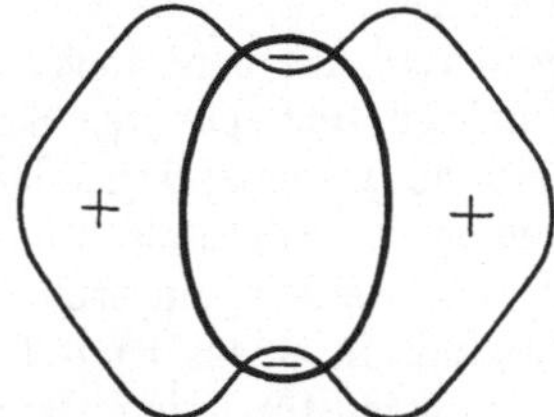

Abb. 10. Verlauf der Randspannung.

höher als breit sind. Auch Lüthgen[2]) u. a. haben bereits von ähnlichen im Betriebe gemachten Erfahrungen berichtet. Es sind dieses die tropfenförmigen und elliptischen Querschnittsformen. Bei der Tropfenform fallen Zugbeanspruchungen in der Firste ganz fort (Abb. 8), während sie bei der schlanken Ellipse auch in der Sohle verschwinden. Zugleich ist an dem ruhigen und wenig verdichteten Verlauf der Spannungslinien um den Querschnitt zu erkennen, daß sich die Druckbeanspruchungen der Stöße in mäßigen Grenzen

[1]) Arch. f. bergb. Forsch. 1940, Heft 1, S. 3; G. Dorstewitz: Spannungsoptische Untersuchungen als Beitrag zur Klärung von Gebirgsspannungen um bergmännische Hohlräume; Diss. Aachen 1940.

[2]) Glückauf 1929, S. 393; W. Lüthgen: Stempellose Abbaustrecken usw

halten (Abb. 9 u. 10). Die schmalelliptische Form hat allerdings den Nachteil, daß der für Förderung und Fahrung nutzbare Raum verhältnismäßig schmal ist.

Aus diesen Darlegungen darf nun nicht der Schluß gezogen werden, daß die trapez-, halbbogen- und kreisförmige Streckenquerschnittsform nicht angewandt werden dürfen. Es kann dieses durchaus überall dort geschehen, wo nur mit geringen oder mäßigen Druckerscheinungen zu rechnen ist. Sind jedoch sehr starke Druckerscheinungen zu erwarten, so ist dem Fünfeck und noch mehr der Tropfen- oder Ellipsenform der Vorzug zu geben, vorausgesetzt, daß Bauart und Werkstoff des gewählten Ausbaus gleichwertig sind.

Im ganzen läßt die Vielgestalt der Ausbauformen und der Baustoffe erkennen, daß die Wahl des zweckmäßigsten Ausbaus nicht auf mathematisch errechneter Grundlage fußt, sondern in erster Linie von mühsam in langen Jahren gesammelten Erfahrungen bestimmt wird. Eine statische Ermittlung der erforderlichen Abmessungen des Ausbaus ist unmöglich, da man nicht in der Lage ist, die Größe und Richtung des Gebirgsdrucks im voraus auch nur annähernd genau zu bestimmen.

Im Hochbau liegen die Verhältnisse günstiger, da hier die Lasten, die ein Bauwerk, z. B. eine Brücke u. dgl., aufzunehmen hat, bekannt sind. Man pflegt hier auch von bestimmten Erfahrungsformen auszugehen, konstruiert alsdann auf Grund der bekannten auf das Bauwerk einwirkenden Kräfte die sogenannte Stützlinie und gleicht alsdann die sich ergebenden kleinen Abweichungen durch Änderung der Form so an, daß die berechnete Stützlinie möglichst günstig in dieser Form liegt. Es ist das dann der Fall, wenn sie möglichst nahe der Mittellinie der Form, d. h. innerhalb des inneren Drittels eines Rahmens, Bogens oder Gewölbes liegt.

Die Stützlinie wird auch Seillinie genannt. Sie hat die Form eines zwischen zwei Punkten eingespannten Seiles, wenn statt der auftretenden Druckkräfte, Zugkräfte an den entsprechenden Punkten des Seiles angreifen würden. Auf die Berechnung der Stützlinie braucht hier nicht eingegangen zu werden. Es ist jedoch ohne weiteres einzusehen, daß z. B. bei allseitig gleichmäßigem Druck die Stützlinie in einem Kreis besteht. Ist die Belastung wenigstens stetig, so bildet sich eine Stützlinie in Form einer Kurve heraus, ist sie unregelmäßig, so sind beliebige andere Formen, z. B. auch das Vieleck möglich.

Die Belastung des Grubenausbaus ist zwar meist allseitig, aber in den verschiedenen Richtungen verschieden und zudem noch einem zeitlichen Wechsel unterworfen. Ein starkes Herausfallen der Stützlinie aus dem Querschnitt ist daher beim Streckenausbau unvermeidlich. Sobald dieses aber geschieht, wird der Ausbau außer auf Druck auch in mehr oder weniger starkem Maße auf Zug beansprucht. Biegefeste Baustoffe, wie Stahl, untergeordnet auch Holz, sind also spröden Baustoffen, wie Stein, Beton usw. meist überlegen. Weiterhin erhellt aus diesen Darlegungen, daß formveränderungsfähiger Ausbau, der sich wenigstens in gewissem Maße der Stützlinienform anpassen kann, dem starren Ausbau dann vorzuziehen ist. wenn starke und veränderliche Kräfte auf ihn einwirken.

c) Arten des Grubenausbaues.

13. — Vorbemerkung. Der einzubringende Ausbau hängt zunächst von der Art und Größe der zu erwartenden Gebirgsbewegungen ab. Er kann ferner mit verschiedenen Werkstoffen erfolgen. Auch ist die Zeitdauer maßgebend, während deren er standhalten muß. Ferner kann er je nach der Größe der Gebirgsfläche, die er unmittelbar zu tragen hat, verschieden ausfallen. Weiterhin hängt er von der Größe und Umgrenzung der auszubauenden Hohlräume ab. Schließlich wird er auch noch durch das Zeitverhältnis zwischen der Herstellung dieser Hohlräume und deren Ausbau bestimmt.

Die Kosten, die man für den Ausbau aufwenden will, richten sich nach dem Gebirgsdruck, nach der verlangten Dauer des Ausbaues und nach den Ansprüchen, die an die dauernde Erhaltung des Querschnitts gestellt werden. Soll z. B. ein druckhaftes Stück Querschlag von 500 m Länge aufrechterhalten werden, so ergeben sich für einen Ausbau, der 300 RM. je lfd. Meter kostet, folgende Vergleichszahlen, wenn man bei minderwertigem Ausbau mit einem erstmaligen Kostensatz von 30 RM. je Meter rechnet, vier Fälle mit verschieden hohem Bedarf an Reparaturhauerlöhnen unterscheidet und je Mann und Reparaturschicht 12 RM. Lohn und 5 RM. Werkstoffverbrauch rechnet:

Zahl der durchschnittlich beschäftigten Reparaturhauer	Monatliche Unterhaltungskosten RM.	Einmalige Mehrkosten des teuren Ausbaues RM.	Die Mehrkosten machen sich bezahlt in Monaten
20	$20 \cdot 25 \cdot (12 + 5)$ $= 8500$		r. 16
12	$12 \cdot 25 \cdot (12 + 5)$ $= 5100$	$500 \cdot 270 =$ $135\,000$	r. $26^1/_2$
8	$8 \cdot 25 \cdot (12 + 5)$ $= 3400$		r. 40
4	$4 \cdot 25 \cdot (12 + 5)$ $= 1700$		r. 80

Bei dieser Gegenüberstellung ist allerdings nicht der Zinsverlust berücksichtigt, den die Festlegung größerer Werte in dem teuren Ausbau bedeutet; anderseits kommen aber bei den durch den billigeren Ausbau verursachten Kosten auch noch mittelbare Verluste durch Förderstörungen, Förderausfälle u. a. in Betracht, die sich der genaueren Rechnung entziehen, aber gerade bei dem heutigen zusammengefaßten Betrieb mit seiner starken Belastung der Hauptförderwege recht erheblich werden können.

14. — Formänderungsfähiger Ausbau. Je nachdem ob ein Ausbau sich den Bestrebungen des Drucks, die Größe oder die Form des Querschnitts des bergmännischen Hohlraumes zu verändern oder zu verkleinern, allmählich anpassen kann oder nicht, unterscheidet man formänderungsfähigen und nichtformänderungsfähigen Ausbau. Letzterer wird auch oft als starr bezeichnet. Ein unangespitzter Holzstempel oder ein einteiliger Stahlstempel sind z. B. starr. Das gleiche gilt für die stählernen Rahmenausbauarten und den stählernen Ringausbau, vorausgesetzt, daß ihre Segmente fest, d. h. ohne Anwendung irgendwelcher Gelenke miteinander verbunden sind. Auch der Betonausbau ist starr, wenn an den Verbindungsstellen nicht von Quetschhölzern oder ähnlichen Zwischenlagen Gebrauch gemacht ist.

Formänderungsfähigkeit eines Ausbaus kann durch Nachgiebigkeit oder Gelenkigkeit oder durch Verknüpfung beider Eigenschaften miteinander erreicht werden.

Die Nachgiebigkeit ist durch die Art des Ausbaustoffes oder durch bauliche Maßnahmen zu erzielen. Als nachgiebiger Werkstoff findet Holz weitgehende Verwendung, und zwar in Form von Quetschhölzern, von Rundhölzern, Brettchen u. dgl. Alle Ausbauarten, die sich derartiger Zwischenlagen bedienen, weisen infolgedessen eine Nachgiebigkeit auf. Ein Holzstempel wird durch Anspitzen oder Anschärfen nachgiebig. Ein zweiteiliger Stahlstempel ist je nach der Bauart der Verbindung des Ober- und Unterstempels mehr oder weniger nachgiebig. Das gleiche gilt für stählerne Ring- oder Bogenausbauten, wenn die einzelnen Segmente gegeneinander oder ineinander verschiebbar sind. Als Beispiel sei der Toussaint-Heintzmann-Ausbau genannt. Von einer mittelbaren Nachgiebigkeit kann man sprechen, wenn der im übrigen starre Ausbau (z. B. ein Stempel oder die Segmente eines Stahlbogens) sich in das Liegende hineindrückt. In Strecken kann man hierdurch den Ausbau entlasten und die Unterhaltungskosten verringern, nimmt aber den Nachteil einer unebenen Sohle in Kauf sowie Erschwerungen beim Rauben des Ausbaus nach Abwerfen der Strecke.

Gelenkig ist jeder Rahmenausbau, der mindestens 4 Gelenke aufweist, in denen die einzelnen Segmente miteinander verbunden sind. Ein Stempel oder ein Dreigelenk-Bogenausbau ist nicht gelenkig. Gelenkig ist dagegen der Polygon- oder Vieleckausbau, sei es nun, ob seine Teile aus Stahl, Holz oder Beton bestehen und ob z. B. die Gelenke sich aus Schalen oder bloßen Auskehlungen zusammensetzen, die einen Läufer teilweise umfassen. Bestehen die Läufer aus Holz, so ist der Ausbau zugleich gelenkig und etwas nachgiebig. Bestehen sie jedoch z. B. aus einem Stahlrohr, so liegt keine Nachgiebigkeit, sondern nur Gelenkigkeit des Ausbaus vor. Während nachgiebiger Ausbau eine Querschnittsverengung aufnehmen kann, ist gelenkiger Ausbau in der Lage, sich bis zu einem gewissen Grade Formänderungen anzupassen, wodurch gefährliche Biegespannungen vermieden werden können. Infolge der festen Anlehnung der Gelenkpunkte an das Gebirge wird durch dessen Gegendruck, den man auch als passiven Gebirgsdruck bezeichnet, ein großer Teil der sonst auftretenden Biegebeanspruchungen in Druckbeanspruchungen umgesetzt, denen jeder Baustoff besser gewachsen ist.

15. — Aufgabe des Ausbaus in Gesteinsstrecken. In Gesteinsstrecken hat der Ausbau das Gewicht der um den Querschnitt sich bildenden Auflockerungszone, insbesondere in der Firste, aufzunehmen und durch seinen Gegendruck der weiteren Ausdehnung der Auflockerungszone, der damit verbundenen erhöhten Beunruhigung des Gebirges und seinen Druckäußerungen entgegenzuarbeiten. Hat man es nur mit statischen Druckerscheinungen zu tun, ist infolgedessen dem starren Ausbau der Vorzug zu geben. Wo jedoch auch dynamischer Druck auftritt, dessen Eigenart es ist, nur zeitweise zu wirken, ist auch eine gewisse Nachgiebigkeit und Gelenkigkeit vorteilhaft, um den zeitlich begrenzten dynamischen Beanspruchungen ausweichen zu können. Eine starke Nachgiebigkeit ist jedoch nicht erwünscht, da durch sie der Querschnitt der für lange Jahre aufrechtzuerhaltenden Gesteinsstrecken zu sehr verengt würde. Auch sind sehr nachgiebige Ausbauformen in der Regel nicht in der Lage, sehr starken Gebirgsdrücken nachhaltigen Widerstand zu leisten. In Gesteinsstrecken herrscht daher der starre, der gelenkige und der schwach nachgiebige Ausbau vor.

16. — Aufgabe des Ausbaus in Abbaustrecken. Die Aufgabe des Ausbaues in Abbaustrecken des Gangerzbergbaus unterscheiden sich meist von denen der Gesteinsstrecken nicht wesentlich, da die Gänge steil einzufallen und in standfestem Gebirge aufzutreten pflegen. In Abbaustrecken des Steinkohlenbergbaus dagegen hat der Ausbau in erster Linie nachgiebigen Widerstand zu leisten, und zwar um so mehr, je flacher das Einfallen ist. Die durch die Fortnahme des Flözes aus dem Streckenprofil bedingte Absenkung des Hangenden vermeiden zu wollen, wäre ein undurchführbares Unterfangen. Der Ausbau muß daher bei aller Widerstandsfähigkeit eine der Absenkung des Hangenden entsprechende Formänderungsfähigkeit besitzen. Starrer Ausbau fehlt somit — abgesehen von ganz steiler Lagerung — in diesen Abbaustrecken. Er ist nachgiebig und häufig gleichzeitig auch noch gelenkig.

17. — Aufgaben des Ausbaus im Abbau. Der Ausbau im Abbau soll den notwendigen Arbeitsraum im Abbau, solange er benötigt wird, offen halten. Im Strebbau kommen hierbei für den jeweiligen Ausbau nur einige Tage in Betracht, im Bruchbau Oberschlesiens und beim Braunkohlenbruchbau etwa eine Woche, im Örter- und Kammerbau mit Bergfesten dagegen mehrere Wochen. In keinem Fall hat aber hierbei der Ausbau etwa die Last der gesamten hangenden Schichten aufzunehmen. Eine einfache Rechnung ergibt, daß eine solche Last unmöglich vom Ausbau aufgenommen werden kann. Kiefernholzstempel von z. B. 15 cm Durchmesser und 2 m Länge in je 1 m Abstand gesetzt, unterstützen jeder eine Fläche von 1 m². Würde schon ein Schichtenpaket von 30 m von den Stempeln getragen werden müssen, so hätte jeder Stempel eine Last von 30 m³ Gestein, d. h. bei einem Artgewicht des Gesteins von 2,5 ein Gewicht von 75000 kg zu tragen. Durch Versuche ist jedoch festgestellt worden, daß ein solcher Stempel ohne zu brechen höchstens mit 50000 kg belastet werden kann. Der Gebirgsdruck, denen der Stempel ausgesetzt ist, muß also im allgemeinen geringer sein. Es hängt das damit zusammen, daß der Gebirgsdruck Zeit benötigt, um sich auszuwirken, die Hauptlast des Drucks vom Kohlenstoß aufgenommen wird und der Ausbau nur den sich absenkenden Dachschichten Widerstand entgegenzusetzen braucht und außerdem lose Schalen u. dgl. zurückzuhalten hat.

Ob der Ausbau im Abbau starr oder nachgiebig zu gestalten ist, hängt vom Einfallen, vom Abbauverfahren und der Art des Hangenden ab. In steiler Lagerung kommt meist nur Ausbau von geringer Nachgiebigkeit in Frage, da die Absenkung des Hangenden nur gering zu sein pflegt, angespitzte Stempel durch abstürzende Kohlen und Berge leicht weggeschlagen und Stahlstempel wegen ihres Gewichts nicht benutzt werden können.

In der flachen Lagerung herrschte jahrzehntelang der nachgiebige Ausbau vor. Durch Einführung des Strebbruchbaus hat man jedoch erkannt, daß eine geringere Nachgiebigkeit häufig vorteilhaft ist. Auch beim Abbau mit Versatz erweist sich eine nur mäßige Nachgiebigkeit oft günstig für die Pflege des Hangenden sowie für die Stärke der Methanausgasung. Die Art der Dachschichten ist insofern von Bedeutung, als starrer Sandstein eher einen wenig nachgiebigen Ausbau verlangt als zu druckhafter, aber wenig gebrächer Tonschiefer. Auch die Flözmächtigkeit spielt eine Rolle. So wird man in sehr dünnen Flözen durch möglichst starren Ausbau die Höhe des Arbeitsraumes möglichst zu erhalten versuchen. Andererseits hat es auch beim Pfeilerbruchbau in sehr mächtigen Stein- und Braunkohlenflözen keinen Zweck, den Ausbau nachgiebig zu gestalten, da er weniger der Absenkung des Hangenden entgegenwirken als lose Schalen u. dgl. zurückhalten soll.

Handelt es sich im Steinkohlengebirge oder bei ähnlichen Verhältnissen in besonderen Fällen darum, den gleichen Abbauraum längere Zeit offen zu halten — etwa weil der vorgerichtete Abbau der Reserve dient —, so muß der Ausbau verstärkt und die Breite des Raumes auf ein Mindestmaß eingeschränkt werden.

18. — Dauer des Ausbaues. Nach der Zeitdauer, für die der Ausbau berechnet ist, unterscheidet man den **verlorenen** und den **endgültigen** Ausbau. Der erstere findet sein Hauptanwendungsgebiet in Strecken, Schächten usw. in solchen Fällen, wo vor Herstellung des endgültigen Ausbaues die Beruhigung des Gebirges abzuwarten, also der Ausbau erforderlichenfalls mehrere Male zu erneuern ist, oder wo der endgültige Ausbau, wie z. B. bei Mauerung oder Gußringausbau, erst in einiger Entfernung nachrücken kann, bis dahin aber das Gebirge vorläufig gehalten werden muß. Im Gegensatz zum endgültigen Ausbau wird der verlorene so leicht und billig wie möglich ausgeführt und nach Möglichkeit zwecks erneuter Verwendung wiedergewonnen.

19. — Verschiedenartige Stützung des Gebirges durch den Ausbau. Der Ausbau kann das Gebirge mehr oder weniger vollständig unterstützen. Holz - oder Stahlausbau kann aus einzelnen Stücken bestehen oder durch Zusammenfügung mehrerer Teile gebildet werden. Im ersteren Falle ergibt sich der **einfache** (Stempel- oder Bolzen-) Ausbau, im letzteren Falle der **zusammengesetzte** (Türstock- und Kappen-) Ausbau, der auch als „Rahmen-Ausbau" bezeichnet werden kann. Der Stempelausbau herrscht im Abbau, der zusammengesetzte Ausbau in Strecken, Querschlägen, Bremsbergen, Schächten usw. vor. Beim Ausbau in Stein kann man von „offenem" und „geschlossenem" Ausbau sprechen, je nachdem dieser nur einen Teil des Streckenumfangs (Stöße, Firste oder Sohle) oder den ganzen Umfang schützen soll.

20. — Arten der auszubauenden Hohlräume. Im vorstehenden ist bereits wiederholt auf die Verschiedenheit des Ausbaues in **Abbauräumen**, **Strecken** und **größeren Hohlräumen** hingewiesen worden. Hier sei zusammenfassend folgendes bemerkt: Im **Abbau** ist ein möglichst billiger Ausbau erforderlich, der nicht besonders widerstandsfähig zu sein braucht, dagegen durch sorgfältiges Unterfangen aller einigermaßen verdächtigen Stellen die Leute möglichst gegen Stein- und Kohlenfall zu sichern hat und außerdem möglichst leicht geraubt und wieder verwendet werden kann. In den **Strecken** handelt es sich um einen je nach dem Gebirgsdruck und der Verwendungsdauer der Strecken als Abbau-, Förder-, Fahr-, Wetterwege usw. verschieden kostspieligen Ausbau, bei dem vor allem Wert auf die Verhütung von Betriebsstörungen und dementsprechend nicht immer nur auf möglichst haltbaren, sondern in manchen Fällen auch auf möglichst leicht auszuwechselnden Ausbau gelegt wird. Außerdem ist hier die Rücksicht auf Widerstandsfähigkeit gegen chemische Einwirkungen durch Gase, Wärme und Feuchtigkeit vielfach von einschneidender Bedeutung. **Große Räume** verlangen einen in der ersten Anlage zwar teuren, dafür aber wenig Unterhaltungskosten verursachenden, gegen chemische Angriffskräfte un-

empfindlichen Ausbau. In Schächten muß der Ausbau, da Ausbesserungsarbeiten hier sehr schwierig werden, besonders widerstandsfähig sein. Außerdem werden an den Schachtausbau hinsichtlich der Wasserdichtigkeit und
der Belastung durch den Schachteinbau besondere Anforderungen gestellt,
die seine Besprechung in einem eigenen Abschnitt rechtfertigen.

21. — Nachfolgender und voreilender Ausbau. Endlich hat man
noch zu unterscheiden, ob der Ausbau lediglich der Gewinnung **nachfolgt**
und also nur das durch diese gefährdete Gleichgewicht des Gebirges erhalten soll oder ob er der Gewinnung **voreilt**, so daß diese schon unter
seinem Schutze erfolgt. Letzteres ist der Fall bei der Getriebezimmerung in
Strecken aller Art und in Schächten sowie bei der Pfändungs- und Vortreibe-
arbeit im Abbau- und Streckenbetriebe.

B. Die verschiedenen Arten der Ausführung des Ausbaues.

a) Die Ausbaustoffe.

α) Allgemeines.

22. — Kurzer Überblick über die Ausbaustoffe. Man unterscheidet den
Ausbau in Holz, Stahl und Stein, welch letzterer wieder als gewöhnliche
Mauerung, Formsteinausbau, Beton und Stahlbeton ausgeführt werden
kann. Die meiste Verwendung findet immer noch der Holzausbau, da er verhältnismäßig billig, von geringem Gewicht, leicht in verschiedenen Abmessungen der Einzelteile herzustellen, bequem zu bearbeiten, einzubringen und
auszuwechseln ist und durch einfache Maßnahmen bis zu einem gewissen Grade
nachgiebig gestaltet werden kann. Im Abbau kommt als weiterer Vorteil noch
hinzu, daß der Holzausbau „warnt", d. h. gefährliche Gebirgsbewegungen durch
Knistern anzeigt; allerdings warnen spröde Holzarten nur wenig. Nachteilig
ist die geringe Widerstandsfähigkeit des Holzes gegen Fäulnis und Vermoderung
in feuchtwarmen Wettern; doch läßt sich dagegen durch Tränkung mit fäulniswidrigen Stoffen Abhilfe schaffen.

Der **Stahlausbau** teilt mit dem Holzausbau den Vorzug geringen Raumbedarfs, ist aber wesentlich widerstandsfähiger, dafür aber auch teurer und
kommt daher dort in Betracht, wo längere Standdauer verlangt wird oder
Wiedergewinnung möglich ist. Empfindlich ist der Stahlausbau gegen Feuchtigkeit und besonders gegen saure und salzige Wasser. Sein Hauptanwendungsgebiet sind Querschläge und Strecken sowie der Abbau in flachgelagerten Flözen
bis zu einer Mächtigkeit von 2—2,50 m.

Die **Mauerung** und **Betonierung** wurde früher zweckmäßig nur dort
angewendet, wo es sich um einen zwar nicht unbedeutenden, aber auch nicht
sehr starken Gebirgsdruck handelte, da bei starkem Druck ein solcher Ausbau
bricht und dann teure und umständliche Ausbesserungsarbeiten nötig macht.
Jedoch hat man neuerdings auch Mauerung und Beton wesentlich stärker
herzustellen und auch nachgiebig auszuführen gelernt. — Im übrigen kommt
der Ausbau in Stein für alle solche Hohlräume in Betracht, die lange stehen
sollen, namentlich wenn sie ungünstigen Einwirkungen durch Wasser oder
feuchte Wetter ausgesetzt sind. Demgemäß finden wir ihn in Hauptquerschlägen
und Richtstrecken, Füllörtern, Pferdeställen, Maschinenräumen, Wetter-

kanälen, Stollen und Hauptschächten. In solchen Räumen lassen sich die verhältnismäßig hohen Ausgaben rechtfertigen, die nicht nur durch die Herstellung des Steinbaues selbst, sondern auch durch dessen größeren Raumbedarf und die demgemäß größeren Kosten für Hereingewinnung des Gebirges verursacht werden.

Außerdem sind noch Verbindungen zwischen Holz und Stahl und solche zwischen Holz (oder Stahl) und Mauerung gebräuchlich, durch die eine Ausnutzung der Vorzüge beider Werkstoffe ermöglicht wird.

23. — Bewirtschaftung der Ausbaustoffe über Tage[1]). Die Bewirtschaftung des Ausbaumaterials über Tage soll eine schnelle und richtige Belieferung der Grube sicherstellen.

Beim Holz bedingen die weiten Anfuhrwege — z. T. aus dem Ausland, bei Spurlattenholz z. T. aus Übersee — und die große Verschiedenheit der Sorten eine weitsichtige Vorratswirtschaft. Im Steinkohlenbergbau hat sich eine Vorratshaltung für einen zweimonatigen Bedarf als zweckmäßig herausgestellt. Es handelt sich also um große Holzmengen, die vorrätig gehalten werden müssen — bei 4000 t Tagesförderung 6000 fm Holz —, so daß ein weitläufiger Holzplatz erforderlich ist. Er muß wegen der Brandgefahr in angemessenem Abstand von den Schächten und Hauptgebäuden liegen und mit Gleisanlagen in Reichsbahn- und Grubenspurweite versehen sein. An allen Kreuzungen sind Hydranten anzubringen, eine Maßnahme, die in erster Linie aus Gründen des Luftschutzes notwendig ist.

Das Holz soll — nach Sorten getrennt — möglichst luftig in einzelnen Holzstapelreihen gelagert werden, damit der leicht zersetzliche Saft durch gründliche Austrocknung unschädlich gemacht wird. Weiter empfiehlt sich, um den Aufbewahrungsort trocken halten zu können, dessen Pflasterung sowie die Beseitigung aller Feuchtigkeit anziehenden und den Anstoß zur Zersetzung gebenden Abfälle, wie Sägespäne u. dgl. Die Rinde ist im allgemeinen nachteilig, da sie die Austrocknung verhindert und Fäulniserreger bergen kann. Sie wird daher meist abgeschält; nur dem Eichenholz beläßt man sie in der Regel des nützlichen Gerbstoffgehaltes wegen. Wie sehr die Austrocknung des Holzes von seiner Behandlung abhängt, ergibt sich aus einem Versuch, bei dem, wenn der Wasserverlust eines entrindeten Stammstückes in einer gewissen Zeit gleich 100 gesetzt wurde, derjenige eines in der Rinde gelassenen nur 21 und derjenige eines außerdem an den Stirnholzseiten verklebten Stückes nur 1—2 betrug.

Einzelne Bergwerksgesellschaften beziehen ihr Grubenholz aus eigenen Waldungen. Im allgemeinen liefern jedoch die Holzhändler das Holz. Man unterscheidet die tägliche Lieferung und diejenige für größere Zeiträume nach dem ungefähr zu überschlagenden Bedarf der Zeche. Bei der ersten Lieferungsart unterhält der Händler ein Holzlager auf dem Zechenplatz, bei der zweiten verfügt die Zeche gleich vom Eisenbahnwagen ab über das Holz, was in der Regel bevorzugt wird. Meist werden die einzelnen Sorten gleich nach Maß zugeschnitten geliefert. Dagegen hat sich der eigene Bezug von Langholz, das dann erst auf dem Zechenplatze selbst zerschnitten wird, nicht eingeführt, da dieses Verfahren zu umständlich und unübersichtlich ist. Jedoch ist anderseits das eigene Schneiden von Kappen, Spitzen, Abschwarten u. dgl. vor-

---

[1]) Glückauf 1927, S. 1845; M. Hänel: Die Holzwirtschaft im Betriebe von Steinkohlengruben. (Diss. Aachen.)

teilhaft, weil man dann bessere Gewähr für frische und gesunde Beschaffenheit hat.

Beim Einkauf des Holzes dient als Einheit das Kubikmeter, und zwar unterscheidet man dabei noch das Raummeter und das Festmeter. Man versteht unter ersterem 1 m³ geschichteten Holzes, also einschließlich der Luftzwischenräume, unter letzterem dagegen 1 m³ Holzmasse. Das Raummeter kann also durch unmittelbare Messung, das Festmeter nur durch Berechnung ermittelt werden. Letzteres bildet in der Regel die Preisgrundlage für Stempel und Kappen, soweit nicht Stückpreise für diese vereinbart werden.

Als Längenmaß hat sich der Fuß immer noch nicht verdrängen lassen, dagegen wird die Dicke in Zentimetern gemessen. Unter „Zopfstärke“ versteht man den Durchmesser von Rundhölzern am oberen Ende.

Der monatliche Rundholzverbrauch einer Ruhrkohlenzeche von 2000 t Tagesförderung kann etwa wie folgt veranschlagt werden:

Länge		Mittlere Stärke in cm	Anzahl Stück	Festmeter	Stückzahl[1] je Festmeter	Stückpreis bei einem Grundbetrage von 26 RM. je Festmeter bis 16 cm ∅ und 28 RM. je Festmeter bis 21 cm ∅ RM.
Fuß	m					
3	0,94	10	10 000	74	135	0,20
4	1,25	11	9 000	107	84	0,30
5	1,56	12	8 000	142	56	0,45
6	1,88	13	8 000	200	40	0,65
7	2,19	15	6 000	230	26	1,—
8	2,51	16	5 000	250	20	1,30
9	2.83	18	2 500	178	14	2,00
10	3,14	20	1 200	120	10	2,80
11	3,45	21	200	23,5	8,5	3,30
12	3,76	21	100	13	7,5	3,75
		insgesamt	50 000	1337,5 (∼ 26,7 fm/1000 t)		

Bei den Rundhölzern werden noch die folgenden Gruppen unterschieden:

Abbaustempel			Streckenstempel					
			leichte			schwere		
Maße		Anteil am Gesamtverbrauch	Maße		Anteil am Gesamtverbrauch	Maße		Anteil am Gesamtverbrauch
Länge cm	Dicke cm		Länge cm	Dicke cm		Länge cm	Dicke cm	
0,65	7—10		1,90	16—17		3,75	19—23	$\rbrace$ 1/6
0,80	8—10		2,20	16—18		4,—	19—24	
0,95	8—12		2,50	16—20	1/6			
1,10	8—13		2,80	17—21				
1,25	9—13	2/3	3,15	17—22				
1,50	10—15		3,50	18—22				
1,90	11—15							
2,20	12—15							
2,50	12—15							
2,80	14—16							

[1] Im einzelnen kann der Rauminhalt von Rundhölzern aus Zahlentafeln entnommen werden, z. B. aus der von der Grubenholzhandlung J. Törk in Dortmund herausgegebenen „Kubiktabelle für Grubenhölzer“, 1915; vgl. auch Holzmeßanweisung (Homa) .(Verlag Deutscher Holzanzeiger, Berlin N 4).

Für die deutschen Bergbaugebiete können etwa folgende Verbrauchszahlen für je 1000 t Förderung angenommen werden:

Steinkohlenbergbau . . . . 29 (Ruhrbezirk) bis 45   Festmeter
Braunkohlenbergbau, Gesamtdurchschnitt 3,5   „
Braunkohlenbergbau, unterirdisch 21   „
Erzbergbau 12   „

Am Ausgang des Holzplatzes in Richtung zum Schacht ist eine Halle für die Holzbearbeitung vorzusehen. Diese hat so weit als möglich über Tage zu geschehen, da sie hier durch Maschinen erfolgen kann und der Mann unter Tage zugunsten anderer Arbeiten entlastet wird. Es hat also über Tage nicht nur das Teilen der Rundhölzer in Schalhölzer, Spitzen, Abschwarten und Rispenbretter zu erfolgen, sondern auch das Zuschneiden der richtigen Längen sowie das Anspitzen und Anschärfen der Stempel. Auch das Holz für Haupt- und Blindschächte ist über Tage gebrauchsfertig zuzuschneiden und zu bearbeiten. Zugleich verlangt es eine besondere Lagerung, um es vor Regen und Sonne und damit vor dem Verziehen zu schützen, was namentlich für Spurlatten, die in Längen von 4—10 m gebraucht werden, wichtig ist.

Die übertägige Bewirtschaftung der Stahl-Ausbaustoffe ist wesentlich einfacher als die des Holzes, da es sich um geringere Mengen und Sorten handelt und sich außerdem im westdeutschen Steinkohlenbergbau die Lieferfirmen meist in der Nähe der Zechen befinden. Die in Stahlstempeln ausgebauten Abbaubetriebe bedürfen nur Ergänzungen, so daß die Stahlstempel fast ganz unter Tage bewirtschaftet werden können. Für das zum Streckenausbau notwendige Material ist über Tage eine Lagerhaltung vorzusehen. Sie beansprucht nur geringen Raum und sollte zur Vermeidung weiter Wege an einem der Rasenhängebank möglichst benachbarten Anschlußgleis vorgenommen werden.

24. — Bewirtschaftung der Ausbaustoffe unter Tage. Aufgabe der untertägigen Bewirtschaftung der Ausbaustoffe ist es, am Verwendungsort Zeitverluste bei der Beschaffung und Bearbeitung zu vermeiden und Verschwendung zu verhüten, die durch Zerschneiden zu großer Längen, durch falsche Verwendung sowie durch falsches oder nicht rechtzeitiges Rauben entstehen kann.

Die Anforderung des Materials erfolgt durch die Reviere, die Anlieferung vom Holzplatz oder Stahllager. Die Beförderung macht so lange keine besonderen Schwierigkeiten, als sie in Förderwagen erfolgen kann. Die Verteilung geschieht von einem besonderen Aufstellungsgleis im Leerumtrieb am Schacht. Sperriges Material muß auf Teckel verladen und im Schichtwechsel oder in der Reparaturschicht gefördert werden. Um gegen plötzliche Störungen in der Zufuhr gesichert zu sein und für besondere Zwecke, z. B. bei Auftreten des Hauptdrucks im Abbau, genügende Mengen greifbar zu haben, muß bei Holzausbau mindestens der Bedarf eines Tages in jedem Revier vorhanden sein. Die Hölzer werden in diesen kleinen Lagern unter Tage am besten aufrecht gestellt, damit sie nicht in die Wasserseige geraten und leichter herauszufinden sind. Um doppelte Ladearbeit zu vermeiden, ist jedoch der laufende Verbrauch aus den täglichen Anlieferungen zu entnehmen.

Bei der Verteilung der Hölzer auf die verschiedenen Verbrauchsstellen unter Tage ist besonders darauf zu achten, daß jeder Betriebspunkt das für ihn bestimmte Holz erhält. Da Kreidezeichen auf den Wagen leicht verwischt werden, wird verschiedentlich eine besondere Kennzeichnung der Hölzer selbst (in erster Linie der oberen Lagen) durch Zeichen oder Nummern (der Steigerabteilungen) mit Ölfarbe bevorzugt, wobei man dann noch durch einen gemeinsamen Farbstreifen Hölzer verschiedener Bestimmung (für den Abbau, für Holzkästen, Mauereinlagen u. dgl.) unterscheiden kann.

Die Bearbeitung der Hölzer kann, soweit es nicht schon über Tage geschehen ist, auch unter Tage auf maschinellem Wege vorgenommen werden. Hierzu dienen z. B. fahrbare Kreissägen der Firmen Heinr. Korfmann jr. in Witten und Leonh. Schmidt in Dortmund. Zur Bearbeitung von Hand dienen Beil und Säge, welch letztere meist eine Bügelsäge ist. Ferner benutzt man beim Stempelausbau das aus 2 gegeneinander verschiebbaren Latten bestehende Sperrmaß, das die bequeme Messung des Abstandes zweier gegenüberliegender Gesteinsflächen ermöglicht. Beim Türstockausbau wird das Lot zu Hilfe genommen, um die Schrägstellung der Beine gleichmäßig bemessen zu können.

Bei der Bewirtschaftung des stählernen Ausbaumaterials, insbesondere der Stempel, steht die Wartung und mengenmäßige Überwachung im Vordergrund[1]).

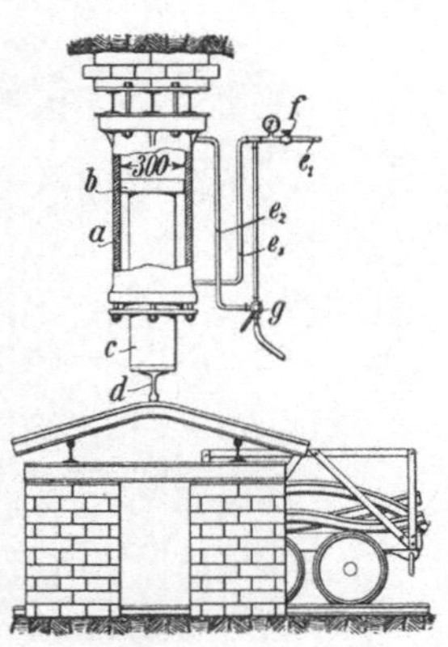

Abb. 11.   Fest eingebaute Biegepresse.

Bei Gruben mit größerem Stahlstempeleinsatz ist zweckmäßig ein Steiger mit der Beaufsichtigung des Stahlausbaumaterials zu betrauen. In jedem Abbaubetriebspunkt sollte ein Mann im Range eines Ortsältesten für die Überwachung verantwortlich sein. Besondere Prämien sind empfehlenswert, um die Belegschaft an der Erhaltung des Materials zu interessieren. Über den Stempelbestand jedes Betriebspunktes und Reviers ist Buch zu führen, die Zahl der Stempel ist mindestens einmal monatlich festzustellen. Neuanlieferungen und Abgaben beschädigten Materials sollte von vertrauenswürdigen Leuten gegen Quittung erfolgen. Zur Entlastung der Schachtförderung bleibt Material, das vorübergehend nicht eingesetzt ist, in der Grube. Ebenso wird neues und über Tage aufgearbeitetes Material unter Tage zentral gelagert. Von hier aus erfolgt dann die Verteilung nach den Anforderungen der Reviere.

Beschädigte Stahlstempel können, soweit sie nicht durch Einbau von Ersatzteilen wieder instand zu setzen sind, nur über Tage wiederhergestellt werden. Dagegen können verkrümmte Schienen oder sonstige Stahlprofile auf kaltem Wege und infolgedessen unter Tage wieder gerichtet oder auf den gewünschten Halbmesser gebogen werden. Eine fest eingebaute Biegepresse nach Heringhaus zeigt Abb. 11[2]). Ein kräftiges Widerlager, aus einem gegen Mauerwerk an der Firste sich stützenden Profilstahlrost bestehend, trägt einen Druckzylinder a, in dem sich der Kolben b mit dem Druckstempel c und der an diesem befestigten Druckschiene d bewegt. Das Druckwasser tritt durch das Rohr e_1

---

[1]) Glückauf 1939, S. 681; H. U. Ritter: Organisatorische Fragen bei der Verwendung von Stahlstempeln im Abbau.

[2]) Vgl. Bergbau 1928, S. 498; Gilfert: Hydraulisches Richten und Biegen im Grubenbetriebe.

nach Öffnen des Ventils f ein und wird bei entsprechender Stellung des Dreiweghahnes g durch die Rohrleitungen e_2 und e_3 gleichzeitig über und unter den Kolben g geleitet, so daß die Druckschiene d mit dem Differenzdruck zwischen voller Kolbenfläche und Ringfläche gegen die zu biegende Schiene gedrückt wird. Durch Umstellung des Dreiweghahnes g wird die obere Kolbenfläche entlastet, worauf der Wasserdruck auf die Ringfläche den Kolben wieder hochdrückt.

Fahrbare Richt- und Biegepressen bauen insbesondere die Bochumer Eisenhütte Heintzmann & Co., G. m. b. H., Bochum, und P. Stratmann & Co. G. m. b. H., Dortmund. Abb. 12 zeigt eine solche Maschine, deren Grundgedanke darin besteht, daß das zu richtende Stück auf der Platte a zwischen 2 Rollen b_1 auf der Hinterseite und einer Rolle b_2 auf der Vorderseite hindurchgezogen wird, wobei durch Andrücken der Rolle b_2 mittels der Schraubenspindel c und des Handspeichenrades e das Maß der Biegung geregelt werden kann. Das Durchziehen, das bei kleineren Ausführungen (für Grubenschienen) durch ein von Hand gedrehtes Zahnradvorgelege erfolgt, wird hier durch einen Elektro- oder Druckluftmotor f bewirkt, der unterhalb der Platte gelagert ist; die hinteren Rollen sind gezahnt, um das Mitnehmen des zu richtenden Stückes zu ermöglichen. Durch entsprechende Verstellung der Rollen kann das Stück auch in der Stegebene gebogen werden. Die aufgesetzten Rollenköpfe h dienen zum Richten von Rohren; sie können je nach den in Frage kommenden Durchmessern ausgewechselt werden.

Abb. 12.   Fahrbare Richt- und Biegepresse der Bochumer Eisenhütte.

Die Maschinen können in gleicher Weise auch zum Biegen nach bestimmten Halbmessern verwandt werden. Sie zeichnen sich durch die übersichtliche Anordnung der arbeitenden Teile aus.

Die Presse von Stratmann („Herkules"-Presse) arbeitet wie die Heringhaussche mit senkrechter Druckwirkung, jedoch mit Druckluft, die in einem seitlich stehenden Zylinder arbeitet, dessen Kolben durch eine starke Hebelübersetzung seinen Druck auf den Druckkolben überträgt.

Derartige Einrichtungen machen sich, besonders in der fahrbaren Ausgestaltung, durch den Wegfall der Beförderungskosten verbogener Teile bis zu Tage und durch die Erleichterung der Förderung gerader anstatt fertig gebogener Stücke in die Grube bald bezahlt.

25. — Wiedergewinnen (Rauben) von Ausbaumaterial. Die im Streckenausbau gebrochenen Hölzer oder beschädigten Stahlprofile werden beim Einbringen neuen Ausbaus zurückgewonnen. Wichtiger noch ist das planmäßige Ausrauben abgeworfener Strecken, insbesondere wenn sie in Stahl ausgebaut sind. Auf den meisten Schachtanlagen sind hierzu besondere, einem erfahrenen Beamten unterstehende Raubkolonnen eingesetzt, die sich bei ihrer Arbeit meist maschineller Hilfsmittel bedienen. Als solche sei auf die Raubwinden der Firmen Düsterloh in Bochum, Demag in Duisburg und Beien, Herne, hingewiesen (Abb. 13).

Abb. 13. Raubwinde.

Es ist darauf zu achten, daß z. B. bei einem Türstock nicht an den beiden Türstockbeinen und der Kappe gleichzeitig gezogen wird, sondern zuerst an dem einen Bein, dann an dem andern und schließlich an der Kappe.

Die Raubwinden entwickeln bei Motorleistungen von 4—15 PS Zugkräfte von 4—15 t. Sie werden in Entfernungen von 30—100 m von dem zu raubenden Ausbau aufgestellt, dessen Teile bis an die Raubwinde herausgezogen werden. Die Raubarbeit kann von zwei Mann vorgenommen werden, deren Leistung je Schicht zwischen 6—20 Bauen schwankt, wobei es von Einfluß ist, ob das Ausrauben sofort nach Abwerfen der Strecke beginnt oder erst später.

Das Rauben des Ausbaus im Abbau findet bei Verwendung von Stahlstempeln immer statt, bei Holzausbau dagegen meist nur dann, wenn es das Abbauverfahren und die Art der Behandlung des Hangenden erforderlich machen, wie z. B. beim Strebbruchbau und beim Pfeilerbruchbau auf mächtigen Stein- oder Braunkohlenflözen. Über die beim Strebbruchbau dabei angewandte Arbeitsweise wurden bereits im Band I dieses Lehrbuchs einige Mitteilungen gemacht. Hier sei noch ergänzend auf die sich immer mehr durch-

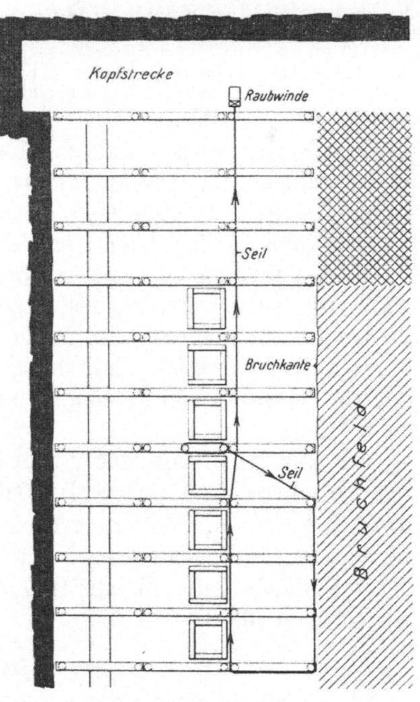

Abb. 14. Rauben des Ausbaus beim streichenden Kappenausbau in Holz.

setzende Mechanisierung des Raubens der Stempel hingewiesen, für die Raubwinden z. T. von besonders niedriger Bauart benutzt werden. Die Arbeitsweise ist aus Abb. 14 ersichtlich. Nach Umsetzen der etwa vorhandenen Wanderkästen wird um einen Teil der zu raubenden Holzbaue ein Seil in Form einer Schlinge gelegt, wobei das eine Seilende an einem Stempel besonders gut festgelegt werden muß. Die Stempel zieht man dann unter den Kappen weg. Die Zahl der in einem Gang zu raubenden Stempel ist naturgemäß von den Druckverhältnissen abhängig. Zweckmäßig ist es, die Raubwinden in die Begleitstrecken oder in deren unmittelbarer Nähe aufzustellen und eine gute Signalanlage z. B. in Form von Drucklufthupen und Zugseil, vorzusehen.

In ähnlicher Weise geht auch das Rauben von Stahlstempeln vor sich[1]). Hier ist aber im Gegensatz zum Holzausbau eine restlose Wiedergewinnung des Materials erforderlich. Zu diesem Zwecke werden nur jeweils 2—4 Stempel auf einmal geraubt, nachdem sie vorher mit Ketten an das Ende des Raubseils befestigt und die Stempelschlösser gelöst worden sind. Die Anordnung des Seiles läßt viele Möglichkeiten zu, sei es, daß es sich um streichend oder fallend verlegten Ausbau, um Bruchbau mit oder ohne Reihenstempel handelt (s. Abb. 15).

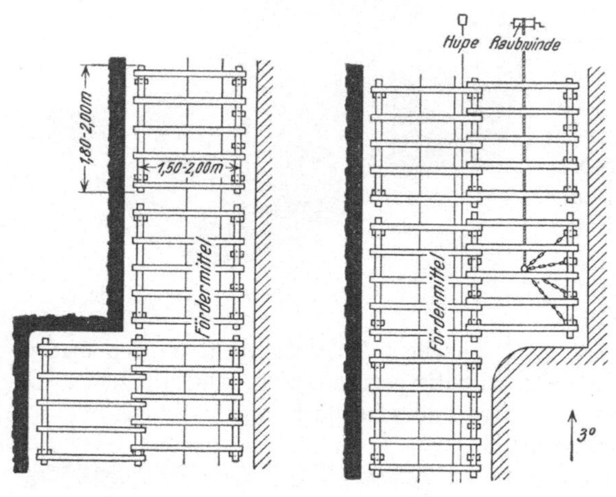

Abb. 15. Rauben beim schwebenden Kappenausbau mit Stahl- und Reihenstempeln.

Beim Pfeilerbruchbau beschränkt man sich wegen der Gefährlichkeit der Arbeit auf die am leichtesten gewinnbaren Stempel und sorgt dafür, daß die Leute nicht unmittelbar an die zu raubenden Stempel heranzugehen brauchen, sondern sie aus einiger Entfernung mit Hilfe von Raubwinden herausreißen können. Vielfach schießt man sie mittels einer an ihnen befestigten Patrone einfach um.

Für kürzere Stempellängen und bei Ausreichen geringer Zugkräfte eignen sich die unter dem Namen Sylvester bekannten und von der Hebezeugfabrik J. D. Neuhaus, Witten, gelieferten Raubeinrichtungen. Bei ihnen wird an dem zu raubenden Stempel mittels einer Kette ein Dreharm befestigt. In ihm faßt die Zugkette, die mit Hilfe eines Ratschenhebels von Hand allmählich angezogen wird.

β) Holz.

26. — Erforderliche Eigenschaften des Grubenholzes. Grubenholz soll gesundes, noch nicht von Pilzen oder Fäulnis befallenes, wenn auch stammtrockenes oder angeblautes, jedenfalls noch trag-, beil- und nagelfestes Holz sein. Es muß astarm und gerade gewachsen sein. Im übrigen richten sich die Anforderungen

---

[1]) Glückauf 1940, S. 25; Maevert: Strebbruchbau mit Reihenstempeln bei flacher Lagerung.

nach dem Verwendungszweck. Der Ausbau im Abbau und in den bald wieder abzuwerfenden Abbaustrecken verlangt leichtes und billiges Holz, das aber die Beobachtung der Gebirgsbewegungen gestattet; im Gesteinstreckenausbau ist ein festes, zähes und dauerhaftes, wenn auch teureres Holz erwünscht. Nach der **mechanischen** Seite hin ist für **Stempel** in erster Linie Knickfestigkeit, für **Kappen** Biege- und Druckfestigkeit, für **Holzkästen** vorzugsweise Druckfestigkeit erforderlich. Je enger die Jahresringe, um so größer ist die Biegefestigkeit, je geradliniger der Faserverlauf, um so größer ist die Druckfestigkeit, andererseits auch die Spaltbarkeit. Die Spaltbarkeit erleichtert zwar die Bearbeitung in der Grube, verringert aber die Biege-, Knick- und Druckfestigkeit und bringt so mehr Nachteile als Vorteile. Beanspruchung des Holzes auf Spaltung sollte im Grubenbetrieb auf jeden Fall vermieden werden. Äste setzen die Druck-, Knick- und Biegefestigkeit herab. Auch krummes Holz hat eine geringere Festigkeit als gerade gewachsenes und ist daher zu vermeiden. Sehr erwünscht ist, daß Grubenholz bei Belastung infolge Gebirgsbewegungen nicht plötzlich nachgibt, sondern allmählich und durch Knacken „warnt". Was die biologischen Eigenschaften angeht, so sollen die im Ausziehstrom stehenden Hölzer einen größeren Widerstand gegen Fäulnis haben als die vom Einziehstrom bestrichenen. Auch kann für sie die weitgehende Tränkbarkeit mit fäulniswidrigen Stoffen erwünscht sein.

27. — Eigenschaften der bergmännisch wichtigen Holzarten. Das beste Holz ist das der **Akazie** oder **Robinie**, das allerdings teuer und selten ist: es ist widerstandsfähig gegen Knickung, Druck und Biegung, dabei zäh wegen seiner wellig verschlungenen Faserung und überdies äußerst wenig der Zersetzung unterworfen. In etwas geringerem Maße besitzt diese nämlichen Eigenschaften die **Eiche.** Von den Buchenarten wächst die wertvolle **Weiß-** oder **Hainbuche** zu langsam und ist zu selten, um für den Ausbau Holz zu liefern, wogegen die in größeren Mengen vorkommende **Rotbuche** wegen der Sprödigkeit und Kurzbrüchigkeit ihres Holzes, das infolgedessen bei Gebirgsbewegungen nicht „warnt", sondern plötzlich nachgibt sowie auch wegen ihrer starken Neigung zum Faulen („Stocken") bei nicht genügender Austrocknung wenig geschätzt ist. — Von den **Nadelhölzern,** die in ihrer Bewertung für den Bergmann gegen die besseren Laubhölzer zurückstehen, namentlich wegen ihrer geringen chemischen Widerstandskraft, ist die **Lärche** das schwerste und zäheste, auch gegen Zersetzung widerstandsfähigste. Weniger wertvoll, aber infolge ihrer Billigkeit bevorzugt sind **Kiefer** und **Fichte,** wogegen die **Tanne** (Weiß- oder Edeltanne) wegen der Spaltbarkeit, der Weichheit und des geringen Harzgehaltes ihres Holzes wenig beliebt ist, falls sie nicht an Ort und Stelle wächst und daher billig ist.

Die Zusammensetzung des deutschen Waldes, die Liefermöglichkeiten des Auslandes, die Notwendigkeit, bestimmte Holzarten für andere volkswirtschaftlich wichtige Zwecke zu verwenden (Papier- und Zellstoffabrikation), sowie die Preislage haben die natürliche Entwicklung dahin gehen lassen, daß der größte Anteil des Grubenholzverbrauches auf die **Kiefer** entfällt. Laubholz, und zwar insbesondere **Eiche,** wird in erster Linie in Gesteinsstrecken, für Schachteinbauten sowie für Sonderzwecke benutzt, z. B. für Pfeiler an Streckenabzweigungen, für Wanderkästen im Strebbruchbau u. dgl. Neuerdings ist auch die **Rotbuche** etwas stärker in den Vordergrund getreten.

Im einzelnen gestattet die nachfolgende Zahlentafel, das Ergebnis einer größeren Versuchsreihe[1]), einen Vergleich der wichtigsten Holzarten nach Gewicht und Tragfähigkeit. Zu berücksichtigen ist dabei allerdings, daß diese Zahlen nur einen Anhalt geben, dagegen keine unbedingte Geltung beanspruchen können, da die jeweiligen Wachstumsbedingungen die einzelne Baumart so stark beeinflussen, daß die Unterschiede zwischen den unter gleichen Verhältnissen aufgewachsenen Bäumen verschiedener Gattung geringer sein können als die Unterschiede zwischen verschieden aufgewachsenen Bäumen derselben Gattung.

| Holzart | Gewicht je Festmeter | | Durchschnittliche Tragfähigkeit der Stempel | | | |
| | | | insgesamt bei einer Länge von | | je cm² Querschnitt bei einer Länge von | |
	frisch kg	trocken kg	1,5 m²) kg	2,5 m³) kg	1,5 m kg	2,5 m kg
Fichte	830	490	14850—34500	28600—41200	112—260	105—206
Kiefer	1000	590	17250—32900	15000—33600	130—248	75—168
Rotbuche	1130	740	18200—38400	25600–50600	137—289	128—253
Weißbuche . . .	1060	720	12700—38400	—	96–289	—
Eiche	1090	780	16600—30500	20400—36800	125—230	102–184
Akazie	1000	770	28000—45000	—	211—339	—

Über Raumgewicht, Elastizitätsmodul, Druckfestigkeit und Biegefestigkeit von Stempeln von 11—14 cm Stärke unterrichtet für verschiedene Holzarten die nachstehende Zahlentafel:

Holzart	Rohgewicht (Raumgewicht) kg/m³	Elastizitätmodul kg/cm²	Druckfestigkeit kg/cm²	Biegefestigkeit kg/cm²
Kiefer	545	108 000	140—240—410	190—475—1100
Lärche	610	108 000	180–270—350	290—460—710
Fichte	480	100 000	190—270—420	315—495—870
Tanne	460	100 000	160—250—310	300—465—750
Eiche	705	112 000	260—340—380	350—500—570
Buche	740	144 000	220–340—540	340—570—980
Akazie	780	122 000	380	655

Eine sehr wichtige Eigenschaft des Holzes ist seine sehr unterschiedliche Festigkeit in den einzelnen Teilen des Stammquerschnitts und der Gegensatz, der in dieser Beziehung zwischen Laubholz und Nadelholz besteht. Nach dem Zellenaufbau durch das Wachstum unterscheidet man von außen nach innen Splintholz, Kernholz. Bei Laubhölzern ist das äußere Splintholz im allgemeinen weicher als das innere Kernholz, während beim Nadelholz umgekehrt das innere Kernholz weich ist und das äußere Splintholz härter. Abb. 16 gibt die Ergebnisse von Druckproben an Kiefernholz wieder und läßt die wesentlich größere Festigkeit des Splints gegenüber dem Kernholz deutlich erkennen. Im einzelnen wird die Dichtigkeit und Festigkeit des Holzes durch das Wachstum beeinflußt; sie ist geringer bei rasch gewachsenen, größer bei langsam gewachsenen Bäumen.

---

[1]) Zeitschr. f. d. Berg-, Hütt.- u. Sal.-Wes. 1900, S. 191; Dütting und Quast: Versuche über die Gebrauchsfähigkeit verschiedener Grubenholzarten zu Abbaustempeln.
²) Dicke 13 cm.   ³) Dicke 16 cm.

28. — Verwendung längsgeteilter Stempel. Da die Nachfrage nach Stempeln mit Durchmessern von weniger als 15 cm sehr groß ist und ihr Anteil am Gesamtholzverbrauch einer Schachtanlage bis auf 75% steigen kann, pflegt je nach der Lage des Holzmarktes von Zeit zu Zeit die Frage nach der Verwendungsmöglichkeit von längsgeteilten Stempeln aufzutreten. Sie werden durch Zerschneiden dickerer Rundhölzer hergestellt.

Für die Beurteilung geteilter Stempel ist einmal wichtig, daß dickes Holz eine höhere Druckfestigkeit je cm² aufweist als dünnes, da der innere weiche Kern bei dünnem Holz einen größeren Anteil des Querschnitts ausmacht als bei dickem Holz. So haben Prüfstand-

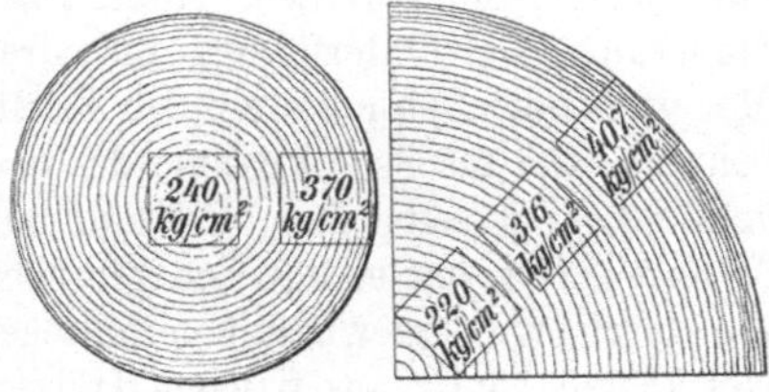

Abb. 16.
Druckfestigkeit von Kiefernholzwürfeln in den verschiedenen Teilen des Querschnitts.

versuche[1]) ergeben, daß bis zu Stempelquerschnitten von 80 cm² — entsprechend einem Durchmesser runder Stempel von 10 cm — gevierteilte Stempel eine etwas höhere Knickfestigkeit aufweisen als runde gleichen Querschnitts. Bei größeren Querschnitten sind längsgeteilte Stempel den runden jedoch unterlegen. Infolgedessen ist ein gewisser Sicherheitszuschlag durch Wahl größerer Querschnitte zu machen. Da außerdem Holzverluste durch das Zerschneiden unvermeidbar sind, kann damit gerechnet werden, daß der Holzverbrauch bei Verwendung längsgeteilter Stempel etwa 25% größer ist als beim Gebrauch von Rundhölzern.

Auch die Art der Teilung ist von Bedeutung. Man kann einen Rundholzstempel in 2, 3 oder 4 Teile teilen. Durch Zweiteilung hergestellte Stempel müssen aus dünneren Rundstempeln angefertigt werden als gevierteilte Stempel gleichen Querschnitts. Letztere haben also den Vorteil, daß ihr Holz, da es älter ist, eine etwas höhere Festigkeit besitzt. Anderseits ist die Umfassung des weicheren Kernholzes durch das ältere Splintholz beim zweigeteilten größer als beim viergeteilten Stempel. Bei einer Dreiteilung durch zwei senkrecht zueinander liegende Schnitte fallen zwei Stempel und eine Kappe an. Abgesehen davon, daß diese Dreiteilung nur schwierig durchzuführen ist, haftet ihr der Nachteil an, daß der Anteil des Weich- und Hartholzes bei den so gewonnenen Stempeln etwas ungünstiger ist als bei viergeteilten Stempeln gleichen Querschnitts. Bei einer Dreiteilung durch zwei parallele Schnitte fallen zwei Kappen und ein Stempel an, dessen Tragfähigkeit jedoch gering sein dürfte. Die Dreiteilung ist also nicht zu empfehlen.

Grenzen sind der Anwendung längsgeteilter Stempel durch Mächtigkeit und Einfallen gesetzt. Da die Knickfestigkeit längsgeteilter Stempel größerer Länge infolge Unregelmäßigkeit des Faserverlaufes ungünstiger wird, dürfte bei einer Mächtigkeit von 1,25 m eine Grenze zu sehen sein. Auch in steiler Lagerung können sie nicht empfohlen werden, da hier die Stempel weniger auf Knickung als auf Biegung beansprucht werden, die Biegefestigkeit geteilter Stempel jedoch sehr ungünstig ist.

---

[1]) Glückauf 1926, S. 1409; H. Herbst: Knickversuche mit Kiefernholz-Grubenstempeln von naturrunden und geteilten Querschnitten.

Im ganzen gesehen, kann die Verwendung längsgeteilter Stempel nur als Notmaßnahme betrachtet werden.

29. — Verwendung von Abfallholz. Das Abfallholz kann, da es meist noch frisch und tragkräftig ist, noch zum Ausbau in weniger mächtigen Lagerstätten verwendet werden. Außerdem wird es für Holzkästen, Holzeinlagen in Mauerung, Holzhinterfüllung im Streckenausbau, insbesondere wenn er aus Mauerung oder Beton besteht, zur Herstellung von nachgiebigen Gewölben u. dgl. benutzt. Die rasche Aufnahme des nachgiebigen Ausbaues, der viel Abfallholz verlangt, anderseits aber die Standdauer des Ausbaues verlängert, also wenig Altholz liefert, hat es mit sich gebracht, daß der Bedarf an Abfallholz vielfach die durch Wiedergewinnung erhaltenen Holzmengen übersteigt, so daß z. B. Holzkästen häufig aus frischen Hölzern hergestellt werden.

30. — Die Zerstörung des Holzes durch Fäulnis. Wenn man von den seltenen Fällen absieht, wo im Untertagebetrieb holzzerstörende Käfer das Holz befallen, bildet die Ursache der Zerstörung immer die Fäulnis. Chemische Angriffe oder solche von Bakterien spielen keine Rolle. Erreger der Fäulnis sind immer die Fäulsnispilze, also Pflanzen, welche sich aus ihren immer im Holz vorhandenen Sporen entwickeln. Die holzzerstörenden Pilze leben hauptsächlich von der Holzsubstanz, also von der Zellwand, und nicht vom Zellinhalt. Die beim Kiefernholz oft zu beobachtende Blaufärbung des Splintes wird durch Pilze hervorgerufen, die nur vom Zellinhalt leben und darum nicht zu den holzzerstörenden gehören; aber sie schaffen für diese günstige Voraussetzungen. Grundsätzlich wichtig ist die Tatsache, daß es sich bei der Holzfäulnis nicht um einen chemischen Vorgang, wie etwa beim Rosten des Stahls handelt, sondern um einen **biologischen**.

Die einzelnen Holzarten werden von verschiedenen Pilzen befallen und zerstört. Bei der Kiefer, dem meist im Bergbau benutzten Holz, ist es vor allem der Splint, der rasch befallen und zerstört wird. Der Kern ist widerstandsfähiger. Es ist ein Irrtum, wenn die Eiche für fäulnissicher gehalten wird; dies trifft nur in beschränktem Umfang für den Kern zu, wenn er völlig von Splint befreit ist. Der Splint der Eiche dagegen wird zerstört und vom faulenden Splint ausgehend greift die Fäulnis auch den Kern an und zerstört ihn. Buchenholz wird besonders rasch angegriffen.

Voraussetzung für das Wachstum der Sporen der Fäulnispilze ist das Vorhandensein von Wasser, Luft und Grubenwärme. Steht Holz unter der Einwirkung eines Wassergehaltes von nicht mehr als 60% und einer Lufttemperatur zwischen 5 und 30⁰ C, so wachsen die Sporen mehr oder weniger schnell und zerstören das Holz. Einzelne Pilze verrichten ihr Zerstörungswerk ganz im Holzinnern und treten nach außen nicht in Erscheinung, andere überziehen die Holzoberfläche mit einem Geflecht von Pilzfäden. Holz, das völlig trocken steht, fault nicht; ebenso nicht Holz, das sich auf die Dauer unter Wasser befindet. In beiden Fällen können die Pilzsporen nicht keimen.

31. — Die Schutzstoffe. Als Schutzstoffe gegen die Fäulnis werden Pilzgifte verwandt, von welchen eine große Anzahl aus dem organischen und anorganischen Gebiet bekannt sind. Der Bergbau stellt an einen Schutzstoff besondere Bedingungen. Eine Behandlung des Holzes mit irgendeinem — vielleicht für Stahl wirksamen — Oberflächenschutz durch Anstrich mit Zement oder Bitumen und pechhaltigen Mitteln bedeutet nicht nur keinen Schutz, sondern eine erhöhte Gefährdung.

Grundsätzlich können die Schutzstoffe in zwei Gruppen eingeteilt werden, und zwar ihrem Lösungsmittel entsprechend in ölhaltige und wasserlösliche. Von den ersteren steht das Teeröl, als werkseigenes Produkt, im Vordergrund. Allerdings muß darauf geachtet werden, daß nur lufttrockenes, nicht verblautes Holz zum Tränken kommt, weil Öl in feuchte und verblaute Holzteile nicht eingebracht werden kann. Die Teeröle haben sämtlich den großen Vorzug, in Wasser unlöslich zu sein und daher der Auslaugung durch Wasser zu widerstehen. Dabei ist ihre fäulniswidrige Wirkung recht kräftig. Nachteilig ist die ätzende, die Haut angreifende Wirkung der Teeröle, ihr scharfer Geruch, der nicht nur die Wetter verschlechtert, sondern auch durch seine Ähnlichkeit mit dem Brandgeruch das rechtzeitige Erkennen eines Grubenbrandes erschwert, und endlich besonders ihre Feuergefährlichkeit. Freilich sind die letzteren Nachteile in den für getränktes Holz in erster Linie in Frage kommenden ausziehenden Wetterstrecken von geringerer Bedeutung. Mit Teeröl getränktes Holz hat um r. 65 kg je m³ an Gewicht zugenommen. Auch ist seine Druckfestigkeit um ein Geringes gesteigert.

Unter den Schutzsalzen, also Chemikalien, welche für den Gebrauch in Wasser gelöst werden, werden Mischungen benutzt, in denen hauptsächlich Fluor- und Zinksalze enthalten sind. Besonders die ersteren, die das Fluor in der Form von Fluornatrium enthalten, werden heute im gesamten Bergbau in den von Wolman eingeführten Zusammensetzungen in überwiegendem Umfang verwendet. Den den Schutzsalzen anhaftenden Nachteil des Stahlangriffs hat Wolman durch Zusatz von Chromsalzen beseitigt, durch den gleichzeitig die Auslaugbarkeit des Schutzmittels wesentlich verringert worden ist. Die für den Bergbau bestimmte Mischung der Wolman-Salze heißt Triolith-U (Glückauf-Basilit-extra-U) und besteht aus 10% Dinitrophenol, 35% Chromsalzen und 55% Fluornatrium. Andere Metallsalze haben meist schädliche Wirkungen: Quecksilberchlorid (Sublimat) greift Stahl sehr stark an, Eisenvitriol gibt nach einiger Zeit freie Schwefelsäure ab, Zinkchlorid, Stein- und Kalisalze machen das Holz spröde und führen zu Kristallbildungen, die die Holzfaser angreifen.

32. — Die Tränkverfahren. Ein Anstrich des Grubenholzes mit irgendeinem Schutzmittel scheidet als unwirksam aus. In Betracht kommen nur die Trogtränkung und das Kesseldruckverfahren. Für die Wahl eines dieser Verfahren ist in erster Linie der Umfang des Bedarfs an getränktem Holz entscheidend. Allgemein kann gesagt werden, daß bis zu einem jährlichen Bedarf von 2000 m³ der Trogtränkung der Vorzug zu geben ist.

Die Anlagekosten des Trogtränkverfahrens sind gering. Die Einrichtung kann vom Betrieb selbst in Stahlblech oder Beton erstellt werden. Steht Dampf zur Verfügung, kann durch Erhitzen der Tränkflüssigkeit und des darin eingelegten Holzes die Dauer der Tränkung abgekürzt werden; allerdings muß für diesen Zweck das Holz lufttrocken sein. (Tränkdauer je nach Holzstärke 2—4 Tage.) Wesentlich bei diesem Verfahren ist es, daß die Tränkflüssigkeit jeden Tag auf etwa 80° C erhitzt und diese Temperatur etwa 2 Stunden gehalten wird. Nach dem Abkühlen wird der Vorgang wiederholt. Steht kein Dampf zur Verfügung, dann kann mit kalter Imprägnierlauge gearbeitet und auch grünes Holz behandelt werden. Die Salze wandern dann durch Diffusion in das Holz ein. Besonders der Erzbergbau erzielt auf diesem Wege mit Eichenholz gute Erfolge. Die Tränkdauer beträgt dann allerdings bis zu 8 Tagen. Wichtig ist in jedem Falle, daß das Holz erst dann eingebaut wird, wenn es lufttrocken ist.

Die beste Durchdringung des Holzes ist mit dem Kesseldruckverfahren zu erreichen,

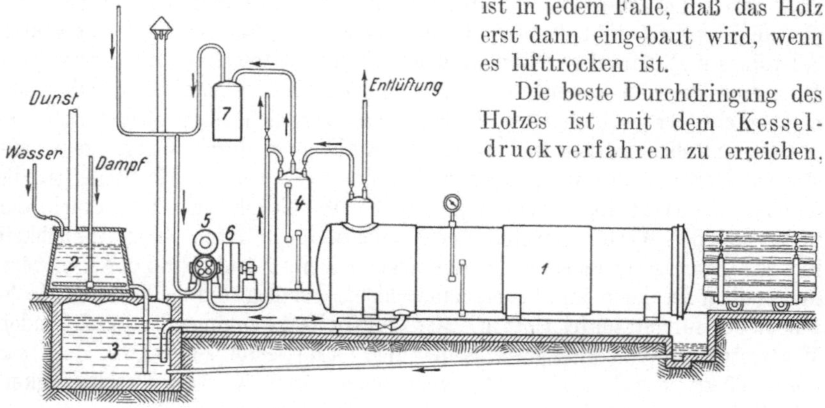

Abb. 17. Schema des Volltränkverfahrens.

1 Tränkkessel　　　*3* Vorratsbehälter　　　*5* und *6* Kompressor und Vakuumpumpe
2 Lösegefäß　　　　*4* Meß- und Druckgefäß　　*7* Abscheider

bei dem aber nur lufttrockenes Holz verwendet werden darf. Es kommt in Betracht, wenn mehr als 2000 m³ Holz jährlich zu tränken sind. Anordnung einer solchen Anlage und der Ablauf des Volltränkverfahrens sind aus den

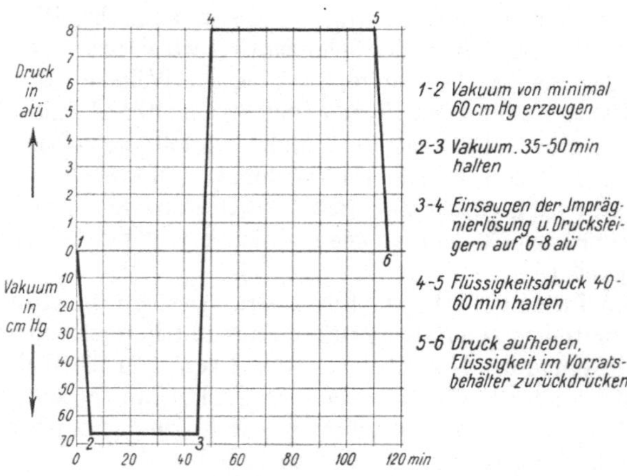

Abb. 18. Arbeitsweise des Volltränkverfahrens.

Abbildungen 17 u. 18 ersichtlich. Im Gegensatz zu der Verwendung von Teeröl, bei dem nach dem Rüpingschen Sparverfahren gearbeitet und der größte Teil des ins Holz eingepreßten Öls zurückgewonnen wird, wendet man bei Salzen das Volltränkverfahren an, d. h. es wird so viel Lauge in das Holz eingepreßt, als es aufnehmen kann. Bei Kiefernholz sind dies 200 und mehr Liter, wobei die Menge des aufgenommenen Schutzsalzes durch die Konzentration der Lauge bestimmt wird.

Je nach der Art des Salzes und der Art und Beschaffenheit des Holzes sind unterschiedliche Mengen erforderlich. Buche benötigt mehr als Kiefer und Eiche, splintfreies Holz mehr als splintarmes. Bei Triolith-U braucht man 1,5 bis 3 kg je m³ Holz. Die Gewichtszunahme des Holzes ist also nur sehr gering. Fichte und Tanne nehmen dagegen das Schutzmittel nur bis in geringe Tiefe auf.

Im übrigen sei erwähnt, daß bei Kiefer und Eiche der Splint restlos durchtränkt werden kann, während der Kern bei beiden Hölzern nur auf eine ganz geringe Tiefe zu erfassen ist. Dagegen durchdringt die Trankflüssigkeit bei Buchenholz, soweit es nicht einen roten Kern hat (eine Krankheitserscheinung) den gesamten Querschnitt.

Zu beachten ist, daß eine Bearbeitung der Hölzer tunlichst vor dem Tränken geschieht. Jede nachträgliche Bearbeitung kann nämlich nicht geschützte Holzteile freilegen und dadurch Pilzen Zugang zum Holzinnern verschaffen, die ein Faulen des Holzes einleiten.

33. — Die Verwendung von getränktem Holz[1]). Die durch ein sachgemäßes Tränken zu erzielende längere Standdauer der Grubenhölzer — man hat vielfach eine 3—4fache Verlängerung der Lebensdauer festgestellt — bringt außer der Verringerung der unmittelbaren Holzkosten noch verschiedene Nebenvorteile mit sich. Zunächst werden die Arbeiten zur Auswechslung der Zimmerung und damit die Zahl der Zimmerhauer verringert. Daraus ergibt sich aber wiederum eine Verringerung der bei diesen Arbeiten möglichen Unfälle durch die Werkzeuge und durch Stein- und Kohlenfall sowie eine geringere Störung der Förderung und Wetterführung, also Steigerung der Betriebssicherheit.

Der Umfang der Verwendung von getränktem Holz im Untertagebetrieb hängt von ganz anderen Bedingungen ab als bei Hölzern über Tage. Zunächst kommt hier die Rücksicht auf den Gebirgsdruck hinzu, der die Tränkung für alle Hölzer überflüssig erscheinen läßt, deren Standdauer schon durch den Druck sehr verkürzt wird. Damit entfällt die Tränkung von vornherein für den Ausbau im Abbau und in allen druckhaften Strecken, weshalb z. B. eine westfälische Gaskohlenzeche bedeutend weniger Holz wird tränken können als eine Magerkohlengrube daselbst.

Von noch größerer Bedeutung als Gebirgsdruck und Standdauer ist das Grubenklima. In trockenen Gruben ist das Holz der Fäulnis nicht ausgesetzt. In Gruben mit feuchtem Klima, insbesondere mit feuchtem ausziehendem Wetterstrom bringt die Verwendung imprägnierten Holzes dagegen große Vorteile mit sich. Auf einzelnen Gruben kann der Anteil der zu tränkenden Hölzer am Gesamtholzverbrauch bis auf 20% steigen.

Für manchen Betrieb beschränkt sich die Verwendung von getränktem Holz auf solche Hölzer, welche in Verbindung mit Stahl verbaut werden. Durch Tränkung ist es in vielen Fällen möglich, die Gebrauchsdauer des Holzes der des Stahls anzugleichen. Es handelt sich hierbei um Verzug aller Art, um Bolzen, Quetschhölzer und vor allem auch Schwellen. Nicht zu vergessen

---

[1]) Mahlke-Troschel, Handbuch der Holzkonservierung, 2. Aufl. 1938; ferner Glückauf 1914, S. 611; 1921, S. 601; Dobbelstein: Vergleichsversuche mit Imprägnierverfahren für Grubenholz; — ferner Bergbau 1931, S. 131; Fr. Herbst u. A. Hentschel: Fäulniswidrige Holztränkung in ihrer heutigen Bedeutung für den Steinkohlenbergbau; — Huber: Was muß der Bergmann vom Holzschutz wissen? (Berlin 1941.)

sind Wettertüren, Hölzer für Gesteinsstaubsperren, Gezähkisten und Lauf-
bohlen. Oftmals bedingen die Wetterverhältnisse auch die Behandlung der
wertvollen Schachtrahmenhölzer. Schließlich hat auch der Übertagebetrieb
laufenden Bedarf an getränktem Holz für Kühltürme, Gleisanlagen, Wohnungs-
bau, Zäune usw.

34. — Kosten der Tränkung und Ersparnisse durch Tränkung. Während die Kosten für eine Trogtränkanlage ganz gering sind (meist kann sie
aus vorhandenem Altmaterial erstellt werden), ist für die Kesseldruckanlage
bei einem Fassungsvermögen des Kessels von 30 m³ und einer Leistung von etwa
9000 m³ Holz im Jahr mit einem Betrag von 20—25000 RM. zu rechnen. Aber
auch hier können wesentliche Einsparungen gemacht werden, wenn für den
Tränkkessel und den Laugebehälter alte Flammrohrkessel zur Verfügung stehen.
Die Tränkkosten je m³ Kiefernholz stellen sich auf 6—10 RM. je nach Ausnutzung der Anlage sowie Preis und Menge der verwendeten Schutzstoffe.

In einem Beispiel soll ein Bild von der Wirtschaftlichkeit gegeben werden.
Angenommen, ein Betrieb baut je Jahr 1000 m³ getränktes Holz ein, die Holzkosten betragen 25 RM. je m³, ebensoviel auch die Einbaukosten. Es sei festgestellt, daß bisher rohes Holz nach 2 Jahren wegen Fäulnis ausgewechselt
wurde; das getränkte Holz hat eine Standdauer von 5 Jahren. Nach Ablauf
dieses Zeitraumes stehen sich folgende Kosten gegenüber:

a) Verwendung von rohem Holz:

Holzkosten 1000 m³ zu RM. 25.— .... RM. 25 000.—
Einbaukosten 1000 m³ zu RM. 25.— ..... „ 25 000.—
1000 m³ Holz, roh verbaut, kosten ...... RM. 50 000.—
nach 5 Jahren 2½ fache Auswechslung .. „ 125 000.—

b) Verwendung von getränktem Holz:

Holzkosten 1000 m³ zu RM. 25.— .... RM. 25 000.—
Tränkkosten 1000 m³ zu RM. 8.— .... „ 8 000.—
Einbaukosten 1000 m³ zu RM. 25.— ..... „ 25 000.—
100 m³ Holz, getränkt verbaut, kosten .. RM. 58 000.—

Die erzielte Ersparnis beläuft sich also auf

125 000 RM. — 58 000 RM. = 67 000 RM.

35. — Schutz des Grubenholzes gegen Feuer. Ein Schutz des Grubenholzes gegen Feuer kann durch Tränkung mit ähnlichen fluornatriumhaltigen
Salzen durchgeführt werden, die zum Schutz gegen Fäulnis dienen, nicht dagegen
mit Teerölen. Bewährt ist das Wolmansche „Minolith". Außerdem seien die
Albertsalze der Firma Chemische Werke vorm. Albert in Amöneburg
bei Wiesbaden-Biebrich erwähnt.

Durch eingehende Untersuchungen ist erwiesen, daß auch in diesem Fall
mit Anstrichmitteln kein ausreichender Schutz erzielt werden kann. Das Holz
muß nach dem Kesseldruckverfahren behandelt und es müssen alle erfaßbaren
Holzteile durchtränkt sein. Es ist dann eine ganz wesentliche Herabsetzung
der Entflammbarkeit zu erreichen, doch ist es bisher unmöglich, Holz unver-
brennbar zu machen. Auch spielt der Querschnitt des Holzes eine große Rolle;
ein Rundholz von schwachem Querschnitt wird viel rascher vom Feuer zerstört
als ein solches von starkem Querschnitt. Bei Hölzern, welche nach dem Einbau
durch Gebirgsdruck so aufgequetscht sind, daß eine pinselförmige Struktur auftritt, wird der Feuerschutz unwirksam.

γ) Stahl.

36. — Materialeigenschaften. Unter Stahl versteht man neuerdings alles schon ohne Nachbehandlung schmiedbare Eisen. Das im Grubenbetrieb verwendete Eisen ist daher mit Ausnahme der aus Gußeisen bestehenden Tübbinge als Stahl zu bezeichnen. Je nach der Zusammensetzung, je nach der Art der Herstellung und Wärmebehandlung gibt es außerordentlich viele Stahlarten. Sie unterscheiden sich durch ihre Festigkeitseigenschaften, also durch ihre Widerstandsfähigkeit gegen Zug und Druck, gegen Biegung, Schub und Verdrehung. Zur Bezeichnung der im Grubenbetrieb und auch im Bauwesen usw. verwandten Stahlsorten wird vielfach die Zugfestigkeit als Maßstab herangezogen und von St 37 oder St 72 gesprochen. Es heißt dieses, daß es sich um Stahl handelt, der eine Zugfestigkeit von mindestens 37 kg/mm² oder von 72 kg/mm² besitzt.

Außer nach ihren Festigkeitseigenschaften unterscheiden sich die Stahlsorten noch nach ihrer Dehnungsfähigkeit, wobei man Baustoffe, die nur eine geringe Dehnung aushalten, bevor sie brechen, als spröde und solche mit großer Bruchdehnung als zäh bezeichnet. Ein Be-

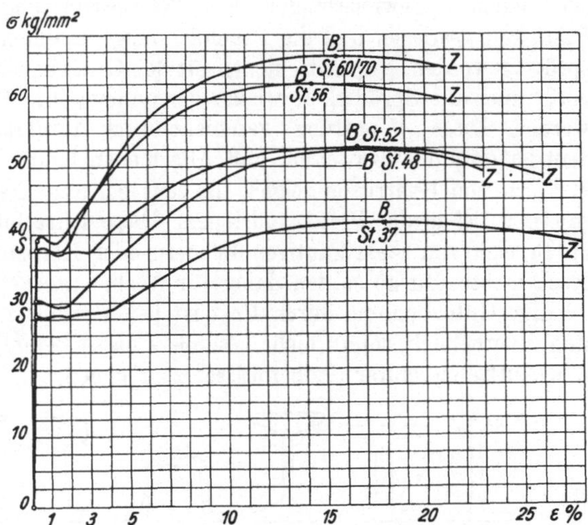

Abb. 19. Spannungs-Dehnungs-Diagramme verschiedener Baustähle.

lastungs-Dehnungs-Schaubild für verschiedene Stahlsorten gibt Abb. 19 wieder. Auf der Ordinate ist in kg/mm² die Belastung (σ) und auf der Abszisse in % die Dehnung (ε) angegeben. An den einzelnen Kurven ist zu erkennen, daß mit zunehmender Belastung die Dehnung zunächst nur außerordentlich geringfügig, aber geradlinig, also proportional zur Belastung, zunimmt. Außerdem handelt es sich um eine elastische Dehnung. Es ist dieses bei jeder Kurve bis zum Punkt S der Fall, durch den die Proportionalitätsgrenze gekennzeichnet ist. Von diesem Punkt an nehmen die Dehnungen außerordentlich stark zu, ohne daß dabei eine Steigerung der Last erforderlich wäre. Man nennt die Spannung an dieser Grenze die Streck- oder Fließgrenze. Die in diesem Bereich auftretenden Formänderungen sind in ihrer ganzen Größe bleibend, der Stahl ist plastisch geworden. Nach einer gewissen Streckung muß die Kraft erst wieder gesteigert werden, um weitere, nunmehr schnell zunehmende Dehnungen hervorzurufen. Alle sichtbaren Verformungen an stählernem Ausbau zeigen dem Bergmann daher an, daß der Stahl von der Größe der Streckgrenze oder darüber hinaus beansprucht ist oder war. Im Punkte B ist die Höchstspannung, die Bruchspannung und Bruchgrenze, erreicht, die Dehnung kann noch etwas zunehmen, und bei etwas sinkender Belastung Z tritt schließlich Bruch ein. Die gesamte bis zum Bruch aufgetretene Dehnung nennt man Bruchdehnung.

Ein Vergleich der verschiedenen Kurven zeigt außerdem, daß, je höher bei einem Stahl die Zugfestigkeit ist, um so geringer die Bruchdehnung ist. Stähle mit sehr hoher Festigkeit und zugleich hoher Bruchdehnung sind nicht herstellbar. Da unter Tage in den meisten Fällen außer Beanspruchungen auf Druck in erster Linie Biegebeanspruchungen in Frage kommen, sind im allgemeinen Stähle mäßiger Festigkeit, aber hoher Bruchdehnung, also zähe Stähle, sehr festen, aber spröden Stählen vorzuziehen.

Eine erhebliche Rolle im Grubenausbau spielt infolge ihres geringen Preises die Altschiene. Durch die langjährige Beanspruchung hat die Lauffläche der Schienen gewissermaßen eine Kaltbearbeitung erfahren, wodurch die Festigkeit gestiegen und die Bruchdehnung gesunken ist; das Material ist also spröde geworden. Um Altschienen für den Grubenausbau verwenden zu können, muß ihnen die Sprödigkeit wieder genommen, ihre Bruchdehnung also erhöht werden. Diese „Vergütung" geschieht durch Ausglühen bei etwa 820°. Außerdem ist darauf hinzuweisen, daß Altschienen häufig Ermüdungserscheinungen in Form von Haarrissen zeigen, die senkrecht zur Fahrrichtung auftreten und zuweilen tief in das Profil eindringen. Diese Risse bilden sich besonders leicht im Bereich von scharfkantigen Löchern oder Kerben. Gelochte oder sonstwie geschwächte Stücke sollten daher für Ausbauzwecke nicht verwendet werden.

Eine Güteabnahme durch Rost ist bei Altschienen und sonstigem Ausbaustahl unerheblich, sofern nicht besonders nasse Bedingungen vorliegen oder mit dem Auftreten saurer Grubenwässer zu rechnen ist.

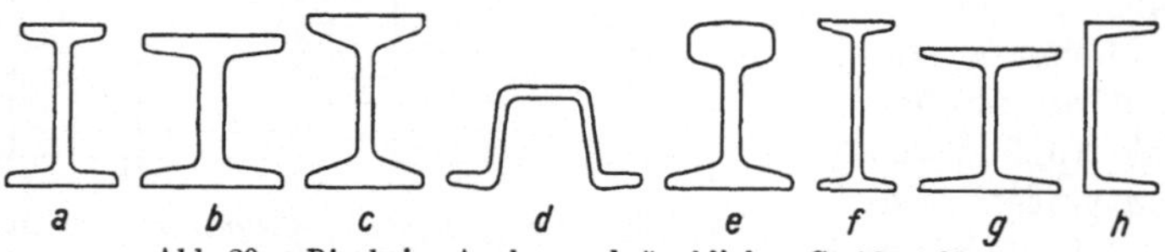

Abb. 20 a. Die beim Ausbau gebräuchlichen Stahlprofile.

a) ungleichflanschiger Kappenstahl   *e)* Eisenbahnschiene
b) gleichflanschiger Kappenstahl   *f)* I-Normalprofil
c) Pokalstahl   *g)* Breitflanschträger
d) Toussaint-Heintzmann-Profil   *h)* U-Normalprofil

37. — Eigenschaften der verschiedenen Stahlprofile. Außer von der Stahlgüte wird die Widerstandsfähigkeit des stählernen Ausbaus durch die Art des Profils sowie durch dessen Schwere, die in kg/m angegeben wird, beeinflußt.

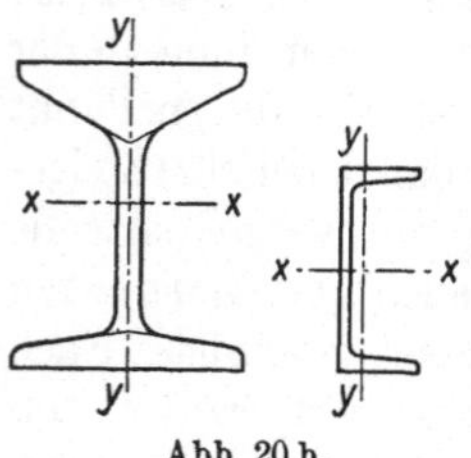
Abb. 20 b.

In der Abb. 20 a sind die wichtigsten Bergbauprofile wiedergegeben. Die Widerstandsfähigkeit der einzelnen Profile wird nach den Gesetzen der Statik zunächst unabhängig von dem verwendeten Material aus der Verteilung der Massen in bezug auf die beiden Hauptachsen errechnet, die man sich durch das Profil gelegt denken kann. Die eine der beiden Achsen, mit x bezeichnet, verläuft waagerecht, während die andere, die y-Achse, senkrecht gerichtet ist (Abb. 20 b). In der nachfolgenden Zusammenstellung sind die wichtigsten Profile in ihrer Widerstandsfähigkeit gegen Biegung und Druck miteinander verglichen. Hierbei wurden möglichst gleichartige Metergewichte gewählt.

Vergleich der beim Ausbau verwendeten Profile mit gleichem Metergewicht.

Profil	g kg/m	η_x W_x/g	η_y W_y/g	j_{min}
Toussaint-Heintzmann 76 × 165	21,1	2,8	3,1	3,7
Breitflanschtträger 100	21,0	4,3	1,4	2,37
I 18	21,9	7,3	0,9	1,7
C 18	22,0	6,8	1,0	2,0
Pokalstahl 120	23,5	3,8	0,9	1,58
Gleichfl. Streckenbogenstahl 120	23,6	4,7	1,0	1,70
Schiene 100/20	20,0	3,4	0,65	1,45
Schienen Pr. 6	33,4	4,6	0,8	1,92
Kappenstahl 130 $\frac{75}{100}$	22,9	4,5	0,9	1,89

Aus der Zusammenstellung ist zunächst zu ersehen, daß bei allen Profilen das Widerstandsmoment gegen Biegung der x-Achse (η_x) viel stärker ist als das gegen Biegung der y-Achse (η_y). Dieses ist deshalb der Fall, da im allgemeinen die Biegebeanspruchung in Richtung der Streckenmitte größer ist als die Biegebeanspruchung in Richtung der Streckenachse, der auch durch sorgfältige Verbolzung der Baue entgegengewirkt werden kann. Eine Ausnahme macht das Portalprofil nach Toussaint-Heintzmann, bei dem sogar η_y etwas höher ist als η_x. Für seine Formgebung war der Gedanke maßgebend, die Knicksicherheit zu erhöhen, was insbesondere bei Stempeln wichtig ist. Anderseits wird dadurch der Widerstand gegen Verbiegungen gegen die x-Achse herabgesetzt. Diesen Nachteil nimmt man aber bei der häufigen Verwendung des Profils für Streckenbögen in Kauf, da es sich infolge seiner Rinnenform gut für eine nachgiebige Gestaltung des Ausbaus eignet.

Das I-Normal-Profil besitzt die größte Widerstandsfähigkeit auf Biegung gegen die x-Achse, eignet sich daher besonders gut für Kappen. Da es auch gegen Druckbeanspruchungen widerstandsfähig ist, verwendet man es auch für Streckenbögen, während seine Verwendung für Türstockbeine eine Materialverschwendung bedeutet, da bei ihnen die hohe Biegefestigkeit meist nur in sehr geringem Maße ausgenützt werden kann.

Der Breitflanschträger besitzt, vom Toussaint-Heintzmann-Profil abgesehen, die größte Tragfähigkeit bei Druck- und Knickbeanspruchungen und zugleich im Gegensatz zum Toussaint-Profil eine hohe Biegefestigkeit in der x-Achse. Der Breitflanschträger hat sich daher besonders in Gestalt von Streckenringen gut bewährt. Die eigens für die Zwecke des Grubenbaus entwickelten Streckenbogenprofile fallen durch ihre gedrungene Form auf und besitzen mittlere Druck- und Biegefestigkeiten. Man hat sich mit ihnen in Rücksicht auf eine leichte Bearbeitungsmöglichkeit sowie auf eine Form, die ein gutes Anliegen der Verbindungslaschen gestattet, begnügt. Die abgebildeten Kappenstahlprofile haben eine große Verbreitung erlangt, werden aber nicht mehr hergestellt. Sie besitzen eine gute Druckfestigkeit und eine gute Biegefestigkeit in der x-Achse.

Die Schienenprofile sind nicht für Zwecke des Bauwesens entworfen und weisen daher ein großes Mißverhältnis von Gewicht zu Leistung auf, und zwar um so mehr, je schwerer die Schiene ist. Sie besitzen ein mittleres Widerstandsmoment gegen Biegung der x-Achse, dagegen das geringste von allen Profilen gegen Biegung der y-Achse. Im ganzen liegen die statischen Werte von Altschienen bis 30% unter dem der Neuschienen. Nur ihr geringer Preis rechtfertigt ihre Verwendung als Kappen, daneben auch als Türstockbeine.

Die U-Normalprofile besitzen eine erhebliche Druck- und Knickfestigkeit und ein sehr hohes Widerstandsmoment gegen Biegung in Richtung der x-Achse. Sie sind daher gut für Stempel geeignet, weniger dagegen für Streckenbögen, wenn, wie es geschieht, die Hauptbeanspruchung auf Biegung in Richtung auf die y-Achse erfolgt. Um zu vermeiden, daß bei übergroßen Beanspruchungen und nach Erschöpfung der im Rahmen liegenden Nachgiebigkeit sich das Profil in Richtung des geringsten Widerstandes verbiegt, wird das *UNP 16* mit aufgeschweißter Rückenplatte geliefert.

d) Stein.

1. Allgemeines über die Baustoffe.

38. — Baustoffe. Die Mauerung setzt sich, abgesehen von der „trockenen Mauerung", die aus geeigneten, im Grubenbetrieb oder sonstwie gewonnenen Bruchsteinen hergestellt wird, aus Steinen und Mörtel zusammen. Die Steine können Natur- (Bruch-) oder Kunststeine sein. Beim Mörtel unterscheidet man, je nachdem er an der Luft oder im Wasser erhärtet, die Luftmörtel und die Wassermörtel (hydraulische Mörtel); zwischen beiden Gruppen bestehen mannigfache Übergänge. Der Mörtel hat in erster Linie die Aufgabe, durch Ausfüllung der Fugen die Steine zu einem festen Verband zusammenzufügen, bringt aber außerdem noch den Vorteil, die Unebenheiten der Steine auszugleichen und dadurch zu starke Drücke auf vorspringende Teile der Steinoberfläche zu vermeiden.

39. — Bruchsteine. Bruchsteine können im Grubenbetrieb selbst gewonnen werden, soweit dieser bei der Ausrichtung oder beim Nachreißen von Strecken Steine von fester Beschaffenheit (Sandstein, Grauwacke u. dgl.) liefert. Solche Steine finden im Steinkohlenbergbau vorzugsweise in Gestalt von Bergemauern beim Ausbau von Abbau- und Teilstrecken Verwendung.

Neuerdings hat man aber den Bruchsteinausbau auch für die Auskleidung von Hauptförderwegen verschiedentlich in solchen Fällen angewandt, in denen es sich um die Aufnahme besonders großer Druckbeanspruchungen handelte[1]. Man sucht auf diese Weise die große Druckfestigkeit der Natursteine nutzbar zu machen, die nach der Zahlentafel auf S. 5 bei festem Sandstein etwa 290—1840 kg/cm², bei Granit, Basalt und ähnlichen Massengesteinen 920—4600 kg/cm² erreichen kann. Solches Mauerwerk verursacht dann freilich erheblich höhere Kosten, da die Steine nicht nur an sich teuer

---

[1] S. Bergbau 1928, S. 469; Leinau: Der Basaltausbau im unterirdischen Streckenbetrieb; — ferner S. 585; H. Schäfer: Zur Frage des Streckenausbaus im Grubenbetrieb.

sind, sondern auch, soweit sie nicht schon von Natur einigermaßen glatte Flächen aufweisen, durch Behauen der in den Fugen zusammenstoßenden Flächen besonders zugerichtet werden müssen. Beim Basalt fällt allerdings diese Bearbeitung fort wegen seiner säulenförmigen Absonderung, die zur Ausbildung glatter Seitenflächen führt.

Die neuen Erfahrungen mit dem Bruchsteinausbau sind keine sehr guten. Die Schwierigkeiten liegen einmal in den Kantenpressungen und anderseits in der Mörtelfrage. Die Pressungen, die am inneren Umfange auftreten, bringen die Steinkanten zum Absplittern, das nach und nach fortschreitet und so nicht nur das Gewölbe mehr und mehr schwächt, sondern auch Leute gefährdet[1]). Abhilfe kann durch Einlagen von Holzbrettern geschaffen werden, wirkt aber nur vorübergehend. Der Mörtel, dessen Festigkeit diejenige der Steine niemals erreichen kann, läßt die Tragfähigkeit der Steine nicht voll zur Geltung kommen, was sich besonders beim Säulenbasalt mit seinen nach hinten sich stark erweiternden, durch Mörtel auszufüllenden Zwischenräumen bemerklich macht. Seine Menge kann allerdings durch Verwendung keilförmiger Steine auf ein Mindestmaß herabgedrückt werden, doch verursacht dies große Kosten und ist außerdem bei Schichtgesteinen wegen der Durchkreuzung der Schichtung bedenklich.

Infolgedessen ist die Verwendung von Bruchsteinen im allgemeinen auf solche Fälle beschränkt geblieben, in denen sie mit geringen Frachtkosten aus der Nachbarschaft beschafft werden können und ihre Druckfestigkeit nicht sehr stark in Anspruch genommen wird. Dieser Fall liegt z. B. beim Siegerländer Erzbergbau vor, wo die Stürzrollen in großem Umfange mit Basaltsteinen aus benachbarten Steinbrüchen ausgekleidet werden.

40. — **Kunststeine.** Die weitaus wichtigsten Kunststeine sind die Ziegel- oder Backsteine, die ihre Festigkeit durch mehr oder minder scharfes Brennen erhalten. Die zahlreichen Erdarten, die für die Herstellung solcher Steine verwendet werden, sind sehr verschieden zu bewerten. Von einem guten Stein muß bei genügend festem Zusammenhalt und großer Druckfestigkeit auch eine rauhe Oberfläche gefordert werden. Die ersteren beiden Eigenschaften sollen eine genügende Widerstandsfähigkeit gegen die rauhe Behandlung bei der Fortschaffung und gegen den Gebirgsdruck gewährleisten, die rauhe Oberfläche soll die innige Verbindung zwischen Stein und Mörtel ermöglichen. Am besten vereinigt diese Vorzüge in sich der Ton, eine wasserhaltige Verbindung von Tonerde und Kieselsäure, die ein sehr scharfes Brennen verträgt und dadurch eine hohe Festigkeit erlangen kann, ohne an der Oberfläche zu schmelzen (zu „sintern"), also glasartig zu werden. Die scharf gebrannten Tonsteine heißen „Klinker"; sie werden, da sie teurer sind, nur für besonders sorgfältig auszuführendes Mauerwerk verwendet. Für gewöhnlich kommt der Bergmann mit den billigeren, durch Beimengungen verschiedener Art verunreinigten Tonsorten aus, von denen die wichtigsten der Lehm und der Schieferton sind. Diese beiden Stoffe enthalten besonders Eisenverbindungen als Verunreinigungen, wie ihre Rot- oder Braunfärbung durch das Brennen beweist. Da der Eisengehalt die Schmelztemperatur herabdrückt, können solche Steine kein zu scharfes Brennen ertragen

---

[1]) Vgl. Glückauf 1927, S. 925; Braunsteiner: Betriebserfahrungen mit verschiedenen Ausbauarten usw.

und daher nicht die Festigkeit von Klinkern erlangen, doch genügt ihre
Festigkeit für die meisten Arbeiten vollständig. Zu verwerfen sind nur Lehm-
sorten mit größerem Kalkgehalt. Der Kalk wird nämlich durch das Brennen
in Ätzkalk (CaO) umgewandelt, der sich nachher durch Aufnahme von Feuchtigkeit aus der Luft aufbläht und so den Stein zersprengt.

Die Form des gewöhnlichen Ziegelsteins, des sog. „Normalsteins", ist so
gewählt, daß in möglichst einfacher Weise ein regelmäßiges Mauerwerk hergestellt werden kann. Für diesen Zweck eignen sich am besten Steine, deren
Abmessungen sich wie 1 : 2 : 4 verhalten. Der deutsche Normalstein hat die
Kantenlängen $6{,}5 \times 12 \times 25$ cm. Die Stärke des Mauerwerks wird nach
der Zahl der Steine (in ihrer Längsrichtung gemessen) angegeben. Unter
Berücksichtigung der Mörtelfugen, von denen die waagerechten mit 12 mm,
die senkrechten mit 10 mm gerechnet zu werden pflegen, ergeben sich hiernach
folgende Zahlen:

Dicke des Mauerwerks .	12	25	38	51	64	77 cm
bei einer Stärke von .	$^1/_2$	1	$1^1/_2$	2	$2^1/_2$	3 Steinen.

Auf 1 m Höhe rechnet man 13 Steinlagen, auf 1 m³ Mauerwerk 400 Steine
und 0,3 m³ Mörtel. Die Steine haben ein Gewicht von 3,3 kg; 1 m³ Mauerwerk wiegt frisch 1615, trocken 1420 kg. Die Druckfestigkeit eines Steines
beträgt für gewöhnlich 80—180, bei den besten Klinkern bis 350 kg/cm².
Da guter Mörtel mit der Zeit die Festigkeit der Steine erlangt, so kann man
für bestes Mauerwerk mit Druckfestigkeiten von 150—350 kg/cm² rechnen.

Die über Tage baupolizeilich unter Berücksichtigung einer bis zehnfachen
Sicherheit zulässigen Druckbeanspruchungen für Mauerwerk in verschiedener Ausführung sind folgende:

einfaches Ziegelmauerwerk in Kalkmörtel	6— 8 kg/cm²
desgl. in Zementmörtel	10—12 „
bestes Klinkermauerwerk in reinem Zementmörtel .	35 „

Von anderen Kunststeinen kommen noch Schlackensteine in Frage.
Schlackensteine finden in Gruben, die an Hüttenwerke angeschlossen sind,
Verwendung, und zwar vorzugsweise für Trockenmauerung im Abbau und
in Abbaustrecken. Sie tun hier, wo es nicht auf lange Haltbarkeit ankommt,
guten Dienst, haben freilich anderseits den Nachteil großer Sprödigkeit.

Die in großem Umfange verwendeten Betonformsteine werden im Abschnitt „Betonausbau" (Ziff. 108) besprochen werden.

2. Mauerung im allgemeinen.

41. — Ausführung der Mauerung im allgemeinen. Beim Mauern
ist darauf zu achten, daß jeder Stein auf allen Seiten von Mörtel eingehüllt
ist und daß bei nicht genügend feuchtem Gebirge die Steine durch vorheriges
Eintauchen in Wasser gesättigt werden und infolgedessen dem Mörtel nicht
mehr infolge ihrer porösen Beschaffenheit Wasser entziehen können. Ferner
müssen die Steine in einem gewissen Verband zusammengefügt werden,
der die verschiedenen Fugen möglichst gleichmäßig verteilen soll, damit keine
durchlaufenden Linien geringeren Widerstandes entstehen und alle Teile des
Mauerwerkes gleichmäßig beansprucht werden.

Man unterscheidet dabei die in der Richtung der Mauerwand und die quer zu dieser Richtung gelegten Steine und bezeichnet die ersteren als „Läufer“, die letzteren als „Binder“. So stellt Abb. 21 *a* eine nur aus Läufern („Schornsteinverband“), Abb. 21 *b* eine nur aus Bindern aufgemauerte Wand dar. Der Binderverband wird z. B., sofern man mit einer Wandstärke von einem Stein auskommt, beim Ausmauern von Schächten angewendet, da sich durch ihn eine gute Rundung erzielen läßt. Für ebene Mauern (Scheibenmauern) kommt er nur dann in Betracht, wenn, wie z. B.

Abb. 21. Einfache Mauerverbände. *a* Läuferverband, *b* Binderverband.

bei Wetterscheidern, geringe Festigkeit genügt. Dagegen erzielt man sehinnige und feste Verbände durch den Wechsel von Läufern in der einen Schicht und Bindern in der anderen. Als wichtigste Ausführungen seien hier angeführt der „Blockverband“ (Abb. 22 *a*) und der „Kreuzverband“ (Abb. 22 *b*). Die Abbildungen lassen erkennen, wie bei beiden die senkrecht übereinander liegenden Steine kreuzartige Bilder ergeben, und zwar haben, wie die punktierten Stellen deutlich machen, beim Blockverband je zwei

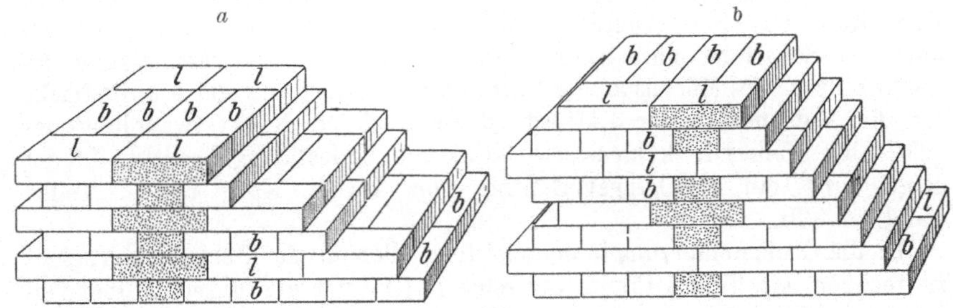

Abb. 22. Zusammengesetzte Mauerverbände. *a* Blockverband, *b* Kreuzverband.

dieser Kreuze einen Balken gemeinsam, während sie beim Kreuzverband durch eine Läuferreihe voneinander getrennt sind. Der Unterschied beruht darauf, daß beim Kreuzverband in jede zweite Läuferreihe vorn ein halber Stein eingelegt ist. Die verschiedene Art der Abtreppung am freien Ende (beim Blockverband unregelmäßig, beim Kreuzverband regelmäßig) ist ebenfalls aus den Abbildungen zu entnehmen. Weiterhin lassen die linken Hälften der Abbildungen den Verlauf der gebrochenen Linie („Verzahnung“) erkennen, nach der das neu anzuschließende Mauerwerk in das bereits fertiggestellte eingreift; diese Linie ist beim Blockverband einfacher als beim Kreuzverband. Der Kreuzverband ist wegen der gleichmäßigeren Verteilung der Fugen widerstandsfähiger.

Nach der Tiefe hin liegen bei Mauerwerk von 1 Stein Stärke auf jeder Binderschicht 2 Läuferschichten. Bei Mauerwerk von 2, 3, 4 usw. Steinen

Stärke liegt gemäß Abb. 22*a* in den Binderschichten diese Steinzahl hintereinander, wogegen in den Läuferschichten die Läufer sich auf die beiden Außenlagen beschränken. Bei 1½, 2½, 3½ usw. Steinen Stärke wechseln (Abb. 22*b*) die Läufer- und Binderschichten in den einzelnen Lagen vorn und hinten ab.

Bei der trockenen Bergemauerung mit ihren unregelmäßig geformten Steinen lassen sich solche Verbände nur ganz unvollkommen herstellen. Immerhin sollten sie aber auch hier nicht außer acht gelassen werden. Am besten kann mit den regelmäßiger gestalteten Schiefer- oder Sandschieferstücken im Verband gemauert werden.

Ferner ist beim Mauern darauf zu achten, daß größere Hohlräume hinter dem Mauerwerk vermieden oder sorgfältig ausgefüllt werden, weil sonst der Gebirgsdruck nicht gleichmäßig vom Mauerwerk getragen wird. Eine Ausfüllung durch Altholz kann als nachgiebiges Polster das Mauerwerk entlasten (s. u.); das Holz sollte allerdings, wenn es nicht ausreichend gegen Luftzutritt geschützt werden kann, zur Verhütung des Faulens getränkt werden.

42. — Luftmörtel[1]). Beim Luftmörtel ist der Hauptbestandteil der gebrannte und sodann mit Wasser abgelöschte Kalk, nach dessen größerem oder geringerem Anteilverhältnis im Mörtel man diesen als „fett“ oder „mager“ bezeichnet. Man unterscheidet den im wesentlichen aus CaO bestehenden Weißkalk und den aus Dolomit gebrannten und demgemäß einen größeren Anteil von MgO enthaltenden Graukalk. Letzterer ist nicht so ausgiebig wie Weißkalk und löscht träger ab, ist aber gegen Wasser widerstandsfähiger. Dem Kalk wird Sand zugesetzt, nicht nur der Ersparnis halber, sondern auch zur Schaffung eines festen Gerüstes im Stein, zur Verringerung des „Schwindens“ des Mörtels an der Luft und zur Vermehrung der Angriffsfläche für die Kohlensäure der Luft, da diese ja durch Rückverwandlung des gelöschten Kalkes in kohlensauren Kalk die Verfestigung bewirkt. In der Regel wird ein Mischungsverhältnis von 1 Teil Kalk und 2 Teilen Sand gewählt.

Da die Grubenmauerung in den meisten Fällen mit der Gebirgsfeuchtigkeit zu rechnen hat, findet für sie der reine Luftmörtel nur untergeordnet Verwendung. Wenn man auch wegen des höheren Preises des hydraulischen Mörtels meist von reinem derartigen Mörtel absieht, so wird doch ein gewisser Prozentsatz von ihm zugesetzt.

43. — Wassermörtel[2]). Die Wassermörtel oder Zemente zeichnen sich dadurch aus, daß sie Kalk, Kieselsäure und Tonerde enthalten, die durch Wasseraufnahme in wechselseitige Verbindungen (Kalk-Tonerde-Hydrosilikate) eintreten, die nach Vollendung der Umsetzung, d. h. nach der Erhärtung, sehr hohe Festigkeiten erlangen. Die Bildung eines wasserhaltigen Kalktonerdesilikates bei der Erhärtung ist mit Erwärmung verknüpft. Der dazu nötige Wasserzusatz darf nicht übertrieben werden, weil der Zement

---

[1]) Näheres s. Hasak: Was der Baumeister vom Mörtel wissen muß (Berlin, Falkverlag G. m. b. H.), 1925.

[2]) Näheres s. Grün: Der Zement, Herstellung, Eigenschaften u. Verwendung (Berlin, Springer), 1927; — ferner Zeitschr. f. d. Berg-, Hütt.- u. Sal.-Wes. 1925, S. B 243; G. A. Meyer: Beton und Eisenbeton im Bergbau unter Tage.

sonst nicht mehr abbindet („ersäuft"). Bei den kalkreicheren Wassermörteln tritt außerdem noch der für den Luftmörtel kennzeichnende Erhärtungsvorgang durch die Aufnahme von Kohlensäure hinzu.

Die Wassermörtel erfordern mit Ausnahme des Traßmörtels ein „Aufschließen" der Kieselsäure durch Brennen. Nach der verschieden starken Wärme, die dabei aufgewendet wird, unterscheidet man „Leichtbrand" (Wasserkalk und Romanzement) und „Scharfbrand" (Portland-, Hochofen- und Eisenportlandzement).

Verschiedene in der Natur vorkommende Rohstoffe, die sich für die Herstellung von Wassermörtel eignen, waren bereits den Alten bekannt. Von ihnen seien besonders der **Traß** und der **Wasserkalk** genannt. Der Traß ist ein aus zerspratztem Trachyt entstandener Tuff, der in Deutschland große Ablagerungen im Rheinthal (bei **Brohl**, **Andernach** usw.) bildet und Kalk und Kieselsäure enthält, und zwar letztere in „aufgeschlossenem" Zustande, so daß er nicht erst gebrannt zu werden braucht. Er wird als Zuschlag verwendet und verleiht als solcher dem Kalkmörtel eine gewisse Wasserbeständigkeit, dem Zementmörtel eine größere Widerstandsfähigkeit gegen säure- und salzhaltige Wasser sowie eine erhöhte Wasserdichtigkeit.

Der **Wasserkalk** und der ihm verwandte **Romanzement** bestehen aus etwa 70% $CaCO_3$, 20% SiO_2 und 10% $MgCO_3$, FeO und Al_2O_3. Durch Brennen (jedoch nicht bis zur Sinterung) wird die Kohlensäure ausgetrieben und die Kieselsäure aufgeschlossen, durch Mahlen das Abbinden und Erhärten mit Wasser begünstigt.

Die mit diesen Naturzementen erzielbare Festigkeit bleibt aber erheblich hinter derjenigen der künstlichen Zemente zurück, auf die nachstehend näher eingegangen werden soll. Zu unterscheiden sind folgende Unterarten:

a) **Portlandzement.** Dieser Zement wird aus künstlichen Mischungen von kalk- und kieselsäurehaltigen Gesteinen, insbesondere Mergeln, hergestellt. Diese werden bis nahe zum Sintern gebrannt, die so entstandenen „Zementklinker" werden möglichst fein gemahlen. Das Mahlen soll nicht nur die chemische Umsetzung mit Wasser begünstigen, sondern auch den Zementverbrauch durch möglichst feine und gleichmäßige Verteilung herabsetzen. Es soll mindestens bis zu einer einem Siebe von 900 Maschen je Quadratzentimeter entsprechenden Feinheit durchgeführt werden; doch wird die Mahlung, da ihre Feinheit für die angestrebten chemischen Umsetzungen sehr wichtig ist, meist erheblich weiter getrieben, so daß z. B. bei hochfesten Portlandzementen etwa 90% noch durch ein Sieb von 5000 Maschen je Quadratzentimeter gehen. 1 l Zement wiegt rund 1,2 kg.

Wie die chemische Zusammensetzung des Portlandzementes (s. die unten folgende Zahlentafel) ergibt, gehört er zu den kalkreichen Zementen.

b) **Hochofenzement.** Dieser Zement verdankt, wie der gleich zu besprechende Eisenportlandzement, seine Erfindung dem Bestreben der Hochofenwerke, für die gewaltigen Mengen von Hochofenschlacke eine nutzbringende Verwendung zu finden, für die durch die zementartige Zusammensetzung der Schlacke der Weg gewiesen war. Die Schlacke wird durch Zerstäuben in Wasser oder Luft gekörnt und fein gemahlen; der erforderliche Kalk wird, da reiner Ätzkalk zu rasch durch Aufnahme von Kohlensäure aus der Luft verdirbt, in Gestalt von Portlandzement (15—70%) zugesetzt.

Bezeichnend für den Hochofenzement ist sein höherer Gehalt an Kieselsäure im Vergleich zum Kalkgehalt. Aus diesem Grunde ist er unempfindlicher gegen aggressive Grubenwasser als Portlandzement und erhärtet in Salzlösungen schneller als Portlandzement, neigt auch bei stärkerem Gehalt an MgO nicht so zum Treiben wie dieser.

c) Eisenportlandzement. Er ist eine Mischung aus mindestens 70% Portlandzement und höchstens 30% granulierter und gemahlener Hochofenschlacke.

Hochofen- und Eisenportlandzement werden als „Hüttenzemente" zusammengefaßt.

Die chemische Zusammensetzung dieser drei wichtigsten Zementarten unterliegt gewissen Schwankungen, die durch die Verschiedenheit der Ausgangsstoffe bedingt ist. Sie ist unter Berücksichtigung kleiner Abweichungen in den „Normen für Portland-Eisenportland- und Hochofenzement" *DIN 1164* vom Jahre 1932 festgelegt.

Außer den gewöhnlichen gibt es von allen drei Zementsorten „hochwertige Sorten", die infolge feinerer Vermahlung schneller erhärten und daher höhere Anfangsfestigkeiten aufweisen. Schließlich sind noch für besondere Beanspruchungen „hochwertige" Zemente als Sondererzeugnisse einzelner Zementfabriken zu erwähnen.

Die Mindestfestigkeiten aller Zementsorten sind genormt, und zwar, wie die nachfolgende Zahlentafel zeigt, für Portland- und Hüttenzemente in gleicher Höhe. Zur Vornahme der im einzelnen genau genormten Festigkeitsprüfungen wird 1 Teil Zement mit 4 Teilen Normalsand zu einem Mörtel gemischt.

| Material | Beanspruchung | Festigkeit | | | | bei gemischter Lagerung in Luft und Wasser nach 28 Tagen |
| | | bei Wasserlagerung nach | | | | |
		1 Tag	3 Tagen	7 Tagen	28 Tagen	
Normenzemente (Portland-, Eisenportland-, Hochofenzement)	Druck kg/cm²	—	—	200	300	400
	Zug kg/cm²	—	—	18	25	30
	Biegezug kg/cm²	—	—	25	50	—
hochwertige Normenzemente (Portland-, Eisenportland-, Hochofenzement)	Druck kg/cm²	—	250	—	400	500
	Zug kg/cm²	—	25	—	30	40
	Biegezug kg/cm²	—	25	—	55	—
höher wertige Normenzemente mit besonderen Festigkeitsgarantien (Sondererzeugnisse)	Druck kg/cm²	300	500	—	—	650
	Zug kg/cm²	25	30	—	—	40

Das Festwerden des Zements geschieht in zwei Vorgängen. Zunächst nämlich tritt das „Abbinden", d. h. der Übergang aus dem breiigen in den festen Zustand, ein; sodann erfolgt das „Erhärten", d. h. die endgültige Verfestigung. Je nach der Zeitdauer nach dem „Anmachen", nach der das Abbinden beginnt, unterscheidet man „Schnellbinder" (Beginn des Abbindens nach 15—20 Minuten) und „Langsambinder" (Beginn des Abbindens frühestens nach 1 Std.). Bei letzteren wird die endgültige Festigkeit im allgemeinen größer. Das Abbinden dauert 4—14 Stunden, die endgültige Verfestigung erstreckt sich dagegen über einen langen Zeitraum, erreicht aber nach gewissen Zeiten bestimmte Härtegrade, wie die Zahlentafel erkennen läßt.

Ob Schnell- oder Langsambinder verwandt werden, hängt in erster Linie vom Feuchtigkeitsgrade des Gebirges ab. Je nasser dieses ist, um so schneller abbindenden Mörtel wird man in der Regel benutzen, da sonst die Gefahr besteht, daß er durch das Wasser ausgewaschen wird, ehe er abgebunden hat. Bei unruhigem Gebirge werden Zementsorten bevorzugt, die schon nach einigen Tagen einen hohen Festigkeitsgrad erlangen.

44. — Mörtelmischungen. Als verbilligender Zusatz zum hydraulischen Mörtel kommt in erster Linie Sand (am besten scharfkörniger) zur Anwendung; für geringere Beanspruchungen genügt Ziegelmehl oder Asche. Stets ist auf das Fernhalten schlammiger Stoffe zu achten, sei es nun, daß diese in den Beimischungen zum Mörtel vorhanden waren oder daß sie von den Gebirgswassern zugeführt werden. Denn während Sand u. dgl. ein durch den hydraulischen Mörtel verkittetes, festes Gerippe bildet, wird durch Schlammbeimengungen der Mörtel gewissermaßen „verdünnt" und so seine Bindekraft mehr oder weniger beeinträchtigt. Daher muß schlammhaltiger Sand zunächst durch Schlämmen gereinigt und bei wichtigeren Arbeiten auch die Vorsicht gebraucht werden, etwa an den Steinen anhaftende Schlammteile vor dem Legen abzuspülen.

Die für Zementmörtel wichtigsten Zahlen gibt für Portlandzement die folgende Übersicht:

Anteile in hl			Mörtelausbeute	1 m³ Mörtel erfordert		
Zement	Sand	Wasser	hl	Zement kg	Sand l	Wasser l
1	1	0,53	1,50	933	667	353
1	2	0,75	2,25	622	888	333
1	3	0,98	3,00	467	1000	327
1	4	1,25	3,80	368	1053	329

Die mageren Mischungen 1:5, 1:6 usw. genügen ihrer Festigkeit nach für viele Zwecke vollkommen, haften aber dann zu wenig am Stein. Durch Zusatz von Kalk oder Wasserkalk kann die Druckfestigkeit und Haftfähigkeit dieser mageren Zementmörtel sowie auch ihre Elastizität wesentlich gesteigert und so ein billiger und brauchbarer Mörtel erzielt werden.

Ihrem Verwendungszweck nach sind einige der im Ruhrkohlenbergbau gebräuchlichsten Mischungen in der nachstehenden Übersicht zusammengestellt.

Verschiedene Mörtelmischungen für Grubenmauerung nach Raumteilen.

	Kalk	Wasser-kalk	Traß	Zement	Sand	
					Flußsand	Schlak-kensand
	Teile	Teile	Teile	Teile	Teile	Teile
I. Gewöhnliches Mauerwerk (Scheibenmauern)	1	1	1	—	4	—
Desgl.	—	1	—	—	1	2
Desgl. für trockene Räume .	1	—	—	—	2	3
II. Höher beanspruchtes Mauer-werk (Gewölbe, Funda-mente u. dgl.), sehr fest .	—	1	1	1	3	—
Desgl., mäßig fest.	1	—	—	1	2	3

In vielen Fällen kommt man mit den Mischungen unter I. aus.

Je mehr Wert auf das Abhalten von Wasserzuflüssen gelegt wird, um so höher muß der Zementanteil gesteigert werden. Doch läßt sich völlige Wasserdichtigkeit überhaupt nur bei mäßigen Wasserdrücken erzielen.

Bei Arbeiten im Salzgebirge muß der Zementmörtel mit Lauge statt mit Wasser angerührt werden, weil das Wasser sonst das Salz anfrißt und so Undichtigkeiten schafft.

45. — Magnesiazement. Beim Magnesia- oder Sorelschen Zement handelt es sich nicht um einen Zement im strengen Sinne, sondern lediglich um die Verbindung MgO, die durch Brennen von Dolomit ($MgCO_3 + CaCO_3$) oder Magnesit ($MgCO_3$, verunreinigt durch SiO_2) gewonnen und mit Chlor-magnesiumlauge von etwa 30^0 Bé. verrührt wird, wobei Magnesiumoxychlorid entsteht. Der Erhärtungsvorgang beruht also auf anderen chemischen Um-setzungen als beim gewöhnlichen Zement.

Beim Brennen des Dolomits darf die Erhitzung nur so weit getrieben werden, daß nur das Magnesium-, nicht auch das Kalziumkarbonat zersetzt wird.

Dieser Zement hat für das Salzgebirge große Bedeutung erlangt, da der gewöhnliche Zement gegen Lösungen von $NaCl$, KCl, $MgSO_4$, $MgCl_2$ u. dgl. empfindlich ist[1]). Er wird hier außer zu gewöhnlichen Mauerungen auch zu Betonierungsarbeiten und zur Ausfüllung von Spalten im Gebirge (s. Ab-schnitt „Die Versteinung des Gebirges") benutzt. Durch Sandzusatz gewinnt er bedeutend an Festigkeit, doch darf dieser Zusatz hier nicht so weit wie beim gewöhnlichen Zement getrieben werden; man soll in der Regel nicht unter das Verhältnis 1 : 3 heruntergehen.

ε) Beton.

46. — Überblick. Reiner Zement wird seines hohen Preises wegen nur in Ausnahmefällen, z. B. beim Schachtabteufen, verwendet. Im übrigen gebraucht man für den Grubenausbau Mischungen, die unter der Bezeichnung· Beton zusammengefaßt und je nach ihrem größeren oder geringeren Zementgehalt als „fett" oder „mager" bezeichnet werden.

---

[1]) Kali 1916, S. 337; G u t t m a n n: Die Verwendbarkeit der hydraulischen Bindemittel im Kalibergbau.

Der Beton kann an der Verbrauchsstelle hergestellt und dort naß eingebracht werden. Oder er wird über Tage in Formen zu Steinen verschiedener Gestalt verarbeitet, die dann als Betonformsteine trocken und fertig zum Einbau der Grube geliefert werden. Letztere haben den Vorteil, daß sie sofort nach ihrem Einbringen Beanspruchungen des Gebirgsdrucks aufnehmen können, während dieses bei flüssig eingebrachten Beton erst nach dessen Erhärtung möglich ist. Zugleich sei betont, daß Beton in jeder Form in erster Linie nur Druck aufnehmen kann und nur sehr geringen Zug- und Biegebeanspruchungen gewachsen ist.

Verstärkt man den Beton durch Stahleinlagen, so ergibt sich der Stahlbeton, der auch gegen Zugbeanspruchungen eine größere Widerstandsfähigkeit hat als gewöhnlicher Beton.

47. — Betonmischungen. Als Zuschlag kommt zunächst Sand in Betracht, der mit dem Zement gemäß den Ausführungen in Ziff. 44 den „Mörtel" bildet. Die anderen Zuschläge sind grobkörnig und bestehen aus Kies, Schlacke oder Kleinschlag von harten Steinen wie Sandstein, Granit, Basalt u. dgl. Der Billigkeit halber wird auch Ziegelschrot verwendet; doch ist der damit hergestellte Beton nicht für hohe Beanspruchungen geeignet, da die Druckfestigkeit der Ziegelsteine, die dann für die Beanspruchung maßgebend ist, diejenige des Zements nicht erreicht.

Die größte Festigkeit bei geringstem Zementverbrauch wird mit Zuschlägen von genügender Härte und verschiedener Körnung erzielt, indem dann die mittleren Korngrößen die Lücken zwischen den gröbsten, die feinsten Korngrößen die Lücken zwischen den mittleren Körnern ausfüllen und der Zement auf alle dann noch verbleibenden kleinen Hohlräume gleichmäßig verteilt wird. Diese Forderung wird am besten erfüllt bei einem Kies, in dem alle möglichen Korngrößen vertreten sind und der daher als „Kiessand" oder „Betonkies" bezeichnet wird. Auch zeichnet der Kies sich durch große Druckfestigkeit aus. Anderseits liefert fester Kleinschlag einen Beton von vorzüglichem Zusammenhalt, da seine scharfkantigen Brocken wegen ihrer rauheren Oberfläche fester als Kieskörner am Mörtel haften und wegen ihrer scharfen Kanten einer Loslösung aus der Masse stärkeren Widerstand entgegensetzen. Im allgemeinen soll man mit der Korngröße der Zuschläge nicht über 6—7 cm gehen.

Der Wasserzusatz beim Mischen der Betonmasse soll so niedrig wie möglich gehalten werden, da ein Zuviel eine Verdünnung der Betonmasse bedeutet, die ein dichtes Zusammenlagern der einzelnen Teile hindert. Der natürliche Feuchtigkeitsgehalt der Zuschlagsstoffe ist dabei zu berücksichtigen[1]).

Wie beim Zementmörtel ist sowohl bei den Zuschlägen als auch in dem zugesetzten Wasser Schlammgehalt sehr schädlich. Auf sorgfältig gewaschene Zuschläge und klares Wasser ist daher zu dringen und bei der Verwendung von Grubenwasser Vorsicht geboten, da es schädliche Salze enthalten kann.

Das Ausbringen an fertig gestampftem Beton beträgt für Kiesbeton etwa 0,6; d. h. 1 m³ lose Mischung liefert etwa 0,6 m³ Stampfbeton. Bei Verwendung von Kleinschlag geht das Ausbringen auf etwa 0,53 zurück.

---

[1]) S. Glückauf 1930, S. 933; P. Kühn: Der Maßstab der Betongüte bei der Vergebung von Bauleistungen.

Im allgemeinen gelten bei Portlandzement für die Druckfestigkeiten der einzelnen Mischungen folgende Verhältniszahlen:

Mischung	1:3	1:4	1:5	1:6	1:7	1:8	1:10
Verhältniszahl . . .	100	75	60	50	40	35	25

Hat man z. B. die Festigkeit einer Mischung von $1:3$ durch Versuche zu $350\,\text{kg/cm}^2$ ermittelt, so berechnet sich danach die Druckfestigkeit einer Mischung von $1:5$ zu $350 \cdot 0,6 = 210\,\text{kg/cm}^2$.

Eine Zusammenstellung verschiedener Betonmischungen gibt nachstehende Zahlentafel:

Lfd. Nr.	Mischungsverhältnis	Verwendungszweck	1 m³ fertig gestampften Betons erfordert ungefähr			Druckfestigkeit ungefähr
			Zement kg	Kiessand hl	Kleinschlag hl	kg/cm²
1	1:5	Maschinenfundamente usw.	295	10,6	—	170—250
2	1:2:4		275	4,1	8,2	140—210
3	1:6	Stampfbeton in Strecken bei mäßigem Druck	250	10,8	—	130—210
4	1:3:6		202	4,4	8,7	130—170
5	1:4:6	Desgl. bei geringerem Druck	175	5,0	7,5	100—140
6	1:12		125	10,8	—	50—70

48. — Erzielung besonderer Eigenschaften bei Zement und Beton. Durch besondere Zusätze ist es möglich, den Abbindevorgang zu beschleunigen. Bekannte derartige Mittel sind „Sika", hergestellt von der Sika GmbH., Durmersheim (Baden) sowie „Tricosal" von der Chemischen Fabrik Grünau Landshoff & Meyer A.G., Berlin-Grünau. Bei Verwendung dieser Mittel ist jedoch zu beachten, daß sie nicht bei jedem Zement die gleiche Wirkung haben und daher vorher mit der an der Verbrauchsstelle verwandten Zementsorte ausprobiert werden sollten.

Zement	Raumteile Sand	Raumteile Tricosal S III	Wasser	Abbinden in Minuten	
				Beginn	Ende
1	1	1	—	4	15
1	2	1	—	5	22
1	3	1	—	7	45
1	4	1	—	15	90
1	1	1	1	4	68
1	2	1	1	5	132
1	3	1	1	8	240

Die Wirkung des Tricosals z. B. beruht auf einer chemischen Verbindung mit der Zementmasse. Es enthält organische Natriumsalze, die in hochkonzentrierter wäßriger Lösung als Kolloide dem Anmachwasser zugesetzt werden und infolge ihres kolloidalen Verhaltens nicht nur die Quellfähigkeit des Zements steigern, sondern auch mit etwa drei Viertel der Menge des sonst erforderlichen Wassers auszukommen gestatten und daher dem Zementmörtel auch größere Festigkeit und Haftfähigkeit verleihen. Die nachstehende Zahlentafel läßt die Kürzung der Abbindezeit von Zementmörtel durch Zugabe von „Tricosal S III" erkennen.

Besonders wichtig für den Grubenbetrieb ist oft die **Wasserdichtigkeit** von Mauerwerk und Beton. Sie läßt sich rein handwerklich in vielen Fällen durch geschicktes Glätten mit hochwertigem Zement an der Innenseite des Mauerwerks erreichen. Außerdem kann man das Mauerwerk mit Teer oder Pechverbindungen oder asphalthaltigen Stoffen bestreichen. Von ihnen gibt es eine große Anzahl, die auch aus Steinkohlenteer gewonnen werden können und mit den verschiedensten Namen bezeichnet sind. Auch das oben bereits erwähnte Tricosal gibt dem Beton eine größere Undurchlässigkeit gegen Wasser. So haben Versuche mit Tricosal an Platten, die aus Zementmörtel vom Mischungsverhältnis 1 : 3 hergestellt waren, ergeben, daß der mit Tricosal behandelte Mörtel bei 12 atü nur 0,3 g durchtreten ließ, während ohne Tricosal schon bei 2 atü ein Wasserdurchtritt von 10,4 g festgestellt wurde.

Gegen saures und sulfathaltiges Wasser schützt man den Zement durch Dichtungsmittel sowie durch Verringerung des Gehaltes des in erster Linie angreifbaren freien Kalks mit Hilfe von Zuschlägen (z. B. Traß und Thurament), die den Kalk binden. Oder man wendet Lösungen an, die den freien Kalk in widerstandsfähige Verbindungen umwandeln. Vornehmlich wird man in solchen Fällen von vornherein einen kalkarmen Zement, z. B. Hochofenzement, wählen.

Der Einfluß des **Frostes** auf das Abbinden und Erhärten ist für den Grubenbetrieb im allgemeinen ohne Bedeutung. Nur beim Ausbau von Gefrierschächten wirken Temperaturen unter 0^0 ein. Hierüber wird im Abschnitt „Schachtabteufen", Näheres mitgeteilt werden.

b) Die einzelnen Ausbauteile.

49. — Der Holzstempel. Stempel sind Rundhölzer, die beim einfachen oder zusammengesetzten Holzausbau verwandt und meist zwischen dem Hangenden und Liegenden oder zwischen Firste und Sohle eingespannt werden. Dabei ist eine dreifache Art der Beanspruchung möglich, nämlich auf **Zerdrückung,** auf **Zerknickung** und auf **Biegung.** Auf Zerdrücken werden die Stempel dann beansprucht, wenn sie nur eine über ihnen befindliche Last, z. B. das Hangende im Abbau, tragen sollen. Diese Beanspruchung tritt am meisten bei flacher Lagerung auf, wogegen bei steilerem Einfallen mehr und mehr die Biegebeanspruchung (durch überhängende Stöße, aufgelegte Bühnen mit Belastung usw.) hinzutritt. Unter Zerknicken versteht man das Brechen eines Stempels, nachdem dieser durch den Druck durchgebogen ist. Es tritt im allgemeinen bei Holzsäulen erst ein, wenn deren Länge gleich dem 24fachen des Durchmessers ist. Doch lassen sich Stempel nicht mit solchen unverrückbar aufgestellten Säulen über Tage vergleichen, da das Gebirge meist auch in einer gewissen schiebenden Bewegung ist und dadurch die Beanspruchung der Stempel bedeutend ungünstiger wird. Man muß daher nach Versuchen von Stens[1])

---

[1]) Glückauf 1911, S. 653; S t e n s : Über nachgiebigen Grubenausbau.

annehmen, daß bei ihnen Zerknickung schon bei einem Verhältnis der Länge zum Durchmesser wie 10 : 1 möglich wird, so daß also z. B. ein Stempel von 10 cm Durchmesser bereits bei 1 m Länge zerknickt werden kann. — Ein-Inanspruchnahme auf Biegung ist zu verzeichnen bei allen quer zur Längse richtung beanspruchten Stempeln, z. B. solchen, die zum Zurückhalten lockerer Stöße oder hereinbrechender rolliger Massen oder zum Abfangen von Schweben, von Bergeversatz u. dgl. verwandt werden, sei es nun, daß sie diesen Druck unmittelbar aufnehmen oder daß er durch den Verzug auf sie übertragen wird.

Der gewöhnliche, oben und unten gerade beschnittene Stempel ist fast unnachgiebig. Eine Nachgiebigkeit wird erst durch eine besondere Maßnahme erreicht, und zwar durch Schwächen der Stempel am unteren Ende. Man schafft also künstlich eine schwache Stelle, die dem Druck zuerst nachgibt, so daß der Stempel am Fuße unter entsprechender Verkürzung quastartig auseinandergestaucht wird. Diese Schwächung besteht in einem Anspitzen oder in einem Anschärfen.

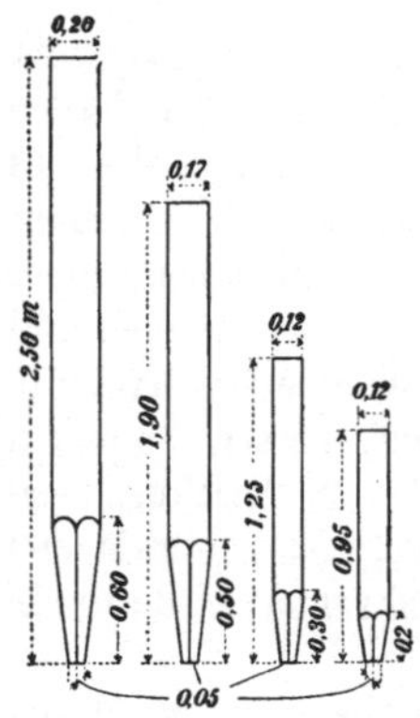

Abb. 23. Angespitzte Stempel verschiedener Länge.

Das Anspitzen (Abb. 23) besteht in einer allseitigen Verjüngung, bei einem Kiefernholzstempel also in einer allseitigen Entfernung des Hartholzes an einem Ende. Die Länge der Spitze soll dabei das $1^1/_2$—$2^1/_2$fache Maß des Durchmessers betragen und kann bei Verwendung des Stempels im Abbau in flacher Lagerung größer sein als in steilerer Lagerung. Der Fußfläche beläßt man eine Kantenlänge von mindestens 5 cm.

Belastungsversuche[1]) mit angespitzten Stempeln mittels einer hydraulischen Presse haben folgendes Ergebnis gehabt:

Stempel-		Maß der Verkürzung in Zentimetern bei einem Drucke von				
Länge cm	Durchmesser cm	5300	7500	10 600	15 200	18 000 kg
110	10	5 [2])	11	—	—	—
210	15	—	7[2])	12	15	19

Die Stempel gaben also bei einmaligem Anspitzen um rund 10% nach. Bei einer Belastung von 32 000 kg erfolgte bei den stärkeren Stempeln noch kein Bruch — ein Beweis für die günstige Wirkung des Anspitzens.

Beim Anschärfen wird ein Stempelende nur zweiseitig angeschnitten, wobei man der entstehenden Schneide eine Breite von der Hälfte des Stempeldurchmessers gibt. Für Nadelhölzer mit ihrem härteren Splint entsteht beim Anschärfen die Schwierigkeit, daß die verschiedenen Stellen der Schneide verschieden stark nachgeben und daher der Stempel infolge innerer Spannungen spalten kann. Man soll daher durch Fortnahme des Hartholzes an den beiden Enden („Vorbrechen" der Kanten gemäß Abb. 24) diese Ungleichmäßigkeit möglichst beseitigen.

Ist das angespitzte oder angeschärfte Stempelende zusammengedrückt worden, so kann, wenn notwendig, die Nachgiebigkeit durch Nachschärfen

---

[1]) Glückauf 1908, S. 560; Hecker: Neuerungen im Grubenausbau.
[2]) Beginn der Quastenbildung.

neu belebt werden. Dieses Nachschärfen erfordert große Sorgfalt und kann mit dem Beil, Stemmeisen oder dem Abbauhammer, bei dem das Spitzeisen durch ein Eisen mit einer meißelartigen Schneide ersetzt ist, erfolgen.

50. — Die Holzkappe. Eine Kappe ist immer Bestandteil eines zusammengesetzten Holzausbaus. Sie liegt entweder unter dem Hangenden oder unter der Firste und wird durch mindestens zwei Stempel getragen. Infolgedessen ist sie in erster Linie Biegebeanspruchungen, daneben auch Zugbeanspruchungen ausgesetzt.

Als Kappen dienen Rundhölzer, einseitig oder aus zwei gegenüberliegenden Seiten etwas angeschnittene („angeplättete") Rundhölzer oder Halbhölzer. Letztere werden auch Schalhölzer genannt.

51. — Das Quetschholz. Das Quetschholz ist beim einfachen und zusammengesetzten Ausbau — gleichgültig ob er aus Holz, Stahl oder Stein besteht — ein wichtiges Mittel zur Erzielung oder Erhöhung der Nachgiebigkeit. Zu Quetschhölzern eignet sich nur weiches Holz. Da bei Nadelholz das Kernholz weich ist, wird ein gutes Quetschholz dadurch hergestellt, daß man von einem astfreien Nadelrundholz das äußere Hartholz entfernt, entweder auf allen vier Seiten oder nur an zwei gegenüberliegenden Seiten. Es soll, wenn es in Verbindung mit Stempeln benutzt wird, meist kürzer sein als der $1^1/_2$fache und nicht

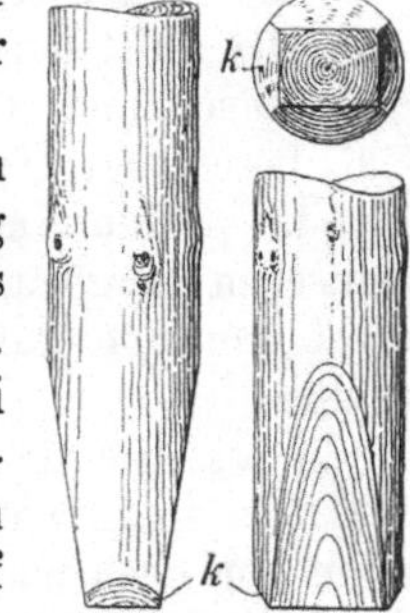

Abb. 24. Angeschärfter Stempel mit verbrochenen Kanten.

länger als der $2^1/_2$fache Stempeldurchmesser. Vielfach werden auch Halbhölzer oder gar Rundhölzer als Quetschholz benutzt. Ist der Druck gering, so mögen hierdurch Nachteile nicht entstehen. Überschreitet der Druck jedoch ein gewisses Maß, so besteht bei Halb- und Rundhölzern die Gefahr, daß ihr Hartholz sich in den Stempel eindrückt und ihn auf Spaltung beansprucht. Die Nachgiebigkeit läßt sich durch zwei übereinandergelegte Quetschhölzer noch erhöhen. Hierbei ist aber darauf zu achten, daß sie nicht in der gleichen Faserrichtung aufeinandergelegt werden, sondern so, daß die Fasern in den beiden Quetschhölzern quer zueinander verlaufen. Nur so wird eine gegenseitige Keilwirkung und eine frühzeitige Zerstörung der Quetschhölzer vermieden.

52. — Das Kantholz. Unter Kantholz ist zweiseitig oder vierseitig beschnittenes Holz zu verstehen. Es wird dort angewandt, wo wegen der größeren Standfestigkeit und Druckfestigkeit eine flächige Auflagerung der einzelnen Hölzer wünschenswert ist, was z. B. bei Eichenholz- (Hartholz-) Kästen der Fall sein kann. Ein weiteres Anwendungsgebiet finden Kanthölzer in Schächten, und zwar beim Schachtausbau, da sich bei kantigen Hölzern die Verblattung und Verbolzung wirksamer herstellen lassen als bei Rundhölzern, und wegen der besseren Befestigungsmöglichkeit der Spurlatten usw. auch bei den Schachteinbauten.

53. — Der Stahlstempel. Allgemeines. Der Stahlstempel kommt in erster Linie für den Abbau flach einfallender Lagerstätten bis zu 2,50—3 m Mächtigkeit in Betracht. In Abbaustrecken findet er wegen seines hohen Preises dagegen nur geringe Anwendung. Im Abbau rechtfertigt er sich infolgedessen auch nur dann, wenn er wiedergewonnen und immer wieder von neuem eingesetzt wird.

Die an einen **Abbau-Stahlstempel** zu stellenden Anforderungen sind mannigfacher Art:

1. Er muß, ohne Beschädigung zu erleiden, hohe Drucke, d. h. 40 t und darüber aufnehmen können.
2. Er muß je nach Bedarf mehr oder weniger nachgiebig, ja unter Umständen nahezu starr sein.
3. Er darf in normalen Längen nicht schwerer sein, als daß er noch von einem Mann getragen und aufgestellt werden kann.
4. Er muß innerhalb gewisser Grenzen anpassungsfähig an Mächtigkeitsveränderungen sein.
5. Die Aufstellung des Stempels muß auf einfache Weise und sein Rauben schnell und sicher erfolgen können.
6. Beschädigte Teile sollten möglichst vor Ort ausgewechselt werden können.

54. — Gemeinsames in der Bauweise der Stahlstempel. Die im deutschen Bergbau gebräuchlichen Stahlstempel suchen die in Ziff. 53 angegebenen Forderungen durch eine Reihe gemeinsamer Maßnahmen zu erreichen.

So bestehen sie alle aus zwei Teilen, einem **Oberteil** und einem **Unterteil**, die ineinander verschoben werden können. Der Oberteil hat meist einen von oben nach unten sich verjüngenden Querschnitt. Beide Teile sind durch ein **Schloß** miteinander verbunden. Dieses Schloß hat aber nicht nur die Aufgabe Ober- und Unterstempel zusammenzuhalten, sondern auch der Verschiebung des Oberstempels einen starken Widerstand entgegenzusetzen und auf diese Weise eine mehr oder weniger große Nachgiebigkeit hervorzurufen. Alle üblichen Schloßbauarten suchen dieses Ziel durch Keilwirkungen, und zwar einmal durch die keilförmige Ausbildung des Oberstempels, in erster Linie aber durch Benutzung **von Keilen** im Schloß selbst zu erreichen. Der oder die Keile lenken infolge ihrer Reibung einen Teil der senkrecht nach unten im Stempel wirkenden Kräfte in waagerechter Richtung ab. Diese müssen vom Schloßbund oder der Schloßhülle aufgenommen werden. Ein Teil der Kräfte wird infolgedessen durch **Reibungsarbeit** vernichtet. Gibt man dem Schloß außerdem als Einlage einen weichen Werkstoff, z. B. Holz, sei es in Keil- oder Plättchenform, so wird die Form dieses Werkstoffes verändert, ein weiterer Teil der Kräfte wird also durch **Formänderungsarbeit** vernichtet. In der Regel ist hiermit eine Veränderung der Schloßspannung und damit ein Einrücken des Oberstempels in den Unterstempel, also eine Nachgiebigkeit verbunden. Der Keil als Bestandteil des Schlosses soll schließlich ein einfaches Setzen und Lösen des Stempels ermöglichen.

Um die Stempelgewichte niedrig zu halten, ist die Wahl statisch günstiger Profile notwendig. Das Rohr entspricht dieser Forderung am meisten, es läßt sich jedoch mit einem Keilschloß nur schwierig verbinden. **Kastenartige** Profile herrschen daher vor.

Der **Kopf** des Oberstempels ist verschieden ausgestaltet, je nachdem er eine Holzkappe oder eine Stahlkappe aufnehmen soll und je nachdem diese aus einer Eisenbahnschiene oder aus einem anderen Profil besteht.

Der **Stempelfuß** besteht im allgemeinen aus einer Bodenplatte, die bei weichem Liegenden besonders groß ausgebildet werden kann, um ein Einsinken des Stempels zu verhindern.

55. — Die Stahlprofile bei den einzelnen Stempelarten. Beim alten Schwarzstempel der Kom. Ges. Schwarz in Wattenscheid besteht Ober- und Unterteil aus U-Stahl. Beim neuen Schwarz-Stempel und dem G. H. H.-Stempel ist jedoch ein Kastenprofil gewählt, das aus Zusammenschweißung von U- oder Winkelstählen hergestellt ist. Auch der Oberteil des Toussaint-Heintzmann-Stempels und der Unterteil des Gerlach-Stempels des Eisenwerks Wanheim bestehen aus ähnlichen Kastenprofilen. Für den Unterteil des Toussaint-Heintzmann-Stempels der Bochumer Eisenhütte hat man jedoch das besonders tragfähige Portalprofil vorgezogen und für den Oberteil des Gerlach-Stempels ein Kastenprofil, das durch Zusammenschweißen ⌴-förmiger Sonderprofile hergestellt ist. Beim Sprungstempel besteht als einzigem

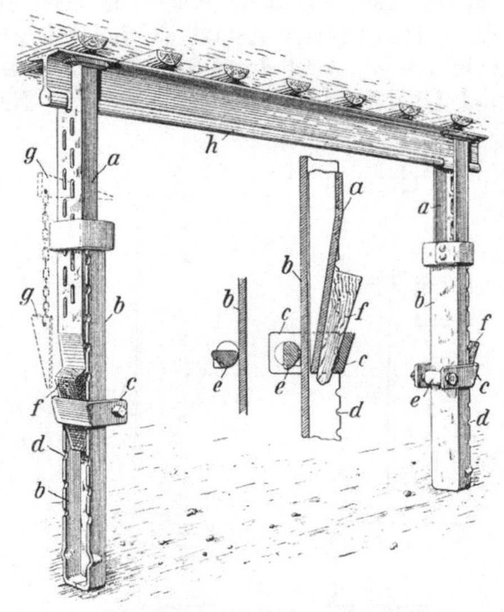

Abb. 25. Nachgiebige Stahlstempel von Schwarz in Verbindung mit Kappschiene.

der neuzeitlichen Stempelarten Ober- und Unterteil aus einem Stahlrohr.

56. — Die Schloßbauweise bei den einzelnen Stempelarten. Beim alten Schwarzstempel, der der älteste Stempel dieser Art ist und auch heute noch angewandt wird, hält ein Bügel *c* Ober- und Unterteil zusammen (Abb. 25). Er legt sich mittels kleiner Vorsprünge in die Rasten *d* des Unterstempels ein und preßt den Exzenterbolzen *e*, der an der Rückwand des Unterstempels angreift, durch entsprechende Verdrehung gegen den Holzkeil *f*. Dieser wird dann durch den Gebirgsdruck mittels des unten keilförmig verjüngten Oberstempels zusammengequetscht. Das Einstellen des Stempels auf die erforderliche Höhe wird außer durch die Rasten im Unterstempel, die einen größeren Spielraum für das Einhängen des Bügels bieten, dadurch erleichtert, daß der Oberstempel in 2 Reihen gegeneinander versetzte Schlitze trägt, in die abwechselnd Keile *g* eingetrieben werden, bis die gewünschte Länge erreicht wird.

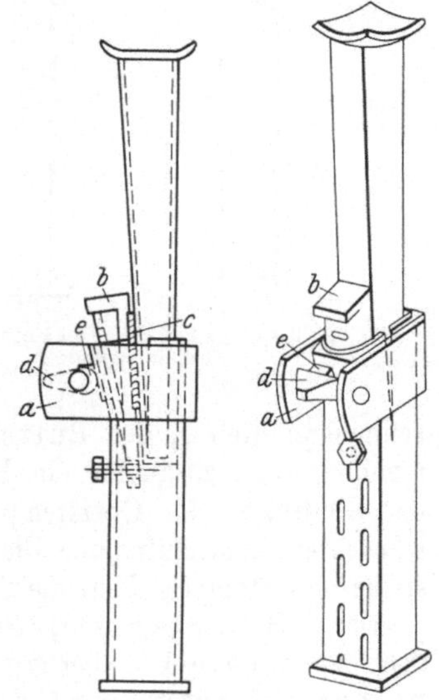

Abb. 26. Der neue Schwarzstempel.

Die Anfertigung der Keile *f* darf nicht dem Hauer überlassen bleiben, sondern muß über Tage aus geeignetem Holz erfolgen. Als das beste Holz hat sich Fichtenholz erwiesen.

Der neue Schwarzstempel (Abb. 26) ist auf Grund der Nachfrage nach weniger nachgiebigen und tragfähigeren Stempeln entwickelt worden. Er zeichnet sich vor allen Dingen dadurch aus, daß bei ihm der Holzkeil durch einen Stahlkeil b ersetzt ist und infolgedessen auf Nachgiebigkeit fast verzichtet wird. Erst durch Hinzufügen eines Holzplättchens c zwischen Keil und Oberstempel kann eine größere Nachgiebigkeit hervorgerufen werden.

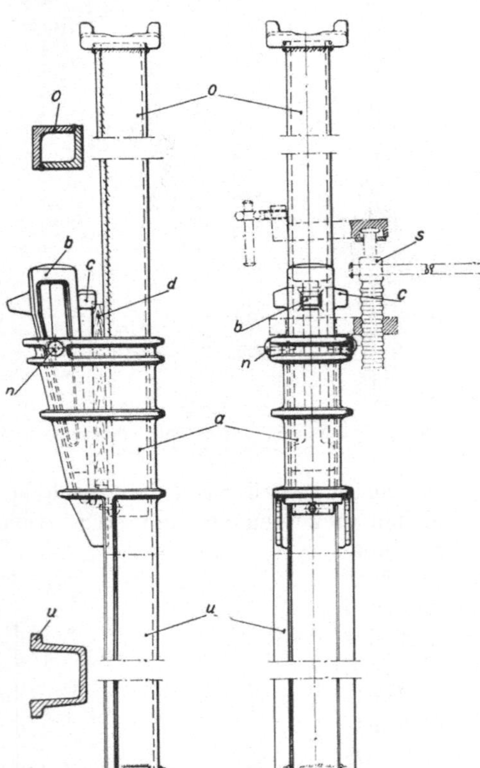

Außerdem wird der Exzenterbolzen e nicht mehr über einen Vierkant mit einem Schlüssel, sondern durch einen leichten Hammerschlag auf den Hebelbolzen d betätigt.

Beim Toussaint-Heintzmann-Stempel (Abb. 27) befinden sich in einer am Unterstempel u angeschweißten Stahlgußtasche a zwei Stahlkeile b und c. Die Stahlgußtasche ist oben und unten offen und trägt an beiden Seiten zur Führung und Sicherung des größeren Keils b Nieten n. Zwischen diesem „Ausgleichs- und Lösekeil" und der Gleitfläche des Oberstempels o wird ein

Abb. 27. Toussaint-Heintzmann-Stempel
mit Setzspindel.

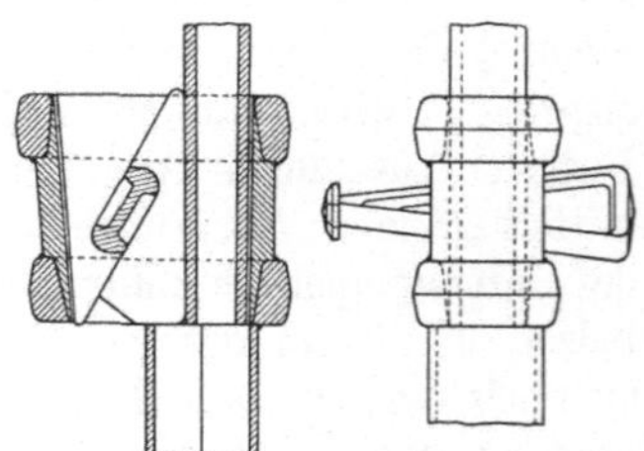

Abb. 28. Schloß des G. H. H.-Stempels.

schmalerer Keil c, der Rutschkeil, angeordnet und, wenn Nachgiebigkeit erwünscht ist, zusätzlich ein Holzplättchen d. Durch verschiedene Neigung der Gleitfläche des Oberstempels (1 : 60 bis 1 : 80) kann je nach der gewünschten Druckaufnahme die Bremswirkung verändert werden. Zum Aufstellen des Stempels dient die Setzspindel s.

Der G.H.H.-Stempel[1]) (Abb. 28) zeichnet sich durch ein Schloß aus, bei dem zwei senkrecht, aber gegenläufig angeordnete Keile durch einen dritten, waagerecht angeordneten Keil gehalten werden. Durch die Anwendung mehrerer Keile ist hier versucht, die durch die Keilwirkung abgelenkten Kräfte

---

[1]) Glückauf 1939, S. 569; R. Abe und K. Fröhlich: Die Entwicklung des G. H. H.-Stempels.

noch weiter zu zerlegen, um dadurch die Anpassungsfähigkeit zu erhöhen und die Lösbarkeit zu erleichtern.

Eine noch weitere Zerlegung der Reibungs- und Formänderungskräfte findet im Arbeitsschloß des Gerlach-Stempels statt (Abb. 29). Er wird vom Eisenwerk W a n h e i m in Duisburg-Wanheim hergestellt. Die bei Druck auf den im Verhältnis 1 : 80 keilförmig ausgestalteten Oberteil a (Innenstempel) auf das von nahtlosen Ringen e umfaßte Schloß wirkenden Kräfte werden innerhalb des Schlosses infolge geeigneter Neigungen mehrerer Keile h und i — gleich einem Lichtstrahl in mehrere Prismen — geteilt und abgelenkt. Hierbei wirken die Keilstücke h auf dem Wege über die Stahleinlage g mit einem großen Flächendruck auf die Rutschfläche des Innenstempels. Ein Teil der Kräfte geht bereits durch Reibung verloren. Der Rest wirkt formändernd auf ein etwa streichholzschachtelgroßes Weichholzstück im Innern des Schlosses, wodurch zugleich eine gewisse Nachgiebigkeit erreicht wird. Wird auf Nachgiebigkeit verzichtet, so muß statt des Weichholzes Hartholz oder Metall gewählt werden. In die Arbeitsstellung werden die verschiedenen Schloßteile durch den Anzug- und Lösekeil i gebracht, der nicht senkrecht, sondern waagerecht angebracht ist.

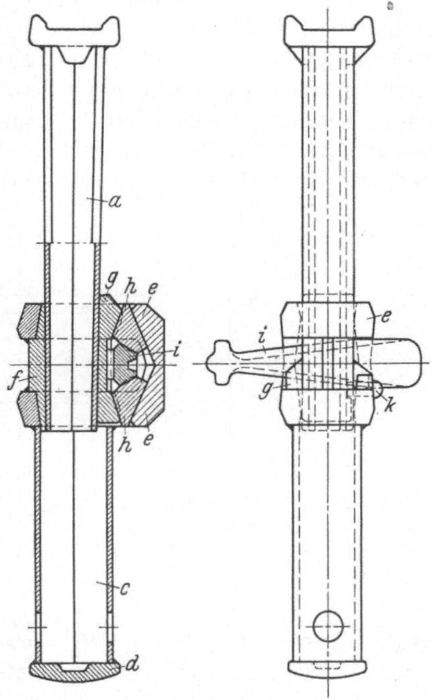

Abb. 29. Der G e r l a c h - Stempel.

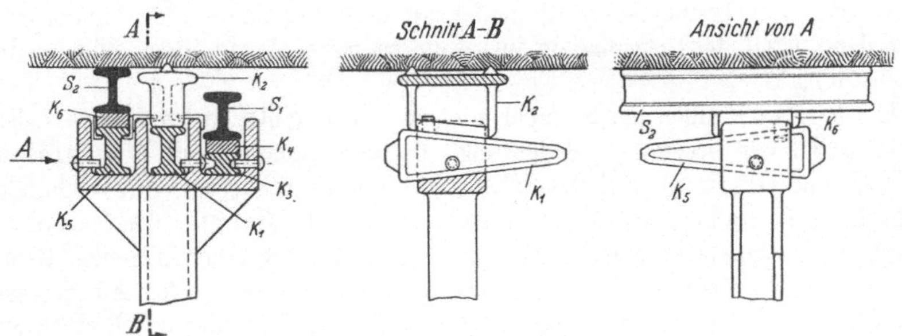

Abb. 30. Der D o p p e l k o p f s t e m p e l.

Eine besondere Ausbildung hat der Gerlach-Stempel in Form des auf der Zeche Rheinpreußen entwickelten Doppelkopfstempels erhalten. Er unterscheidet sich, wie sein Name besagt, durch die besondere Ausbildung des Stempelkopfes, der für die Aufnahme von zwei Kappen eingerichtet ist. Wie

Abb. 30 erkennen läßt, wird der mittlere Kopf K_2 durch den Keil K_1 (siehe auch Schnitt A—B) so weit gegen das Hangende getrieben, daß der Stempel feststeht. Auf beiden Seiten werden dann die Kappen S_1 und S_2 durch Schläge auf die Doppelkeile K_3/K_4 und K_5/K_6 (siehe „Ansicht von A") gegen das Hangende gedrückt. Abb. 31 gibt ein Anwendungsbeispiel wieder. Aus ihr ist ersichtlich, daß entgegen der bisher üblichen Ausbauart bei Verwendung von Doppelkopfstempeln eine Stempelreihe gespart wird. Der Stempel am Kohlenstoß nimmt nach Verhieb des Feldes sofort die Kappe für den Ausbau des neuen Feldes auf, wodurch sowohl Raum gespart als auch die für den Ausbau notwendige Zeit verkürzt wird. Dieses hat sich besonders beim Einsatz von Gewinnungs- und

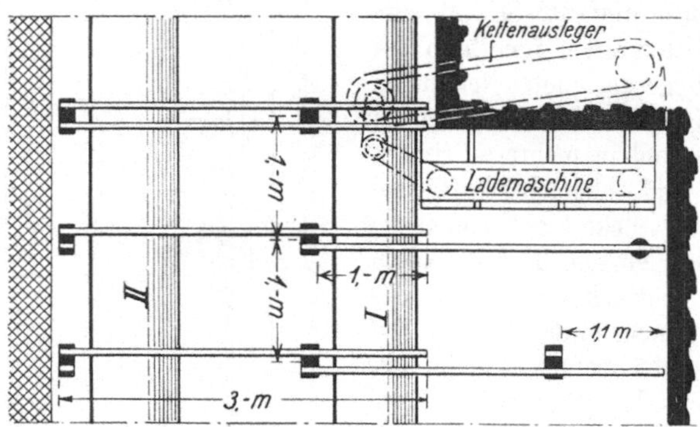

Abb. 31. Ausbau mit Doppelkopfstempeln im Streb.

Lademaschinen als bedeutungsvoll erwiesen. — Es bestehen keine technischen Bedenken, auch andere Stahlstempelarten mit einem Doppelkopf zu versehen.

Zum Aufstellen der Stempel dienen entweder Treibkeile, die in gegeneinander versetzte Schlitzreihen des Unterstempels wechselseitig eingetrieben (Schwarz- und G.H.H.-Stempel), oder Setzspindeln, wie sie beim Toussaint-Heintzmann- und Gerlach-Stempel benutzt werden (Abb. 27).

Die Setzspindel klemmt man an den Unterstempel an und preßt durch sie den Oberstempel gegen das Hangende, bis das Stempelschloß hält. Die Benutzung von Treibkeilen wird häufig als einfacher empfunden; anderseits tritt der Vorteil der Setzspindeln insbesondere bei größeren Stempellängen in Erscheinung.

Ein leichtes Rauben der Stempel und daher eine einfache Lösbarkeit des Schlosses ist von besonderer Bedeutung. Bei den Stempeln mit Querkeilen (G.H.H. und Gerlach) wird das Schloß durch einen Schlag gegen die schmale Seite dieses Keiles geöffnet. Beim Schwarz-Stempel lüftet man den Exzenterbolzen, und zwar durch einen Schlag auf den an ihm befindlichen Hebel. Beim Toussaint-Heintzmann-Stempel dagegen kann der senkrechte Ausgleichs- und Lösekeil durch einen waagerecht eingetriebenen Keil oder durch einen an einer Raubstange befestigten Nocken und infolgedessen aus einer gewissen Entfernung angehoben werden, worauf der Stempel in sich zusammensinkt.

Zusammenfassend ist zu sagen, daß die Schlösser aller Bauarten wahlweise eine größere und geringere Nachgiebigkeit bis praktisch zur Unnachgiebigkeit einzustellen erlauben, wobei der Gerlach-Stempel in erster Linie die Nachgiebigkeit, der neuere Schwarz-Stempel die Starrheit betonen.

Über den Einfluß von Holzplättchen im Stempelschloß auf die Nachgiebigkeit sowie über die Tragfähigkeit von Stahlstempeln[1]) unterrichtet die Druckkurve der Abb. 32. Eine anfangs geringere, bei zunehmender Belastung zunehmende Nachgiebigkeit weist hier der Gerlach-Stempel auf. Die ausgezogene Linie gibt die Druckkurve bei einer von 40 auf 18 mm vorgepreßten Rotbucheneinlage und die gestrichelte Linie die Druckkurve bei einer von 20 auf 18 mm vorgepreßten Rotbucheneinlage wieder.

Im ganzen schwankt die Belastungsfähigkeit der beschriebenen Stahlstempel auf dem Versuchsstand zwischen 40 und 80 t. Im praktischen Einsatz dürften diese Werte etwas niedriger liegen, da dort nicht immer alle Feinheiten der Schloßverkeilung gleichmäßig beachtet werden.

57. — Stahlstempel ohne Schloßverbindung[2]). Hierher gehört in erster Linie der neue Sprung-

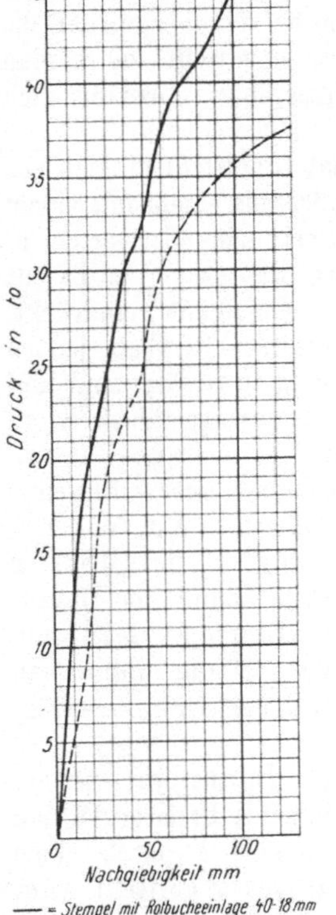

Abb. 32. Belastungskurven bei Verwendung verschieden starker Brettchen aus Rotbuche.

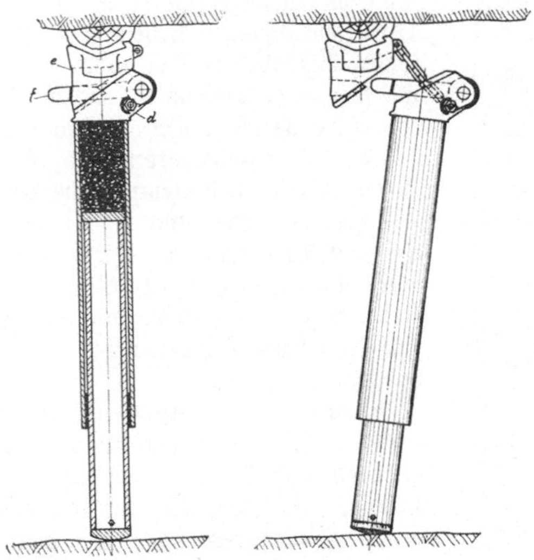

Abb. 33. Sprungstempel.

stempel der **Westfalia-Lünen** (Abb. 33). Er besteht aus zwei ineinander verschiebbaren **Stahlrohren**, wobei im Gegensatz zu den übrigen Stahlstempeln der Oberstempel (a) außen, der Unterstempel (b) innen gleitet. Gegen Herausfallen beim Ziehen ist der Innenstempel durch Nocken gesichert. Eine wechselnde Verstellbarkeit der Stempellänge wird durch eine mehr oder weniger vollständige Ausfüllung des oberen Außenrohres mit einer Füllmasse, z. B. Kohlenklein, erreicht. Eine weitere wichtige Besonderheit besteht in der Ausbildung des Stempelkopfes. Er setzt sich aus zwei Stahlgußkeilen

---

[1]) Glückauf 1939, S. 665; A. Haarmann: Stahlstempel im Abbau.
[2]) Glückauf 1938, S. 933; A. Haarmann: Ein neuartiger Abbaustempel: der Sprungstempel.

zusammen, und zwar dem Unterkeil d und dem Oberkeil e. Beide werden durch eine gesenkgeschmiedete Verriegelungszunge f in ihrer Lage gehalten. Zum Lösen genügt ein kleiner Schlag gegen die Zunge von unten her, die Keile des Stempelkopfes kommen zur Auswirkung, und der Stempel „springt" unter der Kappe fort, wobei der an einer Kette befestigte obere Keil mitgenommen wird. Sollte die Sprungkraft des Stempels, z. B. bei weichem Liegenden, nicht ausreichen, so kann man sie durch ein am Stempel befestigtes und zum Kohlenstoß hin gespanntes Gummiseil verstärken. Als besondere Vorteile dieser Bauart sind die leichte Lösbarkeit sowie die Tatsache hervorzuheben, daß die Stempellänge nicht immer wieder neu eingestellt zu werden braucht, sondern erhalten bleibt. Die Tragfähigkeit beläuft sich auf bis zu 70 t.

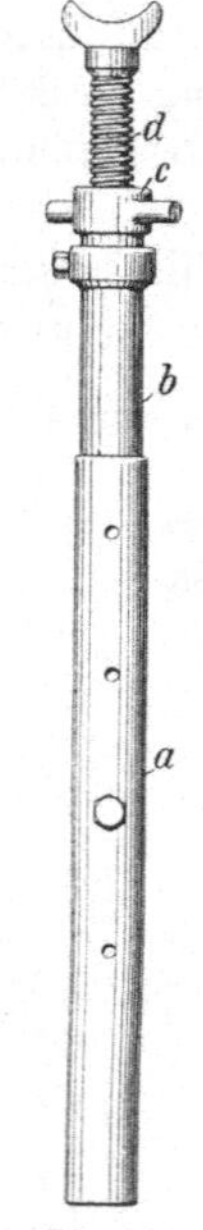

Abb. 34.
Vorbaustempel
von
Korfmann.

Schließlich sei darauf hingewiesen, daß Stahlstempel auch aus einem Stück I-Profil bestehen können oder aus einem mit einem Rundholz gefüllten Stahlrohr oder aus zwei ineinander verschiebbaren, einfachen Stahlrohren, von denen das untere z. T. mit Kohlenklein angefüllt ist, in das sich der Oberstempel eindrückt. Derartige Stempel haben sich im deutschen Bergbau jedoch nicht eingeführt, weil sie nur sehr schwierig zu rauben sind und die beiden erstgenannten zudem keine Anpassungsfähigkeit an schwankende Flözmächtigkeiten besitzen.

58. — Vorbaustempel. Vorbaustempel oder „fliegende Stempel" sind Hilfsstempel, die als vorläufiger Ausbau für kurze Zeit gesetzt werden und das Hangende so lange stützen sollen, bis der endgültige Ausbau eingebracht werden kann. Ihr Hauptanwendungsgebiet ist der Abbau in flacher Lagerung. Man kann Holzstempel als Vorbaustempel verwenden, häufig wählt man jedoch leichte Stahlstempel besonderer Bauart von 5—20 kg Gewicht.

Einen Vorbaustempel von Heinr. Korfmann jr., Witten, zeigt Abb. 34. Der rohrförmige Unterstempel a kann gegen den gleichfalls als Rohr ausgebildeten Oberstempel b durch einen Bolzen, der durch eines der verschiedenen Löcher gesteckt wird, in die jeweils passende Lage gebracht werden, worauf durch Herausschrauben der Spindel d mittels der Mutter c die Feineinstellung erfolgt. Eine andere Bauart besitzt einen nachgiebigen Stempel mit oben aufgeschlitztem und mit einer Klemmhülse versehenem Unterstempel, in den der Oberstempel sich hineinschiebt.

Derartige Stempel können auch als Hilfsstempel bei der Streckenzimmerung verwandt werden, wo sie nicht nur stützend, sondern auch hebend wirken können. Man kann mit ihnen Kappen über gebrochenen Stempeln abstützen und etwas anheben, hereingebrochene Gesteinsmassen vorübergehend abfangen und dadurch das Einwechseln neuer Stempel ermöglichen u. dgl.

Vorbaustempel kosten je nach Länge (1—2 m) etwa 10 bis 17 RM.

59. — Stahlkappen. Als Stahlkappen verwendet man meist Schienen oder auch I-Profile. Die Schwere des Profils richtet sich nach der Stärke des Gebirgsdrucks. So werden z. B. beim Strebbruchbau in mächtigeren Flözen Kappschienen bis zu 115 mm Höhe und 24,4 kg/m Gewicht benutzt.

In neuerer Zeit hat man sich bemüht, eine Reihe von Sonderbauformen zu entwickeln, ohne daß es allerdings schon möglich wäre, über ihre Eignung ein endgültiges Urteil zu fällen. Um die Biegefestigkeit zu erhöhen, hat man z. B. die Schienen- oder I-Klammer zu beiden Seiten des Steges durch eingeschweißte Flachstahleinlagen verstärkt. Auf Zeche Prosper 3 hat man 30 mm Rundstahl oder 80er Grubenschienen etwa 10 cm verkröpft und dadurch ein besonders einfaches Einbringen des Verzugs erreicht. Auch hat man schon mit Erfolg versucht, die Kappen durch 6—7 m lange 15 mm starke Drahtseile, die im Streichen oder Einfallen verlegt werden können, zu ersetzen.

60. — Die Holzkästen. Die Holzkästen (auch Holzpfeiler, Holzschränke oder Kreuzlager, beim Strebbruchbau Wanderkästen oder Wanderpfeiler genannt) werden aus einer Anzahl von kreuzweise übereinander gelegten Rundhölzern oder Kanthölzern gebildet. Sie können als nachgiebiger oder starrer Ausbau Verwendung finden. In nachgiebiger Ausführung finden sie eine ausgedehnte Anwendung beim Ausbau von Strecken, insbesondere von Abbaustrecken (s. Abb. 102 u. 100). Sie bieten hier nicht nur den großen Vorteil, nachgiebig, sondern nach Erschöpfung der Nachgiebigkeit zugleich sehr trag- und standfest zu sein.

Die größte Nachgiebigkeit haben aus altem wiedergewonnenem Kiefernrundholz aufgebaute Kästen. Etwas geringer ist sie bei Verwendung von frischem Holz. Wesentlich verringert werden kann sie durch Bergefüllung, durch die anderseits auch die Tragfähigkeit erhöht wird. Das gleiche Ziel kann durch die Verwendung einer größeren Anzahl von Hölzern als zwei je Lage erreicht werden. Schon durch ein drittes Holz wird die Tragfähigkeit wesentlich erhöht. Solange es auf Nachgiebigkeit ankommt, sollte man jedoch immer noch so viel Platz zwischen den einzelnen Hölzern lassen, um ihr allmähliches Zusammendrücken zu gestatten. Infolgedessen darf auch die Bergefüllung nicht zu dicht sein. Außerdem ist zu beachten, daß die Hölzer der untersten Lage stets in der Fallrichtung liegen und sich die Auflagestellen der einzelnen Hölzer genau übereinander befinden müssen.

Eine große Tragfähigkeit bei sehr geringer Nachgiebigkeit weisen aus Kanthölzern hergestellte Kästen auf, insbesondere wenn sie aus Eichen- oder sonstigem Hartholz, z. B. in Gestalt abgeworfener Reichsbahnschwellen, bestehen. Die Wirkung der größeren Auflagefläche kantig geschnittener Hölzer läßt sich durch eine kleine Rechnung veranschaulichen. Bei Annahme einer Druckfestigkeit von Eichenholz (quer zur Faser) von 140 kg/cm² und einer Breite der einzelnen Hölzer von je 20 cm ergeben sich in jeder Lage 4 Auflagestellen mit insgesamt $4 \times 20^2 = 1600$ cm² Fläche. Die Tragfähigkeit beläuft sich also auf $1600 \cdot 140$ kg = r. 225 t. Voraussetzung ist, daß der Holzkasten gleichmäßig beansprucht wird. Um dieses zu erreichen, muß er sorgfältig gegen das Hangende verkeilt werden.

Derartige Kästen werden vielfach beim Strebbruchbau angewandt (Abb. 51). Um das hierbei notwendige regelmäßige Umsetzen zu erleichtern, kann man sie auf eine Unterlage von Bergen oder Kohlenklein aufbauen, das vor dem Rauben teilweise wieder entfernt wird. Zweckmäßiger sind jedoch andere Vorrichtungen zur Erleichterung der Raubarbeit. Als solche dienen die Schlagschiene oder besondere Auslösebalken.

Die Schlagschiene ersetzt in einer der unteren Lagen des Kastens einen der Holzbalken und wird nahe an den Außenrand gelegt, so daß sie vor dem Umsetzen mit einem schweren Hammer herausgeschlagen werden kann. Eine Einzelschiene in einem im übrigen aus Holz bestehenden Kasten klemmt sich jedoch leicht fest. Es ist deshalb meist notwendig, auch das Holz oberhalb und unterhalb der Schlagschiene durch eine Schiene oder ein anderes Stahlprofil zu ersetzen.

Zu dem verbreitetsten Auslösebalken gehört der in Abb. 35 dargestellte Auslösebalken „Montania“. Zwei derartige Balken werden an Stelle einer Holzlage in der unteren Hälfte des Wanderkastens eingebaut. Jeder dieser aus Stahl hergestellten Balken besitzt an seinen Enden schräge Flächen, auf denen je ein Stahlkeil b aufliegt. Dieser wird auf seiner schrägen Unterlage durch einen Keil c gehalten, der durch einen Schlag von unten leicht gelöst werden kann. Der obere Keil gleitet dann ab und bringt den Kasten zum Zusammenstürzen. Damit die Lösekeile c zugänglicher bleiben, empfiehlt es sich, die Balken in die Fallrichtung zu legen.

Abb. 35. Holzkasten mit Auslösebalken „Montania“.

Der Druckausschalter „Herkules“ der Gewerkschaft Christine, Essen-Kupferdreh, sucht die gelegentliche Schwierigkeit, den an der Bruchkante gelegenen Balken zu lösen, durch eine gleichzeitige Betätigung der Lösevorrichtung mit Hilfe einer Verbindungsstange zu vermeiden.

Unterlagen für die Kosten von Holzkästen gibt folgende Zusammenstellung:

Flöz-mächtig-keit m	Holz-länge m	Erforder-liche Stück-zahl	Stückpreis für		Holzkosten für		Lohn RM.	Gesamtkosten bei Verwendung von	
			frisches Holz RM.	Alt-holz RM.	frisches Holz RM.	Alt-holz RM.		frischem Holz RM.	Altholz RM.
1. Starre Kästen aus Eisenbahnschwellen (15 × 25 cm)									
1,00	0,80	12	—	0,90	—	10,80	3,20	—	14,—
1,50	1,20	18	—	1,30	—	23,40	3,60	—	27,—
2,50	1,50	30	—	1,60	—	48,—	4,50	—	52,50
2. Nachgiebige Kästen aus Rundholz (15 cm ∅) mit Bergefüllung									
1,00	0,80	14	0,40	0,15	5,60	2,10	3,50	9,10	5,60
1,50	1,20	20	0,55	0,20	11,—	4,—	5,—	16,—	9,—
2,50	1,50	34	0,70	0,25	23,80	8,50	10,—	33,80	18,50
3. Nachgiebige Kästen aus Rundholz (10 cm ∅) mit Bergefüllung									
1,00	0,80	20	0,20	0,07	4,—	1,40	4,—	8,—	5,40
1,50	1,20	30	0,25	0,08	7,50	2,40	6,—	13,50	8,40

Bei Verwendung von getränkten Hölzern ist für das Holz mit einem Zuschlag von 30% zu rechnen.

Die erforderliche Balkenlänge von Wanderkästen im Strebbruchbau ist von der Flözmächtigkeit sowie vom Einfallen abhängig. Man bemißt die Länge im allgemeinen zu der 0,5—0,7fachen Flözmächtigkeit. Sie ist bei ganz flacher Lagerung und großer Flözmächtigkeit geringer als bei mäßiger Flözmächtigkeit und etwas größerem Einfallen. Wie groß im übrigen die Abmessungen von Holzkästen in mächtigen Lagerstätten werden können, zeigen Beispiele aus dem oberschlesischen Steinkohlen- und dem australischen Erzbergbau, wo Holzkästen von 4 m² Fläche und 6—10 m Höhe vorkommen.

c) Der Ausbau im Abbau.

61. — Die Ausführung des Ausbaus. Die in den vorangegangenen Ziffern geschilderten Aufgaben des Ausbaus, die je nach der Art der zu sichernden Grubenräume verschieden sind, bedingen je nach den im Einzelfall verwendbaren und verwendeten Materialien eine unterschiedliche Gestaltung des Ausbaus. Er wird daher in den nachfolgenden Kapiteln auf die Gestaltung des Ausbaus im Abbau, in Auf- und Abhauen und Bremsbergen, in Abbaustrecken, in Gesteinsstrecken und großen Räumen sowie in Schächten näher eingegangen.

62. — Anwendung und Ausführung des einfachen Stempelausbaues. Der einfache Stempelausbau genügt für die Abbaubetriebe in flöz-, gang- oder lagerartigen Lagerstätten bei wenig druckhaftem und nicht gebrächem Gebirge. Im westdeutschen Steinkohlenbergbau und unter diesem ähnlichen Verhältnissen ist dieses in flacher und halbsteiler Lagerung nur wenig, in steiler Lagerung etwas häufiger der Fall. Im allgemeinen reichen Holzstempel aus. Stahlstempel werden daher für den einfachen Stempelausbau kaum verwandt. Die Stempel werden in regelmäßigen, je nach dem Verhalten des Hangenden wechselnden Abständen gestellt, die zwischen 0,8 und 2 m schwanken. Bei flacher

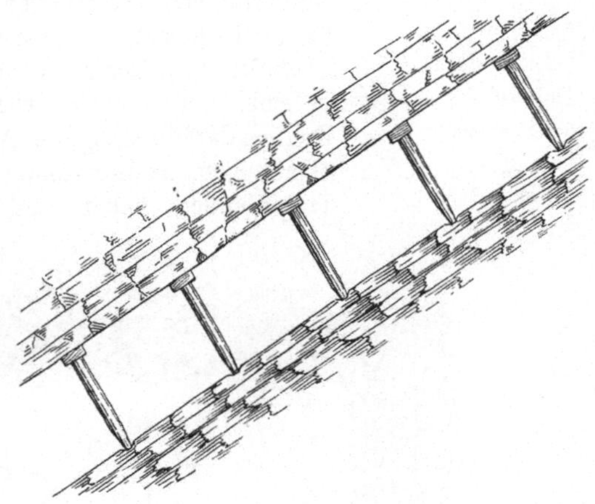

Abb. 36. Stellen des Stempels auf „Strebe" bei steilerem Einfallen.

Lagerung kann der Stempel im allgemeinen rechtwinklig zur Schichtung gestellt werden, doch wird es unter einem Hangenden, das bei größerem Gebirgsdruck zum Bergeversatz hin abzuwandern sucht, erforderlich, ihm am oberen Ende eine schwache Neigung nach dem Stoß hin zu geben. Bei steilerem Einfallen läßt man den Stempel mit etwa 5° von der rechtwinkligen Lage gegen das Einfallen hin abweichen („gibt ihm 5° Strebe", Abb. 36), weil er hier auch noch einen gewissen Schub des Hangenden in der Fallrichtung aufzunehmen hat, der ihn bei rechtwinkliger Stellung umwerfen würde. Diese „Strebe" darf jedoch nicht angewandt werden, wenn auch das Liegende eine Bewegung in der Fallrichtung ausführt.

Kurze Stempel, die nur zum vorübergehenden Abstützen einer unterschrämten Kohlenbank oder einer nach Gewinnung der Unterbank noch anstehenden Oberbank dienen, werden als „Bolzen" bezeichnet.

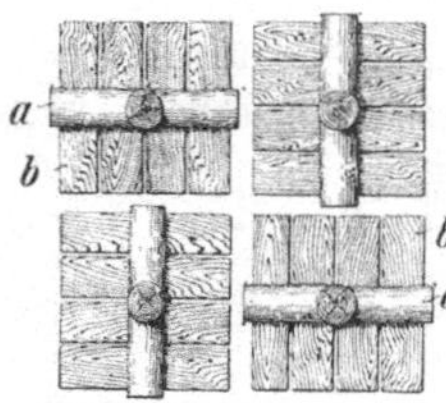

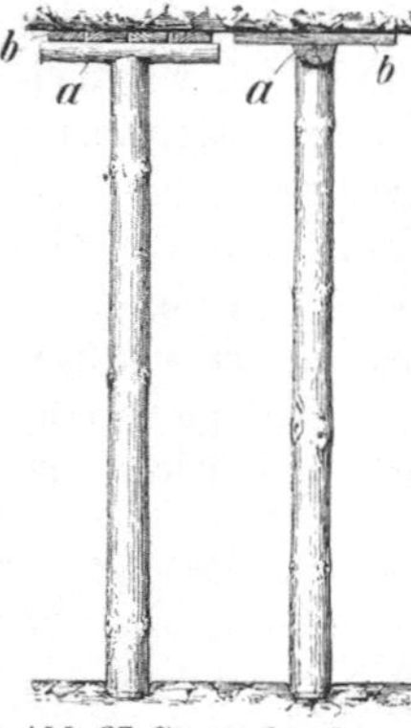

Abb. 37. Stempelausbau im deutschen Braunkohlenbruchbau.

Ist das Liegende genügend fest, so wird der Stempel unten etwas behauen und „barfuß" in ein Bühnloch gestellt. Bei sehr weicher Beschaffenheit des Liegenden (z. B. bei Ton, weicher Braunkohle u. dgl.) muß er ein Stück Rundholz, einen „Fußpfahl", als Unterlage erhalten. Gegen das Hangende oder die Firste wird der Stempel unter Zwischenfügen eines „Anpfahls" (auch Kopfholz genannt), d. h. eines Halb- oder Rundholzes, getrieben. Ein solcher Anpfahl gestattet zunächst durch seine mehr oder weniger starke Zusammenpressung kleine Fehler bei der richtigen Bemessung der Stempellänge auszugleichen. Ferner wird infolge dieser polsterartigen Zwischenlage das Hangende beim „Antreiben" des Stempels weniger beansprucht. Auch erhöht der Anpfahl als „Quetschholz" die Nachgiebigkeit des Ausbaues, und zwar in um so höherem Maße, je dicker er ist. In vielen Fällen wird außerdem der Anpfahl länger genommen und dann zum Abfangen des Hangenden in der Nachbarschaft des Stempels benutzt. Insbesondere können dann kleine „Schnitte" im Gebirge durch den Anpfahl überdeckt und so Schalen von nicht zu großer Dicke festgehalten werden. Freilich darf die Länge der Anpfähle ein gewisses Maß nicht übersteigen, da ihre Enden sonst nur noch sehr geringe Tragfähigkeit haben und die Hauer dann leicht in

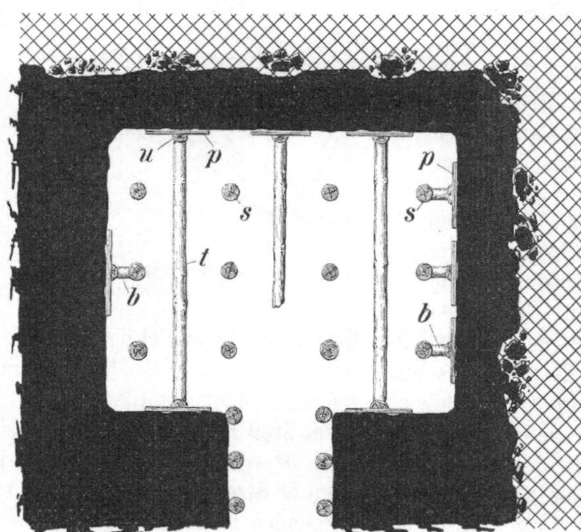

Abb. 38. Verspreizung beim Braunkohlenbruchbau.

falscher Sicherheit gewiegt werden, zumal etwa am Ende der Anpfähle sich lösende Gesteinstücke einen langen Hebelarm finden, mit dem sie den

Stempel umwerfen können. Am weitesten geht der deutsche Braunkohlenbruchbau bei dieser Ausnutzung der Anpfähle: diese (*a* in Abb. 37) werden
hier nicht nur verhältnismäßig lang
genommen, sondern auch noch mit
Brettern oder Pfählen *b* verzogen, so
daß eine Fläche von etwa 1 m² von
einem Stempel gestützt wird. Man
trägt dabei Sorge, durch abwechselnde
Längs- und Querstellung der Anpfähle
und Verzugpfähle diese möglichst
gleichmäßig zu beanspruchen. Eine
derartige Zimmerung bildet schon den
Übergang zur Kappenzimmerung, und
in der Tat werden diese Anpfähle
vom Braunkohlenbergmann auch als
„Kappen" bezeichnet. Doch sollen
hier und im folgenden unter dieser

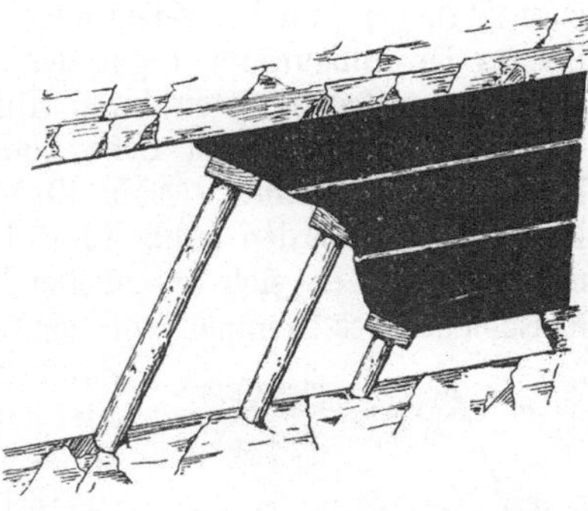

Abb. 39. Abstützung eines überhängenden Kohlenstoßes durch Strebestempel.

letzteren Bezeichnung nur Ausbauteile verstanden werden, die von mindestens zwei Stempeln getragen werden.

Reicht der Anpfahl zur Erzielung der etwa notwendigen Nachgiebigkeit
nicht aus, so werden bei flacher Lagerung und nicht zu weichem Liegenden
angespitzte Stempel
benutzt. Sind jedoch
schiebende, quer zur
Stempelachse, also seit-
lich gerichtete Bewegun-
gen des Gebirges zu be-
fürchten, was bei flacher,
vor allem aber bei steiler
Lagerung der Fall ist,
so dürfen nur ange-

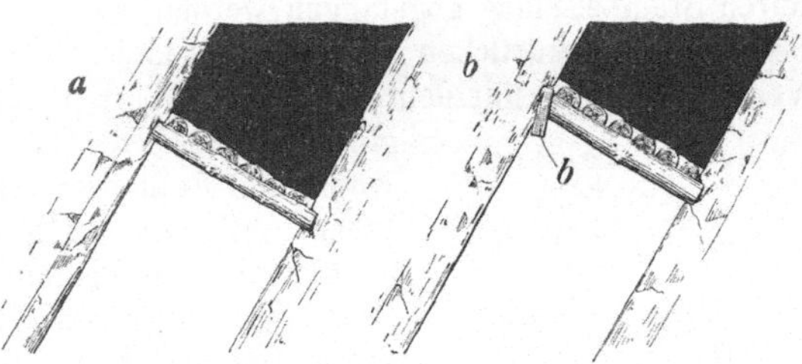

Abb. 40 *a* und *b*. Abfangen von Schweben in Flözen.

schärfte Stempel benutzt werden, wobei man die durch das Anschärfen entstehende Schneide in Richtung der stärksten Beanspruchung stellen kann. In
steiler Lagerung ist dieses die Richtung des Einfallens. Ein so gestellter, angeschärfter Stempel bietet auch gegen auf dem Liegenden herabrutschende
Berge- oder Kohlenstücke einen größeren Widerstand als ein angespitzter
Stempel.

63. — Ausbau mit Spreizen oder Streben. Spreizen steifen in
söhliger Lage Flächen gegeneinander ab. Eine solche Abspreizung wird im
deutschen Braunkohlenbergbau verschiedentlich in größerem Maßstabe regelrecht durchgeführt, wenn der einzelne Bruch (vgl. Bd. I, „Pfeilerbruchbau")
weiter herausgearbeitet und die Kohle nicht von besonders fester Beschaffenheit ist. Man kann dann nach Abb. 38 teils die Stöße durch Absteifen gegen
die nächsten Stempel mit Hilfe der Spreizen *b b* sichern, teils auch die
Spreizen von einem Stoß durch den ganzen Abschnitt hindurch bis zum
gegenüberliegenden Stoß gehen lassen (*t*). Im ersteren Falle müssen bei
stärkerem Druck auch die Stempel unter sich noch wieder verspreizt werden.
— Eine Abstützung durch Streben wird durch Abb. 39 veranschaulicht.

64. — Stempelausbau mit Biegebeanspruchung. Ein Stempelausbau, der außer der Druck- oder Knickbeanspruchung auch eine mehr oder weniger starke Biegebeanspruchung (also Seitendruck) auszuhalten hat, dient zum Abfangen von Schweben oder Firsten oder von Versatzbergen oder zum Schutz der Abbauräume gegen den Alten Mann. Ein solcher Ausbau muß in mächtigeren Lagerstätten durch Hilfsstempel oder Streben verstärkt werden.

Beim Abfangen von Schweben (Abb. 40) kann der Stempel entweder beiderseits eingebühnt (Abb. 40a) oder an dem einen Ende durch einen Keil gestützt werden (Abb. 40b). Im ersteren Falle muß das eine Bühnloch mit einer seitlich sich anschließenden „Bahn" hergestellt werden, um das Einschieben des Stempels von der Seite her zu ermöglichen. Eine verstärkte

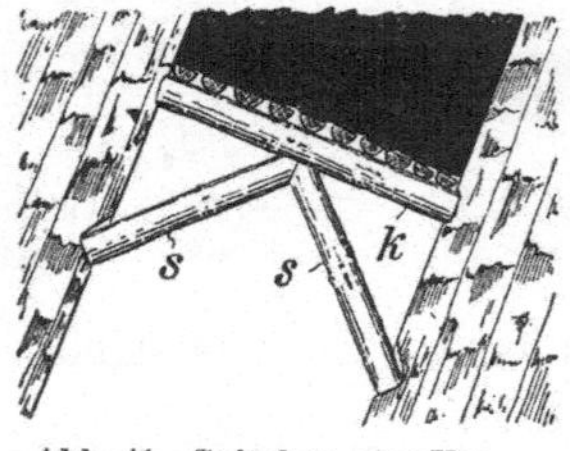

Abb. 41. Spitzbau zur Verstärkung von Schwebestempeln.

Zimmerung dieser Art für größere Mächtigkeit oder gebrächere Kohle oder längere Standdauer des Ausbaues zeigt Abb. 41; die Schwebestempel sind hier durch Strebstempel („Spitzbau") abgestützt.

Schwebestempel dürfen nicht nachgiebig sein, da sie während der meist kurzen Zeit ihrer Wirksamkeit ein Zerdrücken der Schweben verhüten sollen.

Soll Bergeversatz bei steiler Lagerung durch Stempelschlag abgefangen werden, so muß dieser nachgiebig sein, um beim Zusammendrücken des Versatzes nicht zu brechen, und einen kräftigen Verzug erhalten, mit dem er dann einen „Bergekasten" bildet. Ein Beispiel

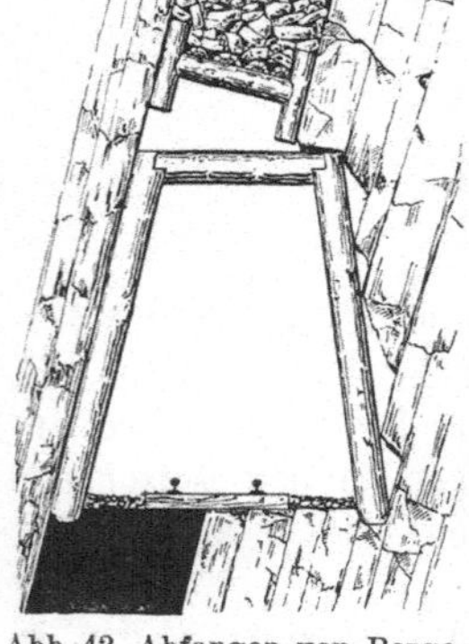
Abb. 42. Abfangen von Bergeversatz durch Halbhölzer auf Stempeln mit Fußpfahl und Anpfahl (Bergekasten).

gibt Abb. 42. Die Nachgiebigkeit wird hier durch Kopf- und Fußhölzer erzielt; sie kann bei größerer Flözmächtigkeit durch ein schwaches Anschärfen der Stempel an beiden Enden vergrößert werden. (Über das Tragen des Versatzes durch die Streckenzimmerung selbst vgl. die Ausführungen in Ziff. 81 und die Abbildung 86 daselbst.)

Eine dem oberschlesischen Pfeilerbruchbau eigene Stempelzimmerung ist der Ausbau mit dicht nebeneinander gestellten Stempeln, die eine „Orgel" bilden. Sie sollen das Hereinrollen der im alten Mann aus dem Hangenden niedergebrochenen Blöcke in den Abbauabschnitt und die zugehörige Strecke verhüten und werden deshalb bei dem schwebenden Vorgehen nach oben von vornherein auf der nach dem Bremsberge hin gelegenen Seite des Abschnittes eingebaut (vgl. Bd. I, „Pfeilerbruchbau"). Die Orgelstempel sind von besonderer Wichtigkeit, wenn ohne „Bein" gearbeitet wird; sie müssen dann entsprechend dichter gestellt werden. Die Abbaustrecken sowie der Kopf der Bremsberge müssen in derselben Weise gesichert werden. Man verstärkt hier vielfach die Orgel noch durch eine sog. „Versatzung", die in besonders kräftiger Ausführung durch Abb. 43 veranschaulicht wird. Hier werden die Orgelstempel *o* zunächst durch 2 Lagen quergelegter Rundhölzer gestützt und diese ihrerseits nicht nur durch eine zweite Stempelreihe h gehalten, sondern auch noch durch die Streben $a_1\,b_1$ und $a_2\,b_2$ gegen das Hangende und Liegende abgesteift.

65. — Kappenausbau. Allgemeines. Beim Kappenausbau wird das Gebirge nicht wie beim einfachen Stempelausbau nur an je einem Punkte, son-

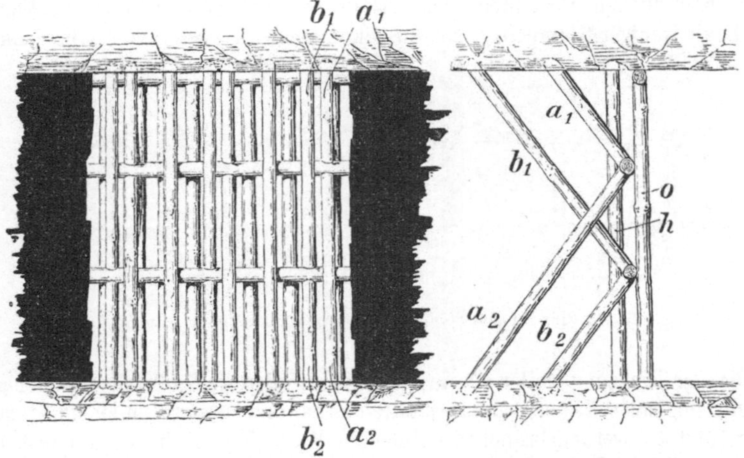

Abb. 43. Streckensicherung durch eine Orgel mit Versatzung im oberschlesischen Pfeilerbau.

dern längs einer oder mehrerer Linien gestützt. Es geschieht dieses dadurch, daß eine aus Holz oder Stahl bestehende Kappe unter dem Hangenden verlegt und von zwei oder drei senkrecht zu ihr gestellten Stempeln unterfangen wird. Die linienhafte Unterstützung kann noch zu einer flächenhaften ausgestaltet werden, in dem man die einzelnen Kappenbaue durch Spitzenverzug untereinander verbindet. Der Kappenausbau mit oder ohne Verzug ist im Steinkohlenbergbau bei flacher Lagerung die Regel und ist auch in halbsteiler und steiler Lagerung weit verbreitet. Er wurde bisher Schalholzausbau genannt. Da ein Schalholz jedoch ein Halbholz ist und bei dieser Ausbauart in zunehmendem Maße Rundhölzer sowie die

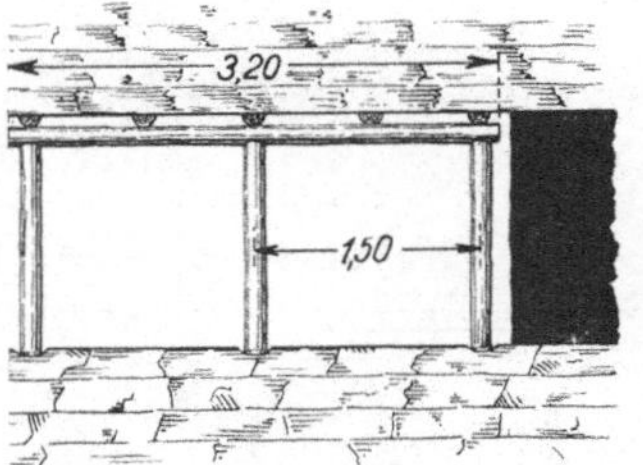

Abb. 44. Streichender Kappenausbau im Längsschnitt.

verschiedensten Stahlprofile als „Schalhölzer" verwendet werden, ist der alte Ausdruck nicht mehr umfassend genug und sei durch den Begriff „Kappen-ausbau" ersetzt.

66. — Streichende oder fallende Anordnung. Je nachdem, ob beim Kappenbau die Kappe senkrecht oder parallel zum Kohlenstoß verlegt wird, unterscheidet man streichende oder fallende Anordnung der Kappenbaue und behält auch diese Bezeichnung bei, wenn bei schräggestelltem Kohlenstoß mehr oder weniger starke Abweichungen von der Richtung des Streichens oder Einfallens eintreten.

Bei dem zur Zeit gebräuchlichsten Abbauverfahren der flachen und halbsteilen Lagerung, dem Strebbau, ist die streichende Anordnung die am meisten angewandte (Abb. 44 u. 49). Sie hat den Vorteil, mit den starken Kappen parallel zum Kohlenstoß auftretende Klüfte und Risse wirksam zu unterfangen. Außerdem kann beim Verhieb mit Einbrüchen der endgültige Ausbau gesetzt werden, sobald der Einbruch an einer Stelle in Feldesbreite hergestellt ist. Das gleiche gilt bei der Erweiterung der Einbrüche und dem Verhieb der zwischen ihnen befindlichen Reststöße. Die fallende Anordnung bietet den Vorteil, meist mit weniger Stempeln je m² auszukommen, da man vielfach die Stempel

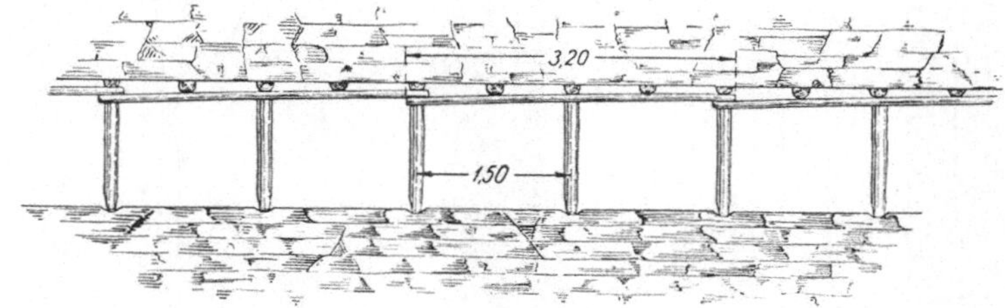

Abb. 45. Schwebender Kappenausbau mit überlappten Kappen.

in fallender Richtung weiter auseinander stellen oder die Stoßstellen zweier aufeinanderfolgender Kappen so ausgestalten kann, daß sie nur von einem Stempel unterstützt zu werden brauchen (Abb. 45). Weiterhin ist hervorzuheben, daß bei fallender Anordnung der Kappen besonders leicht vorgepfändet werden kann, indem die Spitzen mehr oder weniger weit in das neue Feld vorgezogen und von

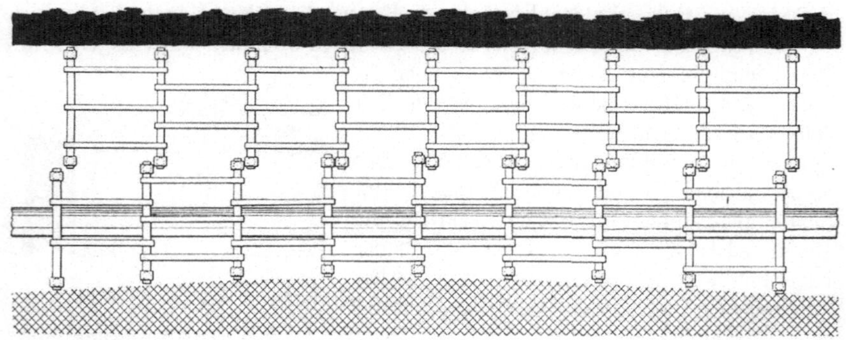

Abb. 46. Begradigen eines Stoßes in flacher Lagerung bei gleicher Kappenlänge.

einem vorläufigen Stempel unterfangen werden. Beim Verhieb durch „Abschälen" des Stoßes macht man hiervon gerne Gebrauch.

67. — Ausführung des Kappenausbaus in flacher Lagerung. Abb. 44 zeigt eine einfache Ausführung des Kappenausbaues in Holz bei streichender Anordnung mit Verzug. Bei sehr günstigen Gebirgsverhältnissen kann der Verzug fehlen. Ist es zum Begradigen des Stoßes zeit- oder stellenweise notwendig, bei gleichen Kappenlängen die Felder etwas schmaler zu nehmen, so kann die in Abb. 46 wiedergegebene Ausführung gewählt werden. Abb. 47 zeigt den streichenden Kappenausbau mit Verzug. Um Raum für ihn zu schaffen, müssen zwischen Kappe und Hangenden Quetschhölzer eingebracht werden. Hierbei ist darauf zu achten, daß sie genügend dick sind und genau in Verlängerung der Stempel gelegt werden. Geschieht das nicht, so wird die Kappe frühzeitig zerstört und der Raum zwischen Kappe und Hangendem zu sehr verschmälert, so daß nur noch mit angeschärften Spitzen verzogen werden

kann, deren Tragfähigkeit jedoch sehr gering ist und die daher zu vermeiden sind.

Eine größere Bedeutung als der Holzstempel hat beim Kappenausbau der flachen Lagerung der Stahlstempel, und zwar in Verbindung mit einer Holz- oder Stahlkappe. Seine größere und gleichmäßigere Tragfähigkeit sowie der Wegfall des zeitraubenden und kostspieligen Holztransports haben ihm eine immer noch weiter zunehmende Verbreitung verschafft. Die Abb. 47 u. 48 zeigen einen streichenden Kappenausbau mit Stahlstempeln und Stahlkappe und Holzverzug,

Abb. 47. Streichender Kappenausbau mit Stahlstempeln und Holzverzug.

Abb. 49 fallenden Kappenausbau mit Stahlkappe und Holzverzug. Zugleich ist aus Abb. 48 das Vorpfänden des Spitzenverzugs unter Benutzung von Vorbaustempeln ersichtlich. Abb. 50 zeigt, wie der Kappenausbau mit Stahl-

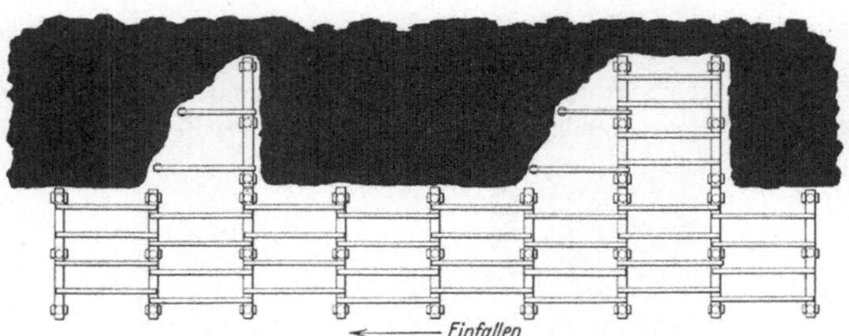

Abb. 48. Streichender Kappenausbau im Grundriß.

stempeln und Stahlkappe es ermöglicht, im Schrämmaschinenfeld auf einen Stempel am Kohlenstoß zu verzichten, ein Vorteil der mit Holzausbau nur unter ganz besonders günstigen Verhältnissen möglich ist.

Auch beim Strebbruchbau ist es möglich, mit gewöhnlichem Kappenausbau unter Verwendung von Stahlstempeln auszukommen. In den meisten Fällen ist es jedoch noch üblich, ihn entweder durch Wanderkästen oder statt ihrer in zunehmendem Maße durch Reihenstempel zu verstärken. Die Wanderkästen aus Kantholz oder Stahl (Schienen oder I-Profil) werden in drei verschiedenen Arten angeordnet: an der Bruchkante, in der Mitte des Feldes oder möglichst nahe am Abbaufördermittelfeld oder auch unter der Bruchkante, d. h. zur Hälfte jenseits der äußeren Stempelreihe (Abb. 51). Die Anordnung an der

Abb. 49. Schwebender Kappenausbau mit Stahlstempeln und Holzverzug.

Bruchkante wird insbesondere bei starren Kästen dann vorgezogen, wenn diese dazu beitragen sollen, das Abbrechen der Dachschichten herbeizuführen. Macht

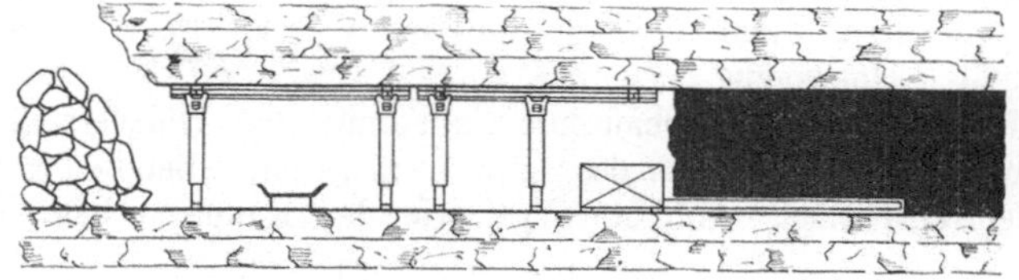

Abb. 50. Streichender Kappenausbau in Stahl und freiem Schrämmaschinenfeld.

das Abbrechen keine Schwierigkeiten und wird insbesondere mit weniger starrem Ausbau gearbeitet, so können sie auch in der Mitte des Feldes oder auch mehr

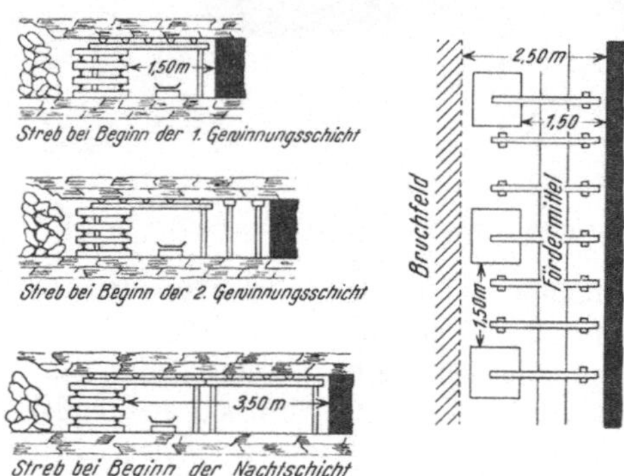

Abb. 51. Anordnung der Wanderkästen an der Bruchkante.

nach dem Rutschenfeld zu stehen, da sie dann lediglich die allgemeine Aufgabe der Sicherung zu erfüllen haben.

Reihenstempel haben den Vorteil geringeren Materialaufwandes und geringerer Raubarbeit. Außerdem kann die Streböffnung in der Regel um ein Feld schmaler sein, da das Feld, in dem die Wanderkästen stehen, fortfällt. Die Reihenstempel beim streichenden Ausbau werden meist in die äußere Stempelreihe zwischen die Stempel der Kappenausbaue gesetzt (Abb. 52) oder unter die Kappe, aber in die Nähe des äußeren Stempels (Abb. 53). Bei fallendem Ausbau pflegen sie unter die Kappen der äußeren Baue gesetzt zu werden, so daß sich die Zahl ihrer Stempel verdoppelt (Abb. 54). Zuweilen setzt man sie auch unmittelbar jenseits der äußeren Stempelreihe.

Abb. 52. Anordnung der Reihenstempel an der Bruchkante.

Eine verstärkte Nachgiebigkeit wird beim Kappenausbau durch die gleichen Mittel erreicht wie beim einfachen Stempelausbau, d. h. durch Verwendung angespitzter oder angeschärfter Stempel, durch Quetschhölzer sowie durch Stahlstempel nachgiebiger Bauart.

Auch beim Pfeilerbau Oberschlesiens ist der Kappenausbau üblich. Die Kappen werden in der Regel, wie die Abb. 55 u. 56 zeigen, von drei der Pfeilerhöhe entsprechend langen Stempeln unterfangen. In Abb. 56 ist außerdem der Verzug (in Oberschlesien Verpfählung genannt) sichtbar. Da die Knickfestigkeit infolge ihrer Länge nur gering ist, sind sie nicht in der Lage, ähnliche Drucke aufzunehmen, wie z. B. die Stempel beim Strebbau in Flözen geringer Mächtigkeit. Da durch das Zubruchwerfen des ausgekohlten benachbarten Pfeilers eine Entlastung des Hangenden eingetreten ist, pflegt die Druckbeanspruchung sich in mäßigen Grenzen zu halten, so daß der Ausbau den Anforderungen genügt.

Abb. 53. Streichende Anordnung der Reihenstempel an der Bruchkante.

Beim Kappenausbau in mittelsteiler Lagerung, d. h. bei Einfallen von 25—35° oder 40° ist, da meist mit Einbrüchen gearbeitet wird, neben dem fallenden der streichend angeordnete Kappenausbau die Regel, und zwar in Holz, da Stahlstempel in dieser Lagerung zu schwierig zu handhaben sind. Im übrigen bestehen im Vergleich zur flachen Lagerung keine grundsätzlichen Unterschiede.

68. — Der Kappenausbau bei steiler Lagerung. Auch in steiler Lagerung ist Holzausbau der z. Z. einzig mögliche. Beim Strebbau mit fallendem Verhieb herrscht die fallende Anordnung der Kappenbaue vor.

Abb. 54. Schwebende Anordnung der Reihenstempel an der Bruchkante.

Bei einigermaßen günstigem Gebirge kann man an Stempeln dadurch sparen, daß man die einzelnen Kappen untereinander verblattet oder mit abgeschrägten

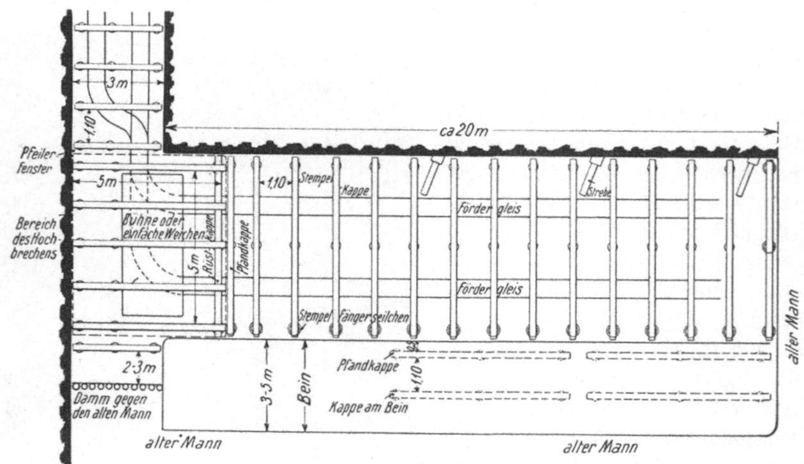

Abb. 55. Kappenausbau beim Pfeilerbau Oberschlesiens.

Enden aufeinander legt (Abb. 59). Da die Stempel von oben angeschlagen werden, ist hierbei streng darauf zu achten, daß die Verblattung oder die Schräge am unteren Ende jeder Kappe nach oben gerichtet ist. Bei umgekehrter Lage der Kappe würde das Schlagen des Stempels Schwierigkeiten bereiten, da er an der Stoßstelle der beiden aufeinanderliegenden Kappenenden vorbeigeführt werden müßte.

Zur Erzielung einer ausreichenden Festigkeit der Baue müssen in steiler und auch in halbsteiler Lagerung die Stempel eingebühnt werden. Ist das Liegende jedoch zu weich, so werden die Stempel auf Langhölzer gestellt, „Schwellen", im Ruhrgebiet auch „Klemmen" genannt (Abb. 57). Werden Rundhölzer als Kappen verwendet und neigt das Gebirge zum Schieben, so ist es zweckmäßig, die Rundhölzer an ihrer oberen dem Spitzenverzug zugewandten Seite etwas abzuflachen. Sie pflegen dann, obwohl nicht ganz richtig, als „Kanthölzer" bezeichnet zu werden.

Abb. 56. Kappenausbau im Pfeilerbau. (Aufnahme M. S t e c k e l.)

Reicht die Nachgiebigkeit der Quetschhölzer und Kappen nicht aus, so kann sie durch Anschärfung der Stempel erhöht werden. Hierbei ist es gemäß Abb. 58 möglich, die Nachgiebigkeit an den Stempelkopf zu legen, indem man dort den Stempel anschärft. Noch nachgiebiger kann der Kappenausbau durch Verwendung zweier Quetschhölzer gestaltet werden, von denen jedoch nach Abb. 59 das zweite zwischen Stempel und Kappe gelegt werden muß, um den Abstand der Kappe vom Hangenden nicht zu groß werden zu lassen, da sonst die Spitzen zu spät zum Tragen kommen würden.

Beim Schrägbau ist die Anordnung und Art des Ausbaus je nach der Verhiebart verschieden. Beim firstenbauartigen Verhieb ist streichende und fallende Anordnung möglich. Bei schwierigen Gebirgsverhältnissen ist die fallende jedoch vorzuziehen (Abb. 60), da die einzelnen Kappen einander abstützen und gegen Umschieben gesichert sind. Hierbei ist es möglich, die Kappen

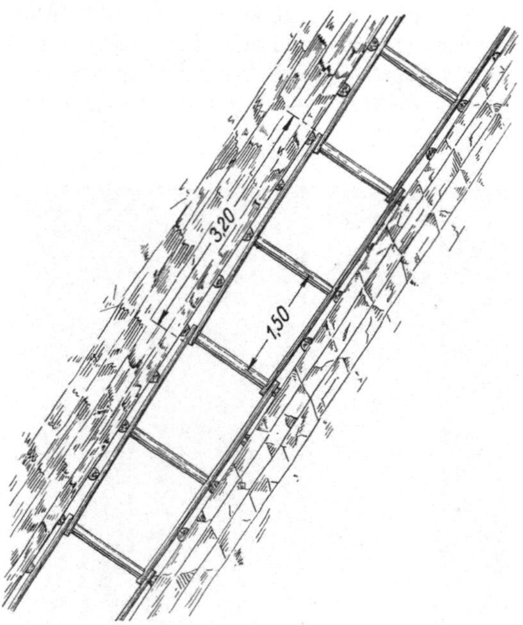

Abb. 57. Setzen der Stempel auf Langhölzer bei zu weichem
Liegenden in steiler Lagerung.

an ihren Enden aufzustecken und durch einen Stempel an der Stoßstelle zu unterstützen, oder aber die Kappen stoßen stumpf aneinander, so daß an jeder

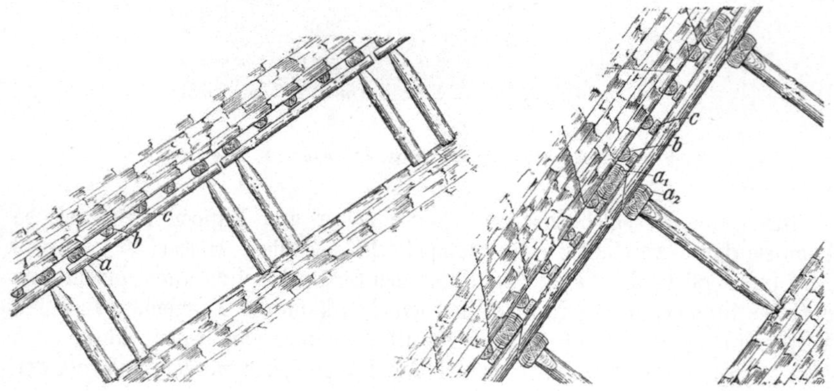

Abb. 58. Schalholzzimmerung mit selbständig   Abb. 59. Schalholzzimmerung mit verbun-
getragenen Kappen.   denen Kappen.

Stoßstelle zwei Stempel benötigt werden. Bei mächtigen und zum Auslaufen neigenden Flözen empfiehlt es sich, die Firststempel mit den Kappen zu verblatten und sie durch Spitzbau, der mit ihnen ein umgekehrtes K bildet, zu verstärken (Abb. 61). Die Länge der Kappen wird meist nach der Breite (bei streichendem Verhieb) oder nach der Höhe (bei fallendem Verhieb) der Firsten gewählt, wobei in der Regel zwei Kappen auf eine Knapplänge entfallen. — Bei sägeblattartigem Verhieb können die Kappenbaue ebenfalls im Einfallen verlaufen, oder sie werden schräg, und zwar in die Verhiebrichtung verlegt (Abb. 62). Sie verlaufen dann in spitzem Winkel zur Bergeversatzböschung. Nur beim Bohlenschrägbau sind Verhiebrichtung, Ausbaurichtung, Bohlen und Versatzböschung einander parallel. Den Ausbau beim Schrägbau mit Einbrüchen unter Voraussetzung günstiger Gebirgsverhältnisse zeigen die Abbildungen 63 und 64. Bei guten Gebirgsverhältnissen genügt einfacher Stempelausbau mit Kopfholz (Abb. 64).

69. — Kostenvergleich zwischen Holz- und Stahlausbau im Abbau. Es seien streichender Ausbau bei einer Flözmächtigkeit von 1,10 m und ein Streb

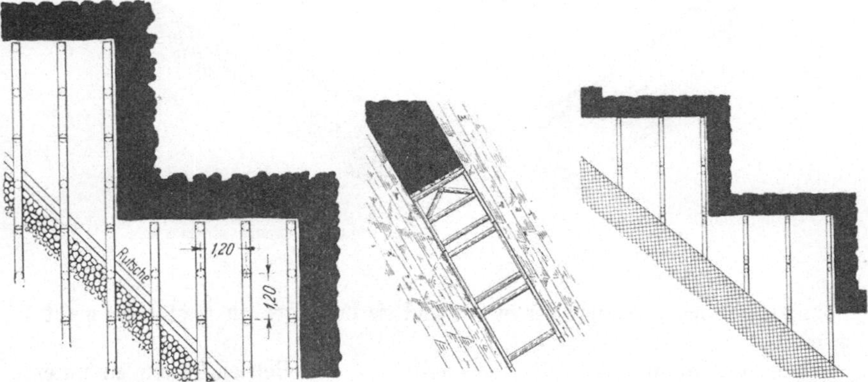

Abb. 60. Schwebender Kappenausbau mit aufgesteckten Kappen und Mittelstempeln beim firstenbauartigem Verhieb.

Abb. 61. Schwebender Kappenausbau mit stumpf aneinander stoßenden Kappen und Sohlenklemmen.

von 200 m Länge angenommen. Die Feldbreite und der tägliche Abbaufortschritt mögen 2,10 m betragen. Die tägliche Förderung beläuft sich infolgedessen auf r. 550 t verwertbarer Förderung. Der Abstand der Baue betrage, im Einfallen gemessen, 1,25 m, und je Bau seien vier Spitzen erforderlich. Zu Beginn der Hereingewinnung stehen ein, nachher zwei Felder offen. Als Versatz wird Blindort- oder Blasversatz angewandt. Bei Bruchbau müßten zusätzlich die Kosten für Wanderkästen oder Reihenstempel berücksichtigt werden.

Die Mengen und Kosten bei Holzausbau betragen demnach:

<pre>
480 Stempel zu 1 m und 13 cm ∅ . . . .   152,— RM.
160 Kappen, 2,10 m lang (aus 26 cm Rundholz) . .   160,— „
640 Spitzen, 1,30 m lang, 5 cm ∅ . . . .   50,— „
</pre>

Ersatz für gebrochenes Holz:

<pre>
50 Vorpfändstempel, 1,25 m lang und 11 cm ∅ . .   15,— „
10 Kappen . . . .   10,— „
50 Stempel . . . .   25,— „
                                                 ──────────
                                                  412,— RM.
</pre>

Die Holzkosten betragen demnach 0,75 RM./t.

Beim Ausbau in Stahl sollen Stahlstempel, Stahlkappen und Holzverzug verwendet werden. Es sei angenommen, daß die Zahl der Kappenbaue die gleiche ist wie beim Holzausbau, daß jedoch auf einen Mittelstempel bei jeder Kappe verzichtet werden kann. Zur Ermittlung der Stahlkosten soll ein Preis von 0,75 RM. je kg und ein Stempelgewicht von 40 kg angenommen werden, da es sich nicht um einen Vergleich verschiedener Stempelarten, sondern um einen Vergleich zwischen Stahl und Holz handelt. Für Abschreibung der Stempel und Kappen sei ein Satz von 2% und 7% monatlich zugrunde gelegt. Tatsächlich ist die Lebensdauer von Stempeln und Kappen in vielen Fällen größer, als es diesen Sätzen entspricht; sie ist jedoch erst nach langer Eingewöhnung von Belegschaft und Aufsicht zu erreichen. Umgekehrt muß anfangs mit größeren Verlusten gerechnet werden. Besonders hoch sind letztere naturgemäß dann,

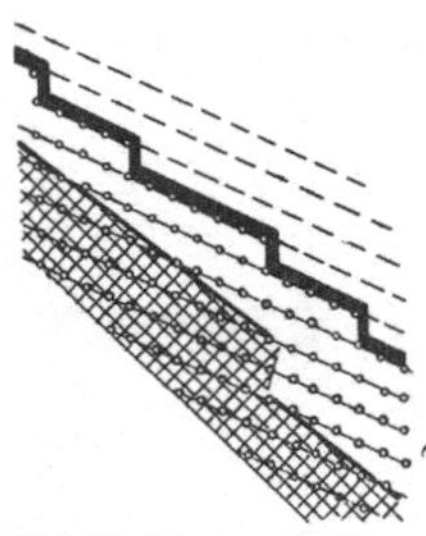

Abb. 62. Diagonaler Kappenausbau beim Abbau mit sägeblattartigem Verhieb.

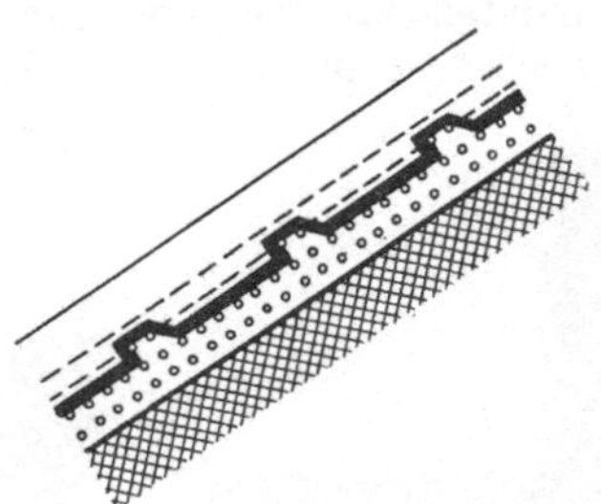

Abb. 63. Einfacher Stempelausbau beim Schrägbau mit Einbrüchen (Grundriß).

wenn zu schwache Stempel verwendet und sie in zu großen Abständen gesetzt werden.

Beim Ausbau in Stahl sind Anschaffungs- und Betriebskosten zu unterscheiden.

Anschaffungskosten:

Es sind 320 Baue zu je 2 Stempeln, also 640 Stempel, erforderlich. Hinzu kommen 5%, also 16 Baue oder 32 Stempel als Reserve. Die Anschaffungskosten betragen:

672 Stahlstempel zu je 28,— MR.	18 816,— RM.
336 Stahlkappen zu je 5,80 RM.	1 946,— „
	20 762,— RM.

Betriebskosten:

Abschreibung der Stempel (2 % monatl.) je Arbeitstag	15,05 RM.
Abschreibung der Kappen (7 % monatl.) „ „	5,45 „
Lohnkosten (einschl. Soziallohn) für 10 Rauber	120,— „
Prämien für gute Raubarbeit	2,50 „
Spitzenverzug	50,— „
	193,— RM.

Die Ausbaukosten bei Verwendung von Stahl betragen demnach 0,35 RM./t. Sie stellen sich also um 0,40 RM./t geringer als beim Ausbau mit Holz. Die tatsächlichen Ersparnisse werden noch etwas höher sein, da bei Verwendung von Stahl die Förderung der täglich neu benötigten großen Holzmengen fortfällt. Außerdem ist zu berücksichtigen, daß sich der Zustand des Daches bei

Stahlausbau in den meisten Fällen bessert und Betriebsstörungen geringer werden.

Allgemein kann gesagt werden, daß für den Erfolg des Stahlausbaus im Abbau sein Einsatz im Großbetrieb, der eine gute Ausnutzung bei möglichst täglichem Umlegen ermöglicht, von großer Bedeutung ist. Wenig eignet er sich in Flözen mit weichem Liegenden. Auch darf die Flözmächtigkeit nicht stärker schwanken als 20—30 cm, da zu weit ausgezogene Stempel sich leicht verbiegen. Ferner sei bemerkt, daß beim Einsatz von Stahlstempeln die Flözmächtigkeit nicht geringer als 0,50 m und nicht höher als 3 m sein soll. Kurze streichende Baulängen sind ungünstig, da sich dann der An- und Abtransport der Stempel nicht lohnt und die jeweilige Eingewöhnung nicht ausgenutzt wird. Da außerdem Stahlstempel in Flözen mit mehr als 35⁰ nicht verwendet werden können, wird der Holzausbau im Abbau auch in Zukunft eine erhebliche Rolle spielen, es sei denn, daß aus Leichtmetall hergestellte Stempel angewendet werden könnten. — Für das Ruhrgebiet kann angenommen werden, daß je t Tagesförderung aus mit Stahlstempeln ausgerüsteten Abbauen 6 Stempel erforderlich sind, und zwar einschließlich der auf Lager oder in Reparatur befindlichen Stücke. Je 1000 t Jahresförderung werden bei 300 Arbeitstagen 20 Stempel verbraucht. Die Holzersparnis je Stahlstempel kann zu 3,7 fm im Jahre veranschlagt werden.

70. — Das Vorpfänden im Abbau.
Unter Vorpfänden versteht man das Einbringen vorläufigen Ausbaus zur Sicherung des Arbeitsraumes, bevor der endgültige Ausbau gesetzt werden kann. In Ziff. 66 S. 63 wurde bereits als Vorzug der fallenden Anordnung des Kappenausbaus darauf hingewiesen, daß er durch Vorziehen der Spitzen und ihre Unterstützung durch einen Vorbaustempel aus Holz oder Stahl ein einfaches Vorpfänden gestattet. Beim streichenden Ausbau ermöglicht der neue Doppelkopfstempel (Ziff. 56 S. 54) ein leichtes Vorziehen der Kappe bis an den Kohlenstoß, also ein Vorpfänden, ehe der endgültige Stempel gestellt wird (Abb. 31). Hierdurch kann insbesondere bei maschinenmäßiger Hereingewinnung das Feld, in dem die Schrämmaschine oder die Kohlengewinnungs- und Lademaschine läuft, gesichert werden, ohne den Marsch der Maschine durch eine am Kohlenstoß befindliche Stempelreihe zu stören. Ist ein Vorziehen von Spitzen oder Kappen nicht möglich, so kann das Vorpfänden auch durch Vorbaustempel aus Holz oder Stahl mit Anpfahl durchgeführt werden.

Auch wenn bei einem mächtigeren oder bergemittelhaltigen Flöz die Oberbank zuerst hereingewonnen und erst nach Abdeckung des Bergemittels die Unterbank in Angriff genommen wird, muß in der Regel vorgepfändet werden. Ein solches Beispiel veranschaulicht Abb. 65. Die hier notwendigen kürzeren Not- oder Hilfsstempel werden im Ruhrgebiet „Stiefel" genannt.

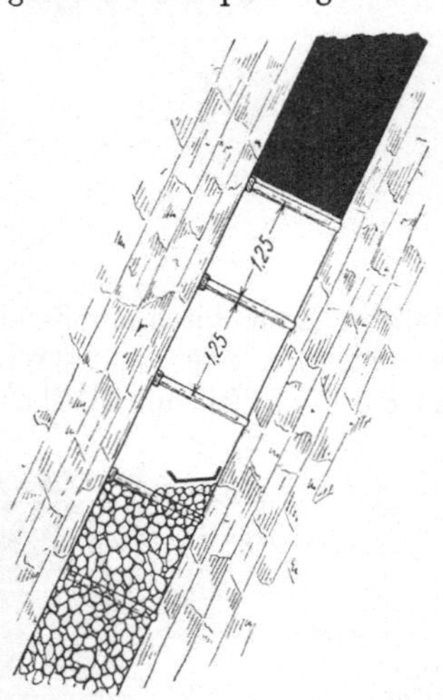

Abb. 64. Stempelausbau mit Kopfholz beim Schrägbau mit Einbrüchen.

71. — Der Vorsteckausbau. Es ist auch möglich, die Kappen unter das Hangende in den Kohlenstoß einzubühnen, um ihnen hier eine feste Auflage zu geben, solange die Hereingewinnung noch nicht stattgefunden hat. Noch wirksamer kann die Sicherung des neuen Feldes dadurch erfolgen, daß man nicht nur Bühnlöcher, sondern Löcher von 1,20 m bis 2,50 m Länge unter dem Hangenden in die Kohle stößt. Die Löcher dienen dann zur Aufnahme von Kappen, die an ihrem

Abb. 65. Auswechseln verlorener Stempel mit Hilfe eines Unterzugs.

äußeren Ende durch am Rande des Maschinenfeldes stehende Stempel gestützt werden. Bei einer Feldesbreite von 2 m und etwa 1—1,20 m tiefen Löchern ist das neue Feld unmittelbar nach der Hereingewinnung von einer allerdings frei tragenden Kappe unterfangen. Bei 2,30—2,50 m tiefen Löchern ist es jedoch möglich (Abb. 66), die Kappe in der neben dem neuen Feld anstehenden Kohle aufliegen zu lassen und sie auf diese Weise zweiseitig zu stützen. Der Ausbau wird also auf diese Weise schon z. T. vor der Freilegung des Hangenden, also vor der Hereingewinnung eingebracht und nicht, wie sonst allgemein üblich, nachher. Es handelt sich zudem um einen in stärkerem Maße voreilenden Ausbau als bei der Vorpfändung, wo nur das schon freigelegte Dach vor Einbringung des endgültigen Ausbaus unterstützt wird. Er ähnelt also der Getriebe- oder Abtreibezimmerung

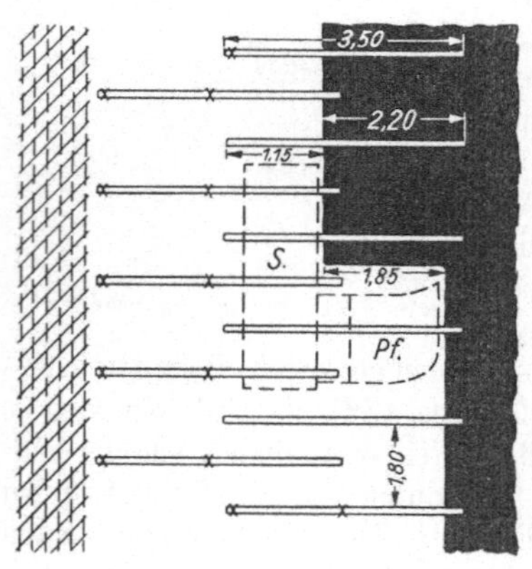

Abb. 66. Vorsteckausbau.

beim Vortrieb von Strecken durch lose Massen und kann als „Vorsteckausbau" oder „Vortreibeausbau" bezeichnet werden.

Ein zweiter Stempel wird unter die Kappe gesetzt, sobald der Fortschritt der Maschine es gestattet. Bei einigen Maschinen ist dieses in 1 m, bei anderen in 3—4 m vom schwebend fortschreitenden Gewinnungsstoß der Fall. Diese Ausbauverfahren werden bei den neuen Kohlengewinnungs- und Lademaschinen angewandt, wenn das Hangende druckhaft und gebräch ist. Sie haben den Vorteil, das Hangende gut abzufangen. Nachteilig ist jedoch, daß das Bohren der Löcher als zusätzlicher Arbeitsvorgang hinzukommt. Sie erhalten einen Durchmesser von etwa 10 cm, und ihre Herstellung ist mit einem hohen Zeitaufwand verbunden. Auch hat es sich bisher als undurchführbar erwiesen, bei einem stündlichen Arbeitsfortschritt der Maschine von 30—40 m die zweiten Stempel hinter der Maschine schnell genug unter die vorgepfändeten oder vorgesteckten Kappen zu setzen. Es ist hier offenbar die Leistungsgrenze der Handarbeit überschritten, so daß bereits der Gedanke der Mechanisierung des Ausbaus im Abbau Platz gegriffen hat.

72. — Der Ausbau von Auf- und Abhauen. In Auf- und Abhauen muß der Ausbau vielfach abweichend von der für den späteren Abbau geplanten Art

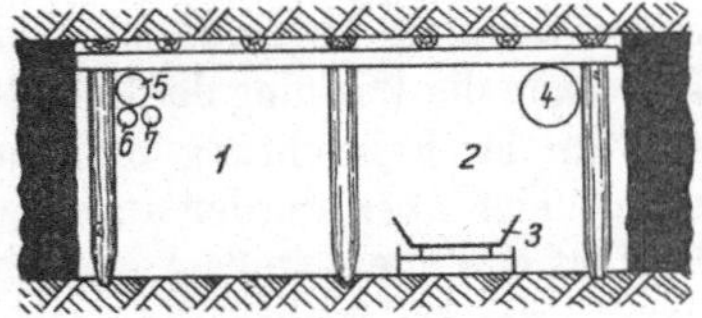

Abb. 67. Ausbau eines Aufhauens in einem flach gelagerten mächtigen Flöz.

1 Fahrfeld   4 Blasende Lutte
2 Rutschenfeld   5 Saugende Lutte
3 Schüttelrutsche   6 u. 7 Druckluftleitung

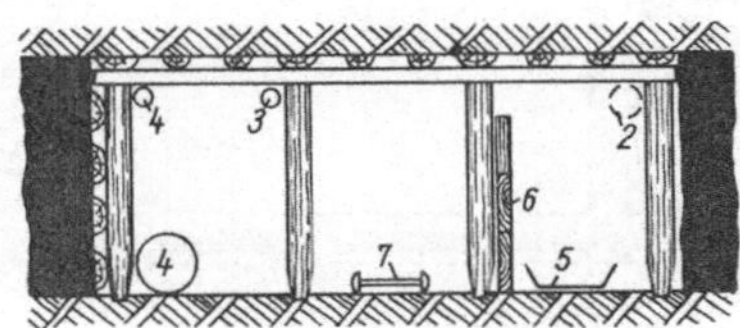

Abb. 68. Aufbau eines Aufhauens in steiler Lagerung.

2 Saugende Lutte   5 Feste Rutsche
3 u. 4 Druckluftleitung 6 Bohlenverschlag
4 Blasende Lutte   7 Fahrte

ausgeführt werden. Zwei Gründe sind dafür maßgebend. Einmal ist die Feldereinteilung im Abbau häufig verschieden von der des Aufhauens, und außerdem gibt es Aufhauen, die mindestens zunächst lediglich der Wetterführung oder Förderung dienen sollen.

Von ganz flacher Lagerung abgesehen, bei der ein im Einfallen gesetzter Ausbau gelegentlich bevorzugt wird, herrschten der streichende Kappenausbau, in steiler Lagerung auch streichend verlegte, gegeneinander verbolzte Rahmen vor. Es ist dieses deshalb der Fall, weil man von streichend angeordneten Bauen am leichtesten vorpfänden kann und die Einhaltung der Stundenrichtung, die am besten in die Mitte der Kappen gelegt

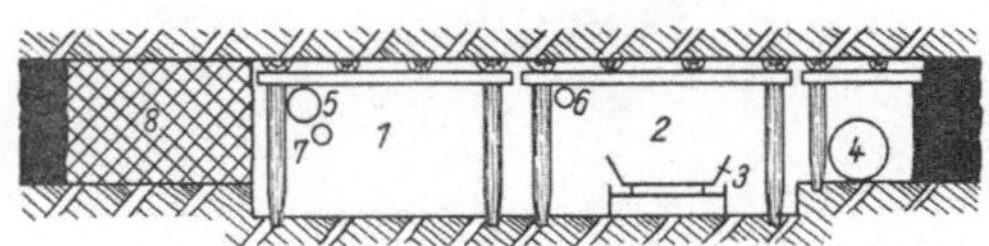

Abb. 69. Ausbau eines Aufhauens eines flach gelagerten dünnen Flözes.

1 Fahrfeld   4 Blasende Lutte
2 Förderfeld   5 Saugende Lutte
3 Schüttelrutsche   6 u. 7 Druckluftleitung

wird, am leichtesten ist. Abb. 67 zeigt den Ausbau eines Aufhauens bei einer Flözmächtigkeit von 1,20—1,50 m in flacher Lagerung. Bei größerer Flözmächtigkeit genügen statt 3 auch 2 Felder. In steiler Lagerung (Abb. 68) müssen die Kohlenstöße gegen Kohlenfall durch Verzug gesichert sein. Es genügt, dieses an einer Seite zu tun, wenn man an den andern Stoß die feste Rutsche oder das verkleidete Förderfeld anordnet und in das Mittelfeld die Fahrten verlegt, über deren Holme der Schlitten für den Materialtransport gleitet. Häufig machen Schieferpacken im Hangenden oder Liegenden, die während des Abbaus bei raschem Abbaufortschritt angebaut werden können, infolge ihrer längeren Entblößung in einem Auf- oder Abhauen Schwierigkeiten, so daß es zweckmäßiger ist, sie mitzunehmen. Er wird alsdann seitlich oder in einem Mittelfeld verpackt (Abb. 69), so daß das Aufhauen um ein Feld breiter aufgefahren werden muß, als es ohne Mitnahme des Schieferpackens notwendig wäre.

73. — Der Ausbau von Bremsbergen. Der Ausbau mit Türstöcken oder der Kappenausbau findet auch bei der Verzimmerung flacher Bremsberge weitgehende Anwendung. Wird jedoch das Einfallen stärker, so ist die Türstockzimmerung für solche Baue wenig geeignet, weil die einzelnen Gevierte in sich zu wenig Halt gegen die Wirkung der Schwerkraft in der Fallrichtung besitzen. Gerade hier aber werden in dieser Hinsicht besonders große Ansprüche gestellt, da der Ausbau meist auch noch das Gestänge zu tragen

Abb. 70. Schwalbenschwanzzimmerung.

hat. Da tritt dann ergänzend die Schwalbenschwanzzimmerung (Abb. 70—72) ein, die im Ruhrkohlenbergbau von alters her gebräuchlich ist. Sie besteht aus der „Kappe" am Hangenden, den „Stoßhölzern" an den Stößen und dem „Grundholz" am Liegenden und ist dadurch gekennzeichnet, daß in der Kappe und dem Grundholz Einschnitte hergestellt werden, die sich nach innen keilförmig erweitern und in die sich die Stoßhölzer

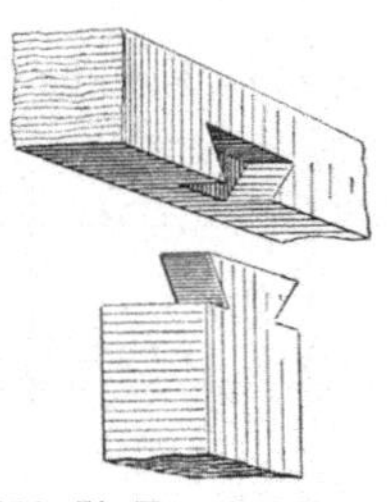

Abb. 71. Verschwalbung für Druck vom Hangenden (flaches Einfallen).

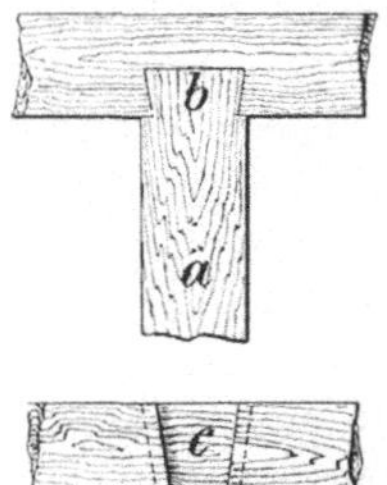

Abb. 72. Verschwalbung für Druck in der Fallrichtung (steiles Einfallen).

mit entsprechend geschnittenen Zapfen hineinlegen. Diese Verbindung wird „Verschwalbung" genannt; sie zeichnet sich vor der Türstockzimmerung durch festeren Verband und größere Genauigkeit aus.

Je nachdem, ob der Druck stärker vom Hangenden her (bei flachem Fallen) oder in der Fallrichtung (bei steiler Lagerung) wirkt, kann die Verschwalbung passend abgeändert werden. Bei stärkerem Druck vom Hangenden darf die Kappe nicht zu sehr geschwächt werden; der Einschnitt wird daher nur oberflächlich ausgestemmt (Abb. 71). Ist dagegen infolge steilen Einfallens die in der Fallrichtung aufzunehmende Last groß, so läßt man diesen Einschnitt *c* (Abb. 72) von oben nach unten durch die Kappe hindurchgehen; er wird dann in dieser Richtung ebenfalls keilförmig, und zwar mit Verjüngung nach unten hin, hergestellt.

d) Der Ausbau in Abbaustrecken.

74. — Allgemeines. Beim Ausbau der Abbaustrecken herrschte früher in flacher Lagerung der hölzerne Türstock, in steiler Lagerung der hölzerne Kappenausbau oder Verbindungen zwischen Türstock- und Kappenausbau durchaus vor. Auch heute noch sind diese Ausbauarten, besonders die für die steile Lagerung genannten, üblich. Sind sie den Beanspruchungen nicht gewachsen, so können die Ausbaue durch Einbau von Vieleckausbau (Kniegelenkzimmerung) verstärkt werden, oder ein aus Holz bestehender Teil — in erster Linie die Kappe — wird durch einen Stahlbauteil ersetzt. Mehr und mehr hat außerdem der selbständige Vieleckausbau Verbreitung gefunden, wobei insbesondere der Spitzbau aus gebogenen oder geraden Stahlprofilen, der auf Holzstempeln, häufiger aber auf Holzkästen ruht, große Anwendung vor allem in Abbaustrecken der flachen Lagerung erlangt hat. Die leistungsfähigen Bandförderstrecken z. B. könnten ohne diesen Ausbau meist nicht in dem auch für die Wetterführung erforderlichen großen Querschnitte offen gehalten werden. Auch in steiler Lagerung nimmt die Benutzung von Holzkästen beim Abbaustreckenausbau zu. Außerdem sind hier neuerdings in zahlreichen Fällen nachgiebige Stahlbögen eingesetzt worden.

75. — Der hölzerne Türstock. Die seit alters gebräuchliche zusammengesetzte Zimmerung im eigentlichen Sinne ist die „Türstockzimmerung". Jeder einzelne „Türstock' besteht aus der „Kappe" und den beiden Stempeln oder „Beinen". Die Kappe kommt söhlig oder annähernd söhlig zu liegen und hält den Druck von oben her ab. Die Beine haben zunächst die Aufgabe, die Kappe zu tragen, sollen aber nach Bedarf und Möglichkeit auch Druck von den Stößen her abhalten und werden daher dann bei der deutschen Türstockzimmerung mit etwas Schräglage („Strebe") aufgestellt (Abb. 73 u. a.).

Nach den Gesetzen der Mechanik ist der Türstock, da er sich sowohl in den Bühnlöchern

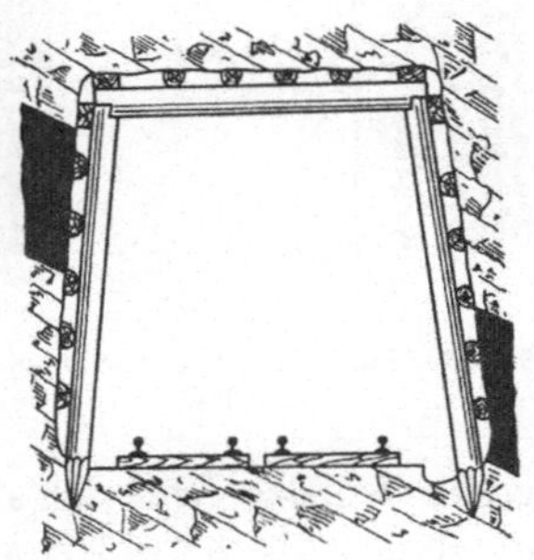

Abb. 73. Deutscher Türstock mit schrägen Beinen.

als auch in den Verbindungen zwischen den Stempeln und der Kappe verschieben kann, als gelenkiges Stabviereck anzusehen[1]). Die Stempel werden bei geringer Länge auf Druck, bei größerer auf Knickung, bei Seitendruck auf Biegung beansprucht. Bei der Kappe tritt hauptsächlich Biegebeanspruchung auf. In schmalen und hohen Strecken werden die Stempel, in breiten und niedrigen die Kappen stärker beansprucht.

Die häufigste Art der Türstockzimmerung ist diejenige mit Verblattung, die als deutsche Türstockzimmerung bezeichnet wird. Durch die Verblattung wird der Türstockrahmen in den Stand gesetzt, sowohl dem Firsten- als auch dem Seitendruck zu widerstehen. Und zwar kann man ihr je nach Bedarf eine größere Widerstandskraft nach der einen oder anderen Richtung verleihen: so zeigt Abb. 74 oben links eine Verblattung

---

[1]) Glückauf 1930, S. 395; P. Kühn: Statische Betrachtung der Formen des Streckenausbaus unter Tage.

für vorwiegenden Seiten-, rechts eine solche für vorwiegenden Firstendruck. Überwiegt der Druck aus der einen oder der anderen dieser Richtungen bedeutend, so braucht nur der Stempel oder die Kappe mit Blatt versehen zu werden (Abb. 74 unten).

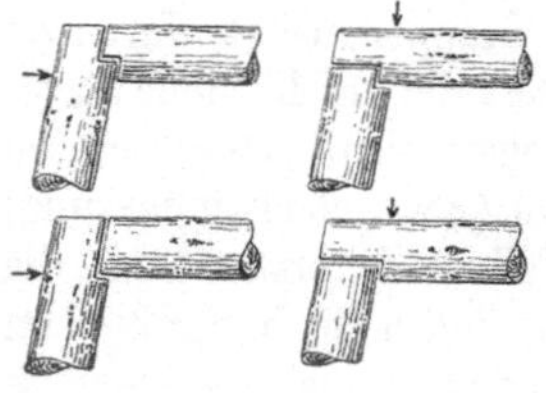

Abb. 74. Verschiedene Verblattungen bei deutschen Türstöcken.

Da die Stempel oben durch die Einblattung geschwächt werden, stellt man sie mit dem dickeren Ende nach oben. Man kommt dann auch mit engeren Bühnlöchern aus und legt die schwächste Stelle nach unten, wo ein Nachgeben erwünscht ist und das Anspitzen oder Anschärfen zur Erzielung besonderer Nachgiebigkeit am wenigsten Arbeit macht.

Beim sog. „polnischen" Türstock (Abb. 75), wie er im oberschlesischen Bergbau die Regel bildet, werden die Beine oben nur ausgekehlt (mit einer „Schar" versehen). Die sorgfältige Ausrundung mit der Axt (Abb. 76a) verdient den Vorzug vor dem Doppelsägeschnitt (Abb. 76b), bei dem der Kappendruck nur auf zwei Linien wirkt, so daß die Beine gespalten werden können. Auch ist wichtig, daß die Kappe der ganzen Länge des Ausschnitts nach aufliegt (vgl. die richtige und die falsche Ausführung nach Abb. 77₂). Die Verwahrung gegen Seitendruck wird bei der polnischen Türstockzimmerung am besten durch Eintreiben der sog. „Kopfspreize" (k in Abb. 75) zwischen beide Beine erreicht. Weniger zweckmäßig, aber billiger ist die Anwendung eines „Vorschlags", d. h. eines in die Kappe eingetriebenen Pflockes oder starken Nagels,

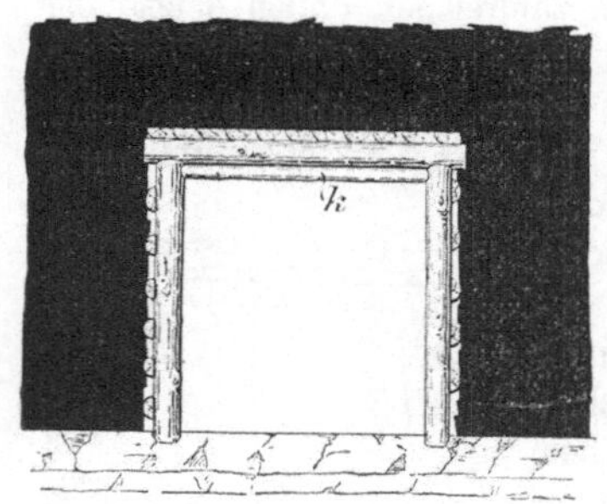

Abb. 75. Polnischer Türstock mit Kopfspreize.

gegen den das Bein sich stützt. Am Stempelfuß wird der Seitendruck nur durch den Abscherwiderstand des Sohlengesteins im Bühnloch aufgenommen.

Die Türstockzimmerung verlangt sorgfältige Arbeit. Die bei ihr am häufigsten gemachten Fehler werden durch die Gegenüberstellung der richtigen und falschen Ausführung in Abb. 77₁₋₃ gekennzeichnet. Sie laufen schließlich immer darauf hinaus, daß das Holz zum Spalten veranlaßt wird, und jede Zimmerung muß demgemäß so ausgeführt werden, daß das Holz möglichst wenig auf Zug quer zur Faser beansprucht wird, weil in dieser Richtung seine Widerstandsfähigkeit äußerst gering ist. Eine solche ungünstige Beanspruchung kann z. B. herbeigeführt werden durch zu

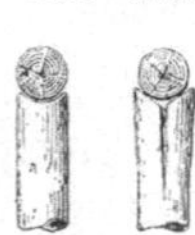

Abb. 76a und b. Gute und schlechte Ausführung der Schar bei der polnischen Türstockzimmerung.

kleine Auflageflächen infolge mangelhafter Bearbeitung (Abb. 77₁ᵤ.₂) oder durch unrichtiges Anbringen eines Kopfkeils (Abb. 77₃).

Die Kappe kann man dadurch verstärken, daß man sie durch Stücke von abgeworfenen Drahtseilen oder von Litzen solcher Seile unterstützt. Diese werden entweder einfach zwischen Kappe und Türstock eingelegt und dann nur durch die Klemmwirkung festgehalten oder an beiden Enden umgeschlagen und an die obere Fläche der Kappe genagelt (Abb. 78); nach einiger Zeit drückt sie dann der Gebirgsdruck fest. Es empfiehlt sich, an der Unterfläche der Kappe eine Kerbe herzustellen, in die das Seil sich hineinlegt und die sein seitliches Ausweichen verhindert. Das Seil soll möglichst straff' gespannt sein, damit es gleich von Anfang an der Kappe tragen hilft und nicht erst nach einem gewissen Durchbiegen oder gar einem Bruch der Kappe beansprucht wird. Damit die Stempelköpfe bei stärkerem Druck nicht aufgespalten werden, kann man sie durch eine Umflechtung mit Seillitzen verstärken.

Für die in Abbaustrecken notwendige Nachgiebigkeit bei der Türstockzimmerung gilt zum Teil das bereits beim nachgiebigen Stempelausbau Gesagte. Auch hier kann durch eine besondere Ausführung der Zimmerung selbst und durch Einschaltung von Zwischenstücken der Ausbau nachgiebig gestaltet werden.

Die besondere Ausgestaltung der Zimmerung läuft dann meist darauf hinaus, die Kappe möglichst widerstandsfähig zu machen, die Stempel dagegen durch

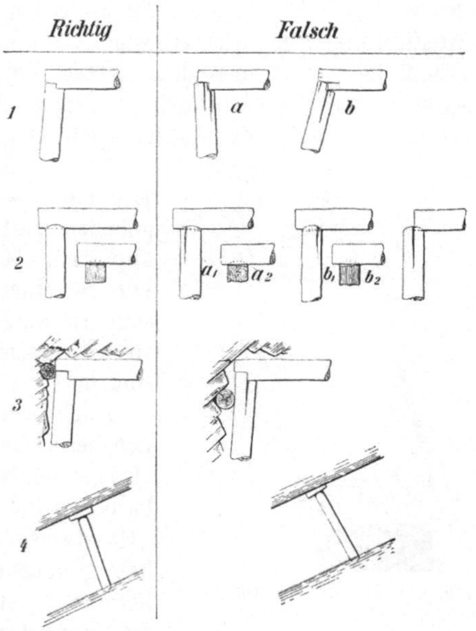

Abb. 77. Fehler bei Türstock- und Stempelzimmerung.

Anspitzen oder Anschärfung am unteren Ende zu schwächen, so daß die lästige und gefährliche Erscheinung der gebrochenen Kappen ausgeschaltet wird. Wo die längere Standdauer eine stärkere Nachgiebigkeit durch öfteres Nachschärfen und die Verwendung von Fuß-Quetschhölzern erfordert, und wo Seitendruck abzuwehren ist, kommen nur die zweiseitig angeschärften Stempel in Betracht.

Zwischenstücke zur Erhöhung der Nachgiebigkeit sind auch beim Türstockausbau weiche Holzstücke („Quetschhölzer"), für die bei größeren Gebirgsbewegungen nur Rundhölzer in

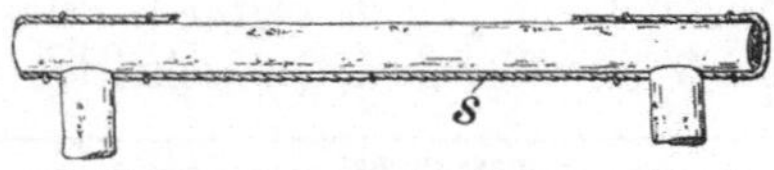

Abb. 78. Verstärkung der Kappe durch ein Drahtseil bei polnischen Türstöcken.

Betracht kommen. Diese können in genauer Verlängerung der Stempel auf die Kappen (Abb. 73) oder sowohl zwischen Beine und Kappe als auch unter die Beine gelegt werden. Auch kann man durch schwaches Anschärfen des Stempelkopfes dessen Eindringen in das Quetschholz erleichtern.

76. — Vergleich der beiden Türstockarten. Die deutsche Türstockzimmerung hat den Vorzug, sich den verschiedenartigsten Druck- und Lagerungsverhältnissen anpassen zu lassen. Je nach diesen kann gerade oder schiefe, ein- oder zweiseitige, Firsten- oder Stoßdruckverblattung zur Anwendung kommen und die Länge und Neigung beider Beine gleich oder verschieden sein. Nachteilig ist das Erfordernis einer gewissen Geschicklichkeit und Sorgsamkeit der Zimmerhauer. Auch wird durch das Einschneiden der Hölzer ihre Widerstandsfähigkeit gegen Druck sowohl wie gegen chemische Einwirkungen beeinträchtigt. — Die polnische Zimmerung ist, weil bei ihr die Kappe nicht angeschnitten wird, gegen reinen Firstendruck sehr widerstandsfähig und zeichnet sich in diesem Falle außerdem durch ihre einfache und bequeme Ausführung aus. Bei Abwehr von Seitendruck hingegen wird sie umständlicher, und bei dem besten Verfahren, der Sicherung durch Kopfspreize, der Holzverbrauch größer; auch stellt sie dann größere Ansprüche an die Festigkeit des Liegendgesteins gegen Abscheren.

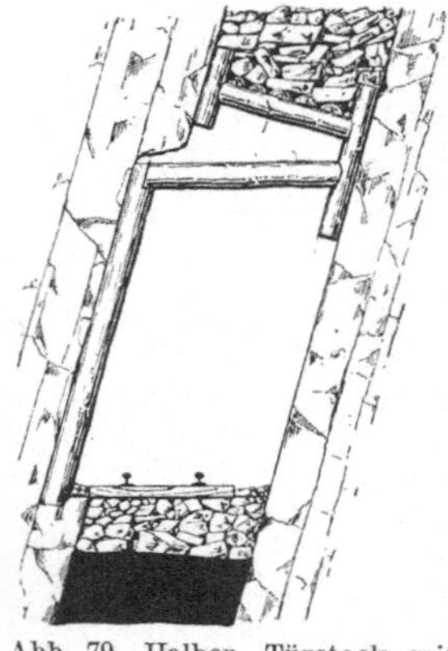

Abb 79. Halber Türstock mit Fußpfahl am Liegenden.

77. — Abarten der Türstockzimmerung. Der Türstockausbau kann und soll sich den gegebenen Verhältnissen in jedem Falle möglichst anpassen. Man wird also nicht nur bei Bedarf von der einen zur anderen Zimmerung übergehen, sondern auch in einem und demselben Türstock verschiedenartige Vorteile zu vereinigen suchen.

Auch begnügt man sich in streichenden Strecken bei steilerer Lagerung, wenn der Druck vom Hangenden her die Hauptrolle spielt, vielfach mit halben Türstöcken (Abb. 79), die im Ruhrbezirk „Handweiser" genannt werden. Man kann so häufig noch ohne Nachreißen des Liegenden auskommen. Ist das Liegende gutartig, so braucht die Kappe dort nur eingebühnt zu werden. Andernfalls sichert man es durch einen mehr oder weniger langen Fußpfahl (Abb. 79; hier haben Türstock und Bergekasten diesen gemeinsam, da das Liegende, auf Knickfestigkeit beansprucht, zum Ausbrechen neigt).

78. — Kosten des hölzernen Türstockausbaues. Die Kosten des Türstockausbaues setzen sich aus denjenigen für die Stempel und denjenigen für den Verzug zusammen. Sie ergeben sich, wenn für das Festmeter ein Betrag von 26 RM. an Holz und von 30 RM. an Lohn und für die Türstöcke ein Abstand von je 1 m zugrunde gelegt wird, für das laufende Meter Strecke bei 3 verschiedenen Querschnitten aus folgender Zusammenstellung:

Strecke	Abmessungen Höhe m	Sohlenbreite m	Türstock Stempel RM.	Kappe RM.	Anzahl der Spitzen	Verzug RM.	Bolzen RM.	Löhne RM.	Insgesamt RM.
I	1,8	1,5	1,30	0,45	40	2,80	1,20	2,00	7,75
II	2,2	2,0	2,00	1,00	50	4,50	1,80	3,30	12,60
III	2,5	2,5	2,50	1,25	60	6,60	1,80	4,50	16,65

Diese Beträge erniedrigen sich bei Verwendung von Maschendraht als Verzug um 0,20 (I) RM., 1,00 (II) RM. und 1,50 (III) RM., bei Verwendung von Drahtgitterverzug bleiben sie annähernd gleich.

Dichter Verzug aus Bohlen (25 mm stark) kostet je Meter 10,50 (I) RM., 13,50 (II) RM. und 16,00 (III) RM.

79. — Die Verwendung von Stahl beim Türstockausbau. Da bei hölzernem Türstock die Kappe häufig starken Biegebeanspruchungen ausgesetzt ist, liegt es nahe, sie in Stahl auszuführen. Durch Anschärfen der Holzstempel sowie durch Verwendung von Quetschhölzern bleibt dann die Nachgiebigkeit des Baus ohne Schwierigkeit gewahrt. Von dieser Möglichkeit wird, meist durch Ersatz der Holzkappe durch eine Altschiene, häufig Gebrauch gemacht. Zuweilen gibt man der Stahlkappe, um ihren Biegewiderstand zu erhöhen, noch eine gewisse Aufwölbung nach oben (Schmiege genannt) (Abb. 80).

Da Holz und Stahl nur schwierig miteinander verblattet werden können und außerdem die Türstockbeine gegen das Eindrücken der schmaleren Kappe geschützt werden

Abb. 80. Türstock aus Holz und Stahl mit Z-Stahl als Zwischenlagen.

müssen, sind eine Reihe besonderer Verbindungen geschaffen worden. Abb. 81 zeigt Z-förmig gebogene Stahlplatten, die Kappwinkel genannt werden. Bei den Kappwinkeln nach Abb. 81 ist der hintere Schenkel gebogen und geschlitzt. Die Schlitzung ermöglicht die Umfassung der Kappschiene und die Biegung eine gewisse Nachgiebigkeit. Durch Quetscheinlagen zwischen Kappe, Stempel und den Schenkeln des Kappwinkels oder durch zweckentsprechende Gestaltung des letzteren hat man die Nachgiebigkeit weiter gesteigert (Abb. 82). Man nimmt dabei besonders auf den Seitendruck Rücksicht, da gebrochene Stempel nicht mehr tragen und sehr

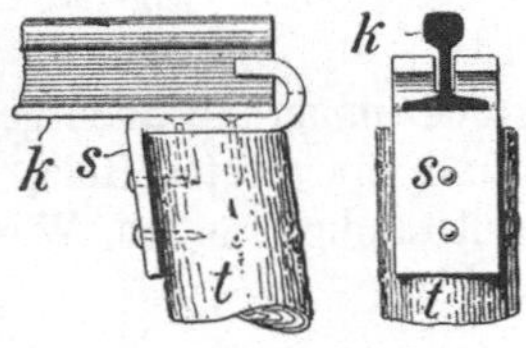

Abb. 81.   Kappwinkel aus Stahl.

hinderlich sind. Die in Abb. 82 dargestellte Verbindung ist der Kappschuh von **Kohlmeyer.** Er nimmt mit seinem Halbring den Stempel t auf, schützt ihn auf diese Weise zugleich vor einem Eindringen der Kappe und umfaßt mit seinen Klauen den Schienenfuß, so daß er, nach innen rutschend, ausweichen kann. Der Kappschuh nutzt also die Überwindung von seitlichem Reibungsdruck aus. Sehr einfach in der Handhabung ist der in Abb. 120 dargestellte Kappschuh der Fa. **Hüser & Weber** in Sprockhövel. Er besteht aus einem halbbogenförmigen Stahlblech mit angelenktem Ring, der sich um den Schienenfuß oder Holzstempel legt. Einen anderen Kappschuh der gleichen Firma zeigt Abb. 120 rechts.

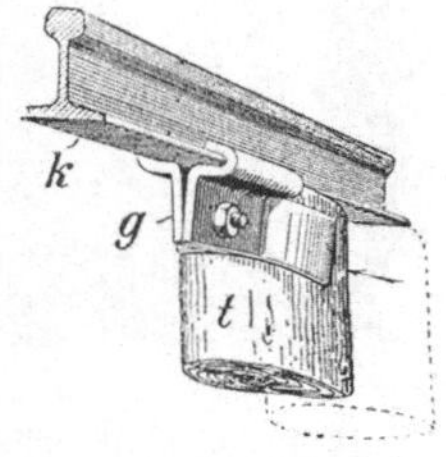

Abb. 82. Kappwinkel für Nachgiebigkeit gegen Seitendruck.

Türstöcke, deren Beine ebenfalls aus einem Stück Profilstahl bestehen und die mit der Kappe durch einfache Winkelstähle oder Kappschuhe miteinander verbunden sind (Ziff. 88 S. 96), werden bei Abbaustrecken im Steinkohlenbergbau bei flacher Lagerung nur selten benutzt, da sie nicht nachgiebig sind. Man kann zwar bei weichem Liegenden die Nachgiebigkeit dadurch bewirken, daß man die u. U. auch noch angespitzten Stempelenden in das Liegende eindringen läßt. Diese Maßnahme hat aber den großen Nachteil, das spätere Ausrauben der Strecke sehr zu erschweren. Nur bei ganz steiler Lagerung finden sie Anwendung, da hier die Nachgiebigkeit der Stempel keine Rolle spielt (Abb. 80).

Dagegen benutzt man in manchen Fällen als Türstockstempel nachgiebige Stahlstempel der Bauart Schwarz, eine Ausbauart, die als Türstock, aber auch als Kappenausbau bezeichnet werden kann (Ziff. 56 S. 51 und Abb. 25), vielfach aber nur einen vorläufigen Ausbau darstellt. Die Stempel werden in Längen von 2,50—3 m unter die Stahlkappen gesetzt, wobei die Stöße freigehalten werden. Die Stempel geben nach und können, wenn ihre Zusammendrückbarkeit erschöpft ist, durch kürzere ersetzt werden, bis nach Beendigung der Absenkung des Hangenden die Zeit gekommen ist, um den endgültigen Ausbau zu setzen. Dieses Verfahren vermindert die Unterhaltungskosten und empfiehlt sich dort, wo man wegen starken Gebirgsdrucks oder in mächtigen Flözen von vornherein mit einem ein- bis zweimaligen Durchhauen der Abbaustrecke rechnet.

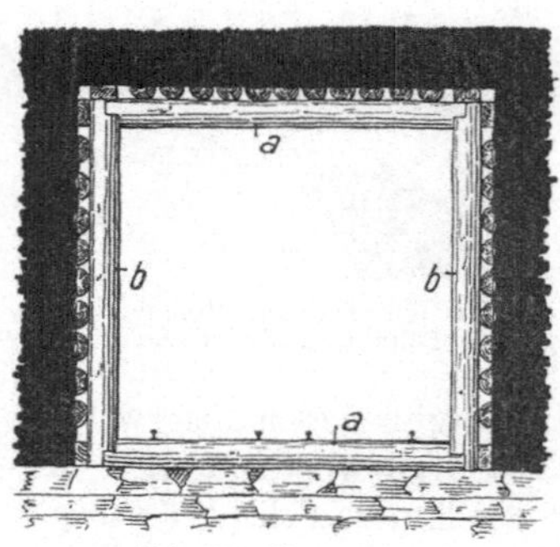

Abb. 83. Viergespann.

80. — Geviertzimmerung. Soll die Türstockzimmerung auch gegen Sohlendruck widerstandsfähig sein, so muß sie durch ein viertes Holz, die „Grundschwelle" oder das „Sohlenholz", vervollständigt werden. Wird dieses gleichfalls durch Verblattung mit den Beinen verbunden, so entsteht ein geschlossener Türstock (ein „Viergespann", Abb. 83).

Eine besonders kräftige Ausführung der Türstockzimmerung gegen allseitigen Druck ist in Abb. 84 dargestellt. Hier sind auf die teils zwischen die Türstockbeine getriebenen, teils zwischen den Türstöcken auf die Sohle gelegten Grundschwellen s beiderseits Langhölzer („Grundsohlen") l gelegt, gegen die sich die Hilfstürstöcke $h\,k$ stützen, und zwar so, daß in die Mitte und an jedes Ende einer Grundsohle ein Hilfstürstock zu stehen kommt.

Die höheren Kosten von Türstockzimmerungen nach der Abb. 84 rechtfertigen sich dort, wo das Gebirge druckhaft ist, der Druck aber wegen geringer Teufe der Grubenbaue noch in solchen Grenzen bleibt, daß er sich durch die Sohlenhölzer abwehren läßt. Solche Verhältnisse liegen im deutschen Braunkohlenbergbau vielfach vor, wo es sich außerdem auch darum handeln kann, Schwimmsanddurchbrüche aus dem Liegenden abzuhalten. In größeren Tiefen dagegen, wie sie im Steinkohlenbergbau durchweg vorhanden sind, kann ein wirklich starker Druck aus dem Liegenden durch Holzausbau auf die Dauer überhaupt nicht aufgenommen werden. In Ziff. 4 ist auf das „Quellen" der Sohle oder des Liegenden als auf eine Druckerscheinung hingewiesen worden. Dieses Quellen entlastet bis zu einem gewissen Grade die Zimmerung, indem es für den Gebirgsdruck eine Art Sicherheitsventil schafft. Es belästigt allerdings den Betrieb sehr durch die Notwendigkeit des häufigen Nachsenkens des Gestänges. Wollte man es aber durch Sohlenschwellen ganz zu verhüten suchen, so würden diese zuletzt doch nachgeben und dann um so schwierigere Ausbesserungsarbeiten nötig werden.

81. — Der Kappenausbau in Abbaustrecken. Hierunter sind die Ausbauarten zu verstehen, bei denen eine Kappe — aus Holz oder Stahl — unter das Hangende gelegt und von einem oder mehreren senkrecht oder im stumpfen Winkel zu ihr gestellten Stempeln unterstützt wird. Das Hauptanwendungsgebiet des Kappenausbaus ist die steile Lagerung; aber auch in flacher Lagerung ist er bei günstigen Gebirgsverhältnissen möglich.

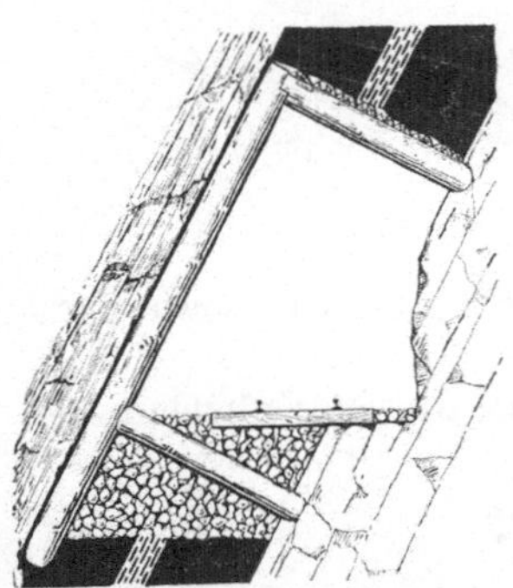

Abb. 85. Kappenzimmerung mit untergeschlagenem Bahnstempel.

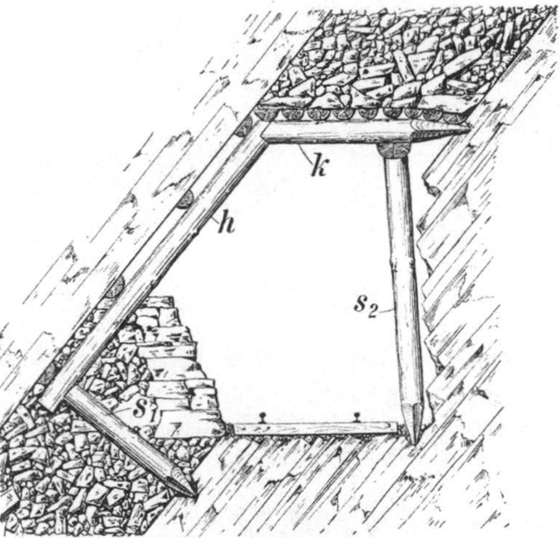

Abb. 86. Nachgiebiger Kappenausbau mit Mittelstempel in Strecken.

Wie Abb. 85 zeigt, kann der obere Tragstempel der Kappe gleichzeitig zum Abfangen der Firste ausgenutzt werden und wird deshalb durch Verblattung mit der Kappe verbunden. Bei mäßigem Druck und wenn anstehende Kohle von genügender Festigkeit vorhanden ist, kann die Kappe bei nicht zu großer Länge einfach in die Kohle eingebühnt werden. Meist muß sie aber durch einen zweiten Stempel abgestützt werden. Einen Kappenausbau von besonderer Nachgiebigkeit zeigt Abb. 86. Hier ist der Firststempel k mit der Kappe verblattet und dient gleichzeitig dem Abfangen des Bergeversatzes. Sowohl der Firststempel k wie auch der Bahnstempel s_1 sind angespitzt, damit sich der Versatz zusammendrücken kann. Die dadurch bewirkte Schwächung des Stempels k gegen den Firstendruck hat seine Abstützung durch den Hilfsstempel s_2, auch Bockstempel genannt, mit Quetschholz nötig gemacht. Ist das Liegende nicht dickbankig genug, so dürfen die Stempel k und s_2 nur angeschärft werden; ihr Druck ist dann durch Quetschhölzer aufzunehmen. Ein Beispiel mit angeschärften Stempeln aus der flachen Lagerung zeigt Abb. 87.

Ein Beispiel für den Ausbau mit Stahlkappe in einer Grundstrecke liefert Abb. 88. Der Bahnstempel ist wie gewöhnlich nur gegen die Kappe s getrieben. Die sonst übliche Verblattung des Firststempels b ist hier durch die Winkelverbindung w ersetzt. Die Wasserseige wird gegen die Berge in der Sohle durch einen Verschlag aus Grubenschienen h mit Verzug verwahrt. Nachgiebig kann

Abb. 87. Nachgiebiger Kappenausbau in Strecken.

ein solcher Ausbau in seinen hölzernen Teilen durch Anspitzen sowie durch Quetschhölzer gemacht werden.

Einen gänzlich in Stahl ausgeführten Kappenausbau in Verbindung mit

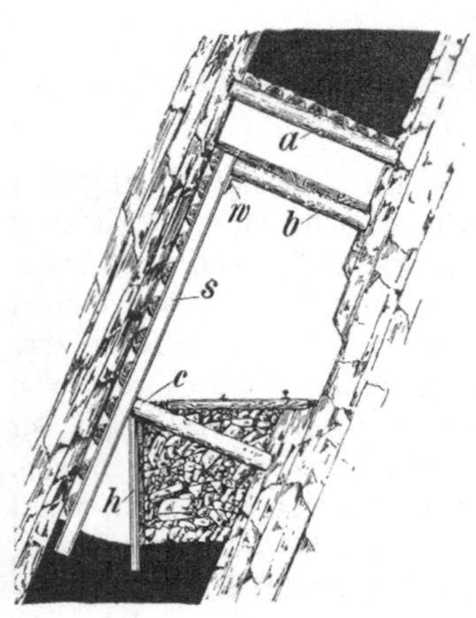
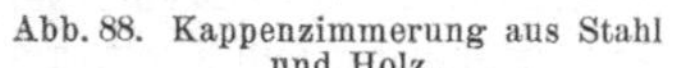

Abb. 88. Kappenzimmerung aus Stahl und Holz.

Abb. 89. Kniegelenk-Streckenausbau mit Schwarz-Stempeln.

einem Kniegelenk veranschaulicht Abb. 89. Die nachgiebigen Schwarzschen Stempel a und c stützen die mit Quetschhölzern gegen das Hangende verlegte Kappe ab, während der Schub vom Liegenden durch das Kniegelenk d in Druck auf die Stempel a und b umgesetzt wird. Die Kappe ist hier mit dem Stempel verblattet und ebenso wie dieser messerartig angeschärft. Die Anschärfung des Stempels ermöglicht das Nachgeben gegenüber dem Druck vom Hangenden, diejenige der Kappe das Nachgeben gegenüber der in der Fallrichtung wirkenden Schubwirkung des Hangenden und des Oberstoßes. Durch untergelegte Quetschhölzer kann auch hier die Nachgiebigkeit erhöht und gleichzeitig einem Aufspalten

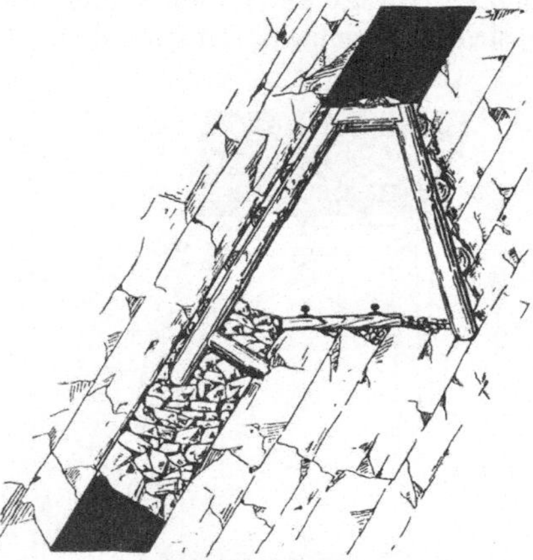

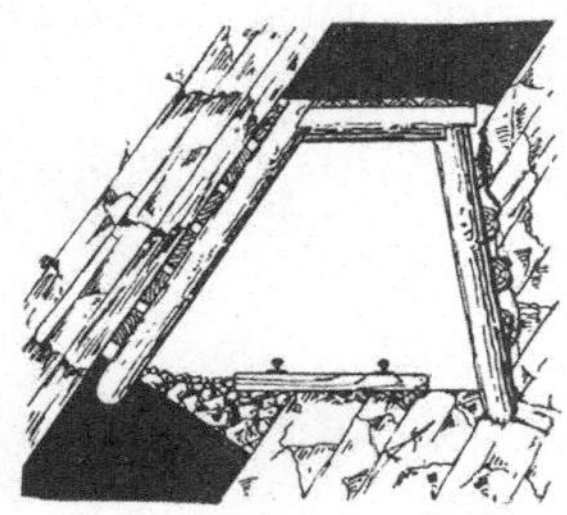

Abb. 90.   Halber Türstock mit Kappe.

Abb. 91. Kappe durch Bahnstempel abgefangen.

des Gebirges vorgebeugt werden. Der geschilderte Ausbau eignet sich für ein- und zweigleisige Strecken.

Derartige nachgiebige Zimmerungen ermöglichen es, ohne einen besonderen Stempelschlag zum Abfangen des Versatzes nach Abb. 89 auszukommen, sofern von vornherein für einen genügenden Querschnitt der Strecke gesorgt wird.

82. — Übergänge und Verbindungen zwischen Türstock- und Kappenausbau. Werden Flözstrecken, deren Hangendes nicht angegriffen wird, mit Türstöcken ausgebaut, so kommt die Kappe oder ein Bein jedes Türstockes unter das Hangende zu liegen, und es ergeben sich Zimmerungen, die halb Tür-

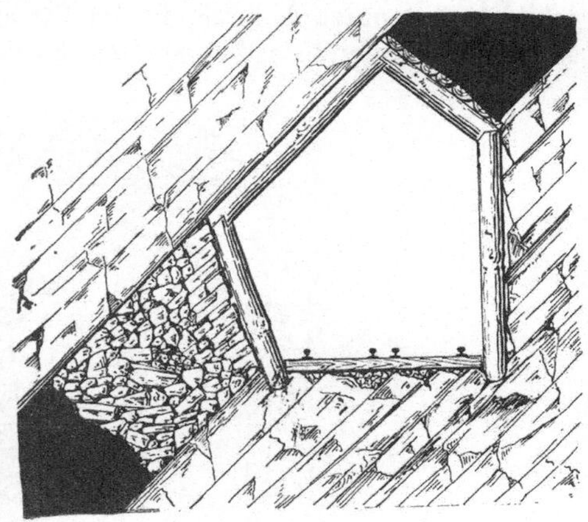

Abb. 92. Firststempel durch Liegendstempel gestützt.

stock-, halb Kappenausbau sind. Dahin gehören Ausbauarten nach den Abbildungen 90—92. In Abb. 90 ist das gleichzeitig als Kappe anzusehende Türstockbein in die Kohle eingebühnt und die Kappe des Türstockes links mit Verblattung gegen Seitendruck, rechts mit einer solchen gegen Firstendruck versehen. In Abb. 91 ist das Fußende der Kappe durch einen Bahnstempel unterfangen und wegen stärkeren Druckes vom Hangenden und geringerer Flözmächtigkeit die Verblattung der Türstockkappe nur für Seitendruck berechnet. In Abb. 92 bildet die Kappe mit seinen beiden Stempeln einen liegenden Türstock. Der Oberstempel aber stützt sich hier nicht unmittelbar gegen das Liegende, sondern ist dort an einen Liegendstempel angeblattet, den er auf diese Weise gleichzeitig seinerseits abstützt.

83. — **Kniegelenk- und Vieleckausbau**[1]). Für größeren Gebirgsdruck hat sich die einfache Türstockzimmerung als unzureichend erwiesen, da die Biegefestigkeit des Holzes starken Beanspruchungen nicht gewachsen ist. Man hat daher die bei der deutschen Türstockzimmerung durch Verschieben

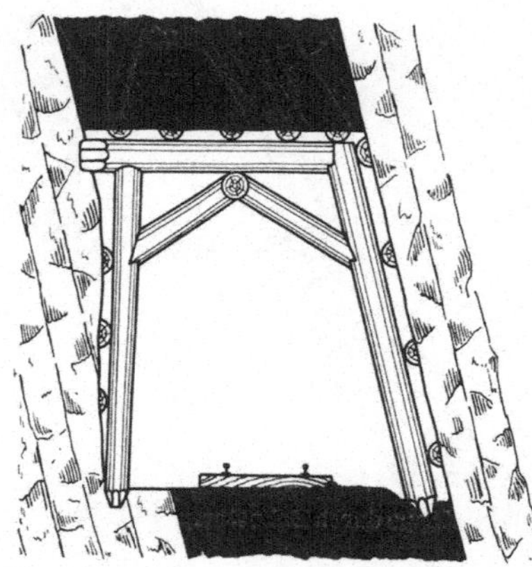

Abb. 93. Türstock mit eingebautem Spitzbau.

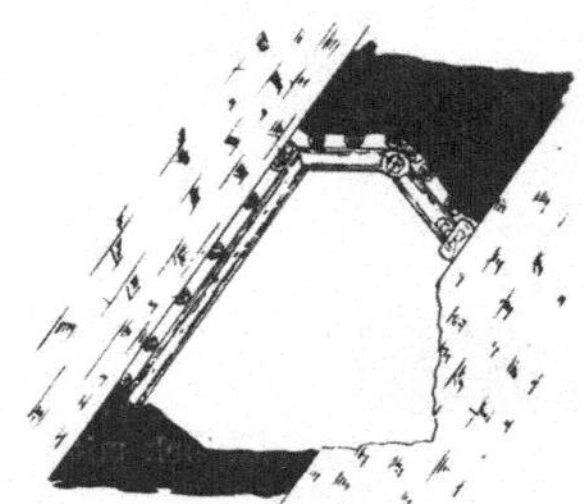

Abb. 94. Kappenbau in steiler Lagerung.

des Ausbaues in gewissem Umfange mögliche Kniehebelwirkung weiter ausgebildet und nutzt dadurch die im Streckenausbau gebotene Möglichkeit aus, den Gebirgsstoß selbst als Druckwiderlager mit heranzuziehen. Der

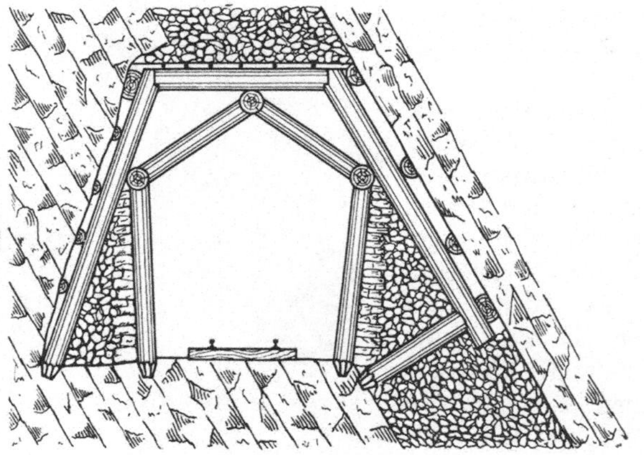

Abb. 95. Kappenbau mit Vieleck-Einbau.

Kniehebel bietet den Vorteil, daß er seinem Durchdrücken einen sehr starken Widerstand entgegensetzt und gestattet, die Biegefestigkeit des Holzes durch die wesentlich höhere Druckfestigkeit zu ersetzen, außerdem auch in den Knickpunkten Quetschhölzer anzuordnen und daher weitere Nachgiebigkeit

---

[1]) S. auch Bergbau 1928, S. 137; Philipp: Über den Knieschuh- und den eisernen Polygongelenkausbau.

zu schaffen; überdies ermöglicht er den Ersatz von teuren langen Stempeln durch billigere kurze Stempelstücke und die Verwendung kürzerer Kappen.

Einfache Beispiele zeigen die Abbildungen 93 und 94; hier nimmt das Knie den Druck von der Firste her auf. Damit das Holz nicht auf Spaltung beansprucht wird, müssen die Stempelenden ausgekehlt, d. h. mit einer „Schar" versehen werden, mit der sie gegen das Rundholz stoßen.

Bei allseitiger Ausbildung geht der Knie- in den Vieleck- (Polygon-) Ausbau über, der mit großer Druckfestigkeit gegen die aus verschiedenen Richtungen kommenden Kräfte eine geringe Nachgiebigkeit infolge des Einschaltens von Quetschhölzern an allen Knickstellen verbindet. Er stellt sich nach den Regeln der Mechanik als Stabfünfeck (Abb. 95) oder Stabsechseck dar. Die Quetschhölzer können als durchgehende Unterzüge (vgl. Abb. 103 auf S. 90) ausgebildet werden, so daß sie gleichzeitig die Verbolzung der einzelnen Zimmerungen bilden und einen starken Längsverband darstellen. Die Abbildungen zeigen die Polygonzimmerung als gleichzeitig oder nachträglich hergestellte Einbauten in die Türstock- und Kappenzimmerung.

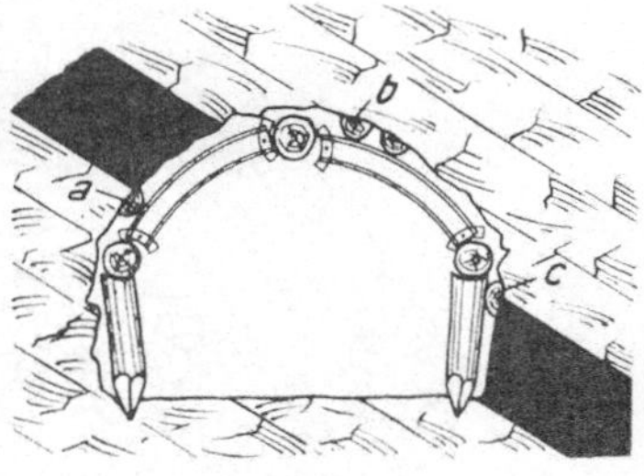

Günstiger, als Türstöcke und Kappenbaue mit Einbauten zu versehen, ist es im allgemeinen, die Abbaustrecken von vornherein in Vieleckbau auszubauen. Es geschieht dies bei flacher und halbsteiler Lagerung meist in Verbindung mit Holzkästen oder Bergemauern, auf die ein dachförmiger Kniegelenkausbau (Spitzbau) gesetzt wird (s. Ziff. 84). Dieser besteht jedoch in der Regel nicht aus Holz, sondern aus widerstandsfähigeren Stahl-

Abb. 96. Vieleckausbau in einer Abbaustrecke (oben falsch, unten richtig).

profilen, die entweder gebogen oder gerade sind. Auch der ganze Vieleckausbau findet sich, wie die Abb. 96 zeigt, in Abbaustrecken, wobei aber nur die die Firste abstützenden Teile aus Stahl und die übrigen, der in Abbaustrecken notwendigen Nachgiebigkeit halber, aus Holz bestehen. Abb. 96 zeigt zugleich die richtige und falsche Anordnung von Quetschhölzern bei dieser Ausbauart. Er kann als Spitzbau aufgefaßt werden, der auf Holzstempeln ruht. In steiler Lagerung spielt die Nachgiebigkeit eine geringere Rolle. Hier kann daher der Vieleckausbau ganz aus Stahlbauteilen zusammengesetzt werden. Ein neuerdings beim Schrägbau in mäßiger Teufe angewandter Vieleckausbau unter Verwendung einer Bergemauer am unteren Stoß gibt Abb. 97 wieder. Über die Gelenkverbindungen der einzelnen Bauteile des Vielecks werden in der nachfolgenden Ziffer nähere Ausführungen gemacht.

84. — Ausbau mit Holzkästen. Eine weite Verbreitung haben Holzkästen mit oder ohne Bergefüllung beim Ausbau von Abbaustrecken gefunden, weil sie nachgiebig sind und infolge ihrer großen Fläche eine bedeutende Tragfähigkeit besitzen. An ihre Stelle können auch Bergemauern treten, deren

Nachgiebigkeit durch Holzeinlagen gesteigert werden kann. Die Holzkästen werden in die Streckenstöße zwischen Hangendes und Liegendes des Flözes

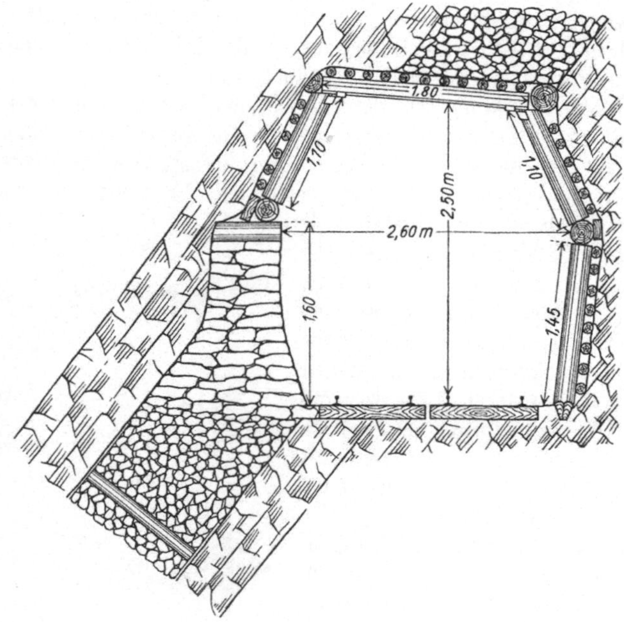

Abb. 97. Vieleckausbau in Abbaustrecken bei steiler Lagerung.

gesetzt. Wesentlich ist hierbei, daß ihre Nachgiebigkeit mindestens ebenso groß oder größer ist als die Nachgiebigkeit der Ausfüllung des anschließenden Flözraumes. Ist sie geringer, so konzentrieren sich der Gebirgsdruck und die von ihm ausgelösten Spannungen unmittelbar oberhalb und unterhalb der Kästen, wodurch häufig eine Zerstörung des Hangenden sowie ein Quellen der Sohle hervorgerufen wird[1]).

Der Ausbau der Streckenfirste kann in Verbindung mit den Kästen auf verschiedene Weise erfolgen. Unter besonders günstigen Bedingungen genügt ein Ausbau nach Abb. 98. Oder die Kappe wird durch lange Türstockbeine auf den Holzkästen abgefangen. Abb. 99 zeigt die Verwendung einer einfachen Kappe aus Holz. Muß das Hangende nachgerissen werden, so kann ein Stutztürstock (Abb. 100) aus Holz mit Verblattung oder auch stumpfer Verbindung gewählt werden. Die Stempel können zur Erhöhung der Nachgiebigkeit angeschärft und auf Quetsch

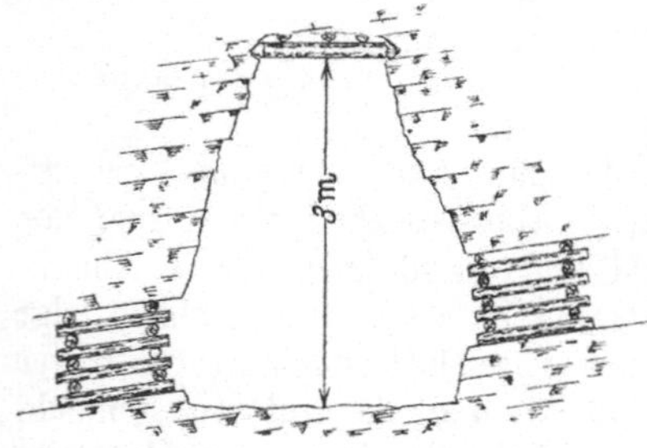

Abb. 98. Einfacher Abbaustreckenausbau mit Holzkästen und Kappe.

---

[1]) Glückauf 1935, S. 125 u. 149; C. H. Fritzsche und F. Giesa: Beobachtungen über Beanspruchungen des Ausbaus in Abbaustrecken.

hölzer gestellt werden. Auch ein Kniegelenkspitzbogen aus Holz ist möglich. Abb. 101 zeigt einen Spitzbau, der auf eine feste Gesteinsbank, getrennt von den Holzkästen, gesetzt ist.

Ist Holz dem Gebirgsdruck nicht gewachsen, so muß statt dessen Stahl gewählt werden. Die einfachste Ausbauform ist die Stahlkappe, die an Stelle der Holzkappe tritt. Sehr bewährt hat sich der stählerne Spitzbogenausbau, wobei für die beiden Stahlsegmente des Spitzbogens meist gebogene

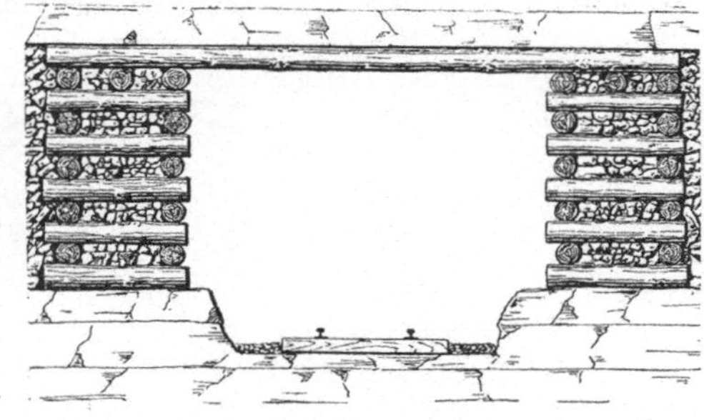

Abb. 99. Firstenbänke auf Holzkästen (Querschnitt).

Schienenstücke, daneben aber auch andere Profile benutzt werden. Vor besonderer Bedeutung für die Haltbarkeit des Spitzbogens ist die Verbin-

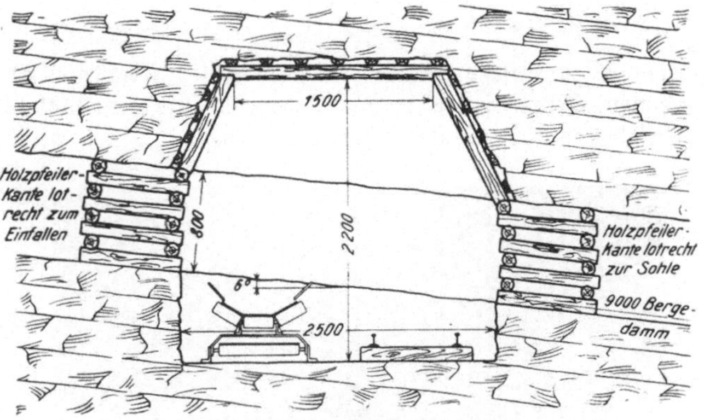

Abb. 100. Stutztürstock auf Holzkästen.

dung der beiden Stahlsegmente untereinander und die Art ihrer Auflage auf Holzkästen.

Als Verbindung hat sich das Schalengelenk sehr bewährt. Abb. 102 zeigt eine Ausführung der Firma Moll Söhne in Witten. Um ein dickes Rundholz als Quetschholz, das in der Regel für mindestens zwei benachbarte Baue Verwendung findet und „Läufer" genannt wird, greifen an einander genau gegenüberliegenden Stellen zwei schalenförmige Schuhe, die an die Stahlsegmente angenietet oder sonstwie befestigt sind. Da es sich bei einem Spitzbogen um

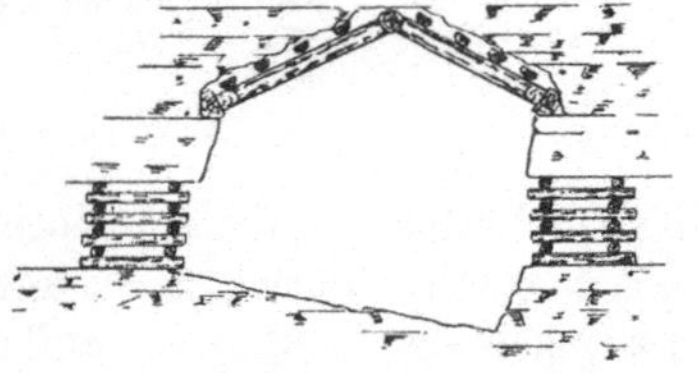

Abb. 101. Ausbau mit Holzkästen und Spitzbau auf Gesteinsbank.

einen Dreigelenkbogen handelt, ist das Gelenk zwar nicht beweglich. Es ist jedoch infolge der Zusammenquetschbarkeit des Holzes von einer gewissen Nachgiebigkeit.

Diese ist aber nur von geringer Bedeutung. Bei sehr starkem Gebirgsdruck kann sie sogar schädlich sein, da sich bei völlig zusammengequetschtem Läufer die Gelenkschalen treffen und aneinander vorbeischeren können. Hiermit ist meist eine starke Schwächung des Ausbaus verbunden. Besonders in Gesteinsstrecken (Ziff. 90) zieht man daher häufig Läufer aus hartem Eichenholz vor.

Abb. 102. Vieleckausbau mit M o l l schalen auf Holzkästen.

Um eine gleichmäßige Auflage der Schalen zu bewirken, kann man abgedrehte Läufer verwenden. Zuweilen schützt man sie noch durch ein Stahlblech, das warm auf den abgedrehten Läufer aufgezogen wird.

Abb. 103. Vieleckausbau mit M o l l schalen.

Die Verbindung der Spitzbogensegmente mit den Holzkästen findet durch die gleichen schalenförmigen Schuhe statt, die auf dem obersten, etwas dickeren Längsholz des Holzkastens aufliegen. Statt auf einem Holzkasten kann dieses Längsholz an der einen der beiden Streckenstöße entweder auf dem Gebirge (Abb. 103) oder auf Stempeln (Abb. 96) aufliegen. Um die Nachgiebigkeit des Spitzbogens selbst zu erhöhen, kann die auf den Holzkästen aufliegende Schale nach Abb. 103 mit Hilfe eines Holzkeilschlosses nachgiebig mit dem Segment verbunden werden. Eine etwas andere Ausbildung der Schale, die insbesondere in steilerer Lagerung angewandt wird, gibt Abb. 104 wieder. Auch winkelförmige Gelenkschalen sind möglich.

Die früher weitverbreiteten Kniegelenkschuhe zur Verbindung der einzelnen Teile des Vieleckbaus findet man nur noch selten. Die Enden der Holzstempel oder Stahlprofile werden von ihnen hülsenartig umfaßt. Sie bestehen aus Stahl und sind durch Quetschholzeinlagen meist nachgiebig ausgestaltet. Ein Beispiel zeigt Abb. 105. Der hier wiedergegebene Heinemannsche Kniegelenkschuh ist sowohl für die Verbindung von Holz und Holz, von Holz und Stahl sowie von Stahlteilen untereinander.

Die Firma C. Heinemann & Co. G.m.b.H., Dortmund, verbindet nach Abb. 106 die Stahlsegmente unter der Firste mittels einer „Konsole", die u. a. ein Ausweichen des Spitzbogens nach oben in eine weiche oder gebräche Firste ausschließen soll. Die beiden Segmente, die gegen ein Quetschholz stoßen, werden in dieser Konsole durch ein Stahlband mit einem waagerechten Stahlsteg verbunden. Bei eintretendem Druck wird das Holz zusammengequetscht, und die Bandeisen werden weiter auf den Stahlsteg geschoben, wodurch die Verbindung an Festigkeit noch zunimmt.

Abb. 104. Vieleckausbau in steiler Lagerung.

Statt eines Spitzbogens kann auch ein halbkreisförmiger, nachgiebiger Stahlrahmen in Verbindung mit Holzkästen Verwendung finden (Abb. 107). Hierzu eignet sich in erster Linie das Toussaint-Heintzmann-Profil, das in Ziff. 85 S. 92 näher behandelt wird.

Die größte Verbreitung haben Holzkästen bisher in flacher Lagerung gefunden, da sie bei steilem

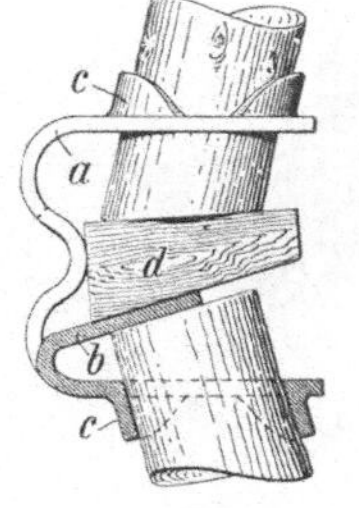

Abb. 105. Nachgiebiger Kniegelenkschuh nach Heinemann.

Abb. 106. Verbindungskonsole der Firma C. Heinemann & Co.

Einfallen schwieriger zu setzen sind. Aber auch hier haben sie schon Eingang gefunden. Eine Anwendungsform zeigt die Abb. 108. Aus ihr ist zu ersehen, daß der Holzkasten oben und unten vorgewölbt ist. Diese Vorwölbung, deren Stichmaß meist $^1/_{10}$ der Flözmächtigkeit beträgt, ist notwendig, damit der Kasten beim Absenken des Hangenden nach dem Abbau der Kohle nicht in die Strecke hineingedrückt wird. Das Hangende wird durch eine Stahlkappe abgestützt, die oben auf dem Holzkasten aufliegt und unten in die Kohle eingebühnt ist oder nach dem Abbau von einem Stempel abgefangen wird, der an der Kippstelle durch einen weiteren Stempel gesichert ist[1]).

85. — Ausbau mit Stahlbögen. Der Stahlbogenausbau, der in Gesteinsstrecken eine so große Rolle spielt, ist in Abbaustrecken nur dann verwendbar, wenn er nachgiebig gestaltet werden kann. Dies ist beim Toussaint-Heintzmann-Profil der Fall, bei dessen Anwendung je zwei Teile infolge ihrer

Abb. 107. Toussaint-Heintzmann-Bogen auf Holzkästen.

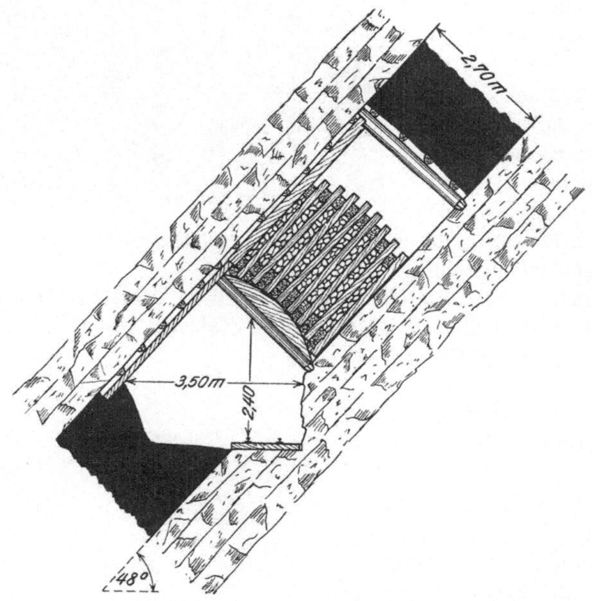

Abb. 108. Verwendung von Holzkästen in Abbaustrecken der steilen Lagerung.

Rinnenform ineinandergesetzt werden und bei zweckmäßiger Verbindung sich gegeneinander verschieben können. Die Verbindung zweier Bogenteile — die eine etwas unterschiedliche Querschnittsgröße haben, damit sie ineinander

---

[1]) Glückauf 1933, S. 355; H. Müller: Neuzeitlicher Streckenausbau in steiler Lagerung auf der Zeche Centrum-Morgensonne.

passen — wird durch zwei, neuerdings vielfach durch nur eine Klemmverbindung hergestellt. Werden zwei verwandt, so besteht jede aus zwei Bügelschrauben, die durch eine gemeinsame Unterlagplatte mit Muttern angezogen

werden können, wobei man in den Hohlraum zwischen beiden Rinnen ein Quetschholz aus Hartholz einlegen kann. Oder man wählt nur eine Klemmverbindung, die sich aus einem Führungsring und einer Bügelschraube zusammensetzt (Abb. 109). Die Bügelschraube c wird auf die eben beschriebene Weise befestigt. Der Führungsring e dagegen wird am Ende der inneren Rinne angebracht und ist derart ausgebildet, daß

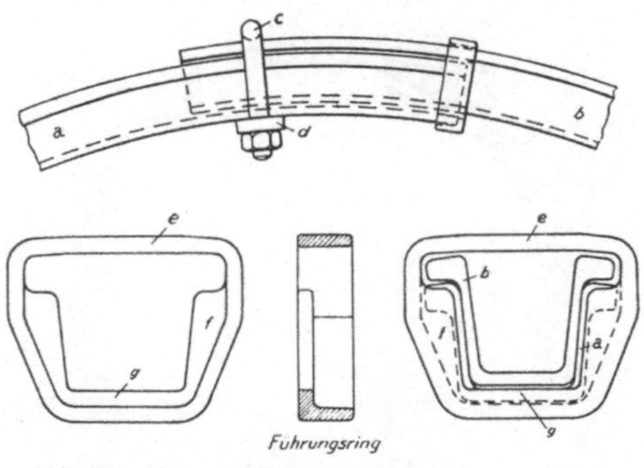

Abb. 109. Klemmverbindung beim Toussaint-Heintzmann-Profil.

die äußere Rinne b ungehindert durch ihn hindurchgleiten kann, die innere a aber vor einen hakenförmigen Ansatz g und zwei seitliche Nocken f stößt und festgehalten wird. Auf diese Weise ist ein Widerlager geschaffen und die Bewegung der äußeren Rinne ermöglicht.

Abb. 107 zeigt einen zweiteiligen Bogen in flacher Lagerung, der ähnlich einem Spitzbogen auf Holzpfeiler aufgesetzt wird. In steiler Lagerung finden dreiteilige Bögen Verwendung[1]). Abb. 110 zeigt einen solchen Bogen vor dem Abbau des unteren Flözteiles. Während des Abbaus wird der rechte Bogenteil fortgenommen und der Restbogen durch einen schrägen Spreizstempel abgefangen. Nach dem Abbau (Abb. 111) wird der herausgenommene durch einen größeren Bogenteil ersetzt, der sich auf das Liegende des Flözes abstützt.

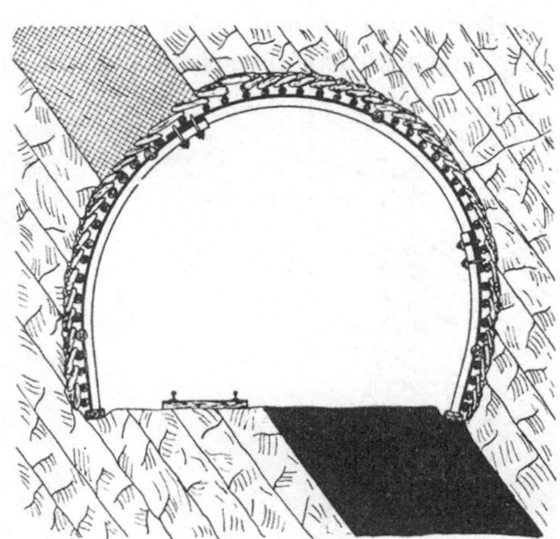

Abb. 110. Toussaint-Heintzmann-Ausbau vor dem Abbau.

86. — Ausbau in Strecken über offenen Räumen. Besonders hohe Ansprüche werden an Streckenzimmerungen über offenen Räumen gestellt, wie solche für die Bergezufuhrstrecken beim Stoßbau oder für die Abbaustrecken beim Strebbau mit Voranstellung der oberen Stöße erforderlich werden. Abb. 112 veranschaulicht die Verstärkung einer solchen Zimmerung durch ein „Spreng-

---

[1]) Glückauf 1940, S. 629; F. Tiling: Erfahrungen mit dem Toussaint-Heintzmann-Streckenausbau auf den Zechen Julia und Recklinghausen; — ferner Glückauf 1941, S. 449; A. Weddige: Erfahrungen mit eisernem Abbaustreckenausbau.

werk", durch das der Firstenstempel abgestützt wird und dessen eine Strebe ins Liegende eingebühnt ist, während die andere auf dem Bahnstempel ruht, in den sie etwas eingekerbt ist.

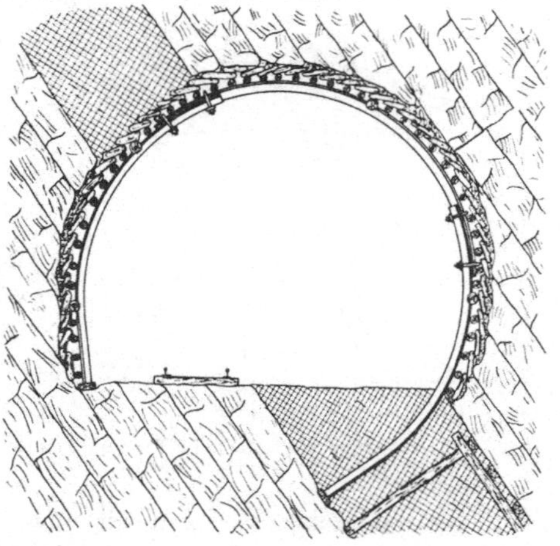

Für den besonders wichtigen Ausbau der Kippstellen selbst, bei denen für die fortfallenden Bahnstempel Ersatz

Abb. 111. Toussaint-Heintzmann-Ausbau nach dem Abbau.

Abb. 112. Kappenzimmerung mit Sprengwerk über offenem Abbauraum.

geschaffen werden muß, geben die Abbildungen 113—115 Beispiele. Abb. 113 zeigt einen Ausbau für mächtige Flöze von mittlerem Fallwinkel. Es handelt sich um eine Polygonzimmerung, die einerseits mit Hilfe ihrer durchgehenden Unterzüge u_1, u_2 das Hangende und Liegende abstützt und gleichzeitig durch diese Langhölzer und die Firstenunterzüge mit Sprengwerk die Stütztürstöcke im oberen Teil der Strecke trägt, anderseits durch die Kappenzimmerung im Abbau abgefangen wird.

In Abb. 114 handelt es sich um den Ausbau einer Kippstelle mit Kreiselwipper in einem mächtigen, fast seiger einfallenden Flöz

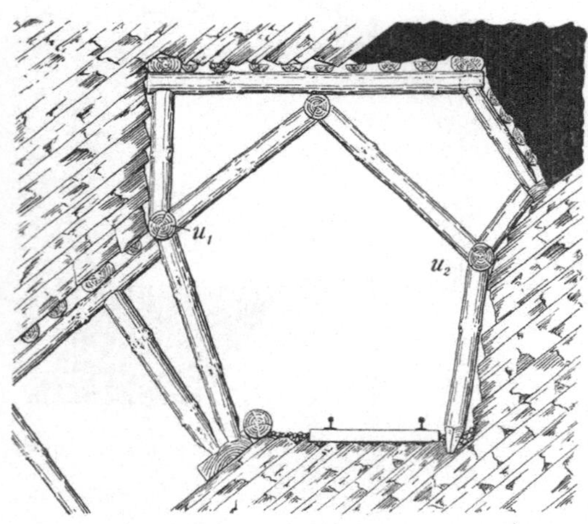

Abb. 113. Türstock mit Polygonverstärkung als Ausbau einer Kippstelle.

mit festem Hangenden, aber unzuverlässigem Liegenden. Hier haben die Stempel fast die ganze Belastung durch das Wipper- und Wagengewicht zu tragen. Die liegenden Kappen des Streckenausbaues stützen sich daher durch Vermittlung eines zweiten Bahnstempels a gegen die Kappen im Abbau; die Stempel a werden außerdem noch durch die Bolzen b gegen die obersten Abbaustempel c abgesteift. Schließlich veranschaulicht Abb. 115

den Ausbau einer Kippstelle in einem steil gelagerten Flöz von geringerer Mächtigkeit. Die Kappen der Strecke werden wieder durch diejenigen des Abbaues getragen, und außerdem wird die Streckenzimmerung durch die Unterzüge u_1, u_2 mit Sprengwerken und Strebstempeln gestützt. Diese Abspreizung setzt ein' festes Liegendes voraus.

Den Ausbau einer Kippstrecke eines steil gelagerten Flözes in Stahl, und zwar in Toussaint-Heintzmann-Ausbau gibt Abb. 116 wieder. Es ist hier ein zweiteiliger Bogen gewählt. Der längere, am Liegenden angebrachte Teil steht

Abb. 114. Ausbau einer Kippstelle bei sehr steiler Lagerung.

Abb. 115. Ausbau einer Kippstelle durch Sprengwerke.

auf der Sohle auf. Der am Hangenden liegende kürzere Teil ist an seinem unteren Ende mit einem angeschweißten U-Stahl versehen und stützt sich damit auf Holzläufer auf, die auf starken, etwa 1 m hohen Stempeln ruhen. Beim Durchgang des unteren Strebs verlieren diese Stempel ihre Unterlage. Sie müssen daher erneut abgefangen werden, und zwar geschieht dies, wie Abb. 116 zeigt, durch Strebstempel sowie durch Abspreitzen des Läufers gegen den Bahnstempel.

87. — Wirtschaftlichkeitsvergleich zwischen Holz und Stahl im Ausbau von Abbaustrecken. Braucht man den Holzausbau infolge günstiger Druckverhältnisse nicht mindestens einmal auszuwechseln und bedarf er im übrigen nur mäßiger Unterhaltungsarbeiten, so ist er im allgemeinen dem Stahl vorzuziehen. Würde jedoch bei Holz ein ein- oder mehrmaliges Durchbauen der Strecke erforderlich werden, so ist die Verwendung von Stahl betriebssicherer und meist auch billiger.

Es seien im nachstehenden die Kosten des Holztürstocks mit Polygonausbau, des Spitzbogenausbaus auf Holzkästen und des Stahlbogenausbaus miteinander verglichen, jedoch nur die Materialkosten berücksichtigt und angenommen, daß die Lohnkosten keine wesentlichen Unterschiede aufweisen.

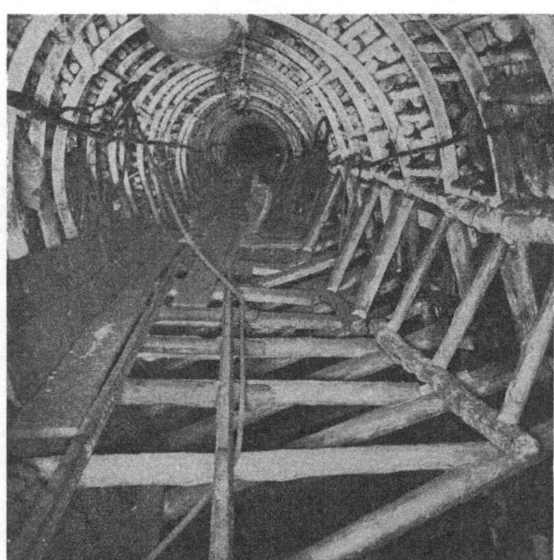

Abb. 116. Ausbau einer Kippstelle in Toussaint-Heintzmann-Profil bei steiler Lagerung.

Die Lohnkosten bei Neuauffahrung sind als Teil der im Gedinge zusammengefaßten Gesamtlohnkosten anteilmäßig durch die Arbeitszeit erfaßbar, welche auf die Einbringung des Ausbaus entfällt. Im allgemeinen kann man damit rechnen, daß die Einbringung von zwei vollständigen Bauen für einen Abschlag von 2,20—2,40 m zwei Schichten erfordert, und zwar fällt der größere Teil auf das Herstellen von Bühnlöchern, das Verziehen der Baue und das Hinterfüllen der Stöße und der Firste, so daß die Unterschiede bei der Einbringung von Stahl und Holz selber für die Gesamtarbeit nicht erheblich sind und sich außerdem auch dadurch noch ausgleichen, daß dem durch die größeren Gewichte des Stahles erforderlichen Mehraufwand an Arbeit beim Holz meist noch eine gewisse Bearbeitung gegenübersteht.

Bei einem Streckenquerschnitt von 8—9 m² belaufen sich die Materialkosten

<pre>
eines Holztürstocks mit Polygoneinbau . : . . 12—13 RM.
eines Stahlspitzbogens auf Holzkästen . . . . . 45—50 „
eines Stahlbogens, Profil Toussaint-Heintzmann 50—55 „
</pre>

Sind die Baue in Abständen von je 1 m gesetzt, so betragen etwa die Kosten einer 500 m langen Strecke bei Türstock 6250 RM., bei Stahlspitzbogen 25 000 RM., bei Stahlhalbbogen 30 000 RM.

Muß die Strecke bei Holzausbau nur einmal nachgebaut werden, so entstehen an Holzkosten erneut 6250 RM. und außerdem Lohnkosten für Nachreißen der Strecke und Einbau des Holzes in Höhe von 35 RM. je m, insgesamt also 17 500 RM. Es erwachsen also zusätzliche Kosten von 6250 RM. + 17 500 RM. = 23 750 RM., und damit ergibt sich ein Betrag, der etwa den Kosten der hochwertigen Ausbauarten entspricht. Die Ersparnis liegt dann in den um 50—90% niedrigeren laufenden Unterhaltungskosten, die ein Spitz- oder Rundbogen erfordert. Außerdem ist die größere Betriebssicherheit zu beachten, die meist noch stärker ins Gewicht fällt als die unmittelbaren Ausbaukosten, die zudem durch die Wiederverwendungsmöglichkeit der Stahlbauteile erheblich verringert werden können.

e) Der Ausbau von Gesteinsstrecken.

88. — Der Türstock. Der hölzerne Türstock, der in Ziff. 75 näher beschrieben worden ist, findet im Erzbergbau noch häufig, in Gesteinsstrecken des Steinkohlenbergbaus immer weniger Anwendung, da er infolge seines un-

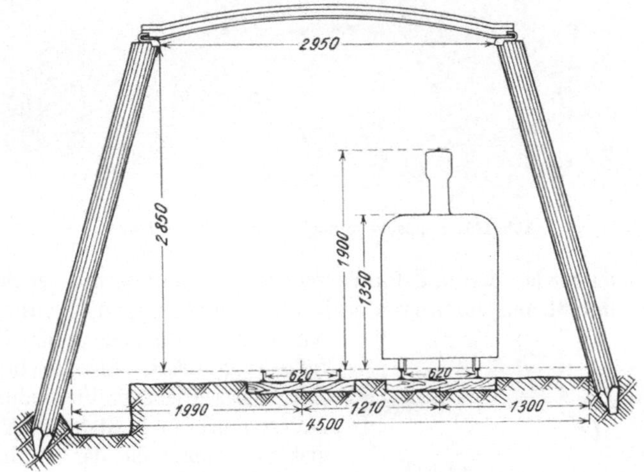

Abb. 117. Türstock mit Stahlkappe und Holzstempel.

günstigen Querschnitts den Beanspruchungen der Kappe auf Biegung und der verhältnismäßig geringen Festigkeit des Baustoffes Holz angesichts der großen Streckenmaße in den meisten Fällen den Anforderungen nicht mehr gewachsen ist. Häufiger ist dagegen der Türstock mit Stahlkappe (Abb. 117), der sich von der in Abbaustrecken verwendeten Bauart (Ziff. 79, S. 81) nur durch die meist etwas größeren Ab-

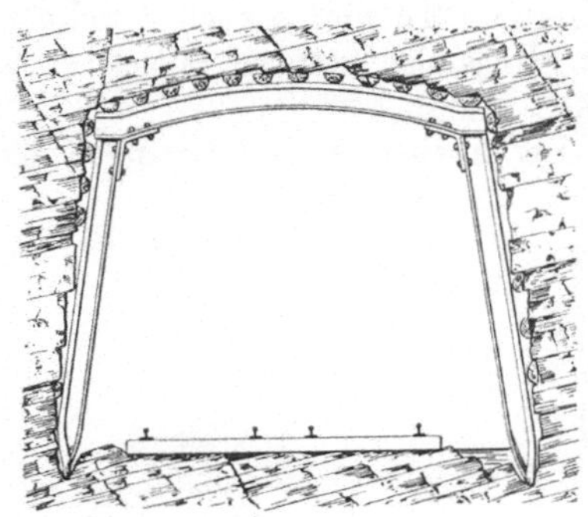

Abb. 118. Stählerner Türstock mit gewölbter Kappe und angespitzten Beinen.

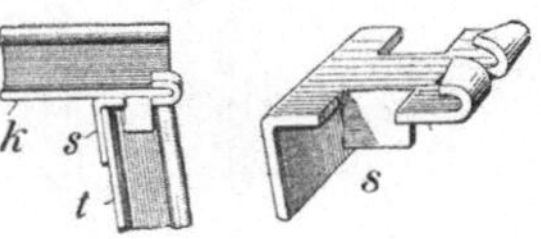

Abb. 119. Streckengerüstschuh aus Blech.

messungen unterscheidet. Auch sind die Stempelenden meist weder angespitzt noch angeschrägt, sondern nur stumpf behauen.

Reicht auch der Holztürstock mit Stahlkappe nicht aus, so kann der ganz aus Profilstahl hergestellte Türstock (Abb. 118) gewählt werden. Die Verbindung von Stempeln und Kappe geschieht mit Hilfe angeschraubter Winkelstähle oder noch besser durch Kappwinkel oder Kappschuhe (Streckengerüstschuhe). Einen aus starkem Blech hergestellten Kappwinkel zeigt Abb. 119. Er besteht aus einem Z-Stahl *s* mit abwärts gebogenen Lappen, die um den

Steg der Stempelschiene fassen. Kappschuhe von Hüser & Weber in Sprockhövel gibt die Abb. 120 wieder. Abb. 120 links gibt einen Kappwinkel für stäh-

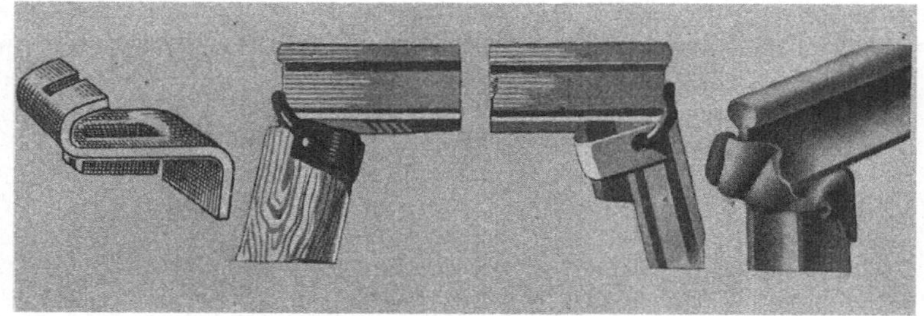

Abb. 120. Kappschuhe nach Hüser & Weber.

lernen Ausbau wieder, dessen Z-förmig gebogene Stahlplatte mit der Schlitzung
die Kappe umfaßt und durch zwei nach unten durchgebogene Führungslappen

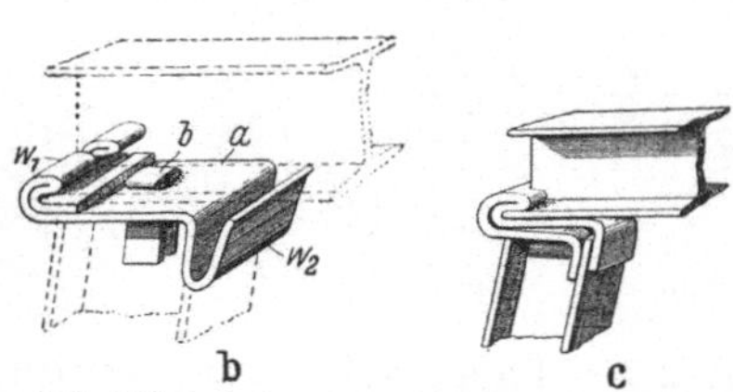

Abb. 121b und c. Nachgiebige Kappschuhe
nach Thiemann.

ein seitliches Ausweichen des Schienenfußes verhindert. Sie ähneln den in
Ziff. 79 beschriebenen Verbindungen mit
Holzstempel und Stahlkappe. Nachgiebige Kappschuhe der A. Thiemann
G.m.b.H. in Dortmund zeigen die Abbildungen 121b und c. Gegen seitliches
Ausweichen ist der Stempel durch die
Klammer b geschützt. Der Kappschuh
nach Abb. 121c wird nur auf Aufbiegen
beansprucht, wobei die untere Welle des Blechs den Stempel mittels eines
Schlitzes, in den sein Steg eingreift, festhält.

89. — **Der Ausbau in Stahlbögen.** Der Ausbau in Stahlbögen ist ein

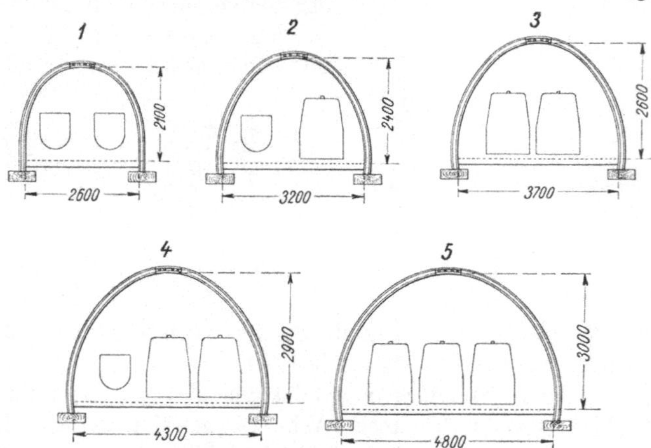

Abb. 122. Bogenformen bei verschiedenem Querschnitt.

Ausbau mit in der Sohle offenen Streckengestellen im Gegensatz zum Stahlringausbau. Er ist dem Stahltürstock allein deshalb überlegen, weil er den ungünstigen Trapezquerschnitt vermeidet und günstigere Querschnittsformen zu wählen gestattet: den Korbbogen, den Hufeisenbogen, den halbkreisförmigen oder den nach oben mehr oder weniger spitz zulaufenden Bogen. Abb. 122 zeigt mehrere Bogenformen bei verschiedener Größe des Streckenquerschnitts. Außer nach ihrer Querschnittsform unterscheiden sich die Stahlbögen nach dem für sie verwandten Stahlprofil. Hier kommen I-Normalprofile, Breitflanschträger (Krupp), gleichflanschige Steckenbogenprofile (G. H. H., Hoesch, Krupp, Klöckner), das Pokalprofil (Ver. Stahlwerke) und das Toussaint-Heintzmann-Profil neben der Eisenbahnschiene in Betracht. Ihre Gewichte schwanken zwischen 14 und 55 kg/m; Gewichte zwischen 25 und 35 kg/m sind am gebräuchlichsten. Je größere

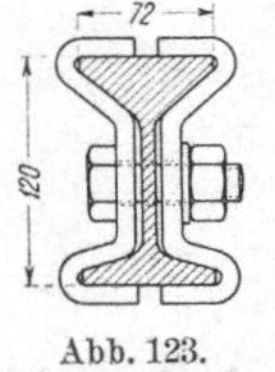

Abb. 123.
Klammerlasche
der
Vereinigten
Stahlwerke.

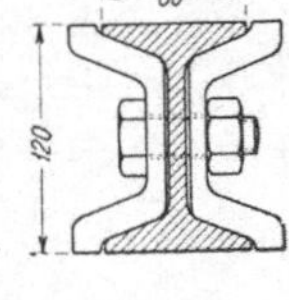

Abb. 124.
Klammerlasche
der G. H. H.

Beanspruchungen erwartet werden, um so schwerere Profile müssen gewählt werden, und um so enger müssen die Abstände der Bögen sein. Letztere betragen meist 1 m. In günstigen Fällen steigen sie bis 1,50 m, in ungünstigen sinken sie auf 0,50 m herab. Profile von mehr als 35 kg/m Gewicht finden, da sie teuer und nur schwer zu handhaben sind, nur bei besonders starken Beanspruchungen und in Strecken von langer Lebensdauer Verwendung. Ein

Abb. 125. Ohrenklammerlasche.

Vergleich der einzelnen Profile auf Grund ihrer statischen Eigenschaften wurde bereits in Ziff. 37, S. 34 gebracht. In ihrer Bewährung für Streckenbögen unterscheiden sie sich nicht wesentlich voneinander. Schon die große Zahl ihrer Sorten, von denen keine mengenmäßig besonders stark hervorragt, läßt dieses erkennen. Allerdings ist darauf hinzuweisen, daß das I-NP und die Schiene weniger günstig sind als die übrigen Profile, die zumeist eigens als Streckenbogenprofile gewalzt werden.

Jeder Stahlbogen besteht in der Regel aus zwei Segmenten, die in der Firste zusammenstoßen. Auf deren gute Verbindung ist besonderer Wert zu legen, da vermieden werden muß, daß in ihr eine Schwächestelle des Ausbaus entsteht. Sie wird daher zu-

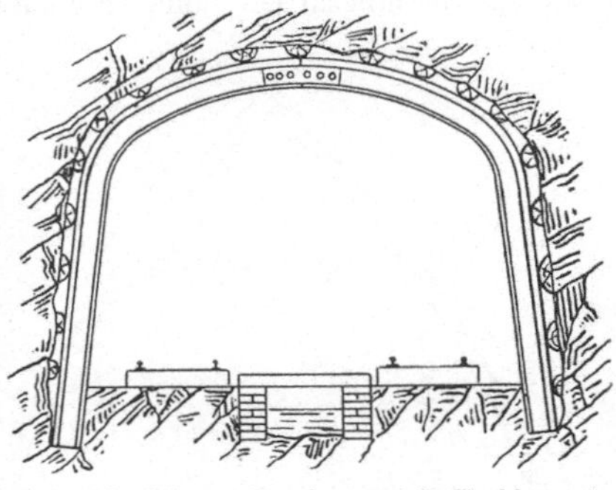

Abb. 126. Offenes Streckengestell (Korbbogen)
aus Eisenbahnschienen.

meist starr mit Hilfe von Laschen, seltener nachgiebig mit Hilfe von Laschen, Muffen oder anderen Verbindungen ausgeführt. Eine Ausnahme bildet das Rinnenprofil nach Toussaint-Heintzmann, das einen nachgiebigeren Bogenausbau gestattet, der in Ziff. 85 bereits beschrieben worden ist.

Unter den Laschen ist die gewöhnliche Flachlasche die schwächste (Abb. 126), da bei ihr die Beanspruchungen allein von den Schrauben aufgenommen werden müssen. Etwas widerstandsfähiger ist die ⊐-Lasche. Am besten sind jedoch die Laschen, die sich völlig dem Profil anschmiegen, da bei ihnen auch die

7*

Lasche selbst an den Beanspruchungen teilnimmt. Es sind dieses die Klammer-
laschen der Vereinigten Stahlwerke (Abb. 123), der G. H. H. (Abb. 124) und
die geschweißte Lasche von Krupp (Abb. 132).

Die in Abb. 125 gezeigte Ohrenklammerlasche stellt eine nachgiebige oder auch starre
Verbindung dar. Sie ist statt mit Innenschrau-
ben mit Außenschrauben versehen, die sich an besonderen Ohren an den Ecken der Laschen befinden. Soll die Verbin-
dung nachgiebig wirken,
so wird innerhalb der
Lasche zwischen den
Segmentenden ein Spiel-
raum gelassen. Auf die
Einfügung eines Quetsch-
holzes wird dabei ver-
zichtet. Dafür ist die
Innenseite der Lasche so
ausgebildet, daß die Seg-
mente, wenn sie vom Gebirgsdruck weiter in die Lasche geschoben werden,
nicht nur Reibungsarbeit, sondern auch Fräsarbeit leistet. Wird bei der Ohrenklammerlasche auf Nachgiebig-
keit verzichtet, so läßt man die
Segmentenden ohne Zwischenraum aneinanderstoßen. Auch
die in Abb. 133 gezeigte, von
Krupp entwickelte Verbindung
ist nachgiebig. Bei ihr werden
die Segmente in Holz eingebettet,
durch ein Quetschholz getrennt
und durch ⊐-förmige Laschen
oben und unten überfangen, die
durch Bügel mit Schrauben miteinander verbunden werden.

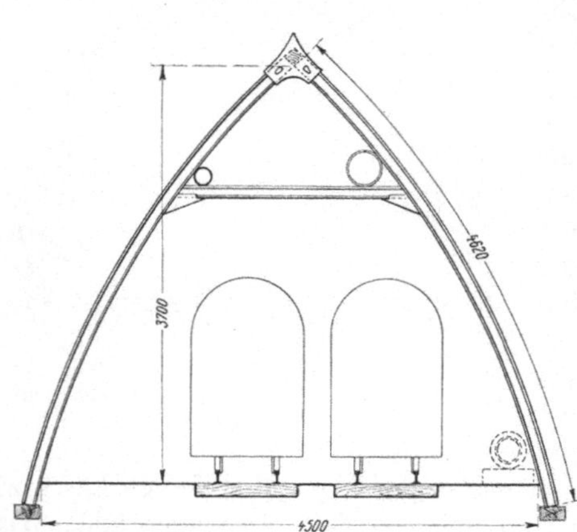

Abb. 127.
Gesteinstrecke im Toussaint-Heintzmann-Ausbau.

Abb. 128. Tropfenförmiger Ausbau nach Isselhorst.

Abb. 126 zeigt einen Korbbogen aus Eisenbahnschienen,
die mittels Flachlasche miteinander verbunden sind. Seine
Widerstandsfähigkeit ist von der eines Stahltürstocks nicht wesentlich verschieden, da auch die Formen des Streckenquerschnitts einander ähneln. Die
Vorteile des Stahlbogenausbaus kommen erst bei anderen Querschnitts- und
Profilformen zur Geltung, wie sie Abb. 122 wiedergibt. Sie können zur Er-

zielung einer geringen Nachgiebigkeit auf Quetschhölzer aufgesetzt werden. Abb. 127 zeigt eine Strecke von 12 m² Querschnitt, die in nachgiebigen Toussaint-Heintzmann-Ausbau gesetzt ist.

In Ziff. 11 wurde dargelegt, daß die Spannungsverteilung um den Streckenhohlraum um so günstiger ist, je höher und schmaler ihr Querschnitt ist. Dieser Forderung kommt bisher der tropfenförmige Ausbau nach Isselhorst (Abb. 128) am nächsten. Die Verbindung beider Segmente erfolgt durch einen Helm aus Gußstahl, in den ein Quetschholz eingelegt ist.

90. — Der Vieleck- (Polygon-) Ausbau. Er hat ähnlich wie in den Abbaustrecken auch für den Ausbau von Gesteinsstrecken eine immer größere Bedeutung erlangt. Dort herrscht jedoch der auf Holzkästen oder Bergemauern gesetzte Spitzbau vor oder, wenn ein Fünfeck (auf Holzstempeln gesetzter Spitz-

Abb. 129. Vieleckausbau mit Moll-Schalen in einer Gesteinsstrecke.

bogen) gewählt wird, handelt es sich immer um ein in der Sohle offenes Vieleck. In Gesteinsstrecken dagegen kann nur selten von Holzkästen oder Mauern als Auflage Gebrauch gemacht werden, da durch sie der Streckenquerschnitt zu sehr verengt wird. Das Fünfeck wird daher vorzugsweise angewandt. Es ist meist in der Sohle offen. Soll aber gegen ein Hochquellen der Sohle Widerstand geleistet werden, so wird es in der Sohle geschlossen ausgeführt. Es ähnelt dann einem Ringausbau, unterscheidet sich aber von diesem durch seine Gelenkigkeit und seine Kniegelenkwirkung. Als Material wird für die gegen die Firste gerichteten Bauteile stets Stahl, für die auf der Sohle aufstehenden, wenn auf Nachgiebigkeit Wert gelegt wird, Holz, sonst ebenfalls Stahl benutzt. Die Bauteile werden auf die gleiche Weise miteinander verbunden, wie in Ziff. 84, S. 87 beschrieben.

Abb. 129 zeigt einen Polygon- (Fünfeck-) Ausbau mit Gelenkschalen der Firma Moll und Holzläufern, der aus einem auf Holzstempeln ruhenden Stahlspitzbogen besteht. Abb. 130 gibt einen in der Sohle geschlossenen Vieleckausbau mit Moll-Schalen und Holzläufer wieder.

Abb. 131 zeigt ein in der Sohle offenes Stahlpolygon mit Gelenken der Wanheimer Eisenwerke G.m.b.H. in Duisburg-Wanheim. Es ist dadurch gekennzeichnet, daß als Läufer 1—2 m lange Stahlrohre benutzt werden.

Diese haben den Vorteil, daß sie nicht wie Holzläufer zerquetscht werden, womit eine Zerstörung des Gelenks und häufig auch ein Verschieben der Schalen gegeneinander und ihr Verbiegen oder Abplatzen verbunden ist. Zugleich sind die Rohre mit aufgeschweißten Führungsringen versehen (Abb. 131) und zwischen ihnen mit Beton ausgegossen. Zwischen jedes derartige Ringpaar werden die Polygonschuhe der Stahlsegmente eingelegt, so daß deren seitliches Verschieben verhindert ist.

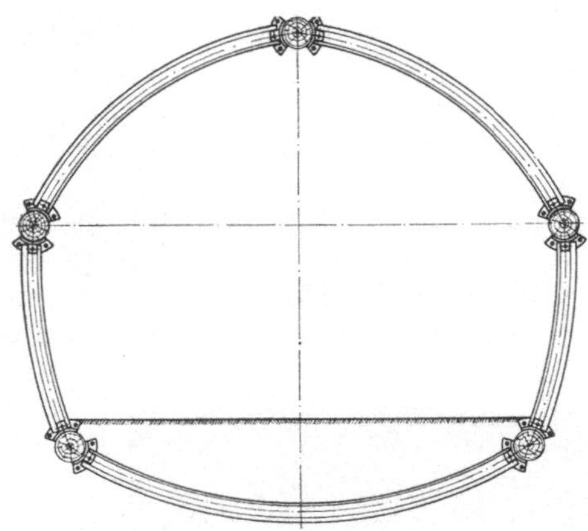
Abb. 130. Geschlossener Vieleckausbau.

91. — Der Stahlringausbau. Im Gegensatz zu dem in der Sohle offenen Stahlbogenausbau ist der Stahlring ein geschlossener Gestellbau. Da er einen größeren Ausbruch und auch mehr Material erfordert, ist er teurer als jener, dafür in der Regel aber auch widerstandsfähiger. Als Stahlprofile werden die gleichen verwandt wie beim Stahlbogenausbau. Statt zwei Segmenten werden aber in der Regel drei, beim Toussaint - Heintz - mann-Profil vier benutzt. Die Verbindung der einzelnen Teile untereinander geschieht auf die gleiche Weise wie bei den Streckenbögen. Je nach ihrer Art kann der Stahlringausbau daher starr oder nachgiebig sein. Bei Verwendung von Streckenbogenprofilen der I-NP oder des Breitflanschprofils wird ihrer größeren Festigkeit wegen meist eine starre Verbindung gewählt, während das Toussaint-Heintzmann-Profil sich besonders gut für eine nachgiebige Verbindung eignet.

Abb. 131. Streckenausbau mit Gelenken der Wanheimer Eisenwerke.

Abb. 132 zeigt einen starren Stahlringausbau in Breitflanschprofil, dem durch eine Lage von um den ganzen Umfang gelegten Quetschhölzern eine gewisse Nachgiebigkeit verliehen ist. Außerdem ist eine Verbolzung durch in das Stahlprofil eingelegte, von Ring zu Ring reichende Rundhölzer vorgesehen. Die Sohle ist ausbetoniert. Das Gestänge ruht auf zwei Betonsockeln, die zwischen

sich die Wasserseige einschließen. Eine gewisse Nachgiebigkeit durch die Art der mit einem Quetschholz versehenen Verbindung der einzelnen Bauteile besitzt der Stahlringausbau aus Breitflanschträgern nach Abb. 133. Abb. 134 gibt einen vierteiligen Toussaint-Heintzmann-Ringausbau wieder. Die an Firste und Sohle verlegten Teile weisen einen etwas geringeren Querschnitt als die beiden Stoßstücke auf, so daß sie in letztere eingelegt werden und sich in sie hineinschieben können. Auch dieser Ausbau ist mit Rundhölzern verzogen. Geschlossene Streckengestelle von elliptischer

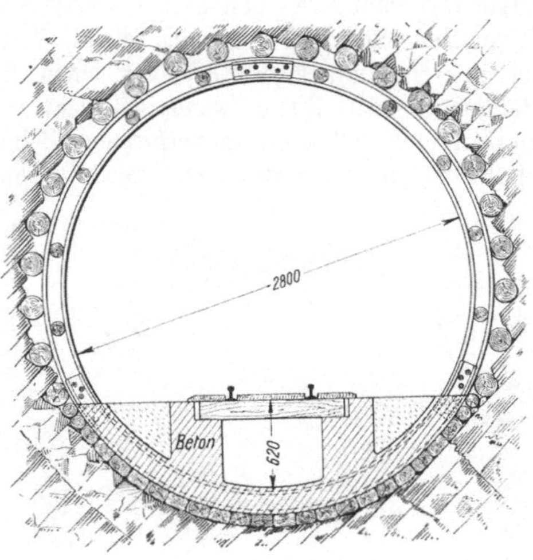

Abb. 132.
Starrer Stahlringausbau mit Breitflanschträgern.

Form sind für größere Querschnitte bisher noch nicht hergestellt worden.

92. — Die Aufgaben des Verzugs. Der Verzug hat beim zusammengesetzten Ausbau die Aufgabe, die einzelnen Ausbaurahmen miteinander zu verbinden und den zwischen ihnen befindlichen Raum zu sichern. Im Abbau kommt er dann in Betracht, wenn das Hangende gebräch ist und lose Stücke oder Schalen abzufangen sind. Beim Streckenausbau ist die gleiche Aufgabe zu erfüllen; der Verzug ist hier fast stets angebracht. Außerdem soll er aber zugleich eine möglichst innige Verbindung zwischen Ausbau und dem Gebirge ermöglichen. Auch muß verhütet werden, daß Stücke aus dem anstehenden Gebirge herabstürzen und den Verzug durchschlagen, oder daß Kohle auf den Verzug fällt, mit der Zeit mehr und mehr zerbröckelt und sich schließlich entzündet.

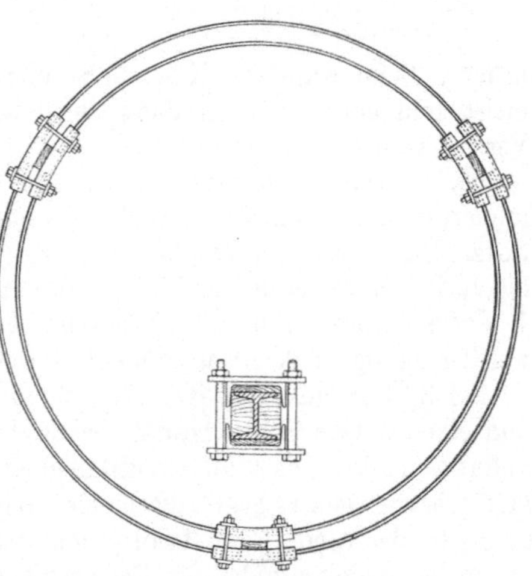

Abb. 133. Nachgiebiger Stahlringausbau
mit Breitflanschträgern.

Alle diese Aufgaben werden durch Verpacken des zwischen Verzug und Gebirge häufig verbleibenden Hohlraumes mit Bergen erfüllt. Je nach Gebirge, Ausbau- und Streckenart ist die Notwendigkeit des Verpackens von Firste und Stößen etwas verschieden. Es geschieht dies durch Verpacken von Bergen, die zwischen den Verzug und dem oft etwas höher oder breiter ausgeschossenen Gebirge eingebracht werden. In Gesteinsstrecken ist es beim Türstockausbau in der Firste fast immer, an den Stößen häufig erforderlich. Beim Halbbogen oder Ringausbau aus Stahl ist ein solches Verpacken etwaiger Hohlräume um den ganzen Umfang des Ausbaus schon deshalb notwendig, weil sich die Stahlbögen oder Ringe, wenn sie nicht satt mit dem Gebirge verbunden sind, in Hohlstellen hinein verformen. Beim Kniegelenk- und Polygonausbau ist mindestens ein sattes Anliegen der Gelenke eine unbedingt zu erfüllende Forderung. Im übrigen sei erwähnt, daß bei Gesteinsstrecken mit Fahrdrahtlokomotivförderung allein zur Vermeidung von Schlagwetteransammlungen jeglicher Hohlraum in der Firste zu vermeiden ist.

In Abbaustrecken ist bei Türstöcken ein Verziehen und Verpacken der Firste meistens erforderlich, während die Türstockbeine häufig mehr oder weniger frei vor den Stößen stehen. Man vermeidet auf diese Weise ihre Beanspruchung durch Stoßdruck. Schiebt sich der Stoß im Laufe der Zeit bis an die Stempel heran, so werden sie durch Wegnahme von Gesteinsschalen „ge-

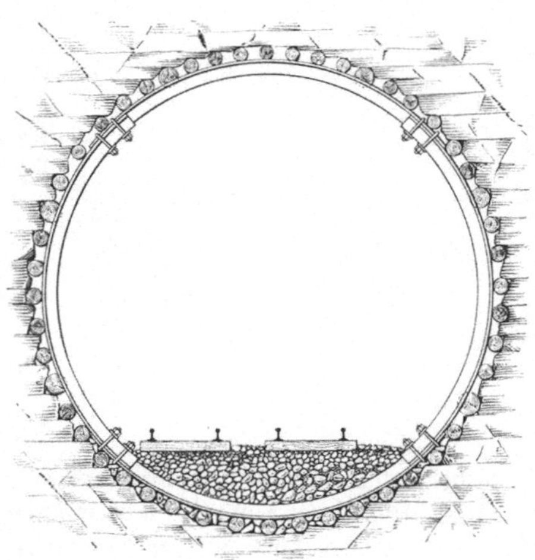

Abb. 134. Nachgiebiger Stahlringausbau nach Toussaint-Heintzmann.

lüftet". Beim Kappen-, Knieschuh- und Spitzbogenausbau ist ein Verziehen meist und ein Verpacken dann angebracht, wenn größere Hohlräume den Verzug vom Gebirge trennen.

93. — Das Verzugmaterial. Als Verzugmaterial wird im Abbau fast immer, in Strecken meistens Holz angewandt, und zwar als Rund- oder Halbholz. Das einzelne Verzugholz wird Spitze genannt. Im Abbau wählt man hierzu in der Regel dünnes Holz, und zwar Rundholz bei Durchmessern bis zu 4 oder 5 cm, und Halbholz bei Durchmessern bis zu 8 und 10 cm. In Strecken werden häufig auch etwas größere Holzstärken benutzt.

Bei Spitzen aus Holz ist zu beachten, daß die Kiefer einen weichen Kern und einen harten Splint besitzt, bei Eiche umgekehrt der Kern hart und der Splint weich ist. Die Widerstandsfähigkeit gegen Biegung ist daher bei Kiefernholz größer, wenn es gegen die beschnittene Seite, bei Eichenholz größer, wenn es gegen die runde Seite beansprucht wird. Bei der Kiefernholzspitze muß daher die runde Seite, bei der Eichenspitze dagegen die flache Seite nach unten oder nach außen gelegt werden. Auch Bretter („Schwarten") dienen zum Herstellen des Verzugs, und zwar ist dies in erster Linie in Schächten, aber auch in Strecken der Fall.

Aus Stahl hergestellte Verzugspitzen finden im Abbau selten Verwendung, da sie sich leicht verbiegen und ihre Wiedergewinnung, insbesondere bei streichender Anordnung des Ausbaus, meist nur schwierig durchgeführt und überwacht werden kann. Sie werden als gewellte Bleche (Abb. 135) hergestellt und können auch als Kappen Verwendung finden. In Strecken, besonders in Gesteinsstrecken von längerer Standdauer wird Stahl als Verzugmaterial immer mehr bevorzugt, da die Lebensdauer des Holzes, auch getränkten Holzes,

vielfach zu gering ist und seine Festigkeit der des Stahls unterlegen ist. Als Material wird überwiegend Abfallstahl benutzt, wie Schienen, U- oder I-Stahl, gepreßte Rohre, abgelegte Förderseile, die auf fast jeder Grube in größerer Menge zur Verfügung stehen. Aber auch Neumaterial wird benutzt. Abb. 135 veranschaulicht z. B. einen Verzug mit Stahlspitzen der Gutehoffnungshütte. Einen Verzug mit beiderseits hakenförmig umgebogenem Flachstahl zeigt Abb. 136. Auch Drahtgitter (auch „Drahtspitze" genannt) finden Verwendung. Sie bestehen aus Drähten von 2—5 mm Durchmesser, die durch Querdrähte zu einem grobmaschigen Gewebe verbunden sind. Bei geringer Beanspruchung kommt auch Maschendraht in Betracht.

Abb. 135. Streckenstoß mit Stahlblech verzogen.

94. — Das Verbolzen des Streckenausbaus. Die Ausbaurahmen in Gesteins- und Abbaustrecken sind häufig Beanspruchungen ausgesetzt, die die Rahmen in Richtung der Streckenachse zu verschieben suchen. Um diesen Kräften entgegenzuwirken, müssen

die Rahmen gegeneinander abgesteift werden. Es geschieht im allgemeinen durch Verbolzen, d. h. durch Treiben von Bolzen zwischen die einzelnen Rahmen, wodurch bei Stahlprofilen auch Biegebeanspruchungen gegen die y-Achse entgegengearbeitet wird. Von besonderer Wichtig-

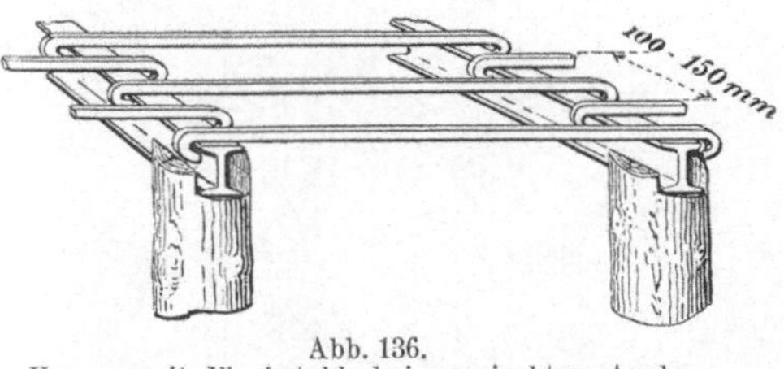

Abb. 136.
Verzug mit Flachstahl bei gemischtem Ausbau.

keit ist, wie die Abbildungen 103, 104, 129, 132 und 135 zeigen, daß die Bolzen alle in eine Achse zu liegen kommen, damit die Rahmen nicht auf Drehung oder Schub beansprucht werden. In der Regel genügt es, wenn die Bolzen in Abständen von etwa 0,30—0,50 m gelegt werden; nur beim Streckenbogenausbau werden sie zuweilen dichter gelegt. Als Bolzen verwendet man im allgemeinen Rundhölzer. Beim Stahlausbau können an Stelle der eigentlichen

Bolzen auch **Flachstähle** treten, die mit ihren umgebogenen Enden um die Flanschen der betreffenden Profile fassen und so die gegenseitige Verschiebung der Rahmen verhindern.

95. — Der Ausbau an Streckenabzweigungen[1]. Da an Strecken-abzweigungen und Kreuzungen das Hangende auf größere Breite freigelegt und das Gebirge durch das Zusammentreffen von zwei oder mehreren Strecken stärker beansprucht wird als gewöhnlich, muß an solchen Stellen ein besonders sorgfältiger Ausbau einge-bracht werden. Der Tür-stock ermöglicht die Ab-

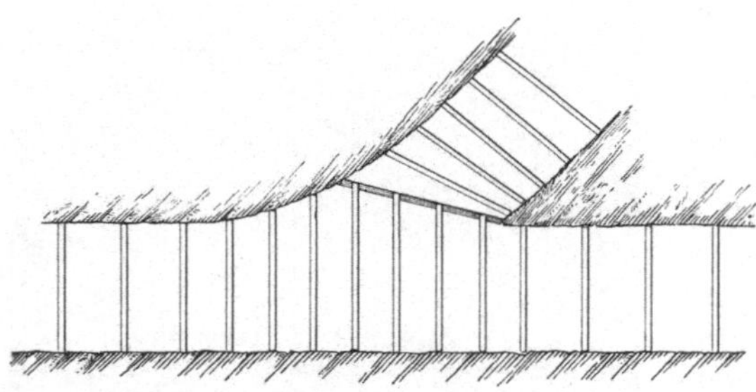

Abb. 137. Streckenabzweigung beim Türstockausbau.

zweigung leicht durch Einbau einiger längerer Kappen und eines Unterzuges (Abb. 137). Die durch die Verlängerung der Kappen vergrößerte Material-beanspruchung läßt sich durch Verringerung des Abstandes der Baue aus-gleichen.

Bei anderen Ausbauarten ist die Lösung der Aufgabe schwieriger. Man kann dann an Streckenabzweigungen entweder auf den Türstock zurückgreifen, oder es werden Stoßmauern aus Holzkästen, aus Ziegelstein-mauerung, aus Beton oder Stahl-beton gesetzt, auf denen Unter-züge und Kappen ruhen. Diese Mittel versagen aber vielfach, insbesondere bei stärkeren Ab-baudruckwirkungen, da dann die statischen Nachteile langer Kap-pen stark in Erscheinung treten. Sehr widerstandsfähig, aber in erster Linie auch nur gegen stati-schen Gebirgsdruck, sind **Kunst-steingewölbe**. Wegen ihres hohen Preises rechtfertigen sie sich nur bei langer Lebensdauer der Strecken.

Gute Erfahrungen liegen mit **Dreieckrahmen** und **Kronen** unter Benutzung von Polygon-segmenten vor. Abb. 138 zeigt einen Dreieckrahmen in Verbin-

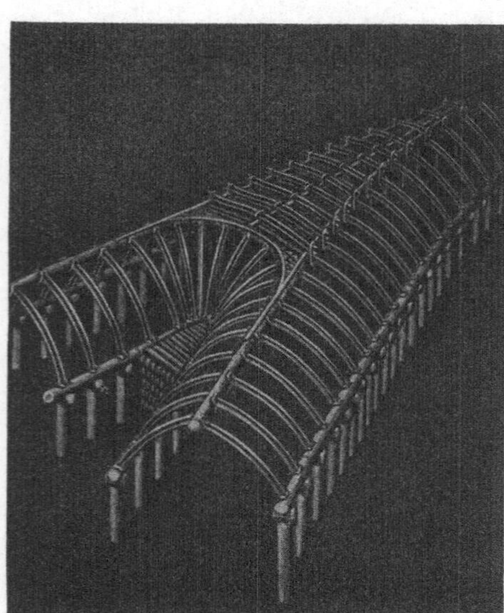

Abb. 138. Streckenabzweigung beim Polygonausbau.

dung mit Polygonausbau und Moll-Schalen. Die Verbreiterung der Strecke wird ohne Erhöhung der Strecke durch Anlehnung der Firstenläufer an ein

---

[1] Bergbau 1939, S. 302; **Bartholomae**: Nachgiebiger eiserner Ausbau in Streckenkreuzungen und Streckenabzweigungen.

dreieckiges Rahmengestell durchgeführt. Dieses kann aus I-Stahl oder Schienen bestehen, die durch Querstreben verstärkt sind. Die gegen die kurze

Abb. 139. Firstenkrone in einer rechtwinkligen Streckenkreuzung.

Seite des Dreiecksrahmens sich anlehnenden Polygonstücke stützen sich gegen einen Holzkasten ab, der auf der Sohle der Streckenabzweigung errichtet ist. Es sind auf diese Weise Abzweigungen mit einer Sohlenbreite bis zu 12 m mit gutem Erfolg hergestellt worden. Je breiter das Rahmendreieck jedoch wird, um so größer wird dessen waagerecht verlaufende Fläche, so daß sich ähnlich ungünstige Auswirkungen wie bei Verwendung langer Kappen ergeben können.

Rechtwinklige Streckenkreuzungen können auch mit Hilfe von Firstenkronen, wie sie z. B. die Firma Moll in Witten und das Eisenwerk Rothe Erde in Dortmund entwickelt haben, ausgebaut werden. Wie Abb. 139 zeigt, wird die hier viereckige Krone von vier Doppel-Stahlsegmenten getragen, die ihrerseits auf diagonal zu den Streckenrichtungen auf Holzkästen verlegten Stoßläufern ruhen. Abb. 140 gibt das

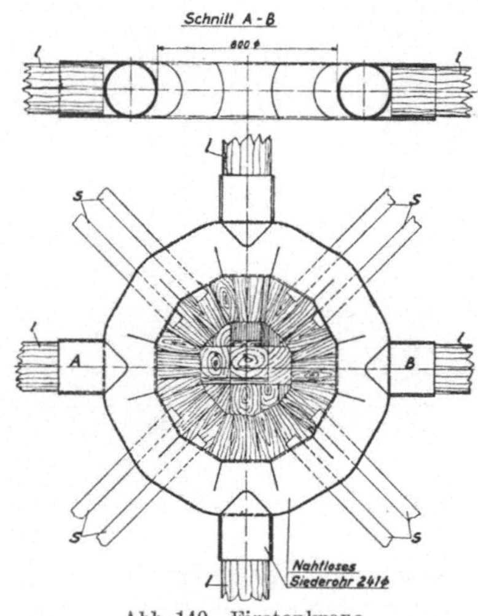

Abb. 140. Firstenkrone.

kreisförmig gebogene Rohr der Firstenkrone des Eisenwerks Rothe Erde wieder. Ihr Innenraum wird mit Quetschhölzern ausgefüllt. Die die Krone tragende und auf die Streckensohle oder auf Holzkästen sich abstützenden

Stahlsegmente werden durch geeignete Öffnungen durch das Rohr der Krone geführt und stoßen mit ihren Enden ohne Zwischenschaltung von Schuhen oder Gelenkschalen unmittelbar auf die Holzeinlage.

Auch für einseitige rechtwinklige Streckenabzweige sind Firstenkronen entwickelt. Abb. 141 gibt eine solche Krone der Firma F. W. Moll in Witten wieder. Gegen den Firstenläufer l_1 stoßen von der einen Seite die Segmente des normalen Polygonausbaus. Von der anderen Seite lehnt sich gegen ihn eine halbe Streckenkrone. Sie ist trapezförmig, aus U-Stahl zusammengesetzt und innen mit einem Holzfutter H versehen. Gegen die U-Stähle und damit gegen das Holzfutter stoßen die 4 diagonal gestellten Stahlsegmente s_1. Die Segmente s_3 lehnen sich gegen den normalen Firstenläufer l_2 der abzweigenden Strecke.

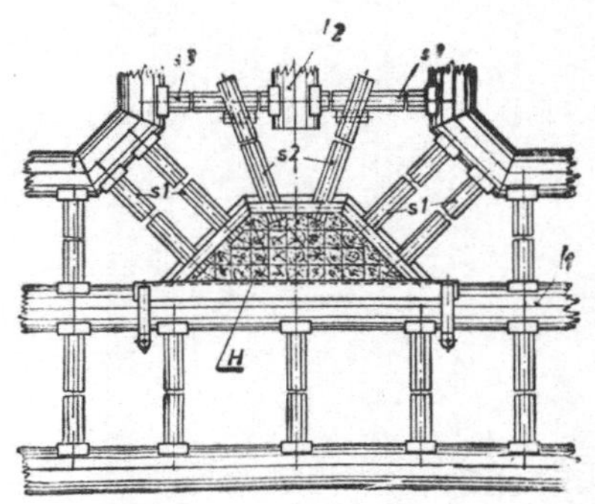
Abb. 141. Firstenkrone nach Moll.

96. — Vorpfändung beim Streckenvortrieb. Beim Streckenvortrieb ist die Vorpfändung ein unbedingtes Erfordernis zur Sicherung der Belegschaft vor Stein- oder Kohlenfall. Sie erfolgt gemäß Abb. 142 durch Unterzüge in Gestalt von vergüteten Eisenbahnschienen oder Neuwalzprofilen c, seltener durch Langhölzer, die hinten in Bügeln a_1, a_2 an den endgültig eingebauten Kappen aufgehängt und durch Eintreiben eines stärkeren Keiles zwischen ihnen und der hintersten Kappe schräg nach oben geführt werden, damit sie die mitgenommene „fliegende" Kappe k fest gegen die Firste drücken. Die Verzugpfähle für das vorderste Feld werden entsprechend nachgetrieben, so daß die Arbeitsstelle stets gesichert bleibt. Ein

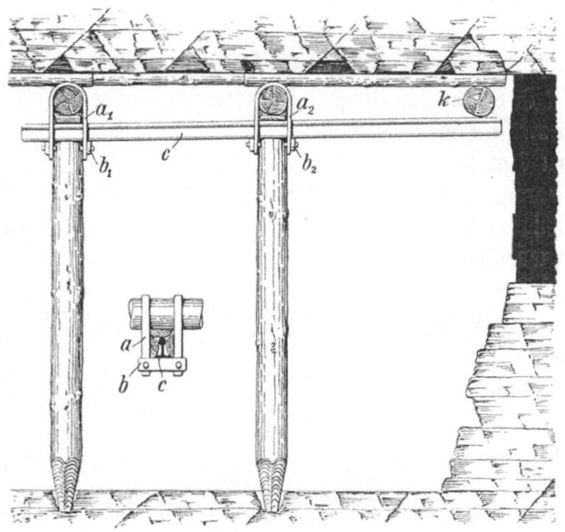
Abb. 142.
Vorpfänden mit Eisenbahnschienen beim Streckenvortrieb..

Kanten der Unterzüge in den Bügeln kann durch Verkeilen gemäß der Nebenzeichnung verhütet werden. Weitere Ausbildungsformen der Bügel lassen die Abbildungen 143a—d erkennen. Der doppelt gekröpfte Rundstahlbügel nach Abb. 143a ist sehr einfach, frißt sich aber in die Kappe ein, was der Bügel nach Abb. 143b vermeidet, der aus zwei gebogenen Flachstählen a_1, a_2 mit zwischengelegtem ⊔-Stahl b mit Befestigung durch

Bolzen *c* besteht.　Der von A. Schwesig in Buer gelieferte Bügel nach Abb. 143c zeigt einen Klappbügel *a*, der eine Hülse *b* trägt und mit dieser durch den an einem Kettchen hängenden Bolzen *c* gekuppelt wird;

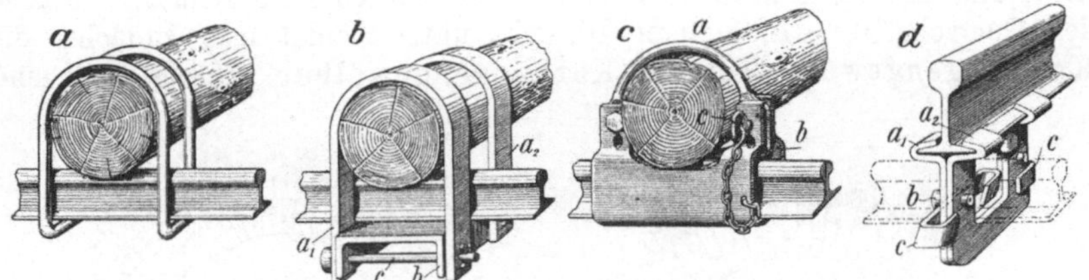

Abb. 143 a—d. Verschiedene Ausführungen von Bügeln für das Vorpfänden.

je 2 Löcher in der Hülse *b* ermöglichen die Anpassung an verschiedene Kappenstärken.　Der von dem gleichen Hersteller gelieferte Bügel nach Abb. 143 d, der für Stahlkappen bestimmt ist, besteht aus 2 Hälften a_1 a_2, die durch einen Schlag gegen die um die Bolzen *b* drehbaren Klammern *c* gekuppelt und entkuppelt werden können.

α) Der Ausbau in Mauerung.

97. — Formen der Mauerung. Der Gestaltung nach unterscheidet man Scheibenmauern und Gewölbe.　Die ersteren sollen in erster Linie den in ihrer Ebene wirkenden Druck aufnehmen.　Sind sie nur für diesen

Abb. 144. Geradstirnige Scheibenmauern mit I-Trägern als Kappen.　　Abb. 145. Krummstirnige Scheibenmauern mit gewölbten I-Trägern (auf Winkelplatten) als Kappen.

Zweck berechnet, so werden sie als einfache seigere Mauern gebaut und heißen dann „geradstirnige“ Scheibenmauern (Abb. 144), wogegen eine „krummstirnige“ Scheibenmauer (Abb. 145) ein allmähliches Nachgeben durch Hereinschieben des Mittelteils ermöglichen soll, ohne den Streckenquerschnitt zu sehr zu verengen.　Durch Verstärken der Mauerfüße nach Abb. 146 erzielt man einen größeren Widerstand gegen Seitendruck und eine geringere Flächenpressung auf die Sohle, wodurch auch die Aufnahme eines größeren Firstendrucks ermöglicht wird; solche Mauern heißen „geböschte Scheibenmauern“.

Stärkerer Druck in der Richtung senkrecht gegen die Mauerebene kann nur durch Gewölbe aufgenommen werden, bei denen die Steine radial gestellt und deren beide Stützflächen durch radial verlaufende Auflageflächen, „Kämpfer" genannt, getragen werden. Die Gewölbeformen sind verschieden einerseits nach der Größe des Halbmessers, nach dem das Gewölbe geschlagen wird, und anderseits nach dem Umfange der durch sie geschützten Fläche des Querschnittes. In ersterer Hinsicht unterscheidet man zunächst die Kreisbogengewölbe von den Korbbogengewölben. Die ersteren sind

Abb. 146. Geböschte Scheibenmauern aus Bruchsteinen mit Ziegel-Stutzgewölbe.

Abb. 147. Scheibenmauern ($1^1/_2$ Stein stark) mit Halbkreisgewölbe.

nach nur einem Krümmungshalbmesser, die letzteren nach mehreren verschieden großen Halbmessern gewölbt, so daß sie aus mehreren ellipsenartigen Bögen zusammengesetzt erscheinen. Jedoch kommen im allgemeinen für die Grubenmauerung nur Kreisbögen in Betracht. Diese haben im Gegensatz zu den Korbbögen die Eigenschaft, daß sie den ganzen auf ihnen lastenden Gebirgsdruck auf die Kämpfer übertragen. Ihre Widerlager können in einer Ebene liegen

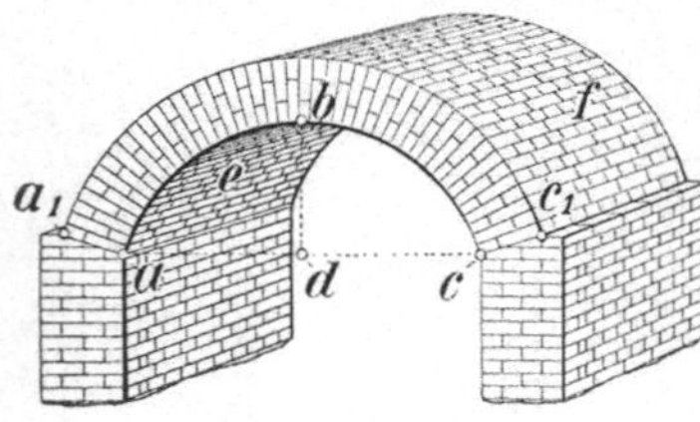

Abb. 148. Tonnengewölbe auf Scheibenmauern.

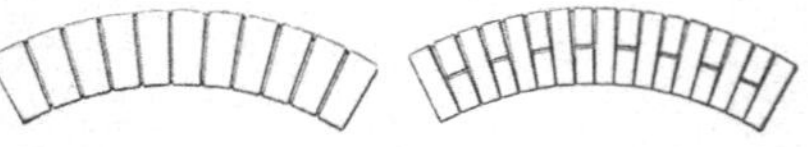

Abb. 149. Gewölbe mit Radialsteinen. Abb. 150. Gewölbe mit keilförmigen Mörtelfugen.

(Abb. 147) oder zwei gegeneinander geneigte Ebenen bilden (Abb. 146 und 148), oder anders ausgedrückt: der Halbmesser, nach dem sie geschlagen sind, kann gleich der Hälfte der Streckenbreite oder größer als dieses Maß sein. Gewölbe der ersteren Art heißen „volle Tonnengewölbe", solche der letzteren Art nennt man „flache Tonnengewölbe", auch „Stutzgewölbe" oder „Stutzbögen". Wo es die Druckverhältnisse zulassen, bevorzugt man sie, da sie mit einem geringeren Nachbrechen des Gebirges in der Firste auszukommen gestatten. Das trifft namentlich für schmale Räume zu, weil man bei diesen nicht, wie das in größeren Räumen möglich ist, mit der Wölbung schon in verhältnismäßig geringer Entfernung von der Sohle beginnen kann.

Die innere Wölbungsfläche e eines Gewölbebogens (Abb. 148) heißt „Leibungsfläche", ihr höchster Punkt b der „Scheitel"; die äußere Wölbung f

nennt man „Rückenfläche". Der zwischen beiden bestehende Längenunterschied wird entweder durch Zunahme der Steindicken (Abb. 149) oder durch Zunahme der Mörtelfugen (Abb. 150) von innen nach außen ausgeglichen. Ersteres Verfahren erfordert besondere Steine, sog. „Radialsteine", und wird wegen der höheren Steinkosten nur ausnahmsweise angewandt, nämlich wenn es sich entweder um besonders wichtige Arbeiten oder um Gewölbe von besonders kleinem Radius handelt, bei denen der Längenunterschied zwischen Leibungs- und Rückenfläche verhältnismäßig groß ist und daher seine Ausgleichung durch stärkere Fugen das Mauerwerk zu sehr schwächen würde.

Wichtige Maße sind die Linien ac und bd in Abb. 148; die erstere heißt die „Sehne", die

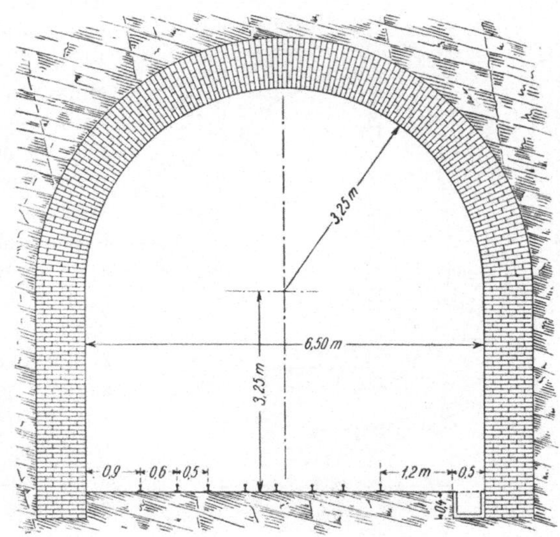

Abb. 151. Ausbau eines Füllortes.

letztere die „Pfeilhöhe" des Gewölbes. Je größer das Verhältnis von Pfeilhöhe zur Sehne, die sog. „Spannung" des Gewölbes, ist, um so größer ist dessen Tragfähigkeit. Bei Halbkreisgewölben ist die Spannung offenbar 1 : 2. Bei Stutzbögen wählt man sie zwischen 1 : 12 für schwache und 1 : 5

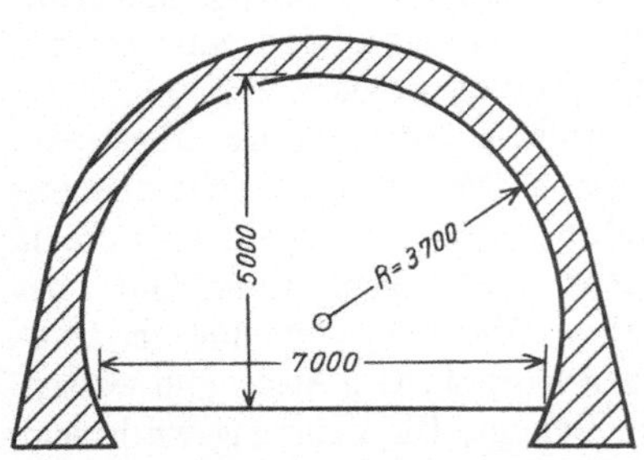

Abb. 152. Kreisförmiger Ausbauquerschnitt eines Füllortes.

Abb. 153. Elliptisches Gewölbe auf geböschten Scheibenmauern.

für starke Beanspruchung. Werden die Kämpfer durch gesundes Gebirge oder durch verstärkte Scheibenmauern gebildet, so kann man mit der Spannung auf 1 : 20 heruntergehen.

98. — **Einfache Anwendungen der Grubenmauerung.** Der einfachste Fall des Ausbaues mit Kreisgewölben in der Grube ist das Firstengewölbe,

ein in der Firste der Strecke oder des Querschlages geschlagener Stutzbogen. Es erfordert ein hinreichend standfestes und nicht schnell verwitterndes Gebirge an den Stößen, da dieses den ganzen Kämpferdruck auszuhalten hat.

Der im Steinkohlenbergbau am häufigsten vorkommende Fall der Gewölbemauerung ist das Halbkreisgewölbe auf Scheibenmauern (Abb. 147 auf S. 110), das wegen seiner einfachen Ausführung bevorzugt wird, wenngleich hier die Scheibenmauern den vollen, auf dem Gewölbe lastenden Gebirgsdruck abzufangen haben. Abb. 151 zeigt diesen Ausbau in einem Füllort. Sehr verbreitet ist die Kreisform nach Abb. 152. Wo es sich nicht um das Abfangen eines großen Firstendruckes durch das Gewölbe, sondern lediglich um den Schutz von Firste und Stößen gegen Verwitterung oder um Abhalten von Wasserzuflüssen oder um Verringern der Widerstände gegen die Wetterbewegung usw. handelt, begnügt man sich mit Stutzbögen auf Scheibenmauern, um mit geringerem

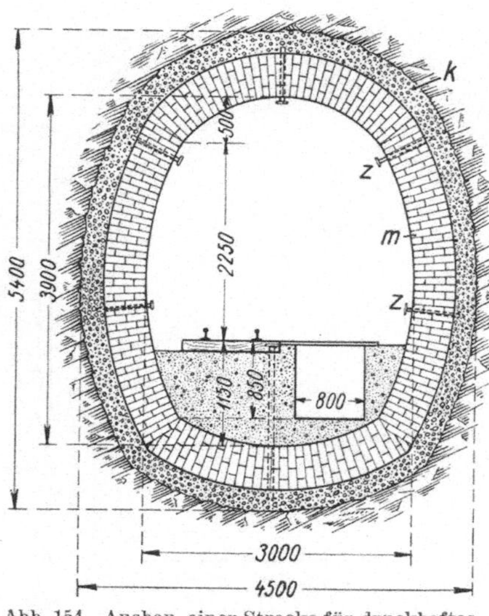

Abb. 154. Ausbau einer Strecke für druckhaftes und wasserführendes Gebirge.

Firstenausbruch auskommen zu können. Ist größerer Firstendruck zu erwarten, so läßt man in ähnlicher Weise wie nach den Abbildungen 152 und 153 die Stärke der Scheibenmauern nach unten hin zunehmen. Die Scheibenmauern werden zweckmäßig in die Sohle „eingeschlitzt" (s. die Abbildungen). Ist diese unzuverlässig, so muß der Mauerfuß auf eine Betonsohle oder auf Grundschwellen gestützt werden.

Soll größerer Seitendruck abgewehrt werden, so müssen auch die Seitenmauern als Gewölbe hergestellt werden; man erhält dann einen elliptischen Querschnitt des Mauerwerkes (Abb. 154). Abb. 154 zeigt zugleich einen wasserdichten Ausbau für wasserführendes Gebirge. Die Mauerung wird nicht an das Gebirge angeschlossen, vielmehr wird

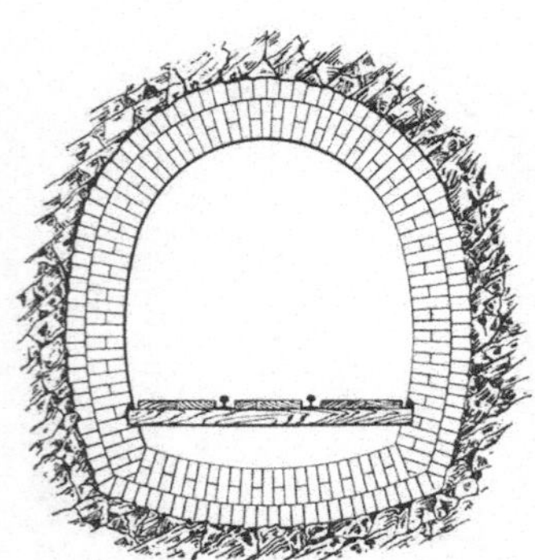

Abb. 155. Geschlossenes Gewölbe mit flacherem Sohlenbogen.

hinter der Mauerung eine 25 cm dicke Kiesschicht k eingebracht, die man anschließend durch die Röhrchen z mit Zement verpreßt. Wirkt der Druck (wie z. B. im Braunkohlenbergbau) annähernd gleichmäßig von allen Seiten, ohne allzu stark zu werden, so ergibt sich ein vollständig geschlossenes Gewölbe, und zwar je nach dem Verhältnis zwischen Streckenbreite und -höhe ein Gewölbe von Kreis- oder Ellipsenform. Jedoch vermeidet man nach Möglichkeit das zu diesem Zwecke erforderliche tiefe Ausheben der Sohle und begnügt sich hier bei nicht zu starkem Sohlendruck mit einem Sohlenbogen von geringerer Spannung (Abb. 155).

99. — Schwierigere Ausführungen der Grubenmauerung. Schwieriger auszuführen sind die Gewölbe mit doppelter Krümmung (Kreuzgewölbe), als deren wichtigste Anwendungsfälle in der Grube die Kreuzungen von auszumauernden Strecken unter sich oder mit der Schachtmauerung zu nennen sind. Man erhält dann im einfachsten Falle Gewölbeformen, wie sie sich aus der Durchdringung zweier Zylinder ergeben, indem die Scheitellinien der beiderseitigen Gewölbe in derselben söhligen Ebene (bei gleich hohen Strecken unter sich) oder in der gleichen Seigerebene (bei Einmündung von Strecken in Schächte von kreisförmigem Querschnitt) liegen. Bei der Kreuzung von Strecken gleicher Höhe muß man die beiderseitigen Wölbungen stumpf oder mit kurzer Verzahnung zusammenstoßen lassen. Größere Tragfähigkeit ergibt sich aber, wenn das Gewölbe der Hauptstrecke durch das der Nebenstrecke getragen wird, wie das bei verschiedener Höhe der Strecken möglich wird.

Beim Füllortausbau ist für eine genügend große Höhe des Raumes zu sorgen. Daraus folgt in dem einfachsten Falle, d. h. bei söhliger Einführung des Strecken- oder Querschlagsgewölbes in den Schacht, die Notwendigkeit eines plötzlichen Absetzens des Füllortgewölbes gegen das Gewölbe des vorhergehenden Streckenteils. Infolgedessen entsteht hier eine schwache Stelle, weshalb man meist eine allmähliche Überführung des Füllortgewölbes in Gestalt eines schräg ansteigenden „Kellerhalsgewölbes" von der Streckenhöhe bis zur höchsten Stelle am Schacht vorzieht, wobei man übrigens auch eine wesentliche Ersparnis an Firstenausbruch erzielt. Im übrigen ergeben sich beim Anschluß an die Schachtmauerung günstigere Festigkeitsverhältnisse als bei Streckenkreuzen. Denn da die Berührungsfläche zwischen beiden Wölbungen eine schräg liegende Halbringfläche ist, so stellt sie ihrerseits eine gute Kämpferfläche dar, durch die der Druck

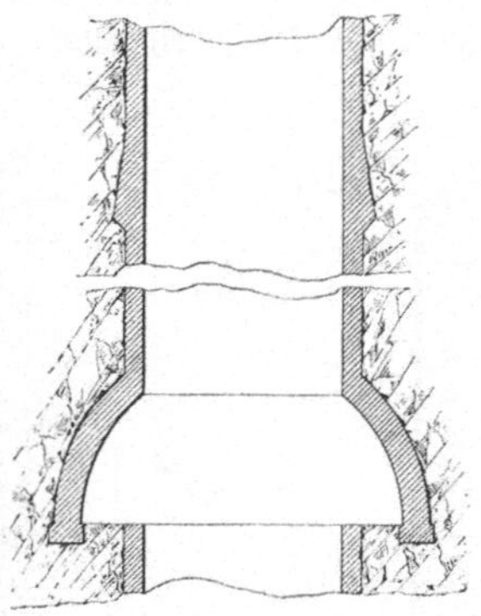

Abb. 156. Füllortausbau mit frei stehendem Schacht.

dieses Teiles des Schachtmauerwerkes auf das Füllortgewölbe abgeladen wird, während anderseits der am weitesten nach dem Schachte hin vorspringende Teil des Füllortbogens nicht sein Scheitel, sondern sein Fuß ist und so dem Scheitel keine Unterstützung entzogen wird.

Bei schwierigerem Gebirge und größerem Schachtdurchmesser läßt man die Schachtmauer seitlich durchgehen, so daß sie nur nach den beiden Füllortseiten unterbrochen zu werden braucht. Liegen die Verhältnisse einfacher, so kann man gemäß Abb. 156 die Schachtmauer ringsum unterbrechen und das Füllort als Kuppelgewölbe (ebenfalls ein Gewölbe doppelter Krümmung) ausbauen, die Last der Schachtmauer also durch die Kuppelwölbung abfangen. Man erzielt hierbei den großen Vorteil eines nach allen Seiten hin freien Anschlages.

100. — Gestängeverlagerung. Der Einbau des Gestänges bietet keine Besonderheiten, wenn die Sohle nicht abgewölbt ist und nur ein Teil der Sohle, sei es in der Mitte oder an einer Seite, für die Wasserseige in Anspruch genommen zu werden braucht (Abb. 147, 153 u. a.). Wenn überhaupt keine Wasserseige erforderlich, die Sohle aber abgewölbt ist, so genügt eine einfache Packlage aus Bergen mit daraufgebrachter Feinschüttung als Bettung für die Schwellen (vgl. Abb. 134 auf S. 104). Ist bei abgewölbter Sohle jedoch eine Wasserseige notwendig, so tritt an Stelle der Packlage aus Bergen eine magere Betonmischung, in der die Wasserseige ausgespart wird (Abb. 132). Oder die Wasserseige wird ausgemauert und der übrige Teil der Sohle bis zur Oberkante der Wasserseige mit einer Packlage aus Bergen erfüllt. Seltener verwendet man Stege zur Verlagerung des Gestänges und den darunter befindlichen Bogenteil als Wasserseige (Abb. 155).

101. — Verfahren bei der Herstellung der Mauerung. Soll ein unterirdischer Hohlraum in Gewölbemauerung gesetzt werden, so ist, um Beschädigungen der Mauerung durch die Schießarbeit zu verhüten, in der Regel zunächst eine verlorene Zimmerung einzubringen, der die Mauerung in einem gewissen Abstande folgt. Bei hinreichend zuverlässigem Gebirge kann man nach Abb. 157a, sobald die Mauerung bis dicht an den letzten Türstock herangeführt ist, diesen ausbauen und dann weiter mauern. Andernfalls muß man von vornherein so viel Raum ausbrechen, daß die Mauerung noch innerhalb des verlorenen Ausbaues Platz findet (Abb. 157b). Man mauert

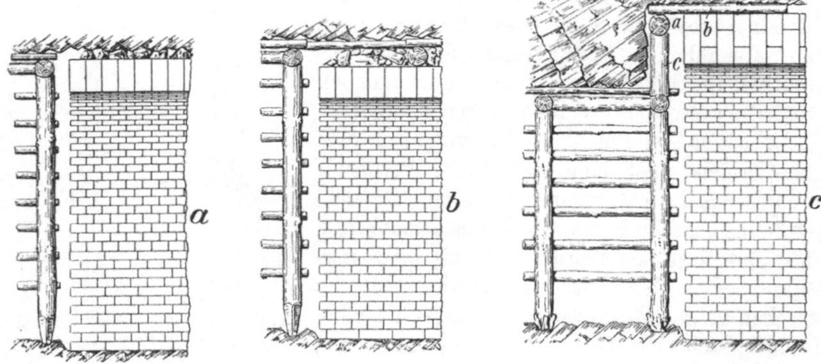

Abb. 157 a—c. Mauerung und verlorener Ausbau in ihrem verschiedenen Verhältnis.

dann über den letzten Türstock hinaus fertig, raubt ihn hinter der Mauer weg und stampft nun den so entstandenen Hohlraum zwischen Mauerwerk und Gebirge mit klaren Bergen oder besser mit Beton aus, wobei die Leute durch den noch stehenden verlorenen Ausbau geschützt sind. Wird die Mauerung erst nachträglich an Stelle des früheren, in der Regel bereits stark verdrückten Holzausbaues eingebracht, so reicht der Raum für dieses Verfahren nicht aus; es bleibt dann nichts übrig, als das Gebirge stückweise von neuem nachzureißen und gemäß Abb. 157c durch Polygonkappen *a* mit Pfändpfählen *b* und Verspreizungen *c* abzufangen. Dem Schlagen des Gewölbes geht die Aufstellung der Lehrgerüste oder Lehrbögen voraus, die der Leibungsfläche des Gewölbes entsprechend verlaufen und heute, wie

Abb. 158 zeigt, meist aus Stahlprofilen hergestellt werden. Ein aus Holz zusammengesetztes, auch für die Ausmauerung großer Räume bestimmtes Lehr-

Abb. 158. Lehrgerüst aus Stahlprofilen für Ausmauerung eines Füllortes.

gerüst veranschaulicht Abb. 159. Hier ruhen auf den Stützen a_1—a_4 Querhölzer, die durch Vermittlung von Keilen b_1—b_4 und Unterzügen die zweiteiligen Grundschwellen c_1 c_2 für den Lehrbogen tragen, der seinerseits aus entsprechend abgespreizten Bogenstükken d besteht, auf welche die Verschalung aufgenagelt wird. Die Keile ermöglichen die genaue Einstellung, die Klammern das rasche Zerlegen und Wiederaufstellen.

Diese Bögen werden durch Bretterverschalung mit einem Mantel umgeben, auf den das Mauerwerk zu liegen kommt. Für ihre rich-

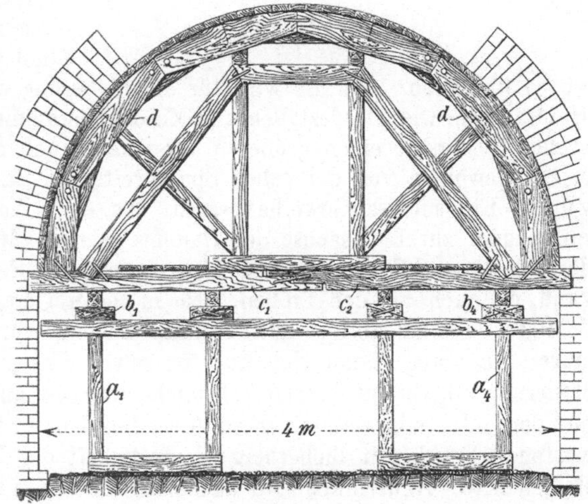

Abb. 159. Lehrgerüst für Ausmauerung größerer Räume.

tige Stellung ist durch sorgfältiges Einweisen und Loten zu sorgen. Die hintersten Bögen werden nach genügender Erhärtung des Mauerwerkes fortgenommen, um vorn wieder verwandt zu werden; man kommt also mit einer kleinen Anzahl von Lehrbögen aus. Sind nur Stutzgewölbe zu schlagen, so ruhen die Lehrbögen am besten auf Firstenspreizen.

102. — **Verbindungen zwischen Mauerung und Stahl- oder Holzausbau.** Ein Ausbau, der aus Mauerung in Verbindung mit Stahl oder Holz

zusammengesetzt ist (vgl. oben, Abb. 144 und 145 auf S. 109 sowie unten, Abb. 162 auf S. 118), kann zunächst den Zweck haben, an Kosten gegenüber der reinen Mauerung zu sparen. In erster Linie handelt es sich dabei um den Wegfall der Wölbungen, die mühsamer und kostspieliger herzustellen sind, die Schaffung eines größeren Hohlraumes bedingen und einigermaßen geschulte Leute verlangen. Auch erreichen Gewölbe nur dann ihre volle Tragfähigkeit, wenn sie von allen Seiten gleichmäßig belastet sind, was sich unter Tage schwer erreichen läßt. Man beschränkt dann also die Mauerung auf die Verwahrung der Stöße durch Scheibenmauern und legt auf diese stählerne oder hölzerne Kappen. Ein solcher Ausbau eignet sich jedoch nur für Firsten-, nicht aber für stärkeren Seitendruck, wenn auch ein gewisser Seitendruck durch Verstärken der Mauerfüße (Abb. 146, S. 110) aufgenommen werden kann. Er kommt im übrigen in der Ausführung mit Mörtelmauerwerk für solche Fälle in Betracht, in denen Luftzutritt zu den Stößen möglichst vermieden werden soll oder in denen Holz- oder Stahlausbau durch Entgleisungen bei der Lokomotivförderung gefährdet werden würden oder die Auswechslung druckbeschädigter Zimmerungen zu große Betriebsstörungen verursachen würde und dem Wetterstrom möglichst wenig Widerstand entgegengesetzt werden soll. Eine besondere Bedeutung kommt dieser Verbindung

Abb. 160.   Kappengewölbe.

für den nachgiebigen Ausbau zu, auf den gleich näher eingegangen werden soll.

Eine andere Art der Verbindung zwischen Mauerung und Stahlausbau ist das „Kappengewölbe" (Abb. 160). Es wird für die Sicherung der Firste von größeren Hohlräumen, wie Pferdeställen und Maschinenkammern, benutzt und soll bei großer Festigkeit einen größeren Firstenausbruch entbehrlich machen, wie er bei Gewölben von der vollen Spannweite des Raumes notwendig werden würde. Ein solches Gewölbe besteht aus einer Anzahl kleiner, mit ihrer Achse quer zur Längsachse des Raumes gelegter Stutzbögen, die sich beiderseits gegen I-Träger oder Schienen stützen. Bei stärkerem Stoßdruck kann es auch an den Stößen, also in seigerer Lage, eingebracht werden.

103. — Nachgiebige Mauerung. Die im vorstehenden beschriebene starre Mauerung eignet sich nur für solche Fälle, in denen entweder die Mauerung überhaupt keinen erheblichen Druck auszuhalten hat, sondern nur den luft- und wasserdichten Abschluß bewirken soll, oder der zu erwartende Druck mit Sicherheit die Festigkeit des Mauerwerks nicht übersteigen wird. Andernfalls wird nach einiger Zeit das Mauerwerk in Bewegung geraten, Steine werden zerdrückt und zermahlen, größere Keile herausgequetscht und dadurch umfangreiche, betriebstörende und kostspielige, vielfach auch gefährliche Ausbesserungsarbeiten notwendig gemacht werden. Zur Vermeidung dieser Übelstände wird heute in druckhaftem Gebirge auch die Mauerung nachgiebig ausgestaltet.

Eine gewisse Nachgiebigkeit wird bereits dadurch erzielt, daß man auf das Gewölbe verzichtet und statt der Mörtelmauerung trockene Bergemauerung verwendet, auf die gemäß Ziff. 97 (S. 109 u. f.) Stahlschienen oder Rundhölzer als Kappen gelegt werden. Ein weiteres Nachgeben kann bei

Scheibenmauern durch das bereits mehrfach erwähnte Einpressen in eine nachgiebige Sohle ermöglicht werden. Jedoch wird dieses Eindrücken, das beim Ausbau in Holz oder Stahl sehr leicht erfolgt, durch die größere Dicke der Mauern erheblich erschwert und bringt, wie in Ziff. 97 ausgeführt, in stärker beanspruchten Förderstrecken unliebsame Förderstörungen mit sich.

Eine größere Nachgiebigkeit wird dadurch ermöglicht, daß gemäß Abb. 161 in die Mauer und auf sie Quetschhölzer gelegt werden. Man kann dann auch mit Gewölbemauerung einen nachgiebigen Ausbau herstellen. Ein solcher Ausbau erhält eine gewisse Beweglichkeit, die in den meisten Fällen die Benutzung der Strecke nicht übermäßig beeinträchtigt. Diese Beweglichkeit gestattet, einen Vorteil auszunutzen, den die Grubenmauerung vor Bauten über Tage voraus hat und der darin besteht, daß die ausweichenden Teile an dem Gebirge einen starken Gegendruck finden, der sie in der neuen Lage

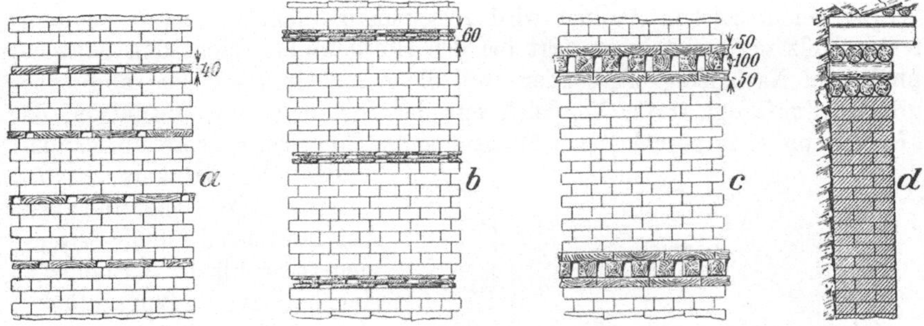

Abb. 161. Verschiedene Ausführungen der nachgiebigen Mauerung.

festhält, ohne daß deshalb der Ausbau zerstört werden müßte. Diese letztere Wirkung tritt vielmehr im allgemeinen erst dann ein, wenn das Gewölbe an irgendeiner Stelle bis zur geraden Linie durchgedrückt ist.

Zu berücksichtigen ist bei den Holzeinlagen jedoch, daß Holz größere Druckfestigkeit als Ziegelmauerwerk haben kann, da für letzteres die Bruchbelastung zwischen 100 und 300 kg/cm² schwankt, während Fichten- und Kiefernholz, in der Faserrichtung beansprucht, 230—300 kg/cm² aufnehmen kann und bei Eichen- und Buchenholz die Druckfestigkeit in der gleichen Richtung sogar zwischen etwa 320 und 360 kg/cm² schwankt. Quer zur Faser geht freilich die Druckfestigkeit auf 35—75 kg/cm² für Nadelholz und 75—140 kg/cm² für Eichenholz herab. Weichholz eignet sich daher besser als Hartholz. Auch werden die Hölzer, wenn sie mit Zwischenräumen verlegt werden, je cm² stärker als das Mauerwerk beansprucht.

Man kann die Holzeinlagen in geringeren und größeren senkrechten Abständen einbringen, indem man im ersteren Falle dünnere Bretter (Abb. 161a und b), im letzteren stärkere Pfostenstücke (Abb. 161c) einlegt. Einlagen aus dickeren Hölzern müssen, wie die Abbildung zeigt, zwischen Bretterlagen gelegt werden, damit sie sich nicht zu stark in das Mauerwerk, dessen Gefüge zerstörend, eindrücken. Notwendig ist die Belassung von Luftzwischenräumen zwischen den Pfosten und Brettern, die das Ausweichen der gequetschten Holzmasse gestatten. Die Anordnung Abb. 161c ist dabei der Anordnung 161a vorzuziehen, da bei letzterer das Mauerwerk an den Seitenkanten der Holzeinlagen übermäßig beansprucht wird.

Nachteilig ist bei solchen Holzeinlagen die Schwächung des Verbandes im Mauerwerk, die sich besonders dann bemerklich macht, wenn eine geringere Anzahl dickerer Einlagen verwandt wird. Die Mauer kann sich dann bei einsetzendem Seitendruck stückweise hereinschieben. Bei einfachen Scheibenmauern mit Stahl- oder Holzkappen gemäß Abb. 161d, die für stärkeren Seitendruck überhaupt nicht bestimmt sind, tritt dieser Nachteil nicht sehr hervor. Er kann sich dagegen in ausgewölbten, streichenden Strecken bei flacher Lagerung ungünstig bemerkbar machen, wenn der Druck so stark ist, daß Tonschieferbänke auf den Druck der überlagernden Schichten hin nach den Stößen ausweichen. In solchen Fällen wird man von nachgiebigen Quetschholzeinlagen besser absehen, wenn man nicht geschlossene Ringmauerung anwendet.

Bei einem solchen Ausbau wird zweckmäßig nicht Weichholz, sondern festes Holz verwandt; man legt bei den Holzgewölben nicht den Schwerpunkt auf Nachgiebigkeit, sondern will die Zähigkeit des Holzes und seine größere Zugfestigkeit im Vergleich mit der Steinmauerung ausnutzen, da Holz, wenn es in geschlossener Masse eingebracht wird, größere Formänderungen ohne stärkere Zerstörungen erträgt. Daher sind nach Abb. 162 auch die in die Seitenmauern nach jeder 5. Steinlage eingebetteten Bohlenstücke nicht mit Quetschfugen verlegt, sondern vollständig als Bestandteil der Mauerung behandelt, so daß sie zwar nur in geringem Maße nachgeben können, anderseits aber auch den Verband nicht schwächen.

Gegenüber sehr starkem Druck versagt aber auch das Holzgewölbe, da es herausgequetscht wird und so der ausgebaute Raum „zuwächst".

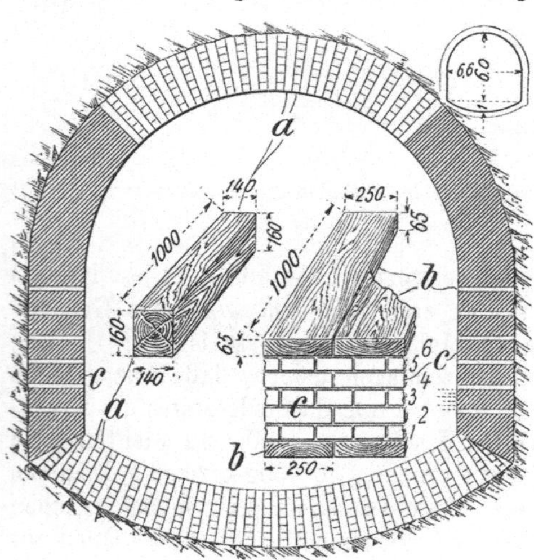

Abb. 162. Füllortausbau in Holzgewölbe.

Neuerdings ist man auch auf die Notwendigkeit aufmerksam geworden, in der Längsrichtung der Strecken für einen Ausgleich der Spannungen zu sorgen, wie sie sich ergeben, wenn die Strecke unter den Einwirkungen des Abbaues in ein „Pressungsgebiet" (vgl. die Erörterungen über „Gebirgsbewegungen im Gefolge des Abbaues" im 4. Abschnitt in Band I) gebracht wird. Man sieht dann „Schiebeschlitze" vor, die je nach der Größe der zu erwartenden Drücke in Breiten von 10—20 cm und in größeren oder geringeren Abständen eingeschaltet und mit weichem Holz ausgefüllt werden, das im Falle stärkerer Bewegungen später herausgerissen werden kann.

β) Der Ausbau in Beton.

104. — Ausführung des Betonausbaues. Allgemeines. Die Druckfestigkeit, Wasserdichtigkeit und Haltbarkeit des Betons hängt sehr wesentlich von der richtigen Herstellung ab. Zu wichtigeren Betonarbeiten sollen daher nur erfahrene und zuverlässige Leute verwendet, auch soll für gute Aufsicht gesorgt werden. Bei der Mischung ist vor allem auf den richtigen Wasserzusatz zu achten. Dieser darf nicht zu früh oder zu spät erfolgen und muß auch in der richtigen Menge gegeben werden, da zu wenig Wasser das Abbinden beeinträchtigt und zuviel Wasser die Druckfestigkeit herabsetzt. Bei Verwendung von Betonkies wird Zement und Kies trocken gemischt und sodann erst unter beständigem Durcharbeiten Wasser mittels einer Gießkanne mit Brause zugegossen, wobei man aber die Wassermenge sparsam bemißt, um das Erhärten zu beschleunigen. Wird mit Kleinschlag gearbeitet, so ist dieser zunächst für sich gründlich mit Wasser zu tränken und dann dem mittlerweile trocken hergestellten Zement-Sand-Gemisch unter ständiger Durcharbeitung und sparsamer Befeuchtung wie vorhin zuzusetzen. Nach dem Einbringen ist dann durch weiteres Tränken mit Wasser für einen gleichmäßigen Fortschritt der Erhärtung zu sorgen.

Die Formen des Betonausbaues sind ähnlich wie die der Mauerung. Doch hat man beim Beton viel größere Gestaltungsfreiheit und kann durch Verwendung entsprechender Lehrgerüste beliebige Ausbauprofile herstellen. Vorzugsweise dient Beton zur Herstellung offener und geschlossener Kreisbogen oder Ellipsengewölbe. Anderseits werden in weniger druckhaften Strecken auch Betonscheibenmauern mit daraufgelegten Holz- oder Stahlkappen aufgeführt. In Strecken mit Lokomotivförderung können die Stöße zwischen den Zimmerungen mit Beton in Wagenhöhe ausgestampft werden, um den Ausbau gegen entgleisende Wagen zu schützen. Im ganzen gesehen, ist aber der geschlossene Betonausbau in Strecken oder Füllörtern u. dgl. verhältnismäßig selten. Er ist Zugbeanspruchungen nicht gewachsen und daher, wenn überhaupt, nur dort am Platze, wo Beanspruchungen des dynamischen Gebirgsdrucks nicht zu erwarten sind. Auch sind Wiederherstellungsarbeiten bei ihm schwierig durchführbar. Nachteilig ist schließlich, daß er Gebirgsbewegungen während der Erhärtungszeit nicht ausgesetzt sein darf.

In allen Fällen muß zunächst ähnlich wie bei der Mauerung eine auf Lehrbögen aus Profilstahl ruhende Verschalung („Einrüstung", „Lehrgerüst") eingebracht werden, hinter die der Beton gestampft wird.

105. — Einbringen des Betons. Der Beton kann als fertige Masse eingestampft werden. Bei dieser als „Stampfverfahren" bezeichneten Art des Einbringens mengt man die Betonmasse mit genügend Wasser an, füllt sie hinter die Lehrverschalung und stampft zunächst die unteren Teile der Stöße, nachher die oberen und schließlich das Gewölbe aus. Die Leute bedienen sich dabei stählerner Platten, die an hölzernen Stielen befestigt sind. Auch können Stampfhämmer nach Art der Bohrhämmer verwendet werden. Das Stampfen wird so lange fortgesetzt, bis die Masse gründlich festgeschlagen ist, was an dem Austreten von Feuchtigkeit (dem „Schwitzen") an der Oberfläche erkannt wird.

Eine andere Möglichkeit bietet das Gußverfahren, das über Tage in großem Umfange verwendet wird, sich aber auch im Bergbau eingeführt hat. Nach diesem Verfahren wird der Beton in flüssiger Form mit Hilfe von Pumpen oder von schwenkbaren Gießrinnen eingebracht, wobei darauf zu achten ist, daß der Wasserzusatz nicht größer als unbedingt nötig genommen wird, da von einer gewissen Grenze ab mit zunehmendem Wassergehalt die Festigkeit abnimmt. Der Gußbeton ist weniger druckfest als der Stampfbeton, sein Einbringen ist aber wesentlich einfacher und billiger. Er eignet sich in erster Linie für einen von unten nach oben fortschreitenden Ausbau, also besonders für den Schachtausbau.

Im Gegensatz zum Stampf- und Gußverfahren wird beim „Preßverfahren" der Beton erst hinter der Verschalung hergestellt, indem zunächst die Kleinschlag- usw. Beimengungen trocken eingebracht werden und sodann durch eine Rohrleitung Zementmilch unter Druck in sie eingepreßt wird[1]). Das Verfahren erspart Handarbeit und macht die Herstellung unabhängig von der Sorgfalt des einzelnen Arbeiters. Es gestattet außerdem einen dichten Anschluß und eine Verfestigung des durch die Schießarbeit zerrütteten Gebirges, indem der Zement nach Art des beim Schachtabteufen (s. den folgenden Abschnitt) angewandten Zementierverfahrens in die Gebirgsklüfte eindringt. Anderseits stehen seiner Anwendung die umständlichen und teuren Abdichtungsarbeiten im Wege, die dem Einpressen der flüssigen Zementmilch vorausgehen müssen. Auch läßt sich der Erfolg des Einpressens der Zementmilch nicht unmittelbar überwachen. Im Bergbau macht man vom Preßverfahren beim Schachtausbau Gebrauch (s. 7. Abschnitt dieses Bandes), ferner in Strecken beim Betonanschluß von Mauergewölben an das Gebirge.

106. — Nachgiebige Ausführung des Betonausbaus. Der vorstehend beschriebene Ausbau muß bei der sehr geringen Zusammendrückbarkeit des Betons praktisch als starr bezeichnet werden. Es ist aber möglich, ihn ähnlich dem Ziegelmauerwerk (Abb. 161) durch Holzeinlagen nachgiebig zu gestalten[2]). Diese müssen jedoch, ähnlich wie in Abb. 161 beim Ziegelmauerwerk es gezeigt ist, gegen den Beton durch Bretter abgetrennt werden, damit der Beton nicht in die Zwischenräume der Quetschholzeinlage eindringt. Bei dem auf Zeche Minister Achenbach entwickelten bogenförmigen Betonausbau (Abb. 163) entstehen durch die Holzeinlagen Betonsegmente.

Verringert sich der Umfang durch Zusammenpressen des Holzes, so treten an den Auflageflächen der Segmente ungleichmäßige Beanspruchungen, die sich u. a. in Kantenpressungen äußern können, denen der Beton nicht gewachsen ist, auf. Diesen Auswirkungen wird durch abwechselndes Verlegen längerer und kürzerer Hölzer in den Quetschfugen begegnet (Abb. 163 u. 164). Außerdem legt man auf die längeren Hölzer Holzkeilchen, wodurch die Kanten der Betonsegmente leicht abgeschrägt werden. Bei größeren Streckenquerschnitten empfiehlt es sich, die in der Firste gelegene Quetschholzfuge besonders breit zu machen.

---

[1]) Vgl. Walch: Die Auskleidung von Druckstollen und Druckschächten (Berlin, Springer), 1926, S. 167; — ferner Bauingenieur 1922, S. 599; L. Mühlhofer: Neuerungen auf dem Gebiete des Druckstollenausbaues.

[2]) Glückauf 1940, S. 473; Haarmann: Erfahrungen im Streckenausbau der Zeche Minister Achenbach.

Die Wandstärke des Stampfbetons ist im allgemeinen mit 40—50 cm ausreichend bemessen. Als Mischungsverhältnis des Betons genügt 1 : 5.

107. — **Das Spritzbetonverfahren**[1]). Bei dem ·nach der amerikanischen

Abb. 163. Gesteinstreckenausbau mit Stampfbetonsegmenten und Holzeinlagen (Ansicht).

Bezeichnung **Torkret** auch als „Torkretieren" bezeichneten Spritzbetonverfahren handelt es sich um das Auftragen eines Oberflächenputzes aus

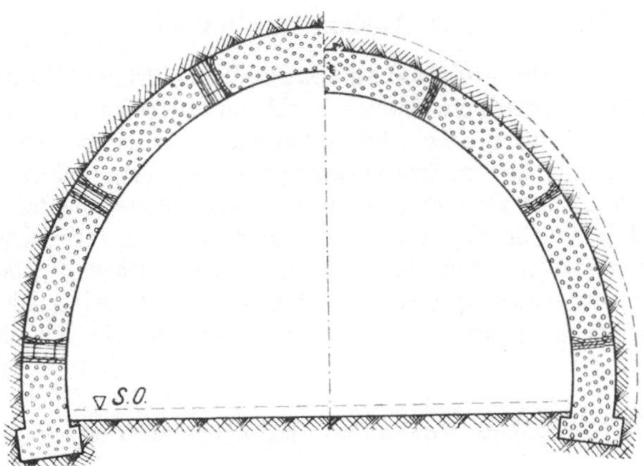

Abb. 164. Gesteinsstreckenausbau mit Stampfbetonsegmenten und Holzeinlagen (Schnitt).

Zementmörtel mit Hilfe von Druckluft und Druckwasser. Die Mörtelmischung besteht aus Zement mit Kiessand (nicht über 10 mm Korngröße) und wird zunächst in die auf S. 398 in Band I dargestellte Doppelschleusenkammer

---

[1]) Vgl. auch Deutsche Bauzeitung, Mitteilungen über Zement-, Beton- und Eisenbetonbau, 1921, S. 73; H. Schlüter: Das Betonspritzverfahren.

gefüllt, und zwar gelangt sie aus dem Aufgabetrichter durch Öffnung eines Bodendrehschiebers in die obere Kammer und aus dieser durch Betätigung eines zweiten Schiebers in die untere Kammer. An deren Boden kreist das söhlige Zellenrad, das die Masse der Austragöffnung — und durch diese der Rohrleitung — zuführt, in die durch den oberhalb des Zellenrades einmündenden Rohranschluß Druckluft geblasen wird. Am Ende der Rohrleitung mündet das Druckwasser ein, durch das die Mischung die erforderliche Feuchtigkeit erhält. Auf diese Weise gibt man der zu sichernden Fläche einen sehr fest haftenden und sich sehr fest zusammenschlagenden Überzug, dessen Zug- und Druckfestigkeit die des gewöhnlichen Betons erheblich übertrifft und dessen Stärke bei einmaliger Bespritzung 2—3 cm erreicht, durch wiederholte Bespritzung aber noch vergrößert werden kann.

Diese Auskleidung kann zwar nicht als Sicherung gegen stärkeren Gebirgsdruck gelten. Sie hält aber lose Gesteinsschalen zurück, schützt das Gebirge gegen Zersetzung durch Luftsauerstoff und Feuchtigkeit und schafft glatte Wandungen mit geringem Wetterwiderstand. Durch Bedecken der Stöße mit einem Drahtnetz, gegen das der Beton gespritzt wird, läßt sich die Widerstandsfähigkeit des Verputzes noch steigern. Auch kann die Mörtelmischung, als dünner Überzug auf Holz- oder Stahlausbau gespritzt, diesem eine größere Lebensdauer verleihen.

Die Spritzvorrichtung ermöglicht bei einem Luftverbrauch von 4 bis 6 m³/min (mit 2—3 atü Druck) und einer Schichtstärke von 2 cm eine Oberflächenleistung von 8—15 m²/h, verarbeitet also während einer Stunde eine Menge von 0,16—0,30 m³ fester Masse, entsprechend etwa 0,25 bis 0,5 m³ loser Masse.

γ) Der Ausbau in Stahlbeton.

108. — Der Stahlbetonausbau. Da Stahlbeton (früher „Eisenbeton") noch größere Festigkeitswerte aufweist als reiner Beton und insbesondere auch imstande ist, Zugbeanspruchungen aufzunehmen, hat man trotz seines hohen Preises vielfach versucht, ihn auch im Streckenausbau anzuwenden, und zwar sowohl als geschlossenen Ausbau als auch in Form von Stahlbetonsegmenten. Die Erfahrungen sind jedoch im allgemeinen sehr ungünstig. Insbesondere haben sich Instandsetzungsarbeiten und das Auswechseln des Ausbaus infolge der Stahleinlagen als sehr schwierig erwiesen. Stahlbetonausbau wird daher im Ruhrbergbau und auch in den meisten anderen Bergbaugebieten nicht mehr angewandt.

δ) Der Ausbau in Betonformsteinen.

109. — Allgemeines. Betonformsteine haben gegenüber Ziegelsteinen zwei Vorteile. Einmal kann man sie größer als diese und in Formen herstellen, die den verschiedenen Arten des Streckenquerschnitts und den Druckbeanspruchungen besser angepaßt sind. Außerdem ist ihre Druckfestigkeit größer. Letztere wechselt naturgemäß je nach dem Mischungsverhältnis, je nach Art und Korngröße der Zugschlagstoffe sowie nach der Sorgfalt ihrer Herstellung. Bei dem meist gebräuchlichen Mischungsverhältnis von 1 : 4 sind Festigkeiten von 250—300 kg/cm² erreichbar. Jedoch lassen sich auch höhere Festigkeiten (etwa bis 600 kg) erzielen. Die Firma Schlüter in Dortmund z. B. verwendet zu diesem Zweck Split aus Diabas oder Basalt in einer Korngröße bis 7 mm, der im Verhältnis 1:3 mit Zement gemischt wird.

110. — Die Herstellung der Steine. Die Herstellung der Steine erfordert besondere Sorgfalt. Wird der fertig angemachte Beton, und zwar von Hand oder mit Druckluftstampfern, in mehreren Lagen in die Form eingebracht, so muß jedeLage an ihrer Oberfläche vor Auflegen neuen Betons aufgerauht werden, da sich sonst zunächst nicht wahrnehmbare Ablösungsflächen bilden, die bei Beanspruchung des Steins durch den Gebirgsdruck leicht zu seiner frühzeitigen Zerstörung führen. Besser ist daher die Ausfüllung der Form ohne Unterbrechung durchzuführen.

Damit der meist 4—10 Stunden beanspruchende Abbindevorgang ungestört vor sich geht, muß die Wasserzugabe genau bemessen sein, wobei daran erinnert sei, daß Hochofenzement etwa doppelt so viel Wasser als Portlandzement benötigt. Damit der Stein durch die beim Erhärtungsvorgang sich bildende Wärme nicht „verbrennt", muß er mehrfach täglich mit Wasser berieselt werden. Die Firma Herzbruch legt ihre Steine zu diesem Zweck sogar in ein fünftägiges Wasserbad. Die Erhärtung ist in etwa 28 Tagen praktisch beendet, setzt sich aber darüber hinaus noch bis zu 2 Jahren fort. Jedenfalls sollte kein Stein vor Ablauf einer Lagerzeit von 28 Tagen eingebaut werden.

Die Steine werden in Wandstärken von 25—90 cm hergestellt. 30—40 cm sind am gebräuchlichsten. Mißerfolge des Betonsteinausbaus sind vielfach auf die Wahl zu geringer Wandstärken zurückzuführen. Das Gewicht des einzelnen Steins sollte so bemessen sein, daß er noch von einem Mann gehandhabt werden kann.

111. — Die verschiedenen Steinformen. Die Form der Steine richtet sich nach der Form des geplanten Ausbaus. Der in Abb. 165 gezeigte einfache Keilstein ist am gebräuchlichsten. Dies ist auf den Umstand zurückzuführen, daß der Beton ausschließlich eine Formgebung gegen Druckbeanspruchungen erfordert, was um so mehr erreicht ist, je stärker sich die Steinform einem Parallelipepidon nähert. Der Kreis oder Kreisbogen sind in der Herstellung am einfachsten, da man mit einer Steinsorte auskommt. Wechselt dagegen der Radius, wie z. B. beim Korbbogen oder einem elliptischen Profil, so sind zwei oder drei Steinsorten herzustellen, damit sich aus ihrer Zusammensetzung das gewünschte Profil ergibt. Von den offenen Bogenformen hat sich bisher die in Abb. 166 wiedergegebene „Dreisteinform" am besten bewährt.

An Sonderformen seien Winkelformen und Steine erwähnt, die, mit Nut und Feder versehen, ineinander eingefügt werden können. Sie haben sich nicht durchgesetzt. Von Bedeutung ist jedoch die Sonderform der Firma Herzbruch in Essen[1]), die sich insbesondere für Füllörter, Umtriebe und Kammern eignet (Abb. 167). Die Herzbruch-Steine haben die Form einer abgestumpften Pyramide. Sie werden zu Keilringen aufgebaut, und zwar so, daß der eine Ring aus Steinen besteht, deren breite Seite nach außen gerichtet ist, während in den beiden benachbarten Ringen die breite Seite nach innen liegt (Abb. 168). Zugleich sind die Steine, die mit ihrer breiten Seite nach dem Gebirge zu liegen, etwas länger, so daß der Gebirgsdruck zunächst auf die größeren und leicht

---

[1]) Glückauf 1941, S. 29; H. Braune: Erfahrungen mit der Anwendung von Betonformsteinen.

vorstehenden Steinflächen wirkt, während die mit der breiteren Seite nach innen liegenden Steine vornehmlich in der Streckenachse wirkende Kräfte auf-

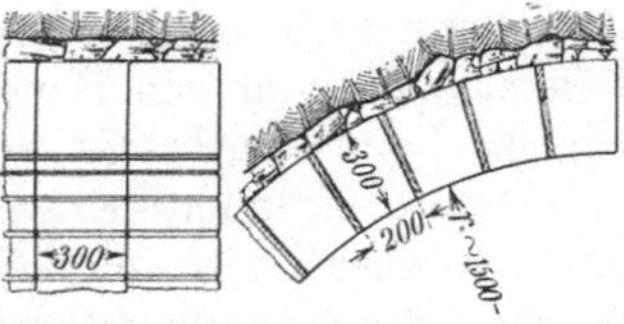

Abb. 165. Ausbau in Betonkeilstein.

nehmen sollen. Es ist demnach nicht jeder Ring als eine Ausbaueinheit für sich anzusehen: vielmehr wirkt der einzelne Ring in Verbindung mit seinen Nachbarringen. Der Druck wirkt deshalb als „Manteldruck" auf eine größere Fläche.

112. — Die Vermeidung von Kantenpressungen. Für die Haltbarkeit des Betonformsteinausbaus ist es notwendig, Kantenpressungen der einzelnen Steine zu vermeiden. Zur Erreichung dieses Zieles ist einmal ein satter Anschluß des Ausbaus an das Gebirge und somit eine gute Hinterfüllung wichtig. Ein Vergleich der Abbildungen veranschaulicht die Bedeutung dieser Forderung. Ein weiteres Mittel besteht in Holzeinlagen, die in die Fugen zwischen die einzelnen Steine gelegt werden. Am besten haben sich hierzu Bretter von 2—3 cm Stärke bewährt. Zu warnen ist jedenfalls vor mit Zwischenräumen verlegten schmalen Holz-

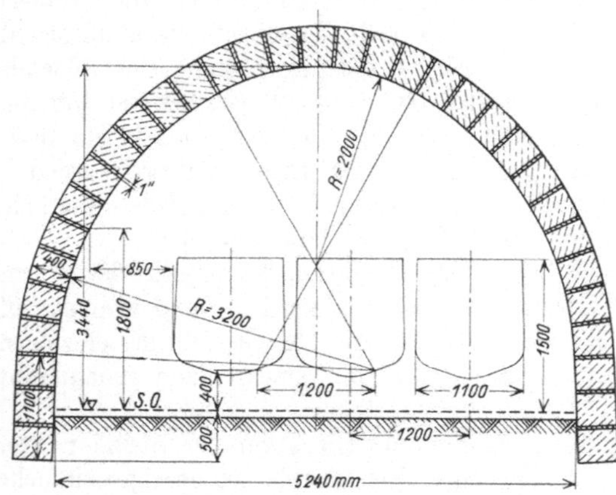

Abb. 166. Füllortausbau in Betonformsteinen.

brettchen, da durch sie eine ungleichmäßige Beanspruchung der Steine und ihre Zerstörung durch Rißbildung bewirkt wird. Bei den Herzbruch-Steinen wird meist auf Holzzwischenlagen verzichtet, obgleich sie auch hier möglich sind (Abb. 169). In Sumpfstrecken können dagegen Holzzwischenlagen meist nicht verwandt werden, da das Holz frühzeitig faulen würde. Man legt dann die Steine trocken aufeinander oder verbindet sie wie Ziegelsteinmauerwerk durch Zementmörtel.

113. — Anwendungsbereich des Betonformsteinausbaus. Der Betonformsteinausbau vermag als geschlossener Ausbau von erheblicher Wandstärke große Druckbeanspruchungen aufzunehmen. Da

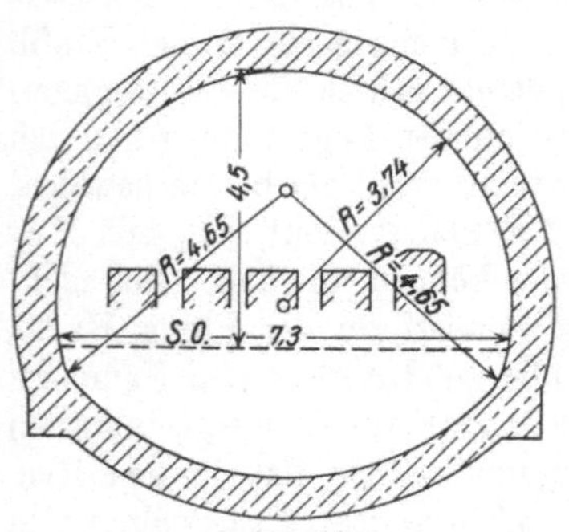

Abb. 167.
Füllortausbau nach Herzbruch.

er jedoch Zug gegenüber wenig widerstandsfähig ist, eignet er sich in erster Linie nur für solche Strecken, die hauptsächlich dem statischen und weniger dem durch Abbauwirkungen ausgelösten dynamischen Gebirgsdruck ausgesetzt sind. Füllörter, Hauptquerschläge, Sumpfstrecken und Richtstrecken sowie Kammern sind daher sein Hauptanwendungsgebiet. Wichtig ist in jedem Falle ein dichter Anschluß an das Gebirge.

114. — Vergleichender Rückblick über den Ausbau von Gesteinsstrecken. Für den Ausbau von Gesteinsstrecken stehen Holz, Stahl, Ziegel-

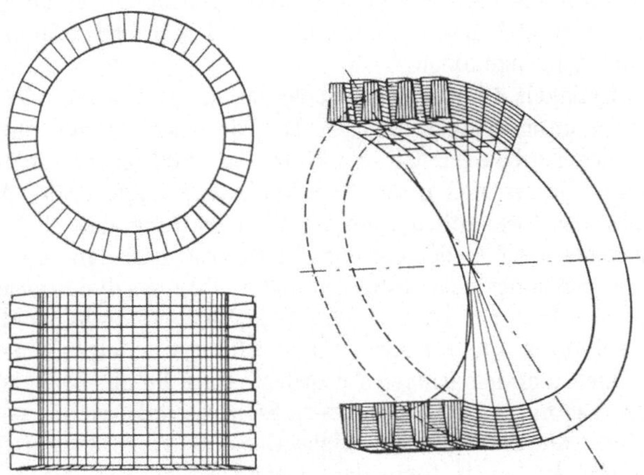

Abb. 168. Ausbau mit Herzbruch-Steinen.

mauerwerk, Betonformsteine und Stampfbeton sowie Verbindungen dieser verschiedenen Materialien zur Verfügung. Wie die beigefügte Zahlentafel erkennen läßt, ist Holz am billigsten, aber auch am schwächsten.

Stahl weist die größte Festigkeit auf, kann bei den verschiedensten Streckenquerschnittsformen verwendet werden, kann Druck-, Biege- und Zugbeanspruchungen aufnehmen und ist nur 15—30% teurer als Holz.

Eine Wertung der verschiedenen Stahlausbauformen ist nicht einfach. Klare Regeln, aus denen die Bereiche ihrer Anwendbarkeit sich ergäben, lassen sich nicht aufstellen. Die schwächste Stahlausbauart ist infolge seiner ungünstigen statischen Form zweifellos der Türstock. Und doch genügt er vielfach in standfestem Gebirge, zumal wenn er dynamischen

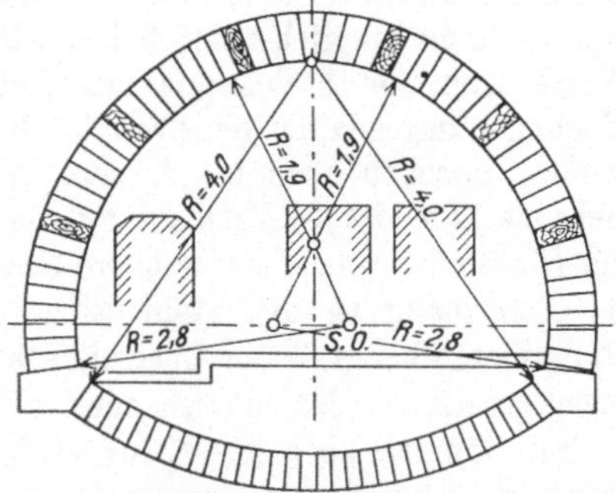

Abb. 169. Nachgiebiger Füllortausbau in Betonformsteinen mit Holzeinlagen.

Beanspruchungen nur in geringem Maße ausgesetzt ist. Im allgemeinen hält man den Stahlpolygon für etwas weniger widerstandsfähig als den Stahlbogen und diesen für etwas schwächer als den starren Ring. Es gilt dieses aber nur unter der Voraussetzung, daß es darauf ankommt, durch möglichst große Starrheit die Ausgleichszone um den Streckenhohlraum möglichst weitgehend zu begrenzen. In vielen Fällen, insbesondere bei stärkeren dynamischen Beanspruchungen, kommt es aber hierauf offenbar nicht so sehr an. Eine gewisse Nachgiebigkeit und Gelenkigkeit ist daher insbesondere bei Tonschiefer günstiger. Alsdann hat sich der Stahlpolygonausbau, der nachgiebige Ringausbau nach Toussaint-Heintzmann oder der mit einem Quetschholzpolster aus Rundhölzern umgebene Stahlring besser bewährt als der starre Ringausbau. Auf Grund der in Ziff. 12, S. 10 niedergelegten Erkenntnisse sollte man einer hohen Streckenform vor einer breiten den Vorzug geben. Dieser Forderung kann der Polygonausbau und noch besser der tropfenförmige Stahlbogenausbau nach Isselhorst nachkommen.

Die Druckfestigkeit des Ziegelsteins oder Betons ist zwar von der des Holzes nicht wesentlich unterschieden. Da es sich jedoch bei Verwendung von Stein um geschlossenen Ausbau handelt, bei Holz und Stahl jedoch nur um einzelne Gestelle, ist der Unterschied in der Druckaufnahmefähigkeit des Ausbaues in Stein und Stahl nicht wesentlich unter der Voraussetzung, daß die Stahlausbaue in 1 m Entfernung voneinander eingebracht werden, und daß es sich in erster Linie um Beanspruchungen des statischen und weniger des dynamischen Gebirgsdruckes handelt. Dagegen ist Stein im Gegensatz zu Stahl nicht imstande, Biegebeanspruchungen zu ertragen, und erfordert infolge seiner größeren Wandstärke einen umfangreicheren Ausbruch. Dazu kommen die hohen Lohnkosten für das Einbringen des Ausbaues in Stein, so daß, wie die nachstehende Zahlentafel über die Ausbaukosten einer Gesteinsstrecke von 10,5 m² Querschnitt zeigt, der Ausbau in Stein der teuerste in der Anschaffung ist. Auch Instandsetzungsarbeiten sind umständlich und kostspielig, so daß er sich meist auf Strecken beschränkt, die wenig unter Abbaueinwirkungen zu leiden haben, und auf große Räume, wie Füllörter und Kammern. Daher hat sich der Ausbau in Stahl neben dem in Holz immer mehr durchgesetzt.

Für die Wahl des Ausbaumaterials ist auch die Größe des Streckenquerschnitts von Bedeutung. Reiner Holzausbau ist im Steinkohlenbergbau im allgemeinen nur bis zu einem Querschnitt von 4—6 m² angebracht. Bei Strecken von 4—10 m² empfiehlt sich bei günstigen Gebirgsverhältnissen und trocknem Wetterstrom die Stahlkappe mit Holzstempeln, bei weniger günstigen Bedingungen dagegen der reine Stahlausbau in seinen verschiedenen Ausführungsformen, daneben auch bei Ausbau in Stein. Bei Streckenquerschnitten von mehr als 12 m² ist die Verwendung von Holz überhaupt nicht mehr angebracht. Für Stahl gibt es eine solche obere Grenze nicht. Es ist aber zu beachten, daß der Preisvorsprung des Stahlausbaus im Vergleich zu Betonformstein oder Stampfbeton bei größeren Querschnitten langsam zurückgeht, da die Stahlringe enger gesetzt werden müssen oder sehr schwere Profile notwendig werden.

Bei Räumen über 18—20 m² wird der Kunststeinbau dem Stahl vielfach vorgezogen, besonders dann, wenn dynamische Druckbeanspruchungen nicht oder nur in geringerem Maße zu erwarten sind. Am schwächsten ist von den verschiedenen Ausbauarten in Stein das Ziegelmauerwerk. Es hat allerdings gegenüber dem Stampfbeton den gleichen Vorteil wie der Betonformsteinausbau, nämlich sofort nach dem Einbau Beanspruchungen aufnehmen zu können. Stampfbeton erfordert dagegen eine Schonzeit von etwa 4 Wochen, die aber in Gesteinsstrecken, die weitab vom Abbau liegen, vielfach gegeben ist. Ein Nachteil des Ausbaus in Stein ist schließlich, daß er, insbesondere bei Tonschiefern und ähnlichem Gebirge, einen vorläufigen Ausbau erfordert und erst in einiger Entfernung von der Ortsbrust eingebracht werden kann. Vorteilhaft ist dagegen, daß er von allen Ausbauarten den niedrigsten Reibungsbeiwert aufweist und dem Wetterstrom daher den geringsten Widerstand entgegensetzt. Auch ermöglicht er eine gute Isolierung gegen Wärme und Feuchtigkeit und bietet wenig Gelegenheit für die Ablagerung von Kohlenstaub und die Ansammlung von Schlagwettern.

Wie bereits erwähnt, hängt die Wirtschaftlichkeit eines Ausbaus nicht nur von den Anlagekosten, sondern auch von den Unterhaltungskosten ab. Die Bedeutung der letzteren erhellt allein aus der Tatsache, daß sie auf vielen Steinkohlengruben die Tonne Kohle in fast der gleichen Höhe belasten wie die Auffahrungskosten des Gesteinsstreckennetzes.

Die richtige Wahl des Ausbaus und die zweckmäßige Bemessung seiner Stärke ist vielfach eine schwierige Aufgabe. Ihn stärker zu machen als notwendig, ist in der Regel der kleinere Fehler. Die Wahl eines zu leichten Ausbaus führt dagegen vielfach zu großen Verlusten. Hierzu ein Beispiel:

Es handle sich um den Ausbau einer 200 m langen Störungszone in einer Richtstrecke. Sie hat in den oberen Sohlen keine besonderen Schwierigkeiten bereitet, daher erscheint in Abständen von 1 m gesetzter Türstockausbau mit Stahlkappe und Holzstempeln angebracht.

Die Auffahrung der ersten 100 m dauerte 2 Monate und kostete 100×178 RM. $= 17800$ RM. Es mußten zunächst 2, später 6, im Durchschnitt 4 Verbauer während 2 Monate zum Auswechseln gebrochener Stempel usw. eingesetzt werden. Bei 50 Arbeitstagen und Lohnkosten von 10 RM. (einschließlich Soziallohn) je Schicht entstanden Lohnkosten von 2000 RM. und außerdem 500 RM. für Materialkosten. Es wurde weiterhin versucht, den Ausbau durch 80 Zwischenbaue von je 33 RM. zu verstärken. Die dadurch verursachten Materialkosten beliefen sich auf 80×33 RM. $= 2640$ RM. und die Lohnkosten für das Einbringen dieser zusätzlichen Baue auf 80×20 RM. $= 1600$ RM. Außerdem quoll das Liegende, so daß 80 m Bahn gesenkt und neu verlegt werden mußten. Die Kosten betrugen bei 10 RM. je m 800 RM.

Die Strecke von 100 m erforderte also bereits in den 2 Monaten ihrer Auffahrung die nachstehend wiedergegebenen Kosten:

Auffahrung (einschl. Ausbau) . . . . 17 800 RM.
Unterhaltung (einschl. Material) . . . . 2 500 „
Setzen von Zwischenbauen . . . . 4 240 „
Senken der Bahn . . . . 800 „

25 340 RM.

Es zeigte sich aber, daß auch der verstärkte Ausbau nicht hielt und laufend umfangreiche Unterhaltungsarbeiten und das Senken der Sohle notwendig waren. Diese Arbeiten kosteten monatlich 1600 RM., in den auf die Auffahrung der 100 m folgenden 10 Monaten also 16000 RM., so daß sich die Gesamtkosten des 100 m langen Streckenteils im Jahr auf 25 340 RM. $+$ 16000 RM. $=$ 41 340 RM. beliefen.

Die schlechten Erfahrungen mit dem für diesen Streckenteil gewählten Ausbau führten dazu, die folgenden 100 m in Stahlringausbau zu setzen. Die Kosten der Auffahrung einschließlich Ausbau beliefen sich zwar auf 30000 RM. Die ersten Anlagekosten waren also wesentlich höher, jedoch entstanden im 1. Jahr keinerlei Kosten für Unterhaltungsarbeiten, so daß sich schon nach 1 Jahr der teurer ausgebaute Streckenteil im Betriebe als rund 10000 RM. billiger erwies.

f) Voreilender Ausbau (Getriebe- und Abtreibezimmerung).

115. — Wesen des voreilenden Ausbaues. Während die vorstehenden Erörterungen sich stets auf einen Ausbau bezogen, der der Gewinnung nachfolgt, bezwecken verschiedene hierher gehörende Ausbauverfahren die Sicherung der Firste oder auch der Stöße und der Sohle vor der Gewinnung der Gebirgsmassen, so daß diese in vielen Fällen durch den Ausbau überhaupt erst ermöglicht wird. Wo es sich um den Ausbau von Strecken handelt, wird dieses Verfahren durch die verschiedenartigen Getriebezimmerungen vertreten, während ihm in den Abbaubetrieben der Vorsteck- oder Vortreibeausbau entspricht.

116. — Getriebe- oder Abtreibezimmerung in Strecken; Allgemeines. Bei dieser Streckenzimmerung sind nach zwei Richtungen hin verschiedene Möglichkeiten gegeben. Einerseits kommt in Frage, ob es sich um den Streckenvortrieb durch hereingebrochene Massen oder durch anstehendes, rolliges Gebirge handelt, und anderseits kann das Abtreiben in verschiedenem Umfange stattfinden, je nachdem nur die Firste durch Abtreiben zu sichern ist (Firstengetriebe) oder auch die Stöße (vielfach auch die Sohle) eine solche Sicherung erfordern (Strecken- oder Stollengetriebe).

Für den Steinkohlenbergmann, der es durchweg mit festem Gebirge zu tun hat, spielt die Getriebezimmerung eine bedeutend geringere Rolle als für den Braunkohlenbergmann, der schwimmendes und rolliges Gebirge stets in dichter Nähe hat. Ganz untergeordnet ist die Bedeutung der Getriebezimmerung in Strecken für den westlichen Steinkohlenbergbau, wo sie nur aushilfsweise bei Aufwältigungsarbeiten zur Geltung kommt und deshalb nicht kunstgerecht ausgebildet worden ist. (Über das Getriebeverfahren beim Schachtabteufen im schwimmenden Gebirge wird im Abschnitt „Schachtabteufen" das Erforderliche gesagt werden.)

Das Wesen der Getriebezimmerung (Abb. 170—172) besteht darin, daß von einer fest eingebauten Zimmerung aus die sog. „Getriebepfähle" $p_1\,p_2$ nach vorn getrieben werden, und zwar unter solchem Winkel schräg nach oben, daß unter ihrem vorderen Ende wieder Platz für eine neue Zimmerung geschaffen wird. Diese Pfähle (Abb. 170c) bestehen aus hartem Holz. Ihr vorderes Ende (das „Schwanzende") wird einseitig zugeschärft, um leicht in die losen Massen eindringen zu können, und zwar kommt die schräge Fläche nach innen zu liegen, damit die Pfähle durch die Widerstände, auf die sie stoßen, eher nach außen als nach innen gedrängt werden. Zur Verhütung des Absplitterns beim Antreiben sind gemäß Abb. 170c die vorderen und hinteren scharfen Kanten abgeschrägt („die Ohren verschnitten"). Die Pfähle liegen „dicht an dicht", so daß jeder durch die beiden Nachbarpfähle geführt wird.

117. — Firstengetriebe. Das einfachste Getriebe, das „Firstengetriebe", wird durch die Abbildungen 170 und 171 veranschaulicht; nur die Firste braucht abgefangen zu werden. Sind die Stöße genügend zuverlässig für die Herstellung von Bühnlöchern, so genügt (Abb. 170) ein Firstenstempel a als Grundlage des ersten Getriebes, der dann als „Anstecker" bezeichnet wird. In Abb. 171 ist eine weniger gute Beschaffenheit der Stöße angenommen, wes,

halb hier von einem Türstock a_1 aus angesteckt wird. Zwischen dem Anstecker (oder der Kappe des Ansteck-Türstocks) und der Firste muß genügend
Raum verbleiben; die dazu erforderlichen Vorrichtungen faßt man unter
dem Begriff der „Pfändung" zusammen.

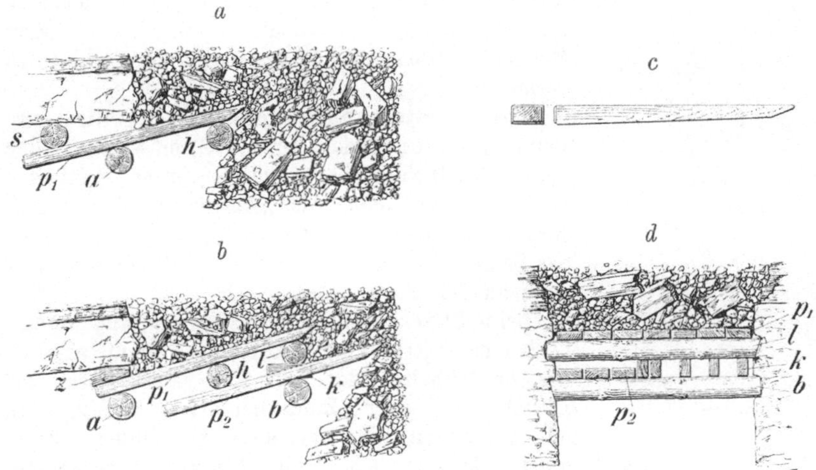

Abb. 170 a—d. Firstengetriebe mit Anstecken von einem Firstenstempel (a) aus.

Zur Festlegung der schrägen Richtung der Pfähle dient zunächst ein
zweites, etwas weiter rückwärts verlagertes Holz, die „Spannpfändung" s
(Abb. 170 a), die nach dem Vortreiben der Pfähle auf die ganze Länge durch
„Zwickkeile" z ersetzt wird.
Ist etwas Platz geschaffen, so
werden die Pfähle durch Einbringen eines Hilfsstempels h
(Abb. 170 a u. b) oder durch
die Kappe eines Hilfstür-
stocks (b_1 u. b_2 in Abb. 171)
gestützt. Stempel und Kappe
dienen gleichzeitig zur Festlegung der Pfahlrichtung für
das nächste Getriebe. Sind
die Pfähle um eine Feldbreite
vorgetrieben, so werden sie
durch die „Pfändlatte" l
(Abb. 170) oder s_1 u. s_2
(Abb. 171) unterfangen, ein

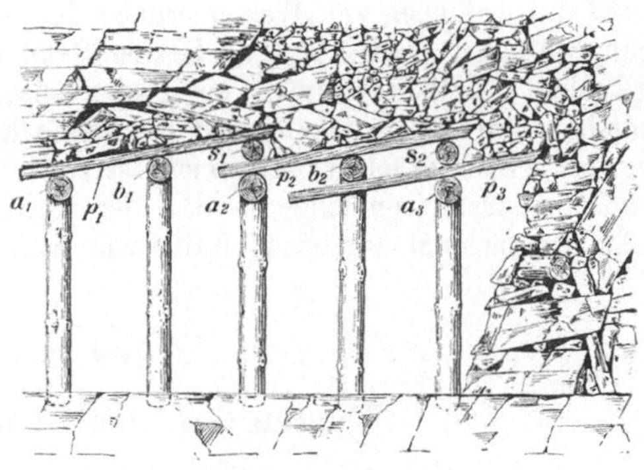

Abb. 171. Firstengetriebe mit Anstecken von einem
Türstock aus.

Stück Rund- oder auch Halbholz, unterhalb dessen dann der neue Firstenstempel b bzw. Türstock a_3 eingebaut wird. Zwischen Firstenstempel b und
Pfändlatte l (Abb. 170 b u. d) wird durch die „Pfändkeile" k ein genügend
hoher Raum festgelegt, der das reibungsfreie Eintreiben der nächsten Pfahlreihe p_2 gestattet.

Die Pfähle werden mit dem Treibfäustel angetrieben, und zwar immer in kleinen Absätzen. Es muß vor allen Dingen verhütet werden, daß über den Pfählen Hohlräume entstehen, weil durch deren Zubruchgehen die Zimmerung zerstört werden kann. Daher sind die Schwanzenden der Pfähle nie völlig freizulegen. Außerdem sind durch Vorsicht beim Antreiben der Pfähle Erschütterungen der lockeren Massen, die ein plötzliches Nachrollen größerer Mengen veranlassen könnten, nach Möglichkeit zu vermeiden.

118. — **Streckengetriebe und Vertäfelung.** Beim Streckengetriebe (Abb. 172) müssen auf allen Seiten Pfähle vorgetrieben werden, unter Umständen auch auf der Sohle. Als „Anstecker" dienen also Kappe und Beine des Türstocks, nötigenfalls auch das Sohlenholz. Ebenso wird der Hilfstürstock hier auch an den Seiten beansprucht.

Beim Streckentreiben im Schwimmsand kommt noch eine weitere Vorsichtsmaßregel hinzu, nämlich das Zurückhalten des Ortstoßes selbst durch die „Ortsbretter" oder „Zumachebretter" b (Abb. 172), die zusammen die „Vertäfelung" bilden. Diese stützen sich zunächst (Abb. 172 unten) gegen die Beine des letzten Türstocks, der hart an ihnen eingebaut wird; sie werden dann mit dem Vortreiben der Abtreibepfähle absatzweise, und zwar in der Reihenfolge von oben nach unten, vorgeschoben und durch Spreizen t gegen die Beine des Türstocks abgesteift, bis wieder Platz für einen neuen Türstock geschaffen ist, usf. Dabei muß das Abfließen von Wasser ermöglicht werden, weil dadurch die Zimmerung entlastet wird; dagegen ist der Sand sorgfältig zurückzuhalten. Das geschieht durch Verstopfen der Fugen mit Stroh, Heu u. dgl. — Bei besonders starkem Druck müssen die Zumachebretter ihrerseits noch wieder aus einzelnen Stücken zusammengesetzt werden, die dann jedes für sich wieder abzuspreizen sind, so daß der tägliche Fortschritt sich in solchen Fällen manchmal nur nach Zentimetern bemißt.

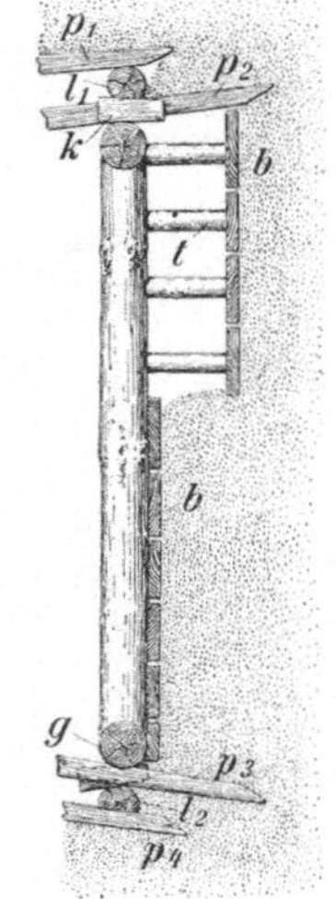

Abb. 172[1]. Streckengetriebe mit Ortsvertäfelung.
p_1—p_4 = Getriebepfähle,
l_1 l_2 = Pfändlatten,
g = Sohlenholz,
k = Pfändkeil.

Anhang.

Kosten des Streckenausbaues.

Materialkosten.

Holz:

Stempelholz bis einschl. 20 cm (Nadelholz), mittl. Durchmesser	RM.	25,40 je fm
über 20 cm . . .	„	27,40 je fm
Spitzenknüppel	„	23,40 je fm
Rispenbretter oder Verzugbretter, besäumt	„	54,— je fm
Eichenholzbretter und Bohlen, besäumt bis 29 mm	„	90,— je fm

---

[1]) Nach **Dittmarsch:** Grubenausbau (Hannover, **Jänecke**), 1908, S. 58.

Stahl:

Reichsbahnaltschienen (vergütet)	RM. 115,— je t
Stahlverzug	„ 150,— je t
Stahlbögen einschl. Verbindungen	„ 180,— je t
Stahlringe	„ 200,— je t
Kappschuhe (RM. 1,— bis 1,70)	„ 1,35 pro Stück

Kunststein:

Ziegelsteine	RM. 30,— je 1000 Stück
Klinker	„ 70,— je 1000 Stück
Portlandzement	„ 35,— je t
Portlandzement, hochwertig	„ 38,— je t
Hochofenzement	„ 23,— je t
Hochofenzement, hochwertig	„ 26,— je t
Spezialzemente mit schneller Erhärtung und höchster Druckfestigkeit	„ 63,— je t
Traßzemente (für nasse Bauten)	„ 34,— je t
Kiessand	„ 8,— je m³

Mauerwerk erfordert je m³:

400 Steine	RM. 12,—
0,3 m³ Mörtel 1 : 4 (1 m³ Mörtel 1 : 4 benötigt 0,368 t Zement und 1,053 m³ Kies)	„ 7,—
Lohnkosten (einschl. Sozialkosten usw.)	„ 14,—
	RM. 33,—

1 m³ Stampfbeton (1 : 5) kostet:

in Portlandzement	RM. 32,80
in Hochofenzement	„ 29,26

Die Kosten setzen sich wie folgt zusammen:

0,295 t Portlandzement	RM. 10,32
0,295 t Hochofenzement	„ 6,78
1,06 m³ Kies je RM. 8,—	„ 8,48
Lohnkosten	„ 14,—

1 m³ Betonformsteine (1 : 4) kosten eingebaut:

in Portlandzement	RM. 45,89
in Hochofenzement	„ 41,47

Die Kosten setzen sich wie folgt zusammen:

0,368 t Portlandzement	RM. 12,88
0,368 t Hochofenzement	„ 8,46
1,05 m³ Kies	„ 8,40
Lohnkosten über Tage	„ 8,—
Anteilige Kosten an Werkzeugen und Fabrikanlagen	„ —,25
Wasser, Druckluft, Stromkosten	„ —,36
Einbringen der Steine unter Tage	„ 16,—

Ausbaukosten.

Nachstehend sind die Ausbaukosten je m einer Strecke von 10,5 m² lichter Weite bei Wahl verschiedener Ausbauarten berechnet. Türstock- und Stahlbogenausbau erfordern je m einen Normalausbruch von r. 14 m³. Der bei anderen Ausbauarten notwendige Mehrausbruch ist den Ausbaukosten hinzugerechnet.

1. a) Türstock mit Stahlkappe und Holzstempeln.

1 Stahlkappe, 3,50 m lang (45 kg/m, 11,5 Rpf. je kg)	RM. 18,10
2 Holzstempel, 3,00 m lang, 20 cm stark, je RM. 2,50	„ 5,—
2 Kappschuhe, je RM. 1,35	„ 2,70
6 Bolzen, 1,94 m lang, je RM. 0,20	„ 1,20
60 Spitzen, 1,25 m lang, 8 cm mittlere Bolzenstärke	„ 6,—
	RM. 33,—

1. b) Türstock mit Stahlkappe, Stahlstempeln und Holzverzug.

1 Stahlkappe wie oben	RM. 18,11
2 Stahlstempel, 3,00 m lang (6 × 45 × 11,5 Rpf.)	„ 31,05
2 Kappschuhe, je RM. 1,35	„ 2,70
Bolzen und Spitzen wie oben	„ 7,20
	RM. 59,06

wie 1 b, aber mit Stahlverzug.

Gewicht 4,75 kg/m. Preis RM. 0,15/kg. Breite 10 cm bei 9 m Umfang und 1,00 m mittl. Abstand der Baue; auf 25 cm 1 Spitze zu 1,10 m, also 36 Spitzen = 36 × 1,10 = 40 m zu 4,75 kg/m = 190 kg zu RM. 0,15 = RM. 28,50, davon RM. 6,— für Holzspitzen ab, bleiben Mehrkosten .. RM. 22,50

+ „ 59,06

RM. 81,56

2. Stahlbogenausbau 10,5 m² lichte Weite.

a) Bogen in Stahl mit Holzverbolzung und Holzverzug.

Für den Stahlbogen wird ein Durchschnittsgewicht von 30 kg/m angenommen, welches für den in Frage kommenden Querschnitt am meisten gebräuchlich ist.

Es ergibt sich:

3 Segmente zu 2,88 m Länge bei 30 kg/m Gewicht = 259,2 kg
2 Verbindungen zu 20 kg .... = 40,0 kg

299,2 kg, r. 300 kg

300 kg zu RM. 0,18	RM. 54,—
10 Bolzen	„ 2,—
60 Spitzen, 1,25 m lang, 8 cm mittl. Bolzenstärke	„ 6,—
	RM. 62,—

b) Derselbe Bogen mit Stahlverzug:

Auf 20 cm 1 Spitze zu 10 cm Breite ⌣ 44 Spitzen zu 1,10 = 48,4 ⌣ 50 m zu 4,75 kg = 237,5 kg je RM. 0,15 = RM. 36,10. Es ergibt sich abzüglich des Spitzenverzuges im Falle a) ein Zusatz von RM. 30,— .. RM. 30,—

+ „ 62,—

Gesamtkosten im Falle b)   RM. 92,—

3. Ausbau in bogenförmiger Ziegelmauerung:

Für 10,57 m² lichte Weite sind 15,67 m³ Ausbruch notwendig. Davon werden 4,5 m³ mit Mauerwerk und 0,3 m³ mit Stampfbeton für das Fundament sowie 0,3 m³ mit Holz für die Quetscheinlagen ausgefüllt. Der Ausbruch über 14 m³ für das Mauerwerk muß als zusätzliche Ausbruchsarbeit gegenüber Stahlausbau gerechnet werden, insgesamt also 1,70 m³. 1 m³ Mehrausbruch wird einschl. Sozialkosten usw. mit RM. 13,— berechnet. Es ergibt sich dann:

Mehrausbruch 1,7 m³ je RM. 13,—	RM. 22,10
4,5 m³ Ziegelmauerwerk je RM. 33,— einschl. Arbeitslohn	„ 148,50
0,3 m³ Stampfbeton für Fundament (0,5 m³ Mörtel, wie für das Ziegelmauerwerk verwendet RM. 21,—/m³)	„ 10,50
0,3 m³ Quetschlagen, 0,25 fm Holz zu RM. 25,40	„ 5,10
8 Lagen Bretter zu 0,5 m² = 4 m² von 2,5 cm Stärke zu je RM. 2,50	.. 10,—
Kosten für Verschalung anteilig je m	„ —,75
	RM. 196,95

4. Ausbau in bogenförmigem Stampfbeton:

Die Stärke des Stampfbetons sei zu 0,40 m angenommen. Wegen der Unregelmäßigkeit der Streckenstöße wird aber auch hier mit 0,50 m

gerechnet. Es ergibt sich dann der gleiche Mehrausbruch wie bei Ziegel-
mauerung, nämlich 1,7 m³ Mehrausbruch zu je RM. 13,— . . . . RM. 22,10
4,8 m³ Stampfbeton mit Hochofenzement zu je RM. 29,26 . . . . . . ,, 140,44
Quetscheinlagen wie bei Ziegelmauerung . . . . ,, 15,10
Kosten für Verschalung anteilig je m . . . . ,, 1,30
Bei Verwendung von Hochofenzement . . . . RM. 178,94
Bei Verwendung von Portlandzement . . . . ,, 195,94

5. Bogenförmiger Ausbau in Betonformsteinen:

Die Stärke der Formsteine ist mit 0,40 m ausreichend. Der Ausbruch
ist der gleiche wie bei Mauerung und Stampfbeton, also 1,7 m³ zu RM. 13,—
mehr als bei Stahl . . . . RM. 22,10

Der Anteil an m³ Formsteinen ist dagegen neu zu berechnen. Er ergibt sich 1. aus der geringeren Wandstärke und 2. nach Abzug der hölzernen Zwischenlagen. Der Gesamtanteil der Mauerung beträgt 3,6 m³,
dazu 0,5 m³ Stampfbeton. Von den 3,6 m³ gehen 0,4 m³ für Holzeinlagen
ab. Die Holzeinlagen kosten RM. 54,— je m³, die Formsteine RM. 45,89
bzw. RM. 41,47. Er ergibt sich:
3,2 m³ Formstein zu je RM. 45,89 . . . . ,, 146,85
0,5 m³ Stampfbeton zu je RM. 32,80 . . . . ,, 16,40
0,4 m³ Bretter zu je RM. 54,— . . . . ,, 21,60
Kosten für Verschalung je m . . . . ,, —,50
Bei Verwendung von Portlandzement . . . . RM. 207,45
Bei Verwendung von Hochofenzement . . . . ,, 193,30

6. Stahlringausbau:

Ausbruchdurchmesser 4,70 m. Ausbruch 17,5 m², davon 3,5 m³ unter
der Sohle. Mehrausbruch 3,5 m³ zu je RM. 15,— . . . . RM. 52,50
Der Stahlring besteht aus 3 Segmenten. 1 Segment ist 4,335 m lang.
3 Segmente daher 13 m zu 30 kg/m Gewicht. Gesamtgewicht 390 kg +
3 Verbindungen zu je 20 kg = 60 kg, zusammen also 450 kg zu je RM. —,20 ,, 90,—
10 Bolzen zur Innenverbolzung je RM. —,20 . . . . ,, 2,—
Bei Verzug mit Rundbolzen sind weitere 60 Bolzen nötig . . . . . . ,, 12,—
Bei Holzverzug . . . . RM. 156,50

Bei Stahlverzug:
60 Spitzen 1,10 m lang zu 4,75 kg/m zu RM. —,15 = RM. 47,—, wovon
RM. 12,— für Holzbolzen abzuziehen sind. Mit Stahlverzug also Mehrkosten . . . . RM. 35,—
Bei Stahlverzug . . . . RM. 191,50

7. Formsteinringausbau:

Bei 40 cm Mauerstärke müssen 50 cm über l. W. ausgebrochen werden.
Der Ausbruchdurchmesser beträgt dann 5 m. Ausbruch folglich 19,6 m³,
davon 4 m³ unter der Sohle und 1,6 m³ über der Sohle.
1,6 m³ Mehrausbruch zu je RM. 13,— . . . . RM. 20,80
4 m³ Mehrausbruch zu je RM. 15,— . . . . ,, 60,—
Der Inhalt des Kreisringes von 4 m lichtem und 4,8 m äußerem Durchmesser beträgt: 18,08 m³ — 12,56 m³ = 5,52 m³. Davon werden von Holz-
einlagen eingenommen: Bei 25 cm Steinbreite und 3 cm Holzdicke 46 Lagen
von 40 cm Breite, also 18,4 m² = 0,52 m³ zu RM. 54,— . . . . ,, 28,10
Es bleiben 5 m³ Formsteine bei Verwendung von Portlandzement von je
RM. 45,89/m³ . . . . ,, 229,45
Bei Verwendung von Hochofenzement von je RM. 41,47/m³ . . . . . (,, 207,35)
Verschalung anteilig je m . . . . ,, 1,—
Bei Portlandzement . . . . RM. 339,35
Bei Hochofenzement . . . . ,, 317,25

Herstellungskosten von Strecken mit verschiedenen Ausbauarten.

Art des Ausbaues	Streckenquerschnitt		Auffahrungskosten in RM.		Kosten des Ausbaues in RM. für					Gesamtkosten in RM.
	Licht m²	im Ausbruch m²	einschl. Ausbaulohn[1]	ausschl. Ausbaulohn	Holz[2]	Stahl[2]	Ziegel[3]	Beton[3]	Formstein[3]	
Türstock, Holz mit Stahlkappe . .	10,5	14,0	145,—	—	12,20	20,80	—	—	—	178,—
Türstock, Stahl mit Holzverzug . .	10,5	14,0	145,—	—	7,20	51,86	—	—	—	204,06
Türstock, Stahl und Stahlverzug .	10,5	14,0	145,—	—	1,20	80,36	—	—	—	226,56
Bogenform, Stahl mit Holzverzug .	10,5	14,0	145,—	—	8,—	54,—	—	—	—	207,—
Bogenform, Stahl mit Stahlverzug .	10,5	14,0	145,—	—	2,—	90,10	—	—	—	237,10
Bogenform, Ziegelmauerung . . .	10,6	15,7	—	132,— + 22,10	15,85	—	148,50	10,50	—	328,95
Bogenform, Stampfbeton: Hochofenzement	10,6	15,7	—	132,— + 22,10	16,40	—	—	140,44	—	310,94
Bogenform, Betonformstein: Hochofenzement	10,6	15,7	—	132,— + 22,10	22,10	—	—	14,63	132,70	323,53
Kreisförmiger Ausbau: 1. Stahl mit Holzverzug	10,6	17,5	145,— + 52,50	—	14,—	90,—	—	—	—	301,50
2. Stahl mit Stahlverzug	10,6	17,5	145,— + 52,50	—	2,—	137,—	—	—	—	336,50
Kreisförmiger Ausbau mit Formsteinen: Hochofenzement	10,6	19,6	—	132,— + 80,80	29,10	—	—	—	207,35	449,25
Bogenform in Stahl	17,0	19,28	26,—	200,64	2,40	172,94	—	—	—	401,98
Bogenform in Betonformstein . .	17,0	24,0	—	249,—	30,56	—	—	14,63	214,81	509,—

[1] Der endgültige Ausbau wird sofort eingebracht; die dabei anfallenden Lohnkosten sind daher im Vortriebsgedinge eingeschlossen.
[2] Reine Materialkosten. [3] Materialkosten und Lohnkosten für die Einbringung des Ausbaues.

8. Ausbau in Stahlbögen bei 17 m² lichter Weite:

Die Bögen werden auf 0,50 m Abstand gesetzt und erhalten Stahlverzug.

Ausbruch 14 m³ zu RM.   9,43   = RM.   9,43
       5,28 m³ zu   ,,   13,—   = ,,   68,64
                               RM. 200,64   RM. 200,64

1 Bau hat 3 Segmente von je 3,5 m Länge bei einem Gewicht von 30 kg/m und 2 Verbindungen zu je 20 kg Gewicht.

1 Bau wiegt also $3 \times 3,5 \times 30$ kg $+ 2 \times 20$ kg $= 345$ kg. 2 Baue wiegen 690 kg und kosten bei einem Preis je t von RM. 180,— . . . .   ,,   124,20

Löhne für den Einbau $2 \times$ RM. 13,— . . . .   ,,   26,—

12 Bolzen zu je RM. 0,20 . . . .   ,,   2,40

Stahlverzug auf 20 cm 1 Spitze je 10 cm breit = 52 Spitzen zu 1,10 m = 57 m zu 4,75 kg zu je RM. —,18 . . . .   ,,   48,74

                                     Gesamtkosten . . . RM. 401,98

9. Bogenausbau in Betonformstein bei 17 m² lichter Weite:

Stärke der Formsteinmauer 50 cm. Ausbruch 24 m².

24 m³ Ausbruch kosten
    14 m³ zu je RM.   9,43   = RM. 132,—
     9 m³ zu je   ,,   13,—   = ,, 117,—
                               RM. 249,—   RM. 249,—

0,5 m³ Stampfbeton für Fundament zu RM. 29,26/m³ . . . .   ,,   14,63

Der Inhalt des Formsteingewölbes beträgt 5,73 m³/m, davon gehen 37 Lagen Holz zu 3 cm = 111 cm $\times$ 0,5 = 0,55 m³ ab, 0,55 m³ Holzbrettchen zu RM. 54,—/m³ . . . .   ,,   29,70

und 5,18 m³ Formstein zu RM. 41,47/m³ . . . .   ,,   214,81

Kosten für Verschalung . . . .   ,,   —,86

                                     Gesamtkosten . . . RM. 509,—

II. Der Schachtausbau.

119. — Vorbemerkungen. Im Steinkohlenbergbau müssen die Schächte stets ausgebaut werden, um sie offen halten zu können. Im Erzbergbau gelingt es in sehr standfestem Gebirge, sie ohne Ausbau zu lassen. Auch Schachtteile, die im festen Steinsalz stehen, können ohne Ausbau bleiben. Im ganzen gesehen, ist die Zahl solcher Fälle verhältnismäßig gering, so daß dem Schachtausbau im allgemeinen angesichts der Wichtigkeit der Schächte im Rahmen jedes Grubengebäudes eine besondere Bedeutung zukommt. Vom Schachtausbau ist der „Einbau" zu unterscheiden, d. h. das mit dem Ausbau zu verbindende „Tragewerk" für die Leitbäume, Fahrten, Rohrleitungen usw. Allerdings greift der Schachteinbau auch in andere Gebiete über: im Abschnitt „Aus- und Vorrichtung" (s. Bd. I) ist er bei der Einteilung der Schachtscheibe gestreift worden, und auch im Abschnitt „Schachtförderung" muß von ihm gesprochen werden.

Der Schachtausbau beeinflußt die Kosten des Schachtabteufens in erheblichem Maße; unter Umständen kostet er mehrfach soviel wie die Herstellung des Schachtes selbst. Von der Wahl des Ausbaues hängt ferner die Querschnittsform des Schachtes ab, da man z. B. den hölzernen Ausbau nur für rechteckige, die Mauerung nur für runde oder viereckig-gewölbte und den Ausbau mit Gußringen nur für runde Schächte verwenden kann. Schließlich ist für das Gelingen des Wasserabschlusses die Wahl des Ausbaues entscheidend. Bei mächtigerem Deckgebirge und erheblichem Drucke der darin stehenden Wassermenge wird man z. B. stets auf den Gußringausbau als den unter diesen Umständen allein wasserdichten Ausbau zurückgreifen müssen.

Bei blinden Schächten brauchen, obwohl sie unter der Einwirkung des Abbaues starken Drücken unterliegen können, nicht so hohe Anforderungen an den Ausbau gestellt zu werden, da es sich bei ihnen um geringere Fördergeschwindigkeiten und -leistungen handelt und meist auch ihre Lebensdauer nur gering ist.

Auch beim Schachtausbau ist Nachgiebigkeit erwünscht, und zwar insbesondere solche in senkrechter Richtung, um eine allmähliche Verkürzung der Schachtröhre zu gestatten. Mit der wachsenden Tiefe, in der der Abbau umgeht, nehmen die zur völligen Schonung des Schachtes erforderlichen Sicherheitspfeiler infolge der zu berücksichtigenden Bruchwinkel (vgl. Bd. I, 8. Aufl., 4. Abschnitt, Ziff. 228 „Sicherheitspfeiler für den Grubenbetrieb",) einen so außerordentlichen Umfang an, daß die dadurch erwachsenden Abbauverluste nicht mehr getragen werden können. Man bemißt deshalb die Sicherheitspfeiler kleiner, als sie bei völliger Sicherstellung der Schächte bemessen werden müßten, oder, noch besser, man entschließt sich zum völligen Abbau der Flöze bis an den Schacht. Im ersteren Falle unterliegen die Schächte in ihren oberen Teilen, im zweiten auch in den unteren mehr oder weniger starken Bewegungen, deren Wirkungen durch Nachgiebigkeit des Ausbaues Rechnung getragen werden muß. Bemerkenswert ist, daß in letzterem Falle auch — allerdings nur örtliche — Längungen der Schachtröhre eintreten können. Dies tritt ein, wenn das Gebirge oberhalb des Abbaufeldes schichtenweise niedergeht und die oberen harten und tragfähigen Schichten noch standhalten, während die unteren sich bereits gesenkt haben[1]).

Im folgenden soll zunächst der Ausbau mit Gevierten und Stahlringen und Verzug und sodann der geschlossene Ausbau besprochen und dabei wieder nach den Ausbaustoffen der Ausbau in Holz, Stahl und Mauerung gesondert behandelt werden.

120. — Verbreitung und Vergleich der verschiedenen Schachtausbauarten. Man kann in der Hauptsache vier Ausbauarten unterscheiden, Ausbau in Holz, Ziegelsteinmauerung, Gußeisen und Beton.

Von diesen entfällt im deutschen Steinkohlenbergbau der überwiegende Anteil auf die Ziegelmauerung. Sie ist im Ruhrgebiet und in Oberschlesien mit über 80% an der Gesamtschachtteufe beteiligt[2]). Sie hat den früher vorherrschenden Holzbau fast ganz verdrängt, der zwar billig ist, aber nur geringe Festigkeit und Haltbarkeit aufweist und sich zum Ausbau runder Schächte überhaupt nicht eignet. Dagegen findet sich der Holzausbau in Hauptschächten des Erzbergbaus sowie sehr verbreitet in Blindschächten von Steinkohlenzechen. Demgegenüber hat sich in Hauptschächten des Steinkohlenbergbaus die Ziegelmauerung durchaus bewährt und ist bei standfestem, nicht oder wenig wasserführendem Gebirge unbestritten die wichtigste Ausbauart, die in beliebiger Stärke auch von ungelernten Arbeitern ohne Schwierigkeit hergestellt werden

---

[1]) Glückauf 1921, S. 1057 u. f.; Marbach: Einwirkungen des Abbaues auf Schächte im Ruhrbezirk und Maßnahmen zu ihrer Verhütung.
[2]) Glückauf 1933, S. 161; Marbach: Schachtschäden durch Korrosion.

kann. Sie ist zwar gegen Korrosionseinflüsse empfindlich, eine Eigenschaft, die aber nur eine untergeordnete Rolle spielt, da Mauerung in wasserführendem Deckgebirge nicht häufig angewandt wird.

Der vorherrschende Schachtausbau in wasserführendem Deckgebirge ist der Gußringausbau mit Betonhinterfüllung (Verbundausbau). Seine Verbreitung in den einzelnen Bergbaugebieten hängt infolgedessen vom Umfang des Vorhandenseins solcher Gebirgsschichten ab. So ist er im Kalibergbau zu etwa einem Drittel, im Ruhrgebiet zu 10%, in Westoberschlesien nur zu 4% am Ausbau der Gesamtschachtteufe beteiligt. Im sächsischen Kohlenbergbau und im Ostrau-Karwiner Gebiet fehlt er völlig. Er ist der teuerste Ausbau, aber unter den für ihn in Betracht kommenden Verhältnissen der sicherste, haltbarste, korrosionsfesteste und wasserdichteste.

Die Verbreitung des reinen Betonausbaus ist nur gering. In Westoberschlesien ist er mit etwa 8%, im Kalibergbau mit 7%, im Ruhrgebiet nur mit etwa 1,5% beteiligt. Er hat den Vorzug, druckfester als die Ziegelmauerung zu sein. Jedoch ist er teurer und, abgesehen von Betonformsteinen, umständlicher einzubringen und schwieriger auszubessern. Auch ist er als Stampf- oder Gußbeton im Gegensatz zur Mauerung nicht gleich in der Lage, Druck aufzunehmen, sondern erst nachdem der Erhärtungsprozeß weitgehend fortgeschritten ist. Seine Korrosionsempfindlichkeit ist je nach den verwandten Zementarten, von denen sich Eisenportlandzement und Hochofenzement gut bewährt haben, verschieden. Auch sind Betonformsteine wesentlich korrosionsfester als Stampf- oder Gußbeton. Im ganzen gesehen bleibt aber beim Schachtbau der Beton meist nicht genügend dicht, so daß er in erster Linie für nicht wasserführendes Gebirge in Betracht kommt. Besondere Vorsicht wird daher bei der Anwendung von Beton in Kalischächten notwendig sein, wobei nicht nur an Laugen aus dem Deckgebirge, sondern auch an Wetterlaugen, die sich aus dem Feuchtigkeitsgehalt der Wetter bilden können, zu denken ist.

Nur ganz untergeordnete Verbreitung mit 1% der Gesamtschachtlänge hat der Stahlbeton gefunden. Wegen seiner durch die treibende Rostwirkung des Stahls verstärkten Korrosionsempfindlichkeit und den besonderen Schwierigkeiten, ihn auszubessern, wird er in Zukunft wohl kaum noch angewandt werden.

A. Der Ausbau mit Gevierten und Stahlringen mit Verzug.

a) Der Geviertausbau in Holz.

121. — Allgemeines. Bei dem Holzausbau von Schächten bildet ein aus vier Hölzern zusammengesetzter rechteckiger Rahmen, das Geviert, den Hauptbestandteil der Zimmerung. Die langen Hölzer des Rahmens heißen Jöcher, die kurzen werden Kappen (auch kurze Jöcher oder Heithölzer) genannt. Die Verbindung der einzelnen Hölzer zu Gevierten muß sowohl den Seitendruck als auch die nach oben oder unten gerichteten Schubkräfte aufzunehmen gestatten. Das wird durch Verblattungen ermöglicht, für welche die Abbildungen 173 und 174 Beispiele geben. Die einfachste Verblattung ist diejenige nach Abb. 173, bei der jedes Holz sich mit einem Zapfen in einen Einschnitt des anderen legt (vgl. auch Abb. 174). Die Stärkeverhältnisse zwischen den beiderseitigen Zapfen sind nach der Richtung des stärksten Seitendruckes zu bemessen. Größere Sicherheit gegen Schiefstellung der Hölzer gegeneinander gewährt die zusammengesetzte Verblattung nach Abb. 174, bei der zu der waagerechten noch eine senkrechte Verblattung

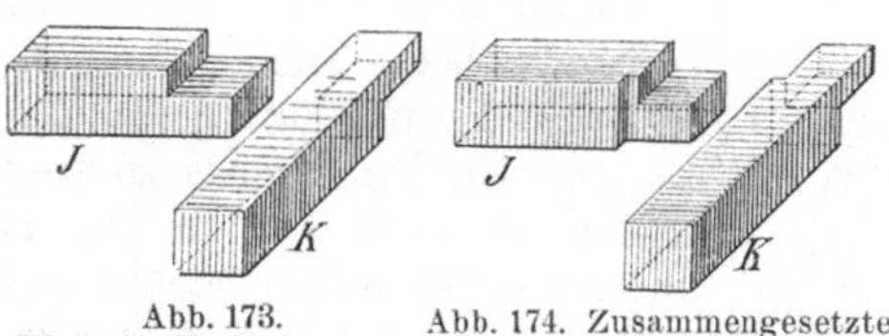

Abb. 173.
Einfache Verblattung.

Abb. 174. Zusammengesetzte Verblattung.

hinzutritt. Die Hölzer werden scharfkantig zugeschnitten oder auch rund benutzt und um so stärker gewählt, je größer der Querschnitt des Schachtes und der zu erwartende Druck ist. Man bevorzugt für wichtigere Schächte Eichenholz; aber man findet auch häufig Kiefern- oder Fichtenholz. Bei stärkerem Einfallen der Schichten pflegt man den kurzen Stoß in das Gebirgsstreichen zu legen, weil dann die größere Biegebeanspruchung auf die kürzeren Hölzer entfällt.

122. — Ganze Schrotzimmerung und Bolzenschrotzimmerung. Der Ausbau ist entweder ganze Schrotzimmerung oder Bolzenschrotzimmerung (Abb. 175 und 176). Die ganze Schrotzimmerung besteht darin, daß ein Geviert unmittelbar auf dem anderen liegt, wobei ein Verzug der Stöße sich erübrigt. Diese Zimmerung wird namentlich dann angewandt, wenn ein besonders hoher Gebirgsdruck zu erwarten ist, z. B. in Störungen, oder wenn Brüche bereits den Zusammenhang des Gebirges gestört haben.

In früheren Jahren hat man namentlich im belgischen Bergbau versucht, die ganze Schrotzimmerung aus rechteckig geschnittenen, sorgfältig behobelten Hölzern wasserdicht herzustellen, indem man die Fugen durch Eintreiben von Moos und geteerten Hanffäden verdichtete, was auch bei nicht zu starken Drücken in gewissem Maße gelang. Man nannte einen solchen Ausbau „hölzerne Küvelage".

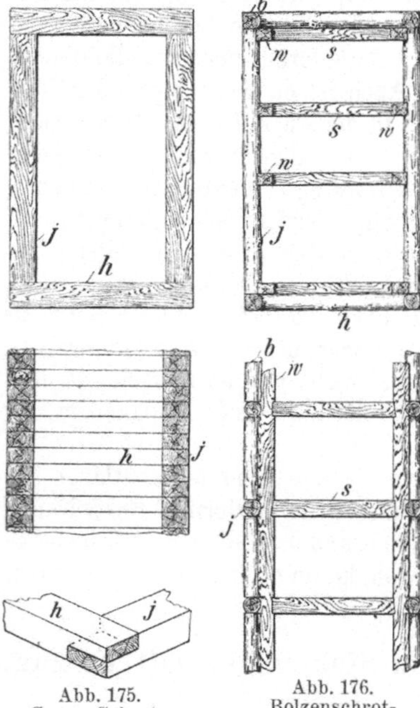

Abb. 175.
Ganze Schrotzimmerung.

Abb. 176.
Bolzenschrotzimmerung
mit Wandruten.

Bei der Bolzenschrotzimmerung (Abb. 176) liegen die einzelnen Gevierte in einem gewissen Abstande übereinander und sind durch Bolzen b verstrebt. Der Abstand der einzelnen Gevierte beträgt meistens 1 m, geht aber bei druckhaftem Gebirge auch bis auf etwa 30 cm herunter.

Ungefähr in Abständen von 5—10 m werden zur Entlastung der Gevierte Tragehölzer in das Gebirge eingebühnt. Die Gebirgsstöße werden durch einen Verzug aus eichenen oder fichtenen Brettern gehalten.

In festem Gebirge erfolgt das Abteufen und Ausbauen des Schachtes absatzweise, d. h. der Schacht wird zunächst ein Stück abgeteuft und sodann der Ausbau von unten nach oben eingebracht. Ist das Gebirge nicht widerstandsfähig, so wendet man die Unterhängezimmerung an. Es wird hierbei die Schachtsohle jedesmal nur so weit niedergebracht, daß ein neues Geviert eingebaut werden kann, das vorläufig durch stählerne Klammern am nächsthöheren Geviert aufgehängt wird.

Zur Verstärkung der langen Jöcher kann man sowohl bei der Bolzen- wie bei der ganzen Schrotzimmerung senkrechte **Wandruten** w (Abb. 176) einbauen, die durch Stempel oder Spreizen s gegen die Jöcher j angedrückt werden. Gewöhnlich dienen diese Verstärkungen gleichzeitig zur Einteilung des Schachtes in einzelne Trumme. Zum gleichen Zwecke bedient man sich, wenn Wandruten nicht notwendig sind, einfacher Einstriche. Deren Verbindung mit den Jöchern erfolgt in der Regel durch Verschwalbung (vgl. Abb. 71 und 72, S. 76) oder durch Verblattung (Abb. 177).

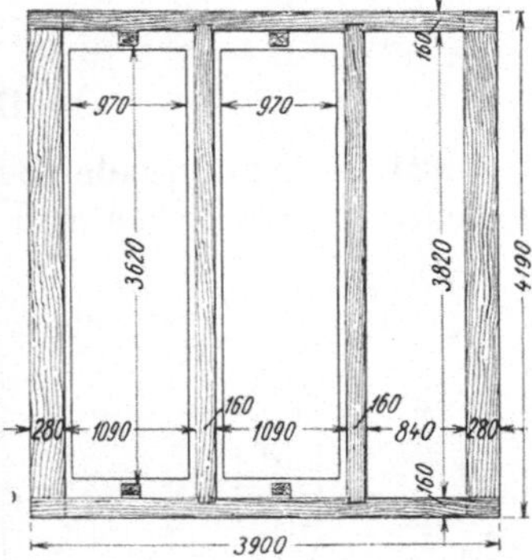

Abb. 177. Holzrahmen eines Blindschachtes mit Einstrichen.

123. — Anwendbarkeit, Kosten. Im allgemeinen wendet man bei wichtigeren Förderschächten, die für eine längere Zeitdauer bestimmt sind, den Holzausbau namentlich wegen der Brandgefahr nicht gern an. Im deutschen Steinkohlenbergbau ist er für zutage ausgehende neue und auch für weiter abzuteufende alte Schächte gänzlich verboten. Häufiger findet man ihn im Braunkohlenbergbau, wo vielfach enge Schächte von geringer Tiefe und kurzer Lebensdauer vorkommen.

In großem Umfange dagegen bedient man sich des Holzausbaues in blinden Schächten, da diese in der Regel rechteckigen Querschnitt erhalten und nicht sehr lange zu stehen brauchen und in ihnen wasserdichter Ausbau nicht in Frage kommt. Da aber Grubenbrände erfahrungsgemäß auch leicht durch in Holz ausgebaute Blindschächte hervorgerufen werden, ist schwer entflammbarer Ausbau in den Schächten anzustreben. Daher sollte Fichten- oder Kiefernholz vermieden werden, namentlich für den Verzug, der, wenn nicht Stahlblech oder starker Maschendraht genommen werden kann, am besten aus Eichenholzbrettern besteht.

Hier wird Holz um so lieber gebraucht, als es dem Ausbau von vornherein eine gewisse **Nachgiebigkeit** verleiht, die jederzeit durch Lüften, d. h. durch Abreißen abgedrückter Gesteinsschalen, noch erhöht werden kann. Am besten gelingt dies bei flacher Lagerung, so daß man in diesem Falle den Abbau der Flöze ohne Einschränkung bis an den Blindschacht heranführt, wobei naturgemäß eine vorübergehende Beunruhigung der Schachtzimmerung in Kauf genommen werden muß.

Bei steiler Lagerung ist der Abbau in der Nähe der blinden Schächte, soweit man diese nicht ganz in das Liegende der gelösten Flözgruppe setzen kann, etwas bedenklicher, weil hier die Abbauwirkungen sich teilweise in Schubbewegungen gleichlaufend zur Fallrichtung umsetzen (vgl. Bd. I, „Gebirgsbewegungen im Gefolge des Abbaues“). Jedoch kann man sich auch in der Regel durch Holzkästen, die rings um den Blindschacht in das Flöz gesetzt werden, helfen.

Die Kosten des Holzausbaues einschließlich der Einstriche, Spurlatten, Fahrten usw. schwanken je nach dem Querschnitte der Schächte, dem Abstand der Gevierte voneinander und der Stärke des Holzes in weiten Grenzen. Für ein- und zweitrümmige Blindschächte im Ruhrbezirk in den lichten Maßen von $2{,}2 \times 2{,}6$ bis $3{,}5 \times 3{,}6$ betragen sie etwa 70—90 RM., wozu noch der Lohnanteil kommt (s. Bd. I, 8. Aufl., S. 499).

b) Der Profilstahlausbau.

124. — Einleitende Bemerkungen. Man kann einen Ausbau mit stählernen Gevierten und einen solchen mit Ringen unterscheiden, je nachdem es sich um rechteckige oder runde Schächte handelt. Beide Ausbauarten verschwinden allerdings mehr und mehr, da rechteckige Schächte kaum noch hergestellt werden, während man für runde Schächte meist einen widerstandsfähigeren Ausbau vorzieht. Nur unter besonders einfachen Verhältnissen, die größere Aufwendungen nicht verlohnen, werden diese Ausbauarten noch als endgültige Schachtauskleidung angebracht sein.

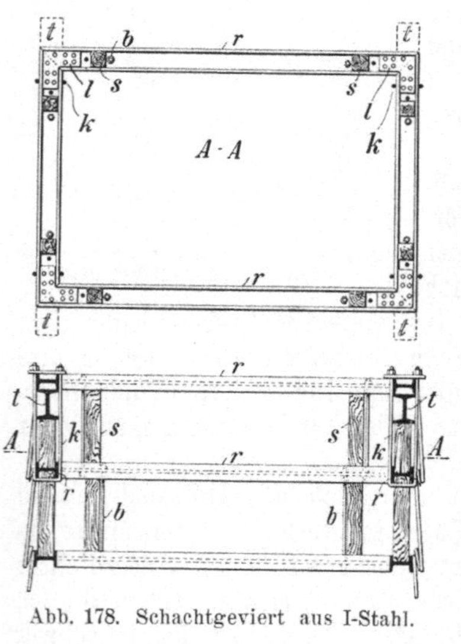

Abb. 178. Schachtgeviert aus I-Stahl.

125. — Ausbau rechteckiger Schächte. Der Stahlausbau mit Gevierten wird für rechteckige Schächte namentlich dann gern benutzt, wenn die Auswechslung eines alten Holzausbaues in Frage kommt. Die Gevierte werden aus I-Stahl (Abb. 178), aus ⊔-Stahl oder auch aus zwei mit den Rücken aneinander genieteten ⊔-Stählen (Abb. 179) zusammengesetzt. Die Teile stoßen in den Ecken mit schrägem Schnitt gegeneinander und werden verlascht (Abb. 178), oder sie werden ähnlich wie Hölzer miteinander verblattet. Es läßt sich dies, wie Abb. 179 zeigt, besonders gut machen, wenn zwei ⊔-Stähle in der erwähnten Weise miteinander vernietet sind. Der Abstand der Gevierte voneinander richtet sich nach der Gebirgsbeschaffen-

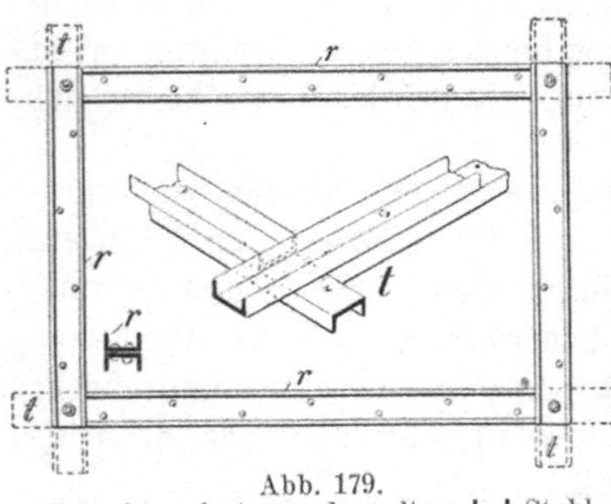

Abb. 179.
Schachtgeviert aus doppeltem ⊔-Stahl.

heit und beträgt etwa 1 m. Um das Gewicht des Ausbaues auf das Gebirge zu übertragen, baut man entweder von Zeit zu Zeit Tragestücke t (Abb. 178) ein und verbindet die einzelnen Gevierte durch Bolzen b miteinander, oder man schiebt in gewissen Abständen ein Geviert mit verlängerten Profilstählen in der aus Abb. 179 mit gestrichelten Linien kenntlich gemachten Art ein, dessen überragende Enden *t* in das Gebirge eingebühnt werden. Im übrigen entspricht der Ausbau dem Holzausbau. Die Einstriche lassen sich an Winkelstählen, die mit dem Geviert verschraubt werden, leicht und sicher befestigen.

Die Kosten des stählernen Ausbaues von viereckigen Schächten sind erheblich größer als die des Holzausbaues. Man kann etwa annehmen, daß bei einem Schachte von 4 × 4 m Querschnitt und bei einer Entfernung der Gevierte von 1 m der Stahlausbau 360 RM. je 1 m kostet, wovon 250 RM. auf den Baustoff und 110 RM. auf Löhne zu rechnen sind.

126. — Ausbau runder Schächte. Der Ausbau mit Stahlringen ist in Hauptschächten in der Regel ein vorläufiger (verlorener) und nur in Ausnahmefällen ein endgültiger. In Blindschächten findet er sich als endgültiger Ausbau etwas häufiger. Als vorläufiger Ausbau eignet sich der Ringausbau vorzüglich zur einstweiligen Sicherung der Stöße und zum Schutze der im Schachte arbeitenden Mannschaft, wenn der Schacht später durch Mauerung oder Gußringausbau ausgekleidet werden soll. Man setzt die Ringe aus einzelnen Bogenstücken (Segmenten) zusammen, die etwa je 3—4 m lang sind, so daß auf einen Schacht von 5 m lichtem Durchmesser 4 Stücke entfallen. Bei größeren Schachtdurchmessern steigt die Zahl der Stücke auf 6. Der Querschnitt der Ringe ist gewöhnlich ⊔-förmig (N.P. 16 bis 20). Die Enden der Bogenstücke stoßen stumpf voreinander und werden, wie dies Abb. 180 zeigt, durch eingelegte Laschen und hindurchgesteckte Bolzen miteinander verbunden.

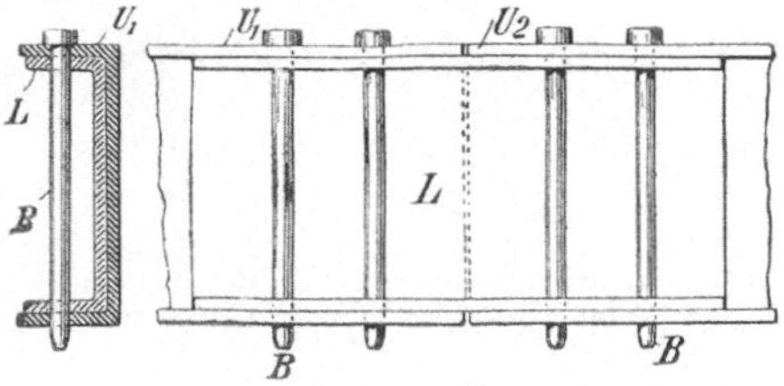

Abb. 180. Verbidung der Segmente bei Schachtringen

Statt der Ringe aus ⊔-Stahl hat man gelegentlich auch solche aus anderen Profilstählen, insbesondere aus Schienen oder I-Trägern benutzt. Doch eignen sich diese Formen wegen der schwierigeren Herstellung der Verbindungen weniger.

Beginnt der Ausbau mit Ringen unmittelbar an der Tagesoberfläche, so muß der erste Ring an besonderen Trägern aufgehängt werden.

Dieser Fall ist allerdings selten, da fast stets ein gemauerter Vorschacht von etwa 2—10 m Teufe hergestellt zu werden pflegt. Das Aufhängen deh Ringe kann infolgedessen an der Mauerung selbst stattfinden. Es geschieht dies, wie Abb. 181 zeigt, an senkrecht eingemauerten Ankern h_1, die zu 10—12 Stück gleichmäßig auf den Mauerring verteilt werden. Die weiteren Ringe werden nur durch lose Ringhaken aneinander aufgehängt. Jeder 5. oder 6. Verzugring wird außerdem noch durch in das Gebirge eingelassene waagerechte Traghaken h_2 gehalten. Um ein Hochschießen der Ringe an den Traghaken h_2 zu vermeiden, sieht man noch Sicherungshaken h_3 vor und verbindet durch sie die Traghaken mit den Schachtringen. Dafür verzichtet man auf die früher übliche Verbindung der Schachtringe durch angeschraubte Flach- oder Rundstähle (Distanzbolzen).

Der Verzug der Schachtstöße erfolgt heute meist mit Hilfe 3 mm starker Stahlbleche, die durch einen zu einem Aufhängehaken umgebogenen Flachstah verstärkt sind (Abb. 181). Es können aber auch Holzbretter nach den Abbildungen 182 und 183 als Verzug verwendet werden. Bei der in Abb. 182 dargestellten Art werden die Bretter v durch Keile k gehalten, während sie in Abb. 183 mit aufgenagelten Klötzchen k auf den unteren Ring r aufgesetzt werden. Oder man nietet Z-Stähle an die Rückwand der Ringe und stellt die Verzugbretter in sie hinein. Um den vorläufigen Schachtringausbau, der oft Höhen bis zu 40 m erreicht, untersuchen zu können, führt man an ihm besondere Hakenfahrten hoch.

Die Ringe sowohl wie der Verzug können bei einem und demselben Abteufen mehrfach benutzt werden, da sie beim Hochziehen der Mauerung oder Aufbau des Gußringabsatzes für die Wiederverwendung frei werden. Dementsprechend sind die Kosten, ganz abgesehen von den einfacheren Verbindungen, wesentlich geringer als beim endgültigen Ausbau.

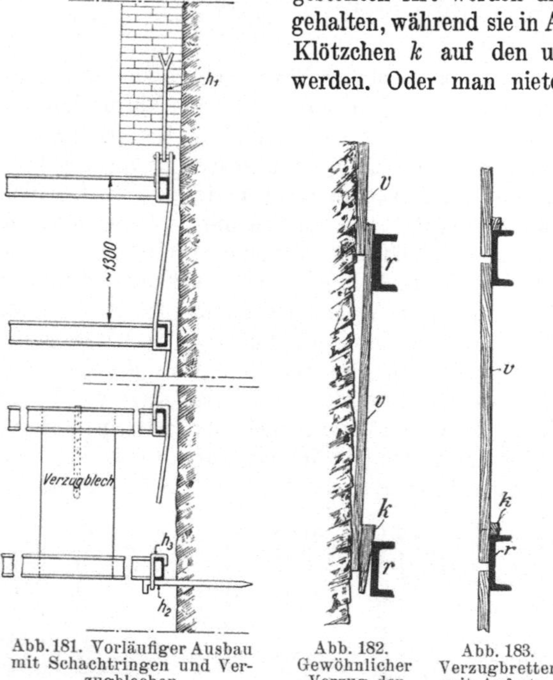

Abb. 181. Vorläufiger Ausbau mit Schachtringen und Verzugblechen.

Abb. 182. Gewöhnlicher Verzug der Stöße.

Abb. 183. Verzugbretter mit Aufsatzklötzchen.

Als endgültiger Ausbau kommen Stahlringe, da sie einem stärkeren Gebirgsdrucke nicht gewachsen sind, nur in wenig druckhaftem Gebirge zur Anwendung. Die Unterschiede gegenüber dem vorläufigen Ausbau liegen darin, daß die einzelnen Bogenstücke durch verschraubte Laschen und die Ringe durch verschraubte Streben s (Abb. 184 u. 185) miteinander verbunden werden. Der Verzug erfolgt meist durch eichene Pfähle oder Bretter, die dicht aneinander eingetrieben werden. Ihre Haltbarkeit wird zweckmäßig durch Tränkung erhöht.

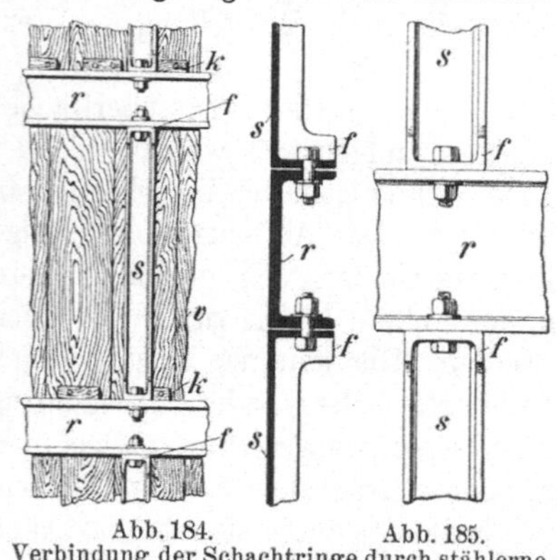

Abb. 184.   Abb. 185.
Verbindung der Schachtringe durch stählerne Streben.

Zur Unterstützung des Ausbaues werden in Abständen von 6—8 m Träger aus Holz oder Stahl in das Gebirge eingebühnt, die da, wo die Einteilung des Schachtes es gestattet, gleichzeitig als Einstriche dienen können. Beim Einbau der Ringe ist auf sorgfältiges Einloten zu achten, wobei die Ringe durch eingetriebene Keile genau in die richtige Lage zu bringen sind.

Der Ausbau mit Stahlringen ist wegen des geringen Stahlverbrauches und des einfachen Zusammenbaues verhältnismäßig billig und ist bei einem Schachte von 6 m lichtem Durchmesser auf r. 250 RM. je Meter zu schätzen.

B. Geschlossener Ausbau von Schächten.

a) Die Mauerung.

127. — Einleitende Bemerkungen. Vierbögige und elliptische Schachtmauerungen (vgl. Bd. I, „Schachtscheibe") stellen eine Anpassung der Mauerung an den rechteckigen Querschnitt dar und werden jetzt für neue Schächte nur noch in den Vereinigten Staaten ausgeführt. Nur dort, wo es darauf ankommt, einen alten, rechteckigen Holzschacht nachträglich in Mauerung zu setzen, wird man diese Schachtform bei der Mauerung noch beibehalten. Die neuen, ausgemauerten Schächte besitzen bei uns sämtlich eine kreisrunde Schachtscheibe, die mit Rücksicht auf das zwischen dem freien Schachtquerschnitt und dem Mauerinhalt bestehende, günstige Verhältnis und auf die gleichmäßige und sehr hohe Widerstandsfähigkeit gegen äußeren Druck zweifellos am empfehlenswertesten ist.

128. — Steine und Mörtel. Was die Baustoffe betrifft, so wird hier auf den Abschnitt „Grubenausbau" dieses Bandes, S. 36 u. f., Ziff. 38—45 verwiesen. Jedoch sind für Schachtmauerung noch einige zusätzliche Bemerkungen zu machen. Von den Ziegeln sind solche, die aus Tonschiefer hergestellt sind, wegen ihrer größeren Festigkeit den Lehmziegeln vorzuziehen.

Reiner Luftmörtel (1 Teil Kalk, 2—3 Teile Sand) wird nur selten angewandt, und nur dort wo das Gebirge vollkommen trocken ist. Bei mäßigen Wasserzuflüssen ersetzt man den Sand teilweise durch Traß, bei stärkeren wählt man Zementmörtel, der aus 1 Teil Zement und 2—3 Teilen Sand besteht. In manchen Fällen hat man auch Kalk- und Zementmörtel vermischt angewandt. Am besten und verbreitetsten ist Zementmörtel, der freilich auch am teuersten ist.

Sind Salzwasser abzuschließen, so empfiehlt sich als Anmachflüssigkeit für Mörtel und Beton stets die am Ort vorhandene Sole. Der auf diese Weise hergestellte Mörtel oder Beton wird widerstandsfähiger und fester, da chemische Umsetzungen zwischen Anmachflüssigkeit und den Schachtwässern nicht stattfinden können.

129 — Art der Mauerung. Der Mauerung pflegt man gewöhnlich eine Stärke von $1^1/_2$—2 Steinen zu geben. Bei hohen Druckbeanspruchungen und großen Tiefen kommen auch Mauern von 3—4, selten auch von 5 Steinen Dicke vor. Die Haltbarkeit der Mauer wird durch einen dichten, gut haftenden Anschluß an das Gebirge, der Hohlräume und damit verbundene einseitige Beanspruchungen vermeidet, erhöht. Auch hintergepackte Berge stören den Verband. Noch schädlicher ist Holz, da es allmählich vermodert und seine Bestandteile vom Wasser fortgetragen werden. Der Verband ist gewöhnlich der Kreuz- oder auch der Binderverband (s. S. 39), seltener der Blockverband.

Nicht zu starke Wasserzugänge werden, um vor allem ein Ausspülen des Mörtels zu verhindern, durch Abflußröhrchen (Abb. 186) abgefangen. Als solche verwendet man meist Röhrchen von $1^1/_4''$, die mit Außengewinde versehen sind, um einen Absperrhahn für ein späteres Zementieren aufsetzen zu können. Erst nach Erhärten des Mörtels schließt man die Rohre durch Blindflanschen oder auch Holzpfropfen ab.

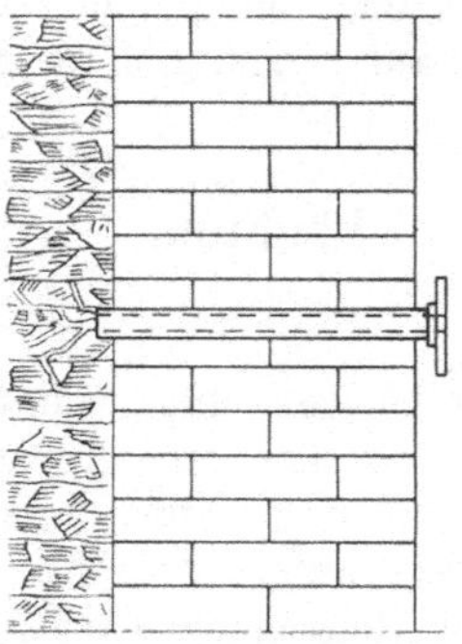

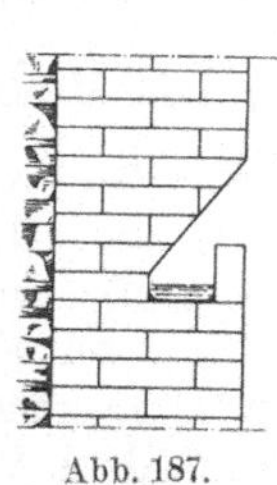

Abb. 186. Abflußrohr in der
Schachtmauerung
(Zementierrohr).

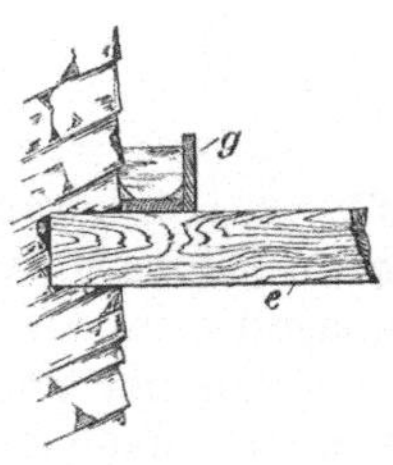

Abb. 187.
Wasserrinne
in der Schacht-
mauerung.

Abb. 188. Wasserrinne
am Schachtstoß.

Falls an der fertigen Mauerung entlang noch stärkere Wasserzuflüsse herunterrinnen und zum Teil als Regen niedergehen, ist es zweckmäßig, die auf der Sohle tätige Belegschaft davor zu schützen. Es geschieht dies durch eine Sammelrinne, die in der Schachtmauerung mit Gefälle nach einem Punkt zu ausgespitzt oder beim Mauern selbst schon ausgespart wird (Abb. 187). Oder man legt um die Stöße ein nach der Stoßseite offenes, ringförmiges Gerinne g (Abb. 188), das an das Gebirge durch Lettenverschmierung Anschluß erhält. Aus diesen Rinnen können die Wässer in einem Rohr abgefangen und geschlossen zur Schachtsohle abgeleitet werden, wenn man es nicht zur Verminderung der Wasserhaltungskosten gleich von der Sammelstelle unmittelbar zutage heben kann.

Bei stark quellenden Tonschiefern hat man gute Erfahrungen mit einer Mauerung gemacht, die dem Gebirge Gelegenheit zum Ausweichen gibt. Es kann dies dadurch geschehen, daß nur ein innerer Mauerring voll ausgeführt wird, während nach dem Gebirgsstoß zu lediglich radiale Stege vorgesehen werden, zwischen denen Hohlräume bis zu 1 m Breite und Stegdicke offen blieben. Abb. 189 zeigt den halben Querschnitt eines derart ausgemauerten Schachtes[1]).

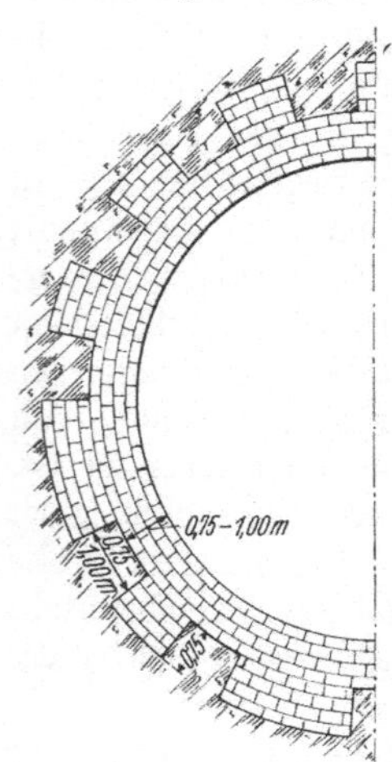

Abb. 189.
Schachtmauerung mit ausgesparten Hohlräumen.

Schwierig ist es und in größeren Teufen unmöglich, eine dauernd wasserdichte Mauerung herzustellen. Ziegelsteine und Mörtel sind stets porös und bis zu einem gewissen Grade durchlässig. Es ist dies um so mehr der Fall, je höher

---

[1]) Glückauf 1939, S. 109; H. Waldeck: Ausmauerung von Schächten im Steinkohlengebirge bei starkem Gebirgsdruck.

der Druck, also die Teufe ist. Je weniger durchlässig der Ziegelstein und der Mörtel ist und um so besser der Stein vom Mörtel, am besten Zementmörtel, umgeben wird, um so eher gelingt es, wenigstens in geringen Teufen, eine befriedigende Wasserdichtigkeit zu erreichen. In jedem Falle muß freilich mit besonderer Sorgfalt vorgegangen werden. Vor dem Einmauern ist jeder einzelne Ziegel in Wasser zu legen, damit er sich vollsaugt und nicht beim Einmauern sofort dem Mörtel die Feuchtigkeit entzieht. Die Mauerung selbst stellt man in zwei konzentrischen Ringen her.

Zu diesem Zwecke wird nach Abb. 190 zunächst eine Außenmauer von 2—3 Stein Stärke in kurzen Absätzen mit möglichst gutem Anschluß an das Gebirge und unter Hebung der zusitzenden Wasser hochgeführt. Zum vorläufigen Abfluß des zusitzenden Wassers und, um das frische Mauerwerk vom Druck des Wassers zu entlasten, setzt man Zementierröhrchen ein, durch die in kurzen Abständen in Richtung von unten nach oben Zement eingepreßt wird. Hierdurch ist eine teilweise Abdichtung zu erzielen.

Hat diese Außenmauer die endgültige wassertragende Schicht erreicht, so wird ein Innenzylinder von 2—3 Stein Stärke entsprechend dem endgültigen Schachtdurchmesser von unten nach oben aufgeführt, wobei gegen die äußere Schachtmauerung eine Fuge von etwa 200 mm offenbleibt, die mit geeignetem Schottermaterial ausgefüllt wird. In die Innenmauerung werden laufend Zementierröhrchen eingesetzt, die das in der Fuge zusitzende Wasser nach der

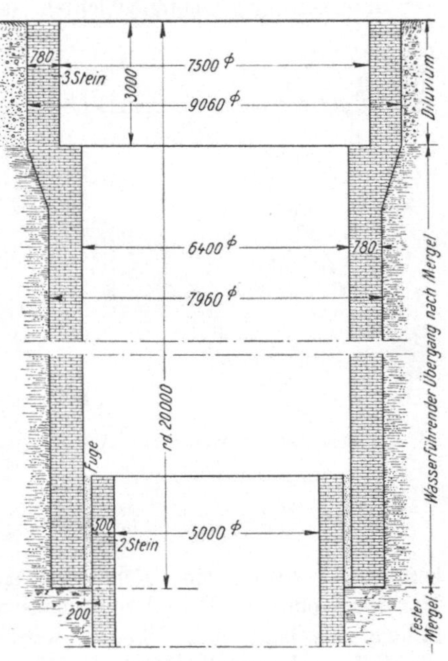

Abb. 190. Ausbau eines Vorschachtes in wasserführendem Gebirge.

Sohle ableiten und eine trockene Ausführung der Innenmauerung gewährleisten, wobei mit Hochziehen des Schachtzylinders die unteren Röhrchen gelegentlich verschlossen werden.

Bei starken Wasserzuflüssen empfiehlt es sich, die in dem äußeren Schachtzylinder eingesetzten Zementierröhrchen beim Hochziehen des inneren Schachtzylinders zu verlängern. Unabhängig von diesen verlängerten Röhrchen werden auch noch kurze, bis zur Fuge reichende Röhrchen in die Innenmauer eingefügt.

Ist der innere Zylinder hochgeführt, so wird die Fuge und die Schachtmauerung von unten nach oben durch die Röhrchen mit Zement verpreßt, wodurch sich in der Fuge eine feste Betonschicht bildet. Auf diese Weise gelingt ein fast vollständiger Wasserabschluß.

Von diesen Verfahren wird, wie Abb. 190 zeigt, insbesondere beim Abteufen sogenannter Vorschächte Gebrauch gemacht, wenn unter geringer Diluvial-

überlagerung der Mergel ansteht und in einer Teufe bis zu 50—80 m feste, wassertragende Schichten erreicht werden können. Die Ausführung derartiger Vorschächte ist allerdings zeitraubend und kostspielig. Die Kosten sind vor allem
von den Wasserzuflüssen und den dadurch bedingten Wasserhebungskosten abhängig, die bei sandigem Gebirge infolge des hohen Pumpenverschleißes außerordentlich anwachsen können, so daß sie den Abteufkosten nach dem Gefrierverfahren häufig nahekommen. Solche Vorschächte sind bei Wasserzuflüssen
bis zu 1000 l/min ausgeführt worden, wobei in günstigen Fällen ein Wasserabschluß bis auf einen Zulauf von 15 l/min je 100 m Schacht erreicht wurde.
Das Ausmaß des Wasserabschlusses hängt jeweils von der Zementierfähigkeit
der durchsunkenen Gebirgsschichten, der Zusammensetzung und Menge der

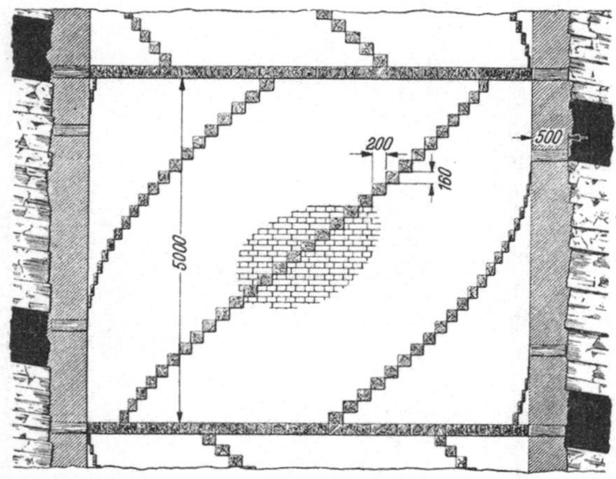

Abb. 191. Nachgiebige Schachtmauerung mit waagerecht und
spiralig angeordneten Holzeinlagen.

zusitzenden Wasser, der Teufe und der Güte des Ausbaumaterials ab.

Will man jedoch eine möglichst große Wasserdichtigkeit erzielen, so ist es auch in den oberen Teufen, insbesondere bei stärkeren Wasserzuflüssen, vorzuziehen, den Gußringausbau anzuwenden. Daß es aber bei Vorhandensein nur einzelner Schwimmsandhorizonte und Teufen bis zu 200 m möglich
ist, ohne ihn auszukommen, beweisen eine Reihe oberschlesischer Schächte, die entweder in
Mauerung oder in Betonformsteinausbau mit Betonzwischen- und -hinterfüllung ausgebaut sind. Über sie werden bei der Behandlung des „Ausbaus
von Gefrierschächten“ nähere Ausführungen gemacht.

Außerdem sei hier darauf hingewiesen, daß es bei wasserführendem, aber
standfestem Gebirge zweckmäßiger ist, das Gebirge selbst durch Anwendung
des Zementier- oder Versteinungsverfahrens oder des chemischen Verfestigungsverfahrens undurchlässig zu machen, als den Wasserabschluß durch den
Ausbau zu bewirken.

130. — Besondere Arten der Mauerung[1]). Da die Schächte durch die
Einwirkungen des Abbaues Beanspruchungen ausgesetzt sind, die eine Verkürzung der Schachtsäule hervorrufen, kann es zweckmäßig sein, der Schachtmauerung eine Nachgiebigkeit in senkrechter Richtung zu geben. Es kann dies
dadurch geschehen, daß man etwa in der Art der Abb. 161 auf S. 117 Einlagen
aus weichem Holz (Tanne oder Fichte) an Stelle von Ziegelsteinen in regelmäßigen Abständen einmauert). Um Beanspruchungen auf Verdrehung zu
begegnen, hat man auf Schacht Shamrock 10 bei Herne außer waagerechten

---

[1]) Glückauf 1940, S. 217; Scholand: Erfahrungen beim Abbau im Schachtsicherheitspfeiler der Zeche Prosper 3.

Holzeinlagen auch solche in spiraliger Anordnung, teils mit Rechts- und teils mit Linksdrehung (Abb. 191), mit eingemauert.

Auch kann man statt der Holzeinlagen, die nach dem Zusammenquetschen schwer zu entfernen sind, Ziegelsteinlagen mit geringerer Druckfestigkeit einmauern. Diese lassen sich infolge der eingetretenen Zermürbung leicht ausspitzen, worauf nach Erweiterung der Ringfuge neue Steinlagen von der gleichen geringen Festigkeit eingebracht werden können.

An Stellen größeren Drukkes, z. B. beim Durchteufen von Flözen, ersetzt man auch die Steinmauerung völlig durch Holzmauerung, wie man dies z. B. auf den Zechen Radbod, Lothringen und auf Schächten bei Peine mehrfach mit gutem Erfolge getan hat. Man hat hier nach Abb. 192 Läufer- und Binderlagen miteinander abwechseln lassen, zum Teil hat man aber auch mit gleich gutem Erfolge die Mauern ausschließlich in Binderlagen hochgeführt. Der Holzmauerung hat man je nach dem Drucke eine Stärke von 750—1000 mm gegeben. Zugleich werden rings um den Schacht mit Berge gefüllte Holzkästen in den ausgekohlten Flözraum gesetzt und der Zwischenraum von r. 1 m als Rösche freigelassen. Solche Holzmauerung hat den Vorteil, daß sie auch in senkrechter Richtung dem Gebirge gewisse Ausgleichsbewegungen gestattet.

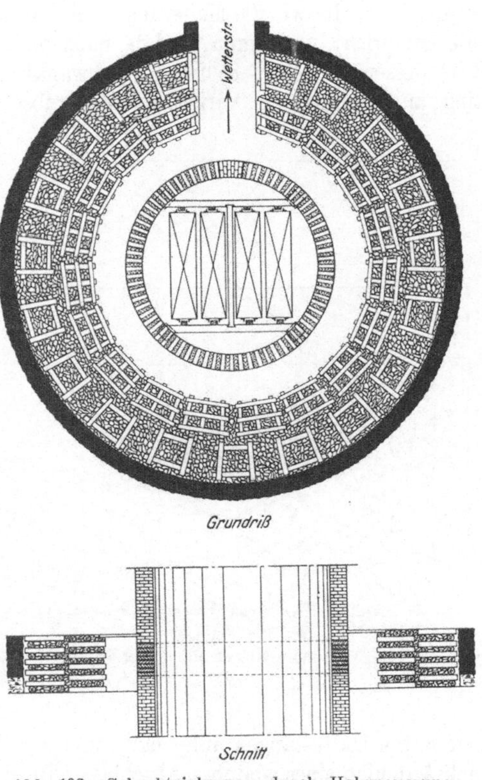

Abb. 192. Schachtsicherung durch Holzmauerung und Holzkästen beim Durchfahren eines Flözes.

In engen Schächten (bis etwa 4,5 m Durchmesser) hat sich in unruhigem Gebirge die Vieleckzimmerung gut bewährt.

131. — Mauerungsabsätze. Das Einbringen der Mauerung geschieht in der Regel absatzweise. Eine Ausnahme bilden lediglich in genügend standfestem Gebirge niedergebrachte Schächte von geringer Teufe (bis etwa 100 m), die nach Beendigung der Abteufarbeiten in einem Satz ausgemauert werden können.

Das absatzweise Einbringen der Mauerung ist einmal in Form großer Absätze möglich, deren Höhe je nach der Festigkeit des Gebirges und dem Auftreten von Schichten, die sich für das Ansetzen des hierbei notwendigen Mauerfußes eignen, verschieden ist. Sie beträgt im Kreidemergel durchschnittlich 40 m, im Tonschiefer 50 m, im Sandstein 50—80 m. Schachtabschnitte von entsprechender Höhe bleiben also eine Zeitlang ohne endgültigen Ausbau und müssen je nach der Art des Gebirges durch vorläufigen Ausbau gesichert werden. Der vorläufige Ausbau entfällt bei Wahl ganz niedriger Mauerungsabsätze von Höhe der Abschlaglänge, die zwischen 1,80 m und 2,50 m schwankt.

Diese niedrigen Sätze folgen unmittelbar dem Abteufen, also der Schachtsohle. Zu ihrem Einbringen bedient man sich eines aus U-Stahl bestehenden Ringes, dessen innerer und äußerer Durchmesser dem lichten und äußeren Durchmesser des Schachtes entspricht (Abb. 193). Die Ringfläche hat somit die gleiche Breite wie die Mauerdicke. An Stangen, deren Länge der Abschlagtiefe entspricht und deren Zahl je nach dem Schachtdurchmesser zwischen 8 und 12 schwankt, wird der Ring an Ösen der im vorherigen Mauerabschnitt ein-

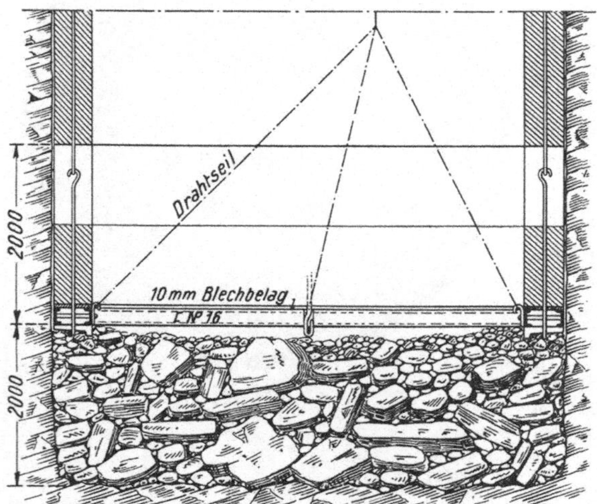

Abb. 193. Unterhängen der Mauerung in kurzen Absätzen.

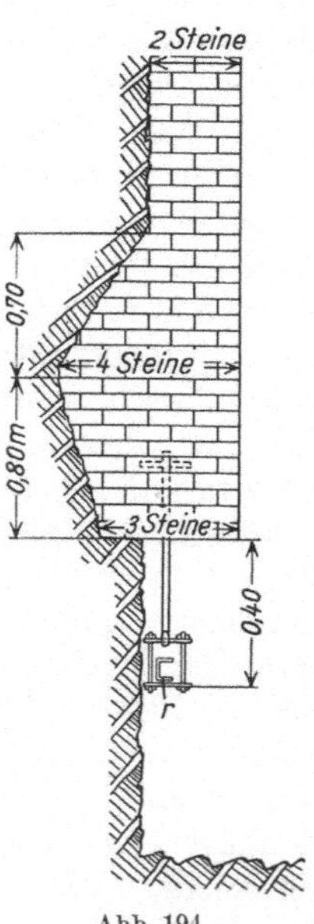

Abb. 194.
Doppeltkonischer
Mauerfuß.

gemauerten Haltestangen aufgehängt und auf ihm der Mauersatz hochgeführt. Nach Abteufen eines weiteren Abschlags wird der Ring mit Hilfe einer an den Karabinerhaken der Kübelförderung angeschlagenen Ringkette um Stangenlänge heruntergelassen, wieder mit Haltestangen an der Unterfläche des vorherigen Mauerabschnitts befestigt usw.

132. — Mauerfüße. Zum Mauern in großen Absätzen bedarf es vielfach der Herstellung besonderer Mauerfüße, die in möglichst standfestem Gebirge hergestellt werden. Ihre Aufgabe ist es, dazu beizutragen, das darüber aufgeführte Mauerwerk bis zum Abbinden und Erhärten zu tragen. Später trägt die mit den Unebenheiten der Schachtstöße durch das Abbinden des Mörtels und die Wirkung des Gebirgsdruckes fest verwachsene Mauerung sich selbst, und der Mauerzylinder zeigt keine Neigung zum Rutschen.

Am verbreitetsten ist der doppeltkonische Mauerfuß nach Abb. 194, der wegen der Druckübertragung schräg nach außen auch in wenig standfestem Gebirge anwendbar ist. Nach Herstellung der doppeltkonischen Erweiterung des Schachtstoßes wird die Mauerung auf einer ringförmigen Bohlenunterlage hochgeführt.

Seltener stellt man den Mauerfuß auf eine stehengelassene vorspringende Gesteinsbrust, wobei die Form des Mauerfußes doppelt konisch oder — bei sehr festem Gebirge — einfach konisch sein kann. Nachteile dieser Mauerfüße sind, daß die vorspringende Gesteinsbrust nach Erhärten der Mauer und vor dem Einbringen des nächsten Mauersatzes unter Vermeidung der wegen der Erschütterungen schädlichen Schießarbeit weggespitzt werden muß und daß ihre Zuverlässigkeit ohnehin vielfach fraglich ist. Vermieden werden diese Nachteile durch den in

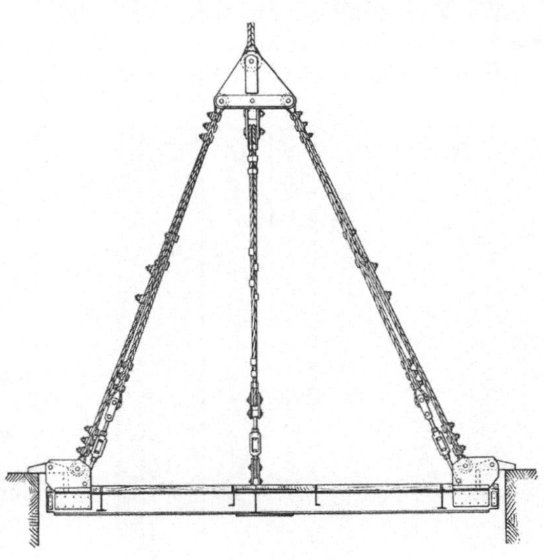

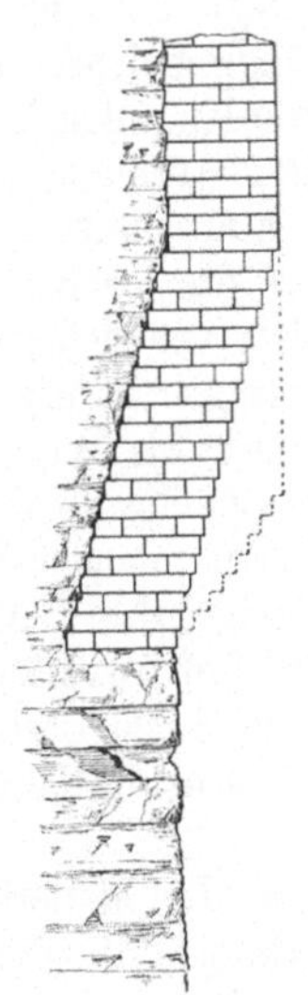

Abb. 195.
Hohlkegelförmiger
Mauerfuß.

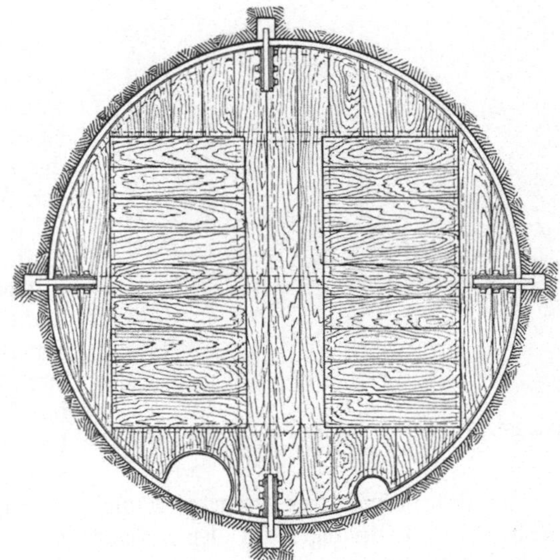

Abb. 196. Einfache schwebende Bühne.

Abb. 195 dargestellten hohlkegelförmigen Mauerfuß. Vielfach kann man ohne Schaden den Hohlkegel sich schnell verengern lassen, derart, daß jede Ziegelsteinlage innen und außen einen halben Stein nach innen vorspringt und bei einer zwei Steine starken Mauerung schon nach 8 Lagen der regelmäßige Durchmesser des Schachtes wieder erreicht ist, wie dies für die innere Begrenzung durch die gestrichelte Linie der Abb. 195 veranschaulicht wird.

Wo Wasserzuflüsse vorhanden sind, die durch die Mauerung abgesperrt werden sollen, kann man diese auf einen Keilkranz (s. S. 158 u. f., Ziff. 146 u. f.) als Unterlage setzen, der verhütet, daß das Wasser um den Fuß herum in den Schacht fließt. Einen wirklichen Nutzen wird der Keilkranz aber nur in dem Falle bringen, daß es gelingt, die Mauerwand selbst wasserdicht herzustellen. Über diese schwierige Aufgabe wurde Näheres in Ziff. 129 gebracht.

133. — Die Benutzung von Bühnen bei der Schachtmauerung. Das Mauern erfolgt beim Einbringen großer Mauerabsätze in der Regel von einer schwebenden Bühne aus. Die Bauart der Bühnen ist verschieden, je nachdem das Abteufen und das Mauern in getrennten Zeitabschnitten erfolgt oder ob beide Arbeitsvorgänge gleichzeitig vorgenommen werden sollen, d. h. ob während des Ausmauerns des einen Schachtabschnitts schon das Abteufen des nächstfolgenden Abschnitts vor sich geht.

Wird nicht gleichzeitig abgeteuft, so genügt als Bühne ein einfaches Gerippe aus I- oder U-Stahl mit einem genügend starken Bohlenbelag (Abb. 196). An ihrem Rande sind Aussparungen für die bis zur Sohle führenden Lutten- und Druckluftleitungen vorgesehen.

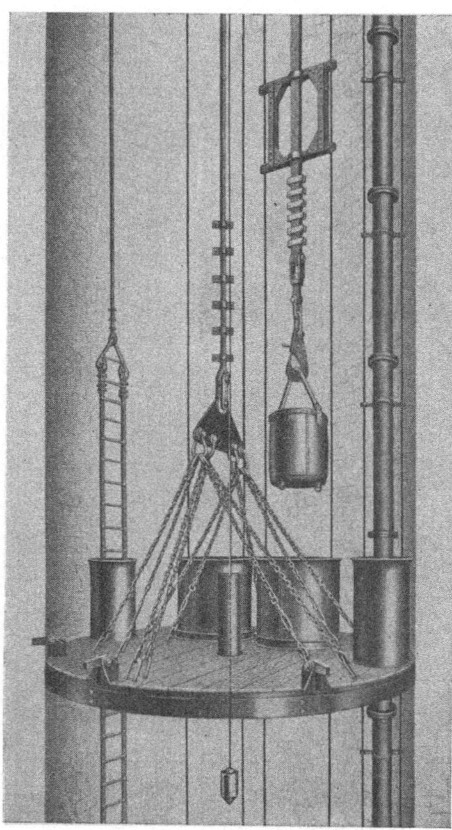

Abb. 197. Schwebende Bühne für gleichzeitiges Abteufen und Ausmauern.

Für das gleichzeitige Ausmauern und Abteufen muß die Mauerbühne (Abb. 197) mit Öffnungen für den Durchgang der Förderkübel, die die Verbindung mit der Schachtsohle herstellen, versehen sein sowie mit Öffnungen für die Durchführung der Druckluftleitung und der Notfahrt. Die Öffnungen werden mit etwa 1 m hohen Schutzzylindern umgeben, die ein Abstürzen der Maurer sowie ein Fallen von irgendwelchen auf der Bühne liegenden Gegenständen verhindern sollen. Die Bühne greift mit Klappriegeln in das aufgeführte Mauerwerk ein, die beim Anheben der Bühne selbsttätig in die senkrechte Lage gehen. Sie sind an Stelle einfacher Schubriegel getreten, die den Nachteil hatten, daß, wenn sie vor dem Anheben der Bühne nur teilweise zurückgeschoben wurden, ein Schiefstellen der Bühne mit all ihren Nachteilen möglich machten.

134. — Segmentweise Ausmauerung. Wenig widerstandsfähiges Gebirge mit geringer Wasserführung kann entsprechend einer segmentweisen Hereingewinnung unverzüglich durch Mauerung gemäß den Abbildungen 198 u. 199 gesichert werden. Die gleiche Vorsichtsmaßnahme ist auch beim Mauern kurz unter der Tagesoberfläche, z. B. zur Vermeidung eines Abrutschens der Schachtgerüstfundamente in Betracht zu ziehen. Sobald das Gebirge auf eine Tiefe von 0,5—2 m und eine Breite von 1—4 m fortgenommen ist, beginnt man mit der Aufmauerung des Teilstücks s_1 und bringt es in ungefährer Stärke von zwei Steinen tunlichst schnell nach obenhin zum Anschluß mit der bereits fertigen Mauer. In ähnlicher Weise nimmt man ein weiteres Teilstück s_2 etwa auf der gegenüberliegenden Seite des Schachtes in Angriff und läßt die anderen Stücke folgen, bis der

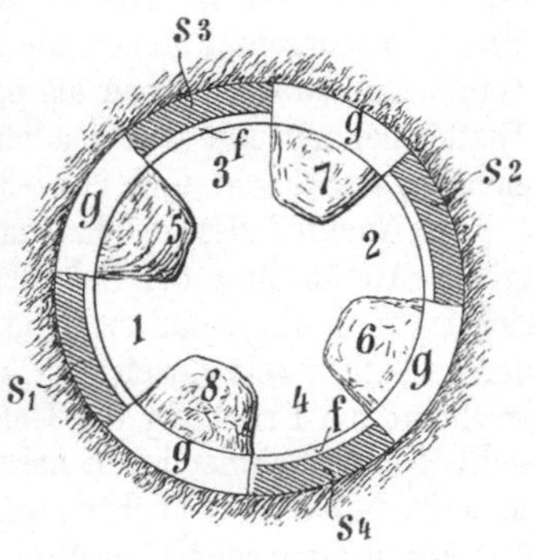

Abb. 198. Segmentweises Ausmauern im Grundriß.

Kreis geschlossen ist. Jedes Mauersegment erhält nach den beiden Seiten und nach innen Verzahnung. Die Seitenverzahnung ermöglicht einen guten Verband der einzelnen Teilstücke untereinander; die innere dient zum Verbande mit der später herzustellenden, etwa einen Stein starken Futtermauer, die etwaige bei der Herstellung des Segmentmauerwerks nicht vermeidbare Unregelmäßigkeiten ausgleichen muß.

135. — Vergleich des abwechselnden und gleichzeitigen Abteufens und Ausmauerns. Das gleichzeitige Abteufen und Mauern kommt erst bei Schächten von etwa 6 m lichtem Durchmesser an in Betracht, da es bei engeren Schächten nicht möglich ist, die zweite Förderung für die Bedienung der Mauerbühne unterzubringen. Das gleichzeitige Abteufen und Mauern hat die Vorteile höherer

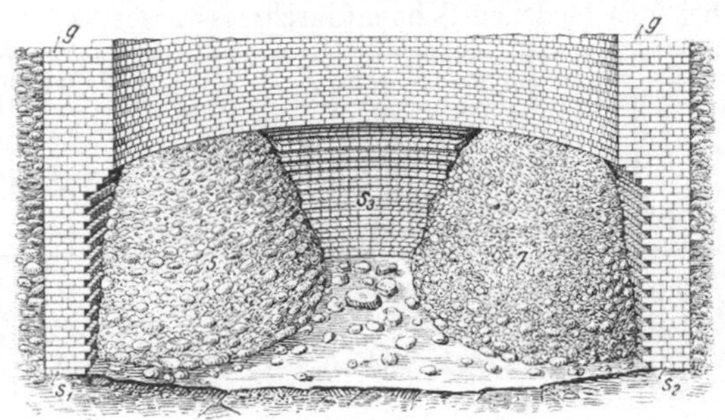

Abb. 199.
Segmentweises Ausmauern in perspektivischer Ansicht.

Schachthauerleistung und höherer Abteufleistung. Erstere steigt um etwa 10%, letztere um etwa 50% im Vergleich zu einem Schacht, bei dem abwechselnd geteuft und gemauert wird. Hierbei sind normale Belegung und Ruhrgebietsverhältnisse zugrunde gelegt. Die höhere Schachthauerleistung wird durch die Möglichkeit erzielt, die gleiche Belegschaft ununterbrochen bei dem gleichen Arbeitsvorgang beschäftigen zu können, ein Vorteil, der allerdings durch die Behinderung des Abteufens durch eine schwebende Mauerbühne teilweise wieder aufgehoben wird. Die Maurerleistung steigt dagegen in stärkerem

Maße, und zwar von etwa 1,7 auf 2,3 m³ je Mann und Schicht. Die höhere Abteufleistung hängt naturgemäß mit der Zeitersparnis zusammen, die durch die gleichzeitige Vornahme zweier Arbeitsvorgänge eintritt, die sonst hintereinander geschaltet sind. Hierbei wird die Abteufleistung von der Abteufmannschaft bestimmt, da das Ausmauern bei voller Belegschaft weniger Zeit erfordert als das Abteufen allein. Die Anlagekosten sind bei gleichzeitigem Abteufen und Mauern naturgemäß höher, die Herstellungskosten sind jedoch von bestimmten Teufen an etwas niedriger als bei abwechselndem Abteufen und Mauern. Diese Teufen nehmen mit wachsendem Querschnitt ab und betragen 400—450 m bei einem 6 m-Schacht und 250—300 m bei einem 7 m-Schacht[1]).

Als Nachteil des gleichzeitigen Abteufens und Ausmauerns wird die etwas größere Gefährdung der Belegschaft durch Seilbruch geltend gemacht. Berücksichtigt man aber, daß sich die zu fördernden Lasten auf zwei Seile verteilen, deren Aufliegezeit durch den schnelleren Abteuffortschritt verkürzt wird, so erscheint die Erhöhung der Gefahr doch nur in geringem Maße vorhanden zu sein. Unangenehmer ist in nassen Schächten die Vermischung des Mauerungszements mit dem Schachtwasser, das dann ätzende Wirkungen auf die Hände der Abteufmannschaft ausübt.

136. — Leistungen und Werkstoffverbrauch. Die Leistungen bei der Ausmauerung von Schächten betragen unter normalen Verhältnissen bei ausreichender Belegung und bei einer zwei Stein dicken Mauer etwa 5—7 m in 24 Stunden.

Was die Kosten betrifft, so entfallen auf 1 m³ Mauerwerk durchschnittlich 400 Steine. Diese kosten etwa 16 RM., die Mörtelkosten betragen etwa 10 RM., während auf Löhne bei der Arbeit im Schachte ungefähr ebenfalls 10 RM. zu rechnen sind, so daß 1 m³ rund 36 RM. kostet.

Nachstehende Zusammenstellung gibt die Menge der einzelnen Ausbaustoffe bei verschiedenen Schachtdurchmesser wieder:

Schacht-durchmesser im Lichten	1¹/₂ Stein = 39 cm				2 Stein = 52 cm				2¹/₂ Stein = 65 cm			
	Mauer-werk	Steine	Zement	Sand	Mauer-werk	Steine	Zement	Sand	Mauer-werk	Steine	Zement	Sand
	m³	Stück	Sack	m³	m³	Stück	Sack	m³	m³	Stück	Sack	m³
4,0	6,60	2640	23,8	2,9	8,69	3480	31,3	3,82	10,86	4340	39,1	4,77
5,0	8,07	3230	29,1	3,55	10,61	4260	38,3	4,58	13,18	5280	47,5	5,80
6,0	9,55	3820	34,4	4,2	12,50	5000	45	5,50	15,48	6180	55,7	6,81
7,0	11,06	4420	39,8	4,86	14,37	5740	51,7	6,32	17,79	7100	63,9	7,81
8,0	12,52	5010	45,1	5,51	16,26	6510	58,5	7,16	20,09	8040	72,3	8,84
9,0	14,03	5620	50,6	6,18	18,15	7260	65,3	7,98	22,39	8950	80,6	9,85

b) Der Ausbau in Beton und Stahlbeton.

137. — Vorbemerkungen. Über die Ausführung und die allgemeinen Vorzüge und Nachteile des Beton- und Stahlbeton-Ausbaues im Vergleich mit der Mauerung ist bereits oben (S. 119 und 126) gesprochen worden. Hier ist noch folgendes hervorzuheben:

[1]) F. Mohr: Leistungstechnische Grundlagen beim Schachtabteufen. Dissertation Clausthal 1940.

Die über das Verhältnis zwischen Zement, Sand und Zuschlägen gegebenen Zahlen gelten auch für die Betonierung in solchen Schächten, die weniger tief sind oder in wasserarmem Gebirge stehen. Bei stärkeren Beanspruchungen durch Druck oder Wasserzuflüsse werden zementreichere Mischungen bevorzugt. Gewöhnlich pflegt man für Schächte Mischungen von 1 Teil Zement, 1—2 Teilen Sand und 2—4 Teilen Zuschläge zu nehmen.

Die einzelnen Verfahren der Anwendung haben für den Schachtausbau eine sehr verschiedene Bedeutung. Das Preßverfahren ist bisher für die Auskleidung von Schächten als selbständiges Ausbauverfahren nicht benutzt worden. Dagegen ist es vielfach zur Abdichtung von bereits mit Küvelage oder Mauerung verkleideten Schächten zur Anwendung gekommen, wie in dem Abschnitt „Versteinungs- (Zementier-) Verfahren" näher ausgeführt wird. Auch bei dem Françoisschen Abteufverfahren (s. dieses im 7. Abschnitt) wird es benutzt.

Das Gußverfahren wird angewandt, wo die Enge der Räume ein Einstampfen des Betons ausschließt. Es findet namentlich bei untergehängten Gußringen zum Vergießen des zwischen der Wandung und dem Gebirge verbleibenden Raumes und bei Formsteinausbau zum Ausgießen der Fugen und verbleibenden Hohlräume Anwendung.

Am häufigsten macht man von Stampfbeton Gebrauch. Er ist entweder als zusätzlicher Ausbau in Verbindung mit Gußringausbau als Hinterfüllungs- und Zwischenbeton möglich (Ziff. 145, S. 158) oder als alleiniger Ausbau. In diesem Fall wendet man ihn in Gestalt verschiedenartiger Betonformsteine an, die im Schacht durch Mauerung mit Zementmörtel oder in Verbindung mit eingestampftem Beton zu einer geschlossenen Wand zusammengebaut werden, oder man führt die Schachtwandung an Ort und Stelle völlig durch Einstampfen hoch. Hierbei kann sowohl unbewehrter als auch durch Stahleinlagen bewehrter Beton gewählt werden. Von Stahlbeton hat man jedoch, abgesehen von der Verwendung einiger Stahleinlagen bei den Stasch-Minderschen Kreuzsteinen (Ziff. 140, S. 155), in den letzten 2 Jahrzehnten kaum mehr Gebrauch gemacht, und zwar, weil Stahlbeton außerordentliche Schwierigkeiten bei Wiederherstellungsarbeiten bereitet (Ziff. 120, S. 137). Im englischen Steinkohlenbergbau, dessen Schächte infolge der geringen Flözzahl und Teufe nicht so sehr unter Abbaueinwirkungen zu leiden haben, ist er dagegen etwas häufiger angewandt worden.

Aber auch den unbewehrten Stampfbeton wendet man als alleinigen Ausbau nicht häufig an. Erneuerungsarbeiten sind bei ihm zwar weniger schwierig als beim Stahlbeton, jedoch weniger wirksam als bei in Ziegelstein oder Betonformstein gemauerten Schächten, da der neue Beton nicht mit der vollen Haftfähigkeit an dem alten, bereits erhärteten Beton abbindet. Ein für Schächte besonders zu beachtender Nachteil des an Ort und Stelle eingebrachten Stampfbetonausbaues ist die langsame Erhärtung. Tritt vor dem Festwerden Gebirgsdruck ein, ohne daß für dessen Abfangen Sorge getragen ist, so ist der Schacht mehr gefährdet, als wenn er ausgemauert wäre, da die das Mauerwerk bildenden festen Steine mit ihren versetzten Fugen schon vor der Erhärtung des Mörtels einen gewissen Druck aufzunehmen vermögen.

Bezüglich der Wasserdichtigkeit gilt im wesentlichen das für Mauerung (Ziff. 129) Gesagte.

Vereinzelt findet auch der Spritzbeton, und zwar als vorläufiger Schachtausbau[1]), Verwendung (s. Ziff. 107).

138. — Ausführungsarten des endgültigen Schachtausbaues in Beton. Nach dem in Ziff. 137 Gesagten kann man unterscheiden:

1. Auskleidungen mit Betonformsteinen unter Ausfüllung der Fugen und sonst verbleibenden Hohlräume mit flüssigem Zementmörtel;
2. Auskleidungen mit verhältnismäßig dünnen Betonformsteinen, die als „Verschalung" dienen, hinter der eine dickere Wand von Stampf- oder Gußbeton hochgeführt wird;
3. Auskleidungen, die lediglich aus Stampfbeton bestehen und zu deren Herstellung die Hochführung eines Lehrgerüstes erforderlich ist.

139. — Ausführungsbeispiele für Formsteine. In neuerer Zeit sind Betonformsteine zum Ausbau der Schächte der Zeche Walsum in Duisburg-Hamborn innerhalb des Steinkohlengebirges angewandt worden (Abb. 200). Die 15,5 cm hohen und 45 cm langen Steine sind an der Vorderseite 24,5 cm und an der Rückseite 27,5 cm breit. Außerdem wird zwischen Betonsteinmauerwerk und Ge-

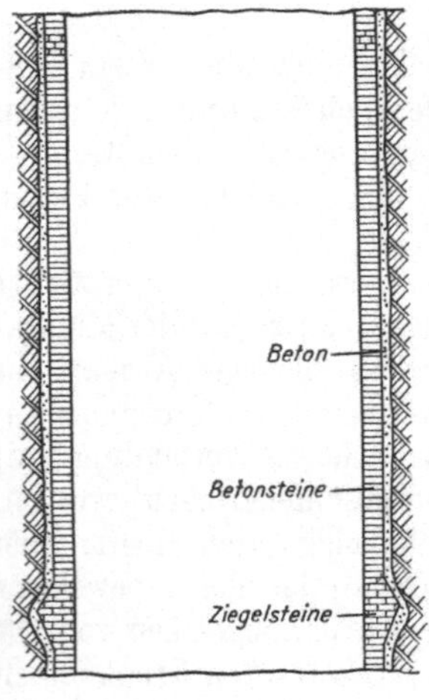

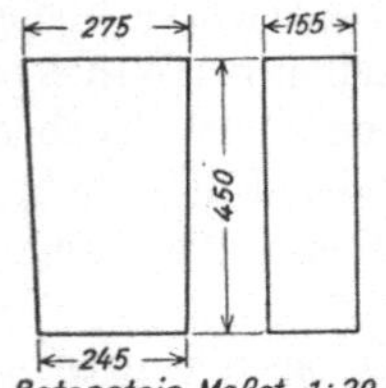

Abb. 200. Schachtausbau mit Betonformstein.

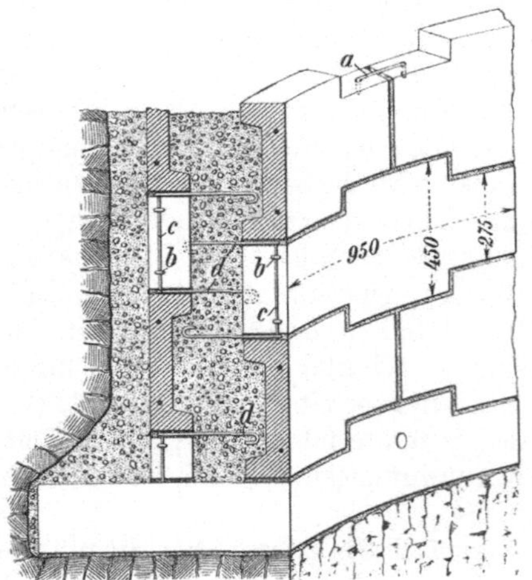

Abb. 201. Doppelter Kreuzsteinausbau.

birge eine 10 cm dicke Schicht Beton eingefüllt. Den auch bei Betonformsteinen gegenüber Ziegelsteinen vorhandenen Nachteil der schwierigen Ausbesserung und geringen Nachgiebigkeit hat man durch Einschaltung von 0,50 m starken Ringen aus Ziegelsteinmauerwerk zu beseitigen versucht, die in Abständen von 12 m das Betonsteinmauerwerk unterbrechen.

Die Vorteile des Betonsteinausbaues sind in der durch die größere Druck-

---

[1]) Glückauf 1925, S. 76; B e r g h o f f: Anwendung des Torkretverfahrens beim Schachtabteufen usw.

festigkeit der Steine ermöglichten geringeren Wandstärke, in dem geringeren Aushub, also in niedrigeren Abteufkosten sowie in einem schnelleren Einbringen des Ausbaues zu erblicken. Die Materialkosten beliefen sich auf 30 RM. je m³ oder auf nur 340 RM. je lfd. m Schacht.

140. — Ausführungsbeispiel für eine Stampfbetonwand mit Formsteinverschalung. Die Baufirma Stasch in Karf bei Beuthen wendet den Kreuzsteinausbau Stasch-Minder (Abb. 201) an, der aus kreuzförmig gestalteten, stahlbewehrten Steinen unter Bettung in reinen Zementmörtel mit etwa 15 mm starken Fugen aufgebaut und mit Beton hinterstampft wird. Unter gewöhnlichen Verhältnissen wird er als einfache, dagegen in wasserreichem, schwierigem Gebirge als doppelte Wand hochgeführt. In diesem Falle werden die Steine mit versetzten Fugen in beiden Wänden angeordnet, und es wird sowohl der Ringraum zwischen den beiden Wänden wie derjenige zwischen Hinterwand und Gebirge mit Beton ausgestampft. Die Steine werden durch Verankerungsbügel a miteinander und mittels der durch die Ösen b gesteckten Bolzen c und der Haken d mit dem Stampfbeton verbunden. Insgesamt ergibt sich so ein besonders inniger und verzahnter Verband. Auf dem mittels Gefrierverfahren niedergebrachten Wetterschachte der Preußengrube in Oberschlesien setzte sich in der Teufe von 165—218 m die Ausbaustärke wie folgt zusammen: Vorderstein 14 cm, Stampfbeton 22 cm, Hinterstein 14 cm, Stampfbeton 50 cm, insgesamt also 1 m. Dieser Ausbau hat bei 4,5 m lichter Weite des Schachtes rund 1400 RM./m oder 81 RM./m³ gekostet. Der Kreuzsteinausbau hat sich auf mehreren oberschlesischen Gruben gut bewährt.

141. — Ausführungsbeispiele für eine mit Lehrgerüst hergestellte Stampfbetonwand. Bei Verwendung von Stahlbeton kann man die aus Rundstahlgeflecht bestehenden Einlagen unter Tage herstellen und den Beton hinter einem Lehrgerüst mit fortschreitendem Einbringen des Stahlgeflechts einstampfen. Beim Ausbau des Schachtes Rheinelbe 6 in Gelsenkirchen ist man auf diese Weise vorgegangen[1]).

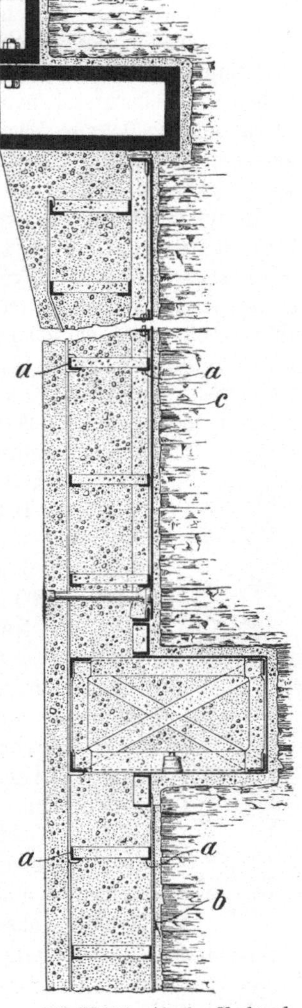

Abb. 202. Breilscher Verbundausbau.

---

[1]) Glückauf 1909, S. 622; Kaufmann: Das Abteufen des Schachtes Rheinelbe 6 mit Eisenbetonausbau im Steinkohlengebirge.

Auf Schächten der Zechen Ewald-Fortsetzung und Constantin der Große, Friedrich Ernestine und Graf Beust[1]) ist der Breilsche Verbundausbau angewandt worden (Abb. 202). Er besteht aus einem doppelten, ringförmigen Stahlgitterwerk, das mit Beton ausgestampft wird. Das Gitterwerk wird über Tage hergestellt und in Ringteilen von 1—1,5 m Höhe und 3—5 m Länge in den Schacht eingebracht, die hier zu einem geschlossenen Ring verbunden werden. Zur Erhöhung der Wasserdichtigkeit hat man in mehreren Fällen am Schachtstoß noch eine geschlossene, durch Bleieinlagen und Verschraubung gedichtete Blechwand, die mit Zement hintergossen wurde, vorgesehen. Der Ausbau kostete bei lichten Schachtdurchmessern von 3,4—4 m 1600—1800 RM. je lfd. m. Er ist seit 1925 nicht mehr angewandt worden.

In unbewehrtem Beton von 485—680 mm Stärke ist innerhalb des festen Gebirges der Schacht Auguste Victoria 4 bei Hüls i. W. ausgebaut worden[2]). Die Arbeiten wurden 1929 von der Firma Vollrath in Wesel ausgeführt. Soweit es das Gebirge gestattete, teufte man Sätze bis zu 80 m mit vorläufigem Ausbau ab und baute sie dann aus. Das Einbringen des Betons erfolgte von einer schwebenden Bühne aus hinter einer Verschalung, die aus U-Stahlringen und 1 m hohen Blechtafeln bestand. In 24stündiger Arbeit, die sich auf 3 Schichten verteilte, gelang es 180—200 m³ Beton einzubringen, so daß das Abteufen nur 4¹/₂ Tage für den Ausbau eines Satzes von 80 m unterbrochen zu werden brauchte.

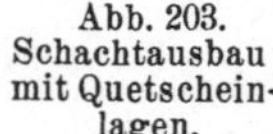

Im Durchschnitt schwankten die Leistungen zwischen 7 und 12 m je Tag. Als Beton wurde ein Mischungsverhältnis von 1 : 3,5 gewählt. Der Zuschlag bestand zu 2 Teilen aus Sand und Kies sowie zu 1 Teil aus Basaltsplitt. Die Ausbaukosten beliefen sich auf etwa 1000 RM. je m.

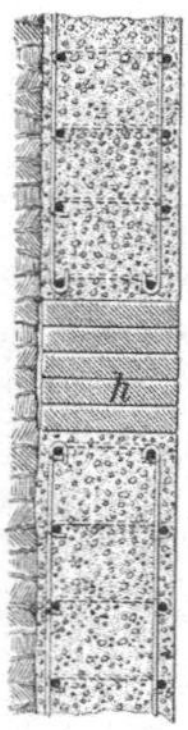

142. — Nachgiebigkeit des Betonausbaues. Um der Verkürzung des Schachtes unter der Einwirkung des Abbaues Rechnung zu tragen, kann man in der Schachtauskleidung waagerechte Quetschfugen anordnen und diese mit leicht zusammendrückbaren Stoffen h, z. B. Holz oder Ziegelsteinen, ausfüllen (Abb. 203)[3]). Auf den Rheinelbeschächten bei Gelsenkirchen hat man etwa 25 cm hohe Ausdehnungsfugen zwischen 20—50 m hohen Betonabsätzen offen gelassen. Zweck-

Abb. 203.
Schachtausbau
mit Quetschein-
lagen.

mäßig spart man diese Fugen gleich bei der Herstellung der Betonwand aus, indem man den oberen Ausbauabsatz durch Holzklötze abstützt. Mehrfach hat man aber auch die Fugen erst nachträglich ausgespitzt, wenn das Gebirge unruhig zu werden begann. Die senkrechten Stahleinlagen kann man zwar durchlaufen lassen, wodurch die einzelnen Betonabsätze in einem gewissen Verbande miteinander bleiben. Bei Annäherung der Absätze biegen sich aber die Einlagen aus, und es können Betonschalen abgesprengt werden. Deshalb unterbricht man besser die Einlagen, so daß die gegenseitige Annäherung der Absätze ohne Hindernis vor sich gehen kann.

<hr>

[1]) Glückauf 1925, S. 1109; von den Brincken: Neuere Erfahrungen mit dem Eisenbeton-Verbundausbau von Breil.

[2]) Glückauf 1930, S. 597; G. Schmid: Das Abteufen des Schachtes Auguste Victoria 4.

[3]) Glückauf 1926, S. 889; Riepert, Schlüter, von Stegmann: Neuzeitliche Betonbauweisen im Bergbau.

c) Gußringausbau.

143. — Einleitende Bemerkungen. In allen Gruben ohne Deckgebirge oder mit wasserdurchlässigem Deckgebirge, die durch ihren Abbau das Hangende entwässern, wird ein völlig wasserdichter Schachtausbau nicht notwendig sein, da die Wasser in jedem Falle bis in die Grubenbaue niedergezogen werden. Häufig ist aber (und namentlich trifft dies für den nördlichen und westlichen Teil der rheinisch-westfälischen Steinkohlenablagerung und für den Kalisalzbergbau zu) ein Deckgebirge mit wasserstauenden Schichten vorhanden, die durch einen sorgfältig geführten Abbau nicht zerrissen werden. In allen solchen Fällen besteht die Möglichkeit, die über den wasserstauenden Schichten befindlichen Wasser durch wasserdichten Schachtausbau von den Grubenbauen fernzuhalten und dadurch die unterirdischen Zuflüsse zu vermindern, den Schacht trocken zu halten und Wasserentziehungen über Tage zu vermeiden.

Die bisher einzige Schachtauskleidung, die bei mehreren hundert Metern Teufe dem vollen Drucke einer Wassersäule von entsprechender Höhe mit Sicherheit standzuhalten vermag und deshalb tatsächlich wasserdicht hergestellt werden kann, ist diejenige mit Gußringen (Tübbings) aus Gußeisen, einem Werkstoff, der sich durch hohe Druckfestigkeit auszeichnet, allerdings nur geringe Verformungsfähigkeit besitzt. Zu bemerken ist weiterhin seine hohe Widerstandsfähigkeit gegen Korrosionseinwirkungen, die wahrscheinlich auf seine Gußhaut zurückzuführen ist. Der Gußringausbau setzt sich in der Regel aus Ringteilen (Segmentstücken) zusammen, die zu einem vollen Ringe zusammengesetzt werden. Die aus einzelnen Ringteilen bestehenden Schachtringe werden im Schachte übereinander aufgebaut oder untergehängt, so daß gleichsam ein geschlossenes Rohr aus Gußeisen entsteht, dessen Wandung die Schachtauskleidung darstellt. Man nannte diese früher Küvelage und sprach demgemäß von einem Ausküvelieren des Schachtes.

144. — Englischer Gußringausbau. Man unterscheidet englischen und deutschen Gußringausbau. Englische Gußringe sind bei uns seit mehreren Jahrzehnten nicht mehr neu eingebaut worden. Jedoch steht eine größere Zahl von Schächten noch in diesem Ausbau. Die englischen Gußringteile (Tübbings) besitzen (Abb. 204) äußere Flanschen f, so daß die innere Schachtwand glatt erscheint. Neben den Flanschen sind gewöhnlich noch Verstärkungsrippen r und r_1, die senkrecht und waagerecht verlaufen, und Ansätze a zum Abstützen der Flanschen vorgesehen. In der Mitte be-

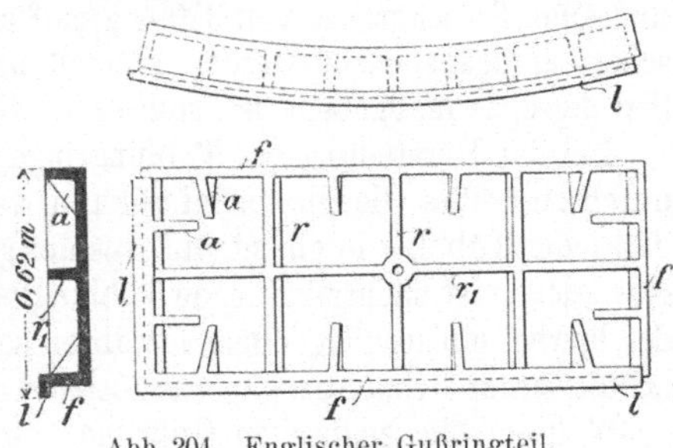

Abb. 204. Englischer Gußringteil.

findet sich ein Loch, das zum Einhängen des Ringteiles und zum Wasserabfluß während des Dichtens der Auskleidung dient. Die englischen Gußringe besitzen keine bearbeiteten Flanschenflächen. Diese bleiben vielmehr in dem Zustande, wie er sich beim Gießen ergibt, was zur Folge hat, daß die Ringteile stets mehr oder weniger schiefwinklig sind und die Seiten nicht völlig parallel verlaufen. Die Dichtung erfolgt durch Holzbrettchen und Holzkeile, die in die senkrechten und waagerechten Fugen eingetrieben werden. Um ein Ausweichen der Brettchen zu vermeiden, sind die Segmente an je zwei Seiten mit vorspringenden Leisten versehen (l in Abb. 204). Infolge der Holzzwischenlagen ist der englische Gußringausbau zwar etwas nachgiebig, aber selten vollständig wasserdicht. Auch ist bei ihm wegen der glatten Innenwand die Verlagerung der Schachteinbauten schwierig. Sie erfolgt mittels angegossener Schuhe oder an Wandruten, die an die Holzfugen angenagelt werden.

145. — Deutscher Gußringausbau. Die **deutschen** Gußringe weisen innen je zwei senkrechte und waagerechte Flanschen von 120 mm waagerechter

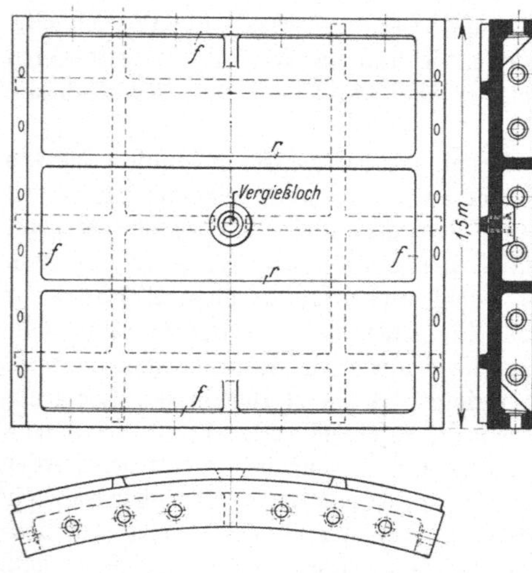

Abb. 205. Deutscher Gußringteil.

Breite und 50—130 mm Dicke auf (f in Abb. 205) sowie zwei waagerechte Verstärkungsrippen r. Auf der Rückseite haben sie zur Erhöhung der Haftung des Hinterfüllungsbetons 2—3 senkrechte und 3 waagerechte Rippen von 35 mm Höhe und 50 mm Kopfbreite. Zum Nachzementieren kann in den Segmenten je ein Vergießloch vorgesehen werden. Die Druckfestigkeit des Gußeisens beträgt 7500 kg/cm² , seine Zugfestigkeit 1800 kg/cm² . Die Ringteile werden mit bearbeiteten Flanschenflächen geliefert, so daß sie genau zusammenpassen und unter Anwendung einer Bleidichtung miteinander verschraubt werden können. Die Auskleidung bildet so ein starres, wasserdichtes Ganzes.

Als Schrauben werden Stahlschrauben von meist 4500 kg/cm² Zugfestigkeit und einer Streckgrenze von 3000 kg/cm² angewandt. Da die Schrauben auf Abscherung beansprucht werden können und für ihre Widerstandsfähigkeit die Streckgrenze maßgebend ist, sollte man sie so dick wie möglich wählen.

Bei der Herstellung der Tübbingringe muß insbesondere Lunkerbildung, die durch zu heißes Gießen eintreten kann, vermieden werden. Auch ist es wichtig, daß jeder Tübbing in einem Guß aus der gleichen Pfanne hergestellt wird. Jedes Nachgießen ist nachteilig. Jede Tübbinglieferung ist sorgfältig zu prüfen. Wegen der hierbei einzuschlagenden Verfahren sei auf das Normblatt DIN Berg 1501, „Gußeiserner Schachtringausbau, Lieferbedingungen", hingewiesen.

Während die englischen Gußringe nur 300—700 mm hoch zu sein pflegen, beträgt die Höhe der deutschen Ringteile gewöhnlich 1,5 m. Die ungefähre Breite der Ringteile im Verhältnis zur Höhe ergibt sich aus den Abbildungen 204 und 205.

146. — Keilkränze. Keilkränze haben mehrere Aufgaben. Sie dienen einmal — insbesondere in schwimmendem Gebirge — zur Versteifung der Gußringsäule, erfüllen diesen Zweck aber nur dann, wenn ihr gegenseitiger Abstand den 5—6fachen inneren Schachtdurchmesser nicht übersteigt. Außerdem sollen sie die sichere Verlagerung der Gußringsäule ermöglichen und gleichsam den Fuß bilden, mit dem sich die Auskleidung auf das Gebirge stützt. Alsdann ist vielfach ihre weitere Aufgabe, zu verhindern, daß das hinter der Gußringwand stehende oder heruntersickernde Wasser unterhalb der Wandung in den Schacht treten kann.

Die lediglich der Versteifung dienenden Keilkränze werden unabhängig von der Art des Gebirges in Entfernungen von 25—40 m voneinander gelegt. Sollen sie dagegen der Verlagerung oder dem Wasserabschluß dienen, so muß das Gebirge, in das der Keilkranz gelegt wird, fest und wasserstauend sein. Der Abstand, in dem diese Keilkränze gelegt werden, schwankt daher in weiten Grenzen, und zwar etwa zwischen 20 und 80 m.

Ein Keilkranz ist ein aus gußeisernen Teilstücken von 500—700 mm Höhe und 400—750 mm Breite zusammengebauter Ring, dessen lichte Weite der lichten Weite des Gußringschachtes entspricht. Die einzelnen Ringteile sind, wie es die Abb. 206 zeigt, hohl mit mehreren senkrechten Verstärkungsrippen gegossen. Die Zahl der Ringteile schwankt je nach dem Durchmesser des Schachtes zwischen 9 und 14 Stück. Um die

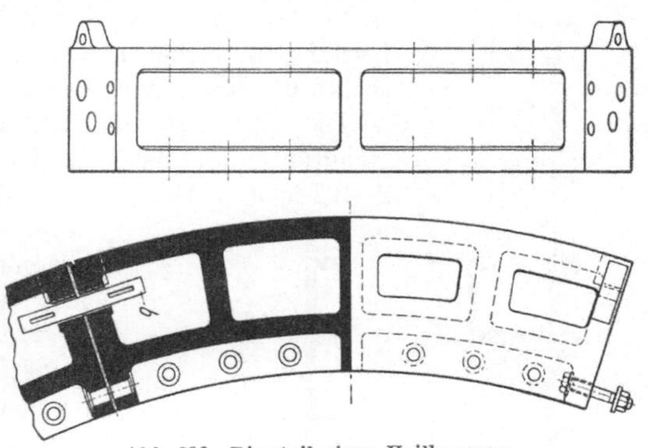

Abb. 206. Ringteil eines Keilkranzes.

Verbindung der Ringteile untereinander zu ermöglichen, sind sie mit Schraubenlöchern versehen.

147. — Herrichtung des Keilkranzbettes. Die der Versteifung dienenden Keilkränze der Gußringsäule werden in den im Ausbauplan vorgesehenen Abständen in genau der gleichen Weise eingebracht wie die übrigen Gußringe. Soll dagegen der Keilkranz als Unterlage dienen, auf der die Gußringsäule aufgesetzt wird, oder dient er zugleich oder für sich allein dem Wasserabschluß nach unten, so wird ein besonderes Keilkranzbett vorgesehen, mit dessen Herrichtung dann das Legen des Keilkranzes beginnt.

Statt das Bett im Gebirge selbst auszuarbeiten, was heute nur noch selten geschieht, pflegt man es künstlich durch Betonierung oder, wenn es sich um den untersten Keilkranz handelt, durch Mauerung zu schaffen. Es empfiehlt sich das nicht nur in harten Schichten, in denen eine ebene und glatte Fläche auszuspitzen schwierig ist, sondern auch in schlechtem, unzuverlässigem Gebirge, das dem Keilkranze keine genügend sichere Unterlage bietet. Man teuft dann etwas tiefer ab und richtet darauf das Keilkranzbett her. Abb. 207 zeigt ein durch Betonierung hergestelltes und Abb. 208 ein aufgemauertes Bett. Die Oberfläche muß in sorgfältiger Weise waagerecht und glatt verputzt werden.

148. — Das Legen und Verkeilen des Keilkranzes. Auf dem Bette werden die Teilstücke zu einem Ringe zusammengelegt, dessen waagerechte Lage mittels einer Wasserwaage sorgfältig und wiederholt nachgeprüft wird. Bei

Keilkränzen für deutsche Gußringe werden die Segmente nach Zwischenlegen einer Bleidichtung miteinander verschraubt. Der Raum zwischen dem äußeren Kreisrande der Segmente und dem Gebirgsstoße wird in der Regel mit Beton verfüllt. Dient der Keilkranz dagegen zum Wasserabschluß, so muß dieser Zwischenraum mit Holzklötzchen und Bretterstückchen möglichst dicht ausgefüllt und sodann verkeilt (pikotiert) werden. Das bedeutet, daß man rund herum in mehrfach wiederholter Kreislinie zunächst Flachkeile und sodann Spitzkeile (picot = Spitzkeil) aus Pitchpine-Holz so lange in die Holzlage eintreibt, wie dies noch irgendwie möglich ist. Während des Verkeilens muß der Keilkranzring immer wieder eingelotet werden, damit Seitenverschiebungen vermieden oder durch kräftigere Verkeilung auf der zurückgewichenen Seite wieder ausgeglichen werden. Wenn zum Schlusse der Holzkranz so fest geworden ist, daß hölzerne Keile nicht mehr einzutreiben sind, kann man noch einen Kreis Stahlkeile folgen lassen. Nach beendigtem Verkeilen soll ein völlig wasserdichter Anschluß des Eisenringes an das Gebirge erzielt sein.

Die Herstellung des Keilkranzbettes, das Legen des Keilkranzes und das Verkeilen pflegt einen Zeitraum von 2—3 Tagen in Anspruch zu nehmen.

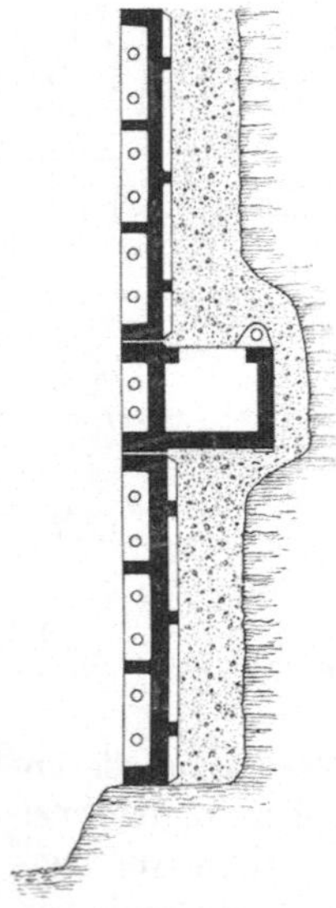

149. — Doppelter Keilkranz. In besonderen Fällen legt man zuweilen der Sicherheit halber zwei Keilkränze übereinander. Nach Aufbau der Gußringsäule wird auch die waagerechte Fuge zwischen den beiden Keilkränzen, in die vorher Holzbrettchen gelegt waren, gedichtet und verkeilt. Der nächstuntere Gußringabsatz wird später bis an den oberen Keilkranz herangeführt und gegen diesen gedichtet. Der hierbei erzielte Vorteil ist, daß etwaige geringe Bewegungen des oberen Keilkranzes nicht unmittelbar auch die Wasserdichtigkeit des unteren in Frage stellen. Vielfach zieht man es jedoch vor, zwischen beide Keilkränze noch 1—2 Gußringe einzuschalten.

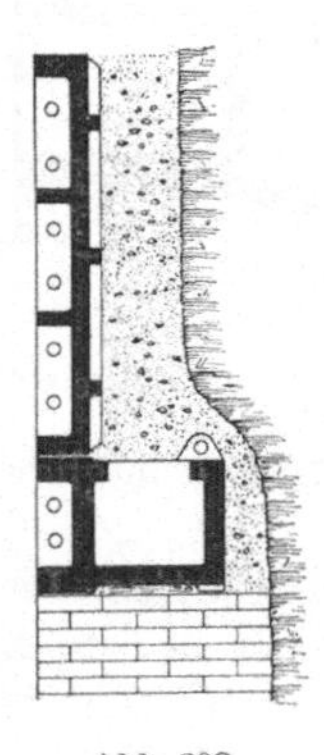

Abb. 207. Einbetonierter Keilkranz.

Abb. 208. Auf Mauerung gesetzter Keilkranz.

150. — Verstärkungsringe, Tragkränze. Wo es nicht auf eine Verlagerung oder einen dichten Abschluß der oberen Schachtwasser ankommt und nur eine Verstärkung der Gußringsäule gegen einseitigen Druck und gegen Knickgefahr erwünscht ist, baut man an Stelle der Keilkränze in Abständen von 7,5—15 m oder zwischen die Keilkränze Verstärkungsringe oder Tragkränze ein, die nach außen hin vorspringen und wie die Gußringsäule mit Beton hinterstampft werden. Die Form dieser Verstärkungsringe ist diejenige eines schmalen Keilkranzes. Mehrfach hat man Vorsorge gegen ein Klaffen der Ringteile im Falle einseitigen Druckes getroffen. Nach Abb. 209 greifen Klammern *a* über keilförmig geschnittene Knaggen *b*, die an die Außenenden der Segmente angegossen sind. Nach Abb. 210 werden die Ringteile nahe ihrer Rückwand durch hindurchgesteckte Bolzen b und Keile c zusammengehalten.

151. — Die Dichtung des deutschen Gußringausbaues. Schon in Ziff. 145 ist im allgemeinen die Verbindung der Ringteile untereinander durch Schrauben unter Verwendung von Dichtungsstreifen aus Blei erwähnt. Das Einlegen von Dichtungsstreifen allein genügt aber nicht. Vor Undichtigkeiten muß man sich deshalb durch zusätzliches Verstemmen der Fugen mit Blei schützen. Dies kann von Hand oder besser mit Drucklufthämmern, die gegen schmale Stemmeisen arbeiten, geschehen.

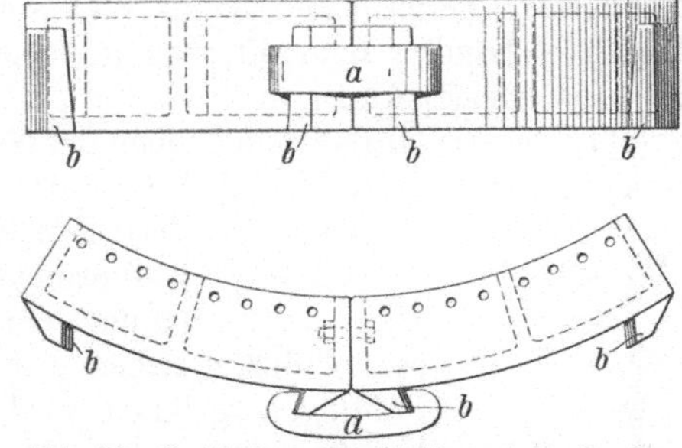

Abb. 209. Verbindung der Keilkranzteile durch Klammern.

Da das Wasser manchmal bis zu den Schraubenlöchern gelangt und durch diese in den Schacht tritt, sucht man sie noch besonders abzudichten. Es geschieht dies durch Bleiringe b (Abb. 211), die oben und unten um die Schraubenbolzen gelegt und beim Anziehen der Muttern durch die konischen Ausdrehungen in den Flanschen selbst und in den Unterlegescheiben s gegen die Bolzen gepreßt werden.

Die an sich lästigen Undichtigkeiten können für den Schacht verhängnisvoll werden, wenn dem unter hohem Druck stehenden Wasser feiner Sand beigemischt ist, wie das Ersaufen des Schachtes Wallach I (Niederrhein) im Jahre 1921 gezeigt hat. Hier war die Abdichtung des Verschlußdeckels eines Vergußlochs undicht geworden und ließ zunächst nur wenig Wasser durch. Der gleichzeitig austretende feine Sand aber fräste die Öffnung in etwa 15 Minuten so stark aus, daß

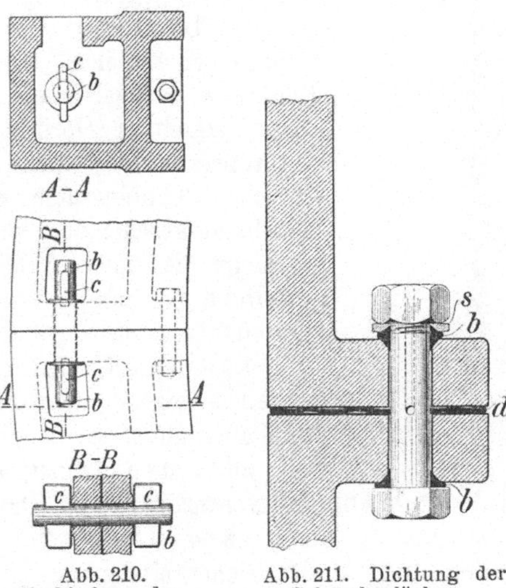

Abb. 210. Verbindung der Keilkranzteile durch Bolzen.

Abb. 211. Dichtung der Schraubenlöcher.

das austretende Wasser nicht mehr gehalten werden konnte.

152. — Der Einbau der Gußringe von unten nach oben. Die Gußringe werden, ähnlich wie es bei der Mauerung geschieht, meist von unten nach oben satzweise eingebaut. Hierbei werden die Gußringteile dadurch zu Ringen zusammengefügt, daß die einzelnen Stücke lose nebeneinander gesetzt werden. Damit keine durchlaufenden senkrechten Fugen entstehen, werden die einzelnen Stücke der verschiedenen Ringe gegeneinander versetzt. In die waagrechten und senkrechten Fugen werden Bleistreifen gelegt. Die einzelnen Ringteile werden durch Schrauben miteinander verbunden. Der erste Ring jeden Satzes muß sorgfältig eingelotet werden. Auch die Verlagerung der Keilkränze, deren einzelne Teilstücke in diesem Falle ebenfalls durch Schrauben miteinander verbunden werden, bietet nichts Bemerkenswertes. Der zwischen Eisenwand und Gebirgsstoß verbleibende Raum wird sorgfältig mit Beton (1 Teil Zement, 3—5 Teile Sand) verstampft, wodurch eine zusätzliche Versteifung des ganzen Ausbaus erreicht wird.

Was die Leistungen beim Einbau der Gußringe von unten nach oben angeht, so kann man rechnen, daß täglich durchschnittlich 4—5 Ringe, also 6—7,5 m, eingebaut und fertiggestellt werden können.

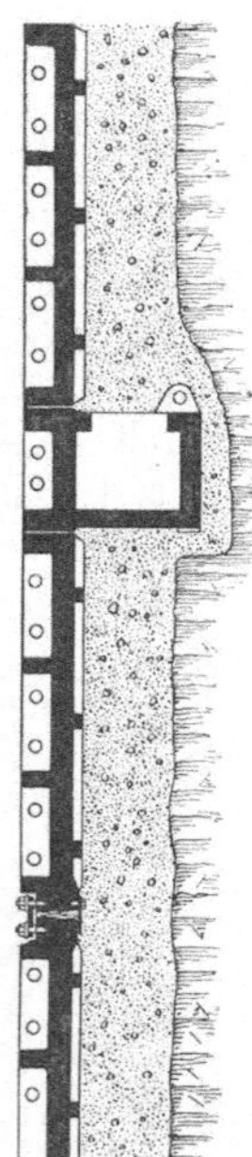

153. — Der obere Anschluß. Nach Möglichkeit richtet man die Entfernung der einzelnen Keilkränze voneinander so ein, daß zwischen dem obersten Ring, der als sogenannter Paßring ausgebildet wird, und dem Keilkranz keine Fuge bleibt. Voraussetzung hierfür ist ein genaues Einmessen der Entfernung zwischen den untersten Ringen zweier Sätze. Ein Paßring besitzt im Vergleich zu einem normalen Ring stärker ausgebildete horizontale Flanschen. Diese können nach Bedarf so auf Maß abgedreht werden, daß der Paßring als Anschlußring genau eingesetzt werden kann.

Unter Umständen aber kann der Anschluß auch durch Verkeilen einer zwischen zwei Ringen oder einem Ring und dem Keilkranz verbleibenden Fuge von 20—40 mm stattfinden. Diese Verkeilung (Horizontalpikotage) darf nicht etwa durch den äußeren Wasserdruck in den Schacht, wie dies bei einer einfachen Tübbingsäule geschehen könnte, zurückgetrieben oder hinausgeschleudert werden. Sie wird daher gesichert. Es geschieht dies nach Abb. 212 durch eine keilförmige Ausgestaltung der Fuge, vor allem aber durch Vorbau eines starken Flachstahlrings, der durch Schrauben gesichert wird.

154. — Das Unterhängen der Gußringe. Das Unterhängen erfolgt in der Regel von einem Keilkranze aus, kann aber auch von jedem irgendwie fest verlagerten Gußringe aus seinen Anfang nehmen. Diese Art des Einbaues

Abb. 212.
Horizontal-
pikotage.

wird durch Abb. 213 veranschaulicht. Das mit dem Förderseile eingelassene Ringstück s_2 hängt an 4 Ketten, von denen 2 (mit k bezeichnet) in Haken und 2, die Sicherheitsketten (mit k_1 bezeichnet), in Schrauben endigen. Sobald das Stück unten angekommen ist, werden die Sicherheitsketten gelöst, so daß es nur noch von den beiden Haken getragen wird. Nunmehr drücken die Arbeiter den Ringteil gegen den Stoß, wobei er von der Maschine so weit angehoben wird, daß er in die richtige Lage unter den Flansch des vorhergehenden Ringes kommt. Zwei eingesteckte Führungsbolzen f erleichtern diese Arbeit so lange, bis das Einstecken und Anziehen zweier Schrauben ermöglicht wird. Sobald diese tragen, können die Haken gelöst und die Führungsbolzen entfernt werden. Vorher ist schon das Bleidichtungsblech b_1 unter den Flansch des oberen Ringteils s gelegt, wo es durch Klammern z gehalten wird. Jetzt werden auch die übrigen Schrauben eingesteckt und einstweilen lose angezogen. Gleichzeitig wird der senkrechte Flansch

mit einer Bleidichtung versehen und mit dem Nachbarstück lose verschraubt. Für den letzten Ringteil wird der Stoß nach Abb. 214 weiter aus-

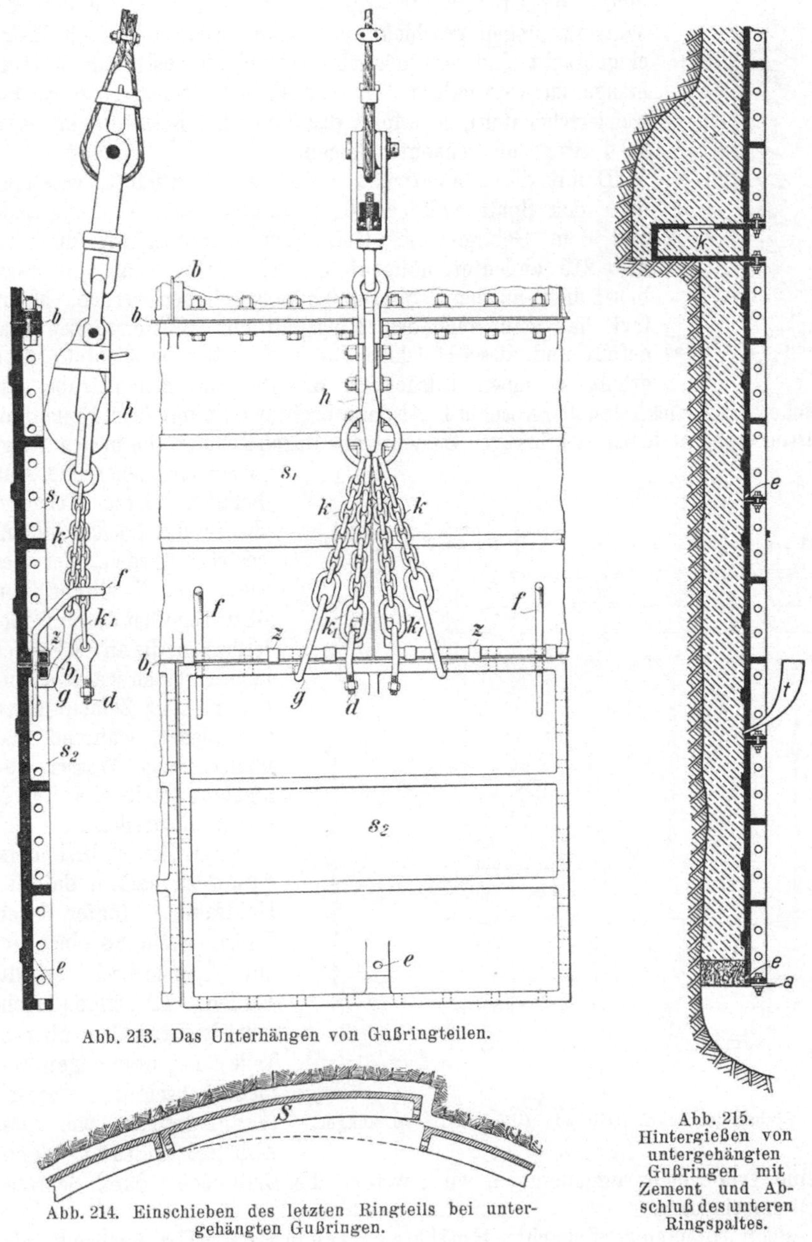

Abb. 213. Das Unterhängen von Gußringteilen.

Abb. 214. Einschieben des letzten Ringteils bei untergehängten Gußringen.

Abb. 215.
Hintergießen von
untergehängten
Gußringen mit
Zement und Ab-
schluß des unteren
Ringspaltes.

gearbeitet, so daß das Stück S eingeschoben und nach vorn in die richtige
Lage gezogen werden kann. Sobald der ganze Ring zusammengesetzt ist,

werden die Schrauben fest angezogen, wobei darauf zu achten ist, daß der Ring seine kreisrunde Form behält.

Sind mehrere Ringe untergehängt, so wird der Raum zwischen ihnen und dem Gebirgsstoße durch Vergießen mit Zement ausgefüllt. Bei Wasserzugängen geschieht dies schon, wenn nur 1—3 Ringe eingebracht sind, um möglichst schnell die zusitzende Wassermenge zu vermindern. Ist das Gebirge trocken (z. B. bei Gefrierschächten), so erfolgt das Zementieren erst, wenn etwa 3—4 Ringe im Schachte hängen.

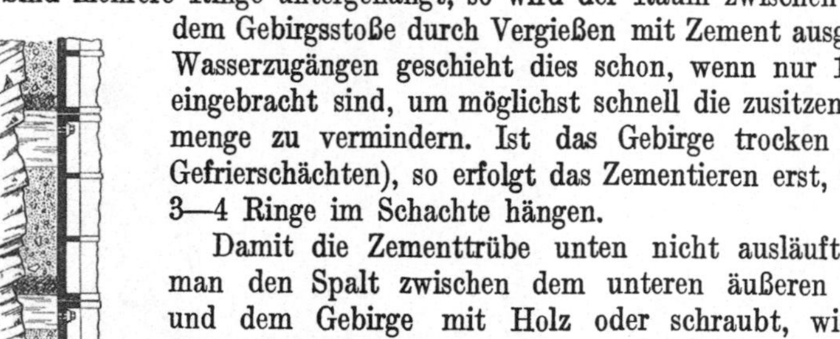

Abb. 216. Ungenügende Zementhinterfüllung von Gußringen.

Damit die Zementtrübe unten nicht ausläuft, verstopft man den Spalt zwischen dem unteren äußeren Ringrande und dem Gebirge mit Holz oder schraubt, wie dies die Abb. 215 andeutet, nötigenfalls noch Bleche *a* an, die möglichst dicht an den Gebirgsstoß herangeschoben werden. Mehrfach hat man auch den Ringspalt mit Bretterstücken ausgefüllt und diese Holzlage durch Verkeilen verdichtet. Man erhält so einen tatsächlich dichten, die Zementtrübe mit Sicherheit zurückhaltenden Abschluß. Alsdann beginnt man mit dem Einlaufenlassen einer tunlichst dickflüssigen Zementtrübe durch Löcher, die in den Ringteilen vorgesehen sind. Man benutzt hierzu Trichter, die in die Löcher hineingesteckt werden, oder aber man läßt die Trübe von über Tage her durch Rohrleitungen, die an die Löcher angeschlossen werden, einlaufen. Der Zement setzt sich nieder, während das überschüssige Wasser wenigstens teilweise nach unten durchsickert. Bei dieser Arbeit ist besonders darauf zu halten, daß die Hohlräume hinter der Gußringwand bis oben hin mit Zementbrei erfüllt werden. Es bilden sich sonst leicht in dem oberen Teile des jedesmaligen Zementierabschnittes Wasseransammlungen, wie dies Abb. 216 andeutet. Wenn

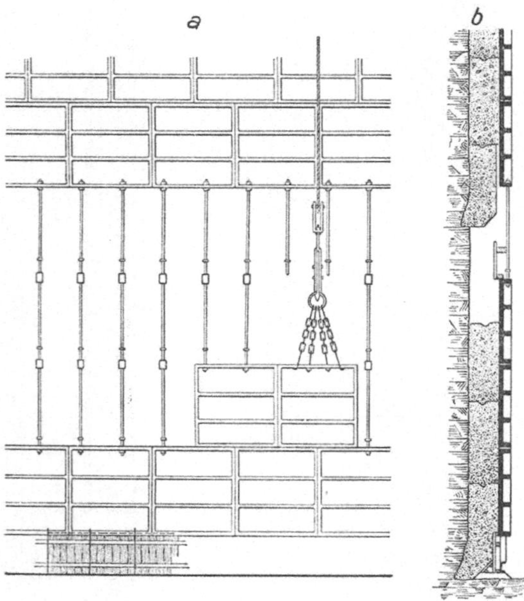

Abb. 217.
Einbau der Gußringteile mit Hilfe von Distanzstangen.

keine Trübe mehr aufgenommen wird, werden die Einfüllöcher durch Schrauben verschlossen.

Beim Abteufen des Schachtes Emil Mayrisch in Siersdorf bei Aachen wurde beim Ausbau eines Schachtteils, der von mächtigen, schlecht gefrorenen Braunkohlenflözen durchsetzt war, ein von H. Bierwisch angegebenes Verfahren,

DRP. 684791, benutzt, das ein absatzweises Unterhängen von Schachtgußringen unter Anwendung von Stampfbeton an Stelle von Gußbeton zur Hinterfüllung gestattet. Wie Abb. 217 zeigt, werden hierbei die Ringe mit Hilfe von Distanzstangen im genauen Abstand vom vorherigen Satz eingehängt. Zwischen dem untersten Ring jeden Satzes und der Schachtsohle erlaubt eine Holzverschalung (Abb. 217) das Einbringen eines Stampfbetonfußes, auf den der weitere Stampfbeton Ring für Ring eingebracht wird. Vor Einbau des obersten Ringes des nächsten Satzes kann wieder mit Hilfe einer Holzverschalung der Stampfbeton von unten her an diesen Betonfuß angeschlossen werden. Vergußbeton benötigt man dann nur noch für einen restlichen schmalen Ringraum.

Keilkränze und Tragkränze werden in gleicher Weise wie beim Aufbau einer Tübbingsäule eingefügt.

155. — Anschluß der untergehängten Gußringe an den unteren Keilkranz. Sobald man mit dem untergehängten Ausbau wasserstauendes Gebirge erreicht hat, schließt man die Gußringsäule unten durch einen Keilkranz ab. Wo es sich machen läßt, wird dieser nach einem Stichmaß genau in solcher Höhe verlegt, daß nach Zwischenlegen der üblichen Bleidichtung der unterste Ring unmittelbar mit dem Keilkranz verschraubt werden kann. Dies geschieht z. B. nach Abb. 218 in folgender Weise: Der letzte unterzuhängende Ring a wird eingebaut und vergossen. Darauf teuft man den Schacht genügend tief und setzt einen Mauerfuß an. Die Mauer wird entsprechend der Abbildung hochgezogen, darauf der Ring c und über diesem der Keilkranz d eingebaut und vergossen. Der letztere kann außerdem verkeilt werden. Schließlich wird der Ring e zwischengebaut und mittels der Vergußlöcher f ebenfalls vergossen. Durch Zurückstemmen der Bleidichtung in die Fuge zwischen den Ringen e und a wird völlige Wasserdichtigkeit erzielt.

Läßt der Keilkranz sich nur so einbauen, daß ein größerer Zwischenraum zwischen den Ringen bleibt, so werden Paßringe eingeschaltet. Dieser Fall wird jedoch selten eintreten, da man mit Hilfe von Distanzstangen in der Lage ist, den Keilkranz genau zu verlegen.

156. — Bewährung der untergehängten Gußringe. Unterhängegußringe werden zumeist angewandt, um Wasserzugänge möglichst schnell abschließen zu können. Tatsächlich hat man in dieser Beziehung gute Erfolge erzielt, und es ist mehrfach gelungen, auf diese Weise beträchtliche Wasserzuflüsse alsbald nach ihrem Auftreten abzusperren, so daß man bei erheblich verminderten Zuflüssen weiter abteufen konnte. Außerdem wendet man Unterhängegußringe an, um die Gebirgsstöße, z. B. wenn diese aus schwer gefrierbaren Schichten (Braunkohle, Ton) bestehen, sobald wie möglich zu sichern. Namentlich hat man dies beim Gefrierverfahren getan. Auch hier hat sich diese Art des Ausbaues durchaus bewährt, worüber weiter unten Näheres folgt.

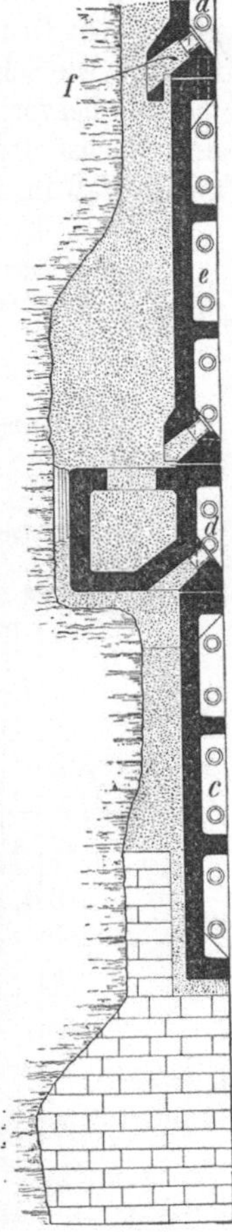

Abb. 218.
Anschluß der Unterhängegußringe an einen unteren Keilkranz.

157. — Die Beanspruchung des Gußringausbaus und die dagegen angewandten Mittel. Bei den mannigfachen Beanspruchungen des Gußringausbaus handelt es sich zunächst um Druckspannungen, die durch die allseitig auf den Ausbau ruhende gleichmäßige Grundbelastung hervorgerufen wird. Diese entspricht bei standfestem Gebirge dem Wasserdruck, ist also in jeder Teufe gleich dem Druck der dieser Teufe entsprechenden Wassersäule. Bei lockerem Gebirge, wie Schwimmsand, kommt noch der durch das höhere Gewicht der Sandteilchen hervorgerufene Druck hinzu. Er ist als Böschungsdruck anzusprechen und wächst ebenfalls verhältnisgleich mit der Teufe. Die Erfahrung hat ergeben, daß in diesen Fällen bis zu 300 m Teufe mit dem 1,3fachen und über 300 m Teufe mit dem 1,5—1,7fachen Wasserdruck gerechnet werden muß.

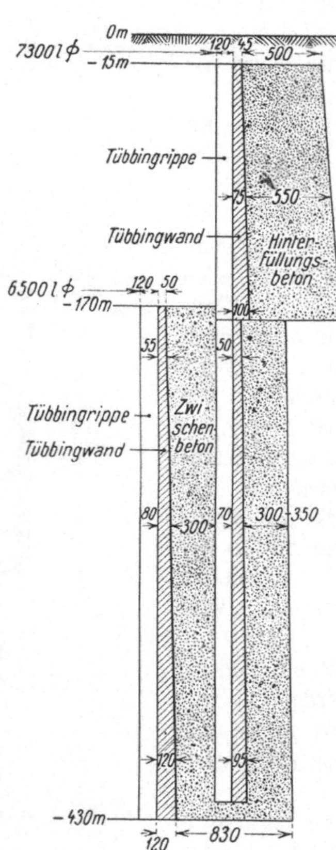

Abb. 219. Bemessung der Ausbauwandstärke eines Gußringschachtes bei wachsender Teufe.

Die Erfahrung hat ergeben, daß sich unter Berücksichtigung der Druckspannungen die Wandstärke e der Gußringe bei Vorhandensein einer tragfähigen Betonhinterfüllung auf Grund der Beziehung $e = \dfrac{0,13 \cdot h \cdot r}{1000}$ bestimmen läßt. Hierin ist r der Tübbinghalbmesser in cm, h die Teufe in m. Als zulässige Druckbeanspruchung des Gußeisens ist 1000 kg/cm² angenommen. Bei größeren Teufen tritt 0,15 oder 0,17 an Stelle von 0,13. Die Verstärkungsrippen und Flanschen der Gußringe sind in der Formel nicht berücksichtigt. In ihnen liegt eine zusätzliche Sicherheit. Wie aus Abb. 219 hervorgeht, nimmt also die Tübbingwandstärke mit der Teufe allmählich zu.

Die Druckspannungen müssen vom Baustoff des Schachtausbaus aufgenommen werden. Von besonderer Bedeutung für den Tübbingausbau ist jedoch, daß sich seine Festigkeit gegen reine Druckbeanspruchungen in keinem Fall wirklich ausnutzen läßt. Eine vielfach übliche 7—8fache Sicherheit des Tübbingausbaus gegen Druck sagt also über die tatsächliche Standsicherheit wenig aus. Der Grund hierfür ist darin zu erblicken, daß der Schachtring schon bei Druckspannungen, die vielfach weit unter der Druck- und Zugfestigkeit liegen, in einen Zustand gerät, der dem Ausknicken einer überlasteten Säule entspricht. Die ursprünglich kreisrunde Schachtröhre beult sich ein und wird schließlich zerstört. Die mittlere Druckspannung, bei der sich die Knickerscheinungen zeigen, wird als Knickspannung bezeichnet. Die Knicksicherheit wird nach Domke ausgedrückt durch die Formel $v = h_k/h$, wobei h_k die nach hier nicht näher angegebenen Formeln errechenbare Knickteufe, d. h. die Teufe, bei der das Knicken der Schachtröhre eintritt, und h die gesamte Teufe der Schachtröhre bedeutet. Die Stärke des Schachtausbaus wird zweckmäßig so gewählt, daß bei gleichmäßigem Außendruck in Teufen bis 200 m der Wert für ν mindestens bei 2 liegt, während in größeren Teufen eine mindestens 1,5fache Sicherheit gegen Einknicken bestehen muß. Ergänzend sei erwähnt, daß die Knicksicherheit eine Funktion der Schlankheit des aus Tübbing und Beton bestehenden Ausbauringes ist. Diese wird ausgedrückt durch l/i, worin l etwa gleich dem lichten Schachtdurchmesser, vermehrt um die Wandstärke, und i der Trägheitshalbmesser des Querschnitts des Ausbauringes ist.

Außer der gleichmäßigen Grundbelastung müssen aber noch örtlich wirkende Zusatzbelastungen angenommen werden. Sie sind bei standfestem und schwimmendem Gebirge in erster Linie durch Abbauwirkungen, in standfestem Gebirge auch an Störungszonen zu erwarten. Auch unter ungünstigen Bedingungen kann angenommen werden, daß sie den Schachtausbau auf ein Viertel des Umfangs bei nicht mehr als 4 m Höhe beanspruchen. Sie bewirken Zugspannungen und Schubspannungen. Außerdem lösen sie Kräfte aus, die die Haftfestigkeit zwischen Beton und Eisen beanspruchen, also zu Haftspannungen führen.

Durch Rechnung, auf die nicht eingegangen werden soll, kann festgestellt werden, bei welchem Zusatzdruck ein gegebener Schachtausbau zerstört wird. Das Verhältnis dieses Zusatzdruckes zum gleichmäßigen Außendruck wird als Ungleichförmigkeitsgrad ω bezeichnet. Da sich das Gebirge mit wachsender Teufe infolge Zunahme des Druckes und der Reibung weniger leicht verschiebt, stellt der Zusatzdruck mit zunehmender Teufe einen kleiner werdenden Bruchteil des gleichmäßigen Außendrucks dar. Da dieser jedoch mit der Teufe anwächst, erhöht sich die absolute Höhe des Zusatzdrucks mit der Teufe ebenfalls. In 100 m Teufe und einem Ungleichförmigkeitsgrad von 0,2 beläuft sich der zulässige Zusatzdruck auf $10 \cdot 0,2 \cdot 1,3 = 2,6$ at, in 600 m Teufe und einem Ungleichförmigkeitsgrad von 0,1 dagegen auf $60 \cdot 0,1 \cdot 1,5 = 9$ at. Auf Grund von Erfahrungswerten nimmt man an, daß der Ungleichförmigkeitsgrad in geringen Teufen größer als 0,15 und in größeren Teufen größer als 0,1 sein soll.

Die gegen diese Beanspruchungen angewandten Mittel sind:

1. Erhöhung der Gußringwandstärke,
2. eine starke, sorgfältig hergestellte Betonhinterfüllung,
3. eine doppelte (in sehr großen Teufen gegebenenfalls auch eine dreifache) Gußringwand mit Betonzwischen- und -hinterfüllung,
4. Änderung der Querschnittsform der Gußringe.

158. — Die in einzelnen Ringen durch ungleichmäßigen Gebirgsdruck auftretenden Biegebeanspruchungen. Auch bei guter Hinterfüllung können ungleichmäßige Beanspruchungen auftreten, wenn das Gebirge „schiebt", d. h. von verschiedenen Seiten her verschieden stark drückt. Dies pflegt mehr oder weniger der Fall zu sein, wenn die Abbauwirkungen den Schacht in ihren Bereich ziehen.

Kennzeichen stärkerer Biegebeanspruchungen sind das Klaffen der Fugen und das Längen der Schrauben an den nach innen gedrückten Stellen, während, um 90° versetzt, an den nach außen ausweichenden Stellen ein Zusammenklemmen der Fugen eintritt (Abb. 220). Wird die Beanspruchung zu groß, so brechen die Gußringe. Die senkrechten Risse verlaufen meist in der einen Ringreihe durch die Mitte der Gußringteile und in der anderen unmittelbar neben einem Flansch, parallel mit diesem. Man hat die Widerstandsfähigkeit der Gußringe gegen Biegung durch geeignete Formgebung zu erhöhen versucht.

Das in neuer Zeit allein gebrauchte Mittel ist eine verstärkte Betonhinterfüllung, die ein Einbeulen des Ringes auch bei stärkeren einseitigen Drücken verhindert. Früher hielt man den mit Beton zu verfüllenden Ringraum zwischen Gußringwand und Gebirge tunlichst schmal. Heute erweitert man ihn mit Rücksicht auf die Biegebeanspruchungen planmäßig auf 30—40, ja sogar auf 50—60 cm Breite und stampft ihn mit einer sorgfältig bereiteten Betonmischung aus. Bei der geringen Biegefestigkeit des einfachen Betons wird hierdurch freilich nur eine mittelbare Sicherung erreicht, indem ein Ausweichen der Gußringwand ver-

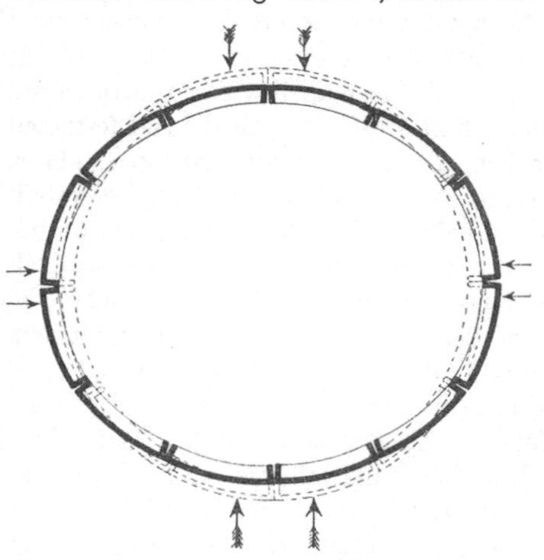

hindert wird. Bei einigen Schächten, zuletzt beim Schacht Auguste Victoria 4, hat man die Betonwand durch Stahleinlagen verstärkt und ihr so unmittelbar auch eine erhebliche Biegefestigkeit zu verleihen versucht. In solchen Fällen wird aber heute die doppelte Gußringsäule (s. Ziff. 160) bevorzugt.

159. — Der Gußringausbau unter besonders schwierigen Verhältnissen. Gußringe für große Teufen. Bei den für große Teufen sich ergebenden Wandstärken ist ein zuverlässiger Guß schwer zu erzielen, weil besonders in den Ecken die

Abb. 220. Biegebeanspruchung eines Gußringes.

sog. Gußspannung wächst und die Gefahr der Lunkerbildung entsteht. Auch machen die Verteilung des Eisenquerschnitts und das Unterbringen der Schrauben Schwierigkeiten. Doch ist es durch sorgfältiges Herstellen und insbesondere durch langsames Abkühlen nach dem Gusse gelungen, einwandfreie Gußringe von erheblicher Wandstärke zu gießen. Die Firma Haniel & Lueg in Düsseldorf hat z. B. an die Zeche Maximilian bei Hamm Gußringe mit 15 cm und an die Adler Kaliwerke für den Schacht Oberröblingen sogar solche mit 18 cm Wandstärke in guter Beschaffenheit geliefert. Im allgemeinen geht man allerdings über Wandstärken von 13—15 cm nicht hinaus. Anderseits pflegt man — ebenfalls aus gußtechnischen Gründen — eine Wandstärke von 2,5 cm nicht zu unterschreiten.

160. — Doppelte Gußringsäulen. Die mit der Herstellung und Handhabung der dickwandigen Gußringteile verbundenen Schwierigkeiten werden in der Regel dadurch vermieden, daß die Wandstärke unterteilt und an Stelle einer einzigen eine doppelte Gußringsäule mit einer Betonzwischenfüllung hochgeführt wird (Abb. 219).

Zuerst hat man in tiefen Gefrierschächten von diesem Gedanken Gebrauch gemacht und konnte es hier mit um so größerem Nutzen tun, als während der Zeit des Abteufens unter dem Schutze der Frostmauer die äußere, durch Unterhängen eingebrachte Gußringwand allein schon zur Sicherung des Schachtes genügt. Nach dem Einbau der Außensäule wird die innere Gußringwand hochgeführt und gleichzeitig der Raum zwischen den beiden Eisenwänden mit Beton ausgestampft. Die Abbildungen 221 und 222 zeigen das untere Ende eines doppelten Gußringausbaus in verschiedener Ausbildung. Beiden Fällen gemeinsam ist die heute übliche getrennte Verlagerung beider Säulen auf getrennten Keilkränzen.

161. — Gußringe aus Stahlguß. Stahlguß würde gegenüber Gußeisen eine 3—4fach höhere Biegefestigkeit verbürgen, wenn er auch keine höhere Druckfestigkeit als dieses besitzt, so daß mit Rücksicht auf die Druckbelastung etwa die gleichen Wandstärken zur Anwendung kommen müßten. Bisher hat aber der Preis von Stahlguß, der sich bei gleichem Gewichte auf etwa das Dreifache desjenigen der gußeisernen Ringe stellte, der Anwendung hindernd im Wege gestanden. Die Kriegs- und Nachkriegsverhältnisse haben zeitweilig das Preisverhältnis zugunsten des Stahlgusses verschoben. Tatsächlich hat deshalb die Fr. Krupp A.-G. auf ihrem Schachte Hannover Stahlgußringe eingebaut. Bei Versuchen hat sich gezeigt, daß derartige Ringe erhebliche Formänderungen ohne Bruch vertragen[1]). Anderseits ist zu beachten, daß jeder verformte Stahl infolge von durch die Verformung auftretenden Kerbwirkungen in seiner Festigkeit wesentlich

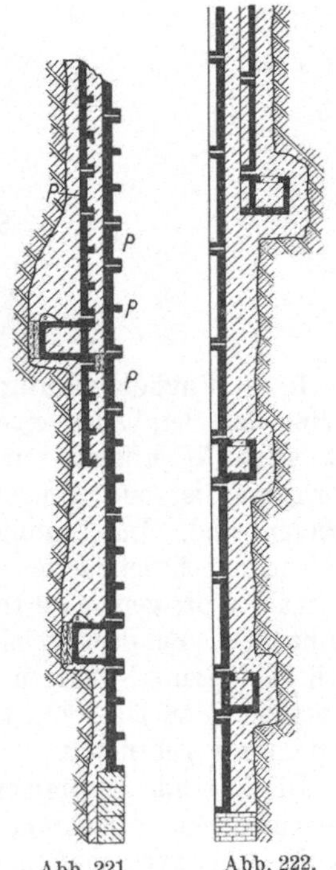

Abb. 221.
Doppelter Gußringausbau mit pikotierten Keilkränzen und Passungen (P) der Innensäule.

Abb. 222.
Doppelter Gußringausbau mit auf zwei benachbarten Keilkränzen verlagerter Innensäule.

nachläßt und daher den Keim zur baldigen Zerstörung in sich trägt. Die tatsächliche Überlegenheit des Stahlgußringes gegenüber dem Eisengußring ist also zweifelhaft.

162. — Schlußbemerkung. Im vorstehenden sind die für einzelne Abteufverfahren sich ergebenden Besonderheiten des Schachtausbaues nicht berücksichtigt worden. Solche Abweichungen liegen namentlich für das Gefrierverfahren und für das Schachtabbohren mit unverkleideten Stößen vor. Auf sie wird bei der Besprechung der einzelnen Abteufverfahren zurückzukommen sein.

---

[1]) Kruppsche Monatshefte 1920, Oktoberheft, S. 169; Reichard: Über Schachtausbauten mit Tübbings usw.

Schachtabteufen.

1. — Vorbemerkung. Das Schachtabteufen hat für die verschiedenen Arten des Bergbaues eine sehr verschiedene Bedeutung. Im Erzbergbau ist seine Wichtigkeit nur gering, weil in der Regel kein Deckgebirge vorhanden ist und demgemäß keine besonderen Schwierigkeiten zu überwinden sind. Im Braunkohlenbergbau sind die dem Abteufen entgegentretenden Schwierigkeiten oft schon größer, jedoch pflegt es sich dabei mit Ausnahme des geplanten rheinischen Braunkohlentiefbaus um geringere Teufen zu handeln. Bei dem Steinkohlen- und dem Kalisalzbergbau schließlich gesellen sich häufig zu schwierigen Gebirgsverhältnissen erhebliche Teufen, so daß hier Gelegenheit zu einer recht mannigfaltigen Entwicklung verschiedener Abteufverfahren gegeben war.

Die folgende Zusammenstellung (s. S. 171) gibt einen Überblick über die verschiedenen Verfahren, deren Anwendbarkeit in der Hauptsache durch Teufe, Gebirgsbeschaffenheit und Wasserzugänge bedingt wird.

I. Das gewöhnliche Abteufverfahren[1]).

A. Das Abteufen ohne besondere Vorkehrungen.

a) Einleitende Bemerkungen.

2. — Allgemeines[2]). Bei dem gewöhnlichen Schachtabteufen wird die Sohle des Schachtes durch unmittelbare Hand- oder durch Sprengarbeit vertieft; die zusitzenden Wasser werden durch Kübelförderung oder Pumpen niedergehalten und die Schachtstöße, falls die Natur des Gebirges es erfordert, ausgekleidet. Ein solches Schachtabteufen setzt im allgemeinen standhaftes (nicht schwimmendes) Gebirge bei nicht übermäßig großen Wasserzuflüssen voraus. Man wendet es beim Niederbringen neuer Schächte von Tage aus soweit als möglich, stets beim Weiterabteufen eines Schachtes

---

[1]) Vgl. A. Hoffmann: Schachtabteufen von Hand (Halle, W. Knapp), 1911.

[2]) Bei der überwiegenden Bedeutung, die die runden Schächte für neue Abteufarbeiten im deutschen Bergbau besitzen, ist in dem folgenden Abschnitt hauptsächlich auf sie Rücksicht genommen. Für rechteckige Schächte gelten die Ausführungen nur mit gewissen Einschränkungen oder insoweit es ausdrücklich bemerkt ist.

unterhalb einer bereits in Betrieb befindlichen Sohle sowie schließlich beim Abteufen blinder Schächte an. Es übertrifft, wenn nicht etwaige Wasserschwierigkeiten ein anderes Vorgehen notwendig machen, hinsichtlich der Schnelligkeit und Billigkeit weit alle anderen Verfahren. Je mehr Wasser freilich dem Schachte zusitzen, um so schwieriger und teurer wird die Handarbeit. Wir kommen dann bald an eine Grenze, wo andere Abteufverfahren, insbesondere das Gefrier- und das Versteinungsverfahren, sicherer und billiger werden. Häufig werden in einem Schachte je nach den Umständen mehrere verschiedene Abteufverfahren angewandt.

	Bedingungen der Anwendbarkeit		
	nach der Teufe	nach der Gebirgsbeschaffenheit	nach den Wasserzuflüssen
I. Gewöhnliches Abteufverfahren			
a) ohne besondere Vorkehrungen . . .	für alle Teufen	in festem Gebirge	bis etwa 2 m³ minutlich
b) mittels Spundwandverfahrens . . .	bis etwa 25 m Teufe	in schwimmendem Gebirge	bei mäßigen Wasserzugängen
c) mittels Grundwasserabsenkung . .	bis etwa 30 m Teufe	in entwässerungsfähigen Sanden	bei mäßigen Wasserzugängen
II. Senkschachtverfahren			
a) mit Arbeit auf der Sohle	bis etwa 30 m Teufe, nur ausnahmsweise darüber	in gleichmäßig lockerem Gebirge	bei mäßigen Wasserzugängen
b) mit Arbeit im toten Wasser			bei beliebigen Wasserzugängen
III. Abteufen unter Anwendung von Druckluft	bis etwa 30 m Teufe	dgl.	dgl.
IV. Schachtbohrverfahren mit unverkleideten Stößen nach Honigmann	bis etwa 400 m Teufe	in lockerem Gebirge	dgl.
V. Gefrierverfahren . .	für alle Teufen	in jedem Gebirge	dgl.
VI. Versteinungsverfahren			
a) mittels Zementeinpressens	für alle Teufen	in klüftigem, standhaftem Gebirge	dgl.

Welche Bedeutung die Wasserzuflüsse besitzen, mögen einige Zahlen klarmachen. Bei nur 50 l minutlichem Wasserzufluß sind in 24 Stunden bereits 72 m³ oder t Wasser aus dem Schachte zu heben. Rechnet man nun, daß in dieser Zeit der Schacht, der einen Aushubdurchmesser von 6 m besitzen mag, um 1 m tiefer gebracht wird, so sind in dieser Zeit 28 m³ oder r. 70 t Gestein zu fördern. Die Wasserförderung ist also bereits ebenso hoch wie die Bergeförderung. Ein Wasserzufluß von 50 l ist aber gering, da er auf mehrere Kubikmeter minutlich, ja sogar auf 20 und 30 m³ und noch darüber steigen kann.

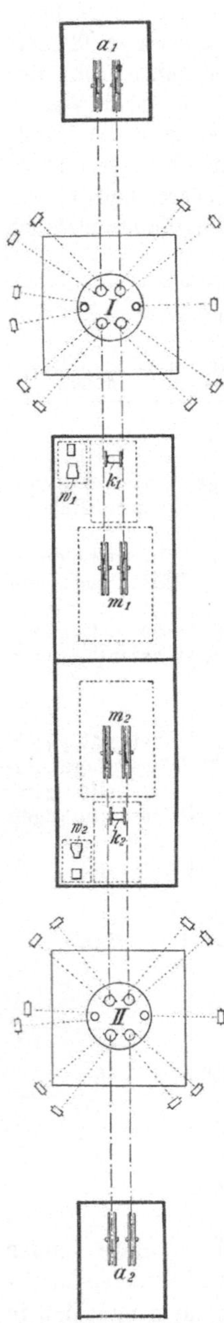

Abb. 223. Einrichtungen über Tage für das Abteufen eines Doppelschachtes.

Es ist schwer, für die Wasserzuflüsse eine Grenze anzugeben, oberhalb deren das gewöhnliche Abteufen mit Hand unzweckmäßig wird und besser durch andere Verfahren zu ersetzen ist. Im allgemeinen kann man annehmen, daß bei Wasserzugängen von etwa 2 m³ in einigen hundert Meter Tiefe ein Abteuffortschritt kaum mehr zu erzielen ist.

Bei einem Wasserzufluß von mehr als 15 l/min in einem 5 m-Schacht und von mehr als 25 l/min in einem 7 m-Schacht pflegen die Schachtbaufirmen Sonderkosten zu berechnen. Sie belaufen sich z. B. bei 1 m³ Zufluß je min und 100 m Teufe auf etwa 600 RM. je m und auf etwa 1000 RM. je m bei 300 m Teufe. Diese Zuschläge können nach der Formel $Z = 120 + \left(\dfrac{T}{100} + 4\right) \cdot \dfrac{L}{10}$ berechnet werden. In ihr bedeutet Z der Zuschlag in RM., T die Teufe und L der minutliche Wasserzufluß, vermindert um die zuschlagfreie Menge.

3. — **Überblick über die für das Abteufen erforderlichen Tagesanlagen.** Zu den für das Schachtabteufen erforderlichen Einrichtungen über Tage gehören in erster Linie das Fördergerüst und die Fördermaschine, von denen jenes oberhalb des Schachtes errichtet, diese seitlich davon aufgestellt wird. Eine Kabelwinde zur Bewegung einer schwebenden Bühne, von der aus gemauert werden kann, ist zweckmäßig. Er muß, wenn gleichzeitig abgeteuft und ausgemauert werden soll, zugleich mit einer zweiten Fördermaschine für die Baustofförderung versehen sein. Gewöhnlich pflegt man dann die eine Fördermaschine auf die eine Seite des Schachtes und die andere Fördermaschine sowie die Kabelwinde auf die gegenüberliegende Seite in derselben Linie zu legen. Falls gleichzeitig zwei Schächte abgeteuft werden, ordnet man zweckmäßig alle diese Einrichtungen, die nunmehr doppelt· vorhanden sind, in einer Reihe an, wie dies Abb. 223 darstellt, und behält so beiderseits den Platz für sonstige Anlagen frei. In der Abbildung sind die Schächte mit I und II, die zugehörigen Fördermaschinen mit a_1 und a_2, die Maschinen für die Baustofförderung mit m_1 und m_2 und die Kabelwinden mit k_1 und k_2 bezeichnet. Bei einer Doppelschachtanlage kann aber auch eine der mittleren Fördermaschinen fehlen, namentlich dann, wenn die Schächte nicht gleichzeitig begonnen werden, da die verbleibende eine, in der Mitte zwischen beiden Schächten aufgestellte Maschine für die Baustofförderung im zweiten

Schachte frei wird, sobald der erste Schacht seine vorgesehene Teufe erreicht hat.

Zu den Tageseinrichtungen für das Schachtabteufen gehört weiter eine Dampfkesselanlage, falls nicht eine solche bereits vorhanden ist oder Anschluß an ein elektrisches Kraftwerk besteht, und ein Kompressor, um Bohr- und Abbauhämmer bei der Abteufarbeit verwenden zu können. Ebenso ist für Mannschafts- und Beamtenräume, Geschäftszimmer, Lagerräume, eine Schmiede und Schreinerei Sorge zu tragen. Ferner müssen die maschinellen Einrichtungen für die Bewetterung und je nach den Umständen solche für die Wasserhaltung vorgesehen werden.

Die Lüfter sind in der Abb. 223 mit w_1 und w_2 angedeutet. Für die Wasserhaltung durch Pumpen, die im Schachte aufgehängt werden, sind, abgesehen von der in der Regel abseits gelegenen Krafterzeugung, besondere Anlagen über Tage nicht erforderlich.

Für größere Schachtanlagen ist neben dem Bau der erforderlichen Wege noch die vorherige Herstellung eines Eisenbahnanschlusses notwendig, da die Anfuhr der schweren Maschinenteile und der Baustoffe durch Lastwagen allzu zeitraubend, schwierig und teuer ist.

Schließlich ist für genügend große Lager- und Haldenplätze zu sorgen. Soweit es möglich ist, muß man bei dem Plan für die Abteuf-Tagesanlagen auf die spätere, endgültige Einrichtung Rücksicht nehmen. Namentlich gilt dies für den Bahnhof. In jedem Falle ist die Anordnung so zu treffen, daß die Inangriffnahme des Baues der endgültigen Anlagen noch vor der Entfernung der vorläufigen und ohne Störung des Abteufbetriebes geschehen kann.

Die Kosten der Tagesanlagen sind unter den im Ruhrbezirke herrschenden Verhältnissen für einen Schacht von etwa 6—7 m Durchmesser und 600—700 m Teufe ausschließlich der Grunderwerbskosten und etwaiger größerer Ausgaben für die Wasserhaltung auf annähernd 400 000—500 000 RM. und für eine gleichzeitig herzustellende Doppelschachtanlage auf 700 000—750 000 RM. zu schätzen, wovon jedoch nur etwa 30% als Ausgabe zu Lasten der Abteufkosten zu rechnen sind, da die Einrichtungen zum Teil, wie die Kesselanlage, weiter benutzt werden können, zum Teil, wie die Abteuffördermaschinen, durch Verkauf für Wiederbenutzung bei anderen Abteufarbeiten zu verwerten sind.

Im einzelnen gliedern sich die Kosten der Tagesanlagen für das Abteufen eines Schachtes unter Voraussetzung von Dampfbetrieb ohne etwa erforderliche Pumpen ungefähr wie folgt:

Förderturm mit Seilscheiben und Rollen . . .	70 000 RM.
2 Fördermaschinen mit Zubehör	140 000 „
Dampf- und Handkabel	25 000 „
Förder- und Spannseile	50 000 „
Kompressoranlage	30 000 „
Kesselanlage	50 000 „
Gebäude	80 000 „
	Summe 445 000 RM.

Für weniger tiefe und ohne besondere Beschleunigung herzustellende Schächte kann man aber mit weit geringeren Summen auskommen.

b) Die Abteufarbeit.

4. — Ausführung der Gewinnungsarbeit. Die Abteufarbeit beginnt in den oberen, weichen Schichten mit dem Spaten oder der Schaufel, wobei die Hacke und die Keilhaue zu Hilfe genommen werden, sobald die Natur des Gebirges es erfordert.

In mildem Gebirge, z. B. im Kreidemergel, und ferner (bei Gefrierschächten) in den gefrorenen, an sich lockeren Schichten des Tertiärs, kann zuweilen das Abteufen ohne Schießarbeit unter Benutzung von Abbauhämmern fortgesetzt werden. Man verwendet schwere Abbauhämmer (sog. Betonbrecher oder Aufreißhämmer) und als Werkzeuge Stähle, die spitz oder spatenähnlich auslaufen. Das Gebirge wird ähnlich wie bei der einfachen Handarbeit ununterbrochen losgelöst und weggefördert. Man hat so in Einzelfällen als Höchstmaß im Kreidemergel Abteufleistungen ohne Ausbau bis zu 7,2 m täglich erreicht.

Die Vorteile der Arbeitsweise gegenüber der Sprengarbeit liegen darin, daß eine besondere Bohrschicht fortfällt, die Wartezeiten für das Schießen, für das Abziehen der Schießschwaden und für das Säubern des vorläufigen Ausbaues nach dem Schießen vermieden werden und hierdurch eine gleichmäßig fließende Förderung erzielt wird. Ferner leidet der Ausbau nicht durch die Erschütterungen der Sprengarbeit, die Schachtstöße werden nicht angerissen und beunruhigt, auch nicht zu weit oder zu eng nachgeschossen, und die Sicherheit der Abteufmannschaft wird erhöht.

In festem Gebirge, mit dem man es in der Regel zu tun hat, muß Sprengarbeit angewandt werden.

5. — Die Sprengarbeit. Bohrhämmer und Bohrer. Die Bohrlöcher wurden früher meist mit Stoßbohrern hergestellt, heute stets mit Bohrhämmern. Deren Gewicht pflegt mit 17—18 kg bei 60 mm Kolbendurchmesser höher zu sein als bei den für Streckenauffahrungen benutzten Hämmern. Bei außergewöhnlicher Härte des Gesteins sind noch schwerere Hämmer zweckmäßig. Wasserspülung ist vorzusehen.

Der Durchmesser der Bohrlöcher muß der Härte des Gesteins, der Bohrlochtiefe und dem Patronendurchmesser der Sprengladung angepaßt sein. Da in den meisten Fällen Dynamitpatronen von 35 mm Durchmesser gebraucht werden, wählt man eine Endschneidenbreite von etwa 40 mm. Die Bohrer werden durchschnittlich in Längen von 0,5 m abgestuft, wobei die Schneidenbreiten um 2 mm je Stufe abnehmen. Bei sehr hartem, schleifendem Gestein wählt man Abstufungen der Bohrerlängen von weniger als 0,5 m und erhöht die Abstufungen der Schneiden auf 3 mm.

Als Bohrerschneide verwendet man in geschlossenem, nicht klüftigem Gestein die einfache Meißelschneide, während in klüftigem Gestein und bei wechselnder Härte der Schichten, um ein Verlaufen und Festklemmen der Bohrer zu vermeiden, Doppelmeißel-, Z-, Kronen- oder X-Schneiden benutzt werden. In zunehmendem Maße finden Hartmetallbohrkronen Verwendung.

6. — Die Tiefe der Bohrlöcher und das Ansetzen der Schüsse. Die Bohrlochtiefe wird man im allgemeinen um so größer nehmen, je milder das Gestein ist. Im Ruhrbezirk arbeitet man vielfach mit Bohrlochtiefen von $2^1/_2$—3 m. In hartem Gestein geht man auf etwa 0,8—1 m herunter, in weichem Gestein auch auf 3—4 m hinauf. Der Abteuffortschritt kann durch

Verringern der Zahl der erforderlichen Abschläge, d. h. durch das Bohren tiefer Löcher, beschleunigt werden. Anderseits ist zu beachten, daß durch tiefe Bohrlöcher die Schachtstöße mehr erschüttert und angerissen werden als durch weniger tiefe. Bei steilerem Einfallen der Schichten legt man den Einbruch in die Nähe desjenigen Stoßes, nach dem hin das Einfallen gerichtet ist, weil hier die günstigste Sprengwirkung erzielt wird. Auch bei Wasserzuflüssen schießt man den Einbruch gern am Stoße, um so einen seitlichen Sumpf zu schaffen und den übrigen Teil der Sohle wasserfrei zu halten. Wenn solche besonderen Gründe nicht mitsprechen, pflegt man den Einbruch in die Mitte zu legen. Man unterscheidet alsdann in der Regel den **Einbruch,** den **ersten Kranz** und den **zweiten Kranz** (es sind dies die sog. **Stoßschüsse**). Der Einbruch hebt die Schachtmitte kegelförmig heraus, und die zu ihm gehörigen Schüsse werden stets gleichzeitig durch elektrische Zündung abgetan. Die Schüsse des ersten Kranzes werden zugleich mit denen des Einbruches gebohrt, geladen und besetzt, pflegen aber Zeitzünder zu erhalten, so daß sie bei gleichzeitiger Betätigung der Zündung etwas nach den Einbruchschüssen kommen.

Das Verfahren ist freilich nicht ganz unbedenklich. Es kann vorkommen, daß die Einbruch-Sprengladungen auch die Vorgabe des einen oder anderen Kranzloches zugleich mit der Zündladung abreißen, ohne daß dessen Sprengladung gezündet ist. Es können dann Sprengstoffpatronen unexplodiert im Haufwerk zurückbleiben und zu Unglücksfällen Anlaß geben. Vielfach zieht man deshalb vor, auch die Kranzschüsse gleichzeitig mit denen des Einbruchs kommen zu lassen. Da bei den tiefen Löchern die Ansatzpunkte für die Einbruchschüsse weit auseinanderrücken, pflegt man im Einbruchskegel außerdem noch 2—5 Löcher annähernd senkrecht herunterzubohren, deren Ladung im wesentlichen den Inhalt des Einbruchkegels zertrümmern soll (Zerkleinerungschüsse).

Abb. 224 zeigt die Schußanordnung in mittelfestem Gebirge. Es sind 6 Einbruch- und 3 Zerkleinerungsschüsse vorhanden, die in der oberen Abbildung unter *E* zusammengefaßt sind. Die Einbruchschüsse sind von 12 Schüssen des ersten Kranzes, der mit *H* bezeichnet ist, umgeben. Darauf folgen 20 Stoßschüsse (mit *S* bezeichnet). Abb. 225 zeigt die Anordnung der Schüsse in sehr festem Gebirge. Hier sind 6 Einbruch- und 5 Zerkleinerungsschüsse vorhanden. Der erste Kranz zählt 14 und der zweite Kranz 20 Schüsse.

Als Sprengstoff verwendet man in der Regel Gelatinedynamit. In sehr festem Gestein empfiehlt es sich, statt dessen die zwar teurere, aber auch kräftigere Sprenggelatine anzuwenden. In schlagwetterführendem Gebirge benutzt man Wettersprengstoffe. Die Ladungen entsprechen der Tiefe der Löcher und der Härte des Gesteins. Auch ist bei Wettersprengstoffen die bergbehördlich vorgeschriebene Höchstlademenge, die meist 800 g beträgt, zu beachten.

7. — **Die Zündung der Schüsse.** Die Schüsse werden beim Schachtabteufen stets elektrisch gezündet, weil jede andere Zündung weniger sicher für die Mannschaft und auch ungünstiger für den Fortschritt der Arbeiten ist. Am besten betätigt man die Zündung über Tage von der Hängebank aus, nachdem alle Leute den Schacht verlassen haben. Um das

Kabel entsprechend dem Fortschreiten des Abteufens bequem verlängern zu können, ist eine entsprechende Länge über Tage auf eine Trommel gewickelt. Hier erfolgt für die Zündung der Anschluß der Leitung an die Stromquelle, als welche fast immer eine Zündmaschine dient.

Ist bereits eine Starkstrom-, insbesondere eine Lichtleitung im Schachte vorhanden, so kann man diese benutzen, wobei die in Bd. I, 3. Abschnitt, unter „Benutzung einer Starkstromleitung als Stromquelle" angegebenen Vorsichtsmaßregeln zu beachten sind. Jedoch ist darauf hinzuweisen, daß unter der Voraussetzung gleicher Spannung und Stromstärke Drehstrom zu mehr Versagern als Gleichstrom Anlaß gibt[1]). Es ist deshalb zweck-

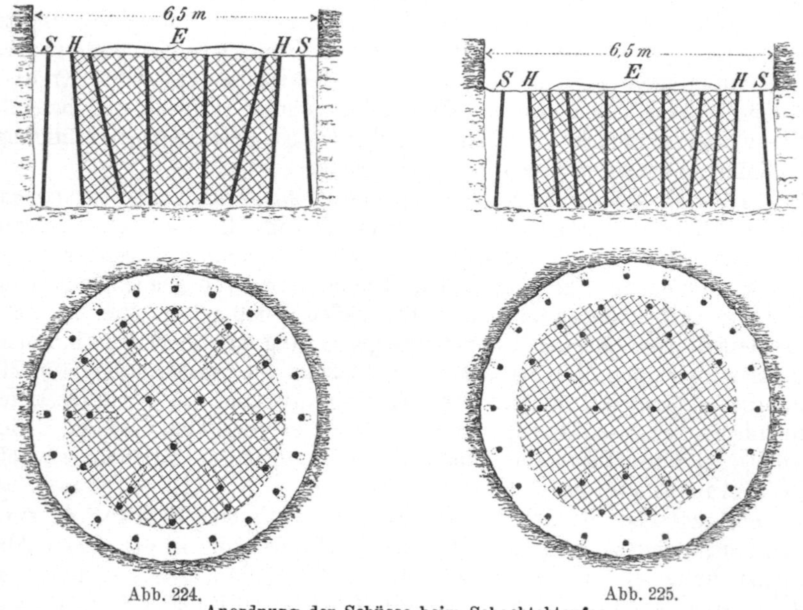

Abb. 224.   Abb. 225.
Anordnung der Schüsse beim Schachtabteufen
in mittelfestem Gebirge.   in sehr festem Gebirge.

mäßig, den etwa vorhandenen Drehstrom für die Schießarbeit im Schacht in Gleichstrom umzuformen.

8. — **Abloten des Schachtes.** Beim Abteufen muß sorgfältig darauf geachtet werden, daß einerseits der volle Durchmesser des Schachtes an jeder Stelle gewahrt bleibt und anderseits die Schachtstöße nicht weiter, als es der Ausbau erfordert, hereingeschossen werden. Die Überwachung erfolgt durch sorgsames Abloten des Schachtes.

In runden Schächten wird der Schachtmittelpunkt an der Rasenhängebank markscheiderisch festgelegt und hier das Lot, dessen Schnur nachgelassen werden kann, aufgehängt. Das Lotgewicht kann zur Dämpfung der Schwingungen auf der Sohle in einen mit Wasser oder Öl gefüllten Eimer

---

[1]) Bergbau 1930, S. 413; D r e k o p f : Über die Zündung von Brückenzündern durch Gleichstrom oder durch Wechselstrom; — ferner Glückauf 1931, S. 1373; C. H. F r i t z s c h e und F. G i e s a : Untersuchungen über die Zündung usw.

eingetaucht werden. Von der Schnur aus wird die Entfernung der Stöße mittels einer Latte immer wieder überwacht und festgelegt.

Bei rechteckigen Schächten hängt man vier Lote in den vier Ecken des Schachtes auf und sorgt für gleiche Abstände zwischen den Loten und der Zimmerung.

9. — Schichten- und Arbeitseinteilung. Belegung. Leistungen.

Wenn es, wie es die Regel ist, auf schnelles Abteufen ankommt, so wird auf der Schachtsohle in vier „Dritteln" gearbeitet, d. h. es werden täglich vier Schichten von je sechs Stunden Dauer verfahren. In dieser Zeit kann der Mann seine Arbeitskraft hergeben, ohne daß er längere Ruhepausen einzulegen braucht. Die Abteufarbeit läuft also ohne Unterbrechung weiter.

Die höchste Monatsleistung wird bei Schächten von 5—7 m lichtem Durchmesser im allgemeinen erzielt, wenn die Stärke der auf der Sohle arbeitenden Belegschaft so gewählt ist, daß auf jeden Mann ein Arbeitsplatz von 2,4 m² entfällt.

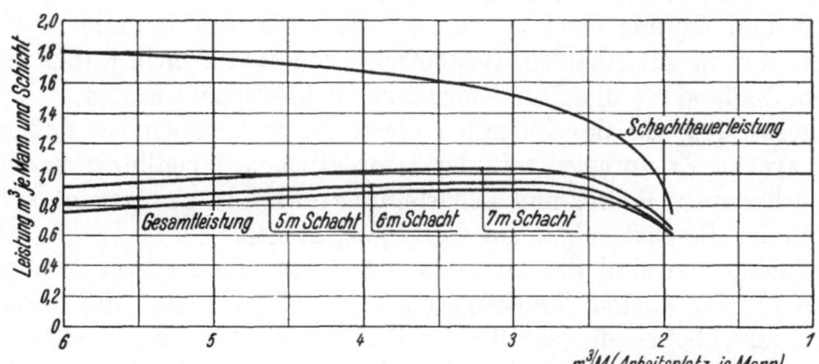

Abb. 226. Schaubild der Schachthauerleistung in Abhängigkeit vom Arbeitsplatz.

entfällt. Bei geringerer Belegung und einem infolgedessen größeren Arbeitsplatz je Mann steigt zwar die Schachthauerleistung (Abb. 226), jedoch sinkt die Vortriebsleistung. Wollte man anderseits die Belegung erhöhen, so daß je Mann ein Arbeitsplatz von weniger als 2,4 m² zur Verfügung stünde, so würde, da die Leute sich gegenseitig behindern und nicht voll beschäftigt wären, ein rasches Absinken der Hauerleistung sowie der Vertriebsleistung die Folge sein. Bei der höchsten Monatsleistung liegt allerdings nicht der Bestwert der Wirtschaftlichkeit. Die geringsten Kosten je m Schacht werden vielmehr erzielt, wenn der Arbeitsplatz je Mann etwa 3 m² groß ist. Werte, die darüber oder darunter liegen, werden mit höheren Kosten erkauft[1]). Es ergibt sich also

$$\text{Untertagebelegschaft je Drittel} = \frac{\text{Ausbruchquerschnitt}}{\text{Arbeitsplatz}}$$

$$\text{Untertagebelegschaft je Tag} = 4 \cdot \frac{\text{Ausbruchquerschnitt}}{\text{Arbeitsplatz}} .$$

Auch die Stärke der Übertagebelegschaft richtet sich nach dem Ausbruchquerschnitt. Sie ist aus der nachstehenden Zusammenstellung zu entnehmen:

---

[1]) F. Mohr: Leistungstechnische Grundlagen beim Schachtabteufen. Dissertation Clausthal, 1940.

| | Schachtdurchmesser i. L. | | |
	5 m	6 m	7 m
Anschläger	3	3	3
Fördermaschinisten . . .	3	3	3
Abschlepper	9	12	15
Platzarbeiter	2	2	2
Kompressorwärter	3	3	3
Schmiede	1	2	2
Zuschläger	1	2	2
Handwerker	3	3	3
Kauenwärter	2	2	3
	27	32	36

Auf je 4—6 m² Arbeitsfläche auf der Schachtsohle ist ein Bohrhammer einzusetzen. Auf 1 m² Schachtquerschnitt entfallen etwa 1,4—1,8 Bohrlöcher. Auf 1 m³ anstehendes Gestein sind 1,5—1,7 m Bohrloch zu rechnen.

In gut eingerichteten Schachtabteufbetrieben kann eine Bohrleistung je Hammer und Stunde erreicht werden von etwa 9 m in mildem Gestein, von etwa 4 m in mittelhartem Gestein und von etwa 2 m in festem Gestein. In jedem Falle sinkt die Stundenleistung in klüftigem Gestein.

Voraussetzung für das Zutreffen dieser Zahlenangaben ist, daß ein genügend großer Kompressor mit der erforderlichen Aushilfe vorgesehen ist und Bohrhämmer, Bohrer und Schärfeinrichtungen in genügender Zahl und einwandfreier Beschaffenheit zur Verfügung stehen.

Die Leistungen sind am höchsten, wenn ein regelmäßiger Wechsel der Arbeiten ein für allemal innegehalten wird. Ein Drittel, das sogenannte „Bohrdrittel", bohrt die sämtlichen für einen „Abschlag" erforderlichen Sprengschüsse. Die übrigen drei Drittel müssen die losgeschossenen Massen fördern, die Stöße nacharbeiten und den vorläufigen Ausbau einbringen. Ist alles eingearbeitet, so sind Leistungen von 1—2 m täglich die Regel und in Sonderfällen bis 4 m und mehr möglich.

10. — **Gedinge.** Das Gedinge für die Schachthauer, einschließlich der Kosten für die Sprengstoffe und für das Einbringen der vorläufigen Zimmerung, aber ausschließlich der sonstigen Kosten für den Ausbau, beträgt bei einem Schachte von 6—7 m lichtem Durchmesser bei trockenem Gebirge und einer Lohnhöhe von 10 RM. je Schicht für 1 m etwa:

280— 360 RM. in mildem Mergel,
320— 420 „ „ hartem „
350— 450 „ „ Tonschiefer,
500— 700 „ „ Sandstein,
800—1000 „ „ Konglomerat.

Hierbei sind die Abteufleistungen eines nicht besonders beschleunigten Betriebes, d. h. etwa 40 m monatlich in mildem Mergel, 34 m in hartem Mergel, 32 m in Schieferton, 27 m in Sandstein und 15 m in Konglomerat, angenommen. Man wendet besonders gern das Prämiengedinge an.

Bei in Mauerung zu setzenden Schächten ist der Gedingesatz je m unter Annahme eines Lohnes von 10 RM. je Schachthauer und Schicht bei normaler Arbeitsleistung auf Grund der Beziehung

$$\frac{\text{Ausbruchquerschnitt} + \text{Mauerquerschnitt}}{\text{Leistung in m}^3 \text{ je Mann und Schicht}} \times 10 \text{ RM.}$$

zu errechnen.

Die Leistung in m³ je Mann und Schicht kann aus der Abb. 226 entnommen werden. Ihre Werte gelten für normales Steinkohlengebirge. Bei Sandstein und Konglomerat sind sie mit 0,8 und 0,7 zu multiplizieren, bei mildem Schiefer und Keuperton mit 1,15 und bei Kreidemergel mit 1,20.

c) Einrichtungen für die Förderung.

11. — Fördergerüst. Das Fördergerüst, das nur für das Abteufen selbst bestimmt ist und später dem endgültigen Förderturme weicht, wird aus Gründen der leichteren Veränderungsmöglichkeit und der Billigkeit in der Regel aus

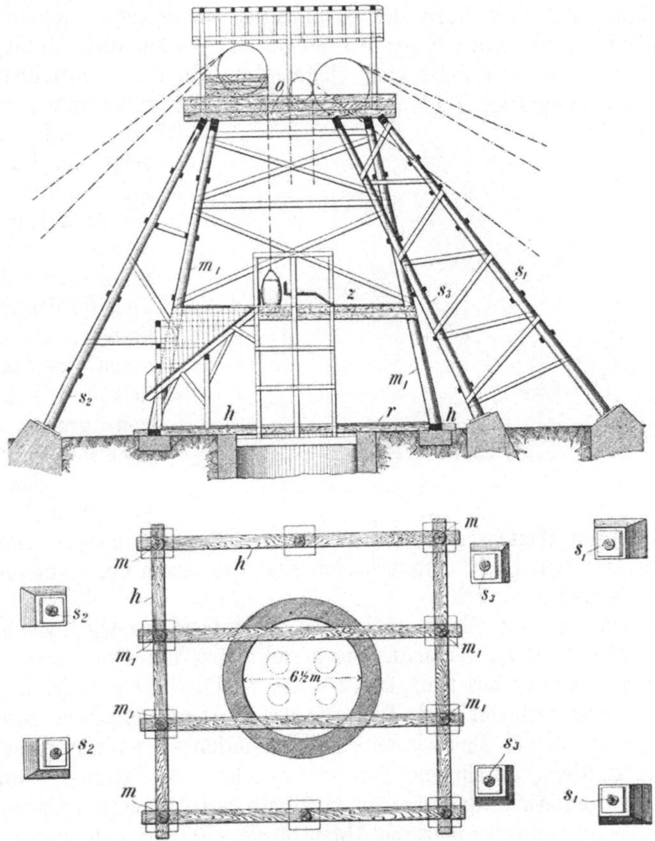

Abb. 227. Abteufördergerüst mit Seilscheiben für 2 Fördermaschinen und 1 Dampfkabel. (Die Verkleidung ist nicht gezeichnet.)

Holz erbaut. Auf vier langen, in dem Erdboden sorgfältig verlagerten Sohlenhölzern („Traggeviert“) oder auf besonderen Mauerfüßen werden Eckstreben mit Neigung nach innen aufgestellt. Seitliche Streben stützen das Gerüst in der Richtung des Seilzuges nach der Fördermaschine hin ab (Abb. 227). Die Höhe solcher Gerüste schwankt zwischen 12 und 35 m.

In der Regel kann man an dem Gerüst drei Bühnen unterscheiden, die obere für die Verlagerung der Seilscheiben und Spannseilrollen, die Zwischenbühne

zum Ausstürzen oder Abhängen des Fördergefäßes und die untere, die als Rasenhängebank dient.

Bei tiefen Schächten mit größerem Durchmesser, die von Hand niedergebracht werden, ist für das Abteufen ein stärkeres Gerüst mit der entsprechenden Anzahl von Streben als bei Schächten von geringer Teufe und kleinem
Durchmesser zu verwenden. Beim Gefrierverfahren muß das Gerüst geräumiger
sein, da es außer den Einrichtungen für den Förderbetrieb auch noch die für den
Bohrbetrieb aufzunehmen hat, die Grundfläche also den Gefrierbohrlochkreis
einschließen muß. Die Kosten eines solchen Abteufgerüstes, das 3—5 mal wieder
verwandt werden kann, schwanken zwischen 40 000 und 60 000 RM.

Man kann auch Abteuftürme aus Stahl bauen, wie sie bereits in beschränktem
Umfang auf verschiedenen Erzgruben aufgestellt worden sind. Stahl als Bau-
material zu wählen, erweist sich vielfach nur dann als vorteilhaft, wenn
entweder das endgültige Fördergerüst als Abteufturm verwendet werden kann
oder, wie Abb. 228
zeigt, ein Teil des end-
gültigen Fördergerüstes
als Abteufturm dient.
Werden dagegen stäh-
lerne Türme als vorläu-
figes Fördergerüst auf-
gestellt, so ist zwar
deren gute Standfestig-
keit und Lebensdauer
von großem Vorteil,
doch weisen sie vielfach
bauliche Sonderheiten
für einen bestimmten

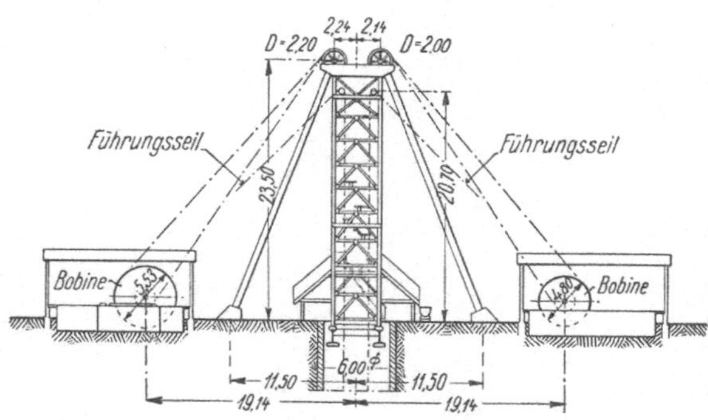

Abb. 228. Teil des endgültigen Fördergerüstes als Abteufturm.

Fall auf, die ihre Weiterverwendung erschweren. Die Kosten eines gewöhnlichen
Abteufgerüstes aus Stahl unterscheiden sich von denen eines entsprechendee
Holzgerüstes nicht wesentlich.

Als besonderer Vorteil des stählernen Abteufgerüstes wird vielfach seine
Unbrennbarkeit geltend gemacht. Sie besteht aber nur dann, wenn es nicht
mit einer Verschalung aus Holz, sondern aus Wellblech oder anderen unbrenn-
baren Stoffen ausgestattet wird. Im übrigen sind Brände hölzerner Abteuftürme
außerordentlich selten. Ihnen kann durch Behandlung der Holzverschalung mit
Feuerschutzmitteln, durch eine Berieselungsanlage des Turmes sowie durch
Vermeidung von Aufenthaltsräumen innerhalb des Abteufgerüstes vorgebeugt
werden. Auch könnte für hölzerne Abteuftürme eine Verschalung aus unbrennbarem Stoff gewählt werden.

12. — Abteufförddermaschine. Für die Abteufförderung pflegt man den
elektrischen Strom als Antriebskraft dem Dampf vorzuziehen, wenn die Stromversorgung aus einem benachbarten Kraftwerk oder aus dem öffentlichen Netz
möglich ist. Bei größeren Anlagen und zwei Fördermaschinen sieht man aus
Sicherheitsgründen beide Antriebsarten vor. Die Abteufförddermaschine wird in
10—25 m Entfernung vom Schachte aufgestellt. Eine zu große Nähe am Schachte
ist mit Rücksicht auf etwaige Gebirgsbewegungen bedenklich, bei zu großer
Entfernung sind die Seilschwankungen zu stark. Die elektrischen Maschinen

sind asynchrone Drehstrommotoren mit Schleifringläufer; als Dampfmaschinen dienen stets Zwillingsmaschinen. Für geringere Teufen genügen Maschinen mit 50—100 PS, für größere Teufen wählt man Maschinen mit 100—500 PS und noch darüber. Zur Vermeidung des Dralls, der beim Schachtabteufen um so lästiger wirkt, als gewöhnlich noch keine festen Führungen vorhanden sind und unterhalb des Spannlagers (s. u., Ziff. 17) der Kübel völlig frei im Schachte hängt, pflegt man Bobinen und Bandseile zu bevorzugen. Bobinen haben ferner den für tiefe Schächte wichtigen Vorteil, daß bis zu einem gewissen Grade Seilausgleichung erzielt und das beim Tieferwerden des Schachtes immer von neuem erforderliche Umstecken der Seiltrommel sehr erleichtert wird.

13. — **Fördergefäße.** Als Fördergefäße hat man gelegentlich Förderwagen benutzt, die mit vier Ketten an das Seil angeschlagen und so in den Schacht gelassen werden. Eine solche Benutzung von Förderwagen bietet den Vorteil, daß unmittelbar das Fördergefäß selbst zum Ausstürzen fortgefahren werden kann. Es kann dann vorteilhaft sein, wenn, wie z. B. beim Weiterabteufen eines Schachtes unter einer bereits in Betrieb befindlichen Sohle, die Hängebank sich unter Tage befindet und hier das Anbringen einer Kipp- oder Ausstürzvorrichtung wegen der engen Räume Schwierigkeiten macht. Alsdann können die abgeschlagenen Wagen in die regelmäßige Förderung übergehen. Hierbei kann man z. B. beim Weiterabteufen eines Schachtes und unter der Voraussetzung, daß Einstriche und Spurlatten nachgeführt werden, den Förderwagen an den Boden eines Förderkorbes anhängen. Auch hat man gelegentlich den Förderwagen auf einem einbödigen Fördergestell mit verlängerten Führungen· bis auf die Schachtsohle herabgelassen.

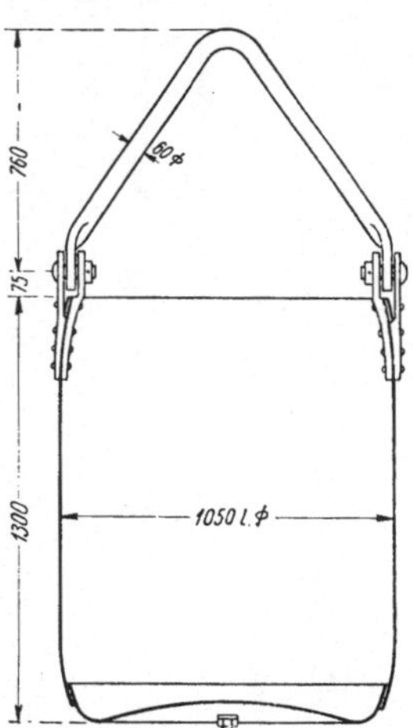

Abb. 229. Abteufkübel.

Jedoch ist das An- und Abschlagen der Förderwagen, da stets vier Ketten befestigt und gelöst werden müssen, ebenso das Fördern mit Gestell lästig und zeitraubend. Daher herrscht die Kübelförderung durchaus vor. Die aus Stahlblech bestehenden Kübel haben je nach dem Schachtdurchmesser 600—1200 l, in Sonderfällen bis 1500 l Inhalt (Abb. 229). Der Bügel muß beim Umlegen so weit überstehen, daß der Haken des Zwischengeschirrs bequem gelöst und befestigt werden kann. Am sichersten ist die Verbindung durch sog. Karabinerhaken. Die beiden Bodenringe erleichtern das Kippen.

Da die Fördergeschwindigkeit bis 12 m/s betragen kann, ist es möglich, große Förderleistungen zu erzielen. Bei 10 m mittlerer Geschwindigkeit und einem Zeitaufwand von 100 s für das An- und Abschlagen der Kübel beträgt bis 1000 m Teufe die Zeit für einen Zug 3,3 min. In einer Stunde können also 18 Züge gemacht werden.

14. — **Entleerung der Kübel.** Die Entleerung der Förderkübel erfolgt über dem Schachte durch Kippen, und zwar in einen Bergekasten als

Zwischenbehälter, der für mehrere Kübelfüllungen Raum bietet, oder über eine Schurre. Aus ihr fallen nach Öffnung eines Schiebers die Berge in die untergeschobenen Förderwagen.

Eine zweckmäßige Kübelkippvorrichtung ist in den Abbildungen 230 und 231 dargestellt. Die Schachtöffnung wird nach dem Durchgang des Kübels von dem Anschläger durch zwei durch Hebel miteinander verbundene Klappen h und i verschlossen, wobei die letztere schräg zu liegen kommt. An sie schließt sich ein schräg liegendes Gleitblech k an, das in

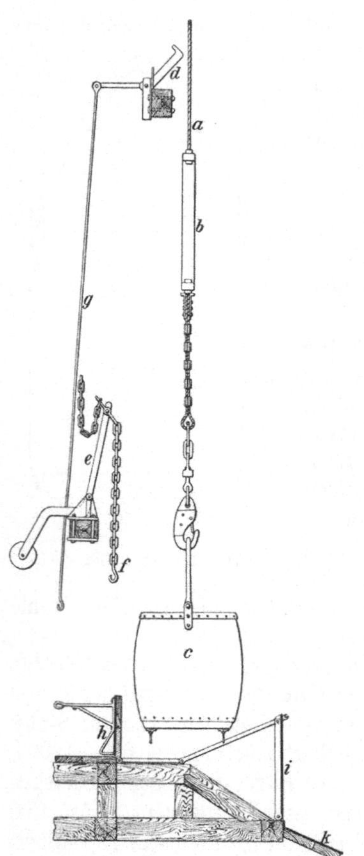

Abb. 230. Kübelkippvorrichtung: Kübel
am Seile hängend.

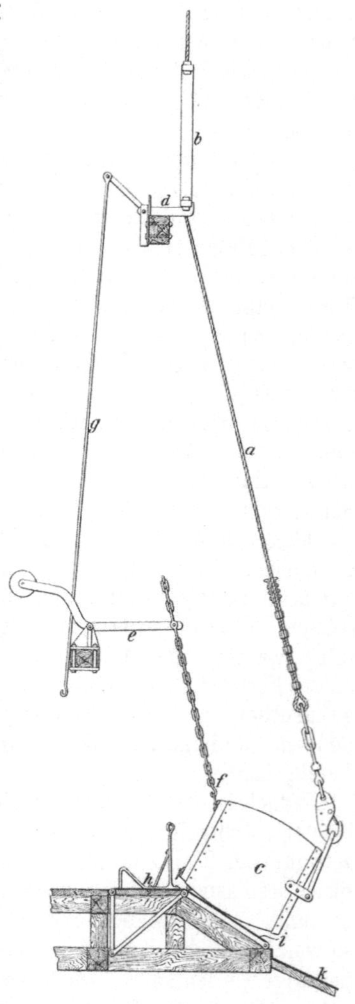

Abb. 231. Kübelkippvorrichtung: Kübel
in Kippstellung.

eine sehr geräumige Rutsche führt, die imstande ist, mehrere Kübel Berge aufzunehmen. Der Lenkhebel e trägt eine Kette f, die zum Anschlagen an den Bodenring des Kübels dient. Gibt nun der Maschinist Hängeseil, so legt sich nach Aufsetzen des Führungsschlittens b auf die vom Anschläger untergeschobene Stütze d der Lenkhebel e zunächst um 90° herum und drückt

den Kübel zur Seite. Bei weiterem Hängeseil kann der Lenkhebel nicht
mehr folgen, weil er von einer oberhalb befestigten Kette gehalten wird.
Es kippt nun der Kübel um und schüttet seitlich des Schachtes auf das
Gleitblech k aus, indem er sich dabei völlig auf die schräge Klappe i legt.
Die Gefahr, daß irgendwelche Teilchen der Fördermasse in den Schacht
zurückfallen, ist so ausgeschlossen. Sobald der Kübel wieder hoch kommt
und den Führungsschlitten anhebt, klappt der Fänger d selbsttätig zurück,
so daß der Schlitten darauf mit dem Kübel niedergehen kann. Die ganze
Kippvorrichtung kann von einem einzigen Manne leicht bedient werden.

15. — **Führungsseile.** Die Führung der Kübel im Schachte während

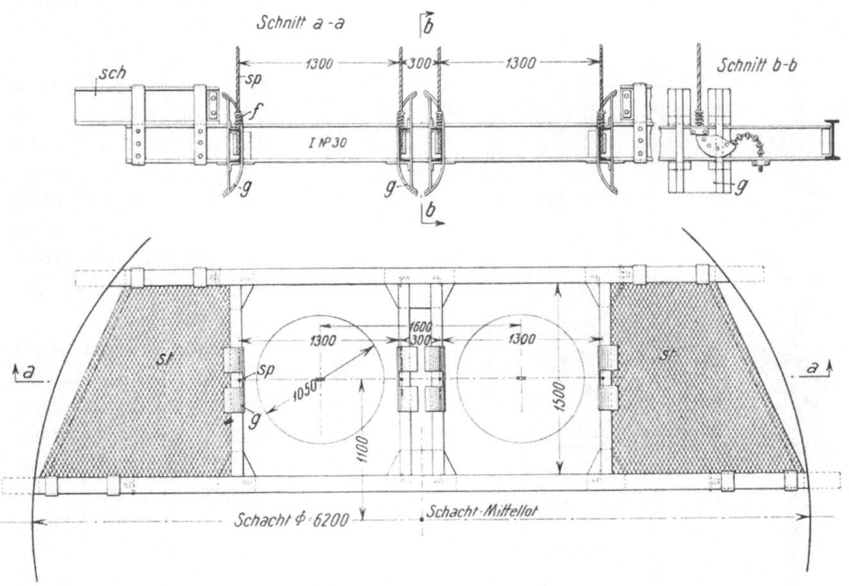

Abb. 232. Spannlager.

der Förderung erfolgt, falls nicht sofort beim Abteufen der Einbau des
Schachtes fertiggestellt wird und endgültige Einstriche und Führungsbäume
eingebaut werden, durch je zwei Führungsseile (sp in Abb. 232). Als solche
werden flachlitzige Seile, Längsschlagseile oder verschlossene Seile (s. Abschnitt „Schachtförderung") wegen ihrer glatteren Außenfläche bevorzugt.

Die Führungsseile, die entsprechend dem Vorrücken des Abteufens verlängert werden müssen, sind in der erforderlichen größten Länge auf Kabel
gewickelt, die seitlich des Schachtes an beliebigen Punkten aufgestellt sind.
Von den Kabeltrommeln sind die Seile nach Rollen, die auf der oberen Bühne
des Schachtgerüstes verlagert sind, geführt, von wo aus sie in den Schacht
hinabhängen und dem Abteufen entsprechend abgewickelt werden können.
Die unteren Enden sind an einem Spannlager, z. B. in der durch den im
Schnitt bb der Abb. 232 dargestellten Art, befestigt.

16. — **Die Spannlager und ihre Anordnung im Verhältnis zu
den Mauerabsätzen.** Das Spannlager kann aus einem Rahmen aus Profil-

stahl oder geschnittenem Holz, der fest eingemauert oder sonst an der Schachtauskleidung befestigt wird, bestehen.

Abb. 232 zeigt ein stählernes Spannlager mit verschiebbaren Endstücken *sch*, die ein schnelles Ein- und Ausbauen gestatten. Um auf dem Spannlager beim Einbauen und Vorlegen arbeiten zu können, sind die beiden Trumme *st* durch Stahlbleche abgedeckt.

Entsprechend dem Tieferwerden des Schachtes müssen die Spannlager von Zeit zu Zeit nach unten verlegt werden. Ihr Abstand von der Sohle darf nach der Bergpolizeiverordnung für die Seilfahrt 50 m nicht überschreiten, wenn die Abteuffördereinrichtung zur Seilfahrt benutzt wird.

Beim gleichzeitigen Abteufen und Ausmauern sind zwei Spannlager notwendig, und zwar ein oberes für die Materialförderung und ein unteres für die Bergeförderung. In Abb. 233 sind sie im Querschnitt dargestellt und mit *spm* und *spb* bezeichnet. Die Führungsseile und Führungsschlitten sowie die Förderseile liegen in beiden Fällen in einer zur Abbildung senkrechten Ebene und sind daher nur durch einen Strich dargestellt. *km* ist

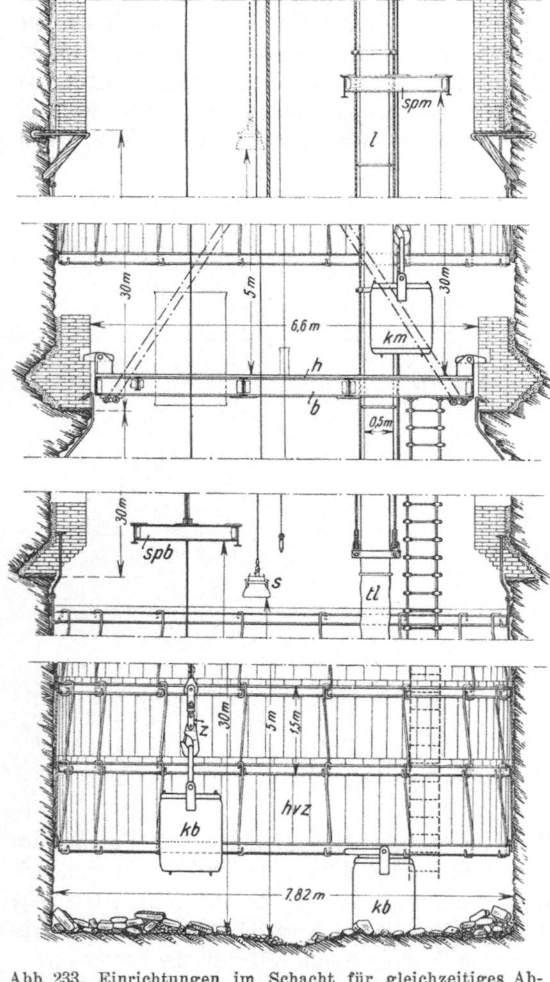

Abb. 233. Einrichtungen im Schacht für gleichzeitiges Abteufen und Ausmauern.

der Materialkübel, *kb* der Bergekübel, *b* die Mauerbühne und *s* eine Starkstromleuchte; *l* stellt die Luttenleitung dar, die nach unten in einer Tuchlutte *tl* endigt.

17. — **Führungsschlitten.** Da der Kübel zum Zwecke des Kippens und Auswechselns frei beweglich bleiben muß und deshalb keine Führungsösen erhalten kann, wird die Führung des Kübels an den Führungsseilen durch den Führungsschlitten vermittelt, der in der Regel aus Flachstahl hergestellt ist und mit vier Augen die Führungsseile s_2 umfaßt

(Abb. 234). Wo aus besonderen Gründen statt der Führungsseile Leitbäume benutzt werden, trägt der Schlitten die bei den Förderkörben üblichen Gleitschuhe. Während der Förderung zwischen Hängebank und Spannlager wird der Schlitten durch den Einband des Förderkübelgehänges (z in Abb. 233) getragen. Unterhalb des Spannlagers hängt der Kübel nach Aufsetzen des Schlittens frei im Schachte.

d) Die sonstigen Betriebseinrichtungen.

18. — **Bewetterung.** Bis etwa 30 m Teufe pflegt man ohne künstliche Hilfsmittel beim Schachtabteufen auszukommen, da ja die Wirkung der Diffusion durch das Auf- und Niedergehen der Fördergefäße und durch die Bewegung der Menschen erhöht wird. Auch tritt zumeist ein gewisser natürlicher

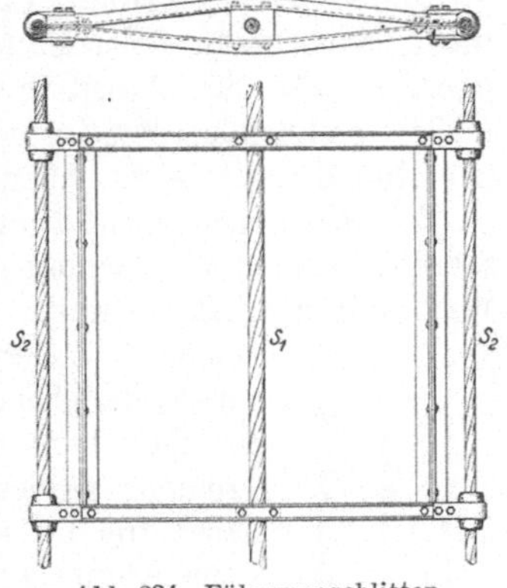

Abb. 234. Führungsschlitten.

Wetterzug auf, insofern als die Luft an den Stößen sich abkühlt, hier niedersinkt und dafür in der Schachtmitte aufsteigt.

Für größere Teufen wendet man Luttenbewetterung an, und zwar gebraucht man des festen Zusammenhaltes der einzelnen Stücke wegen meist Flanschenlutten. Wird der endgültige Einbau erst später eingebracht, so befestigt man die Lutten mittels Schellenbändern, die von in die Mauerung eingelassenen Stahlpfählen ausgehen. Oder man hängt sie nach Abb. 235 an Seilen auf und verlängert die Leitung oben durch Aufsetzen eines weiteren Stückes, nachdem man den Anschluß an den über Tage befindlichen Teil gelöst und die ganze Leitung durch Nachlassen der Tragseile entsprechend gesenkt hat. Als unteres Ende gebraucht man gern Tuchlutten (tl in Abb. 233), die den Vorteil besitzen, daß sie beim Schießen leicht angehoben werden können und dann durch Schleuderstücke weniger leiden. Der Durchmesser der Lutten beträgt bei tiefen Schächten 500—700 mm. Die blasende Bewetterung wird im allgemeinen bevorzugt. Für Schächte von geringer Teufe kann eine Strahlvorrichtung genügen; für tiefere Schächte oder größeren Wetterbedarf ist aber die Aufstellung eines Lüfters nötig.

Gewöhnlich macht die Bewetterung der Schächte keine besonderen Schwierigkeiten. Trotzdem ist für alle Fälle, wo es sich um ein noch nicht aufgeschlossenes Gebirge handelt und schädliche Gase auftreten können, eine reichliche und gute Ausstattung der Bewetterungseinrichtungen anzuraten. Im rheinisch-westfälischen Kohlenbezirke haben mit Grubengas erfüllte Klüfte, die im Deckgebirge angefahren wurden, dem Schachtabteufen mehrfach erhebliche Schwierigkeiten[1]) bereitet. In Schächten von Kalisalzbergwerken hat man außerdem vereinzelt mit dem Auftreten von Schwefelwasserstoff zu kämpfen gehabt.

Ist das Auftreten schädlicher Gase zu erwarten, so führt man Vorbohrungen zur Untersuchung des Gebirges aus. Auch ist es zweckmäßig,

---

[1]) Im Schacht 3 der Zeche Ewald lieferte ein angefahrener Bläser längere Zeit durchschnittlich 6,2 m³ CH_4 minutlich, so daß Wettermengen bis zu 1800 m³ minutlich notwendig wurden (s. Sammelwerk Bd. VI, S. 99).

sich für solche Fälle von vornherein die Möglichkeit der saugenden Bewetterung zu sichern.

19. — **Beleuchtung.** Einfache Grubenlampen genügen in der Regel nicht, auch wenn jeder Mann damit ausgerüstet ist. Letzteres wäre aber überdies für die Arbeit hinderlich. Heller brennende, gemeinsame Lampen sind deshalb vorzuziehen.

Bei elektrischem Licht benutzt man Starklichtlampen von mehreren hundert Watt (*s* in Abb. 233). Das aus 2 gegeneinander isolierten Leitungen bestehende Kabel ist über Tage auf eine Trommel gewickelt und hängt frei im Schachte. Beim Abtun der Schüsse werden die Lampen hochgezogen.

Auch Akkumulatorlampen und Druckluftleuchten werden angewandt, im Erzbergbau außerdem große Azetylenlampen, die am Schachtstoß aufgehängt werden.

20. — **Fahrung.** Die Sicherung der Abteufmannschaft (z. B. bei Wasserdurchbrüchen, Unruhe im Gebirge, Versagen der Fördermaschine und ähnlichen Fällen) erfordert eine doppelte Fahrmöglichkeit. Diese läßt sich leicht einrichten, wenn der Schacht sofort mit Einbau, d. h. mit Einstrichen und Bühnen, versehen wird. Es kön

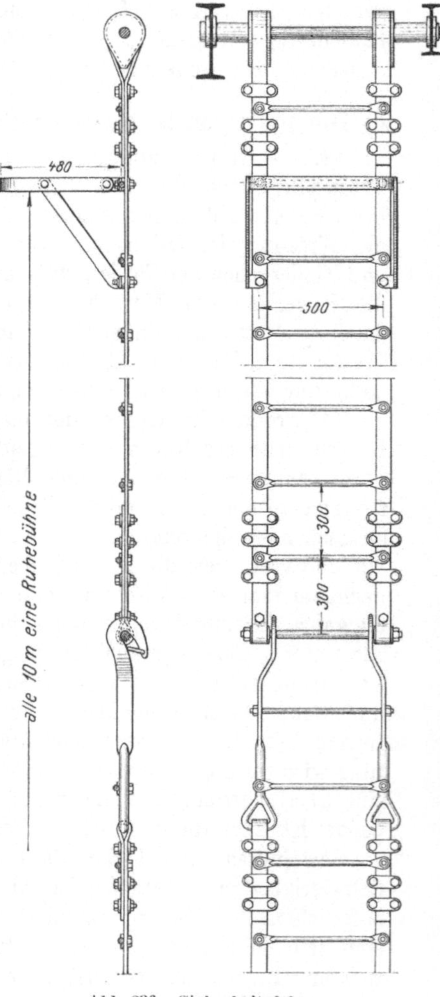

Abb. 235. Aufhängen der Wetterlutten an Seilen in Schächten.

Abb. 236.   Sicherheitsfahrt.

nen dann Fahrten eingebaut und neben der Kübelförderung für die Ein- und Ausfahrt der Belegschaft benutzt werden. Da der Einbau der Einstriche und Bühnen mit Rücksicht auf die Sprengarbeit in einer gewissen Höhe oberhalb der Schachtsohle endigt, wird zur Überwindung dieses letzten Stückes eine Strickleiter, die aus Drahtseilen mit stählernen Sprossen gefertigt ist, angehängt.

Soll der Schacht während des Abteufens ohne festen Einbau bleiben, so ist die Forderung einer doppelten Fahrmöglichkeit schwieriger zu erfüllen. Zwar ist es möglich, stählerne, ohne Unterbrechung senkrecht an den Schachtstößen herablaufende Fahrten einzuhängen. Die Fahrung ist aber bei größeren Schachtteufen, selbst wenn man die Fahrenden eingittert und von Zeit zu Zeit Sitzgelegenheiten anbringt, überaus anstrengend und daher nicht ungefährlich. Man pflegt sich deshalb damit zu begnügen, eine sogenannte „Sicherheitsfahrt" von beschränkter Länge (z. B. 20—50 m) einzuhängen, die eine Anzahl von Bühnen mit Raum für je 2—5 Mann trägt (Abb. 236). Diese Fahrt hängt an dem starken Drahtseile einer über Tage aufgestellten Kabelwinde. Im Falle von plötzlichen Wasserdurchbrüchen können die Leute auf die Fahrt flüchten und nötigenfalls auch auf dieser durch das Kabel zutage gezogen werden.

Bei gleichzeitigem Abteufen und Ausmauern ist durch das Hinzutreten der Baustofförderung von der schwebenden Bühne aus für eine doppelte Fahrmöglichkeit gesorgt, und es braucht eine besondere Hängefahrt dann nur von der Schachtsohle bis zur Bühne zu reichen (s. Abb. 233). Immerhin handelt es sich auch hier bereits um Höhen, die bis zu 60—80 m steigen können.

e) Leistungen und Kosten.

21. — Leistungen. Im Steinkohlengebirge kann, wenn man nicht durch Wasserzuflüsse behindert ist, mit monatlichen Abteufleistungen von 30—50 m gerechnet werden. Wasserzuflüsse verlangsamen den Vortrieb erheblich; etwa 1 m³ Wasser je min setzt ihn in mäßigen Teufen auf 15—25 m je Monat, in größeren Teufen auf noch weit geringere Werte herab.

Wesentlich höher sind die Leistungen in den weniger festen, mehr oder weniger trockenen Schichten, wie sie im Deckgebirge des östlichen Ruhrgebiets angetroffen werden. So sind 1938 beim Schacht Sachsen 3 in Heessen bei Hamm 505 m Schacht von 6,5 m lichten Durchmesser in 5 Monaten niedergebracht worden, wobei eine monatliche Höchstleistung von 133,9 m erzielt werden konnte.

22. — Kosten. Die Höhe der Kosten hängt zunächst von dem Durchmesser des Schachtes und der Teufe, sodann aber von der Art des erforderlichen Ausbaues und ganz besonders von den Wasserschwierigkeiten ab. Unter den Verhältnissen des Ruhrbezirks kostet ein Schacht von 6—7 m lichtem Durchmesser bis etwa 800 m Teufe mit 2 Stein dicker Mauerung etwa 2350—2750 RM. je Meter, falls Wasserschwierigkeiten nicht auftreten. Im einzelnen gliedern sich diese Kosten etwa wie folgt:

1. Anteil an den Einrichtungen für das Abteufen . . . . . . 400— 450 RM.
2. Löhne, Gehälter und Sprengstoffe . . . . 1000—1130 „
3. Kraftkosten . . . . 120— 200 „
4. Ausbau . . . . 450— 500 „
5. Einstriche, Fahrten und Fahrbühnen . . . . 250— 300 „
6. Sonstige Materialien . . . . 20— 50 „
7. Verschiedenes . . . . 100— 120 „

Schächte mit einem lichten Durchmesser von 4,5—5,0 m erfordern einen nur halb so großen Gebirgsaushub und sind auf 1200—1400 RM. je m zu veranschlagen.

Wasserzuflüsse behindern ganz außerordentlich den regelmäßigen Fortschritt der Arbeiten, so daß die Leistungen sinken und die Kosten steigen. Hinzu kommen die Aufwendungen für die Pumpen, deren Bedienung und Kraftbedarf.

Bei Wasserzuflüssen von mehr als 1—2 m³ je min wird häufig eine andere Abteufweise billiger sein und sicherer zum Ziele führen als das gewöhnliche Abteufen von Hand.

f) Das Weiterabteufen von Schächten unterhalb einer im Betrieb befindlichen Sohle.

23. — Das Weiterabteufen von Schächten ohne Benutzung von Aufbrüchen. Das Weiterabteufen von Schächten, in denen regelmäßige Förderung nicht stattfindet, geht auf gewöhnliche Weise vor sich und bietet zu besonderen Bemerkungen keinen Anlaß. Geht dagegen im Schachte Förderung oder Fahrung um, so kann man, falls die Zeit nicht drängt, das Abteufen in die Nachtschicht oder auf eine Tageszeit, in der die Förderung ruht, verlegen.

Vielfach wird beim Weiterabteufen von Hauptschächten mit zwei Förderungen die eine Förderung stillgelegt oder nur bis zur nächsthöheren Sohle in Betrieb gelassen. Alsdann können in der durch den Ausfall dieser Förderung frei werdenden Schachtscheibenhälfte die Abteufeinrichtungen vorgesehen werden. Abb. 237 zeigt für einen solchen Fall die Anordnung der Abteuffördermaschine sowie der Spannkabel- und Seilscheibenbühne. Ist aber auch eine solche teilweise Stillegung nicht möglich, so muß versucht werden, das Wetter-, Fahr- oder Pumpentrumm für die Abteufförderung zu benutzen.

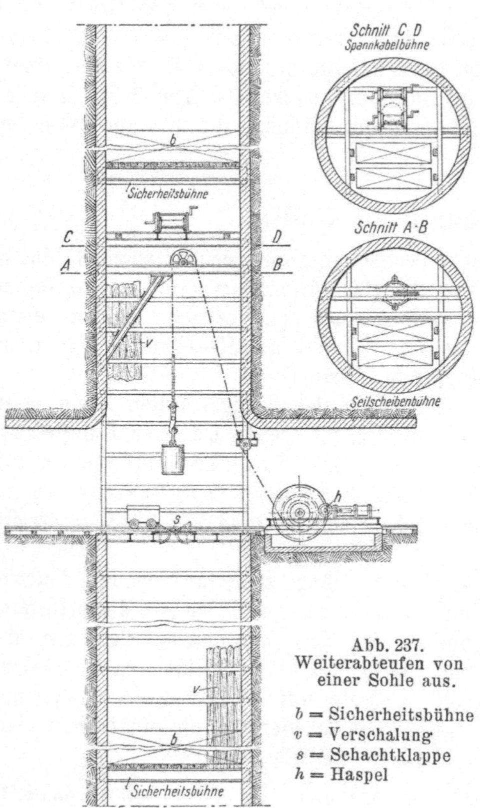

Abb. 237.
Weiterabteufen von einer Sohle aus.

b = Sicherheitsbühne
v = Verschalung
s = Schachtklappe
h = Haspel

In jedem Fall müssen beim Weiterabteufen eines ganz oder auch teilweise in Betrieb bleibenden Schachtes besondere Maßnahmen für die Sicherung der Abteufmannschaft gegen herabfallende Gegenstände getroffen werden. Diese können im Einbau von Sicherheitsbühnen oder im Anstehenlassen einer Bergefeste bestehen. Bei Benutzung eines Fördertrumms für die Abteufeinrichtungen benutzt man in der Regel eine zweiteilige Sicherheitsbühne, ähnlich der Abb. 238.

Der eine Teil dieser Bühne wird dann oberhalb der Seilscheibenverlagerung der Abteufförderung, der andere im Schachtsumpf unterhalb der noch in Betrieb bleibenden Förderung eingebracht. Beide Teile verbindet man zweckmäßig durch einen starken Bretterverschlag. Wird nur ein Nebentrumm für die Abteufeinrichtungen benutzt, so zieht man in der Regel eine ganzteilige Sicherheitsbühne im Schachtsumpf vor und beläßt in ihr die für den Durchgang der Förderkübel notwendigen Öffnungen. Um diese Öffnung so gering als möglich zu halten, begnügt man sich zuweilen sogar nur mit einem einzigen Förderkübel.

Bei der Herstellung der Sicherheitsbühne kommt es darauf an, eine nachgiebige Auflage für den herabstürzenden Korb zu schaffen, um ihn mit möglichst geringen Kräften auf einem längeren Bremswege aufzufangen. Fällt ein Korb vom Gewicht G kg aus einer Höhe h m herab, so gewinnt er ein Arbeitsvermögen von $G \cdot h$ mkg. Dringt der Korb um das den Bremsweg darstellende Maß r m in die Schüttung der Bühne ein, so ist die Kraft P, mit der die Bühne beansprucht wird, angenähert

$$P = \frac{G \cdot h}{r}\,\text{kg}.$$

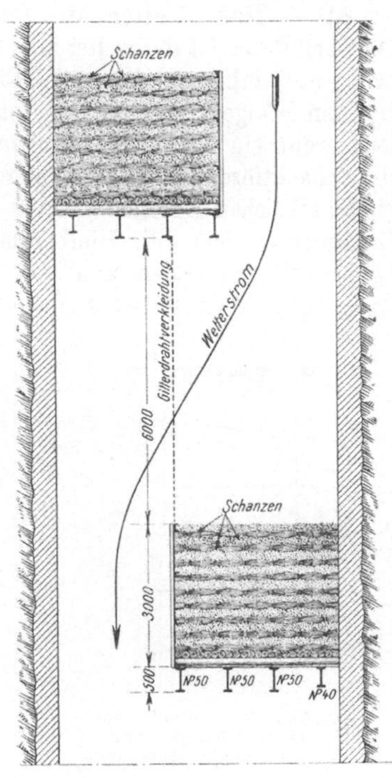

Es nimmt also P im einfachen Verhältnis mit zunehmender Länge von r ab. Solche Sicherheitsbühnen können ein- oder zweiteilig sein, werden in sehr verschiedener Weise aus Stahl oder Holz mit Pufferungen durch Faschinen, Bergeschüttung u. dgl. gebaut. Ein Beispiel gibt Abb. 238.

An Stelle der Sicherheitsbühne kann bei festem, zuverlässigem Gebirge auch eine Bergefeste unterhalb des alten Schachtsumpfes stehengelassen werden. Sie erhält Öffnungen für die Fahrung und den Durchgang der Förderkübel. Soll eine völlig geschlossene Bergefeste stehenbleiben, so

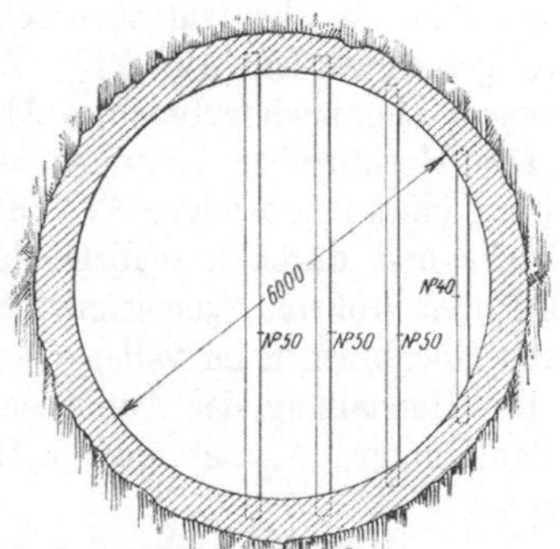

Abb. 238. Aus zwei Teilen bestehende Sicherheitsbühne.

teuft man in einiger Entfernung vom Hauptschachte einen Hilfsschacht bis auf eine Teufe von 20—30 m ab, unterfährt den Hauptschacht und teuft nun in seiner Verlängerung im vollen Querschnitte unterhalb der Bergefeste ab (Abb. 242a). Förderung und Fahrung nehmen ihren Weg durch die Unterfahrungsstrecke und den Hilfsschacht. Das gleiche ist der Fall, wenn man den Schacht durch eine Sicherheitsbühne völlig verschließt. Schon beim ersten

Abteufen eines Schachtes ist es ratsam, auf ein späteres Weiterabteufen dadurch Rücksicht zu nehmen, daß man dem Schachte unterhalb der Füllortsohle eine für das Einbauen einer Sicherheitsbühne genügende Teufe gibt.

24. — Das Weiterabteufen von Schächten mit Benutzung von Aufbrüchen. Ist der weiter abzuteufende Schacht von einer tieferen Sohle her schon unterfahren, so kann die Herstellung des neuen Schachtteils durch Hochbrechen erfolgen. Insbesondere macht man dann Gebrauch von dieser Möglichkeit, wenn ein Abteufen von oben nach unten nicht ausführbar ist, weil z. B. die Schachtförderung auch nicht teilweise stillgelegt werden kann und man von einem seitlichen Hilfsschacht zum Unterfahren des alten Schachtsumpfs keinen Gebrauch machen will. Hierbei kann die tiefere Sohle schon mehr oder weniger lange Zeit vorhanden und von einem anderen Hauptschacht erreicht sein (Abb. 239). Oder sie ist von einem besonders hergestellten Blindschacht, der

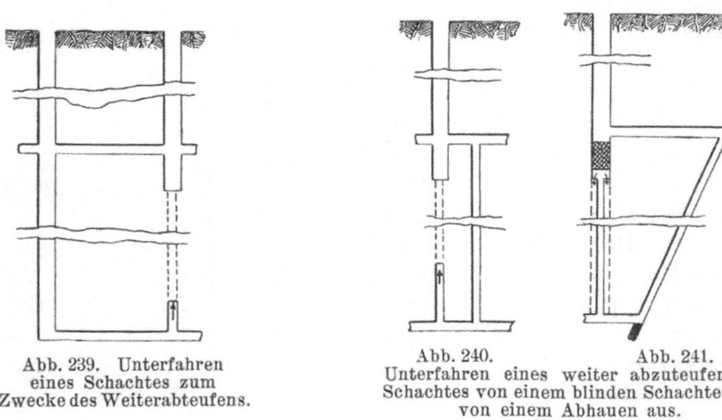

Abb. 239. Unterfahren
eines Schachtes zum
Zwecke des Weiterabteufens.

Abb. 240.   Abb. 241.
Unterfahren eines weiter abzuteufenden
Schachtes von einem blinden Schachte und
von einem Abhauen aus.

in der Nähe des abzuteufenden Schachtes bereits besteht oder eigens hergestellt wird, gefaßt worden (Abb. 240). Zuweilen kann dem gleichen Zwecke auch ein in einem Flöz niedergebrachtes Abhauen dienen (Abb. 241).

Das Hochbrechen kann auf zweierlei Art geschehen: einmal durch Auffahrung eines rechteckigen Aufbruchs von engerem Querschnitt als der spätere Schacht und durch anschließende Erweiterung des Aufbruchs auf den gewünschten größeren Querschnitt in Richtung von oben nach unten; zweitens durch Hochbrechen im vollen Querschnitt.

Die Herstellung der Aufbrüche verläuft in derselben Weise, wie dies im 1. Band unter „Ausrichtung" („Herstellung der blinden Schächte") geschildert ist.

Nach erfolgtem Durchschlag läßt man die beim Erweitern fallenden Berge durch das Bergetrumm des Aufbruches nach unten sinken und zieht sie auf der unteren Sohle ab. Zum Schutze der Mannschaft wird der Querschnitt des Aufbruches in der Regel durch eine schwebende Bühne abgedeckt, die beim Schießen angehoben werden kann und im übrigen entsprechend dem Fortschreiten der Erweiterungsarbeiten gesenkt wird. Will man die schwebende Bühne vermeiden, so müssen die Abteufmannschaften während der Arbeit angeseilt werden. Beim Erweitern wird der Schacht vielfach erst mit vorläufigem Ausbau versehen und nach Erreichen der vorgesehenen Teufe oder, sobald die Umstände es sonst erfordern, ausgemauert. Auch die sofortige Einbringung des endgültigen Ausbaus ist möglich. Es empfiehlt sich dann nach Ziff. 193 die Mauerung in kurzen Absätzen unterzuhängen.

Handelt es sich um Arbeiten unter einem in Betrieb befindlichen Förderschacht, so muß nach erfolgtem Durchschlage vor Beginn der Erweiterung zum Schutze der Leute eine Sicherheitsbühne kurz unter dem Füllort eingebaut werden, die fallende Gegenstände und auch die etwa abstürzenden Förderkörbe mit Sicherheit aufzuhalten imstande ist (Abb. 242b, c).

Ein Hochbrechen in vollem Querschnitt empfiehlt sich nur bei gutem, flachgelagertem Gebirge, das frei von zum Auslaufen oder Ausbrechen neigenden Schichten ist, eine Gefahr, die unter sonst gleichen Bedingungen in steiler Lagerung größer ist als in flacher. In jedem Falle muß jedoch die Schachtfirste — bei 7—8 m Ausbruchdurchmesser umfaßt sie 40—50 m² —

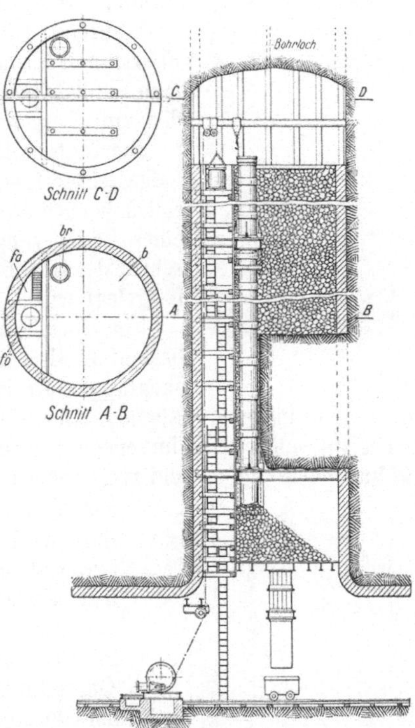

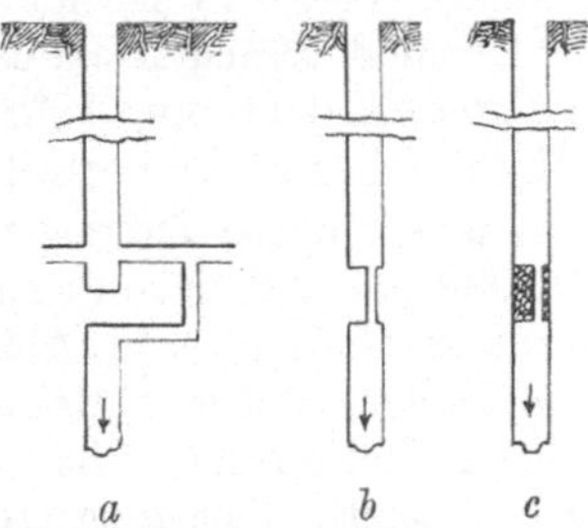

Abb. 242. Weiterabteufen von Schächten mit Belassung einer Bergefeste (a und b) und mit Einbau einer Sicherheitsbühne (c).

Abb. 243. Hochbrechen eines Hauptschachtes im vollen Querschnitt.

durch besonderen Ausbau gesichert werden. Es geschieht dies meist durch ausziehbare Stahlstempel mit Kopfholz.

Abb. 243 gibt ein von der Firma C. Deilmann in Dortmund-Kurl auf den Zechen Friedr. Thyssen 2/5, Neumühl, Mansfeld u. a. angewandtes Verfahren beim Hochbrechen im vollen Querschnitt wieder, das in etwas abgeänderter Form auch beim Hochbrechen im engen Querschnitt und nachträglichem Erweitern angewandt werden kann. Die Besonderheit des Verfahrens besteht in dem Nachführen einer Bergerohrleitung. Sie hat 750 mm Durchmesser, besteht aus Stahlblech von 10 mm Wandstärke und wird dem Arbeitsfortschritt entsprechend in Stücken von 1,50 m Länge im Bergetrumm hochgeführt. Sie dient zum Abwurf der überschüssigen Berge, die zum Verpacken der Bergerohre im Bergetrumm nicht mehr Platz finden. Oben ist sie durch einen Rost abgedeckt.

Die Arbeiten beginnen nach Herstellung eines Wetterbohrloches über der Aufbruchsohle mit dem Einbau der Vorrichtungen für den Bergebunker, die

Bergeabwurfleitung und die Bergeabzugvorrichtung. Darüber wird eine etwa 6 m mächtige Bergefeste stehengelassen. Sie hat die Belastung des darüber hochgeführten Bergetrumms aufzunehmen und wird in den Ausmaßen des endgültigen Förderschachtes nur so weit durchbrochen, um das für das Hochbrechen erforderliche Fahr- und Fördertrumm aufnehmen zu können. Außerdem erhält sie eine Öffnung für die Aufnahme der Bergerohre.

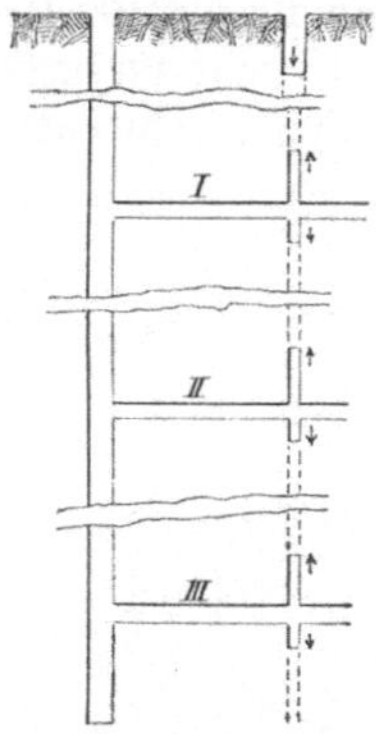

Während der Schießarbeit sichert man Förder- und Fahrtrumm durch doppelte Schießbühnen. Zugleich setzt man die Schüsse so an, daß sie sich hauptsächlich nach dem mit Bergen gefüllten Schachttrumm auswirken.

Der Materialförderung dient ein auf der Aufbruchsohle aufgestellter kleiner Haspel, dessen Seil durch Umlenkrollen hochgeführt ist. Die Seilscheiben bewegen sich auf einer Verlagerung vor Ort, die entsprechend dem Fortschritt des Hochbrechens mitgenommen und in den Stößen festgelegt wird.

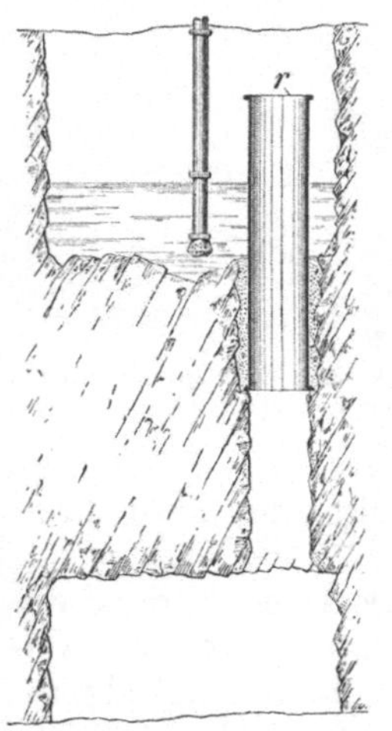

Abb. 244. Inangriffnahme eines Schachtes von verschiedenen Sohlen aus.

Ein Vorteil des Hochbrechens im vollen Querschnitt besteht in der Möglichkeit, den Schacht sofort mit dem endgültigen Ausbau versehen und ihn von unten nach oben einbringen zu können. In jedem Fall dauert aber das Hochbrechen, sei es im vollen oder im engen Querschnitt, länger und ist teurer als das gewöhnliche Abteufen, und zwar beläuft sich der Unterschied auf etwa 20%. Der Vorteil, daß beim Hochbrechen die Ladearbeit wegfällt, wird durch das umständliche Zubringen von Material für den vorläufigen und endgültigen Ausbau sowie durch Ladestörungen beim Abziehen der Berge aus dem Bunker wieder wettgemacht. Hinzu kommen beim Hochbrechen im vollen Querschnitt die zeitraubenden Sicherungsarbeiten der Firste, dem beim Hochbrechen im engen Querschnitt der Nachteil gegenübersteht, daß mit der Herstellung des Schachtes in zwei Arbeitsvorgängen eine Erhöhung des Zeitaufwandes verbunden ist.

Bei neu abzuteufenden Schächten besteht ebenfalls bisweilen die Möglichkeit des Unterfahrens, so daß man in der beschriebenen Weise vorgehen kann. Auch kommt es vor, daß der Schacht auf verschiedenen Sohlen gleichzeitig unterfahren werden kann. In solchen Fällen hindert nichts, den Schacht an allen diesen Punkten gleichzeitig in Angriff zu nehmen. Man kann sogar, sobald die Aufbrüche eine Höhe von 10—12 m über der jeweiligen Sohle erreicht haben und das Bergetrumm einen genügenden Schutz bietet, gleichzeitig mit Absinken (Abb. 244) vorgehen und so das Abteufen noch mehr beschleunigen. Nach Abb. 244 kann an sieben Punkten gleichzeitig gearbeitet werden. Die Arbeit des Hochbrechens ist bei einem engen Querschnitt ungefährlicher als bei einem

Abb. 245.
Schachtsumpf über einer durchbrochenen Bergefeste.

so großen Durchmesser, wie er für Hauptschächte üblich ist. Auch können geringe Fehler in der markscheiderischen Festlegung des Mittelpunktes des Aufbruches im Verhältnis zum Schachtmittelpunkt bei der Erweiterung ausgeglichen werden, solange nur der Aufbruch noch voll in die Schachtscheibe fällt. — Muß das bisherige Schachttiefste als Sumpf benutzt werden, so kann man nach Abb. 245 auf das in der Bergefeste geschaffene Förderloch ein Rohr *r* setzen und dieses einzementieren, so daß die Wasser nicht in den unteren Teil des Schachtes fallen können.

B. Abteufen von Hand im schwimmenden Gebirge.

25. — Einleitung. Bei dem oben beschriebenen Abteufen wird das Gebirge zunächst hereingewonnen und sodann der geschaffene Raum mit dem Ausbau versehen. Das eigentliche Abteufen eilt also dem Ausbau voraus.

Dieses Verfahren ist für unruhiges und namentlich für **schwimmendes** Gebirge nicht anwendbar. Will man darin mit Hand abteufen, so muß der Ausbau dem Abteufen voraus sein. Das älteste, hierfür angewandte Verfahren, das auch jetzt für einfache Verhältnisse bei geringeren Schachtteufen und kleinen rechteckigen Schachtquerschnitten noch benutzt wird, ist die sogenannte **Abtreibe-** oder **Getriebearbeit** (s. oben, S. 128 u. f.), die dadurch gekennzeichnet ist, daß Pfähle (Bretter) als Teile der Wandung in diese eingefügt, d. h. „angesteckt" und sodann in das Gebirge vor- oder „abgetrieben" werden. Man unterscheidet das **gewöhnliche Anstecken**, das in schräger Richtung erfolgt, und das **senkrechte Anstecken**.

a) Das gewöhnliche Anstecken.

26. — Ausführung im allgemeinen. Vor dem Beginn des Abteufens ist es zweckmäßig, sich durch eine Bohrung von der Lagerung und der Mächtigkeit des lockeren oder schwimmenden Gebirges zu überzeugen. Da man in diesem keine Tragehölzer für die Schachtzimmerung in die Stöße einbühnen kann, muß für ein sicheres Aufhängen des Ausbaues Sorge getragen werden. Beginnt das schwimmende Gebirge ganz nahe unter der Erdoberfläche, so wird auf dieser ein die Schachtstöße möglichst weit überragender Tragekranz gelegt, der die nach unten folgende Zimmerung mittels Klammern oder Haken trägt. Ist dagegen das schwimmende Gebirge von einer standfesten Schicht überlagert, so wird diese auf gewöhnliche Weise durchteuft. Kurz vor dem Erreichen der schwimmenden Schicht werden dann Tragehölzer tief in die Stöße eingebühnt, um daran die folgenden Gevierte der Bolzenschrotzimmerung aufzuhängen. Am letzten Schachtgeviert über dem mit Getriebearbeit zu durchteufenden Gebirge beginnt das „Anstecken" der „Abtreibepfähle". Es sind dies Bretter, die am besten aus Eichenholz in einer Stärke von 3—5 cm und einer Breite von 15—20 cm geschnitten werden. Größere Breiten sind nicht zweckmäßig, da sonst die Pfähle beim Eintreiben mit dem Fäustel leicht spalten. Unten erhalten die Pfähle eine nach außen gerichtete Zuschärfung, oben wird öfter ein Bandstahlring um den Kopf gelegt, der ihn gegen Zerschlagen und Aufspalten schützen soll. Die Pfähle sind im allgemeinen rechteckig, nur die für die

Schachtecken bestimmten Pfähle sind unten breiter, damit trotz der schräg nach außen gerichteten Stellung die Eckpfähle zweier Stöße möglichst aneinander anschließen. Anstatt hölzerner Pfähle verwendet man auch solche aus Flachstahl, ⊔-Stahl oder Wellblech.

Das Eintreiben der Pfähle erfolgt mit dem Treibfäustel oder auch mit einer Rammvorrichtung. Die Pfähle werden nicht auf einmal auf ihre ganze Länge abgetrieben, weil sie alsdann leicht aus der Richtung kommen könnten. Zumeist treibt man sie so weit ein, daß sie der Schachtsohle 20 bis 25 cm voraus sind.

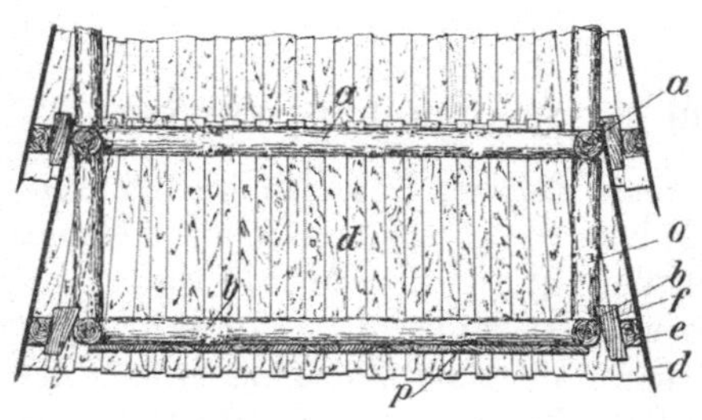

Abb. 246. Gewöhnliches Anstecken. (Geviert *b* ist zum Eintreiben der Pfähle fertig.)

Durch das Abtreiben der dicht aneinanderliegenden, schräg nach außen gerichteten Pfähle wird die Schachtwandung nach unten verlängert. Das in Gestalt einer abgestumpften Pyramide abgetrennte Gebirgsstück wird nach und nach, erforderlichenfalls unter Sicherung der Sohle durch guten Verzug, hereingewonnen. In dem auf diese Weise geschaffenen Raume wird das neue Geviert der Zimmerung gelegt, hinter dem die neuen Pfähle wiederum angesteckt werden.

27. — Die Arbeiten im einzelnen. In welcher Weise die Arbeit vor sich geht, zeigen die Abbildungen 246 u. 247. Die Abb. 246 läßt die Zurüstung erkennen, die zum Anstecken einer neuen Pfahlreihe an dem letzten auf der Sohle befindlichen Geviert zu treffen ist. Zwischen dem Geviert *b* und den Pfählen *d* wird das Pfändholz *e* (Pfändlatte) angebracht und durch die Keile *f* angetrieben, so daß zwischen Holz *e* und Geviert *b* ein für das Anstecken der Pfähle genügend breiter Schlitz entsteht. Die Abbildung zeigt am linken Stoße in schwach gestrichelter Linie, wie das erste Anstecken der Pfähle erfolgt.

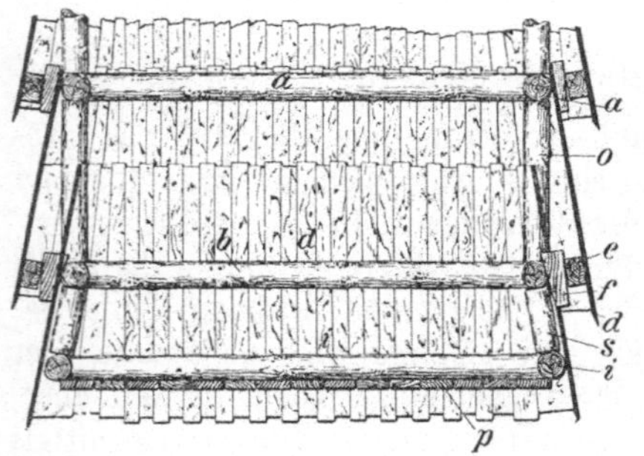

Abb. 247. Gewöhnliches Anstecken. (Eine neue Pfahlreihe ist auf ein Drittel der Länge eingetrieben, das Hilfsgeviert *i* ist eingebaut.)

Nachdem die Pfähle auf ungefähr die halbe Länge eingetrieben sind, wird nach Abb. 247 ein Hilfs- oder verlorenes Geviert *i* eingebaut, das die freien Enden der Pfähle zu stützen und diese in der richtigen Lage zu halten hat. Nunmehr können die Pfähle auf ihre ganze Länge abgetrieben werden. Schließlich wird das neue Geviert gelegt und nach Entfernung des Hilfsgeviertes *i* mit dem oberen Gevierte *b* verbolzt, wobei wiederum durch Einbringen der Pfändung und der Keile ein Schlitz für die nächste Pfahlreihe hergestellt wird.

28. — Sicherung der Sohle. Wo das Gebirge nicht unruhig ist, braucht die Sohle nicht verwahrt zu werden.

Im treibenden Gebirge dagegen muß mit einer Sicherung der Sohle durch Vertäfelung und mit Wasserhaltung gearbeitet werden. Die Vertäfelung erfolgt in der Regel durch einen Bohlenbelag p (Abb. 248 u. 249), der dem Wasser das Empordringen durch die Fugen gestattet, aber das Hervorquellen des Gebirges verhindert. Beim Vertiefen der Schachtsohle werden die Bohlen einzeln gegen das letzte Geviert oder Hilfsgeviert abgespreizt, wie dies in einem Schnitt parallel zum langen Stoße Abb. 248 zeigt. Abb. 249 stellt einen Schnitt parallel zum kurzen Stoße dar. Man ersieht daraus, wie die Bohlen p und p_1 sich überdecken und in der Mitte durch ein Längsholz q,

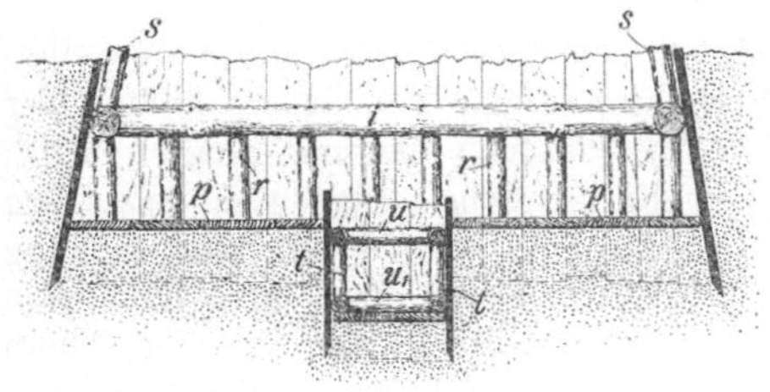 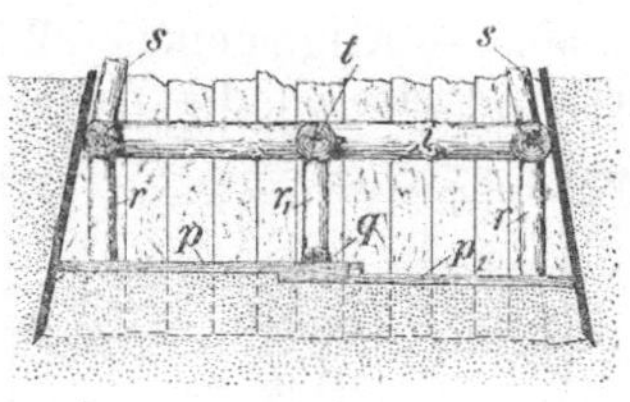

Abb. 248.
Abb. 249.

Abspreizen der Sohlenvertäfelung.

(Schnitt parallel zum langen Stoße; mit Vorgesümpfe.)   (Schnitt parallel zum kurzen Stoße; ohne Vorgesümpfe.)

das gegen ein Hilfsholz t abgespreizt ist, gehalten werden. Durch Lüften der einzelnen Bohlen und Herausnehmen des Gebirges bringt man die Sohle allmählich tiefer, wobei ein Treiben der Sohle möglichst verhütet wird. Gelingt dies nicht, so stopft man kurze Strohwiepen (es sind dies kurze Bündel Stroh) unter das Holz. Das Stroh läßt Wasser durch, hält aber den Sand zurück, so daß das Gebirge an Festigkeit gewinnt. Das Lüften einzelner Bretter und das Herausnehmen von Gebirge- gelingt dann sicherer.

Mit gutem Erfolge hat man auch die Klötzelvertäfelung der Sohle angewandt, die darin besteht, daß die Sohle nicht mit Bohlen belegt, sondern mit rechteckigen Holzklötzen von etwa 30 cm Breite, 35 cm Länge und 30—40 cm Höhe ausgepflastert wird, deren jeder mit einem nach unten trichterförmig sich erweiternden Loche durchbohrt ist. Die Klötze werden durch Spreizen, die quer durch den Schacht gelegt und nach oben hin verspreizt sind, reihenweise gehalten. Das Niederbringen geschieht mittels stählerner Handrammen, wobei das Gebirge durch die Löcher nach oben tritt. Das Ausquellen des Gebirges wird, wenn es zu stark wird, durch Einstopfen von Stroh in die Löcher gehemmt, während man, wenn es zu langsam erfolgt, durch Ausbohren nachhilft. Auch hat man bisweilen die Löcher in den Klötzen durch Stahlschieber verschlossen, die je nach Bedarf geöffnet werden.

Für die Wasserhaltung muß ein „Vorgesümpfe" gebildet werden, das etwas tiefer als die sonstige Schachtsohle ist. Dieses wird ebenfalls mit Holzzimmerung versehen und ausgetäfelt (u und u_1 in Abb. 248), oder man benutzt einen stählernen Sumpfkasten mit durchlochten Wandungen, der in die Sohle gerammt oder durch Winden eingepreßt wird.

29. — Kosten. Die Kosten des Abteufens mit Abtreibezimmerung sind je nach der Weite des Schachtes, der Art des Gebirges und der Größe der Wasserzuflüsse sehr verschieden.

Für enge Schächte von etwa $2 \times 2\frac{1}{2}$ m betragen die Kosten für 1 m bei günstigem Gebirge und geringen Wasserzuflüssen nur 250—400 RM., während die Kosten für Schächte von 3×4 m auf etwa 500—700 RM. zu schätzen sind[1]). In schwierigerem Gebirge und bei Wasserzuflüssen, die über 100 bis 200 l/min hinausgehen, betragen die Kosten 800—1600 RM. und steigen sogar bis 2000 RM. und darüber.

b) Das senkrechte Anstecken.

30. — Allgemeines. Während bei dem bisher beschriebenen gewöhnlichen Anstecken die Weite des Schachtes infolge der Schrägstellung der

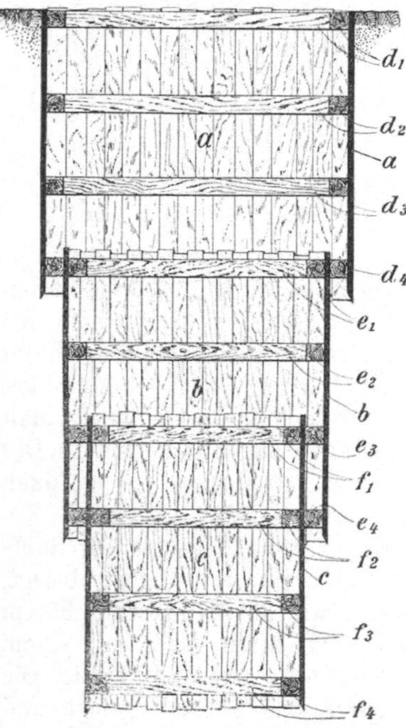

Abb. 250. Senkrechtes Anstecken.

Ansteckpfähle dauernd erhalten bleibt, geht bei dem senkrechten Anstecken (Abb. 250) mit jeder Wiederholung der Arbeit von dem Querschnitt des Schachtes ein Stück verloren. Man kann rechnen, daß man mit jedem neuen Anstecken mindestens 400—500 mm in der Länge und ebensoviel in der Breite des Schachtes einbüßt. Um diesen Nachteil zu verringern, wählt man die Ansteckabsätze möglichst hoch. Verwendet man Pfähle aus Holz, so gibt man ihnen Längen bis zu 4, ja sogar bis 6 m. Sie sind namentlich dann angebracht, wenn die zu durchteufende Schwimmsandschicht nur wenige Meter mächtig ist und man hoffen kann, sie mit einem einzigen Anstecken zu überwinden. Bei mehr als 4—5 m Schwimmsand bevorzugt man Stahlspundwände, denen man Längen von 10—15 m und auch noch darüber geben kann.

Für die Arbeit muß man durch genau lotrecht übereinander als Führung angeordnete Rahmen, deren Lage gegen Verschiebungen gesichert sein muß, einen senkrechten, den Schachtumfang umfassenden Schlitz herstellen, in dem die Pfähle oder die Teile der Spundwand niedergetrieben werden.

Ein mehrfaches Anstecken ist in Abb. 250 dargestellt. Für die unteren Ansteckabsätze ist der senkrechte Führungsschlitz zwischen den Gevierten e_3, e_4 einerseits und den Gevierten f_1, f_2 anderseits vorhanden.

31. — Das senkrechte Anstecken mit hölzernen Pfählen. Die Pfähle, zu denen man in der Regel starke Bohlen verwendet, werden durch

---

[1]) G. Klein: Handbuch für den deutschen Braunkohlenbergbau, 3. Aufl. (Halle a. S., Knapp), 1927, S. 365.

Nut und Feder oder Verspundung (Abb. 251) miteinander verbunden. Auch wendet man Bohlen in doppelter Lage (doppeltes Bohlenanstecken) an, wobei die Fugen gegeneinander versetzt werden. Hierdurch wird das Durchquellen des Sandes noch besser verhindert. Die Bohlen werden unten zugeschärft und zweckmäßig mit Stahlblech beschlagen, damit sie widerstandsfähiger sind und leichter in das Gebirge eindringen. Das Eintreiben der Pfähle erfolgt durch Rammen oder Winden. Es kommt dabei darauf an,

Abb. 251. Hölzerne Spundwand.

daß die Pfähle aneinander schließen und weder nach außen noch nach innen abweichen. Wo es angängig ist, fördert man deshalb, sobald sie ½—1 m eingetrieben sind, das eingeschlossene Gebirge heraus und legt ein neues Geviert als Führungsrahmen, der den Bohlen beim weiteren Abtreiben nach innen Halt und Führung gibt. Da durch das Abteufen der Gebirgsdruck rege wird und von außen nach innen wirkt, ist ein Abweichen der Bohlen nach außen weniger zu befürchten.

Trotz aller Vorsicht kann es vorkommen, daß die Pfähle auseinandergehen und den Erfolg des Abteufens in Frage stellen. Namentlich ist dies zu befürchten, wenn härtere Einlagerungen, Findlinge u. dgl. in den zu durchteufenden Schichten vorkommen. Die Gefahr wird naturgemäß um so größer, je tiefer der Schacht und je bedeutender die Wasserdruckhöhe wird.

Die Sicherung der Sohle geschieht ähnlich wie bei der Getriebearbeit mit schrägem Anstecken (s. d.).

Des öfteren hat man die Verfahren des gewöhnlichen und des senkrechten Ansteckens miteinander verbunden in der Art, daß man mittels des senkrechten Ansteckens nur einen Sumpf oder engen Vorschacht zur Entwässerung des Gebirges herstellte und sodann das eigentliche Abteufen mittels der gewöhnlichen Getriebearbeit folgen ließ.

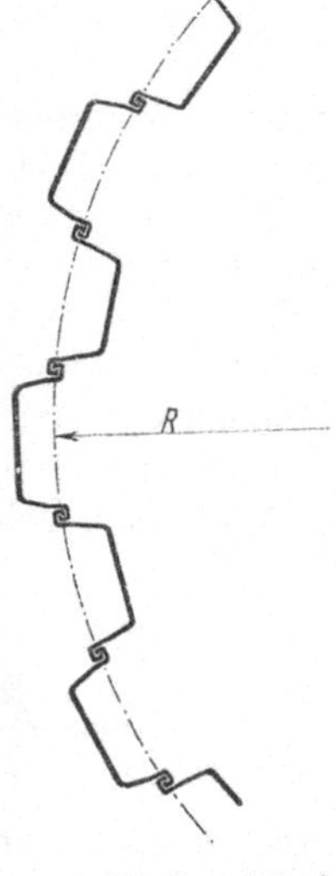

Abb. 252. Spundwand
Larssen.

Ein besonderer Fall des Senkrechtansteckens ist im Abschnitt „Senkschachtverfahren" unter „Der Anschluß der Mauersenkschächte an das feste Gebirge" (Ziff. 49) behandelt.

32. — Das senkrechte Anstecken mit stählernen Spundwänden. Weit verbreiteter als Holzbohlen ist die Verwendung von Stahlspundwänden, die zudem für runde Schächte fast ausschließlich in Frage kommen. Sie haben eine größere Festigkeit und Dichtigkeit und einen besseren Längszusammenhang. Auch lassen sie sich infolge ihrer glatten Oberfläche und geringeren Bodenverdrängung leichter und bis auf größere Tiefen einrammen. Man kann Stahlspundbohlen und Stahlspundrohrwände, die jedoch nur sehr selten angewandt werden, unterscheiden.

Die Stahlspundwände, wie auch die einzelnen Bohlen, zeigen in der Regel die Form einer fortlaufenden Welle. Die einzelnen Bauarten unterscheiden sich in der Hauptsache durch die Form sowie durch die Ausbildung ihres

Schlosses. Abb. 252 zeigt eine Kreisrammung mit Larssen-Spundbohlen, die von der Dortmund-Hörder Hüttenverein A.G. hergestellt werden. Das Larssen-Schloß ist als Doppelhakenverschluß gestaltet, wobei der Eingriff eckig ausgebildet ist. Die beiden Seiten der einzelnen Spundwand sind infolgedessen völlig gleich. Dieses trifft auch für die in Abb. 253 wiedergegebene Spundbohle der Hoesch A.G. und die der Fried. Krupp A.G. (Abb. 254) zu, bei der die Verbindung der einzelnen Bohlen durch einen besonderen Bauteil vorgenommen wird. Eine Nut- und Federverbindung durch Wulst und Klaue, die eine verschiedene Ausbildung der beiden Seiten jeder Bohle bedingen, weist die Bauart Rote Erde der Arbed auf (Abb. 255). Jede der

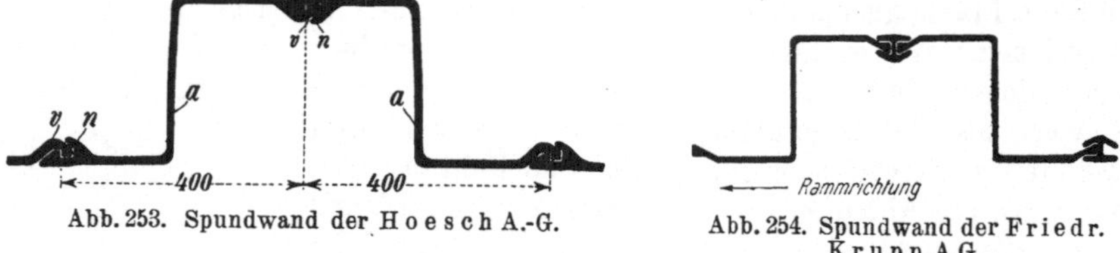

<table>
<tr><td>Abb. 253. Spundwand der Hoesch A.-G.</td><td>Abb. 254. Spundwand der Friedr. Krupp A.G.</td></tr>
</table>

einzelnen Bauarten wird in Profilen von verschiedener Stärke geliefert. Je tiefer die Spundwand reichen soll, um so schwerere Profile müssen gewählt werden.

Zuweilen hat man auch Spundrohre von Haase angewandt. Hierbei wurden Stahlrohre benutzt, denen zum Zwecke der gegenseitigen Führung nach Art von Nut und Feder ineinandergreifende Lappen angenietet waren (Abb. 256). Hieraus ergibt sich der Vorteil, daß ein Spülbohrer sich in die Rohre einführen läßt und damit entgegenstehende Hindernisse beseitigt werden können. Die einzelnen, die Wand bildenden Rohre gehen also schon bei einem verhältnismäßig geringen Drucke nieder. Das hat eine geringe Beanspruchung der Rohre

Abb. 255. Spundwand „Rote Erde“.　　　　Abb. 256. Haasesche Spundwand.

beim Einpressen zur Folge, woraus sich wieder die Möglichkeit ergibt, daß man die Rohre nach oben hin durch Aufsetzen leicht verlängern kann. Es lassen sich also mit einem einzigen senkrechten Anstecken verhältnismäßig große Gebirgsmächtigkeiten überwinden.

Das Einbringen von Spundbohlen geschieht in der Regel durch eine mit Dampf angetriebene Ramme, die beim Schachtbau zweckmäßig auf über die Baugrube gelegten schweren Stahlprofilen, also innerhalb des Spundwandkreises aufgestellt wird. Zahl und Schwere der Schläge richtet sich nach der Bodenart, und zwar empfehlen sich in nichtbindigen Böden, wie Sand, Kies und Mergel, schnelle leichte Schläge. Durch pausenloses Schlagen wird nämlich der Eindringungswiderstand erheblich dadurch vermindert, daß die Bodenteilchen unter der Erschütterung des Rammens in Bewegung bleiben. Je nach ihrer Bauart werden die Bohlen einzeln oder zu zweit vereint eingerammt. Von Bedeutung ist auch die Rammrichtung (Abb. 254 und 255). Bei dem Wulstklauenschloß z. B. wird stets der Wulst vorausgerammt, damit die Klaue sich nicht voll Boden und Steine setzt.

Von großer Wichtigkeit ist eine gute Führung der Bohlen, damit sie senkrecht in den Boden eindringen und in der Führung des Schlosses verbleiben. In der Regel wird die Bohle an mindestens zwei Punkten geführt. Die obere Führung erfolgt meist an der Ramme mit Hilfe von Ketten, Stahltrossen oder einer besonderen Führungszange. Der unteren Führung dienen möglichst tief in den Boden eingelegte Stahlträger, die, wenn möglich, noch gegen feste Punkte (Rammgleise z. B.) abzuspreizen sind. Ein „Freirammen" ohne obere Führung ist dann möglich, wenn der Rammbär mit einem besonderen nach unten reichenden Führungsgestell versehen ist. Das Hochziehen der

Abb. 257. Spundschacht.

Bohlen vor ihrem Einrammen kann mit einem um die Bohle geschlungenen Seil oder mittels eines Zughakens geschehen, der in ein Loch am oberen Ende der Bohle eingreift. Um die Bohlenköpfe durch die Schläge des Rammbären nicht zu beschädigen, werden ihnen Rammhauben aufgesetzt, die auch den Vorteil haben, den Rammschlag gleichmäßig auf die ganze Bohle zu verteilen. Ein ziemlich sicheres Zeichen für eine Überbeanspruchung der Spundbohle ist es, wenn sie kaum noch unter dem Rammschlag nachgibt („zieht") und den Rammbären elastisch wieder hochwirft, so daß er „tanzt". Der Eindringungswiderstand ist dann so groß, daß ein Weiterrammen in der Regel zur Zerstörung der Bohle führt.

Abb. 257 zeigt einen fertigen Spundschacht von 10 m Durchmesser, bei dem gerade als endgültiger Ausbau Gußbeton eingebracht wird.

Die Grenze, bis zu der ein solches Anstecken mit Stahlspundwänden möglich ist, scheint bei etwa 25 m zu liegen. Darüber hinaus wird die gegenseitige Führung der Spundwände zu unsicher. Die Führung von Nut und Feder reißt, und die Wand klafft, oder die Wände keilen sich so gegeneinander fest, daß sie nicht weiterzubringen sind. Es bleibt in solchen Fällen nichts anders übrig, als einen neuen Spundschacht von größerem Durchmesser um den alten niederzubringen oder den Schachtansatzpunkt um ein geringes zu verlegen.

Hat man mit der Bohlen- oder mit der Rohrwand die wassertragende Schicht erreicht, so beginnt man mit dem Abteufen unter stetiger Vertäfelung der Sohle, solange das Gebirge schwimmend bleibt. Der Schacht wird vorher innerhalb der Spundwand mit Mauerung und Betonhinterfüllung oder mit Beton allein endgültig ausgekleidet. Zur vorläufigen Innenversteifung des Spundwandringes werden meist Stahlprofilringe benutzt.

33. — Anwendbarkeit und Kosten der stählernen Spundwände. Das Verfahren des Senkrechtansteckens mit stählernen Spundwänden wird zur Durchteufung der nahe unter der Tagesoberfäche befindlichen Schwimmsandschichten mit Erfolg benutzt. Finden sich grobe Gerölle oder Findlinge in den zu durchteufenden Schichten, so ist zwar ein Durchbohren solcher Hindernisse nicht unmöglich, doch wachsen dann die Schwierigkeiten bedeutend und stellen den Erfolg der Arbeit in Frage. Die Kosten schwanken dementsprechend in weiten Grenzen. Für einen Schacht von 7 m lichtem Durchmesser können sie bei 4 Stein starker Mauerung zu etwa 7000 RM. angenommen werden. Für engere Schächte werden sie auf 3000—5000 RM. je Meter angegeben.

c) Das Abteufen unter Senken des Grundwasserspiegels.

34. — Das Grundwasser-Absenkungsverfahren, wie es von der Siemens-Bau-Union zu Berlin ausgebildet ist, besteht darin, daß das Grundwasser rund um den abzuteufenden Schacht durch Rohrbrunnen abgesenkt und der Schacht in dem abgetrockneten Gebirge nach dem gewöhnlichen Verfahren niedergebracht wird. Hierbei geht man staffelweise vor (Abb. 258), derart, daß zunächst die erste Staffel von Rohrbrunnen den Grundwasserspiegel in größerem Umkreise um den abzuteufenden Schacht herum senkt. Eine zweite, dem Schachte nähergerückte Staffel senkt innerhalb des bereits beeinflußten Umkreises den Grundwasserspiegel tiefer. Weitere Rohrbrunnenstaffeln (im Falle der Abb. 258 eine dritte und vierte) folgen. Die einzelnen Rohrbrunnen können von der Erdoberfläche her abgebohrt und vom Schachte aus durch Strecken angefahren werden. In diesen werden die einzelnen Brunnen durch Rohrleitungen miteinander verbunden und von einer in der Strecke nahe am Schachte ortsfest aufgestellten Pumpe gemeinschaftlich abgesaugt. Mit Hilfe einer einzelnen Staffel gelingt es, den Wasserspiegel um den Schacht herum je um 4,5—5 m abzusenken. Auf dem Scheitel der Grundwasserabsenkung wird eine neue Staffel im Schutze der vorhergehenden eingerichtet[1]).

Auf Grube Matador bei Senftenberg hat man auf diese Weise einen Schacht etwa unter den in Abb. 258 dargestellten Verhältnissen durch eine rund 18 m starke Schwimmsandschicht hindurch niedergebracht. In der ersten,

---

[1]) Braunkohle 1925, S. 28; H. Müller: Der Aufschluß des zweiten Flözes der Grube Matador bei Senftenberg; — ferner Techn. Mitteil. (Deutscher Kaliverein) 1924, S. 33; Die Grundwasserabsenkung im Bergbau.

unmittelbar über dem gewöhnlichen Grundwasserspiegel eingerichteten Staffel
arbeiteten 9 Brunnen, in der zweiten (rund 5 m tiefer) 13, in der dritten
(rund 4 m tiefer) 15 und in der vierten Staffel (rund 4 m tiefer) 11 Brunnen.
Zur Verbindung der einzelnen Brunnen wurden in der ersten Staffel 134,5 m,
in der zweiten 105 m, in der dritten 93 m, in der vierten 44 m Strecken
notwendig. Die letzten 3—4 m über der Lettenschicht konnten nicht entwässert werden; sie wurden durch Eintreiben einer Stahlspundwand, Bauart
Larssen, überwunden. Die minutlich insgesamt in den Staffeln gehobene

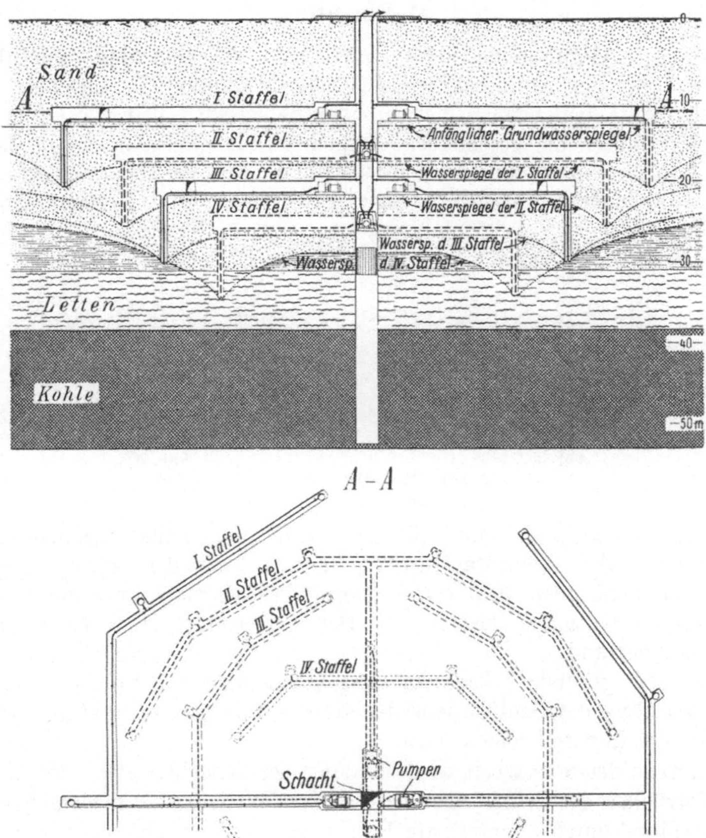

Abb. 258. Schachtabteufen mittels Grundwasserabsenkung.

Wassermenge stieg von 1,62 m³ auf schließlich 3,3 m³. Dies Abteufen
glückte. Die Grubenverwaltung veranschlagt die Höhe der Kosten eines
solchen Schachtabteufens unter Ausnutzung der bei dem ersten Versuch
gesammelten Erfahrungen auf etwa 3500—4000 RM. je Meter Schacht.

Das Verfahren erscheint für geringe Teufen und lockeres, wasserdurchlässiges Gebirge durchaus zweckmäßig und ausbaufähig. Gegenüber der
beschriebenen Ausführung sind Vereinfachungen möglich. . Insbesondere
lassen sich ähnlich, wie dies bei Herstellung von Baugruben bereits mehrfach

geschehen ist, das Auffahren von Strecken und der Einbau gemeinschaftlicher Pumpen in verschiedenen Staffeln dadurch vermeiden, daß man in die genügend weiten Bohrlöcher selbst gedrängt gebaute Tiefbrunnenpumpen einhängt und allmählich entsprechend dem Niedergehen des Wasserspiegels senkt. Freilich sind hierbei manche in der Wirkungsweise der anzuwendenden Kreiselpumpen begründete Schwierigkeiten zu überwinden[1]).

II. Das Senkschachtverfahren.

a) Einleitung.

35. — Allgemeines über Art und Wesen des Verfahrens. Während bei der Abtreibearbeit die Schachtwandung in einzelnen Teilen in die zu durchteufenden Schichten eingetrieben wird, dringt bei dem Senkschachtverfahren die geschlossene Schachtwandung als Ganzes in das Gebirge vor. Entsprechend ihrem Niedersinken wird sie oben höher gebaut und so andauernd verlängert. Die Herrichtung und Fertigstellung des

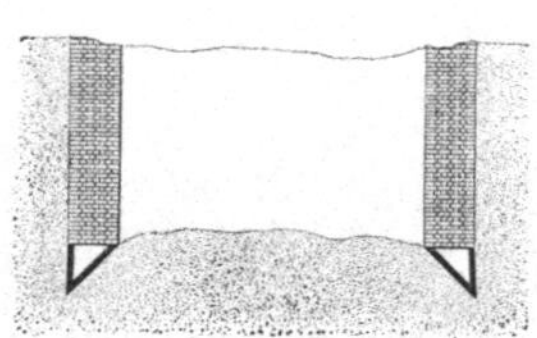

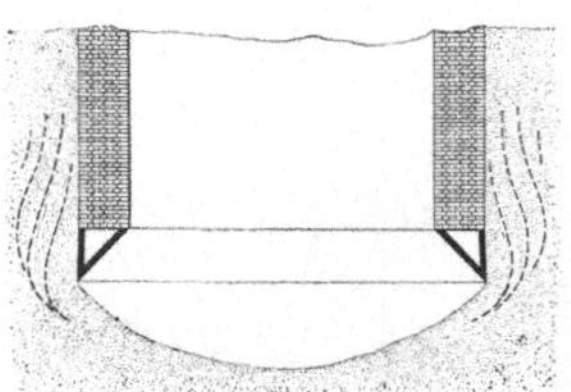

Abb. 259.　　　　　　　　　　Abb. 260.
Verschiedene Stellungen des Schneidschuhes.

Ausbaues geschieht also oberhalb der zu durchteufenden Schichten. Das Niedergehen der Schachtauskleidung erfolgt entweder allein durch ihr eigenes Gewicht oder wird durch künstliche Belastung oder durch besondere Preßeinrichtungen begünstigt. Der Querschnitt eines Senkschachtes ist stets kreisrund.

Die niedergehende Schachtwandung nennt man den Senkkörper, den untersten Ring des Senkkörpers den Senk- oder Schneidschuh, weil er das Gebirge durchschneiden muß.

Während der Senkarbeit wird die Sohle des Schachtes etwa entsprechend dem Vorrücken des Senkkörpers vertieft, was entweder bei niedergehaltenem Wasserspiegel durch unmittelbare Handarbeit auf der Sohle oder aber durch Bagger od. dgl. im „toten Wasser“, nachdem dieses bis zum natürlichen Wasserspiegel angestiegen ist, geschehen kann. In jedem Falle soll möglichst der Schneidschuh nach Abb. 259 der Schachtsohle gegenüber voraus sein und soll nicht etwa, wie dies Abb. 260 andeutet, unterhöhlt und unterschnitten werden, weil hierdurch das Gebirge rund um den Schacht in Bewegung kommen und nachstürzen und so den Schacht sowie auch die Tagesanlagen gefährden kann. Freilich wird man manchmal, wenn der Senkkörper durchaus nicht weitersinken will, zu einem Unterschneiden des Senk-

---

[1]) Braunkohle 1927, S. 805 ; F. Estor: Die Bedeutung des Verfahrens der Vorentwässerung des Gebirges für das Schachtabteufen im Braunkohlenbergbau.

schuhs gezwungen. Es bleibt dies aber in jedem Falle ein gewagtes und in seinen Folgen nicht zu übersehendes Mittel.

Hat der Senkschacht wassertragendes Gebirge erreicht, so sucht man den Senkkörper ein Stück in dieses einzupressen, um einen Abschluß der Wasser nach unten hin zu erhalten. Durch besondere Anschlußarbeiten wird der Wasserabschluß noch des weiteren sichergestellt.

Das Senkschachtverfahren ist seiner Natur nach auf weiches, mildes Gebirge beschränkt, das dem Schneidschuh ein Eindringen gestattet. Im festen Gebirge, das der Senkschuh nicht durchschneiden kann, oder auch in Schichten, die einzelne harte Blöcke (z. B. Findlinge) enthalten, ist es nicht anwendbar. Selbstverständlich wird man das Senkschachtverfahren nur dann zur Anwendung bringen, wenn die schwimmende Beschaffenheit des Gebirges dazu zwingt. Im trockenen Gebirge ist das gewöhnliche Abteufverfahren billiger.

36. — Die bei wachsender Teufe auftretenden Schwierigkeiten und die Verwendung mehrerer Senkkörper. Mit dem Niedergehen des Senkkörpers nimmt sowohl der Gebirgsdruck wie die diesem ausgesetzte Fläche der Schachtwandung in einfachem Verhältnis zu. Das bedeutet, daß die aus beiden Größen sich ergebende Gesamttreibung mit der Tiefe in quadratischem Verhältnis wächst. Ein 20 m tiefer Senkschacht findet einen viermal und ein 30 m tiefer Schacht bereits einen neunmal so großen Widerstand wie ein 10 m tiefer Senkschacht.

Nimmt man z. B. den Druck des Schwimmsandes mit dem 1,7fachen des Wasserdruckes und den Reibungswiderstand mit 20 % des Druckes an, so errechnet sich für einen Senkschacht mit 5,5 m äußerem Durchmesser der Reibungswiderstand

bei 10 m Teufe auf   294 000 kg
„ 20 „   „   „   1 176 000 „
„ 30 „   „   „   2 646 000 „

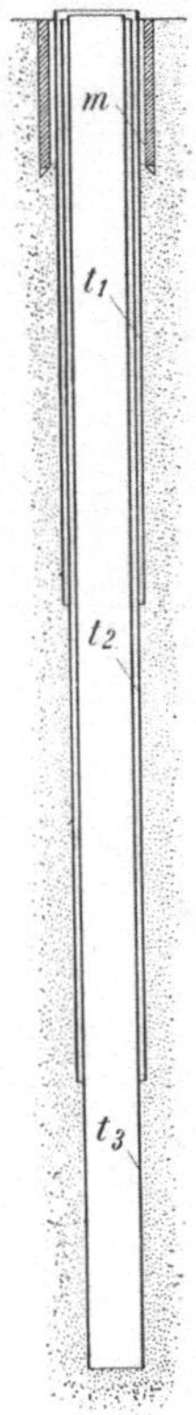

Abb. 261. Ineinanderschachtelung von 4 Senkkörpern.

Diese Zahlen machen erklärlich, daß auch künstliche Belastung, die im Höchstfalle bisher auf 2 000 000 kg gesteigert worden ist, bald versagt. Früher pflegte man dann einen zweiten Senkkörper in den ersten einzubauen, der nun von der bereits erreichten Sohle aus von neuem in das Gebirge so lange vordringt, bis auch er seinerseits zum Stillstande kommt. Ja, man hat sogar eine ganze Reihe von Senkkörpern mit stets enger werdendem Querschnitt nach Art eines Fernrohres ineinandergebaut (Abb. 261). Auf Zeche Rheinpreußen 1 hat man z. B. bis 125 m Teufe sogar sieben Senkkörper ineinanderschachteln müssen. Im Ruhrbezirk hat man so in den letzten Jahrzehnten des vorigen Jahrhunderts 6 Schächte auf Teufen über 100 m, darunter 2 Schächte sogar bis 150—178 m, niedergebracht. Heute wendet man es nur noch für Teufen bis 20 oder 25 m an und zieht für größere Teufen das im Erfolg sicherere Gefrier- oder das Honigmannverfahren vor.

b) Die Senkkörper und ihr Einbau.

37. — Einleitende Bemerkungen. Die Senkkörper bestehen aus Mauerung, aus stahlbewehrtem Beton oder aus gußeisernen Schachtringen. Vereinzelt sind früher auch die sog. Verbundsenkkörper benutzt worden, die aus einer Verbindung von Gußringwand und Mauerung bestanden.

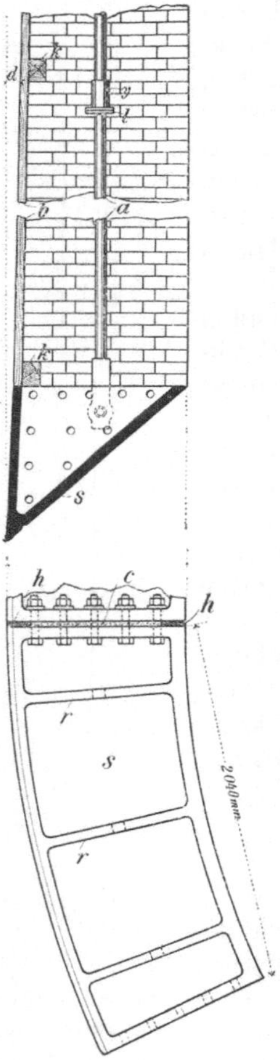

Senkkörper aus Mauerung oder Beton haben den Vorteil, daß sie sich wesentlich billiger stellen als Gußringe und daß ihr Gesamtgewicht größer ist. Der Umstand, daß sie mehr Platz einnehmen, spielt bei den geringen Teufen, in denen sie angewandt werden, keine erhebliche Rolle.

Der lichte Durchmesser des Senkkörpers wird vorsorglich 1—2 m und bei Teufen über 15 m auch wohl 2—2$^1/_2$ m größer als der beabsichtigte lichte Durchmesser des fertigen Schachtes gewählt, um nötigenfalls einen zweiten Senkkörper einbauen oder den Schacht durch eine innerhalb des Schachtkreises eingetriebene Spundwand sicherstellen zu können. Nimmt man einen zweiten Senkkörper in Aussicht, so ist ein Schneidschuh bereitzuhalten, da seine Anfertigung 6—8 Wochen erfordert. Im Hinblick auf die Gefahr von Schwimmsanddurchbrüchen ist eine genügend leistungsfähige Wasserleitung vorzusehen, mit Hilfe deren man den Schacht zur Erzeugung von Gegendruck in kürzester Zeit unter Wasser setzen kann.

38. — Die Mauersenkschächte. Der Schneidschuh. Der die Unterlage für das Mauerwerk bildende und das Einschneiden erleichternde Schneidschuh besteht in der Regel aus Gußeisen oder Stahlguß und wird (Abb. 262) aus 6—14 hohlen Teilstücken s, die Verstärkungsrippen r besitzen, zusammengeschraubt. Oben sind sie in der Regel offen. Nach dem Zusammenbau werden sie mit Zement oder Mauerwerk ausgefüllt.

Die obere Breite des Schuhes beträgt je nach der Mauerstärke 0,55—1,10 m, die Höhe 0,60—1,2 m, die Wandstärke 30—50 mm. Zwischen die Ringteile wird vor dem Zusammenschrauben eine Bleidichtung gelegt. An deren Stelle fügt man auch nach Abb. 262 zwischen die Ringteile einen Holzrahmen h ein, wobei die Dichtung durch Einstampfen einer Eisenkittmischung c erfolgt.

Abb. 262. Eiserner Schneidschuh für Mauersenkschächte mit Ankerstange.

Die Außenfläche der gußeisernen Senkschuhe erhält häufig eine geringe Neigung nach außen, so daß also die äußerste Schneide etwas nach außen vorspringt. Hierdurch schneidet sich der Schuh leichter in das Gebirge ein. Der Winkel an der Spitze liegt zwischen 40 und 50°.

Ein mittelstarker Senkschuh für eine Anfangsstärke der Mauerung von drei Steinen bei 6—8 m Schachtdurchmesser wiegt etwa 15000—20000 kg und kostet 6000—8000 RM.

39. — Die Verankerung. Zur festeren Verbindung des Mauerwerkes mit dem Senkschuh einerseits und zur Erhöhung der Festigkeit des Mauerwerkes in sich anderseits dient die Verankerung, die aus den senkrechten Ankerstangen a (Abb. 263), den Verschraubungen v und den waagerechten Verbindungslaschen l besteht. Die Ankerstangen a sind mit ihrem unteren Ende an Rippen r des Schneidschuhes s befestigt, sei es, daß sie hier durch Löcher gesteckt und mittels Schrauben gehalten werden, sei es, daß sie, wie dies die Abbildung darstellt, gabelförmig über die Querrippen greifen und durch hindurchgesteckte Bolzen befestigt werden. Die 3—6 cm dicken Stangen sind 3—4 m lang und können nach oben hin durch Aufsetzen weiterer Stangen mittels Mutterschrauben v mit Rechts- und Linksgewinde beliebig verlängert werden. Die an den Enden durchbohrten,

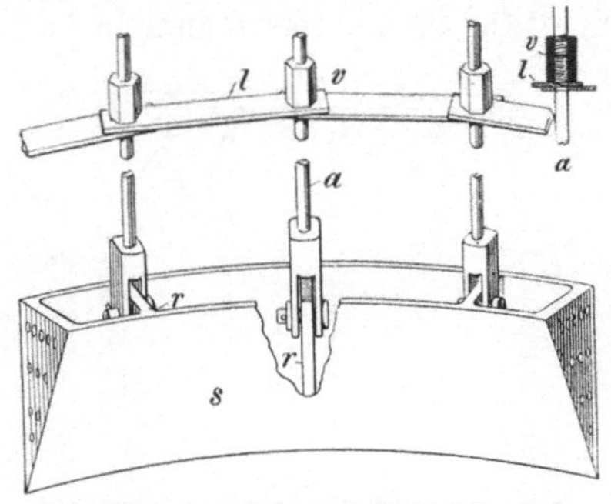

Abb. 263. Ansicht eines Teilstückes eines eisernen Schneidschuhes für Mauersenkschächte mit zugehöriger Verankerung.

waagerechten, 12—40 mm dicken und 100—200 mm breiten Verbindungslaschen l werden so über die Stangen a geschoben, daß diese mit den Mutterschrauben auf ihnen ruhen. Auf diese Weise wird ein großmaschiges Gitterwerk in der Mauerwand hergestellt.

40. — Das Mauerwerk. Für das Mauerwerk verwendet man tunlichst feste Ziegel und einen guten Zementmörtel, der zweckmäßig aus 1 Teil schnell bindenden Zement und 2—3 Teilen Sand besteht. Die Mauer erhält je nach dem Durchmesser des Schachtes und der Teufe, bis zu der der Senkkörper vordringen soll, eine Anfangsstärke von 2—4 Steinen. Nach oben hin gibt man der Außenseite der Mauer, um die Reibung zu vermindern, eine schwache Neigung nach innen — die sog. Dossierung —, die 1 : 50 bis 1 : 100 beträgt und bei Bemessung der anfänglichen Mauerstärke zu berücksichtigen ist. Ferner dient zur Herabsetzung der Reibung eine außen angebrachte Ummantelung der Mauer mit 20—30 mm starken Holzbrettern, die an eingemauerten Holzkränzen festgenagelt und mit Schmierseife bestrichen werden (Abb. 262). Neuerdings hat man die Bretterummantelung fallen lassen und dafür einen schnell bindenden, gut geglätteten Zementverputz (1 Teil Zement, 3 Teile Sand) angewandt.

41. — Der Einbau und das Hochmauern des Senkkörpers. Der Einbau des Senkkörpers erfolgt derart, daß zunächst der Schneidschuh auf der Sohle des Vorschachtes zusammengesetzt und genau waagerecht gelegt wird. Alsdann wird mit dem Hochziehen der Mauerung begonnen, was anfangs von der Schachtsohle und später von einer schwebenden oder festen Bühne oder auch von der Erdoberfläche aus am Umfange des Mauerwerks geschieht.

Hat die Mauerung einige Meter Höhe über der Erdoberfläche erreicht, so beginnt die Arbeit auf der Sohle mit der Hereingewinnung des Gebirges, während die Mauerarbeiten ruhen, um nicht die auf der Sohle arbeitenden

Leute zu gefährden. Das Mauern wird erst wieder fortgesetzt, wenn die Oberfläche der Mauerung nur noch wenig über den Erdboden hervorragt. Damit der Wechsel nicht zu oft eintritt, sind Mauersätze von 3—4 oder noch mehr Metern Höhe zweckmäßig.

Bei der Senkarbeit im toten Wasser wird dagegen häufig gleichzeitig gemauert und die Sohle vertieft.

42. — Senkkörper aus Beton. Beton anstatt des Ziegelmauerwerkes bietet für Senkkörper mannigfache Vorteile. Beton wiegt 2,2 t/m³, während das Gewicht der Ziegelmauerung nur 1,8 t/m³ beträgt. Im toten Wasser ist der Unterschied verhältnismäßig noch größer, da bei Beton 1,2 t und bei Mauerwerk nur 0,8 t je Kubikmeter wirksam werden. Die Druckfestigkeit des Betons ist der des Ziegelmauerwerkes überlegen. Außerdem hat man die Möglichkeit, durch Anwendung von Stahlbeton auch die Biegefestigkeit wesentlich zu steigern. Als Nachteil bleibt für manche Fälle der Anwendung die langsame Erhärtung, obwohl freilich auch der Mörtel des Ziegelmauerwerkes nicht von vornherein seine volle Festigkeit besitzt.

Auf dem Kalischachte Markgräfler[1]) bei Buggingen (Baden), der von 12,5—32,4 m als Senkschacht niedergebracht wurde, hat man den Senkkörper aus Betonformsteinen in den Maßen von $10 \times 12 \times 25$ cm mit der üblichen Verankerung hochgemauert. Hierbei hat man durch die Ausgestaltung des Schneidschuhs für die Möglichkeit, das Gebirge durch Wasserstrahlen zu bearbeiten, Sorge getragen (Abb. 264).

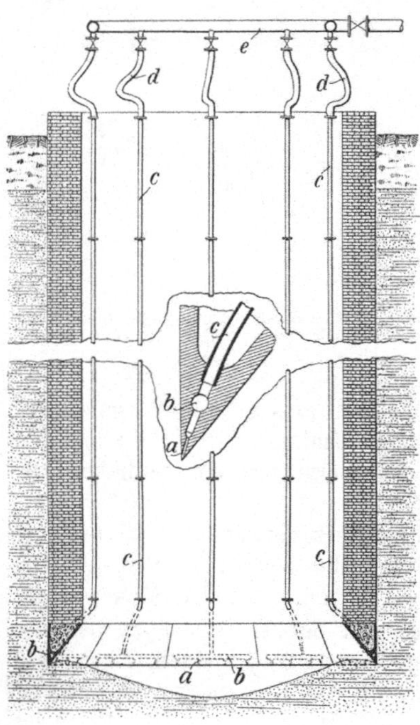

Abb. 264. Senkkörper mit Wasserstrahleinrichtung zum Freispülen des Schneidschuhes.

Die Schneide war ringsum mit Düsen a besetzt, die von einem Ringkanal b ausgingen. An jedes der 10 Segmente des Schneidschuhs war ein Rohr c angeschlossen, das innerhalb der Mauer zutage geleitet und oben durch einen Schlauch d an eine Ringleitung e angeschlossen war. Diese Ringleitung wurde durch eine Duplexpumpe mit Druckwasser von 20 at gespeist. Jeder Abzweig war durch einen Hahn verschließbar. Es konnte also je nach Bedarf am ganzen Schneidenumfange oder nach Anweisung eines Tauchers unter einzelnen Segmenten gespült werden. Dieses Verfahren hat sich gut bewährt.

43. — Gußeiserne Senkkörper. Der Schneidschuh für guß-

<hr>

[1]) Kali 1928, S. 30; Th. Albrecht: Das Durchteufen des Rheinkieses in den Schächten der Gewerkschaften Baden und Markgräfler.

eiserne Senkkörper besteht aus mehreren Teilstücken, deren Zahl je nach
dem Durchmesser des Schachtes 8—14 beträgt. Die Stücke werden in der
üblichen Weise unter Benutzung von Bleistreifen als Dichtung zu einem
geschlossenen Ringe verschraubt. Der übliche Querschnitt
entspricht demjenigen der deutschen Gußringe, nur daß
statt des unteren Flansches eine Schneide s angebracht ist
(Abb. 265).

Die Wandstärke der Schneidschuhe pflegt man auch für
geringere Teufen immerhin auf 50—75 mm zu bemessen. Die
auf den Schneidschuh aufgebaute Wand besteht aus deutschen
Gußringen der üblichen Bauart von mindestens 40 mm Wandstärke.

c) Die eigentlichen Abteufarbeiten.

44. — Die Abteufarbeit auf der Sohle unter Wälti-
gung der zusitzenden Wasser wird angewandt, solange die
zu durchteufenden, losen Gebirgsschichten nahe unter Tage

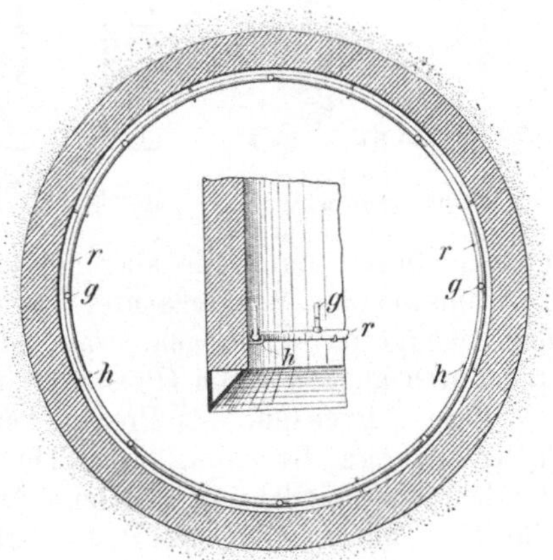

Abb. 265.
Schneidschuh
für gußeiserne
Senkschächte.

liegen, der Wasserdruck noch gering ist, die Hebung der Wasserzuflüsse keine Schwierigkeiten macht und das Gebirge nicht zu Durchbrüchen neigt. Die Hereingewinnung des Gebirges geschieht in üblicher
Weise, wobei man den Einbruch in die Mitte legt und, insoweit das Gebirge
nicht sich selbst heranschiebt, von hier nach den Stößen hinarbeitet.

Das lotrechte Niedergehen überwacht man am besten mit einer Kanalwaage (Abb. 266), die am Um-
fange des Senkkörpers etwa 1 m
oberhalb des Schneidschuhes angebracht wird und aus einem Ringe r
und einer Anzahl von senkrecht
stehenden, mit Marken versehenen
Wasserstandsgläsern g besteht.
Wenn diese Waage bis zu einer bestimmten Höhe mit Wasser gefüllt
ist, so genügt ein einziger Blick
auf die Gläser zur Überwachung
der Stellung des Schachtes. Für
den gleichen Zweck benutzt man
auch Lote, die an mehreren Stellen
nahe an der Innenwand aufgehängt
werden.

Die Förderung des gewonnenen
Gebirges erfolgt in üblicher Weise.

Abb. 266. Kanalwaage zur Überwachung des lot-
rechten Niedergehens von Senkkörpern.

Jedoch bleibt der Schacht zweckmäßig wegen des leichten Überganges zur
Arbeit im toten Wasser und für den etwaigen Einbau eines neuen Senkkörpers
von geringerem Durchmesser möglichst frei von jeglichem Einbau.

Derselbe Grundsatz gilt auch für die Wasserhaltung. Soweit also die
Wasser nicht mit den Fördergefäßen gehoben werden können, wendet man
Pumpen an, die an Seilen hängen und mit deren Hilfe leicht hoch zu ziehen
sind (vgl. 9. Abschnitt „Wasserhaltung").

45. — Die Arbeit im toten Wasser findet statt, wenn die Bewältigung der Wasserzugänge Schwierigkeiten macht oder wenn nach der Natur des Gebirges Durchbrüche zu befürchten sind. In diesem Falle läßt man die dem Schachte zusitzenden Wasser bis zur Höhe des Grundwasserspiegels aufsteigen. Die Hereingewinnung und die Förderung des Gebirges erfolgen alsdann durch mechanische Hilfsmittel unter Wasser. Die Vertiefung der Schachtsohle geschieht in der Regel durch **Baggerangriff**, früher auch durch **Stoßbohrer**. Mit Eimerkettenbagger ist es schwierig, die Schachtsohle gleichmäßig zu bearbeiten. Besser bewährt haben sich **Greifbagger** von etwa $^{1}/_{2}$ m³ Inhalt (Abb. 269).

Die Leistungen sind in reinem Schwimmsand recht gut und betragen $^{1}/_{2}$—1 m je Tag. Im Ton gehen sie stark zurück. Bei zähem und festem Ton muß schließlich vor der Förderarbeit des Baggers eine Auflockerung des Gebirges stattfinden. Es kann dies durch besondere Rührbohrer geschehen.

d) Mittel zur Beförderung des Niedersinkens der Senkkörper.

46. — Gewichte. Senkkörper aus Mauerung oder Beton setzt man· nicht gern größeren Preßdrücken aus. Man läßt sie zur Schonung der Festigkeit des Bauwerks lieber durch ihr eigenes Gewicht niedergehen. In manchen Fällen und namentlich bei gußeisernen Senkschächten sucht man aber auch durch erhöhte Belastung den wachsenden Reibungswiderstand des Gebirges zu überwinden. Das einfachste Mittel hierfür ist die unmittelbare Beschwerung des Senkkörpers durch Gewichte, wofür man Eisenbahnschienen, Roheisenbarren u. dgl. zu be-

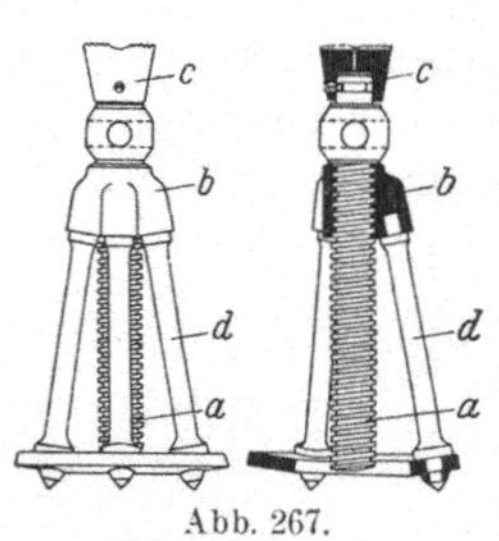

Abb. 267.
Schraubenwinde.

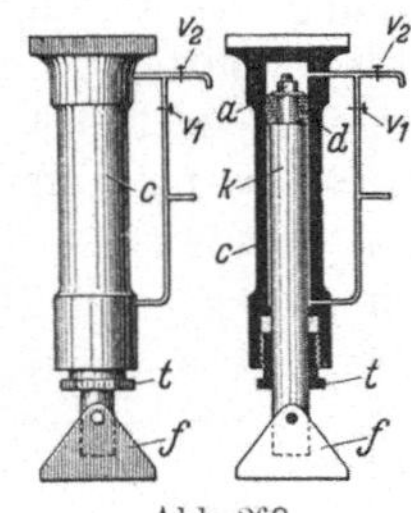

Abb. 268.
Druckwasserpumpe.

nutzen pflegt. Man kann aber mit diesen Mitteln selbst bei einem großen Durchmesser des Senkschachtes kaum mehr als 500 t Eisenmassen über dem Senkkörper anbringen, während höhere Belastungen oft erwünscht und durch andere Mittel (Pressen) tatsächlich erreichbar sind.

47. — Pressen. Als Pressen benutzt man **Schraubenwinden** oder **hydraulische Pressen.** Die Schraubenwinden (Abb. 267) bestehen aus der Schraubenspindel a, der Mutter b, dem drehbaren Kopfe c und den Füßen d. Man kann mit einer solchen Presse Drücke von 20—30 t erzeugen. Zur Bedienung sind 2—4 Mann erforderlich.

Mit den hydraulischen Pressen kann man leicht noch höhere Drücke erzielen. Gewöhnlich werden die in Benutzung stehenden Pressen gemeinsam von einer maschinell angetriebenen Pumpe mit Preßwasser gespeist, wobei Drücke bis zu 600 at zur Anwendung kommen. Bei diesem Preßdruck ist eine einzelne Presse mit z. B. nur 12 cm Kolbendurchmesser, also 113,1 cm² Kolbenquerschnitt imstande, einen Druck von 67,8 t auszuüben. Abb. 268 zeigt eine solche Presse und Abb. 269 ihre Anordnung. In Abb. 268 ist c der Preßzylinder, in dem der Tauchkolben k verschiebbar angeordnet ist. Die Abdichtung nach außen geschieht durch die auch für sehr hohe Drücke geeignete Stopfbüchse t, während die obere Gummi- oder Ledermanschette d nicht völlig dicht an die Zylinderwand anzuschließen braucht. Das Druckwasser strömt nach Öffnung des Hahnes v_1 über dem Tauchkolben k ein und drückt ihn nach unten.

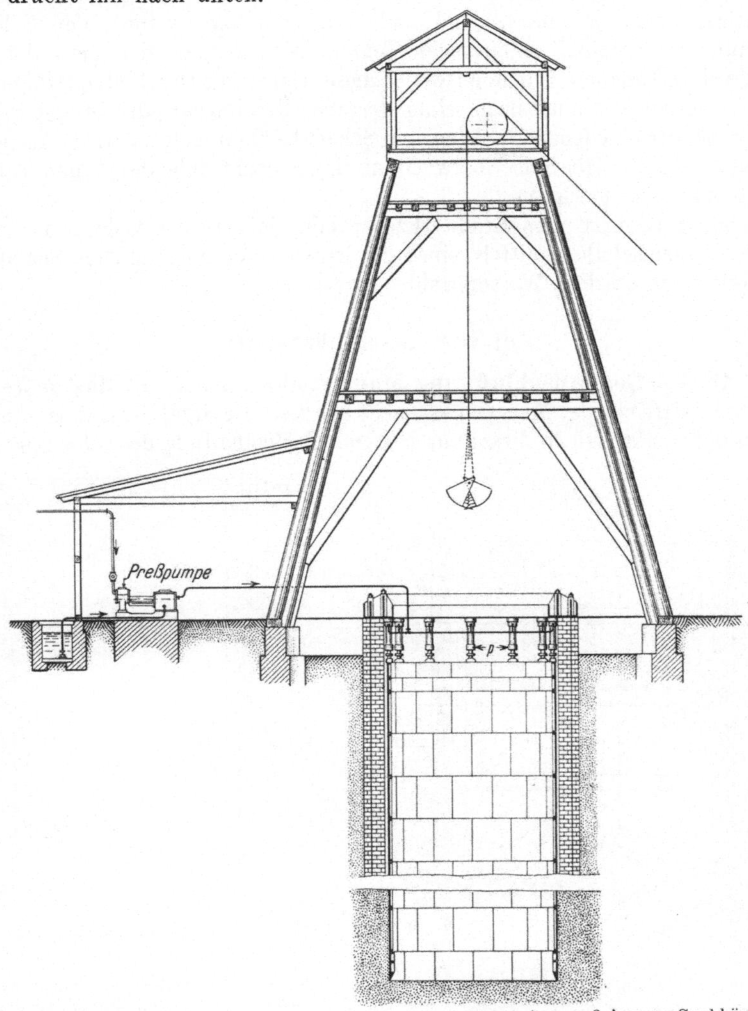

Abb. 269. Anwendung hydraulischer Pressen beim Niederbringen eines gußeisernen Senkkörpers.

Die Anwendung von Pressen setzt ein festes Widerlager voraus, von dem aus der Druck auf den niederzupressenden Senkkörper übertragen werden kann. Als solches Widerlager benutzt man am einfachsten einen Mauersenkschacht, dem, wie aus Abb. 269 ersichtlich, oben ein nach innen vorspringender Druckring aufgesetzt wird, der seinerseits an die Verankerung des Mauerwerks angeschlossen ist. Wenn ein Mauersenkschacht nicht vorhanden ist, hat man gelegentlich auch einen großen Betonklotz rund um die Schachtöffnung hergestellt und als Widerlager benutzt.

48. — Andere Mittel zur Erzielung eines gleichmäßigen Niedersinkens. Außer durch Gewichte und Pressen sucht man einen hängengebliebenen Senkschacht auch dadurch zum Niedergehen zu bringen, daß man die entgegenstehenden Hindernisse unterhalb des Schneidschuhes beseitigt. Schon in Ziff. 42 sind zwei Möglichkeiten erwähnt, den Schneidschuh freizuspülen. In geringen Teufen bedient man sich gern der Mithilfe eines Tauchers, indem entweder dieser selbst mit Druckluftspitzhämmern das Gebirge löst oder nach seinen Angaben der Bagger oder Greifer gelenkt und an verschiedenen Punkten der Schachtsohle angesetzt wird. In jedem Falle wird die dauernde Überwachung der Schachtsohle durch den Taucher sich nützlich auswirken.

Sonst benutzt man Stoßwerkzeuge oder lockert das Gebirge unterhalb des Schneidschuhes mittels eines in den Schacht eingeführten Schlauches durch einen starken Wasserstrahl auf.

e) Die Anschlußarbeiten.

49. — Der Anschluß der Mauersenkschächte an das feste Gebirge. Erreicht der Mauersenkschacht das feste Gebirge, so ist es erwünscht, daß der Senkschuh in dieses zur besseren Zurückhaltung des schwimmenden

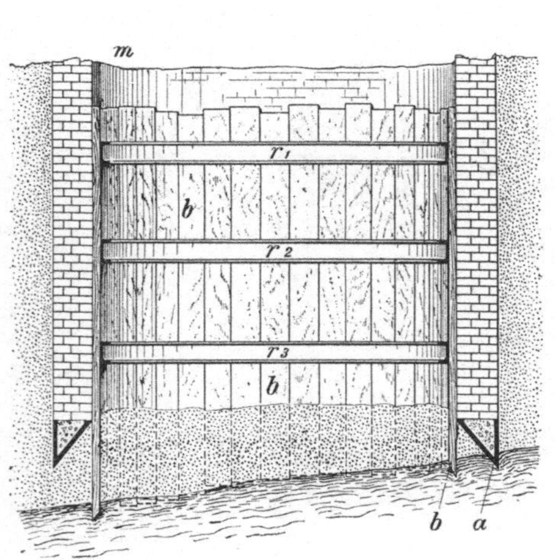

Abb. 270. Senkrechtes Anstecken in einem Senkschachte.

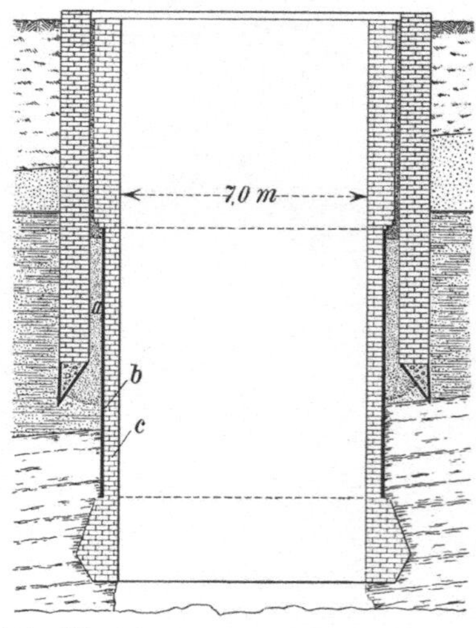

Abb. 271. Abspunden eines Senkschachtes nach teilweiser Verfüllung mit Sand.

Gebirges und zum besseren Abschluß des Wassers noch ein Stück eindringt. Es ist dies namentlich dann möglich, wenn das feste Gebirge annähernd söhlig liegt und im oberen Teile verwittert und aufgeweicht ist.

Ist dagegen die Oberfläche des festen Gebirges geneigt oder uneben und stößt der Schneidschuh nur mit einer Seite auf, so entsteht die Gefahr, daß sich der Senkschacht infolge des ungleichen Widerstandes schief stellt. Es kann dann ratsam sein, mit dem Senken aufzuhören und durch ein senkrechtes Anstecken und Abtreiben von Pfählen oder von Stahlspundbohlen den vorläufigen Anschluß an das feste Gebirge herzustellen, wie dies Abb. 270

schematisch darstellt. Falls die Gefahr von Gebirgsdurchbrüchen besteht, füllt man auch den Schacht zur Erzeugung eines Gegendruckes, soweit erforderlich, mit losem Sand a (Abb. 271) an und treibt danach die Spundwand b nieder.

Hat man sodann das feste, wassertragende Gebirge erreicht, so erhält der Schacht gewöhnlich noch eine wasserdichte, besondere Mauerung c, die man zweckmäßig als Futtermauer vor der Senkmauer in die Höhe führt, wobei der Zwischenraum

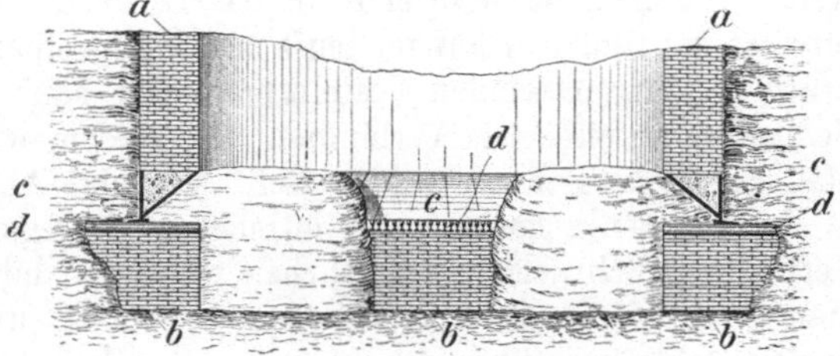

Abb. 272. Unterfangen eines Mauersenkschachtes.

zwischen den beiden Mauern mit Zement vergossen wird. Liegt zementierfähiges Gebirge vor, so kann sich auch das Einbringen eines Mauer- oder Betonklotzes durch den die wasserführende Schicht zementiert wird, empfehlen.

Folgt nach unten hin im Schachte Gußringausbau, so tut man gut, die Gußringwand auch innerhalb des Mauersenkschachtes bis zum Grundwasserspiegel in die Höhe zu ziehen und mit Zement zu hintergießen, um jeder Schwierigkeit infolge der Wasserdurchlässigkeit des Mauerwerks überhoben zu sein.

50. — Das Unterfangen des Schneidschuhes. Teuft man, nachdem der Mauersenkschacht zur Ruhe gekommen ist, auf gewöhnliche Weise weiter ab, so ist es bei nicht ganz festem Gebirge empfehlenswert, den Schneidschuh durch Unterfangen zu sichern. Es geschieht dies dadurch, daß man zunächst eine starke Gesteinsbrust rings unter dem Schneidschuh stehenläßt und diese nun ähnlich wie beim segmentweisen Ausmauern in einzelnen, jeweils einander gegenüberliegenden Keilstücken nach und nach hereingewinnt und durch Mauerklötze ersetzt. Diese tragen den Schneidschuh gleichmäßig mit Hilfe von Stahlplatten (Abb. 272), Eisenbahnschienen und untergeschlagenen Keilen. Zuletzt wird der zwischen Mauerfuß und der Abschrägung des Schneidschuhes noch verbleibende konische Ring ausgemauert.

51. — Der Anschluß der gußeisernen Senkschächte nach unten und nach oben. Ist nur ein gußeiserner Senkschacht vorhanden, so ist dieser und, wenn es sich um mehrere ineinandergeschachtelte Senkschächte handelt, so ist der engste und tiefste an das

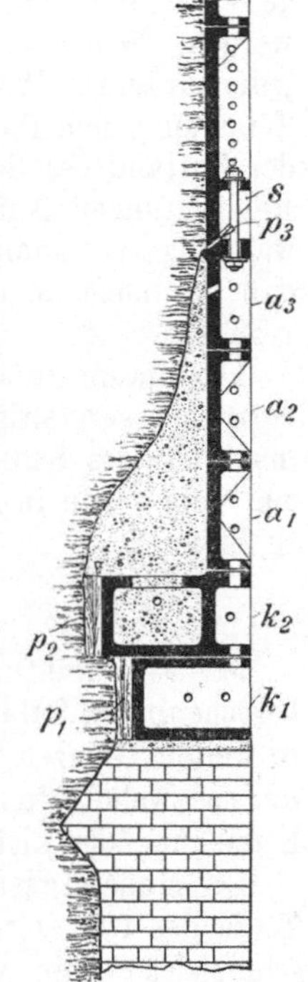

Abb. 273. Anschluß des Schneidschuhes eines Senkschachtes an Anschlußgußringe mit Keilkranz.

Gebirge anzuschließen oder richtiger mit dem nach unten folgenden Schachtausbau zu verbinden. Auch hier ist in erster Linie das Einpressen des Senkschachtes um ein gewisses Stück in das feste Gebirge zu empfehlen. Es gelingt dies gewöhnlich besser als bei Mauersenkschächten, weil der hohe

Druck hydraulischer Pressen angewandt werden kann und der Schneidschuh schmaler ist. Nach genügender Einpressung kann man den Schneidschuh abschrauben und nun. unter Verwendung von untergehängten Gußringen weiter abteufen, bis man eine für das Legen des Keilkranzes geeignete Gebirgsschicht findet. Häufiger teuft man unmittelbar weiter ab, legt den Keilkranz in einer passenden Gesteinsbank und baut die Gußringe bis an den Schneidschuh auf. Die Verbindung mit diesem wird durch besonders nach Maß gegossene Paßstücke hergestellt, wie dies Abb. 273 zeigt.

Ist der Senkschacht nicht lotrecht niedergegangen, so daß eine solche Verbindung Schwierigkeiten machen würde, so hilft man sich dadurch, daß man den tieferen Gußringausbau enger wählt, um ihn 10—12 m in dem Senkschachte hochführen zu können. Der Zwischenraum zwischen den beiden gußeisernen Wandungen wird dann während des Aufbaues der inneren sorgfältig mit Beton verstampft.

Ist so der Schacht nach unten hin gesichert, so kann, falls mehrere gußeiserne Senkzylinder zum Durchsinken der lockeren Schichten notwendig gewesen sind, der obere Teil der einzelnen Ringsäulen wieder ausgebaut werden. Will man besonders vorsichtig sein, so baut man nur so viel von jeder einzelnen Wand aus, daß der Schacht, abgesehen von dem untersten Teile, an jedem Punkte noch durch zwei Wandungen gesichert bleibt; geben der Zustand des Schachtes und die Verhältnisse des Gebirges zu keinerlei Befürchtungen Anlaß und genügt voraussichtlich eine einzige Schachtwandung, so können die einzelnen Ringsäulen so weit ausgebaut werden, daß nur noch an den Endpunkten eine Überdeckung von 10—15 m Höhe verbleibt.

Der Raum zwischen zwei gußeisernen Wandungen wird in jedem Falle möglichst sorgfältig ausbetoniert. Die oberste Gußringwand pflegt man innerhalb des Senkmauerschachtes bis zur Höhe des Grundwasserspiegels aus dem schon in Ziff. 49 (letzter Absatz) angegebenen Grunde im Schachte zu belassen.

f) Leistungen, Kosten.

52. — Leistungen. Da das Senkschachtverfahren von vielen unberechenbaren Zufällen abhängt, schwanken die mit ihm erzielten Leistungen in weiten Grenzen. Naturgemäß werden sie um so geringer und der Erfolg um so zweifelhafter, je tiefer der Schacht ist und je mehr Senkkörper zur Erreichung des Zieles ineinander geschachtelt werden müssen.

Bei Mauersenkschächten, die 10—20 m tief werden sollen und in dieser Teufe das feste Gebirge erreichen, können monatliche Abteuf- und Durchschnittsleistungen von etwa 15 m erzielt werden. In schwierigen Fällen bleibt freilich die Leistung auch weit darunter, unter besonders günstigen Umständen hat man aber auch bis zu 19 m erreicht.

Bei gußeisernen Senkschächten hängt die reine Abteufleistung wesentlich von der Art der Hereingewinnung und Förderung des Gebirges ab. Weit voran steht in dieser Beziehung das Pattbergsche Stoßbohrverfahren, mit dem monatliche Abteufleistungen von 30—40 m erreicht worden sind. In weitem Abstande folgt dann die Arbeit mit dem Bagger, der aber heute infolge seiner Einfachheit und Billigkeit angesichts der geringen Teufen, die heute nur noch für Senkschächte in Betracht kommen, in der Regel angewandt wird. Muß das Gebirge vor der Förderung durch den Greifbagger erst noch durch einen Rührbohrer aufgelockert werden, so sinken die Leistungen auf etwa 6—7 m.

53. — Kosten. Die Kosten des Verfahrens sind entsprechend den geringen Leistungen hoch und steigen um so schneller, je tiefer der Schacht wird. Ganz besonders sind es bei größeren Teufen die hohen Kosten der verschiedenen erforderlichen Senkzylinder aus Gußeisen, die das Verfahren stark verteuern.

Handelt es sich nur um einen einzigen Mauersenkschacht und Teufen von 10—20 m, so sind die Kosten bei Durchmessern von 5—6 m auf durchschnittlich 4000—5000 RM. je Meter zu veranschlagen; sie können in besonders günstigen Fällen auf etwa 2000 RM. sinken und bei ungünstigen Verhältnissen auf 6000 RM. und mehr steigen.

Für größere Teufen steigen diese Kosten je Meter sehr schnell.

III. Das Abteufen unter Anwendung von Druckluft.

54. — Allgemeines. Durch künstliche Erhöhung des Luftdruckes im Innern des Schachtes und insbesondere im eigentlichen Arbeitsraume unmittelbar über der Sohle kann man das Wasser in das Gebirge zurückpressen. Zu dem Zwecke muß der ganze Schacht oder der untere Teil nach oben hin luftdicht abgedeckt sein, wobei durch Schleuseneinrichtungen sowohl die Ein- und Ausfahrt der Mannschaft als auch die Förderung ermöglicht wird.

55. — Senkschacht mit eingebauter Schleuseneinrichtung. Die Abdeckung mit der Luftschleuse wird in einen Senkkörper eingebaut, so daß die luftdichte Schachtwand dem Tieferwerden des Schachtes folgt. Luftverluste treten dadurch ein, daß die Luft in Blasen rund um den Schacht emporbrodelt. Abb. 274 zeigt schematisch eine solche Einrichtung. In dem gemauerten Senkkörper ist etwa 2,2 m über dem Schneidschuh die Abdeckung a mit dem Mauerwerk fest verbunden. Auf die Abdeckung wird ein Rohr r gesetzt, das zur Förderung und Fahrung dient und sich oben zur Schleusenkammer K erweitert. Die Fahrung wird durch die Vorkammer V und die Türen t_1 und t_2 vermittelt. Für die Förderung dient der Haspel h, mittels dessen das gewonnene Gebirge bis in die Kammer K gehoben wird. Hier wird der Kübel in eine der Förderschleusen s_1 oder s_2 entleert. Sobald diese gefüllt ist, wird der obere Deckel (d_1 oder d_3) geschlossen, der untere (d_2 oder d_4) geöffnet und so der Inhalt auf die Bühne b entleert, von wo aus er weiter befördert wird.

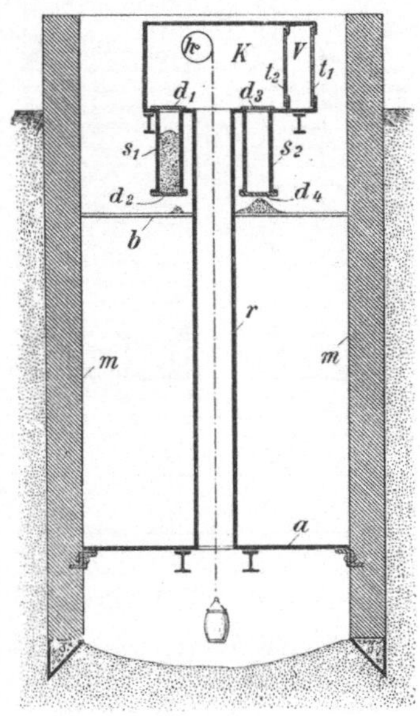

Abb. 274.
Senkschacht mit Schleuseneinrichtung
für Anwendung von Druckluft.

Solange während der eigentlichen Abteufarbeit der Luftdruck unter der Abdeckung steht, pflegt der unbelastete Senkschacht nicht freiwillig niederzugehen. Zum Zwecke der Belastung bringt man einen Teil des geförderten Gebirges auf der Abdeckung unter und läßt vielleicht auch noch Wasser zufließen. Trotzdem ist man gewöhnlich gezwungen, um den Senkkörper tiefer zu bringen, zeitweise die Druckluft ausströmen zu lassen, nachdem die Mannschaft aus dem Schachte zurückgezogen ist. Zur Vermeidung von Durchbrüchen des schwimmenden Gebirges in das Schachtinnere bei der so vorgenommenen Entlastung ist Beschleunigung geboten, derart, daß man das Ausströmen der Druckluft rasch erfolgen und die Entlastung nicht allzu lange andauern läßt. Sobald sich irgendwie bedenkliche Erscheinungen (z. B. Erschütterungen, Setzen des Gebirges, Schiefstellungen des Senkkörpers) zeigen, bläst man sofort wieder Druckluft ein und stellt den der Teufe entsprechenden Gegendruck her.

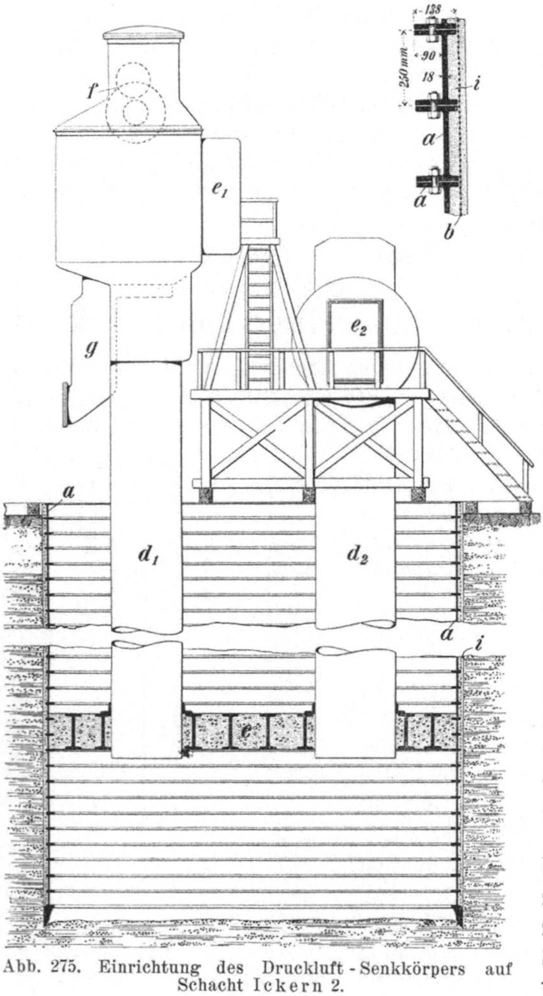

56. — Anwendungsbeispiele. Im Ruhrbezirke hat das Verfahren z. B. im Jahre 1911 auf den Schächten Ickern 1 und 2 und 1913 auf Schacht Diergardt 3 Anwendung gefunden. Die Arbeiten wurden in beiden Fällen von der Firma Phil. Holzmann & Co. zu Frankfurt (Main) ausgeführt. Die Abb. 275 zeigt den auf Schacht Ickern 2 zur Anwendung gekommenen Senkkörper mit Abdeckung und der von der Firma Fries in Frankfurt gebauten Schleuseneinrichtung. Die Schachtwandung wurde aus besonders gewalzten ⊥-Stählen *a* (s. auch Nebenabbildung rechts oben) zusammengebaut, von denen je sechs Ringteile zu einem Ringe zusammengefügt wurden. Die Dichtung erfolgte durch eingelegte Bleistreifen. Die Außen-

Abb. 275. Einrichtung des Druckluft-Senkkörpers auf Schacht Ickern 2.

seite der Schachtwandung erhielt einen glatten, mit Drahtgewebe b bewehrten Zementverputz i, der das Absinken erleichtern sollte. $3\frac{1}{2}$ m über dem Senkschuh wurde die Abdeckung c hergestellt, wozu 550 mm hohe I-Stähle eingebaut und an die Schachtringe angeschraubt wurden. Die Felder zwischen den I-Stählen wurden mit gutem Beton ausgestampft. Alsdann wurden die Schleusenrohre d_1 und d_2 für die Förderung und die Fahrung und die Schleusen e_1 und e_2 selbst aufgebaut. Immer wenn der Senkschacht 2 m tiefer gegangen war, wurden die Schleusenrohre verlängert und die Schleusen höher gesetzt. An jeder Schleuse waren ein Druckmesser, eine Uhr und zwei Luftventile vorhanden. Druckmesser und Uhr waren erforderlich, um die für das Ein- und Ausschleusen von Menschen vorgeschriebene Zeit (vgl. Ziff. 57) mit Sicherheit innehalten zu können. Von den beiden Luftventilen führte das eine nach außen und diente zum Ablassen der Druckluft, während das andere Luft aus dem Schachtinnern in die Schleuse treten ließ.

Die auf der Sohle gelösten Erdmassen wurden mittels eines elektrisch angetriebenen Haspels f in die Schleuse gezogen und von hier durch eines der beiden vorhandenen Hosenrohre g (s. auch Abb. 274) ins Freie befördert. Da der Motor nicht mit in der Schleuse untergebracht war, mußte die Öffnung für die Achse zwischen Motor und Fördertrommel durch eine Stopfbüchse abgedichtet werden.

Die Arbeit verlief glatt, und drei Monate nach Beginn des Abteufens war die beabsichtigte Teufe von 20 m erreicht. Danach wurde noch ein innerer Stahlbetonmantel in den schmiedeeisernen Senkkörper eingebaut. Die Gesamtkosten beliefen sich auf ungefähr 5000 RM. für 1 m.

Der Senkkörper des Druckluftschachtes auf Diergardt 3 bestand aus Stahlbeton, im übrigen waren die Einrichtungen denen des vorbeschriebenen Schachtes ähnlich. Es gelang, den Schacht bis 56 m Tiefe niederzubringen, wobei ein Drucklufthöchstdruck von nur 3 atü genügte, da die unteren Wasser mit dem oberen Grundwasser nicht in Verbindung standen[1]).

In Belgien ist das Verfahren bis 1910 bei insgesamt 18 Schächten zur Anwendung gekommen. Der Überdruck der zu überwindenden Wassersäule betrug im Höchstfalle 2,2 at. Die Kosten betrugen in der Mehrzahl der Fälle etwa 2000 RM. je 1 m, stiegen unter ungünstigen Umständen aber auch bis 6800 RM. und in einem Falle[2]) sogar auf ungefähr 11 000 RM. je 1 m.

57. — Gesundheitliche Maßnahmen und Anwendbarkeit des Verfahrens. Zur Gesunderhaltung der Mannschaft sind zwei vorbeugende Maßnahmen wichtig. Die eine ist, daß man entsprechend der Drucksteigerung auch die zugeführte Luftmenge anwachsen läßt. Dem Arbeiter muß bei 20 und 30 m Wassersäule die doppelte und dreifache Luftmenge wie bei 10 m Wassersäule nachgepumpt und dauernd zugeführt werden. Die andere Vorsichtsmaßregel ist, daß man bei mehr als 1 atü das Ausschleusen nicht plötzlich vornimmt, sondern auf den einzelnen Stufen des Ausschleusens Ruhepausen

---

[1]) Glückauf 1914, S. 1313; C. Braunsteiner: Das Abteufen des Schachtes Diergardt III nach dem Preßluftverfahren; vgl. auch Technische Blätter Nr. 40, 1940; Christel: Druckluftgeräte zum Abteufen von Schächten.
[2]) Ann. d. min. de Belgique 1910, S. 1069; A. Breyre: Les creusements etc.

einschiebt. Bei Arbeiten in 3 atü, also 4 ata, soll man z. B. bei 2 ata während des Ausschleusens eine Pause, deren Länge von der Dauer der vorausgegangenen Arbeit und dem angewandten Luftdrucke abhängt, eintreten lassen, damit das Blut Zeit findet, sich von den aufgenommenen Gasen zu befreien. Bei Beobachtung dieser Maßnahmen ist das Arbeiten in verdichteter Luft bei 25—30 m Teufe unter dem Grundwasserspiegel gut möglich. Einzelne Taucherarbeiten sind aber auch in 40—50 m, ja sogar in 60 bis 70 m Wasserteufe ausgeführt worden.

Als Vorzug des Verfahrens ist hervorzuheben, daß es einfach und ziemlich billig ist, auch zumeist sicher zum Ziele führt, falls die Vorbereitungen sachgemäß getroffen werden. Es hat ferner den Vorteil, daß der Grundwasserspiegel nicht niedergezogen wird und keine Bodenbewegungen um den Schacht herum eintreten. Aus diesen Gründen wird das Verfahren stets, insbesondere für das Abteufen von neuen Schächten auf alten Anlagen, eine gewisse Bedeutung behalten, obwohl es naturgemäß immer auf die obersten Schichten beschränkt bleiben wird.

IV. Das Schachtabbohren bei unverkleideten Stößen.

A. Das Schachtabbohren in festem Gebirge.

1. Das Verfahren nach Kind-Chaudron.

58. — Einleitende Bemerkungen. Das Verfahren besteht darin, daß der Schacht in voller Weite im toten Wasser abgebohrt wird, wobei die Schachtstöße zunächst unverkleidet bleiben. Nach Erreichung wassertragender Schichten beendet man das Bohren und läßt von über Tage eine wasserdichte aus Gußringen bestehende Schachtauskleidung ein. Der zwischen der Gußringwand und dem Gebirge verbleibende Ringraum von 20—30 cm Breite wird mit Gußbeton verfüllt. Hierauf wird der Schacht gesümpft und, falls die Arbeiten gelungen sind, mit Hand weiter abgeteuft. Das Verfahren verlangt eine gewisse Standfestigkeit des Gebirges, da die Stöße während der Bohrarbeit nicht hereinbrechen dürfen. Das Verfahren setzt ferner voraus, daß man nach Durchbohren des wasserreichen Gebirges wassertragende Schichten erreicht, in denen eine Abdichtung des Raumes zwischen der Schachtauskleidung und dem Gebirge möglich ist.

Es ist im Ruhrgebiet 13mal, im Oberbergamtsbezirk Clausthal 12mal, in Belgien 21mal angewandt worden, wobei Teufen von 200—400 m erreicht wurden.

Seit 1914 ist das Verfahren in Deutschland nicht mehr benutzt worden. Es ist auch nicht anzunehmen, daß es in Zukunft wieder angewandt werden wird, da das Gefrier- und das Zementierverfahren leistungsfähiger, einfacher und sicherer sind. Da jedoch noch eine Reihe von Schächten, die nach dem Kind-Chaudron-Verfahren abgeteuft wurden, in Betrieb sind und unterhalten werden müssen, sei das Verfahren kurz beschrieben.

Für eine Schachtbohrung nach Kind-Chaudron sind an Einrichtungen über Tage erforderlich ein Bohrgerüst, eine Bohrvorrichtung, eine Löffelmaschine und eine Kabelmaschine.

59. — Die Bohrer, die Bohrarbeit und das Löffeln. Die Bohrer wurden aus Stahlguß hergestellt. Ihre Bauart ist aus Abb. 276 ersichtlich.

Als Hauptteile kann man den Schaft, den Meißelhalter und die Führungen unterscheiden. Der Schaft ist das Mittelstück a_1 und a_2, der Meißelhalter das untere Querstück b_1, b_2, in dem die Meißel oder Zähne einzeln befestigt werden, während die durch Arme und Streben mit Mittelstück und Meißelhalter verbundenen Führungen i_1, i_2 den Bohrer im Schachte gerade zu führen bestimmt sind.

Am großen Bohrer ist noch die unten am Meißelhalter verschraubte, in den kleineren Bohrschacht eintauchende Führung m bemerkenswert, die bewirkt, daß beide Bohrungen stets genau zentrisch stehen.

Die Schneidenbreite des kleinen Bohrers schwankt zwischen 1,5 und 2,6 m, sein Gewicht zwischen etwa 6000—15000 kg. Der große Bohrer hat 4,30—5,05 m Breite und wiegt etwa 18000—25000 kg.

Das Gestänge (g in Abb. 276) besteht zweckmäßig aus Holz, da dieses sich bei Ausbesserungen bequem bearbeiten läßt, außerdem leicht ist und einen gewissen Auftrieb besitzt.

Als Zwischenstück zwischen Bohrer und Gestänge wurde die Kindsche Freifallvorrichtung und die Rutschschere verwendet (s. Bd. I, 2. Abschnitt). Die Freifallvorrichtung benutzt man für den kleinen Bohrer und erzielt so infolge des freien Falles des Bohrwerkzeuges besonders günstige Leistungen. Bei dem großen Bohrer gebraucht man dagegen die Rutschschere. Diese arbeitet bei den großen in Frage kommenden Gewichten verläßlicher, weil ein Fassen und Wiederloslassen des schweren Abfallstückes bei jedem Hube durch Scherenzangen nicht erforderlich ist.

Bei Benutzung des Freifalles arbeitete man mit 15—30 Hüben in der Minute und einer Fallhöhe von 25—40 cm, während man mit dem großen Bohrer unter Anwendung der Rutschschere 8—12 Schläge bei einer Hubhöhe von 30—40 cm macht. Je härter das Gestein ist, um so geringer wählt man die Hubhöhe und um so größer die Schlagzahl. Während des Bohrens wird der Bohrer mittels des Krückels d von der Bohrbühne aus regelmäßig umgesetzt, was in der Regel drei Leute besorgen.

Von Zeit zu Zeit muß gelöffelt, d. h. der Bohrschlamm aus dem Schachte entfernt werden. Bei dem kleinen Bohrer, der ständig in dem von ihm erzeugten Schlamm arbeiten muß, geschieht dies mehrere Male am Tage. Bei der Arbeit mit dem großen Bohrer dagegen genügt es, wenn das Löffeln etwa alle acht Tage einmal erfolgt, da ja der Schlamm sich in dem kleinen Vorschachte ansammeln kann. Der gewöhnliche Schlammlöffel (l in Abb. 276) ist seinem Wesen nach ein großer Ventilbohrer, der aus einem Blechzylinder besteht, dessen Boden durch zwei Ventilklappen gebildet wird.

60. — Die Gußringwand der Bohrschächte nach Kind-Chaudron besteht aus ganzen Schachtringen von 1,2—1,5 m Höhe mit äußerer glatter Wand und inneren waagerecht verlaufenden Flanschen und Verstärkungsrippen. Die Flanschen sind genau abgedreht. Die einzelnen Ringe werden durch Schrauben unter Benutzung von Bleidichtungen miteinander verbunden. Bei der jetzigen, außerordentlich genauen Bearbeitung der einzelnen Gußringteile dürften keine Bedenken mehr gegen einen Zusammenbau der Ringe aus einzelnen Teilstücken bestehen, so daß die Beförderungschwierigkeiten für die geschlossenen Ringe fortfallen.

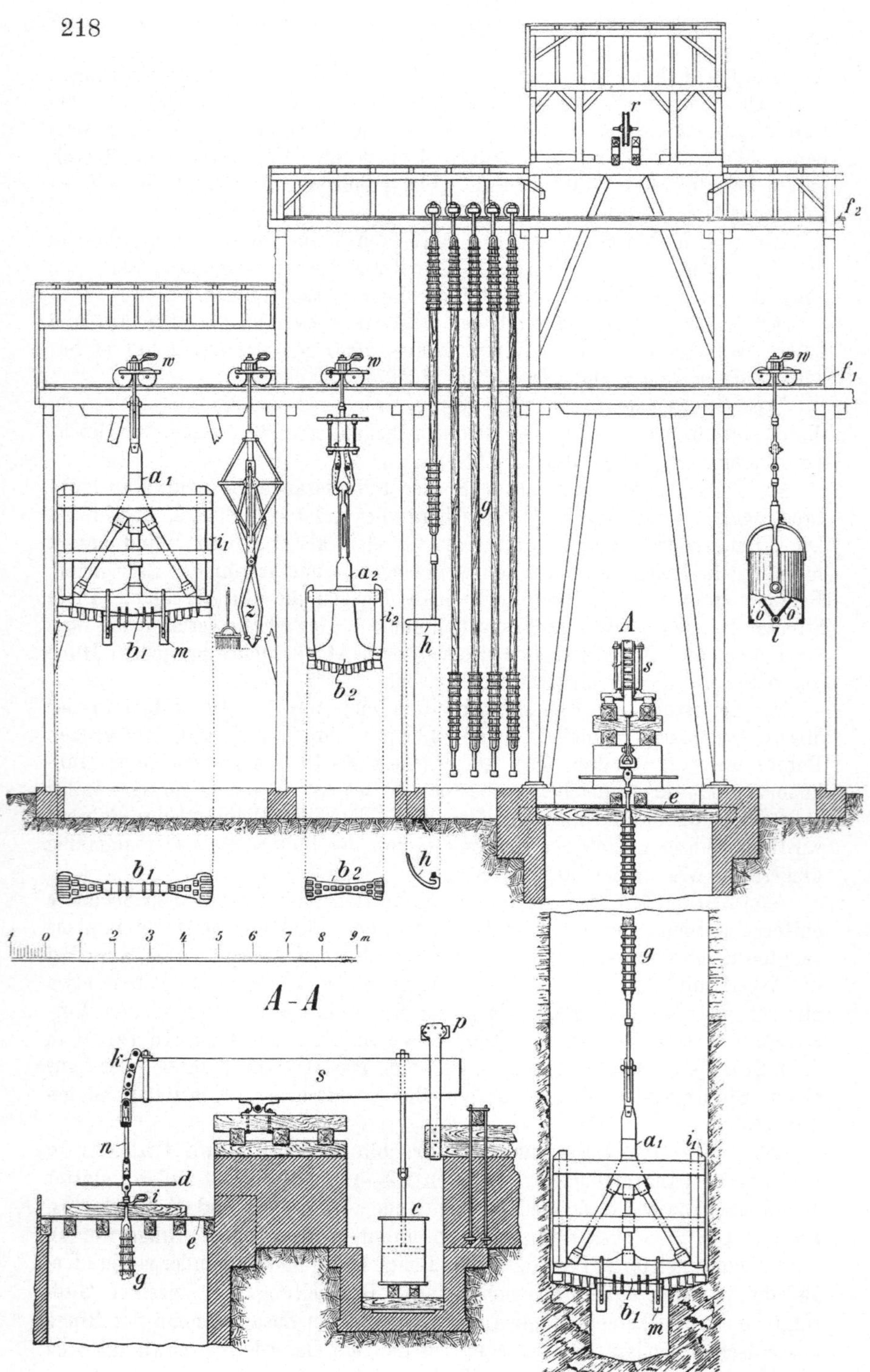

Abb. 276. Bohrgerüst mit den Bohrgeräten für eine Schachtbohrung nach Kind-Chaudron.

61. — Moosbüchse, falscher Boden, Gleichgewichtsrohr. Die
Moosbüchse war meistens der
Fuß der Auskleidung und sollte
die Abdichtung gegen die Gebirgsstöße übernehmen. Die Moosbüchse ist in Einrichtung und
Wirkung einer Stopfbüchse an
Maschinen ähnlich. Sie besteht
(Abb. 277) aus dem inneren
Ringe a, über den sich der Mantelring b schieben läßt. Zwischen
den Fuß des Mantelringes b und
den angeschraubten Fuß f des
inneren Ringes wird eine dichte
Moospackung eingebracht, die
durch ein darüber gespanntes
Drahtnetz gehalten wird. Der
Tragring l gibt dem Fuße f eine
sichere Versteifung und Verstärkung und beugt außerdem einer
Schiefstellung der Moosbüchse infolge von Schlammansammlungen
vor, indem er diese durchdringt.
Ist die Ringwand in den Schacht
eingelassen, so setzt zunächst der
Tragring l und der Fuß f des
inneren Ringes auf die Schachtsohle auf. Infolge des Gewichtes
der Wandungsäule schiebt sich
nun der Mantelring b über den
inneren Ring, wobei die Moospackung d zusammengedrückt und
nach außen fest gegen den Ge-
birgstoß gepreßt wird.

Der Zusammenbau der Moos-
büchse aus ihren einzelnen Teilen erfolgt über Tage auf einer
über den Schacht gelegten Balken-
unterlage.

In den auf die Moosbüchse
gesetzten Ring m_1 wird danach
der falsche Boden n eingebaut. Es ist dies ein nach unten
gewölbter Boden aus Eisen- oder
Stahlguß, der das Eindringen von
Wasser in die Ringsäule verhindern soll. Die ganze gußeiserne
Schachtauskleidung wird nämlich

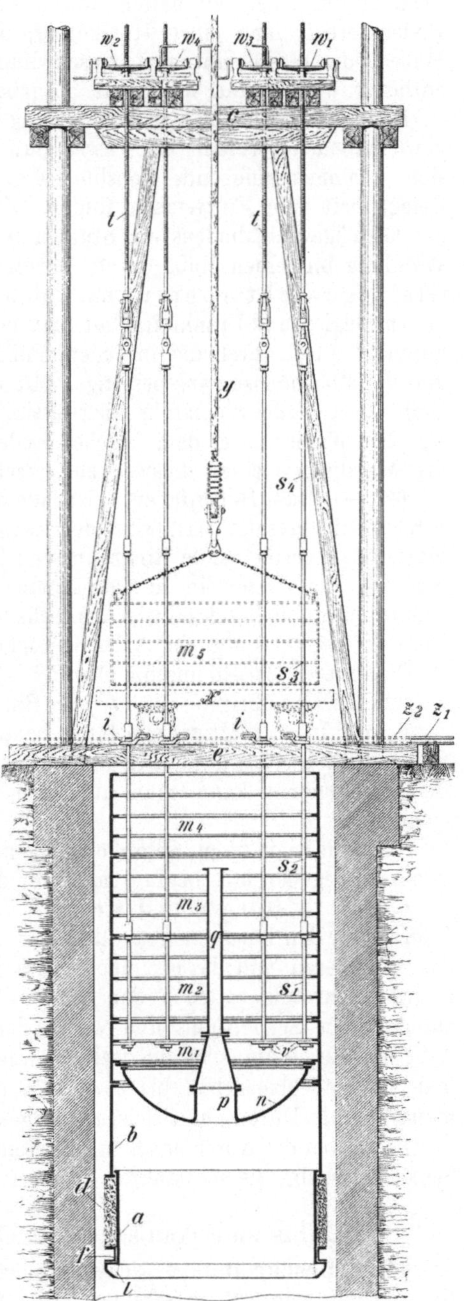

Abb. 277. Das Einlassen der Auskleidung in
Bohrschächte.

in der Regel so schwer, daß es nicht angängig sein würde, sie mit den Senkstangen allein zu halten und niederzulassen. Durch den Einbau des Bodens erhält man einen Hohlkörper, der, wenn er erst auf eine gewisse Höhe in das Wasser eintaucht, zu schwimmen beginnt, so daß die Senkstangen entlastet werden und bald ganz ausgebaut werden können.

Das beim Einlassen der Auskleidung in den Schacht unter dem Gleichgewichtsboden verbleibende Wasser muß, sobald die Moospackung durch die sich zusammenschiebende Moosbüchse gegen den Gebirgsstoß gepreßt wird, Gelegenheit zum Entweichen finden. Zu diesem Zwecke ist in der Mitte des Gleichgewichtsbodens ein Stutzen p angebracht, der beim Aufbau der Wandung im selben Maße durch Aufsetzen von Rohren q, den sogenannten Gleichgewichtsrohren, nach oben verlängert wird.

In Belgien und Frankreich hat man mehrfach einen vollständigen Wasserabschluß allein durch die in jedem Falle erforderliche Betonierung erreicht und die Moosbüchse ganz beseitigt. Mit dem Fortfall der Moosbüchse wurde auch das Gleichgewichtsrohr überflüssig, da keine Notwendigkeit mehr vorlag, dem Wasser unter dem falschen Boden während des Zusammenschiebens der Moosbüchse einen Ausweg zu verschaffen.

62. — **Das Betonieren.** Nachdem die Ringsäule sich fest auf die Schachtsohle gesetzt hat, wird der zwischen der Eisenwand und den Gebirgsstößen verbleibende Ringraum von 20—30 cm Breite ausbetoniert, wobei man den Beton in geschlossenem Strom durch Rohrstränge in den Ringraum hinabgleiten läßt. Entsprechend der Anfüllung des Raumes werden die Rohrleitungen allmählich hochgezogen.

Die unteren 10—20 und die oberen 5—10 m pflegt man mit reinem Zement auszufüllen. Im übrigen setzt man der Billigkeit halber dem Zement 1—2 Teile Sand zu. In salzhaltigem Gebirge benutzt man Magnesiazement, der die Eigenschaft besitzt, gut unter Salzwasser ab- und an Steinsalz anzubinden. Beim Betonieren kann man auf einen täglichen Fortschritt von 3—5 m rechnen.

Nachdem man dem Beton oder Zement etwa sechs Wochen Zeit zum Erhärten gegeben hat, beginnt man mit dem Sümpfen des Schachtes.

63. — **Leistungen und Kosten.** Die Gesamt-Abteufleistung, die die Bohrarbeit, den Zusammenbau und das Einlassen der Schachtauskleidung, das Betonieren und das Freimachen des Schachtes für das weitere Abteufen umfaßt, schwankt je nach der Art des Gebirges und der Höhe des abzubohrenden Schachtteils und wegen der vielen Zufälligkeiten, denen die Arbeiten ausgesetzt sind, in weiten Grenzen. Nach den Erfahrungen, die man im Kalisalzbergbau bis etwa 1912 gesammelt hat, können etwa $4\frac{1}{4}$ m monatlich als Durchschnittsleistung angesehen werden.

Die Kosten des Abteufens hängen wesentlich von der Höhe des abgebohrten Schachtteils ab. Sie schwankten zwischen 5000 und 10000 RM.

2. Das amerikanische Schacht-Kernbohrverfahren.

64. — **Beschreibung.** Neuerdings hat man in den Vereinigten Staaten Bohrschächte von 1,65 m Durchmesser in standfestem Gebirge bis auf mehrere hundert Meter niedergebracht. Die Besonderheit des dabei angewandten Verfahrens besteht darin, daß der Drehbohrer, und zwar ein Schrotbohrer von einer

in das Bohrloch eingelassenen zylinderförmigen Bohrkabine, in der ein Mann Platz hat, bedient und durch einen 80-kW-Motor angetrieben wird. Die Kabine wird an einem Seil eingelassen und während der Bohrarbeit durch Preßschrauben an den Schachtstößen befestigt. Kabine, Bohrschuh und Kernrohr sind zusammen r. 9,50 m lang und wiegen 13,5 t. Nach Möglichkeit sucht man Bohrkerne, die bis 4 m Länge aufweisen, zu gewinnen. Bröckliges Material muß mit einem Kübel gefördert werden. Zur Seilfahrt dient ein besonderer torpedoförmiger Einmannkorb. In Grünstein sind monatliche Vortriebsleistungen von 60—80 m erzielt worden. Die minutliche Drehzahl des Bohrers betrug dabei 53; sie entsprach einer Umfangsgeschwindigkeit des Bohrschuhs von 300 m in der Minute[1]).

B. Das Schachtabbohren im lockeren Gebirge.
(Das Honigmannsche Verfahren.)

65. — **Das Wesen des Verfahrens[2]).** Das von dem Bergwerksbesitzer Honigmann zu Aachen zuerst angegebene Verfahren beruht auf dem Gedanken der Tiefbohrung mit Dickspülung (s. Bd. I, 8. Aufl., S. 102): Die Stöße des Bohrschachtes werden durch eine möglichst hohe und durch Aufschlämmen von kolloidalem Ton, Schwerspatmehl oder anderen Bestandteilen spezifisch schwer gemachte Flüssigkeitssäule[3]) unter Gegendruck gehalten, so daß sie vor dem Zusammenrutschen und Abböschen bewahrt werden. Vorzüglich sind Schwimmsandschichten für das Verfahren geeignet, die sich, solange ihr natürlicher Zustand nicht gestört wird, als sehr standfest erweisen. Auch Tonschichten werden durch den Überdruck der Tontrübe meist gut vor dem Hereinquellen bewahrt. Dagegen können einzelne bröcklige Schichten mit vielen nahe beieinanderliegenden Schlechten und Ablösungsflächen zu Nachfall neigen. Auch Gebirgsstörungen und etwaige Hohlräume im Gebirge sind aus diesem Grunde sorgsam auf Nachfall zu beobachten. Wenn solche Schichten nicht durch erhöhte Dichte der Tontrübe gehalten werden können, so müssen sie durch verlorene Stahlblechzylinder, die an Drahtseilen mittels Winden eingelassen werden, gesichert werden. Durch das Einbringen eines solchen Sicherungsringes gehen allerdings r. 20 cm am jeweiligen Schachtdurchmesser verloren. Da man bei der Vorbohrung und den vorausgehenden Bohrabsätzen eine sicherungsbedürftige Stelle leicht früh genug feststellen kann, wählt man für den letzten Bohrabsatz den endgültigen Bohrlochdurchmesser um etwa 20 cm größer. Im übrigen erfolgt die Verkleidung der Stöße erst, wenn der Schacht wassertragende Schichten erreicht hat.

---

[1]) Eng. and Min. Journal, Oktober 1938.

[2]) Glückauf 1924, S. 231; P. Kever: Schachtabbohren in schwimmendem Gebirge bei unverkleideten Schachtstößen; — ferner Bergbau 1930, S. 705; Heise: Die neuere Entwicklung des Honigmannschen Schachtbohrverfahrens.

[3]) Das spez. Gewicht kann bei Tontrübe bis etwa 1,3, bei Schlämmkreidetrübe bis etwa 1,5 und bei Schwerspatmehltrübe bis ungefähr 1,7 gesteigert werden.

Die **Honigmann**sche drehend wirkende Schachtbohreinrichtung ist schematisch in Abb. 278 dargestellt. Es ist a eine stählerne Bohrspindel von quadratischem Querschnitt, die im Wirbel b drehbar aufgehängt ist und an diesem mittels eines Seiles auf und nieder bewegt werden kann. Die Bohrspindel gleitet hierbei durch das Stirnrad d, das durch das Vorgelege e, f, g und die Riemenscheibe h angetrieben wird. Das Vorgelege d, e, f ist auf dem Bohrwagen i verlagert. Die Bohrspindel a trägt das Hohlgestänge k, in das der Drehkopf l eingeschaltet ist. s ist der Bohrer, an dem die eigentlich arbeitenden Teile nicht dargestellt sind. Der Bohrschmand wird durch das Hohlgestänge k nach Art einer Mammutpumpe (s. Abschnitt „Wasserhaltung") zutage gefördert, indem die Druckluft durch das Rohr r zugeführt wird. Hierdurch erhält der im Gestänge aufsteigende Wasserstrom eine so große Geschwindigkeit, daß große Gesteinsknollen bis zu 20 kg Gewicht und selbst Stahlstücke, die in den Schacht gefallen sind, herausgespült werden. Die Bohrtrübe fließt durch den Ansatz n und das Rohr o nach p aus. Das mit Ton angerührte Füllwasser wird bei q in solchem Maße zugeführt, daß der Wasserstand im Schachte den Grundwasserspiegel tt um etwa 6—10 m übersteigt. Sobald das Deckgebirge abgebohrt ist und der Bohrschacht im Steinkohlenbergbau noch 5—10 m in die Karbonschichten oder im Braunkohlenbergbau in eine wassertragende Tonschicht eingedrungen ist, wird die Schachtauskleidung eingesenkt und abgedichtet.

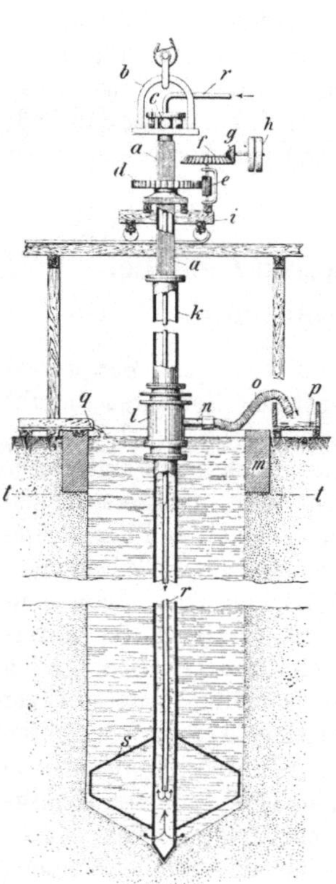

Abb. 278. **Honigmann**sche Schachtbohreinrichtung.

66. — Die Ausbildung des Verfahrens im einzelnen. Die Tagesanlagen. Das **Honigmann**sche Verfahren ist von der **Westrheinischen Tiefbohr- und Schachtbau** G. m. b. H. zu Düsseldorf und deren holländischer Schwestergesellschaft, der „N. V. Mijnbouw" in Arnhem, übernommen und vervollkommnet worden. Die hauptsächlichsten Verbesserungen erstrecken sich auf die Art des Bohrens und der Bohrer, auf die Auskleidung des fertigen Schachtes und auf die Abdichtung des Ausbaues auf der Schachtsohle.

Die Tagesanlagen, wie sie von der genannten Gesellschaft etwa benutzt werden, sind in Abb. 279 dargestellt. In zwei Seitenbauten des etwa 18 m hohen Schachtturms werden eine Antriebsmaschine für die eigentliche Bohrarbeit und ein Kabel zum Ein- und Ausfördern des Gestänges untergebracht. Neben dem Schachte befindet sich zum Absetzen des Bohrschlammes ein Klärteich, aus dem die zu Boden gesunkenen Schlammassen mittels eines Greifbaggers entfernt und in Muldenkipper gefüllt werden. Weiter sind

erforderlich eine Dampfkesselanlage, ein Kompressor, eine Werkstätte mit
Lager und Beamten- und Mannschaftsräume. Neuerdings geht man auch
zu elektrischem Antrieb über. Im Falle der Verwendung von Schachtauskleidungen aus Profilstahl sind noch Lager- und Arbeitsplätze für die
Herstellung der Schachtringe vorzusehen, die in der Abbildung nicht angegeben sind. Insbesondere kommen hier Biege-, Schweiß-, Bohr- und Niet-
einrichtungen (s. Ziff. 71) in Betracht.

    67. — Die Bohrarbeit und der Bohrer. Das Bohren geschieht jetzt
nicht mehr, wie in Abb. 278 angedeutet, sofort mit dem vollen Enddurch-

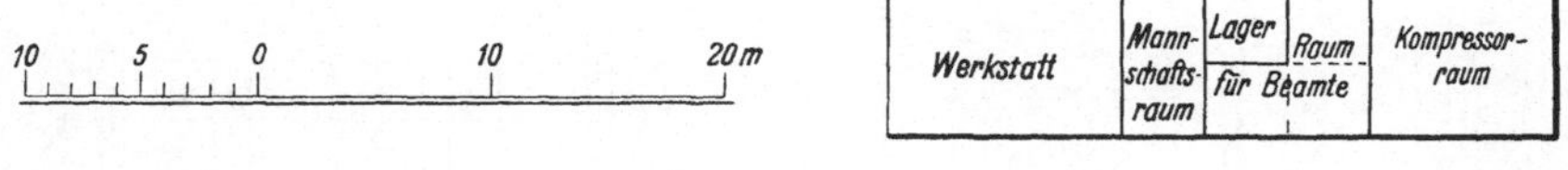

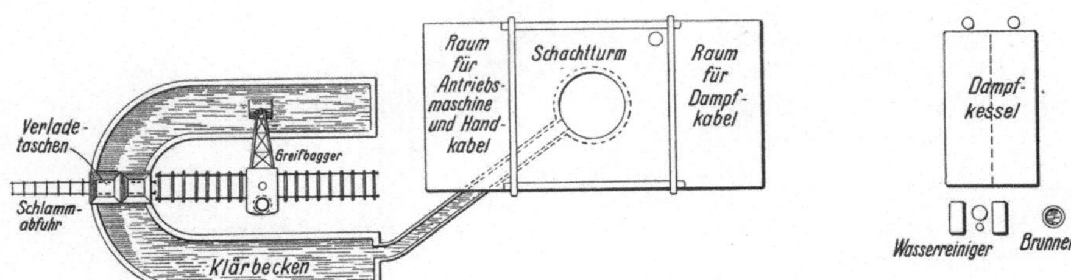

Abb. 279. Tagesanlagen für das Schachtabbohren nach Honigmann.

messer des Schachtes, sondern mit stufenweise zunehmenden Schneidenbreiten. Man beginnt beispielsweise bei bereits bekannter Schichtenfolge
mit einem Bohrer von 2000 mm Schneidenbreite und läßt sodann Bohrer
mit 1300—1500 mm größeren Schneidenbreiten folgen. Ist die Art des Gebirges nicht genügend bekannt, dann beginnt man zweckmäßig mit einer
Untersuchungs-Vorbohrung von nur etwa 700 mm Durchmesser. Der Schacht
Hendrik 3 der Staatsmijnen in Holland, der einen lichten Durchmesser
von 5,2 m erhalten sollte, wurde z. B. in 5 Bohrabsätzen mit Bohrern von
700, 2000, 3500, 5000 und 6500 mm Schneidenbreite niedergebracht. Jede
Stufe wird ununterbrochen bis zur endgültigen Teufe abgebohrt. Das losgelöste Gebirge der zweiten Stufe und der folgenden sinkt teilweise zunächst
in das Schachttiefste nieder und wird erst gehoben, wenn die Bohrstufe
so weit niedergebracht ist, daß die Mammutpumpeinrichtung die gesunkenen
Massen faßt (s. die Abbildungen 280 und 281). Der Vorteil der stufenweisen
Bohrarbeit liegt zunächst darin, daß man schon bei der ersten Bohrung die Art
und Schichtenfolge des Gebirges genau kennenlernt und bei dem weiteren
Bohren auf sie Rücksicht nehmen kann. Ferner kann man durch Lotungen
etwaige seitliche Abweichungen des Bohrloches feststellen und durch Abspreizung des Gestänges leicht wieder ausgleichen. Die Erweiterungs-
bohrungen folgen dann ohne Schwierigkeit dem Verlaufe des Anfangsloches.
Schließlich werden bei dem stufenweisen Niederbringen des Schachtes der

Bohrer und sein Antrieb nicht übermäßig beansprucht, da immer nur eine verhältnismäßig kleine Fläche gleichzeitig zu bearbeiten ist.

Die drehend wirkenden Bohrer werden in verschiedener Ausgestaltung einerseits für sandige und tonige Schichten und anderseits für hartes Gebirge benutzt. Im ersten Falle (Abb. 280) sind die Enden der kreuzweise angeordneten Querarme a und a_1 durch schräggestellte Flachstahlstreben b verbunden, die die Messer c tragen, mit denen das Gebirge abgehoben und losgelöst wird. In harten Schichten arbeitet man mit Rollenbohrern (Abb. 281). Der Aufbau, der auch hier von Querarmen a und a_1 getragen wird, ist sechsteilig gestaltet

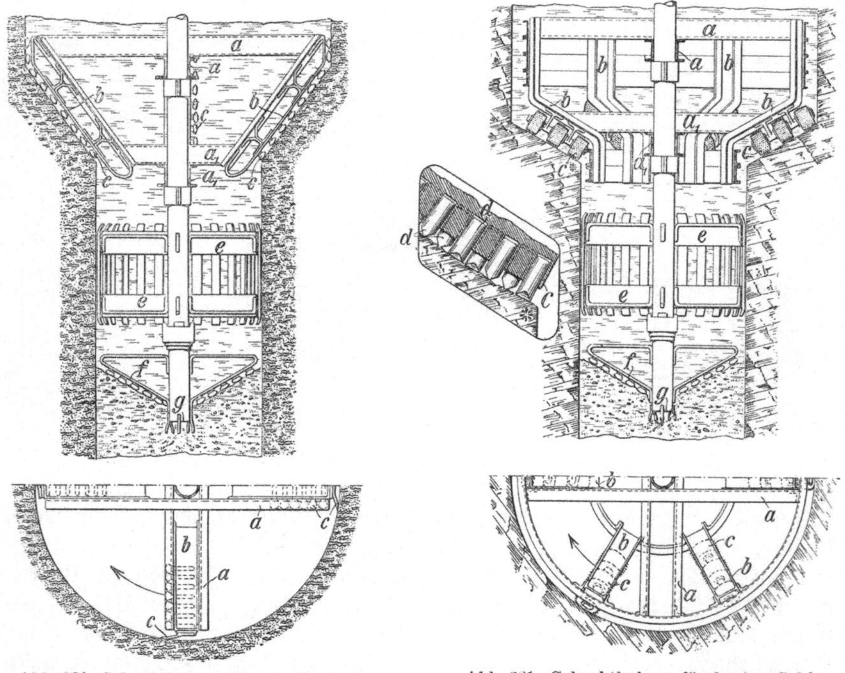

Abb. 280. Schachtbohrer für sandig-toniges Gebirge.

Abb. 281. Schachtbohrer für hartes Gebirge (Rollenbohrer).

und stärker und schwerer als bei der Ausführung nach Abb. 280 gehalten. Die Schrägstreben b tragen Gußstahlrollen c, die je mit mehreren hundert Meißeln d besetzt sind. Bei der Drehung des Bohrers arbeiten sich die Meißel in das Gestein ein. Damit die ganze Kreis- oder Ringfläche bearbeitet wird, sind die Rollen auf den einzelnen Armen in verschiedener Entfernung vom Mittelpunkte des Kreises angeordnet. Es gelingt so, auch die harten Sandsteine des Karbons zu zerkleinern. Geführt werden die Bohrer in den Fällen der Abbildungen 280 und 281 durch die mit ihren Durchmessern dem Vorschachte angepaßten zylindrischen Körbe e. Das losgelöste Gebirgsklein wird durch den Rührbohrer f der Saugöffnung g der Mammutpumpe zugeführt. Finden sich in lockeren Schichten harte Findlinge, so werden sie mit Hilfe eines zwischen die Querarme des Bohrers einzubauenden Stoßbärs zertrümmert.

68. — Die Auskleidung des Schachtes und ihre Abdichtung. Als Schachtausbau kann der gewöhnliche Gußringausbau gewählt werden. Tatsächlich ist der Bohrschacht Adolf bei Aachen, der 4,5 m lichten Durchmesser besitzt, auf 155 m Teufe so ausgekleidet worden. Da die Schachtauskleidung über Tage von außen her verstemmt werden kann, macht die Erzielung einer besonders guten Wasserdichtigkeit keine Schwierigkeiten. Für enge und wenig tiefe Schächte genügt bereits eine durch ⊔-Stahlringe versteifte einfache Blechwand, deren Schüsse zusammengeschweißt oder genietet werden.

Für Schächte von größerem Durchmesser und erheblicherer Teufe bevorzugt die Westrheinische Tiefbohr- und Schachtbau-Gesellschaft aus ⊔-Stahl zusammengesetzte Verkleidungen. In Abb. 282 ist z. B. eine doppelte ⊔-Stahl-Wand a_1, a_2 in mehreren verschieden starken Ausführungen dargestellt, wobei die doppelte Wand durch waagerecht liegende gelochte Bleche b zu einem einheitlichen Ganzen verbunden ist. Die einzelnen Ringe werden durch elektrische Schweißung der ⊔-Stahl-Enden hergestellt, während die Flanschen der aufeinandergesetzten Ringe durch hydraulische Nietung dicht, zuverlässig und fest miteinander verbunden werden. Der Zwischenraum zwischen den beiden Wandungen wird mit Beton ausgestampft. Ob allerdings ein solcher Ausbau angesichts der

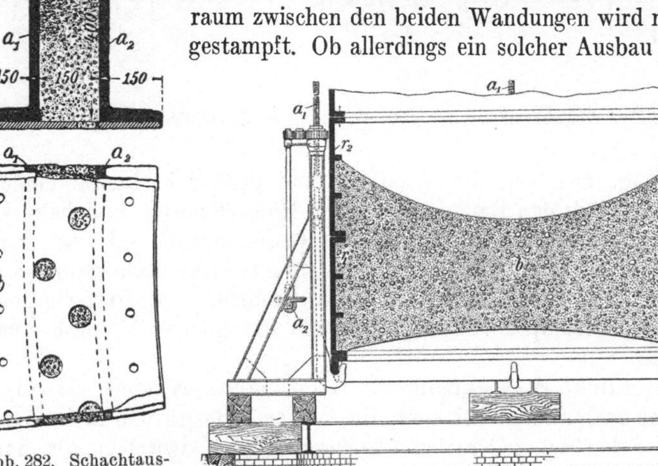

Abb. 282. Schachtauskleidung aus Profilstahl (mit Beton-Zwischenfüllung).

Abb. 283. Einlassen der Schachtauskleidung durch Senkwinden.

geringeren Druckfestigkeit und damit niedrigeren Knicksicherheit der ⊔-Stähle besser ist als Gußringe, möge dahingestellt sein.

Die Wandung wird in ähnlicher Weise wie bei dem Verfahren von Kind-Chaudron über Tage zusammengebaut und sodann in den Schacht eingelassen (Abb. 283). Die untersten Ringe r_1, r_2 erhalten einen verlorenen Betonboden b und werden über dem Schachte aufgestellt. Auf sie werden die weiteren Ringe der Auskleidung aufgesetzt. Der Ringkörper wird sodann

durch Senkwinden a_1, a_2 allmählich niedergelassen, bis er zu schwimmen
beginnt. Von nun an sind die Senkwinden entbehrlich, und das weitere
Einsenken erfolgt durch Zugabe von Wasserballast unter gleichzeitigem Aufbau
neuer Ringe. Sobald der unterste Schachtring etwa 1 m über der Schachtsohle angelangt ist (Abb. 284 a), wird das Einsenken unterbrochen. Mittels
Rohrleitungen r, die zwischen der Außenwand der Verkleidung und dem
Schachtstoße eingelassen werden, füllt man das Schachttiefste mit Zementbrei
aus und läßt sofort danach die Schachtwandung in den frischen Brei einsinken.

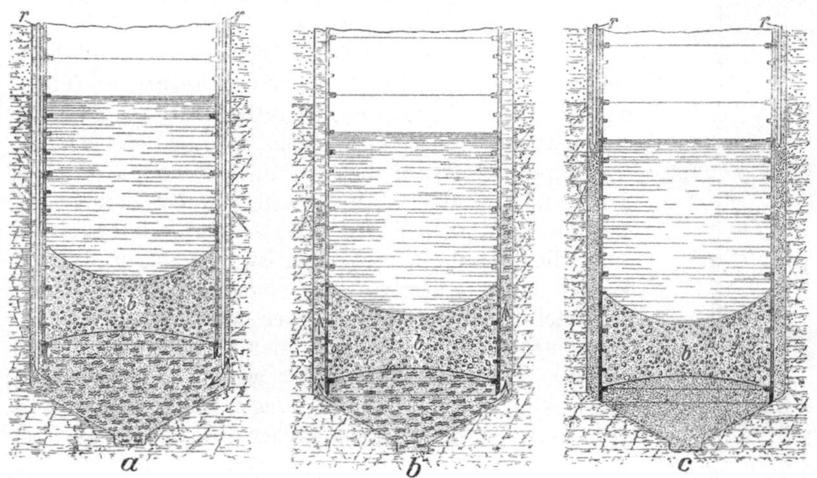

Abb. 284. Abdichtung der Schachtauskleidung im Schachttiefsten.

Der Zement steigt zwischen der Wandung und dem Schachtstoß empor
(Abb. 284 b und c), füllt den Raum auf 8—10 m Höhe dicht aus und bewerkstelligt so den wasserdichten Anschluß an die wassertragende Schicht. Darauf wird auch der darüber verbleibende Ringraum durch Rohrleitungen r
(Abb. 284 c) mit Zementbrei verfüllt. Nach Erhärten der Hinterfüllung
wird der Schacht gesümpft und der verlorene Betonboden b durch Ausspitzen entfernt.

69. — Tatsächliche Ausführungen. Leistungen. Kosten. Honigmann selbst hat nach seinem Verfahren im Aachener Bezirk und in Holland
mit Erfolg 11 Schächte niedergebracht, deren Teufen zwischen 108 und
190,4 und deren lichte Durchmesser zwischen 2,65 und 4,5 m liegen[1]). Nachdem die Westrheinische Tiefbohr- und Schachtbau-Gesellschaft
die Ausführung des Verfahrens übernommen hat, sind weitere 8 Schächte
mit Durchmessern bis zu 5,2 m und Teufen bis zu 215 m hergestellt worden.
Der Schacht Arsbeck der Gewerkschaft Sophia-Jakoba bei Hückelhoven
ist sogar mit 7,3 m Durchmesser bis 390 m und mit 5,5 m Durchmesser bis
428 m Teufe mit Erfolg abgebohrt. Er ist jedoch aus wirtschaftlichen Gründen

---

[1]) Die Baumaschinen, IV. Teil des Handbuches der Ingenieurwissenschaften,
Zweiter Band, II. Kapitel, O. Stegemann: Der Schachtbau, 3. Aufl., S. 91
(Leipzig, Engelmann), 1924.

wieder aufgegeben und, nachdem er mit seiner Wasserfüllung mehrere Jahre ohne Auskleidung einwandfrei gestanden hatte, zugeschüttet worden.

Die monatlichen Abteufleistungen und die Kosten je Meter Schacht werden von der genannten Gesellschaft wie folgt veranschlagt:

Teufen	Monatl. Leistung	Kosten einschl. stählernen Schachtausbaues je nach Schachtdurchmesser
bis 100 m	15—20 m	2000— 3500 RM.
„ 200 m	10—12 m	3500— 5000 „
„ 350 m	9—11 m	5000— 7000 „
„ 500 m	8—10 m	7000—10000 „

70. — Andere Schachtbohrverfahren. Die Großdeutsche Schachtbau und Tiefbohr G.m.b.H. hat das Honigmannsche Verfahren in einzelnen Punkten geändert und insbesondere statt des Drehbohrers eine Schlagbohreinrichtung benutzt, wobei die Zahl der Schläge in der Minute etwa 45—50 und der Hub jedes Schlages 30 cm beträgt. Gebohrt wird dann mit steifem Gestänge, also ohne Freifall oder Rutschschere. Die Spültrübe wird durch eine Pumpe in das Gestänge gedrückt, tritt unten im Meißel aus und steigt frei im Schachte wieder in die Höhe, wobei der Bohrschlamm so stark zerkleinert und aufgerührt wird, daß er trotz der geringen Strömungsgeschwindigkeit der Trübe ebenfalls aufsteigt und mit hochgebracht wird.

Die Großdeutsche Schachtbau und Tiefbohr G.m.b.H. hat auf diese Weise mehrere Schächte von geringem Durchmesser und bis 340 m Teufe niedergebracht. Das Verfahren ist jedoch als überholt zu betrachten.

Das gleiche gilt von dem Stockfischschen Schachtbohrverfahren[1]). Es ist auch ein Schlagbohr-Dickspülverfahren, bei dem die Abdichtung der einzulassenden gußeisernen Schachtauskleidung auf eine besondere Weise vorgenommen und die Tontrübe zum Schluß durch eine Schlämmkreidetrübe ersetzt wird, um das Abbinden des zwischen Gußringwand und Gebirge einzuspülenden Zements zu erleichtern.

71. — Das Zänslersche Verfahren[2]). Das mit sehr einfachen Hilfsmitteln arbeitende Zänslersche Schachtbohrverfahren ist für enge Versuchsschächte von etwa 800—1200 mm lichter Weite in lockerem Gebirge bestimmt und hat im Braunkohlenbergbau vielfach Anwendung gefunden. Gebohrt wird mit Schappe und Greifer im toten Wasser. Der Schacht wird mit stählernen, autogen verschweißten Rohrschüssen von 10 mm Wandstärke, die fernrohrartig ineinander geschoben werden, ausgekleidet. In rolligem, zu Nachfall neigendem Gebirge folgt der Blechzylinder unmittelbar dem Bohrfortschritt. In standfesterem Gebirge wird der Zylinder erst nach Erreichen der vorgesehenen Teufe eingelassen. Mit jedem neuen Rohrsatz nimmt der lichte Schachtdurchmesser um etwa 100 mm ab.

---

[1]) Glückauf 1912, S. 552; H. Krecke: Das Schachtabbohrverfahren von Stockfisch und seine Anwendung usw.; — ferner Glückauf 1912, S. 1472; H. Krecke: Spülschlagverfahren zum Abbohren von Schächten.

[2]) Braunkohle 1928, S. 1141; Diehl: Das Schachtbohrverfahren nach Zänsler.

V. Das Gefrierverfahren.

72. — Wesen und Anwendbarkeit des Gefrierverfahrens im allgemeinen. Bei diesem 1883 von Poetsch erfundenen Verfahren werden in einem gewissen Abstande von dem äußeren Umfange des abzuteufenden Schachtes Bohrlöcher in Entfernungen von etwa 1 m voneinander durch die zu durchteufenden wasserreichen Schichten bis ins wassertragende Gebirge abgebohrt und sodann durch unten geschlossene Rohre (Gefrierrohre) ausgekleidet. In diese Rohre hängt man engere, unten offene Rohre (Fallrohre) so weit ein, daß ihre Mündung sich nahe über dem Boden der Gefrierrohre befindet. Eine tief herabgekühlte Flüssigkeit (der Kälteträger) wird durch die Einfallrohre heruntergeführt und steigt in den ringförmigen Räumen zwischen Einfall- und Gefrierrohren wieder in die Höhe, indem sie hierbei ihre Kälte an das umgebende Gebirge abgibt und diesem Wärme entzieht. Über Tage wird der Kälteträger durch eine Kältemaschine von neuem abgekühlt, um im Kreislaufe wieder den Einfallrohren zugeführt zu werden. So entsteht, wie in Ziff. 87 näher ausgeführt wird, ein fester Frostzylinder, innerhalb dessen der Schacht unter fortdauernder, weiterer Kältezufuhr in gewöhnlicher Weise mit Hand abgeteuft wird, wobei die unverritzte Frostwand den Schacht gegen Wasserdurchbrüche schützt. Mit Fortschreiten der Abteufarbeiten wird der Schacht wasserdicht ausgekleidet, worauf die Kältezufuhr beendet wird.

Das Verfahren hat den Vorteil, daß es in gleicher Weise sowohl für lockeres als auch für festes wasserführendes Gebirge anwendbar ist. Wenn das Gefrieren der unterirdischen Wasser erschwert ist, sei es, daß diese warm oder stark salzig sind oder daß sie infolge von Grundwasserströmungen oder infolge irgendeiner künstlichen, ständigen Wasserentziehung sich in Bewegung befinden, kommt das Tiefkälteverfahren (s. Ziff. 80) in Betracht.

Der tiefste, nach dem Gefrierverfahren in einem Absatze bisher tatsächlich niedergebrachte Schacht ist der Schacht Beeringen in der Campine (Belgien), dessen Gefrierteufe 620 m betrug. Nächstdem kommen die beiden Zwartbergschächte mit je 560 m in der Campine, die Wallachschächte 1 und 2 bei Borth (Niederrhein) mit 547 m Gefrierteufe und die Schächte Waterschey mit 520 und Eysden mit 505 m Gefrierteufe in der Campine. Tiefe deutsche Schächte sind ferner die Lohbergschächte bei Duisburg-Hamborn (413 m Gefrierteufe), die Schächte Karl Alexander bei Baesweiler (400 m), ferner die Schächte Walsum bei Duisburg-Hamborn (350 m) und die Schächte Friedrich Heinrich bei Lintfort (315 m). In zwei Gefrierabsätzen sind bis 502 m Tiefe niedergebracht die Borth-Schächte der Deutschen Solvaywerke.

a) Tagesanlagen und vorbereitende Arbeiten.

73. — Tagesanlagen, Vorschacht, Bohr- und Fördergerüst. Die Tagesanlagen für das eigentliche Abteufen im Frostzylinder unterscheiden sich, wie die Abb. 285 zeigt, nicht erheblich von denjenigen für das gewöhnliche Abteufen, so daß hier nicht näher darauf eingegangen zu werden braucht. Zu diesen Tagesanlagen kommt aber noch in einem beson-

deren Gebäude das **Gefriermaschinenhaus** als Kälteerzeugungsanlage.
Die Kälteerzeugung wird in den Ziffern 77—86 besonders besprochen
werden.

Das Abteufen nach dem Gefrierverfahren wird mit der Herstellung
eines **Vorschachtes** begonnen, den man von Hand so tief niederbringt, daß
seine Sohle bei den Schwan-
kungen des Grundwasser-
spiegels trocken bleibt.
Diesem Vorschachte gibt
man einen so großen
Durchmesser, daß der Ge-
frierkeller mit dem Gefrierrohrkreis (d. i. der Kreis,
auf dem die Gefrierbohr-
löcher angesetzt werden)

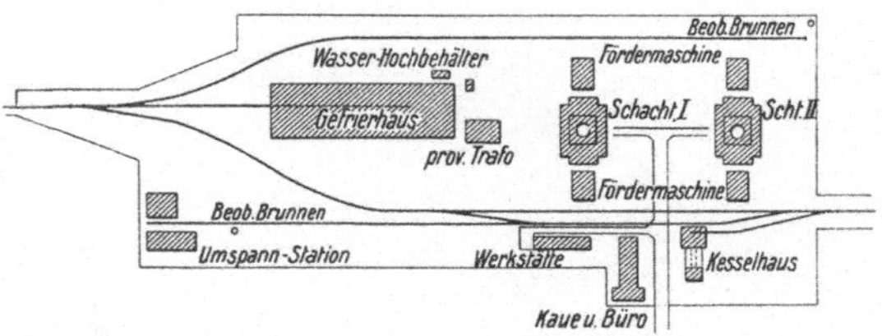

Abb. 285. Tagesanlagen für das Abteufen eines Doppelschachtes nach dem Gefrierverfahren.

darin Platz findet und auch noch Raum für den Ansatz etwaiger Ersatzbohrlöcher etwas außerhalb dieses Kreises bleibt.

Der Vorschacht bietet die Annehmlichkeit, daß man für das Abbohren
der Bohrlöcher und das Einlassen und Ziehen der Rohre freie Höhe gewinnt
und daß in ihm die Verbindungen der Gefrier- und Einfallrohre mit den Leitungen für die Kälteflüssigkeit untergebracht und beobachtet werden können,
so daß die Rasenhängebank frei und von allen Seiten zugänglich bleibt.

Über dem Vorschachte wird das **Bohrgerüst** errichtet, das in der Regel
später auch für die Förderung beim Abteufen benutzt wird. Damit alle Bohrlöcher vom Gerüste aus beherrscht werden können, muß dieses so geräumig
sein, daß seine quadratische Grundfläche den ganzen Vorschacht und damit
den gesamten Bohrlochkreis umfaßt. Demgemäß pflegt man das Gerüst aus
langen und starken Hölzern aufzubauen, etwa wie dies Abb. 286 veranschaulicht.

Im Gerüst oder in einem seitlichen Anbau stehen 2—3 Bohrvorrichtungen, bei Schächten von großem Durchmesser 5—6, von denen aus die
Bohrseile über Rollen geführt und mit Hilfe von verstellbaren Führungsschlitten über die einzelnen Bohrlöcher geleitet werden können. Eine Antriebsmaschine, eine den Bohrvorrichtungen entsprechende Anzahl von Spül-
wasserpumpen und Handhaspeln sowie eine Kabelwinde und ein Haspel
vervollständigen die Bohrausrüstung des Turmes.

Sind die Bohrarbeiten beendet und hat das Gefrieren begonnen, so erhält der Turm Seilscheiben und wird für die Kübelförderung mit Seilführungen und Kippvorrichtung versehen.

In neuerer Zeit ist das Bohren der Gefrierlöcher mehrfach von beweglichen
Bohrtürmen aus vorgenommen worden. Hierzu wird der Bohrturm auf einem
Stahlrost, der auf zwei konzentrischen ringförmigen Fundamenten ruht, aufgebaut. Auf diesen Fundamentringen kann er beliebig verschoben werden,
so daß der Bohrturm und die gesamte Einrichtung nach Fertigstellung eines
Bohrloches nicht abgebrochen zu werden braucht, sondern in kurzer Zeit
zum nächsten Bohrlochansatzpunkt mit eigener Kraft mittels der Bohrwinde
verschoben werden kann. Auch zwei Bohrgeräte können auf einem solchen Rost
gleichzeitig eingesetzt werden.

74. — Die Anordnung und Fertigstellung der Bohrlöcher. Die Bohrlöcher werden in einem Kreise um den abzuteufenden Schacht angeordnet. Der Abstand des Bohrlochkreises von dem in Aussicht genommenen Umfange des Schachtes schwankt je nach der Teufe des Schachtes

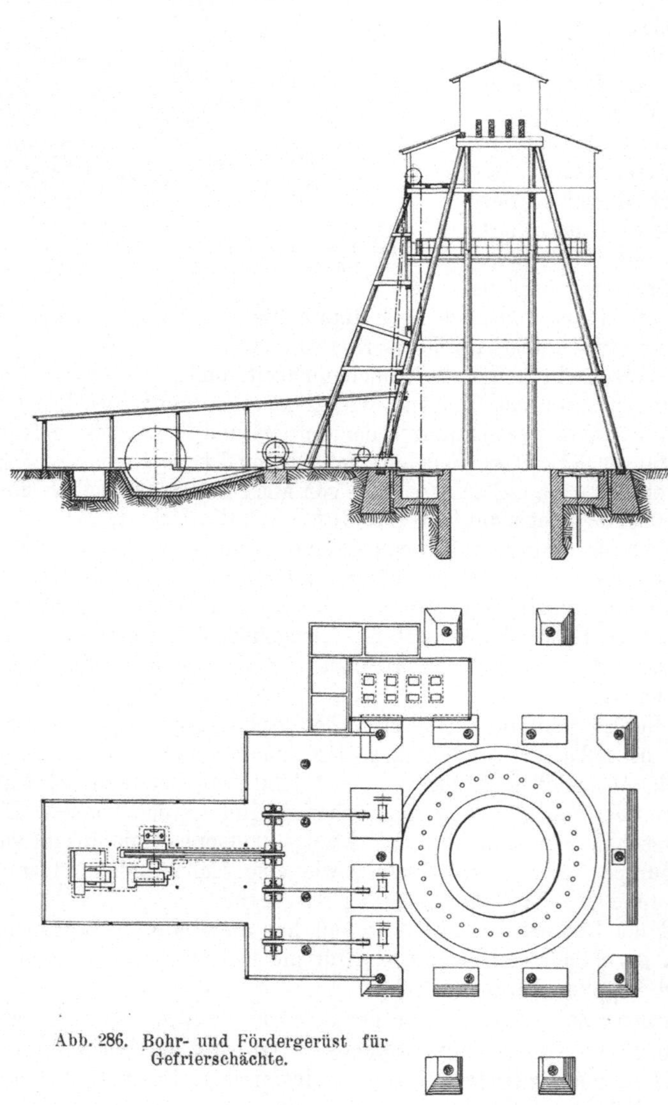

Abb. 286. Bohr- und Fördergerüst für Gefrierschächte.

und der Stärke der erforderlichen Frostwand zwischen 1,5 und 3,5 m, der Abstand der Bohrlöcher untereinander zwischen 0,9 und 1,0 m (vgl. Abb. 287).

Die Herstellung der Bohrlöcher erfolgt in der Regel mit dem Meißelbohrer durch Schnellschlagbohrung, da diese Bohrweise die billigste ist und die Löcher hierbei auch am wenigsten aus dem Lote kommen. Nur den letzten

Teil von 2 oder 3 Löchern pflegt man als Kernbohrung niederzubringen, um die Zusammensetzung der Schichten im Übergang zwischen Deckgebirge und Steinkohlengebirge genau festzustellen. Außerdem empfiehlt sich eine Kernbohrung als Untersuchungsbohrung vor Ansetzen eines Gefrierschachtes und der vorbereitenden Arbeiten für die Herstellung der Gefrierbohrlöcher.

Die Bohrlöcher werden, insoweit das Gebirge es erfordert, vorläufig verrohrt. Im allgemeinen läßt man jedoch die Verrohrung fort und sucht die Bohrlochstöße durch Dickspülung vor dem Hereinbrechen zu schützen. Die Dickspülung soll mindestens ein spezifisches Gewicht von 1,3 haben, da sonst leicht Hohlräume dadurch entstehen, daß Sand in das Bohrloch strömt und mit dem Spülstrom zutage gefördert wird. Die Spültrübe soll auch beim Durchbohren von festen Schichten, die im Schwimmsand liegen, nicht verdünnt werden. Sobald die Löcher die erforderliche Teufe erhalten haben, werden die an ihrem unteren Ende durch Zusammenschweißen geschlossenen Gefrierrohre eingelassen und danach die Bohrrohre gezogen, soweit dies möglich ist.

Von dem senkrechten und annähernd parallelen Niederbringen der Bohrlöcher hängt der Erfolg des ganzen Verfahrens ab. Vor allem ist darauf zu

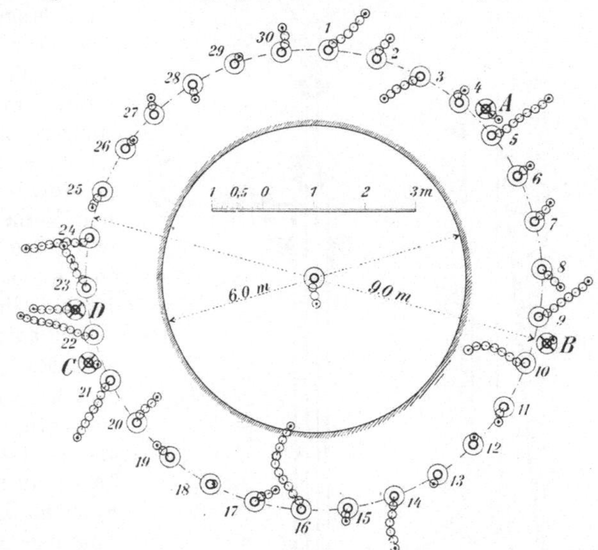

Abb. 287. Gefrierrohrkreis mit grundrißlicher Darstellung der Bohrlochabweichungen bei einem 400 m tiefen Schachte. (A—D sind Ersatzbohrlöcher.)

achten, daß die obersten Führungsrohre genau senkrecht eingesetzt und so bis zu einer Teufe von mindestens 8—15 m heruntergebracht werden. Zweckmäßig wird auch weiterhin vorsichtig gebohrt und etwa alle 50 m abgelotet, namentlich wenn verschieden harte Schichten auftreten. Die hierbei aufgewandte Sorgfalt wird sich gut bezahlt machen. Würden die Löcher allzusehr aus der Senkrechten abweichen und infolgedessen die Entfernungen zwischen zwei benachbarten Löchern zu weit klaffen, so würde hier der Frostkörper sich nicht schließen. Es muß deshalb jedes einzelne Gefrierrohr sorgsam mittels eines Neigungsmessers abgelotet und sein Verlauf festgestellt werden (zu vgl. Bd. I unter: „Tiefbohrung, Überwachung des Bohrbetriebes"). Abweichungen aus der Senkrechten um 0,5—1% der Bohrlochteufe sind trotz aller Vorsicht beim Einbau der Führungen nicht ausgeschlossen, treten bei der neuzeitlichen Bohrtechnik aber nur noch selten auf. Wird die Entfernung zweier Nachbarlöcher voneinander zu groß, so sind Ersatzbohrlöcher unerläßlich. Abb. 287 zeigt grundrißlich den Verlauf der

Bohrlöcher (*1—30*) bei einem mittels des Gefrierverfahrens niederzubringenden Schachte von 400 m Teufe, wobei die kleinen Kreise den Stand der Bohrlöcher in den verschiedenen Teufen andeuten.

Die regelmäßige Überwachung des Bohrbetriebes durch Ablotung der Bohrlöcher bietet aber auch verschiedene sonstige Vorteile. Zunächst gibt sie die Möglichkeit, das Bohrloch wieder in die beabsichtigte Richtung zu zwingen. Es geschieht dies z. B. durch Keilrohre (Abb. 288), die in das Bohrloch bis zu der Teufe, wo die Ablenkung beginnen soll, eingelassen werden und den Bohrmeißel bei Fortsetzung der Bohrarbeit nach der offenen Seite drängen. Auch die Anwendung von Schrägmeißeln kann zum gleichen Ziele führen. Es ist zweckmäßig, die Bohrlöcher nicht in ununterbrochener Reihenfolge, sondern beispielsweise zunächst das erste, dritte und fünfte Loch zu stoßen, um sodann je nach dem Verlaufe dieser Löcher das zweite und vierte Loch anzusetzen und gegebenenfalls deren Verlauf durch Keilrohre zu beeinflussen.

Verläuft ein Loch in die Schachtscheibe (Abb. 287), so muß bei Annäherung an das Rohr vorsichtig vorgegangen werden, um es nicht zu verletzen und Lauge austreten zu lassen. Das Rohr muß, wenn es durch das Abteufen freigelegt wird, außer Betrieb gesetzt und abgehauen werden. In der Regel bleibt die Außerbetriebsetzung eines oder mehrerer Rohre während des Abteufens ohne nachteilige Folgen, da die übrigbleibenden Rohre zur Erhaltung der geschlossenen Frostmauer genügen.

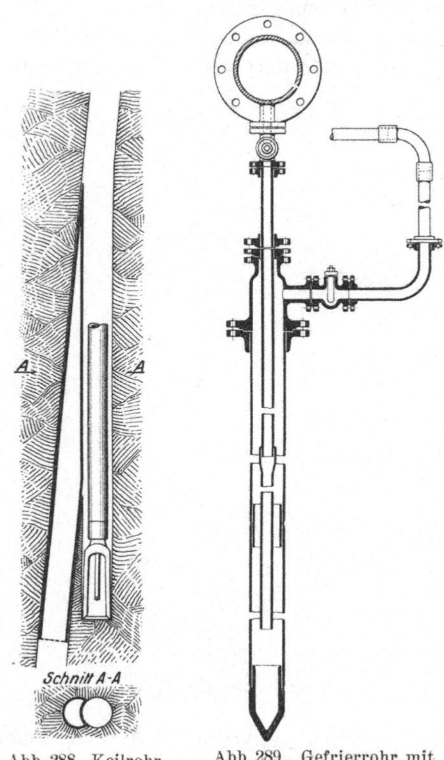

Abb. 288. Keilrohr.

Abb. 289. Gefrierrohr mit eingelassenem Fallrohr.

75. — Die Gefrierrohre. Der lichte Durchmesser der Gefrierrohre schwankt zwischen 100 und 140 mm, die Wandstärke ist 6—8 mm. Ihre Normung auf 139 mm äußeren Durchmesser und 7,5 mm Wandstärke nach DIN 2442 mit Innennippelverbindungen ist in Vorbereitung.

Von besonderer Wichtigkeit ist die Dichtigkeit der Rohrverbindungen. Die Gefrierrohre werden zusammengeschweißt. Tritt die Kälteflüssigkeit durch Undichtigkeiten der Gefrierrohre aus, so bilden sich sog. „Laugennester", in denen das Gebirge weich bleibt und nicht gefriert. Solche Laugennester sind öfters, namentlich in den ersten Jahren der Anwendung des Verfahrens, die Ursache von Wasserdurchbrüchen in den Schacht gewesen. Die Prüfung auf die Dichtigkeit der Rohrverbindungen muß deshalb mit äußerster Sorgfalt geschehen. Sie erfolgt während des Einlassens der Gefrierrohre, indem immer wieder nach Aufsetzen eines Rohres der ganze eingelassene Rohrstrang einer Wasserdruckprobe unterworfen wird. Der dabei angewandte Überdruck liegt 10—20 Atmosphären höher, als der Druck beträgt, den die Gefrierrohre während des Betriebes auszuhalten haben. Wird der Druck der Kälteflüssigkeit z. B. 200 m Wassersäule betragen, so muß man die untersten, zuerst eingelassenen Rohre mit 30—40 at drücken kann aber nach oben diesen Druck allmählich vermindern, bis nach Einbau des obersten Rohres die Prüfung nur noch mit dem angewandten Überdrucke von 10 bis 20 at erfolgt. Das Abdrücken der Rohre geschieht von einer Bühne des Bohrturmes aus.

Es ist dauernd darauf zu achten, daß keine Kälteflüssigkeit durch Austritt in das Gebirge verlorengeht. Sinkt der Spiegel der Kältelauge im Verdampfergefäß (s. Ziff. 78), so sind die Leitungen der Bohrlöcher einzeln aus dem Kreislauf auszuschalten, worauf man an dem etwaigen Fallen des Flüssigkeitsspiegels im Bohrloche schadhafte Rohrleitungen erkennen kann. Ein Rohr, das Lauge verliert, ist sofort außer Betrieb zu setzen. Man wird versuchen, es neu zu verrohren. Gelingt dies nicht, so ist ein Ersatzbohrloch zu stoßen.

76. — Die Fallrohre und die Laugenverteilung. In die Gefrierrohre werden die unten offenen Fallrohre so weit eingelassen, daß sie nahe über dem Rohrtiefsten endigen. Sie haben heute nach DIN 2442 oder DIN 2448 meist einen äußeren Durchmesser von 51 mm bei 5 mm Wandstärke. Die Verbindung der Fall- und der Gefrierrohre untereinander und die beiderseitige Verbindung mit der Zufluß- und Abflußleitung der Kälteflüssigkeit erfolgt durch ein Kopfstück in der durch Abb. 289 veranschaulichten Weise. Die gleichmäßige Verteilung der Lauge auf die einzelnen Bohrlöcher geschieht durch den oben sichtbaren Verteilungsring, der an die von der Kälteanlage kommende Hauptleitung angeschlossen ist und von dem die Verbindungsrohre nach den sämtlichen Gefrierlöchern hin abzweigen. Durch ein Ventil kann der Zufluß geregelt werden. Der Verteilungsring besitzt einen kleineren Durchmesser als der Gefrierrohrkreis, liegt also innerhalb des letzteren, damit die Gefrierrohre von oben her stets zugänglich bleiben.

Die Abflußleitungen werden neuerdings nicht mehr zu einem Sammelring vereinigt. Statt dessen läßt man die Abflußleitungen frei in einen oder zwei Sammelkästen ausgießen, an die die Rückleitungen zur Kälteanlage anschließen. Dies Verfahren bietet den Vorteil, daß man mit dem Auge jederzeit die durch die verschiedenen Gefrierrohre fließende Laugenmenge unmittelbar beurteilen kann.

b) Die Kälteerzeugung.

77. — Die Anlage im allgemeinen. Die Kälte wird in den Kälteerzeugungsanlagen der Gefrierschächte stets durch Verdunstung oder Verdampfung von Flüssigkeiten mit niedrigem Siedepunkt erzeugt, wobei die Verdampfungswärme der Umgebung der verdampfenden Flüssigkeit entzogen wird. Insbesondere werden als Kälteerzeuger Ammoniak oder Kohlensäure in flüssigem Zustande benutzt. Die entstandenen kalten Dämpfe werden wiederum verdichtet. 1 kg Ammoniak, das bei $+15$—20^0 C verdampft, verbraucht hierbei etwa 290 Wärmeeinheiten (kcal), erzeugt also eine entsprechende Kältemenge; 1 kg Kohlensäure erfordert bei der Verdampfung unter derselben Temperatur etwa 35 kcal. Dagegen liegt der für die erreichbaren tiefsten Temperaturen maßgebende Siedepunkt bei der CO_2 niedriger (s. Ziff. 79). Um die zum Verdampfen des Kälteerzeugers erforderliche Wärmemenge dem Gebirge zu entziehen, bedient man sich der Vermittlung des Kälteträgers. Es ist dies eine schwer gefrierbare Flüssigkeit (z. B. Chlormagnesiumlauge, Chlorkalziumlauge, Alkohol), die im „Refrigerator" Wärme an den verdampfenden Kälteerzeuger abgibt und sie ihrerseits wieder dem Gebirge entnimmt. Da der Ersparnis halber sowohl der Kälteerzeuger als auch der Kälteträger bei dem Verfahren immer von neuem benutzt werden, kann man bei jedem von einem geschlossenen Kreislauf sprechen. Beide Kreisläufe stehen durch Austausch der Temperaturen in Wechselwirkung

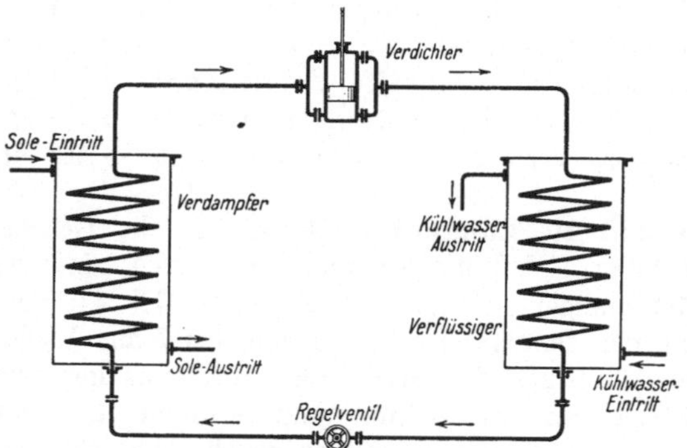

Abb. 290. Schematische Darstellung der Kälteerzeugung (Kreislauf des Kälteerzeugers.)

Für das Verfahren ist außerdem noch Kühlwasser zur Aufnahme der bei der Verdichtung der kalten Dämpfe entstehenden Verdichtungswärme und der bei der Verflüssigung frei werdenden Verdampfungswärme erforderlich. Das Wasser wird Pumpanlagen oder Wasserläufen entnommen und fließt erwärmt wieder ab. Bei Mangel an frischem, kaltem Wasser wird das erwärmte Wasser wiedergewonnen und zur erneuten Verwendung gekühlt, so daß es in diesem Falle auch einen Kreislauf macht.

Bei diesen Vorgängen beruht die Kälteerzeugung in letzter Linie darauf, daß die bei der Verflüssigung des Kälteerzeugers und bei der Kompression entstehende Wärme ununterbrochen vom Kühlwasser gebunden und fortgeführt und daß dafür eine entsprechende Wärmemenge dem Kälteträger und durch seine Vermittlung dem Gebirge entzogen wird.

78. — **Der Kreislauf des Kälteerzeugers.** Vier Vorrichtungen sind es hauptsächlich, die, untereinander durch Leitungen verbunden, diesen Kreislauf bilden, nämlich Verdichter, Verflüssiger, Regelventil und Verdampfer (Abb. 290).

Vom ein- oder mehrstufig arbeitenden Verdichter wird das aus dem Verdampfer wieder angesaugte Gas unter starker Erwärmung verdichtet, und zwar wird Ammoniak auf etwa 9 at — bei neuesten Ammoniak-Tiefkälteanlagen auch auf mehr —, Kohlensäure auf 60—75 at Überdruck gepreßt. Das verdichtete und erhitzte Gas muß abgekühlt werden, um sich verflüssigen zu können. Dieses geschieht im Verflüssiger. Von hier gelangt das verflüssigte Gas zum Regelventil, wo es entspannt wird und im anschließenden Verdampfer verdampft.

Hier entzieht es die dafür notwendige Wärmemenge dem Kälteträger, der dadurch abgekühlt wird.

Als Verflüssiger dienen entweder Berieselungsverflüssiger oder Turmverflüssiger. Ihre Wärmedurchgangszahl beträgt im laufenden Betrieb 600—700 kcal/0^0/m³/h gegenüber nur 200—300 bei den veralteten Tauchverflüssigern. Die Berieselungsverflüssiger bestehen aus nebeneinander angeordneten berieselten Rohrwänden, durch die das zu verflüssigende Gas strömt. Bei den Gleichstrom-Berieselungsverflüssigern muß dabei das Kältemittel die gesamte Rohrschlangenlänge durchlaufen, bei dem neueren, in Abb. 291 wiedergegebenen Querrohrverflüssiger verteilt es sich dagegen aus senkrechten Standrohren gleichmäßig auf die waagerechten berieselten Rohre und sammelt sich verflüssigt im auf der anderen Seite angebrachten Standrohr, von wo es abgeleitet wird. Dies hat den Vorteil, daß der Widerstand für das Kältemittel geringer und die Wärmeübertragung besser ist als beim Gleichstromver-

Abb. 291. Querrohrverflüssiger.

flüssiger. Der Wasserbedarf der Berieselungsverflüssiger ist sehr gering, da mit Umlaufwasser gearbeitet wird und nur die verdunstete Wassermenge zu ersetzen ist.

Beim Turmverflüssiger ist dagegen der Wasserbedarf 3—10 mal höher. Diesem Nachteil stehen die Vorteile geringeren Platzbedarfs und Preises sowie besserer Wärmeübertragung gegenüber. Er besteht aus einem stehenden Röhrenkessel, der oben mit einer Wasserverteilungsrinne ausgerüstet ist, von der das Wasser in Form eines feinen Filmes an den Innenwandungen der Rohre herabfließt.

Ist zur Erhöhung der Kälteleistung eine Unterkühlung des

Abb. 292. Steilrohrverdampfer.

Kältemittels notwendig, so ist noch ein Nachkühler vorzusehen.

Als Verdampfer (Refrigerator) oder Solekühler dient heute der Steilrohrverdampfer mit angebautem Abscheider (Abb. 292). Er besitzt eine zwei- bis dreimal höhere Wärmeübergangszahl als der alte Tauchverdampfer und findet in einem entsprechend großen rechteckigen, mit Sole gefüllten Gefäß Aufnahme.

Eine gute Wärmeübertragung wird durch eine mittels Rührwerk bewirkte hohe Umlaufgeschwindigkeit der Sole sowie dadurch erreicht, daß sie quer zu den Verdampferrohren fließt. Gegen Kälteverluste ist der ganze Behälter ebenso wie die vor Erwärmung zu schützenden Rohrleitungen mit einer Wärmeschutzhülle umgeben. Von dem Verdampfer wird das noch immer kalte Gas vom Verdichter zu erneutem Kreislauf angesaugt.

Der Kreislauf des Kälteerzeugers muß, was Temperatur- und Druckverhältnisse betrifft, dauernd und sorgfältig durch Messungen mit Thermometern und Manometern überwacht werden. Würden z. B. die Schlangenrohre des Verflüssigers durch erhärtete Schmieransätze sich teilweise verstopfen, so könnten hier Drosselungen und hinter diesen vorzeitig Expansion und Abkühlung der Gase eintreten. Insbesondere ist ferner darauf zu achten, daß in der Gasleitung zwischen Verdampfer und Verdichter stets noch Überdruck herrscht, damit nicht etwa durch Undichtigkeiten Luft angesaugt wird.

79. — Die verschiedenartige Eignung des Ammoniaks und der Kohlensäure als Kälteerzeuger. Die wichtigsten Eigenschaften des Ammoniaks und der Kohlensäure hinsichtlich ihrer Verwendung für die Kälteerzeugung ergeben sich aus folgender Zusammenstellung:

	Kritische Temperatur	Verflüssigung erfolgt bei	Siedepunkt
Ammoniak (NH_3)	131^0 C	$+15^0$ C und 7,1 ata $+20^0$ „ „ 8,4 „ $+25^0$ „ „ 9,8 „	-34^0 C bei 1 ata -23^0 „ „ 1,5 „ -18^0 „ „ 2 „
Kohlensäure (CO_2)	31^0 C	$+15^0$ „ „ 52,2 „ $+20^0$ „ „ 58,8 „ $+25^0$ „ „ 66 „	-49^0 „ „ 7 „ -45^0 „ „ 8 „ -42^0 „ „ 9 „

Danach läßt sich Ammoniak bei geringeren Drücken verflüssigen; man kommt bei Temperaturen des Kühlwassers von 15—25⁰ C mit Kompressordrücken von etwa 9—11 at aus. Die Temperatur, die man bei den gewöhnlichen Betriebsverhältnissen ohne Schwierigkeit der Kälteflüssigkeit mitteilen kann, ist immer etwas niedriger als die Temperatur im Verdampfer. Sie beträgt bei einstufiger Verdichtung etwa —22⁰ C. Wird die Ammoniak-Gefrieranlage dagegen zwei- oder dreistufig ausgebaut, so können Laugentemperaturen von —40⁰ C erreicht werden. Bei Verwendung der Kohlensäure sind die entsprechenden Zahlen 60—80 at und —30 bis —35⁰ C. Die tiefsten erreichbaren Laugentemperaturen liegen hier jedoch zwischen —50 und —55⁰ C. Wegen der erheblich niedrigeren kritischen Temperatur der Kohlensäure, oberhalb deren eine Verflüssigung nicht mehr möglich ist, muß für viel und genügend kaltes Kühlwasser Sorge getragen werden. Auch müssen selbst Spuren von Wasser im Kreislauf vermieden werden, da sonst das Regelventil einfriert.

Ammoniak hat den Vorteil, daß Undichtigkeiten der Maschine und der Leitungen infolge des geringeren Drucks weniger leicht auftreten und man sie durch den stechenden Geruch leicht merkt. Die Anwesenheit von Wasser ist ohne Belang. Auch ist die spezifische Kälteleistung (kcal/PSh) bei Ammoniak selbst bei einstufiger Verdichtung günstiger als bei Kohlensäure mit zweistufiger Verdichtung. Daraus ergibt sich bei Ammoniak eine Ersparnis an Antriebsleistung, ein kleinerer Motor und ein kleinerer Netzanschlußwert. Infolgedessen sind die

Anlagekosten niedriger. Anderseits ist Ammoniak etwas teurer als Kohlensäure; auch verunreinigt es sich leichter als Kohlensäure mit dem Schmieröl des Kompressors, so daß auf die Ölabscheidung größere Sorgfalt zu verwenden ist.

Insgesamt zieht man Ammoniak der Kohlensäure vor, wenn die Kälteflüssigkeit nicht tiefer als auf —20⁰ herabgekühlt werden soll. Will man dagegen mit tieferen Temperaturen der Kälteflüssigkeit arbeiten, so benutzt man vielfach noch Kohlensäure. Neuere Anlagen, die mit mehrstufiger Verdichtung arbeiten, gestatten aber auch mit Ammoniak tiefe Temperaturen zu erreichen, so daß bei Neuanschaffungen von Gefrieranlagen vielfach der Ammoniakanlage der Vorzug gegeben werden dürfte.

80. — Tiefkälteverfahren[1]). Der Erfolg des Gefrierverfahrens hängt häufig, namentlich beim Abteufen im Kalisalzbergbau, von der Möglichkeit ab, die im Gebirge enthaltenen Salzlaugen restlos zum Gefrieren zu bringen. Hierbei sind die eigenartigen Verhältnisse, unter denen das Gefrieren von Salzlösungen vor sich geht, zu beachten. Eine Salzlösung gefriert beim Abkühlen unter 0⁰ C nicht gleichmäßig, vielmehr scheidet sich je nach dem Salzgehalt zunächst nur Eis oder Salz ab. Aus einer geringprozentigen Salzlösung beginnt bei einer bestimmten Temperatur unter 0⁰ die Ausscheidung von Eis, wobei sich der Salzgehalt in der verbleibenden Lösung erhöht; das hat ein weiteres Sinken des Gefrierpunktes zur Folge. Es scheidet sich nun so lange Eis aus, bis die Temperatur von —21,2⁰ und ein Salzgehalt von 22,4% erreicht ist. Eine solche Lösung, die man die **eutektische** nennt, ändert bei weiterer Abkühlung ihre Zusammensetzung nicht mehr, sondern erstarrt unter Zerfall in Eis und Salz zu einem innigen Gemisch dieser beiden Bestandteile.

Umgekehrt fällt aus einer hochprozentigen Lösung (über 22,4% Salz) beim Abkühlen zunächst nur Salz aus, bis bei —21,2⁰ ebenfalls der kryohydratische Punkt erreicht ist.

Abb. 293 gibt eine zeichnerische Darstellung dieser Verhältnisse. Daraus ist zu ersehen, daß z. B. in einer 5proz. Kochsalzlösung die Ausscheidung von Eis bei —3⁰ beginnt, daß eine 22,4proz. Lösung bis —21,2⁰ ohne Abscheidung von Salz oder Eis abgekühlt werden kann und daß aus einer 25proz. Lösung bei —12,2⁰ Salz auszufallen anfängt.

Hieraus ist die Schlußfolgerung zu ziehen, daß reine Steinsalzlösungen, um völlig zu gefrieren, auf eine Temperatur von —21,2⁰ C abgekühlt werden müssen. Die im Gebirge vorhandenen Salzlösungen bestehen aber in der Regel nicht aus reinen Chlornatriumlösungen, sondern besitzen infolge Beimengung anderer Salze einen noch tieferen Gefrierpunkt. Man muß deshalb zum restlosen Ausfrieren der vorkommenden Solen mit Temperaturen von mindestens —26 bis —27⁰ C rechnen und zur sicheren Erzielung dieser Temperaturgrade im Gebirge die Kühllauge unter —35⁰ C abkühlen. Man spricht dann vom „**Tiefkälteverfahren**".

Wie aus den in Ziff. 79 angegebenen Zahlen hervorgeht, ist es möglich, diese Temperaturen bei Benutzung der Kohlensäure ohne weiteres zu erhalten. Um sie aber während des Betriebes dauernd sicherzustellen, wendet

---

[1]) Glückauf 1927, S. 293; H. Joosten: Das Tiefkälteverfahren beim Schachtabteufen.

man zweckmäßig eine besondere Tiefkühlung der Kohlensäure an. Man bedient sich zu diesem Zwecke der Kohlensäure selbst, von der im Kreislauf ein Teil abgezweigt und im Tiefkühler verdampft wird. Die Abb. 294 veranschaulicht das Verfahren. Es ist *I* der erste Kompressor, der die mit

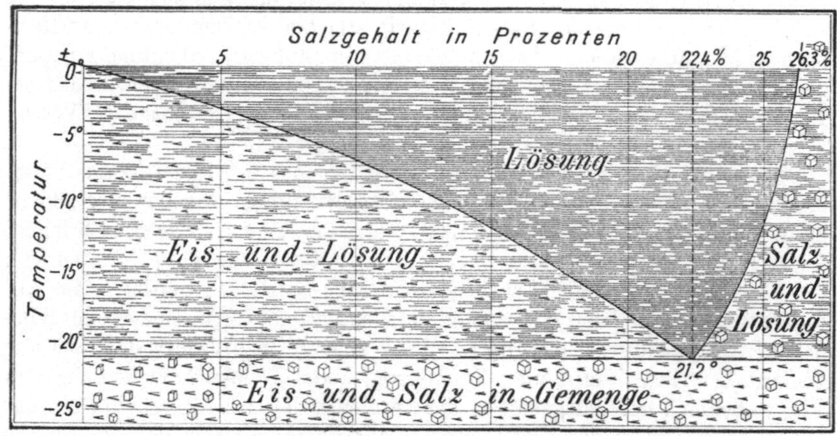

Abb. 293. Das Verhalten einer Salzlösung beim Gefrieren.

6 at angesaugte Kohlensäure auf 24 at preßt. Die Kohlensäure wird zunächst in dem Vorkühler k_1 mit Wasser gekühlt, um sodann in dem Hochdruckkompressor *II* auf 60—70 at gepreßt zu werden. · Sie durchstreicht dann den Kühler k_2 und den Nachkühler k_3, um schließlich verflüssigt in

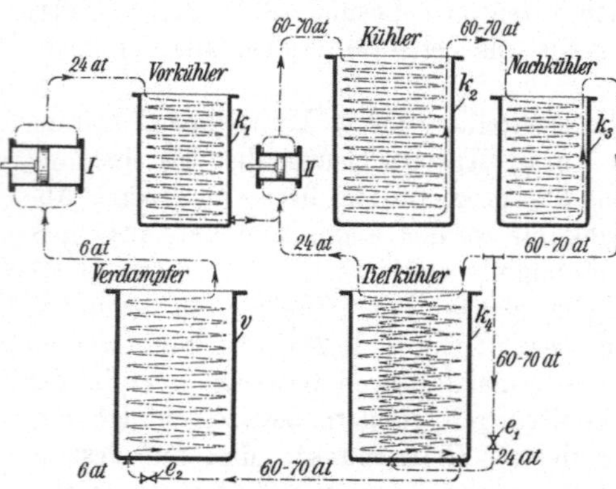

Abb. 294. Veranschaulichung des Tiefkälteverfahrens.

den Tiefkühler k_4 zu gelangen. Vorher zweigt man einen Teil der Flüssigkeit ab, der dem Expansionsventil e_1 zufließt. Durch die in einigen Rohrspiralen verdampfende Kohlensäure wird eine wirksame Tiefkühlung der durch die übrigen Rohrspiralen fließenden flüssigen Kohlensäure bis auf etwa.—6⁰ erreicht. Mit dieser Temperatur gelangt die flüssige Kohlensäure zum Expansionsventil e_2 und sodann zum Verdampfer *v*, in dem ihre Verdampfungswärme zur Abkühlung der Gefrierlauge nutzbar gemacht wird. Auf diese Weise läßt sich die Laugentemperatur auf — 50⁰ C bringen.

Bei der weiteren Durchführung des Tiefkälteverfahrens ist zu beachten, daß der Abstand der Gefrierbohrlöcher voneinander geringer als beim einfachen Gefrierverfahren zu wählen ist. Auch sind die Abweichungen der Bohrlöcher aus der Senkrechten sorgfältiger zu vermeiden. Die Bohrarbeiten erfordern also mehr Überwachung, Sorgfalt und Zeit. Die Gebhardt & König-Deutsche Schachtbau A.-G. erzielte bei dem einfachen

Gefrierverfahren 2000—3000 Bohrmeter je Monat und Schacht, während die durchschnittliche Leistung bei 11 Tiefkälteschächten nur etwa 1000 m betrug. Die Schießarbeit beim Abteufen muß mit besonderer Vorsicht betrieben werden. Die Lufttemperatur auf der Sohle des Schachtes liegt meist zwischen — 20 und —27⁰ C und ist etwa 7⁰ höher als die des Gebirges. Um die Temperatur nicht zu tief sinken zu lassen, ist blasende Bewetterung zweckmäßig.

81. — Die Kälteflüssigkeit und ihr Kreislauf. Die Kälteflüssigkeit darf bei den in Frage kommenden tiefen Temperaturen weder fest noch auch nur steif werden und darf auch nicht zur Bildung von Ansätzen neigen. Sie darf ferner Leitungen und Pumpe nicht angreifen und soll schließlich möglichst billig sein.

Meistens hat man als Kälteflüssigkeit Chlormagnesiumlauge mit 26% $Mg\,Cl_2$ benutzt, die bei — 33⁰ gefriert. Die tatsächlich angewandten Temperaturen liegen bei dem meist benutzten Ammoniakverfahren nicht so tief und sinken während des eigentlichen Gefrierens auf höchstens — 22⁰ bei der Einströmung in die Fallrohre und — 17⁰ bei der Ausströmung aus den Gefrierrohren. Zur ständigen Überwachung der Laugetemperaturen werden am Kopfe jedes Gefrierrohres Thermometer angebracht.

Chlorkalziumlauge ist um ein geringes teurer, ist aber für das Tiefkälteverfahren gut geeignet, da sie noch bei —50⁰ C flüssig bleibt. Man wendet etwa 30proz. Lösungen an und setzt zur Erniedrigung des Erstarrungspunktes noch Alkohol zu. Die Gebhardt & König-Deutsche Schachtbau A.-G. verwendet für das Tiefkälteverfahren als Kälteträger eine Mischung, bestehend aus 85 Teilen Chlorkalziumlauge, 10 Teilen Chlormagnesiumlauge und 5 Teilen Methylalkohol[1]). Neuerdings wird auch eine aus Metallsalzlösungen und organischen Bestandteilen bestehende Lauge (die sog. Reinhartinsole) gebraucht, die zwar in der Anschaffung teurer ist, aber im Betriebe sich billiger stellt.

Sehr tiefe Kältegrade lassen sich mit Alkohol allein erreichen, da dieser erst bei — 112⁰ C gefriert. Freilich stellt sich Alkohol am teuersten, auch ist er feuergefährlich.

Als bewegende Kraft in dem Kreislaufe der Kälteflüssigkeit dienen Pumpen. Der Weg, den die Flüssigkeit macht, führt von dieser zum Verteilungsringe oberhalb des Schachtes und von hier in Parallelschaltung durch die Fallrohre abwärts und durch die Gefrierrohre aufwärts. Infolge der Parallelschaltung der Gefrierrohre fließt jedem die Kälteflüssigkeit mit der gleichen Temperatur zu. Aus den Gefrierrohren gelangt die Kälteflüssigkeit zum Sammelkasten, sodann weiter zum Verdampfer und schließlich wieder zur Pumpe. Abb. 295 zeigt das Schema einer Gefrieranlage, das den Kreislauf des Kälteträgers sowie auch des Kälteerzeugers erkennen läßt.

82. — Der Weg (Kreislauf) des Kühlwassers. Einen eigentlichen Kreislauf des Kühlwassers braucht man nicht einzurichten, wenn so viel kaltes Wasser, z. B. aus Pumpwerken oder einem Bache, zur Verfügung steht, daß man das erwärmte einfach ablaufen lassen kann. Jedoch darf man Pump-

---

[1]) Schlägel und Eisen 1923, S. 121; Erlinghagen: Die Entwicklung des Schachtabteufens nach dem Gefrierverfahren während der letzten 20 Jahre.

anlagen nicht in der Nähe der Gefrierschächte errichten, um nicht Grundwasserbewegungen, die den Gefrierverlauf stören können, zu veranlassen.

Wenn das Wasser knapp ist, so kühlt man das im Verflüssiger erwärmte Wasser zurück, indem man es über Kaminkühler oder Dornwände nach Art der Gradierwände laufen läßt und danach wieder benutzt. In diesem Falle

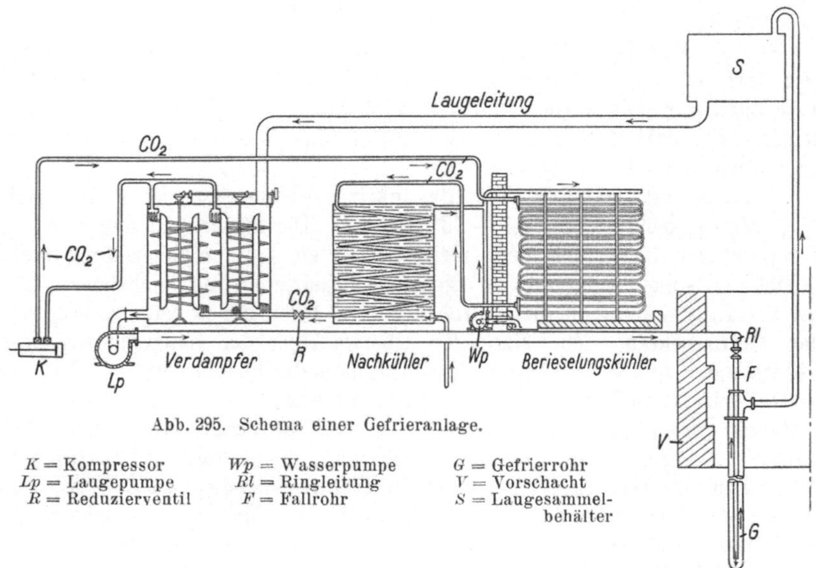

Abb. 295. Schema einer Gefrieranlage.

K = Kompressor　　　Wp = Wasserpumpe　　　G = Gefrierrohr
Lp = Laugepumpe　　　Rl = Ringleitung　　　　V = Vorschacht
R = Reduzierventil　　F = Fallrohr　　　　　　S = Laugesammelbehälter

besteht auch für das Kühlwasser ein geschlossener Kreislauf, wobei aber dauernd ein Ersatz für die verdunsteten Mengen, die auf 15 % geschätzt werden können, zugeführt werden muß.

83. — Beispiel für den Bedarf an Ammoniak, Chlorkalzium und Kühlwasser. Ein Gefrierschacht, der bei 6,5 m lichtem Durchmesser 300 m Teufe erreichen soll und insgesamt etwa 10 000 m Bohrlochlänge erfordert, bedarf etwa 35 000 kg Kohlensäure, 40 000 kg Chlorkalzium und einer stündlichen Kühlwassermenge von 70 m³.

c) Theoretische Betrachtungen.

84. — Berechnung der erforderlichen Wärmeeinheiten. Die für die Herstellung des Frostzylinders erforderliche Kältemenge läßt sich, wenn auch nur überschläglich und annähernd, berechnen. Die Kältemenge entspricht nach den obigen Ausführungen der dem Gebirge entzogenen und dem Kühlwasser zugeführten Wärmemenge, so daß man die Abkühlungswirkung durch diese Wärmemengen ausdrücken kann. Da die spezifische Wärme des Wassers $= 1$, die des Eises $= 0{,}5$ und die des festen Gebirges etwa $= 0{,}2$ ist, wird die Abkühlung um je 1^{0} C von 1 m³ Wasser ($= 1000$ kg) 1000 kcal, von 1 m³ Eis[1]) 500 kcal und von 1 m³ Gebirge, das ein spezifisches

---

[1]) Das etwas geringere spezifische Gewicht des Eises ist hier nicht berücksichtigt worden.

Gewicht von 2,6 besitzt, $0,2 \cdot 2,6 \cdot 1000 = 520$ kcal erfordern. Außerdem sind für den Übergang des Wassers in Eis je 1 kg 79 kcal notwendig.

Das Gebirge möge in 1 m³ 1700 kg feste Bestandteile und 300 kg Wasser enthalten. Für die Abkühlung von $+10°$ C auf $-10°$ C sind alsdann je 1 m³ erforderlich:

$$1700 \cdot 0,2 \cdot 20 \; + \; 300 \cdot 10 \; + \; 300 \cdot 79 \; + \; 300 \cdot 0,5 \cdot 10 \; = \; 35000 \text{ kcal.}$$

Ein völlig geschlossener Frostzylinder von z. B. 13,5 m Durchmesser und 180 m Höhe, der 26000 m³ Gebirge umfaßt, würde also zu seiner Herstellung und Abkühlung auf $-10°$ C einer Gesamtleistung von

$$900 \text{ Mill. kcal}$$

bedürfen.

Tatsächlich sind aber noch wesentlich höhere Leistungen aufzuwenden, da Leitungs- und Strahlungsverluste auftreten und nicht allein der Frostzylinder, sondern auch das umliegende Gebirge sich abkühlt und diesem während der ganzen Dauer sowohl des Gefrierens wie des Abteufens Kälte zugeführt werden muß. Man kann annehmen, daß die Verluste durch Leitung und Strahlung über Tage etwa 25% und die Kälteverluste an das umgebende Gebirge während der Gefrierdauer etwa 50% der rechnungsmäßig erforderlichen Kälteleistung betragen, so daß insgesamt während der Gefrierdauer etwa

$$900 + 0,75 \cdot 900 = 1575 \text{ Mill. kcal}$$

abzugeben wären.

Im vorliegenden Fall würden bei Annahme einer Gefrierdauer von 130 Tagen etwa 4 Maschinen zu je 175000 kcal/h den Anforderungen genügen, wobei 1 Maschine als Aushilfe dienen würde.

Nach Beginn des Abteufens kommt es nur noch darauf an, die Frostwand zu unterhalten und die Kälteverluste zu ersetzen, so daß eine weit geringere Kältezufuhr als zur Zeit des Gefrierens ausreicht und nur ein Teil der Maschinen in Betrieb zu bleiben braucht.

Für tiefere Schächte sind die Kälteleistungen entsprechend zu erhöhen. Beispielsweise rechnet man für einen Schacht von 300 m Teufe und 6 m lichter Weite mit Kälteleistungen von stündlich 750000 kcal und für einen gleich weiten Schacht von 500 m Tiefe mit solchen von 1200000 kcal.

85. — Druckfestigkeit des gefrorenen Gebirges. Über die Druckfestigkeit des gefrorenen Gebirges sind an verschiedenen Stellen mehrfach Versuche angestellt worden. Die Versuchsergebnisse sind freilich nicht bedenkenfrei, weil die durch den Druck erzeugte Wärme nicht so gleichmäßig wie im Gebirge abgeführt werden kann; auch spielt die Form des Versuchskörpers eine Rolle. Die tatsächlichen Werte sind wahrscheinlich etwas höher als die im Druckversuch gefundenen. Im einzelnen wurde festgestellt, daß die Druckfestigkeit mit sinkender Temperatur wächst und im übrigen von der Art des Gebirges abhängig ist. Ein voll mit Wasser gesättigter und sodann gefrorener reiner Quarzsand liefert die höchsten Festigkeitszahlen, die, wie Abb. 296 zeigt, von 20 kg/cm² bei $0°$ auf etwa 120 kg/cm² bei $-10°$ und auf annähernd 200 kg/cm² bei $-25°$ ansteigen[1]).

Gefrorener reiner Ton mit Wasser ergibt Festigkeiten, die nur etwa

---

[1]) Zeitschr. f. d. ges. Kälteind. 1898, S. 59; F. Schmidt: Die Benutzung des Gefrierverfahrens zur Ausführung bergmännischer Arbeiten.

halb so hoch wie die des gefrorenen Sandes sind, so daß solche Schichten den Erfolg des Abteufens gefährden können. Sandiger Ton und tonige Sande liefern Mittelwerte. Im großen und ganzen wird man für tonig-sandiges Gebirge Festigkeiten annehmen können, die etwa zwei Drittel derjenigen des gefrorenen, reinen Sandes betragen.

Reines Eis, das auch unter Tage, z. B. beim Ausfrieren von Spalten, vorkommen kann, besitzt eine noch geringere Festigkeit. Bei —15° zersplittert es bereits bei 18 kg/cm[2] Belastung[1]). Sehr geringe Festigkeiten ergibt auch gefrorene Braunkohle[2]).

Die angegebenen Zahlen treffen nicht zu, wenn man es mit Salzwasser zu tun hat, da gesättigte Sole erst bei r. —22° C gefriert. Aber auch in diesem Falle kann man bei genügend tiefen Temperaturen noch hohe Druckfestigkeiten des gefrorenen Gebirges erzielen. Z. B. hat die Firma Wegelin & Hübner zu Halle (Saale) bei einem mit vollgesättigter Sole getränkten Sandblock bei — 47° bis — 49° C eine Druckfestigkeit von 188 kg/cm[2] festgestellt.

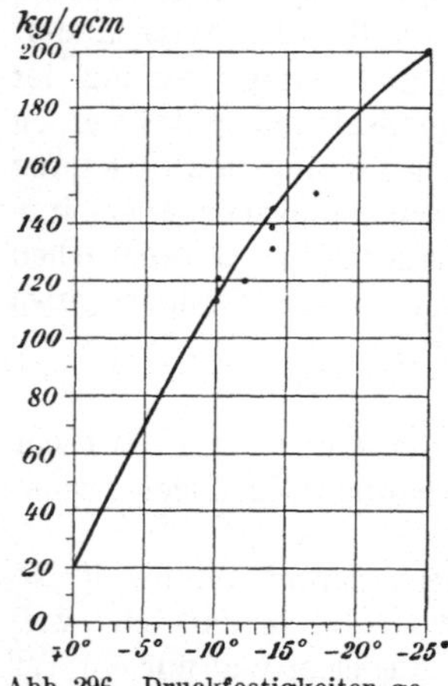

Abb. 296. Druckfestigkeiten gefrorenen Sandes in Beziehung zur Temperatur nach Alby[3]).

86. — Die erforderliche Stärke der Frostwand und die Abteufgrenzen. Von gleicher Wichtigkeit wie die richtige Bemessung des Schachtausbaus ist die Bemessung der Stärke der Frostwand, da diese den Schacht während des Abteufens vor einem Einbruch von Wasser oder Schwimmsand schützen soll. Die Frostwand muß also standfest genug sein. Ihre Standfestigkeit hängt von ihren Eigenschaften und von ihrer Belastung ab. Die Eigenschaften der Frostwand sind von der Druckfestigkeit K des gefrorenen Gebirges sowie von der Stärke der Frostwand abhängig. Je druckfester das gefrorene Gebirge und je größer die Frostwandstärke ist, um so mehr wächst ihre Standfestigkeit. Anderseits kann bei höherer Druckfestigkeit die Frostwandstärke um so geringer gewählt werden, um eine bestimmte Standfestigkeit zu erreichen. Auf eine weitere wichtige Eigenschaft einer aus gefrorenem Schwimmsand oder tonhaltigen Schichten bestehenden Frostwand hat Domke[4]) hingewiesen. Es ist dies ihre Plastizität, zu deren Auswertung Zeit notwendig ist. Eine bis nahe an die Grenze ihrer Standfestigkeit beanspruchte Frostmauer bricht also nicht plötzlich hinein, vielmehr ist mit einem langsamen Hineinschieben in den abgeteuften, noch nicht ausgebauten Schachtteil zu rechnen.

---

[1]) Bericht des Internat. Kongresses f. Bergbau usw. 1910, Düsseldorf; Zaeringer: Das Gefrierverfahren und seine neueste Entwicklung.

[2]) Glückauf 1910, Nr. 44, S. 1721 u. f.; W. Walbrecker: Versuche und Studien über das Gefrierverfahren.

[3]) Bull. d. l. soc. de l'ind. min. 1895, 3. sér., tome IX, S. 319 u. f.; F. Schmidt: L'emploi de la congélation etc.

[4]) Glückauf 1915, S. 1129; O. Domke: Über die Beanspruchung der Frostmauer beim Schachtabteufen nach dem Gefrierverfahren; — vgl. auch A. Jonas: Die Widerstandsfähigkeit der Frostwand beim Schachtabteufen usw.; Dissertation Aachen, 1941; Glückauf 1941, S. 365.

Die Belastung der Frostwand in einem in einer bestimmten Teufe H liegenden Querschnitt hängt einmal von dem Gewicht der über diesen Querschnitt befindlichen Frostwand ab, die auf Grund der Formel $P = \dfrac{\gamma \cdot H}{10\,000}$ kg/cm² errechnet werden kann, wobei γ das Gewicht je m³ in kg angibt. Weiterhin ist sie von dem auf der Frostwand wirkenden Normaldruck $p = \dfrac{H}{10} \cdot 1{,}3$ (bis 1,7) kg/cm² abhängig. Voraussetzung ist, daß $p < P$.

Unter Berücksichtigung der plastischen Eigenschaft gefrorenen Schwimmsandes und der Voraussetzung, daß $p < P < K$ ist, und daß keine größere Frostwandstärke als der doppelte Aushubhalbmesser b erforderlich ist, hat Domke eine Annäherungsformel für die Berechnung der Frostwandstärke S entwickelt. Sie lautet:

$$\frac{S}{b} = 0{,}29\left(\frac{p}{K}\right) + 2{,}30\left(\frac{p}{K}\right)^2.$$

In der Zahlentafel sind die auf Grund dieser Formel errechneten Frostwandstärken bei verschiedenen Aushubdurchmessern, bei spezifischen Drucken von 1,3, 1,5 und 1,7 sowie bei Druckfestigkeit des Schwimmsandes von 100 und 200 kg/cm² für einen 500 m tiefen Schacht wiedergegeben:

Aushub-durchmesser	Frostwandstärke errechnet bei					
	$p=65$		$p=75$		$p=85$ kg/cm²	
	100	200	100	200	100	200 kg/cm²
	m	m	m	m	m	m
8,0	4,6	1,35	6,0	1,73	7,6	2,15
9,5	5,5	1,6	7,17	2,05	9,0	2,6
10,0	5,8	1,7	7,5	2,16	9,5	2,7

Aus der Zahlentafel ist zu ersehen, daß die erforderliche Frostwandstärke mit zunehmendem Außendruck, mit abnehmender Druckfestigkeit des gefrorenen Schwimmsandes sowie mit zunehmendem Aushubdurchmesser wächst. Erträgliche Frostwandstärken sind nur bei niedrigen Temperaturen und mäßigen Aushubdurchmessern zu erzielen. Letztere sind von dem gewünschten lichten Schachtdurchmesser, dann aber auch von der Wandstärke des Ausbaus abhängig. Infolgedessen ist derjenige Ausbau am günstigsten, der bei gleicher Festigkeit den geringsten Querschnitt erfordert.

Aus der oben genannten Formel geht hervor, daß die erforderliche Frostwandstärke außerdem mit der Teufe zunimmt, bei großen Teufen also die Notwendigkeit, mit niedrigen Gefriertemperaturen zu arbeiten, in verstärktem Maße besteht. Es ist dies um so mehr der Fall, als tonige Schichten, die mit reinen Schwimmsanden wechsellagern, im gefrorenen Zustand ohnehin eine geringere Druckfestigkeit aufweisen als diese. Gleichzeitig muß in größeren Teufen durch Unterhängen der Tübbinge (s. Ziff. 154, S. 162) einem Hineinschieben des gefrorenen Gebirges in das Schachtinnere möglichst schnell begegnet werden, damit auch die Gefrierrohre nicht in unliebsamer Weise beansprucht werden.

Auf Grund dieser Überlegungen ist anzunehmen, daß das Gefrierverfahren auch noch für die Durchteufung wesentlich mächtigerer Deckgebirgsschichten anwendbar ist, als es bisher geschehen ist. Immerhin findet es nach Domke in der Teufe eine Grenze, in der der senkrechte Druck des Frostzylinders in einem von der Wandstärke abhängigen Verhältnis größer ist als die Bruchfestigkeit des gefrorenen Gebirges, wenn auch theoretisch jede beliebige Teufe mit endlichen Wandstärken erreicht werden kann.

Es erhebt sich schließlich noch die Frage, ob die Frostwand in ihrer ganzen Stärke als tragfähig angesehen werden kann oder nur ein Teil von ihr. Wie in Ziff. 87 ausgeführt wird, ist eine innere von einer äußeren Frostwand zu unterscheiden. Jonas[1]) hat darauf aufmerksam gemacht, daß nur die innere Frostwand, also nur der innerhalb des Gefrierlochkreises gelegene Teil auf eine bestimmte gleichmäßige niedrigere Temperatur gebracht und gehalten werden kann. Diese Temperatur liegt in der Regel mehrere Grade über der Laugentemperatur. In der äußeren Frostwand steigt dagegen die Temperatur vom Gefrierlochkreis nach außen vom Niedrigstwert linear bis auf Null. Nur die innere Frostwand besitzt daher die in die Rechnung eingesetzten Druckfestigkeiten, nur sie hat die errechnete Tragfähigkeit, während die äußere Frostwand in erster Linie den Wert eines Wärmeschutzes für die innere Frostwand besitzt. Die oben erwähnten Frostwandstärken beziehen sich also im wesentlichen auf die innere Frostwand.

d) Der tatsächliche Gefrierverlauf und das Abteufen.

87. — Bildung des Frostkörpers. Sobald die Kälteerzeugung begonnen hat, bedecken sich die Gasleitungen zwischen Verdampfer und Verdichter sowie die Laugeleitungen mit Reif. Das Gebirge gefriert zunächst in gleichmäßigen, kreisförmigen Schichten um die einzelnen Gefrierrohre, bis die so entstehenden Frostzylinder zusammenstoßen und sich zu einem Ringe schließen. Sobald das geschehen ist, schreitet der Frost nach dem Schachtinneren erheblich schneller als nach dem Umfange hin fort, weil im Inneren des Frostringes die Kälteverluste durch Strahlung und durch Erwärmung des benachbarten Gebirges viel geringer als außen sind. Man kann annehmen, daß einer Zunahme der Frostmauerstärke nach innen um 1 m eine Zunahme nach außen um etwa 60 cm entspricht. Abb. 297 stellt das allmähliche Fortschreiten des Gefrierens nach der Schachtmitte hin dar. Die einzelnen Kreisviertel zeigen die Froststärke nach verschiedenen, gleichen Zeiten,

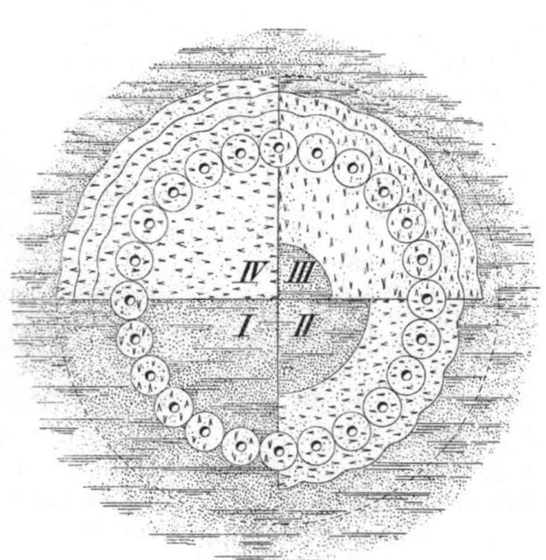

Abb. 297.
Fortschreiten der Frostkörperbildung eines
Gefrierschachtes im waagerechten Schnitt.

---

[1]) A. Jonas: Die Widerstandsfähigkeit der Frostwand beim Schachtabteufen nach dem Gefrierverfahren und ihr Einfluß auf den Schachtausbau. Dissertation Aachen, 1941; Glückauf 1941, S. 365.

z. B. 1, 2, 3 und 4 Monaten. Es ist also angenommen, daß nach dieser Frist der Schacht an der Schnittstelle bereits bis zur Mitte gefroren ist.

Ebenso wichtig ist die Frostbildung im senkrechten Schnitt. Bei nicht besonders tiefen Schächten besitzt die aus den Fallrohren tretende Kältelauge unten ihre tiefste Temperatur, so daß sie hier dem Gebirge mehr Wärme als im oberen Teile entziehen wird. Das Gefrieren beginnt also unten, und die

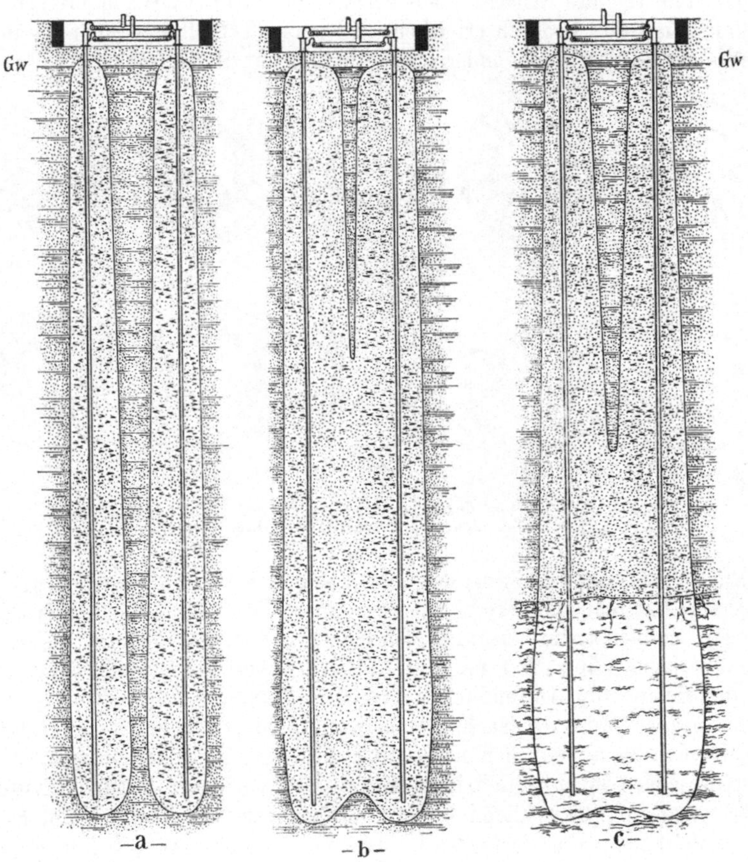

Abb. 298. Bildung des Frostkörpers eines Schachtes, dargestellt im senkrechten Schnitt.

Frostwand wird hier zunächst etwas stärker als oben. Je länger das Gefrieren andauert, um so mehr nimmt auch im oberen Teile die Frostwandstärke zu. Beim Ausfrieren des Schachtinneren wird naturgemäß der Frostkörper unten und oben die Form eines Flaschenbodens annehmen, wobei der ungefrorene Teil sich oben tiefer einsenken, als er unten emporsteigen wird (Abb. 298 b u. c).

In tiefen Gefrierschächten von etwa 400—600 m können sich andere Verhältnisse herausbilden. Es kann in erheblichem Maße ein Wärmeaustausch zwischen der Fallrohr- und der Steigrohrlauge derart stattfinden, daß erstere erwärmt wird und letztere sich an jener wieder abkühlt. Daraus folgt, daß die Steigrohrlauge im Bohrlochtiefsten eine höhere Temperatur als beim Austritt

aus dem Gefrierrohr besitzen wird. Durch genügend raschen Laugenumlauf
sowie durch Gleichhalten des Temperaturunterschieds zwischen zu- und ab-
fließender Lauge ist es jedoch möglich, einer unregelmäßigen Frostkörperbildung
zu begegnen. In seltenen Fällen hat man die Frostwirkung auf das Schachttiefste dadurch verstärkt, daß man den oberen Flüssigkeitsspiegel im Gefrierrohr
durch einen Stopfen oder durch Druckluft niederdrückte. Wenn man dagegen
den oberen Teil des Schachtes möglichst schnell zum Gefrieren bringen will,
so kann man dies dadurch erreichen, daß man die Fallrohre nicht bis in das
Tiefste der Gefrierrohre, sondern nur etwa bis zur Hälfte einhängt.

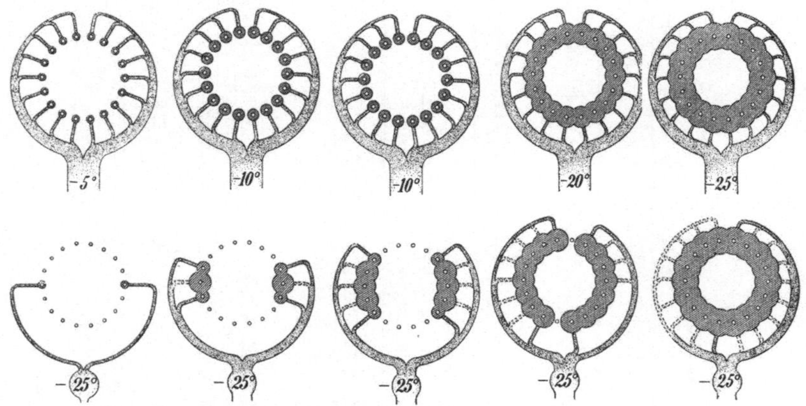

Abb. 299.　Die Bildung des Frostkörpers nach dem üblichen Verfahren
(oben) und nach einem anderen Verfahren (unten).

Auf den Schächten Tempest und Vane der Londonderry Colliery
(Durham) hat man den Frostkörper in anderer Weise als üblich sich bilden
lassen[1]). Zunächst wurden nur 2 Bohrlöcher, die im Bohrlochkreise einander
gegenüberlagen (Abb. 299), mit der Kältelauge beschickt, wobei diese sofort
auf die tiefste zur Anwendung gelangende Temperatur (—25° C) gekühlt
wurde. Nachdem in den Nachbarlöchern die Temperatur genügend gesunken
war, wurden auch sie in den Kreislauf der Kältelauge eingeschlossen, so daß
dann auf jeder Schachtseite 3, insgesamt also 6 Bohrlöcher, beschickt wurden.
So fuhr man fort, bis schließlich alle Bohrlöcher an dem Kreislauf der Kältelauge teilnahmen. Das Verfahren bot den Vorteil, daß man in den noch nicht
angeschlossenen Bohrlöchern durch fortlaufende Messungen an verschiedenen
Punkten das Sinken der Temperaturen genau verfolgen und die sich ergebende
Temperaturverteilung erforderlichenfalls beeinflussen konnte. Die Einwirkung
auf die Temperaturverteilung erfolgte in den einzelnen Bohrlöchern durch
Änderung der Umflußgeschwindigkeit und der Temperatur der Lauge und
gelegentlich auch durch Umkehr der Umflußrichtung derart, daß zeitweise
die Lauge durch die Gefrierrohre herab- und durch das Innenrohr herauf-
geleitet wurde. Als unter solchen Maßnahmen die letzten Bohrlöcher in den
Umfluß der Kältelauge eingefügt waren, durfte man, obwohl es sich um salzhaltiges Wasser handelte, die Gewißheit haben, daß der Frostring ringsum

---

[1]) Transact. Inst. of Min. Eng. 1927/28, S. 358; J. L. Henrard u.
J. T. Whetton: The Sinking of Londonderry Colliery usw.

ohne Bildung von Solenestern geschlossen war und von oben bis unten eine gleichmäßige Stärke besaß. Die Abteufen selbst verliefen ohne Zwischenfall. Das Verfahren ist in den letzten Jahren noch in einigen weiteren Fällen mit Erfolg angewandt worden[1]).

88. — Zementierung des Gebirges vor dem Gefrieren. Größere mit Wasser, insbesondere mit Salzwasser, erfüllte Spalten und Hohlräume im Gebirge gefährden den Gefriererfolg. In solchen Fällen, die dadurch festgestellt werden können, daß mindestens ein Gefrierloch als Kernbohrung niedergebracht wird, kann es vorteilhaft sein, vor dem Gefrieren die Hohlräume durch Zementieren zu verschließen[2]). Das Gebirge gefriert alsdann schneller und vollständiger, weil es weniger Wasser enthält und zudem das restliche Wasser sich in Ruhe befindet. Das gefrorene Gebirge besitzt eine höhere Festigkeit als reines Eis. Das Gebirge an sich wird, soweit es brüchig ist, verfestigt. In salzhaltigem Gebirge wird die Bildung der gefährlichen Solenester vermieden.

89. — Volumenänderungen des Gebirges während des Gefrierens. Über die Volumenänderungen des gefrierenden, wasserführenden Gebirges ist bisher wenig bekannt. Beim Abteufen des Schachtes Auguste Victoria 4 im Ruhrbezirk ist beobachtet worden[3]), daß die Umgebung der Schachtmündung während der Frostwirkung sich um 37 mm hob und während des Auftauens wieder um den gleichen Betrag sank. Hier handelte es sich um vorwiegend sandiges Gebirge. Demgegenüber ist durch besondere Versuche festgestellt worden[4]), daß gefrierender Ton je nach dem Wassergehalt sich ausdehnt oder schwindet. Bei einem Wassergehalt bis etwa 20% schwindet er; bei höherem Wassergehalt dehnt er sich aus. Umgekehrt verhält er sich beim Auftauen. Schwindung und Ausdehnung sind so stark, daß sie durch die bekannte Volumenänderung der Körper bei der Abkühlung oder Erwärmung entsprechend dem Ausdehnungskoeffizienten nicht erklärt werden können. Der Vorgang beruht sehr wahrscheinlich auf einer Änderung der physikalischen kolloidalen Tonzusammensetzung. Diese Volumenänderungen und die geringe Druckfestigkeit des gefrorenen und des nicht gefrorenen Tons machen die starken Druckerscheinungen erklärlich, die in Gefrierschächten beim Antreffen von Tonschichten auftreten. Schon diese wenigen Beobachtungen zeigen, daß man mit Volumenänderungen des Frostkörpers während des Gefrierens und Auftauens rechnen muß.

90. — Die Beobachtung der Frostkörperbildung und der Beginn des Abteufens. Zur Beobachtung des Frostkörpers ist außer der laufenden Messung der Temperaturen von einfallender und wieder aufsteigender Lauge die Verfolgung der absinkenden Gebirgstemperaturen von besonderer Bedeutung. Sie erfolgt in der Regel in den Gefrierbohrlöchern selbst, die während der Temperaturmessung außer Betrieb gesetzt werden, da nur dann die in Gefrier- und Fallrohr enthaltene „tote" Lauge die Temperatur des umgehenden Gebirges annehmen

---

[1]) Rev. univ. d. min. 1931, S. 185; M. Biquet: Où en est actuellement le procédé de fonçage de puits par congélation?

[2]) Techn. Bl. 1920, S. 27; W. Peinert: Über die Anwendung des Versteinungsverfahrens bei schwierigen Schachtabteufen.

[3]) Glückauf 1930, S. 597; G. Schmid: Das Abteufen des Schachtes Auguste Victoria 4.

[4]) Bergbau 1929, S. 603; Heise: Das Verhalten von Tonschichten in Gefrierschächten.

kann. Das Bohrlochthermometer wird am oberen Ende des Fallrohres eingelassen. Es besitzt einen Platindrahteinsatz, dessen elektrischer Widerstand,
der von der Temperatur abhängig ist, gemessen wird. Zur Aufhängung des
Thermometers sowie zur Fortleitung der Meßströme dient eine vieradrige
Gummischlauchleitung; sie ist freitragend und nimmt das geringe Eigengewicht
des Thermometers einschließlich seiner stählernen Schutzhülle ohne Schwierigkeit auf. Als Meßstromquelle wird ein 6-Volt-Stromspeicher und als Anzeig-
instrument, z. B. ein Brückenkreuzspulmeßwerk benutzt, dessen geeichte Skala
die Temperatur unmittelbar abzulesen gestattet. Auch eine selbsttätige Auf-
schreibung der Meßwerte ist möglich.

Im übrigen läßt sich die Schließung der Frostmauer durch die Beobachtung des Grundwasserspiegels innerhalb und außerhalb des Gefrierrohr-
kreises feststellen. Solange nämlich die Frostwand noch nicht geschlossen
ist, steht der Wasserspiegel innen und außen gleich hoch, und etwaige
Schwankungen machen sich hier wie dort bemerkbar. Nach Schließung der
Frostmauer dagegen steigt das am Entweichen nach außen verhinderte
und durch die Raumvermehrung infolge der Eisbildung verdrängte Wasser
im Schachte langsam und gleichmäßig an.

Bald danach kann man mit dem Abteufen beginnen. Der Schacht braucht
zu diesem Zeitpunkte in seinem Tiefsten noch nicht bis zur Mitte ausgefroren
zu sein. Es genügt, wenn der Frostring rundum geschlossen ist und mit
seinem unteren Ende in trockenem, wasserstauendem Gebirge steht. Das Abteufen wird naturgemäß wesentlich erleichtert und verbilligt, wenn man
tunlichst lange im ungefrorenen, weichen Schachtkerne arbeiten kann. Der
Großdeutschen Schachtbau und Tiefbohr G. m. b. H. ist es z. B. gelungen,
den 155 m tiefen Schacht Oranje-Nassau (Holland) völlig im ungefrorenen Kerne niederzubringen.

Zur Beobachtung des Wasserspiegels von der Tagesoberfläche dient auch
häufig ein in der Mitte des späteren Aushubs gestoßenes Bohrloch, das innerhalb
der vermuteten Wasserzonen mit geschlitzten Rohren besetzt wird und unten
offen ist. Wenn auch selbst für größere Teufen die Schließung der Frostmauer
durch die senkrechte Niederbringung der Bohrungen gewährleistet und durch
die Temperaturmessung beobachtet wird, so hat ein solches Mittelloch außerdem
noch den Zweck, zu verhindern, daß freies Wasser durch den Gefriervorgang
eingeschlossen wird. Solche eingeschlossenen Wasserlinsen, die allerdings nur
bei Temperaturen über $-13{,}5^0$ C möglich sind, können durch den Frost unter
hohen Druck kommen und Unglücksfälle verursachen. Werden trotzdem unter
hohem Druck stehende Wasser vermutet, so muß zur Sicherung der Belegschaft
vorgebohrt werden.

91. — Das Abteufen. Das Abteufen selbst verläuft sodann nach Art
des gewöhnlichen Abteufens mit Hand. Solange der Schachtkern noch weich
ist, wird das Gebirge mit der Schaufel oder der Keilhaue hereingewonnen,
während die gefrorenen Stöße fortgespitzt werden. Auch wendet man
zur Hereingewinnung des Gebirges gern Betonbrecher an, worauf schon in
Ziff. 4, S. 174 hingewiesen ist. Im Falle der Benutzung von Schießarbeit ist
Zeitzündung für Einbruch und Kränze zu empfehlen, da die Erschütterung des
Gebirges bei den einzelnen kommenden Schüssen geringer ist und man das
Kommen der Schüsse leichter durch Zählen überwachen kann. Die Abschlag-

tiefe kann meist die gleiche sein, wie beim gewöhnlichen Abteufen von Hand. Es ist jedoch dann notwendig, milde wirkende Sprengstoffe zu verwenden.

Zweckmäßig benutzt man solche aus der Gruppe der Ammonsalpetersprengstoffe, deren Brisanz nicht allzu hoch liegt und die außerdem den Vorzug besitzen, daß sie nicht gefrieren.

Die Lufttemperatur in den Gefrierschächten pflegt bei dem gewöhnlichen Verfahren etwa bei —7° bis —10° C zu liegen, so daß bei der Arbeit die Kälte nicht unangenehm empfunden wird. Bei dem Tiefkälteverfahren dagegen sinkt die Temperatur erheblich tiefer (s. Ziff. 80). Temperaturen unter—20° C behindern die Arbeit sehr und machen sorgfältigen Frostschutz für die Belegschaft nötig.

In Fällen, wo man beim Weiterabteufen unterhalb des Frostkörpers vor Wasserzugängen nicht sicher ist, muß der Übergang an das Steinkohlengebirge dadurch gesichert werden, daß ein Betonklotz eingebracht wird, durch den man vorbohrt und anschließend zementiert.

92. — Der Gußringausbau. In den letzten 12 Jahren ist ein lebhafter Meinungsstreit über den Ausbau von Gefrierschächten ausgefochten worden. Es handelte sich um die Zweckmäßigkeit der Verwendung von Stahlbeton an Stelle von einfachem Beton zur Hinterfüllung der Gußringsäule, um die Stärke des Hinterfüllungsbetons sowie auch um die Frage, ob der Gußringausbau nicht durch Stahlbeton ersetzt werden könne.

Nach Untersuchungen von Domke ist die einfache und in größeren Teufen die doppelte Tübbingsäule (s. Ziff. 157, S. 166) mit tragfähiger, d. h. etwa 40 bis 60 cm starker Betonhinterfüllung, und bei doppelter Säule mit Betonzwischenfüllung und 20—25 cm starker Betonhinterfüllung der statisch günstigste Ausbau. Die Möglichkeit eines Nachzementierens muß in jedem Falle offen gehalten werden. Marbach[1]) hat außerdem nachgewiesen, daß Stahlbeton nicht korrosionsfest ist und infolgedessen schnell seine Festigkeit einbüßt. Überdies erfordert er als alleiniger Ausbau sehr hohe Wandstärken. Die hohen Wandstärken bedingen aber einen größeren Aushub und der größere Aushubdurchmesser größere Frostwandstärken, also aus mehrfachen Gründen höhere Kosten. Hinzu kommt zugunsten des Tübbingausbaus, daß er der einzige ist, der auch in größeren Teufen Wasserdichtigkeit zu erzielen gestattet. Die Wasserdichtigkeit einer Gußringsäule pflegt man als genügend anzusehen, wenn die Wandung nicht mehr als 10 l/min auf 100 m Schachthöhe durchläßt.

Der Gußringausbau ermöglicht schließlich durch Unterhängen der Gußringe ein schnelles Nachfolgen des Ausbaus auf die Abteufarbeiten. Es ist dies insbesondere bei tiefen Schächten wichtig, in denen die Frostmauer zu Fließerscheinungen neigt. Außerdem schützt das Unterhängen die Belegschaft vor dem etwaigen Fall von Frostschalen.

Gegen das Unterhängen wendet man insbesondere ein, daß das Vergießen des Betons hinter der Gußringwand nicht so gut und gleichmäßig wie das Einstampfen beim Aufbau der Ringe erfolgen könne. Demgegenüber ist darauf hinzuweisen, daß auch bei Gußbeton Festigkeiten von 300 kg/cm² und mehr zu erreichen sind. Allerdings muß dafür Sorge getragen werden, daß der Schachtstoß, wie dies leicht beim Durchteufen von Braunkohlen- oder Tonschichten

---

[1]) Glückauf 1933, S. 161; Marbach: Schachtschäden durch Korrosion.

geschehen kann, nicht abblättert und das Mischungsverhältnis des Betons verschlechtert. In diesen Fällen empfiehlt sich das Unterhängen in kurzen Absätzen, wodurch die Verwendung von Stampfbeton ermöglicht wird (vgl. Ziff. 154, S. 162).

Angenehmer geschieht zweifellos der Aufbau der Gußringwand von unten nach oben in der auf S. 161 u. f. beschriebenen Weise, nachdem Keil- und Tragkränze gelegt sind.

Bei diesem Verfahren erhält der Schacht während des Abteufens entweder einen vorläufigen, aus Stahlringen und Verzughölzern bestehenden Ausbau, der die auf der Sohle beschäftigten Arbeiter vor etwa sich lösenden und abstürzenden Schalen sichern soll, oder er bleibt bis zur endgültigen Sicherung der Stöße durch Gußringe ohne jede Verkleidung. Erfahrungsgemäß lösen sich im sandigen Gebirge Frostschalen nicht ab, wie man bei einer großen Zahl von Gefrierschächten hat beobachten können, in denen die Stöße zum Teil bis 100 m Höhe völlig unverkleidet ohne Gefahr für die auf der Sohle beschäftigte Belegschaft geblieben sind. Anders verhält sich rissiger Ton, in dem unter Umständen Schalen sich lösen und abstürzen[1]), so daß ein sofortiger Ausbau mit Profilstahlringen und Verzugblechen notwendig sein kann.

In der Regel erfolgt das Abteufen bei Gefrierschächten und somit auch das Einbringen des Ausbaus in Sätzen von 25 m. Eine Ausnahme bildet nur der letzte Satz. Dieser wird in der Höhe so gewählt, daß der Gußringausbau noch etwa 20 m in das gesunde Gebirge hineinreicht. Höhere Sätze als 25 m, und zwar 50 m, 75 m oder mehr sind in geringen oder mittleren Teufen möglich, wenn das Gebirge genügend stark durchfroren ist und daher die Frostwand eine ausreichende Sicherheit bietet. Mehrere Vorteile sind mit solchen höheren Sätzen verbunden. Einmal ergibt sich ein weniger häufiger Wechsel der Abteuf- und Ausbauarbeiten, so daß die mit jedem Wechsel verknüpften Verlust- und Einarbeitungszeiten wegfallen. Die Zahl der Paßringe nimmt ab. Auch wird die Betonhinterfüllung gleichmäßiger, da sie weniger Anschlußstellen zwischen einzelnen Sätzen aufweist.

Da die Betonhinterfüllung als ein wesentlicher Bestandteil des Gußringausbaus von Gefrierschächten betrachtet werden muß, ist es von besonderer Bedeutung, daß die früher vertretene Auffassung, nach der in Gefrierschächten eingebrachter Beton in unmittelbarer Nähe der Frostwand kaum erhärte und sich infolgedessen zwischen Betonwand und Gebirge gewissermaßen eine wertlose Kiesbettung befände, nicht zutrifft[2]). Wird der Beton mit geeigneten Temperaturen eingebracht, so erwärmt er die Frostwand durch seine Eigenwärme sowie durch seine Abbindewärme, die beim Erhärten auftritt.

---

[1]) Ann. d. min. d. Belg. 1911, S. 359 u. f.; A. Breyre: Le développement récent etc.

[2]) Glückauf 1941, S. 353; R. Grün: Herstellung, Erhärtung, Wasserdichtigkeit und Agressivbeständigkeit von Beton im Schachtbau; — ferner Mitt. d. Forsch.-Inst. d. Hüttenzementind. Nr. 96, Düsseldorf: B. Grün: Untersuchungen über den Abbindeverlauf und die Erhärtung von Beton in Gefrierschächten; — ferner Glückauf 1933, S. 305; Gaber u. Hoeffgen: Untersuchungen über Guß- und Stampfbeton in Gefrierschächten; — ferner Glückauf 1941, S. 365; A. Jonas: Die Widerstandsfähigkeit der Frostwand beim Schachtabteufen nach dem Gefrierverfahren und ihr Einfluß auf den Schachtausbau.

Die stärkste Wärmeentwicklung tritt bei Tonerdezementen auf; es folgen die Portland- und Eisenportlandzemente, während die Hochofenzemente an letzter Stelle stehen. Sie schützt den Beton zum mindesten 3—5 Tage lang vor der Frosteinwirkung der Frostwand. Diese Zeit genügt, um den Beton bereits erhebliche Festigkeiten erreichen zu lassen, ehe er einfriert. Während dieser Zeit hört der Erhärtungsvorgang nicht völlig auf, jedoch verlangsamt er sich stark. Während des Auftauens der Frostwand, und zwar bereits von etwa 0⁰ ab, setzt er beschleunigt wieder ein und erteilt schließlich dem Beton eine Festigkeit, die etwa 80% der Festigkeit des entsprechend normal abgebundenen und erhärteten Betons beträgt. Werte von 400—500 kg/cm² sind hierbei zu erreichen. In dieser hohen Festigkeit ist zweifellos ein besonderer Vorteil des Stampfbetons gegenüber dem Gußbeton zu erblicken.

Damit der Beton nicht zu kalt eingebracht wird, empfiehlt Grün, die Betontemperatur, insbesondere im Winter, durch Anwärmen der Zuschlagstoffe und des Anmachwassers zu regeln. Auch Einblasen von Warmluft in den Schacht kann zweckmäßig sein. Bei dem Schacht Franz Haniel 2 ist z. B. von diesen Mitteln mit Erfolg Gebrauch gemacht worden[1]).

Anderseits erhebt sich die Frage nach einer möglichen Gefährdung der Frostwand durch die Abbindewärme. Bei ihrer Beurteilung darf man sich nicht durch die Temperaturen verleiten lassen, die im Beton 50⁰ oder bis 90⁰ bei hochwertigen Zementen gegenüber —10 oder —15⁰ der Frostmauer betragen. Maßgebend ist vielmehr die Wärmemenge, die auf die in der Frostwand aufgespeicherte Kältemenge einwirkt. Außerdem spielen die Zeitdauer der Einwirkung sowie die spezifische Wärme und die Wärmeleitfähigkeit des Frostkörpers eine Rolle. Eingehende, diese Gesichtspunkte berücksichtigende Rechnungen haben erwiesen, daß eine Gefährdung der Frostwand selbst bei Verwendung hochwertiger Tonerdezemente nicht angenommen zu werden braucht. Dieses Ergebnis stimmt auch mit Messungen des Temperaturverlaufs des Frostkörpers während des Abbindevorganges überein, die nur eine Temperaturerhöhung um wenige Grad ergeben haben.

Für tiefe Schächte, in denen die Schachtstöße bereits Fließerscheinungen zu zeigen beginnen und sich schon beim Abteufen Druck bemerkbar macht, hat man einige Male mit gutem Erfolge zur einstweiligen Aufnahme des Druckes vorläufig untergehängte Gußringe angewandt, die dann später durch eine sorgfältig aufgebaute, einfache oder doppelte Gußringwand ersetzt wurden. Nach Abb. 300 wird der vorläufige Gußringausbau so eingebracht, daß zwischen den Ringen Zwischenräume von etwa ½ m Höhe verbleiben, wobei die Ringe an entsprechend langen Schraubenbolzen hängen. Der Raum zwischen dem Ringe und dem Gebirgsstoße wird mit feuchtem, sofort gefrierendem Sande verfüllt. Zwischen die senkrechten Flanschen legt man starke Holzbretter, die sich zusammenquetschen lassen und so dem vorläufigen Ausbau eine gewisse Nachgiebigkeit verleihen. Für den späteren endgültigen Ausbau des Schachtes von unten nach oben können die Ringteile leicht gelöst und unmittelbar wieder verwandt werden.

93. — Der Ausbau in Mauerung und Beton. In mehreren Fällen hat man im In- und Ausland Gefrierschächte von mäßiger Teufe, um die hohen

---

[1]) Glückauf 1941, S. 405; Mußgnug: Betontechnische Fragen und Erfahrungen beim Gefrierschachtbau.

Kosten der Gußringe zu sparen, in Ziegelmauerwerk oder Betonformstein ausgebaut. Allein in Oberschlesien ist dieses bisher in 9 Fällen geschehen. Waldeck[1]) errechnet, daß bei Teufen bis zu 200 m, selbst unter Berücksichtigung des geringeren Aushubdurchmessers der Tübbingschächte, die Ausbaukosten bei Verwendung von Ziegel- oder Betonformsteinen nur $^1/_3$ des Tübbingausbaus betragen. Bei Ziegelmauerwerk empfiehlt es sich, beste Klinkerziegel und Wandstärken von 0,70—1 m zu verwenden und unter Umständen noch eine Betonhinterfüllung von 0,25—0,30 m vorzusehen. Um die Verbindung zwischen Mauerung und Betonhinterfüllung möglichst innig zu gestalten, hat man die Mauerung an ihrem äußeren Rand verzahnt ausgebildet. Als weitere Verstärkung dienen doppeltkonische Mauerfüße, deren Abstand jeweils dem Gebirge anzupassen ist. Zur Erhöhung der Wasserdichtigkeit wurde in mehreren Fällen eine durchlaufende, 5 cm dicke Asphaltfuge in das Mauerwerk gelegt. Hierbei ist darauf zu achten, daß nicht spröder, sondern elastischer Asphalt gewählt wird.

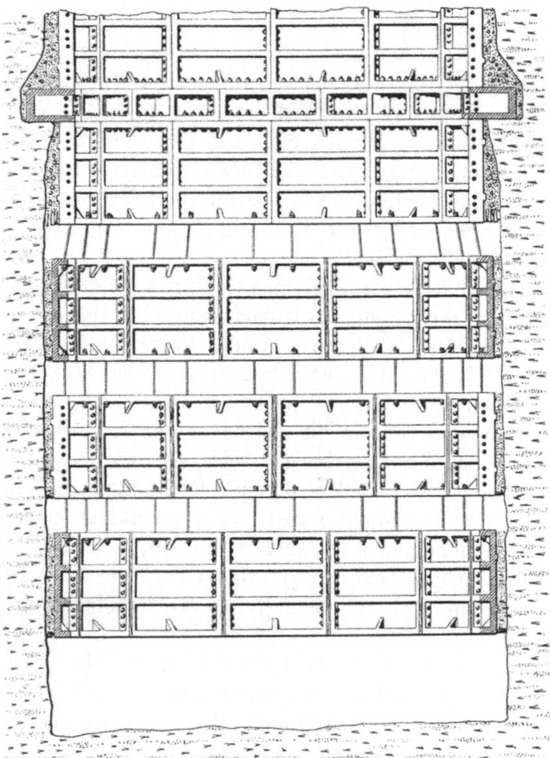

Abb. 300. Vorläufiger Gußringausbau in Gefrierschächten.

Bei Benutzung von Betonformsteinen wurde meist der auf S. 154 beschriebene doppelte Kreuzsteinausbau mit Betonzwischen- und -hinterfüllung angewandt. Ähnlich wie der Tübbingausbau erhielt er alle 25—30 m, bei schlechtem Gebirge auch in kürzeren Abständen, Keilkränze aus Beton.

Von besonderer Wichtigkeit ist nach sorgfältiger Untersuchung der Zusammensetzung der zusitzenden Wässer die Wahl des richtigen Zements, und zwar nicht so sehr für die wenig empfindlichen maschinenmäßig gestampften Kreuzsteine oder Betonplatten als für den Zwischen- und Hinterfüllungsbeton. Insbesondere muß vermieden werden, daß beim Abbinden entstandener Kalk herausgelöst oder chemisch umgesetzt wird.

---

[1]) Glückauf 1937, S. 53; H. Waldeck: Ausbau von oberschlesischen Gefrierschächten in Mauerwerk oder Beton.

Die erzielte Wasserdichtigkeit befriedigte, reicht jedoch nicht ganz an die von Gußringausbau heran. Im Laufe der Zeit auftretende Undichtigkeiten müssen durch Zementieren beseitigt werden. Es scheint jedoch, daß wenigstens bis zu Teufen von etwa 200 m Mauerung oder Betonformsteinausbau in erfolgreichen Wettbewerb mit dem Gußringausbau treten kann.

94. — **Das Auftauen des Frostkörpers** bildet die Probe auf die Wasserdichtigkeit und Standfestigkeit des Ausbaues. Mängel der Dichtungen und Verkeilungen in den Fugen werden offenbar. Sie müssen durch Verstemmen der Bleifugen und Nachziehen der Schrauben beseitigt werden. Auch das Gebirge rund um den Schacht kommt bis zu einem gewissen Grade in Bewegung. Mit dem Auftauen sind nämlich ähnlich wie mit dem Gefrieren gewisse Volumenänderungen des Gebirges verbunden.

Diese Beanspruchungen sind bei einem gleichmäßigen Frostkörper ungefährlich. Auch durch den Böschungsdruck ist eine Schädigung des auftauenden Gefrierschachtes nicht zu befürchten. Sobald nämlich die Temperaturen steigen und die ursprüngliche zur Standfestigkeit der Frostwand notwendige Druckfestigkeit nachläßt, wird der Böschungsdruck weitergeleitet und vom Schachtausbau aufgenommen, ehe der Frostkörper verschwunden ist. Dieser Übergang erfolgt allmählich. Es braucht daher mit plötzlich auftretenden Gebirgsdrücken nicht gerechnet zu werden.

Das Auftauen des Frostkörpers sollte möglichst ohne besondere künstliche Einwirkungen vor sich gehen. Es schreitet einerseits von der Schachtwandung nach außen als Wärmewirkung der durch den Schacht bewegten Wetter und anderseits von außen nach dem Schachte zu als Folge der Gebirgswärme fort.

Durch künstliche Nachhilfe will man eine schnellere Wirkung erzielen und hofft dabei, zuweilen auch erhebliche Temperaturunterschiede in der Schachtwandung zu vermeiden. Das einfachste Mittel ist eine mäßige Erwärmung der durch den Schacht geführten Wetter. Man kann zusätzlich auch von den Gefrierrohren her auftauen, indem man eine auf 3—8° C erwärmte Lauge umlaufen läßt. Gegen dieses Verfahren und für das Auftauen vom Schachtinnern her spricht jedoch der Vorteil, daß dann der bei ansteigender Temperatur wieder einsetzende Erhärtungsprozeß des Hinterfüllungsbetons vor sich gehen und weitgehend fortschreiten kann, so lange er noch einigermaßen durch die Frostwand vor der Aufnahme des vollen Gebirgsdrucks geschützt ist. Zweckmäßig ist es, den Verlauf des Auftauens durch Fernthermometer, die während des Abteufens in den Schachtstößen untergebracht sind, zu überwachen.

95. — **Das Ziehen der Rohre.** Die Fallrohre können gezogen werden, sobald die Gewißheit besteht, daß das Gefrieren nicht wieder in Gang gesetzt zu werden braucht. Noch erheblichere Werte stellen die Gefrierrohre dar, so daß man häufig auch sie nach dem Auftauen des Gebirges wiedergewonnen hat. Dabei sinkt aber das Gebirge rings um den Schacht nach und gerät in Bewegung. In welchem Maße dies der Fall sein kann, zeigt die Überlegung, daß bei einem Schachte von 300 m Teufe das Ziehen von 36 Gefrierrohren mit je 150 mm Außendurchmesser einen Hohlraum im Gebirge von 190 m³ hinterlassen würde. Man muß deshalb den Fuß der Gefrierrohre vor dem Ziehen abschneiden und das Loch während des Ziehens des nunmehr unten offenen Rohres mit Beton oder Sand verfüllen, was allerdings meist nur schwierig zu bewerkstelligen sein dürfte. Im Gebirge belassene Rohre sollen

ebenfalls mit Beton oder Sand verfüllt werden, damit sie auch nach dem etwaigen Durchrosten nicht eine Gefahr für den Schacht bilden. So wird jede Beunruhigung des Gebirges vermieden.

e) Gefrieren in Absätzen.

96. — Abteufen nach dem Gefrierverfahren in Absätzen. Wegen der Schwierigkeiten, die das senkrechte und parallele Niederbringen der Gefrierbohrlöcher macht, hat man für größere Teufen mehrfach vorgeschlagen, den Gefrierschacht in einzelnen Absätzen abzuteufen, indem man nach Erreichen einer gewissen Teufe unter Anwendung besonderer Vorkehrungen neue Gefrierbohrlöcher stößt und das ganze Verfahren wiederholt. Mittlerweile sind freilich das Lotverfahren sowohl wie das Geraderichten abirrender Bohrlöcher während der Bohrarbeit wesentlich vervollkommnet worden, so daß es jetzt selbst bei 500—600 m tiefen Schächten keine unüberwindlichen Schwierigkeiten mehr macht, die Abweichungen der Bohrlöcher in erträglichen Grenzen zu halten und nötigenfalls durch einige Ersatzlöcher auszugleichen. Man wird deshalb grundsätzlich das Niederbringen des Schachtes in einem Gefriersatze in Aussicht nehmen.

Dagegen ist es mehrfach vorgekommen, daß man sich erst nachträglich zum Weiterabteufen nach dem Gefrierverfahren entschließen mußte, weil es sich herausstellte, daß die Gebirgsverhältnisse eine andere Art des Weiterabteufens unmöglich machten. Unter solchen Umständen hat erstmalig die Gebhardt & König-Schachtbau A.-G. auf dem Schachte 1 der Zeche Baldur bei Dorsten das absatzweise Gefrierverfahren mit Erfolg angewandt. Von einem in das Schachttiefste eingebrachten Betonpfropfen aus, der mit Standrohren besetzt war, bohrte sie die Löcher für die Bohrungen des zweiten Gefrierabsatzes ab. Die Löcher verliefen wegen der schrägen, etwas nach außen gerichteten Stellung der Standrohre nicht genau senkrecht, sondern folgten der ihnen gegebenen Richtung. Infolgedessen verließen die neuen Gefrierbohrlöcher bald die Schachtscheibe, so daß man beim Abteufen nach einer zeitweiligen Verminderung des Schachtdurchmessers allmählich wieder auf den alten Durchmesser zurückkehren konnte. Es gelang sogar, beim Aufbauen der Gußringe die untere Ringwand mit dem vollen Durchmesser an die obere anzuschließen, da die Frostmauer für die kurze Zeit, die man zum Erweitern des Schachtes an der engen Stelle und zum Aufbau und Anschluß der Gußringe an die obere Ringsäule brauchte, eine genügende Widerstandsfähigkeit auch nach der Außerbetriebsetzung und dem Abhauen der unteren Gefrierrohre beibehielt.

Auf den Schächten der Deutschen Solvaywerke bei Borth, die von 330 bis 502 m Teufe in einem zweiten Gefrierabsatze niedergebracht wurden, war man in der Lage, den sichernden Betonpfropfen und die Standrohre in einer unter dem Schutze der oberen Frostmauer nach Abb. 301 hergestellten Schachterweiterung anzuordnen. Es wurden auf einem Gefrierlochkreis von 6,6 m Durchmesser 30 Bohrlöcher mit einer Neigung von 5° nach außen gebohrt. Auch hier verlief die Arbeit glatt und mit vollem Erfolge.

In einem Falle ist ein absatzweises Gefrieren im Wechsel mit dem Versteinerungsverfahren durchgeführt worden[1]). Der nur 3,3 m im Lichten messende Schacht 3 der Gruben von Perrecy (Frankreich) hatte ein Gebirge zu durchteufen, das zum größten Teile klüftig, wasserführend und genügend fest war, so daß das Vorbohren und Zementieren mit gutem Erfolge zur Anwendung kommen konnte. Von 154 bis 168 m Teufe fand sich aber eine Schwimmsandschicht mit sehr feinen, leicht beweglichen Sanden, für die das

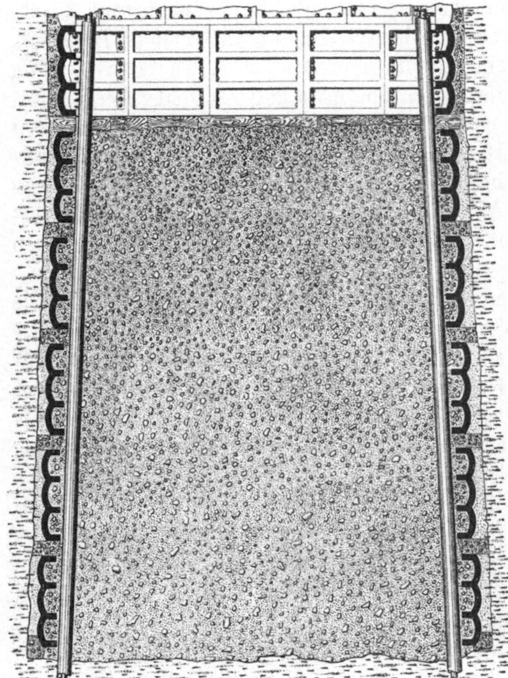

Abb. 301. Schachterweiterung für absatzweises Gefrieren.

Abb. 302. Arbeitskammer für absatzweises Gefrieren.

Versteinerungsverfahren nicht in Frage kam. Um diese Schicht gefrieren zu lassen, stellte man in der größten Teufe von 149 m — also unter Belassung einer festen Schicht von 5 m Dicke — eine Arbeitskammer her, deren Maße sich aus Abb. 302 ergeben. Die Kammer erhielt eine durch Stahleinlagen verstärkte und verstrebte Betonsohle a, in die für das Abbohren der Schwimmsandschicht die Standrohre b auf einem Kreise von 6,8 m Durchmesser einbetoniert wurden. Das Abbohren der Gefrierlöcher und das Einbringen der Gefrier- und Fallrohre mußte unter einem Gegendruck von 14 at erfolgen. Die Arbeiten wurden trotz dieser Schwierigkeiten erfolgreich durchgeführt. Der Schachtteil wurde mit Gußringen ausgekleidet.

f) Leistungen und Kosten.

97.—Leistungen. Zur Veranschlagung der Leistungen, die mit dem Gefrierverfahren erzielbar sind, teilt man die gesamte Abteufzeit zweckmäßig in

---

[1]) Rev. d. l'ind. min. 1922, S. 31; J. Piffaut: Sondages intérieurs sous pression pour la congélation etc.; — ferner Glückauf 1922, S. 538; Niederbringen von Gefrierbohrlöchern von einer Arbeitskammer untertage aus.

a) die Zeit für Herstellung und Ausrüstung der Bohrlöcher,

b) die Zeit des Gefrierens bis zum Beginn des Abteufens,

c) die Zeit des Abteufens und des Ausbaues.

Wenn das Abteufen beschleunigt werden soll, so pflegt man für die Herstellung der Bohrlöcher drei Bohrvorrichtungen gleichzeitig in Betrieb zu nehmen. Treten keine besonderen Schwierigkeiten auf, so kann man wohl annehmen, daß bei Tiefen von etwa 150 m jede Bohrvorrichtung durchschnittlich täglich 20—25 m Bohrloch leistet, so daß für 5000 m Bohrloch, die ein Schacht mit 6 m lichtem Durchmesser bei 150 m Teufe etwa nötig hat, bei Benutzung nur einer Bohrvorrichtung etwa 200—250 oder bei 3 Bohrvorrichtungen etwa 75 Arbeitstage erforderlich werden. Da nun noch die Zeit für das Besetzen der Löcher mit den Gefrierrohren, das Ziehen der Futterrohre, das Einlassen der Fallrohre und die Herstellung der Verbindungen mit dem Sammel- und dem Verteilungsring hinzukommt, wird man insgesamt hierfür bei einem Schachte von 150 m Teufe 4—5 Monate rechnen können.

Soll der Schacht 300 m tief werden, so verläuft zwar das eigentliche Bohren verhältnismäßig schneller, weil weniger Pausen eintreten. Man hat bei neueren Schachtabteufen sogar Tagesdurchschnitte von 40—60 m für jede Bohrvorrichtung erreicht. Da aber für tiefe Schächte der Gefrierrohrkreis größer genommen und wegen des möglichen seitlichen Verlaufens der Bohrlöcher sorgfältig verfahren werden muß, wird man die Zeit für die Herstellung und Ausrüstung der Bohrlöcher immerhin auf 7—8 Monate annehmen können. In günstigem, weichem Gebirge mag man noch etwas darunter bleiben; in hartem oder sonst ungünstigem Gebirge und bei Anwendung des Tiefkälteverfahrens (s. Ziff. 80) wird man aber auch noch höher kommen. In jedem Falle ist zu beachten, daß es weniger auf schnelles als auf sorgfältiges, genau lotrechtes Bohren ankommt.

Die Zeit des Gefrierens bis zum Beginn der Abteufarbeiten wird bei einem 150 m tiefen Schachte mindestens 2, bei einem 300 m tiefen Schachte mindestens $2^1/_2$—3 und bei einem 500 m tiefen Schachte 4—6 Monate betragen.

Die reinen Abteufleistungen im Frostzylinder sind mit der Zeit sehr gestiegen. Insbesondere liegt dies daran, daß man allmählich zu immer umfangreicherer Verwendung der Sprengarbeit übergegangen ist. Auf Brassert 2 bei Marl hat man sogar in $5^1/_2$ Monaten 175 m abgeteuft und gleichzeitig mit untergehängten Gußringen ausgebaut. Wenn diese Leistung auch das übliche Maß überschreitet, so kann man bei glücklichem und störungsfreiem Verlaufe der Arbeiten doch rechnen, daß 150 m in 5—6 Monaten und 300 m in 9—10 Monaten niedergebracht und ausgebaut werden können.

Stellt man die angegebenen Zahlen zusammen, so erhält man für den Durchschnitt aller Arbeiten insgesamt monatliche Leistungen von 13—15 m. Diese Leistungen sind freilich für die große Mehrzahl der älteren Schächte nicht erreicht worden, für die man vielleicht 6—8 m als Durchschnitt annehmen kann. Anderseits hat man aber auch auf dem genannten Schachte Brassert 2 eine durchschnittliche Monatsleistung von 13 m und auf dem Schachte Auguste Viktoria 3, der 120 m tief abgefroren wurde, sogar eine solche von 24 m erzielt.

Das nachstehend wiedergegebene Schaubild läßt an dem Beispiel eines 800 m tiefen Schachtes von 6,5 m lichtem Durchmesser, von denen 200 m nach dem Gefrierverfahren abzuteufen waren, in Form eines Zeitplanes die

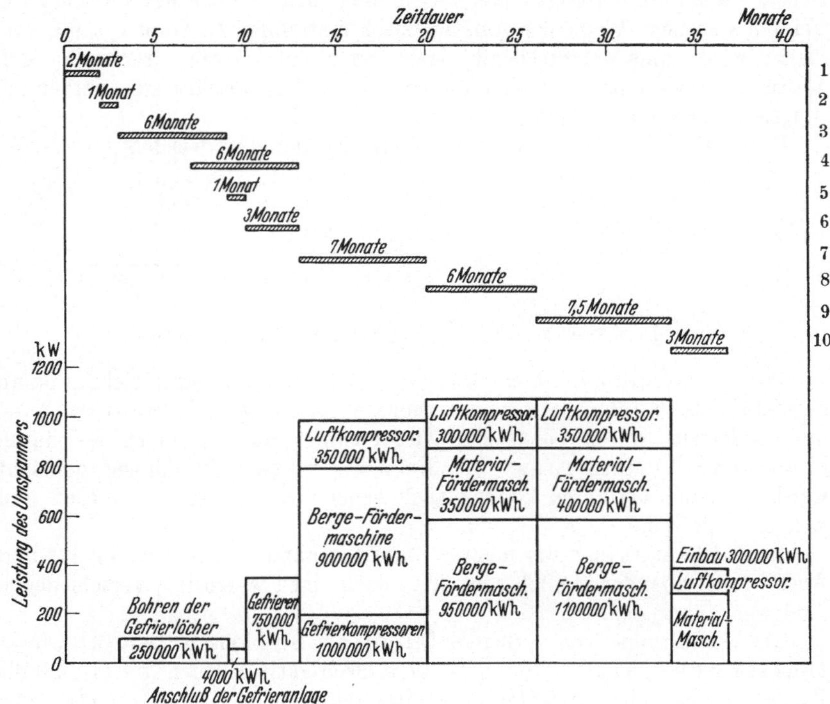

Benennung der Arbeiten

1. Vorbereitende Arbeiten
2. Herstellen des Gefrierkellers
3. Bohren und Loten der Gefrierlöcher
4. Aufbau der Gebäude, Fundamente, Maschinen
5. Anschluß der Gefrieranlage
6. Gefrieren des Schachtes
7. Abteufen des Gefrierteiles 200 m
8. Weiterabteufen im Deckgebirge 200—500 m
9. Abteufen im Steinkohlengebirge 500—800 m
10. Einbringen des Einbaues

Wasserverbrauch

1. Gefrieren   ~ 450000 m³
2. Teufen des Gefrierteiles ~ 600000 m³
                1050000 m³

Aufeinanderfolge der einzelnen Betriebsvorgänge sowie ihre Zeitdauer erkennen. Außerdem sind die eingebaute Leistung der verschiedenen Maschinenanlagen (Tiefbohreinrichtungen, Gefrieranlage, Berge- und Materialfördermaschinen, Drucklufterzeugung) sowie ihr Kraftverbrauch während der verschiedenen Betriebsabschnitte abzulesen.

98. — Kosten. Die Gesamtabteufkosten je 1 m Schacht können unter der Voraussetzung günstiger Gebirgsverhältnisse bei einem lichten Schachtdurchmesser von 5—6 m geschätzt werden auf:

   5000— 7500 RM. bei Schachtteufen bis etwa 100 m
   6000— 9000 „   „   „   „   „ 200 „
   8000—11500 „   „   „   „   „ 300 „
 10000—14000 „   „   „   „   „ 400 „
 12000—17000 „   „   „   „   „ 500 „

Die Kosten steigen mit den wachsenden Teufen so erheblich, weil der Gefrierrohrkreis größer gewählt, ein umfangreicherer Frostkörper hergestellt und der Frost längere Zeit unterhalten werden muß, ferner weil die eigentlichen Abteufkosten steigen und die Kosten für die Gußringwand ganz erheblich wachsen. Wenn der Ausbau durch eine doppelte Gußringsäule verstärkt wird, sind entsprechende Mehrkosten einzusetzen. Auch für den Kalisalzbergbau mit seinen ungünstigeren Deckgebirgsverhältnissen werden die obigen Zahlen erhöht werden müssen.

Für Teufen bis 100 m gliedern sich die Kosten etwa wie folgt:

für Herstellung der Bohrlöcher	1400 RM.
„ das Gefrieren	2000 „
„ Schachtabteufkosten	1100 „
„ Ausbau	2300 „
Insgesamt:	6800 RM.

VI. Die Versteinung des Gebirges.

99. — Einleitende Bemerkungen. Wasserdurchlässiges Gebirge kann einerseits durch Einpressen von Zement — also durch Zementieren — und anderseits durch chemische Niederschläge aus Lösungen — durch chemische Verfestigungsverfahren — wasserundurchlässig gemacht werden. Beide Verfahren können auch nebeneinander benutzt werden und sich so ergänzen.

Hierbei kann es sich um mehrere Arbeiten handeln, die zwar in Art und Ausführung einander ähnlich sind, aber doch einen wesentlich verschiedenen Endzweck verfolgen.

Die eine Gruppe von Arbeiten betrifft die Sicherung bereits abgeteufter Schächte, die unter Wasserschwierigkeiten leiden, sei es, daß die Wasser durch die undichte Schachtwandung selbst hindurchtreten, sei es, daß sie unter dem Fuße der Schachtauskleidung auf oder nahe über der Schachtsohle ausbrechen. In dem einen Falle wird die durchlässige Schachtwandung selbst gedichtet, in dem anderen Falle wird durch wasserdichte Verfüllung des Raumes oberhalb der Schachtsohle der Wasserabschluß nach unten hin bewirkt. In beiden Fällen wird außerdem das den Schacht umgebende Gebirge durch Schließung seiner Hohlräume und Klüfte mit Zement oder anderen Niederschlägen verfestigt.

Bei der zweiten Gruppe von Arbeiten erfolgt vor dem Abteufen des Schachtes oder auch während desselben eine Versteinung des Gebirges zu dem Zwecke, es wasserundurchlässig zu machen, um so die Möglichkeit zu gewinnen, den Schacht trocken niederzubringen. Die Versteinung geht von eigens gestoßenen Bohrlöchern aus vor sich, die das wasserführende Gebirge gleichsam aufschließen und für die Einwirkung der eingeführten Flüssigkeiten zugänglich machen.

A. Die Sicherung bereits abgeteufter Schächte durch Versteinung.

100. — Ausführung der Zementtränkung bei undichten Schachtwandungen. Für das Zementieren einer durchlässigen Schachtauskleidung wird diese angebohrt, wobei man das Bohrloch vielfach bis in das Gebirge selbst vertieft, um die wasserführenden Klüfte unmittelbar aufzuschließen. In die Bohrung wird alsdann ein Zementierrohr eingebracht und durch Einzementieren in ihm befestigt. Es besteht aus einem einfachen Stahlrohr, auf das für das anschließende Einpressen von Zementmilch der Zementierschlauch angeschraubt werden kann. Ein Verschluß des Rohres nach außen geschieht meist durch Verfüllen mit Zement, der vor erneutem Zementieren des Loches naturgemäß durch Aufbohren wieder entfernt werden muß. Seltener wird ein vorgeschraubter Hahn oder ein einfacher Flansch benutzt. Bei Gußringausbau wird das Anschlußrohr a (Abb. 303) mit einem vorgeschraubten Hahnstück b durch 4 Schrauben c befestigt. In Schachtmauerungen, die wasserdicht hergestellt werden sollen, werden Anschlußrohre für die spätere Zementierung von vornherein vorgesehen und eingemauert (Abb. 186).

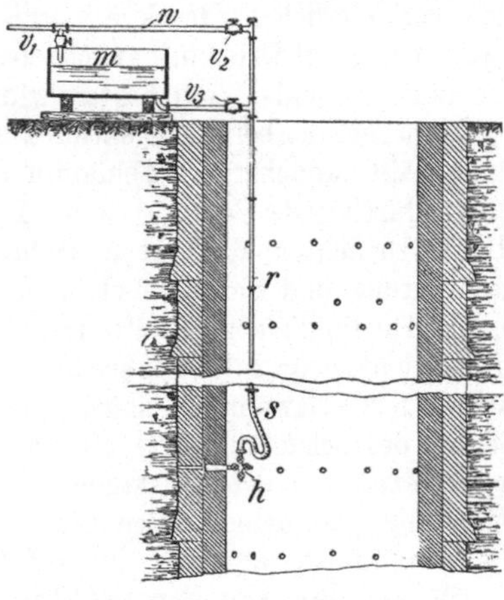

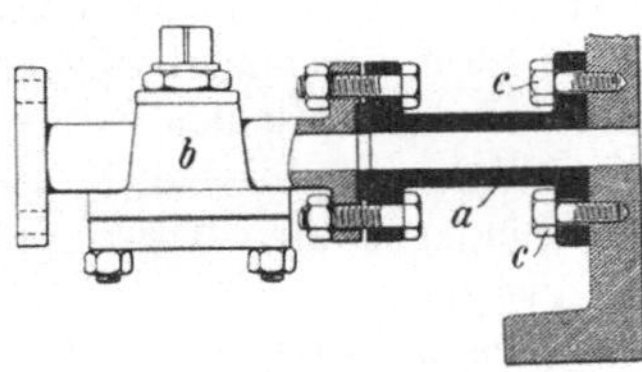

Abb. 303. Anschlußrohr.

Abb. 304. Zementieren eines hierfür mit Anschlußrohren versehenen Mauerschachtes.

Die Abb. 304 zeigt die Zementierung eines Mauerschachtes in einfachster Gestaltung. Für die Zementierung wird ein biegsamer, druckfester Schlauch s angeschraubt, dessen anderes Ende an ein im Schachte niedergeführtes Zementspülrohr r anschließt. Die Zementmilch wird über Tage in einem Mischgefäße m durch Anrühren bereitet und fließt von hier unter dem natürlichen Gefälle dem Spülrohre zu. w ist die Frischwasserleitung, die je nach der Hahnstellung entweder das Mischgefäß speist oder mit dem Spülrohr in Verbindung steht.

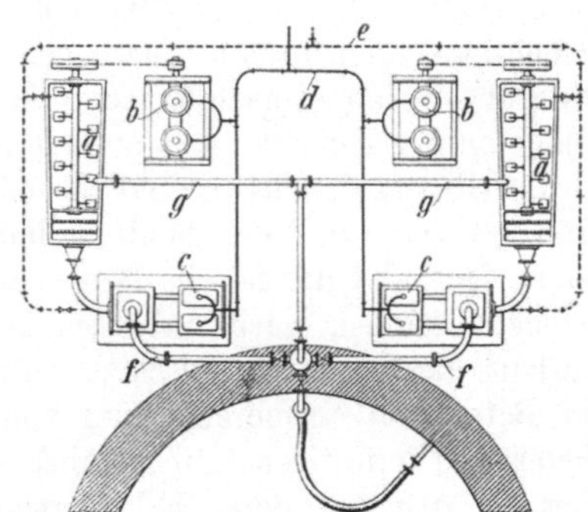

Abb. 305. Zementieranlage.

Man kann auch das Mischgefäß im Schachte selbst aufstellen und die hier bereitete Zementtrübe durch eine Pumpe hinter die Schachtwandung drücken. Besser ist aber die Ausnutzung des natürlichen Druckes, da dann bei Herstellung und Lösung der Anschlüsse weniger die Gefahr von Rückströmungen, die den ruhigen Absatz des Zementes und das Abbinden hindern, eintritt.

Für wichtigere, länger dauernde Zementierarbeiten sieht man besser ausgestattete Einrichtungen vor. Abb. 305 zeigt eine derartige Anordnung, die aus zwei selbständigen Anlagen besteht, von denen immer eine für den Fall von Verstopfungen der Pumpen oder der Leitungen zur Aushilfe bereit steht. Die Zementrührwerke sind mit a, die beiden Antriebsmotoren mit b und die Duplexpumpen zur Erhöhung des Druckes der Flüssigkeitssäule im Spülrohr mit c bezeichnet; d ist die Druckluft-, e die Frischwasser- und f die Zementierdruckleitung. Durch die Rücklaufleitung g kann beim Schluß der Druckleitungsventile die Zementtrübe in die Rührwerke zurückströmen.

Die Preßpumpen haben eine Leistung von 150—200 l/min und mehr. Um den veränderlichen Druckverhältnissen leicht folgen zu können, werden sie zweckmäßig mit Druckluft angetrieben. Sie sind mit Kugelventilen ausgestattet, die dem Verschleiß am besten widerstehen.

Man beginnt beim Zementieren an dem unteren Teile der Schachtauskleidung, läßt zunächst den Schlamm austreten, bis klares Wasser kommt, und preßt durch jede Bohrung soviel Zementtrübe wie möglich ein. Sorgfältig ist darauf zu achten, daß vor Anschluß des Schlauches an das Zementierrohr in Rohrleitung und Schlauch etwa vorhandene Luft durch einen am Schlaucheinband befindlichen Entlüftungshahn entfernt ist. Nimmt das Rohr Zementtrübe nicht mehr auf, so fährt man an anderer Stelle der Schachtwand mit der Arbeit fort. Gewöhnlich spült man gleichzeitig an zwei gegenüberliegenden Stellen des Schachtes. Wie oft man diese anbohrt und das Einspülen wiederholt, hängt von dem Zustande des Schachtes, der Wasserdurchlässigkeit der Wandung und dem Erfolge der vorhergehenden Spülungen ab. Wegen des Spüldruckes ist das unter Ziff. 106 Gesagte zu vergleichen.

101. — Der Wasserabschluß am Fuße von Schächten. Gelingt es bei Senkschächten oder Bohrschächten nicht, sie tief genug in wassertragendes Gebirge einzubringen, so müssen besondere Maßnahmen ergriffen werden, um sie wasserdicht abzuschließen. Bei Senkschächten kann dieses in einfachen Fällen durch hölzerne oder auch durch stählerne Spundwände geschehen. Liegt zementierfähiges Gebirge vor, so ist es jedoch vorzuziehen, einen Mauer- oder Betonklotz (Ziff. 117 S. 271) einzubringen, durch diesen das Gebirge zu zementieren und alsdann durch den Klotz weiter abzuteufen. Auch das Verfestigungsverfahren nach Joosten kann angewandt werden, wenn die Gebirgsschichten für Zement nicht aufnahmefähig sind.

Bei Bohrschächten sind die entsprechenden Arbeiten infolge der meist größeren Teufe und der damit verbundenen höheren Wasserdrücke wesentlich schwieriger. Ist der falsche Boden des Ausbaus noch nicht entfernt, so kann versucht werden, nach Anbohren des aus Stahl oder Gußeisen bestehenden Ausbaus das Gebirge chemisch zu verfestigen oder zu zementieren. Oder es wird ein Betonklotz eingebracht und von diesem aus das Zementieren oder das chemische Verfestigen durchgeführt. In jedem Falle handelt es sich hierbei aber um Arbeiten, deren Erfolg ungewiß ist.

Werden im Schachtsumpf unterhalb der Fördersohle größere Wassermengen erschroten, so ist es am einfachsten und zweckmäßigsten, sie durch einen Mauer- oder Betonklotz abzuschließen und außerdem das umgebende Gebirge zu zementieren.

102. — Das chemische Verfestigungsverfahren. Bei dem chemischen Verfestigungsverfahren von Joosten der Gesellschaft für chemische Verfestigung und Abdichtung m. b. H. in Berlin-Schöneberg werden zwei sogenannte echte Lösungen nacheinander eingepreßt. Durch die chemische Wirkung dieser

Lösungen innerhalb der zu verfestigenden oder zu dichtenden Massen kommt es zu der Ausscheidung eines Kieselsäuregels. Die Reaktion verläuft hierbei etwa nach folgender Gleichung:

$$CaCl_2 + Na_2O \cdot SiO_2 + 2H_2O = SiO_2 + H_2O + Ca(OH)_2 + 2NaCl.$$

$SiO_2 + H_2O$ scheidet sich als festes Kieselsäuregel ab, während das gelartige $Ca(OH)_2$ mit CO_2 aus der Luft oder aus dem Wasser die Bildung von $CaCO_3$ bewirkt[1]).

Die in dem Kieselsäuregel vorhandenen starken Oberflächenkräfte (adsorptiven Kräfte) bewirken die Verkittung der einzelnen Körner, d. h. der kleinsten Bestandteile der zu behandelnden Massen. Durch wiederholte Einpressung der Lösungen läßt sich die Abdichtung noch verstärken, indem die Poren ganz mit dem Kieselsäuregel ausgefüllt werden.

Das Verfahren wird dann angewandt, wenn man mit einfacheren Dichtungsmitteln, wie Zement, nicht mehr zum Ziele kommt, wenn es sich also z. B. um die Abdichtung von so feinporigen Massen handelt, in welchen der Zement aus der einzupressenden Trübe ausgefiltert wird, oder wenn eine sofortige Verstopfung und Abdichtung erforderlich ist. Das Kieselsäuregel braucht bei dem Joostenschen Verfahren keinerlei Abbindezeit und ist sofort, nachdem die beiden Lösungen miteinander in Berührung gekommen sind, wirksam.

Von dem Verfahren wird im Bauwesen für die Verfestigung des Baugrundes, zur Sicherung von Fundamenten und zur Abdichtung von wasserdurchlässigen Bauwerken aller Art Gebrauch gemacht. Für das Schachtabteufen selbst ist es nur in einzelnen Fällen benutzt worden, so z. B. bei der Vertiefung eines Senkschachtes, bei welchem der Senkschuh einseitig auf einer Lettenbank aufstand, während am anderen Stoß noch Schwimmsand vorhanden war. Hier wurde durch Bohrlöcher unter Zuhilfenahme eines Betonpfropfens auf der Schachtsohle die Sandschicht nach dem Joosten-Verfahren chemisch verfestigt, so daß das Schachtabteufen ohne weitere Behinderung fortgesetzt werden konnte.

Da jedoch das Verfahren nur in solchen Sandschichten verwendbar ist, die nicht einen zu hohen Tongehalt aufweisen und in denen auch der Einwirkungsbereich von jedem einzelnen Bohrloch aus begrenzt ist, kommt das Joosten-Verfahren z. B. als Ersatz für das Gefrierverfahren beim Schachtabteufen nicht in Frage. Dagegen hat es sich als vorzügliches Mittel zum Abdichten von Schächten erwiesen. Es ist für diesen Zweck in den letzten Jahren in etwa 50 Fällen, in neuerer Zeit z. B. beim Schacht Sachsen 3 in Heessen bei Hamm[2]), wo auf einem 75 m langen Schachtteil durch 1765 Löcher von 60 cm Tiefe 59 t Chemikalien verpreßt wurden, mit Erfolg angewandt worden. Eine Veränderung der chemischen Verfestigung im Gebirge hat bisher nicht festgestellt werden können. Eine besondere Art der Anwendung des Verfahrens besteht in der Herstellung einer von Waldeck[3]) beschriebenen chemisch verfestigten Ringzone im Schwimm-

---

[1]) Die Zusammensetzungen der jeweilig verwendeten Lösungen sind bisher nicht bekanntgegeben worden. Das aufgeführte Beispiel ist deshalb nicht maßgebend für die tatsächliche Anwendung.

[2]) Glückauf 1941, S. 505; W. Maevert: Das Abteufen des Schachtes Sachsen 3.

[3]) Glückauf 1938, S. 385; Waldeck: Neuzeitliche Abdichtungs- und Sicherungsarbeiten in Schächten.

sandgebirge rund um den Schachtmantel. Über die Benutzung des Verfahrens zur Abdichtung von Wasserdämmen werden im Abschnitt Wasserhaltung nähere Ausführungen gemacht.

Abb. 306 zeigt als Beispiel die Abdichtung einer stark wasserdurchlässigen Schachtmauerung[1]). Die Geräte waren auf den beiden Böden I und II des

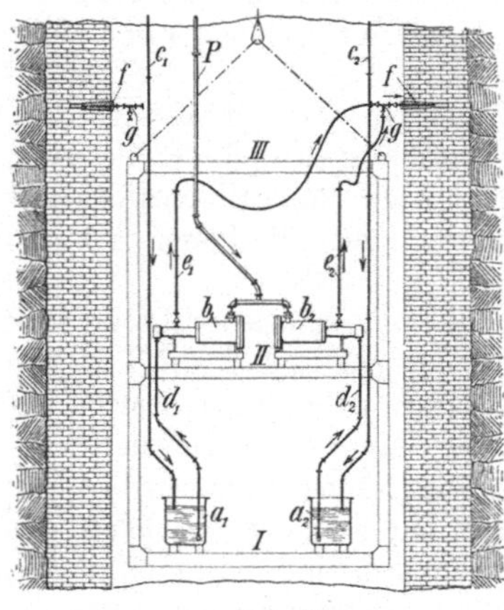

Abb. 306.
Abdichtung einer Schachtmauerung.

Förderkorbes untergebracht; die Abdichtung erfolgte von dem Dache III des Förderkorbes aus, das zu einer Arbeitsbühne hergerichtet war. Es sind a_1 und a_2 die Behälter für die beiden Lösungen, b_1 und b_2 die mit Druckluft angetriebenen Pumpen, c_1 und c_2 die Zuleitungen für die Lösungen, d_1 und d_2 die Saug- und e_1 und e_2 die Druckleitungen der Pumpen. Das Einspritzrohr mit aufgesetztem Holzstopfen ist mit f bezeichnet; es wurde in ein Bohrloch etwa bis zur Hälfte des Mauerwerkes eingeführt und durch Eintreiben des Holzstopfens abgedichtet. Ein T-Stück g mit Absperrhähnen vermittelte die Verbindung mit den Druckleitungen. Die unter Drücken bis 100 at abwechselnd in das Mauerwerk eingepreßten Lösungen durchtränkten bis zu einem Umkreise von 4 m um das Bohrloch die Mauerung. Durch den beim Einführen der zweiten Lösung sich bildenden Niederschlag wurde nicht allein eine Abdichtung, sondern auch eine Verfestigung des bereits mürbe gewordenen Mauerwerks erzielt).

Über die Kosten ist bisher nur wenig[2]) veröffentlicht worden.

B. Die Versteinung beim Schachtabteufen.

a) Allgemeines.

103. — Wesen des Verfahrens und seine Anwendbarkeit in verschiedenartigem Gebirge. Die durch Bohrlöcher in das Gebirge gepreßte Zementmilch verlangsamt um so mehr ihre Strömungsgeschwindigkeit und lagert den mitgeführten Zement ab, je weiter sie sich vom Bohrloche entfernt und sich in den Hohlräumen des Gebirges verliert. Nach einer gewissen Zeit binden diese Zementniederschläge ab, werden fest und verschließen so die Spalten, Klüfte, Risse und Hohlräume, die bisher dem Wasser einen Weg boten. In dem nunmehr trockenen Gebirge wird der Schacht weiter abgeteuft. Auch wenn der Abschluß der Wasser nicht völlig gelingt, so ist schon jede Verringerung der Zuflüsse wertvoll. In günstigem

---

[1]) Glückauf 1930, S. 607; K. Bührig: Die chemische Abdichtung und Verfestigung des undicht gewordenen Mauerwerks des Toppolczanschachtes der Castellengogrube; — ferner Bergbau 1931, S. 1; Heise: Das chemische Verfestigungsverfahren von Joosten.

[2]) Glückauf 1931, S. 913: G. Marbach: Die Bedeutung des chemischen Verfestigungsverfahrens usw.

Gebirge ist sogar der Ersatz des teuren Gußringausbaues durch Mauerung oder Beton möglich.

Am günstigsten liegen die Vorbedingungen für die Anwendbarkeit des Verfahrens, wenn es sich um klüftiges, im übrigen aber festes Gebirge handelt. In den von festem Gestein eingeschlossenen Hohlräumen verbreitet sich die Zementmilch leicht, indem sie frei weiter fließt, bis sich die Öffnungen allmählich durch den Zementabsatz schließen und das Ganze eine einheitliche, dichte Gebirgsmasse bildet. Auch bei groben, tonfreien Kiesen ist die Zementierung und Verfestigung des Gebirges möglich. In feinem Schwimmsande dagegen gelingt die Versteinung nicht, da der Zement wie durch ein Filter zurückgehalten wird und die Milch selbst in sehr dünnflüssigem Zustande und bei hohem Überdrucke nicht gleichmäßig in das Gebirge eindringt. Hier führen auch die Verfahren von François (Ziff. 119) und Joosten (Ziff. 102) nicht zum Ziel.

104. — Ausspülen des Gebirges. Anwesenheit von Ton oder Schlamm gefährdet in jedem Falle den Erfolg des Verfahrens, weil der Zement in Gemisch damit schlecht oder gar nicht abbindet. Selbst der bei Herstellung der Zementierungsbohrlöcher im festen Gebirge erzeugte Bohrschlamm ist sehr schädlich und nach Möglichkeit ebenso wie anderer Schlamm vor der Zementierung durch Spülung zu beseitigen. Dies kann dadurch geschehen, daß man größere Mengen reinen Wassers durch das Bohrloch in das Gebirge preßt und auf diese Weise den Schlamm in Bewegung setzt und zurückdrängt. Der Erfolg wird immerhin zweifelhaft bleiben, da ja der Schlamm nicht entfernt, sondern nur auf eine gewisse und vielleicht nicht einmal große Entfernung zurückbewegt wird. Besser ist es deshalb, den Schlamm in der Nähe des Bohrloches gänzlich aus dem Gebirge zu entfernen, was durch Ansaugen und Auspumpen des Wassers aus dem Bohrloche oder, falls das Wasser unter Überdruck steht und in einen Schacht oder in Grubenräume ausspritzen kann, durch einfaches Strömenlassen geschieht. Mit dem Pumpen oder Fließenlassen des Wassers fährt man so lange fort, bis es völlig klar aus dem Bohrloche kommt. Am sichersten ist es, wenn man danach außerdem noch für einige Zeit die Spülung umkehrt und reines Wasser in das Gebirge preßt, um die letzten Schlammreste aus der Nachbarschaft des Bohrloches weiter in das Gebirge hineinzutragen.

105. — Wahl des Zementes und des Mischungsverhältnisses. Für das Verfahren benutzt man in der Regel Hochofenzement (besonders beliebt ist Thuringia, s. S. 42). Bei Zementierarbeiten in Kalischächten mit salzhaltigen Wassern empfiehlt es sich, den Zement nicht mit Wasser, sondern mit 15—20%iger oder auch mit gesättigter Steinsalzsohle anzurühren. Man erzielt damit den Erfolg, daß die salzhaltigen Wasser das Abbinden nicht hindern und daß der Zement sich an den Salzstoß fugenlos anschließt[1]). In vereinzelten Fällen (z. B. beim Zementieren eines „Salzhutes") hat man auch Magnesiazement mit Erfolg benutzt[2]).

Einen schnell bindenden Zement zu wählen, ist im allgemeinen nicht empfehlenswert, da beim Einspülen unter Umständen längere Zeit vergeht,

---

[1]) Braunkohle 1925, S. 475; E. Engert: Wasserabschluß durch Zementieren.
[2]) Glückauf 1932, S. 1193; K. Dehmel: Deutsche Abteufarbeiten in Rußland.

ehe die Aufnahmefähigkeit des Gebirges erschöpft ist. Solange aber die Zementmilch noch fließt, kommt der zum Teil im Gebirge bereits abgelagerte Zement nicht zur Ruhe, so daß er nicht als geschlossene, feste Masse abbinden kann, sondern einen losen Schlamm bildet.

Die Zementmilch wird in verschiedenem Mischungsverhältnisse eingerührt. Die dünnsten Trüben haben 5—10% Zementgehalt. Der dickste noch fließende Schlamm hat etwa 68—69% Zement oder 100 kg auf rund 45 l Wasser. Für dünne Trüben eignen sich am besten hochwertige Zemente, da sie schärfer gebrannt und feiner gemahlen sind. Für dicke Trüben kann man Zement gewöhnlicher Art und Körnung benutzen. Man wendet sie an, wenn das Gebirge große und weite Hohlräume enthält. In solchen Fällen kann auch der Zusatz grober, scharfkantiger Sand- oder Kiesmassen zweckmäßig sein, oder aber man sieht zunächst von dem Einfließenlassen von Zement ganz ab und füllt die Räume im Spülstrom mit scharfkantigen Geröllen aus. Erst nach Ablagerung dieser Versatzmassen läßt man den dünnflüssigen Zementbrei folgen, der nunmehr die verbliebenen Hohlräume verkittet. Je enger und verästelter die auszufüllenden Klüfte und Risse sind, um so leichtflüssigere Zementmilch preßt man ein. Auch pflegt man zum Schlusse der Spülung, wenn bereits der Abfluß stockt, zu noch leichtflüssigeren, wenig Zement enthaltenden Mischungen überzugehen.

Trotz Wahl der feinsten Zementmahlung und der flüssigsten Milch findet die Zementierfähigkeit klüftigen Gebirges eine gewisse Grenze, da ganz feine Haarrisse, auf denen reines Wasser noch fließen kann, der Zementmischung den Eintritt verwehren. Die auf solchen engen Wegen etwa zusitzenden Wassermengen werden aber in jedem Falle nur gering sein.

106. — Die bei der Zementeinführung zu beobachtenden Bedingungen. Von besonderer Bedeutung ist, daß das Einspülen der Zementmilch in ununterbrochener Folge bis zur Beendigung und tunlichst schnell vor sich geht. Wird der Zement mit Unterbrechungen oder zu langsam eingebracht, so bilden sich in den Rohrleitungen oder im Gebirge durch vorzeitiges Abbinden Stopfen, und das gleichmäßige Weiterströmen der Trübe und die völlige Ausfüllung der Hohlräume auch bis in die oberen Verzweigungen werden behindert. Ein schnell eingebrachter Zement dagegen dringt auch in ansteigende Hohlräume ein und füllt sie vollständig aus. In keinem Falle darf Luft in den Zementstrom gelangen, da sonst Luftblasen ins Gebirge kommen und das Eindringen der Zementmilch erschweren.

Der Druck, mit dem die Zementtrübe in das Gebirge gepreßt wird, braucht zum Beginne der Arbeit, solange die Trübe leicht aufgenommen wird, nur gering zu sein, muß aber in jedem Falle den im Gebirge vorhandenen Wasserdruck übersteigen. Je mehr der Widerstand durch Bildung von Zementniederschlägen im Gebirge wächst und je enger die auszufüllenden Hohlräume sind, desto höher wird zweckmäßig der angewandte Druck werden. Hierbei ist zu beachten, daß die Zementtrübe selbst ein höheres spezifisches Gewicht als Wasser besitzt. Geschieht also das Einspülen durch senkrechte Rohrleitungen von der Tagesoberfläche her, so wird schon das höhere spezifische Gewicht der Zementmilch einen gewissen Überdruck erzeugen. Genügt dieser Überdruck nicht, so kann man Pumpen anwenden. Man hat auf diese Weise Überdrücke bis zu 50, ja bis zu 100 at zur Wirkung gebracht. Erst wenn das Gebirge gar keine Zementtrübe mehr aufnimmt, hört man mit dem Einpressen auf. Sofort danach werden die Rohrleitungen und die etwa vorhandene Pumpe durch Wasserspülung gereinigt, damit Ansätze in ihnen vermieden werden.

Den Zementleitungen gibt man einen lichten Durchmesser von etwa 50 mm.

107. — Zeitdauer des Erhärtens des Zementes und räumliche Ausdehnung der Versteinung. In den engen Gebirgsspalten erhärtet der Zement schnell. Gewöhnlich gibt man ihm nur 4—5 Tage Zeit zur Erhärtung, da nach dieser Zeit das Gebirge bereits dicht und wasserundurchlässig zu sein pflegt.

Über die Verbreitung des Zementes um das Bohrloch lassen sich naturgemäß bestimmte Angaben nicht machen, da hierfür die Natur des Gebirges und der Zusammenhang der Hohlräume entscheidend sind. Auf den Schächten der Grube Édouard-Agache hat man festgestellt, daß sich der Zement bis zu 50 m um den Schacht verbreitet hatte.

b) Handhabung des Verfahrens beim Schachtabteufen.

108. — Einteilung. Ein in den Einzelheiten feststehendes Schachtabteufverfahren mittels der Zementtränkung hat sich bisher noch nicht herausgebildet. Vielmehr weichen die an verschiedenen Orten durchgeführten Arbeiten mehr oder weniger voneinander ab. Die schon in der geschichtlichen Entwicklung erkennbaren Hauptunterschiede liegen darin, daß die Herstellung der Bohrlöcher und die Zementtränkung entweder

a) von der Tagesoberfläche her oder

b) absatzweise von der Schachtsohle aus

vorgenommen werden.

Das Verfahren, die Herstellung der erforderlichen Bohrlöcher und die Zementtränkung von der Tagesoberfläche aus vorzunehmen, hat insbesondere in Frankreich Aufnahme gefunden. In Deutschland ist man bisher fast allgemein absatzweise von der Schachtsohle aus vorgegangen.

109. — Zementierung von der Tagesoberfläche her. Auskleidung und Fassung der Bohrlöcher. Das Verfahren eignet sich besonders für den Fall, daß die wasserführenden Schichten nahe unter Tage liegen. Man setzt die Löcher in einem Kranze um den abzuteufenden Schacht an und hat dann den Vorteil, daß das Gebirge in einem größeren Umkreise, als dies bei der Arbeit von der Schachtsohle aus möglich ist, versteint wird. Die Zahl der Bohrlöcher kann wesentlich geringer als beim Gefrierverfahren sein. Man hat sich bisher mit etwa 6—8 Löchern begnügt.

Die für die Zementierung zu benutzenden Bohrlöcher bleiben am besten, soweit das Gebirge es gestattet, unverkleidet. Ist Nachfall zu befürchten, so werden sie mit gelochten Rohren besetzt.

Das oberste Stück des Bohrloches wird jedoch, damit die unter Druck gebrachte Zementflüssigkeit nicht nach oben hin durchbricht, fest verrohrt und gesichert. Zu diesem Zwecke wird das Kopfende des Futterrohres in der Regel auf eine gewisse Länge (etwa 6 m) fest in das Gebirge einzementiert, was durch Feststampfen geschehen kann, falls das Loch weit genug ist (Abb. 307), oder auch auf die in Ziff. 114 angegebene Weise.

Auf einer belgischen Grube[1]) hat man ein Gebirge, das kurzklüftig war und viele unregelmäßig verlaufende Risse und Spalten aufwies, vor der Versteinung durch Sprengungen aufgelockert, um so durchgehende Wege für die Zementtrübe zu schaffen. Man brachte in den 140 mm weiten Bohrlöchern (etwa 40—50 m unter ihrem Ansatzpunkte) Sprengkörper, die mit 5—6 kg Dynamit gefüllt waren, zur Explosion und erreichte hierdurch eine stärkere Zementaufnahme und besseren Wasserabschluß.

110. — Tränkung der Bohrlöcher von über Tage aus. Das einzelne Loch pflegt man gewöhnlich auf die volle Teufe abzubohren und danach als Ganzes zu tränken. Freilich werden die Löcher hierbei nicht allzu tief sein dürfen; denn wenn die Zementmilch an vielen Stellen zugleich aus dem Bohrloche in das umgebende Gebirge übertreten kann, wird ihre Strömungsgeschwindigkeit allzu schnell verlangsamt, und die Folge ist, daß die Zementniederschläge nur in der unmittelbaren Nähe des Bohrlochs stattfinden. Um dies zu vermeiden, bringt man wohl die Löcher in einzelnen Absätzen (von z. B. je 8 m) nieder und tränkt jedesmal danach sofort das durchstoßene Gebirge. Es findet also ein abschnittweises Zementieren des Gebirges von oben nach unten statt.

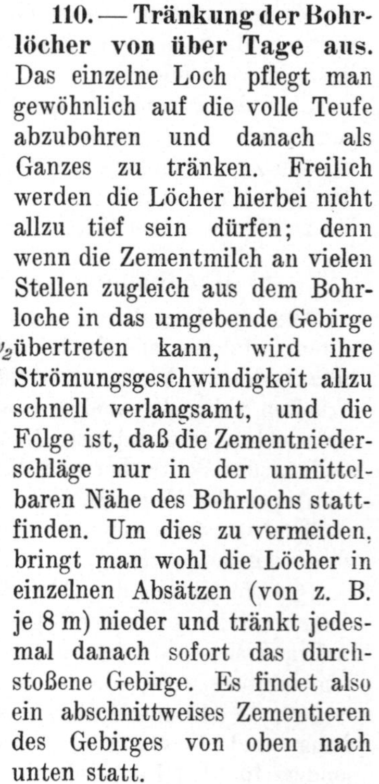

Abb. 307. Fassung der Bohrlöcher und sonstige Einrichtungen für das Zementierverfahren

Das Einpressen des Zements durch Pumpen (Abb. 307) oder auch durch Druckluft kann in allen Löchern gleichzeitig oder nacheinander erfolgen. Es mag vorteilhafter erscheinen, die Arbeit gleichzeitig vorzunehmen, solange noch sämtliche Wasserklüfte offen stehen, damit die Zementmilch sich gleichmäßig weit nach allen Seiten hin um den Schacht verbreiten kann. Auf diese Weise wird verhindert, daß der Wirkungskreis des ersten zementierten Bohrloches denjenigen der Nachbarlöcher durch vorzeitiges Schließen der Verbindungskanäle schädigt. Anderseits erfordert das Verfahren der gleichzeitigen Zementierung mehrerer Löcher besondere Vorrichtungen und wird in seiner Wirkung unübersichtlich, da Stockungen der Arbeiten bei einem Bohrloche auch den Betrieb der anderen beein-

---

[1]) Glückauf 1922, S. 288; Auflockerung von Schichten durch Sprengung in Versteinungsbohrlöchern.

trächtigen. In der Regel zieht man deshalb aus Gründen der Einfachheit
vor, ein Loch nach dem anderen zu zementieren.

111. — Rückleitung der überschüssigen Zementtrübe. Gewöhnlich
pflegt man für ein Rückfließen der Zementtrübe, sobald das Gebirge die
weitere Aufnahme versagt, nicht Sorge zu tragen, sondern die Flüssigkeit
so lange in das Bohrloch einzupressen, als dieses sie aufnimmt, und damit aufzuhören, sobald kein Abfluß mehr besteht. In diesem Falle dient das Futterrohr, mit dem das Bohrloch gefaßt ist, gleichzeitig als Zuleitung für die
Zementtrübe.

Man kann aber auch die Möglichkeit eines Rückflusses der überschüssigen
Flüssigkeit vorsehen, indem man nach Abb. 307 ein besonderes Fallrohr r
in das Futterrohr R_2 einführt und an dieses seitlich eine Abflußleitung z
anschließt, die die Trübe zum Teil in das Mischgefäß M zurückführt[1]).
Diese Leitung kann durch den Hahn v_2 mehr oder weniger abgesperrt werden.
Solange das Gebirge noch gut aufnahmefähig ist, bleibt der Hahn verschlossen.
Sobald der Abfluß nachläßt und der Druck ansteigt, öffnet man allmählich
den Hahn, so daß die Trübe unter dem eingestellten Höchstdrucke auch
dann noch einige Zeit in dem Bohrloche umfließt, wenn schon das Gebirge
nur noch sehr wenig oder nichts mehr aufnimmt. Dieses Verfahren ist zwar
umständlicher, aber auch wirksamer.

112. — Angaben über tatsächliche Ausführungen und Kosten.
Nach dem vorbeschriebenen Verfahren sind in Frankreich mehrere Schächte
niedergebracht worden. Die Zementierung erfolgte z. B. auf den Schächten
der Grube Édouard-Agache[2]) bis 53 m Teufe, auf den Schächten der
Gruben bei Béthune[1]) bis 95 m Teufe.

Die tatsächlichen Kosten haben nach Saclier für die beiden Schächte
von 3,65 und 5 m lichtem Durchmesser der Grube Édouard-Agache, die
bis 53 m im zementierten Gebirge niedergebracht und bis 80 m Teufe mit Gußringen ausgebaut wurden, etwa 1500 RM. je m betragen, wovon rund 315 RM.
auf die Zementierung (175 RM. Bohrungen, 50 RM. Einrichtungen, 90 RM. Zement) und 1185 RM. auf das Abteufen, die Auskleidung und Sonstiges entfallen.
Lombois[3]) veranschlagt die eigentlichen Zementierungskosten von der Tagesoberfläche aus für einen Schacht von 100 m Teufe auf etwa 500 RM. je m.

**113. — Zementtränkung in Absätzen von der Schachtsohle
aus. Allgemeines.** Diese Art der Zementierung wird stets dann angewandt,
wenn die wasserführenden Schichten unter einem trockenen Deckgebirge
von größerer Mächtigkeit lagern, so daß das Niederbringen der Bohrlöcher
von Tage aus einen erheblichen und an sich unnützen Aufwand an Kosten
und Zeit bedingt. Fälle solcher Art liegen z. B. vor, wenn man im Ruhrbezirk unter dem Emscher-Mergel in den klüftigen und öfter wasserreichen
weißen Mergel gelangt oder wenn man in Thüringen erst in großer Tiefe den
gefürchteten Plattendolomit im Zechstein zu durchteufen hat. Auch wenn
im festen Gebirge nur vereinzelte Klüfte ausnahmsweise und unregelmäßig

---

[1]) Bull. d. l. soc. d. l'ind. min. 1908, 4 sér., tome IX, S. 81; R. Fagniez:
Emploi de la cimentation etc.

[2]) Ann. d. min., Paris 1908, tome XIII, S. 347; Saclier: Sur le creusement etc.

[3]) Bull. d. l. soc. d. l'ind. min. 1908, 4. sér., tome IX, S. 109; J. Lombois:
Sur la cimentation etc.

als Wasserzubringer auftreten, wird man dem einfacheren und billigeren Verfahren der Zementtränkung von der Schachtsohle aus den Vorzug geben.

Die Herstellung der Bohrlöcher muß wegen der Gefahr des Einbruches der Wasser in den Schacht unter besonderen Vorsichtsmaßnahmen geschehen. Das einfache Verfahren, nach dem man die Wasserklüfte ohne weiteres anbohrt

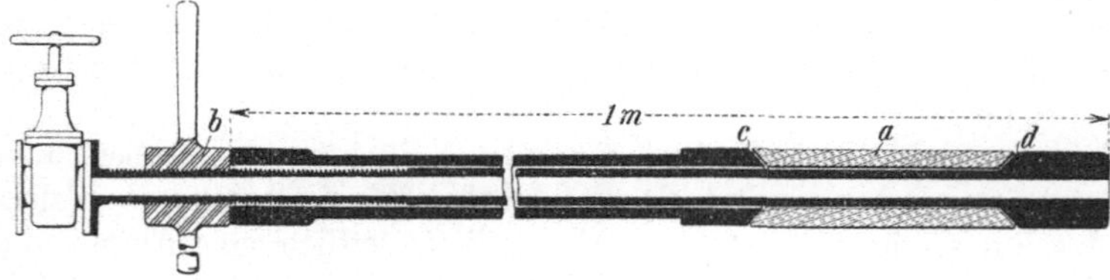

Abb. 308. Abdichtungsrohr.

und das Bohrloch erst danach durch das Zementeinführungsrohr selbst verschließt, ist nur bei geringen Wassermengen und Drücken anwendbar. In solchen Fällen kann man Abdichtungsrohre nach Abb. 308 anwenden, bei denen die Abdichtung durch eine Gummi- oder Bleimuffe a erfolgt, die durch Drehung der Schraubenmutter b unter dem Drucke der beiden sich nähern-

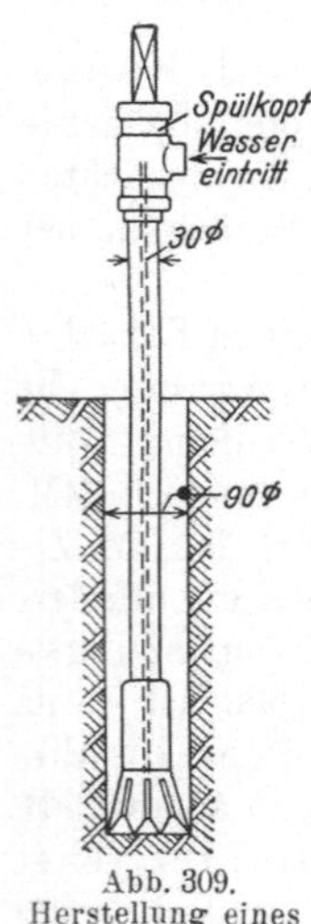

Abb. 309.
Herstellung eines
Standrohrloches.

den Widerlager c und d gegen die Bohrlochwandung gepreßt wird. Da, wo man zur planmäßigen Zementierung noch nicht entschlossen ist, aber damit rechnet, daß schon die eine oder andere wasserführende Kluft angebohrt wird, kann man ein ähnliches Vorgehen anwenden, indem man auf der Sohle des Schachtes mehrere oben mit einem Stahlring umschlossene Holzpflöcke vorrätig hält, die man schnell mit Treibfäusteln in das wasserbringende Bohrloch eintreiben kann

In der Regel wird man jedoch überall da, wo man Wasser erwartet, die sog. „Standrohre" anwenden, die vor Erreichung der Wasserklüfte fest und sicher in besonderen Standrohrlöchern im Gebirge einzementiert werden (s. Ziff. 114). Die Rohre erhalten an ihrem Kopfe einen Verschluß, der einerseits die Fertigstellung des Zementierbohrloches ermöglicht, aber anderseits nach Anbohren der Wasser diese ohne Gefahr gegen den Wasserdruck abzuschließen gestattet.

Den ersten Zementiersatz sucht man möglichst noch im trockenen Gebirge anzusetzen. Ist bereits ein Wasserdurchbruch erfolgt, so bringt man einen Zementklotz (s. Ziff. 117) auf die Schachtsohle, damit der Schacht wieder gesümpft werden kann. Alsdann werden in dem Klotze die Standrohrlöcher hergestellt.

114. — Die Standrohrlöcher und das Einzementieren der Standrohre. Die Standrohrlöcher werden mittels kräftiger Bohrhämmer von etwa 36—40 kg Gewicht meist unter Anwendung von Wasserspülung hergestellt. Die Löcher erhalten einen Durchmesser von 90—100 mm und eine Tiefe von 1—2 m. Man arbeitet mit Bohrkronen (Abb. 309), die den Bohrstangen von 26—30 mm Durchmesser aufgesetzt werden. Das Abbohren eines Standrohrloches dauert $3/4$—$1\frac{1}{2}$ Stunden.

Sobald das Loch die beabsichtigte Teufe erreicht hat, wird es mit flüssigem Zement gefüllt und das unten mit einem Zementpfropfen verschlossene 1—2 m lange Standrohr eingeschoben. Man benutzt zum Einzementieren der Rohre entweder Magnesiazement, der den Vorteil besitzt, daß er bereits in vier Stunden erhärtet, oder einen schnellbindenden Portlandzement, der zwar etwa 14—16 Stunden zum Erhärten gebraucht, aber auch fester hält. Die Einrichtung der Standrohre ergibt sich aus Abb. 310. Damit sie im Zement möglichst fest sitzen, erhalten sie ringförmige Einfräsungen oder am Fuße eine konische Ausweitung.

115. — Die Zementierlöcher. Nachdem die Standrohre befestigt und mit dem zu erwartenden Drucke, vermehrt um einen angemessenen Sicherheitszuschlag, abgepreßt sind[1]), geht man an das Abbohren der Zementierlöcher.

Sie werden senkrecht nach unten und auch in schräger Richtung abgebohrt, um die wasserführenden Klüfte und Risse schon außerhalb der abzuteufenden Schachtsäule zu treffen. Zugleich richtet man sie, wie Abb. 311 zeigt, nach auswärts, und zwar für den einen Zementierabsatz in der einen und für den folgenden Zementierabsatz in der entgegengesetzten Richtung. Auf diese Weise wird die Gefahr, daß Klüfte nicht getroffen werden, verringert. Als Teufe der Löcher wählt man in der Regel 12 m. Größere Bohrlochteufen haben den Nachteil, daß sie sich mit ihrem unteren Ende zu weit vom Schachtkreis entfernen und eine Zementierung unter solchen Bedingungen unsicher wird.

Die Zahl der auf die Schachtsohle zu verteilenden Löcher — sie werden meist ringförmig angeordnet — hängt sehr von der jeweiligen Zerklüftung des Gebirges sowie vom Schachtdurchmesser ab. Bei einem Schacht von 6 m lichtem Durchmesser schwankt sie im allgemeinen zwischen 30 und 70.

Zur Herstellung der Zementierlöcher bedient man sich meist leichterer Bohrhämmer als für die Standrohrlöcher. In der Regel wendet man Wasserspülung

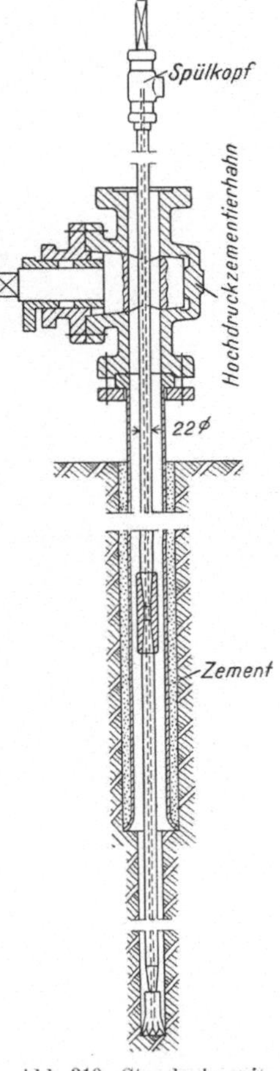

Abb. 310. Standrohr mit Hochdruckzementierhahn und eingeführtem Bohrer.

an. Allgemein verbreitet ist heute in härterem Gebirge das Bohren mit Hartmetallkronen[2]). Je nach dem hierbei angewandten Verfahren wird die Verlängerung des Bohrgestänges durch Ineinanderstecken der Bohrrohre oder durch Verbindung der Bohrstangen durch Muffen oder Nippel vorgenommen. Von der Verwendung langer, durch Verschweißen von Einzelstücken herge-

---

[1]) Auf Zeche Emscher-Lippe bei Datteln unterwarf man bei etwa 500 m Schachtteufe die mit Portlandzement festgemachten Standrohre einem Probedrucke von 100 at.

[2]) Näheres s. Band I.

stellter Bohrstangen, die zu ihrer Handhabung noch einer schwebenden oder festen Bühne oberhalb der Schachtsohle bedürfen, ist man infolgedessen abgekommen. Für das Abbohren eines 12 m tiefen Loches braucht man im Emschermergel etwa $^1/_2$ Schicht, im Steinkohlengebirge 1 Schicht, im Beton für ein etwa 4-m-Loch $^1/_2$ Schicht.

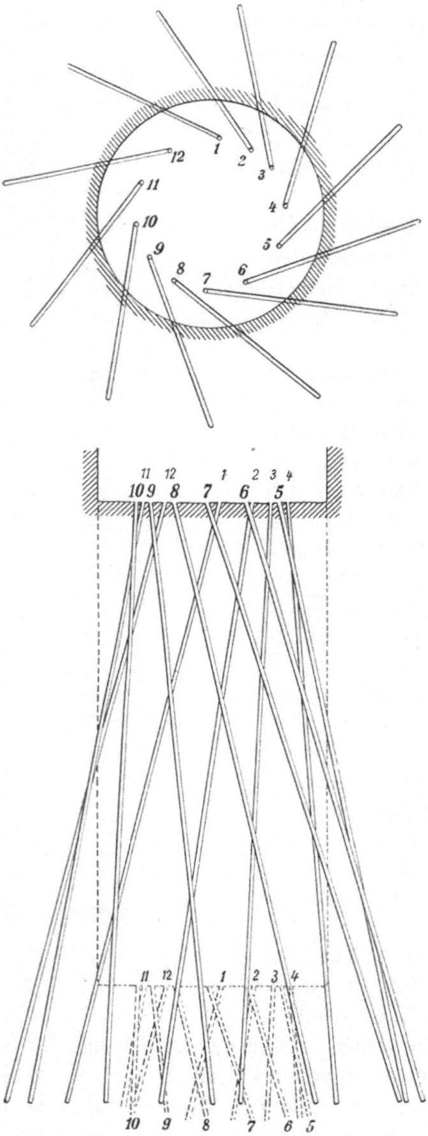

116. — Die Tränkung der Zementierlöcher beim absatzweisen Zementieren. Die Tränkung der Zementierlöcher beim absatzweisen Zementieren geht ähnlich wie beim Zementieren von der Tagesoberfläche meist von über Tage aus vor sich. Der wesentliche Unterschied besteht darin, daß sich zwischen der Zementierpfanne über Tage und dem Standrohr unter Tage ein der Schachtteufe entsprechendes Zementierrohr einschaltet. Vielfach genügt zum Einpressen der Zementmilch der natürliche Druck, häufig wird dieser aber mittels einer über Tage aufgestellten Druckpumpe noch erhöht, und zwar bis auf 100 at und darüber. Stockt der Abfluß oder dringt die Zementtrübe aus benachbarten, noch offenen Löchern wieder nach oben, so ist das Loch gesättigt. Man schließt dann unten im Schacht die Rohrleitung ab, löst die Verbindung des Zementierschlauches mit dem Standrohr, so daß die Trübe aus der Rohrleitung auslaufen kann, ehe ein Niederschlagen und Erhärten des Zements in ihr eintritt. Zwecks Reinigung spült man sofort mit klarem Wasser nach, oder man schließt sofort ein neues Standrohr an und setzt hier das Zementieren fort.

Die Firma C. Deilmann in Dortmund wendet mit Erfolg bei der Zementierleitung noch eine Rücklaufleitung an, um nach Sättigung des Loches die noch in der Zementierleitung verbleibende Trübe wieder nach über Tage pressen zu können, wobei natürlich auch mit Wasser nachgespült wird. Die hierzu verwendete Einrichtung

Abb. 311. Schräger Ansatz und Verlauf der Bohrlöcher für Zementierung des Gebirges beim Schachtabteufen.

veranschaulicht Abb. 312. Auch hier wird die über Tage im Mischgefäß (Abb. 313) angemachte Zementmilch anfangs ohne Druckpumpe dem jeweils angeschlossenen Zementierloch zugeführt. Der Weg der Zementmilch ist dann folgender: Saugbehälter, Saugheber, Verbindungsrohr der beiden Pumpen, Zementierleitung, Zementierschlauch, Zementierrohr. Nach Ingangsetzung der Pumpe ist er: Zementierpfanne, Pumpe 1, Verbindungsrohr der beiden Pumpen, Zementierleitung, Zementierschlauch, Zementierrohr. Die Vorteile dieses Verfahrens liegen in einer höheren Leistung und in einer Ersparnis an Zement. Wird von einer Schwebebühne aus zementiert, so schafft sie die Möglichkeit, gleichzeitig auf der Schachtsohle oder überhaupt unterhalb der Zementierbühne zu arbeiten. Auch kann die Rücklaufleitung als Reservezementierleitung dienen.

Nachdem alle Löcher mit Zement gesättigt sind, gibt man diesem 4 bis 5 Tage Zeit zum Abbinden. Darauf bohrt man die Löcher wieder auf und beginnt erneut mit dem Zementieren und wiederholt diesen Vorgang, bis das Loch trocken bleibt, d. h. bis kein Wasser mehr aus ihm austritt. Häufig erweist sich ein 2—4maliges Wiederaufbohren und Nachzementieren als notwendig. Sodann wird der Absatz in gewöhnlicher Weise abgeteuft und,

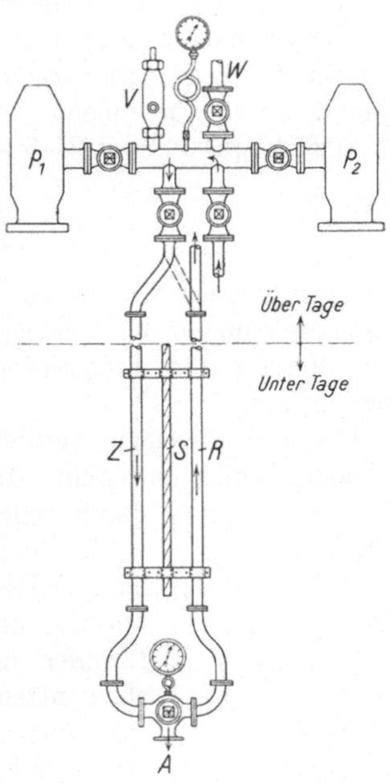

Abb. 312. Zementiereinrichtung mit Rücklaufleitung

wenn möglich, gleich ausgebaut. Etwa 4 m oberhalb der Teufe, die die Zementierlöcher erreicht haben, unterbricht man das Abteufen, um von neuem die Standrohrlöcher in dem noch fest zementierten Gebirge des ersten Absatzes anzusetzen und diese in der beschriebenen Weise zu zementieren.

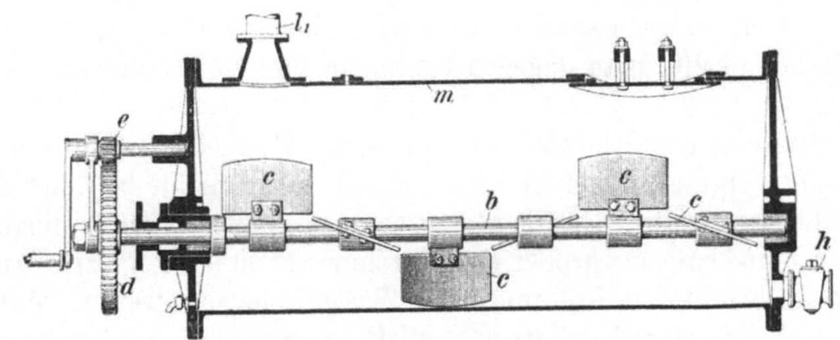

Abb. 313. Mischgefäß für Schachtzementierungen.

117. — Mauerungs- und Betonklötze. Mauerungs- und Betonklötze oder -pfropfen werden auf der Schachtsohle eingebracht, wenn ein Wassereinbruch aus der Sohle befürchtet wird und die Schachtsohle nicht genügende Festigkeit hat, um Standrohre für ein anschließendes Zementieren aufzunehmen und den damit verbundenen Drücken zu widerstehen. Oder aber der Wassereinbruch ist schon erfolgt, der Schacht steht unter Wasser und kann nur gesümpft werden, wenn der Wasserzufluß ganz oder zum größten Teil abgesperrt wird. Es geschieht dies dann durch Einbringen eines Betonklotzes im toten Wasser von über Tage aus.

Kann noch auf der Sohle gearbeitet werden, ist es also möglich, das Wasser mit Senkpumpen zu Sumpf zu halten, so wird meist ein Mauerklotz eingebracht. Die für das Zementieren erforderlichen Standrohre kann man gleich mit einmauern oder einbetonieren. Die Höhe des Pfropfens hängt vom Wasserdruck ab und beträgt meist 3—8 m. Sie kann auf Grund der Annäherungsformel

$$h = \sqrt{\frac{0{,}55 \cdot p \cdot r^2}{\sigma}}$$

berechnet werden. In ihr bedeutet p den Wasserdruck in kg/cm², r den Schachthalbmesser und σ die zulässige Zugfestigkeit des Mauerwerks oder Betons, die je nach der gewünschten Sicherheit zu $^1/_2$—$^1/_4$ von 15—25 kg/cm² angenommen werden kann.

Die noch allgemein verbreitete Vorstellung geht davon aus, daß sich im Schachtpfropfen eine Schar übereinanderliegender flacher Kuppeln ausbildet, durch welche die Last auf die Schachtstöße übertragen wird. Auch bei der Formgebung des Pfropfens wird meist hierauf Rücksicht genommen. Demgegenüber hat jedoch Domke nachgewiesen, daß, wie Abb. 314 zeigt, sich der Pfropfen in kelchartigen Schalen gegen den Schachtstoß abzustützen sucht[1]). Es treten Druck-, Schub- und Zugspannungen auf. Wegen der geringen Zugfestigkeit von Beton und auch von Mauerwerk ist der Verlauf der Flächen, in denen Zugspannungen wirken, von besonderer Bedeutung. In Abb. 314 sind diese Flächen im Achsenschnitt für einen Pfropfen von 6 m Durchmesser, 7,40 m Höhe bei

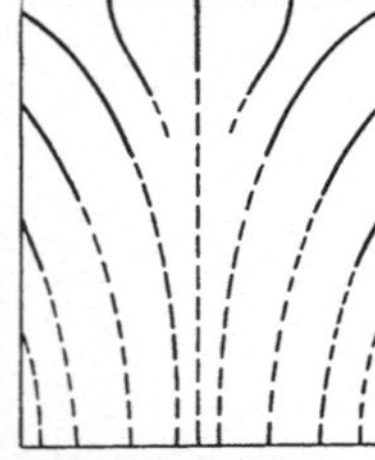

Abb. 314. Spannungsverteilung in einem Schachtpfropfen.

einem Wasserdruck von 50 at dargestellt. In dem ausgezogenen Teil der Kurven wirken Zugspannungen. Etwaige Risse werden hier zuerst in Erscheinung treten und sich in den gestrichelten Linien fortsetzen. Eine Verstärkung des Klotzes durch im Gebirge eingebühnte Roste aus I-Trägern oder Eisenbahnschienen empfiehlt sich daher insbesondere in dessen oberer Hälfte. Eine Verzahnung mit dem Gebirge sollte man dagegen bei jedem von Hand eingebrachten Klotz vornehmen.

Zur Entlastung des Klotzes während seiner Herstellung muß ein Wasserausgleichsrohr vorgesehen werden, das von der Schachtsohle bis über die Oberfläche des Klotzes reicht. Um den Saugschlauch der Senkpumpe hineinstecken zu können, ist ein genügend großer Rohrdurchmesser zu wählen. Er beträgt meist 250—350 mm. Damit dem Rohr unten die Wasser zugeleitet werden können, wird die Schachtsohle in der Mitte etwas vertieft ausgemauert, und es werden von den Schachtstößen zur Schachtmitte hin verlaufende Wasserzuflußkanäle aus Mauerwerk hergestellt. Der Raum zwischen den Kanälen wird ausgemauert oder betoniert, worauf der eigentliche Mauerungs- oder Betonklotz eingebracht wird. Kann man wegen zu starker Wasserzuflüsse die Kanäle nicht vorsehen,

---

[1]) Ingenieur-Archiv 1929, S. 116; O. Domke: Die Spannungsverteilung in einem Schachtpfropfen.

so muß ein Schotterbett in das Schachttiefste gelegt und darauf der Mauer-klotz aufgebracht werden. Zur Filterung des durch das Ausgleichsrohr zu pumpenden Wassers kann eine in das Schotterbett gelegte Koksschicht nütz-lich sein. Zum Schluß wird durch Zementierrohre auch das Schotterbett zemen-tiert. Diese Arbeit kann man als beendet ansehen, wenn der Zement im Aus-gleichsrohr hochsteigt, dieses verfüllt und abdichtet. Vor diesen abschließenden Arbeiten ist es jedoch notwendig, den Klotz einer Druckprobe zu unterziehen. Es geschieht dies durch Schließen des am oberen Ende des Ausgleichsrohrs angebrachten Hochdruckventils. Ein weiteres Zementieren kann dann etwa noch vorhandene Undichtigkeiten beseitigen.

Erweist sich ein Klotz jedoch endgültig als zu schwach, was sich durch An-heben des Klotzes infolge des Wasserdrucks oder durch Rissigwerden und starke Wasserdurchlässigkeit bemerkbar macht, bleibt nichts anderes übrig, als einen zweiten Klotz auf den ersten aufzusetzen.

Im toten Wasser ist dagegen nur die Einbringung eines Betonklotzes mög-lich, dessen von dem zu erwartenden Wasserdruck abhängige Höhe zu 5—10 m und mehr gewählt wird, da seine Herstellung nicht laufend überwacht werden kann und es auch nicht möglich ist, ihn durch I-Träger zu verstärken oder mit dem Gebirge zu verzahnen. Die Arbeit beginnt mit dem Einhängen von Rohr-leitungen von etwa 50 mm Durchmesser auf die ganze Teufe des Schachtes. Zweckmäßig sind 4, von denen 2 zur Aushilfe und zum Nachpressen dienen. Alle Rohre sind in ihrem unteren Teil durchlöchert, zwei von ihnen meist auf einer Länge, die der unteren Hälfte des Klotzes, die beiden anderen auf einer Länge, die der oberen Hälfte entspricht.

Darauf wird scharfkantiger Schotter von 5—20 mm Korngröße eingebracht. Es geschieht dies mittels eines Förderbandes, das in eine bis dicht an den Wasserspiegel reichende Lutte ausgießt. Es wird dadurch eine möglichst gleich-mäßige Verteilung des Schotters erreicht, dessen Menge sich nach dem Schacht-durchmesser und der Höhe des Betonpfropfens richtet. Nachdem durch Proben über Tage festgestellt ist, welche Zementmenge je m³ Schotter notwendig ist, wird die Zementmilch, zu deren Herstellung Wasser des Schachtes zu verwen-den ist, eingelassen. Liegt der Wasserspiegel tief, so kann angenommen werden, daß das Zementieren ohne Pumpen gelingt. Andernfalls muß die Zementmilch mit Pumpen eingepreßt werden. Etwa zwei Wochen nach beendigtem Zemen-tieren kann mit dem Sümpfen begonnen werden und nach beendigtem Sümpfen das Einlassen der Standrohre als Vorbereitung für die anschließende Ver-steinungsarbeiten vor sich gehen.

Ist das Zementieren des den Schachtpfropfen umgebenden Gebirges ab-geschlossen, so kann das Abteufen durch Abtragen des Klotzes fortgesetzt werden. In schwierigen Fällen wird man ihn allerdings zunächst nur teilweise entfernen und zunächst durch erneut eingebrachte Standrohre das Gebirge weiter zementieren usw. In einfacheren Fällen kann das weitere Zementieren durch im Gebirge eingebrachte Standrohre erfolgen, oder es müssen zu diesem Zweck in gewissen Abständen weitere Schachtpfropfen eingebracht werden.

118. — Angaben über tatsächliche Ausführungen und Kosten. Auf Schacht 3 des Kaliwerks Vienenburg (Harz) hat man eine besonders gefährdete Schicht im Trümmergips bei etwas mehr als 200 m Tiefe unmittelbar über dem Steinsalzlager in einem einzigen Absatze zementiert [1]). Zu diesem Zwecke wurde nach Abb. 315 auf der Schachtsohle zunächst ein 50 cm hohes Bett von Gabbro-Kleinschlag *a* mit einem gelochten Wasserkasten *b* in der Mitte, aus dem die bereits schwach fließende Lauge weggepumpt werden konnte, eingebracht. Sodann führte man einen Mauerblock *c* hoch, in den ein 350 mm weites Mittelrohr *d* und 12 Standrohre *e* für das spätere Anbohren und Zementieren der gefährdeten Schicht eingemauert wurden. Durch das Mittelrohr wurde, nachdem man den Schacht des Gegendrucks wegen mit Wasser gefüllt hatte, zunächst der Gabbro-Kleinschlag über der Schachtsohle zementiert. Nach Sümpfung des Schachtes bohrte man durch die Standrohre *e* den Trümmergips an, der bei dem Zementieren ganz gewaltige Zementmengen aufnahm. Wie später festgestellt wurde, fanden sich offene Hohlräume nur zwischen 208,3 und 211,4 m Teufe. Auf diese geringe Höhe wurden aber insgesamt 120000 Sack Zement, dem man zur Verlängerung noch große Mengen Pochsand beigemischt hatte, aufgenommen. Der gesamte so verfüllte Hohlraum wurde auf etwa

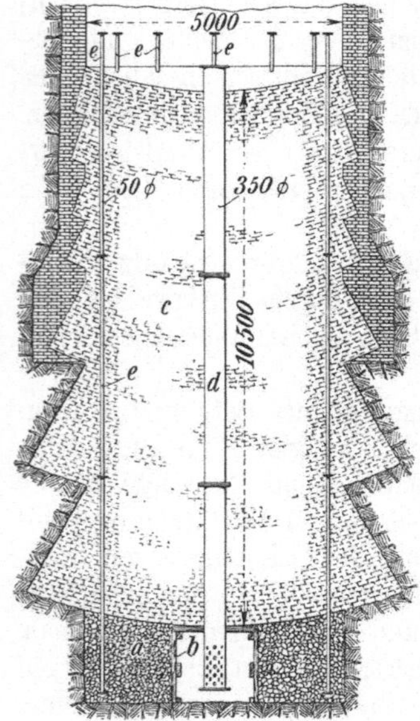

Abb. 315. Gemauerter Schachtpfropfen.

4000 m³ berechnet. Die schwierigen Arbeiten hatten vollen Erfolg.

Nach den im Ruhrbezirk in den letzten Jahren gemachten Erfahrungen kann man annehmen, daß durch das Zementieren das Schachtabteufen um 500—1000 RM. je Meter verteuert wird.

Insgesamt läßt sich über Leistungen und Kosten sagen, daß das Verfahren bisher unter verschiedenen Umständen und örtlichen Verhältnissen mit mehr oder minder gutem Erfolge ausgeführt worden ist, daß es aber unmöglich scheint, allgemeingültige Angaben zu machen, die auch nur annähernd für alle Verhältnisse zuträfen.

119. — Das Zementierverfahren von François. Allgemeines. Der Belgier François hat ein Verfahren angegeben[2]), mittels dessen eine bis zu einem gewissen Grade erfolgreiche Zementierung poröser Sandsteine, wie sie namentlich in der Buntsandsteinformation vorkommen, möglich ist. François bereitet die sonst schlecht zementierfähigen Sandsteine dadurch vor, daß er in sie chemische Lösungen zum Zwecke der Erzielung eines kolloidalen Niederschlags einführt. Als Lösungen benutzt er Aluminiumsulfat einerseits und Natriumsilikat anderseits. Das sich beim Zusammentreffen

---

[1]) Kali 1930, S. 33; C. Erlinghagen jun.: Neuere bergmännische Zementierarbeiten usw.

[2]) DRP. 323412. Das Verfahren wird ausgeführt von den Firmen Procédés de Cimentation „François", Paris, und The François Cementation Co., Ltd., Doncaster, — vgl. Coll. Guardian 1930, Nr. 3036, S. 507; Atherton: Cementation applied to Mining.

bildende unlösliche Aluminiumsilikat soll selbst nicht in erster Linie abdichtend und verstopfend wirken, obwohl dieser Erfolg in den feinsten Haarrissen und Poren zum Teil eintritt, sondern soll gleichsam als Schmiermittel der Zementmilch den Weg bereiten, ihr das Eindringen erleichtern und den Niederschlag und das Haften des Zements begünstigen. Die tatsächlichen Erfolge zeigen, daß auf diese Weise mindestens zum Teil das Ziel erreicht wird.

Das Abteufen wird in einzelnen Absätzen durchgeführt. Die Höhe der Absätze ist einer seits von der erzielbaren Bohrlochtiefe — etwa 35 m — und anderseits von dem Erfolge in der Abschließung des Wassers abhängig, da im Tiefsten des Abteufabsatzes die Wasserzugänge die Pumpenleistung nicht überschreiten dürfen. Der endgültige Wasserabschluß erfolgt sodann durch einen dem Verfahren angepaßten Schachtausbau.

In den meisten Fällen hat man einen aus stahlbewehrtem Stampfbeton bestehenden Ausbau angewandt, der am äußeren Umfange durch eine Blechverkleidung gegen das an den Schachtstößen herabrieselnde Wasser geschützt wird (Abb. 316).

120. — Erfolge. Leistungen. Kosten[1]).
Nach dem Verfahren sind bereits insgesamt über 30 Schächte bis zu Teufen von etwa 300 m mit Durchmessern bis zu 7 m niedergebracht worden. Davon entfallen allein 18 auf die Grafschaft Yorkshire in England. In neuerer Zeit ist das François-Verfahren beim Abteufen zweier Schächte bei Forschweiler in Lothringen angewandt worden. Insbesondere hat zumeist die erzielte Wasserdichtigkeit der fertigen Schächte befriedigt, da die nach Vollendung des Ausbaues verbliebenen Wasserzugänge auf der ganzen Schachthöhe vielfach nur 5—10 l/min betrugen. Gußringausbau pflegt größere Undichtigkeiten zu besitzen. Auch die Stand-

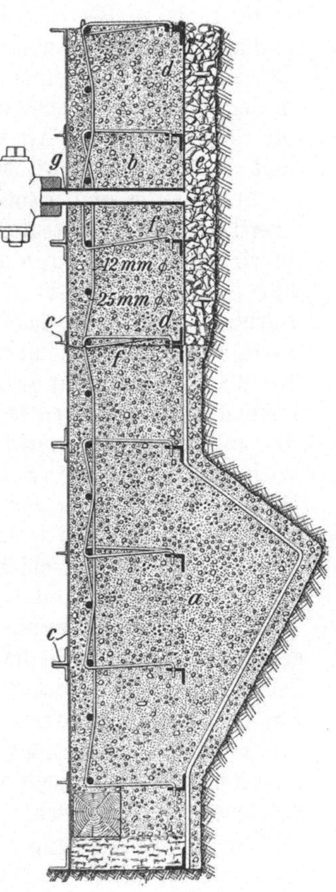

Abb. 316. Schachtauskleidung von François.

festigkeit und Dauerhaftigkeit des Ausbaues haben bisher zu keinerlei Bedenken Anlaß gegeben. Weniger befriedigend sind die Abteufleistungen, die insgesamt bei glattem Verlauf der Arbeiten nur etwa 0,3—0,6 m je Arbeitstag betrugen. Auch die Kosten sind entsprechend der geringen Leistung verhältnismäßig hoch. Sie sind zwar bei ungestörtem Verlauf der Arbeiten geringer als die des Gefrierverfahrens mit nachfolgendem Gußringausbau; immerhin werden sie gegenüber diesem auf etwa 70—80% zu veranschlagen sein.

---

[1]) Rev. d. l'ind. min. 1927, Nr. 165, S. 451; Arguillère: Cimentation des grès vosgiens; — ferner Ann. d. min. de Belgique 1927, 4. livr. S. 1157; Viatour: Application de la cimentation dans le creusement d'un puits.

VII. Vergleichender Rückblick auf die Anwendbarkeit der verschiedenen besonderen Abteufverfahren[1]).

121. — Allgemeines. Schächte bis 30 m Teufe. Bereits in Ziff. 2 dieses Abschnittes ist gesagt, daß das gewöhnliche Abteufverfahren stets in erster Linie in Betracht kommen wird und daß nur allzu starke Wasserzuflüsse dazu zwingen können, auf die sonstigen Verfahren zurückzugreifen. Bei der Wahl des einen oder anderen Verfahrens sind in erster Linie die Teufe, in der die wasserführenden Schichten auftreten, die voraussichtlichen Kosten, die Schnelligkeit des Abteufens oder die Leistungen und die Wahrscheinlichkeit des Gelingens entscheidend.

Sehr häufig sind besonders wasserreiche Schichten nahe unter der Tagesoberfläche zu durchteufen. Handelt es sich dabei nur um wenige Meter, so wird das **Abspunden** des Schachtes sich in der Regel am billigsten stellen. Für Teufen von 15—20 m ist es mit großer Aussicht auf Erfolg anzuwenden. Darüber hinaus wird das Gelingen zweifelhaft. Das **Grundwasser-Absenkungsverfahren** ist noch wenig erprobt; immerhin wird es für Teufen von 10—15 m in Betracht gezogen werden können. **Druckluftsenkschächte** können bei schwierigen Deckgebirgsverhältnissen empfehlenswert sein, wenn der anzuwendende Druckluftüberdruck 2 bis 3 at nicht übersteigt. Das **gewöhnliche Senkschachtverfahren** wird bis etwa 30 m Teufe noch gut in Wettbewerb mit den übrigen Schachtabteufverfahren treten können, namentlich wenn die wasserführenden Schichten auf einer söhlig gelagerten wasserstauenden Tonschicht ruhen, so daß der Wasserabschluß nach unten hin keine Schwierigkeiten macht.

122. — Tiefere Schächte. Für Teufen über 30 m scheiden aber die vorgenannten Verfahren in der Regel aus. Alsdann stehen als Ersatz des gewöhnlichen Abteufens für lockeres Gebirge das **Gefrier-** und das **Honigmannsche Schachtbohrverfahren** und für **festes** Gebirge das **Gefrier-** und das **Versteinungsverfahren** zur Verfügung. Neben den schon genannten Gesichtspunkten kommt hier noch die Rücksicht auf die Größe des erzielbaren Schachtdurchmessers in Betracht.

Was die Kosten und Leistungen betrifft, so mag darüber für Schächte von etwa 6 m lichtem Durchmesser die Zahlentafel auf S. 277 einen ungefähren Überblick geben.

Das **Honigmannsche Schachtbohrverfahren** hat zwar bemerkenswerte Erfolge aufzuweisen, ohne daß es jedoch bereits zu den in jedem Falle ein sicheres Gelingen des Abteufens verbürgenden Verfahren gehört. Die besten Vorbedingungen für den Abteuferfolg scheint vorwiegend sandiges Gebirge zu bieten. In günstigen Fällen sind die Leistungen mit etwa 10 bis 20 m monatlich recht befriedigend. Wo die Verhältnisse günstig liegen, verdient jedenfalls das Verfahren ernsthaft in Berücksichtigung gezogen zu werden. Nachteilig ist, daß die Schwierigkeiten mit größeren Schachtdurchmessern wachsen. Einen lichten Schachtdurchmesser von 5.2 m hat man

---

[1]) Kohle und Erz 1929, Sp. 571; W. Schulz: Neuere Erfahrungen beim Schachtabteufen.

bisher nicht überschritten. Die Kosten bleiben bei geringen Teufen etwas unter denen des Gefrierverfahrens.

Das Gefrierverfahren ist hinsichtlich der Leistungen und Kosten von mittleren Teufen an dem Schachtbohrverfahren überlegen. Für das Gefrierverfahren spricht insbesondere, daß es von der Art des Gebirges nur in geringem Grade abhängig ist. Es ist ferner hervorzuheben, daß das Gefrierverfahren mit verhältnismäßig nur wenig Fehlschlägen zu rechnen gehabt und in den weitaus

Schacht-teufen m	Gefrierverfahren		Versteinungs-verfahren [1])		Honigmannsches Bohrverfahren	
	Kosten je 1 m [2]) RM.	Monatliche Leistungen m	Kosten je 1 m [3]) RM·	Monatliche Leistungen m	Kosten je 1 m [4]) RM.	Monatliche Leistungen m
100	6 000				6000	10—20
200	7 000		3000		7000	8—12
300	9 000	10—20		20—35	Für eine begründete Schätzung liegen noch nicht genügende Erfahrungen vor.	
400	12 000					
500	14 000		5000			
600	17 000					

[1]) Im Mergel, unter den Verhältnissen des Ruhrbezirks.

[2]) Mit einfachem Gußringausbau. Verstärkter Ausbau erhöht die Kosten entsprechend.

[3]) Mit Betonausbau bei günstigem Verlauf der Arbeiten.

[4]) Mit Stahlausbau und Betonierung.

meisten Fällen zum Ziele geführt hat. In seiner heutigen Ausgestaltung kann es nach menschlichem Ermessen als durchaus sicher angesehen werden. Ein besonderer Vorteil des Gefrierverfahrens ist weiter, daß der Schachtdurchmesser beliebig gewählt werden kann. Alle diese Vorteile haben ihm eine steigende Beliebtheit in den letzten Jahren verschafft. Freilich wachsen die Schwierigkeiten mit zunehmender Teufe schnell. Immerhin hat man bereits Teufen über 600 m erreicht (s. S. 228), und es ist anzunehmen, daß man damit noch nicht an der Grenze des Möglichen steht.

Das Versteinungsverfahren schließlich hat den Vorzug, sehr vielseitig zu sein und die verschiedensten Anwendungsmöglichkeiten zu gestatten. Es versagt freilich meistens, wenn es sich um toniges, schlammiges Gebirge oder Schwimmsand handelt. Wo es anwendbar ist, besitzt es eine Reihe besonderer Vorzüge. Die zu treffenden Einrichtungen sind einfach, billig und schnell zu beschaffen. Auch verläuft das Verfahren selbst verhältnismäßig schnell, da nur wenige Tage zum Erhärten des Zements in den Gebirgsspalten notwendig sind. Als günstige Nebenwirkung stellt sich heraus, daß das Gebirge ebenso wie die Schachtwandung befestigt und gesichert wird. Ganz besonders dann wird das Verfahren mit Vorteil anwendbar sein, wenn es sich darum handelt, in festem, geschlossenem Gebirge einzelne wasserführende Klüfte zu schließen oder eine nicht allzu mächtige, wasserführende Schichtengruppe zu überwinden,

Förderung.

I. Allgemeine Erörterungen.

1. — Einleitung. Die Förderung umfaßt alle Einrichtungen, Anlagen und Vorkehrungen, die der Fortbewegung der gewonnenen Mineralien vom Abbaustoß bis zum Eisenbahnwagen, Lastwagen oder Pferdefuhrwerk dienen, einschließlich der Fortbewegung des unhaltigen Haufwerks und umgekehrt die für den Grubenbetrieb erforderlichen Maschinen, Werkstoffe und Hilfsmittel (Grubenholz, Versatz, Ziegel und Mörtel, Schienen, Rohre usw.) in die Baue bringen sollen.

Hier soll nur die Grubenförderung — d. h. die Förderung zwischen Abbau und Hängebank — besprochen, die an der Hängebank ihren Ausgangspunkt nehmende Tagesförderung dagegen nur so weit erwähnt werden, als es ihre Beziehungen zur Grubenförderung erfordern.

Auch für die Förderung gilt, daß sie von ganz besonderer Bedeutung für den Steinkohlenbergbau ist. Nicht nur die großen Fördermengen sind hier zu nennen, sondern auch ihre immer mehr zunehmende Zusammendrängung auf eine verhältnismäßig kleine Zahl von Schachtanlagen, woraus sich dann lange Förderwege unter Tage ergeben. Außerdem stellt die Förderung der Versatzberge, mögen sie nun im Grubenbetriebe selbst gewonnen oder vom Tage her eingehängt werden, erhebliche Aufgaben, die großenteils auch auf dem Gebiete der zweckmäßigen Betriebsgestaltung liegen. Die meisten Gruben haben also große Förderleistungen zu verzeichnen, und kleine Ersparnisse, die im einzelnen durch Verbesserungen erzielt werden, machen für sie bedeutende Gesamtbeträge aus, die hier um so mehr ins Gewicht fallen, als der verhältnismäßig geringe Wert des Fördergutes keine große Belastung zuläßt. Erschwerend tritt in vielen Fällen noch die Notwendigkeit hinzu, das Fördergut möglichst sanft zu behandeln, um die Entwertung durch Zerkleinerung und die Staubentwicklung zu verringern.

2. — Grundsätzliches über Förderverfahren. Nach der Art des Fördervorgangs können bei allen Förderverfahren grundsätzlich die beiden Hauptgruppen der Dauerförderer und der Pendelförderer unterschieden werden[1]). Bei den Dauerförderern vollzieht sich der Fördervorgang gleich-

---

[1]) G. v. Hanffstengel: Die Förderung von Massengütern (Berlin, Springer), 2. Bd., 3. Aufl., 1926/29; — ferner H. Aumund: Hebe- und Förderanlagen (Berlin, Springer), 1. Bd., 1916.

förmig und in stets gleicher Richtung, wogegen er bei den Pendelförderern in eine Anzahl einzelner Förderabschnitte mit jeweils wechselnder Richtung zerlegt wird.

Bei den Dauerförderern können noch 2 Hauptgruppen unterschieden werden, nämlich

1. die Stromförderer, die das Fördergut auf einer Unterlage in gleichmäßigem Strom bewegen; zu ihnen gehören die Rutschen-, Band-, Kratzband- und Bremsförderer, die mit einem Wasser- oder Luftstrom (z. B. beim Spül- oder Blasversatz) arbeitenden Fördermittel u. a.,

2. die Förderer mit endlosem Zugmittel (Seil oder Kette), an dem in regelmäßigen Abständen Förderwagen oder -gefäße befestigt werden, wie u. a. Becherwerke, Seil- und Kettenbahnen.

Bei den Pendelförderern sind noch zu unterscheiden solche, die nur mit je einer Fördereinheit arbeiten (Blindschacht-, Bremsberg- und Schachtförderung), wobei diese Einheit ein Gestell, ein Gefäß, ein Wagen usw. sein kann, und solche, bei denen die Förderleistung je nach Bedarf auf eine größere oder geringere Zahl von Einheiten verteilt wird (Schlepper-, Pferde- und Lokomotivförderung). Bei der ersten Gruppe kann noch die ein- und zweitrümmige Förderung unterschieden werden, je nachdem die einzelnen „Treiben" oder „Förderspiele" nacheinander oder gleichzeitig volle und leere Einheiten bewegen.

Aus der Eigenart der beiden Hauptgruppen ergeben sich weiter folgende Besonderheiten: Bei den Dauerförderern fallen im Gegensatz zu den Pendelförderern die Kraftverluste durch Beschleunigung und Verzögerung fort (abgesehen von Betriebsunterbrechungen), und die Leistungsfähigkeit der Fördervorrichtung ist von der Länge des Förderweges unabhängig. Anderseits ist die Dauerförderung an eine gewisse Höchstleistung und, wenn sie wirtschaftlich arbeiten soll, auch an eine gewisse Mindestleistung gebunden, sie ist also starrer und weniger anpassungsfähig, wogegen die Pendelförderung sich den verschiedenen, örtlich und zeitlich wechselnden Belastungen in weit größeren Grenzen anpassen kann.

3. — **Errechnung der Förderleistung.** Für die stündliche Förderleistung Q der verschiedenen Gruppen ergibt sich folgendes:

Bei der Stromförderung hängt sie lediglich vom Füllquerschnitt F des Bandes usw., der Geschwindigkeit w des Fördergutes und seinem Schüttgewicht γ ab, es ist nämlich

$$Q = 3600 \cdot F \cdot w \cdot \gamma.$$

Bei den Förderern mit endlosem Zugmittel ist die Nutzlast N der einzelnen Fördergefäße, ihr Abstand a und die Geschwindigkeit w des Zugmittels maßgebend; die Leistung ergibt sich, da $\dfrac{a}{w}$ die Zeitspanne ist, in der je eine Einheit an der Endstelle ankommt, zu

$$Q = \frac{3600 \cdot N}{\dfrac{a}{w}} = \frac{3600 \cdot w \cdot N}{a}.$$

Die Leistung der Pendelförderer hängt von dem Nutzinhalt der einzelnen Fördereinheiten und der Zahl der Treiben je Stunde ab; letztere ergibt sich wiederum aus der Länge L des Förderweges, der Durchschnittsgeschwindigkeit w und der Dauer t der Pausen zwischen zwei Treiben. Es ist also bei zweitrümmiger Förderung

$$Q = \frac{3600 \cdot N}{\dfrac{L}{w} + t}$$

und bei eintrümmiger Förderung

$$Q = \frac{3600 \cdot N}{2\left(\dfrac{L}{w} + t\right)}.$$

Dabei gilt für die Menschen-, Pferde- und Lokomotivförderung, wenn man nur die Förderung zum Schachte berücksichtigt, immer die Gleichung für die eintrümmige Förderung.

Beispiele: Eine Bandförderung leistet bei einer Bandgeschwindigkeit von 1,2 m/s = 120 cm/s, einem durchschnittlichen Querschnitt des auf dem Bande liegenden Förderguts von 350 cm² und einem Schüttgewicht des Förderguts von 1,3 g/cm³ stündlich

$$Q = \frac{3600 \cdot 120 \cdot 350 \cdot 1,3}{1000} = 197\,000\,\text{kg} = 197\,\text{t}.$$

Die Stundenleistung einer Förderung mit Seil ohne Ende beträgt, wenn je 2 Wagen mit je 800 kg Nutzlast gleichzeitig angeschlagen werden, bei einer Seilgeschwindigkeit von 0,8 m und einem Wagenabstande von durchschnittlich 18 m

$$Q = \frac{3600 \cdot 0,8 \cdot 2 \cdot 800}{18 \cdot 1000} = 256\,\text{t}.$$

Eine Lokomotive kann, wenn sie Züge von 50 Wagen mit je 800 kg = 0,8 t Nutzlast mit einer Durchschnittsgeschwindigkeit von 2,5 m fährt, die Länge des Förderweges 2000 m beträgt und an den Endstellen jedesmal eine Pause von 10 min = 600 s erforderlich wird, eine Stundenleistung erzielen von

$$Q = \frac{3600 \cdot 50 \cdot 0,8}{2\left(\dfrac{2000}{2,5} + 600\right)} \sim 51,4\,\text{t}.$$

Für eine zweitrümmige Schachtförderung mit einer Nutzlast von 6,4 t (8 Wagen zu je 800 kg) ergibt sich bei einer Schachtteufe von 550 m, einer Durchschnittsgeschwindigkeit von 12,5 m und einem Zeitbedarf von 40 s an den Anschlägen die Stundenleistung zu

$$Q = \frac{3600 \cdot 6,4}{\dfrac{550}{12,5} + 40} = \sim 274,3\,\text{t}.$$

4. — Überblick über die Grubenförderung. Die Einteilung der Grubenförderung im einzelnen ergibt sich zunächst aus ihrer verschiedenen Richtung, da die Fördereinrichtungen ganz verschiedenartige werden, je nachdem es sich um die Fortschaffung der Massen auf söhliger oder annähernd söhliger Bahn oder nach oben oder unten in schräger oder seigerer Richtung handelt. Eine andere Unterteilung erhält man, wenn man nach den Räumen, in denen die Förderung vor sich geht, die Abbaustrecken-, Zwischensohlen- (Blindschacht-, Bremsberg-, Bandberg-) sowie die Hauptstrecken- und Schachtförderung unterscheidet. Diese Reihenfolge entspricht dem Wege der zu fördernden Mineralien bis zur Erdoberfläche.

Die im Abbau anwendbaren Fördermittel kommen zum Teil auch für Abbaustrecken, zuweilen auch für Hauptstrecken in Betracht. Anderseits findet man in Hauptstrecken Förderverfahren, die mit Abwandlungen auch in Abbaustrecken verbreitet sind und bei flacher Lagerung und genügenden Abmessungen der Räume auch im Abbau eingesetzt werden können. Schließlich weisen die Blindschacht- und die Hauptschachtförderung viele verwandte Züge auf.

Unter Berücksichtigung des Einsatzes der einzelnen Förderverfahren in den verschiedenen Grubenbauen vom Abbau bis zur Hängebank ergibt sich somit eine Einteilung der Grubenförderung wie folgt:

1. Die Förderung in geneigten und söhligen Grubenbauen mit Hilfe von Stromförderern, bei denen das Fördergut auf einer Unterlage bewegt wird,
2. die schienengebundene Wagenförderung in söhligen Strecken und
3. die in seigerer oder geneigter Richtung vor sich gehende Förderung in Blindschächten, Bremsbergen und Hauptschächten.

Die Förderung in geneigten und söhligen Grubenbauen mit Hilfe von Stromförderern umfaßt den weitaus größten Teil der Abbauförderung (Förderung im Abbaubetriebspunkt, wie Streb, Pfeiler, Kammer usw.), die Förderung in Auf- und Abhauen sowie in Gesteinsbergen und einen Teil der Abbaustreckenförderung. Als Fördermittel gehören hierzu neben den festen Rutschen die Schüttelrutschen, die Gurt- und Stahlgliederbänder, die Kettenförderer und die Bremsförderer.

Ihr Antrieb geschieht, falls eine hin- und hergehende Bewegung des Fördermittels wie bei der Schüttelrutsche bewirkt werden soll, durch Druckluftkolbenmotore oder weniger häufig durch Elektromotore, die nur eine Drehbewegung erzeugen können, die erst durch ein besonderes Vorgelege in eine hin- und hergehende umgewandelt werden muß. Bei den übrigen Stromförderern, wie den verschiedenen Band- und Bremsförderern, kommt nur eine Drehbewegung als Antrieb in Betracht. Bei Druckluft dienen hierzu die Pfeilrad-, Schrägzahn- und Gradzahnmotore, bei Elektrizität der Käfigläufermotor. In jedem Fall ist noch ein Übersetzungsgetriebe zur Herabsetzung der Drehzahl erforderlich.

Auch Pendelförderer werden in Gestalt von Schrappern im Abbau, insbesondere im Kali- und Salzbergbau, untergeordnet auch im Erzbergbau, selten im Kohlenbergbau angewandt. Sie sind in Band I in Zusammenhang mit den maschinenmäßigen Ladevorrichtungen besprochen worden.

Die schienengebundene Wagenförderung in söhligen Strecken umfaßt die gesamte Hauptstreckenförderung, die Abbaustreckenförderung, soweit sie nicht durch Stromförderer erfolgt, und bei flachgelagerten mächtigen Lagerstätten auch die Abbauförderung. Am verbreitetsten ist sie als Pendelförderung durch Lokomotiven, durch Schlepper oder Pferd oder durch das offene Seil (Schlepperhaspel z. B.). Daneben wird sie auch mit endlosem Zugmittel in Form von Seil oder Kette durchgeführt.

Eine besondere Stellung nimmt schließlich die in seigerer oder geneigter Richtung vor sich gehende Förderung in Blindschächten, Bremsbergen und Schächten ein. Hierher gehört der Hauptteil der Zwischensohlenförderung und die Hauptschachtförderung. Sie erfolgt zumeist am Seil als Pendelförderung. Aber auch Dauerförderer in Form von Stromförderern (Wendelrutsche z. B.) finden sich hier sowie Förderer mit endlosem Zugmittel (Seigerförderer, Becherwerk).

II. Die Förderung in söhligen und geneigten Grubenbauen mit Hilfe von Stromförderern.

5. — Allgemeines. Die Stromförderer spielen eine besonders große Rolle für die Abbauförderung. In zunehmendem Maße finden sie auch in Abbaustrecken Verwendung sowie in Auf- und Abhauen und sonstigen einfallenden Grubenbauen.

Die Abbauförderung umfaßt die Förderung des gewonnenen Gutes vom Abbaustoß bis zur nächsten Förderstrecke. Sie hat mit der fortschreitenden Entwicklung der Technik in erster Linie beim Steinkohlenbergbau mit seinen schwierigen Lagerungsverhältnissen und seinen großen Fördermengen sowie beim Salzbergbau und Braunkohlentiefbau, in geringerem Maße auch im Erzbergbau, zu besondern Maßregeln geführt.

Im Steinkohlenbergbau wurden besondere Fördervorrichtungen zunächst für solche Flöze entwickelt, die so flach gelagert sind, daß die gewonnene Kohle nicht mehr von selbst auf dem Liegenden bis in den Ladekasten des Abbaus rutschen kann, und zugleich so wenig mächtig sind, daß Förderwagen im Abbauraum keinen Platz haben. Später erst, und zwar ungefähr vom Jahre 1931 an, ging man dazu über, auch für die halbsteile Lagerung besondere Fördervorrichtungen vorzusehen, deren Verwendung auch auf die steile Lagerung übergreift. Die Entwicklung zu Großabbaubetriebspunkten und damit die Betriebszusammenfassung in der flachen und halbsteilen Lagerung wurde erst durch die Lösung des Förderproblems möglich. In der steileren Lagerung führte sie zugleich zu einer Verminderung der Gefährdung der Belegschaft durch Kohlenfall, einer Verringerung der Belästigung durch Staubbildung sowie einer größeren Schonung der Kohle.

Bei der Ausbildung der Fördermittel ist im allgemeinen nicht nur auf die Förderung des nutzbaren Minerals, sondern auch auf die Förderung von Bergeversatz Rücksicht zu nehmen.

Die Abbaustreckenförderung umfaßt die Förderung in den Abbaustrecken, Grundstrecken, Teilsohlenstrecken, Gezeug- oder Feldortstrecken. Sie beginnt mit der Übernahme des Fördergutes aus dem Abbau (z. B. an der Ladestelle) und endet mit der Übergabe an die Zwischensohlenförderung oder — falls diese fehlt — mit der Übergabe an die Hauptstreckenförderung. Umgekehrt ist es beim Bergeversatz. Hier beginnt sie bei der Übernahme des Bergeversatzgutes von der Zwischensohlen- oder Hauptstreckenförderung und endet mit der Übergabe an die Abbauförderung. Bis vor kurzem kam für die Abbaustrecken nur die Wagenförderung in Betracht. Mit der Einführung des Förderbandes in seinen verschiedenen Abarten in den Grubenbetrieb sowie mit der Zunahme der zu bewältigenden Fördermengen haben auch die Stromförderer — im Steinkohlenbergbau in erster Linie in der flachen Lagerung — Eingang gefunden.

6. — Die Förderung mit unbewegten (festen) Rutschen. Die geringere Reibung von Kohle auf Stahl im Vergleich zu Kohle auf Gestein führte schon zu Ende des vorigen Jahrhunderts zur Verwendung feststehender Rutschen aus Stahlblech, und zwar bei einem Einfallen von 30—20°, bei dem die Kohle auf dem Liegenden nicht mehr abrutscht.

Abb. 317 zeigt eine halbkreisförmig ausgebildete feste Rutsche, die durch

Winkelstähle (*a* und *b*) versteift ist und deren 2—3 m lange Stücke an ihren Enden schuppenartig ineinandergesteckt und zusammengeschraubt werden (Stahlwerke Brüninghaus A.G. in Westhofen). Bei stärkerem Einfallen und

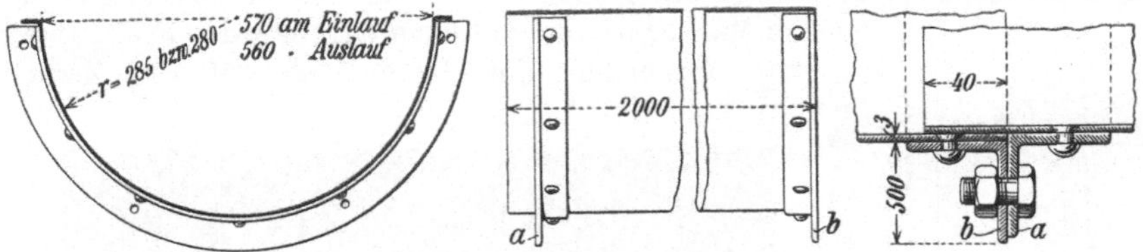

Abb. 317. Feste Blechrutsche mit Halbkreisquerschnitt.

größeren Fördermengen und, wenn der Einsatz eines Bremsförderers sich nicht lohnt — z. B. bei Überwindung einer Störung —, empfiehlt sich die Verwendung der geschlossenen Rutsche nach Abb. 318.

Wesentlich verbreiteter sind feste Rutschen von trapezförmigem Querschnitt und Winkelrutschen, erstere hauptsächlich für die Bergeförderung in der halbsteilen Lagerung und letztere für Kohlen- und auch Bergeförderung in der steilen Lagerung. Abb.319 zeigt eine trapezförmige Rutsche der Firma Riester in Bochum-Linden, bei der die Verbindung

Abb. 318.
Geschlossene Rutsche der Maschinenfabrik F.W. Moll Söhne.

durch Einfügen eines Einschlaghakens in einen Randausschnitt erfolgt. Bei der Rutsche der Firma F. W. Moll Söhne geschieht die Rutschenverbindung durch eine Kettenkupplung, wodurch zugleich eine gewisse seitliche Beweglichkeit der Rutschenbleche erreicht wird (Abb. 320 u. Abb. 321).

Eine Winkelrutsche, und zwar der Firma F. W. Moll Söhne gibt Abb. 322 wieder. Der hochstehende Schenkel liegt gegen den Ausbau nach dem Versatzfeld zu, während der andere flach auf dem Liegenden ruht, so daß die Kohle ungehindert in die Rinne gleiten kann. Die Rutsche

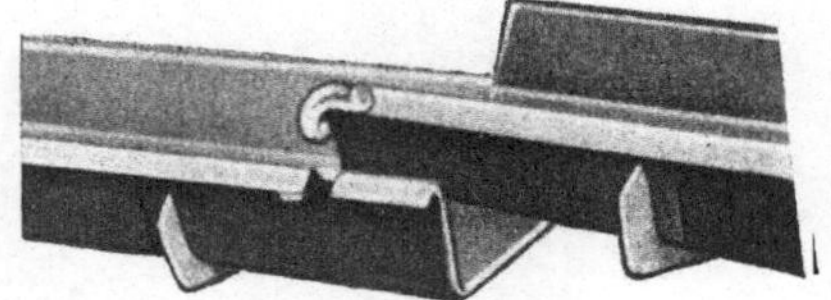

Abb. 319.
Trapezförmige Rutsche der Firma Riester.

wird in Stücken zu je 2 m geliefert, die durch Ketten miteinander verbunden werden.

Eine Sonderrutsche für Bergeversatz ist die Schlitzlutte der Firma Westfalia-Lünen (Abb. 323). Sie besteht aus luttenähnlichen, oben geöffneten 2 m langen Stücken, die ineinandergeschoben und mit Riegel und Haken verbunden werden. Sie wird im Versatzfeld aufgehängt und bewährt sich in mächtigeren Flözen. Sie erfordert gleichmäßiges Versatzgut — Waschberge

oder gebrochene Berge — und ist je nach der Versatzart bei Neigungen zwischen
40° und 20° anwendbar.

    7. — Arten der maschinenmäßigen Abbauförderung. Im Stein-
kohlenbergbau beherrscht bei einem Einfallen von 0—25° und in Flözen bis etwa
3 m Mächtigkeit die Schüttelrutsche das Feld. Ihre
erste Anwendung im Jahre 1905 auf der Zeche

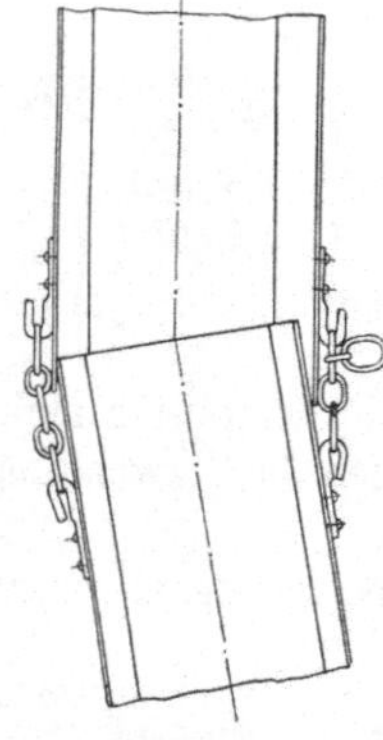

Abb. 320. Beweglichkeit
einer Rutschenketten-
verbindung.

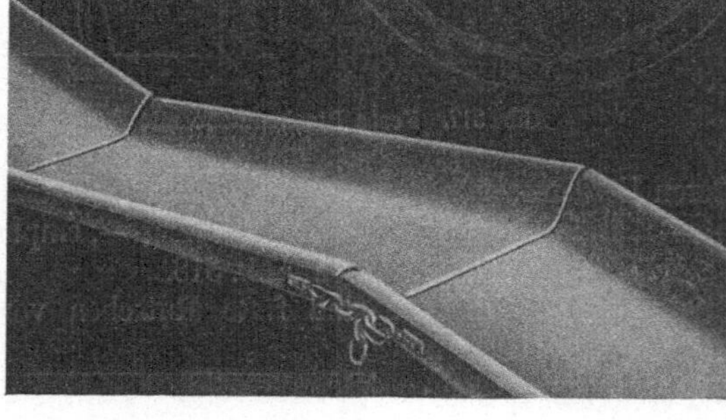

Abb. 321. Rutsche mit Kettenkupplung der Firma F. W. Moll Söhne.

Rheinpreußen ist als eine Pioniertat besonderer Bedeutung zu werten. Bei
ganz flacher Lagerung und der Bewältigung großer Fördermengen sowie bei

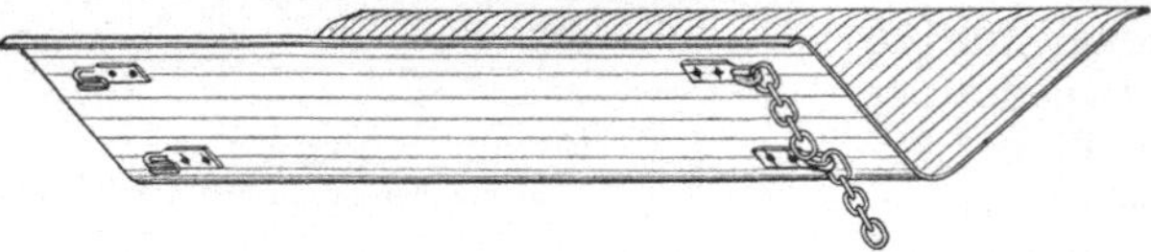

Abb. 322. Winkelrutsche für Schrägbau.

Aufwärtsförderung versagt sie jedoch. An ihre Stelle tritt dann das Band in
seinen verschiedenen Abarten, das seit 1925 in zunehmendem Maße Anwen-

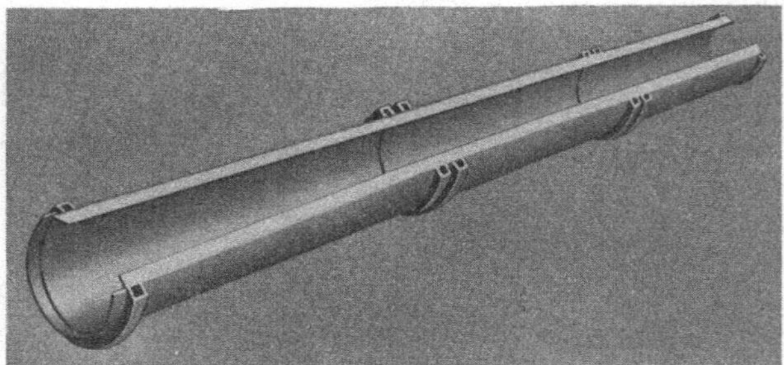

Abb. 323. Schlitzlutte für Bergeversatz der Westfalia-Lünen.

dung gefunden hat. In der halbsteilen, untergeordnet auch in der steilen
Lagerung haben die Hemmförderer raschen Eingang gefunden. Sie wurden
zuerst 1931 durch die Gewerkschaft Eisenhütte Westfalia-Lünen auf den
Markt gebracht.

Im Salzbergbau hat außer der Schüttelrutsche der Schrapper ausgedehnte Anwendung gefunden und hier insbesondere bei flacher Lagerung den Abbau beeinflußt. Im Steinkohlenbergbau ist der Schrapper dagegen eine Ausnahme und außer in Abhauen nur beim Gesteinstreckenvortrieb anzutreffen.

Im Erzbergbau hat sich die Abbauförderung vielfach noch der Mechanisierung entzogen, jedoch werden je nach dem Abbauverfahren in zunehmendem Maße Schüttelrutschen und Schrapper, seltener auch das Band angewandt.

a) Die Förderung mit Schüttelrutschen.

8. — Das Wesen des Fördervorganges beim Schüttelrutschenbetriebe[1]). Die Schüttelrutsche ist eine Förderrinne, die durch einen Motor in eine hin- und hergehende Bewegung gesetzt wird. Bei dem in der Förderrichtung erfolgenden Hingang wird dem Fördergut eine bestimmte Bewegungskraft erteilt, während beim plötzlichen Rückgang der Rutsche das Fördergut zunächst noch in der Förderrichtung um eine Strecke weitergeleitet wird, deren Länge s von der dem Körper mitgeteilten Geschwindigkeit w und der Reibung μ abhängt. Die Geschwindigkeit stellt sich wiederum dar als das Produkt aus der Beschleunigung b der Rutsche (und damit des Körpers) und der Zeit t, während deren die Beschleunigung wirkt. Die Beschleunigung berechnet sich bei dem Fallwinkel α und freiem Fall der Rutsche nach der Formel

$$b = g \cdot \sin \alpha$$

Sie beträgt bei einem Fallwinkel $\alpha = 3^0$ 0,5 m/s² und erhöht sich bei jeder Zunahme des Fallwinkels um 3^0 um den gleichen Betrag. Bei der denkbar günstigsten Bewegung setzt der selbständige Vorschub des Fördergutes auf der Rutsche in dem Augenblicke ein, wo diese durch den Gegendruck des Motors oder eines Puffers verzögert wird. Für diesen Vorschub s, der durch die Reibung gebremst wird, so daß sich eine Verzögerung b_1 bei der Bewegung des Gutes auf der Rutsche ergibt, gilt die Gleichung

$$s = \tfrac{1}{2} b_1 \cdot t^2 = \tfrac{1}{2} \cdot b_1 \cdot \frac{w^2}{b_1{}^2} = \frac{w^2}{2\,b_1}\,.$$

Hiernach ergeben sich für Fallwinkel von 3—18⁰ folgende Werte:

Fallwinkel α	Beschleunigung b	Hub der Rutsche		Endgeschwindigkeit w	Weg des Fördergutes in der Förderrichtung		
		Beschleunigungsweg (angenommen)	Auslaufweg (angenommen)		mit der Rutsche (siehe 3. Spalte)	gegen die Rutsche	insgesamt
	m/s²	cm	cm	cm/s²	cm	cm	cm
3⁰	0,5	36	2	60	36	5,2	41,2
6⁰	1,0	32	3	80	32	10,9	42,9
9⁰	1,5	28	4	92	28	17,2	45,2
12⁰	2,0	24	5	98	24	24,5	48,5
15⁰	2,5	20	6	100	20	36,4	56,4
18⁰	3,0	16	7	100	16	56,7	72,7

Diese theoretisch möglichen Vorschubleistungen werden nun tatsächlich nicht erreicht, weil

---

[1]) Glückauf 1926, S. 363; W. Stuhlmann: Untersuchungen über die Bewegungsvorgänge bei der Schüttelrutschenförderung; — ferner J. Maercks, Bergbaumechanik (Berlin, Springer), 1940.

1. der Reibungsschluß zwischen Fördergut und Rutsche nicht gleich zu Beginn der Verzögerung der Rutsche durch die Gegenwirkung des Motors, sondern erst etwas später aufhört und daher das Gut nicht mit der möglichen Höchstgeschwindigkeit seinen selbständigen Weg beginnt, und

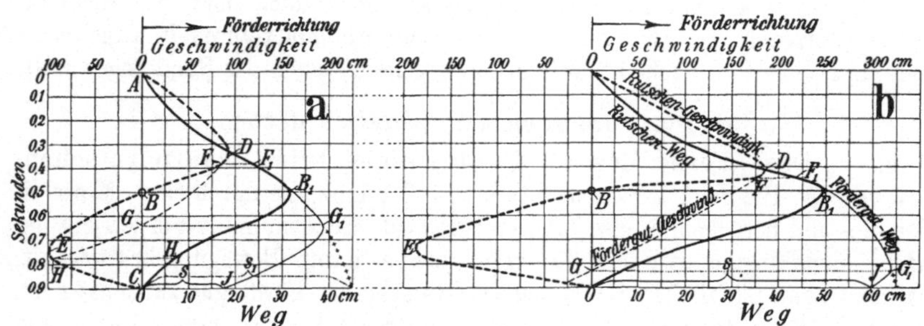

Abb. 324 a und b. Veranschaulichung der Bewegungsvorgänge bei Schüttelrutschen.
(Für a gelten die gleichen Kurvenbezeichnungen wie für b.)

2. der Rückgang der Rutsche nicht erst in dem Augenblick beginnt, wo das Gut zur Ruhe gekommen ist, sondern mehr oder weniger lange vorher, so daß das Gut wieder ein Stück Weges zurückgenommen wird.

Zwei Beispiele von Rutschenförderungen mit verschiedenem Verlauf des Bewegungsvorganges zeigt Abb. 324 a und b. Die Rutsche nebst dem Fördergut beginnt ihren Hingang bei A, erreicht in B_1 ihre äußerste Stellung im Sinne der Bewegungsrichtung und ist bei C in die Anfangslage zurückgekehrt. Auf diesem Wege nimmt die Geschwindigkeit zunächst bis zum Punkte D zu, von da aus ab, geht im Punkte B durch den Nullpunkt und wächst dann nach der anderen Seite (entsprechend dem Rückgange der Rutsche) bis zum Punkt E, um von dort wieder bis C auf Null herabzugehen. Das Fördergut macht zunächst die Bewegung der Rutsche mit, trennt sich aber von dieser bei F_1, da die ihm erteilte lebendige Kraft die Gleitreibung überwindet und seine Geschwindigkeit erst später als die der Rutsche durch den Nullpunkt G gehen läßt. Von dem diesem Punkte entsprechenden Punkte G_1 an beginnt die Rutsche das Gut wieder mitzunehmen, bis im Punkte H die Geschwindigkeit des Gutes diejenige der Rutsche wieder erreicht, d. h. im Punkte H_1 der Reibungsschluß wieder hergestellt ist. Der Rückhub des Gutes mit der Rutsche auf dem Wege G_1J ist als Verlust anzusehen. Die Strecke $s = CJ$ (in diesem Falle $= 17,5$ cm) stellt den Vorschub des Gutes je Doppelhub dar.

Abb. 324b zeigt einen günstigeren Verlauf: das Gut wird erst kurz vor dem Schluß des Rückhubes wieder durch den Reibungsschluß mit der Rutsche gekuppelt, macht also einen viel größeren selbständigen Weg, so daß der Vorschub des Gutes s wesentlich größer ($= 60$ cm) wird.

Die nur theoretisch erreichbare Höchstleistung ergibt sich dann, wenn das Gut von der Rutsche überhaupt nicht mehr zurückgenommen wird, sondern erst in dem Augenblick zur Ruhe kommt, in dem die Rutsche den oberen Umkehrpunkt erreicht hat (vgl. die Kreuzchenlinien in der Abbildung).

Dem Förderwege s_1 nach Abb. 324a kann der Fördervorgang um so mehr genähert werden, je stärker der der Rutsche erteilte Stoß und je geringer die gleitende Reibung zwischen Gut und Rutsche ist. Jedoch muß man sich bei der Bemessung des Rückstoßes in gewissen Grenzen halten, da eine starke Verzögerung nicht nur einen kräftigen Motor mit entsprechend höherem Luftverbrauch verlangt, sondern auch den ganzen Rutschenstrang entsprechend stärker beansprucht. Die Reibung kann man bei gegebenem Fördergut verringern durch eine glatte Rutschenoberfläche (Verwendung verzinkter oder emaillierter Rutschen) und durch entsprechende Verlagerung der Lauffläche für die Rutschenrollen. Bleibt nämlich die Rutsche während ihrer Bewegung in derselben Ebene (Abb. 325a), so bleibt der Auflagedruck zwischen Gut und Rutsche und damit die Reibung unbeeinflußt. Hebt sich dagegen die Rutsche während des Hinganges vom Liegenden ab (um das

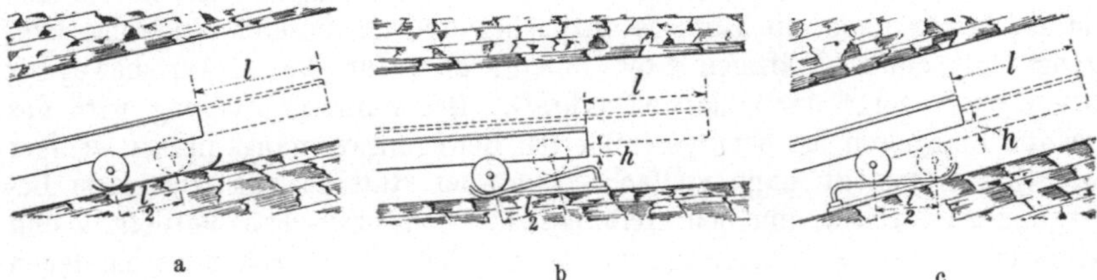

Abb. 325 a—c. Verschiedene Möglichkeiten der Rutschenbewegung.

Stück h, Abb. 325c), so nimmt der Reibungsschluß in erwünschter Weise während des Hinganges zu und tritt während des Rückganges, wo die Rutsche gewissermaßen unter dem Gut weggezogen wird, erst verspätet wieder ein; dadurch wird dem Gut eine gewisse hüpfende Bewegung erteilt, die es zeitweise von der Rutsche völlig loslösen kann. Anderseits hat aber diese Anordnung wieder den Nachteil, daß sie die günstige Wirkung des Einfallens abschwächt und überhaupt erst von einem gewissen Fallwinkel ab möglich wird. Daher zieht man in der Regel die Verlagerungen nach Abb. 325a und b vor, wobei die schräge Lauffläche nach Abb. 325b noch den Vorteil bietet, daß sie (bei besonders geringer Neigung) für den Hingang die Schwerkraft zu Hilfe nimmt, da die Rutsche nicht nur entsprechend dem Fallwinkel, sondern auch noch durch den Winkel der Lauffläche (entsprechend der Strecke h) nach unten gezogen wird. Der Forderung einer gewissen Loslösung des Gutes von der Rutsche kann man bei dieser Anordnung dadurch Rechnung tragen, daß man der Laufbahn am vorderen Ende noch ein steil ansteigendes Stück anfügt.

Von besonderer Bedeutung für die Verringerung der Reibung ist der Neigungswinkel, mit dessen Anwachsen die auf das Fördergut beschleunigend wirkende Schwerkraft ständig zu-, der die Reibung erzeugende Auflagedruck ständig abnimmt. Sein Einfluß geht aus der Zahlentafel auf S. 285 deutlich hervor.

Die Bedeutung des Reibungswiderstandes ergibt sich aus der nachfolgenden Zusammenstellung für die verschiedenen Vorschublängen je Hub, die gleichzeitig die jeweilige Beschaffenheit des Fördergutes berücksichtigt:

Vorschublängen je Hub für verschiedene Reibungszahlen μ nach Stuhlmann.
(Entsprechend den Unterlagen der Zahlentafel auf S. 285.)

Fallwinkel α	Rutsche verzinkt		Rutsche unverzinkt		
	trockene Stückkohle	trockene Förderkohle	trockene Förderkohle oder feuchte Stückkohle	feuchte Feinkohle	feuchte Waschberge
	$\mu = 0{,}2$ cm	$\mu = 0{,}3$ cm	$\mu = 0{,}45$ cm	$\mu = 0{,}6$ cm	$\mu = 0{,}8$ cm
3⁰	12,2	7,4	4,6	3,4	2,5
9⁰	98,0	30,0	14,6	9,7	6,7
15⁰	—[1])	124,0	26,7	15,0	9,4

[1]) Reibungswinkel überschritten.

Bei genügendem Einfallen des Flözes kann die Tätigkeit des Motors sich darauf beschränken, die Rutsche anzuheben und am unteren Ende des Hingangs mit einem kräftigen Stoß aufzufangen; für die Abwärtsbewegung der Rutsche sorgt dann die Schwerkraft. Bei stärkerer Neigung wird das genaue Innehalten des oben geschilderten Bewegungsvorgangs immer weniger wichtig; es genügt dann vielfach schon, der Rutsche eine rüttelnde Bewegung zu erteilen, um den Reibungswiderstand zwischen Fördergut und Rutsche so weit zu verringern, wie es bei der an sich schon vorhandenen Neigung des Gutes zum Rutschen überhaupt noch erforderlich ist. Die bei söhliger Bewegung scharf abgesetzte Fortbewegung des Gutes in einzelnen Stößen geht dann immer mehr in ein gleichmäßiges Gleiten über.

Je flacher dagegen das Einfallen wird, um so mehr wird eine Mitwirkung des Motors auch für die Hingangsbeschleunigung erforderlich, wenn ausreichende Förderleistungen erzielt werden sollen. Doch läßt sich hier auch durch eine zweckmäßige Verlagerung oder Aufhängung der Rutsche die Wirkung der Schwerkraft verstärken und der Motor entlasten.

Für die Belastung des Rutschenstranges ist noch zwischen Kopf- und Seitenbeschickung zu unterscheiden. Bei der Kopfbeschickung, wie sie beim Hochbringen von Überhauen oder bei schwebend geführtem Abbau eintritt, ist der Querschnitt der Rutsche über die ganze Länge des Rutschenstranges gleichmäßig gefüllt, wogegen bei der Seitenbeschickung (beim streichenden Abbaubetrieb) die Füllung vom oberen nach dem Austragende hin fortgesetzt zunimmt. Infolgedessen liegt der Schwerpunkt des Rutschenstranges rechnungsmäßig bei Kopfbeschickung in der Mitte, bei Seitenbeschickung tiefer. Die Förderleistung ist aber bei gleichem Rutschenquerschnitt und voller Füllung am Austragende die gleiche, weil sie nur vom austragenden Querschnitt abhängt und die ungünstige Ausnutzung des Rutschenquerschnitts bei Seitenbeschickung dadurch wieder ausgeglichen wird, daß das Fördergut hier im Durchschnitt nur den halben Weg zurückzulegen hat.

9. — **Ausführung der Rutschen selbst.** Während man anfangs Rutschen von halbkreisförmigem Querschnitt verwendete, ist man bald allgemein zu Rutschen mit flach-trapezförmigem Querschnitt übergegangen. Man kann nämlich diese in sehr geringer Höhe mit genügend großem Fassungsraum bauen, und die Reibung wird wesentlich verringert, indem das Fördergut sich in einer flachen Schicht ausbreiten kann und die Reibung zwischen

Fördergut und Blech großenteils an die Stelle der Reibung zwischen den einzelnen Stücken gesetzt wird. Daher verdient der trapezförmige Querschnitt auch vor dem rechteckigen den Vorzug, bei dem das Fördergut sich in den Ecken staut.

Die Abmessungen sind heute durch die Normung festgelegt; Abb. 326 zeigt vier verschiedene Größen für Schüttelrutschen nach DIN Berg 900. Die

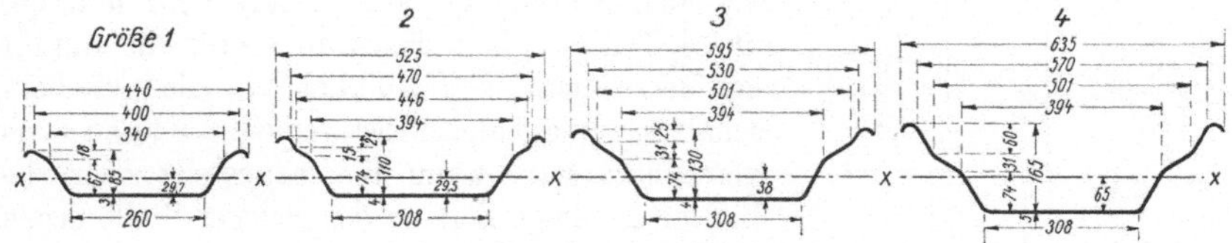

Abb. 326. Genormte Rutschenquerschnitte.

Füllquerschnitte, Längen und Gewichte je lfd. Meter Rutschenblech ergeben sich aus der nachstehenden Zahlentafel. Die Rutschen werden in Stahl 37,22 oder 42,22 mit Blechstärken bis 4,75 mm oder über 4,75 mm ausgeführt.

Größe	Füllquerschnitt in cm²	Blechabmessungen in mm		Gewicht für Rutschenblech
		gestreckte Breite	Schußlänge	kg/m
1	275	520	3000	12
2	420	640	und	20
3	530	710		22
4	720	810	4000	31

Die Länge der einzelnen Rutschenstücke (auch Rutschenschüsse genannt) beträgt 3 und 4 m, jedoch ist, um eine schnelle Auswechselbarkeit zu ermöglichen, darauf zu achten, daß in dem gleichen Betriebspunkt nur Rutschen von derselben Länge benutzt werden. Größere Längen als 3—4 m empfehlen sich nicht, da sonst das Umlegen der Rutschen von einem Feld in das andere bei den üblichen Stempelabständen von 1—1,50 m zu sehr erschwert würde.

Für den Längenausgleich an Übergängen sowie am Anfang und Ende des

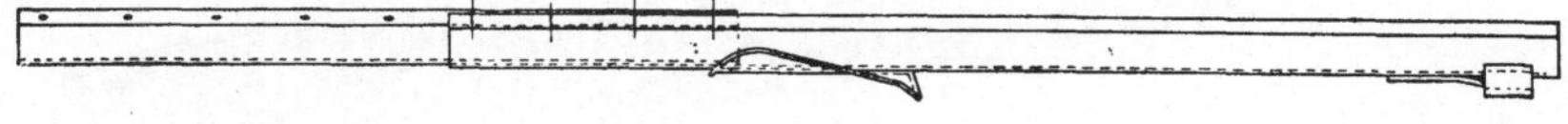

Abb. 327. Versteckrinne.

Rutschenstranges werden Versteckrinnen benutzt. Sie bestehen aus zwei Teilen, der Einlauf- und der Auslaufrinne, die gegeneinander verschiebbar sind und mit Schrauben verbunden werden können (Abb. 327). Einen nicht an der Rutschenbewegung teilnehmenden Einlauf- und Bergekipptrichter der Firma Hauhinco-Essen zeigt Abb. 328. Seine Breite richtet sich nach der Länge der zu kippenden Förderwagen. Er besteht aus dem Bodenblech und aus zwei Seitenflügeln, die je nach dem Winkel, in dem die Rutsche zur Kippstrecke verlegt ist, entsprechend umgesteckt werden können.

Einer besonderen Ausbildung bedarf auch das Rutschenstück, an dem die maschinelle Kraft zur Herbeiführung der Rutschenbewegung angreift, da es stark beansprucht wird. Eine Ausführung einer solchen „Angriffsrutsche" der

Firma Hauhinco-Essen zeigt Abb. 329. Sie läßt die starke Bauart sowie die mehrfach gelochten Winkelstähle erkennen, die eine Befestigung des Angriffschuhs an verschiedenen Stellen ermöglicht.

Eine Winkelung des Rutschenstranges bis zu 30⁰ gestattet der Einbau eines Schwenkstoßes der Firma Eickhoff. Eine solche Winkelung kann nach Abb. 330 z. B. dann in Frage kommen, wenn an einer Störung entlang gebaut wird und der obere Teil des Rutschenstranges für die Zufuhr des Bergeversatzes erforderlich ist. Die Zwischenschaltung eines solchen Schwenkstoßes kann auch vorteilhaft sein, wenn die Kippstelle oder die Ladestelle einige Zeit an der gleichen Stelle liegen bleibt und der Abbau an ihr vorbei wandert.

10. — Die Verlagerung des Rutschenstranges. Allgemeines. Von den verschiedenen Rutschenbauarten haben sich drei Hauptgruppen — allerdings in verschiedenem Maße — durchgesetzt: die an Ketten oder Seilen aufgehängte Pendel- oder Hängerutsche, die auf Rollen laufende Rollenrutsche und die durch Kugeln getragene Kugelrutsche.

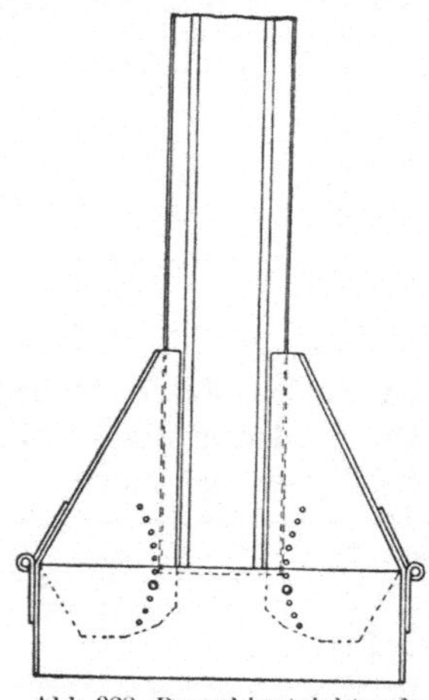

Abb. 328. Bergekipptrichter der Firma Hauhinco.

11. — Pendel- oder Hängerutschen. Bei den Pendelrutschen (Abb. 331, vgl. auch Abb. 337 auf S. 294) erfolgt die Bewegung meist dadurch, daß zunächst ein Anheben des Punktes a bis nach b, d. h. auf eine Höhe h_1, und dann ein Fallenlassen stattfindet. Die zu erzielende Beschleunigung wächst mit der Hubhöhe h_1. Die größte Geschwindigkeit erlangen Rutsche und Fördergut

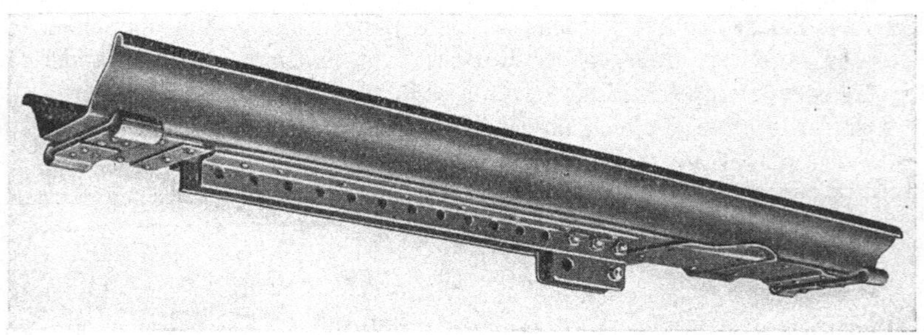

Abb. 329. Angriffsrutsche der Firma Hauhinco.

in der Mittellage des Pendels, also in der tiefsten Stellung. Doch kann man, da die Beschleunigung in der Nähe dieser Pendellage immer geringer wird, den Stoß auch schon vorher erfolgen lassen. Es wird dann der Zeitabschnitt der stärksten Beschleunigung besser ausgenutzt, allerdings auch Rutsche und Motor stärker beansprucht. Man arbeitet bei solchem Betriebe mit kürzeren, aber zahlreicheren Hüben. — Übrigens werden wegen des fast stets ungleichmäßigen Einfallens und der Abhängigkeit der Aufhängepunkte von der Zimmerung immer einige Pendel anders als beabsichtigt schwingen.

Wie die Abbildung erkennen läßt, ist auch die Länge des Pendels wichtig, da bei einer großen Länge der gleiche Hub l die Rutsche nur um die Höhe h_2 anhebt, also ein sehr großer Hub erforderlich wird, um eine ausreichende Hubhöhe zu erzielen. Wird anderseits das Pendel zu kurz, so werden die Hübe zu zahlreich, und Rutsche und Motor werden durch den schnellen Gang und die Stöße stark beansprucht. Auch kann es dann vorkommen, daß beim Hingange die Rutsche so schnell fällt, daß sie das Fördergut nicht auf dem ganzen Hube mitnimmt.

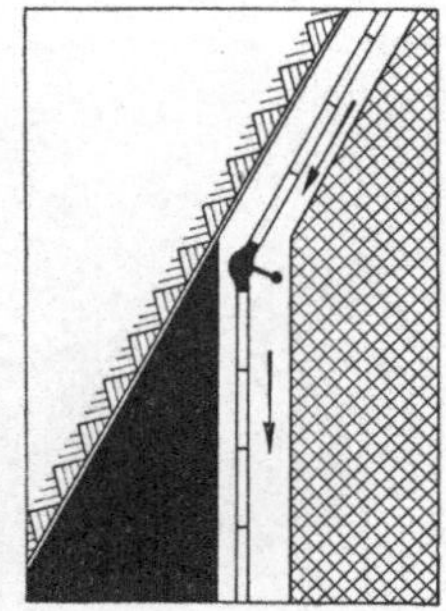
Abb. 330. Schwenkstoß an einer Störung.

Da auch bei ganz söhliger Lagerung die Hubhöhe h für die Beschleunigung der Rutsche nutzbar gemacht wird, können die Pendelrutschen für jedes Einfallen Verwendung finden.

Die Pendelrutschen wurden früher auch in der Weise betrieben, daß die Rutschen an besondern Gestellen aufgehängt wurden („Bockrutschen"). Doch haben sich auf die Dauer nur die an der Zimmerung unmittelbar mit Ketten oder Seilen aufgehängten Rutschen wegen ihrer größeren Einfachheit und rascheren Verlegung behauptet. Bei Verwendung von Ketten wird das Geräusch und der Verschleiß größer, wogegen bei Benutzung von Seilen die Länge weniger leicht je nach Einfallen und Mächtigkeit verschieden eingestellt werden kann.

Die Hängerutschen haben den Vorteil einer einfachen Verlagerung und einer gewissen Unabhängigkeit von der Flözlagerung, indem Wellen im Einfallen durch entsprechende Längenbemessung der Aufhängungen — wenn auch zum Nachteil des Fördervorganges — ausgeglichen werden können. In Flözen von größerer Mächtigkeit eignen sie sich gut für die Bergeförderung, weil hier eine größere Höhe der Rutsche über dem Liegenden erwünscht ist und die Zuführung der Berge bis unter das Hangende ermöglicht wird.

Nachteilig ist anderseits, daß man sehr viele einzelne Aufhängepunkte erhält und es auf die richtige Bemessung der Kettenlängen an allen diesen Punkten ankommt. Auch

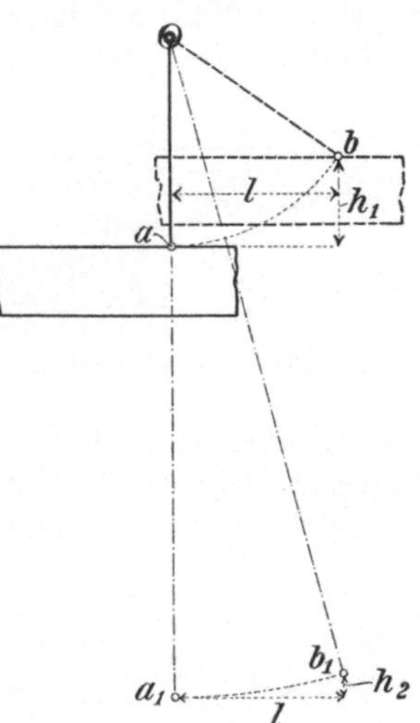
Abb. 331. Wirkungsweise der Pendelrutschen.

wird die Zimmerung durch die Erschütterungen des Rutschenbetriebes ungünstig beansprucht. Ferner können infolge ungleichmäßiger Längung der Ketten oder Seile Schiefstellungen der einzelnen Rutschenstücke und Störungen im Fördervorgang eintreten. Endlich sind solche Rutschen nur in Flözen mit mäßiger Mächtigkeit anwendbar, weil man die Rutsche in die Nähe der Sohle bringen muß und dann in mächtigen Flözen die Pendellängen zu groß und die Stöße zu schwach werden. Da auch ihre Leistungsfähigkeit zu wünschen übrig läßt, hat ihre Verbreitung sehr abgenommen.

12. — Rollen- (Laufrad-) Rutschen. Bei den Rollenrutschen, die sich das größte Anwendungsgebiet erobert haben, erfolgt die Bewegung über Rollen auf Stahlgestellen oder -platten, die auf dem Flözliegenden ruhen.

Die Rollen können fest mit ihren Achsen an den Rutschen angebracht sein (Abb. 332), oder sie bewegen sich lose zwischen den ebenen oder gekrümmten Wälzflächen (Abb. 333). Hierdurch wird jede gleitende (Zapfen-) Reibung vermieden und die günstigere wälzende Reibung herbeigeführt. Wie das Bewegungsbild der Abb. 334 erkennen läßt, ist dabei der Weg l_2 der Rutsche stets doppelt so groß wie die Bewegung des Rollenmittelpunktes l_1. Dieser größere Weg der Rutsche wird dadurch ver-

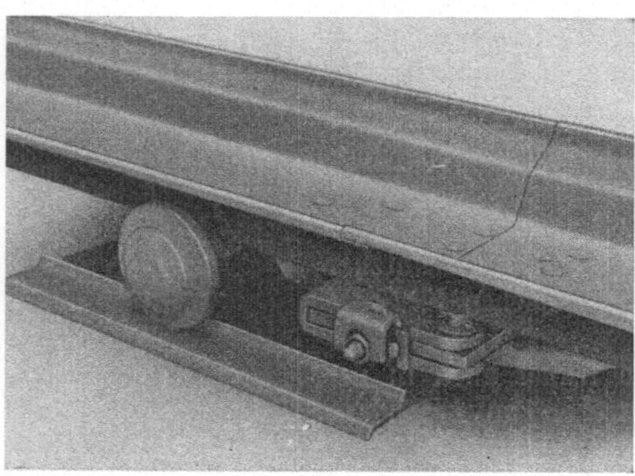
Abb. 332. Rollenrutsche mit flachen Tragplatten.

ursacht, daß sich nicht nur die Rutsche auf der Rolle, sondern die Rolle sich in gleichem Maße auf ihrer Unterlage abwälzt.

In der in Abb. 333 wiedergegebenen Ausführung wirkt die Unterlage außer-

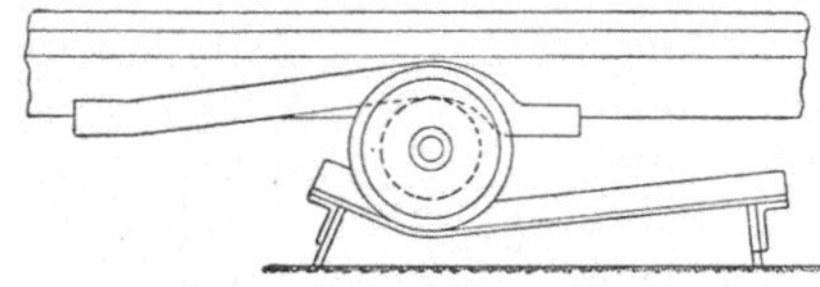
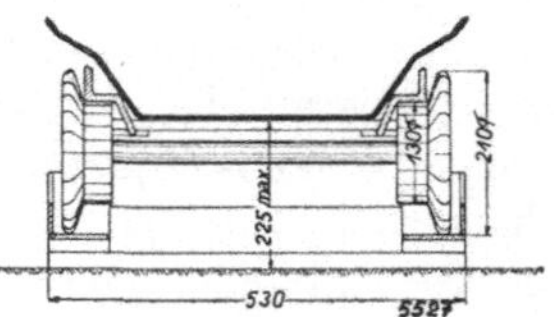
Abb. 333. Lose Rolle auf gekrümmter Wälzfläche als Verlagerung einer Rollenrutsche.

dem als künstliche schiefe Ebene, da sie eine stärkere Neigung besitzt als das Liegende. Bei einseitig wirkendem Antrieb wird dadurch der Abfall der Rutsche und infolgedessen ihre Förderleistung begünstigt. In neuerer Zeit hat allerdings die Bedeutung dieser besonders für sehr flaches Einfallen nützlichen Einrichtung abgenommen, da die Antriebe sehr verbessert worden sind und bei sehr flachem Einfallen und hohen Fördermengen das Band mehr und mehr an Stelle der Rutsche getreten ist. Die Tragplatten sind daher heute meist flach und entweder parallel

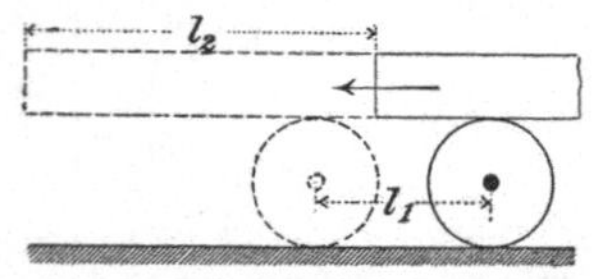
Abb. 334. Bewegungsvorgang bei Rollenrutschen.

zum Liegenden ausgebildet oder mit einem spitzen Winkel dazu verlagert (Abb. 332). Auch zieht man den losen Rollen mehr und mehr die an den Rutschen durch Achsen fest verbundenen Rollen vor.

13. — Kugelrutschen. Bei den von der Maschinenfabrik Gebr. Eickhoff eingeführten Kugelrutschen sind gemäß Abb. 335 u. 336 die Laufrollen durch Laufkugeln (4 für jeden Laufrahmen) ersetzt. Auf 2 quergelegte Winkelstähle, die auf dem Liegenden ruhen, sind 2 ⊔-Stähle genietet, welche die äußere Führung für die Kugeln bilden. Die innere Führung wird durch

Winkelstähle gesichert, zwischen denen eine Tragschale angenietet ist. In diese legt sich ein unter die Rutsche genieteter T-Stahl, und zwar ist die Tragschale gewölbt, um bei Unebenheiten im Liegenden eine gewisse Schrägstellung des Kugelstuhls zu ermöglichen. Stifte an der Tragschale und an den Enden der ⊔-Stähle halten die Kugeln im richtigen Abstand und verhindern ihr Herausspringen. Die Kugeln sind im Gesenk geschmiedet und dann besonders gehärtet.

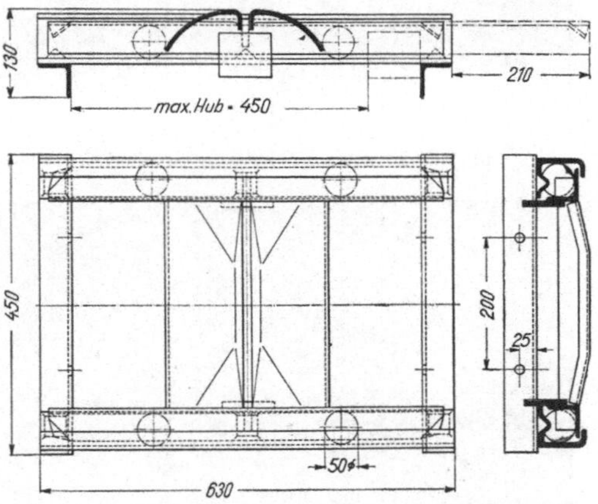

Die Kugelrutschen setzen die wälzende Reibung bei der Rutschenbewegung auf ein Mindestmaß herab, da nicht nur die Kugelreibung geringer als die Rollenreibung ist, sondern außerdem auch die Kugeln durch Kohlen- oder Bergeklein auf dem Liegenden weniger als die Rollen gebremst werden und sich im Falle der Zuschüttung wieder frei arbeiten können. Daher ist auch der Verschleiß sehr gering und der Gang geräuschloser als bei der Rollenrutsche. Ferner haben die Kugelrutschen die niedrigste Bauhöhe, was besonders für geringmächtige Flöze wichtig ist. Das Umlegen der Rutsche ist durch die Zusammenfassung der beiderseitigen Laufflächen zu einem einheitlichen Kugelstuhl wesentlich erleichtert. Beim ersten Hub werden die Rutschenstühle durch Anschläge an der Tragschale in die richtige Lage gebracht, so daß sich eine ungenaue Ausrichtung selbsttätig berichtigt.

Anderseits verzichtet man bei der Kugelrutsche auf eine künstliche Beeinflussung der Neigung durch entsprechend gestaltete Laufflächen. Auch bietet die niedrige Bauart in Flözen von genügender Mächtigkeit, in denen man nicht auf sie angewiesen ist, den Nachteil, daß der Rutschenstrang sich leichter in Kohlen- oder Bergeklein auf dem Liegenden einwühlt und schwieriger frei zu machen ist, wenn auch dieses Freiarbeiten an und für sich der Kugelrutsche leichter fällt. Ferner sind Kugelrutschen für den Angriff des Motors unter der Rutsche, der in manchen Fällen vorteilhaft ist, weniger geeignet.

Abb. 335. Tragrahmen für Kugelrutschen.

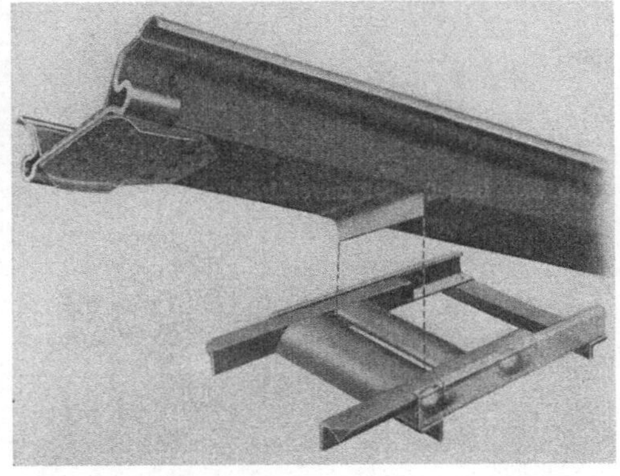
Abb. 336. Kugelrutsche der Firma Gebr. E i c k h o f f.

14. — Rutschenverbindungen. Von besonderer Wichtigkeit sind die Verbindungen der einzelnen Rutschen[1]). Sie sollen einerseits starr sein, um den Erschütterungen und der wechselnden Druck- und Zugbeanspruchung während des Betriebes Widerstand leisten zu können und möglichst wenig Geräusch zu verursachen. Anderseits sollen sie leicht lösbar sein, damit der Rutschenstrang zum Zwecke seines Umlegens rasch zerlegt werden kann. Die Zugfestigkeit der Verbindungen muß den größten Ansprüchen gewachsen sein, wie sie bei den unmittelbar an die Angriffsrutsche anschließenden Rutschen auftreten

Abb. 337. Kalottenverbindung für Pendelrutschen.

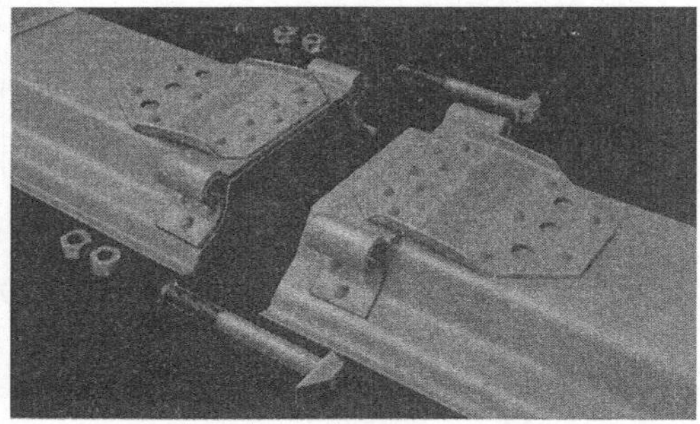

Abb. 338. Rutschenverbindung mit Hammerkopfschrauben.

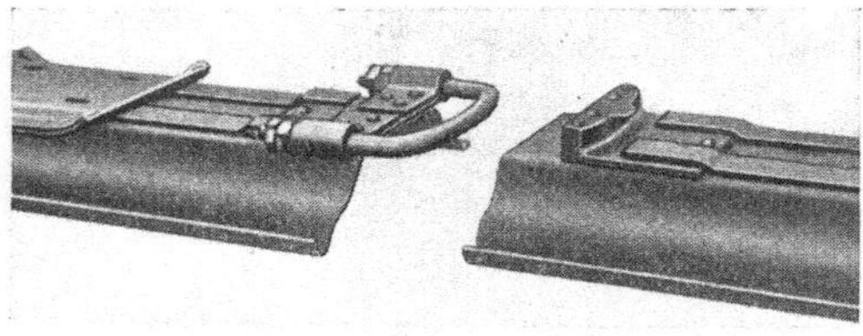

Abb. 339. Bügelschraubenverbindung von Hauhinco.

Abb. 340. Schraubenverbindung für Rollenrutschen nach Riester.

Für Hängerutschen ergibt sich als einfachste Verbindung die Kalottenverbindung der Maschinenfabrik Flottmann nach Abb. 337. Bei dieser ist die Verbindung mit der Aufhängevorrichtung gekuppelt, und zwar werden die an das Ende jedes Rutschenstoßes angenieteten Winkelstahlbleche durch das Keilstück mit Hilfe des geschlitzten Bolzens zusammengehalten. Die Verbindung bleibt dabei durch die an den Keilstücken angreifenden Aufhängeketten selbsttätig in Spannung.

Bei Rollenrutschen ist diese selbsttätige Nachspannvorrichtung nicht anwendbar. Hier stellt sich als einfachste Verbindung die Schraubenverbindung dar, wie sie Abb. 338 in einer neuen Ausführung von Gebr. Eickhoff in Bochum zeigt.

---

[1]) Glückauf 1918, S. 277; Wille: Lösbare Verbindungen der Schüsse von Schüttelrutschen.

Eine Sonderausführung ist die in Abb. 339 gezeigte Bügelschraubenverbindung von Hauhinco. Die in Abb. 338 gezeigte Verbindung mit Hammerkopf-

Abb. 341. Rutschenverbindung von Halbach, Braun & Co. in geöffnetem und geschlossenem Zustand.

schrauben (genormt nach DIN 903) hat den Vorteil großer Verstellbarkeit, so daß horizontale Richtungsänderungen innerhalb weiterer Grenzen möglich sind. Allerdings werden die Schrauben durch die Zug- und Druckbeanspruchung der Rutschenbewegung auf die Dauer sehr mitgenommen. Es sind daher Verbindungen geschaffen worden, bei denen die Kraftübertragung von größeren Querschnitten übernommen wird und der Kupplungsteil vornehmlich der Sicherung der Verbindung dient.

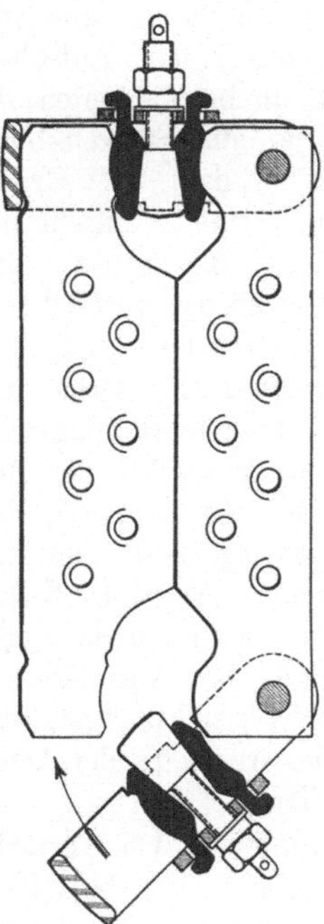

Bei der Verbindung der Firma Riester in Bochum (Abb. 340) erfolgt die Zugaufnahme durch zwei an dem Ende der einen Rutsche angebrachte Bügel, die

Abb. 342.
Zugkeilverbindung von
Eickhoff.

Abb. 343. Zugkeilverbindung von Eickhoff (gelöst).

auf zwei Ansätze am Anfang der nächsten Rutsche aufgelegt werden. Innerhalb jeden Bügels befindet sich eine Spannschraube, deren Mutter angezogen wird und die Druckbeanspruchungen zwischen beiden Rutschenschüssen aufnimmt und sie miteinander verspannt.

Ebenfalls durch zwei Bügel werden die Zugkräfte bei der Verbindung der Firma Halbach, Braun & Co. in Essen aufgenommen (Abb. 341). Kurz vor den Enden jeder Rutsche befinden sich Flachstahlansätze. Über je zwei Ansätze einander benachbarter Rutschenenden wird von jeder Seite ein aus flachem, ösenartig geformtem Bandstahl bestehender Bügelrahmen gelegt, der die Rutschenschüsse miteinander verbindet. Die Verspannung gegen Druckbeanspruchungen erfolgt dann ebenfalls durch eine Schraube, die im Vordergrund der Abb. 341 kenntlich ist und im Gegensatz zu der Verbindung von Riester senkrecht zur Förderrichtung liegt. Diese Spannschraube betätigt ein Keilstück, das sich beim Anziehen der Schraube fest in den Bügel legt und damit jede unerwünschte Bewegung verhindert.

Abb. 344. Zugkeilverbindung von Eickhoff mit hochgestellter Fallklappe.

Auf dem gleichen Prinzip beruht auch die Zugkeilverbindung von Eickhoff (Abb. 342—344). Bei dieser Verbindung sind die beiden einander zugekehrten Rutschenenden mit Laschen versehen. An die Lasche am Auslaufende des einen Rutschenstoßes ist an beiden Seiten der Rutsche je ein Schwenkbügel angehängt, in dem zwei Druckkeile und eine Keilschraube unverlierbar angeordnet sind. Druckkeile und Keilschraube bilden zusammen einen Spreizkörper, durch dessen Betätigung die Laschen mit dem Schwenkbügel verspannt werden.

Grundsätzlich andere Lösungen bringt die Flottmann A.G., Herne. Bei der Trog-Schnellverbindung wird die Verbindungsachse a der oberen Rutsche scharnierartig in den Verbindungstrog b der unteren Rutsche gelegt. An beiden Seiten der Rutsche angeordnete Keile, von denen in der Abb. 345 nur der vordere (c) sichtbar ist, verhindern das Austreten der Achse aus dem Trog.

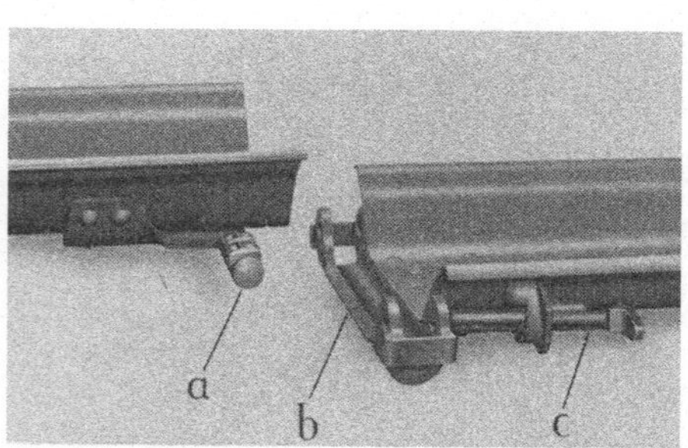

Abb. 345. Trogschnellverbindung von Flottmann.

Auch die Flottmannsche Kalottenverbindung (Abb. 346 u. 347), die ein gewisses Durchbiegen des Rutschenstranges in der söhligen und seigeren Ebene gestattet, verzichtet auf die Verwendung von Schrauben. Bei ihr legt sich eine mit dem Ende der einen Rutsche vernietete halbkugelige Warze a in eine entsprechende Wölbung b der an das andere Ende angenieteten Gegenlasche hinein und wird in dieser Stellung durch Durchstecken eines geschlitzten Bolzens c und Eintreiben des Keiles d in dessen Schlitz festgehalten. Die Verbindung kann sowohl für Hängerutschen als auch für Rollenrutschen verwandt werden; der Keil wird im ersteren Falle mit dem breiten Ende nach unten, im letzteren Falle, den die Abbildung zeigt, umgekehrt eingetrieben.

Zur betrieblichen Bewertung der verschiedenen Verbindungen ist zu bemerken, daß ein gerader Rutschenstrang angestrebt werden muß und starre Verbindungen dieses Bemühen erleichtern. Anderseits ist bei schwierigen Betriebsverhältnissen eine gewisse Beweglichkeit in der Anordnung der Rutsche sehr erwünscht, so daß im ganzen gesehen, die Schraubenverbindungen überwiegen.

Bei besonderen und regelmäßig wiederkehrenden Schwierigkeiten in der Verlagerung der Rutschen, wie sie z. B. bei welligem Liegenden auftreten und der Rutschenstrang sich an tiefer liegenden Stellen von den Rollen oder Kugeln abhebt, empfiehlt sich

Abb. 346. Kalottenverbindung für Schüttelrutschen.

die Verwendung von Führungsstühlen nach Abb. 348, die eine Ausführung der Gebr. Eickhoff wiedergibt.

Die Rollen $a_1 a_2$, die in ⊔-Stählen $b_1 b_2$ laufen, verhindern das Aufbäumen. Die Rutsche legt sich zwischen die an das Querstück c angegossenen Konsolen d und wird an diesen dadurch befestigt, daß die Verbindungsschrauben der hier laufenden Rutschenschüsse durch die Löcher e hindurchgeführt werden. Der Stuhl wird durch 2 Stempel $h_1 h_2$ gegen das Hangende abgespreizt. Da außerdem die Mittelrolle f, in

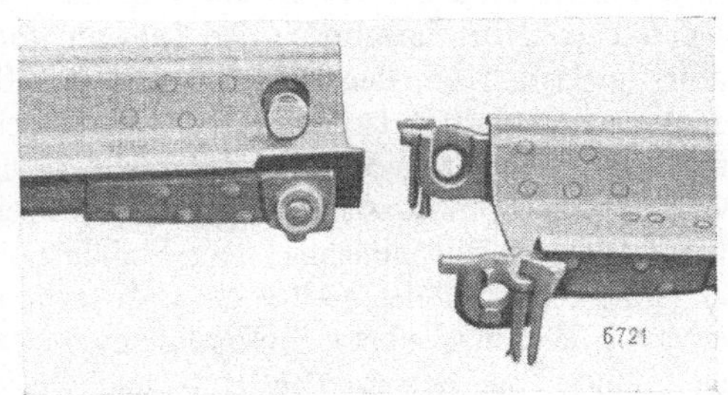

Abb. 347. Kalottenverbindung der Firma Flottmann.

der ein Drehzapfen mittels eines Kugellagers ruht, auch für die Führung in der söhligen Ebene sorgt und eine Drehung um den Zapfen ermöglicht, eignet sich die Vorrichtung auch an solchen Stellen, an denen man die Rutsche im Bogen führen muß, z. B. an schräg durchsetzenden Störungen entlang. Von solcher Bogenführung von Schüttelrutschen macht der Mansfelder Kupferschieferbergbau in großem Umfange Gebrauch, da er mit Rücksicht auf den Gebirgsdruck die Abbaustöße bogenförmig vortreibt.

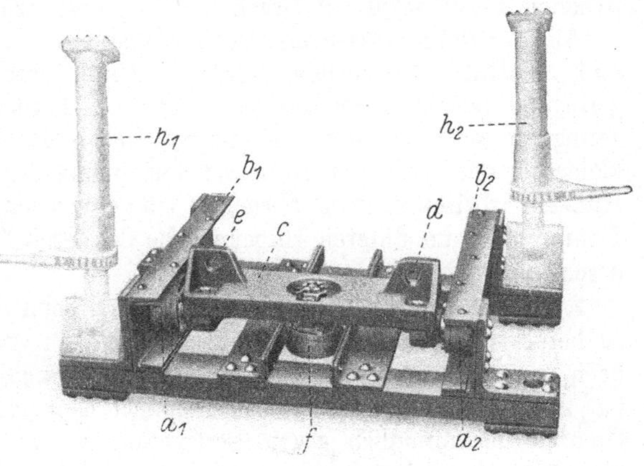

Abb. 348. Führungstuhl für Schüttelrutschen.

15. — Antrieb der Schüttelrutschen[1]). Allgemeines. Für die Art des Antriebes ist die Flözlagerung wesentlich. Allerdings erfolgt bei Hängerutschen

---

[1]) Bergbau 1939, S. 2; Maercks: Direkter oder indirekter Rutschenantrieb.

auch im Falle ganz söhliger Lagerung aus dem Bewegungsvorgange heraus bereits ein Aufwärtsbewegen der Rutsche während des Rückganges. Bei Rollenrutschen erreicht man dieselbe Wirkung durch die schrägen Flächen an den Böcken und Tragflächen, die gewissermaßen das Einfallen ersetzen sollen. Bei Hängerutschen mit größerer Pendellänge läßt sich aber gemäß Abb. 331 nur ein schwaches Anheben erzielen und bei Rollenrutschen kann man die Rollenböcke nicht beliebig steil ansteigen lassen. Man muß daher bei flacher Lagerung einen größeren Hub des Antriebsmotors vorsehen, um durch eine größere Endgeschwindigkeit die stärkere Reibung zwischen Rutsche und Fördergut überwinden zu können. Genügt diese Hubverstärkung für die verlangte Leistung noch nicht, so muß der Motor die Rutsche auch noch während des Rückganges beschleunigen, also zweiseitig arbeiten. Je steiler dagegen das Einfallen ist, um so weniger Antriebskraft ist notwendig.

16. — Antrieb mit Druckluftmotoren. Entsprechend der Eigenart des Fördermittels muß der Motor eine hin- und hergehende Bewegung bewirken, so daß beim Druckluftantrieb der Kolbenmotor der zweckmäßigste und allein verbreitete ist. Nach den Ausführungen in Ziff. 15 sind einfach und doppelt wirkende Druckluft-Rutschenmotoren zu unterscheiden. Der ursprüngliche, aber auch heute noch sehr verbreitete Motor ist der einseitig wirkende, der die Rutsche lediglich anhebt und das Fallgewicht der Rutsche für die Gegenbewegung ausnützt. Dies ist mit abnehmendem Einfallen immer weniger möglich, so daß bei geringerem Einfallen als 12^0 ein Gegenzylinder oder Gegenmotor die Eigenbewegung der Rutsche beim Rückgang unterstützen muß. — Bei doppelt wirkenden Motoren dagegen werden Hin- und Rückgang der Rutsche durch den gleichen Antrieb bewirkt.

Die einseitig wirkenden Motoren können mit Seilantrieb arbeiten und daher einige Zeit an einer Stelle stehen bleiben, da bei ihnen nur eine Zugbeanspruchung des Angriffsmittels stattfindet, wogegen dieses bei zweiseitigem Arbeiten abwechselnd auf Druck und Zug beansprucht wird.

Alle Antriebe müssen mit Vorrichtungen zur Hubverstellung ausgerüstet sein, damit sie je nach dem größeren oder kleineren Fallwinkel, je nach der geringeren oder größeren Rutschenlänge und Förderleistung und je nach der geringeren oder größeren Reibung zwischen Rutsche und Fördergut mit kleinerem oder größerem Hub und dementsprechend größerer oder kleinerer Hubzahl arbeiten können. Ferner ist ein gemeinsames Kennzeichen die starke Kompression am unteren Hubende, die den Stoß liefern und den Rückgang beschleunigt einleiten soll.

Auch rein grubenbetriebliche Belange sind beim Bau von Rutschenmotoren zu berücksichtigen. So darf der Motor nicht zu groß, insbesondere nicht zu hoch sein; die wichtigsten Teile müssen gut zugänglich und leicht auswechselbar sein; er darf nur wenig Wartung benötigen und muß innerhalb gewisser Grenzen unempfindlich gegen Verlagerungen sein. Diesen Gesichtspunkten gegenüber sind rein maschinentechnische Gesichtspunkte, z. B. der Wirkungsgrad, von geringerer Bedeutung. Ebenso ist auch die Höhe des Anschaffungspreises weniger wichtig als die Betriebssicherheit.

Jahrzehntelange Erfahrungen haben jedoch heute zu bergmännisch und maschinentechnisch sehr ausgereiften Rutschenantrieben geführt, die sich bei einem Einfallen von mehr als 5^0 auch gegenüber der inzwischen ebenfalls hoch entwickelten, maschinentechnisch günstigeren Bandförderung durchaus behaupten können. Hersteller von Rutschenantriebsmotoren sind u. a. die Firmen Braun, Halbach & Co., Essen; Gebr. Eickhoff, Bochum; Flottmann A.G., Herne; Frölich & Klüpfel, Wuppertal-Barmen; Maschinenfabrik Glückauf, Gelsenkirchen; Hauhinco, Essen.

Einen einseitig wirkenden Rutschenmotor der Gebr. Eickhoff, Bochum, zeigt die Abb. 349. Der Motor besteht aus dem Zylinderkörper Z, in dem sich

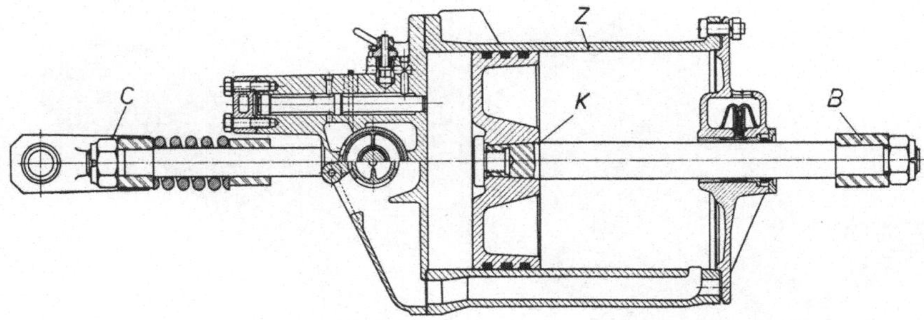

Abb. 349. Schnitt eines einseitig wirkenden Rutschenmotors der Gebr. Eickhoff.

der Kolben K bewegt. Die Kolbenstange ist über eine Brücke B durch zwei seitlich des Zylinders verlaufende Umführungsstangen mit der Angriffsbrücke C verbunden. Die Steuerung befindet sich an dem vorderen Zylinderdeckel. Sie setzt sich aus einem Haupt- und einem Hilfssteuerschieber zusammen. Letzter dient als Vorsteuerung für den Hauptsteuerschieber und in Verbindung

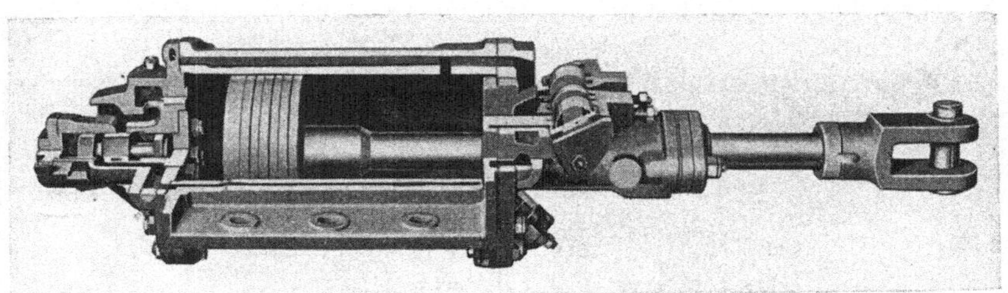

Abb. 350. Doppelt wirkender Rutschenmotor von Hauhinco.

mit einem Hubverstellhahn (Drosselhahn) gleichzeitig zur Regelung des Zylinderhubes. Je nach der Stellung des Drosselhahnes entweicht die auspuffende Steuerluft schneller oder langsamer, wodurch erreicht wird, daß die Hübe kürzer oder länger werden.

Abb. 350 zeigt aufgeschnitten einen doppelt wirkenden Rutschenmotor von Hauhinco, Essen. Die Kolbenstange endet unmittelbar im Gabelkopf der Anschlußstange. Steuerung und Hilfssteuerung sind am vorderen Zylinderdeckel angebracht. Die Hilfssteuerung hat in Verbindung mit einem Verstellhahn zugleich der Veränderung des Hubes zu dienen. Am anderen Zylinderdeckel befindet sich eine Zusatzsteuerung; sie ermöglicht die doppelseitige Kolbenarbeit.

Der oben beschriebene Eickhoffsche Motor wird mit Zylinderdurchmessern von 380 mm und 420 mm bei einem größten Hub von 400 mm geliefert. Der doppelt wirkende Hauhinco-Motor wird mit Zylinderdurchmessern von 160 mm bis 420 mm und Hublängen von 300—350 mm gebaut. Es sind dieses

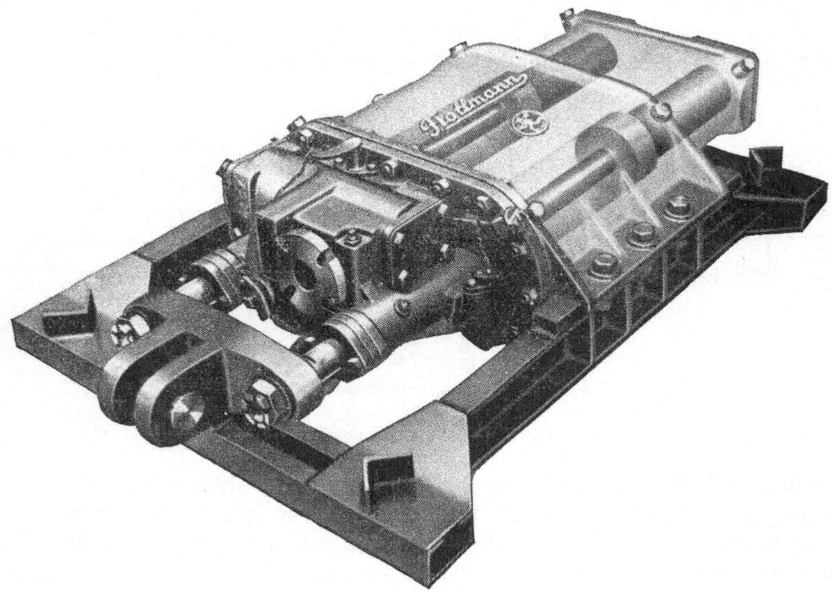

Abb. 351. Zweikolbenmotor von Flottmann.

die gebräuchlichsten Größen, wie sie auch von den anderen genannten Firmen auf den Markt gebracht werden.

Um die Antriebe auch in wenig mächtigen Flözen unter die Rutsche stellen zu können oder in sehr niedrigen Flözen das Nachreißen des Liegenden für die

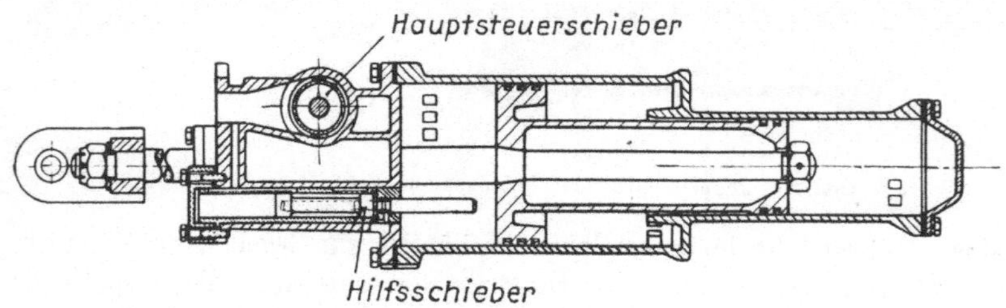

Abb. 352. Schnitt durch einen Zylinder des Zweikolbenmotors.

Aufstellung des Antriebs zu vermeiden, sind von Gebr. Eickhoff und der Flottmann A.G. Mehrkolbenmotore entwickelt worden.

Einen Zweikolbenmotor von Flottmann zeigt Abb. 351. Bei ihm sind zwei Kolben von geringem Durchmesser (Hauptzylinderbohrung 230 mm oder 290 mm) in einem Zylindergehäuse vereinigt. Wie aus der Schnittzeichnung (Abb. 352) ersichtlich, sind an jeder der beiden Kolbenstangen ein großer und ein kleiner Kolben angeordnet, die in zwei verschieden großen Zylindern arbeiten.

Die größeren Kolben dienen zum Anheben des Rutschenstranges — die größere Arbeit —, die kleinen Kolben wirken beschleunigend auf die Gegenbewegung. Die Steuerung erfolgt in der üblichen Weise durch Schieber. Ein Hauptschieber regelt die Einströmung der Luft in die Zylinder. Ein Hilfsschieber ermöglicht über ein Drosselventil die Regelung des Hubes. Dieser ist, je nachdem das Drosselventil mehr oder weniger geöffnet ist, die Umsteuerung des Hauptschiebers also kürzere oder längere Zeit dauert, kürzer oder länger.

Ein anderes Beispiel für einen Mehrkolbenmotor ist der Drillingsmotor von Eickhoff. Die drei Zylinder haben einen Durchmesser von je 225 mm. Bei einer Bauhöhe des Motors von nur 300 mm wird durch sie die Leistung eines Einkolbenmotors von 400 mm Zylinderdurchmesser erreicht. Wie aus Abb. 364 hervorgeht, wird der Motor starr mit dem Untergestell des Angriffwagens verbunden, der allein mit Stempeln befestigt zu werden braucht.

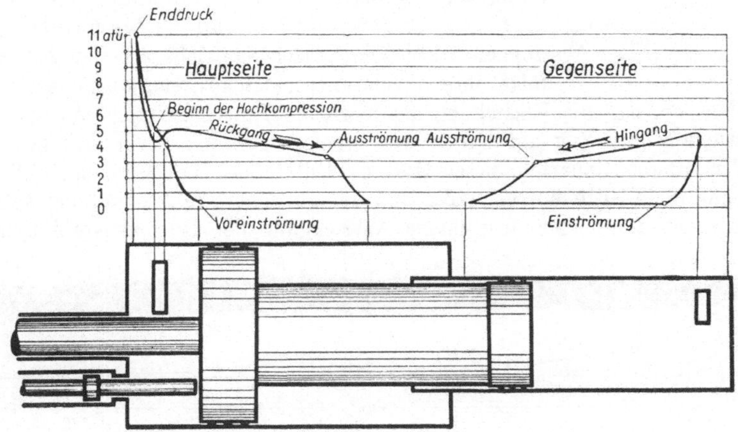

Abb. 353. Druckverlauf eines Differentialkolbens von Flottmann.

Eine übereinstimmende Besonderheit der vorstehend beschriebenen Motoren besteht darin, daß sie vor der Umkehr des Kolbens aus der Periode des Abfalls in die Periode des Anhubs der Rutsche mit hoher Verdichtung arbeiten. Die lebendige Energie der abfallenden Rutsche erzeugt zwischen Kolben und Zylinderdeckel ein Kissen bis zu 10 und 11 at verdichteter Luft, das im Augenblick der Umsteuerung die Beschleunigung des Kolbens in umgekehrter Richtung unterstützt und infolgedessen nicht nur federnd, sondern auch beschleunigend wirkt. Zur Unterstützung arbeitet man außerdem mit Vorströmung, es tritt also Gegenluft schon in den Zylinder kurz bevor der Kolben umsteuert. An dem linken Diagramm des Druckverlaufs eines in Abb. 353 schematisch dargestellten Flottmannschen Differentialkolbens ist die Hochverdichtung, die hier im Augenblick der Umkehr 11 at erreicht, zu ersehen. Ihr ist es auch in der Hauptsache zu verdanken, daß die Unterlage der Rutschenrollen flach oder nahezu flach ausgebildet sein kann; die Rutsche soll „auswuchten", das Schwergewicht der Arbeit liegt im Motor.

Schließlich sei noch darauf hingewiesen, daß ein Vorzug der doppelt wirkenden Motoren in der Möglichkeit erblickt werden muß, durch einfache Änderung der Ventilstellung eine oder mehrere Gegenseiten der Zylinder auszuschalten. Es läßt sich infolgedessen die je nach den Betriebsbedingungen verschiedene, in der Förderrichtung wirkende Kolbenhubkraft regulieren. Bei Hängerutschen oder bei stärkerem Einfallen muß sie klein, bei söhlig verlagerten Rutschen von großer Länge oder bei ansteigender Förderung muß sie dagegen möglichst groß sein. Bei dem Flottmannschen Mehrkolbenmotor läßt sie sich sogar ganz ausschalten und infolgedessen eine nur einseitige Wirkung des Motors erreichen.

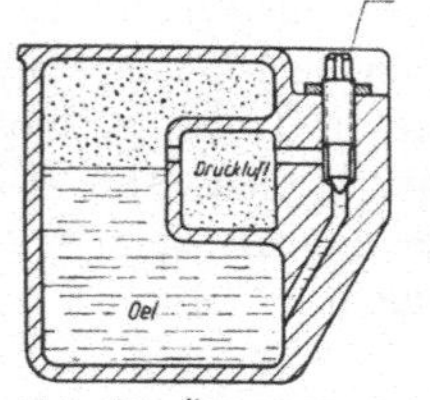

Abb. 354. Ölbehälter für die Schmierung von Rutschenmotoren.

Eine regelmäßige Schmierung ist für den ungestörten Gang der Motore besonders wichtig. Sie erfolgt daher selbsttätig aus dem nur einmal je Schicht nachzufüllenden Ölbehälter, und zwar dadurch, daß die einströmende Druckluft geringe mittels der Stellschraube s (Abb. 354) regelbare Ölmengen mitreißt.

17. — Gegenzylinder und Gegenmotore. Die doppelt wirkenden Rutschenantriebe arbeiten heute infolge ihrer hoch entwickelten Steuerungen so weich und federnd, daß die Umstellung des bewegten Rutschenstrangs von der Beanspruchung von Zug auf Druck weit weniger gewaltsam vor sich geht als bei den älteren Bauarten dieser Motore. Unter der Voraussetzung, daß das Liegende nicht allzu unregelmäßig und der Rutschenstrang geradlinig verlegt ist, braucht daher eine übermäßige Anstrengung der Rutschenverbindungen

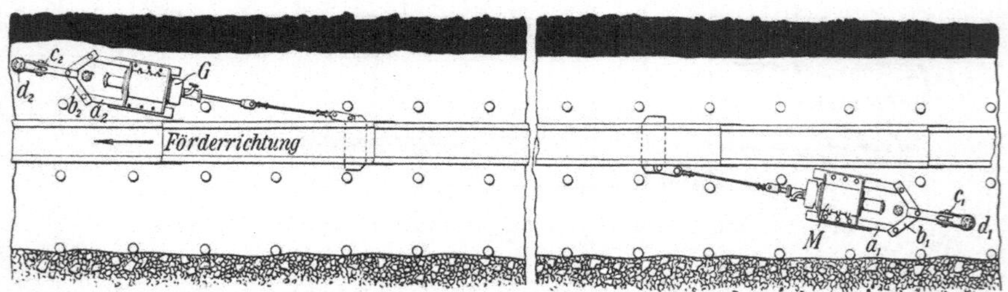

Abb. 355. Rutschenantrieb durch Motor (M) und Gegenmotor (G).

und ein unruhiger Gang des Rutschenstranges nicht mehr befürchtet zu werden. Die längere Zeit vorherrschende Verteilung der zweiseitigen Wirkung auf zwei getrennte und in einem gewissen Abstand voneinander angreifende Antriebe — ein einseitig wirkender Motor am oberen Ende des Rutschenstranges und ein Gegenzylinder oder Gegenmotor weiter unten — hat daher an Verbreitung abgenommen.

Bei dieser Anordnung wird gemäß Abb. 355 der Rutschenstrang in ähnlicher Weise wie beim Sägebetrieb mit zweimännischen Sägen zwischen beiden Antrieben M und G hin- und hergezogen und so dauernd in Zugspannung gehalten, daß Druckwechsel vermieden werden. Die Gegenkraft kann durch einen einfachen „Gegenzylinder" oder durch einen besonderen „Gegenmotor" geliefert werden. Der Antrieb vereinfacht sich dabei insofern, als Motor und Gegenzylinder oder Gegenmotor, wie die Abbildung zeigt, mittels der Bügelverbindungen $a_1 b_1 c_1$ und $a_2 b_2 c_2$ drehbar an

Stempel $d_1 d_2$ gehängt werden und die Rutsche mittels gelenkiger Zugverbindungen bewegen können. Beim Gegenzylinder handelt es sich (Abb. 356) um einen einfachen, mit dem Haken a an einen Stempel gehängten Zylinder, dessen Kolben b beim Hingange des Rutschenstranges auf diesen eine entsprechende Zugwirkung ausübt, beim Rückgange dagegen, durch den Kolben des Antriebsmotors mitgenommen, die Druckluft durch den Anschluß c wieder ins Netz zurückdrückt. Die untere Zylinderseite steht durch die Öffnungen $d_1 d_2$ mit der Außenluft in Verbindung.

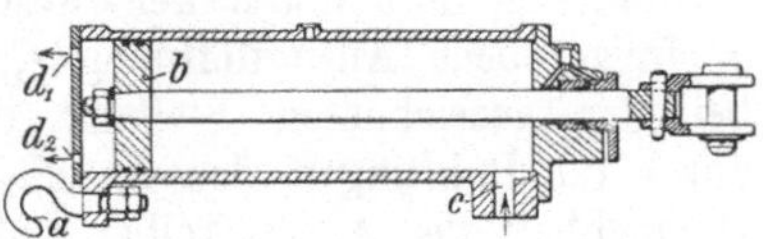

Abb 356.   Gegenzylinder.

Der Durchmesser des Kolbens muß dem des Hauptkolbens angepaßt sein und den Arbeitsbedingungen des einzelnen Falles entsprechen, da ein zu kleiner Kolbendurchmesser eine ungenügende Hingangsbeschleunigung liefert, ein zu großer dagegen den Rückgang zu stark bremst.

Der beschriebene Gegenzylinder hat allerdings den Nachteil, daß der Hauptmotor bei der Rückbewegung des Gegenzylinderkolbens die Luft in das Druckluftnetz zurückzudrücken hat. Der Motor muß daher entsprechend größer bemessen werden. Außerdem entsteht infolge des Unterschiedes zwischen den Querschnitten des Gegenzylinders und der Druckluftrohrleitung ein Überdruck, der zu Wärmebildung und Energieverlust führt.

Abb. 357 zeigt einen gegenzylinderartigen Motor von Flottmann, bei dem eine Steuerung der Luftzufuhr durch die Bewegung des Rutschenstrangs, also

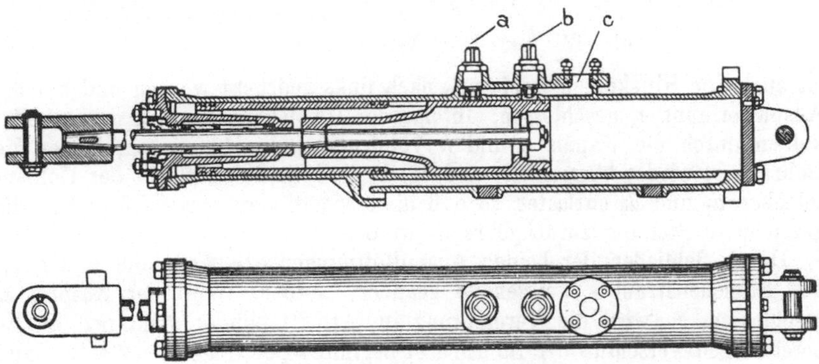

Abb. 357.   Gegenzylinder von Flottmann.

des Hauptmotors, durchgeführt wird. Der Zeitpunkt der Füllung, die über den Anschlußstutzen c erfolgt, kann durch die Stellschrauben a und b bestimmt werden.

Ein eigentlicher Gegenmotor ist mit einer selbständigen Steuerung ausgerüstet, die ihn instand setzen soll, sich den vom Hauptmotor ausgeübten Zugwirkungen sinngemäß anzupassen und den verschiedenen Betriebsbedingungen entsprechend zu arbeiten.

Solche Gegenmotore werden u. a. von den Firmen Gebr. Eickhoff in Bochum und der Maschinenfabrik Glückauf in Gelsenkirchen gebaut. Eine Ausführung der Maschinenfabrik Glückauf zeigt Abb. 358, welche gleichzeitig auch die Bauart des Rutschenmotors dieser Firma im Grundsätzlichen erkennen läßt. Es handelt sich um einen einseitig wirkenden Motor mit Kolbenschiebersteuerung. In der gezeichneten Stellung, die der Abwärtsbewegung des Rutschenstranges entspricht, hat der Arbeitskolben die Bohrung b_1 freigegeben, so daß die verbrauchte Luft durch den Kanal c_1 und die vom Hauptkolbenschieber d_1 freigegebene Auspufföffnung e_1 ins Freie ausblasen kann; ebenso kann bei der gezeichneten Stellung des Hilfskolbenschiebers d_2 die Abluft durch die Bohrung f, den Kanal c_2 und die Auspufföffnung e_2 entweichen. Überschleift der Arbeitskolben auf dem Rückgange die Bohrung f, so beginnt die Verdichtung der nunmehr eingeschlossenen Luft, die so lange ansteigt, bis der Verdichtungsdruck, der gegen die rechte Stirnfläche des Kolbenschiebers d_1 wirkt, den auf dessen linke Stirnfläche ausgeübten Gegendruck der Frischluft überwindet und den Kolbenschieber umsteuert; inzwischen

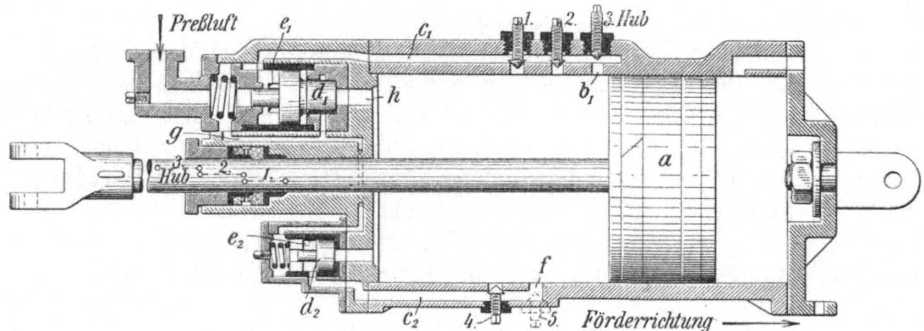

Abb. 358. Gegenmotor mit Kolbenschiebersteuerung.

ist auch der Hilfskolbenschieber d_2 nach links gedrückt worden und hat die Auspufföffnung e_2 geschlossen. Infolge der Umsteuerung erhält der Arbeitskolben durch die Kanäle g und h Volldruck und geht zurück, bis er die Bohrung b_1 wieder überschleift und damit die rechte Stirnfläche der Kolbenschieber d_1 und d_2 entlastet, so daß diese wieder herumgeworfen und in die gezeichnete Stellung zurückgebracht werden.

Durch Schließen der beiden Auspufföffnungen $e_1 e_2$ kann die Bewegung des Rutschenstranges weitgehend geändert werden. Wird der Auspuff e_2 geschlossen, so wird die Verdichtung im Arbeitszylinder verstärkt, da sie bereits nach Verschluß der Bohrung b_1 beginnt. Der Gegendruck setzt dann langsamer ein, und der Stoß wird abgeschwächt. Schließt man auch den Auspuff e_1, so ist der Motor von der freien Atmosphäre abgeschlossen und nur noch mit der Druckluftleitung verbunden; er arbeitet also einfach als Gegenzylinder, was für geringere Rutschenlängen oder Förderleistungen ausreicht. Durch Öffnung der Kegelventile 1—5 kann der Hub in bekannter Weise verändert werden.

Da der Gegenmotor mit wechselnder Kraft, wie der Hauptmotor, arbeitet, unterstützt er diesen viel wirksamer als der Gegenzylinder, der beim Hin- und Rückgange stets nahezu die gleiche Zugwirkung auf den Rutschenstrang ausübt.

Anderseits erhöht sich beim Gegenmotorbetrieb der Luftverbrauch, während der Gegenzylinder keine Druckluft aus der Rohrleitung entnimmt, sondern nur durch die beim Hochgange des Motorkolbens in ihm aufgespeicherte Energie betrieben wird. Der Gegenmotorantrieb läßt sich also nur rechtfertigen, wenn eine größere Förderleistung möglich und erwünscht ist. Auch erfordert dieser Antrieb größere Sorgfalt, da beide Motoren genau aufeinander abgestimmt werden müssen. Zu diesem Zwecke sind bei den Glückauf-Motoren an den Kolbenstangen die aus Abb. 358 ersichtlichen Hubmarken 1—3 angebracht, die bei beiden Motoren je nach der verlangten Hubgröße einzustellen sind.

18. — **Elektrischer Antrieb.** Der elektrische Antrieb von Schüttelrutschen ist eine Notwendigkeit für solche Gruben, die, wie die meisten Kalisalzbergwerke und viele oberschlesische Steinkohlengruben, ganz ohne Druckluftleitungen sind oder doch nur über mäßige Druckluftmengen verfügen. Er hat sich infolgedessen dort auch bereits in größerem Umfange eingeführt. Allerdings stieß er zunächst auf erhebliche Schwierigkeiten, die sich aus den eigenartigen Arbeitsbedingungen des Rutschenantriebs erklären. Sie bestehen zunächst in der erforderlichen starken Übersetzung ins Langsame, die man teils durch mehrfaches Stirnradvorgelege, teils durch Schneckenantrieb bewirkt hat, hauptsächlich aber in der Notwendigkeit, die gleichförmige Drehbewegung des Elektromotors in die ungleichförmigen Stoßbewegungen des Rutschenstranges überzuführen. Dabei ist noch besonders darauf Rücksicht zu nehmen, daß jeder Rutschenstrang seine Eigenschwingung hat, die je nach seiner Länge, Neigung und Füllung wechselt und mit der die Bewegung des Motors in Einklang gebracht werden muß, was sich bei Druckluftmotoren durch deren unmittelbaren Zusammenhang zwischen Rutschenbewegung und Steuerung leicht erreichen läßt, bei Elektromotoren aber auf Schwierigkeiten stößt.

Eine sehr verbreitete konstruktive Lösung besteht in dem Ellipsenradantrieb. Dieser beruht nach Abb. 359 darauf, daß zwei Zahn- oder Reibungsräder a und b von elliptischer Form, deren jedes um eine in einem Brennpunkt gelagerte Welle W_1 bzw. W_2 drehbar ist, miteinander gekuppelt sind und das Rad a vom Motor gedreht wird, das Rad b durch Vermittlung der Kurbelscheibe c und einer Zugstange d den Rutschenstrang bewegt. Ein Vergleich der sich aufeinander abwälzenden Oberflächen der beiden Räder lehrt, daß in

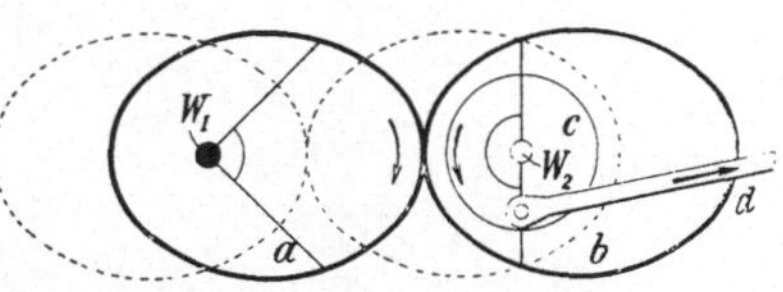

Abb. 359.　Grundgedanke der Ellipsenradantriebe.

der gezeichneten Stellung das Rad b die Hälfte seiner Drehung zurücklegt, während das Rad a nur einen wesentlich kleineren Winkel beschreibt, d. h. das Rad b sich schneller als a dreht, wogegen in der Gegenstellung das Umgekehrte der Fall ist. Eine Ausführungsform dieses Antriebs, wie sie die Maschinenfabrik Schmidt Kranz & Co. in Nordhausen a. H. herstellt, zeigt Abb. 360. Der Motor M bewegt über zwei Stirnradvorgelege das Ellipsenradgetriebe $e_1 e_2$; die Achse des Rades e_2 nimmt mittels der Kuppelung k den Kurbelzapfen z mit, an dem die Zugstange für die Rutschenbewegung angreift. Die Hubgröße kann durch Benutzung verschiedener Kurbelzapfenlöcher in der Kurbelscheibe nach Bedarf eingestellt werden. Durch Anordnung eines Ellipsengetriebes an jeder Seite kann ein Antrieb mit Doppel-

zugstange (für größere Leistungen) ermöglicht werden. — Sämtliche Zahnräder und Wellen bestehen aus gehärtetem Chromnickelstahl und laufen im
Ölbade. Das Gehäuse besteht aus Stahlguß.

Andere elektrische Rutschenantriebe nach dem Prinzip unrunder Räder

Abb. 360. Gesamtansicht eines Ellipsenradantriebes.

sind die der Firmen **Eickhoff** und **Flottmann**. Abb. 361 zeigt einen derartigen Antrieb von **Eickhoff**. Die Ellipsenräder liegen hier im Gegensatz
zu dem Antrieb von **Schmidt, Kranz & Co.** horizontal. Die Rutsche kann

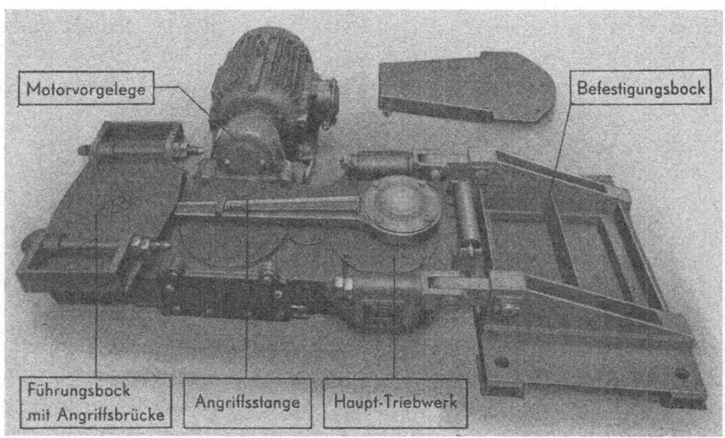

Abb. 361. Ellipsenradantrieb mit Führungswagen nach **Eickhoff**.

infolgedessen über das Triebwerk gelegt werden. Das Getriebe bewegt mit der
Angriffsstange den Führungswagen. Das ganze Aggregat wird von einem Be-
festigungsbock gehalten, der gegen das Hangende verbolzt werden muß und
zug- und druckfest mit dem Getriebegehäuse verbunden ist.

Beim Doppelkurbelantrieb wirkt gemäß der grundsätzlichen Darstellung
in Abb. 362 die vom Motor gedrehte Kurbel *a* durch Vermittlung der Pleuel-

stange b auf den entsprechend längeren Schwinghebel c und damit auf die zum Rutschenstrange führende Zugstange d. Dabei ergeben sich infolge der verschiedenartigen Zusammensetzung der Kurbel- und Schwingenbewegung bei gleichmäßiger, durch die Punkte 1—6 gekennzeichneter Kurbeldrehung ganz verschiedene Wege für die Schwinge (vgl. die entsprechenden Zahlen), so daß die gewünschte Ungleichmäßigkeit des Rutschenganges erzielt wird. Abb. 363 zeigt (in etwas vereinfachter Darstellung) die Anwendung dieses Gedankens in der Ausführung der Maschinenfabrik Gebr. Eickhoff. Der Motor a dreht mittels der Zahnradvorgelege $b_1 - b_4$ die Kurbelscheibe c, welche die Kurbel a in Abb. 362 vertritt. Die Kurbelscheibe bewegt die exzentrisch eingezapfte Kurbel d, die ihrerseits am Schwinghebel e angreift. Dessen Achse f trägt an jedem Ende einen Zapfen, auf den eine die Bewegung der Rutsche bewirkende Schwinge

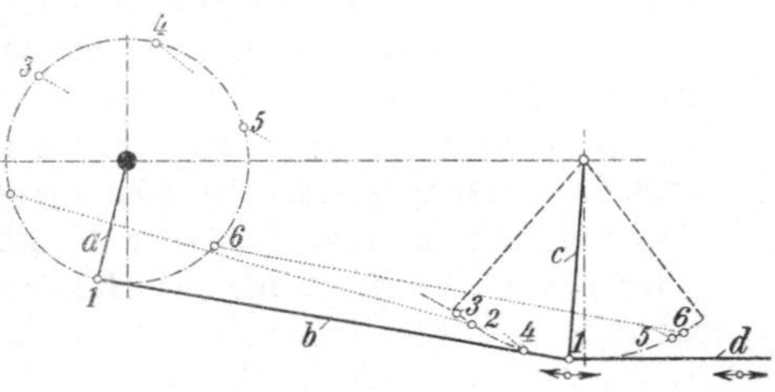

Abb. 362. Bewegungsvorgänge beim Doppelkurbelantrieb.

gekeilt wird. Man hat also die Möglichkeit, die Schwinge rechts oder links angreifen zu lassen und ihre Bewegung nach unten oder oben weiterzuleiten. Der Motor wird gekapselt (mit Außenkühlung durch Rippen) und mit dem Getriebekasten zusammen in ein Gußeisengehäuse eingeschlossen. Wie die Abbildung ferner erkennen läßt, sind im Schwinghebel zwei Bolzenlöcher $g_1 g_2$ für die Verbindung mit der Kurbel vorgesehen, damit die Hublänge verstellt werden kann; außerdem ermöglichen verschiedene Bolzenlöcher das

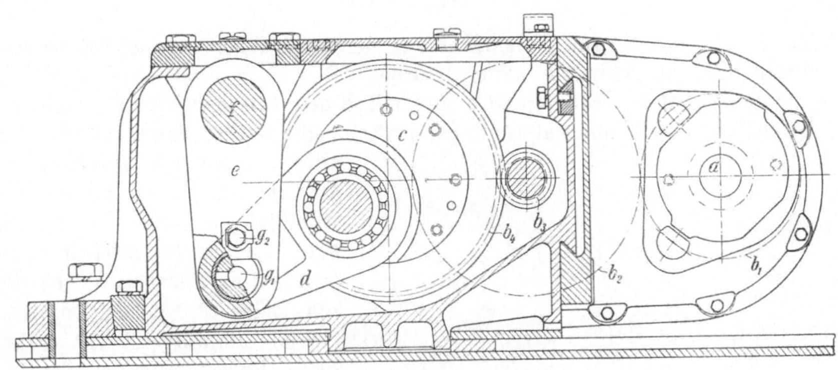

Abb. 363. Ausführung des Doppelkurbelantriebes.

stellt werden kann; außerdem ermöglichen verschiedene Bolzenlöcher das Umstecken der Kurbelscheibe c gegen das Zahnrad b_4 und damit die Hubregelung vom Motor aus.

19. — **Aufstellung des Motors und Übertragung der Bewegung auf den Rutschenstrang**[1]). Es könnte an und für sich erwünscht erscheinen, den Motor in der Nähe der oberen oder unteren Teil- oder Sohlenstrecke aufzustellen,

---

[1]) S. auch Bergbau 1928, S. 391; H. Philipp: Über die Aufstellung und Behandlung von mit Preßluft betriebenen Schüttelrutschenmotoren.

um ihn möglichst bequem ein- und ausbauen zu können. Jedoch bietet die
Aufstellung am oberen Ende des Rutschenstranges den Übelstand, daß die
obersten Rutschenverbindungen, da auf sie fast die ganze Last des Rutschenstranges als Zugkraft wirkt, stark beansprucht werden. Anderseits verbietet
sich die Aufstellung am unteren Ende, weil dann der Schwerpunkt des Rutschenstranges höher liegt, dieser also, auf den Motor bezogen, sich gewissermaßen im labilen Gleichgewicht befindet und daher stark schlingert. Deshalb
läßt man bei größeren Bauhöhen in der Regel den Motor etwa in zwei
Drittel der flachen Höhe angreifen. Bei geringen Rutschenlängen kann man
den Motor auch am oberen Ende aufstellen. Der Motor kann unmittelbar
oder mittelbar angreifen. Die Möglichkeit des unmittelbaren Angriffs ist
nur beim Druckluftbetrieb gegeben. Sie schließt eine Regelung der Hublänge
durch die Übertragungsglieder aus; diese kann also nur im Motor erfolgen.

Der einfachste Angriff ist der Kopfangriff, bei dem der Motor einfach
in der oberen Verlängerung der Rutsche aufgestellt wird. Er eignet sich
aber nur für kurze Rutschen und nur für die Abförderung vom Stoß, nicht

Abb. 364. Drilling-Rutschenmotor von E i c k h o f f mit unter der Rutsche eingebautem
Angriffswagen.

für die Zuführung von Versatzbergen, deren Einfüllen in den Rutschenstrang dann zu schwierig werden würde.

Der Angriff im mittleren oder oberen Teil des Rutschenstranges macht die
Aufstellung des Motors unterhalb der Rutsche oder seitlich von ihr notwendig.

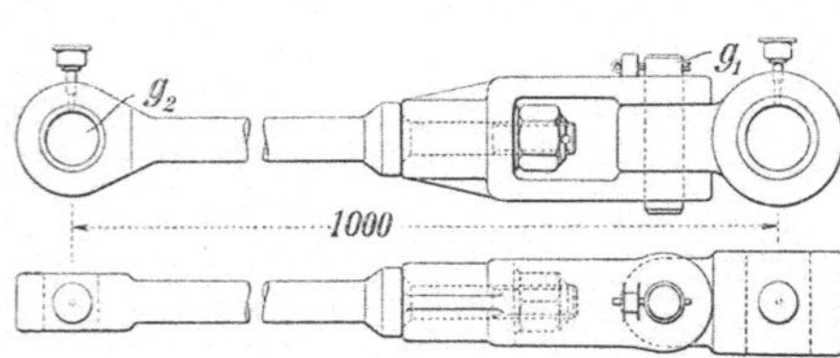

Abb. 365. Doppelgelenkstange für den Rutschenantrieb (S c h m i d t , K r a n z & Co.).

Die den Antrieb aufnehmende
Rutsche erhält dann, wie die
Abbildungen erkennen lassen,
einen Ansatz aus zwei angenieteten Winkelblechen, durch deren Löcher der von der Angriffsstange umfaßte Bolzen geht;
diese Bolzenlöcher werden in
einer gewissen Anzahl vorgesehen, um die Kolbenstellung
des Motors in die richtige Lage zum Rutschenstrang zu bringen. Den Antrieb
von unten zeigt Abb. 364. Beim seitlichen Angriff mit starrer Stange, bei
dem eine gewisse Querwirkung auf den Rutschenstrang nicht zu vermeiden
ist, muß diese durch möglichst spitzwinklige Aufstellung des Motors hinsichtlich der Rutsche nach Möglichkeit beschränkt werden. Da bei einem
solchen Antrieb der Angriffspunkt der Zugstange an der Rutsche sich sowohl
in der Richtung des Rutschenstranges als auch quer dazu (aufwärts) bewegt,
bietet die Verwendung einer Doppelgelenkstange nach Abb. 365 mit den

Gelenken g_1 und g_2 den Vorteil, daß die Zugstange sich beiden Bewegungen anpaßt und dadurch Klemmungen verhütet werden. Wird allerdings mit Gegenzylinder oder Gegenmotor (Ziff. 17) gearbeitet, so genügt auch Seil- oder Kettenzug.

Der mittelbare An- griff ermöglicht das Zwischenschalten einer Hebel- oder sonstigen Übersetzung und damit

1. Verwendung klei- nerer Motoren mit länge- rem Hub, der in einen kürzeren Hub der Rut- sche umgewandelt wird,

2. Einstellbarkeit des Hubes durch Verkürzung oder Verlängerung der Hebelarme,

3. bei einseitig wir- kenden Motoren Auf- stellung des Motors in

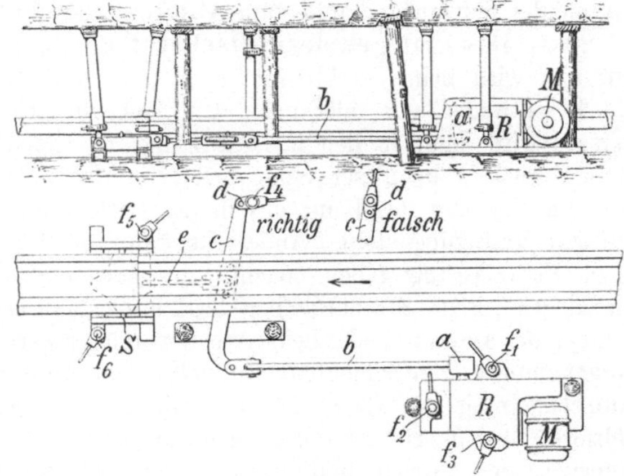

Abb. 366. Rutsche mit Hebelangriff durch einen elektrischen Eickhoff-Antrieb.

einem Zwischenort und Angriff mit Seil, das verlängert werden kann, so daß der Motor erst in größeren Zeitabschnitten dem Vorrücken des Rutschen- stranges zu folgen braucht. Dieser Antrieb eignet sich daher besonders für schwere Motoren, wie sie für lange Rut- schenstränge und stärkere Leistung erfor- derlich werden.

Beispiele zeigen die Abbildungen 355, 366 und 367. In Abb. 366 bewegt der Motor M (vgl. Abb. 363) mittels der Schwinge a und der Zugstange b den einarmigen Hebel c, an dem der Rutschen- strang hängt. Da der Hebel c während der Schwingung eine Querbewegung zu machen strebt, ist sein Drehpunkt nicht starr, sondern in einer kleinen Schwinge d verlagert, die um den Stempel f_4 schwingt und ein Ausweichen gestattet. Demgemäß ist die in der Nebenzeichnung dargestellte Stellung der Schwinge falsch. Das Um- stecken des Verbindungsbolzens in die drei

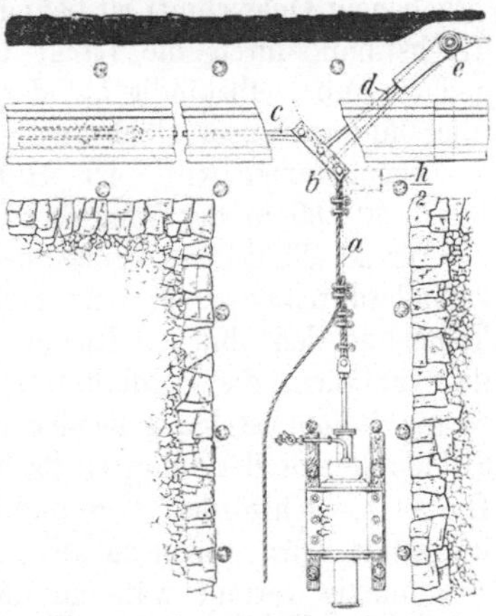

Abb. 367. Rutsche mit Seilangriff durch einen Flottmann-Motor.

verschiedenen Löcher des Hebels c ermöglicht eine Veränderung der Hebel- arme. Abb. 367 zeigt den Seilangriff aus einem Blindort heraus, wobei das Seil a durch Klemmen gehalten wird, so daß es leicht verlängert werden kann. Auch hier werden Querbewegungen vermieden, indem der Hebel b, an dessen anderem Ende die Zugstange c des Rutschenstranges angreift, um den Endpunkt des Gegenlenkers d schwingt, dessen Ausschwingen nach der einen Seite demjenigen des Hebels nach der anderen Seite entgegenwirkt.

In allen Fällen muß der Motor gegen die vom Rutschenstrange ausgeübte Zugkraft kräftig abgespreizt werden. Das geschieht nach Abb. 366 durch Abstempeln des Sohlenrahmens gegen das Hangende, und zwar durch Schraubenstempel $f_1 - f_3$; die gleichen Stempel werden hier auch zum Festhalten der Schwinge d und zum Abstützen des Führungsstuhles S benutzt.

20. — Das Umlegen des Rutschenstranges. Das Umlegen des Rutschenstranges wird beim Strebbau je nach dem gewählten Arbeitsrhythmus (vgl. Bd. I) entweder vor oder nach der Versatzarbeit vorgenommen. Bei Vollversatz wird man in den meisten Fällen die Nachtschicht für diese Arbeit bevorzugen, da in dieser Schicht der Zufuhr von Versatz Grenzen gesetzt sind und in der Regel nur das in der Mittagschicht bereitgestellte Versatzgut zur Verfügung steht. Anderseits kann bei Blasversatz Druckluftmangel dazu Veranlassung geben, nachts zu versetzen und in der Mittagschicht umzulegen. Beim Strebbruchbau liegt entweder die Umlegeschicht vor dem Rauben des Ausbaues, oder beide Arbeitsvorgänge werden in der gleichen Schicht vorgenommen. Der Schichtenverbrauch für das Umlegen beläuft sich bei einem Rutschenstrang von 120 m Länge — diese Länge wird unter normalen Verhältnissen bei 5—20° Einfallen einem Motor zugewiesen — einschließlich des Umlegens des Antriebs und sonstiger Nebenarbeiten auf 7—8 Schichten. Die Kontrolle der Rutschen und ihrer Verbindungen auf schadhafte Stellen empfiehlt sich in Hinblick auf die Betriebssicherheit bei jedem Umlegen. Durch elektrische Strebbeleuchtung sowie mit der durch sie ermöglichten Signalgebung wird Schnelligkeit und Güte der Umlegearbeit gefördert.

21. — Leistungen. Die Leistungsfähigkeit einer Schüttelrutsche von gegebenem Querschnitt ist bei einer bestimmten Hubzahl in ihrem erreichbaren Höchstmaß durch die Länge des Weges gegeben, den das Fördergut bei jedem Hube selbständig auf der Rutsche zurücklegt. In der Regel bleibt sie aber hinter diesem Höchstmaß zurück, da das Fördergut meist etwas mit zurückgenommen wird. Die Hubzahl beträgt bei den verschiedenen Motoren meist 40—60 in der Minute, bei einer größten Hublänge von 250—420 mm.

Für die Wahl des Antriebs, d. h. ob ein Motor mit kleinerem oder größerem Zylinderdurchmesser im einzelnen Fall genommen werden muß, sind bei Steinkohle und den üblichen Rutschenblechen, also bei gegebenen Reibungswerten, das Einfallen, die Förderleistung je Stunde sowie die Länge des Rutschenstrangs von ausschlaggebender Bedeutung. Hierbei ist als Förderleistung je Stunde die von der Schüttelrutsche zu bewältigende Höchstleistung einzusetzen. Die aus Schichtfördermenge und Laufzeit sich ergebende Durchschnittsleistung je Stunde würde einen zu niedrigen Wert ergeben, da die Fördermenge nicht gleichmäßig verteilt während der gesamten Schichtzeit anfällt, sondern unregelmäßig und etwaige Stillstände anschließend durch verstärkte Förderung wieder aufgeholt werden müssen. Auch ist nicht das durchschnittliche Einfallen des Rutschenstranges zu berücksichtigen, sondern der geringste auftretende Einfallwinkel.

Das in Abb. 368 wiedergegebene Nomogramm erlaubt die Motorstärke größenordnungsmäßig zu bestimmen. Von der erforderlichen Höchstleistung je Stunde ausgehend, zieht man einen Strich über das Einfallen bis zur Hilfslinie und findet durch Verbindung des auf diese Weise gefundenen Schnittpunkts mit der Rutschenlänge die gesuchte Motorgröße.

22. — Zusammenarbeiten von Rutschen. In größeren Abbaubetrieben kann der Rutschenförderbetrieb größeren Umfang annehmen, indem mehrere Rutschen sowohl hintereinander geschaltet werden als auch in Parallelschaltung auf größere Sammelrutschen arbeiten können.

Der einfachste Fall der Hintereinanderschaltung liegt dann vor, wenn unter günstigen Lagerungsverhältnissen mehrere Rutschenstreben übereinander zu Felde gehen und in ihrer Gesamtheit einen einzigen großen Abbaustoß bilden. Eine solche Förderanlage wird z. B. in Abb. 427 auf S. 348 veranschaulicht. Ein anderes Bild ergibt sich, wenn die Stöße gegeneinander versetzt und infolgedessen querlaufende Rutschen erforderlich werden, die die Verbindung zwischen den einzelnen Stößen herstellen. Abb. 369 veranschaulicht eine solche

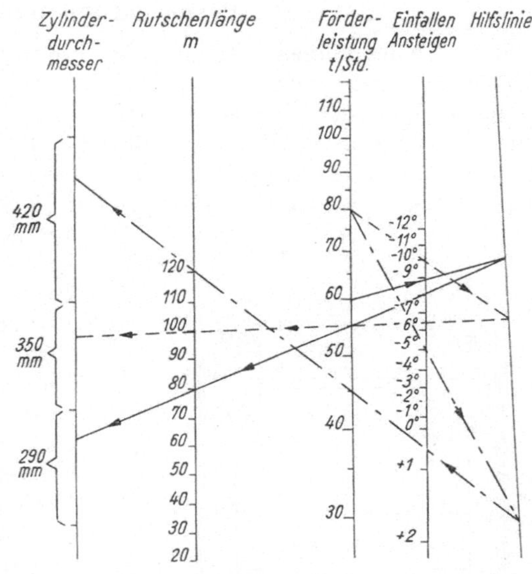

Abb. 368. Motorstärke eines Schüttelrutschenantriebs in Abhängigkeit von Förderleistung, Einfallen und Rutschenlänge.

Großförderanlage für schwebenden Verhieb, deren Anordnung man als Gruppen-Parallelschaltung bezeichnen kann. Rechts und links arbeiten je 3 Rutschen r_1—r_3. Von diesen dienen die Rutschen r_1 in der Hauptsache für die Kohlenförderung, da die beiden mittleren Stöße von je 100 m

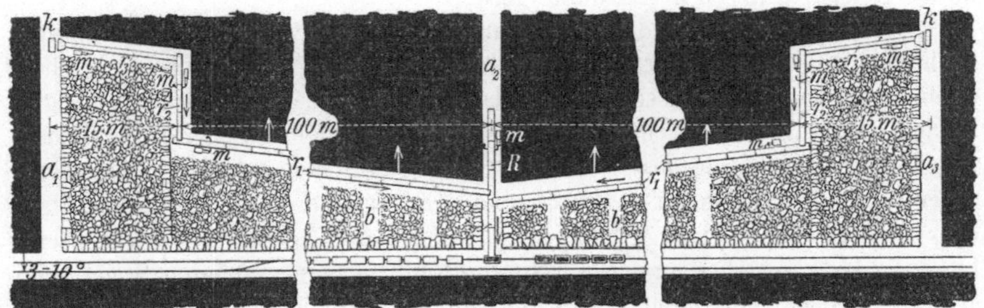

Abb. 369. Zusammenarbeiten von Rutschen nach einer Ausführung von Flottmann.

Breite ihren Bergebedarf größtenteils aus den Blindörtern b decken. Die Rutschen r_2 vermitteln sowohl die Kohlenförderung aus den beiden Randstößen, indem sie die Kohlen an die Rutschen r_1 weitergeben, als auch die Bergezufuhr zu den Randstößen und den äußeren Teilen der Mittelstöße; die Berge werden in den beiden seitlichen Überhauen $a_1\,a_3$ durch Brems- oder Haspelförderung den Kippern k zugeführt. Beide Gruppen von Rutschen arbeiten in Parallelschaltung auf die mittlere Sammelrutsche R im Überhauen a_2, die dem Vorrücken des Abbaues entsprechend nach oben hin verlängert wird.

b) Die Förderung mit Bändern[1]).

23. — Allgemeines. Während die Schüttelrutsche ein ausgesprochenes Abbaufördermittel ist und für die Förderung in söhligen Strecken nur unter besonderen Umständen Verwendung finden kann, ist das Band für den Abbau und — in noch größerem Maße als für diesen — für die Abbaustreckenförderung geeignet. Man hatte lange Zeit das Band infolge seiner zu Unrecht vermuteten Empfindlichkeit, vor allem aber wegen der Notwendigkeit, es geradlinig zu verlegen, für die Förderung in Abbaustrecken mit ihren zahlreichen Kurven als ungeeignet gehalten. Erst als man — etwa um das Jahr 1926 — erkannt hatte, daß Abbaustrecken nach der Stunde aufgefahren werden können und es auch im Abbau bei söhliger, flachwelliger Lagerung oder ansteigender Förderung die Schüttelrutsche wesentlich an Leistungsfähigkeit übertrifft, fand es, ausgehend von guten Erfahrungen auf den Zechen Rheinpreußen, Dahlbusch sowie Adolf in Merkstein bei Aachen,

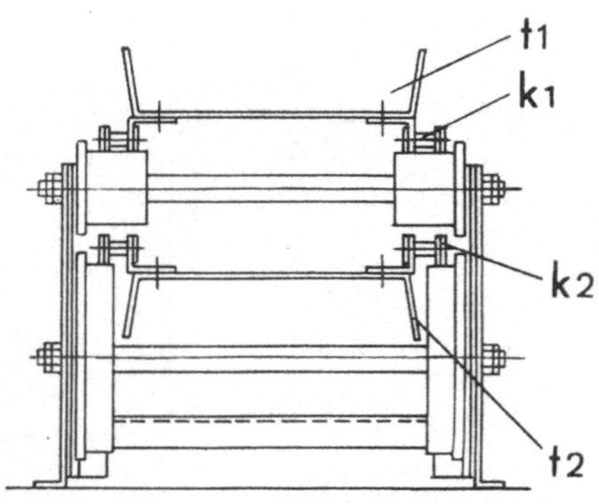

Abb. 370. Querschnitt eines Stahlgliederbandes.

bald umfangreiche Anwendung. Es hat seitdem auf vielen Zechen zusammen mit Seigerförderer und Wendelrutsche, mit Großförderwagen und Gefäßförderung die Fördertechnik unter Tage grundlegend umgestaltet. Im Ruhrbergbau z. B. waren im Jahre 1938 185880 m nutzbarer Bandlänge in Betrieb, im Vergleich zu 45900 m im Jahre 1934.

Es gibt Stahlgliederbänder sowie Gurtbänder, wobei die Gurte aus Gummi, Stahlblech oder aus anderen Stoffen bestehen können. Gemeinsam ist bei ihnen, daß die Unterlage selbst, also das Band, auf der das Fördergut liegt, bewegt wird und, nachdem das Fördergut abgeworfen ist, leer zurückläuft. Alle Bänder sind infolgedessen endlos. Sie bewegen sich zwischen zwei Kehrrollen, die entgegengesetzt gespannt sind. Ihr Antrieb — mittels Elektrizität oder Druckluft — wird gewöhnlich mit einer der beiden Kehrrollen verbunden. Er kann aber auch als „Mittelantrieb" an einer anderen Stelle eingebaut werden. Oberband und Unterband werden zwischen Antriebs- und Kehrrolle durch Rollenböcke getragen, damit sie nicht aufeinander oder auf der Sohle schleifen. Mit der Herstellung von Bandanlagen befassen sich u. a. die Firmen Demag, Duisburg; Eickhoff, Bochum; Frölich & Klüpfel, Wuppertal-Barmen; Hauhinco, Essen.

24. — Stahlgliederbänder und die Anordnung ihrer Antriebe.

[1]) Glückauf 1939, S. 721; H. Kuhlmann: Neuzeitliche Maschinen für den Untertagebetrieb; — ferner Bergbau 1937, S. 317; K. Thorhauer: Der heutige Stand der Streb- und Streckenförderung mit Bändern in flacher Lagerung.

Bei den Stahlgliederbändern besteht der Träger des Fördergutes aus seitlich umgebördelten Stahlplatten (t_1 und t_2 in Abb. 370) von 3—4 mm Blechstärke. Sie laufen zwischen zwei endlosen Laschenketten (k_1 und k_2), und zwar entspricht die Länge der Platten — in der Förderrichtung gemessen — der 160 mm betragenden Länge der Kettenglieder, an denen sie befestigt sind (Abb. 371). Durch diese gleichen Maße wird erreicht, daß sich Kettenglieder und Platten gemeinsam um die Sternräder der Kehrrollen drehen können. Derartige Plattenbänder, jedoch in viel breiterer Ausführung, werden schon seit langer Zeit für Lesebänder über Tage benutzt.

Die Abbildungen 370 u. 371 zeigen in Quer- und Längsschnitt Förderkette und Traggerüst eines Stahlgliederbandes von Frölich & Klüpfel. Die Traggerüste bestehen aus zwei in Dreiecksform angeordneten Stahlblechen zwischen denen,

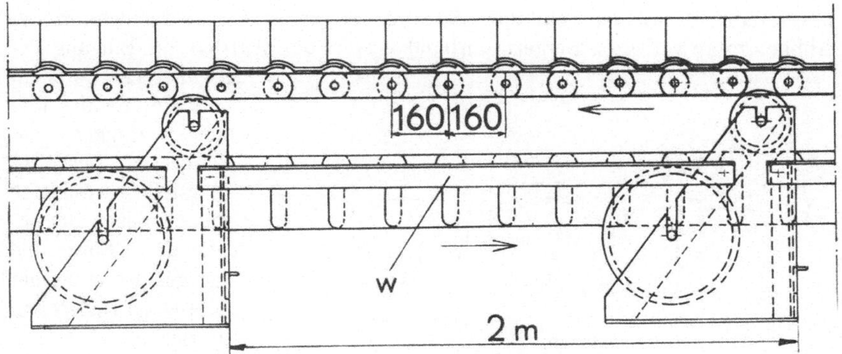

Abb. 371. Längsschnitt durch Förderkette und Traggerüst eines Stahlgliederbandes.

je 2 Rollen angeordnet sind. Die oberen kleineren Rollen dienen der Führung des Oberbandes, die unteren größeren Rollen der Führung des Unterbandes. Nach außen besitzen die Rollen Spurkränze, um ein seitliches Abgleiten der Bänder zu verhindern. Die Traggerüste jeder Seite werden durch Winkelstähle starr miteinander verbunden; ihr Abstand beträgt gewöhnlich 2 m. Zwischen den Tragböcken haben die Ketten die Last der Platten und des auf ihnen liegenden Fördergutes zu tragen. Da sie außerdem die Zugkraft des Antriebs aufzunehmen haben, müssen sie besonders kräftig ausgebildet sein. Bei den Stahlgliederbändern von Frölich & Klüpfel sowie von Hauhinco beläuft sich ihre Zugfestigkeit auf 22000 kg, in besonders schwerer Ausführung auf 35000 kg, so daß sich für das mit zwei Ketten ausgerüstete Band Zugfestigkeiten von 44000 und 70000 kg ergeben. Die Breite der Bänder schwankt zwischen 540 und 810 mm, die Bandhöhe zwischen 60 und 130 mm. Die nutzbare Bandlänge kann 300—400 m betragen.

Der Verspannung des ganzen Bandes dienen zwei an den Enden der Bandanlage aufgestellte Rollen, von denen die eine mit dem Antrieb verbunden ist, während die andere lediglich Umkehrrolle ist. Eine solche Umkehrrolle zeigt Abb. 372 in der Ausführung von Frölich & Klüpfel. Sie besteht aus einem Rahmen aus Profilstahl und zwei Führungsbolzen. Zwischen ihnen läuft ein durch Gewindespindeln genau einstellbarer Spannschlitten, der die Lager der Rolle trägt. Die grobe Verspannung geschieht dagegen durch Ketten und

Spannschlösser, mit denen die ganze Umkehrstelle an Stempeln oder an im Liegenden eingelassenen Bolzen befestigt wird.

Die Antriebsrolle muß nach Möglichkeit so verlegt werden, daß der am stärksten belastete Teil des Bandes gezogen wird. Bei ansteigender Förderung ist dieser Teil immer das Oberband. Auch bei söhliger Förderung ist das Oberband am stärksten belastet. Aus betrieblichen Gründen ist hier jedoch zuweilen das Ziehen des Unterbandes

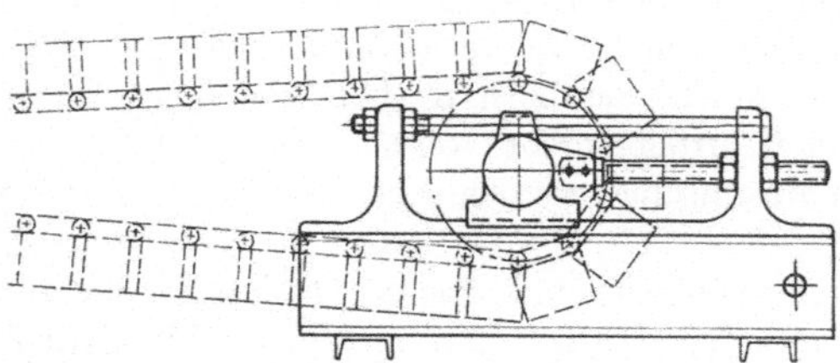

Abb. 372. Kehrrolle eines Stahlgliederbandes.

zweckmäßiger und auch gut durchführbar. So ist es z. B. bei einem in der Abbaustrecke verlegten Bergezufuhrband besser, den Antrieb am Eingang der Bandstrecke stehenzulassen, da das tägliche Verlängern des Bandes an der Umkehrstelle ungleich einfacher ist. Bei abfallender Förderung dagegen ist es immer richtig, das Unterband zu ziehen.

Als Antrieb werden Druckluft- oder Elektromotoren verwendet, deren hohe Drehzahlen von 1000 und 1500 je Minute durch Getriebe herabgesetzt werden müssen, um den Stahlgliederbändern die übliche Geschwindigkeit von 0,6 bis 0,8 m/s erteilen zu können. Zur Erreichung hoher Leistungen hat man in einzelnen Fällen die Bandgeschwindigkeit auf 1 m/s erhöht, mußte

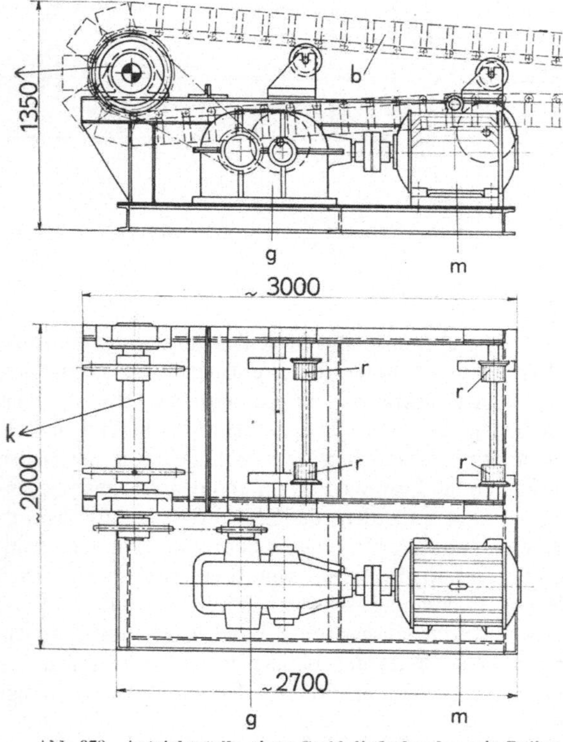

Abb. 373. Antriebsstelle eines Stahlgliederbandes mit Rollenkettenantrieb.

dabei aber den Nachteil starken Verschleißes in Kauf nehmen[1]). Die Getriebe sind entweder als einfache Winkelgetriebe ausgebildet oder bei Elektroantrieben

---

[1]) Mitt. a. d. Forschungsanstalten der Gutehoffnungshütte 1939, S. 104; Sondersog: Neuere Erfahrungen mit Stahlgliederbändern im Untertagebetrieb.

auch als Planeten-Anfahrgetriebe mit Rutschkupplung. Letzteres empfiehlt sich, weil die Elektromotoren als Kurzschlußläufer sehr schnell anlaufen und infolgedessen Getriebe und Band durch starke Stöße ungünstig beanspruchen würden. Druckluftmotoren kann man dagegen durch Regelung der Luftzufuhr langsam und daher sanft anfahren lassen. — Die Kraftübertragung vom Getriebe auf die Antriebsrolle erfolgt mittels Rollenketten oder Keilriemen. Letztere haben den Vorteil, zugleich stoßdämpfend zu wirken.

Abb. 373 zeigt im Längsschnitt und Grundriß die Antriebsstelle eines Stahlgliederbandes mit Rollenkettenantrieb der Firma Frölich & Klüpfel, wobei mit m der Motor, mit g das Getriebe, mit k die Antriebsrolle, mit b das Band und mit r die Tragrolle bezeichnet sind. Bei besonders starken Antrieben wählt man die Zwillingsanordnung, d. h. es wird ein genau gleiches Antriebs-

Abb. 374. Elektrorolle von Hauhinco.

aggregat, wie in Abb. 373 wiedergegeben, auch noch von der anderen Seite an die Antriebsrolle des Bandes angeschlossen. Neben einer Verstärkung des Antriebs wird durch diese Anordnung auch die Voraussetzung geschaffen, mit einer geringeren Typenzahl von Motoren auszukommen. Eine Zwillingsanordnung kann sich bei betrieblich besonders wichtigen Bändern, wie z. B. Sammelbändern, auch dann empfehlen, wenn krafttechnisch ein Motor genügt, aber ein gleichwertiger Ersatz jederzeit einsatzbereit zur Verfügung stehen soll.

Ein sehr einfacher Antrieb ist der in einer Ausführung von Hauhinco in Abb. 374 dargestellte Antrieb mit einer Elektrorolle. Der Motor ist hierbei in der Antriebsrolle selbst untergebracht und paßt sich daher beengten Raumverhältnissen besonders gut an. Derartige Antriebe sind jedoch bisher auf Leistungen bis 22 kW beschränkt.

25. — Einsatz- und Leistungsfähigkeit von Stahlgliederbändern. Das Stahlgliederband ist ein ausgesprochenes Streckenfördermittel. Wegen seines Raumbedarfes (die gewöhnliche Ausführung ist etwa 1 m hoch) und der zeitraubenden Aufstellung kommt es für die Förderung im Abbau nicht in Betracht. Es eignet sich als ortsfestes Band für Fördermengen bis zu 250 t/h. wenn es sich um Kohle, Waschberge oder Schiefergestein handelt. Sandstein und stark quarzhaltige Berge, insbesondere Kies, sind weniger geeignet, da sie zu einem sehr großen Verschleiß der Kettenbolzen führen.

Abb. 375 gibt eine schaubildliche Darstellung des Kraftbedarfs auf Grund von Betriebserfahrungen der Maschinenfabrik H a u h i n c o wieder, und zwar

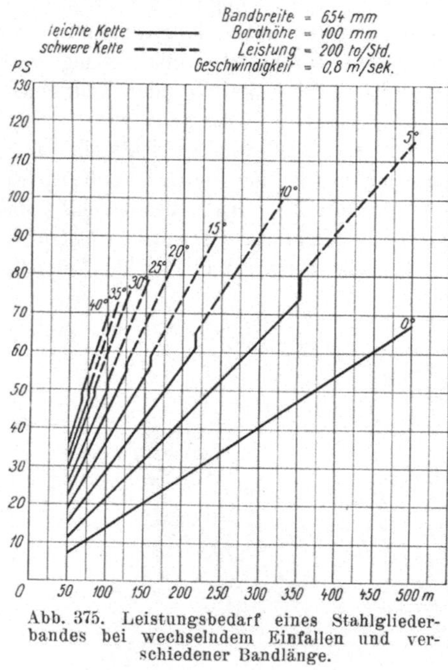

Abb. 375. Leistungsbedarf eines Stahlgliederbandes bei wechselndem Einfallen und verschiedener Bandlänge.

für ein Normalband mit einer durchschnittlichen Geschwindigkeit und einer Fördermenge bis 200 t/h bei wechselndem Ansteigen und verschiedener Bandlänge. Bei der Planung einer derartigen Anlage ist aber zu beachten, daß nicht die Schichtleistung bezogen auf die Laufzeit des Bandes während der Schicht, also der rechnerische Durchschnitt zugrunde gelegt werden darf, sondern unter Berücksichtigung des im Laufe der Schicht stark schwanken den Kohlenanfalls die voraussichtliche Höchstbelastung in Rechnung zu stellen ist.

Wirkungsgrad und Lebensdauer des Bandes hängen im Einzelfalle sehr stark von sorgfältiger Verlegung und Pflege ab. Insbesondere ist die Schmierung der Kettenbolzen sehr wichtig, hat doch ein Band auf einem Stützmeter allein 25 Schmierstellen. Mit dem Stahlgliederband kann man bis 40° ansteigend und bis 25° abfallend för-

Abb. 376. Stahlgliederband mit Tragblechen und Fangvorrichtung.

dern. Der günstigste Einsatz liegt zwischen —15° und +20°. Bei Ansteigen über 20° werden die Tragbleche in gewissen Abständen mit Winkeln versehen, um ein Abrutschen des Fördergutes zu vermeiden (Abb. 376). Um schließlich bei stark ansteigender Förderung ein Zurücklaufen des Bandes bei Motorstörungen oder Kettenbruch zu verhindern, kann man, wie Abb. 376 veranschaulicht, neben dem Band Fangvorrichtungen anbringen, die in die Kette greifen. Im Ruhrbergbau waren im Jahre 1938 30100 m Stahlgliederband eingesetzt, im Vergleich zu 12400 m im Jahre 1934.

26. — Gummigurtbänder. Gummigurte werden aus Geweben von Baumwolle, Zellwolle oder Kunstseide hergestellt, welche mit Gummi, Buna oder Balata, einem aus dem Milchsaft tropischer Bäume gewonnenem, der Guttapercha ähnlichem Stoff überzogen werden. Für die nach DIN Berg 22111 für den Untertagebetrieb vorgesehenen Gurtbreiten von 500, 650, 800 und 1000 mm werden 5—9 einzelne Lagen zu einem Ganzen verklebt. Die Ober- und Unterseite sowie die Kanten des Bandes erhalten außerdem eine Gummischutzschicht von mindestens 2 mm Dicke.

Das Gewebe hat die Aufgabe, die Zugkräfte aufzunehmen, während die Umschließung mit Gummi, Buna oder Balata das Gewebe gegen Feuchtigkeit und Verschleiß schützen soll. Verletzungen der Gummideckplatte sind daher möglichst zu vermeiden und schnell auszubessern, wofür Schachtanlagen, die Bänder in größerem Umfang anwenden, über eigene Vulkanisierwerkstätten verfügen.

Für die Verwendung in der Grube werden die Gurte mit Rücksicht auf die Transportmöglichkeit in Förderwagen und im Betrieb selbst in Stücken von 25—50 m geliefert, wobei es zweckmäßig ist, die notwendigen Paßstücke so zu wählen, daß 2 kleine jeweils ein größeres Maß ergeben, die alle in dem Hauptmaß aufgehen, z. B. 2,50 m, 5,00 m und 12,50 m, 25 m. Eine solche Normung für den eigenen Betrieb erleichtert das Auswechseln beschädigter Bänder und die Vorratshaltung sehr. Mit der Herstellung von Gummigurten für den Bergbau befassen sich u. a. die Firmen Continental, Hannover; Clouth, Köln; Pahl, Dortmund und Düsseldorf; Phönix, Harburg; Semperit, Wien; Scholz, Hamburg.

Besonders wichtig ist eine einwandfreie Verbindung der einzelnen Bandstücke[1]). Diese darf das Band nicht beschädigen und muß zugleich möglichst schmiegsam sein, um an den Trommeln und bei Muldenbändern in der Muldung keine Spannungen hervorzurufen. Für eine schnelle vorläufige Reparatur im Betrieb eignen sich einfache Klammern, z. B. Sechsspitzklammern. Jedoch sind diese Klammern wegen der Beschädigung des Gurtes infolge zu geringer Elastizität als Dauerverbindung nicht geeignet. Kleine Beschädigungen kann man auch mit Nilos-Krampen unter Verwendung eines Krampers während der Schicht flicken.

Als Dauerverbindung der einzelnen Gurtstücke wird heute ausschließlich die Drahthakenverbindung gebraucht, die als Nilos- oder Adler-Haken von den Firmen Wever, Düsseldorf, und Matthaei, Offenbach, hergestellt wird. Abb. 377a u. b zeigt als Beispiel den Nilos-Haken offen und nach der Einpressung in das Band. Die Spitzen sind geschliffen, damit sie beim Eindrücken das Gewebe nicht zerstören. Damit sie im Band haften bleiben, werden sie außer-

---

[1]) Glückauf 1938, S. 441; Bussen: Die neuere Entwicklung der Drahthakenverbindung für Fördergurte; — ferner ebenda 1933, S. 127; Wever: Förderbandverbindungen.

dem leicht gebogen, so daß sie beim Einpressen die Form eines Widerhakens annehmen. In die beiden zu verbindenden Gurtbandenden wird mit Hilfe einer Hakenpresse (Abb. 378) je eine Reihe Haken eingepreßt. Auf diese Weise

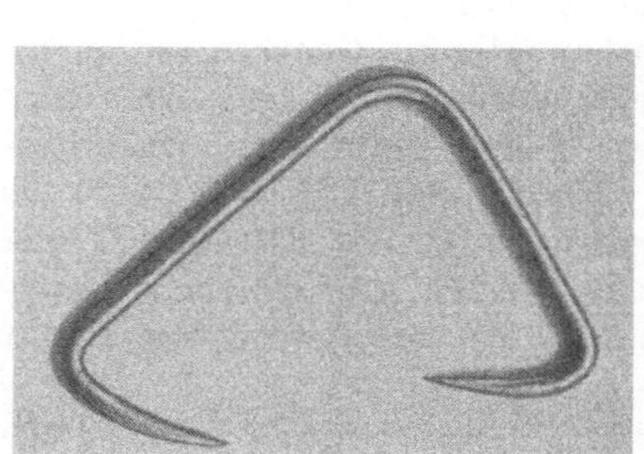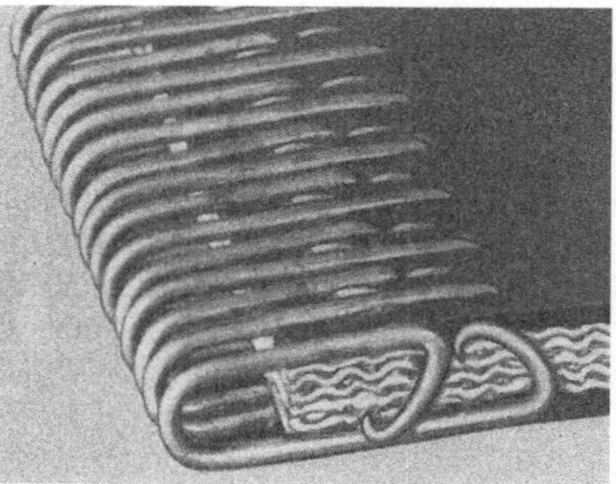

a   b
Abb. 377. N i l o s-Haken. a offen, b in das Band eingepreßt.

entstehen zwei Ösenreihen. Sie werden ineinandergesteckt und durch eine aus Stahldrahtlitze bestehende elastische Gurtnadel (Abb. 379) miteinander verbunden. Voraussetzung für das Zustandekommen einer einwandfreien Verbindung

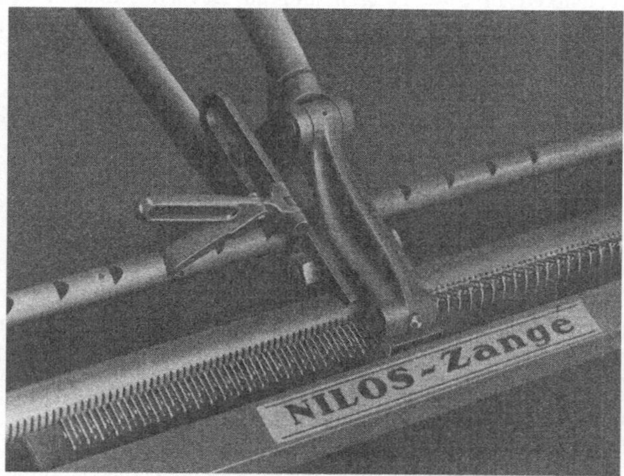

Abb. 378. Hakenpresse.

ist, daß die Bandenden genau rechtwinklig geschnitten sind. Hierzu dienen besondere Messer. Die obengenannten Firmen liefern außerdem noch sehr vielseitiges anderes Gezähe für die Bandbehandlung. Bemerkenswert ist ein Bandspanner (Abb. 380), der die beiden Bandenden in Klemmschienen legt und mit einer Knarre einander nähert.

Eine Gefahr für die vorzeitige Zerstörung des Bandes besteht bei diesen Verbindungen hauptsächlich nur noch bei Eindringen von Feuchtigkeit in das Gewebe an den offenen Kanten und Eindruckstellen der Haken. Daher vulkani-

siert man neuerdings diese Verbindungen und erreicht damit, daß Eindruckstellen und Kanten in Gummi eingebettet sind (Abb. 379). Der Gummigurt als
der wertvollste und zugleich kurzlebigste Teil der Bandanlage bedarf laufend
sorgfältiger Pflege. Insbesondere ist die Gummideckschicht an beschädigten
Stellen rechtzeitig zu vulkanisieren. Hierzu stehen kleinere Flick-
pressen, Kantenpressen und größere Flächen-pressen zur Verfügung
(Wever, Düsseldorf, Winkelkamp, Krefeld u. a.). Neben diesen kleineren beweglichen Pres-sen mit Dampf- oder Elektrobeheizung empfiehlt sich für Schacht-anlagen, die mehr als 4—5000 Nutzmeter Band
in Betrieb haben, die

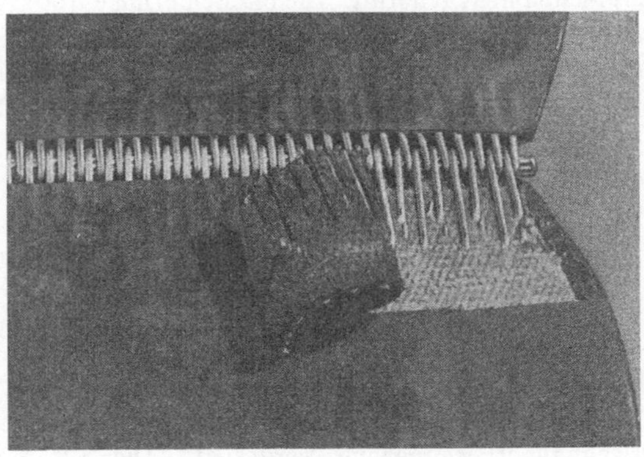

Abb. 379. Verbindungsstelle zweier Paßstücke.

Beschaffung einer größeren ortsfesten, hydraulischen Presse.

27. — Die Tragkonstruktion. Man unterscheidet Oberband- und Unter-
bandförderer, je nachdem ob das obere Band für die Aufgabe und Förderung
des Gutes benutzt wird, während das Unterband nur dem Rücklauf dient,
oder umgekehrt. In Strecken kommt wegen der einfacheren Aufgabe
und des Abwurfs des Gutes nur die Ober-band förderung in Frage.
Das Unter band weist als Vorteile eine nied-rigere Ladehöhe und
geringeren Raumbedarf auf. Es findet daher zu-weilen im Abbau, und
zwar in dünnen Flözen, und neuerdings auch in mächtigen Flözen in Ver-

Abb. 380. Bandspanner.

bindung mit Kohlengewinnungs- und Lademaschinen (vgl. Band I) Verwendung.

In beiden Fällen läuft das Band zwischen zwei gegeneinander verspannten
Umkehrrollen über Tragrollen, die das Berühren der Sohle sowie das Schleifen
der Bänder aufeinander verhindern. Bei der Oberbandförderung sind die Tragrollen für beide Bandteile auf Traggerüsten befestigt, die meist starr miteinander verbunden sind. Bei der Unterbandförderung sind die Rollen getrennt

verlagert; die verbindende Tragkonstruktion fehlt hier meistens. Im ganzen ist die Verlagerung weniger sorgfältig, so daß mit einem höheren Verschleiß als bei Oberbandförderung gerechnet werden muß.

Die Bandgerüste für Oberbandförderung sind in DIN 22111, und zwar für Muldenbänder, genormt. Die muldenförmige Auflage des Oberbandes wird durch zwei oder drei gegeneinander geneigte, aber in einer senkrechten Ebene liegende Rollen erreicht, während das Unterband flach über eine entsprechend breitere Rolle zurückgeführt wird (Abb. 381). Muldenbänder zeichnen sich gegenüber

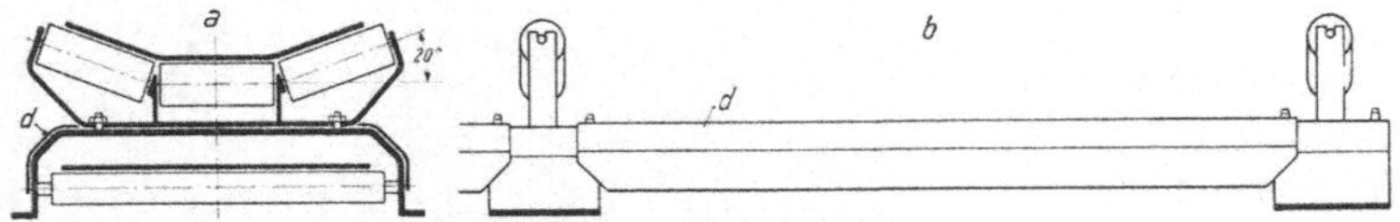

Abb. 381. Traggerüst für Oberbandförderung.

Flachbändern von gleicher Bandbreite durch eine größere Aufnahmefähigkeit und bessere Führung des Fördergutes aus. Sie haben daher die früher üblichen Flachbänder weitgehend verdrängt. Die 1,8—3 m voneinander entfernten Traggerüste werden miteinander durch Deckbleche d verbunden. Diese dienen der gegenseitigen Versteifung und auch dem Schutz des Unterbandes. Bei Streckenförderung und sauberer Bandführung können an ihre Stelle Flach- oder Winkelstähle treten, wodurch zwar der Schutz fortfällt, die Übersicht aber erhöht wird. Zur Erreichung einer gleichmäßigen Auflage des darüber gleitenden Gummibandes müssen die einzelnen Traggerüste waagerecht und senkrecht genau ausgerichtet sein. Zum Ausgleich von Unebenheiten werden Holzklötze unter die Traggerüste gelegt. Zur Verhütung von Brandgefahr müssen sie fest mit dem Fuß der Traggerüste verschraubt werden. Auch

Abb. 382. Gummigurtband mit aufgehängten Traggerüsten.

empfehlen sich aus Aschenbeton hergestellte Unterlagen oder solche aus Profilstahl. Manche Zechen ziehen es in den Strecken vor, die Traggerüste nicht auf der Sohle zu verlegen, sondern mit Ketten am Ausbau aufzuhängen (Abb. 382). Die Ketten müssen nachstellbar, insbesondere leicht zu verkürzen sein, um das Absinken der Firste und sonstige Druckwirkungen auf die Verlagerung des Bandes ausgleichen zu können.

An die bauliche Ausführung der Tragrollen werden hohe Anforderungen gestellt. Reibung auf feststehenden Rollen führt besonders bei belastetem Band zu sehr starkem Verschleiß und außerdem zu Überlastungen des Antriebs. Zur Verminderung der Reibung versieht man sie mit Kugellagern, die bis zu 30% Antriebskraft gegenüber anderen Tragrollen ersparen. Der Tragrollenabstand beträgt zweckmäßig 1,5 (0,9) m für 350 (1200) mm breite Rollen. Abb. 383 zeigt einen Schnitt durch das Lager einer Eickhoffschen Rolle, bei welchem A das Kugellager, B einen Bunadichtungsring zum Schutz gegen Staub, C eine Befestigungsscheibe und D eine Dreieckfeder zum Anpressen des Dichtungsringes bedeuten. Die Rollen sind überwiegend mit Fettfüllung versehen, die für eine Schmierung während mehrerer Monate ausreicht. Die Abschmierung erfolgt besser über Tage gleichzeitig mit einer Reinigung der Rolle, während im Betrieb selbst nur das Auswechseln zu besorgen ist.

Bei Unterbandförderung kann

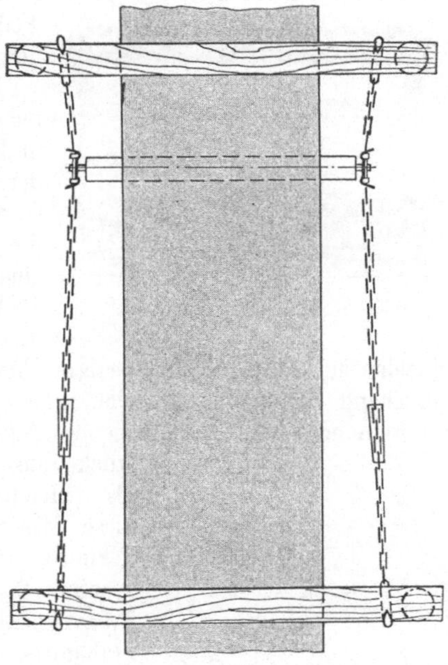
Abb. 384. Verlagerung des Oberbandes bei Unterbandförderung.

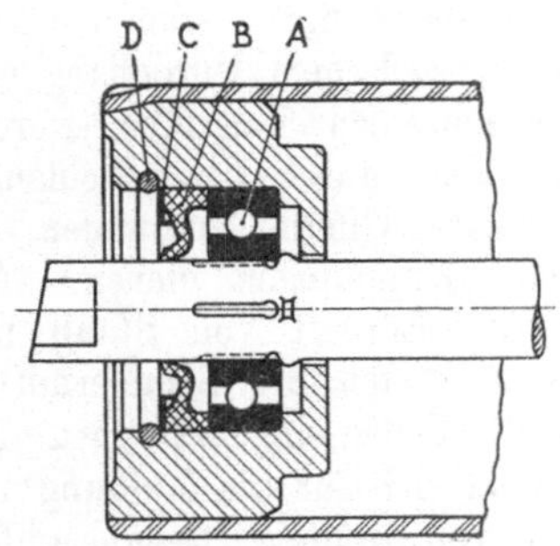
Abb. 383. Schnitt durch das Lager einer Bandrolle.

der obere Teil der geschilderten Tragkonstruktion nach Abb. 384 zur Führung des Unterbandes gebraucht werden. Die breite Unterbandrolle wird dagegen zur Rückführung des Oberbandes mit Ketten am Ausbau unter dem Hangenden befestigt. Abb. 385 zeigt ein derartiges Unterband in der Aus-

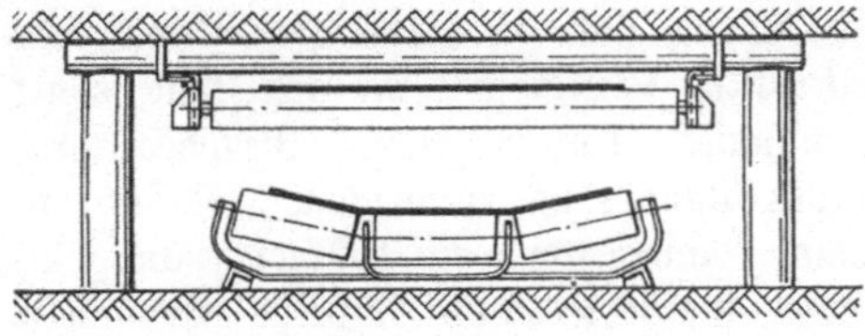
Abb. 385. Schnitt durch eine Unterbandanlage.

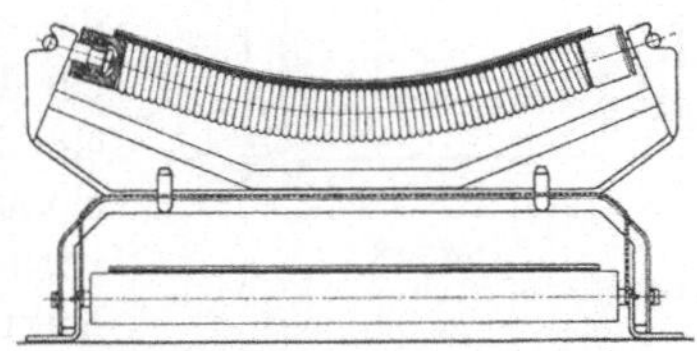
Abb. 386. Federrolle der Demag.

führung von Eickhoff. Eine andere Verlagerung der Oberbandrollen besteht darin, daß sie zwischen zwei parallelen Seilen aufgehängt werden, die im Abstand der Rollenbreite unter das Hangende gespannt werden. Die einzelnen Seilstücke werden durch Spannschlösser miteinander verbunden.

Eine Sonderbauart ist die Federrolle der Demag nach Abb. 386. Bei ihr tritt an Stelle der drei winklig zueinander verlagerten kurzen Rollen mit sechs Lagerstellen eine Feder von entsprechender Länge. Sie hängt in zwei Doppelschrägrollenlagern, die den senkrecht und auch den waagerecht wirkenden Druck aufnehmen. Die Federrolle paßt sich dem mehr oder weniger belasteten Band genau an und setzt die Reibung so weit herab, daß eine Kraftersparnis von 20—40% eintritt. Auch hält sie infolge der ihr eigenen Schwingungen den Raum, in dem sie sich bewegt, frei von Kohlenklein. Nicht anwendbar sind Federrollen bei Vorhandensein salzhaltiger, den Stahl angreifender Grubenwässer.

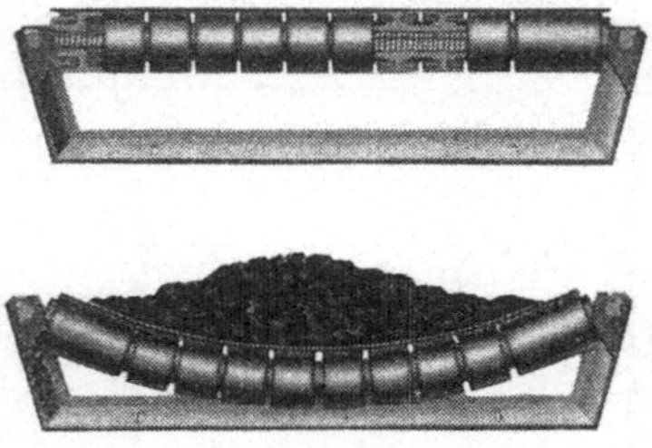

Eine neuere Bauart liegt in der Gleitfederrolle der Maschinenbauanstalt Erbö in Haßlinghausen i. W. vor, die auch von der Firma Hemscheidt geliefert wird. Im Gegensatz zur Demag-Federrolle dreht sich die Feder selbst nicht, sondern führt nur eine schwingende Bewegung in senkrechter Richtung aus. Um die Feder drehen sich

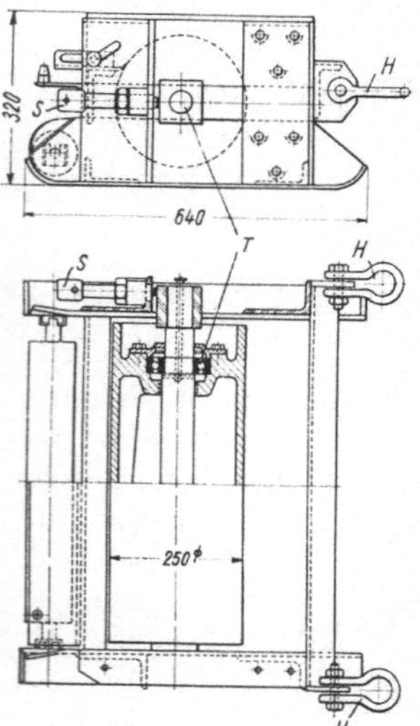
Abb. 387. Gleitfederrolle der Erbö.

vielmehr, wie die Abb. 387 erkennen läßt, einzelne aus Stahlguß angefertigte Tragrollen, die sich dem Durchhang entsprechend zueinander einstellen können. Die einzelnen Tragrollen werden untereinander über entsprechend ausgebildete Naben durch kurze Schlauchstücke aus ölbeständigem Gummi verbunden, die als winkelbewegliche Kupplungen dienen. Auf diese Weise wird der Eintritt von Staub und Schmutz und das Austreten des Schmiermittels verhindert, in das die Feder eingebettet ist. Die Tragvorrichtung eignet sich für die Muldung von Stahlgurt- und auch von Gummigurtbändern. Für Stahlgurte ist besonders vorteilhaft, daß durch die glatte Oberfläche der Tragrollen eine Ablenkung des Fördergurtes vermieden wird.

Der Umkehr des Bandes dient ein Spannkopf, den Abb. 388 in einer Ausführung von Eickhoff zeigt. Die Umlenktrommel T kann durch die Schrauben S in ihrer Verlagerung verschoben werden. Wichtig ist, daß die Rolle genau senkrecht zur Bandrüstung verlegt ist, da das Band sonst einseitig aufläuft. Um zu starke Biegebeanspruchungen des Bandes zu vermeiden, soll die Antriebstrommel mindestens die 100fache, die Umlenktrommel mindestens die 80fache Banddicke

Abb. 388.
Spannkopf nach Eickhoff.

als Durchmesser aufweisen[1]). Auch kann es sich zur Erzielung eines möglichst geradlinigen Verlaufs des Bandes empfehlen, die Lauffläche der Trommel etwas gewölbt auszuführen, und zwar genügt eine Wölbung von 1,5—2% der Trommelbreite, wobei der höchste Punkt der Wölbung in der Mitte der Trommel liegen muß. Das Längerwerden des Bandes durch die dauernde Zugbeanspruchung erfordert eine Nachspannvorrichtung, die ein Nachspannen

---

[1]) Fördertechnik 1941. S. 161; H. Schulze-Manitius: Konstruktive Voraussetzung zur Schonung von Förderbändern.

des Bandes um etwa 2% der gesamten Bandlänge ermöglichen soll. Die grobe Einstellung und das Spannen des Bandes erfolgt mit Hilfe von Spannschrauben und Ketten, welche an den Haken H einerseits und an Stempeln oder an im Liegenden eingelassenen Bolzen anderseits befestigt werden.

28. — Anordnung der Antriebe und ihre Ausführung. Für Gummigurtantriebe gilt ebenso wie bei den Gliederbändern für die Anordnung des Antriebes der Grundsatz, daß das belastete Band gezogen wird, im allgemeinen also das Oberband, bei Unterbandförderung das Unterband.

Die Übertragung der Bewegung von der Antriebsrolle auf das Band ist von dem Reibungswiderstand der Trommeloberfläche und dem Umschlingungswinkel des Bandes auf der Trommel sowie von der Bandspannung abhängig. Der Reibungswiderstand beträgt bei glatten Trommeln 0,3, bei Trommeln mit Gewebebekleidung bis 0,4. Er fällt aber in feuchten Betrieben stark ab, so daß in solchen Fällen bei stark beanspruchten Bändern besonderer Wert auf einen großen Umschlingungswinkel gelegt werden muß. Abb. 389 zeigt verschiedene Möglichkeiten der Vergrößerung des Umschlingungswinkels durch eine geeignete Bandführung. Der Fall a ist bei Gummigurten nur für kurze Längen und geringe Leistungen verwendbar. Während

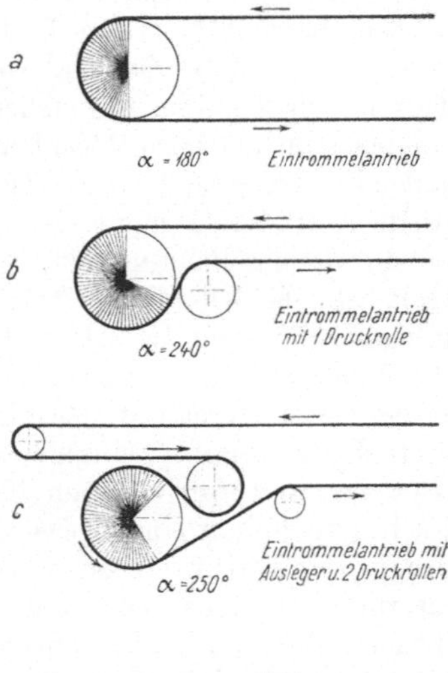

Abb. 389.
Vergrößerung des Umschlingungswinkels durch verschiedenartige Bandführung.

im Falle b der Austrag des Fördergutes an der Rolle erfolgt und der Umschlingungswinkel durch eine Druckrolle vergrößert wird, zeigt c die Bandführung über einen Ausleger, eine besondere Abwurfrolle, wodurch eine Rück-

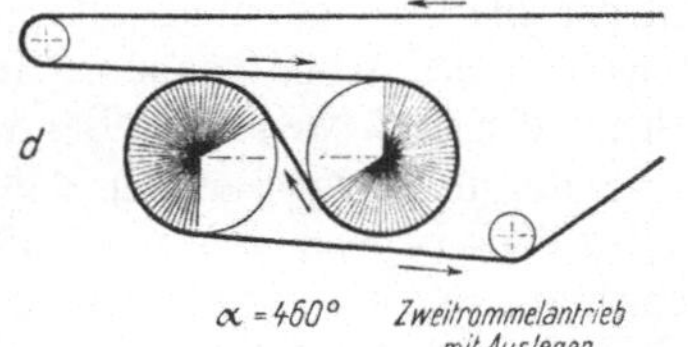
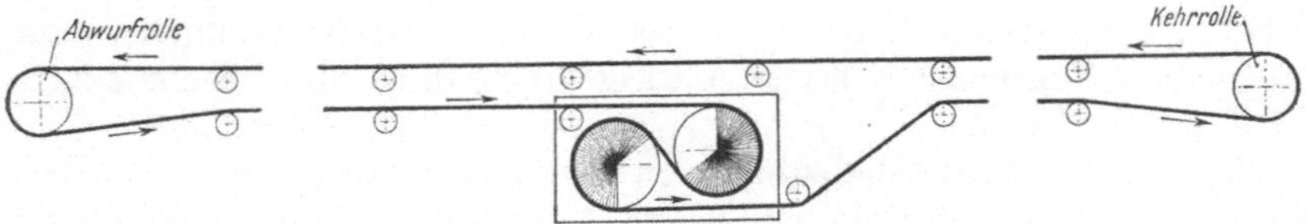

Abb. 390. Mittelantrieb einer Oberbandanlage.

verlegung des Antriebes von der Ladestelle ermöglicht wird. In Abb. 390 hat die Druckrolle den Durchmesser der Antriebsrolle erhalten. Die S-förmige Bandführung über zwei gleich große Antriebsrollen ergibt den günstigsten Umschlingungswinkel. In den Fällen a bis c dient eine Trommel für den Antrieb („Eintrommelantriebe"). Im Falle d, bei dem die zweite Trommel ebenfalls angetrieben wird, ergibt sich der „Zweitrommelantrieb". Für Leistungen bis

25 PS genügt der Eintrommelantrieb. Darüber hinaus kann es vorteilhaft sein, den Zweitrommelantrieb zu wählen.

Die gleichmäßige Übertragung der Antriebskraft von zwei Trommeln bereitet jedoch verschiedene Schwierigkeiten. Diese liegen im Bandbetrieb als solchem begründet. Beim Eintrommelantrieb und Oberbandförderung wird meist das belastete Oberband vom Antrieb gezogen. Die Bandspannung wird dann im Oberband im Augenblick des Auftreffens auf die Antriebstrommel am größten sein und beim Ablaufen ihren kleinsten Wert erreichen, um im leerlaufenden Unterband wieder langsam zuzunehmen. Schaltet man nun eine zweite Antriebsrolle hinter die erste, so ergeben sich sofort mehrere Möglichkeiten, weil das Band nur eine sehr elastische Verbindung zwischen den beiden Trommeln darstellt und keineswegs eine gleichmäßige Verteilung der Kraftaufnahme etwa im Verhältnis 1:1 gewährleistet oder auch nur ermöglicht. Die Bandspannung, welche beim Eintrommelantrieb zwar nicht günstig, aber im gegebenen Verhältnis gleichbleibend auf Ober- und Unterband verteilt ist, wird daher beim Zweitrommelantrieb starken Schwankungen ausgesetzt. Wünschenswert wäre es, wenn die Kräfte beider Antriebe sich summierten und das Unterband mit einem gewissen Überschuß an Vorwärtsbewegung, also mit Druck, den Antrieb verlassen würde. Das Unterband würde geschont; es könnte „ausruhen“ und das Oberband würde mit geringerer Bandspannung laufen können. Tatsächlich ist es aber nicht möglich, das Band auf beide Trommeln mit der gleichen Spannung aufzugeben; es ist sogar möglich, daß das Band die erste Trommel schon spannungsfrei verläßt, zum mindesten ist das vorübergehend der Fall, wenn das Band schwach beladen ist.

Weiterhin ist zu beachten, daß das Band mit verschiedenen Seiten über die Rollen läuft (s. Abb. 389) und daß sich dadurch an der Rolle, über welche die verschmutzte, der Förderung dienende Seite des Bandes läuft, leicht eine Schmutzschicht bilden kann, wodurch die wirksamen Durchmesser und dadurch auch die Umlaufgeschwindigkeiten der beiden Rollen verschieden werden. Dadurch können neben Bandschlupf auch noch Zerrungen sowie große Reibungsbeanspruchungen des Bandes verursacht werden.

Ist das Fördergut trocken und das Band gleichmäßig belastet, so spielen diese Schwierigkeiten des Doppeltrommelantriebes — abgesehen von höherem Bandverschleiß — keine große Rolle und werden durch die Vorteile dieser Antriebsart wieder aufgehoben. Bei klebrigem Fördergut, stark schwankender Belastung und welliger Lagerung machen sie jedoch Sonderausführungen zur gegenseitigen Abstimmung beider Antriebe erforderlich, über die in Ziff. 29 S. 326 berichtet wird.

29. — Ausführungsbeispiele von Gummibandantrieben. Abb. 391 gibt einen Eintrommelantrieb mit seitlich aufgestelltem Motor (Elektromotor oder Druckluftpfeilradmotor) der Firma Eickhoff, Bochum, wieder. Die Trommel T wird durch ein Stirnkegelradvorgelege V mit dem Motor M verbunden. Dieser kann je nach den Betriebsverhältnissen wahlweise auf der einen oder anderen Seite des Trommelgestells angebracht werden, was durch die Strichelung in Abb. 391 angedeutet ist. Auf der Seitenansicht ist die Bandführung zu erkennen. Ein gemeinsames Kennzeichen für die Antriebe von Eickhoff ist darin zu erblicken, daß das Getriebe einen Teil der Antriebsstelle bildet und der Motor außerhalb bleibt. Andere Firmen, z. B. Frölich & Klüpfel stellen Motor und Getriebe nebeneinander oder vereinigen beide zu einem Getriebemotor außerhalb der eigentlichen Antriebsstelle. Die Kraftübertragung erfolgt dann durch Kette, Keilriemen oder Kupplung. Ein Vorzug dieser Anordnung liegt in der leichteren Auswechselbarkeit des Getriebes. Außer-

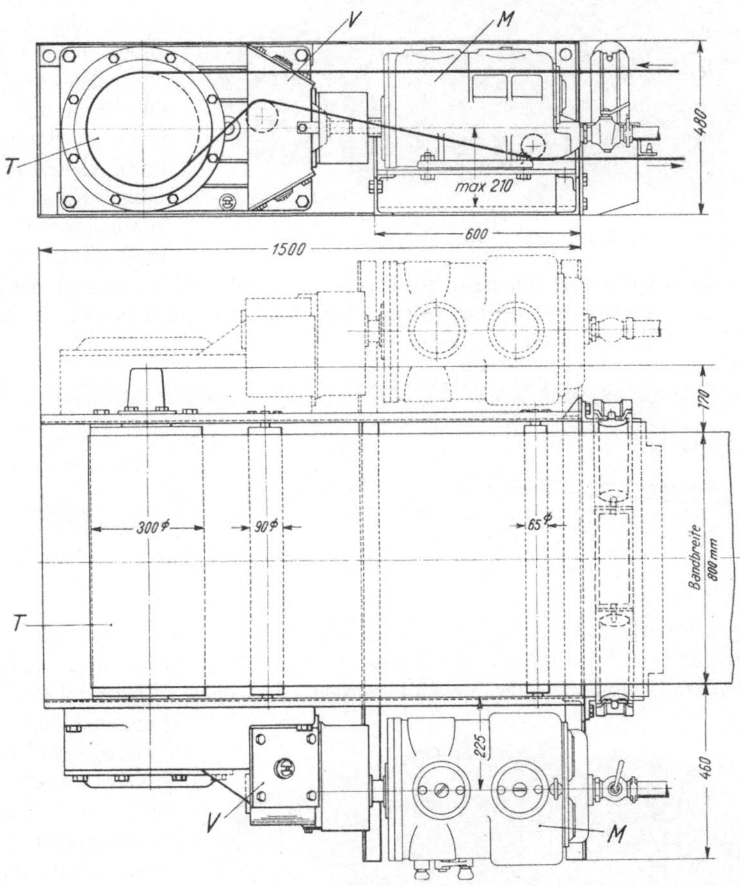

Abb. 391. Schnitt und Grundriß eines Eintrommelantriebes der Firma Eickhoff.

dem ist die Einheit Antriebsstation — Getriebe und Motor — weniger empfindlich gegen Bewegungen der Sohle.

Abb. 392 zeigt einen Eintrommelantrieb der Firma Frölich & Klüpfel. Die sog. „Mangeltrommel", die dem Antriebsmotor abgewandte, dem Beschauer zugewandte Seite ist offengelegt. Die größere der beiden rechten Trommeln ist die Antriebstrommel, die kleinere eine Druckrolle. Diese ist in zwei federnden Rahmen verlagert, von denen die Abbildung den vorderen erkennen läßt. Die Rolle hat eine starke Gummidecke und preßt das Band wäschemangelähnlich gegen die Antriebstrommel. Der Umschlingungswinkel wird dadurch größer und die Pressung erhöht die auf die Antriebstrommel wirkende Bandspannung.

Der Zweitrommelantrieb besitzt einen stärkeren Motor. Er arbeitet bei den bisher üblichen Betrieben über das in einem Ölbad laufende Vorgelege starr auf beide Rollen. Um eine ungleiche Umfangsgeschwindigkeit der beiden Rollen möglichst zu vermeiden, wird die zur Förderung benutzte Bandseite durch Abstreifer gereinigt. Einen Zweitrommelantrieb mit besonderer, ausgelegter Abwurftrommel von Eickhoff zeigt Abb. 393. Abb. 394 gibt die Ansicht eines Zweitrommelantriebs wieder und läßt bei abgenommenem Band eine Abwurfrolle erkennen.

Abb. 392. „Mangeltrommel" nach Frölich & Klüpfel.

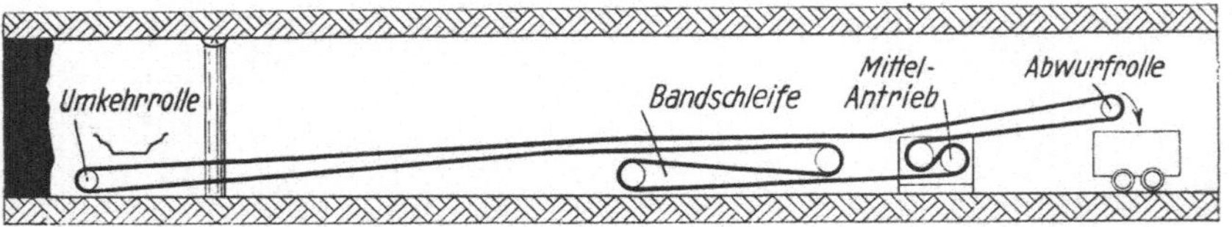

Abb. 393. Zweitrommelantrieb in einer Abbaustrecke.

Bei schwierigen Verhältnissen können die von den Westdeutschen Getriebewerken, Bochum, und der Firma Hasenclever, Düsseldorf, gebauten Differential-Trommelantriebe gewählt werden. Bei dem Differential-Doppeltrommelantrieb der Westdeutschen Getriebewerke ist eine der beiden Antriebsrollen mit einem Planetengetriebe versehen. Dieses ermöglicht verschiedene Geschwindigkeiten beider Rollen, wodurch die Beanspruchung des

Abb. 394. Ansicht eines Zweitrommelantriebes von Eickhoff.

Bandes verringert wird. Eine schematische Darstellung dieses Antriebs ist in Abb. 395 wiedergegeben. In dem Rahmen der Antriebsstation liegen die beiden Trommeln T_1 und T_2. Der Motor wirkt zunächst über die Antriebswelle auf das Ritzel r_1. Dieses bewegt die Zahnräder des Planetenträgers P sowohl die Trommel T_1 — diese über den Innenkranz R_1 — als auch, und zwar über die außen gelegenen Zahnräder, an deren Stelle auch eine Zahnkette treten kann, die Trommel T_2.

Um bei elektrischem Antrieb Anfahrstöße zu vermeiden, ist in der Trommel T_2 eine (in der Abbildung nicht gezeichnete) mit Druckluft betriebene Anfahrkupplung eingebaut.

Ein Bremssteuergetriebe mit Planetenrutschkupplung in einer Ausführung von Siemens-Schuckert zeigt Abb. 396. Es ist *1* die zum Motor führende Antriebsachse, *2* die Kupplung der Motorachse mit dem Getriebe und *3* die Anschlußachse für die Bandtrommel (sogenannte austreibende Getriebeachse). Diese besitzt zwei Wellenstümpfe für wechselseitigen Antrieb. Das Getriebe ist also für einen Motor gedacht, dessen Achse parallel zum Band liegt und der je nach

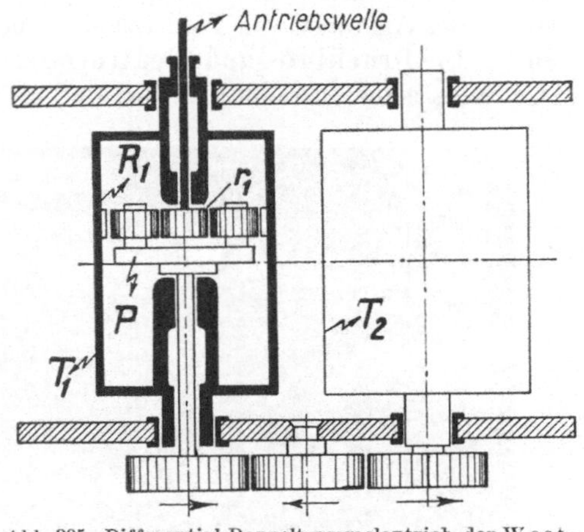

Abb. 395. Differential-Doppeltrommelantrieb der Westdeutschen Getriebewerke.

den örtlichen Verhältnissen auf der einen oder anderen Seite des Bandes aufgestellt werden kann. Mit *4* ist in der Abbildung das eigentliche Brems-

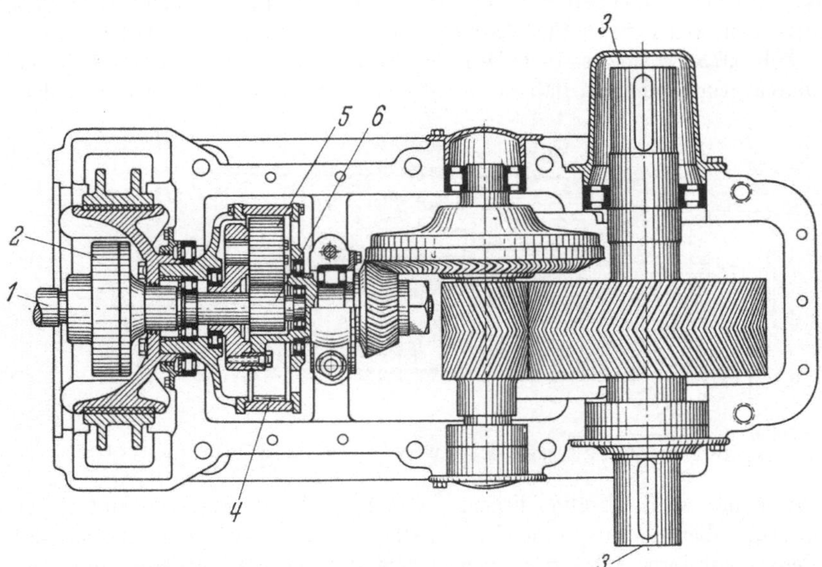

Abb. 396. Bremssteuergetriebe mit Planetenrutschkupplung für Bandantrieb der SSW.-A.G.

steuergetriebe gekennzeichnet. Es besteht aus einem bereits auf S. 326 beschriebenen Planetengetriebe mit Innenkranzverzahnung, welches durch Bremsen von Hand oder mit Druckluft betätigt werden kann. Bewegt sich das Rad mit Innenkranzverzahnung, so laufen die Planetenräder, wovon in der

Abbildung eines unter *5* zu erkennen ist, um das Sonnenrad *6*, ohne es jedoch zunächst mitzunehmen. Legt man die Innenkranzverzahnung langsam fest, so übertragen die Planetenräder ihre Bewegung allmählich auf das Sonnenrad. Damit ist ein sanftes Anfahren von Förderbändern bei Elektroantrieb gewährleistet.

30. — Die Druckluft- und Elektrorolle. Durch Einkapselung des Motors und Getriebes in die Antriebsrolle selbst sind die bei beschränkten Raumverhält-

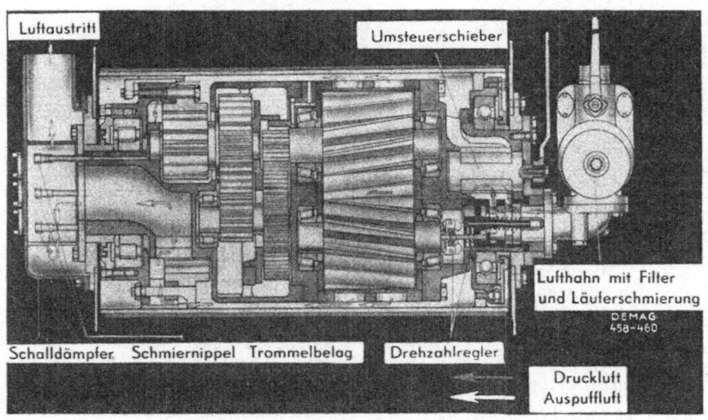

Abb. 397. Druckluftrolle der Demag.

nissen für den Grubenbetrieb besonders geeigneten Elektro- und Druckluftrollen entstanden, welche heute für Leistungen bis etwa 20 PS gebaut werden.

Abb. 397 zeigt eine geöffnete Demag-Druckluftrolle. Die Antriebsrollen sind dadurch gekennzeichnet, daß sie mit der einen Seite ihrer Achse fest in dem

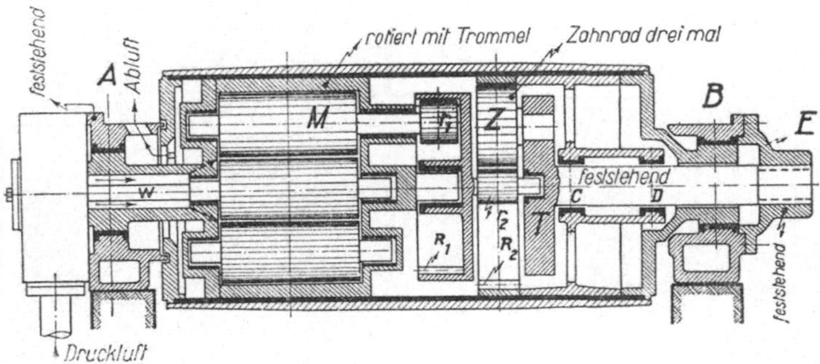

Abb. 398. Drucklufttrommelantrieb der Westdeutschen Getriebewerke.

Rahmen der Antriebsstation liegen. Diese feste Achse trägt den Motor, der seinerseits über ein entsprechendes Getriebe die Trommel bewegt, die mit der anderen Seite ihrer Achse beweglich in dem Rahmen der Antriebsstation verlagert ist. Die eigentliche, der Kraftübertragung auf das Band dienende Trommel läuft also auf der einen Seite in einem Lager, auf der anderen Seite in einem Getriebe.

Einen anderen Drucklufttrommelantrieb, der als Geradzahnmotor mit drei Läufern und doppelter Luftzuführung von den Westdeutschen Getriebewerken in Bochum gebaut wird, zeigt Abb. 398 im Axialschnitt.

Die Trommel ruht in den beiden Lagern A und B. In A, von wo aus die Zu- und Abführung der Druckluft stattfindet, dreht sich der aus drei Antriebsgeradzahnrädern bestehende Motor M. Dessen Gehäuse ist fest mit der Trommel verbunden. Er besitzt die gleiche Drehzahl wie die Trommel. Um die hohe Drehzahl der in dem Motorgehäuse laufenden Geradzahnräder herabzusetzen, wird ihre Bewegung zunächst auf das Ritzel r_1 übertragen. Dieses arbeitet auf das innen verzahnte große Rad R_1, das über das Ritzel r_2 und drei Zahnräder z (in der Abbildung ist nur eines sichtbar) das fest mit der Trommel verbundene Zahnrad R_2 mit Innenverzahnung bewegt. Die Welle des Ritzels r_2 läuft in der Trägerscheibe T, auf der die Zahnräder Z befestigt sind. Diese ist mit ihrer Welle unbeweglich über den Lagerdeckel E mit dem Lagerbock verbunden. Das Trommelgehäuse selbst dreht sich in den Lagern C und D auf dieser Welle und ohne Verbindung mit der Welle in dem Hauptstützlager in dem Lager B.

Eine Elektrorolle der Siemens-Schuckertwerke AG. gibt Abb. 399 wieder.

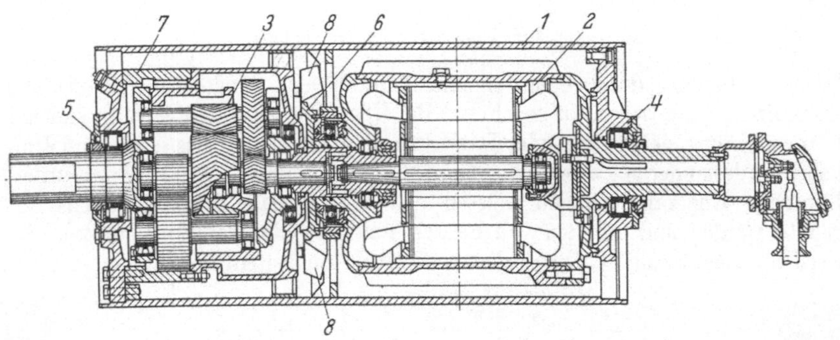

Abb. 399. Elektrorolle der Siemens-Schuckertwerke.

Es bedeuten 1 die Bandtrommel, 2 den in der Trommel angeordneten Elektromotor, 3 das Getriebe. Die Trommel ist mit den Lagern 4 und 5 auf den beiden feststehenden Achsenenden des Motors und des Getriebes drehbar verlagert. Das Motorgehäuse liegt an der Außenseite der Trommel fest, nach der Innenseite arbeitet seine Welle über die Zapfenkupplung 6 auf das Getriebe. Das Getriebegehäuse 7 ist mit der gewünschten Endgeschwindigkeit des Getriebes drehbar und nimmt den Trommelmantel 1 mit. Zur Abführung der Wärme des Elektromotors ist eine Innenbelüftung vorgesehen. Das Lüfterrad 8 sitzt auf der Kupplung von Motor und Getriebe. Es hat die gleiche Drehzahl wie der Motor und saugt die abkühlende Luft an ihm vorbei.

31. — Mittelantrieb und Bandübergabestellen. Für besondere Zwecke, z. B. bei abwärtsgehender Förderung und bei ortsfesten Bändern in Strecken oder Aufhauen, wenn das Band also häufig verlängert werden muß, kann es sich empfehlen, den Antrieb nicht an ein Bandende, sondern etwa in die Mitte des Bandes zu setzen. Die Anordnung eines solchen in den Untergurt gelegten Mittelantriebes zeigt Abb. 390.

Wünscht man bei täglicher Verlängerung eines Bandes den Einbau kurzer Paßstücke zu vermeiden, so kann in das Unterband eine Schleife gelegt werden (Abb. 393). Sie gestattet durch Annäherung der beiden Rollen eine Verlängerung ohne Paßstücke bis zu 25 m. Bei sehr langen Bändern kann eine solche Bandschleife nebenbei auch dazu dienen, auf einfache Weise die notwendige Bandspannung herbeizuführen.

Die Abb. 400 zeigt eine Bandschleife in der Ausführung der Demag. Das Unterband wird über 2 Rollen S_1 und S_2 geführt, von denen S_1 festliegt, während S_2, die Spannrolle, mit einem Zahnkurbeltrieb über einer Zahnstange nach Bedarf bewegt werden kann. Hauhinco bewegt die in der Tragkonstruktion beweglich verlagerte Spannrolle mit zwei Gallschen Ketten die Firma Eickhoff mit einfachen Gliederketten.

Eine besondere Aufgabe stellen dem Betrieb die Übergabestellen von einem Band auf ein anderes. Bei Richtungswechsel ist lediglich die sanfte und ver

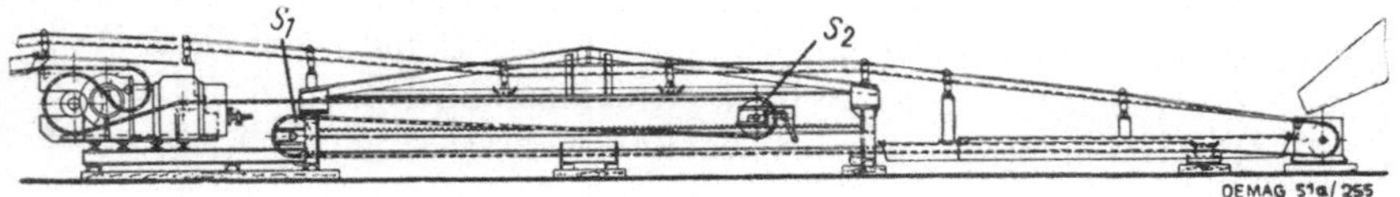

Abb. 400. Bandschleife der Demag.

lustlose Übergabe durch Schurren und Schutzbleche, an deren Stelle vielfach Gummibandreste treten, zu beachten. Bei Übergabe auf ein anderes in gleicher Förderrichtung sich bewegendes Band bringt man Antrieb des einen und Umkehrrolle des anderen zweckmäßig in einem gemeinsamen Rahmengestell unter. Derartige Übergabestationen müssen den Betriebserfordernissen jeweils angepaßt werden und erhalten von Fall zu Fall verschiedene Abmessungen. Sie werden daher meist in den Zechenwerkstätten hergestellt.

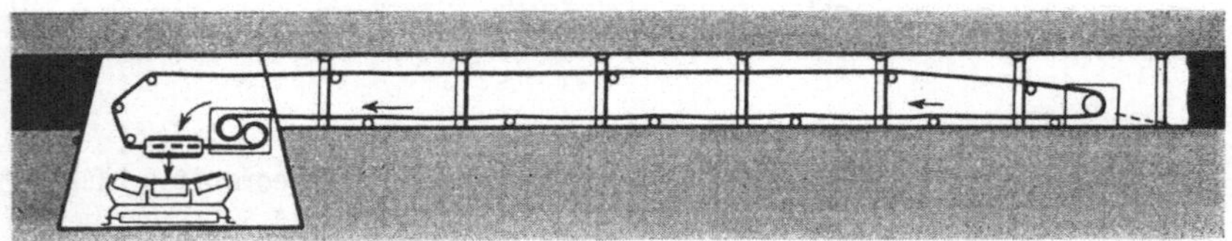

Abb. 401. Ausführung einer Übergabestelle bei Unterbandförderung.

Die Übergabe des Fördergutes von einem Unterband auf ein anderes Unterband ist bei den im Abbau herrschenden beengten Raumverhältnissen nicht möglich. Man muß daher bei Unterbandförderung mit einem Band auskommen. Infolgedessen findet die Bemessung der Länge der Kohlenfront bei der größten von einem Motor zu bewältigenden nutzbaren Bandlänge eine Grenze. Sie liegt etwa bei 200 m.

Dagegen kann ein Unterband auf ein anderes Oberband austragen oder das Fördergut in einen Förderwagen abwerfen. Abb. 401 zeigt die Anordnung des Antriebs sowie die Bandführung bei Unterbandförderung an der Übergabestelle auf ein Oberband, und zwar in einer Ausführung der Firma Eickhoff.

Die Pfeile deuten den Weg der Kohle an. Diese fällt von der Abwurfrolle über ein kleines Querband, an dessen Stelle auch eine Schurre treten kann, auf das Streckenmuldenband. Das Unterband wird durch eine zweite Rolle wieder in Förderrichtung gekehrt und um den Austrag herumgeführt. Es ist aber auch möglich, das Unterband unmittelbar auf das Oberband des Streckenbandes austragen zu lassen und es nach Umführung um mehrere Umkehrrollen zunächst unter das Oberband her und dann über diesem wieder zurückzuführen. Abb. 402 zeigt eine derartige ebenfalls von der Firma Eickhoff gebaute Anordnung.

32. — Einsatz und Leistungsfähigkeit von Gummigurtbändern[1]).
Das Gummigurtband eignet sich für die Förderung von Kohle und anderer nutzbarer Mineralien sowie von Bergeversatzmaterial. Scharfkantige oder großstückige Steine verursachen jedoch einen schnellen Verschleiß, insbesondere wenn sie als Bergeversatzmaterial mit der Schaufel vom Band genommen werden müssen. Der Bereich für die Anwendung von Gummibändern liegt zwischen 12⁰ abwärts gerichteter und 20⁰ aufwärts gerichteter Förderung; am günstigsten liegen die Bedingungen jedoch zwischen 6⁰ Abfallen und 8⁰ Ansteigen. Sind von diesem günstigsten Bereich stark abweichende Einfallwerte von vornherein zu erwarten, trifft man sie also nicht erst während des Betriebes an, so empfiehlt es sich meist, ein anderes Fördermittel zu wählen.

Die Förderleistung eines Bandes wird von seiner Breite und seiner Geschwindigkeit bestimmt. Die Geschwindigkeit hängt wieder von der Stärke des Antriebmotors ab, die sich nach der Länge des Bandes, dem Fallwinkel und nach Art und Zustand der Bandverlänge-

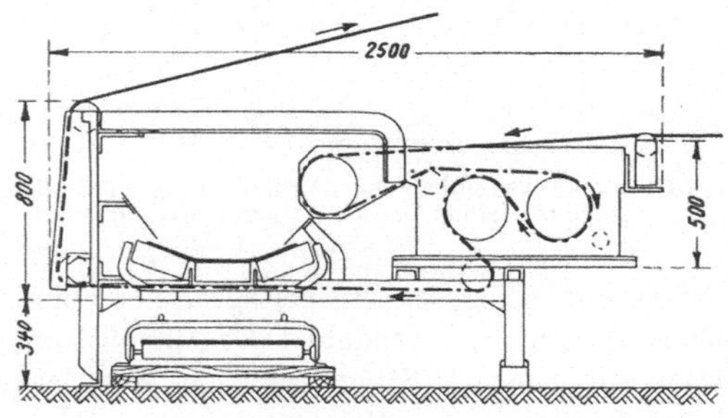

Abb. 402.
Austrag eines Unterbandes auf ein Streckenoberband.

rung richtet. Die Bandbreite ist zu 500, 650, 800 und 1000 mm genormt (DIN Berg 2102). Zur Verringerung der Lagerhaltung und um die Auswechselbarkeit zu erleichtern, empfiehlt es sich jedoch, daß sich die gleiche Schachtanlage je nach der durchschnittlichen Größe ihrer Betriebspunkte auf eine, höchstens zwei dieser Bandbreiten beschränkt. Für Leistungen bis 200 t/h reicht in allen Fällen eine Bandbreite von 800 mm aus.

Die Bandgeschwindigkeit liegt meist zwischen 1 und 2 m/s. Vorteilhafter ist es, sie mehr dem unteren als dem oberen dieser Werte zu nähern, da mit zunehmender Geschwindigkeit die Empfindlichkeit des Bandes gegen Unregelmäßigkeiten der Führung und Verlagerung anwächst. Im Abbau reicht eine Geschwindigkeit von 1 m/s meist aus; in Strecken ist 1,5 m/s üblich.

Die Leistung des Bandmotors schwankt zwischen 15—60 PS, wobei jedoch bemerkt sei, daß $^2/_3$ aller im Ruhrbergbau betriebenen Bänder mit Motoren von 15—20 PS ausgerüstet sind. Auch hier ist eine Typenbeschränkung für jede Schachtanlage ratsam. Antriebe unter 15 PS (11 kW) sind beim normalen Bandbetrieb nicht erforderlich, wenn sie auch bei kurzen Bändern vorübergehend zu stark bemessen sein mögen. Anderseits scheiden Antriebe oberhalb 60 PS praktisch aus. Die Motorstärke muß natürlich jeweils nach der endgültig zu erreichenden Bandlänge bemessen werden.

---

[1]) Zeitschr. f. d. Berg-, Hütten- u. Salinenwesen 1938, S. 27: Leistungsanzeiger und Überwachungsgerät für Muldenbänder, Bandwaage für den Untertagebetrieb.

Abb. 403 zeigt für in söhligen Strecken verlagerte Muldenbänder die Abhängigkeit der Antriebsleistung von Förderweg (nutzbare Bandlänge) und Fördermenge in t/h. Bei Strebbändern ist der angegebene Förderweg mit 0,8 zu multiplizieren. Aus dem Schaubild ist z. B. zu ersehen, daß ein Bandantrieb von 18 PS 300 t/h bei 100 m Bandlänge, jedoch nur etwa 80 t/h bei 250 m Bandlänge zu fördern gestattet. Bei 100 t Stundenleistung reicht bei 100 m Bandlänge ein 12-PS-Antrieb aus, während bei 300 m Bandlänge ein Antrieb von etwa 22 PS erforderlich ist.

Die günstigste Förderbandlänge beträgt bei mehr oder weniger söhliger Förderung 250 bis 300 m. Bei ansteigender Förderung ist sie geringer, bei abfallender kann sie bis auf etwa 400 m steigen. Das Schaubild der Abb. 404 unterrichtet über die Abhängigkeit der Fördermenge je Stunde von der Motorleistung und dem Einfallen unter Zugrundelegung eines Bandes von 200 m Länge, 800 mm Breite und 1,5 m/s Geschwindigkeit[1]). Bei einem Band von nur 100 m Länge reicht ein Motor von etwa der halben Leistung, während bei einem 300-m-Band ein Zuschlag von rund 50% auf die für das 200-m-Band geltenden Werte notwendig ist.

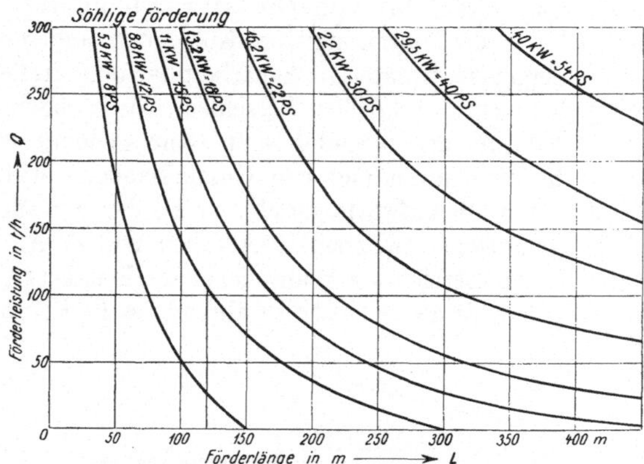

Abb. 403. Abhängigkeit von Förderleistung, Förderlänge und Motorleistung bei söhlig verlagerten Bändern.

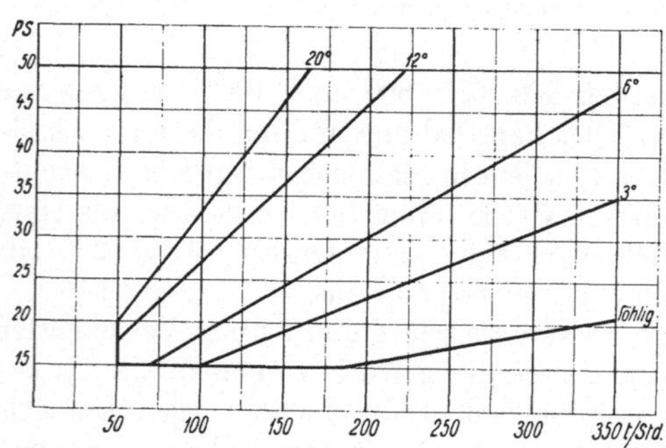

Abb. 404. Abhängigkeit der Fördermenge von Motorleistung und Einfallen bei Bandförderanlagen.

Das Schaubild läßt nicht nur die für die vorausgesetzten Verhältnisse erforderlichen Motorleistungen oder umgekehrt die für eine bestimmte Motorleistung möglichen Bandlängen und Fördermengen ersehen, sondern gewisse Grenzen der Bandförderung überhaupt erkennen. So kann z. B. mit einem Antrieb von 50 PS bei 12° Ansteigen und 200 m Bandlänge höchstens eine Menge von 225 t oder bei 20° Ansteigen von 160 t gefördert werden. — Steht nur ein Motor von 25 PS zur Verfügung, so muß die Bandlänge auf 100 m beschränkt werden.

Bei Anwendung des Schaubildes auf Strebbänder muß ein Abschlag von 25% auf die angegebene, jeweils erforderliche Motorleistung gemacht werden,

---

[1]) Glückauf 1941, S. 192; Gladen: Zulässige Förderbandlängen bei gegebener Motorenleistung im Untertagebetrieb.

da das Band hier nur unterhalb oder oberhalb des letzten Hauers die gesamte Fördermenge zu bewegen hat.

33. — Das Stahlgurtband. Beim Stahlgurtband tritt an die Stelle des Gummigurtes ein aus hochwertigem, 1 mm starkem Stahlblech hoher Dehnung und von 600—800 mm Breite bestehender Stahlgurt, der von der Hoesch A.G., Dortmund, hergestellt wird. Es wird aus 20—40 m langen Stücken, die durch Nieten miteinander verbunden sind, zusammengesetzt. Zum Schneiden und zum Stanzen der Löcher baut Wever, Düsseldorf, eine besondere Stahlgurtzange. Im Gegensatz zum Gummiband ist das Stahlgurtband bisher zumeist ein Flachband. Erst neuerdings gelang es, dank einer besonderen Stahllegierung auch Muldenbänder herzustellen[1]). Beim Flachband wird das Oberband auf Flachrollen, beim Muldenband auf Federrollen geführt. Bei beiden Bandarten ist das Band seitlich von Holzleisten eingerahmt, die auf das Traggestell aufgesteckt werden können. Sie dienen als Schutz gegen Berühren der Bandkanten und zur Vergrößerung des Füllquerschnitts. Stahlgurtbänder sind gegen Verlagerungen der Traggerüste sehr empfindlich und erfordern eine sehr genaue geradlinige Ausrichtung. Man hängt die Traggerüste daher zumeist an Ketten auf und erreicht dadurch eine bessere Anpassungsfähigkeit der Tragkonstruktion an den Lauf des Bandes.

Ein bemerkenswerter Unterschied des Stahlgurtbandes im Vergleich zum Gummiband besteht in der durch die geringere Schmiegsamkeit des Stahlgurts bedingten Notwendigkeit größerer Antriebs- und Umkehrrollen. Während man bei Gummi mit Rollendurchmessern von 300 mm auskommt, bedürfen Stahlgurte Durchmesser von 800—1000 mm. Infolgedessen sind auch nur Eintrommelantriebe möglich, die jedoch, da die Bandspannung größer sein kann, mit Antrieben von 20—50 PS versehen sind.

Die Länge von Stahlgurtbändern sollte mindestens 150—200 m betragen, da der Verschleiß an den Verbindungsstellen vornehmlich an den Kehrrollen eintritt und daher kurze Bänder mehr leiden als lange. Auch ist es nicht ratsam, das Band oft zu verlängern. Die Bandgeschwindigkeit liegt meist bei 1,5 m/s.

Bisher ist die Abbaustreckenförderung das Hauptanwendungsgebiet, wobei aber vielfach ein Gummiband als Vorläufer dient, um das Stahlgurtband nur in größeren Abständen verlängern zu brauchen. In annähernd söhligen Strecken lassen sich mit einem Antrieb von 40 PS Bandlängen von 400—500 m und bei 800 mm Bandbreite Förderungen von 200 t/h beherrschen. Abweichungen von der söhligen Richtung sind bis 12° abwärts und 15° ansteigend möglich, jedoch sind Bestwerte nur zwischen 6° abfallender und 10° ansteigender Förderung zu erreichen. Die Eigenschaften des Fördergutes bestimmen das mögliche Maß der Abweichung von diesen günstigsten Werten. Feinkohle haftet z. B. besser als stückiges, zum Rollen neigendes Gut. In nassen und stark welligen Strecken unterliegt das Stahlgurtband starkem Verschleiß. Im Jahre 1938 waren 7900 m Stahlgurtband im Ruhrbergbau eingesetzt, im Vergleich zu 1400 m im Jahre 1934.

---

[1]) Glückauf 1941, S. 101; Maevert: Das Stahlmuldenband als Streckenfördermittel; — Schmick: Über die Entwicklung, das Betriebsverhalten und die Wirtschaftlichkeit von Hoesch-Stahlgurtförderbändern insbesondere in Untertagebetrieben. Diss. Aachen 1936; — ferner Elektrizität im Bergbau 1937; S. 61; H. Bartling: Stahlgurt- und Stahlgliederbänder als Ersatz für Gummigurtbänder im Ruhrbergbau.

c) Die Kettenförderer mit schleppender Wirkung.

34. — Kratzbänder. Allgemeines. Bei den Kratzförderern oder Kratzbändern wird das Fördergut auch auf einer Unterlage, und zwar in einer Stahlblechrinne bewegt. Diese steht aber im Gegensatz zu den Gurt- und Stahlgliederbändern fest. Die Bewegung des Gutes muß also auf eine andere Weise bewirkt werden. Es geschieht durch Mitnehmer oder Kratzer, die an einer endlosen Kette befestigt sind. Die Kette wird durch die Rinne in der Förderrichtung hindurchgezogen und in einem Leertrumm auf geeignete Weise zurückgeführt.

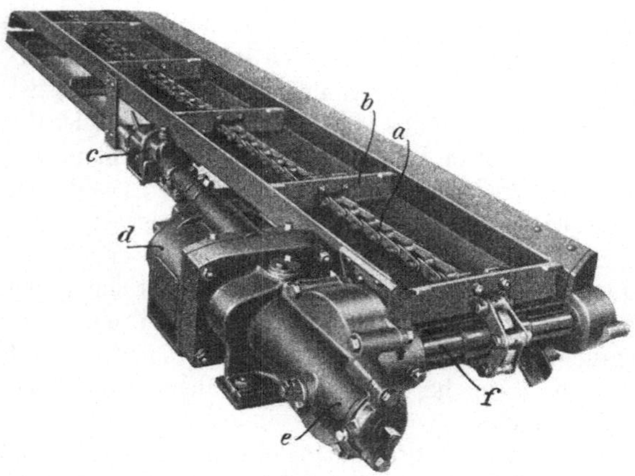

Abb. 405. Kratzbandförderer der Maschinenfabrik Beien in Herne.

Ähnliches ist bei den Bremskettenförderern der Fall. Während bei den Bremskettenförderern die durch die Schwerkraft bewirkte, abwärts gerichtete Bewegung des Fördergutes jedoch gehemmt, also verlangsamt wird, ist es umgekehrt die Aufgabe der Kettenförderer mit schleppender Wirkung, das Fördergut zu bewegen, und zwar der Einfallrichtung entgegengesetzt bis zu einem Ansteigen von etwa 25°. Es muß infolgedessen die belastete Hälfte der Kette der Kratzförderer angetrieben werden, während bei den Bremsförderern der Motor an der Leerkette angreift. Der Austrag des Fördergutes findet daher bei den Kratzförderern an der Antriebsstation statt, bei den Bremsförderern dagegen an der Umkehrstelle.

Abb. 406. Überbrücken eines Sprunges durch ein Kratzband.

Weiterhin unterscheiden sich die Kratzförderer von den Bremsförderern durch die Notwendigkeit eines stärkeren Antriebs sowie durch etwas geringere Förderlängen, da diesen infolge der höheren Beanspruchung der Ketten Grenzen gesetzt sind, die z. Zt. bei 120—150 m liegen. Die Fördergeschwindigkeit der Kratzförderer beträgt im allgemeinen 0,4 bis 0,6 m/s. Um den Verschleiß in mäßigen Grenzen zu halten, empfiehlt es sich nicht, diese Werte zu überschreiten.

Es gibt Einkettenkratzförderer, die sich hauptsächlich für geringe Förderlängen eignen sowie Zweikettenkratzförderer. Auch der Flügelflachförderer gehört hierher.

35. — Der Einkettenkratzförderer. Abb. 405 zeigt ein Kleinkratzband der Firma Beien mit einer Stahllaschenkette a und quergestellten Kratzblechen b. Der Pfeilradmotor d, an dessen Stelle auch ein Elektromotor treten kann, überträgt seine Bewegung über das Schneckengetriebe e auf die Antriebswelle f. Die Kette mit den Kratzern läuft über die Umkehrrolle unterhalb der Förderrinne zurück, wobei die Kratzer durch Winkelstahlführungen auf beiden Seiten getragen werden. Durch senkrechte Flachstahlverbindungen zwischen Förderrinne und Winkelstücken wird ein Rahmengestell geschaffen, das als Ganzes aufgestellt und umgelegt werden kann. Zwei oder mehrere solcher Gestelle können in einfacher Weise miteinander gekuppelt werden. — Solche Einkettenkratzbänder werden mit Antrieben von 6 und 12 PS gebaut. Ihre Förderleistung beträgt bei Entfernungen bis zu 30 und 40 m und einem Ansteigen von 10—25° etwa 40—50 t/h.

Abb. 407. Doppelkettenkratzförderer der Demag.

Abb. 406 veranschaulicht die Anwendung eines Kleinkratzbandes bei Überwindung eines Sprunges beim Strebbau. Außerdem wird es zum Fördern der Kohle aus dem Damm beim Breitauffahren von Abbaustrecken (s. Bd. I) sowie als Zubringeförderer beim gewöhnlichen Auffahren von Abbaustrecken mit Bandförderung und zu ähnlichen Sonderzwecken benutzt.

36. — Der Doppelkettenkratzförderer. Für größere Leistungen und Förderlängen dienen Doppelkettenkratzförderer, die von den Firmen Beien in Herne, Demag in Duisburg, Hauhinco in Essen und Westfalia in Lünen gebaut werden.

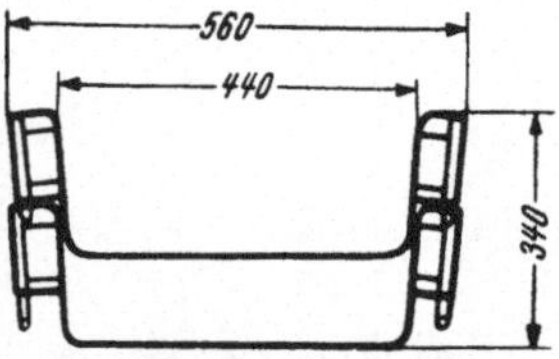

Abb. 408. Die Rinnen eines Demag-Kettenförderers (Schnitt).

In den Abbildungen 407 und 408 ist als Beispiel eines solchen Bandes das sog. Doppelmuldenband der Demag in Ansicht und im Schnitt wiedergegeben. Wie aus dem Schnitt hervorgeht, sind die Förder- und Rücklaufrinnen völlig gleich. Sie sind daher austauschbar und können einzeln umgelegt werden. Beim Durchfahren von Mulden werden die Ketten — um ein Herausheben aus der Rinne zu vermeiden — durch Druckleisten auf dem Rinnenboden gehalten. Der Antrieb kann durch Druckluft oder Elektrizität erfolgen. Ein Druckluftantrieb ist der in der Abb. 409 dargestellte Schrägzahnmotor mit Stirnkegelradgetriebe, der von der Demag als Blockmotor bezeichnet wird. Seine Leistung wird zu 6 und 12 PS, bei größeren Fördermengen und Längen bis zu 32 PS bemessen[1]). Mit einem Antrieb von 32 PS ist es bei 25° Ansteigen möglich, 50 t/h auf

Abb. 409. Ansicht eines Schrägzahnmotors mit Stirnkegelradgetriebe.

a) Stirnkegelradgetriebe
b) Auspuffhaube
c) Füllstopfen für die Läuferschmierung
d) Kompressionsöler
e) Umsteuerschieber
f) Umsteuergriff
g) Anschlußhahn
h) Drehzahlregler
k) Reglergehäuse
m) Motorgehäuse
n) Läufer mit Schrägverzahnung
o) Kegelrollenlagerung.

70 m oder 30 t/h auf 100 m zu fördern. Ermäßigt sich einer dieser Werte, so können die beiden anderen entsprechend höher veranschlagt werden. Aus dem Schaubild der Abb. 410 ist die Abhängigkeit der Förderleistung von Einfallen und Förderlänge zu ersehen. Sie nimmt mit zunehmender Förderlänge infolge des wachsenden Reibungswiderstandes schnell ab. Kratzbänder sollten daher nur in besonderen Fällen für die Bewältigung größerer Leistungen eingesetzt werden. Grundsätzlich ist die aufwärts gerichtete Förderung vorzuziehen. Die Doppelkettenkratzförderer passen sich auch wechselndem Einfallen an und eignen sich auf kurzen Zwischenstrecken

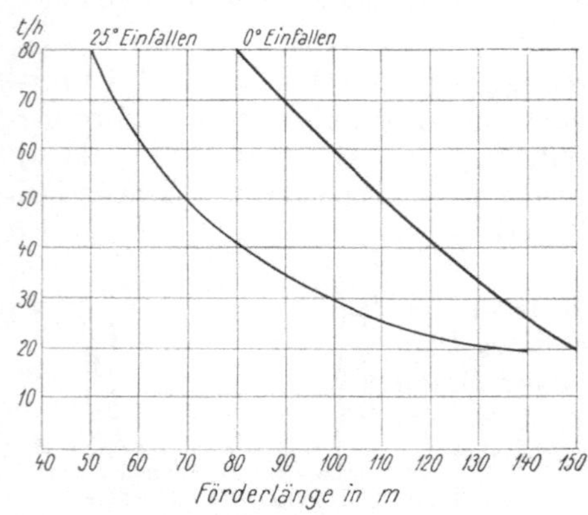

Abb. 410. Abhängigkeit der Förderleistung von Einfallen und Förderlänge bei Kratzbändern.

zur Abwärtsförderung. Ihr Hauptanwendungsgebiet liegt jedoch bei einem Ansteigen zwischen 5 und 25°.

37. — Der Flügelflachförderer. Ein Kettenförderer mit schleppender und auch hemmender Wirkung ist der Flügelflachförderer der Westfalia,

---

[1]) Zu den Doppelkettenkratzförderern gehört auch der auf S. 344 angeführte Panzerförderer der Westfalia, Lünen.

Lünen. Er zeichnet sich durch eine sehr geringe Lade- und Bauhöhe aus und eignet sich daher insbesondere für geringmächtige Flöze.

Seine Bauweise ist aus Abb. 411 ersichtlich. Die Kette, an der einseitig die keilförmigen Mitnehmer angelenkt sind, wird um den Antriebsmotor herumgeführt. Sie ruht in flachen Rinnen, die nicht übereinander, sondern nebeneinander liegen. Die offene Rinne dient der Förderung, die geschlossene dem Rücklauf der Kette Die (in der Abbildung nicht wiedergegebene) Umkehrscheibe liegt im Gegensatz zu den Stauscheibenförderern waagerecht. Sie ist verzahnt ausgebildet, um einen guten Auf- und Ablauf der Kette auch bei höheren Kettenspannungen zu ermöglichen. Um ein gleichmäßiges Aufliegen und Arbeiten der Kette mit ihren

Abb. 411. Flügelflachförderer der Westfalia, Lünen.

Mitnehmern zu erreichen, muß auf eine sorgfältige Verlegung der Rinnen geachtet werden. Insbesondere im Einfallen sind größere Ablenkungen als 3° zwischen den einzelnen Rinnenstücken schädlich.

Die Breite des Förderers, deren Rinnen aus Stücken von 2 m Länge zusammengesetzt werden, beträgt 1,05 m. Seine Höhe beläuft sich auf nur 20 cm, an der Antriebsstation beträgt sie dagegen 65 cm und an der Umkehrrolle 30 cm. Ähnlich wie der Zweikettenkratzförderer hat auch der Flügelflachförderer hohe Reibungen zu überwinden. Er benötigt daher einen starken Antrieb, und der erreichbaren Förderlänge ist durch das mögliche Ausmaß der Kettenspannung eine Grenze gesetzt. Es ist jedoch bereits gelungen, bei 10—15° Einfallen (der Anwendungsbereich liegt zwischen 5° Ansteigen und 25° Einfallen) und einem Motor von 34 PS bei 200 m Streblänge 50 t/h im Dauerbetrieb zu fördern. Ein Hintereinanderschalten mehrerer derartiger Förderer zur Überwindung noch größerer Entfernung als 200 m ist nicht möglich, da die Übergabe des Fördergutes von einem Förderer in den anderen Schwierigkeiten bereitet. Auch zur Einbringung von Versatz ist der Förderer nicht geeignet.

d) Die Bremsförderer mit hemmender Wirkung[1]).

38. — Die Bremsförderer. Allgemeines. Die Bremsförderer sind die jüngsten maschinellen Abbaufördermittel. Sie sind in erster Linie für die halbsteile Lagerung, also für Flöze mit einem Einfallen zwischen 25 und 35°, daneben aber auch für noch steilere Lagerung bestimmt. Während die Entwicklung langer Kohlenfronten in der flachen Lagerung (0—25°) durch die Schüttelrutsche (oder das Band) ermöglicht wird und in der steilen Lagerung die Schrägstellung des Kohlenstoßes, also der Schrägbau, die Bildung größerer Abbaubetriebspunkte gestattet, versagen beide Mittel in der halbsteilen Lagerung.

____

[1]) Glückauf 1939, S. 721; H. Kuhlmann: Neuzeitl. Maschinen für den Untertagebetrieb.

Für eine Schrägstellung des Kohlenstoßes reicht das Einfallen von 25—30⁰
(35⁰) noch nicht aus, andererseits ist die Schüttelrutsche nicht mehr anwendbar, da sie dem Fördergut eine zu große Beschleunigung erteilen würde, so daß
der Stückkohlenzerfall und die Staubentwicklung ebenso wie die Unfallgefahr
durch aus der Rutsche herausspringende Kohle zu groß würden. Das gleiche gilt
mehr oder weniger auch für feste Rutschen. So war die halbsteile Lagerung noch
durch kleine Streben mit geringer Bauhöhe und einer Belegung durch nur wenige
Mann gekennzeichnet, als die Betriebszusammenfassung in der flachen Lagerung
schon weit fortgeschritten war und in der steilen Lagerung in umfangreichem
Maße begonnen hatte.

Erst die Bremsförderer brachten hier ab 1932 eine Wandlung. Ihr Grundgedanke ist, das Gut zwar in feststehenden Stahlrutschen zu fördern, seine
Eigenbewegung jedoch durch an ein oder zwei Ketten befestigte Staubleche zu
hemmen, die sich mit einer mäßigen Geschwindigkeit in der Rutsche bewegen
und so das Gut schonend abwärts bis zur Ladestelle bringen. Auf diese Weise
ist es möglich geworden, auch bei halbsteiler Lagerung im Strebbau ohne
Schrägstellung des Stoßes, Fördermengen bis zu 150 t/h aus entsprechend großen
Abbaubetrieben zu bewältigen. Ja, durch Anwendung besonderer Maßnahmen
gelingt es, die Kohle im Strebbau sogar bis zu einem Einfallen von 45⁰ auf diese
Weise abzubremsen.

Auch im Schrägbau, dessen Anwendungsgebiet zwischen 35⁰ (30⁰) und 90⁰
liegt, können Bremsförderer angewandt werden. Es geschieht dies jedoch bisher nur in geringem Maße, da hier das Fördergut billiger und einfacher in festen
Rutschen oder auf der Bergeböschung abrutscht. Im übrigen gibt es auch
beim Schrägbau eine Grenze für die Anwendbarkeit maschineller Fördermittel.
Sie liegt je nach der Flözmächtigkeit bei etwa 65—70⁰. Bei noch steilerer
Lagerung fällt nämlich ein Teil der gewonnenen Kohle nicht mehr auf das
Liegende, sondern unmittelbar auf die Bergeböschung und kann daher von
einem am Liegenden verlegten Fördermittel nicht mehr erfaßt werden.

Wenn also die Bremsförderer in erster Linie für halbsteiles Einfallen in Betracht kommen, so können sie doch örtliche Unregelmäßigkeiten in der Lagerung,
und zwar zwischen 4—5⁰ Ansteigen und 40⁰ Einfallen, überwinden. Sie gestatten
also lange Kohlenfronten auch bei sehr wechselndem Einfallen zu entwickeln,
das ohne sie eine mehrfache Unterteilung in verschiedene Einzelstreben notwendig machen würde.

Die Bremsförderer werden als Einketten- und als Zweikettenförderer
geliefert.

39. — Die Einkettenbremsförderer[1]). Die Einkettenförderer werden als
Stauscheibenförderer mit Muldenrinne, mit Winkelrinne und mit Bremsschenkelrinne gebaut.

Einen Stauscheibenförderer mit Muldenrinne in der Ausführung der Westfalia-Lünen zeigen die Abbildungen 412 und 413. Abb. 412 gibt ihn im
Querschnitt wieder und läßt die offene Rinne für die Aufnahme des Fördergutes,

---

[1]) Glückauf 1935, S. 475; F. Langecker: Neues Strebfördermittel für
Schrägfrontbaue; — ferner Bergbau 1937, S. 180; C. Kayser: Der Abbau mit
Bremsförderern im Ruhrgebiet bei mittelsteiler bis ganz steiler Lagerung; —
ferner ebenda 1938, S. 215; W. Ostermann: Die Strebfördermittel für die
mittlere und steile Lagerung.

dessen Bewegung durch die mit Stauscheiben versehene Kette geregelt wird, sowie die für den Rücklauf der Kette bestimmte geschlossene Rinne erkennen. Die Rinnen haben eine Blechstärke von 3 mm und werden aus Stücken von 2 m Länge zusammengesetzt. Die Kette besteht aus Steggliedern von 120 mm Länge und hat bei 16 mm Stärke eine Zugfestigkeit von 1300 kg. An den Kettengliedern sind in Abständen von 0,60—1,50 m tellerförmige Stauscheiben von 15—18 cm Durchmesser exzentrisch befestigt. Diese Befestigungsart ist gewählt, um die Umführung der Kette um das in Abb. 413 wiedergegebene Sternrad zu ermöglichen, das von einem Elektro- oder Druckluft-

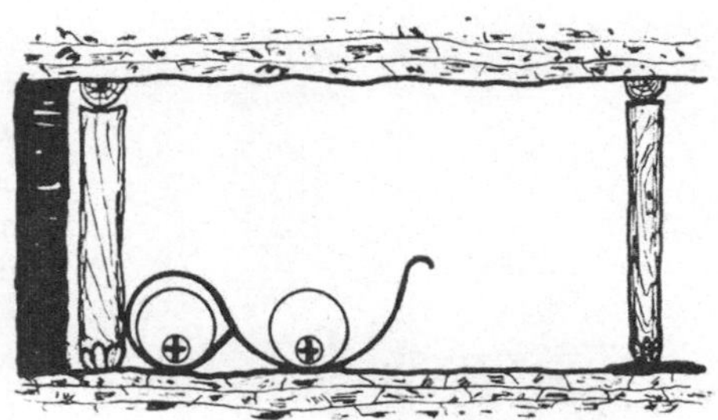

Abb. 412. Schnitt durch einen Stauscheibenförderer.

motor angetrieben wird. Kurz unterhalb des Antriebs spaltet sich die offene von der geschlossenen Rinne ab, um entsprechend dem Durchmesser des Sternrades die Kette auf- und ablaufen lassen zu können. Die am unteren Ende des Förderers liegende Umkehrstelle zeigt Abb. 414.

Abb. 413. Antriebstelle mit Sternrad einer Stauscheibenfördereranlage.

Besondere Maßnahmen erfordert das Umlegen des Stauscheibenförderers das bei 150—180 m Länge etwa 5 Schichten benötigt. Die Kette wird zunächst geöffnet und in Stücken oder im ganzen bis zur Umkehrstelle herabgelassen. Darauf werden die Rutschenschüsse auseinandergebaut, im Nachbarfeld wieder zusammengesetzt und gleichzeitig Antriebs- und Umkehrstelle umgelegt. Zum Herausziehen und Wiederauflegen der Kette dient die oberhalb der Antriebs-sternrolle angebrachte Seiltrommel, die im normalen Betrieb leer mitläuft. Zum Herausziehen der Kette dient ein Seil, das in der geschlossenen Rinne mit Hilfe eines Gewichtes („Torpedo") heruntergelassen an der Kette befestigt wird und diese wieder hochzuziehen gestattet. Hat die Kette das Sternrad erreicht, so kann sie von diesem weitergezogen und mit ihrem Ende in der offenen Rinne herabgelassen werden.

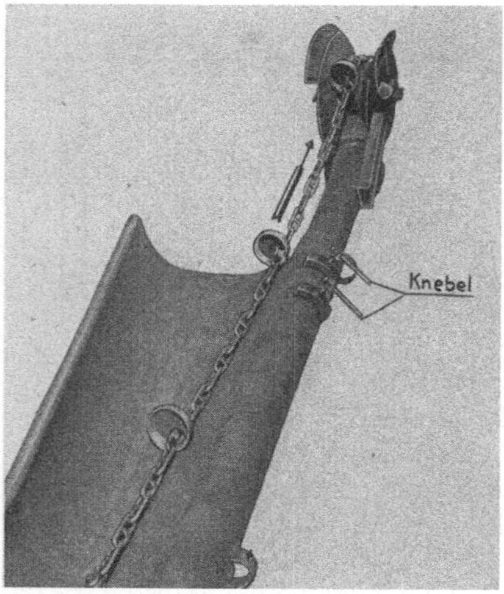

Während die Muldenrinne sich für die Förderung im Verlauf des Einfallens oder in von diesem nur wenig abweichenden Richtungen eignet, ist der Stauscheibenförderer mit Winkelrinne in erster Linie für den Schrägbau, also für Förderrichtungen mit starker Abweichung vom Einfallen geeignet. Diese Winkelrinne, die in Abb. 415 in einer Ausführung der Westfalia, in Abb. 416 in der Bauart der Firma Beien gezeigt ist, erlaubt von der Seite des Kohlenstoßes ein ungehindertes Einlaufen der Kohle. Der andere senkrecht gestellte Schenkel verhindert ein Überlaufen der Kohle nach der Versatzseite. Bei Beien sind die Stauscheiben und daher auch die Rücklaufrinne nicht kreis-

Abb. 414. Umkehrstelle eines Stauscheibenförderers der Westfalia.

rund, sondern, um ein Verdrehen der Kette zu vermeiden, oval. Auch ist die Rücklaufrinne offen, um sie besser beobachten zu können und die Kette auch hier zugänglich zu machen. Einen ähnlichen Förderer baut die Demag.

Die in Abb. 417 wiedergegebene Bremsschenkelrinne der Westfalia bezweckt durch die Form der offenen Rinne, bei steilerem Förderwinkel im Schrägbau

Abb. 415. Stauscheibenförderer mit Winkelrinne der Westfalia.

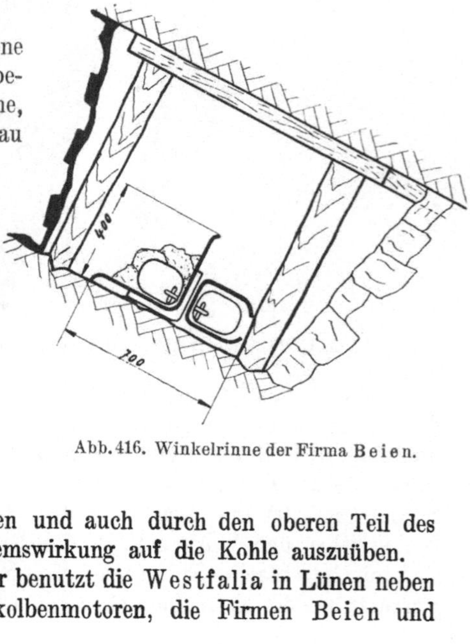

Abb. 416. Winkelrinne der Firma Beien.

ein Springen der Kohle zu vermeiden und auch durch den oberen Teil des freien Schenkels eine zusätzliche Bremswirkung auf die Kohle auszuüben.

Zum Antrieb der Einkettenförderer benutzt die Westfalia in Lünen neben Elektromotoren Druckluft-Schleuderkolbenmotoren, die Firmen Beien und

Demag Schrägzahnmotoren, die ihre Kraft über Zahnradgetriebe auf den Kettenstern übertragen. Die Antriebsleistung ist nur gering und beträgt bei einer Länge bis zu 200 m, die mit Rücksicht auf die Tragfähigkeit der Kette zur Zeit das Höchstmaß darstellt, etwa 10—15 PS. Die Hauptbeanspruchung des Motors findet nicht im laufenden Betrieb statt, sondern nach dem Umlegen des Förderers durch das Hochziehen der Kette, ein Vorgang, der durch die Rücklaufrinne zunächst ohne Gegenzug auf der Förderseite vor sich geht.

Die Förderleistung der besprochenen Förderer schwankt je nach dem Einfallen innerhalb gewisser Grenzen und ist vielfach nicht genau vorauszusagen. Bei einer Förderlänge von 180—200 m und 30° Einfallen können jedoch 80 bis 100 t/h bewältigt werden, wogegen die günstigste Dauerleistung bei 50—60 t/h liegt. Wie bei allen maschinellen Förder-

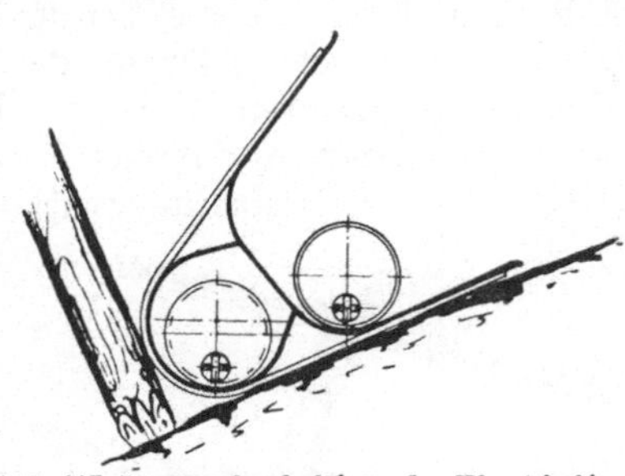

Abb. 417. Bremsschenkelrinne der Westfalia, Lünen.

mitteln ist auch bei den Stauscheiben-förderern eine gute Verlegung von Bedeutung. In der Flözebene ist eine bogenförmige Verlegung möglich, vorausgesetzt, daß die Abweichung von der Geraden zwischen benachbarten Blechen nicht mehr als 7° beträgt. Wesentlich empfindlicher sind die Förderer gegen einen kurzstreckigen Wechsel des Einfallens. Dieser sollte nicht größer als 2—3° sein, da bei Muldenbildung die Kette sonst leicht außerhalb der Rinne läuft.

Der günstigste Anwendungsbereich der Einkettenbremsförderer liegt zwischen 25° und 35°. Jedoch können auf Teilstrecken allmählich Lagerungsabweichungen zwischen 0° und 40° noch überwunden werden. Zur Förderung von Bergeversatz sind die Stauscheibenförderer nicht geeignet, da der Austrag des Versatzgutes zu umständliche Vorrichtungen erfordern würde.

Ebenfalls ein Einkettenförderer ist der neue Schleppscheibenförderer

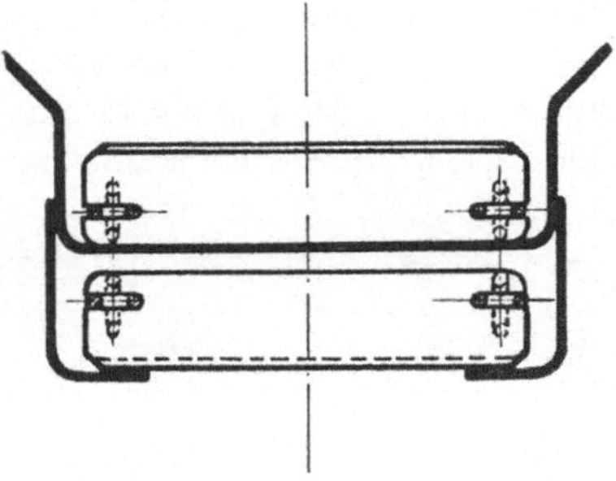

Abb. 418.
Schnitt durch einen Zweikettenbremsförderer.

der Westfalia, Lünen. Er ist für den Einsatz bei schwebendem Strebbau für Einfallen zwischen 10° und 90° bestimmt. Förderrinne und Rückführung sind voneinander getrennt, und zwar liegt die Rücklaufrinne im allgemeinen im rückwärtigen Feld, in dem sie an den Ausbaustempeln aufgehängt wird. Förderlängen bis zu 180 m sind möglich. Der Antrieb wird in einer Einheitsgröße mit einem 30-PS-Motor gebaut. Die stündliche Förderleistung beträgt bei einer Kettengeschwindigkeit von 0,9 m/s etwa 100 t.

40. — **Die Zweikettenbremsförderer**[1]). Bei den Zweikettenbremsförderern mit vorwiegend hemmender Wirkung geht die Führung des Fördergutes durch Stahlblechstege vor sich. Sie sind in Abständen von 0,6—1,0 m

---

[1]) Bergbau 1938, S. 215; W. Ostermann: Die Strebfördermittel für die mittlere und steile Lagerung.

zwischen zwei Ketten befestigt, die in einer feststehenden offenen Förderrinne von einer gemeinsamen Antriebswelle aus bewegt werden. Der Rücklauf der Ketten findet in einer besonderen unterhalb der Förderrinne liegenden Rücklaufrinne statt.

Die Abb. 418 zeigt einen Querschnitt durch den Förderer. Andere Bauarten sind ähnlich; sie unterscheiden sich jedoch einmal durch die Gestaltung der Rücklaufrinne. Diese ist bei der Bauart von Beien unten offen, bei der Demag geschlossen, während die Westfalia wahlweise offene und geschlossene Rücklaufrinnen liefert. Der Vorteil der offenen Ausführung besteht in der leichteren Beobachtungsmöglich-

Abb. 419. Zweikettenbremsförderer mit einfachem Steg.

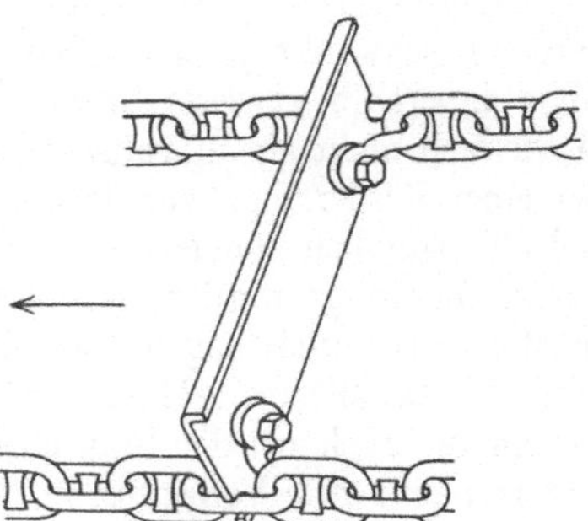

Abb. 420. Zweikettenbremsförderer mit erhöhtem Steg.

keit der Kette. Diese ist jedoch nur von geringer Bedeutung, wenn die Umkehrrolle am unteren Ende des Förderers richtig verlegt ist und sauber gehalten wird. Die ganze Rinne setzt sich aus Stücken von 2 m Länge zusammen. Außerdem sind Förder- und Rücklaufrinne bei den Ausführungen von Beien und der Westfalia miteinander verbunden, während die Demag beide Rinnen der leichteren Handhabung wegen trennt.

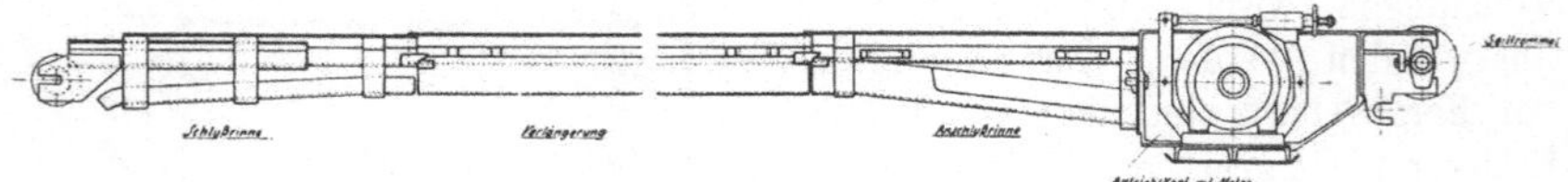

Abb. 421. Anordnung eines Zweikettenbremsförderers.

Ein weiterer Unterschied zwischen den einzelnen Bauarten besteht in der Art der Ketten. Die Demag verwendet Rundgliederketten, Beien und Westfalia Steggliederketten. Abb. 419 gibt eine Kette von Beien wieder, die mit einfachen Stegen bei Einfallen bis 35° und, wie Abb. 420 zeigt, mit erhöhten Stegen bei Einfallen zwischen 35 und 45° verwendet wird. Bei der Rückführung klappt der obere Teil der Mitnehmerstange selbsttätig um.

Die Anordnung des gesamten Fördermittels ist aus Abb. 421 zu ersehen. Der am oberen Ende des Förderers befindliche Motor — ein Elektromotor oder ein Druckluftschrägzahnmotor — treibt über ein Vorgelege die mit zwei Kettensternrädern versehene Antriebswelle. Er zieht ähnlich wie beim Einkettenförderer die leere Kette hoch. Zwischen der Anschlußrinne, gleich unterhalb des Antriebs, und der Kehrrolle am unteren Ende des Förderers, oberhalb der eine Schlußrinne und Ausziehrinne angeordnet ist, werden die normalen Rinnenstücke eingebaut.

Ähnlich wie beim Einkettenförderer muß auch hier die Kette nach dem Umlegen hochgezogen und in die noch leeren Rinnen wieder verlegt werden. Dieses Hochziehen geschieht mit Hilfe einer oberhalb der Antriebswelle angebrachten und mit dieser verbundenen Seiltrommel. Hat die Kette den Antrieb erreicht, so wird sie über die Sternräder der Antriebswelle gelegt und alsdann in die Förderrinne herabgelassen. Infolge ihres höheren Gewichtes benötigen Zweikettenbremsförderer zum Umlegen fast doppelt soviel Schichten wie der Stauscheibenförderer bei 150—180 m Länge (9 statt 5). Anderseits wirkt sich die Doppelkette mit ihrem höheren Gewicht insofern nützlich aus, als sie sich etwas weniger leicht aus der Rinne heraushebt und flache Mulden, die durch örtliche Verringerungen des Einfallens verursacht sind, zu überwinden gestattet. Demgegenüber verlangt der Zweikettenförderer zur Vermeidung un-

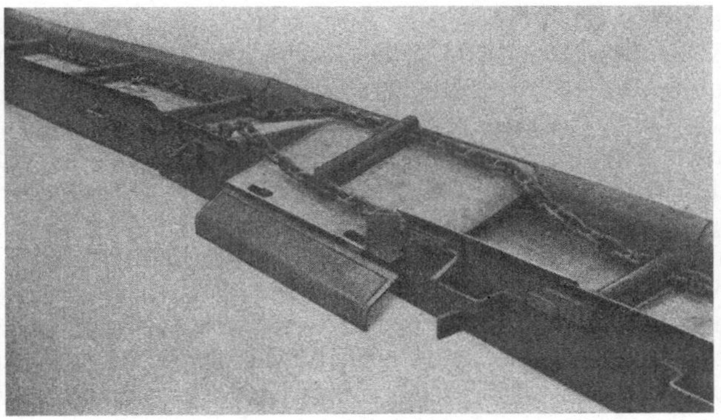

Abb. 422. Zweikettenbremsförderer mit Bergeaustragblech nach B e i e n.

gleicher Spannungen in den beiden Ketten eine geradlinige Verlegung in Richtung des Einfallens, während der Einkettenförderer insbesondere als Winkelrinnenförderer beträchtliche Abweichungen von dieser Richtung in der Flözebene zuläßt.

Ein besonderer Vorteil des Zweikettenbremsförderers im Gegensatz zum Einkettenförderer besteht in seiner Eignung auch zur Bergeförderung. Abb. 422 zeigt ein Stück des zusammengebauten Förderers mit Bergeaustragblech, das an jeder 2., 3. oder 4. Rutsche angebracht werden kann, wobei um so weniger Austragstellen erforderlich sind, je steiler die Lagerung ist, da dann die an einer Stelle ausgetragenen Berge von selbst auf dem Liegenden rutschen. Statt mit Hilfe besonderer Austragrutschen können die Berge der Förderrinne auch dadurch entnommen werden, daß man auf deren Boden diagonal ein Stück Holzspitze legt.

Der Anwendungsbereich dieser Förderer liegt bei Einfallen zwischen 20 und 35°, bei Verwendung von Bremsklappen (erhöhte Stege) auch bei 45° (48°). Hervorzuheben ist ihre Unempfindlichkeit gegen Unregelmäßigkeiten in der Lagerung, so daß sie stellenweise auch söhlig oder ansteigend arbeiten können. Ihr Kraftbedarf hängt wesentlich von der Art des Einfallens ab, am größten ist er jedoch für das Hochziehen der Kette. Da diese doppelt so schwer ist wie beim Einkettenförderer, belaufen sich die Antriebsleistungen auf 20—40 PS. — Die

Förderleistung beträgt bei 180 m Länge bis zu 150 t/h, ist also höher als bei den Stauscheibenförderern.

Zu den Zweikettenförderern mit ruhender Rinne gehört auch der Panzerförderer der Westfalia, Lünen. Rinnen und Kette sind von besonders kräftiger Bauart; außerdem kann die obere Rinne mit abnehmbaren Panzerhauben abgedeckt werden. Der Förderer ist infolgedessen schußfest, so daß die Hereingewinnung neben dem Förderer durch Schießarbeit erfolgen kann, und zwar so, daß ein Teil des Gutes auf den Förderer geschossen wird. Das Förderfeld wird nach der dem Kohlenstoß abgewandten Seite dabei zweckmäßig durch verschiebbare Stahlplatten abgeschlossen. Auf diese Weise wird erreicht, daß sich ein großer Teil des Haufwerks selbsttätig verlädt. Infolge der kräftigen Bauart kann die Förderrinne auch als Träger für eine Schrämmaschine oder eine Gewinnungs- und Lademaschine benutzt werden. Bei Einsatz einer Schrämmaschine und anschließender Schießarbeit zieht die Schrämmaschine z. B. die die Förderrinne auf 10—20 m abdeckenden Panzerhauben hinter sich her und gibt damit die Förderkette allmählich frei, so daß die hereingeschossene Kohle in die Rinne fällt und von der Kette abgefördert werden kann.

Die schwere Bauweise bedingt einen starken Antrieb von insgesamt 80 PS Leistung, bei einer nutzbaren Förderlänge von 200—250 m, einer Kettengeschwindigkeit von 0,7 m/s und einer Fördermenge bis zu 120 t/h. Die Antriebsleistung verteilt sich auf 2 Motore an den beiden Enden des Förderers. Beide Motore können entweder Elektro- oder Druckluftmotore sein; auch ist es möglich, den einen mit Elektrizität und den anderen mit Druckluft anzutreiben.

Die einzelnen 2 m langen, 20 cm hohen und 60 cm breiten Schüsse können einzeln umgelegt werden. Infolge des großen Gewichtes des Förderers ist aber anzustreben, ihn nicht auseinanderzunehmen und umzulegen, sondern ihn geschlossen umzurücken. Voraussetzung hierfür ist ein stempelfreier Abbaustoß.

Die guten, bisher mit dem Panzerförderer vorliegenden Erfahrungen lassen vermuten, daß er bald eine größere Verbreitung finden wird.

41. — Pendelbremsförderer. Neuerdings ist man auch auf den Gedanken gekommen, das Gut in einer mit größerem Einfallen verlegten Förderrinne nicht durch Scheiben oder sonstige Bleche zu hemmen, die an einer oder zwei umlaufenden Ketten befestigt sind, sondern durch kegelförmige Hemm-

Abb. 423.
Ansicht eines Kegelförderers beim Abwärtsgang.

körper, die eine hin- und hergehende, auf- und abwärts gerichtete, also pendelförmige Bewegung machen. Zu diesem Zwecke brauchen die Hemmkörper auch nicht an einer Kette befestigt zu werden, vielmehr genügt ein Seil.

Ein solcher Pendelbremsförderer ist der in der Abb. 423 wiedergegebene Kegelförderer von Křehula[1]. Das Seil, an dem kegelförmige und mit Beton

---

[1] Glückauf 1941, S. 553; F. Křehula: Abbau schwacher Flöze bei steiler und halbsteiler Lagerung unter Einsatz des Kegelförderers.

beschwerte Stahlkörper in Abständen von 1 m angebracht sind, wird durch einen in der Kopfstrecke aufgestellten Druckluftzylinder nach Art eines einseitig wirkenden Rutschenmotors sowie durch ein Gegengewicht oder einen Gegenzylinder am unteren Ende der Rinne hin- und herbewegt.

Bei dem Pendelbremsförderer der Westfalia, Lünen, wird die Pendelbewegung durch einen am oberen Ende des Förderers stehenden 13-PS-Motor bewirkt. Außerdem führt ein Leerseil zum Antrieb zurück, so daß auf ein Gegengewicht oder einen Gegenmotor verzichtet werden kann.

Die Pendelbremsförderer sind einfach im Bau und besitzen eine große Anpassungsfähigkeit an unregelmäßiges Einfallen. Ihr günstigster Einsatz liegt zwischen 20⁰ und 35⁰. Möglich ist er jedoch auch zwischen 0⁰ und 60⁰, insbesondere wenn nur kurze Strecken äußerste Weite im Einfallen aufweisen. Ihre Förderleistung beläuft sich auf 60—70 t/h.

e) Vergleich der mechanischen Abbaufördermittel.

42. — Der technische Anwendungsbereich. Von den in den vorstehenden Ziffern behandelten Fördermitteln, den Schüttelrutschen, den Gummigurt-, Stahlgurt- und Stahlgliederbändern, den Kratzbändern und Bremsförderern, kommen die Stahlgurt- und Stahlgliederbänder nur für Abbaustrecken in Betracht, und zwar die Stahlgurtbänder wegen ihrer besonders hohen Ansprüche an eine sorgfältige Verlegung und die Stahlgliederbänder außerdem wegen ihres Gewichtes. Die Schüttelrutschen und Bremsförderer sind im wesentlichen nur für den Abbau geeignet, die Gummi- und Kratzbänder sind dagegen gleicherweise für den Abbau und für Abbaustrecken brauchbar.

In Abb. 424 sind nach dem Einfallen geordnet die günstigsten Anwendungsbereiche der Abbaufördermittel angegeben. In ihrer Mehrzahl eignen sie sich für abfallende und söhlige Förderung, wie ja auch im allgemeinen die Vorrichtung der Abbaubetriebspunkte so erfolgt, daß die Schwerkraft bei der Abbauförderung zu Hilfe genommen, also das Fördergut von oben nach unten bewegt wird. Eine Aufwärtsbewegung ist jedoch mit Gummibändern und über deren Bereich hinaus, wenn auch nur mit kleineren Fördermengen, mit Kratzbändern möglich.

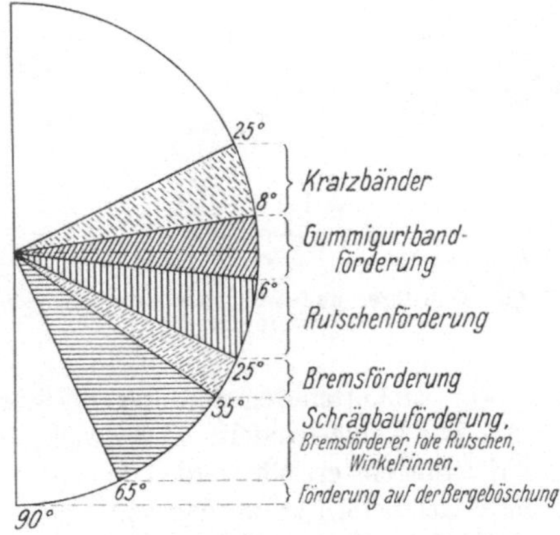

Abb. 424. Anwendungsbereich der mechanischen Abbaufördermittel.

Bei der Planung des Abbaues und seiner Förderung ist zu berücksichtigen, daß vorher unbekannte tektonische Unregelmäßigkeiten das Einfallen in mehr oder weniger großen Teilen des Strebs verändern können. Im Schaubild der Abb. 425 ist daher außer dem für das jeweilige Fördermittel günstigen Anwendungsbereich auch noch der mögliche Anwendungsbereich dargestellt, der, wenn auch meist mit einer gewissen Einbuße an Leistung oder Inkaufnahme sonstiger kleiner Nachteile, noch in Betracht kommt.

Die Schüttelrutschen sind innerhalb 6⁰ und 25⁰ Einfallen praktisch allen Anforderungen — auch der Bergeförderung — gewachsen. Bei einem Einfallen von 0—6⁰ sind, wenn größere Leistungen in Frage kommen, Gummibänder vorzuziehen, die auch noch bis zu einem Ansteigen von 10⁰ (18⁰) eingesetzt werden können. Auch für die Bergeförderung eignen sie sich gut, wenngleich die Entnahme von Bergen mit der Schaufel leicht zu übermäßigen Beschädigungen des Bandes führt. Außerdem ist Bandförderung die Voraussetzung für die Anwendung des Schleuderversatzes mit Hilfe der Versatzschleuder „Rheinpreußen" (s. Band 1). Bei Ansteigen zwischen 10⁰ und 25⁰ können für Fördermengen von 30—50 t/h und bei Förderlängen von 80—100 m Kratzbänder eingesetzt werden.

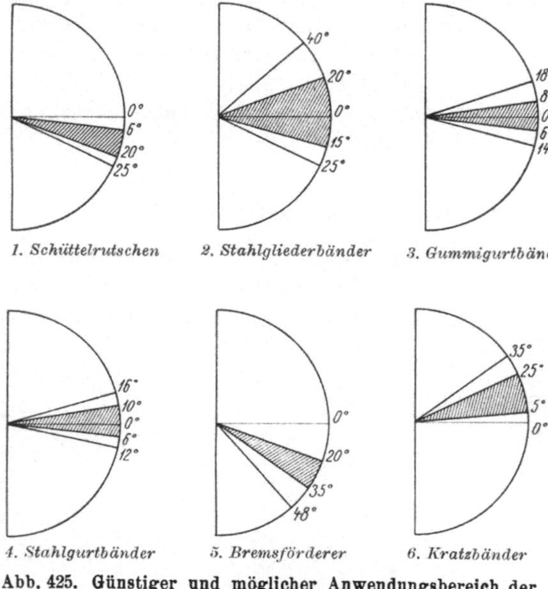

Abb. 425. **Günstiger und möglicher Anwendungsbereich der Stromfördermittel.**

Bei einem Einfallen von mehr als 25⁰ empfiehlt sich der Einsatz von Bremsförderern, und zwar Einkettenbremsförderer bei Fördermengen bis zu 60 t/h, wenn es sich nur um Kohle handelt, oder Zweikettenbremsförderer, wenn noch höhere Förderleistungen erzielt werden sollen oder Bergeversatz mit dem gleichen Fördermittel befördert werden soll.

Bei Verwendung von Einkettenförderern ist es zweckmäßig, von einem Einfallen von 35⁰ ab den Stoß schräg zu stellen. Zweikettenförderer können im Strebbau bis zu einem Einfallen von 45⁰ eingesetzt werden. Ihre Verwendung im Schrägbau ist jedoch nicht möglich. Für ihn eignen sich nur Einkettenförderer, jedoch zieht man in den meisten Schrägbauen die billigere Förderung auf festen Rutschen, auf der Bergeböschung oder auch auf Bohlen vor. Bei einem Einfallen von mehr als 65⁰ ist, insbesondere bei mächtigen Flözen, die Verwendbarkeit der maschinenmäßigen Fördermittel in geringerem Maße gegeben.

Bremsförderer und Kratzförderer eignen sich auch bei stark wechselndem Einfallen in den einzelnen Abschnitten des gleichen Abbaubetriebspunktes.

Für Flöze von geringer Mächtigkeit kommen außer besonders niedrigen Schüttelrutschen Gummigurtbänder mit Unterbandförderung in Frage, die neuerdings auch in mächtigen Flözen in Verbindung mit den Kohlengewinnungs- und Lademaschinen der Bauarten Westfalia, Lünen, und der Zeche Rheinpreußen verwendet werden. Bei Einfallen bis zu 20⁰ eignen sich auch die Flügelflachförderer der Westfalia, Lünen. Bei steilerem Einfallen können bis herab zu 0,50 m Flözmächtigkeit die Einkettenbremsförderer eingesetzt werden.

Allgemein gilt, daß in der Regel der bergmännisch richtige Einsatz eines Fördermittels für seine Wirtschaftlichkeit entscheidend ist. Nur beim Abbau von Reststücken, von sehr entlegenen Feldesteilen oder beim Abbau gestörter Flözteile mit von vornherein nicht genau übersehbaren Lagerungsverhältnissen kann ·es sich rechtfertigen, ein einmal eingesetztes oder vorhandenes Fördermittel auch unter Bedingungen weiterarbeiten zu lassen, für die ein anderes im Grunde vorzuziehen wäre. Zu einem bergmännisch richtigen Einsatz gehört auch eine genügende Ausnutzung eines Fördermittels, die um so größer sein muß, je höher dessen Anschaffungskosten sind. Hohe Abschreibungs- und Zinsbeträge würden anderenfalls die Tonne Kohle zu stark belasten.

43. — Beispiele für den Einsatz und die Zusammensetzung verschiedener Abbau- und Streckenfördermittel. Das in Abb. 426 wiedergegebene Beispiel betrifft ein im allgemeinen flach gelagertes Flöz, das eine

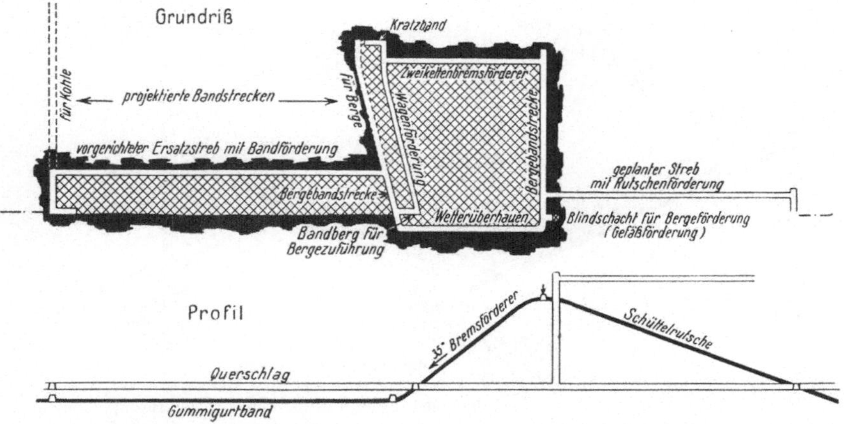

Abb. 426. Einsatz verschiedener Abbau- und Abbaustreckenfördermittel.

Aufsattelung erfahren hat. Der steilere, mit 35⁰ einfallende Südflügel dieser Aufsattelung geht in ein völlig söhliges Flözstück über, das 6—8 m unterhalb der Sohle verläuft. Der Nordflügel fällt mit 15—25⁰ ein. Zunächst wird der steilere Flügel gebaut, anschließend und zum Teil gleichzeitig seine söhlige Fortsetzung und schließlich der Nordflügel. Da die Absenkung der Tagesoberfläche gering gehalten werden muß, wird überall Strebbau mit Versatz angewandt.

Der steilere Flügel erhält einen Zweikettenbremsförderer als Abbaufördermittel. Der Bergeversatz wird dem Streb über die in der Sattellinie aufgefahrene Abbaustrecke aus dem mit Gefäßförderung ausgestatteten Blindschacht mittels Stahlgliederband zugeführt. Die Abfuhr der Kohle erfolgt mittels Wagenförderung durch die im Querschlag mündende Grundstrecke. Diese muß mit Damm aufgefahren werden, um das etwa 10—12 m lange steilere, unterhalb der Sohle gelegene Flözstück mit abbauen zu können. Ein Kratzband dient hier der Kohlenförderung. Der zum größten Teil aus dem Nachreißen der Abbau-

strecke stammende Versatz rutscht auf dem Liegenden oder bedarf nur einer
festen Rutsche.

Für das söhlige, im Unterwerksbau hereinzugewinnende Flözstück empfiehlt
sich ein Band als Abbaufördermittel. Die Bergezufuhr findet über die unmittelbar unterhalb des Dammes aufgefahrene Abbaustrecke durch Stahlgliederbänder
statt. Da die Aufsattelung sich nach Osten zu etwas verflacht, ergäbe sich eine
allmähliche Schwenkung der Abbaustrecke. Da mit Bandförderung eine allmähliche Schwenkung nicht ausgeführt werden kann, ist es notwendig, sich der
Richtungsänderung durch einen Knick in der Strecke anzupassen, an dem die

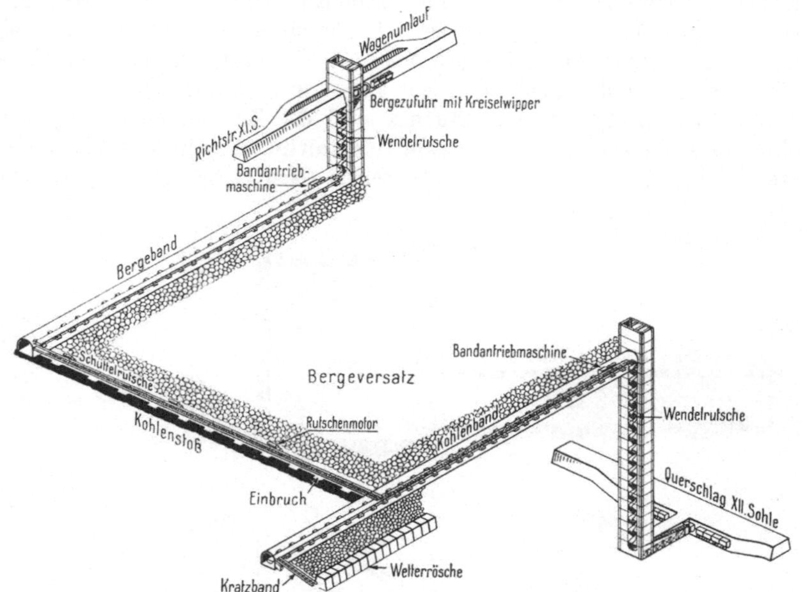

Abb. 427. Zusammenwirken verschiedener Abbau- und Abbaustreckenfördermittel.

Übergabestelle von dem ersten Stahlgliederband auf ein zweites stattfindet.
Die Kohlenabfuhr geschieht durch die untere Abbaustrecke mittels Bandförderung, und zwar ist bis zu etwa 200 m Abbaustreckenlänge ein Gummiband vorgesehen. Dieses wird nach Erreichen dieser Länge durch ein Stahlgurtband ersetzt, dem das allmählich wieder länger werdende Gummiband vorgeschaltet bleibt. — Besondere Maßnahmen müssen getroffen werden, um die
unterhalb der Sohle liegenden Abbaustrecken mit dem Sohlenquerschlag zu
verbinden. Es geschieht dies durch kurze, mit Stahlgliederbändern ausgerüstete
Bandberge, von denen der obere der Bergeförderung, der untere der Kohlenförderung dient.

Der flache Nordflügel des Sattels wird im Strebbau mit Schüttelrutschenförderung gebaut. Der Bergezufuhr dient die gleiche Strecke mit demselben
Fördermittel wie für den Südflügel. Da sich der Sattel, wie bereits bemerkt,
nach Osten etwas verflacht, wird die Schüttelrutsche auf der dann flachen
Sattelkuppe wahrscheinlich nicht leistungsfähig genug sein. Ihr muß dann ein
kurzes Gummiband vorgeschaltet werden oder ein Kratzband. Ein Kratzband

hat allerdings den Nachteil, daß es die Entnahme von Bergen mit der Schaufel nicht gestattet. Für den kurzen obersten Strebteil spielt dieser Umstand jedoch keine Rolle, da man sich hier mit von Hand zu entnehmenden größeren Bergestücken begnügen kann.

Ein anderes Beispiel für das Zusammenwirken verschiedener Abbau- und Abbaustreckenfördermittel unter Anwendung von Wendelrutschen für die Zwischensohlenförderung, läßt Abb. 427 erkennen. Sie dürfte ohne weitere Erklärung verständlich sein.

Anhang.

Kosten der Stromfördermittel für söhlige und geneigte Strecken.

44. — Anlage- und Betriebskosten der Dauerfördermittel. Auf Grund von Lieferangeboten können die Anlagekosten aller Maschinen und so auch der Dauerfördermittel in jedem einzelnen Fall genau festgestellt werden. Hier kann es sich nur darum handeln, eine Vorstellung von der Größenordnung der Preise zu vermitteln. Es ist zweckmäßig, die Preise für den Antrieb nebst Zubehör von den Preisen für das Fördermittel im engeren Sinne, also z. B. für den Rutschenstrang, für das Gummiband usw., zu trennen. Um einen Vergleich der Anlagekosten zu ermöglichen, empfiehlt es sich, für die günstigste Länge jedes Fördermittels die gesamten Anlagekosten je m zu errechnen. Sind starke Antriebe oder kürzere Förderanlagen als normal und der Berechnung zugrunde gelegt erforderlich, so verändern sich die Anlagekosten naturgemäß entsprechend.

1. Schüttelrutsche.

Doppelt wirkende Motore oder einseitig wirkende mit Gegenmotor 600—1200,— RM.

im Mittel	900,— RM.
Angriffsrutsche, Anschlüsse usw.	300,— „
	1200,— RM.

120 m Rutschenstrang, dessen Preis je m einschl. Verbindungen und Laufwerk zwischen 12,— und 16,— RM. schwankt und im Mittel 14,— RM. beträgt. . . . . 1680,— „

Gesamtpreis 2880,— RM.

1 m Rutsche (einschl. Antrieb) kostet also 24,— RM. Dieser Preis ermäßigt sich, wenn der von einem Motor bewegte Rutschenstrang länger als 120 m sein kann, oder er erhöht sich, wenn er kürzer ist.

2. Gummigurtband.

Antriebs- und Umkehrstelle einschl. Zubehör . . . . 5500,— RM.
Bei Preisen von 100,— RM. je Nutzmeter Band und von RM. 38,—
für das Traggerüst je m kostet ein 250 m langes Band. . . . . 34500,— „

Gesamtpreis 40000,— RM.

3. Stahlgurtband.

Antriebs- und Umkehrstelle einschl. Zubehör . . . . 5500,— „
Bei Preisen von 30,— RM. je Nutzmeter Stahlgurtband und von
48,— RM. je Nutzmeter Traggerüst kostet ein 300 m langes Stahlgurtband . . . . 23400,— „

Gesamtpreis 28900,— RM.

4. Stahlgliederband.

Antriebsstelle mit 40-PS-Motor. . . . . 6500,— „
Umkehrstelle . . . . 800,— „
Zubehör . . . . 200,— „

7500,— RM.

Bei einem Preis von 100,— RM. je Nutzmeter Band einschl.
Traggerüst kosten 250 m . . . . 25000,— „
Gesamtpreis 32500,— RM.

5. Einkettenbremsförderer.

Antrieb einschl. Umkehrrolle . . . . 4000,— ..
Bei einem Preis von 40,— RM. je m Rinne einschl. Kette kosten
150 m . . . . 6000,— „
Gesamtpreis 10000,— RM.

6. Zweikettenbremsförderer.

Antrieb einschl. Umkehrrolle . . . . 4000,— „
Bei einem Preis von 48,— RM je m Rinne (22,— RM.) einschl.
Ketten (RM. 26,—) kosten 180 m . . . . 8640,— „
Gesamtpreis 12640,— RM.

1 m Zweikettenförderer kostet also 70,— RM..

7. Kratzband.

Antrieb einschl. Umkehrrolle . . . . 6000,— RM.
Bei einem Preis von 40,— RM. je Nutzmeter Rinne einschl.
Ketten kosten 100 m . . . . 4000,— „
10000,— RM.

Je Nutzmeter ergeben sich also bei den besprochenen Fördermitteln für ihre
jeweils günstigsten Längen und bei normalen Betriebsverhältnissen die nachstehend wiedergegebenen Gesamtpreise:

Schüttelrutsche (120 m)	24,—	RM.
Gummigurtband (250 m)	160,—	„
Stahlgurtband (300 m)	96,—	„
Stahlgliederband (250 m)	130,—	„
Einkettenbremsförderer (150 m)	67,—	„
Zweikettenbremsförderer (180 m)	70,—	„
Kratzband (100 m)	100,—	„

Bei Errechnung dieser Anlagekosten ist Druckluftantrieb angenommen
worden. Die Mehrkosten des Elektromotors bei dem immer mehr Bedeutung
erlangenden Elektroantrieb spielen im Rahmen der Gesamtkosten nur eine
untergeordnete Rolle. Sind jedoch Differentialantriebe, Sonderkupplungen u.
dgl. vorgesehen, so ist der Einfluß auf die Anlagekosten schon etwas größer.
Aber auch diese Mehrkosten sind für die Wahl der Antriebsart nicht entscheidend.
Sie hängt vielmehr von den Betriebskosten ab, die mit elektrischem Antrieb
infolge der niedrigen Kraftkosten meist geringer sind, sowie von dem gesamten
krafttechnischen Zuschnitt der Grube und des betreffenden Feldesteiles (vgl.
auch weiter unten die Ausführungen „Elektrizität im Untertagebetrieb".
    Bei der Errechnung der nachstehend wiedergegebenen Betriebskosten
sind die Kostenarten Abschreibung, Verzinsung, Kraftkosten und Unterhaltungskosten berücksichtigt. Nicht eingeschlossen sind dagegen die Umlegekosten bei den Abbaufördermitteln, deren Höhe jedoch keinen großen
Schwankungen unterworfen sind und über die getrennte Angaben gemacht
werden. Auch die Kosten der Bedienung sind nicht berücksichtigt, da diese
vielfach von vorwiegend mit anderen Arbeiten beschäftigten Belegschafts-
mitgliedern ausgeführt wird. Im einzelnen sei zu den in Betracht gezogenen
Kostenarten noch folgendes bemerkt.
    Die Höhe der Abschreibung richtet sich nach der Höhe des Anlagekapitals
sowie nach der technischen Lebensdauer des Anlagegegenstandes. Als Anlagekapital sind die oben mitgeteilten Anlagekosten unter Annahme des günstigsten
Einsatzbereiches der einzelnen Fördermittel gemäß Abb. 425 zugrunde gelegt.
Im Einzelfalle müssen Änderungen in Betracht gezogen werden, die sich ins-

besondere aus einer geringeren oder auch größeren Länge des Fördermittels ergeben können. Als Lebensdauer der einzelnen Fördermittel oder ihrer Teile gelten für die Betriebsbedingungen des Ruhrgebiets etwa folgende Werte:

Rutschenmotore	5 Jahre
Gegenmotore	5 „
Rutschenschüsse bei Kohlenförderung	2 „
Rutschenschüsse bei Bergeförderung	1 „
Bandantrieb (elektrisch)	10 „
„ (Druckluft)	6 „
Bandtraggerüste einschl. Rollen	5 „
Gummigurtband (in Abbaustrecke)	3 „
„ (im Abbau)	2 „
Stahlgurtband	1 „
Stahlgliederband bei Kohlenförderung	4 „
„ „ Bergeförderung	2 „
Bremsförderer-Antrieb	5 „
„ Rinnen	1 „
„ Ketten	3 „
Kratzband-Antrieb	5 „
„ Rinnen	1 „
„ Ketten	2 „

Die Verzinsung des Anlagekapitals ist in Anlehnung an die Leitsätze für die Selbstkostenermittlung öffentlicher Aufträge (LSÖ.) zu r. 5% angenommen. Wenn auch infolge der Abschreibung und des dadurch von Jahr zu Jahr kleiner werdenden Anlagekapitals im Durchschnitt nur die Hälfte davon gebunden ist und somit nur diese Hälfte verzinst zu werden braucht, so spielt diese Überlegung bei kurzlebigen Anlagegegenständen, wie es die Fördermittel, mit Ausnahme vielleicht der Antriebe, sind, nicht die gleiche Rolle wie bei langlebigen Wirtschaftsgütern. Da zudem die Antriebe meist nur einen kleinen Bruchteil der Gesamtanlagekosten der behandelten Fördermittel ausmachen, sei hier auf diese an sich berechtigte Feinheit der Rechnung bewußt Verzicht geleistet. Die Verzinsung ist also auf das gesamte Anlagekapital während der ganzen Lebensdauer errechnet worden. Schließlich sei an dieser Stelle darauf aufmerksam gemacht, daß zu jedem Anlagegegenstand auch ein Anteil des umlaufenden Kapitals gehört. Dessen Höhe wird für die gesamte Grube zu 12,5 % des Anlagekapitals angenommen. Bei einem lohnintensiven Arbeitsvorgang wird dieser Satz noch etwas höher, bei einem sehr mechanisierten Arbeitsvorgang dagegen geringer sein. Der Verzinsung unterläge infolgedessen streng genommen nicht nur das Anlagekapital, sondern dieses vermehrt um einen Anteil des umlaufenden Kapitals. Bei der nachstehenden Errechnung der Betriebskosten ist jedoch auch auf diese Feinheit der Rechnung verzichtet worden.

Die Kraftkosten ergeben sich aus dem Kraftverbrauch je Maschine und Stunde, aus der Laufzeit je Tag, aus der Zahl der Arbeitstage und schließlich aus den Kosten je kWh oder je m³ a. L. (angesaugte Luft). Die Laufzeit beträgt, je nachdem ob es sich um einschichtigen oder zweischichtigen Betrieb handelt, 6,5 h oder 13 h je Tag. Bei 8³/₄-stündiger Schichtdauer ist zu diesen Werten noch ein entsprechender Zuschlag zu machen. Er ist auch dann erforderlich, wenn das Fördermittel auch in der Umlegeschicht noch einige Stunden in Betrieb ist. Die Stromkosten betragen im Durchschnitt der Ruhrzechen 2 Rpf./kWh, die Druckluftkosten 2,50 RM. je 1000 m³ a. L.

Die Motorleistungen (bei mit Druckluft betriebenen Schüttelrutschen die Motorgrößen) für Druckluft- und Elektroantrieb verschiedener Stromfördermittel und von Schrämmaschinen können aus der nachstehenden Zahlentafel entnommen werden. Da das Anzugs- und Anlaufsmoment beim Druckluftmotor geringer als beim Käfigläufer-Elektromotor ist und außerdem abhängig vom schwankenden Betriebsdruck der Druckluft, werden sie in der Regel 25 (40) % größer ausgelegt als die entsprechenden Elektromotoren. Außerdem spielt bei der Wahl der Motorengröße die auf den einzelnen Schachtanlagen üblichen und vorhandenen Standard-Motorengrößen eine Rolle. Infolgedessen kommt es vor, daß in der Praxis ein etwas größerer Motor genommen wird, als rein rechnungsmäßig notwendig wäre.

Druckluftantrieb　　　　　　　　　　　　　　　　　Elektroantrieb

Schüttelrutschen (120 m lang)

225—260 mm Zylinderdurchmesser (Druckluftverbrauch 200 m³/h) . . .　　7 kW
380 mm Zylinderdurchmesser (Druckluftverbrauch 325 m³/h). . . . . . .　11 kW
420 mm Zylinderdurchmesser (Druckluftverbrauch 400—500 m³/h) . . .　15 kW

Gummigurtband (250 m lang)

20—25 PS (15—18 kW) (Druckluftverbrauch r. 1000 m³/h) . . . . . . .11—15 kW

Stahlgurtband (300 m lang)

25—35 PS (18—25 kW) (Druckluftverbrauch 1000—1400 m³/h). . . . .15—22 kW

Stahlgliederband (250 m lang)

35 PS (25 kW) (Druckluftverbrauch 1400 m³/h). . . . .　20 kW

Kratzband (100 m lang)

30 PS (22 kW) (Druckluftverbrauch 1200 m³/h). . . . .　15 kW

Schrämmaschine

50 PS (37 kW) (Druckluftverbrauch r. 1500 m³/h) . . . .　22 kW

An Unterhaltungskosten treten Kosten für Material (Ersatz und Schmierung) und für Löhne auf. Sie können von Fall zu Fall große Unterschiede aufweisen und sind abhängig von der Art des Fördergutes, von dem Vorhandensein von Feuchtigkeit und der Zusammensetzung des Wassers, von der Güte der Wartung usw. Die Höhe des Materialanteils wird im allgemeinen in Form eines Hundertsatzes vom Anschaffungswert angegeben:

Druckluftrutschenmotore . . . .　10%
Druckluftbandmotore . . . .　4%
Elektromotore . . . .　2%
Druckluftmotore für Bremsförderer und Kratzbänder　10%

Auch die kurzlebigen Teile, wie Rutschenschüsse, das Gummiband und Kratzband verursachen Unterhaltungskosten. Sie werden jedoch nicht besonders aufgeführt und sind in den verhältnismäßig hohen Abschreibungssätzen enthalten. Auch durch den nicht in Ansatz gebrachten Restwert dieser Gegenstände finden diese Kosten einen Ausgleich.

Der Lohnanteil der Unterhaltungskosten ist so lange nicht erfaßbar, als die Unterhaltung von der bergmännischen Belegschaft nebenbei ausgeführt wird. Bei den Antrieben ist jedoch eine regelmäßige Pflege durch Schlosser notwendig und üblich. Im Durchschnitt entfällt eine Schlosserschicht auf acht Antriebe, so daß sich die dadurch verursachten Lohnkosten je Antrieb auf r. 1,50 RM. stellen.

Die Umlegekosten der Fördermittel im Abbau fallen als Lohnkosten an. Ihre Höhe ist von den Arbeitskosten je Schicht sowie von der Umlegeleistung abhängig. Im Durchschnitt können die nachstehend wiedergegebenen Werte je Mann und Schicht als Leistung für das Umsetzen der Fördermittel (einschl. Antriebe) angenommen werden:

Schüttelrutschen . . . . . 20—25 m
Gummigurtbänder . . . . 15—20 „
Einkettenbremsförderer . . 25—35 „
Zweikettenbremsförderer . 20—25 „
Kratzbänder . . . . 15—20 „

45. — Beispiele für die Errechnung der Betriebskosten von Abbaufördermitteln. Allgemeingültige Angaben über die Höhe der Betriebskosten lassen sich wegen ihrer Abhängigkeit von den bergmännischen Bedingungen des Einsatzes der Fördermittel nur schwer machen. Es sei daher als Beispiel ein Streb von 200 m Länge und 1,80 m Abbaufortschritt in einem 1,20 m mächtigen Flöz zugrunde gelegt, der unter Einbringung von Fremdversatz abgebaut wird. Zugleich seien drei verschiedene Einfallwinkel angenommen, die jeweils für

Schüttelrutschen (5—25⁰), für Gummiband (0—5⁰) und für einen Zweikettenbremsförderer (25—35⁰) geeignet sind. Die tägliche Förderung beläuft sich,
wenn 1 m³ anstehender Kohle gleich 1 t verwertbarer Förderung gesetzt wird,
auf $200 \times 1,2 \times 1,8 = r.\ 450$ t.

1. Bei Schüttelrutschenförderung sind zwei Motore mit Rutschensträngen von
je 100 m Länge in Betrieb. Das Anlagekapital stellt sich zu $2 \cdot 1200,—$ RM.
$+ 2 \cdot 100 \cdot 14,—$ RM. $= 2400,—$ RM. $+ 2800,—$ RM. $= 5200,—$ RM.

	jährlich	arbeitstäglich
a) 20% Abschreibung der Antriebe	480,— RM.	1,60 RM.
100% „ „ Rutschen	2800,— „	9,— „
b) 5% Verzinsung von 5200,— RM.	260,— „	0,90 „
c) Kraftkosten (2 Motore mit einem Luftverbrauch von je 550 m³/h und 16 h Laufzeit $2 \cdot 550 \cdot 16 \cdot 300 \cdot 0,0025$ RM.	13200,— RM.	44,— RM.
	16740,— RM.	55,50 RM.
d) Unterhaltung Materialkosten 10% vom Anlagewert der Antriebe	240,— RM.	0,80 RM.
Schlosserlöhne	450,— „	1,50 „
	17430,— RM.	57,80 RM.

Die Abbauförderung mit Schüttelrutschen kostet also im vorliegenden Falle je t
Kohle r. 0,13 RM.

2. Gummiband mit Druckluftantrieb. Die Anlagekosten belaufen sich für den
Antrieb auf 5500.— RM., für das Traggerüst auf $200 \cdot 38,—$ RM. $= 7600,—$ RM.,
für das Band auf $400 \cdot 50,—$ RM. $= 20000,—$ RM., insgesamt also auf
33100,— RM.

	jährlich	arbeitstäglich
a) 16,6% Abschreibung des Antriebs	913,— RM.	3,— RM.
20% Abschreibung des Traggerüstes	1520,— „	5,— „
50% „ „ Gummigurtes	10000,— „	33,50 „
	12433,— RM.	41,50 RM.
b) 5% Verzinsung von 33100,— RM.	1655,— RM.	5,30 RM.
c) Kraftkosten. Bei 14 h Laufzeit und einem Luftverbrauch von 750 m³ a. L./h	7875,— „	26,25 „
d) Unterhaltung 4% vom Wert des Antriebs	213,— „	0,71 „
Schlosserlöhne	450,— „	1,50 „
	22626,— RM.	75,26 RM.

Die Abbauförderung mit einem Gummiband kostet also im vorliegenden
Fall je t Kohle r. 0,17 RM.

3. Zweikettenbremsförderer. Die Anlagekosten betragen für den Antrieb
einschl. Zubehör 4000,— RM., für 190 m Rinnen 4180,— RM. und für
190 m Ketten 4560,— RM., insgesamt also 12740,— RM.

	jährlich	arbeitstäglich
a) 20% Abschreibung des Antriebs	800,— RM.	2,66 RM.
33% „ der Ketten	1521,— „	5,07 „
100% Abschreibung der Rinnen	4560,— „	13,93 „
	6881,— RM.	21,66 RM.
b) 5% Verzinsung auf 12740,— RM.	637,— „	2,12 „
c) Kraftkosten. Bei 16 h Laufzeit und einem Druckluftverbrauch von 700 m³/h.	840,— „	28,— „
d) Unterhaltungskosten 10% vom Wert des Antriebes	400,— „	1,33 „
Schlosserlöhne	450,— „	1,50 „
	9208,— RM.	54,61 RM.

Die Abbauförderung mit einem Zweikettenbremsförderer kostet im vorliegenden Fall je t Kohle r. 0,12 RM.

III. Die söhlige Streckenförderung mit Wagen.

46. — Allgemeine Möglichkeiten. Die Wagenförderung bildete lange
Zeit hindurch die alleinige Förderart in Querschlägen, Richtstrecken, in Abbaustrecken und auch im Abbau, wenn hier der Abbauraum die erforderliche Höhe
hatte und flache Lagerung einen Verkehr mit Förderwagen gestattete. Heute
findet sich der Förderwagen im Abbau nur noch in den Bergbauzweigen, die
Kammerbau oder ähnliche Abbauverfahren anwenden, wie z. B. in den mächtigen
Flözen Oberschlesiens, im Braunkohlentiefbau und auch beim Abbau von Erzen
und Nichterzen. Im Kali- und Salzbergbau ist er schon weitgehend durch
Schrapper oder Schüttelrutsche ersetzt.

Im westdeutschen Steinkohlenbergbau und unter ähnlichen Verhältnissen
ist der Förderwagen aus dem Abbau verschwunden. In den Abbaustrecken
der steilen Lagerung beherrscht er nach wie vor das Feld, wärend er in der
flachen Lagerung zwar noch vielfach verwendet wird, aber durch die Bandförderung schon weitgehend ersetzt worden ist. In der Hauptstreckenförderung
wird er fast ausschließlich verwendet. Die fließende Bandförderung ist hier
bisher noch eine Ausnahme geblieben und hat sich auf Fälle beschränkt, die sich
durch verhältnismäßig kurze und einfache Wege zum Schacht auszeichneten.
Die Notwendigkeit der Berge- und Materialförderung sowie auch die Staubentwicklung des offen auf dem Band liegenden Fördergutes hat eine weitere Einführung der Bandförderung in Hauptstrecken bisher verhindert. Es wird der
künftigen Entwicklung vorbehalten bleiben, darüber zu entscheiden, ob hier ein
Wandel möglich ist.

Für die Bewegung der Förderwagen, die früher allein durch das Pferd oder
durch Menschenkraft erfolgte, dient heute weitgehend die Maschine: in den
Hauptstrecken die Lokomotive, untergeordnet auch die Seilbahn, in den Abbaustrecken der flachen Lagerung, soweit nicht Bandförderung benutzt wird, der
Streckenhaspel, in den Abbaustrecken der steilen Lagerung die Abbaukoko-
motive und der Streckenhaspel. Schlepper- und Pferdeförderung finden sich
nur in Abbaustrecken vor allem der steilen Lagerung, spielen hier aber eine nur
untergeordnete Rolle. Auch an Ladestellen und Anschlägen wird heute auf die
Verwendung von Menschenkraft für die Bewegung von Förderwagen in den
meisten Fällen verzichtet: Kolbendrücker und Vorziehhäspel sind an ihre
Stelle getreten.

Diese Mechanisierung der Bewegungsvorgänge des Förderwagens haben sich
schon bei den heute noch vorwiegend gebräuchlichen Kleinförderwagen von
700—1000 l Inhalt vollzogen. In Zusammenhang mit der Möglichkeit jedoch,
die Wagenförderung in Abbaustrecke und Zwischensohlenförderung durch Fließfördermittel (Band sowie Seigerförderer und Wendelrutsche) zu ersetzen und die
Wagenförderung auf die Hauptstrecke zu beschränken, war die Einführung von
Großförderwagen bis 5000 l Inhalt gegeben, die mehr und mehr benutzt werden.

A. Die Bewegung von Förderwagen auf Schienenbahnen[1]).

47. — Der Fahrtwiderstand auf söhliger Bahn wird allein durch
die Reibung verursacht. Diese setzt sich zusammen aus der rollenden

---

[1]) J. Maercks: Bergbaumechanik (Berlin, Springer) 1940, S. 90.

oder „wälzenden" Reibung zwischen den Laufkränzen der Räder und den Schienen, aus der Reibung zwischen Spurkranz und Schienen und aus der Zapfenreibung zwischen den Achsen und Radnaben.

Die Lauf- und Spurkranzreibung ist beim oberirdischen Bahnbetriebe unbedeutend, da die erstere nur eine wälzende Reibung ist und die Spurkränze im allgemeinen durch die konische Abdrehung der Laufkränze von den Schienen ferngehalten werden. Sie kann dagegen bei Grubenbahnen erheblich werden, weil die Räder vielfach durch die starken Stoßbeanspruchungen unrund werden, zwischen Laufkranz und Schiene sich Schmutz setzen kann und die Spurkränze infolge des Schlingerns der Wagen in vielfache Berührung mit den Schienen kommen können, so daß die wälzende dann großenteils durch die gleitende Reibung ersetzt wird. Da außerdem diese Reibungskräfte an einem wesentlich größeren Hebelarm als die Achsreibung angreifen, können sie deren Verringerung durch Wälzlager (Ziff. 57) ganz in den Hintergrund drücken, so daß die Achsenreibung auf 5—10% des ganzen Fahrwiderstandes herabsinken kann. Die Achsenreibung kann man bei Förderwagen wie folgt annehmen:

für Gleitlager . . . . . . 0,008—0,015
„ Rollenlager. . . . . . . 0,003—0,007
„ Kugel- und Tonnenlager 0,002—0,004

Dagegen ist im Dauerbetriebe für den Gesamtfahrwiderstand f in Hauptstrecken mit durchschnittlich 0,01—0,012 (entsprechend 1—1,2% oder 10—12 kg/t), in Neben- und Abbaustrecken mit durchschnittlich 0,018—0,022 (entsprechend 1,8—2,2% oder 18—22 kg/t) zu rechnen[1]). Bei einem Fahrwiderstande von 1,5 % ist, um einen Wagen von 1100 kg Gewicht in Bewegung zu halten, ein Druck oder eine Kraft von $\dfrac{1100 \cdot 1{,}5}{100} = 16{,}5$ kg erforderlich. Wird diese Kraft während eines Weges von 1500 m aufgewandt, so ergibt sich die geleistete Arbeit zu 16,5 · 1500 = 24 750 mkg.

Ein Pferd, das sechs solcher Wagen mit 0,8 m Geschwindigkeit zieht, muß

$$6 \cdot 16{,}5 \cdot 0{,}8 \sim 79 \text{ mkg/s},$$

also etwas mehr als 1 PS leisten. Eine Seilbahn ferner, die 50 volle Wagen in dem einen und 50 leere in dem anderen Gleise gleichzeitig bewegt, hat bei einem Gewicht der leeren Wagen von 400 kg, einer Geschwindigkeit von 0,7 m/s und einem Fahrwiderstande von 1,5% zu leisten

$$50 \cdot 1100 \cdot 0{,}015 \cdot 0{,}7 + 50 \cdot 400 \cdot 0{,}015 \cdot 0{,}7 \sim 788 \text{ mkg/s} \sim 10{,}5 \text{ PS}.$$

Eine Lokomotive, die 30 volle Wagen und ihr Eigengewicht von 7000 kg mit 3 m Geschwindigkeit bewegt, leistet

$$(7000 + 30 \cdot 1100) \cdot 0{,}015 \cdot 3 = 1800 \text{ mkg/s, also } 24 \text{ PS}.$$

Die vorstehenden Betrachtungen bezogen sich zunächst auf die für die Bewegung der Förderwagen auf söhliger und geradliniger Bahn zu leisten-

---

[1]) Glückauf 1928, S. 1524; Fritzsche: Reibungsverluste bei Förderwagen (nach amerikanischen Versuchen); — ferner Bergbau 1930, S. 449: Ostermann: Die Förderwagenlager.

den Zugkräfte. Das Eigengewicht des mitzubewegenden Antriebs ist nur bei der Lokomotivförderung mit eingesetzt worden. Bei der Seilförderung ist das Seilgewicht hier wegen seiner geringen Bedeutung vernachlässigt worden. Dagegen bedeutet bei der Kettenförderung das Kettengewicht eine nicht unerhebliche Mehrbelastung des Antriebes.

Außerdem sind nun noch an zusätzlichen Beanspruchungen der Antriebskraft in Rechnung zu stellen:

1. die Beschleunigung und die Überwindung der Reibung der Ruhe oder der „Anfahrwiderstand“. Die Beschleunigungsarbeit ist um so größer, je größer die volle Geschwindigkeit ist und je rascher sie erreicht werden soll;

2. die beim Durchfahren von Krümmungen infolge der Ablenkung und einer gewissen Klemmung zu entwickelnde Zusatzkraft, die von dem Krümmungshalbmesser, der Spurweite und dem Radstand abhängt und die Zugkraft auf gerader Bahn leicht noch übertreffen kann;

3. die in der Antriebsvorrichtung selbst auftretenden Widerstände.

48. — Gefälleverhältnisse und ihre Bedeutung. Bewegt sich ein Wagen auf geneigter Bahn, so muß bei der Ermittlung des Bewegungswiderstandes sowohl für die Fahrt abwärts wie für die Fahrt aufwärts noch der Neigungswinkel α der Bahn berücksichtigt werden. Nach den Gesetzen der schiefen Ebene ist bei einem Wagengewicht P für die Aufwärtsbewegung insgesamt die Kraft

$$P \cdot \sin\alpha + P \cdot f \cdot \cos\alpha = P \cdot (\sin\alpha + f \cdot \cos\alpha)$$

erforderlich. Für die Abwärtsbewegung ergeben sich, da hier der Reibungswiderstand $P \cdot f \cdot \cos\alpha$ der Zugkraft des Wagens $P \cdot \sin\alpha$ entgegenwirkt, je nach dem Gefälle und der Reibungszahl noch folgende beiden Möglichkeiten:

1. $$P \cdot f \cdot \cos\alpha > P \cdot \sin\alpha,$$

d. h., dem Wagen muß eine Kraft

$$P \cdot f \cdot \cos\alpha - P \sin\alpha = P \cdot (f \cdot \cos\alpha - \sin\alpha)$$

zugeführt werden. Dieser Fall liegt in der Regel bei der Streckenförderung vor.

2. $$P \cdot f \cdot \cos\alpha < P \cdot \sin\alpha,$$

d. h., der Wagen entwickelt seinerseits einen Kraftüberschuß von

$$P \cdot \sin\alpha - P \cdot f \cdot \cos\alpha = P \cdot (\sin\alpha - f \cdot \cos\alpha).$$

Dieses Verhältnis kennzeichnet die Bremsbergförderung.

Für die Streckenförderung ergibt sich dabei wegen des geringen Neigungswinkels der Förderbahn (ein Gefälle von 1 : 150 z. B. entspricht erst einem Winkel von 23′) die Vereinfachung, daß $\cos\alpha = 1$ gesetzt werden kann, so daß hier für die Aufwärts- oder Abwärtsfahrt die Zugkräfte

$$P \cdot (f + \sin\alpha) \text{ oder } P \cdot (f - \sin\alpha)$$

erforderlich werden.

Hiernach ergeben sich für verschiedene Gefälle und für die beiden Grenzwerte $f = 0,010$ und $f = 0,020$ die folgenden Zahlenbeziehungen:

	Förderung auf schwach geneigter Bahn (Streckenförderung)			Förderung auf stärker geneigter Bahn (Bremsbergförderung)	
Gefälle	1 : 500	1 : 200	1 : 50	1 : 5	1 : 1,2
α	7′	17′	1° 10′	11° 53′	56° 26′
$\sin\alpha$	0,002	0,005	0,020	0,20	0,833
	$f =$ 0,010 | 0,020	$f =$ 0,010 | 0,020	$f =$ 0,010 | 0,020	$f =$ 0,010 | 0,020	$f =$ 0,010 | 0,020
$f - \sin\alpha$	0,008 | 0,018	0,005 | 0,015	− 0,010 | 0,00	— | —	— | —
$f + \sin\alpha$	0,012 | 0,022	0,015 | 0,025	0,030 | 0,040	— | —	— | —
$f\cdot\cos\alpha - \sin\alpha$	— | —	— | —	— | —	−0,190 | − 0,180	−0,828 | −0,822
$f\cdot\cos\alpha + \sin\alpha$	— | —	— | —	— | —	0,210 | 0,220	0,838 | 0,844

d. h. für je 1000 kg Gesamtgewicht werden an Zugkraft in kg erforderlich oder überschüssig (−):

	1:500		1:200		1:50		1:5		1:1,2	
abwärts	8	18,0	5	15,0	− 10	0,0	−190	−180	− 828	− 822
aufwärts	12	22,0	15	25,0	30	40,0	210	220	838	844

Die Zahlen zeigen auch die große Bedeutung einer Herabsetzung des Fahrwiderstandes für die Verringerung des Kraftbedarfs.

Für die Berechnung des für die Förderung günstigsten Gefälles ist zwischen der Schlepper- und Pferdeförderung einerseits und der maschinenmäßigen Förderung anderseits zu unterscheiden, da für die erstere die Rücksicht auf Ermüdungserscheinungen hinzutritt, die bei der letzteren fortfällt, so daß hier das Schwergewicht auf einem möglichst niedrigen Gesamtaufwand liegt.

Bei der Schlepper- und Pferdeförderung gibt man, um Überanstrengungen zu vermeiden, der Bahn zweckmäßig ein solches Ansteigen, daß die Abwärtsbewegung des vollen Wagens dieselbe Anstrengung erfordert wie die Aufwärtsbewegung des leeren. Diese Forderung läßt sich nach den obigen Ausführungen, wenn man das Wagengewicht mit G und die Nutzlast mit N bezeichnet, durch folgende Gleichung ausdrücken:

$$(G + N) \cdot (f - \sin\alpha) = G \cdot (f + \sin\alpha),$$

woraus folgt:

$$\sin\alpha = \frac{N \cdot f}{2 \cdot G + N}.$$

Nimmt man z. B. für G 300 und für N 500 kg an, so erhält man:

$$\sin\alpha = \frac{500 \cdot f}{1100} = 0,455\, f.$$

Daraus leiten sich für einige Werte von f die folgenden Beziehungen ab:

$f =$	0,010	0,012	0,015	0,020
$\sin\alpha =$	0,0045	0,0055	0,0068	0,009
günstigstes Gefälle ungefähr	1 : 220	1 : 180	1 : 150	1 : 110

Vielfach wird nun allerdings für den Steinkohlenbergbau, der in mehr oder weniger großem Umfange außer leere Wagen auch Bergewagen und mit Material gefüllte Wagen mit ins Feld zu fördern hat, die oben gemachte Voraussetzung nicht zutreffen. **Wir** finden daher in den Hauptförderwegen, soweit nicht die Rücksicht auf die Wasserabführung mitspricht, vielfach ein bedeutend schwächeres Gefälle (1 : 300, 1 : 500 bis 1 : 1000) und mitunter sogar eine totsöhlige Verlegung des Gestänges.

Für die **maschinenmäßige Förderung** ist der günstigste Fall dann gegeben, wenn der Gesamt-Kraftaufwand für die Bewegung je eines vollen Wagens abwärts und eines leeren Wagens aufwärts

$$(G + N) \cdot (f - \sin\alpha) + G \cdot (f + \sin\alpha)$$

sein Mindestmaß erreicht. Dabei ist dann noch zu unterscheiden, ob ein negativer Wert des ersten Gliedes, d. h. ein Kraftüberschuß auf dem Gleis für die vollen Wagen zum Ausgleich des zweiten Gliedes, d. h. für die Aufwärtsförderung der leeren Wagen, nutzbar gemacht werden kann oder nicht. Der erste Fall liegt bei der zweitrümmigen Förderung, d. h. im Bereich der Streckenförderung für die Seil- und Kettenförderung mit endlosem Zugmittel, vor, wo infolgedessen ein Grenzgefälle überhaupt nicht besteht, sondern von der Streckenförderung über die Bremsbergförderung bis zur Schachtförderung sich ein dauernd wachsender Kraftüberschuß ergibt, der dann bald durch Bremsung noch künstlich vernichtet werden muß. Im zweiten Falle, der bei der Lokomotivförderung gegeben ist, hat ein Kraftüberschuß auf der Seite der vollen Wagen keinen Zweck; hier liegt also die Grenze an der Stelle, wo das erste Glied Null wird. Dieser Zustand wird erreicht, wenn

$$f - \sin\alpha = 0 , \quad \text{also} \quad \sin\alpha = f$$

wird. Demgemäß ergibt sich das rechnerisch günstigste Gefälle bei Lokomotivbahnen für

$f = 0{,}010$	0,012	0,015	0,020
zu 1 : 100	1 : 83,3	1 : 66,7	1 : 50

Dabei ist für den in der Regel zutreffenden Fall, daß die Lokomotive einen geringeren Fahrwiderstand hat als die Wagen, für f ein entsprechend geringerer Wert einzusetzen[1]).

Für die an Füllörtern und Hängebänken vorherrschende Verlegung der Zu- und Ablaufwege im Gefälle, das eine Eigenbewegung der Förderwagen erzielen soll, ist noch zu beachten, daß der bei dieser Bewegung entwickelte Kraftüberschuß

$$P \cdot (f - \sin\alpha)$$

mit der Größe von P zunimmt und daher für Berge- größer als für Kohlenwagen, für diese größer als für leere Wagen ist. Da das Gefälle für die Bewegung der leichtesten Wagen noch ausreichen muß, ergibt sich dann die Notwendigkeit, die größeren Kraftüberschüsse bei der Bewegung der schwereren Wagen durch besondere Bremsvorrichtungen zu vernichten. Im allgemeinen arbeitet man hier mit einem Gefälle von 1 : 70 bis 1 : 80.

49. — Überwachung der Reibungsverhältnisse im Betriebe.
Die Bedeutung des Fahrwiderstandes läßt bei großer Förderung seine regelmäßige Feststellung und Nachprüfung im Betriebe als erwünscht er-

---

[1]) Braunkohle 1925, S. 325; K e g e l: Anwendung der wissenschaftlichen Betriebsführung auf den Braunkohlenbergbau.; — ferner Bergbau 1929, S. 129; Fr. H e r b s t: Über das theoretisch richtige Gefälle in Förderstrecken.

scheinen. Es wird dann ermöglicht, Wagen mit zu hohem Widerstande rechtzeitig auszusondern und schlechte Stellen der Bahn rasch festzustellen. Dem ersteren Zweck dient der in Abb. 428 dargestellte „Wagen-Ablaufberg", der es gestattet, durch Ablaufenlassen der Wagen von der 2 m langen söhligen Fläche in der Mitte auf einer schiefen Ebene von bestimmter Länge und Neigung — in der Abbildung beträgt die Länge 6,5 m, die Neigung 1 : 325 — den Fahrwiderstand beliebig oft von neuem festzustellen. Wagen, die wegen der Verharzung der Schmierbüchsen, wegen unrund gewordener Räder oder wegen krummer oder gebrochener Achsen überhaupt nicht selbsttätig ablaufen oder auf halbem Wege stehen bleiben, werden sofort zur Schmiede geschickt. Allerdings sind solche Ablaufberge immer nur für die Feststellung eines einzigen Grenzzustandes geeignet.

Für den zweiten Zweck, bei dem es sich also um die Ermittelung der Widerstände der Bahn durch zu starke Steigungen, durch fehlerhaftes Verlegen der Gestänge, durch Quellen des Liegenden usw. handelt, hat man vereinzelt besondere „Dynamometerwagen" verwandt, die mit einer elastischen Zugvorrichtung ausgerüstet waren, deren Bewegungen entsprechend den wechselnden Widerständen auf einer Schreibtrommel verzeichnet wurden.

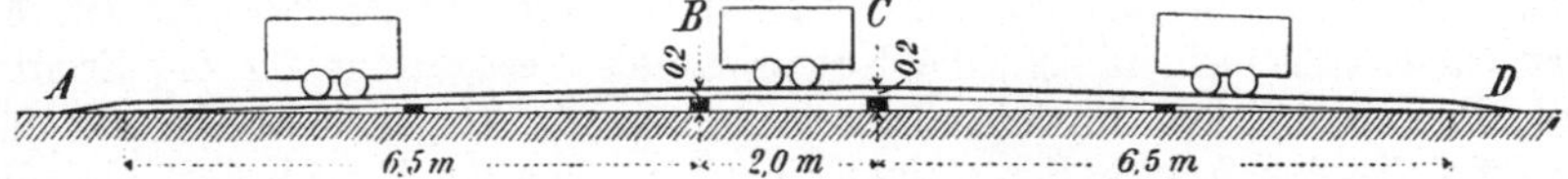

Abb. 428. Prüfung des Fahrwiderstandes von Förderwagen durch schiefe Ebenen.

50. — Das Tonnenkilometer als Einheit. Zur Beurteilung von Förderleistungen und Förderkosten im großen bedient man sich der Einheit des Tonnenkilometers (tkm) und versteht darunter eine Förderarbeit, die sich als Produkt der geförderten Masse in Tonnen und des dabei zurückgelegten Weges in Kilometern darstellt. Ein Tonnenkilometer ist also z. B. geleistet, wenn eine Last von

0,5 1,0 2,0 5,0 10,0 t

auf eine Länge von 2,0 1,0 0,5 0,2 0,1 km

gefördert worden ist.

Da bei der Streckenförderung mit ganz oder nahezu söhliger Bahn nur ein Verschieben der Last unter Überwindung des Fahrwiderstandes stattfindet, deckt sich dieser Begriff nicht mit dem in der Mechanik üblichen. Er hat nur die Bedeutung einer wirtschaftlichen Einheit, während unter dem physikalischen Begriff der Arbeit das Produkt aus einer Last- und einer Hubhöhe, und zwar der Projektion eines beliebig gerichteten Förderweges auf die Vertikale verstanden wird. Die Arbeit, die zur Bewältigung der „Wirtschaftsgröße tkm" aufgewendet werden muß, ist in jedem Falle verschieden. Dieses sei an einem Beispiel gezeigt. Bei einer Pendelförderung (Lokomotivförderung) seien $f = 0,012$ und das Gefälle 1 : 500. Der Anteil der toten Last (Taralast) an der einschließlich der Lokomotive bewegten gesamten Last (Bruttolast) möge 40% betragen, oder, anders ausgedrückt, $\dfrac{\text{Taralast}}{\text{Nutzlast} + \text{Taralast}} = \sim 0,40$. Auf 1000 kg Nutzlast entfällt damit eine Taralast von 670 kg. Die Arbeit für die

Bewegung des Zuges mit vollen Wagen zum Schacht beläuft sich je t Nutzgewicht und 1000 m dann auf $(1 + 0,67) \cdot (12 - 2) \cdot 1000 \sim 16\,700$ mkg und für die Rückfahrt des Zuges mit leeren Wagen auf $0,67 \cdot (12 + 2) \cdot 1000 \sim 9\,380$ mkg. Die Wirtschaftseinheit von einem Nutz-tkm wurde in diesem Falle also mit einem Arbeitsaufwand von $16\,700$ mkg $+ 9\,380$ mkg $= 26\,080$ mkg geleistet.

Müssen Berge ins Feld gefahren werden, so erhöht sich der Arbeitsaufwand für 1 Nutz-tkm entsprechend, wenn nur die Kohlenförderung als Nutzarbeit angesehen wird. Rechnet man aber, wie es allein richtig ist, auch die Berge zur Nutzlast, so berechnet sich bei einem Bergegewicht von 150% des Kohlengewichts der Arbeitsaufwand bei den angenommenen Werten für eine Hin- und Rückfahrt zu $16\,700$ mkg für die Kohlenförderung und auf $(12 + 2)$ $(1,5 + 0,67) \cdot 1000 = 30\,380$ mkg für die Bergeförderung. Bezogen auf die Kohlenförderung allein ergeben sich demnach $47\,080$ mkg je Nutz-tkm, bezogen auf die gesamte geförderte Last einschließlich Berge aber nur $18\,832$ mkg je Nutz-tkm, also weniger als bei reiner Kohlenförderung.

Der Grund für diesen Unterschied liegt darin, daß bei der besseren Ausnutzung des Totgewichtes der verhältnismäßige Anteil der Tara-Arbeit an der Brutto-Arbeit geringer wird. Hieraus ist jedenfalls zu ersehen, wie wichtig eine einheitliche Behandlung der Bezugsgrößen für Vergleichszwecke ist. Es war früher allgemein üblich, die Nutzarbeit als Bezugsgröße für die Ermittlung der spezifischen Kosten einzusetzen, was für Vergleichszwecke nur für ein und dieselbe Anlage Berechtigung hat, so lange die Verkehrsart, also die Art des Fördermittels und Art des Zugumlaufs, unverändert bleibt. Für allgemeine Vergleichszwecke ist als solche streng genommen aber nur der wirkliche Arbeitsaufwand zulässig. Da in den wenigsten Fällen aber der Fahrwiderstand der Fahrstrecken eines Grubenschienennetzes bekannt ist und bei gleicher Verteilung der zu Berge und zu Tal fahrenden Zuglast die Streckenneigung sich bei dem üblichen Pendelverkehr aufhebt, muß die statistisch leichter erfaßbare Bruttoarbeit (brtkm) als Bezugsgröße für spezifische Verbrauchszwecke als ausreichend angesehen werden. Sie ist der Nutz- oder Nettoarbeit (Ntkm oder ntkm) als der wirklichen Förderarbeit besser entsprechend vorzuziehen. Hierdurch wird auch der Einfluß der Verkehrsart mitberücksichtigt, also auch die reine Leerlaufarbeit. Es darf jedoch nicht übersehen werden, daß auch die Bruttoarbeit nur eine wirtschaftliche Größe ist, die in allen Fällen, wo dieses möglich ist, noch durch den mittleren Fahrwiderstand eines Grubenschienennetzes näher gekennzeichnet werden sollte.

Bei dem derzeitigen durchschnittlichen Förderwageninhalt und dem üblichen Ablauf und Einsatz der Lokomotivförderung im Ruhrbergbau liegt der mittlere Dauerwert für das Verhältnis der Wirtschaftsgrößen brtkm zu Ntkm in dem Bereich von $2 - 2,8 : 1$. Das Verhältnis ist um so günstiger, liegt also bei um so niedrigeren Werten, je vollkommener der Wageninhalt bei jeder Zugbewegung ausgenutzt wird und je größer das Fassungsvermögen der Wagen ist. In dem obigen Beispiel, in dem eine Hin- und Rückfahrt mit vollbeladenen Wagen in beiden Fahrtrichtungen angenommen ist und Materialförderung nicht berücksichtigt wurde, ergibt sich naturgemäß ein günstigeres Bild. Die Tara-tkm für eine Hin- und Rückfahrt belaufen sich auf $2 \cdot 0,67 \cdot 1 = 1,34$, die brtkm bei Förderung von Kohle allein auf $1 \cdot 1 + 1,34 = 2,34$. Das Verhältnis ist also 2,34 : 1. Bei Förderung von Bergen ins Feld und Kohlen zum Schacht betragen die brtkm $(1 + 1,5) \cdot 1 + 1,34 = 3,84$. Das Verhältnis errechnet sich also zu $3,84 : 2,5 = 1,54 : 1$. Es ist für den Fall des gewählten Beispiels der überhaupt erreichbare Bestwert. Bei höherer Wichte des Fördergutes, also z. B. im Erzbergbau, kann bei den gleichen Wagen das Verhältnis noch günstiger werden.

B. Förderwagen[1]).

51. — Allgemeine Erfordernisse. Die wesentlichen Bestandteile eines Förderwagens sind der **Wagenkasten** und der **Radsatz**. Hierzu kann noch ein beide Teile verbindendes **Rahmengestell** treten (bei Wagen **a, d** und **f** in Abb. 429.)

An einen Förderwagen sind zahlreiche verschiedenartige und sich teilweise widersprechende Anforderungen zu stellen, von denen als die wichtigsten zu nennen sind: **Billigkeit, geringes Gewicht bei großem**

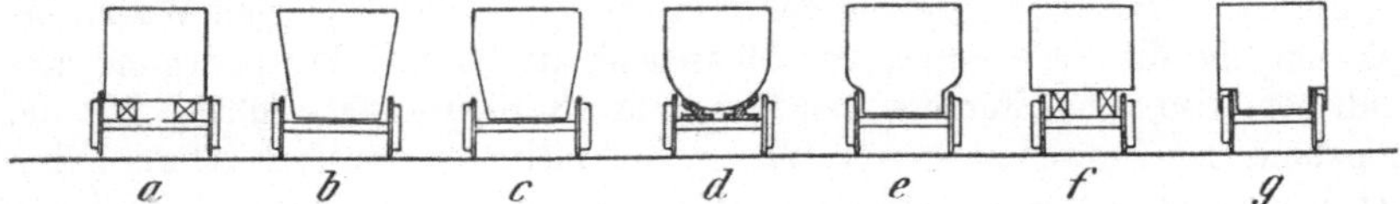

Abb. 429 a—g. Verschiedene Förderwagenformen.

Fassungsraum, Widerstandsfähigkeit gegen Stöße einerseits, Verschleiß, Staub und saure Wasser anderseits, sicheres **Spurhalten, leichtes Handhaben** beim Schleppen und beim Wiedereinheben nach Entgleisungen, leichtes und sicheres Durchfahren von **Kurven**, genügende **Standfestigkeit**, möglichst bequeme **Entleerung**. Endlich muß der Wagen den besonderen Verhältnissen der Grube, namentlich der Mächtigkeit der Lagerstätten einerseits und dem Schachtquerschnitt anderseits, angepaßt sein. Die Erfüllung dieser Bedingungen in ihrer Gesamtheit ist nicht möglich. So ist z. B. der hölzerne Wagen billig, aber gegen Verschleiß und Stoß wenig widerstandsfähig. Niedrige Wagen sind standsicher, leicht zu schleppen und zu beladen, müssen aber zur Erzielung eines genügenden Fassungsraumes lang gebaut werden, wodurch sie mehr Raum im Schachte beanspruchen. Wagen mit breiter Spur sind standsicher, aber gemäß Abb. 432 a auf S. 367 schwerer durch Kurven zu bringen. Wagen mit dicht nebeneinanderstehenden Achsen können leicht durch Kurven gefahren, bequem in Kopfkippern gekippt und im Entgleisungsfalle wieder ohne große Mühe auf die Schienen gehoben werden, eignen sich aber bei größerer Länge wegen ihrer Neigung zum Schaukeln und Entgleisen schlecht für maschinelle Förderung usw. Besondere Schwierigkeiten verursacht auch die Notwendigkeit, bei der Wahl der Förderwagen Schachtquerschnitt und Verhältnisse unter Tage in gleichem Maße zu berücksichtigen. Diese Gesichtspunkte erhalten ihre besondere Bedeutung bei der Einführung von Großförderwagen.

---

[1]) Glückauf 1917, S. 54; W. **Roelen**: Gesichtspunkte für die Gestaltung und Bemessung der Förderwagen im deutschen Steinkohlenbergbau.

52. — Allgemeine Gesichtspunkte für die Verwendung kleiner oder großer Förderwagen. Die Größe der Förderwagen, welche zur Zeit im Untertagebetrieb verwendet werden, schwankt zwischen mehreren hundert und mehreren tausend Liter Inhalt. Im Jahre 1928 ist vornehmlich für die Zwecke des Steinkohlenbergbaus eine Normung der Wagen versucht worden (DIN 550, 551 und 550), wobei drei Größen von 750, 875 und 1000 l festgelegt wurden. Inzwischen sind für die verschiedenartigen Bedürfnisse in Abhängigkeit von dem bergmännischen und maschinentechnischen Zuschnitt der Gruben und ihrer Schächte die verschiedensten Größen, vor allem aber größere Wagen gebaut und in Betrieb genommen worden.

Der kleine Wagen ist auf Grund der früher vorherrschenden Schlepperförderung und des engen Querschnitts der zahlreichen Strecken vielfach unterteilter Abbaufelder nach dem Grundsatz bemessen worden, daß ein Mann imstande sein müßte, den Wagen zu bewegen. Insbesondere mußte auch das Anschlagen in Bremsbergen und das Aufschieben an Schächten und Blindschächten durch Menschenkraft erfolgen können.

Als Großförderwagen werden daher in der Regel alle diejenigen Wagen bezeichnet, die die Verwendung von Menschenkraft für ihre Fortbewegung ausschließen, also schon Förderwagen von mehr als 1000—1500 l Inhalt. Mit der Zunahme der Verwendung von Wagen von mehreren tausend Litern bahnt sich jedoch schon eine Verschiebung der Begriffsbildung und damit die Neigung an, die Bezeichnung Großförderwagen auf Wagen von mehr als 2—2,5 m³ Inhalt zu beschränken.

Die Vorteile des Großförderwagens sind mehrfacher Art[1]). Zunächst sei erwähnt, daß mit zunehmender Wagengröße das Verhältnis zwischen Tot- und Nutzlast immer günstiger wird. Die nachfolgende Zahlentafel verdeutlicht diese Tatsache:

Rauminhalt l	750	1750	2720	4200
Nutzgewicht . . . . kg Wasser	750	1750	2720	4200
Leergewicht (Totlast) . . . . . kg	535	850	1150	1650
Nutzgewicht: Totlast	1 : 0,71	1 : 0,49	1 : 0,42	1 : 0,39

Bei einer Tagesförderung von 3000 t und 750-l-Wagen wird also eine tote Last von 4444 · 535 kg = 2377 t mitbewegt, bei Wagen von 2720 l Inhalt dagegen nur eine Totlast von 1225 · 1150 kg = 1408 t. Die Leistungsfähigkeit aller für Wagen in Betracht kommenden Fördermittel, vor allem der Schachtförderung, wird also wesentlich gesteigert.

Weiterhin vermindert sich die Anzahl der jeweils vorzunehmenden Kuppelvorrichtungen, die für das Kuppeln und für den Verschiebebetrieb erforderliche Zeit. Auch die Beladung und Entladung geht, da sie in größeren Einheiten erfolgt, schneller vonstatten. Ein weiterer wesentlicher Vorteil ist in der Verkürzung der Züge zu erblicken, woraus wieder die Möglichkeit folgt, mit kleineren Bahnhöfen an den Ladestellen sowie mit kleineren Füllörtern auszukommen.

Auf der anderen Seite ist auf den Mehraufwand aufmerksam zu machen, der allgemein durch das für den Betrieb mit Großförderwagen notwendige schwerere Gestänge eintritt. In einzelnen Fällen können weitere Mehrkosten durch die Notwendigkeit, Abbaustrecken und Blindschächte in größerem Quer-

---

[1]) Glückauf 1937, S. 1009; E. Glebe: Untersuchungen über den Einsatz von Großförderwagen im Ruhrkohlenbergbau.

schnitt aufzufahren und zu unterhalten, auftreten oder durch besondere Maßnahmen, die notwendig sind, um das Fördergut durch Fließfördermittel, also ohne Förderwagen bis zu Ladestellen auf der Fördersohle herauszuschaffen. Auch ist der Anteil der zur Aushilfe notwendigen Wagen bei großen Förderwagen etwas größer als bei kleinen. Während man bei kleinen Wagen mit 10% des Wagenparks als Aushilfe rechnet, stellt sich dieser Wert bei Großförderwagen auf 15%. Schließlich sei erwähnt, daß für die Bergeförderung vielfach besondere Wagenbauarten notwendig sind, also zusätzlich beschafft werden müssen.

Die Anlagekosten sind bei Klein- und Großförderwagen nicht wesentlich verschieden. Sie betragen 25—30 Rpf. je Liter Wageninhalt. Wenn auch das geringere Totgewicht je Liter Inhalt bei Großförderwagen preismindernd wirkt, so treten zusätzliche Kosten durch ihre gefederten Radsätze sowie durch Stoß- und Zugvorrichtungen ein.

Bei der Wahl der Förderwagengröße ergeben sich verschiedene Gesichtspunkte, je nachdem ob es sich um eine Neuanlage oder auch um die Ausrüstung einer neuen Sohle handelt oder ob eine Umstellung von kleinen auf große Förderwagen auf in Betrieb befindlichen Sohlen in Betracht kommt.

Bei Neuanlagen und vorwiegend flacher Lagerung wird das Bestreben in den meisten Fällen sein, den Wagen nur im Hauptstreckennetz verkehren zu lassen und die Kohle durch Fließfördermittel bis zu Ladestellen in Querschlägen oder Richtstrecken zu bringen. Auch bei Bemessung der Fördergestelle kann auf die Wagengröße Rücksicht genommen werden, wenn nicht Gefäßförderung diese Rücksichtnahme überflüssig macht. Wagengrößen von mehr als 3500 l Inhalt sind dann im allgemeinen zu empfehlen, um die Vorteile des Großförderwagens möglichst weitgehend auszuschöpfen.

Bei halbsteiler und steiler Lagerung dagegen wird meist die Heranführung der Wagen bis an den Abbaubetriebspunkt nicht zu umgehen sein, so daß Rücksicht auf die Querschnitte der Blindschächte und Abbaustrecken genommen werden muß. Es wird dies um so mehr der Fall sein, als in steiler Lagerung die Bergeförderung eine größere Rolle spielt, für die man meist noch die gleichen Wagen wie für die Kohlenförderung heranzieht. Wagen von nicht mehr als 3000 l Inhalt werden daher in solchen Fällen bevorzugt.

Muß bei einer Umstellung des Wagenparks Rücksicht auf vorhandene Einrichtungen genommen werden, so ist bisher meist der Weg der Verdoppelung der Länge des alten Wagens gewählt worden. Es ergeben sich damit Wagen von 1700—2500 l Inhalt. Auf Schachtanlagen, bei denen die Wagenförderung bereits völlig oder überwiegend aus den Abbaustrecken herausgenommen und auf die Sohle beschränkt ist, sind die Übergangsschwierigkeiten gering, jedoch wird diese Voraussetzung besonders für die Bergeförderung nicht häufig zutreffen. Es wird dann nicht zu vermeiden sein, kleine und große Wagen gleichzeitig zu verwenden, entweder getrennt nach Sohlen oder nach Aufgabengebieten, d. h. nach Kohlen- und Bergeförderung.

Das Ausmaß der Spurweite ist dabei von geringerer Bedeutung als man früher annahm. Der überwiegende Teil der Großförderwagen läuft, wie die Mehrzahl der Kleinwagen, auf Gestänge mit 600 mm Spur. Geringere Spurweiten sind zwar weniger zweckmäßig, da die Schwerpunktlage des Wagens etwas ungünstiger wird, jedoch sind vereinzelt geringere Spurweiten (bis 470 mm) für mittlere Wagengrößen beibehalten worden. Wichtiger als die Spurweite ist die Güte des Unterbaues und die Schwere des Gestänges (s. Ziff. 63, S. 379).

Die bisher mit Großförderwagen gemachten Erfahrungen sind im allgemeinen vorzüglich. In Bezug auf Leistungsfähigkeit, Wirtschaftlichkeit, Sicherheit und Ruhe des Betriebes erfüllen sie die an sie gestellten Erwartungen. Infolgedessen wird keine Neuanlage mehr ohne Großförderwagen errichtet werden. Auch die Umstellung von kleinen Wagen auf große nimmt auf den bestehenden Schachtanlagen mehr und mehr zu.

53. — Der Kleinförderwagen. Jeder Förderwagen besteht aus dem Wagenkasten mit Kupplungen und Puffervorrichtungen sowie aus dem Radsatz mit den Achsen und Rädern. Von den in Abb. 429a—g dargestellten Wagenformen ist der Muldenwagen (Abb. 429d) am stärksten verbreitet. Er ist auch, wie die nachfolgende Zahlentafel erkennen läßt, zum Ausgang für die Normung gewählt worden:

| Wagengröße | Abmessungen | | | Nutzinhalt | Leergewicht |
	Länge mm	Breite mm	Höhe mm	l	kg
DIN Berg 550	1700	800	1000	750	535
„ „ 551	1800	801	1075	875	616
„ „ 552	1900	802	1150	1000	720

Wie man sieht, hat der Normenausschuß die Breite für alle Größen beibehalten; die Vergrößerung des Fassungsraumes wird nur durch größere Längen und Höhen erreicht.

Auf älteren Schachtanlagen hat man sich vielfach mit einfacher Erhöhung des Wagenkastens durch einen aufgenieteten Flachstahlrand geholfen.

Der Inhalt des Wagenkastens wird in Litern angegeben, so daß sein jeweiliges Gewicht sich nach dem Schüttgewicht des Fördergutes richtet, das für Steinkohlen mit 0,8—0,85 kg/l, für Versatzberge mit 1,4—1,6 kg/l eingesetzt werden kann. Für Wagen mit Kohlenfüllung kann man aber wegen der beigemengten Berge und der durch die Rüttelbewegung beim Fahren dichteren Lage des Fördergutes mit 0,9 kg/l rechnen.

Der Wagenkasten kann aus Holz oder Stahlblech hergestellt werden. Hölzerne Kasten haben den Vorteil der Billigkeit. Sie verschleißen allerdings schneller, namentlich bei Erz- und Bergeförderung, können aber durch Erneuerung der verschlissenen Bohlen leicht und billig ausgebessert werden. Nachteilig ist dagegen ihr geringer Widerstand gegen Feuchtigkeit, ihre geringe Festigkeit und ihr zunehmendes Gewicht, da sich das Holz mit Feuchtigkeit vollsaugt und dadurch wesentlich schwerer wird. Daher bevorzugt der Großbetrieb im Steinkohlen-, Salz- und Erzbergbau, der seine Wagen stark beanspruchen muß und sie gut ausnutzen kann, Wagen aus verzinktem Stahlblech, während auf kleineren Erzgruben Holzwagen noch viel in Gebrauch sind. Verschiedentlich wird auch eine Verbindung beider Stoffe angewandt, indem man die Wandungen aus Holz, den Boden als den am schnellsten abgenutzten Teil aus Blech herstellt.

Versuche mit Wagen aus Leichtmetall haben bisher trotz des auf etwa 40% herabgedrückten Gewichts keinen Eingang gefunden, da sie bei etwa achtfachem Preise gegenüber Stahlblechwagen sich als nicht genügend widerstandsfähig gegen salzige und saure Grubenwasser und sonstige chemische Einwirkungen erwiesen haben.

Zugbeanspruchungen, wie sie bei der Zusammenkuppelung von Wagen zu größeren Wagenzügen auftreten, kann man dem Holzwagen, die dagegen wenig widerstandsfähig sind, durch einen durchgehenden, untergeschraubten Flachstahl abnehmen, der die Kuppelringe oder -haken trägt und den Wagenboden entlastet.

Die Wandstärke beträgt für Holzwagen in den Seitenwänden etwa 40, im Boden etwa 60 mm, wogegen man bei Stahlwagen mit 3 oder 4 mm auskommt. Holzwagen werden durch Beschläge aus Flach- oder Winkelstählen zusammengehalten und gleichzeitig versteift; Stahlblechwagen bestehen aus einem Gerippe von Profilstählen (in der Regel ∟-Stahl), an das die Bleche angenietet sind, oder die den Wagenkasten bildenden Stahlbleche werden zu-

sammengeschweißt. Die Schweißung verringert Gewicht, Herstellungs- und Unterhaltungskosten um etwa 10%. Durch einen
um den oberen inneren Rand gelegten
Flachstahl (s. Abb. 430) kann der Wagenkasten noch verstärkt werden.

Einen Muldenwagen zeigt Abb. 430.
Der aus zusammengeschweißten Stahlblechen bestehende Wagenkasten ruht mit
seinem Muldenboden auf seitlichen Trag-
winkeln und einem muldenförmigen, durch
Rippen versteiften Mittelstuhl. Als Puffer
dienen die an die Kopfenden der Trag-
winkel angeschweißten Kopfbleche. Ge-

Abb. 430. Förderwagen in geschweißter
Ausführung.

federte Puffer sind bei Kleinwagen selten. Sie tragen jedoch zu Schonung der Wagen bei und werden daher gelegentlich verwendet. Da Kautschuk infolge seiner elastischen Nachgiebigkeit gegen Stöße sehr widerstandsfähig ist, ist es möglich, daß man in Zukunft auch diesen Werkstoff für die Pufferung nutzbar macht.

Während beim Muldenwagen sich notwendigerweise eine besondere Gestellverbindung des Wagenkastens mit dem Radsatz ergibt, ist der Steinkohlenbergmann im übrigen von den früher vielfach üblichen Gestellwagen (Abb. 429a und f) abgegangen. Das Rahmengestell bietet allerdings die Möglichkeit einer gewissen Unabhängigkeit beider Teile voneinander, die sich besonders darin äußert, daß Prellvorrichtungen an den Gestellköpfen angebracht werden und dadurch den Wagenkasten entlasten können. Es verteuert aber den Wagen, erhöht ihn und beeinträchtigt infolge der höheren Schwerpunktlage seine Standsicherheit; auch wirkt bei großen Wagen die Pufferung durch ein Gestell nachteilig, da sie zu starken Schwingungen des Wagenkastens auf diesem und entsprechender Lockerung der Verbindung führt.

54. — Kupplungen. Die Vereinigung der Förderwagen zu Zügen, wie sie für die Förderung mit Lokomotiven, Streckenhaspeln und auch Pferden notwendig ist, erfolgte früher durch Kuppelhaken oder Kuppelketten (Knebel), die in zu diesem Zwecke an beiden Enden des Wagenbodens angenieteten Ringen

eingehängt wurden. Diese Vorrichtungen gingen leicht verloren und erwiesen sich für Lokomotivförderung als zu umständlich. Heute bestehen die Kupplungen aus zwei gleichen Teilen,. deren jede an Stelle des einfachen Ringes an den beiden Stirnseiten des Wagens in den Öffnungen unterhalb der Kopfbleche befestigt werden.

Eine der am meisten verbreiteten Kupplungen ist die Kohlus-Kupplung (Abb. 431) der Firma W. Kohlus & Co., Plettenberg i. W. Bei ihr erfolgt die Verbindung durch die Ringe r_1 und r_2, die in den Augen der Haken h_1 und h_2 hängen und wechselseitig in die Haken eingreifen können. — Einen geringeren Durchgang hat die Kupplung von Schulte in Plettenberg i. W. nach Abb. 442.

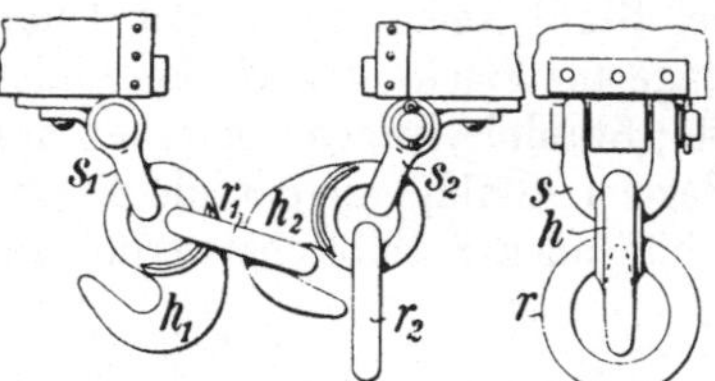

Abb. 431.　Kohlus-Kuppelung.

Zweckmäßige Kupplungen und ihre gute Instandhaltung sind für einen störungsfreien Förderbetrieb von nicht zu unterschätzender Bedeutung: sie sollen bei zusammengeschobenen Wagen nicht zu tief durchhängen, um nicht auf die Schwellen, Weichenzungen u. dgl. aufzustoßen oder an den Vorsprüngen der Sicherheitsverschlüsse in Bremsbergen und Bremsschächten hängenzubleiben; sie sollen auch nicht im herabhängenden Zustande über die Stirnwände der Wagen vorragen, damit sie nicht in Schächten und Bremsschächten unter die Einstriche fassen können; sie sollen in Kurven nachgiebig sein, anderseits aber auch keinen zu großen Spielraum gewähren, um die Rucke beim Anziehen, namentlich für die letzten Wagen, nicht zu scharf zu machen und die Wagen möglichst kurz und straff zusammenhalten zu können; sie sollen dem Mitnehmen der Wagen durch oberirdische Kettenförderung mit unterlaufender Kette keine Schwierigkeiten entgegensetzen; sie sollen endlich billig, haltbar und leicht auszuwechseln sein.

Grundsätzlich soll darauf gehalten werden, daß immer der Haken des nachfolgenden Wagens in den Ring des vorhergehenden eingehakt wird, da bei umgekehrter Kuppelung leichter ein Entkuppeln durch Anschlagen der Kuppelung gegen die Schwellen usw. eintritt.

Die an die Kupplungen zu stellenden Anforderungen steigen mit Zahl der zu einem Zuge zusammengestellten Wagen. Die Wagenzahl der Züge hängt von der Art und Leistungsfähigkeit des Zugmittels, vom Gewicht des Wagens sowie von dem Zustand und Gefälle des Gestänges ab. Im Ruhrgebiet sind bei Schlepperhaspelförderung Züge von 15—30 Wagen, bei Lokomotivförderung Züge von 40—80 Wagen üblich. Bei alleiniger Förderung von Bergewagen vermindert sich die Zahl auf die Hälfte der angegebenen Zahlen.

55. — Nebenbestandteile des Wagenkastens. Von andern Bestandteilen der Wagen sind noch Schutzvorrichtungen gegen Handquetschungen der Schlepper zu erwähnen, wie sie leicht vorkommen können, wenn die Hände auf den Wagenrand gelegt werden müssen. Das verbreitetste Mittel dieser Art sind sog. „Taschen" im oberen Teil der Wagenstirnwände (Abb. 430).

Besondere Vorrichtungen gegen betrügerischen Austausch der die Kameradschaft kennzeichnenden Wagennummern haben sich im deutschen Bergbau nicht eingeführt, da ihre Entfernung über Tage zeitraubend ist und Betrügereien wenig vorkommen, so daß neben der immer seltener werdenden Beschriftung der Wagen mit Kreide die Nummernplättchen vorherrschen, die mit Draht in zwei kleinen Löchern der Wagenstirnseiten befestigt werden.

56. — Die Radsätze. Allgemeines. Achsen, Räder und deren Verbindungsstücke werden unter der Bezeichnung „Radsatz" zusammengefaßt.

Entsprechend der Vergrößerung der Förderwagen und der erhöhten Bedeutung ihrer Betriebssicherheit ist die Ausbildung der Radsätze ständig verfeinert worden. Der verschiedenartige Wagenpark der Schachtanlagen, die Schwierigkeit der Einführung neuer Typen in dem jeder Schachtanlage eigenen Schachtquerschnitt und Streckennetz und die Entwicklung des Großförderwagens haben die in den Jahren 1928—30 versuchte Normung dagegen nur teilweise gelingen lassen, so daß eine große Zahl von Typen heute noch in Gebrauch ist und auch ältere Ausführungen noch zu schildern sind.

Für die lose auf der Achse laufenden Räder hat man früher zahlreiche besondere Bauarten vorgeschlagen. Diese haben sich jedoch bei uns im

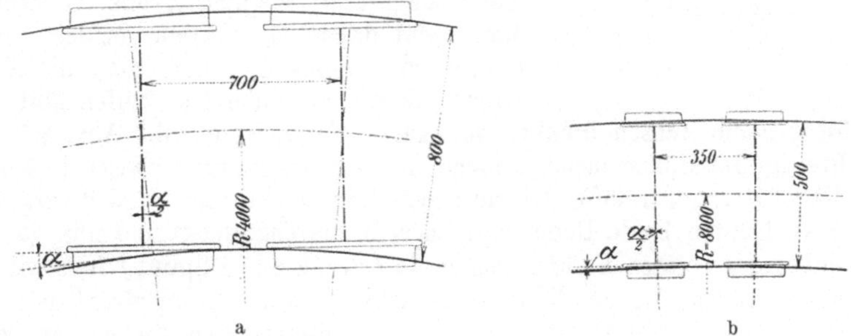

Abb. 432 a und b Ablenkungswiderstand in Kurven bei weitem und engem Radstand, großer und kleiner Spurweite und kleinem und großem Krümmungshalbmesser.

allgemeinen wegen ihres hohen Preises für den Grubenbetrieb nicht einführen können; sie kommen nur für sehr schwere Wagen in Betracht, für die sich höhere Ausgaben für die Räder bezahlt machen. Außerdem ist ihre Bedeutung nach der Einführung der Wälzlager für die Achsen (Ziff. 57) geringer geworden, so daß man sich im Steinkohlenbergbau meist mit einer einfachen Ausführung begnügt.

Beim Radsatz im ganzen betrachtet, sind zwei Maße wichtig: der Abstand der Achsen oder der „Radstand" und die Entfernung zwischen den Innenkanten der Schienenköpfe oder die „Spurweite". Der Radstand muß mit der Länge des Wagens innerhalb gewisser Grenzen zunehmen, um dem Schaukeln des Wagens entgegenzuwirken. Er wird aber möglichst eng gehalten, da ein größerer Abstand der Räder in Gleiskrümmungen infolge des größeren Ablenkungswinkels α gemäß Abb. 432 a stärkere Klemmungen verursacht. Bei den Muldenwagen beträgt der Radstand meist 475 mm. Die Spurweite muß um der Standsicherheit des Wagens willen in gewissem Maße der Wagenbreite folgen, soll aber gleichfalls wegen des möglichst leichten Durchfahrens von Gleiskrümmungen möglichst beschränkt werden, da sonst gemäß Abb. 432 infolge des Bestrebens der beiden Achsen, sich schief zueinander zu stellen, stärkere Klemmwirkungen eintreten. Heute ist man bestrebt, die Spurweiten für die Förderung unter Tage, für die früher zahlreiche Abweichungen bestanden, zu 500 und 600 mm zu wählen. Man beläßt zwischen den Innenkanten der Laufkränze und denjenigen der Schienenköpfe einen Spielraum von beiderseits 5 mm.

57. — Bauart der Radsätze. Man kann sowohl die Achsen in ihren Lagern als auch die Räder um ihre Achsen sich drehen lassen. Im ersteren Falle ergibt sich jedoch die Schwierigkeit, daß die Räder sich nicht unabhängig voneinander drehen können und daß infolgedessen beim Durchfahren von Kurven das über die äußere Schiene laufende Rad, da es den größeren Weg zu machen hat, durch das innere Rad gebremst wird, was Reibung und Verschleiß erhöht. Bei lose laufenden Rädern wiederum sind die Reibungsflächen zwischen Rädern und Achsen schwer unter Schmiere zu halten und gegen das Eindringen von Staub zu schützen; infolgedessen ergeben sich rasche Abnutzung und vielfach große Ölverluste. Man sucht daher die Vorteile beider Anordnungen zu vereinigen, indem man die „über Kreuz" liegenden Räder lose laufen läßt und

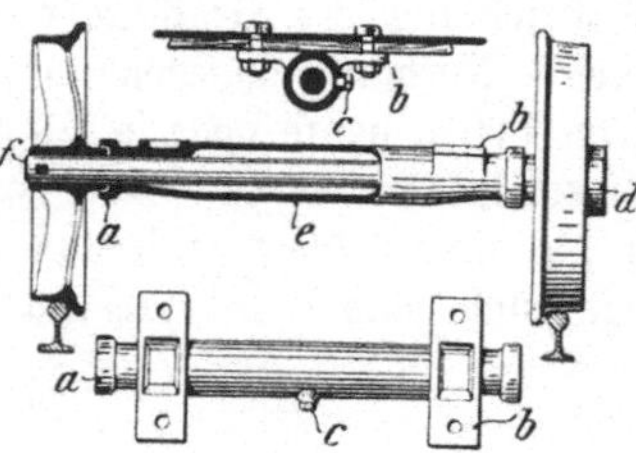

Abb. 433. Achslagerbüchse.

im übrigen die Achsen drehbar verlagert. Ein Beispiel gibt Abb. 433, die gleichzeitig die früher meist übliche Art der Verbindung zwischen Achsen und Rädern erkennen läßt. Die an einem Ende mit einem Bund d versehene Achse wird durch beide Räder und Lager hindurchgesteckt und nun das auf dem entgegengesetzten Ende sitzende Rad durch einen Splint f fest mit der Achse verbunden, die an dieser Seite schwach konisch abgedreht ist. Bei dieser Anordnung ist zwar auch noch ein Verdrehen der lose laufenden Räder gegen die Achsen möglich, doch beschränkt sich dieses, da die Achsen sich gleichfalls drehen, im großen und ganzen auf das Durchfahren von Krümmungen.

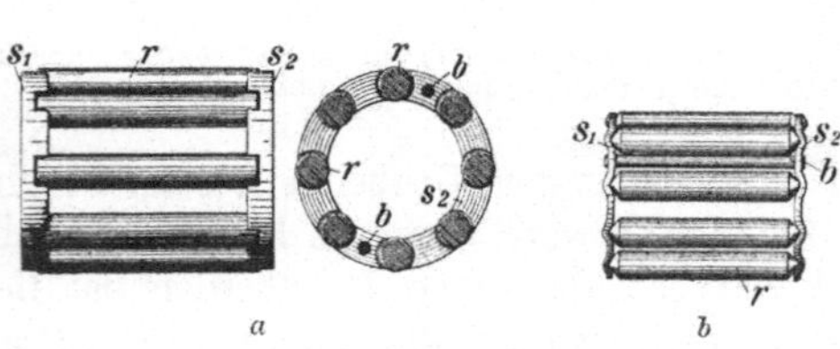

Abb. 434 a und b.
Rollenkörbe der Wittener Stahlformgießerei.

Aus Abb. 433 geht hervor, daß die Achse in der Achslagerbüchse e läuft, die mit den Lagerböcken b an dem Wagenkasten befestigt ist und das Schmierfett aufnimmt. Die offene Verlagerung, die früher vielfach üblich war, da sie einfach und billig erschien, bietet keinen genügenden Schutz gegen Staub und Schmutz und bewirkt bei hohem Schmierfettverbrauch einen starken Verschleiß.

Eine weitere Vervollkommnung der Verlagerung besteht in der Anwendung von Rollenlagern, die heute allgemein verbreitet sind. Die gleitende Reibung zwischen Achse und Achslagerbüchse ist damit durch die rollende und wälzende Reibung ersetzt. Einen solchen Rollenkorb zeigt die Abb. 434, worin die Rollen r zwischen 2 Ringen s_1 und s_2 liegen, die ihrerseits durch Längsbolzen b miteinander verbunden sind. Zur Aufnahme seitlichen Drucks sind zwischen die Rollenlager und Räder die Nabendruckkugellager eingeordnet.

Einen Radsatz mit Rollenlagern der Stahlwerke Otto Grouson & Co. in Magdeburg-Buckau zeigen die Abbildungen 435 u. 436 (Vorderseite aufgeschnitten).

Die Achsen sind geteilt und die Räder hydraulisch jeweils fest auf ihre Achse gepreßt, so daß sie z. B. in Kurven mit ihren Achsen verschiedene Geschwindigkeiten haben können. Die in der Achsenbüchse verlagerten radfreien Achsenenden (a) laufen mit gehärteten Kugeln auf gehärteten Spurlagern, die den Axialdruck aufnehmen. Die Abdichtung der gesamten Schmierbüchse erfolgt durch eine Labyrinthdichtung (b).

Die Achsen werden ihrer starken Beanspruchung halber stets aus Stahl hergestellt; die tragenden Lagerflächen werden in der Regel gehärtet. Für die Büchsen kommt getempertes, zähes Gußeisen oder getemperter Stahlguß in Betracht.

An die Förderwagenräder werden ganz besonders hohe Ansprüche gestellt, da sie nicht nur durch die Stöße bei der Streckenförderung, sondern auch durch hartes Aufsetzen bei der Bremsberg- und Schachtförderung beschädigt werden können. Zudem sind sie dem Verschleiß

Abb. 435.
Radsatz der Stahlwerke Otto Grouson & Co.

erheblich unterworfen, weil sie wegen ihres geringen Durchmessers eine verhältnismäßig sehr große Anzahl Umdrehungen machen müssen. Versuche mit Wagen im Braunkohlenbergbau[1]) haben ergeben, daß die Vergrößerung des Raddurchmessers für die Verringerung der Reibungswiderstände wichtiger sein kann als eine gewisse Verbesserung der Lager. Im Laufe der Zeit sind an die Stelle der einfach und billig herzustellenden, aber zu spröden Gußeisenräder Räder aus Stahlguß und später solche aus getempertem Stahlguß getreten.

Die arbeitenden Teile des Rades sind Nabe, Laufkranz und Spurkranz. Die Verbindung von Nabe und Laufkranz wird durch

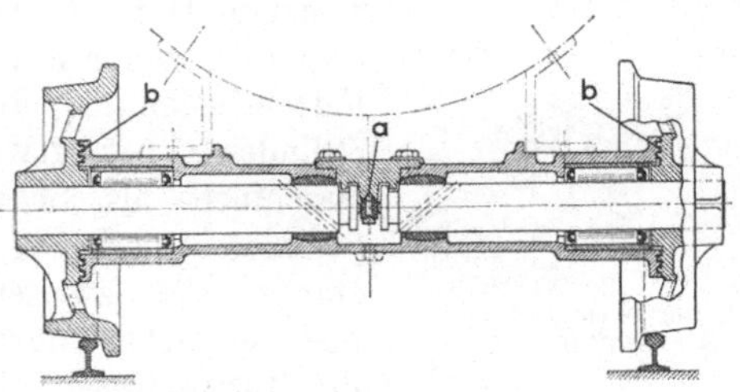

Abb. 436. Schnitt durch ein Achslager.

Speichen oder Scheiben hergestellt, wonach man „Speichenräder" und „Scheibenräder" unterscheidet. Die Speichenräder für Förderwagen sind von der Normung erfaßt, die Laufkranzdurchmesser von 350, 375 und 400 mm festgelegt hat. Die Speichen sind leicht gekrümmt, um ihnen eine gewisse Durchfederung bei senkrechten Stößen zu ermöglichen. Bei den Scheibenrädern (vgl. Abb. 435) ist die Radscheibe mit 4—6 Kreislöchern versehen, die das Gewicht verringern und die Haltbarkeit erhöhen sollen, indem schädliche Spannungen beim Guß vermieden werden, und die auch das Durchstecken von Bremsknüppeln ermöglichen.

Die Nabe darf nicht zu schmal sein, sondern soll den Raddruck zwecks geringeren Verschleißes auf eine größere Fläche verteilen. Der Laufkranz

---

[1]) Braunkohle 1928, S. 1161; Voigt: Wirtschaftlicher Vergleich zwischen Gleit- und Rollenlagern.

wird schwach konisch hergestellt, damit er sich fest gegen den Innenrand
der Schiene legt und so ein seitliches Schlingern der Wagen vermieden wird;
auch wird auf diese Weise der Spurkranz vor seitlichem Verschleiß geschützt. Die Spurhaltung soll also in der Hauptsache durch den Laufkranz
selbst bewirkt und nur bei Entgleisungsgefahr und beim Durchfahren von
Weichen und Krümmungen vom Spurkranz übernommen werden.

58. — Schmierung und Pflege der Radsätze. Die geschlossenen Lager
haben sich heute allgemein durchgesetzt, da sie mit dem sparsamen Schmierfettverbrauch den Vorteil der wesentlich kleineren
Reibung und des erheblich verringerten Verschleißes
der reibenden Teile verbinden. Auch verringern sich
die Ausgaben für Löhne, da der Schmierevorrat nur
alle 3—6 Wochen erneuert zu werden braucht. Nachteilig ist jedoch, namentlich bei den die ganze Achse
umschließenden Büchsen, daß Verschmutzungen und
Beschädigungen der Lager und Achsen länger ver-
borgen bleiben und so starken Verschleiß und große
Kraftverluste bewirken können. Die Vermeidung dieser
Nachteile erfordert durchaus eine sorgfältige Überwachung der sämtlichen Wagen; insbesondere ist der
Tag der letzten Schmierung in irgendeiner Weise am
Wagen zu vermerken.

Die Füllung der Lagerbüchsen mit Schmiere erfolgt von Hand oder auf mechanischem Wege. Bei
letzterem Verfahren, das heute nicht nur wegen der
rascheren Durchführung und dementsprechenden Lohn-
ersparnis, sondern auch wegen der Vermeidung von
Fettverlusten die Regel bildet, kann man sich der
Zylinder von abgeworfenen Dampf- oder Druckluftmaschinen als Schmierbehälter bedienen und die
Schmiere durch den Kolben, der von der Kolbenstange eines zweiten Zylinders vorgeschoben wird,
oder einfacher durch unmittelbaren Luftdruck in
die Lager pressen lassen. Eine gut durchgebildete

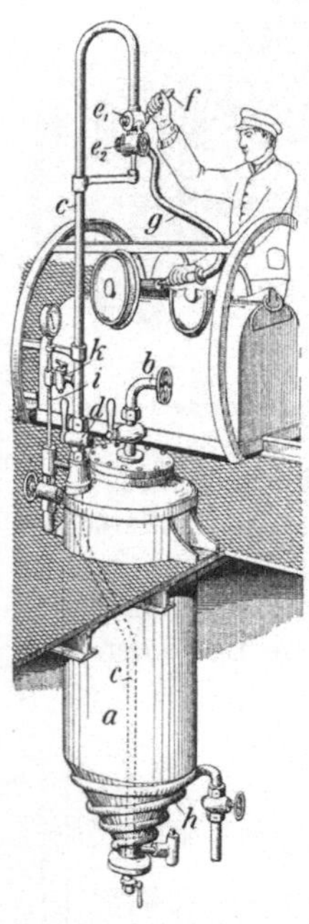

Abb. 437. Förderwagen-
Schmiervorrichtung mit
Druckluftbetrieb.

und bewährte Einrichtung dieser Art ist die durch Abb. 437 veranschaulichte
Sparschmiervorrichtung von P. Stratmann & Co., G. m. b. H., Dortmund.
Der etwa 200 kg fassende zylindrische Fettbehälter a steht durch die Leitung b
unter Druckluft, die das Fett durch das am Boden des Behälters mündende Steigrohr c nach Öffnen des Hahnes d in die Füllvorrichtung e_1 drückt.
Diese wird durch den Handhebel f betätigt, der dem Druck des zugeführten
Fettes abwechselnd Zutritt auf die Vorder- und Hinterseite eines in dem
unteren Zylinder e_2 sich bewegenden Kolbens verschafft, so daß jedesmal
eine dem Zylinderinhalt entsprechende Fettmenge in den zur Achsbüchse
führenden Anschlußschlauch g gepreßt wird. Der Inhalt des Zylinders e_2
ist so bemessen, daß ein Kolbenhub zur Ergänzung des Fettvorrats beim
regelmäßigen Nachfüllen ausreicht, während für das Füllen der ganz leeren
Achsbüchsen bei neuen Wagen ein Doppelhub erforderlich ist. Für die kalte
Jahreszeit ist die Heizschlange h sowie die Druckluftleitung i vorgesehen;

letztere ermöglicht das Ausblasen der Steigleitung und der Füllvorrichtung, um ein Einfrieren zu verhüten. Zur weiteren Beschleunigung des Füllens dient die Ausbildung der das Fülloch in der Achsbüchse verschließenden Schrauben als Hohlkörper (Abb. 438) mit einem durch eine Feder angepreßten Kugelverschluß, der beim Füllvorgang durch einen entsprechenden Ansatz am Mundstück des Füllschlauches zurückgedrückt wird.

Die Schmiere darf nicht zu dünnflüssig sein, weil dann leicht Verluste eintreten, und anderseits nicht zum Fest- werden oder Verharzen neigen; auch muß sie säurefrei sein. Heute wird Stauffer-Fett oder ein ähnliches Schmierfett bevorzugt.

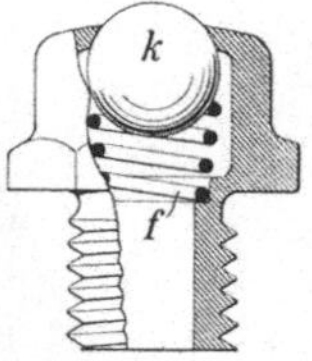

Abb. 438. Ver- schlußschraube mit Kugelventil.

Die Bestrebungen zielen heute darauf ab, so dichte Lager- abschlüsse (Abb. 436 u. 441) zu erreichen, daß nur in Abstän- den von einem Jahr oder noch seltener Schmierungen zu er- folgen brauchen. Schließlich sei darauf hingewiesen, daß die Radsätze im heutigen Betrieb sehr stark durch die verschiedenen mechanischen Förderhilfsmittel beansprucht werden. Hier sind insbesondere die automatischen Schachtsperren, die auf die Räder wirken sowie die Anhebe- und Horizontal- kettenbahnen zu nennen, die vorwiegend die Achsbüchsen beanspruchen. Bei der Verwendung dieser Einrichtungen ist daher auf weiche, federnde Wirkung von vornherein größter Wert zu legen.

59. — Der Großförderwagen[1]). Die bei den Kleinförderwagen schon ge- schilderten baulichen Aufgaben zur Anpassung des Wagens an die Verhältnisse des Untertagebetriebes hinsichtlich Wagenform, Radsätze, Federung, Pufferung und Kupplung gelten für die Großförderwagen in besonderem Maße.

Je nach der Wagenform ist der Langwagen und der Breitwagen zu unterscheiden, deren Abmessungen für einige Beispiele aus der nachstehenden Zahlentafel hervorgehen:

Abmessungen	Langwagen				Breitwagen	
	Dombrowa[1])	Pattberg- schächte I/2[2])	Niederrhein. Bergwerks-A.G.	Walsum 1/2	Hohenlohe	Cuvelette
Rauminhalt l	2400	3500	2200	3840	3900	3000
Länge über den gan- zen Wagenkasten . mm	2900	3700	3360	3900	3452	3010
Höhe des Wagens über SO . . . . . . „	1280	1447	1320	1500	1262	1150
Äußere Breite . . . „	1040	1100	800	950	1600	1500
Spurweite . . . . . „	600	600	600	750	1000	900

Der Langwagen ist am verbreitetsten, da er die beste Ausnützung des Schachtquerschnitts gestattet und die Unterbringung von zwei Förderungen

---

[1]) Glückauf 1941, S. 105; H. Schäfer: Entwicklungsmöglichkeiten für Großförderwagen; — ferner Glückauf 1940, S. 514; Spackeler: Die technische Entwicklung des großoberschlesischen Steinkohlenbergbaues.

[2]) Hauptschachtgefäßförderung.

in der gleichen Schachtscheibe erlaubt. Aber auch wenn bei Gefäßförderung
hierauf keine Rücksicht genommen zu werden braucht, ist zu beachten, daß
der Langwagen bei Doppelförderstrecken die Streckenbreite weniger beeinflußt
als der Breitwagen, ein Umstand, der für den Streckenausbau und die Streckenunterhaltung deshalb besonders bedeutungsvoll ist, weil hohe und schmale
Strecken besser den Gebirgsdruckwirkungen widerstehen als breite und niedrige.

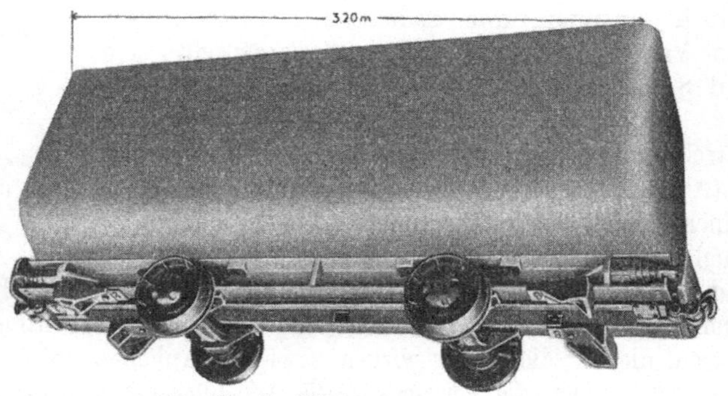

Abb. 439. Großförderwagen (Langwagen).

Anderseits ist der Breitwagen günstiger für die Befahrung von Kurven;
auch läßt er sich infolge seiner geringeren Länge leichter drehen. Für das Beladen von Hand ist ein kurzer Wagen vorteilhafter, für mechanische Ladearbeit
dagegen ein langer Wagen.

Die Höhe des Förderwagens ist mit Rücksicht auf die Abmessungen der
Abbaustrecken und die Ladearbeit von Hand begrenzt. Auch erschwert ein
sehr hoher Wagen die Über-
sicht über die Strecke und verengt den Wetterquerschnitt.
Man geht daher über eine
Höhe von 1600 mm über Schienenoberkante im allgemeinen
nicht hinaus.

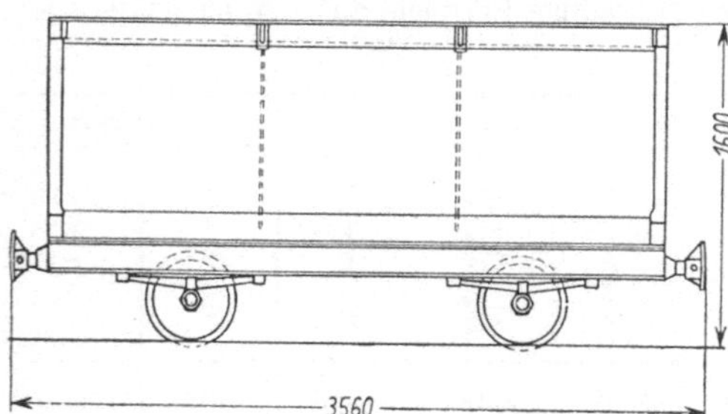

Abb. 440. Langwagen mit Blattfederung.

Der Wagenkasten besteht
wie beim Kleinförderwagen
aus verzinktem Stahlblech, und
zwar von 5—6 mm Wand-
stärke. Er wird nicht durch
Nietung, sondern durch Schweißung hergestellt. Werden die Großförderwagen
zusammen mit Kleinwagen benutzt, so empfiehlt sich eine Abschrägung der
Stirnflächen, die zudem auch ein Verkanten oder Entgleisen der Wagen beim
Übergang auf schiefe Ebenen an Füllörtern und Hängebänken verhindern. Bei
allen Großförderwagen ist der Wagenkasten mit Rücksicht auf das Ladegewicht
in der Radaufsatzlagerung gefedert. Hierbei ist das Laufwerk entweder so
ausgebildet, daß die Räder innerhalb des Untergestells und die Federn außen
unter dem Rahmen liegen, oder die Federn sind innen untergebracht (Abb. 439)
und die Räder außen. Die Wahl der einen oder anderen Anordnung richtet sich
nach der Wagenbreite sowie nach der Spurweite, so daß bei schmaler Spur die

Außenanordnung der Federn bevorzugt wird. Es werden meist Blattfedern (Abb. 440) verwendet, die die Stöße durch Reibung der einzelnen Blätter aufeinander dämpfen. Die Aufgabe der Federung besteht einmal in der Schonung der Achsen und Räder sowie des Ladegutes, dann auch in einer Verringerung der Entgleisungsgefahr. Sie bewirkt nämlich, daß die Räder auch bei starken Unebenheiten des Gestänges auf die Schienen gedrückt werden und somit alle Räder auf den Schienen bleiben.

Die Räder laufen durchweg in Präzisions-wälzlagern, und zwar werden vorwiegend Kegelrollenlager verwendet. Abb. 441 zeigt als Beispiel ein Losrad mit zwei Kegelrollenlagern, wie es die **Vereinigten Kugellagerfabriken** in Schweinfurt herstellen. Mit zunehmender Größe des Wagens wächst naturgemäß auch der Radstand. Er beträgt 1200—1700 mm und mehr gegenüber 500—600 mm bei Kleinwagen. Man sucht ihn im Interesse des Durchfahrens von Kurven möglichst gering zu halten. Anderseits ist ein geringer Radstand nachteilig für die Standsicherheit. Bei einem Wagen von z. B. 3,5 m Länge ist ein Radstand von 1300 mm

Abb. 441.
Losrad mit zwei Kegelrollenlagern der **Vereinigten Kugellagerfabriken**, Schweinfurt.

als zweckmäßig zu bezeichnen. Er gestattet, noch Kurven von einem Halbmesser von 10 m einwandfrei zu befahren. Bei einem Radstand von 1100 mm können sich die Kurvenhalbmesser auf 8 m verringern. Einzelwagen können übrigens durch engere Kurven fahren als ein ganzer Zugverband, eine Tatsache, die für die Einrichtung von Umtrieben usw. bedeutungsvoll ist.

Die Laufrad- und Spurkranzdurchmesser unterscheiden sich in der Regel nicht von den gewohnten Werten, die um 400 mm liegen. Die Laufkranzbreite wird dagegen, um die Entgleisungsgefahr möglichst zu verringern, vielfach erhöht.

Bemerkenswert ist auch die federnde Pufferung. Bei ausreichend bemessenen Kurven im Wagenumlauf genügt eine Mittelpufferung. Sind die

Abb. 442.
Kupplung „Stabil" der S c h u l t e K. G.

Kurven eng oder werden Klein- und Großförderwagen gleichzeitig benutzt, so empfiehlt sich, um ein Zusammenstoßen der Kästen zu vermeiden, die Puffer zu verbreitern und sie zweiseitig durch je eine Evolutfeder abzufedern (Abb. 439).

Als Kupplungen dienen überwiegend die gleichen Ringloch- oder Schäkelkupplungen (Abb. 442 u. 430), die auch bei Kleinförderwagen gebräuchlich sind. Da diese Kupplungen jedoch ein verhältnismäßig großes Spiel haben, kommt es vor, daß die hinteren Wagen eines Zuges zusammen und gleichzeitig angezogen werden, so daß einzelne Kupplungen starke Zugbeanspruchungen aushalten müssen, die bei einer in sich elastischen Kupplung nicht auftreten würden. Ein Nachteil dieser Kupplungsvorrichtungen besteht auch darin, daß ihre Betätigung mit größeren Wagenbreiten schwieriger wird. Es haben sich daher

Kupplungen entwickelt, die elastisch sind und daher gleichzeitig als Puffer dienen können, selbsttätig kuppeln und durch einen Auslösehebel gelöst werden können. Eine solche Vorrichtung ist die Klauenkupplung nach Scharfenberg der Stahlwerke Brüninghaus, die aus der Abb. 443 zu erkennen ist.

Der Einfluß des Großförderwagens auf die Größe der Spurweite ist bemerkenswerterweise gering. Es hat sich herausgestellt, daß Wagen mit 3—4 m³ Rauminhalt bei einer Breite von 1200 mm noch mit ausreichender Standsicherheit für die Normalspur von 600 mm gebaut werden können. Sie bietet außer größerer Billigkeit sogar den Vorteil der geringeren Empfindlichkeit des Gestänges bei Gebirgsbewegungen. Die Möglichkeit der Verwendung dieser auch für Kleinwagen verbreiteten Spurweite erleichtert die Umstellung auf Großwagen erheblich. Es gibt auch Fälle, in denen eine noch geringere Spurweite benutzt wird, während andere Zechen, z. B. die Zeche Walsum

Abb. 443.
Elastische Klauenkupplung der Stahlwerke Brüninghaus.

in Duisburg-Hamborn, eine Spur von 750 mm vorgezogen haben.

60. — Mannschaftsförderung und besondere Wagenformen für Berge- und Materialförderung. Die Verwendung besonderer Wagen kann sich für die Mannschaftsförderung sowie für die Berge- und Materialförderung empfehlen.

Für die Mannschaftsförderung werden zwar überwiegend die üblichen Förderwagen benutzt, in die Sitzbretter gelegt oder Gurtsitze eingehängt werden. Abb. 444 zeigt einen mit eingehängten Sitzen *a* ausgerüsteten Wagen, der Platz für vier Leute bietet. Zur schnellen Beförderung von Aufsichtspersonen, Grubenschlossern usw. haben sich schienengebundene Grubenfahrräder bewährt, die in Holland zuerst eingesetzt wurden. Das in Abb. 445 wiedergegebene Fahrrad der Demag, Essen, ist so leicht gebaut,

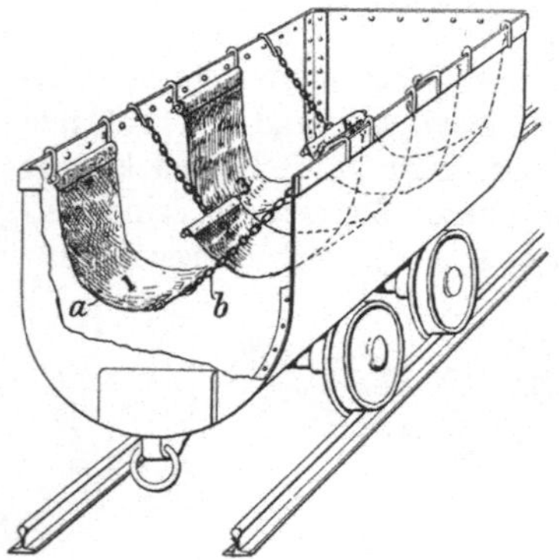

Abb. 444. Wagen mit Sitzen für Mannschaftsförderung von P. Stratmann & Co.

daß es ohne Schwierigkeit von den Schienen gehoben und an den Stoß gestellt werden kann, um die Strecke freizumachen. Die Laufräder haben einen so geringen Reibungswiderstand, daß das Fahrrad ohne größere Anstrengung von einem Mann gefahren werden kann. Insgesamt können vier Personen befördert werden. — Auf einigen Kaligruben ist man seit mehreren Jahren zu Motorrädern für Aufsichtspersonen und Grubenschlosser und großen Kraftwagen für die Mannschaftsförderung[1]) übergegangen. Sie haben sich bei Abwesenheit von Grubengas und den vorherrschenden großen Streckenquerschnitten durchaus bewährt.

---

[1]) Zeitschr. f. d. Berg-, Hütt.- u. Salinenwes. 1940, S. 37; Kraftwagen für Personenförderung in Kaligruben.

Für die Bergeförderung sind früher schon Wagen mit beweglichen Kopf- oder Seitenwänden oder mit schwenkbaren Wagenkästen benutzt worden. Diese haben sich jedoch bei Kleinwagen nicht durchgesetzt, und man ist bei ihnen allgemein dazu übergegangen, zur Entleerung mit Bergen gefüllter Wagen Kippvorrichtungen zu verwenden (s. Bd. I).

Mit der Einführung von Großförderwagen hat jedoch der Sonderwagen für Bergeförderung wieder an Bedeutung gewonnen. Grundsätzlich sind dabei Wagen zu unterscheiden, bei denen Wagenkasten und Untergestell fest miteinander verbunden und Wagen, bei denen Kasten und Untergestell beweglich zueinander angeordnet sind. Bei der ersteren Art sind die Seitenwände klappbar und, zur Entleerung ist ein Kippen des Wagens um etwa 50° auf einer besonderen Plattform oder auf einem Rollkipper erforderlich.

Abb. 445. Grubenfahrrad der Demag.

Auch besteht die Möglichkeit, den Wagenboden für den Entleerungsvorgang zweckentsprechend auszubilden. Es kann dieses durch Bodenklappen geschehen (Bodenentleerwagen) oder durch spitzwinklige Ausbildung des Bodens (Sattelbodenselbstentlader). Die Entleerung geschieht durch Betätigung von Auslösehebeln von Hand. Einen von Hand bedienbaren, als Zweiseitenkipper ausgebildeten Bergewagen mit beweglichem Wagenkasten zeigt die Abb. 446. Die abgebildeten Wagen haben einen Nutzinhalt von 3650 oder 3000 l; sie werden von der Gutehoffnungshütte, der Firma Brüninghaus und anderen Förderwagenfirmen gebaut. Sehr verbreitet sind diese Wagen noch nicht, und die Zukunft wird

Abb. 446. Zweiseitenkipper für Bergeförderung.

zeigen, welche Wagenarten für die steile und die flache Lagerung vorzuziehen sind.

Für die Werkstofförderung sind besondere Wagenformen nur dann notwendig, wenn das Material länger ist als der für die Kohlenförderung benutzte Wagen. Bei Kleinförderwagen ist dies insbesondere bei Ausbaumaterial der Fall. Es werden dann Holzwagen („Teckel") nach Abb. 447 benutzt. Sie bestehen aus dem normalen Radsatz, über dem ein Holz- oder Stahlkastenträger befestigt ist, an dessen Seiten die Rungen r_1 und r_2 das Material halten. Der Schäkel s ermöglicht zugleich die Befestigung von Hölzern durch Umschlagen mit einer Kette. Der Großraumwagen gestattet dagegen die Verladung des gebräuchlichsten Materials ohne weiteres. Jedoch können auch hier besondere Materialwagen zweckmäßig sein. Eine Ausführung der Gutehoffnungs-

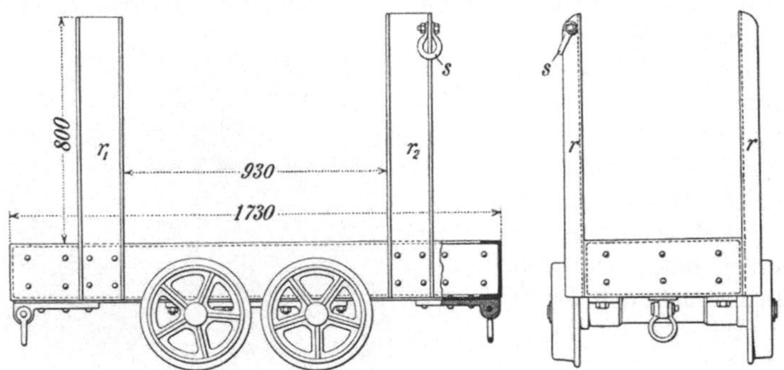

Abb. 447. Holzwagen aus Profilstahl.

hütte zeigt Abb. 448. Die halbhohen Seiten- und Stirnwände sind durch Profilstäbe verlängert. Außerdem können sie aufgeklappt werden, was z. B. bei der Förderung von Maschinen von Vorteil ist.

61. — Reinigung der Förderwagen. Bei den großen Fördermengen des Steinkohlenbergbaues ist die Reinigung der Wagenkasten von anhaften-

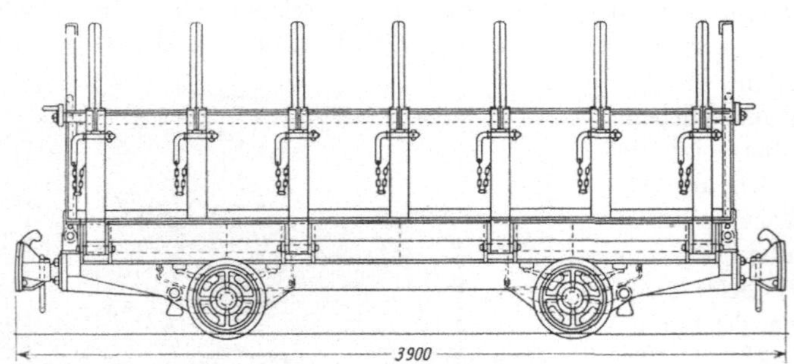

Abb. 448. Materialwagen der Gutehoffnungshütte.

dem Fördergut, besonders wenn dieses feucht ist, wichtig. Wird durch sorgfältiges Abkratzen auch nur eine Menge von etwa 5 kg jedesmal gewonnen, so ergibt das bei einer Tagesförderung von 3000 Wagen bereits 15 t Kohlen im Werte von etwa 150 RM., wogegen die Mehrausgabe an Löhnen nur gering ist, da jugendliche Arbeiter das Reinigen besorgen können. Außerdem wird der Rostbildung unter den anhaftenden Krusten vorgebeugt.

Für größere Anlagen lohnt sich die Beschaffung von Reinigungsvorrichtungen mit maschinellem Betrieb. Am besten wird dabei der Wagen in halbe Kippstellung gebracht, da dann das Zurückfallen der abgekratzten Teile möglichst beschränkt und deren Abfuhr erleichtert wird.

Vorrichtungen, die mit vier kreisförmigen, durch Zahnradgetriebe bewegten Bürsten arbeiten oder einen an einer biegsamen Welle befestigten

Fräser benutzen, haben sich nicht bewährt. Das gleichfalls versuchte Ausspritzen mittels Druckwasserstrahls hat sich wegen der damit verbundenen Schlammbelästigung nicht durchsetzen können. Mit besserem Erfolge arbeitet die in Abb. 449 dargestellte Reinigungsvorrichtung der Eisenhütte **Westfalia** in Lünen. Hier dreht der Motor M mittels Riemenvorgeleges $a\,b\,c$ die Wellen $d_1 d_2$ mit den auf ihnen sitzenden Bürstenkörpern B. Die durch die Bürsten abgekratzten Kohlenteile werden durch die Blechwand e aufgefangen und nach unten geschleudert, wo sie in einem untergeschobenen Wagen abgefahren werden können. Das Handrad f ermöglicht das Verschieben des Motors nebst dem Bürstenhalter quer zum Wagen F (durch die Zahnradgetriebe g) sowie in der Längsrichtung (durch das Kegelradgetriebe h und die Laschenkette i). Der

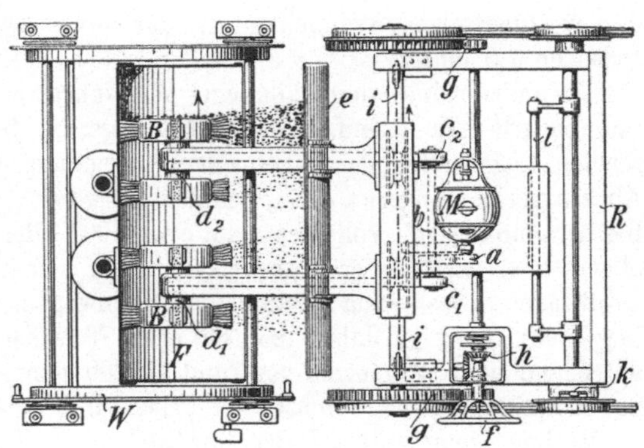

Abb. 449. Förderwagen-Reinigungsmaschine (Grundriß).

Handhebel k dient zum Schwenken der Vorrichtung in der Seigerebene mittels der Stange l, damit im Bedarfsfalle auch die Seitenwände gereinigt werden können. Solche Vorrichtungen eignen sich am besten für Muldenwagen, die überhaupt die bequemste und gründlichste Reinigung ermöglichen.

Derartige Reinigungsmaschinen können auf der Hängebank, aber auch unter Tage an ortsfesten Kippstellen vorgesehen werden. Für Abbaustrecken sind sie jedoch zu groß. Mit Querschlagbergen beladene Wagen lassen sich im allgemeinen gut vor Ort von Hand reinigen. Zur Erleichterung des Austrages von Waschbergen hat es sich gut bewährt, den Boden des Wagens mit Papier auszulegen oder mit Sägespänen zu bestreuen.

62. — Größe des Wagenparks und seine Kosten. Die Zahl der zu beschaffenden Wagen (der Wagenpark) einer Grube hängt von der Größe der Förderung (F), vom Nutzinhalt (I) eines Förderwagens in kg Kohle, von der täglichen Umlaufzahl (U), also der Ausnützung eines Förderwagens ab. Die Wagenzahl x läßt sich auf Grund der Formel

$$x = \frac{F}{I \cdot U} + f$$

berechnen, wobei f die Anzahl der Aushilfswagen bedeutet, die bei Kleinwagen zu 10%, bei Großwagen zu 15% des für den normalen Betrieb erforderlichen Wagenbedarfs angenommen werden kann. In dieser Formel ist der unsicherste Faktor die Umlaufzahl. Auf Gruben, die zweischichtig fördern, ist sie größer als auf Gruben, die zwar zweischichtig arbeiten lassen, aber nur einschichtig fördern. Sie wird im übrigen beeinflußt von der Länge der Förderwege und der Verzweigtheit des Grubengebäudes, vom Bergegehalt der Rohkohle, der Bergewirtschaft der Grube sowie von dem Ausmaß der Anwendung von Fließfördermitteln in den Abbaustrecken und bei der Zwischensohlenförderung, schließlich auch von dem Vorhandensein einer Schachtgestell- oder Gefäßförderung. Demgemäß haben Gruben, die in flacher Lagerung und mit weitgehender Anwendung von Bruchbau bauen, eine höhere Umlaufzahl als Gruben der steilen Lagerung. Ebenso kann bei Großförderwagen mit einer etwas höheren Umlaufzahl als bei Kleinwagen gerechnet werden. Bei diesen schwankt sie unter den Verhältnissen des westdeutschen Steinkohlenbergbaus etwa zwischen 1 und 2, bei jenen zwischen 1,5 und 2,5.

Ein anderer, im Grunde ähnlicher Weg führt über die Feststellung des Laderaumbedarfs. Er beläuft sich erfahrungsgemäß bei einer Schachtanlage der flachen Lagerung und weitgehender Anwendung von Bandförderung in den Abbaustrecken auf etwa 50%, bei steiler Lagerung, mittelgroßen Betrieben und bei Anwendung von Vollversatz auf etwa 100% der Bruttotagesförderung. Im allgemeinen wird dieser Hundertsatz unter sonst gleichen Verhältnissen bei Großwagen etwas geringer sein als bei Kleinwagen. Im Durchschnitt des Ruhrbergbaues lag er im Jahre 1936 bei etwa 70% der Bruttotagesförderung, entsprechend einer Wagenzahl von rund 410000, einem Gesamtladeraum von rund 330000 m³ und einer durchschnittlichen Tagesförderung von brutto 475000 t.

Rechnet man mit 27 Rpf. Anlagekosten je 1 Förderwageninhalt und einem Ladegewicht von 0,9 kg je 1, so ergibt sich bei einem Laderaumbedarf von 70% für eine Tagesförderung von 6000 t ein Anlagekapital von

$$\frac{6000 \cdot 0,7}{0,9} \cdot 270,- \text{ RM.} = 1258200,- \text{ RM.}$$ Bei einem Laderaumbedarf von nur

50%, wie er auf neuzeitlichen Anlagen anzutreffen ist, sinkt diese Summe auf RM. 900000. Der geringe Unterschied in den Anlagekosten zwischen Groß- und Kleinwagen, der seine Ursache in einer etwas höheren Umlaufzahl des Großwagens hat, ist bei dieser Rechnung nicht berücksichtigt.

Wesentlicher ist der Vorsprung des Großförderwagens in den Betriebskosten infolge seiner höheren Lebensdauer, die mit etwa 12 Jahren im Vergleich zu rund 8 Jahren bei Kleinwagen angenommen werden kann. Bei starker Beanspruchung, die insbesondere durch die Bergeförderung und das Kippen der Wagen sowie durch auf den Radsatz wirkende Förderkorbbeschickungsvorrichtungen hervorgerufen wird, kann die Lebensdauer auch auf 4 Jahre sinken. Für Instandhaltung kann bei Großwagen mit 3%, bei Kleinwagen mit 2% des Anschaffungspreises gerechnet werden. Unter Annahme des vorliegenden Beispiels ergeben sich also die nachstehend wiedergegebenen Betriebskosten je t:

	Kleinwagen Rpf.	Großwagen Rpf.
Abschreibung . . .	8,4	5,0
Verzinsung	3,5	3,5
Instandhaltung . .	2,0	1,5
Schmierung	1,0	0,3
	14,9	10,3

Hölzerne Wagen, die nur als Kleinwagen gebraucht werden, sind in der Anschaffung nur wenig billiger als stählerne, ihre Betriebskosten infolge geringerer Lebensdauer und höherer Instandhaltungskosten dagegen in vielen Fällen teurer. Ihre Anschaffung empfiehlt sich daher nur auf kleinen oder mittleren Erzgruben und bei sehr geringer Ausnutzung des Wagenparks. Ihr Gewicht schwankt stark je nach der Feuchtigkeit des Holzes, so daß ein Wagen, der in trockenem Zustand bei 500 kg Ladegewicht ein Leergewicht von 250 kg aufweist, in nassem Zustand 350—400 kg wiegen kann, also dann bedeutend schwerer als ein Stahlwagen ist. Mit nassen Wagen muß aber in der Grube durchweg gerechnet werden.

C. Gestänge[1]).

63. — Schienen. Im Untertagebetrieb werden heute ebenso wie beim Eisenbahnbetrieb über Tage die sogenannten Flügelschienen angewandt. Sie werden aus Stahl hergestellt und je nach dem Zweck, für den sie bestimmt sind, in Profilen von verschiedener Stärke gewalzt, die entweder nur nach der Höhe oder nach der Höhe und dem Gewicht für das laufende Meter bezeichnet werden. Die Schiene 115/24 hat infolgedessen eine Höhe von 115 mm und ein Metergewicht von 24 kg. Oder man spricht von ihr auch kurz nur von der 115 er Schiene.

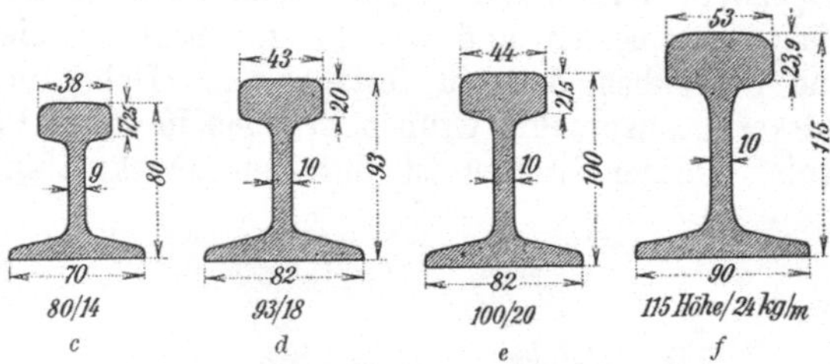

Abb. 450 c—f. Flügelschienen-Normalprofile.

Die im Ruhrgebiet gebräuchlichsten Profile, die zur Verbilligung der Herstellung und Lagerhaltung genormt worden sind[2]), ergeben sich aus Abb. 450, aus der auch die Hauptabmessung und Gewichte entnommen werden können.

An der Flügelschiene ist der Kopf, der Steg und der Fuß zu unterscheiden.

Von der Härte des Kopfes hängt die Schnelligkeit der Abnutzung, von der Höhe des Steges (weniger von seiner Dicke, da die Biegefestigkeit im einfachen Verhältnis mit dieser, aber im quadratischen Verhältnis mit der Höhe wächst) die Tragfähigkeit, von der Stärke und Breite des Fußes die Sicherheit der Verlagerung und der Widerstand gegen Kippen ab.

Die Wahl des Schienenprofils ist in erster Linie abhängig von der zu erwartenden Belastung durch Wagen und Lokomotiven. Bei der bisher noch überwiegend üblichen Förderung mit Wagen bis zu etwa 1000 l Inhalt genügen in Abbaustrecken, auch bei Lokomotivförderung, meist die 80er und 93er Profile, während in den Hauptstrecken wegen des Einsatzes schwerer Lokomotiven 100er und 115er Schienen bevorzugt werden. Bei Verwendung von Großförderwagen sind in den Hauptstrecken 115er oder 134er Schienen angebracht, in den Abbaustrecken 100er oder 115er Profile, sofern die Wagenförderung in den Abbaustrecken erforderlich ist.

Das 80er Profil läßt sich von der mit dem Streckenvortrieb beschäftigten Kameradschaft ohne besondere Hilfsmittel verlegen, während die Profile von 100 mm und darüber die Benutzung von Biegemaschinen für die Auffahrung von Kurven und die Verwendung hochwertigen Befestigungsmaterials erfordern.

---

[1]) Glückauf 1917, S. 810; W. Roelen: Gesichtspunkte für die Wahl und Verlegung des Grubengestänges.

[2]) S. Normenblatt DIN Berg 500.

Der vermehrte Arbeitsaufwand wird aber durch die ungleich sorgfältigere Verlegung meist mehr als aufgehoben. In Strecken mit hoher Förderung wird sich der Einsatz besonderer Bahnkolonnen für die Verlegung des endgültigen Gestänges auch schon mit Rücksicht auf den schnellen Vortrieb des Ortes empfehlen. Je wichtiger eine Förderstrecke und je größer infolgedessen der durch Betriebsstockungen infolge · von Entgleisungen verursachte Schaden werden kann, um so mehr Sorgfalt ist auf ein gutes Gestänge zu legen, und um so eher sind verringerte Betriebskosten trotz höherer Anlagekosten zu erreichen.

64. — **Schwellen.** Die Schienen werden auf den aus Holz oder Stahl bestehenden Schwellen (in Westfalen auch „Stege" genannt) in verschiedener Weise befestigt.

Für Holzschwellen wird am besten ein Holz verwendet, das bei genügendem Widerstand gegen Feuchtigkeit hart und zäh genug ist, um nicht zu spleißen und um die zur Schienenbefestigung dienenden Nägel und Schrauben dauernd festzuhalten. Daher eignet sich Eichenholz für stärker beanspruchte Grubenschwellen in erster Linie. Eine Tränkung mit fäulniswidrigen Stoffen ist durchaus zweckmäßig, erfordert aber die An-

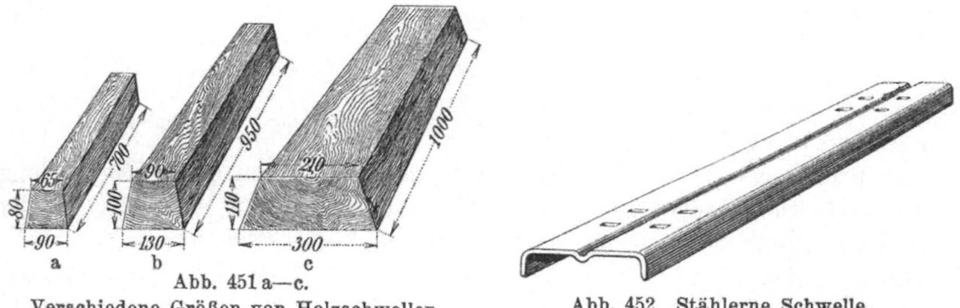

Abb. 451 a—c.
Verschiedene Größen von Holzschwellen.

Abb. 452. Stählerne Schwelle.

wendung eines Kerntränkungsverfahrens, da die Schwellen aus behauenem Holze bestehen und infolgedessen der durch die einfacheren Verfahren nicht tränkbare Kern an die Oberfläche kommen kann. Für leichtere Gestänge, wie sie insbesondere in Abbaustrecken und fliegenden Bremsbergen Verwendung finden, genügen auch roh zugehauene Schwellen aus Eichenknüppelholz; auch kann hier das billigere Buchen- und Fichtenholz verwandt werden.

Die Abmessungen für Schwellen verschiedener Beanspruchung sind aus Abb. 451a—c zu entnehmen, und zwar findet die schwere Schwelle nach Abb. 451c unter den Schienenstößen von Lokomotivbahnen Verwendung, während für die sonstigen Schwellen bei Lokomotivförderung die Maße nach Abb. 451b ausreichen und die Schwelle nach Abb. 451a für Pferde- und Seilförderung verwandt wird.

Stählerne Schwellen bestehen meist aus gewalztem und an beiden Enden umgebörteltem Profilstahl (Abb. 452—454). Die Befestigung der Schienen auf ihnen kann erfolgen durch eingewalzte Lagerstühle oder Nasen oder durch angenietete Fußklauen. Für die letztere Befestigungsart gibt Abb. 453 ein Beispiel mit abwechselnd außen und innen sitzenden Klauen p; sie zeigt, wie dabei die Schwellen von der Seite her eingeschwenkt werden können.

Die stählernen Schwellen, die sich über Tage nicht für Haupt-, jedoch für Feldbahnen in großem Umfange eingeführt haben, sind für die Grubenförderung nur mit gewissen Einschränkungen geeignet. Zunächst rosten sie leicht und sind insbesondere gegen saure Wasser sehr empfindlich. Verzinkung bietet einigen Schutz dagegen, erhöht aber die Kosten nicht unwesentlich. Außerdem ist die Einbettung der stählernen Schwellen in die Packung, da sie Hohlkörper bilden, weniger einfach als bei den Holzschwellen. Man wird daher sagen müssen, daß Stahlschwellen in erster Linie für trockene Förderstrecken und Querschläge mit wenig Druck und maschineller Förderung geeignet sind. Außerdem können im Abbau leichte stählerne Schwellen mit Vorteil für „fliegendes", d. h. dem Abbaustoß ständig nachzuschiebendes Gestänge verwandt werden, da sie hier von den eben genannten schädlichen Einwirkungen wenig zu leiden haben und sich auf der anderen Seite wegen ihrer geringen Höhe und ihrer dauerhaften Verbindung mit den Schienen empfehlen.

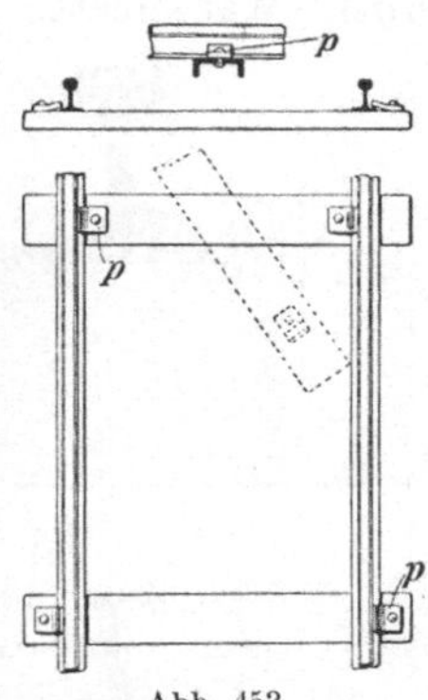

Abb. 453.
Befestigung von Schienen auf stählernen Schwellen.

Als solche fliegenden Gestänge haben sich die von der Gesellschaft für betriebstechnische Neuerungen „Bergbau" m. b. H. in Dortmund gelieferten „Fertiggleise" bewährt.

Die jeweils zu einem kurzen Gleisstück mit den Schwellen fest verbundenen Schienen besitzen an einem Ende je zwei angenietete Laschen, die an ihrem freien Ende in einem hakenförmigen abgerundeten Kopf auslaufen. Am anderen

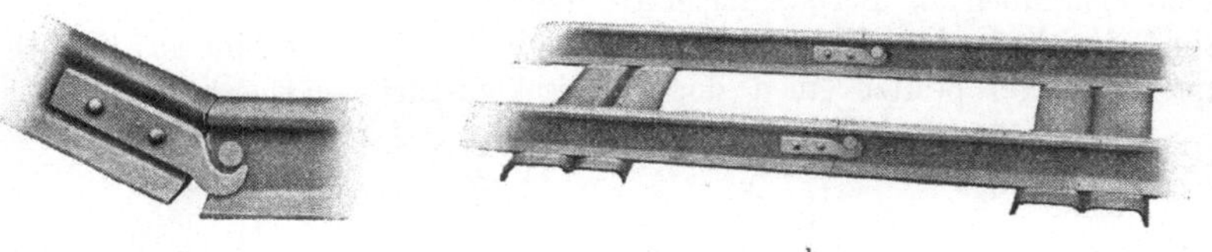

a   b
Abb. 454a u. b. „Fliegendes Gestänge".

Schienenende befinden sich am Steg entsprechende Bolzen, unter welche die Laschen in der aus der Abb. 454a u. b ersichtlichen Weise verbindend greifen.

65. — Schienenbefestigungen. Für die Befestigung der Schienen auf den Schwellen genügen unter einfachen Verhältnissen (söhlige Förderung bei geringen Leistungen, Förderung in Abbauen) die gewöhnlichen Schienennägel. Für stärkere Beanspruchungen, wie sie insbesondere bei schweren Förderwagen und größeren Geschwindigkeiten auftreten und ihr Höchstmaß beim Durchfahren von Krümmungen erreichen, reichen die einfachen Hakennägel nicht aus; insbesondere verlangt die Lokomotivförderung zuverlässigere Befestigungsmittel.

Die Hauptanforderungen an eine gute Schienenbefestigung für starke Belastung sind außer der Haltbarkeit: Schutz der Schwellen gegen den Auflagedruck der Schienen, einfacher Bau, Schutz der Befestigungsnägel und -schrauben bei Entgleisungen von Wagen, bequemes Anbringen, rasche Auswechselbarkeit. Die Forderung der Haltbarkeit schließt insbesondere ein den Widerstand gegen senkrechte sowohl wie gegen waagerechte Kräfte. Erstere ergeben sich aus der Durchbiegung der Schienen zwischen den Schwellen, wodurch die Befestigungsmittel nach oben gedrückt und infolgedessen einem fortwährenden Wechsel von Druck- und Zugbeanspruchungen ausgesetzt werden. Waagerechte Kräfte werden durch den Druck der konischen Laufkränze der Räder, insbesondere beim Durchfahren von Kurven, erzeugt. Sie suchen die Schienen zu kippen und setzen sich in ihrer Rückwirkung auf die Befestigung wieder großenteils in senkrechte Kräfte um.

Infolgedessen hat man bereits früher die Befestigungsnägel und -schrauben gegen den Seitendruck durch Vorsprünge an der Unterseite der Befestigungsplatten zu entlasten gesucht; bei der in Abb. 455 dargestellten Befestigung nach Kornfeld z. B. drücken sich diese mit ringförmigen, unten angeschärften Vorsprüngen in die Schwellen hinein. Bei den neueren Befestigungsarten wird dieser Gedanke gleichfalls verwertet (Abb. 456) und außerdem besonderer Wert darauf gelegt, daß der Schienenfuß auf einer Unterlegeplatte ruht und dadurch sein „Einfressen" in die Schwellen verhindert wird.

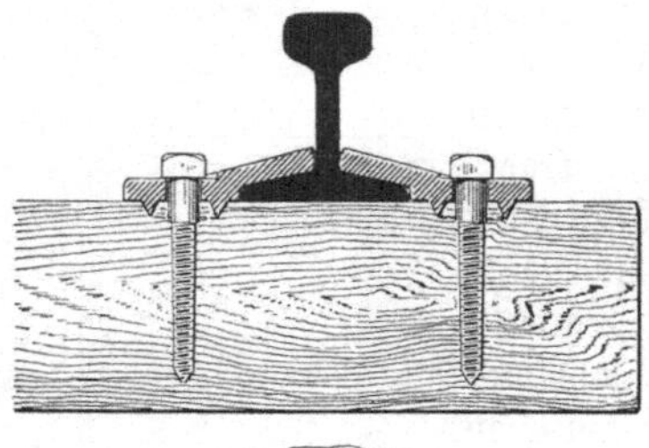

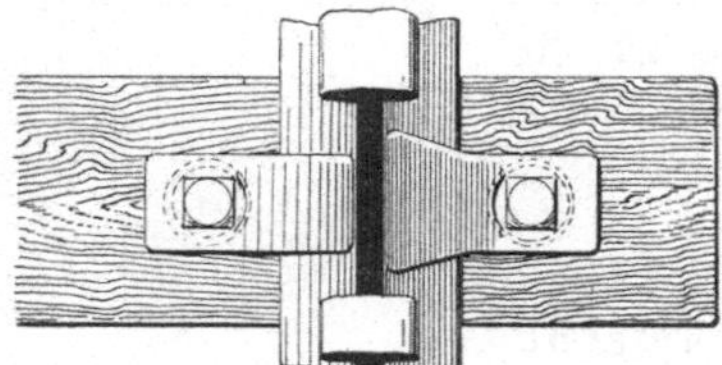

Abb. 455. Schienenbefestigung nach Kornfeld-Bußmann.

Außer einfachen Haken- oder Schienennägeln können sowohl Spezialnägel als auch Schrauben als Befestigungsmittel dienen.

Ein Beispiel für einen Sicherheitsnagel von Böllhoff zeigt Abb. 457. Dieser Hammerkopfnagel besitzt einen doppelseitig-konischen und gerippten Nut-

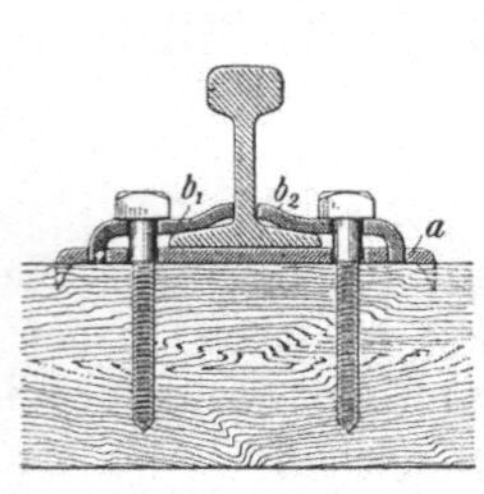

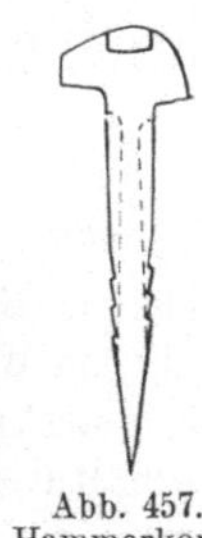

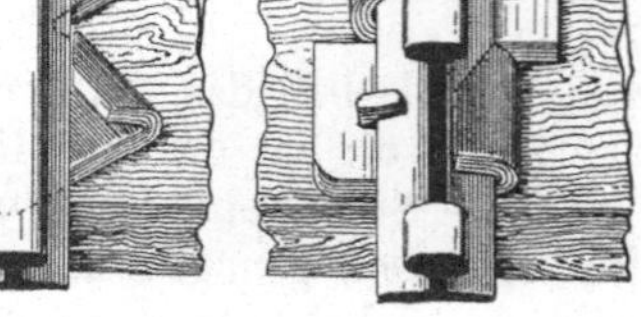

Abb. 456.
Schienenbefestigung von N. Koch in Essen.

Abb. 457.
Hammerkopfnagel von Böllhof.

Abb. 458.
„Fix"platte von Böllhoff in Herdecke.

schaft, der eine nach dem Kopfe zunehmende Nutenvertiefung aufweist. In das Holz der Schwelle eingetrieben, klemmt sich der Nagel daher infolge seiner Bauart von selber fest. Außer dem Haken, welcher den Schienenfuß packt, besitzt der Kopf des Nagels noch eine Rückenstütze mit gewölbter Auflage, welche sich sowohl der Unregelmäßigkeit des Schienenfußes anpaßt als auch befestigend in das Holz der Schwelle eindringt.

Abb. 458 zeigt die „Fix"platte von Böllhoff. Diese umfaßt den Schienenfuß von beiden Seiten, weshalb sie aus schräger Lage eingeschwenkt werden muß. Für jedes Profil ist eine besondere Platte erforderlich. Für besonders schwere Profile werden die Klemmlaschen mit Holzschrauben (Tirefondschrauben) befestigt und sind so ausgebildet, daß sie nicht nur den Fuß, sondern auch den Steg der Schiene umschließen. Sehr verbreitet sind Ausführungen, wie die in Abb. 456, mit der Unterlegplatte a und den beiden Klemmplatten b_1 und b_2, welche für alle Profile geeignet sind. Die Seitenkräfte, welche auf den Schienensteg wirken, werden durch die Stirnflächen der Klemmplatten b_1 und b_2 aufgenommen und auf die Unterlegplatte a übertragen.

66. — Verlegen der Gestänge. In Abbaustrecken werden die Gestänge im allgemeinen nach dem Augenmaß verlegt. Um eine genaue Richtung einzuhalten, benutzt man im übrigen zweckmäßig für eine Richtschiene die Stunde. Die Verlegung der zweiten Schiene erfolgt danach mit Hilfe eines Spurmaßes (Abb. 459). Letzteres legt den Schienenabstand fest,

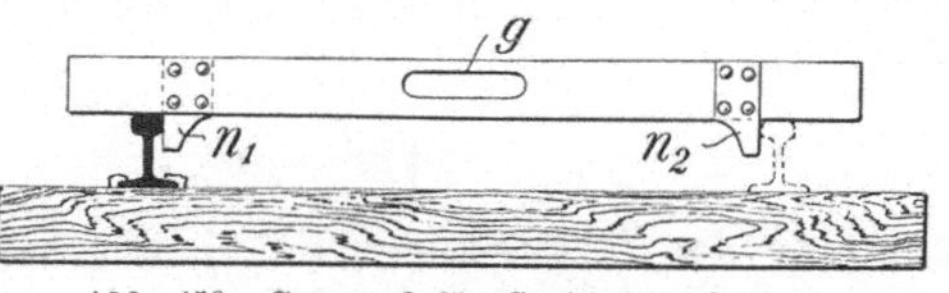

Abb. 459. Spurmaß für Gestängeverlegung.

der, um den Spurkränzen den unerläßlichen Spielraum zu bewahren, 10 mm größer als die Spurweite ist.

An den Stoßstellen sollen die Schienen einen Abstand von 2—3 mm behalten, was namentlich für einziehende Förderwege in flacheren Gruben wichtig ist, da hier die Längenänderungen infolge der Wärmeschwankungen über Tage sich auf größere Entfernungen vom Schachte bemerklich machen.

Über die Innehaltung des gewünschten Gefälles ist bereits in Band I (Abschnitt „Grubenbaue" unter „Querschläge") das Erforderliche gesagt. Die Verwendung einer Setzlatte zeigt Abb. 460.

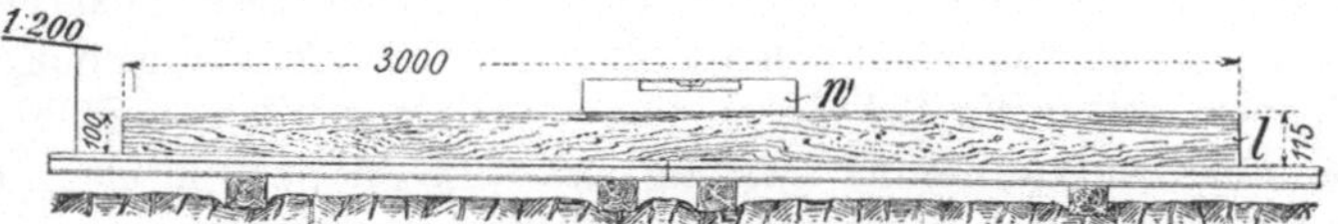

Abb. 460. Gestängeverlegen mit Gefälle mit Hilfe der Setzlatte (l) und Wasserwaage (w).

In Streckenkrümmungen muß einmal der Schleuderwirkung der Wagen und anderseits der Erhöhung des Widerstandes durch die ständige Ablenkung, der die Trägheit der Wagen entgegenwirkt, Rechnung getragen werden. Der Schleuderwirkung begegnet man durch Überhöhen der äußeren Schiene um die Höhe h, die für Seil- und Pferdeförderung mit etwa 5—10% der Spurweite angenommen, für Lokomotivförderung nach der Formel

$$h = \frac{5\,r^2}{R}$$

berechnet werden kann, in der h in Millimetern ausgedrückt ist, r die Höchstgeschwindigkeit in Kilometern je Stunde und R den Krümmungshalbmesser in Metern bedeutet; dabei ist zu berücksichtigen, daß unter Tage auf Verringerung der Geschwindigkeit in Krümmungen zu halten ist. Hiernach berechnet sich z. B. für $r = 10$ und $R = 12$ die Überhöhung h zu $\dfrac{5 \cdot 100}{12}$

~ 42 mm. Den Ablenkungswiderstand sucht man durch Vergrößerung der
Spurweiten in der Krümmung um etwa 15—20 mm sowie durch einen möglichst großen Krümmungshalbmesser zu verringern. In letzterer Hinsicht
ist man allerdings in der Grube beschränkt, so daß die über Tage üblichen
Regeln, wonach für ein Gestänge von 60 cm Spurweite Krümmungshalbmesser von mindestens etwa 25 m verlangt werden, nicht innegehalten werden
können. Man begnügt sich bei einfachen Förderbahnen mit etwa 4 m, geht
aber bei Lokomotivbahnen im Felde auf mindestens 10 m herauf; für Füll-
ortanlagen kommen Halbmesser von 50 m und mehr in Frage. Gemäß
Abb. 461 beträgt der Abstand *a* des Mittelpunktes der Krümmungsbahn von der durch
diese auszugleichenden Ecke auf Grund der
Beziehung

$$a = \sqrt{r^2 + r^2} = \sqrt{2r^2} = r \cdot \sqrt{2}$$

ungefähr das 1,4fache des Krümmungshalb-
messers, der Abstand *b* der Krümmungsbahn
von der Ecke also

$$b = r \cdot 1,4 - r = r \cdot 0,4.$$

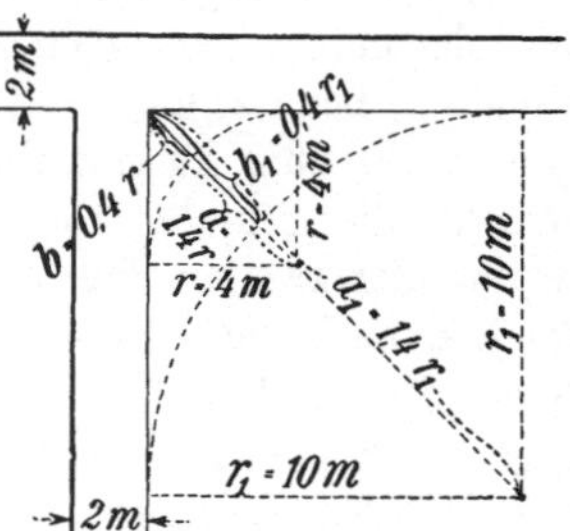

Abb. 461. Abrundung der Ecken
in Streckenkreuzungen bei verschiedenen Krümmungshalbmessern.

Man muß daher die Ecke bei einem Krümmungshalbmesser von 4 m um 4·0,4 = 1,6 m,
bei einem Krümmungshalbmesser von 15 m um 15·0,4 = 6 m abrunden[1]).

Der Schwellenabstand richtet sich nach der Beanspruchung und voraussichtlichen Betriebsdauer des Gestänges. In Hauptförderwegen sind Abstände
von 50 bis 80 cm zu wählen, die aber bei Wechseln und Kreuzungen bis auf
wenige Zentimeter herabgehen oder ganz wegfallen können, falls man hier nicht
Stahlplatten als Unterlage (Ziff. 69) vorzieht. In Abbaustrecken dagegen kann
man mit Abständen von 80—100 cm auskommen. An den Verbindungsstellen
der Schienen sollen die Schwellen dichter gelegt werden, was besonders
für die Lokomotivförderung wichtig ist. In doppelspurigen Förderstrecken nimmt man am einfachsten Schwellen von solcher Länge, daß sie für
beide Gestänge ausreichen. Jedoch ist bei nicht ganz zuverlässiger Sohle die
Befestigung der beiden Gestänge auf gesonderten Schwellen vorzuziehen, da
dann ein Schiefstellen der letzteren durch das größere Gewicht der vollen
Förderwagen vermieden wird und überdies (bei quellender Sohle) das Senken
der Gestänge einzeln erfolgen kann und dadurch erleichtert wird. — In Bremsbergen müssen bei steilerer Lagerung die Schwellen dadurch, daß man sie
sämtlich oder doch in gewissen Abständen hinter die Stempel legt, gegen
Abrutschen gesichert werden.

Nur für ganz geringe Anforderungen kann man sich damit begnügen,
die Schwellen einfach auf die Sohle zu legen oder (bei steiler Lagerung)
zwischen Hangendes und Liegendes einzuspitzen; sie sind bei solcher Verlegung den Gebirgsbewegungen völlig preisgegeben. Je höher die Ansprüche

---

[1]) Wegen des Verfahrens beim Abstecken von Streckenkrümmungen s.
die Lehrbücher für Markscheidekunde, z. B. Wandhoff, Markscheidekunde, in
F. Köglers Taschenbuch für Berg- und Hüttenleute (Berlin, W. Ernst & Sohn),
2. Aufl., 1929, S. 612.

an Förderbahnen werden, um so mehr muß sich der Oberbau den für den Eisenbahnbetrieb geltenden Regeln anpassen. Für Pferde- und insbesondere für Lokomotivförderung ist daher eine gut ausgeführte **Bettung** erforderlich, bestehend aus einer Packlage von möglichst hartem Kleinschlag mit Splittdecke, damit das Gleis elastisch aufliegt und Gebirgsbewegungen durch

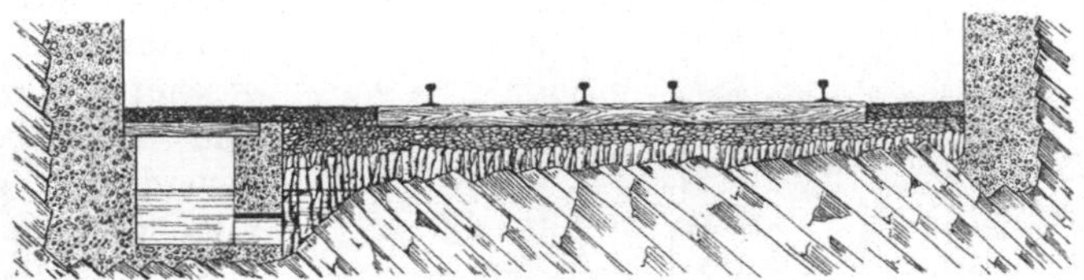

Abb. 462. Schienenbettung und Oberbau in einer Strecke mit Wasserseige.

Wegnahme oder Nachstopfen von Bettung ausgeglichen werden können. Ist die Strecke feucht, so muß für Entwässerungsmöglichkeit nach der Wasserseige hin gesorgt werden, indem man der Sohle nach dieser hin Gefälle gibt. Die Schwellen sollen etwa mit zwei Drittel ihrer Höhe eingebettet werden. Für das dichte Unterstopfen der Bettung unter die Schwellen kann man Abbauhämmer mit entsprechendem Werkzeug benutzen. Ein Beispiel für einen gut ausgeführten Streckenoberbau gibt Abb. 462. Um die sorgfältige Ausführung zu sichern, empfiehlt es sich, den Oberbau

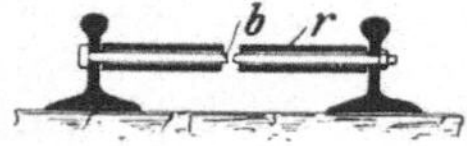

Abb. 463. Schienenverlagerung ohne Schwellen.

nicht gleich beim Auffahren der Strecke mit auszuführen, sondern durch besondere, eingeübte Mannschaften herstellen zu lassen[1]).

Eine für die Förderung im Abbau bei glattem Liegenden geeignete Verlagerung der Schienen ganz ohne Schwellen, also mit der geringstmöglichen Höhe, zeigt Abb. 463. Die Schienen kommen hier unmittelbar auf das Liegende zu liegen und werden durch Bolzen b verbunden und durch Gasrohre r in der richtigen Entfernung gehalten.

Die Verbindung der einzelnen Schienen miteinander durch Laschen ist nicht unbedingt notwendig, wenn wie in Abbaustrecken an das Gestänge nur geringe Anforderungen gestellt werden; man legt dann einfach eine Schwelle unter die Verbindungsstelle (den „Stoß") und nagelt auf diese beide Schienen fest, muß aber (Abb. 464) die Stöße auf beiden Seiten um eine mindestens dem Radstande entsprechende Länge gegeneinander versetzen, da-

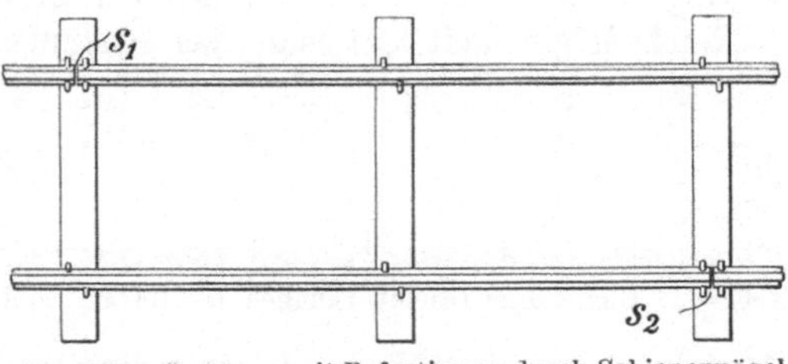

Abb. 464. Gestänge mit Befestigung durch Schienennägel, mit festen Stößen.

mit nicht beide Räder gleichzeitig den Stoß beim Übergange von einer Schiene auf die andere erleiden. Bei den stärker beanspruchten Gestängen

---

[1]) Bergbau 1929, S. 617; **Meuß**: Die Verlegung neuzeitlicher Gleisanlagen für Lokomotivförderung unter Tage.

in Bremsbergen und wichtigen Förderstrecken ist dagegen eine Laschenverbindung erforderlich, mittels deren die einzelnen Schienen zu einem einheitlichen Strange verbunden und so insbesondere auch gegen das Ausweichen nach außen hin (durch den Seitendruck der Radlaufkränze) besser geschützt werden. Die Laschen sind neuerdings gleichfalls genormt worden; als Beispiele zeigen Abb. 465a eine Flachstahl-, Abb. 465b eine Winkelstahllasche, welch letztere entsprechend steifer ist und für stärkere Beanspruchungen in Betracht

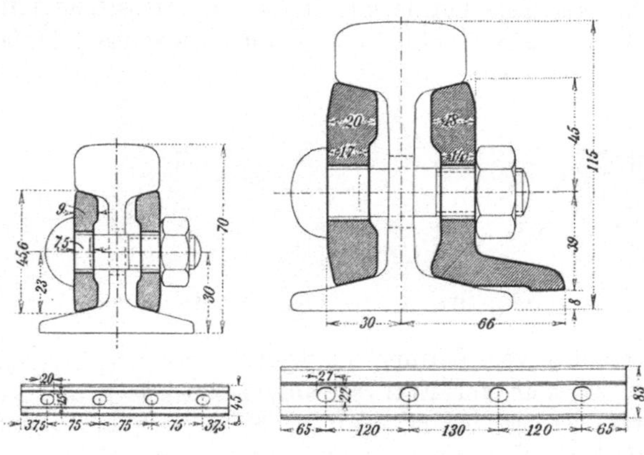

a   b

Abb. 465a und b. DIN-Laschen für leichte und schwere Gestänge.

kommt, Die Schienenstöße mit Laschenverbindung werden nicht auf die Schwellen, sondern gemäß Abb. 466 als „schwebende Stöße" zwischen zwei Schwellen gelegt, einmal wegen der bequemeren Anbringung der Laschen zwischen den Schwellen und sodann wegen der stoßfreieren Förderung. Da nämlich beide Schienenenden infolge der Laschenverbindung gleichzeitig durch das Wagenrad niedergedrückt werden, wird der Anprall beim Übergange von einer Schiene zur anderen auf das geringste Maß herabgedrückt, wogegen bei festen Stößen mit der Neigung der Schienen zu rechnen ist, sich unter der Last etwas durchzubiegen (Abb. 467). Um die Zahl der Stoßbeanspruchungen der Wagen zu verringern, legt man die schwebenden Stöße einander gegenüber.

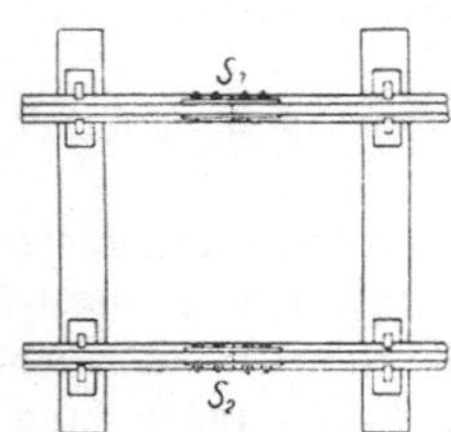

Abb. 466. „Schwebende" Schienenstöße mit Laschenverbindung.

Nach Möglichkeit legt man das Gestänge für die leeren Wagen auf die Seite der Wasserseige. Zunächst wird hierdurch ein Verstopfen der letzteren durch herunterfallendes Fördergut verhütet. Ferner würde das größere

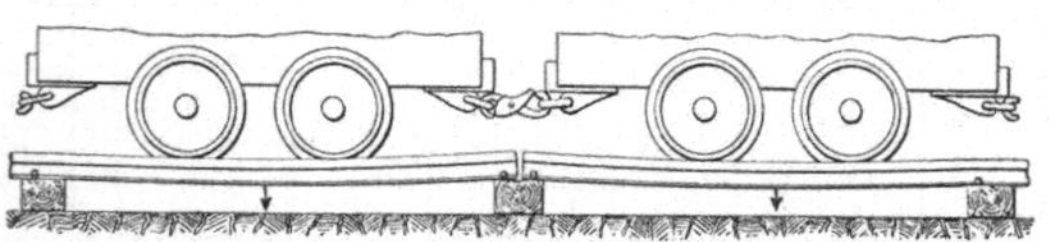

Abb. 467. Ungünstige Druckwirkungen bei festen Stößen.

Gewicht der vollen Wagen leichter die Streckensohle nach der Wasserseige hin abdrücken. Endlich ist ein entgleisender voller Wagen, der in die Wasserseige fällt, sehr schwer wieder einzuheben.

67. — Aufgleisvorrichtungen. Bei der Pferdeförderung und in noch weit höherem Maße bei der Lokomotivförderung (namentlich beim Fahren leerer Züge) wird das Entgleisen eines Wagens vielfach erst verspätet bemerkt, so daß der entgleiste Wagen Beschädigungen anrichten und erleiden kann, ehe der Zug zum Stillstande gebracht wird. Diesem Übelstande sollen Aufgleisplatten nach der in Abb. 468 dargestellten Art steuern, die in regelmäßigen Abständen (etwa 100—150 m) eingebaut werden. Der entgleiste Wagen gerät zwischen die seitlich ausgebogenen und sanft ansteigenden Zungen *b* und wird durch diese wieder auf die Schienen gebracht. Derartige Vorrichtungen haben sich heute für druckhaftes Gebirge, in dem das Gleis trotz sorgfältigster Ausführung und Überwachung nicht ruhig liegt, weitgehend eingeführt. Will man die mit ihnen verbundenen Kosten vermeiden, so kann man sich auch mit „fliegenden" Aufgleisplatten nach Abb. 469 begnügen, die der Lokomotivführer mitführt und die im Falle einer Entgleisung auf das Gestänge gelegt werden, um den Zug darüber hinwegzuziehen. Solche Platten haben

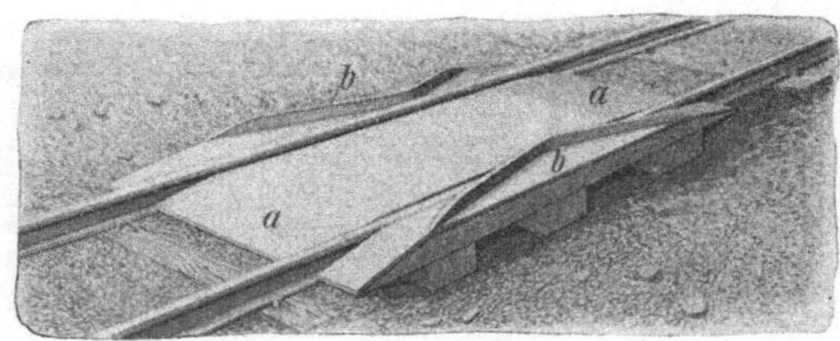

Abb. 468. Aufgleisplatte.

allerdings den Nachteil, daß sie dem Führer oder Zugbegleiter besondere Arbeit machen und er daher ihre Anwendung möglichst hinausziehen wird.

68. — Verbindung von Schienensträngen miteinander. Wendeplätze. Die einfachste Verbindung zweier Schienenstränge ist eine solche durch **Kranzplatten** aus Gußeisen oder Stahlguß (Abb. 470), die durch die kreisförmige Mittelrippe und die Segmentrippen in den Ecken ein sicheres Schwenken des Wagens ermöglichen. Der Raum innerhalb des Mittelkranzes kann zur Verringerung des Gewichts hohl gelassen werden. Die Platten werden auf einen Holzrahmen gelegt oder in Beton eingebettet. Statt der Kranz-

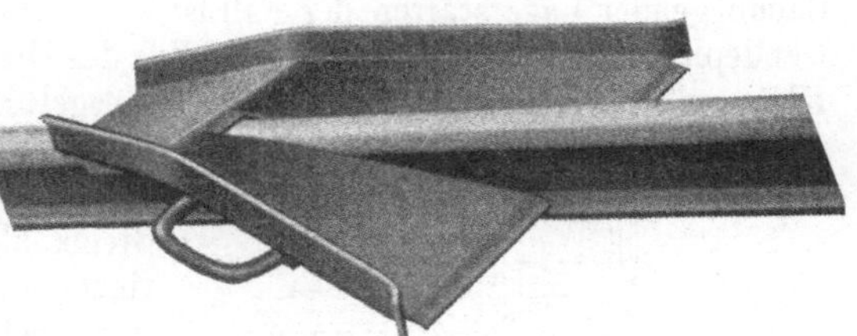

Abb. 469. „Fliegende" Aufgleisplatte.

platten werden auch einfache Nutenplatten verwendet, und zwar vorzugsweise bei der Streckenförderung mit endlosem Seil; die Wagenräder laufen dann für gewöhnlich mit ihren Spurkränzen in den Nuten, wodurch freilich das Herausschwenken des Wagens erschwert wird. Im übrigen läßt man in solchen Strecken an den Abzweigstellen auch die Schienen durchgehen und legt zwischen und beiderseits neben sie einfache Holz- oder Stahlplatten, die mit der Kopffläche der Schienen abschneiden und an den Innenseiten der Schienen Raum für die Spurkränze lassen.

Ein Nachteil der Kranzplatten ist ihre mangelhafte Verbindung mit dem Gestänge und unter sich, wodurch starke Stöße beim Befahren der Platten entstehen können. Bei der Platte nach Peisen wird gemäß Abb. 470[1])

---

[1]) Glückauf 1917, S. 810; W. Roelen: Gesichtspunkte für die Wahl und Verlegung des Grubengestänges.

dieser Übelstand durch eine feste Verbindung vermieden, indem sie mit angegossenen Eckrippen w versehen wird, die das Verschrauben der einzelnen Platten miteinander und das Anschrauben von Laschen l, zwischen die sich die Schienen fest hineinlegen, ermöglichen.

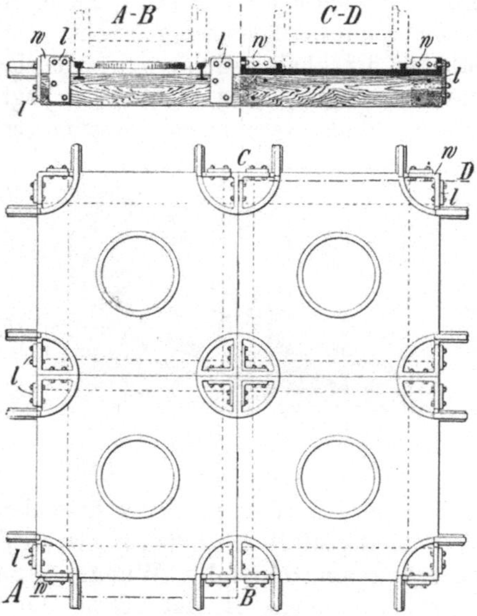

Drehscheiben, die auf Kugeln oder Rollen laufen, finden namentlich auf solchen Gruben Anwendung, die, wie z. B. im Eisenerzbergbau, besonders große und schwere Förderwagen benutzen, deren Schwenken auf gewöhnlichen Kranzplatten sehr anstrengend ist. Im Ruhrkohlenbergbau haben sie wegen der Unfallgefahr sehr wenig Verbreitung gefunden.

Sollen an eine durchgehende Förderstrecke Zubringestrecken angeschlossen werden, die nur teilweise und nur in geringem Umfange in Betrieb sind oder deren Anschluß — wie das namentlich beim Braunkohlenbruchbau und überhaupt beim Abbau mächtiger-

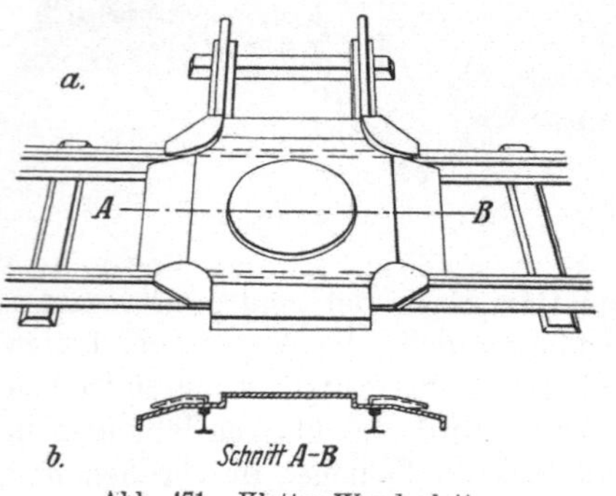

Abb. 470.
Wendeplatz für Doppelgleise mit 4 Kranzplatten.

flachliegender Lagerstätten der Fall ist —, ständig wechselt, so sind Kletterwendeplatten (Abb. 471) zweckmäßig. Für das Drehen schwerer Wagen können Kletterplatten auch als Drehscheiben ausgeführt werden.

Für die regelmäßige durchgehende Förderung werden Kranzplatten im Steinkohlenbergbau wegen ihrer geringeren Sicherheit der Wagenführung nur noch selten verwendet. Vorwiegend findet man sie noch an den Aufgabe- und Abnahmestellen der Bremsberge, da hier die Förderwagen nur seitlich zu der Förderrichtung des Berges eingeschoben und abgezogen werden dürfen.

Abb. 471. Kletter-Wendeplatte.

69. — Wechsel[1]). Die Überleitung der Wagenzüge von einem Gleis auf ein anderes erfolgt ausschließlich durch Weichen oder Wechsel.

Die Bezeichnung der Wechsel erfolgt nach der Richtung, in der ein in den Wechsel einlaufender Zug abgeleitet wird. Man unterscheidet danach Rechts- und Linkswechsel (Abb. 472 a u. b). Außerdem kommt es gelegentlich beim Übergang einer Gleisanlage in zwei parallele Gleise gleicher Richtung vor, daß

---

[1]) Bergbau 1926, S. 484; W. von Hindte: Betriebssichere und zweckmäßige Anbringung von Weicheneinrichtungen usw.

eine Weiche eine gleichmäßige Verteilung nach beiden Seiten ermöglichen soll. Man spricht dann von einer „symmetrischen Weiche“ (Abb. 472c). Für die Verbindung zweier paralleler Gleisstränge wählt man Durchgangsweichen,

a) Rechtsweiche. b) Linksweiche. c) Symmetrische Weiche.

d) Links-Durchgangsweiche. e) Rechts-Durchgangsweiche.

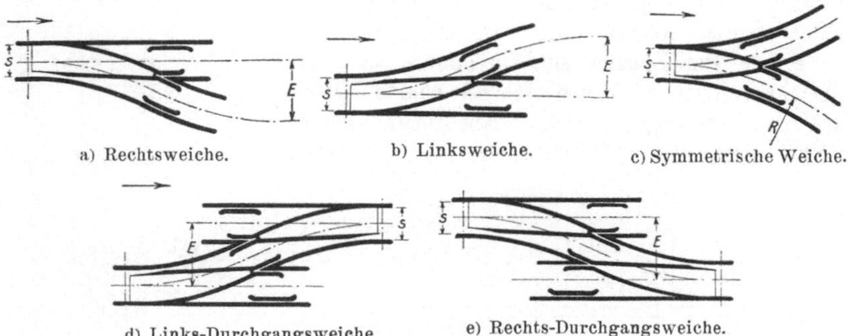

Abb. 472. Weichen.

(Die Pfeile zeigen die Einlaufrichtung an, welche für die Bezeichnung maßgebend ist.)

welche aus je 2 Links- oder Rechtsweichen zusammengesetzt und als Links- oder Rechtsdurchgangsweichen bezeichnet werden (Abb. 472d u. e). Ein Beispiel für eine zweispurige Rechtsweiche zeigt Abb. 473.

Die Umleitung der Wagenspurkränze erfolgt durch Zungen, welche sich mit ihren zugeschärften Spitzen an die Innenseite der Schienen legen, von welcher der Wagen abgelenkt werden soll (Abb. 472a—e). Die Zungen sind beweglich und können daher jeweils die eine oder andere Richtung freigeben. Die Bewegung der Weichenzungen erfolgt über Stangen mit Hebelwirkung von einem seitlich des Gestänges angebrachten Bock aus (Bockweichen) oder durch kleine seitlich angeordnete Druckluftzylinder (automatische Weichen).

Abb. 473. Rechtsweiche (Zungenweiche) für zweispurige Strecken.

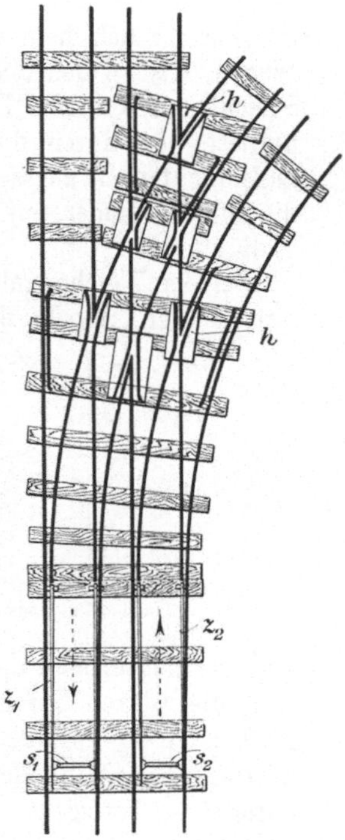

Für besondere Zwecke, z. B. am Schachtablauf, wo die Wagen immer in einer Richtung durch die Weiche gehen, kann man die Zungen mit einem kleinen mittleren Abstand von den Schienen unbeweglich verlagern, man spricht dann von „festen Wechseln“. Ebenso kann es möglich sein, daß ein Wechsel nur in 2, nicht aber in 3 Richtungen durchfahren wird, und zwar z. B. im Füllort überwiegend in einer bestimmten Folge. Dann kann man eine „Federweiche“ (Abb. 474) verwenden. Diese öffnet die Zunge unter dem Druck der Radsätze in einer bestimmten Richtung, im übrigen ist aber die Zunge in einer beabsichtigten Richtung festgelegt.

Die Weichen der Spurweiten von 450, 600, 630 und 900 mm sind in den Blättern DIN Berg 506—544 genormt, wodurch ihre gegenseitige Auswechselbarkeit und damit ihre Verwendbarkeit sehr erleichtert wurde. Jedoch stellt der Betrieb insbesondere an Füllörtern und Hauptstreckenabzweigungen gerade hinsichtlich der Ausführung von Weichen die verschiedenartigsten Aufgaben.

Neben den Zungen sind besonders auch die Weichenspitzen, in denen sich die beiden Mittelschienen vereinigen, hoch beansprucht. Dieses „Herzstück" (Abb. 475) wird meist aus Stahlguß

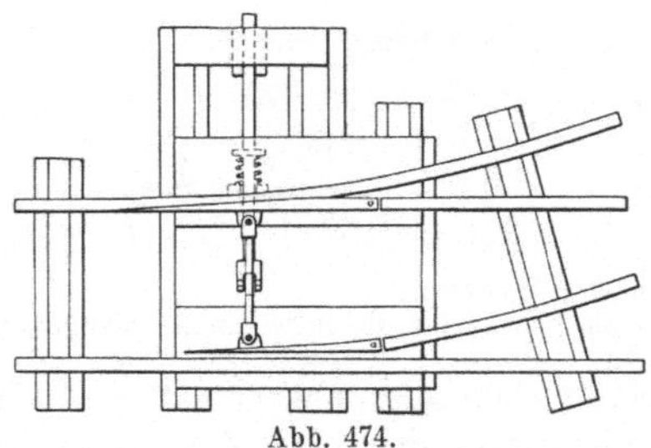

Abb. 474.
Federweiche der Gesellschaft „Bergbau".

in einem Stück hergestellt. Das Entgleisen der Wagen, das an den Schnittpunkten der einzelnen Schienen, also an den Herzstücken, am leichtesten auftritt, wird durch die diesen Stellen gegenüber angebrachten Zwangsschienen (Abb. 473), welche die äußeren Räder auf ihren Schienen festhalten, verhütet.

Bei der Weichenanlage nach Abb. 476 werden mittels der Hebelverbindungen $b_1 c_1$ und $b_2 c_2$

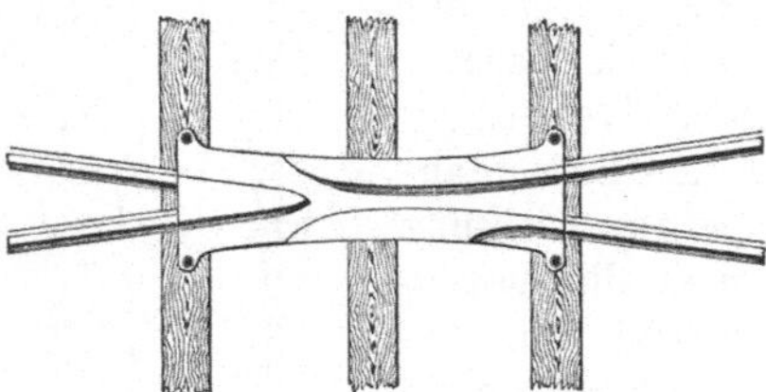

Abb. 475. Herzstück aus Stahlguß.

und der Zugstangen $d_1 d_2$ mit den Gelenkstücken $e_1 e_2$ die (durch Punktierung hervorgehobenen) Zungen f_1 – f_8 gesteuert, und zwar durch Vermittlung von Winkelleisten, die sich auf Blechunterlagen bewegen. Die Herzstücke sind mit g_1 — g_4 bezeichnet. Und zwar sind g_1 und g_4 (Schnitt C—D) auf besonderen Platten verlagert, auf denen die vier Schienen, deren Abstand durch gußeiserne Einlegestücke i gesichert ist, durch einen kräftigen Schraubenbolzen k zusammen-

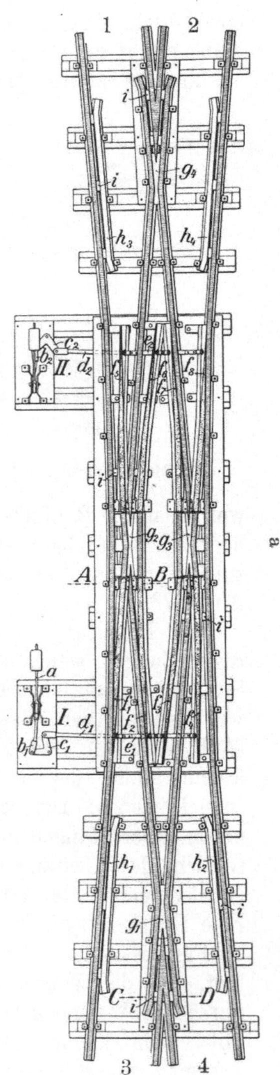

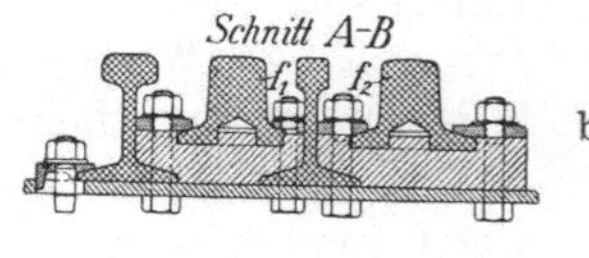

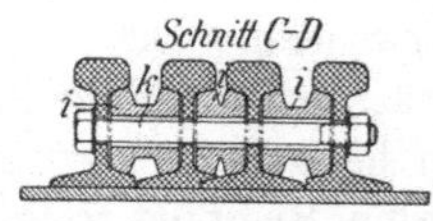

Abb. 476a—c. Kreuzweichenanlage der Weichenfabrik Künstler & Co. in Dortmund.

gehalten werden. Die Herzstücke g_2 und g_3 tragen die auf besonderen Platten (Schnitt A—B) verlagerten, im Profil brückenartigen Zungenstücke f, die durch Schraubenmuttern mit Unterlegplatten gehalten werden. Die Zwangschienen h_1—h_4 werden durch die Einlegestücke i in den richtigen Abständen gehalten. Die vier Zungen jeder Seite werden jeweils gleichzeitig gesteuert, so daß immer nur ein Strang befahren werden kann. In der gezeichneten Stellung ist die Verbindung von Gleis 2 nach Gleis 3 oder umgekehrt hergestellt. In der Gegenstellung wird Gleis 1 mit Gleis 4 verbunden, in der Zwischenstellung die Verbindung von Gleis 1 mit Gleis 3 oder Gleis 2 mit Gleis 4 vermittelt.

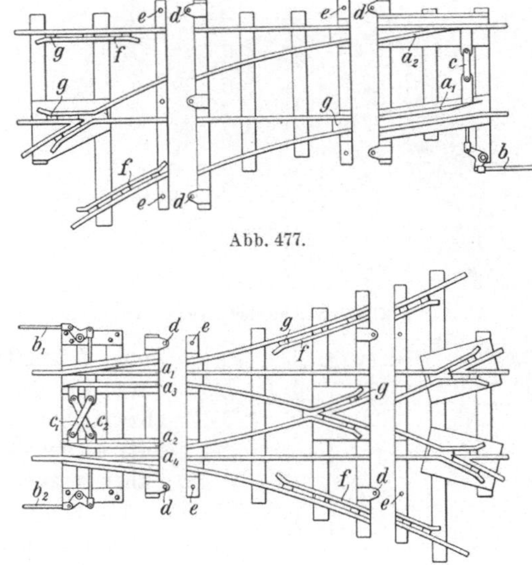

Abb. 477.

Abb. 478.

Abb. 477 und 478. Zerlegbare Weichen.

Für schnelles Verlegen sind die „Fertigweichen" der Firma Bergbau in Dortmund bestimmt, von denen Abb. 477 eine dreiteilige Linksweiche, Abb. 478 eine gleichfalls dreiteilige Doppelweiche zeigt. Die Zungen a werden durch Hebel b mit Gelenkverbindungen c bewegt. Zwei Teilstücke sind mit Lappen versehen, die über die Stahlschwellen des Nachbarstücks greifen, so daß die Löcher d und e zur Deckung kommen und das Durchstecken von Bolzen ermöglichen.

Wieder andere Wechselanlagen ergeben sich aus der Notwendigkeit, mehrere Förderbahnen zu einer einzigen zusammenzuziehen oder, was dasselbe bedeutet, ein Einzelgestänge in mehrere Gestänge zu verzweigen. Dieser Fall liegt besonders

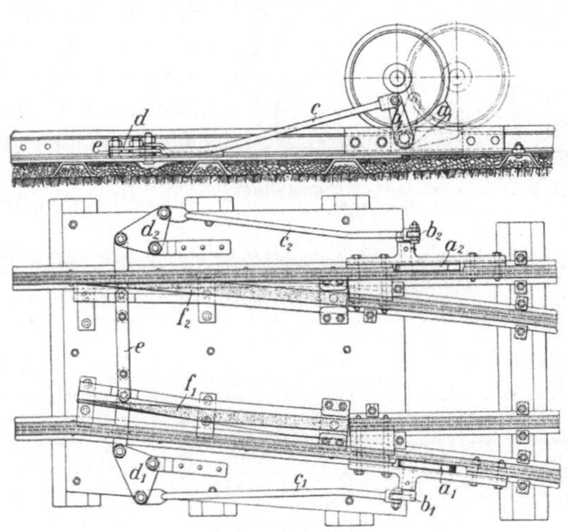

Abb. 479. Selbsttätige Verteilungsweiche von Künstler & Co. in Dortmund.

bei größeren Füllörtern vor, wo die an die Einlaufplatten sich anschließenden zahlreichen Gestängestücke mit den zwei oder drei Gestängen des zum

Füllort führenden Hauptförderweges verbunden werden müssen. In solchen

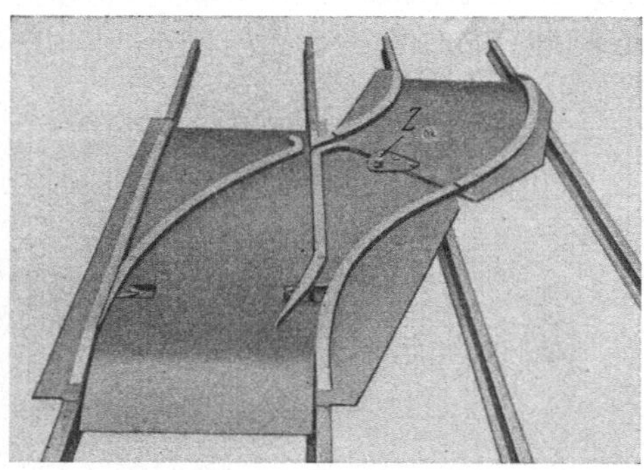

Abb. 480. Kletterweiche der „Bergbau"-A.-G.

Fällen werden verschiedentlich Wechsel mit selbsttätiger, gleichmäßiger Verteilung der in einem Gleis ankommenden Wagen auf zwei Gleise benutzt. Eine solche Weiche ist in Abb. 479 dargestellt. Der geradeaus fahrende Wagen hat mit seinem Vorderrade den Anschlag a_2 heruntergedrückt, damit durch Vermittlung der Hebel b_2 c_2, des Dreieckbleches d_2 und der Gelenkstange e die Zunge f_1 geöffnet und f_2 geschlossen und dadurch für den folgenden Wagen die Rechtsabzweigung festgelegt; dieser schaltet seinerseits wieder durch die Verbindung a_1—d_1 auf Fahrt geradeaus usw.

Für den Anschluß eines Streckengestänges an einen vorrückenden Abbaustoß (vgl. Abb. 471 auf S. 388) und ähnliche Fälle, die ein rasches Umlegen einer Weiche erwünscht machen, eignen sich „Kletterweichen", für die Abb. 480 ein Beispiel gibt. Die mittels des Zapfens Z aus zwei Stücken zusammengesetzte Zungenweiche ermöglicht durch keilförmig abgeschrägte Schienenstücke das Auffahren und Ablaufen der Wagen; sie kann durch Drehen um den Zapfen Z Unterschiede in den Abständen der Gleismitten ausgleichen.

Bei Lokomotivförderung hat die automa-

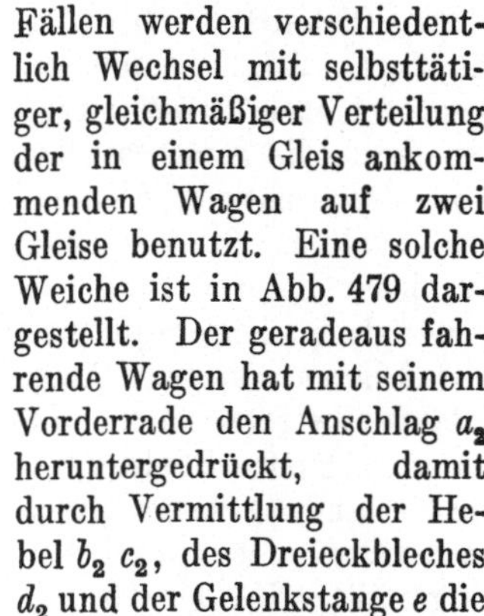

Abb. 481. Selbsttätige Weichenstellung durch Druckluft.

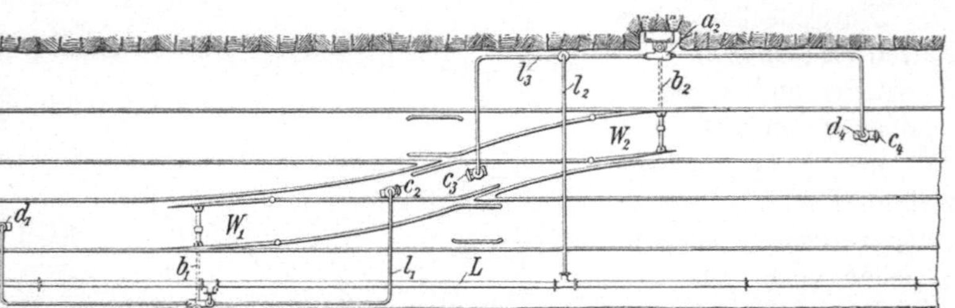

Abb. 482. Gesamtbild einer selbsttätigen Weichenstellanlage.

tische Betätigung der Weichen eine größere Bedeutung erlangt. Sie wird dadurch erreicht, daß ein den Wechsel betätigender Druckluftzylinder durch einen Handanschlagkontakt von dem Maschinisten der Lokomotive oder von der Lokomotive selbst durch einen Anschlag im Fahrprofil bedient wird. Ein Beispiel in einer Ausführung von Gustav Strunk in Essen zeigen die Abbildungen 481 u. 482. Der Druckluftzylinder a in Abb. 481 stellt mit Hilfe einer Hebelübertragung und der Zugstange b die Weiche W um. Seine Steuerung erfolgt dadurch, daß die Lokomotive die Platte c zurückschiebt und dadurch die Steuerung d, die durch eine Zweigleitung l mit dem Zylinder verbunden ist, betätigt; die Platte c wirkt zu diesem Zweck (s. Nebenzeichnung) auf eine exzentrisch verlagerte Scheibe e, die gegen den Druck der Blattfeder f den Steuerkolben hochschiebt. In der in Abb. 482 dargestellten Stellung hat die von unten links kommende Lokomotive durch Betätigung der Anschläge c_1 und c_3 die Weichen W_1 und W_2 für die Durchfahrt auf das Nachbargleis

Abb. 483. Schiebebühne von Hauhinco.

umgestellt. Die Anschläge c_4 und c_2 ermöglichen die gleiche Umstellung für die aus der entgegengesetzten Richtung kommenden Lokomotiven. Durch Verstellen des Anschlages an der Lokomotive selbst können die Weichenstellvorrichtungen ausgeschaltet werden, so daß die Lokomotiven auf ihrem Gleise weiterfahren.

70. — Schiebebühnen, wie sie in Bahnhöfen über Tage vielfach verwandt werden, haben auch unter Tage Eingang gefunden. Abb. 483 zeigt eine solche, auch „Rollweiche" genannte Querverbindung. Der Wagen läuft über die Keilstücke a auf den Rahmen b, der mittels Rollen c auf der Querbahn d seitlich verschoben wird. Durch Aufklappen

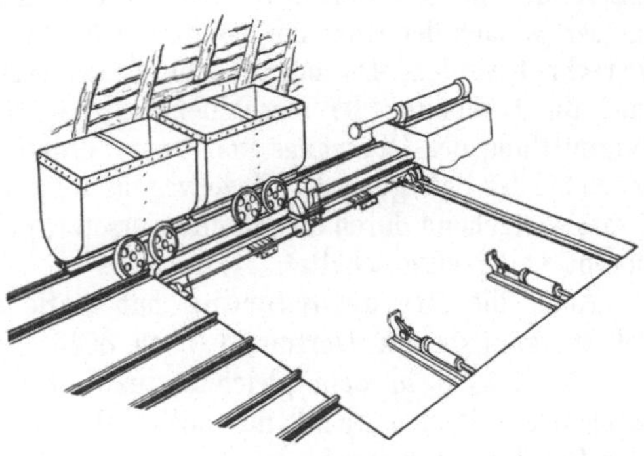

Abb. 484.
Automatische Schiebebühne der Firma Korfmann.

der einen oder anderen Hälfte der Schiebebühne um das Gelenk e können die beiden Gleisstränge nach Bedarf für die Durchfahrt freigegeben werden.

Die Maschinenfabrik H. Korfmann jr. führt solche Rollweichen in schräger Lage zu den Gleisen aus, um die Querbewegung durch Ausnutzen der lebendigen Kraft des auflaufenden Wagens zu erleichtern.

Eine automatische Schiebebühne für größere Leistungen, insbesondere an Stapelanschlägen, wo sie den Umtrieb ersparen, zeigt Abb. 484 in einer Ausführung der Firma **Korfmann**. Die Bühne, die 2 Wagen faßt, läuft auf 4 Rädern und zwei quer zu der Förderrichtung verlegten Schienen. Sie wird von einem Druckluftzylinder bewegt und kann nach Wunsch vor jedem der 3 Gleise festgehalten werden. Um den Ablauf der Wagen zu erleichtern, befindet sich vor dem Ablaufgleis ein Abdruckzylinder.

71. — Kosten des Oberbaus. Die Kosten der Schienen ergeben sich aus einem Preis von RM. 126,— je t. Holzschwellen kosten RM. 0,30—0,80 das Stück, entsprechend einem Festmeterpreis für Eichenschwellen von RM. 34,10 (Stahlschwellen kosten RM. 135 je t, Frachtbasis Mitte Ruhrgebiet). Für das Befestigungsmaterial einschließlich Verlaschung sind je nach Ausführung RM. 0,20—0,80 je m zu veranschlagen. Die Materialkosten errechnen sich dann in Abbaustrecken je m Gleis auf etwa RM. 5,—, in Hauptförderstrecken auf etwa RM. 10.—. Die Lohnkosten schwanken innerhalb weiter Grenzen und liegen zwischen RM. 0,50—4,— je m Gleis.

D. Die Betätigung der Wagenförderung.

72. — Überblick. Die Bewegung der Wagen in den verschiedenen Förderstrecken kann durch **Menschenkraft**, durch **Pferde** oder **Maschinen** erfolgen. Von diesen drei Fördermitteln sind heute für den deutschen Bergbau die Maschinen das Wichtigste.

Die Förderung durch **Menschenkraft**, „Schlepperförderung" genannt, spielt im deutschen Steinkohlenbergbau nur noch eine geringe Rolle. In den Abbaustrecken der steilen Lagerung entfielen auf sie 1938 noch etwa 10% der gefahrenen Nutz-tkm. Auf kleineren und mittleren Erzgruben ist sie dagegen noch häufiger anzutreffen. Bei gutem Zustand der Wagen und des Gestänges kann dabei mit Leistungen von 3—5 Nutz-tkm je Mann und Schicht und infolgedessen je nach der Höhe der Löhne mit Kosten von RM.1,50—2,50 je Nutz-tkm gerechnet werden. Die menschliche Arbeitskraft beschränkt sich daher zumeist auf die Bedienung der maschinenmäßigen Fördereinrichtungen sowie auf die Vermittlung des Übergangs von einer Fördereinrichtung auf die andere. Aber auch bei der Bewegung des Einzelwagens auf kurze Erstreckung ist die Menschenkraft weitgehend durch die Maschine ersetzt; beim Großförderwagen ist sie überhaupt völlig ausgeschaltet.

Auch die **Pferdeförderung** hat stark abgenommen. Waren 1913 im Oberbergamtsbezirk Dortmund noch 8040 Pferde eingesetzt, so belief sich ihre Zahl 1938 in dem gleichen, inzwischen noch um die linksrheinischen Zechen erweiterten Bezirk nur noch auf 1102, davon 504 Ponys. Sie dient in der Regel als Zubringeförderung aus sonderbewetterten Ausrichtungsbetrieben, in Strecken, in denen Fahrdrahtlokomotivförderung nicht zugelassen oder noch nicht eingerichtet ist, und für Transporte auf der Wettersohle. Auch in den Abbaustrecken findet sie sich noch. So entfielen 1938 etwa 9% der in Abbaustrecken der steilen Lagerung gefahrenen Nutz-tkm auf die Pferdeförderung.

Bei der **maschinenmäßigen** Streckenförderung kommt die Pendel- und die Dauerförderung in Frage. Erstere wird vertreten durch die Wagenförderung mit Haspeln und Lokomotiven, letztere durch die Wagenförderung mit endlosem Zugmittel und durch die Stromförderung; diese wiederum ist in der Hauptsache die Bandförderung, da die Rutschenförderung, wenn man der Förderstrecke nicht eine gewisse Neigung geben kann, nur ausnahmsweise wirtschaftlich ist.

Bei der **Wagenförderung** ist noch zwischen dem Antrieb durch feststehende und demjenigen durch mitfahrende Maschinen zu unterscheiden. Im ersteren Falle bewegt die Maschine die Wagen mit Hilfe eines Seiles oder einer Kette, und zwar können die Wagen entweder zuvor zu Zügen zusammengestellt und dann mit dem Zugmittel gekuppelt oder es kann jeder Wagen einzeln angeschlagen oder abgehängt werden. Es ist also bei der Förderung mit feststehenden Maschinen noch diejenige mit **ganzen Zügen** und mit **einzelnen Wagen** zu unterscheiden. Die Förderung mit beweglichen Maschinen, d. h. die Lokomotivförderung, kann dagegen sinngemäß nur zugweise erfolgen.

a) Förderung durch Schlepper und Pferde.

73. — Schlepperförderung. Da nach Ziff. 72 die Schlepperförderung im eigentlichen Sinne, d. h. das Fortbewegen von Wagen durch Menschenkraft über größere Entfernungen, für unseren Bergbau im wesentlichen der Vergangenheit angehört, so braucht hier nur einiges über die Leistungen und Kosten der Schlepperförderung mitgeteilt zu werden. Man kann auf Gruben, auf denen in Sohlenstrecken Schlepperförderung ohne anderweitige Beschäftigung der Schlepper umgeht, bei gutem Zustande der Wagen und des Gestänges auf eine Leistung von 3—4 Nutz-tkm in der Schicht rechnen. Allerdings ist man in Ausnahmefällen, wo die Verwendung großer Wagen oder das gleichzeitige Schleppen mehrerer Wagen möglich war, bei bester Ausführung der Radsätze und vorzüglichster Verlegung und Instandhaltung der Gestänge auf 15 tkm und darüber gekommen. Die Kosten der Schlepperförderung sind demgemäß hoch und im allgemeinen, je nach den Förderverhältnissen und nach der Höhe der Löhne, mit 1,80—2,50 RM. je 1 tkm zu veranschlagen.

74. — Pferdeförderung. Allgemeines. Die Größe der zu verwendenden Pferde richtet sich nach der Höhe der Förderwege und nach der Förderleistung. Kleine Pferde, die nur eine geringere Anzahl von Wagen gleichzeitig ziehen können, kommen besonders für die Förderung auf Teilsohlenstrecken sowie für solche Fälle in Frage, in denen die Fördermenge nicht groß genug ist, um große und starke Pferde regelrecht auszunutzen.

Die Pferde können bei geringer Tiefe der Grubenbaue in Ställen über Tage untergebracht und täglich im Schachte aus- und eingefördert werden. Die zunehmende Tiefe der Gruben aber und die verschärften gesetzlichen Bestimmungen über die Schichtdauer, die auf möglichste Beschränkung der Dauer der Seilfahrt hinwirken, haben heute die meisten Gruben zur Anlage unterirdischer Stallungen genötigt. Aus diesen werden die Grubenpferde nur in größeren Zwischenräumen (etwa jährlich oder halbjährlich einmal) ans Tageslicht gebracht. Die Ställe unter Tage haben vor den oberirdischen außer dem Wegfall des Zeitverlustes durch die Ein- und Ausförderung der Pferde auch den Vorteil voraus, daß Erkältungskrankheiten, die sich die Pferde beim Luftwechsel in der kalten Jahreszeit leicht zuziehen, vermieden werden. Als Nachteile der unterirdischen Ställe sind hervorzuheben: schwieriges Reinhalten und daher leichterer Ausbruch und schwierigere Bekämpfung ansteckender Krankheiten, ferner Verschlechterung der Grubenwetter durch die Ausdünstungen der Ställe, Brandgefahr wegen der Entzündlichkeit der Futtervorräte, leichtes Verderben der letzteren.

75. — Unterirdische Pferdeställe. Demgemäß muß bei der Anlage unterirdischer Pferdeställe wenigstens alles getan werden, um diese Nachteile so wenig wie möglich in die Erscheinung treten zu lassen. In erster Linie ist bei größeren Stallungen zu empfehlen, als Baustoffe nur Stein und Stahl zu verwenden, sowohl der Sauberkeit als auch der Feuersicherheit wegen. Ferner muß durch eine gut gepflasterte und nach einer Abflußrinne hin geneigte Sohle für schnellen und vollständigen Abfluß des Schmutzwassers bei den regelmäßigen Reinigungen gesorgt werden. Solche Ställe erhalten etwa 4 m Tiefe und 2—3 m Höhe. Für jedes Pferd rechnet man 1,3—1,4 m Breite. Als Streu hat sich Torfstreu, die den Harn aufsaugt, besonders gut bewährt.

Beim Ausschießen des nötigen Hohlraumes kann unter Umständen ein Flöz benutzt werden. Die Kosten können dann bis auf 100—130 RM. für jedes Pferd heruntergedrückt werden; anderenfalls rechnet man im Ruhrbezirk auf den Stand 300—400 RM. einschließlich der Ausgaben für die Ausstattung mit Krippen, Raufen, Schlagbäumen usw.

76. — Einrichtungen in den Förderstrecken. Bei der Herrichtung von Strecken und Querschlägen für die Pferdeförderung ist darauf zu achten, daß Anlässe für Kopf- und Hufverletzungen vermieden werden und die Hufe genügenden Widerstand zum Anstemmen finden. Demgemäß müssen diese Förderwege genügend hoch sein. Bei knapper Höhe, wie sie namentlich in Strecken mit stark quellender Sohle sich leicht einstellen kann, nagelt man Bretter unter die Kappen der Zimmerungen, damit die Pferde nicht mit dem Kopfe anstoßen. Die Sohle wird vielfach durch Pflastern des Raumes zwischen den Schienen und Schwellen besonders widerstandsfähig gemacht. Das Pflaster kann durch Klinkersteine, die der größeren Widerstandsfähigkeit wegen und zur Schaffung möglichst zahlreicher Angriffspunkte für die Hufe hochkant gestellt werden, oder in vorteilhafter Weise durch Klötze von altem Holz, die auf die Hirnseite zu stehen kommen, gebildet werden. In vielen Fällen begnügt man sich aber auch mit einer Lage von Sandstein-Kleinschlag oder Ziegelschrot, auf die Kesselasche geschüttet wird; dieser Sohlenbelag muß dann aber öfter erneuert werden.

77. — Wirtschaftlichkeit der Pferdeförderung. Während früher, wo die Pferde noch auf den Hauptförderstrecken liefen, im Ruhrkohlenbezirk die Leistungen eines Pferdes in der achtstündigen Schicht zwischen 16 und 55 Nutz-tkm (also die Rückförderung der leeren Wagen eingerechnet) schwankten und im Durchschnitt etwa 35 Nutz-tkm betrugen, kann heute für die Teilstreckenförderung nur mit Leistungen von 20—30 Nutz-tkm (und zwar mit Einrechnung der als Rückfracht zu ziehenden Bergewagen) gerechnet werden. Allerdings handelt es sich hier auch um kleinere Pferde („Ponys")[1].

Für diese Leistungszahlen ist noch zu berücksichtigen, daß der Pferdeführer, wenn er sich nicht in den vordersten Wagen setzen kann, dieselben

---

[1] Glückauf 1929, S. 1789; Jahns: Wirtschaftlichkeit der Förderung mit Pferden, Abbaulokomotiven, Förderbändern und Schlepperhaspeln usw.

Wege wie das Pferd machen muß, so daß beispielsweise bei einer Schichtleistung von 50 Nutz-tkm und Zügen von je 5 t Nutzlast der Pferdeführer mit dem Pferde $\dfrac{2 \cdot 50}{5} = 20$ km je Schicht gehen muß.

Die Kosten der Pferdeförderung je Tonnenkilometer hängen zunächst von den Förderverhältnissen ab: Länge und Querschnitt der Strecken, Temperatur, Beschaffenheit des Oberbaues, Verhalten der Sohle, Grad der Ausnutzung der Leistungsfähigkeit der Pferde können die Kosten stark nach oben und unten hin beeinflussen. Ferner ist von Belang, ob man Pferde oder Ponys verwendet, ob die Tiere im Eigentum der Zeche stehen oder von Unternehmern gestellt werden und ob die Pferdeführer nur für die Pferdeförderung beansprucht werden oder noch zu anderen Arbeiten herangezogen werden können. Für die Verhältnisse im Ruhrbezirk kann man im allgemeinen, wenn die Pferde vom Unternehmer gestellt werden, mit folgenden Monatsausgaben für ein Pferd rechnen:

Kostenarten	Einzelbeträge RM.	in % der Gesamtkosten rund
Miete und Futterkosten	110—130	41,4
Hufbeschlag	4— 5	1,5
anteiliger Lohnbetrag für Stallknechte	20— 25	7,7
Pferdestall und seine Unterhaltung[1])	6— 7	2,2
Pferdeführer	125—150	47,2
insgesamt	265—317	100,0

Leistet das Pferd durchschnittlich 25 tkm je Schicht, so kostet 1 Nutz-tkm rund 42—51 Rpf.

Beim Vergleich der Kosten der Pferdeförderung mit denjenigen der Lokomotivförderung sind die im allgemeinen bei der letzteren höheren Ausgaben für Oberbau und Streckenunterhaltung entsprechend in Rechnung zu stellen.

Für die Förderung auf der Hauptsohle, wo die Arbeits- und Ausnutzungsbedingungen wesentlich günstiger sind, kann man die Kosten je Nutz-tkm auf etwa 25—30 Rpf. veranschlagen.

Auf die Tonne Kohlen umgerechnet, stellt sich das Verhältnis zwischen diesen Beträgen umgekehrt, da die Förderwege auf den Teilstrecken kurz, auf der Hauptsohle lang sind.

b) Maschinenmäßige Streckenförderung.
α) Förderung mittels feststehender Maschinen.
Seil- und Kettenförderungen.

78. — **Vorbemerkung.** Die Übertragung der Zugkraft von einer feststehenden Maschine (Haspel) auf die zu bewegenden Wagen erfolgt durch Seile oder Ketten.

Bei der Seilförderung kann mit offenem oder geschlossenem Seil gearbeitet werden, je nachdem ob die Wagen an das freie Seilende angehängt oder in das

---

[1]) Kosten für Teilstreckenförderung höher wegen der kürzeren Lebenszeit der Pferdeställe.

zweiteilige Seil eingeschaltet werden (Vorder- und Rückseil). Oder aber die Wagen werden mit Hilfe besonderer Kupplungsvorrichtungen von einem geschlossenen Seil, einem „Seil ohne Ende", mitgenommen. Bei der Kettenförderung kommt nur die Förderart mit endloser Kette in Frage.

79. — Schlepperhaspelförderung. Dieses Förderverfahren hat heute unter der Bezeichnung „Schlepper- oder Streckenhaspelförderung" eine große Bedeutung in der Abbaustreckenförderung, insbesondere der steilen Lagerung gewonnen (1938 entfielen auf sie rund 35% der gefahrenen Nutz-tkm), ferner in der Abbaustreckenförderung, in Ausrichtungsstrecken. Eine weite Verbreitung hat sie außerdem an den Anschlägen von Blindschächten, an Lade- und Kippstellen, wo sie für das Vorziehen der Wagen oder ganzer Züge dient.

Ihre Einführung ist durch die Entwicklung drehender Druckluftmotore, also der Pfeil-, Schrägzahn- und Stirnradmotore wesentlich gefördert worden. Die Abbildungen 485 u. 486, die einen Kleinhaspel von Gebr. Eickhoff zeigen,

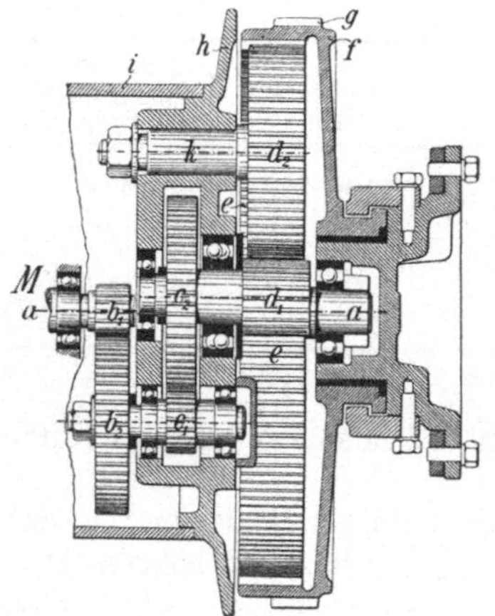

Abb. 485. Eickhoff-Schlepperhaspel (Teilschnitt.)

Abb. 486. Eickhoff-Schlepperhaspel, Gesamtbild.

geben eine Vorstellung von dem gedrängten und einfachen Bau eines solchen Antriebes. Der Pfeilradmotor ist (bei M in Abb. 485) in der Seiltrommel selbst untergebracht. Die Motorwelle a überträgt ihre Drehung durch das doppelte Vorgelege b_1 b_2 und c_1 c_2 auf das Ritzel d_1 und durch dieses auf das Planetenrad d_2. Dieses nimmt mit Hilfe des Innenzahnkranzes e die Scheibe f mit, solange diese nicht durch Einlegen der Sperrklinke m (Abb. 486) in den Außenzahnkranz g festgehalten wird. Tritt letzteres ein, so wandert das Rad d_2 auf der Innenverzahnung e entlang und nimmt dabei die Scheibe h nebst dem Trommelmantel i durch Vermittlung ihrer Achse k mit. Aus Abb. 486 ist die Verlagerung des Haspels auf einem Profilstahlgestell a ersichtlich, das durch Herunterklappen der Bügel b auf dem Gestänge befestigt wird und den Haspel mittels der Grundplatte c und der Ständer d trägt; außerdem bezeichnet l den Hebel für die Sperrklinke m, n den Hebel für das Luftventil und o die Kurbel für die Bremse.

Der Haspel wiegt 325 kg und entwickelt bei ordnungsmäßiger Belastung 10 PS; er zieht bei einem Druck von 4 atü 25 Bergewagen von je 1600 kg oder 35 Kohlenwagen von je 1300 kg Gesamtgewicht mit einer Geschwindigkeit von 0,9—1,2 m/s. Er kann sowohl als stehender wie auch als fahrbarer Haspel (Abb. 486) verwandt und schließlich auch an den Kappen der Zimmerung verlagert werden. Die auf das Seil übertragenen Zugkräfte und Geschwindigkeiten in ihrer Abhängigkeit vom Luftdruck und von den entwickelten Pferdestärken ergeben sich aus dem Schaubild in Abb. 487, nach dem z. B. bei 8 PS und etwa 3,8 atü·eine Zugkraft von 600 kg (entsprechend rund 19 Bergewagen bei einem Widerstand von 20 kg/t) ausgeübt und eine Geschwindigkeit von 1,0 m/s erreicht werden kann, wogegen diese Zahlen bei 3 PS und 2,25 atü 300 kg (entsprechend r. 9 Bergewagen) und 0,75 m/s betragen.

Der Düsterloh-Haspel nach Abb. 488 wird durch einen Geradzahn-(Stirnrad-) Motor angetrieben und zeigt ein doppeltes Vorgelege. Das Entkuppeln der Trommel wird durch Ausrücken einer Kuppelung mittels des hinteren Hebels ermöglicht.

Ähnliche Haspel bauen Frölich & Klüpfel in Wuppertal-Barmen, die Demag in Duisburg (Zwillingshaspel), die Maschinenfabrik Mönninghoff, G. m. b. H., in Bochum, die Maschinenfabrik A. Beien, G. m. b. H., in Herne u. a. Die letztere Firma hat auch einen Kleinhaspel auf den Markt gebracht, der in erster Linie dem Verschiebebetrieb dient und aus Leichtmetall hergestellt wird, so daß er nur 45 kg wiegt; seine Abmessungen betragen 55 · 34 31,5 cm. Ein solcher Haspel soll 2 PS entwickeln und bei einem Betriebsdruck von 5 atü

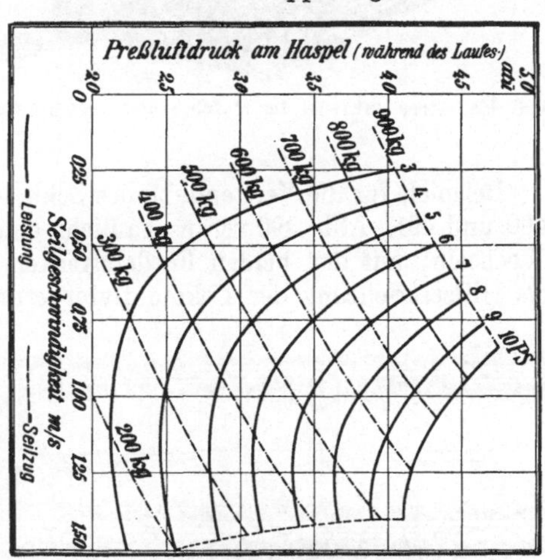

Abb. 487. Betriebschaubild für den Eickhoff-Haspel.

7 Wagen zu je 1500 kg Gewicht mit einer Seilgeschwindigkeit von 0,7 m/s ziehen können[1]).

Beim elektrisch angetriebenen Schlepperhaspel der Siemens-Schuckert-Werke liegt der Motor wie beim Eickhoff-Haspel in der Trommel, so daß sich eine sehr gedrängte Bauart ergibt. Der Motor (Drehstrommotor mit Kurzschlußanker) liefert eine Dauerleistung von 4,4 kW, eine Höchstleistung von 8,5 kW. Der Haspel wiegt nebst Grundrahmen 610 kg. Die Steuerung wird bei ständig in einer Richtung durchlaufendem Motor durch zwei Bremsen bewirkt, die durch einen Handhebel betätigt werden und von denen die eine auf die Trommel, die andere auf das Vorgelege wirkt. Die Trommelbremse arbeitet als Lüftungsbremse; Loslassen des Steuerhebels bewirkt selbsttätiges Stillsetzen der Trommel.

---

[1]) Glückauf 1931, S. 1153 u. f.; A. Sauermann: Mitnehmerhaspel mit Antrieb durch Druckluft-Pfeilradmotor oder Elektromotor.

Das Seil greift am vordersten Wagen mittels eines in seinen Ring fassen-
den oder über seine Stirnwand greifenden Hakens an. Für die Seilführung
in Krümmungen genügen einfache Kurvenrollen nach Abb. 489 mit einer entsprechenden Höhe, um dem Seil ein
genügendes Spiel zu gestatten. Bei
höherer Lage des Seiles müssen auch
die Rollen höher gebaut werden.

Abb. 488. Streckenhaspel der Maschinenfabrik Düsterloh.

Abb. 489. Kurvenrolle für
Streckenhaspelförderung.

Beispiele für die Verwendung des Schlepperhaspels zeigen die Abbildungen
490 und 491. Abb. 490 veranschaulicht einen Rutschenstreb mit „fliegenden
Wechseln" auf den beiden Förderstrecken. Die Haspelförderung dient hier
als Hilfseinrichtung der Lokomotivförderung. Der Schlepperhaspel a_1 zieht

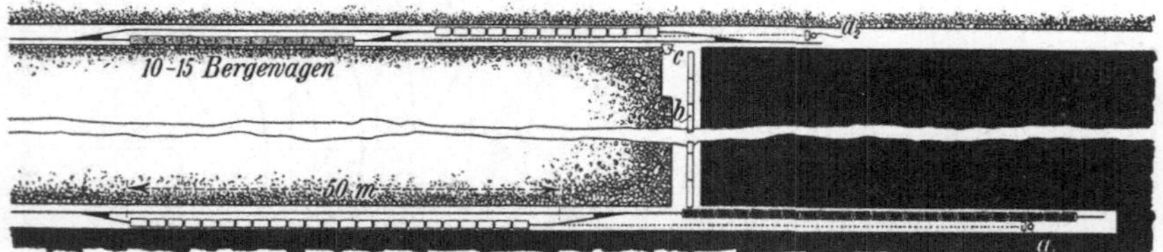

Abb. 490. Kohlen- und Bergeförderung mit Schlepperhaspeln.

die von der Lokomotive herangeförderten leeren Wagen über die vordere
Weiche in das Sackgleis am Ende der Strecke, wo sie, an der Rutsche b
vorbeilaufend, gefüllt werden und so ihre Vorgänger weiter drücken, bis
der volle Zug fertig ist und von der Lokomotive, die in dem dargestellten

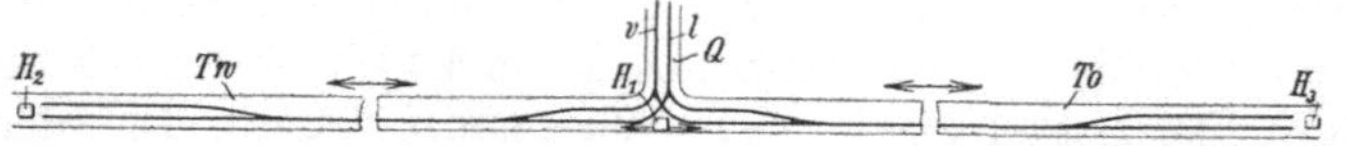

Abb. 491. Förderverfahren mit 3 Schlepperhaspeln von Düsterloh im Seil- und Gegenseil-
betrieb.

Zeitpunkt gerade den neuen Leerzug gebracht hat, abgeholt werden kann.
Auf der Teilsohle vermittelt der Haspel a_2 in gleicher Weise das Heranholen
der Bergewagen zur Kippstelle c.

Abb. 491 zeigt das Zusammenarbeiten eines in der Mitte gegenüber der
Einmündung des Querschlags Q stehenden Haspels H_1 mit den an den Enden
der westlichen und östlichen Teilstrecke Tw und To aufgestellten und mit

dem Abbau wandernden Haspeln H_2 und H_3; die Haspelförderung vermittelt hier wieder die Verbindung mit der im Querschlage für das Leergleis l und das Vollgleis v umgehenden Lokomotivförderung.

Um die Schlepperhaspel auch für den Gruppenbau bei niedrigen Abbaustößen mit seiner zersplitterten Förderung nutzbar zu machen, kann man fest aufgestellte Haspel auf den einzelnen Ortsquerschlägen mit fahrbaren „Wanderhaspeln" in den verschiedenen Ortstrecken zusammenarbeiten lassen und die letzteren von „Wanderschleppern", die nach Bedarf die einzelnen Füll- und Kippstellen bedienen, jeweilig an Ort und Stelle bringen lassen[1]. Ein solches Verfahren eignet sich für Bauabteilungen, in denen die Zahl der zu einer Fördergruppe zusammengefaßten Flöze nicht groß genug ist, um die größere Kapitalanlage für Abbaulokomotiven zu rechtfertigen.

80. — Die Kosten der Schlepperhaspelförderung hängen in der Hauptsache vom Luftverbrauch, von den Löhnen für die Bedienungsleute und vom Seilverschleiß ab. Die Lohnkosten treten dann stark zurück, wenn der Haspelwärter, wie das vielfach der Fall ist, gleichzeitig zu anderen Arbeiten (als Wagenfüller, Bergekipper u. dgl.) herangezogen werden kann. Der Seilverschleiß wächst mit zunehmender Zahl der Streckenkrümmungen und kann außerdem durch nachlässige Behandlung erheblich vergrößert werden; hier ist besonders das rasche Straffziehen des durchhängenden Seiles beim Anziehen vom Übel.

Die Anschaffungskosten betragen beispielsweise für eine Strecke von 150 m Länge mit drei Krümmungen und Doppel-Haspelbetrieb:

2 Haspel, 7 PS, je 700 RM. 1400,— RM.
160 m Seil, 8 mm $\varnothing$, 0,3 kg/m, 0,80 RM./kg . . . . 38,40 „
3 Kurvenrollen je 20 RM. . . . . 60,— „

Die monatlichen Betriebskosten stellen sich dann etwa wie folgt:

Tilgung und Verzinsung 45 % jährlich von 1460 RM. . . . . . . 54,75 „
Seilverschleiß (monatlich 1 Seil) . . . . 38,40 „
Instandhaltung (Schmierung, Ersatzteile, anteilige Schlosserlöhne) . 30,— „
Luftverbrauch (60 m³/h je PSh zu 0,25 Rpf./m³) bei täglich 3 Betriebs-
    stunden und 6 PS Durchschnittsbelastung: 25 · 3 · 60 · 2 · 6 · 0,0025 135,— „
Lohnanteil für Bedienung (7,50 RM./Schicht), 2 Schichten täglich . . 375,— „
                                                                    ____
                                                                    633,15 RM.

Wird mit einer Durchschnittsgeschwindigkeit von 0,9 m/s auf einer durchschnittlichen Länge von 150 m mit Zügen von 15 Wagen gefördert, deren jeder 700 kg Kohlen und für die Rückfahrt 1100 kg Berge faßt, und rechnet man für die Pausen an den Endpunkten je 3 min $= 180$ s, so ergibt sich eine durchschnittliche Zugbelastung von $\dfrac{15 \cdot (0,7 + 1,1)}{2} = 13,5$ t und eine Stundenleistung von $\dfrac{3600 \cdot 13,5}{150 : 0,9 + 180} = 140$ t, wobei auf reine Förderzeit nur $\dfrac{3600 \cdot 150 : 0,9}{150 : 0,9 + 180} = 1730$ s, also annähernd $^1/_2$ Stunde, entfallen würde. In den für den Luftverbrauch angenommenen 3 Stunden reiner Förderzeit könnten also $6 \cdot 140 = 840$ t gefördert und $840 \cdot 0,15 = 126$ tkm geleistet werden, und bei 25 Betriebstagen monatlich würden sich die Kosten

---

[1] Bergbau 1928, S. 365; H. Grahn: Die Förderung mit dem Schlepperhaspel.

je Tonnenkilometer auf 492,10 : (25 · 126) ~ 0,16 RM., die Kosten je t Kohlenförderung auf 492,10 : (25 · 327) ~ 0,06 RM. stellen.

Bei schlechterer Ausnutzung und stärkerem Seilverschleiß können aber die Kosten je Tonnenkilometer wesentlich steigen, und Wedding gibt in seinem mehrerwähnten Aufsatze für den Ruhrbezirk sogar 0,64 RM. an, bei einer durchschnittlichen Tagesleistung von nur 35 t Kohle.

81. — Anderes Förderverfahren. Wird die vorstehend beschriebene Einrichtung dahin abgeändert, daß auf zwei Gleisen gleichzeitig gefördert wird, indem auf dem einen ein voller Zug zum Schachte, auf dem anderen ein leerer Zug ins Feld läuft, so sind zwei stärkere Förderseile nötig, während die beiden Züge durch ein schwächeres Hinterseil verbunden sind. Diese Förderart wird als „Förderung mit zwei Vorderseilen und einem Hinterseil" bezeichnet.

82. — Förderung mit Vorder- und Hinterseil; Allgemeines. Die Förderarten mit offenem Seil lassen sich alle auf das als „Förderung mit Vorder- und Hinterseil" bezeichnete Verfahren zurückführen.

Eine Einrichtung für die Förderung mit Vorder- und Hinterseil im eigentlichen Sinne entspricht ihrem Antriebe nach der in Bd. I beschriebenen Schrapperförderung. Sie besteht nach Abb. 492 aus einer eingleisigen Förder-

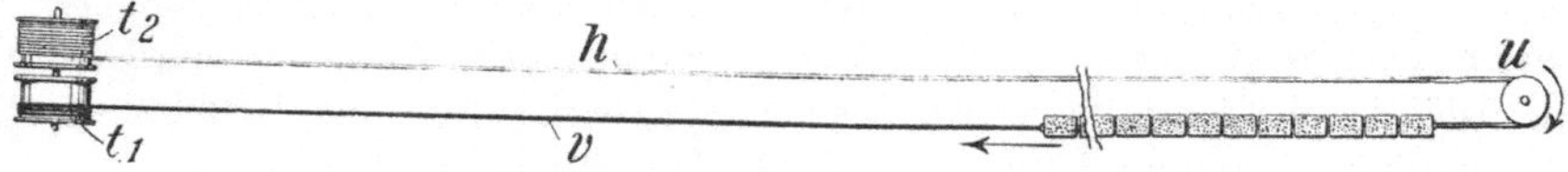

Abb. 492. Förderung mit Vorder- und Hinterseil.

strecke, in der sich das Haupt- oder Vorderseil v bewegt, während seitlich das Neben- oder Hinterseil h mittels der Umkehrscheibe u zur Maschine zurückgeführt wird. Diese ist mit zwei Trommeln t_1 t_2 ausgerüstet, von denen jeweils die eine durch eine ausrückbare Kuppelung fest mit der Achse gekuppelt wird, während die zweite lose läuft. Der volle Zug wird durch Aufwickeln des Vorderseiles herangeholt, wobei das Hinterseil sich selbsttätig von der lose mitlaufenden zweiten Trommel abwickelt; für die gegenläufige Förderung des leeren Zuges werden die Trommeln umgekehrt gekuppelt. Die Bewegung der losen Trommel wird durch eine Bremse nach Bedarf geregelt, was namentlich für wechselndes Gefälle wichtig ist. Erforderlich ist hiernach eine Gesamtseillänge gleich der dreifachen Streckenlänge, jedoch kann das Hinterseil, wenn es nur leere Wagen zu ziehen hat, also Bergeförderung nicht in Betracht kommt, schwächer sein. Die Wagenzahl der Züge schwankt etwa zwischen 50 und 150.

Sitzen die beiden Antriebstrommeln nicht auf der gleichen Welle, sondern sind sie getrennt an beiden Endpunkten der Bahn aufgestellt, so ergibt sich eine Förderung mit zwei Streckenhaspeln, zwischen denen der Wagenzug hin- und hergezogen wird; dieses Förderverfahren wird auch als „Förderung mit Seil und Gegenseil" bezeichnet.

β) Förderung mit geschlossenem Zugmittel.

83. — Bedeutung und Arten der Förderung mit endlosem Zugmittel. Die Förderung mit endlosem Zugmittel ist ein Hauptstreckenfördermittel, dessen Bedeutung jedoch sehr abgenommen hat. Im Steinkohlenbergbau findet man es nur noch selten, da die Lokomotivförderung billiger und wesentlich leistungsfähiger ist. Im Kalibergbau und Braunkohlentiefbau trifft man es dagegen noch häufiger an, da hier die Fördermengen vielfach nur mäßig sind und Gebirgsbewegungen, die leicht zu Verschiebungen der Trag- und Kurvenrollen und damit zu Betriebsstörungen führen, eine wesentlich geringere Rolle spielen als im Steinkohlenbergbau.

Es sind mehrere Arten dieses Förderverfahrens gebräuchlich:

1. Förderung mit schwebendem Seil oder schwebender Kette.

2. Förderung mit unterlaufender Kette.

Bei Förderung nach 1 werden bei schwebendem Seil entweder einzelne Wagen oder kurze Wagenzüge, bei schwebender Kette dagegen meist nur einzelne Wagen angeschlagen. Bei unterlaufender Kette werden dagegen einzelne Wagen und ganze Züge gefördert. Im übrigen eignet sich die Förderart 2 unter Tage nur als Hilfsförderung für die Bedienung von Füllörtern und für ähnliche Aufgaben. Unterlaufende Zugmittel als Hauptförderung mit einzelnen Wagen finden vorzugsweise über Tage Verwendung, da sie dort die erforderliche freie Bewegung der Leute quer zum Gleise am wenigsten hindern. Unter Tage dagegen spielt dieser Gesichtspunkt eine geringere Rolle, jedoch ist hier das unterlaufende Zugmittel wegen des starken Verschleißes infolge von Verschmutzung dem schwebend geführten unterlegen.

aa) Förderung mit schwebendem Seil ohne Ende.

84. — Antrieb. Allgemeines[1]**).** Die Antriebsmaschine muß imstande sein, lediglich durch Reibung der Treibscheibe die ganze Bewegung auf das Seil zu übertragen. Dabei ist immer die größtmögliche Schonung des Seiles im Auge zu behalten, da der Seilverschleiß einen wesentlichen Anteil an den (an sich nicht sehr hohen) Förderkosten hat. Zur Erzielung einer genügend rauhen Oberfläche wird der schwalbenschwanzförmig ausgearbeitete Rillengrund der Treibscheiben ausgefüttert. Als Futter dienen die verschiedensten Stoffe: Hartholz, Leder, gepreßte Baumwollgewebe (Ferodo, Bremsit u. a.), Buna und Leichtmetall. Mit diesen Futtern wird die Treibfähigkeit erhöht. Zugleich schonen sie Seile und Scheiben.

Bei allen Antrieben ist wegen der in Betracht kommenden geringen Seilgeschwindigkeiten von 0,5—1 m eine starke Übersetzung notwendig.

Zu berücksichtigen ist noch, daß die Seilspannung an allen Stellen des Seiles verschieden ist; sie nimmt von der Ablaufstelle des Leerseils an fortgesetzt zu, und zwar hinter jedem Wagen und hinter jeder Kurvenrolle um das Maß des von diesen ausgeübten Widerstandes.

85. — Mehrrillige Treibscheiben. Zur Vergrößerung des Umschlingungswinkels für das mitzunehmende Seil hat man vielfach mehrrillige Treibscheiben mit Gegenscheiben angewandt. Oder man hat Antriebe mit mehreren, durch Zahnräder verbundene einrillige Treibscheiben gewählt. Beide Antriebsarten haben den Nachteil, daß bei mehr als zwei Rillen Differentialspannungen auftreten, die zum Bruch des Seiles und des Antriebs führen können. Sie sind daher besser zu vermeiden und statt ihrer Treibscheiben mit erhöhter Treibfähigkeit vorzuziehen.

---

[1]) H. Heumann: Wechselscheibenseilgetriebe (Wittenberg, A. Ziemsen) 1930.

Ein selbsttätiges Anpassen des Antriebes an die Belastungsunterschiede der Treibscheiben, die durch Ungleichheiten der Rillendurchmesser, von verschiedenartiger Abnutzung der Futter usw. herrühren, kann allerdings dann erzielt werden, wenn zwischen die Treibscheiben ein bewegliches Glied, ein sogenanntes Ausgleichsgetriebe eingebaut wird, das den Treibscheiben eine selbständige Bewegung gestattet, ohne ihre Verbindung mit dem Antrieb aufzuheben. Solche Ausgleichsgetriebe werden von den Firmen Heckel-Saarbrücken und Hasenclever-Düsseldorf geliefert. Letztere stellt das von Ohnesorge in Bochum angegebene Getriebe her (Abb. 493). Die vom Motor angetriebene Welle d nimmt den auf ihr festgekeilten Doppelarm e mit, auf dessen Enden zwei Kegelräder („Planetenräder") f_1 und f_2 drehbar befestigt sind, die in die großen Kegelräder („Sonnenräder") g_1

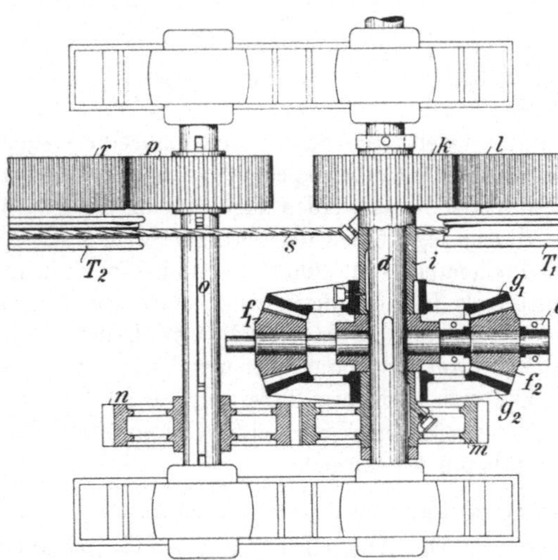

Abb. 493. Ausgleichsgetriebe nach Ohnesorge.

und g_2 eingreifen. Das Sonnenrad g_1 nimmt durch Vermittlung der Hülse i das Ritzel k, damit das Zahnrad l und die Treibscheibe T_1 mit, während die Bewegung des Rades g_2 durch das Stirnradgetriebe $m\,n$, die Welle o und das Stirnradgetriebe $p\,r$ auf die Treibscheibe T_2 übertragen wird. Die beiden Sonnenräder werden durch die Planetenräder gleichmäßig mitgenommen, solange die Spannung im Seil sich in den gewöhnlichen Grenzen hält, können sich aber, da ja die Planetenräder um ihre Achse drehbar sind, unabhängig voneinander bewegen, sobald die Seilspannung zu groß wird; es eilt also nach und nach das eine Rad dem anderen und damit auch die eine Treibscheibe der anderen etwas voraus und gleicht dadurch den verschiedenartigen Verschleiß wieder aus.

Die Vorrichtung läßt sich ohne große Schwierigkeiten in vorhandene Anlagen einbauen und hat bereits mehrfache Anwendung zu verzeichnen[1]).

86. — Klemmscheiben. Um auch bei starken Belastungen mit einer Treibscheibe auszukommen, hat man Klemmscheiben entwickelt, bei denen die erforderliche Reibung durch Klemmen des Seiles in der Rille erzeugt wird. Die verbreitetste dieser Klemmscheiben ist die Karlikscheibe der Firma Heckel, Saarbrücken. Die Klemmbacken a (Abb. 494a—c) sind hier als Zangen mit dem Drehbolzen b ausgeführt, die sich mit den Spitzen c der oberen Schenkel in Rasten des Scheibenkranzes einlegen und zwischen ihren unteren

---

[1]) Glückauf 1921, S. 385; R. Goetze: Die Zugspannungen an Seil- und Kettenbahnen mit mehreren Treibrillen und ihre Reglung durch den Ausgleicher von Ohnesorge; G. v. Hanffstengel: Die Förderung von Massengütern, 2. Bd., 1. Teil, 3. Aufl. Berlin 1926.

Schenkeln eine Feder *d* zusammenpressen. Das Seil drückt die Zangen-Drehbolzen nach innen, wobei die Spitzen *c* mitgenommen und gezwungen werden, auf den Schrägflächen der Rasten nach innen zu gleiten und dadurch das Seil zwischen sich festzuklemmen. Die Federn *d* sorgen nach Ablauf des Seiles wieder für das Öffnen der oberen Zangenarme und ihre Rückkehr in die Ruhestellung. Das Einwärtswandern der Klemmzangen wird durch ihr Eintauchen in die Rinne *e* des Scheibenkranzes ermöglicht.

Rechnet man mit einer Reibungszahl „Stahl auf Stahl" von 0,09—0,12, so ergibt sich bereits bei halber Umschlingung der Scheibe, also einem Umschlingungswinkel von 180°, eine Klemmwirkung vom 6—15fachen Betrage der toten Seilspannung im Leerseil. Beim Gleiten der äußeren Hebelarme auf den konischen Flächen

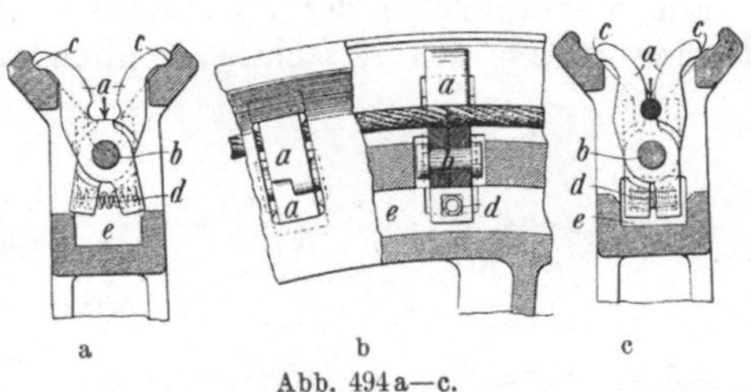

Abb. 494a—c.
Karlik-Scheibe in Seitenansicht und Querschnitt.

während des Schließvorgangs ändert sich der Klemmdruck auf das Seil kaum. Es besteht also zwischen dem Klemmdruck bei einem dicken Seil und einem infolge Dehnung oder Abnützung dünner gewordenen Seil kein Unterschied. Ein Auswechseln der Klemmen kann ohne Ablegen des Seils vorgenommen werden. Verschlissene Klemmen kann man durch Aufschweißen wieder herstellen.

87. — Andere Bauarten von Treibscheiben. Die einfachste Bauart der Treibscheibe ergibt sich, wenn man sie als einrillige Scheibe mit mehrfacher Umschlingung ausführt. Derartige Scheiben erhalten in der Rille zweckmäßig eine parabolische Oberfläche nach Abb. 495, damit das Seil fortwährend leicht nach der Seite des kleinsten Durchmessers hin abwandern kann und nicht zum Übereinanderwickeln gezwungen wird. Soll dauernd nur in einer Richtung gefördert werden, wie das bei der Streckenförderung die Regel bildet, so kommt man mit einem Ast der Parabel aus. Diese Scheiben haben aber den Nachteil, daß das Seil fortwährend rutscht, und zwar nicht nur in der beschriebenen Weise in der Achsrichtung, sondern auch in der Zugrichtung, da der große Durchmesser mehr Seil auf- als der kleine abwickelt. Infolgedessen ergibt sich nicht nur ein größerer Seil- und Scheibenverschleiß, sondern auch eine nur geringe Zugkraft, die keineswegs der Zahl der Umschlingungen entspricht. Solche Scheiben kommen daher nur für geringe Seilspannungen in Frage.

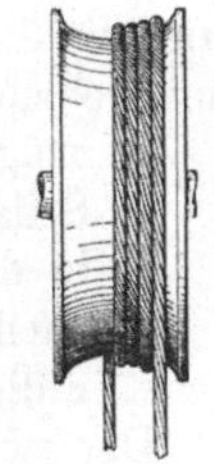
Abb. 495.
Parabolscheibe von
J. Christgen.

88. — Die Spannscheibe mit Belastungsvorrichtung soll dem Seile die nötige „tote" Spannung geben, damit es nicht zu sehr durchhängt oder von den Kurvenrollen abfällt. Diese Scheibe muß verschiebbar sein, um die unvermeidlichen Längungen des Seiles auszugleichen.

Grundsätzlich soll man die selbsttätige Spannvorrichtung in das am geringsten belastete Seil legen. Man kann sie im Auslauf des Seiles vom Antrieb anordnen oder auch an einen Zwischenpunkt oder an der Endstation. In jedem

Falle muß eine ausreichende Spannung im Seil beim Auslauf vom Antrieb gewährleistet sein. Besondere Beachtung muß das Verhalten der Spannvorrichtung beim Anfahren finden, wobei das einlaufende Seiltrumm zunächst in Bewegung gesetzt wird. Wenn Verzögerungen im auslaufenden Seiltrumm eine augenblickliche Wirksamkeit der Spannvorrichtung verhindern, kann das auslaufende Seiltrumm eine vorübergehende erhebliche Spannungsverminderung erfahren, so daß das Seil rutscht und dadurch Seil und Rille stark verschleißen.

Die Verlagerung der Spannscheibe und die dementsprechende Seilführung ist aus den verschiedenen Abbildungen zu entnehmen. Abb. 496 zeigt die Spannscheibe u auf einem kleinen Wagen w verlagert, der durch ein Gewicht g mit Hilfe der Kette k angezogen wird. Das Gewicht bewegt sich in einem kleinen Gesenk und muß, wenn es infolge der Längung des Seiles den Boden des Gesenkes erreicht hat, wieder hoch-

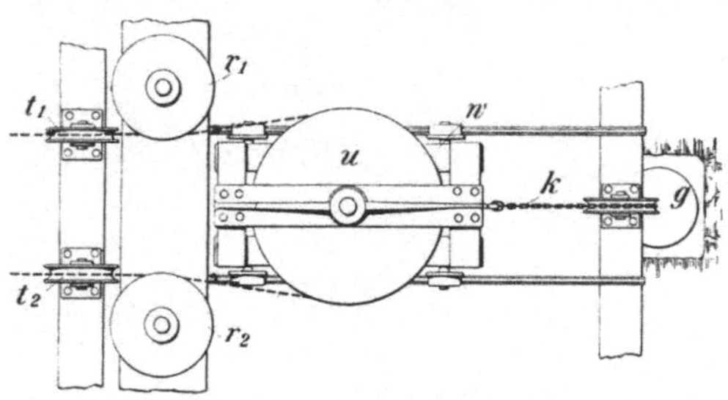

Abb. 496. Spannwagen mit Gegengewicht.

gewunden und mit kurzer Kette befestigt werden. Um das Gesenk zu sparen, kann man auch an den Spannschlitten eine Seilwinde anschließen, so daß das Gewicht immer wieder hochgewunden werden kann. Das Gewicht stellt zugleich eine Art Puffer dar, indem es bei ausnahmsweise starken Belastungen des Seiles in der Strecke durch Zusammenstöße u. dgl. hochgehen kann und so Seilbrüche verhütet.

89. — Lage der Antriebsmaschine. Für die Lage der Antriebsmaschine und die Seilführung zu und von ihr sind hauptsächlich folgende Erwägungen maßgebend:

1. möglichste Schonung des Seiles, daher möglichste Vermeidung von Seilablenkungsrollen oder doch deren Verlegung in das Leerseil statt in das Vollseil;
2. nach Möglichkeit Heranziehung der Seilförderung zur Bedienung am Füllort.

Der zweiten Forderung trägt man jedoch in vielen Fällen schon dadurch Rechnung, daß man vom Seil die vollen Wagen in einer ausreichenden Entfernung vor dem Füllort eine schiefe Ebene heraufziehen läßt, damit sie mit Gefälle dem Schachte zulaufen können. Für den Ablauf der leeren Wagen läßt dieses Gefälle sich auch noch ausnutzen, doch kann man deren Abholen auch durch zweckmäßige Seilführung wesentlich erleichtern, was besonders wichtig ist, wenn außer den leeren Wagen auch Bergewagen eingefördert werden.

Zwei Beispiele für die Lage des Antriebes geben die Abbildungen 497 und 498. In Abb. 497 befindet sich der Schacht S am Ende der Hauptförderstrecke und ist nicht zum Durchschieben eingerichtet. Der Maschinenraum ist seitlich angeordnet; die im Gleis v ankommenden vollen Wagen werden durch das Seil bis zur Maschine gezogen, um dann mit Gefälle dem Schachte zuzulaufen. Die leeren Wagen (im Gleis l) werden unmittelbar am Schachte durch das Seil abgeholt. Voll- und Leerseil werden in gleichem Maße (schwach) abgelenkt. In Abb. 498 ist der Antrieb in die Verlängerung der Hauptförderstrecke hinter den Schacht verlegt; die vollen Wagen werden unmittelbar zum Schachte gezogen, die leeren Wagen gleich hinter dem Schachte abgeholt. Das Vollseil braucht nur mäßig abgelenkt zu werden, während das Leerseil eine starke Biegung (bei e) und eine schwache Ablenkung (im Umbruch) erleidet.

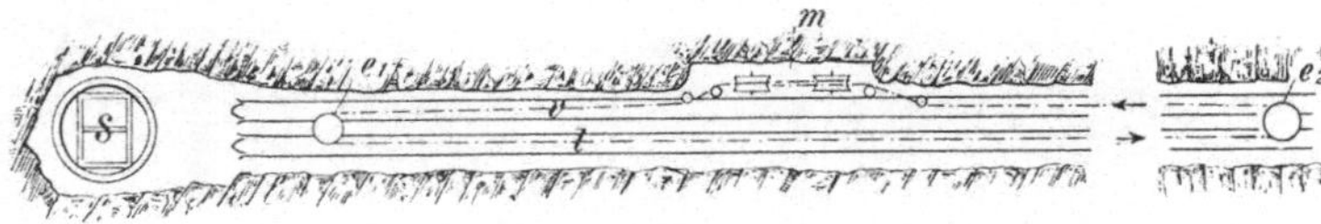

Abb. 497.

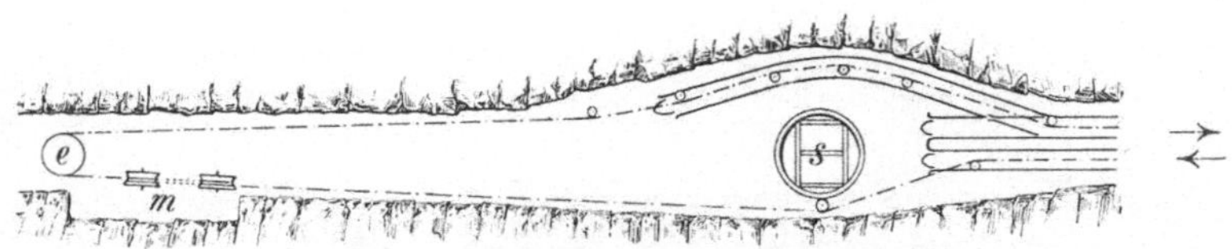

Abb. 498.

Abb. 497 und 498. Beispiele von Streckenförderungen für den Fall, daß der Schacht in der Verlängerung der Hauptförderstrecke liegt.

90. — Kraftbedarf. Über die zur Bewegung der Wagen mit einer gewissen Geschwindigkeit notwendige Zugkraft unter Berücksichtigung des Reibungswiderstandes und der Gefälleverhältnisse ist bereits unter Ziff. 48 das Erforderliche gesagt worden. Diese für die Wagenbewegung zu leistende reine Nutzarbeit ist aber nur ein Teil der insgesamt aufzuwendenden Arbeit. Es kommt nämlich noch hinzu die Bewegung des Seilgewichts, die Achsenreibung (Zapfenreibung) der Treib-, Gegen-, Umkehr- und Spannscheiben, Ablenk-, Trag- und Kurvenrollen, der Widerstand des Seiles gegen Verbiegen beim Übergange über diese verschiedenen Scheiben und Rollen (Seilsteifigkeit) und die vermehrte Reibung der Wagen in Kurven.

Man trägt diesen Widerständen, deren genauere Berechnung sehr unsicher und umständlich und wegen der ständig wechselnden Verhältnisse auch zwecklos sein würde, durch einen entsprechend bemessenen Zuschlag zu dem Kraftbedarf für die Wagenbewegung Rechnung. Berechnet sich z. B. die reine Zugkraft Z zu 960 kg, so kann man, wenn das Gebirge gutartig ist und die Krümmungen wenig zahlreich oder wenig scharf sind, mit einem Zuschlag von etwa 15% für die sonstigen Widerstände in der Strecke auskommen. Man erhält dann eine Gesamtkraft $Z_1 = 1{,}15 Z \sim 1100$ kg, woraus sich bei einer Fördergeschwindigkeit von 0,7 m eine tatsächliche Leistung der Antriebsmaschine von $N = \dfrac{1100 \cdot 0{,}7}{75} \sim 10{,}3$ PS ergibt. Für Anlagen mit einer größeren Zahl von Krümmungen oder schärferer Ablenkung in diesen und bei quellendem Liegenden würde ein Zuschlag von 25—30% angemessen sein.

Als Treibkraft kommt zumeist der elektrische Strom in Frage. Die unwirtschaftlich arbeitende Druckluft ist mehr und mehr zurückgedrängt worden. Einen Antrieb mittels Elektromotor unter Verwendung einer Karlikscheibe zeigt

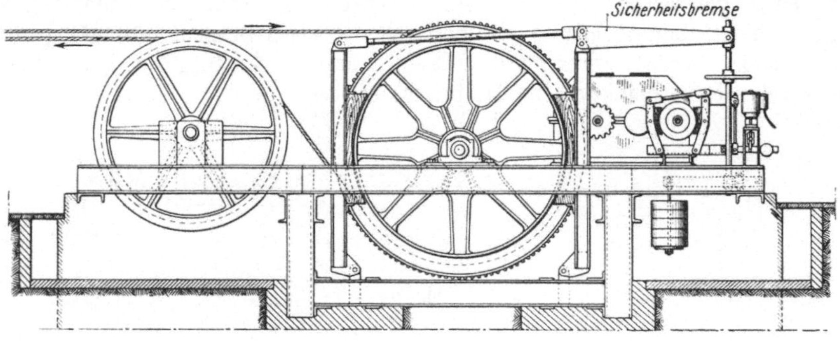

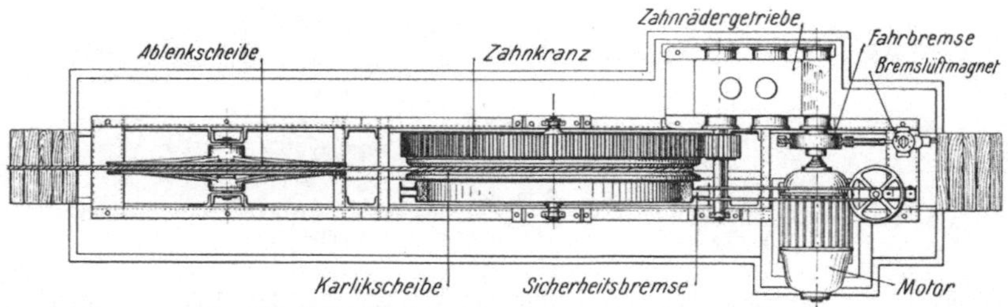

Abb. 499. Antrieb mittels Elektromotor und Karlikscheibe.

Abb. 499. Die Ansicht einer allerdings weniger häufig verwendeten liegenden Karlikscheibe gibt Abb. 500 wieder. Zugleich läßt sie erkennen, daß die Bewegung der Treibscheibe durch einen Elektromotor über ein Getriebe und eine stehende Welle erfolgt.

91. — Größere Streckenförderanlagen. Für größere Grubengebäude mit sich kreuzenden Förderwegen können mehrere Sonderantriebe erforderlich werden. Man sucht sie jedoch zu vermeiden und die Zubringeförderung in Nebenstrecken ohne besondere Antriebsmaschine an die Hauptförderung anzuschließen. Je nach den örtlichen Verhältnissen wird zu diesem Zweck eine zusätzliche leichte Treibscheibe (Keilrillen- oder Holzfutter-Treibscheibe) am Antrieb der Hauptförderung zu befestigen sein, oder man sieht sie an der Endumführungsscheibe vor. Auch kann sie an einem beliebigen Punkt der Strecke vom Förderseil angetrieben werden.

Abb. 500. Antriebsstelle einer liegenden Karlikscheibe.

92. — Trag- und Kurvenrollen. Das Seil muß durch Rollen getragen und geführt werden. Die Tragrollen sind zunächst dazu bestimmt, das zwischen je zwei Wagen frei durchhängende Seil vor dem Schleifen auf der Sohle zu bewahren, und sollen weiterhin dem Seil an den Zwischenanschlägen und vor allen söhlig liegenden Rollen und Scheiben die richtige Höhenlage geben, auch es vor dem Maschinenraum hochführen. Bei der Bauart und Anbringung dieser Rollen ist auf die Kuppelvorrichtungen zwischen Seil und Wagen (Ziff. 93) Rücksicht zu nehmen.

Kurvenrollen sollen ihren Zweck mit möglichster Schonung des Seiles erreichen; scharfe Ablenkungen müssen daher vermieden werden. Das geschieht durch Anlage der Krümmung nach einem möglichst großen Halbmesser (6—10 m), ferner durch Einbau einer größeren Anzahl von Rollen, damit die durch jede Rolle bewirkte Ablenkung möglichst gering wird und beispielsweise den Ablenkungswinkel von 10° (entsprechend 9 Rollen bei einer rechtwinkligen Krümmung) nicht übersteigt. Ein Beispiel einer Kurvenrolle gibt die Abb. 501. Um dem Seile einen gewissen Spielraum für die Auf- und Abbewegung zu lassen und den Mitnehmern einen bequemen Durchgang zu gestatten, erhalten die Kurvenrollen entweder statt einer engen Nut eine ziemlich hohe freie Lauffläche (Abb. 501) oder werden schräg verlagert.

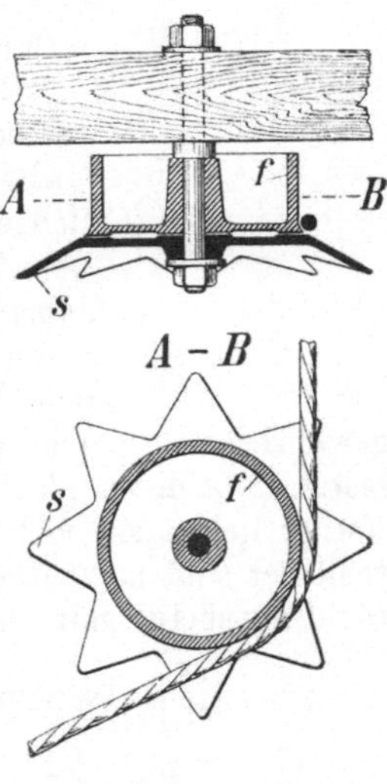

Abb. 501. Dinnendahlsche Sternrolle als Kurvenrolle.

Die Sternrollen nach Abb. 501 und 502 zeichnen sich durch das sichere Tragen des Seiles aus.

Während Kurvenrollen das Seil nur von der Seite stützen, so daß die „Mitnehmer" verschiedener Bauart bequem an ihnen vorüber können, müssen Tragrollen mit einer breiten Auflagefläche unter das Seil greifen und daher, um die Mitnehmer glatt durchgehen zu lassen, beweglich angeordnet werden. Die Dinnendahlsche Sternrolle (c_1 c_2 in Abb. 502, s. auch Abb. 501) ist waagerecht drehbar; sie trägt unten einen Sternkranz, in dessen Einschnitte die Mitnehmer sich hineinlegen können. Solche Rollen müssen paarweise angeordnet sein, damit das Seil nicht abfällt; am einfachsten geschieht das nach Abb. 502 durch Anbringen

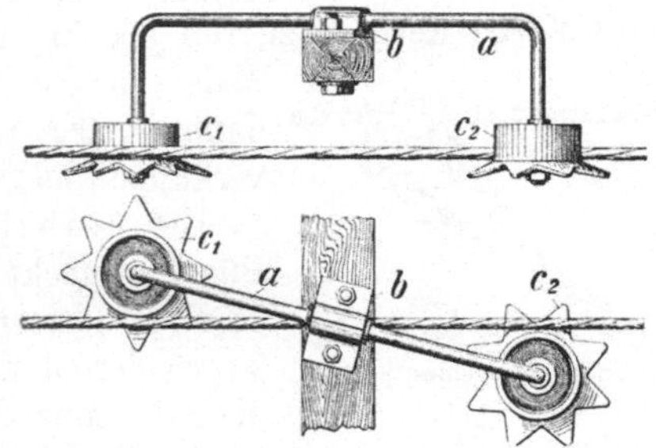

Abb. 502. Sternrollenpaar an drehbarem Bügel.

beider Rollen an den Armen eines schräg in dem Lager b verlagerten drehbaren Bügels a, wodurch gleichzeitig eine nachgiebige Lagerung geschaffen ist.

Eine Hochhalte- und Kurvenrolle der Firma Heckel, Saarbrücken, gibt Abb. 503 wieder. Sie hat einen Befestigungszapfen, der am unteren Teil in einer

kugelförmigen Pfanne liegt und dessen oberes Ende auf einem drehbaren Kugelabschnitt in einem Schlitzloch schwenkbar ist. Durch Anziehen der Mutter
des Zapfens kann man ihn zwischen zwei Trägern festklemmen. Beim Aus-
richten wird die Stellung des Zapfens so lange verändert, bis
das Seil im Rillengrunde auf- und abläuft. Ist das der Fall,
so wird ein Drallen des Seiles beim Übergang über die Rolle
vermieden.

93. — Mitnehmer. Als Kuppelvorrichtungen oder Mitnehmer können Zugketten mit Seilschlössern u. dgl. oder
Gabelmitnehmer dienen. Die ersteren werden in den
Bodenring des Wagens eingehängt und bieten daher den
Vorteil, daß sie keinen Mitnehmerbügel erfordern und
daher in solchen Fällen, wo ein solcher Bügel nicht
schon wegen der Versteifung notwendig wird, mit geringerem Wagengewicht auszukommen gestatten. Außerdem

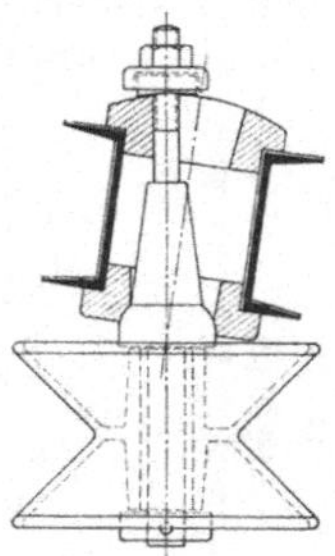

Abb. 503. Hochhalte-
und Kurvenrolle.

gewährleisten sie eine größere Schonung des Seiles auch bei stärkerer Belastung, da dieses glatt bleibt und der Angriff mit größerer Fläche erfolgt.
Ferner gehen sie viel weniger leicht verloren als Gabelmitnehmer. Seilschlösser sind namentlich für Strecken mit stärkerer Neigung, insbesondere
für Bremsberge mit endlosem Seil geeignet, in denen Gabelmitnehmer zu
stark beansprucht werden und auch die
Seile durch sie sehr leiden würden. Nachteilig ist bei den Zugketten, daß sie das
Seil nicht tragen helfen.

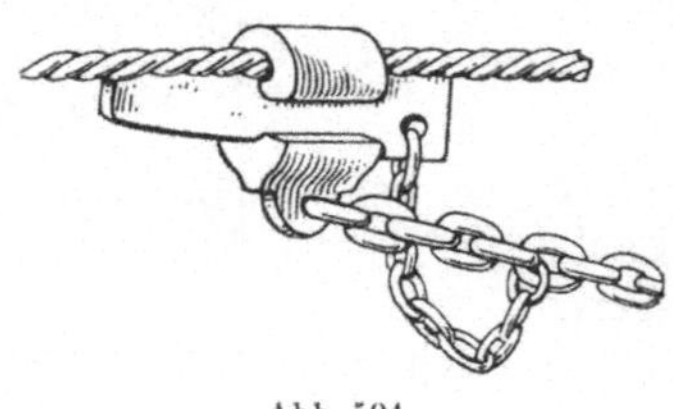

Abb. 504.
Seilschloß mit Keil nach Heckel.

Die Seilschlösser mit Ketten werden besonders von der Gesellschaft für
Förderanlagen Ernst Heckel m. b. H.
in Saarbrücken bevorzugt, deren Ausführungen in der Regel der Gedanke des Fest-
ziehens des Schlosses durch die Last selbst infolge einer Keil-, Hebel- oder
Exzenterwirkung zugrunde liegt. Am verbreitetsten ist das Keilseilschloß,
das in der Bauart der Firma Heckel in Abb. 504 wiedergegeben ist. Auch
die einfache Kette nach Abb. 505 hat sich bewährt. Sie wird lediglich einige
Male um das Seil geschlungen, deren freies Ende
dann mittels eines Knebels mit einem Kettenglied
verkuppelt oder mittels eines Hakens eingehängt wird.

Die Gabelmitnehmer werden in besondere
Bügel gesteckt, die an den Wagen, in dessen Mitte
oder an dessen Stirnwand angenietet werden und
wegen der starken Beanspruchung auf Verdrehung,
die sich namentlich beim Anhängen mehrerer Wagen

Abb. 505. Mitnehmerkette.

ergibt, besonders steif hergestellt werden müssen. Die ältesten Mitnehmer
dieser Art waren einfache gerade Gabeln, die hinter Knoten faßten, die auf
dem Seile befestigt waren. Man hatte hierbei geringe Anschaffungs- und Ver-
schleißkosten für die Mitnehmer selbst. Hingegen ergaben sich erhebliche
Schwierigkeiten durch das Anbringen und Unterhalten der Seilknoten. Daher
sind im allgemeinen die Knotenseile jetzt durch die Klemmgabeln verdrängt
worden. Diese sind nach Abb. 506 drehbar und gekröpft gebaut; sie greifen

das Seil exzentrisch an und biegen es durch. Mit solchen Gabeln können sowohl Rechts- als Linkskrümmungen mittels der Kurvenrollen anstandslos durchfahren werden. Die Abbildung läßt erkennen, daß zur Verstärkung der klemmenden Wirkung das Gabelmaul etwas schräg zu der durch die Kröpfung gelegten Seigerebene gestellt ist.

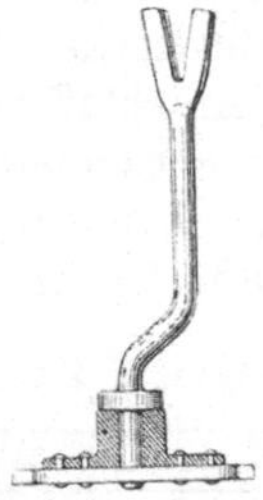

Bei den klemmenden Gabeln sind die Anschaffungs- und Unterhaltungskosten wegen des höheren Preises und größeren Verschleißes ziemlich beträchtlich. Der Seilverschleiß ist bei richtigem Anschlagen der Wagen geringer als derjenige der Knotenseile. da die beanspruchten Stellen fortgesetzt wechseln.

94. — Besonderheiten bei Mitnehmern. Für die Gruppenförderung mehrerer Wagen ist die Seilschloßzugkettenkupplung vorzuziehen. Klemmgabeln haben nur eine begrenzte Klemmkraft und greifen bei erhöhter Belastung das Seil stark an. Knotenseile eignen sich für die Belastung eines Mitnehmers mit mehreren Wagen ebenfalls nicht, weil die Knoten dann rutschen. Jedenfalls sollte man bei Gruppenförderung für genügend widerstandsfähige, insbesondere starkdrähtige Seile sorgen.

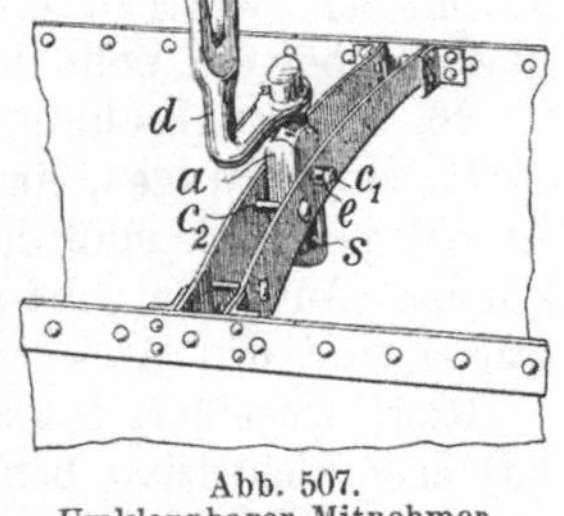

Abb. 506.
Hohendahlsche Gabel.

Strecken mit wechselndem Gefälle (wie solches bei quellendem Liegenden auch nachträglich fortwährend auftreten kann) können am besten mit Seilschlössern durchfahren werden.

Von dem Hammerwerk Schulte & Co. m. b. H. in Plettenberg werden umklappbare Mitnehmer gemäß Abb. 507 geliefert. Die Gabel ist um den Bolzen e drehbar und trägt unten einen Schlitz s, kann also hochgezogen und dann umgeklappt und auf die Anschläge $c_1 c_2$ gelegt werden. Solche Mitnehmer bleiben dauernd am Wagen, können also nicht verlorengehen.

Abb. 507.
Umklappbarer Mitnehmer.

95. — Anschlagspunkte. An den Anschlagstellen sind besondere Tragrollen einzubauen, die das Seil so hoch halten, daß die Anschläger bequem darunter herfahren können. Außerdem muß das Aus- und Einwechseln der Wagen möglichst erleichtert werden, ohne den Durchlauf der bereits am Seile hängenden Wagen zu behindern. Das geschieht durch den Einbau von Wechseln oder von besonderen Bühnen. Letztere werden vielfach durch einen Bohlenbelag b zu beiden Seiten der Schienen (Abb. 508a) oder durch Nutenplatten gebildet, in deren Nuten die Spurkränze der in der Strecke laufenden Wagen sich führen. Doch bieten bei nicht zu engem Radstand auch gewöhnliche Kranzplatten (Abb. 508b) schon genügende Sicherheit gegen Entgleisen. Die Gestänge, in denen keine Wagen geschwenkt werden sollen, können durch einfache Einlegestücke in diesen Platten überfahren werden. Mit Rücksicht auf die schwerere Beweglichkeit der vollen Wagen trifft man die Anordnung so, daß bei allen Anschlägen oder, wenn diese auf verschiedenen Seiten liegen müssen, wenigstens bei ihrer Mehrzahl die Bahn für die vollen Wagen an der Seite des Anschlages liegt, das Gleis also nur mit den leeren Wagen überfahren zu

werden braucht. Aus demselben Grunde ordnet man für die vollen Wagen
lieber Weichen an, während man sich für die leeren Wagen mit Bühnen
oder Kranzplatten begnügen kann. Beispiele liefern die Abbildungen 508a
und b, von denen Abb. 508a die Einmündung von Zweigstrecken in die
Hauptstrecke,   Abb. 508b
den Anschluß von seigeren
Bremsschächten an diese
veranschaulicht. Der An-
schluß ist in Abb. 508a

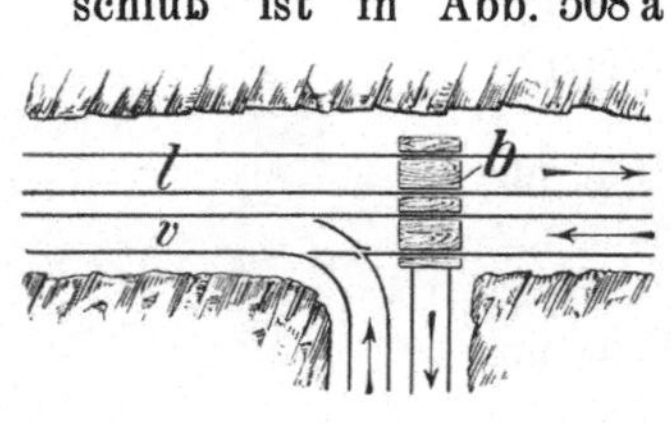
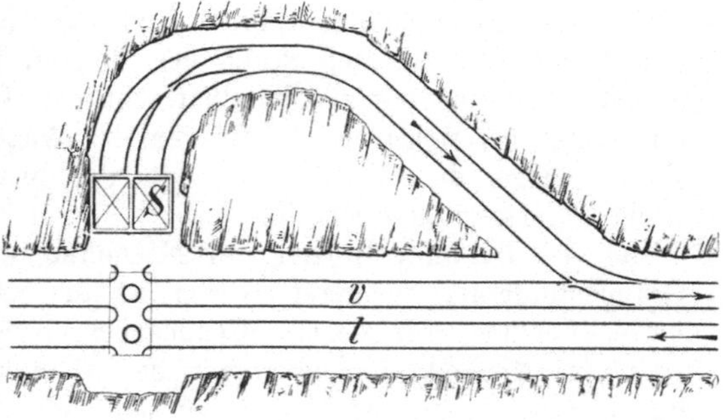

a   b

Abb. 508a und b. Beispiele für die Einrichtung der Anschläge bei Förderung mit endlosem Seil.

durch einen Wechsel für die Vollbahn und eine Bühne für die Leerbahn vermittelt. In Abb. 508b ist die Vollbahn ebenfalls mit einem Wechsel angeschlossen, während die leeren Wagen mit Hilfe von einfachen Kranzplatten über die Vollbahn herübergefahren werden.

96. — Signalgebung. Für den Fall einer Entgleisung, eines Zusammen-
stoßes zweier Wagen, eines Bruches in der Strecke, eines Unfalles an einem
Anschlage u. dgl. muß die Maschine sobald wie möglich stillgesetzt werden
können. Außerdem muß aber auch die Lage der Unfallstelle dem Maschinen-
wärter und den Aufsichtsbeamten mitgeteilt werden können.

Rasch eingeführt hat sich die Signalgebung durch Hupen, die durch Druckluft oder Elektrizität betätigt werden, da sie einen sehr lauten und weithin
hörbaren Ton geben und an die Unterhaltung der Anlage geringe
Anforderungen stellen. Eine solche Signalanlage zeigt Abb. 509
nach der Ausführung der Firma Paul Stratmann & Co.,
G. m. b. H., in Dortmund.
Neben der Druckluftleitung
läuft das straffgespannte
Seil a. An die Leitung sind
in Abständen von etwa
200—300 m Hilfszylinder
b_1—b_3 durch die Krümmer
c_1—c_3 angeschlossen, die mit
Dreiwegehähnen d_1—d_3 aus-

Abb. 509. Druckluft-Hupensignalanlage für Seilförderungen.

gerüstet und deren Kolben und Hahnhebel e_1—e_3 wechselseitig in das Zugseil eingeschaltet sind; letztere werden durch die Federn f_1—f_3 jeweilig in
die Ruhelage zurückgezogen. Ein Zug am Seil oder an einem der Hebel
setzt den entsprechenden Hilfskolben unter Druck, der die Bewegung
durch das Seil auf den nächsten Hebel überträgt usw., so daß schließlich
der Winkelhebel g angezogen und damit durch Bewegung des Hebels h die
Hupe i betätigt wird. Diese erhält ihre Druckluft aus dem angeschlossenen

Zylinder K, so daß ein Signal von einer Länge gegeben wird, wie sie dem Luftvorrat dieses Zylinders entspricht. Sodann stellen die Federn f und das Gegengewicht des Hupenhebels den früheren Zustand wieder her, die Dreiwegehähne lassen von neuem Luft aus der Rohrleitung in die Hilfszylinder und den Hupenzylinder, und die Anlage ist für ein neues Signal bereit.

Elektrische Hupen arbeiten mit Metall-Membranen, die durch elektromagnetische Wirkung in Schwingungen versetzt werden.

Derartige Signalvorrichtungen finden auch für die Verständigung bei der Rutschen- und Bandförderung in Strecken und vor langen Abbaustößen Verwendung.

97. — Kosten der Förderung mit Seil ohne Ende. Die Kosten der Seilförderung werden beeinflußt durch die verschieden hohen Kosten der Antriebsmaschine, durch den Verschleiß der Seile, Mitnehmer, Trag- und Kurvenrollen und durch erhebliche Ausgaben für Aufsicht und Bedienung. Der Antrieb wird teurer bei vielen Krümmungen, bei Strecken mit quellendem Liegenden und bei gesondertem Betrieb von Zubringestrecken mit verhältnismäßig geringer Leistung. Die Aufsicht und Bedienung stellt sich teurer bei einer größeren Kurvenzahl, bei schlechteren Gebirgsverhältnissen, die leichter zu Betriebstörungen führen können, und bei einer größeren Anzahl von Zwischenanschlägen, falls nicht die Seilbahn-Anschläger gleichzeitig als Anschläger für Bremsberge oder -schächte tätig sein können.

Die auf das Tonnenkilometer entfallenden Kosten werden wie bei jeder maschinenmäßigen Anlage um so niedriger, je günstiger die Ausnutzung wird; sie nehmen also mit wachsenden Förderlängen und -mengen ab. Unter günstigen Verhältnissen darf eine solche Förderung auch nur bei mittleren tkm-Zahlen nicht über 8 Rpf. je Nutz-tkm kosten.

Wegen genauerer Angaben über die Kosten und ihre Zergliederung muß auf die früheren Auflagen dieses Bandes verwiesen werden.

bb) Förderung mit schwebender Kette ohne Ende.

98. Besonderheiten der Kettenförderungen. Wird statt des endlosen Seiles eine Kette benutzt, so bleibt die Gesamtanlage des Betriebes im großen und ganzen die gleiche; nur treten im einzelnen verschiedene Abänderungen ein.

Für die Antriebsvorrichtung ist zu berücksichtigen, daß man die Gestalt der Kette benutzen kann, um durch Klauen, die zwischen ihre Glieder fassen, die Bewegung des Antriebes auf sie zu übertragen. Das geschieht mittels der sog. „Kettengreiferscheiben", von denen Abb. 510 ein Beispiel gibt. Bei solchen Scheiben ist darauf Rücksicht zu nehmen, daß die Kettenglieder sich allmählich längen und daß dann der Abstand der einzelnen Greifklauen voneinander am Umfange entsprechend vergrößert werden muß, was am einfachsten durch radiale Verschiebung der Greifer nach außen geschieht. Bei der Heckelschen Greiferscheibe werden die einzelnen Greifer a (Abb. 510 b) durch Klemmschrauben c am Umfange des Scheibenkörpers zwischen diesem und einem Ring festgeklemmt, während gegen ihre abgeschrägten Füße sich der weiter nach innen folgende, im Querschnitt stumpfwinkelig gebogene Ring b anlegt. Sollen die Greifer nach außen geschoben werden, so werden die Klemmschrauben gelöst und die Schrauben des inneren Ringes fester angezogen, wodurch dieser sich parallel zur Achse verschiebt und mit seiner schrägen Fläche sämtliche Greifer gleichzeitig nach außen drückt. — Bei anderen Scheiben wird derselbe Zweck dadurch erreicht, daß die Greifer mit Gewinde im Scheibenkranz befestigt sind und nach Bedarf einzeln herausgeschraubt werden können.

Die Greiferscheiben verlangen „kalibrierte“, d. h. mit genau gleicher Länge der Glieder hergestellte Ketten. Statt ihrer können auch wie bei der Seilförderung Scheiben mit Reibungswirkung und Gegenscheiben verwendet werden, für die gewöhnliche und entsprechend billigere Ketten ausreichen. Jedoch wird durch die Gegenscheibe der Antrieb umständlicher und teurer, auch nehmen die Achsbelastungen zu. Nichtsdesto-

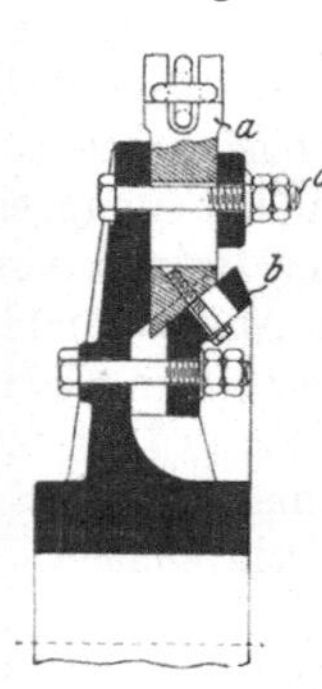

a　　　　　　　b
Abb. 510a und b. Kettengreiferscheibe von Heckel.

weniger macht man von Reibungsscheiben und unkalibrierten Ketten grundsätzlich immer dann Gebrauch, wenn aus betrieblichen Gründen mit einer Verlängerung der Ketten gerechnet werden muß. Greiferscheiben scheiden aus, weil eine Abstimmung der Gliederteilung von gebrauchten auf neue Ketten sehr schwierig ist. — Als Universalscheibe hat sich die Kettenkarlikscheibe sehr bewährt (Abb. 511). Sie kann nicht nur unkalibrierte Ketten treiben, vielmehr ist es in gewissem Umfange auch möglich, Ketten mit Unterschieden im Durchmesser und in der Gliederlänge über die Karlikscheibe laufen zu lassen. Auch tritt bei Überlastungen, die bei Gliederscheiben zum Bruch der Kette führen können, bei der Karlikscheibe zunächst ein Rutschen der Kette ein.

Abb. 511. Kettenkarlikscheibe von Heckel.

Das Kuppeln der Wagen mit der Kette macht, da diese schon durch ihre Gestalt zum Mitnehmen der Wagen befähigt ist, keine Schwierigkeiten.

Bei größerem Kettengewicht oder stärkerem Durchhang, d. h. größerem Abstand zwischen den einzelnen Wagen, können diese schon durch einfaches Aufliegen der Kette auf dem Wagenrand mitgenommen werden. Anderenfalls genügen einfache, in Ösen an der Stirnwand eingesteckte Gabeln oder an der Stirnwand oder an Traversen in der Wagenmitte angenietete Flügelbleche, in die sich die Kette hineinlegt.

Die Trag- und Kurvenrollen, Umkehr- und Spannscheiben usw. können der Gestalt der Kette angepaßt werden und werden meistens nicht mit einfach glatter Fläche hergestellt, sondern mit einer Mittelrinne versehen, in welche die hochkant stehenden Kettenglieder sich einlegen, während die flachliegenden auf den Rändern der Rinne liegen. Abb. 512 gibt eine Kettentragrolle von Heckel-Saarbrücken wieder, die aus ölbeständigem elastischem Werkstoff besteht. Das infolge des geringen spezifischen Gewichtes kleine Massenträgheitsmoment der Rolle ermöglicht das Mitlaufen bei geringem Anstoß. Vorteilhaft ist außerdem die Schonung der Kette und die Geräusch-

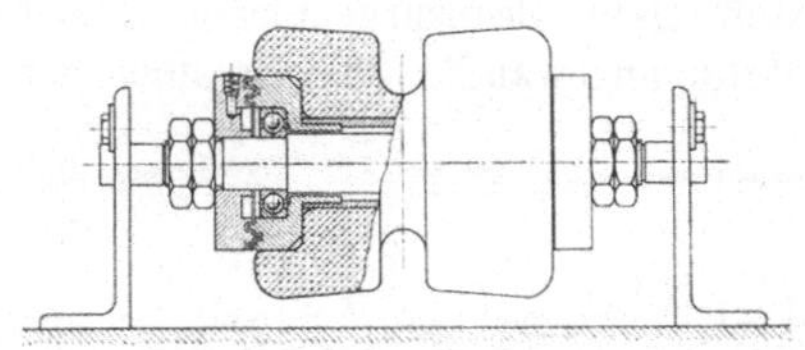

Abb. 512. Kettentragrolle aus elastischem Werkstoff der Firma Heckel.

losigkeit der Kettenführung. Abgeschürfte Stellen können durch Vulkanisieren ausgebessert werden.

Das Durchfahren von Kurven ist bei der Kettenförderung schwierig. Da nämlich die Kette entweder durch bloßes Aufliegen oder mit Hilfe niedriger Bleche oder Gabeln die Wagen mitnimmt, so muß sie in Kurven hochgeführt und, vom Wagen getrennt, um die Kurvenrollen geleitet werden. Damit dabei die Wagen in den Kurven nicht stehenbleiben, werden sie vor diesen eine schiefe Ebene heraufgezogen, so daß sie die Krümmung selbsttätig mit Gefälle durchlaufen, um an deren Ende wieder unter die Kette zu gelangen. Infolgedessen ist es vielfach notwendig, bei jeder Kurve einen Bedienungsmann aufzustellen.

Da bei Kettenförderungen jederzeit durch Bruch eines Kettengliedes lästige Betriebstörungen möglich sind, sucht man diese Unterbrechungen durch sogenannte Notglieder möglichst abzukürzen. Diese bestehen aus zwei Teilen, die an Stelle des gebrochenen Gliedes in die Nachbarglieder eingehängt und durch Umwickeln mit Draht u. dgl. einstweilen zusammengehalten werden, nach Beendigung der Schicht kann dann ein neues Glied an Stelle des Notgliedes eingeschweißt werden.

cc) Förderung mit unterlaufender Kette ohne Ende.

99. — Anwendungsgebiet und Ausführung der Unterkettenförderung. Die Unterkettenförderung vermeidet die mit dem Durchhängen der Kette verbundenen Schwierigkeiten bei der Oberkettenförderung durch zwangläufiges Führen der Kette. Sie beschränkt sich gemäß den Ausführungen in Ziff. 83 bei uns im allgemeinen unter Tage auf die söhlige und ansteigende Förderung an Füllörtern.

Die bei söhliger Förderung eingesetzten Horizontalkettenbahnen dienen zum Vorziehen ganzer Wagenzüge. Sie werden meistens so eingerichtet, daß sie von den Lokomotiven überfahren werden können. Diese bringt den

Zug so weit, daß der erste Wagen vor einem Mitnehmer der Kettenbahn steht, alsdann wird die Lokomotive abgekuppelt und fährt allein zum Leerbahnhof. Ohne Stockung in der Zuführung werden dann die vollen Wagen von der Horizontalkettenbahn bis zum Füllort vorgezogen. Die ansteigende Förderung an Füllörtern soll das für den selbsttätigen Wagenumlauf erforderliche Gefälle schaffen. Hierfür sind die Anhebekettenbahnen geeignet.

Eine Horizontalkettenbahn von Frölich & Klüpfel zeigt Abb. 513. Sie läßt zwei Motore (e und p) erkennen, von denen der eine (p) zur Aushilfe dient und ein Druckluftmotor sein kann. Das Übersetzungsgetriebe ist entweder ein Schnecken- oder Stirnradgetriebe; das Vorgelege besteht aus Zahnrad und Ritzel. Bei größeren Leistungen werden in neuerer Zeit zur leichteren Aufnahme von stoßweisen Beanspruchungen Planeten- und Keilriemengetriebe mit einem Motor angewandt. Zum Spannen der Kette sowie zum Auffangen von Stößen

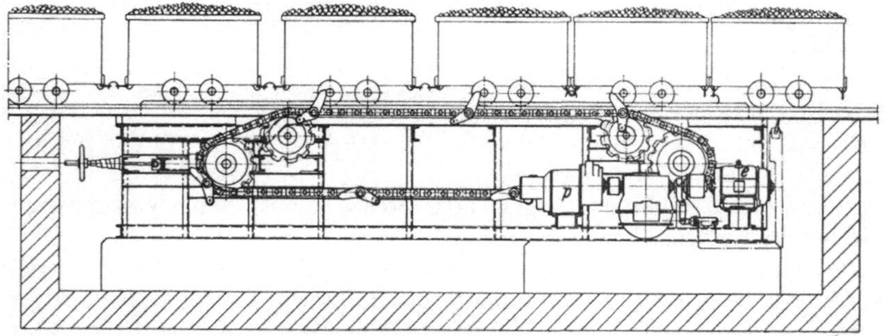

Abb. 513. Horizontalkettenbahn.

dient eine am Fußpunkt der Kettenbahn angebrachte abgefederte Spannvorrichtung. Die Antriebskette läuft in der Mitte der Bahn. Sie ist mit umklappbaren, vor die Wagenachsen greifenden Mitnehmern versehen, die unterhalb der Kettenbahn besonders geführt werden. An der Spannvorrichtung werden sie durch eine Einlaufkurve in Angriffsstellung gebracht.

γ) Beurteilung der Förderung mit geschlossenem Zugmittel.

100. — Vergleich zwischen Seil und Kette. Anfangs herrschte als Zugmittel die Kette durchaus vor. Später setzte sich aber, den Fortschritten der Drahtseilherstellung entsprechend, das Seil immer stärker durch. Unter den heutigen Verhältnissen ergibt der Vergleich beider Zugmittel folgendes:

Die Antriebsmaschine hat, da eine Kette etwa siebenmal so schwer ist wie ein gleich starkes Seil, bei der Kettenförderung eine bedeutend größere tote Last zu bewältigen, wird also entsprechend schwerer und teurer.

Die Anschaffungskosten für die Kette sind wesentlich höher als für das Seil. Allerdings kostet die Kette nur 0,45—0,55 RM. je kg gegen 0,65—0,75 RM. für das Kilogramm Drahtseil, jedoch sind wegen des erwähnten Gewichtsunterschiedes die Gesamtkosten einer Kette immer noch 4—5mal so groß wie diejenigen eines Seiles von gleicher Tragfähigkeit. Auf laufende Betriebsausgaben umgerechnet, gleicht dieser Unterschied sich jedoch großenteils wieder aus, da Seile nur in seltenen Fällen länger als 1—2 Jahre halten, wogegen eine Kette bei stärkerem Verschleiß einzelner Glieder deren Auswechselung ermöglicht, also nicht gleich im ganzen erneuert zu werden braucht, und infolgedessen bei Ketten Benutzungszeiten von 5 Jahren und mehr bekannt geworden sind. Freilich arbeiten Kettenförderungen hinsichtlich des Verschleißes meist unter günstigeren Betriebsbedingungen als Seilförderungen.

Für das Anschlagen der Wagen verdient die Kette wegen der einfachen Vorrichtungen für das Mitnehmen weitaus den Vorzug, wogegen die beim Seil erforderlichen Mitnehmer den Verschleiß wesentlich vergrößern und auch manche anderweitigen Übelstände im Gefolge haben. Daher ermöglicht es die Kette auch, mit größerer Fördergeschwindigkeit (1,2 m in der Sekunde gegen 0,5—1 m beim Seil) zu arbeiten, weshalb bei der Kettenförderung ein kleinerer Wagenpark erforderlich ist, was sich namentlich bei größeren Förderlängen bemerklich macht. Das Anschlagen der Wagen an Zwischenpunkten dagegen macht bei Kettenförderungen im Gegensatz zu Seilförderungen Schwierigkeiten. Da nämlich die Kette zwischen je 2 Wagen sehr tief hängt und auch zu schwer ist, um vom Anschläger angehoben zu werden, muß sie an Zwischenanschlägen durch Tragrollen so hoch geführt werden, daß der Anschläger mit seinem Wagen darunter herfahren kann. Dadurch kommen aber sämtliche Wagen an diesen Stellen von der Kette los und müssen von Hand oder durch selbsttätigen Ablauf (mittels schiefer Ebene) wieder angeschlagen werden.

Ein gleichmäßiger Wagenabstand ist für die Kette in noch höherem Maße Erfordernis als für das Seil, da die Kette bei größerem Wagenabstand stark durchhängt und auf der Sohle schleift. Daraus ergibt sich,.daß eine Kettenförderung größere Ansprüche an die Sorgfalt der Förderleute stellt und außerdem für das Durchfahren von Kurven wenig geeignet ist. Da nämlich die Wagen in der Kurve von der schiefen Ebene mit ungleicher Geschwindigkeit ablaufen, wird durch jede Kurve der Wagenabstand derartig gestört, daß mehrere Kurven kaum zu überwinden sind. Außerdem erfordert jede Kurve bei der Kettenförderung meist einen besonderen Bedienungsmann.

Ein Nachteil der Kettenförderung ist die jederzeitige Möglichkeit lästiger Betriebstörungen infolge des Bruches von Kettengliedern, der immer unvorhergesehen eintritt, während beim Seile schwache Stellen rechtzeitig erkannt werden können. Allerdings kann die Kette durch Einsetzen von Notgliedern (s. oben) schnell wieder geschlossen werden, wogegen das Zusammenspleißen eines Seiles, wie es bei Brüchen erforderlich wird, länger dauert.

Nach dem Vorstehenden sind, sofern Förderung mit geschlossenem Zugmittel überhaupt in Frage kommt, Ketten in erster Linie dort am Platze, wo es sich um die Bewältigung größerer Fördermengen, also um große Geschwindigkeiten und geringe Wagenabstände handelt und wo wenig Kurven zu überwinden und keine Zwischenanschläge zu bedienen sind, ferner in allen Fällen, wo auf geneigter Bahn aufwärts gefördert werden soll. Was die Förderlänge betrifft, so sind bei großen Längen sehr große tote Lasten in Gestalt des Kettengewichtes von der Antriebsmaschine zu bewältigen. Demgemäß umfaßt das Arbeitsgebiet der Kettenförderungen vorzugsweise die zusammenfassende

Weiterförderung der von mehreren Seilförderungen herangebrachten Wagen bis zum Schachte sowie die Wagenbewegung an größeren Schachtfüllörtern.

Auf die Wichtigkeit der Kette für Tagesförderzwecke ist bereits vorhin aufmerksam gemacht worden; sie beruht darauf, daß die Kette als unterlaufendes Zugmittel mit Nutzen verwendet werden kann, und ferner darauf, daß über Tage häufig Steigungen zu überwinden sind. Wird, was allerdings immer weniger der Fall ist, ein endloses Zugmittel gewählt, so herrscht die Kette im Braunkohlentagebau vor, wo große Wagenmengen in regelmäßiger Folge zu bewegen und Steigungen zur Erdoberfläche (meist auch noch bis zum Kohlenboden der Brikettfabriken) zu überwinden sind, Zwischenanschläge dagegen nicht in Betracht kommen und Kurven spärlich sind.

101. — Beurteilung der Förderung mit endlosem Zugmittel. Die Förderung mit Seil oder Kette ohne Ende hat als „Dauerförderung" in erster Linie den Vorteil eines sehr gleichmäßigen Betriebes.

Daraus ergeben sich verschiedene Sondervorteile. Zunächst wird bei Seilförderungen die Bedienung einer größeren Anzahl von Zwischenanschlägen in einfacher Weise ermöglicht, da die von dort gelieferten Wagen ohne Unterbrechung des Betriebes lediglich mit dem Zugmittel gekuppelt zu werden brauchen. Ferner wird das Zugmittel auf seiner ganzen Länge ausgenutzt und dadurch schon bei mäßiger Geschwindigkeit eine hohe Leistung ermöglicht, die von der Länge des Förderweges unabhängig ist und lediglich durch die Seilgeschwindigkeit und den Wagenabstand bedingt wird.

Die stündlich mögliche Förderleistung in Wagen bei verschiedenen Seilgeschwindigkeiten und Wagenabständen ergibt sich aus nachstehender Übersicht:

Seilförderung.						Kettenförderung.					
Geschwindigkeit des Fördermittels in m/s.											
0,8						1,2					
Wagenabstand in m						Wagenabstand in. m					
10		15		20		10		15		20	
Wagenzahl je Mitnehmer						Wagenzahl je Mitnehmer					
1	3	1	3	1	3	1	3	1	3	1	3
288	864	192	576	144	432	432	1296	288	864	216	648

Ferner ermöglicht die ununterbrochene und gleichmäßige Förderung eine sehr gleichförmige und verhältnismäßig geringfügige Belastung und gute Ausnutzung der Antriebsmaschine, zumal auch wechselnde Gefälleverhältnisse auf beiden Seiten sich größtenteils ausgleichen.

Ein weiterer Vorzug dieses Förderverfahrens ist die geringere Raumbeanspruchung an den Endpunkten, da hier keine langen Wagenzüge aufzustellen und zu verschieben sind. Auch gestaltet sich die selbsttätige Schachtbedienung durch Schaffen von Höhenunterschieden einfacher als bei der Lokomotivförderung. Man kann am Füllort die vollen Wagen, indem man sie vorher eine schiefe Ebene hinaufzieht, mit Gefälle dem Schachte zulaufen und in vielen Fällen auch die leeren Wagen gleich am Schachte durch das Seil abholen lassen.

In ihrer Leistungsfähigkeit und Betriebssicherheit wird die Förderung mit endlosem Zugmittel jedoch von der zudem meist billigeren Lokomotivförderung im allgemeinen übertroffen. Infolgedessen findet sie sich auf Steinkohlengruben mit ihren großen Fördermengen und wachsenden Förderlängen nur noch sehr selten. Im Braunkohlentiefbau und im Kalibergbau, zwei Bergbauzweigen, die auf ihren Gruben vielfach nur mäßige Fördermengen zu bewältigen haben, ist die Förderung mit Seil oder Kette ohne Ende jedoch noch häufiger anzutreffen. Große Bedeutung haben dagegen auch im Steinkohlenbergbau die in Ziff. 99 behandelten Horizontal- und Anhebekettenbahnen an Füllörtern.

Eine Schwäche der Förderung mit Seil oder Kette ohne Ende ist hingegen die Unmöglichkeit, nach Bedarf auch aus beliebigen Nebenstrecken zu fördern, da sich für solche Strecken, wenn sie keine größeren Fördermengen liefern, eine besondere Seil- oder Kettenförderung nicht lohnt. Es wird auf diese Weise notwendig, Zubringeförderungen in den Nebenstrecken einzurichten, und durch die verhältnismäßig großen Kosten solcher meist ungünstig arbeitenden Nebenförderungen können dann leicht die Ersparnisse der Hauptförderung großenteils aufgezehrt werden.

Im übrigen ist hier noch auf die Bemerkungen über die Anwendungsgebiete der Seil- und Lokomotivförderung in Ziff. 119 zu verweisen.

δ) Allgemeines über die Förderung mit beweglichen Maschinen (Lokomotivförderung).

102. — Die Entwicklung der Lokomotivförderung. Die Schwierigkeit, eine für den Grubenbetrieb geeignete Lokomotive zu finden, hat bewirkt, daß trotz frühzeitiger Versuche mit Grubenlokomotiven ihre Verwendung erst seit dem Anfang dieses Jahrhunderts allgemein geworden ist. Schon früh wurde der Einsatz von Druckluftlokomotiven vorgeschlagen, die ihren Kraftvorrat in Gestalt eines Behälters mit hochgespannter Druckluft mitführen. Jedoch scheiterte ihre Verwendung in unseren Gruben zunächst an der schwerfälligen Bauart, dem großen Gewicht und der ungünstigen Kraftausnutzung dieser Lokomotiven. So waren es zuerst die elektrischen Lokomotiven, die zu Anfang der 1880er Jahre, und zwar im sächsischen und oberschlesischen Steinkohlenbergbau, festen Fuß faßten. Ihre allgemeine Anwendung stieß aber auf die Schwierigkeit, daß die Ausrüstung der Gruben mit elektrischer Kraft noch im weiten Felde lag und außerdem die Schlagwetter- und Berührungsgefahr abschreckte. Eine neue Zeit begann mit den in der zweiten Hälfte der 1890er Jahre aufgekommenen Benzin- und Benzollokomotiven, durch die den Grubenlokomotiven allgemein Eingang verschafft wurde, die aber heute nur noch eine untergeordnete Bedeutung haben. Der angeregte Wettbewerb brachte bald zweckentsprechende Bauarten von elektrischen Lokomotiven auf den Markt, so daß auch diese sich nunmehr rasch ein großes Anwendungsgebiet eroberten, und zwar vorwiegend als Fahrdraht-, neuerdings auch als Akkumulatorlokomotive. Seit 1908 hat dann die von F. Winkhaus wieder eingeführte Druckluftlokomotive auf Grund der mittlerweile mit ihr vorgenommenen Verbesserungen sich im Steinkohlenbergbau rasch eingeführt; solche Lokomotiven laufen heute gleichfalls auf zahlreichen Schachtanlagen. Im letzten Jahrzehnt hat die Förderung mit Brennstofflokomotiven durch die Einführung der Lokomotiven

          8. Abschnitt: Förderung.

mit Dieselmotoren, in denen Schweröl verbrannt wird, ebenfalls einen neuen Auftrieb erhalten.

In den ersten Jahrzehnten ihrer Anwendung blieb die Lokomotivförderung auf die Hauptstrecken beschränkt. Mit der Zunahme der Fördermengen der einzelnen Abbaubetriebspunkte wurde auch eine Mechanisierung der Abbaustreckenförderung notwendig. Sie erfolgte in der flachen Lagerung durch Schlepperhaspel und Bänder, in der steilen Lagerung, deren Fördermengen für Bänder meist nicht genügen, durch Schlepperhaspel und kleine Lokomotiven, sogenannte Zubringer- oder Abbaulokomotiven. Die Fahrdrahtspeisung scheidet für diesen Zweck infolge ihrer Schlagwettergefahr aus. Am meisten verbreitet sind der Druckluft- und Akkumulatorantrieb, an dritter Stelle steht die Dieselmaschine.

Die nachstehende Zahlentafel gibt einen Überblick über die Verbreitung der einzelnen Lokomotivarten im Ruhrbergbau. Sie vermittelt zugleich ein ungefähres Bild von dem anteilmäßigen Verhältnis der einzelnen Lokomotivarten im ganzen deutschen Bergbau[1]). Unter den Hauptstreckenlokomotiven steht die Fahrdrahtlokomotive an erster Stelle, es folgen die Druckluft-, die Diesel- und die Akkumulatorlokomotive. Im Salz- und Erzbergbau wird die Druckluftlokomotive überhaupt nicht verwendet.

Anzahl der Grubenlokomotiven im Ruhrgebiet
am 1. Januar 1940.

Lokomotivart	Stückzahl	PS Gesamtleistung	PS im Mittel	Anteil in v. H.[2])	
				Hauptstreckenlokomotive	Zubringerlokomotive
Fahrdrahtlokomotive .	1270	52 742	41,60	50,90	—
Fahrdraht-Akku-Lok. .	24	1 362	56,80	0,96	—
Akku-Hauptstreckenlokomotiven	26	1 214	46,70	1,04	—
Akku-Zubringerlok. .	332	3 192	9,60	—	41,71
Druckluft-Hauptstrekenlokomotiven .	835	24 110	28,80	33,46	—
Druckluft-Zubringerlokomotiven	368	4 289	11,65	—	46,23
Diesel-Hauptstreckenlokomotiven . .	340	14 542	42,80	13,64	—
Diesel-Zubringerlokomotiven	88	860	9,80	—	11,05
Benzollokomotiven . .	8	144	18,—	—	1,01
Hauptstreckenlok. . .	2495 = 100%	102 455		100%	100%
Zubringerlokomotiven	796 = 100%				

103. — Kraftbedarf, Gewicht und allgemeine Bauart der Grubenlokomotiven. Unter der Zugkraft einer Lokomotive versteht man die

---

[1]) Glückauf 1936, S. 183; E. Glebe: Stand der Lokomotivstreckenförderung im deutschen Steinkohlenbergbau.

[2]) Die Anteile der Hauptstrecken- und Zubringerlokomotiven sind getrennt errechnet.

am Zughaken der Lokomotive zur Verfügung stehende Kraft, die auch als „Zugkraft am Haken" bezeichnet wird. Über die erforderliche Größe dieser Kraft, die zur Überwindung des Reibungswiderstandes des Wagenzuges sowie der Zusatzwiderstände beim Anfahren, in Kurven usw. dient, ist bereits unter Ziff. 47 und 48 das Erforderliche gesagt worden.

Mit dieser nutzbar zu machenden Zugkraft ist nicht zu verwechseln die vom Motor der Lokomotive insgesamt auszuübende Kraft. Diese muß vielmehr groß genug sein, um die Getriebeverluste und auch noch den Reibungs- und Anfahrwiderstand der Lokomotive selbst überwinden zu können. Zieht z. B. eine Lokomotive von 7,7 t Eigengewicht 40 Wagen zu je 1100 kg, also $40 \cdot 1,1 = 44$ t, so macht ihr Gewicht allein rund 15% des gesamten Zuggewichtes aus.

Der zu dieser Dauerbelastung hinzutretende Kraftbedarf für die Beschleunigung beim Anfahren ist von um so größerer Bedeutung, je öfter der Zug unterwegs anhalten muß, weil dann zur Verringerung der Zeitverluste jedesmal möglichst schnell wieder angefahren werden muß. Im allgemeinen kann mit einem Anfahrwiderstand gerechnet werden, der 20% größer als der Fahrwiderstand ist. Der Motor muß also so berechnet sein, daß er vorübergehend diese Arbeit abgeben kann.

Das Gewicht der Lokomotiven hat demnach zunächst, da es mitbewegt werden muß, die Bedeutung einer Verringerung der Nutzleistung. Anderseits ist aber bis zu einem gewissen Grade wieder die Zugkraft vom Gewichte abhängig. Denn da eine Lokomotive nur durch ihr Gewicht und den dadurch erzeugten Reibungswiderstand zwischen Rädern und Schienen in den Stand gesetzt wird, eine ausreichende Zugkraft auszuüben, muß das Gewicht eine Größe haben, die zur Überwindung des gesamten Reibungswiderstandes des Wagenzuges und des Ansteigens der Strecke ausreicht. Man erhält also, wenn man das Lokomotivgewicht mit Q bezeichnet, die am Haken mögliche Zugkraft Z dadurch, daß man von der Reibungskraft $Q \cdot f$ den Fahrwiderstand μ der Lokomotive, das Ansteigen s und die Beschleunigungsarbeit $\sim 0,1 \cdot p$ abzieht, d. h. den Wert

$$Z = Q \cdot (f - [\mu + s + 0,1 p])$$

ermittelt. Das Ansteigen s wird bei der Lokomotivförderung meist in Prozenten des Förderweges (also $x : 100$) ausgedrückt, so daß z. B. ein Ansteigen von 3% einem Werte von $3 : 100$, d. h. einem Sinus von 0,03 entspricht. (Das für die Lokomotivförderung noch zulässige Ansteigen geht bei Bahnen über Tage bis zu etwa 7% [entsprechend $4°$], während man bei der unterirdischen Förderung zwar auf Glatteis keine Rücksicht zu nehmen braucht, im allgemeinen aber doch nicht über etwa 3% hinausgeht). Die hiernach sich ergebenden Werte für Z, auf je 1000 kg Lokomotivgewicht bei $p = 0,8\,\mathrm{m/s^2}$ für die verschiedenen Größen von μ, s und f berechnet, ergeben sich aus nachstehender Zahlentafel:

f	$\mu=0,008$ $s=$				$\mu=0,015$ $s=$				$\mu=0,020$ $s=$			
	1%	2%	3%	4%	1%	2%	3%	4%	1%	2%	3%	4%
0,3	202	192	182	172	195	185	175	165	190	180	170	160
0,4	302	292	282	272	295	285	275	265	290	280	270	260

Lokomotiven von größerer Leistung erhalten an jedem Ende einen Führersitz, wenn die Betriebsverhältnisse es erforderlich machen, daß der Führer bei jeder Fahrt vorn sitzt; die Lokomotive kann dann beim Verschiebebetrieb an Füllörtern usw. beliebig in beiden Richtungen fahren.

ε) Einzelbeschreibung der Hauptstreckenlokomotiven.

104. — Die Fahrdraht-Lokomotive[1]). Für den Antrieb von Lokomotiven mit Oberleitung können an sich alle Stromarten verwandt werden. Doch hat der Gleichstrom im wesentlichen das Feld behauptet, da der Gleichstrommotor günstige Eigenschaften für den Lokomotivbetrieb besitzt, indem er beim Anlaufen geringe Geschwindigkeit mit großer Anzugkraft vereinigt, bei der späterhin ausreichenden geringeren Zugkraft aber größere Geschwindigkeiten ermöglicht.

Zu diesem Zwecke muß der vom Kraftwerk über Tage gelieferte Drehstrom in Gleichstrom umgewandelt werden. Hierzu benutzt man neben den früher gebräuchlichen Einankerumformern und auch Motorgeneratoren, bei Neuanlagen heute hauptsächlich Quecksilberdampfgleichrichter in Stahl- oder Glasgefäßen. Sie finden durchweg in einem besonderen Raum in der Nähe des Schachtes Aufnahme, von wo aus der Gleichstrom über Leistungsschalter der Oberleitung zugeführt wird. Bei geringer Ausdehnung des Fahrdrahtnetzes und geringer Lokomotivzahl genügt die Speisung über ein Kabel von einer Stelle aus. Bei ausgedehnteren Netzen, größerer Lokomotivzahl und der sich daraus ergebenden erhöhten gleichzeitigen und stoßweisen Belastung des Fahrdrahtnetzes muß der Gleichstrom jedoch an mehreren, meist etwa 750 m voneinander entfernten Stellen dem Fahrdraht zugeführt werden, von denen jede durch ein besonderes Kabel gespeist wird. Es ist dies notwendig, weil sonst der Spannungsabfall zu groß würde.

Drehstrom kommt wegen Leitungsschwierigkeiten nicht in Betracht. Einphasiger Wechselstrom, der sich an und für sich gut für den Lokomotivbetrieb eignet und die Vorzüge des Gleich- und Wechselstromes großenteils vereinigt, hat sich nicht bewährt, da die Berührungsgefahr für ihn bei gleicher Spannung wesentlich größer ist als für Gleichstrom; auch wird der Betrieb mit dieser Stromart trotz des Fortfalls der Umformer nicht billiger, da der Spannungsabfall bei Wechselstrom wegen der Selbstinduktion größer wird und man daher in der Regel mit einem Transformator an einem Ende der Bahn nicht auskommt, sondern mehrere, durch ein besonderes Speisekabel verbundene Transformatoren aufstellen muß.

Die Lokomotiven werden meist mit zwei in Rollenlagern laufenden Motoren ausgerüstet, deren jeder durch Zahnradgetriebe mit gehärteten Flanken eine Achse antreibt und die mit einseitigen Tatzenlagern federnd im Rahmengestell aufgehängt sind. Da sich bei Hintereinanderschaltung der Motoren die doppelte Anzugkraft, bei Parallelschaltung die doppelte Geschwindigkeit ergibt, sieht der Schaltungsplan für das Anfahren Hintereinander-, für die Streckenfahrt Parallelschaltung vor.

---

[1]) Elektrizität im Bergbau (13. Band der Siemens-Handbücher, Berlin, de Gruyter & Co.), 1926, S. 242; A. Passauer: Die unterirdische Streckenförderung, ihre Ausführung und Unterhaltung; — ferner Bergbau 1928, S. 89; E. Nattkemper: Die Entwickelung der elektrischen Grubenbahnen.

Der Lokomotivrahmen ruht gewöhnlich mit Hilfe von Blattfedern, die unter seinen Kopf fassen, auf den Achslagern.

Das äußere Bild einer Fahrdraht-Lokomotive zeigt Abb. 514 nach einer Ausführung der SSW. Die Abbildung läßt die geringe Raumbeanspruchung der Lokomotive und den Schutz der empfindlichen Teile durch einen kräftigen Stahlblechmantel erkennen. Die abgebildete Maschine hat bei einer Spurweite von 600 mm eine Gesamtlänge von 4475 mm, eine Höhe von 1600 mm und eine Breite von 1000 mm. Sie entwickelt bei 220 Volt mit zwei Motoren 72 kW und hat ein Gewicht von 12 t. Die Zugkraft am Haken beträgt 1940 kg, die Fahrgeschwindigkeit 3—5 m/s. Der Preis einer 72-kW-Fahrdrahtlokomotive beträgt rund 24000 RM.

Die Stromabnahme erfolgt durch Bügel (Abbildungen 515 und 516) oder Rollen, die mittels eines Hebels oder eines Parallelogrammgerüstes (Abb. 517) durch Federkraft gegen den Draht gedrückt werden; außerdem kommen auch Schleifschuhe und söhlige Schleifhebel oder „Ruten"

Abb. 514. Oberleitungs-Grubenlokomotive, 1940 kg Zugkraft.

für Stromabnahme neben den Schienen in Betracht. Es muß dabei Rücksicht auf die Umkehrung der Fahrrichtung genommen werden, die namentlich beim Verschiebebetrieb öfter notwendig wird. Am einfachsten ist in dieser Hinsicht der Parallelogrammbügel, mit dem sowohl vorwärts- als rückwärts gefahren werden kann, während der Schleifbügel herumgeklappt und die Rolle herumgedreht werden muß und der Schleifschuh kippbar und in doppelter Anordnung angebracht wird, so daß ein Schuh zum Vorwärts-, der andere zum Rückwärtsfahren dient. Zur Vermeidung von schlagwettergefährlichen, stärkeren Funken sind mindestens zwei Stromabnehmer anzuordnen, so daß beim Abspringen des einen oder anderen der Hauptstrom noch nicht unterbrochen wird.

Streckenlokomotiven werden im allgemeinen für Leistungen von 30—100 kW gebaut. Wie die Zahlentafel auf S. 420 erkennen läßt, überwiegen noch Maschinen mit mittleren Leistungen von 30—40 PS. In den meisten Fällen ist die 70-PS-Maschine den größten Anforderungen gewachsen. Nur vereinzelt findet sich schon die 90-PS-Maschine. Bei Förderwagen von weniger als 1 t Fassungsvermögen ist diese hohe Leistung nur dann ausnutzbar, wenn mit sehr langen Zügen, d. h. mit Zügen von 100 Wagen und mehr gefahren werden kann. Dieses verbietet jedoch vielfach die Aufstellungsmöglichkeit in den Abteilungen. Anders ist es bei Großförderwagen unter der Voraussetzung, daß hier mit Zügen von 50 Wagen und mehr gefahren werden kann, was sich jedoch vielfach nicht als zweckmäßig erwiesen hat. Zugleich tritt dann als neues Problem das der Bremsung der Wagen auf, da die bewegte Masse sich wesentlich vergrößert und der Bremsweg durch Bremsung der Lokomotive allein zu lang zu werden droht.

Abb. 515. Elastische Fahrdrahtaufhängung der Firma Ackermann.

Besondere Sorgfalt ist auf die Verlegung des Fahrdrahtes zu verwenden, und zwar sowohl um die Berührungsgefahr möglichst zu vermeiden als auch um die Funkenbildung zu verringern, die beim plötzlichen kurzen Lösen der federnd gegen den Fahrdraht gedrückten Schleifflächen des Stromabnehmers eintritt. Zur Verminderung der Berührungsgefahr müssen die Fahrdrähte mindestens 1,80 m über Schienenoberkante liegen. Zwischen dem Fahrdraht und der Unterkante des Firstenausbaues ist ein Abstand von 0,30 m vorzusehen, damit der Fahrdraht möglichst frei vom Wetterzug umspült werden kann.

Zur Verringerung der Funkenbildung ist federnde Aufhängung an keramischen Isolatoren erforderlich. Am besten hat sich hier die Querdrahtaufhängung bewährt, bei welcher die Isolatoren in quer über die Bahn an den Stößen mit Isolierstücken versehenen Drahtseilen eingespannt werden, wodurch eine sehr weiche und schmiegsame Federung erreicht wird. Neben dieser auch bei Straßenbahnen üblichen Querdrahtaufhängung sind eine größere Zahl von Isolatoren in Gebrauch, welche auch eine gewisse Federung gestatten. Die Abb. 515 zeigt die verbreitete Ausführung „Universal" der Firma Ackermann in Essen. Diese über mehrere Drehbolzen und gezahnte, gegeneinander verstellbare Flächen, vielseitig schwenkbare Aufhängevorrichtung paßt sich den verschiedenen Abständen der Befestigungspunkte

Abb. 516. Ringfederaufhängung der Firma Wilms.

an den Kappen und am Fahrdraht weitgehend an und gestattet durch parallel verschiebbare Gelenklaschen über dem Isolator eine elastische Befestigung.

Abb. 516 zeigt die Ringfederaufhängung der Firma Edmund Wilms in Bochum. Der Isolator am Fahrdraht wird von zwei waagerecht in einem Ring befestigten Federn gehalten und gestattet so ein weiches Nachgeben des Fahrdrahtes. Der Ring wird über einen zweiten Isolator mit einer der üblichen starren Laschenklemmen zur Befestigung an den Kappen verbunden.

An seinem Ende wird der Fahrdraht bis unter die Streckenfirste geführt und hier in einem isolierten Spannschloß befestigt. Würde nun die Lokomotive über dieses Ende hinausfahren, so wäre eine starke Funkenbildung zwischen Stromabnehmer und Fahrdraht durch Abschnellen des Stromabnehmers die Folge. Zu ihrer Verhütung werden besondere Vorrichtungen getroffen. Sie können in einem Streckenendschalter bestehen, der die letzten 10 m des Fahrdrahtes beim Überfahren des Schalters stromlos macht. Dem gleichen Zweck dienen auch akustische Alarmvorrichtungen, die den Lokomotivführer veranlassen sollen, die Maschine anzuhalten.

Auch durch zweckmäßiges Ausgestalten der Stromabnehmer selbst bekämpft man die Funkengefahr. Zunächst empfiehlt sich eine flächenhafte Ausbildung der Bügeloberfläche (s. Abb. 517), die weit weniger Unterbrechungen der Verbindung gestattet als eine nur punktförmige Berührung. Ferner hat sich eine sparsame Schmierung der Oberleitung bewährt, die diese sowie die Bügelflächen dauernd glatt erhält und außerdem den Verschleiß wesentlich herabsetzt. Einen mit einer Schmiervorrichtung versehenen, gut durchgebildeten Parallelogramm-Schleifbügel, der von den Siemens-Schuckert-Werken und (für Rheinland und Westfalen) von Hauhinco ausgeführt wird, zeigt Abb. 517. Der Bock a trägt die vier beweglichen Arme b_1—b_4, für deren Fußgelenke durch die Zahnrad- und Klinkenverbindung $c\,d$ (oder durch zwei miteinander kämmende Zahnsegmente) in Verbindung mit den Schraubenfedern $e_1\,e_2$ die Beweglichkeit bei gleichzeitiger Festlegung in jeder Lage gesichert wird. Der Strom wird durch Kupferkabel $f_1\,f_2$ zum Motor geführt. Das

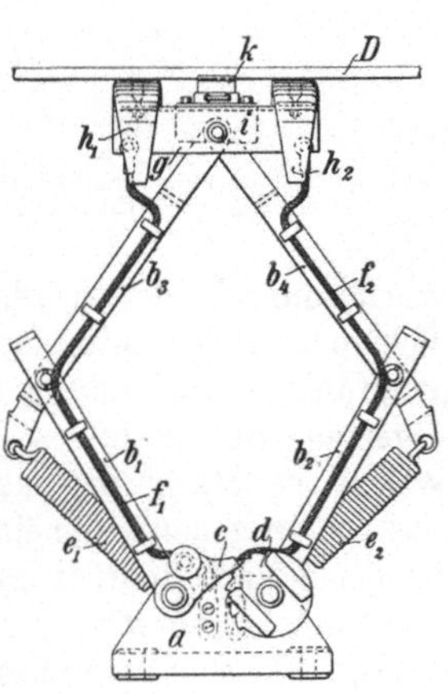

Abb. 517.
Parallelogramm-Doppelbügel.

Scheitelgelenk trägt die Brücke g, an der die beiden Bügel $h_1\,h_2$ befestigt sind und die einen Ölbehälter i enthält, von dem aus das zwischen beiden Bügeln liegende Schmierkissen k gespeist wird. — Die AEG schaltet zwischen die Schleifbügel besondere Bügel ein, die ein Schmierkissen tragen, das aus dem Ölbehälter in der Mitte des Bügels gespeist wird. Solche Schmiervorrichtungen erfordern wegen Brandgefahr eine vorsichtige Behandlung. Ohne Schmierung kommen Schleifstücke aus Hartkohle aus, wie sie u. a. von der Elektro-Apparate-G. m. b. H. in Essen geliefert werden. Auch Aluminiumbügel mit Graphiteinlagen haben sich bewährt.

Die Rückleitung erfolgt wie bei den elektrischen Bahnen über Tage durch die Schienen, die zu diesem Zwecke an den Stößen durch besondere, stromleitende Verbindungen überbrückt sind. Der eine Pol der Dynamomaschine D (s. Abb. 518) ist also an die Erde angeschlossen und steht hierdurch bei II mit dem Ende der Schienenleitung in Verbindung, während die Lokomotive L in ihrer jeweiligen Stellung bei I den Stromschluß zwischen der Ober- und der Schienenrückleitung herstellt.

Eine sorgfältige Ausführung und Behandlung der Schienenrückleitung ist sehr wichtig. Von einer gut leitenden Schienenverbindung wird nämlich nicht nur der Kraftverbrauch des Lokomotivbetriebes beeinflußt, sondern auch der Schutz der Nachbarschaft gegen die „Schleich-“ oder „Streuströme“[1]), die bei schlechter Verbindung der Schienen durch das Gebirge zu den verschiedenen am Stoße verlagerten Rohrleitungen, stahlbewehrten Kabeln, Lutten usw. gelangen und sich in Spannungsunterschieden zwischen diesen und den Schienen sowie zwischen den Leitungen unter sich äußern können. Man hat verschiedentlich Spannungen bis zu 6—10 Volt feststellen können.

Abb. 518 veranschaulicht die Entstehung solcher Streuströme bei gleichmäßigem Übergangswiderstand in den einzelnen Stoßverbindungen. Bei *I* tritt ein Teil des Rückstromes mit einem Spannungsunterschied von 5 Volt in das Gebirge aus, um bei *II* mit einem gleichen, aber entgegengesetzten Spannungsunterschied in die Schienen zurückzufließen.

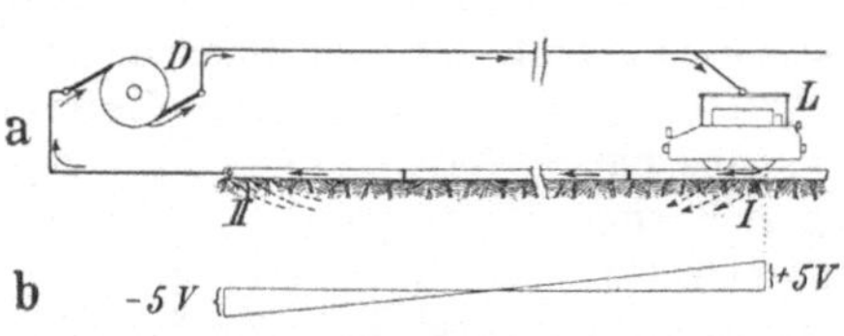

Abb. 518. Stromweg und Streuströme bei Förderung mit Fahrdraht-Lokomotiven.

Die Gefahr der Schleichströme wird durch sorgfältige leitende Verbindungen der einzelnen Schienen unter sich und der verschiedenen Schienenstränge miteinander (etwa alle 100 m) bekämpft. Die früher empfohlene Verbindung der Schienen mit den an den Streckenstößen verlagerten Rohrleitungen, stahlbewehrten Kabeln, Lutten usw. hat man wieder verlassen, da dadurch die Verschleppung von Streuströmen weit in das Grubengebäude hinein begünstigt wird. Spannungsunterschiede zwischen Schienen und Rohrleitungen schaden in den Hauptstrecken nicht, da hier nicht geschossen wird.

Die Schienenverbindungen müssen außer guter Leitfähigkeit auch möglichst geringe Empfindlichkeit gegen unruhige Sohle und entgleisende Wagen haben. Die früher meist üblichen Verbindungen durch Kupferleitung werden daher heute unter die Laschen gelegt und durch diese geschützt, zumal bei ihnen auch noch die Gefahr des Diebstahls in Betracht kommt. Eine zweckmäßige Verbindung der Siemens-Schuckert-Werke zeigt Abb. 519; die Kupferlitzen werden hier etwas gestaucht verlegt, um Bewegungen der

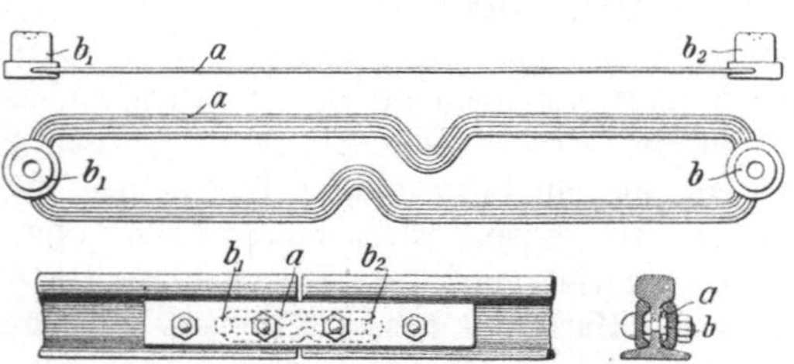

Abb. 519. Schienenverbindung durch geschützt verlegte Kupferdrähte.

Schienen und der Sohle folgen zu können. Die Leitfähigkeit der Verbindung nach Abb. 519 beträgt etwa 80—85%, diejenige der Punktschweißung etwa 95—98% der Verbindung durch Vollschweißung. Die beste Verbindung erzielt man durch Verschweißen der Schienen selbst, was vornehmlich in Strecken mit starker Förderung und entsprechend gepflegtem Gestänge in Betracht

[1]) Glückauf 1925, S. 453; C. Truhel: Entstehung, Wirkung und Verhütung von Streuströmen und Streuspannungen; — ferner ebenda 1925, S. 1553; E. Ullmann: Der Einfluß der elektrischen Streckenförderung auf die Sicherheit des Grubenbetriebes.

kommt. Einen anschweißbaren Schienenverbinder der Firma Edm. Wilms in Bochum zeigt Abb. 520. Zwei verzinkte Kupferflachlitzen sind hier durch Schweißbronze mit den stählernen Anschweißschuhen verbunden. — Für die Berechnung des Leitungswiderstandes wird mit Rücksicht auf die erwähnten Schienen-Querverbindungen die Summe aller Schienenquerschnitte zugrunde gelegt; für eine zweigleisige Strecke kann man daher mit vier Schienenquerschnitten rechnen.

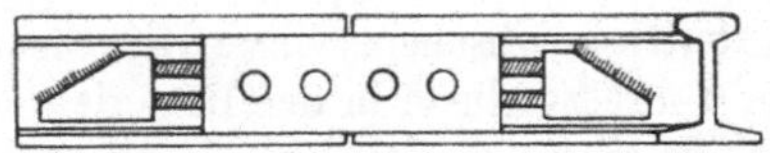

Abb. 520. Anschweißbarer Schienenverbinder der Firma W i l m s.

105. — Die Akkumulatorlokomotive. Man unterscheidet Batterien mit Säuren oder Laugen als Elementflüssigkeit. Die Batterien mit Säuren als Elektrolyt arbeiten mit Blei in der Form von „Großoberflächenbatterien", „Panzerplattenbatterien" und „Gitterbatterien". Ferner gibt es Stahlbatterien mit Nickel-Cadmium als aktivem Material und mit Kalilauge als Elektrolyt. Diese noch von E d i s o n stammende Bauform wird heute nicht nur wegen des hohen Preises, sondern im Steinkohlenbergbau auch wegen der Entwicklungsmöglichkeit von Knallgas nicht mehr verwendet[1]).

Mit Rücksicht auf das spezifische Leistungsvermögen und den Preis kommen, wie die nachstehende Zahlentafel erkennen läßt, von den vorgenannten Bauformen vorwiegend nur noch die Panzer- und Gitterplattenbatterien in Betracht.

Preise, Gewichte und Betriebskosten
der im Grubenförderbetrieb gebräuchlichen Speicherbauarten

Bauart der Speicher	Gewicht je kWh	Preis je kWh	Grundfläche je kWh	Preis je kg	Lebensdauer in Entladungen		Erneuerungs- u. Unterhaltungskosten je kWh	Bleiverbrauch je kWh
	kg	RM.	m²	RM.	$+$-Platte	$-$-Platte	in Rpf.	Gramm
Großoberflächenplatte . .	107	130	0,06	1,25	1000	2000	7,7	9,0
Panzerplatte[2]). .	60	115	0,038	1,93	1500	1500	6,8	4,0
Gitterplatte . .	45	67	0,030	1,50	500	1000	9,0	10,0
Edison-[3]) Nickel-Cadmium .	40	365	0,041	8,10	3000	3000	12,2	—

In jeder Batterie läßt sich ein bestimmtes Arbeitsvermögen aufspeichern, das von der Größe und Zahl der Zellen abhängt. Das in kWh gemessene Arbeitsvermögen bestimmt die Streckenarbeit, die bei einer Entladung geleistet werden kann. Im Durchschnitt ist mit einem Batteriearbeitsverbrauch von 0,03 kWh je Bruttotonnenkilometer zu rechnen. Da die Kapazität einer Batterie bei ihrer Entladung praktisch nur mit 85% ausgenutzt werden soll, liefert z. B.

---

[1]) Bergbau 1933, S. 180; U r b a n: Der elektrische Akkumulator im Bergbaubetrieb.

[2]) Erfordert Gummi für die Panzerröhrchen.

[3]) Erfordert in gewissem Umfang ausländischen Baustoff.

die Batterie einer 40 kW-Hauptstreckenlokomotive von 98 kWh Arbeitsvermögen eine Streckenarbeit von $\dfrac{98 \cdot 0,85}{0,03} = 2800$ brtkm.

Je nach der Schichtbelastung sind eine entsprechende Anzahl von Wechselbatterien vorzusehen. Unter Berücksichtigung der gesamten Maschinenverluste, der Umsetzverluste in der Batterie und der Verluste in den Ladeeinrichtungen ist mit einem spezifischen Energieverbrauch von durchschnittlich 0,08 kWh je brtkm aus dem Drehstromnetz zu rechnen.

Man unterscheidet die reinen Akkumulatorlokomotiven und die Fahrdrahtakkulokomotiven. Während die Akkumulatoren von Spezialfabriken, insbesondere AFA (Akkumulatorenfabrik A.G., Berlin und Gottfried Hagen A.G., Köln-Kalk) hergestellt werden, bauen Heinrich Bartz, Dortmund, Siemens, AEG u. a. die Lokomotiven. Eine Akkumulatorlokomotive mit

Abb. 521.　Akkumulator-Hauptstreckenlokomotive.

einer Kapazität von 76 kWh und 2 Motoren von zusammen 37 kW zeigt Abb. 521. Bei einer Länge von 5530 mm, einer Breite von 930 mm und einer Höhe von 1580 mm hat die Maschine ein Gewicht von 10 t. Die Batterieleistung ist auf die Schichtzeit von 7 Stunden bei 2300 Bruttotonnenkilometern berechnet, so daß nur im Schichtwechsel ein Umtausch der Batterie erforderlich ist. Eine Akkumulator-Hauptstreckenlokomotive mit einer Leistung von 36 kW kostet etwa 32 000 RM.

Um die Lokomotive nicht während der Ladezeit außer Betrieb setzen zu müssen, wird die Batterie lösbar auf ihr befestigt und nach Entladung einfach gegen eine frischgeladene vertauscht.

Abb. 522. Batteriewechsel bei Akkumulator-Lokomotiven.

Man erzielt dadurch gleichzeitig den Vorteil, daß man das Laden zu einer passenden Zeit, d. h. bei geringer sonstiger Beanspruchung des Kraftwerkes, vornehmen und so die letztere gut ausnutzen kann. Gemäß Abb. 522 fährt die Lokomotive zum Zwecke des Batteriewechsels zwischen zwei mit Rollen b ausgerüstete Tische a_1 und a_2. Durch eine Laschenkette, die zunächst über die Rollen der Lokomotive und des einen Tisches und sodann über die ersteren und die des anderen Tisches gelegt und durch eine Kurbel c bewegt wird, zieht man zuerst die entladene Batterie B_1 auf den Tisch a_1 und dann die frischgeladene Batterie B_2 von dem anderen Tisch a_2 auf die Lokomotive, so daß diese nach Verriegelung der Batterie gleich wieder fahren kann.

Bei Bleiakkumulatoren muß wegen ihrer Empfindlichkeit für ihre sorgfältige Behandlung, besonders in elektrischer Hinsicht, Sorge getragen werden; nur unterwiesene Leute sind damit zu betrauen, und die für die zulässigen Grenzspannungen bei Ladung und Entladung gegebenen Vorschriften müssen sorgfältig innegehalten werden. Der Kraftverbrauch der Akkumulator-Lokomotiven ist an sich wegen der Verluste im Akkumulator größer als derjenige der Fahrdraht-Lokomotiven, doch wird dieser Unterschied durch die Leitungsverluste bei den Fahrdraht-Lokomotiven z. T. wieder ausgeglichen. Außerdem erfolgt die Steuerung der Motore bei den neuesten Bauarten ohne Fahrwiderstände durch Nockenfahrschalter, die wie die Motore druckfest gekapselt sind. Zum Öffnen und Schließen der einzelnen Fahrstufen, die die Kraftfelder parallel und hintereinanderschalten, werden Einzelschütze verwendet, die durch Nocken gesteuert werden[1]). Durch diese vollkommen verlustlose Regelung spart man etwa 15—25% Batterieenergie, die sonst von den Fahrwiderständen vernichtet werden.

Abb. 523. Laderaum für Auswechselbatterien unter Tage.

Bei einer größeren Anzahl von Lokomotiven ist ständig eine Reihe von Auswechselbatterien zu laden. Es ist deshalb notwendig, einen geeigneten Raum unter Tage zu schaffen, der gut bewettert ist und zweckmäßig mit einer Krananlage versehen wird. Ein Beispiel zeigt Abb. 523. Der erforderliche Gleichstrom wird meist durch Quecksilberdampfgleichrichter oder auch durch Umformer unter Tage hergestellt.

---

[1]) Glückauf 1939, S. 625; A. Weddige: Erfahrungen mit einer neuartigen Hauptstrecken-Akkumulatorlokomotive.

106. — Die Fahrdraht-Akku-Lokomotive. Neben der reinen Fahrdraht- und reinen Akkumulatorlokomotive gibt es auch Gemischtkraftlokomotiven, also vereinigte Fahrdraht-Akkumulatorlokomotiven. Sie haben sich unter dem Bedürfnis entwickelt, den Fahrbereich der Fahrdrahtlokomotive auch auf Teile des Grubengebäudes ausdehnen zu können, in denen die Stromabnahme von einer Oberleitung der Schlagwettergefahr wegen unzulässig ist. Die Maschine fährt alsdann von einer Batterie gespeist über den Oberleitungsbereich hinaus. Fahrdraht- und Batterieleistungen müssen natürlich aufeinander abgestimmt sein.

Die Fahrdraht-Akku-Maschinen werden als Fahrdrahtlade- und als Fahrdrahtverbundlokomotiven gebaut.

Die **Fahrdrahtladelokomotive** lädt sich unter dem Fahrdraht selbst und benötigt nur in größeren Zeitabständen Ausgleichladungen in einem Laderaum, in dem auch die Überwachungsarbeiten der Batterie durchgeführt werden.

Die **Fahrdrahtverbundlokomotive** führt auf einem Anhängerwagen eine Batterie zur Arbeitsleistung nach Verlassen des Fahrdrahtbereiches mit sich, welche in üblicher Weise auf der Ladestation aufgeladen werden muß. Abb. 524 zeigt eine Verbundmaschine der AEG.

Abb. 524. Verbundmaschine der A E G.

Die Zündmöglichkeit von Schlagwettern durch Unterbrechung des Batteriestromkreises erfordert in gefährdeteren Verwendungsbereichen die **schlagwettergeschützte Kapselung** der Batterien in Behältern mit Plattenschutzpaketen, auf die trotz der stark verbesserten Verbindungsorgane (Konus-Schraubverbinder) auch bei reinen Akku-Lokomotiven noch nicht restlos verzichtet wird. Bei Fahrdraht-Lade-Akku-Lokomotiven besteht eine erhöhte Zündgefahr durch Knallgasbildung infolge zu starker Ladung beim Versagen der selbsttätigen Ladeüberwachungsgeräte. Diese Verhältnisse finden Berücksichtigung in den für verschiedene Gefahrenzonen behördlich vorgeschriebenen Ausführungsarten.

107. — Anwendungsbereich elektrischer Lokomotiven. Wie aus den Beschreibungen der verschiedenen elektrischen Lokomotivarten hervorgeht, ist der Grad ihrer Schlagwettersicherheit verschieden. Ihre Verwendungsmöglichkeit stuft sich danach ab, und zwar unterscheidet die Bergbehörde drei Bereiche, die sich nach dem Methangehalt der Wetter und sonstigen betrieblichen Bedingungen voneinander unterscheiden. Wie aus der nachstehenden Zusammenstellung hervorgeht, dürfen Fahrdrahtlokomotiven nur im durchgehenden Wetterstrom bei weniger als 0,3% Methangehalt fahren. Akkumulatorlokomotiven mit Plattenschutzkapselung des Batteriebehälters und Fahrdrahtverbundlokomotiven mit Plattenschutz dürfen dagegen auch sonderbewetterte Betriebe befahren.

Zulassung von elektrischen Lokomotiven in den verschiedenen Gefahrenbereichen.

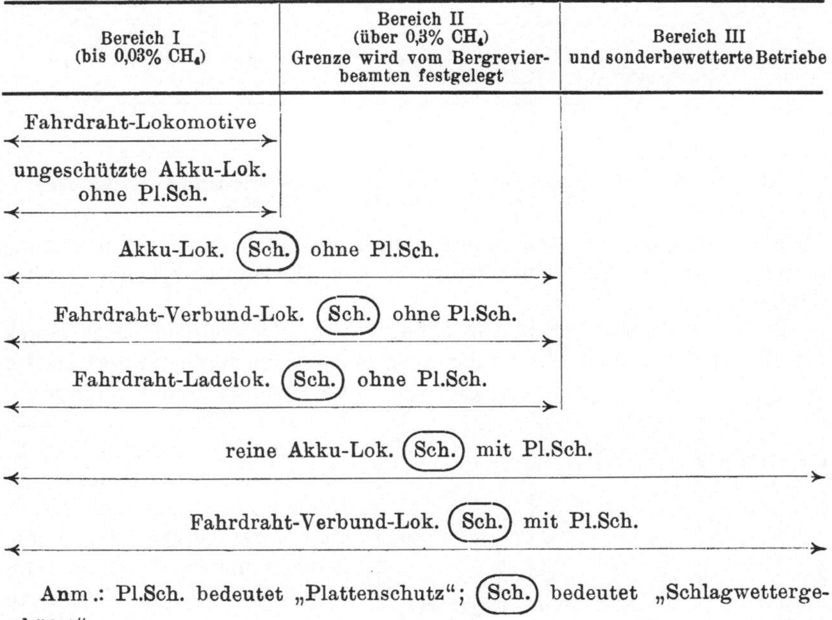

Anm.: Pl.Sch. bedeutet „Plattenschutz"; (Sch.) bedeutet „Schlagwettergeschützt".

108. — Druckluft-Lokomotiven. Eine Druckluftlokomotive besteht aus einem oder mehreren Hauptluftbehältern von großen Abmessungen, der einen Vorrat von hochgespannter Druckluft enthält, einem kleinen Zwischenbehälter, der sog. „Arbeitsflasche", die die Luft mit dem zum Betrieb geeigneten Drucke aufnimmt, ehe sie dem Motor zuströmt, und diesem selbst, der die Achsen ähnlich wie bei einer Dampflokomotive antreibt.

Druckluft-Lokomotiven bauen: die Berliner Maschinenfabrik vorm. L. Schwartzkopff in Berlin, Bergbau G. m. b. H., Dortmund, Schwarz & Dyckerhoff in Mülheim-Ruhr, A. Borsig in Berlin-Tegel, die Deutsche Maschinenfabrik A.-G. in Duisburg u. a. Die wesentlichen Züge der Bauart ergeben sich aus der schematischen Darstellung einer Demag-Lokomotive in Abb. 525. Die Druckluft wird aus dem (nicht mit abgebildeten) Hochdruckbehälter durch das Absperrventil *a*, das Druck-

minderungsventil b und das Rohr c in die „Arbeitsflasche" d geleitet und
strömt von dort aus durch die Leitung e, das Ventil f und die Leitung g
zu dem Hochdruckzylinder Z_1, um nach Ausnutzung in diesem dem Zwischenwärmer i und durch die Leitung k dem Niederdruckzylinder Z_2 zugeführt
zu werden und schließlich durch die Leitung l und die Saugdüse m ins

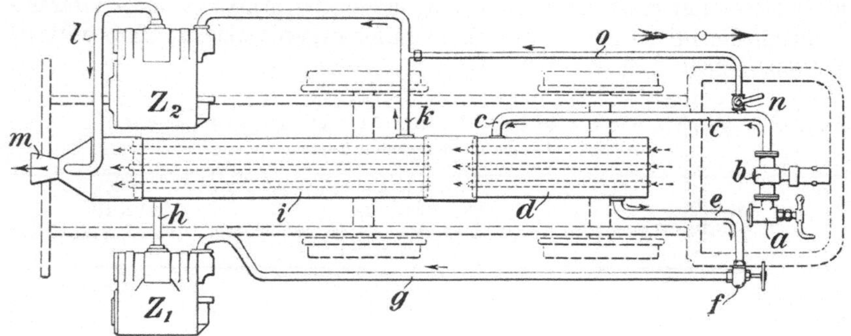

Abb. 525. Druckluftleitungen und Zwischenwärmer einer Druckluft-Lokomotive der
Deutschen Maschinenfabrik, Duisburg.

Freie zu strömen. In Bedarfsfällen kann auch durch das Ventil n und die
Leitung o frische Luft unmittelbar in den Niederdruckzylinder geleitet
werden.

Die Vorratsbehälter (F in Abb. 526a) werden jetzt meist für einen Druck
von 150—170 at gebaut. Es erscheint vorteilhaft, die durch die Fortschritte
im Bau von Stahlbehältern gebotene Möglichkeit der Drucksteigerung auszunutzen, da z. B.
eine Erhöhung des Druckes von
150 auf 175 at oder auf 200 at
eine Vergrößerung des Fahrbereichs um 18—20 % oder um
35—37 % bedeutet. Man kann
dann die teuren Hochdruck-Rohrleitungen im Felde nebst Zweigfüllstellen erheblich einschränken oder ganz entbehrlich

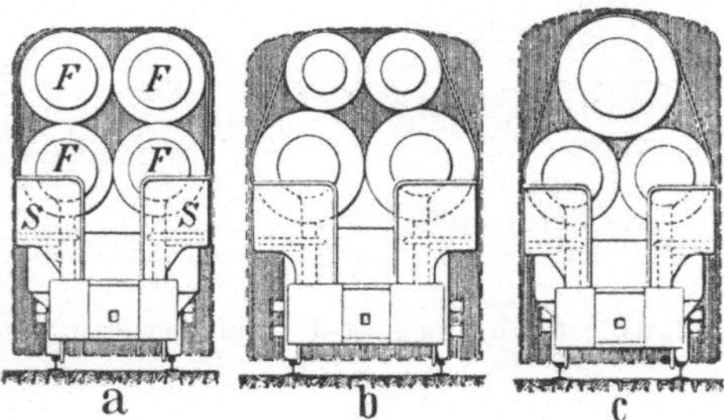

Abb. 526 a—c. Verschiedene Anordnung der Druckluftbehälter bei Druckluft-Lokomotiven.

machen. Je nach dem Streckenquerschnitt werden die Lokomotiven mit
einem oder mit mehreren (bis zu 9) Behältern ausgerüstet. Durch die
Unterteilung des Luftspeicherraumes wird das Gewicht nicht erhöht, da
die kleineren Behälter wegen ihrer geringeren Beanspruchung dünnwandiger
sein können. An Stelle der früheren genieteten werden jetzt nahtlos gezogene Behälter verwandt. Die Arbeitsflasche d (Abb. 525) erhält Druckluft,
die durch das Druckminderungsventil b auf 12—15 at gebracht worden ist.
Sie besteht ebenso wie der Zwischenwärmer i aus einem Zylinder mit einem
Einsatz von vorn und hinten offenen Rohren, durch die während der Fahrt
warme Grubenluft streicht und so die durch die Entspannung abgekühlte
Luft wieder anwärmt; diese Luftbewegung wird durch die Saugwirkung
der Düse m begünstigt. Diese Vorwärmung in der Arbeitsflasche sowie die

Zwischenwärmung zwischen Hochdruck- und Niederdruckzylinder ermöglichen weitgehende Ausnutzung der Entspannung der Druckluft ohne Eisbildung.

Die äußere Ansicht einer Borsig-Lokomotive gibt Abb. 527, die den Rahmen mit dem Antrieb, die Luftflaschen und den Führersitz erkennen

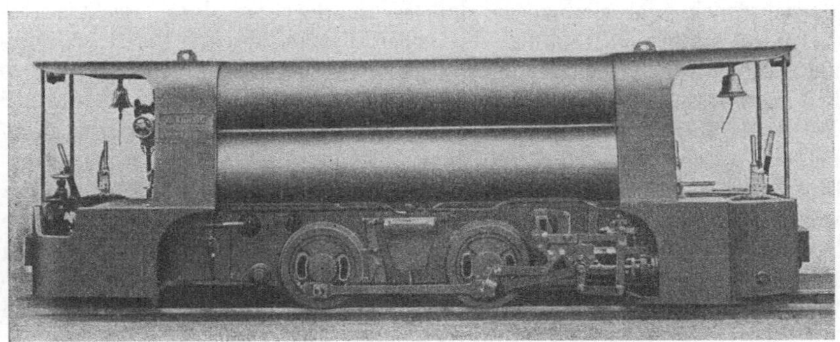

Abb. 527.　Borsig-Druckluft-Lokomotive mit 2 Führersitzen.

läßt. Das Getriebe wird jetzt stets außen angeordnet, um es gut überwachen und bequem ausbessern zu können, ohne dabei zu große Ansprüche an die Spurweite der Lokomotive stellen zu müssen. Die Lokomotive ist mit zwei Führersitzen ausgerüstet, um bei Rückwärtsfahrt den Führer ohne Drehung der Lokomotive stets vorn zu haben. Allerdings ist dann der Führer nicht durch die Luftflaschen gegen den (namentlich bei Fahrten gegen den Wetterstrom starken) Luftzug geschützt; auch kann er den Zug schlechter übersehen.

Die Schwartzkopff-Lokomotiven werden jetzt auch mit schnellaufendem Sternzylindermotor (M in Abb. 528) betrieben, und zwar sind die größeren Lokomotiven mit sechs Zylindern ausgerüstet. Diese arbeiten auf eine gemeinsame Kurbelwelle, deren Drehung durch ein Kegelradgetriebe mittels Rollenketten auf beide Achsen übertragen wird, und sind staubdicht gekapselt. Durch diesen Antrieb ergibt sich der Vorteil eines geringeren Raumbedarfs, der durch Vergrößerung der Luftbehälter ausgenutzt werden kann, und eines gleichmäßigen Ganges, wodurch das Schleudern ohne Beeinträchtigung der Zugkraft beseitigt wird. Auch wird weitgehende Expansion und daher Verringerung des Luftverbrauchs ermöglicht. Ferner kann der

Abb. 528.　Kopfansicht einer Lokomotive mit Sternzylindermotor.

a = Füllventil, b_1 b_2 = Druckminderungsventile, c = Fahrventil, d_1 d_2 = Hoch- und Niederdruckmanometer, f = Bremshebel, g = Hebel für den Sandstreuer.

ganze Antrieb als solcher verhältnismäßig rasch ausgewechselt werden. Schließlich wird auf diese Weise die vollständige Einkapselung der Lokomotive ermöglicht, so daß diese keine vorspringenden Teile zeigt.

Der Gesamtinhalt der Behälter beträgt 1300 bis 1500 l, was bei 150 atü Anfangsdruck einem Vorrat von 195—225 m³ Luft von atmosphärischer Spannung entspricht. Die Arbeitsflasche hat 40—50 l Inhalt. Mit einer Behälterfüllung kann die Lokomotive etwa 90 tkm leisten. Doch wird der Wirkungsgrad bei einem Sinken des Luftdruckes unter den gewöhnlichen Betriebsdruck sehr gering, so daß es richtiger ist, durch rechtzeitiges Auffüllen stets die Erhaltung des vollen Betriebsdruckes im Hochdruckzylinder zu ermöglichen. Zum Zwecke dieser Ergänzung des Luftvorrates ließ man früher die Lokomotive nach jeder Rückkehr zum Schachte zur Füllstelle fahren. Heute werden bei größeren Entfernungen meist noch im Felde Füllstellen angeordnet, die dann das Fahren mit vollem Druck ermöglichen und außerdem Sicherheit dagegen bieten, daß eine Lokomotive etwa wegen zu stark gesunkenen Druckes auf der Strecke liegenbleibt. Diese letztere Gefahr ist allerdings nicht groß, da die Lokomotiven noch mit 4 atü 1000 m ohne Zug fahren können. Bei großen Fahrtlängen oder weitverzweigtem Streckennetz werden besondere Füllrohrleitungen teuer; man hilft sich dann dadurch, daß die Lokomotive mit einem Zusatzspeicher in Gestalt eines Tenderwagens fährt.

An den Füllstellen werden bei stärkerer Förderung größere Druckluftvorräte in gruppenweise zusammengefaßten, nahtlos gezogenen Stahlbehältern untergebracht, die meist für einen Druck von 150—180 at bemessen sind. Außerdem empfiehlt sich das Vorschalten einer Gruppe von Vorratflaschen mit schräger Neigung, die eine Wasserabscheidung ermöglichen.

Für die Beleuchtung haben sich neuerdings die als Starklichtquellen unter Tage benutzten Turbinenlampen mit Druckluftbetrieb gut bewährt, da sie weniger empfindlich und umständlich als Akkumulatoren sind.

Zur Erzeugung der Druckluft dient ein über Tage stehender, mehrstufiger Hochdruckkompressor. Der Kraftverbrauch der Druckluftlokomotiven ist, der geringen Wirtschaftlichkeit der Druckluft entsprechend, hoch, allerdings wegen der größeren Wirtschaftlichkeit des Arbeitens mit Hochdruckluft verhältnismäßig günstiger als bei Niederdruck-Antrieben.

Zahlen über Abmessungen, Leistungen und Zugkräfte von Druckluft-Lokomotiven ergeben sich aus nachstehender Zahlentafel:

| Bezeichnung der Lokomotive | Be-häl-ter-inhalt | Abmessungen | | | Ge-wicht | Höchst-leistung | Größte Zug-kraft am Haken | Fahr-bereich mit einer Füllung |
| | | Länge | Breite | Höhe | | | | |
	m³	mm	mm	mm	t	PS	kg	km
Borsig, zweisitzig . . .	1,4	4840	1010	1620	9,3	33,5	900	} 8
Borsig, schwere Ausführung	1,75	4840	1090	1720	10,6	44	1180	
Schwartzkopff, Schubkolben-Antrieb	1,3 —1,7	4200	850 —1200	1400 —1700	6—9	30	900	5—11
Schwartzkopff, Sternmotor-Antrieb	1,4 —1,5	4200	825 —1025	1400 —1650	7,5—9	35	1200	6—9

109. — Brennstoff-Lokomotiven. Allgemeines. Die mit flüssigem Brennstoff betriebenen Lokomotiven gehören den zwei Gruppen der Leichtöl-

(oder Vergaser-) und Schweröl- (oder Diesel-) Lokomotiven an. Die Leichtöl-Lokomotiven vergasen den Brennstoff vor der Entzündung in einer besonderen Vorrichtung, wogegen er bei den Schweröl-Lokomotiven unmittelbar in äußerst feiner Verteilung in den Explosionsraum eingespritzt wird. Beide Bauarten müssen im unterirdischen Betriebe, um der Feuergefahr und der Gefahr der Vergiftung durch schädliche Gase zu begegnen, folgenden Forderungen gerecht werden:

1. ausreichende Kühlung der Auspuffgase (auf mindestens 60⁰ C herab),
2. weitgehende Reinigung der Auspuffgase von schädlichen Bestandteilen (CO sowie unverbrannten Gasteilen) bei allen Belastungstufen des Motors,
3. einwandfreies Arbeiten auch in stark staubhaltiger Luft,
4. funkenfreies Anlassen durch entsprechende Anlaßvorrichtungen.

Die Eigenart des Verbrennungsmotors nötigt zu gewissen Besonderheiten in der Bauart der Lokomotiven. Zunächst kann dieser Motor seine Kurbelwelle nur in derselben Richtung drehen. Das Vor- und Rückwärtsfahren mit der Lokomotive kann daher nur durch Einschalten besonderer Getriebe mit Hilfe von ausrückbaren Kuppelungen ermöglicht werden, die für Vor- und Rückwärtsfahrt verschieden eingestellt werden. Auch sind in der Regel für mehrere Geschwindigkeitstufen Sondergetriebe vorzusehen, da die Regelung der Geschwindigkeit durch die Beeinflussung des Ganges des Motors selbst sich besonders bei den Leichtöl-Lokomotiven in engen Grenzen hält.

Ferner macht bei Einzylindermotoren der Viertakt, bei dem erst auf jeden vierten Hub ein Antrieb erfolgt, ein schweres Schwungrad zum Ausgleich der Massenkräfte erforderlich. Auch ist das Anlassen, da der Motor dann noch keinen Brennstoff hat, etwas umständlich, weshalb man bei kleineren Stillständen der Lokomotive den Motor durchlaufen läßt und nur das Getriebe abschaltet.

Die bei allen Explosionsmotoren erforderliche Kühlung kann eine Umlauf- oder eine Verdampfungskühlung sein. Bei der Umlaufkühlung wird das Kühlwasser im Kreislauf geführt und geht nach seiner Erwärmung im Motor durch einen besonderen, von einem Lüfter angeblasenen Kühlkörper, so daß man mit einem verhältnismäßig geringen Wasservorrat auskommt. Bei der Verdampfungskühlung wird die für die Verdampfung erforderliche große Wärmemenge für die Kühlung mit ausgenutzt; der Kühler mit Lüfter fällt hier fort, dafür muß anderseits ein größerer Wasservorrat mitgenommen werden, da je PSh etwa 1,5 l Kühlwasser gebraucht wird.

Als Treibstoff kommen für Leichtölmotore Benzin, Benzol und Spiritus (nur als Zusatz) in Betracht. Bevorzugt wird Benzol, das von der heimischen Industrie geliefert wird und gut geeignet ist. Für Dieselmotore ist der geeignete Treibstoff Gasöl, billiger als Benzol und weniger feuergefährlich.

Besondere Vorsichtsmaßregeln erfordert die Feuergefährlichkeit der Leichtöle sowohl bei der Ergänzung des Brennstoffvorrates wie auch bei der Bauart des Motors und der Lokomotive. In ersterer Hinsicht wird z. B. von der Bergbehörde die unlösbare Verbindung des Behälters mit der Lokomotive verlangt. Das Überfüllen der Flüssigkeit in diesen erfolgt dann aus einem zur Füllstelle gefahrenen Tankwagen (der auch ein gewöhnlicher Grubenwagen mit einem Behälter sein kann), und zwar in der Regel mit einer gewöhnlichen Flügelpumpe;

eine besondere Rücklaufleitung führt dann den etwa zu viel eingepumpten
Brennstoff dem Hauptbehälter wieder zu, um ein Überlaufen zu vermeiden. Der
Überfüllraum muß, da sich in ihm entzündliche Dämpfe entwickeln können,
gut bewettert werden. Auch ist darauf zu achten, daß der Raum selbst sowie
seine Zugänge (diese auf 10 m Erstreckung) feuerbeständig ausgebaut sind.
Die Abwetter des Lokomotivschuppens dürfen nicht dem Frischwetterstrom
zugeleitet werden. Es empfiehlt sich seine Anlage also in der Nähe des Auszieh-
schachtes.

110. — Leichtöl-Lokomotiven[1]). Bei diesen Lokomotiven, die für den
deutschen Bergbau nur noch eine geringe Bedeutung besitzen — sie werden der
Brandgefahr wegen seit mehreren Jahren nicht mehr gebaut —, wird ein flüssiger,
leicht vergasbarer Brennstoff benutzt, der durch feine Zerstäubung in Gas-
form gebracht, dann mit Luft gemischt und in einem Explosionsmotor durch
elektrische Zündung verbrannt wird. Sie bestehen demgemäß in der Hauptsache aus einem Viertaktmotor mit magnet-elektrischer Zündvorrichtung und
Regler, ferner aus einem Brennstoffbehälter und einer den Brennstoff zum
Vergaser führenden Pumpe sowie endlich aus einem Kühlwasserbehälter. — Die
Sicherheitsvorkehrungen am Motor bestehen in dem Schutz der Luftansauge- und
der Auspufföffnung. Beide dürfen Stichflammen, wie sie durch Früh- oder
Spätzündung entstehen können, nicht nach außen treten lassen und werden
daher mit Sieb- oder Plattenschutz u. dgl. versehen. Außerdem läßt man
die Ansaugeöffnung („Ansaugetrompete") nicht im Gehäuse der Lokomotive
münden, wo sie statt Luft leicht ein entzündliches Gasgemisch ansaugen
kann, sondern führt sie nach außen. Gegen das Eindringen von Staub kann
man sich durch Einschalten eines Wassertopfes mit Kiesfilter in die Ansauge-
leitung schützen, wodurch man gleichzeitig eine zusätzliche Sicherung gegen

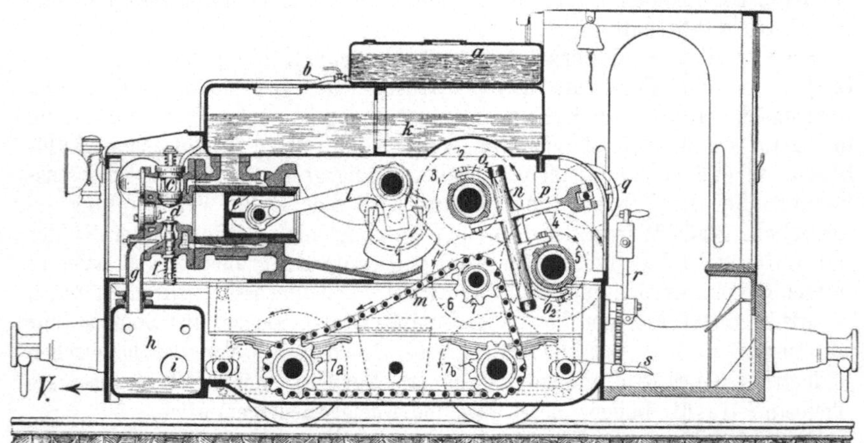

Abb. 529. Benzollokomotive der Ruhrthaler Maschinenfabrik zu Mülheim-Ruhr.

zurückschlagende Flammen erzielt. Das auspuffende Verbrennungsgas wird
durch Wassereinspritzung gekühlt und durch ein Filter von Kies, Eisendreh-

---

[1]) Glückauf 1924, S. 463; H. Giese: Erfahrungen und Ergebnisse aus
dem Benzollokomotivbetrieb.

spänen u. dgl. geleitet, um die schädlichen Bestandteile der Verbrennungsgase zurückzuhalten und die Schlagwettersicherheit zu erhöhen.

Eine Vorstellung von der Bauart derartiger Lokomotiven gibt Abb. 529, die eine einzylindrige Lokomotive der Ruhrtaler Maschinenfabrik darstellt. Das im Behälter a mitgeführte Benzol fließt durch die Leitung b dem Vergaser- und Mischventil c zu, um durch die elektrische Abreißzündung d entzündet zu werden, wodurch der Kolben e nach rechts getrieben wird. Im folgenden Arbeitshub tritt das verbrannte Gemisch durch das Auslaßventil f und die Auspuffleitung g in den Behälter h und aus diesem unter Berieselung mit Wasser ins Freie. Das Kühlwasser umfließt, aus dem Behälter k kommend, den Zylinder und die Ventile und wird durch eine kleine Pumpe im Kreislauf zurückgeführt. Die auf den Kolben ausgeübte Kraft wird durch die Pleuelstange l und die Getriebe 1—6 auf die Kettenscheibe 7 übertragen, von wo aus durch die Laschenkette m die Kettenscheiben $7a$ und $7b$ und damit die beiden Radachsen bewegt werden.

Die Lokomotiven sind für Leistungen von 8, 12 oder 16 PS gebaut worden. Sie entwickeln mäßige Geschwindigkeiten (1,5—3 m/s, meist nur 2 m/s).

111.—Diesellokomotive[1]). Während die Verbreitung der Benzollokomotive sehr gering geworden ist, hat die der Diesellokomotive sehr zugenommen. Der geringe Preis und die größere Sicherheit des Treibstoffes, schließlich die Vervollkommnung des Dieselmotors und der Getriebe haben die Voraussetzung für diese Entwicklung geschaffen. Für kleine Leistungen genügen einzylindrige Motoren, die meist liegend angeordnet werden; größere Kräfte (20—90 PS) können durch vier- und sechszylindrige Motoren entwickelt werden.

Abb. 530 läßt die Bauart einer Diesellokomotive von der Klöckner-Humboldt-Deutz AG. erkennen. Der Motor (1) ist ein stehender Sechszylinderviertaktmotor, dessen Zylinder paarweise zu je einem Block vereinigt sind und ihre Einström- und Auspuffleitung (17) paarweise gemeinsam haben. Jeder Zylinder hat seine eigene Brennstoffpumpe, die nach dem Vorkammerverfahren das Treiböl in eine Vorkammer spritzt, wo der Explosionsvorgang eingeleitet wird, um sich dann durch enge Verbindungsöffnungen hindurch in den Zylinderkopf fortzusetzen.

Die Drehung der Kurbelwelle, auf der ein kleines Schwungrad (2) mit eingebauter Reibungskupplung sitzt, wird auf das Zahnradgetriebe in dem Getriebekasten (3) übertragen, das über eine Blindwelle (4) mit Treibstangen und Kuppelstangen auf beide Radachsen wirkt.

Die Auspuffleitung (17) mündet in einem Auspufftopf (18) mit Wasserbad (21), wo die Auspuffgase in Zickzackführung durch das Wasser geleitet und sodann durch einen Plattenschutz (15) in den Mischraum (20) gelangen, wo sie sich, um vor dem Austritt unschädlich gemacht zu werden, mit Luft vermischen. Diese wird durch den Ventilator (19), der gleichzeitig den Wasserröhrenkühler (16) belüftet, über das Motorgehäuse (1) von außen angesaugt. Im oberen Teil der

---

[1]) Bergbau 1940, S. 177; Classen und Schensky: Die zechenseitige Überwachung der Grubendiesellokomotiven unter Berücksichtigung der neuen Bau- und Betriebsvorschriften usw.; — ferner Glückauf 1939, S. 350; H. Kuhlman: Überwachung des Kohlenoxydgehaltes in den Abgasen von Grubendiesellokomotiven mit Draeger-CO-Messer Modell T; — Glückauf 1939, S. 441; G. Lehmann: Zur Schlagwettersicherheit von Diesellokomotiven.

Maschine sind hintereinander Brennstoff- (*31*), Wasser- (*32*) und Sandbehälter (*22*) angeordnet.

Zum Anlassen des Motors wird Druckluft in einem besonderen kleinen Kompressor (*13*) erzeugt, der ebenso wie der Ventilator (*19*) von der hinteren Verlängerung der Kurbelwelle angetrieben wird. Die Druckluft wird in den Anlaßluftflaschen (*12*) aufgespeichert. Der Luftanlaßmotor (*34*) wird vom Führerstand aus durch den Luftanlasserhebel (*8*) betätigt. Zur Kupplung von Motor und Getriebe dient der Fußhebel (*10*).

Durch den Gangschalthebel (*11*) sind die verschiedenen Geschwindigkeiten, durch Fahrtrichtungsschalthebel (*7*) die Fahrtrichtung und mit dem Handrad (*9*) die Bremsen zu betätigen. An sonstigen Einrichtungen sind noch zu verzeichnen: die Pumpe für das Kühlwasser (*18*), die Sandstreurohre (*23*) (zur Erhöhung des Schienenwiderstandes), die gefederten Zug- und Puffervorrichtungen (*27*), zwei als Schienenräumer dienende Winkelstähle (*28*), der Führersitz auf dem Werkzeugkasten (*30*), das Brennstoffabsperrventil (*35*).

Abb. 530. Deutz-Diesel Gruben-Lokomotive, Bauart FMS.

1 Antriebsmotor
2 Schwungrad mit eingebauter Reibungskupplung
3 Getriebekasten
4 Blindwelle mit Treibkurbeln
7 Fahrtrichtungsschalthebel
8 Luftanlasserhebel
9 Handrad für Spindelbremse
10 Kupplungsausrücker
11 Gangschalthebel
12 Anlaßluft-Flaschen
13 Kompressor für Anlaßluft
15 Sicherheits-Plattenschutz
16 Röhrenkühler
17 Auspuffleitung
18 Auspufftopf
19 Ventilator für Wasserrückkühlung
20 Mischraum für Abgase mit Kühlerluft
21 Wasserbad im Auspufftopf
22 Sandkasten
23 Sandstreurohre
27 Gefederte Zug- und Stoßvorrichtung
28 Schienenräumer
30 Führersitz und Werkzeugkasten
31 Brennstoffbehälter
32 Wasserbehälter für Abgaskühlung
34 Luftanlaßmotor
35 Brennstoffabsperrventil

Die Auspuffgase werden durch Zweigrohre zur Auspuffleitung geführt.

Da die Brennstoff-Lokomotiven wegen ihrer zahlreichen Getriebeteile sorgfältig gegen Staub und Tropfwasser geschützt werden müssen, sind nicht nur Motor und Vorgelege je für sich dicht eingekapselt, sondern es ist auch die ganze Maschine durch ein Blechgehäuse abgeschlossen, das nur eine Anzahl Kühlungs- und Lüftungsöffnungen erhält.

Die Druckluft für das Anlassen kann auch mit Hilfe entsprechender

Anschlußvorrichtungen für die benötigten Zapfstellen aus dem Druckluftnetz der Grube entnommen und in Vorratsflaschen mitgeführt werden; die Lokomotive baut sich dann infolge Wegfalls des Kompressors billiger.

Diesel-Lokomotiven werden in Größen von etwa 20—90 PS mit einem Dienstgewicht von 7—10 t und einer Zylinderzahl von 1—6 gebaut; ihre Gesamtlänge beträgt 4,2—4,5 m. Der Preis einer 75-PS-Diesel-Hauptstreckenlokomotive von 10 t Dienstgewicht beträgt rund 17000 RM.

112. — Betriebstechnischer Vergleich der verschiedenen Lokomotivarten. Die Betriebskraft stellt sich im allgemeinen am billigsten bei der Fahrdraht-Lokomotive, am teuersten bei der Druckluft-Lokomotive. Ihre Kosten hängen einerseits von der Wirtschaftlichkeit der Ausnutzung des Treibmittels, anderseits von dessen Preis ab. Bei der Diesel-Lokomotive nutzt der Motor die im Brennstoff enthaltene Kraft am besten aus. Bei der elektrischen Lokomotive ist die Gesamtausnutzung schlechter, doch kann, wenn die Lokomotiven von einem größeren Kraftwerk gespeist werden, mit sehr niedrigen Stromkosten gerechnet werden. Von den beiden Arten von elektrischen Lokomotiven arbeitet bei gleichen Stromkosten die Akkumulator-Lokomotive allerdings an sich etwas teurer, da bei ihr wegen der doppelten Umformung des Stromes der Gesamtwirkungsgrad nur 40 bis 50 % beträgt gegenüber einem solchen von 60—65% bei der Fahrdraht-Lokomotive. Doch wirken die geringen Leitungsverluste ausgleichend. Auch kann der Ladestrom für die Akkumulatoren billiger berechnet werden.

Die Betriebsicherheit ist bei der Fahrdraht-Lokomotive am größten. Einerseits ist diese nicht von einem abnehmenden Kraftvorrat abhängig und anderseits beansprucht sie wegen ihrer verhältnismäßig einfachen und kräftigen Bauart geringe Sorgfalt in der Unterhaltung und verursacht wenig Ausbesserungskosten. Auch die Druckluft-Lokomotive muß nach dieser Richtung hin günstig beurteilt werden, da ihr Getriebe kräftig und widerstandsfähig ist und der Motor auch bei weitgehender Abnutzung noch arbeitet. Die Gefahr des Liegenbleibens auf offener Strecke ist nach dem oben Gesagten bei ihr nur gering. Dagegen weist die Brennstoff-Lokomotive eine größere Anzahl bewegter Teile auf, die dem Verschleiß und der Hitzewirkung stark ausgesetzt sind und eine sorgfältige Behandlung und ausgiebige Schmierung erfordern. Auch nötigt die Feuergefährlichkeit des Brennstoffes namentlich bei den Benzol-Lokomotiven zu besonderer Vorsicht. Bei der Akkumulator-Lokomotive erfordert der Batterieteil besondere Beachtung bei der Bedienung und Wartung.

Vorteilhaft ist ferner bei der Fahrdraht-Lokomotive, daß sie einer Erneuerung ihres Kraftvorrates nicht bedarf. Auch die Brennstoff-Lokomotiven stehen in dieser Hinsicht günstig da, weil der Brennstoffvorrat für eine Schicht vollkommen ausreicht und nur von Zeit zu Zeit die Ergänzung des Kühlwasservorrates notwendig wird. Bei der Druckluft- und bei der Akkumulator-Lokomotive dagegen erfordert die Erneuerung des Kraftvorrates verhältnismäßig viel Zeit.

Ein nicht zu unterschätzender Vorteil der elektrischen Lokomotiven für den Betrieb liegt noch darin, daß der Elektromotor vorübergehend stark überlastet werden kann, so daß bei der Berechnung der Leistungsgröße der Motoren nicht der Höchstbedarf (beim Anfahren, bei gelegentlicher Überwindung von ansteigenden Strecken u. dgl.), sondern nur der mittlere Bedarf an Kraft zugrunde gelegt zu werden braucht.

In der **Raumbeanspruchung** bestehen keine erheblichen Unterschiede, da alle Lokomotiven sich dem Streckenquerschnitt gut anpassen lassen. Die Fahrdraht-Lokomotive kann allerdings für sich selbst mit der geringsten Höhe auskommen, verlangt aber dafür eine ausreichende Streckenhöhe für die Drahtleitung, stellt also hinsichtlich der Höhe von allen Lokomotiven die größten Anforderungen.

Den verschiedenen Vorzügen der Fahrdraht-Lokomotive steht als Hauptnachteil die Abhängigkeit von dem Leitungsdraht gegenüber und ihre Beschränkung auf Gruben oder Teilen von Grubengebäuden, deren Methangehalt unter 0,3% bleibt. Die Leitung verteuert die Anlage, verursacht in der Grube größere Schwierigkeiten hinsichtlich der Unterhaltung und der Berührungsgefahr, namentlich bei druckhaftem Gebirge, ist schlagwettergefährlich und beeinträchtigt erheblich die bei der Lokomotivförderung sonst so vorteilhafte freie Beweglichkeit. Diese Übelstände müssen sich besonders in Nebenstrecken bemerklich machen, da hier einmal die Kosten für die Drahtleitungen und für die Stromrückleitung wegen der geringeren Förderung schwerer ins Gewicht fallen und ferner die Schlagwettergefahr und der Gebirgsdruck im allgemeinen größer sind. Die Fahrdrahtverbundmaschine ist für solche Fälle vorgesehen.

Bei der Akkumulator-Lokomotive ist trotz des gleichfalls elektrischen Antriebes eine Schlagwettergefahr kaum vorhanden, da Funken nur an den Motoren auftreten können, diese aber sich ganz in der Nähe der Sohle befinden und außerdem mit Schlagwetterschutz versehen werden können. — Auch bei den Brennstoff-Lokomotiven ist jetzt infolge der wesentlichen Verbesserungen hinsichtlich der Füllung und des Schutzes der Ansauge- und Ausblaseöffnungen die Feuer- und damit die Schlagwettergefahr nur noch sehr gering.

Ein nur der Brennstoff-Lokomotive anhaftender Nachteil ist die Verschlechterung der Wetter durch die Entwickelung schädlicher Gase. Allerdings sind die Verbrennungsgase bei ordnungsmäßigem Betrieb ungefährlich. Doch kann bei unrichtiger Einstellung des Gas-Luft-Gemisches bei der Benzol-Lokomotive eine nicht unbedenkliche Entwickelung von Kohlenoxyd stattfinden. Bei Diesel-Lokomotiven ist diese Gefahr bedeutend geringer, insbesondere bei Beachtung der bergpolizeilichen Vorschriften über die Pflege der Maschine. Die zur ausreichenden Verdünnung von Kohlenoxyd bestehende Vorschrift, je PS eine minutliche Wettermenge von 6 m³ vorzusehen, ist in den Hauptförderstrecken meist ohne Schwierigkeit zu erfüllen.

Die Unterschiede zwischen den einzelnen Lokomotiven in der **Leistungsfähigkeit** nach Größe der Züge und Fahrgeschwindigkeit sind gegen früher verringert worden, da die Akkumulator-Lokomotiven durch die Verwendung von Gitterplatten- und Panzerplatten-Stromspeichern leistungsfähiger geworden sind und unter den Brennstoff-Lokomotiven die Schweröl-Lokomotive wesentlich größere Leistungen als die früher allein herrschende Benzol-Lokomotive herzugeben vermag. An der Spitze steht aber nach wie vor die Fahrdraht-Lokomotive, die mit einem verhältnismäßig geringen Mehraufwand an Gewicht und Kosten große Energiemengen zu entwickeln gestattet.

Im allgemeinen verdienen Fahrdraht-Lokomotiven dort den Vorzug, wo mit längeren Zügen gefördert werden kann, die Förderung infolge großer Mächtigkeit der Lagerstätte oder starker Entwicklung der Abbaustreckenförderung an wenigen Punkten gesammelt werden kann, also kein umfangreiches Streckennetz zu unterhalten ist, wo ferner die Herstellung und Unterhaltung hoher Strecken keine großen Schwierigkeiten verursacht und schließlich die Schlagwettergefahr sich in mäßigen Grenzen hält. Dagegen kommen für Verhältnisse mit zersplitterten Förderungen, die ein umfangreiches Streckennetz erfordern, für druckhafte Gruben, die nur mit großen Kosten die nötige Streckenhöhe aufrechterhalten können, und für Gruben mit stärkerer Schlagwetterentwicklung vorzugsweise Druckluft- und Akkumulator-Lokomotiven sowie Schweröl-Lokomotiven in Betracht.

113. — Wirtschaftlichkeitsvergleich der einzelnen Lokomotivarten[1]). Bei der Wahl der einen oder anderen Lokomotivart ist neben betrieblichen und sicherheitlichen Gesichtspunkten naturgemäß auch die Wirtschaftlichkeit von Bedeutung. Hier sind Anlagekosten und Betriebskosten zu unterscheiden. Die höchsten Anlagekosten erfordert die Druckluft- und Akkumulatorlokomotive, da die ersteren eine Hochdruckkompressoranlage und ein weitverzweigtes Leitungsnetz benötigt und zur Akkumulatorlokomotivförderung eine Umformer- oder Gleichrichteranlage nebst Ladestation gehört und die Lokomotiven teuer sind.

Wesentlicher als die Anlagekosten sind jedoch die laufenden Betriebskosten, an denen die Anlagekosten nur mit einem Abschreibungs- und Verzinsungssatz beteiligt sind. In weit stärkerem Maße werden die Betriebskosten von der Betriebsorganisation beeinflußt, d. h. von dem Verhältnis zwischen der zu bewältigenden Fördermenge und der nach den jeweiligen Verhältnissen der einzelnen Grube sowie nach dem Ausnutzungsgrad der einzelnen Maschinen zu bemessenden Größe des Lokomotivparks einschließlich Reservemaschinen. Von besonderer Bedeutung ist hierbei der Ausnutzungsgrad der Maschinen, der von der Wagenzahl der Züge, den Wartezeiten am Schacht und in den Abteilungen sowie von Länge und Zustand der Förderstrecken abhängt. Je höher der Ausnutzungsgrad, um so geringer sind unter sonst gleichen Verhältnissen die Betriebskosten, da sich alsdann Abschreibung und Verzinsung sowie die einen großen Anteil ausmachenden Lohnkosten (vgl. Zahlentafel S. 446) auf eine größere Anzahl von tkm oder t Fördermenge verteilen.

Die Anzahl der täglich je Lokomotive gefahrenen tkm schwankt von Grube zu Grube innerhalb weiter Grenzen. Im Durchschnitt des Ruhrbergbaus beläuft sich die tägliche Leistung aller Hauptstreckenlokomotiven auf rund 900 brtkm bei einer mittleren Entfernung von 2 km der Abteilungsbahnhöfe vom Schacht. Dieser Wert steigt in Einzelfällen unter den günstigsten Ausnutzungsverhältnissen bis über 3000 brtkm, wobei das Verhältnis von brtkm zu ntkm zwischen 2—3 : 1 schwankt.

Allgemeingültige Angaben über die genaue Höhe der Kosten je tkm der einzelnen Lokomotivarten sind daher nur schwer möglich, und zwar um so weniger, als auch die Belastung durch Berge- und Materialförderung beträcht-

---

[1]) Glückauf 1940, S. 661; H. Koch: Kritische Betrachtung der untertägigen Hauptstreckenförderung mit Diesel- und Akkumulatorlokomotiven in wirtschaftlicher und betrieblicher Hinsicht.

liche Verschiedenheiten aufweist. Immerhin sei zum Ausdruck gebracht, daß die Hauptstreckenlokomotivkosten je nach Ausnutzung auf die Kohlenförderung allein bezogen 6—12 Rpf. je ntkm betragen und sich auf 4—8 Rpf. belaufen, wenn außer der Kohlen- noch die Berge- und Materialförderung berücksichtigt wird. Hierbei liegt unter der Voraussetzung gleicher und verhältnismäßig hoher Ausnutzung die Fahrdraht-, Akkumulator- und Dieselmaschine in der Nähe der unteren, die Druckluftlokomotive näher an der oberen Grenze der angegebenen Werte. Zur Frage der Rohstoff-Energieausnutzung sei bemerkt, daß 1 t Steinkohle über den Weg der elektrischen Energie mit Speicherbetrieb eine doppelt so große Streckenarbeit leistet wie über den Weg des synthetischen Treibstoffes, d. h. also, daß die Steinkohlenenergie beim Betrieb mit Fahrdraht- oder Akkumulatorlokomotiven doppelt so hoch ausgenutzt wird wie beim Dieselbetrieb mit synthetischem Treibstoff.

114. — Abbaustreckenförderung mit Lokomotiven. Die Förderung ist in den Abbaustrecken des Steinkohlenbergbaus bei gleichzeitiger Erhöhung der Streckenlänge von 200—300 m auf 600 m und mehr von der Schlepper-, Pferde- und Haspelförderung in zunehmendem Maße auf Bänder und Lokomotiven umgestellt worden. Von diesen beiden Fördermitteln kommt das Band bisher fast ausschließlich für die großen Fördermengen der flachen Lagerung in Betracht, während das Anwendungsfeld der Lokomotiven die steile Lagerung ist, deren Betriebspunkte bis etwa 300 t je Schicht liefern.

Die für diese Förderaufgabe entwickelten Lokomotiven werden als „Abbau-Lokomotiven" bezeichnet. Die Haupterfordernisse, denen die Abbaulokomotiven entsprechen müssen, sind weitgehende Schlagwettersicherheit, geringe Abmessungen und Zerlegbarkeit, die das Auf- und Abfördern der Lokomotive in den Stapelschächten ermöglichen. An Lokomotiven kommen nur die Druckluft-, die Akkumulator- und Diesel-Lokomotiven in Betracht, da die Fahrdraht-Lokomotive wegen der durch den Draht verursachten Schwierigkeiten und die Benzol-Lokomotive wegen ihrer Brand- und Schlagwettergefährlichkeit ausscheiden.

Mit Motorleistungen von 10—15 PS erlauben sie Züge von 20—30 Wagen bis 1000 l Inhalt mit einer Geschwindigkeit von etwa 1,5 m/s zu fahren.

115. — Die Akkumulator-Abbaulokomotive. Akkumulator-Abbaulokomotiven werden ebenso wie die Hauptstreckenlokomotiven unter Verwendung von Akkumulatoren, namentlich der Firmen „Afa" in Berlin und Hagen in Köln, von den Firmen Siemens-Schuckert und AEG in Berlin, Heinrich Bartz und Bergbau G. m. b. H. in Dortmund u. a. gebaut. In ihrem Aufbau sind sie den in Ziff. 105 S. 427 beschriebenen Hauptstrecken-Akkumulatorlokomotiven ähnlich und unterscheiden sich von ihnen im wesentlichen nur durch ihre geringere Größe. Sie werden mit einem, seltener mit zwei Motoren ausgestattet und entwickeln Leistungen von 8—10 kW. Mit Rücksicht auf eine möglichst gute Leistung bei geringem Gewicht werden in den Akkumulatoren heute nur noch Panzer- oder Gitterplatten verwendet. Motor, Batterie und Fahrschalter sowie sonstiges Zubehör werden schlagwettersicher gekapselt[1]). Eine Lokomotive der Firma Bartz zeigt Abb. 531. Der Batteriekasten *a* ruht auf besonders bearbeiteten Leisten und ist mit Plattenschutz *b* versehen; *c* ist der

---

[1]) Bergbau 1936, S. 371; G. Lehmann: Zur Schlagwettersicherheit der Akkumulatorlokomotive.

Kabelanschluß, *d* ist der Führersitz, *e* das Handrad der Schaltanlage, *F* dasjenige der Bremsvorrichtung. Die Raumbeanspruchung im Grundriß ist so weit herabgedrückt, daß die Gesamtlänge der Lokomotive nur 1715 mm beträgt; es ist daher bei dieser Ausführung für die Beförderung im Stapel nur das Abnehmen der Puffer erforderlich, während, von dem Abkuppeln des Führerstandes abgesehen, dieser also mit dem Rahmen fest verbunden werden kann.

Der Energievorrat der Lokomotive reicht im allgemeinen für eine Schicht aus. Das Wiederaufladen kann am Schachte erfolgen, wenn die Entfernung bis zum Abbau nicht zu groß ist und für das Aufladen genügend Zeit zur Verfügung steht; die aufgeladene Lokomotive kann dann von der Belegschaft der Mittagsschicht wieder mit ins Feld genommen werden. Noch einfacher und

Abb. 531.　Akkumulator-Abbaulokomotive der Firma B a r t z.

schneller ist das Auswechseln der erschöpften gegen eine frisch geladene Batterie am Schacht oder, noch besser, über besondere Batteriewagen an Ladetischen in den Abteilungen[1]).

Die **A b b a u d o p p e l l o k o m o t i v e** [2]), deren Akkumulatorbatterie in zwei gleich große Teile aufgeteilt ist, bietet die Möglichkeit, zwei Schichten ohne Aufladung der Batterie in Betrieb zu bleiben. Diese besondere Bauart hat den Vorteil großer Beweglichkeit und Anpassungsfähigkeit, wobei sie noch die Vorzüge kleinster Abmessungen und großer Leistung vereinigt.

Die Leistungsmöglichkeit einer Lokomotive von 8 kW beträgt bei einer Aufladung etwa 400 brtkm. Die Maschine erlaubt bei einer Geschwindigkeit von 1,5 m/s Züge von 20—30 Wagen bis zu 1000 l Inhalt unter normalen Verhältnissen zu fördern. Eine Abbaulokomotive mit einer Leistung von 9 kW kostet etwa 11 000 RM.

116. — Die Druckluft-Abbaulokomotive. Bei den Druckluftlokomotiven wird man der Forderung einer möglichst gedrängten Bauart neben dem möglichst engen Zusammenbau aller Teile zunächst dadurch gerecht, daß man mit dem Druck für die gespeicherte Druckluft bis auf etwa 200 at heraufgeht und dadurch die Flaschengröße bei gleicher Leistungsfähigkeit herabdrückt — was bei der an sich geringen Größe der Flaschen keine zu großen Schwierigkeiten verursacht —, und außerdem bei verschiedenen Bauarten dadurch, daß man die Motoren als Schnelläufer ausbildet. Man hat dafür die Bauart des Motors als Gleichstrommotor entwickelt, bei dem die Druckluft immer an der einen Zylinderseite ein- und an der anderen austritt. Die Gesellschaft „Bergbau" verwendet einen Vierzylindermotor, dessen sich paarweise gegenüberliegende Kolben auf eine doppeltgekröpfte Welle arbeiten. Der Motor der Maschinenfabrik S c h w a r t z k o p f f in Berlin treibt die Kurbelwelle

---

[1]) Glückauf 1935, S. 497; G. W. M ü l l e r: Das Laden von Batterien für elektrische Abbaulokomotiven.

[2]) Bergbau 1939, S. 159; G. B l a n k e: Neue Bauformen von Abbaulokomotiven im Steinkohlenbergbau.

mit fünf sternförmig um diese herum angeordneten Zylindern (vgl. Abb. 528 auf S. 433).

Die Kurbelwelle überträgt bei den Schnelläufern ihre Drehung auf die Achsen durch Vermittlung einer elastischen Kuppelung, eines Kegelräder- oder Schneckengetriebes und einer Rollenkette. Die beiden Achsen werden unter sich durch eine Rollenkette oder eine Kurbelstange (Abb. 553) gekuppelt.

Abb. 532. Abbaulokomotive „Troll" mit hochgeklapptem Führersitz.

Eine Vorstellung von der Bauart der Druckluft-Kleinlokomotiven, wie sie die Gesellschaft „Bergbau" in Dortmund unter dem Namen „Troll" liefert, vermittelt Abb. 532. Die Lokomotive wird durch einen vollkommen gekapselten Vierzylindermotor getrieben, dessen Pleuelstangenköpfe in Öl laufen. Die Luftflaschen werden zu einem Block vereinigt, der nach Lösung von vier Schrauben abgehoben werden kann. Der Führersitz, der die Steuerung nebst Fahr- und Bremshebel enthält, ist nur durch eine einfache Ver

Abb. 533. Abbaulokomotive der D e m a g in zerlegtem Zustande.

riegelung mit dem Hauptteil verbunden, er kann für die Förderung im Stapel hochgeklappt werden. — Bei der von der Demag gebauten Druckluft-Lokomotive „Grubenzwerg" wird der als leichter Blechkasten ausgebildete Führersitz gemäß Abb. 533 in den Lokomotivrahmen nur eingehängt.

Bei der zweizylindrigen Lokomotive der Maschinenbau-A.-G. B o r s i g, Berlin, arbeiten die schrägstehenden Zylinder durch den Kreuzkopf und drei Gelenkhebel unmittelbar auf die Antriebachse, die ihrerseits die Hinterachse durch eine Pleuelstange mitnimmt.

Einen Überblick über die Querschnittmaße der Abbaulokomotiven und die verschiedenartige Anordnung der Luftbehälter gibt Abb. 534a—c. In dieser bedeuten F die Speicher-, f die Arbeitsflaschen.

Zur Füllung der Maschinen muß in allen Förderstrecken eine Hochdruckrohrleitung mitgeführt werden, an der möglichst den jeweiligen Förderstationen entsprechend Füllstellen vorzusehen sind.

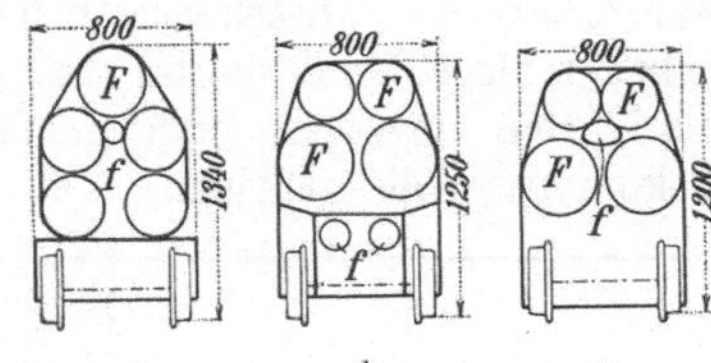

Abb. 534. Drei Querschnitte von Druckluft-Abbaulokomotiven.

117. — Die Diesel-Abbaulokomotive.

Das äußere Bild einer Abbaulokomotive der Klöckner-Humboldt-Deutz A.G. in Köln zeigt Abb. 535. Die Maschine ist mit einem kompressorlosen Viertakt-Dieselmotor liegender Bauart ausgestattet und entwickelt eine Leistung von 9 PS. Sie wiegt 2,7 t, ist 1760 mm lang, 730 mm breit und 1265 mm hoch. Die Sicherheitsvorrichtungen der für Schlagwettergruben bestimmten Maschinen sowie die übrigen Sicherheitsvorkehrungen

Abb. 535. Diesel-Abbaulokomotive.

entsprechen den bei den Hauptstreckenlokomotiven in Ziff. 111 S. 437 beschriebenen. Der Kraftstoffbehälter faßt 20 l, die im allgemeinen für den Bedarf von 2 Förderschichten ausreichen. Der Preis einer 9-PS-Dieselabbaulokomotive beträgt etwa 4000 RM.

118. — Vergleich der einzelnen Abbaulokomotiven.

Die geringsten Anlagekosten weist die Diesellokomotive auf, die höchsten die Druckluftlokomotive mit ihrer Kompressor- und Rohrnetzanlage. Zwischen beiden steht die Akkumulatorlokomotive, die besondere Anschaffungen in Form der Batterien und Ladeeinrichtungen erfordert. Je besser jedoch die Ausnützung der Lokomotiven und je größer die Lebensdauer der gesamten Einrichtungen ist, um so weniger fallen die Anlagekosten ins Gewicht. Die Betriebskosten je ntkm liegen zwischen 0,45 und 0,55 RM., wobei die Akkumulator- und Dieselmaschinen in der Nähe der unteren, die Druckluftlokomotiven in der Nähe der oberen Grenze dieses Kostenbereichs liegen. Diese im Vergleich zu den Hauptstreckenlokomotiven sehr hohen Kosten sind durch die kürzeren Wege und die geringeren Fördermengen, in anderen Worten durch die niedrigere Anzahl gefahrener ntkm je Lokomotivschicht begründet.

Ausdrücklich sei darauf hingewiesen, daß die Lokomotivkosten verschiedener Schachtanlagen bei der Abbaustreckenförderung ebensowenig ohne weiteres miteinander vergleichbar sind wie bei der Hauptstreckenförderung, da die verschiedenen örtlichen Betriebsbedingungen die Vergleichbarkeit sehr erschweren. Die in der nachstehenden Zahlentafel wiedergegebenen Betriebskosten der Abbaulokomotivförderung, denen Betriebsdaten der Hauptstreckenförderung mit Fahrdraht- und Dieselmaschinen beigegeben sind, entstammen der gleichen Schachtanlage, bei der unter ähnlichen Betriebsbedingungen verschiedene Lokomotivarten eingesetzt sind. Auch die Berechnungsgrundlagen sind bei allen Lokomotiven die gleichen.

Lokomotivart	Nutz-tkm je Lokomotiv-schicht	Von den Kosten gehen prozentual auf:			
		Kosten je Nutz-tkm	Löhne	Kraftkosten	Material Verzinsung Amortisation
		Rpf.	%	%	%
1) Hauptstrecken					
a) Fahrdrahtlokomotiven	525	4,5	50	7	43
b) Diesel	755	4,6[1])	44	22	33
2) Abbaustrecken					
a) Hochdruck	64	52,2	41	3	. 56
b) Akku.	61	45,1	48	4	58
c) Diesel	64	52,3[1])	57	11[1])	32

[1]) Bei einem Treibölpreis von RM. 32,— je 100 kg.

Diese Zahlentafel läßt die Abhängigkeit der Kosten von der Anzahl der gefahrenen ntkm deutlich erkennen. Weiter zeigt sie die bemerkenswerte Tatsache, daß etwa die Hälfte der Betriebskosten auf die Lohnkosten entfallen. Schließlich geht aus ihr hervor, daß bei der Wahl der einen oder anderen Lokomotivart neben der Wirtschaftlichkeit bergmännische Gesichtspunkte ausschlaggebend sein können.

So ist im Steinkohlenbergbau der Einsatz von Diesellokomotiven in Abbaustrecken wegen der Verschlechterung der Wetter und der Wärmeentwicklung begrenzt. Die Akkumulatorlokomotive hat daher gerade hier eine starke Verbreitung gefunden. Als sehr betriebssicher und anpassungsfähig ist auch die Druckluftlokomotive zu bezeichnen, die zudem den Vorteil hat, daß sie die Wetter nicht erwärmt und trockene Frischluft abgibt.

Neben diesen allgemeinen Gesichtspunkten können im Einzelfall noch eine Reihe anderer Gründe von Bedeutung sein. So lohnt sich z. B. der Einsatz von Druckluftlokomotiven und die Anschaffung einer Kompressoranlage mit einem ausgedehnten Rohrleitungsnetz nur bei einer großen Förderung und auf lange Sicht. Eine Schachtanlage dagegen, die zu einem beträchtlichen Teil in flacher Lagerung baut und hier mit Bändern in den Abbaustrecken fördert, wird je nach dem Anteil der aus der steilen Lagerung stammenden Förderung Akkumulatorlokomotiven oder Dieselmaschinen vorziehen.

ζ) Die Organisation der Lokomotivförderung.

119. — Vergleich zwischen Lokomotivförderung und Förderung mit endlosem Zugmittel. Vor der Förderung mit Seil oder Kette ohne Ende hat die Lokomotivförderung zwei wertvolle Eigenschaften voraus, nämlich ihre Anpassungsfähigkeit an die Betriebsverhältnisse und die verringerte Bedeutung von Betriebstörungen. Die Anpassungsfähigkeit ist eine räumliche, indem man beliebig die Zahl der Fahrten und die Zahl und Größe der Lokomotiven nach den jeweiligen Förderbedingungen, d. h. nach den von den einzelnen Förderpunkten gelieferten Mengen, einstellen kann, und eine zeitliche, indem je nach der Zu- und Abnahme der Fördermenge auf den einzelnen Sohlen mit einer größeren oder kleineren Zahl von Lokomotiven gearbeitet werden kann. Betriebstörungen an der Maschine aber, die bei feststehenden Maschinen sogleich den ganzen Betrieb lahmlegen, erfassen hier immer nur eine verhältnismäßig kleine Fördermenge und lassen sich überdies, wenn sie ernsterer Natur sind, durch Einstellung einer Aushilfsmaschine leicht beheben.

Ein wesentlicher Vorzug der Lokomotivförderung ist ferner ihre Unabhängigkeit von Krümmungen. Dadurch entfällt nicht nur die vielfach lästige Notwendigkeit, alle Hauptförderstrecken nach Möglichkeit schnurgerade aufzufahren, sondern es wird auch die Befahrung von Zweigstrecken aller Art ohne weiteres ermöglicht. Außerdem gestattet die Lokomotivförderung eine größere Geschwindigkeit (3—5 m/s), weil kein Ankuppeln von Wagen während der Bewegung stattfindet und die Schienenbahn schon wegen des Gewichtes der Lokomotiven so sorgfältig ausgeführt und unterhalten werden muß, daß größere Geschwindigkeiten unbedenklich sind. Dadurch werden Wagen und Lokomotiven bedeutend besser ausgenutzt, so daß man mit einer geringeren Wagen- und Lokomotivenzahl auskommt. Dazu kommt noch, daß Verschiedenheiten im Gefälle keine Schwierigkeiten machen und insbesondere auch Verschiebungen des Gefälles während des Betriebes durch Quellen der Sohle nicht von erheblicher Bedeutung sind. Auch ist für viele Fälle die Möglichkeit der Mannschaftsfahrung mit Hilfe von Lokomotiven (Ziff. 60) von großer Bedeutung. Für die Bergewirtschaft bietet die Lokomotivförderung den großen Vorteil, daß die Betriebsleitung den einzelnen Abteilungen die erforderlichen Bergewagen zwangsläufig zuführen lassen kann, wogegen bei Seil- und Kettenförderungen ihre Entnahme in das Belieben der einzelnen Anschläger gestellt ist.

Diese Vorzüge kommen allerdings nicht bei allen Lokomotiven in gleichem Maße zur Geltung. Vielmehr ergeben sich bei den Fahrdraht-Lokomotiven ähnliche, wenn auch geringere, Schwierigkeiten wie bei der Seilförderung. Die Förderung aus Nebenstrecken kann hier wegen der notwendigen Verlegung von Drahtleitungen nicht bei beliebig kleinen Fördermengen erfolgen, und die Unterhaltung der Leitungen sowie ihre Erhaltung in der richtigen Höhenlage kann bei quellendem Liegenden erhebliche Übelstände verursachen.

Aber auch für die anderen Arten von Lokomotiven sind gewisse Nachteile nicht zu verkennen. Zunächst macht das große Gewicht der Maschinen schwere und teure Schienen und Schwellen erforderlich. Auch erhöht dieses mitzubewegende tote Gewicht der Lokomotive den Kraftbedarf nach Ziff. 103 wesentlich, zumal auch noch die für das jeweilige Anfahren zu leistende Beschleunigungsarbeit in Rechnung zu stellen ist. Nachteilig ist ferner der Verschiebebetrieb an den Anschlagspunkten, da die Lokomotivförderung gewissermaßen „stoßweise" arbeitet und die Ansammlung größerer Wagenmengen an diesen Stellen mit sich bringt. Dieser Verschiebebetrieb erfordert größeren Raum für besondere Gleisanlagen sowie andere Vorkehrungen, legt

auch größere Wagenmengen als Wechselwagen fest und drückt so die Wagenersparnis durch die größere Fördergeschwindigkeit wieder herab. Zudem
stellen die Lokomotiven an die Breite (und teilweise auch an die Höhe) der
Förderstrecken größere Anforderungen als die Pferde und Seilförderung.

Für die Bergeförderung ins Feld steht dem vorhin gewürdigten Vorzug
der Lokomotivförderung der Nachteil gegenüber, daß in allen Fällen, wo
nicht geschlossene Bergezüge den einzelnen Anschlägen zugeführt werden
können, sich der unwirtschaftliche Betrieb des Abhängens einzelner Gruppen
von Bergewagen und dementsprechend der unvollkommenen Ausnutzung
der Lokomotiven (s. Ziff. 121) ergibt.

Gemäß den vorstehenden Erörterungen sind beispielsweise die aus
Abb. 536a abzuleitenden Förderbedingungen — eine größere Anzahl von
Stapelschächten oder Bremsbergen, die auf eine gerade Förderstrecke münden — für die Förderung mit Seil ohne Ende günstig, für die Lokomotivförderung ungünstig. Infolge der Geradlinigkeit der Strecke nämlich ist der
Seilverschleiß sehr gering. Die vielen Zwischenanschläge zeigen die Fähigkeit der Seilförderung zu deren Bedienung in hellem Lichte, während die
Löhne für die Bedienung an diesen Stellen wegfallen, da die Anschläger an
den Stapelschächten gleichzeitig das An- und Abkuppeln der Wagen in der
Streckenförderung besorgen können. Bei Lokomotivförderung müssen dagegen
entweder die einzelnen Maschinen an jedem Anschlag halten, um leere Wagen
abzugeben und auf der Rückfahrt volle Wagen mitzunehmen; sie werden
dann hinsichtlich der Geschwindigkeit sowohl wie der Förderlast nur sehr
schlecht ausgenutzt. Oder jede Lokomotive muß bei jeder Fahrt nur einen
Anschlag bedienen. Dann müssen aber an allen Anschlägen besondere Verschiebebahnhöfe eingerichtet und größere Wagenzüge angesammelt werden, und es ergibt sich außerdem ein verwickelter und schwer zu regelnder Betrieb.

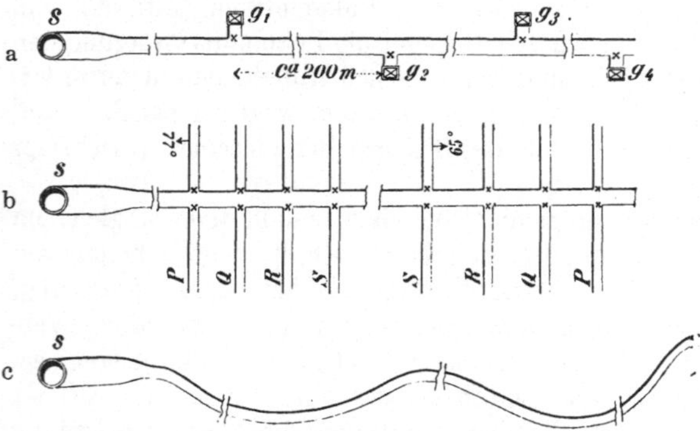

Abb. 536 a—c. Schematische Darstellung verschiedener Verhältnisse
bei der Streckenförderung. (Die Kreuzchen bezeichnen die Anschläge.)

Unbedingt vorzuziehen ist dagegen
die Lokomotivförderung unter Verhältnissen nach Abb. 536b, wo es sich um einen Hauptquerschlag mit einmündenden Grundstrecken $PQRS$ handelt, weil hier die
Fähigkeit der Lokomotiven, nach Bedarf von beliebigen Stellen zu fördern,
voll zur Geltung kommt, dagegen bei Seilförderung die Kosten durch die
großen Ausgaben für Anschlägerlöhne und durch die unverhältnismäßig
teure Zubringeförderung ganz wesentlich gesteigert werden.

Ohne weiteres ersichtlich ist endlich die Überlegenheit der Lokomotivförderung in stark gekrümmten Strecken nach Abb. 536c.

Im übrigen ist noch hervorzuheben, daß in allen Fällen, wo es sich bei gutem oder doch wenigstens nicht besonders druckhaftem Gebirge um den Abbau mächtiger Lagerstätten handelt, wie z. B. im oberschlesischen Steinkohlen- und im Kalisalzbergbau, die Lokomotivförderung von vornherein einen großen Vorsprung hat, da hier das Ansammeln größerer Fördermengen an verhältnismäßig wenig Punkten sowie auch das Herstellen der nötigen Streckenquerschnitte und die Anlage größerer Verschiebebahnhöfe keine besonderen Schwierigkeiten bietet und auch die Fahrgeschwindigkeit hoch sein darf. Ebenso ist die Lokomotivförderung dort im Vorteil, wo der Absatz regelmäßigen Schwankungen unterliegt und zeitweilig eine starke Erhöhung der Förderung notwendig wird. Der Lokomotivbetrieb hat sich daher im Steinkohlenbergbau fast überall durchgesetzt. Seine Leistungsfähigkeit ist in letzter Zeit durch die Einführung von Großförderwagen noch weiter gesteigert worden.

120. — Leistungen und Kosten der Lokomotivförderung [1]). Die Leistungen der Lokomotivförderung, in ntkm (Kohlen- und Bergeförderung) ausgedrückt, hängen von der Zahl der möglichen Fahrten und der Belastung der Lokomotive für die Hin- und Rückfahrt ab. Die Zahl der möglichen Fahrten ergibt sich wieder aus der Dauer der Einzelfahrten und der Länge der zwischen je zwei Fahrten sich einschiebenden Pausen. Die rechnerisch mögliche Zahl der Fahrten einer Lokomotive in der Stunde berechnet sich nach der Leistungsgleichung für die Pendelförderung zu $n = \dfrac{3600}{\dfrac{L}{w} + t}$, also bei-

spielsweise für eine Fahrzeit von 6 Stunden in der Schicht, $L = 1200$ m,

$$w = 2,5 \text{ m/s und } t = 300 \text{ s zu } n = \frac{6 \cdot 3600}{1200 : 2,5 + 300} = \frac{21\,600}{480 + 300} \sim 28 \text{ Züge/h.}$$

Zieht die Lokomotive durchschnittlich 35 Wagen mit je 650 kg Kohleninhalt zum Schacht und 15 Bergewagen (außer 20 leeren Wagen) mit je 1200 kg ins Feld, so würde sie an Nutz-tkm leisten können:

$$1,2 \cdot (14 \cdot 35 \cdot 0,65 + 14 \cdot 15 \cdot 1,2) \sim 685 \text{ ntkm.}$$

Insgesamt ergeben sich für $L = 1200$ und für verschiedene Werte von w und t folgende Leistungsmöglichkeiten:

$w =$ (m/s)	2,0			2,5			3,0		
$t =$ (s)	300	500	800	300	500	800	300	500	800
n	24	20	15	28	22	17	31	24	18
ntkm	585	490	365	685	540	415	760	585	440

Dieses Beispiel veranschaulicht die theoretische Berechnungsmöglichkeit. Die Betriebsergebnisse der einzelnen Zechen sind wegen der Vielseitigkeit der Verhältnisse sehr verschieden und unterscheiden sich vielfach von den in der Zahlentafel als Beispiel angegebenen Werten. So sei daran erinnert, daß die durchschnittliche Arbeit je Hauptstrecken-Lokomotivschicht im Ruhrgebiet (unter Ausschluß der Aushilfsmaschine) 500 ntkm beträgt und auf den einzelnen Schachtanlagen zwischen 300 ntkm und 1000 ntkm schwankt.

---

[1]) Bergbau 1939, S. 319; W. Ostermann: Die wirtschaftliche Untersuchung von Grubenlokomotiven.

Zugleich sei hier darauf hingewiesen, daß bei der Planung im allgemeinen eine Aushilfe von etwa 20—30% vorzusehen ist. Diese Aushilfe hat nicht nur die Bedeutung, Störungen im Lokomotivbetrieb selbst auszugleichen, sondern auch die Aufgabe, zur Erzielung einer gleichmäßigen Gesamtleistung eine leistungsfähige Hauptstreckenförderung als Puffer bei Förderstörungen im Abbau und in der Schachtförderung dienen zu lassen und als Ausgleich benutzen zu können.

Von dem Grundsatz ausgehend, daß die Maschinen in Anbetracht des hohen Lohnkostenanteiles möglichst geringe Wartezeiten haben sollen, ist der Lokomotivbetrieb so zu organisieren, daß am Füllort und an den einzelnen Bahnhöfen und Anschlägen im Grubenfeld jeweils so viel Wechselwagen vorhanden sind, daß die Maschinen nicht auf die Abfertigung ihrer eigenen Wagen am Schacht, an den Blindschächten oder Ladestellen zu warten brauchen, sondern möglichst sofort umspannen können. Aus dieser Forderung ergibt sich eine Abhängigkeit der Kosten der Lokomotivförderung von der richtigen Bemessung des Wagenparkes. Die Zahl der Wechselwagen errechnet sich dabei aus der günstigsten Zuglänge, zu dessen Wagenzahl ein Zuschlag von 20—30% für die Aufstellung an den Blindschächten und Ladestellen zum Ausgleich während des Ein- und Ausfahrens der Leer- und Vollzüge zu machen ist. Als Hauptforderungen bei der Organisation des Lokomotivbetriebes gelten daher die nach der gleichmäßigen Zuglänge und der unbedingten Wahrung des einmal für richtig erkannten Verhältnisse zwischen Standwagen am Füllort, an den Anschlägen und Ladestellen einerseits und der Wagen der Lokomotivzüge andererseits.

Die Zahl der Züge ist dann abhängig von der notwendigen Fahrzeit, also der Länge der Förderstrecke und der durchschnittlichen Fahrgeschwindigkeit und der für die Bereitstellung des Zuges notwendigen Zeit, die von der jeweiligen Höhe der Förderung abhängt.

Da auch in der Abbaustrecken- und Zwischensohlenförderung Kapazitätsreserven eingeschaltet werden müssen, ein Blindschacht für 800 t Förderung z. B. eine Kapazität von etwa 1000—1200 t haben muß, weil die Förderung im Abbau selbst stoßweise erfolgt, ergibt sich eine reibungslose Hauptstreckenlokomotivförderung ohne einen besonderen starren Fahrplan zwangsläufig aus dem Anfall vor Ort, sofern die Wechselwagen und Wechselzüge einmal richtig bemessen sind und dieses Verhältnis nicht gestört wird.

Alle Aufsicht in der Förderung hat daher neben der Beachtung des guten Zustandes von Gestänge, Wagen und Lokomotiven der Erhaltung dieses Verhältnisses zu dienen. Erschwerend wirkt dabei besonders die Bergeförderung, da sie den Umlauf der Wagen verzögert und außerdem zusätzliche Förderstörungen verursachen kann. Aus diesen Gründen ist eine zentrale Leitung der Förderung zur richtigen Verteilung des Wagenbestandes auf der ganzen Fördersohle vom Füllort aus und gegebenenfalls noch eine Aufsicht in Abteilungsquerschlägen mit mehreren großen Betrieben unerläßlich. Zur Erleichterung der Überwachung empfiehlt es sich, vor Beginn der Hauptförderschicht, also zumeist gegen Ende der Nachtschicht, den Wagenbestand aller Betriebspunkte aufzuschreiben, damit baldmöglichst ein Ausgleich auf den jeweiligen Wagennormalstand erfolgen kann, der für den einzelnen Betriebspunkt festzulegen ist. Für die Verfolgung der Veränderungen, die sich im Verlaufe der Schicht ergeben, und zur Kontrolle der Fördermengen an Kohlen und Bergen sowie der Fahrzeiten der Lokomotiven ist eine Aufzeichnung aller Züge am Füllort nach Abteilungen geordnet, z. B. nach dem untenstehenden Vordruck, zweckmäßig.

Hauptabteilung.							**1. Westliche Abteilung.**						
Lokomotive	Nr.	Ankunft	Abfahrt	Kohle	Berge	Leerwagen	Lokomotive	Nr.	Ankunft	Abfahrt	Kohle	Berge	Leerwagen

Bei Großbetrieben ergibt sich das Fahren mit geschlossenen Zügen von selbst. Sind infolge natürlicher oder organisatorischer Verhältnisse mehrere kleine Betriebe vorhanden, so wird es sich empfehlen, mit einer besonderen Zubringermaschine und einem Sammelbahnhof an dem dem Schacht am nächsten liegenden Betriebe des Abteilungsquerschlages zu arbeiten, damit die Förderung zum Schacht möglichst gleichmäßig verläuft und die großen Hauptstreckenlokomotiven gut ausgenützt werden. Ein starrer Fahrplan hat sich im Grubenbetrieb nur selten durchsetzen können. Eine elastische zentrale Leitung der Förderung kann vielmehr mit Hilfe fernmündlicher Verständigung mit den wichtigsten Anschlagspunkten die kaum vermeidbaren Unregelmäßigkeiten sowohl im Anfall der Kohle, als auch im Abgang der Versatzberge am wirksamsten ausgleichen.

121. — Der Förderbetrieb mit Lokomotiven. Für den Förderbetrieb mit Lokomotiven ergeben sich hinsichtlich der Bedienung der einzelnen Anschläge grundsätzlich zwei Möglichkeiten[1]). Entweder nämlich wird jeder Anschlag durch geschlossene Züge bedient, so daß jede Fahrt nur zwischen dem zu versorgenden Anschlage und dem Schachte stattfindet, oder von den einzelnen Zügen werden auf der Hinfahrt an den verschiedenen Anschlägen die dort benötigten leeren und Bergewagen abgehängt und dafür auf der Rückfahrt die entsprechenden vollen Wagen mitgenommen. Das erste Verfahren ist für die Ausnutzung der Lokomotiven durchaus vorzuziehen, da diese ständig mit voller Belastung fahren und keine Zeit- und Kraftverluste durch Stillstände mit den entsprechenden Verzögerungs- und Beschleunigungsabschnitten eintreten. Es erfordert allerdings einen größeren Wagenpark wegen der Festlegung einer größeren Wagenzahl und dementsprechend auch größere Bahnhöfe an den einzelnen Anschlägen, macht auch eine genaue Zuteilung der Berge- und leeren Wagen nach einem vorher festgesetzten Verteilungsplan notwendig. — Im Gegensatz dazu ergibt sich beim Verfahren mit Abhängen und Ankuppeln an den einzelnen Anschlägen eine schlechte Ausnutzung der Lokomotiven und ein zeitraubender und umständlicher Verschiebebetrieb, namentlich bei gemischten, aus leeren und Berge-

---

[1]) Glückauf 1921, S. 453; Matthiaß: Planmäßiger Ausgleich von Schwankungen der Förderung.

wagen zusammengesetzten Zügen. Anderseits kommt man bei solcher Bedienungsweise mit kleinen Bahnhöfen und weniger Wechselwagen aus.

Die Vorzüge des Förderbetriebes mit geschlossenen Zügen treten besonders bei einer geringeren Zahl von Anschlägen hervor, weil dann die Bahnhöfe von geringerer Bedeutung sind und anderseits größere Fahrtlängen in Betracht kommen, bei denen die mangelhafte Ausnutzung, wie sie das andere Förderverfahren mit sich bringt, sich besonders ungünstig bemerklich machen würde.

122. — Bahnhöfe und Anschläge. Die für den Anschluß der Lokomotiven an die Hauptschachtförderung erforderlichen Einrichtungen werden im 8. Abschnitt unter „Gestellförderung" besprochen werden. Die Bahnhöfe am Fuße der Blindschächte sowie die Anschläge der Zwischensohlenförderung finden im Zusammenhang mit der auf- und abwärtsgehenden Zwischenförderung Berücksichtigung.

123. — Verständigungs- und Signalvorrichtungen. Wo Lokomotivförderung in größerem Maßstabe umgeht, ist für die Verständigung zwischen den Lokomotivführern und dem Schachte, nach Bedarf auch zwischen den Lokomotivführern unter sich, zu sorgen. Außerdem erfordert die Unfallverhütung Signalvorrichtungen. Für den Signaldienst hat man teilweise Signal- und Blockierungsvorrichtungen vom Eisenbahnbetriebe herübergenommen. Zunächst kommen rote und grüne Lampen als Signale für „Halt" und „freie Fahrt" zur Verwendung. Ferner kann man Zentral-Weichenstellwerke einrichten, die derartig arbeiten, daß gleichzeitig mit der Freigabe einer Weiche auch die entsprechende Signalisierung erfolgt. Eine solche Anlage deutet Abb. 537 an. Hier ist bei L_3 der Raum für den Weichensteller zu denken, der auf Grund seiner Aufzeichnungen oder auf Veranlassung von Fernsprecher-Mitteilungen die Verteilung der Lokomotiven regelt. Zu diesem Zwecke stellt er jeweilig die Weiche bei IV auf Fahrt nach Osten oder Westen, so daß der Lokomotivführer ohne weiteres in den gewünschten Feldesteil fahren muß. Zusammenstöße werden dadurch verhindert, daß der Weichen-

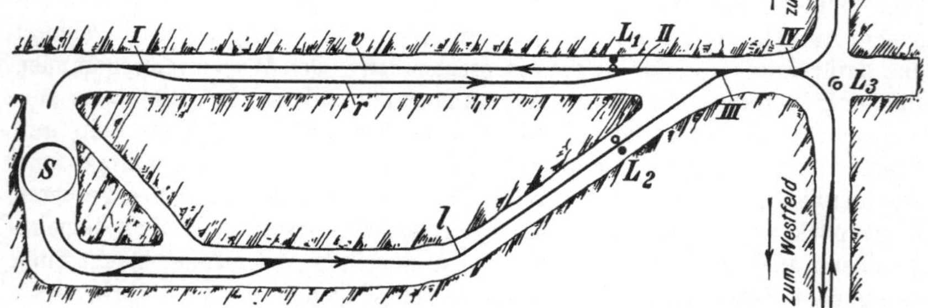

Abb. 537. Füllort für Durchschiebebetrieb mit Stellwerk.

steller eine rote Lampe, die bei L_3 hängt und sowohl vom Schachte als auch von der östlichen und westlichen Richtstrecke aus sichtbar ist, nach der Seite hin, die freie Fahrt erhalten soll, durch einen drehbaren Schirm abblendet. Außerdem sind die Lampen bei L_1 und L_2 so miteinander verbunden, daß entweder bei L_1 ein rotes und bei L_2 gleichzeitig ein grünes

Licht erscheint oder umgekehrt, daß also niemals in der Füllortstrecke und dem Umbruch gleichzeitig gefahren werden kann.

Eine selbsttätige elektrische Blockierung, die ohne einen besonderen Weichensteller auszukommen gestattet, zeigt Abb. 538 in vereinfachter Darstellung für eine nach zwei entgegengesetzten Fahrtrichtungen hin auf eine zweigleisige Förderstrecke einmündende Querstrecke; die einzelnen Gleise sind nur durch je eine Linie angedeutet. Erreicht werden soll die wechselseitige Verständigung für die Fahrtrichtungen $I—VI$. Als Beispiel ist eine Fahrt von II nach IV angenommen. Die von Süden kommende Lokomotive L schließt selbsttätig den Kontakt E_1 und leitet damit einen Zweigstrom durch die linke Spule des Relais R_1, so daß deren Kern angezogen und Kontakt b geschlossen wird. Dadurch erhalten die beiden grünen Lampen bei E_1 Strom und leuchten auf, zeigen also dem Lokomotivführer, daß die Signalvorrichtung arbeitet. Der Strom geht außerdem nach E_2 und E_3 und läßt dort rote Warnungslampen aufleuchten, sperrt also die Fahrten von III und VI. Sobald dann die weiterfahrende Lokomotive den Ausschalter A_3 schließt, sendet sie Strom durch die rechte Spule des Relais R_1 und unterbricht damit den Kontakt bei b, so daß die Lampen wieder verlöschen und das Fahren in den anderen Richtungen wieder freigegeben ist. In gleicher Weise wirken für die anderen Fahrtrichtungen die Kontakte E_2 und A_1, E_3 und A_1, E_2 und A_3, E_3 und A_2, E_1 und A_2 zusammen; die an diese angeschlossenen Stromkreise sind der besseren Übersichtlichkeit halber nicht mit dargestellt.

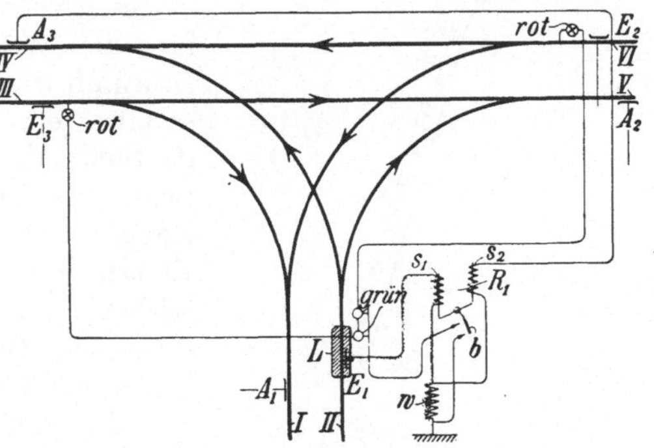

Abb. 538. Elektrische Sperr- und Signalanlage.

Eine Signalanlage für eine größere Schachtanlage[1]) zeigen die Abb. 539 und 540. Der mit Doppelförderung ausgerüstete Schacht 1 erhält gemäß Abb. 539 den Hauptteil der Förderung aus dem Ost- und Westfeld, einen kleinen Teil auch aus dem Nordfeld. Der Lokomotivfahrdienst wird in der Nähe des Schachtes durch das Stellwerk geregelt, da man von diesem aus die Vorgänge im Schachtbereich übersehen kann. Bei der Ausfahrt von Leerzügen aus dem Umtrieb betätigt der verantwortliche Wagenanknebler einen der Fahrtrichtung Norden, Osten oder Westen entsprechenden Druckknopf. Dieser löst im Stellwerk einen Rasselwecker aus und läßt eine der vorgesehenen Fahrtrichtung entsprechende Klappe fallen. Daraufhin stellt der Stellwerkwärter durch Fernauslösung die Weichen für die gewünschte Fahrtrichtung, wobei gleichzeitig bei D durch Aufleuchten eines grünen Lichtsignals dem Zug freie Fahrt gegeben wird.

Kommt ein Zug in Fahrtrichtung Schacht, so betätigt der Lokführer bei a, b oder c einen Handkontakt, der wie bei der Leerfahrt im Stellwerk einen

---

[1]) Glückauf 1926, Nr. 19, S. 593; A. Wimmelmann: Neuzeitliche Stellwerks- und Signalanlagen im Grubenbetriebe der Zeche Auguste Viktoria.

Rasselwecker auslöst und eine Klappe fallen läßt. Sobald die Zufahrtsbahn zum Schacht frei ist, stellt der Stellwerkswärter durch Fernauslösung die entsprechenden Weichen und gibt dem Zuge durch grünes Licht an den Signalen A, B oder C, die etwa 60 m von den Handkontakten a, b oder c entfernt liegen und in normalem Zustand durch rotes Licht gesperrt sind, die Einfahrt zum Schacht frei.

Die Betätigung der Weichen für die westliche und östliche Richtstrecke sowie den nördlichen Hauptquerschlag erfolgt auf elektropneumatischem Wege durch die in der Abb. 540 dargestellte Einrichtung. Die Weichenstellvorrichtung besteht aus dem Luftzylinder, dessen verlängerte Kolbenstange Z unmittelbar mit der Weiche in Verbindung steht, aus einem Druckluftmagnetschieber, der dem Luftzylinder die für die Weichenbetätigung erforderliche Druckluft zuteilt sowie einem Druckknopfschalter, der die erfolgte Weichenstellung im Stellwerk an einem Rasselwecker anzeigt. Ist der Magnet M des Druckluftmagnetschiebers spannungslos, so hat der Kolben desselben die nicht gestrichelt gezeichnete Stellung, d. h. die bei a einströmende Druckluft vermag durch den Kanal b_1 dem Luftzylinder zuzuströmen und den Kolben in Pfeilrichtung c zu bewegen. Mit der Bewegung der Kolben-

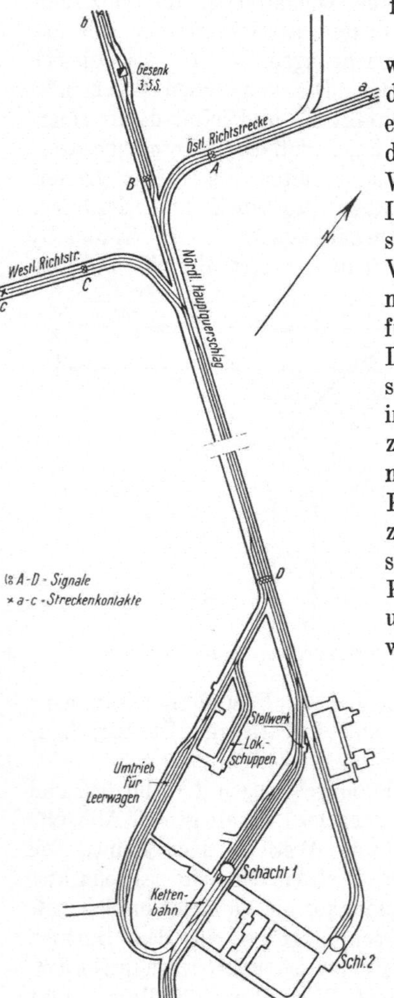

Abb. 539. Signal- und Weichenanlagen der Schachtanlage Auguste Viktoria I/II.

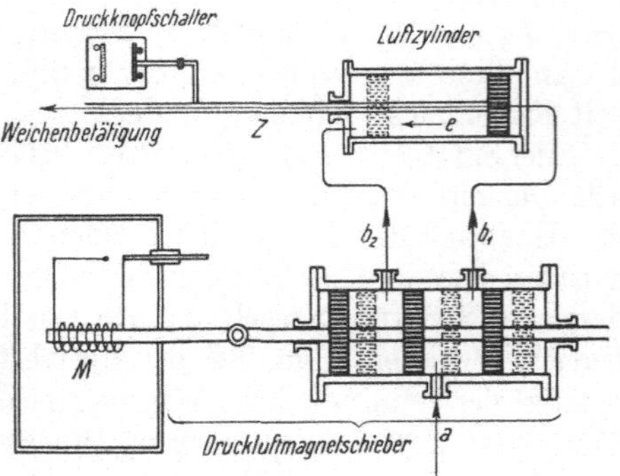

Abb. 540.
Elektropneumatische Weichenstellvorrichtung.

stange Z nach links wird gleichzeitig der Kontakt des Druckknopfschalters von der nichtgestrichelten in die gestrichelt gezeichnete Stellung gebracht, worauf im Stellwerk durch Rasselwecker die ausgeführte Weichenstellung angezeigt wird. Wird der Magnet M unter Spannung gesetzt, so geht der Kolben des Druckluftmagnetschiebers in die gestrichelt gezeichnete Stellung, die Druckluft vermag nunmehr durch den Kanal b_2 in den Luftzylinder zu gelangen und bewegt den Kolben und damit Zugstange Z und Weiche entgegen der Pfeilrichtung, wobei der Kontakt im Druckknopfschalter in seine Ausgangsstellung zurückgeht. Hierauf ertönt im Stellwerk wiederum der Rasselwecker, womit die ausgeführte Weichenstellung bekanntgegeben wird.

124. — Aufstellräume und Werkstätten. Größere Lokomotivförderanlagen machen die Schaffung von unterirdischen Räumen mit möglichst weitgreifenden Einrichtungen für die Prüfung, Instandhaltung und Ausbesserung der Lokomotiven erforderlich. Ein Beispiel für eine gut ausgestattete Lokomotivkammer und -werkstatt gibt Abb. 541, aus der sich ohne

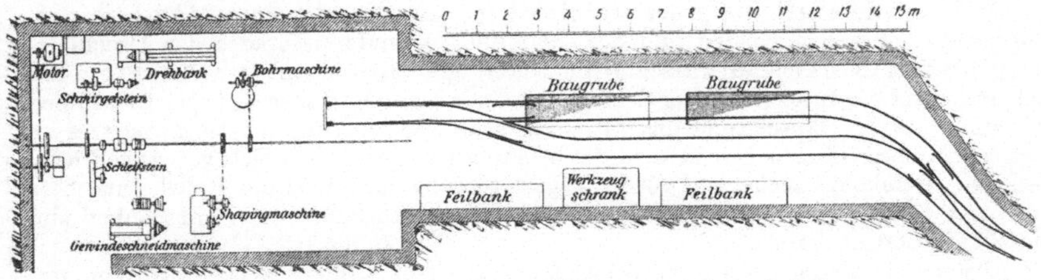

Abb. 541. Unterirdische Lokomotivkammer und -werkstatt.

nähere Erläuterung die vorhandenen Einrichtungen ergeben. Die Baugruben sollen die Lokomotiven von unten zugänglich machen und so die Arbeiten erleichtern. Da sie aber schwer trocken zu halten sind und wegen ihrer Enge und mangelhaften Beleuchtung kein rasches Arbeiten ermöglichen, benutzt man vielfach auch Hebevorrichtungen, bestehend aus Gestellen mit vier Schraubenspindeln, zwischen denen die Lokomotive aufgehängt wird, um durch Drehen der Spindeln oder der Aufhängemuttern mittels eines Schneckengetriebes von Hand oder durch einen kleinen Motor auf- und abbewegt werden zu können.

Anhang.

A. Die Druckluftwirtschaft im Untertagebetrieb.

125. — Die Druckluftwirtschaft im allgemeinen. Die Bedeutung der Druckluftwirtschaft geht schon aus dem erheblichen Anteil hervor, der von der Dampferzeugung einer Grube für die Herstellung von Druckluft verbraucht wird. Im Ruhrbergbau beläuft sich dieser Anteil auf etwa 33 %[1]). Je Tonne Kohle schwankt der Druckluftverbrauch im westdeutschen Steinkohlenbergbau zwischen 120 und über 350 m³ angesaugter Luft. Diese Menge entspricht einer kostenmäßigen Belastung in Höhe von etwa 0,25—0,80 RM./t. Er ist auf stark mechanisierten Zechen der flachen Lagerung, die z. B. eine große Anzahl von Bändern eingesetzt haben, größer als auf schwächer mechanisierten der steilen Lagerung. Auch liegt er auf Zechen, die sich mit Ausnahme der Wasserhaltung und Förderung im Untertagebetrieb lediglich der Druckluft bedienen, höher als bei solchen, die mehr oder weniger stark elektrifiziert sind und die Druckluft hauptsächlich nur noch für Bohr- und Abbauhämmer benutzen. So beträgt z. B. der Druckluftverbrauch der weitgehend elektrifizierten Zeche Minister Stein nur etwa 60 m³/t.

---

[1]) H. Bohnhoff: Die Elektrifizierung des Ruhrbergbaus in ihrer Bedeutung für eine planmäßige Vereinheitlichung und Zusammenfassung der Zechenkraftwirtschaft. Diss. Aachen 1932.

Als Drucklufterzeuger kommen Kolben- und Turboverdichter in Betracht. Erstere eignen sich insbesondere für geringe Ansaugeleistungen (6000—12000 m³/h) und wechselnde Belastung, letztere für größere Luftmengen (10000—80000 m³/h). Die Erzeugungskosten stellen sich im Steinkohlenbergbau bei kleinen Kolbenverdichtern auf etwa 0,3 Rpf./m³ a. L. und auf nur 0,2—0,25 Rpf. bei Kreiselverdichtern. Im Erzbergbau mit seinen höheren Dampf- oder Stromkosten steigen die Kosten bis 0,4 Rpf. und mehr.

Von der für die Drucklufterzeugung aufgewandten Leistung wird im allgemeinen in den Arbeitsmaschinen unter Tage nur etwa $^1/_7$—$^1/_8$ nutzbar gemacht. Der Verbrauch an Druckluft je PSh beträgt bei gut unterhaltenen Maschinen meist 40—50 m³, sinkt in den günstigsten Fällen auf etwa 30 m³, steigt aber bei verbrauchten Maschinen auf 100 m³ und darüber. Gebräuchlicher ist es, den Luftverbrauch einer Arbeitsmaschine je Stunde Laufzeit anzugeben, da die Arbeit in PSh meist nur ungenau geschätzt werden kann.

126. — Die Fortleitung der Druckluft im Untertagebetrieb. Allgemeines. Angesichts der hohen Kosten und des schlechten Ausnutzungsgrades der Druckluftenergie bedarf die Druckluftwirtschaft im Untertagebetrieb besonderer Pflege. Sie hat sich außer auf die Instandhaltung der einzelnen mit Druckluft angetriebenen Maschinen vor allem auf die Einrichtung und Wartung des ausgedehnten Rohrleitungsnetzes zu erstrecken. Besonders dringend wird diese Forderung, wenn man sich vor Augen hält, daß eine Steinkohlenzeche von 4000 t Tagesförderung im Mittel ein Rohrleitungsnetz von etwa 30 km Länge besitzt, ein Wert, der in einzelnen Fällen auf 15 km sinken und auf 80 km steigen kann.

Abgesehen von den ortsfest im Schacht und in einem Teil der Gesteinsstrecken verlegten Rohren mit großem Durchmesser, bildet das Rohrleitungsnetz kein unveränderliches Ganzes. Es ist vielmehr ständigen Veränderungen unterworfen. Diese werden durch Abwerfen abgebauter und Hinzukommen neu ausgerichteter Abteilungen hervorgerufen, durch das Länger- und Kürzerwerden der Abbaustrecken, durch das vielfach tägliche Umlegen der Leitungen im Abbau usw. Raumbeschränkung bedingt außerdem die Verwendung handlicher Rohre, deren Länge im Durchschnitt 5 m nicht übersteigt, so daß eine besonders große Zahl von Dichtungen notwendig ist. Die Rohrdurchmesser betragen im Schacht vielfach 4—500 mm, in den Hauptstrecken 200—300 mm, in den Abbaustrecken 100—150 und im Abbau 50—100 mm.

· **127. — Die Mengenverluste.** Diese erschwerenden Betriebsbedingungen führen zu Undichtigkeitsverlusten, deren Höhe im Steinkohlenbergbau meist noch den Luftverbrauch der Gesamtzahl der eingesetzten Abbau- und Bohrhämmer übersteigt. Auch auf einer gut unterhaltenen Anlage betragen sie noch 15—25 % der angesaugten Luft. Statt als Anteil des Luftverbrauchs pflegt man den Druckluftverlust auch je 100 m Rohrlänge oder je „Dichtungsmeter"[1] anzugeben. Unter Dichtungsmeter versteht man die Länge der abgerollt gedachten Dichtungsfugen einer Druckluftrohrleitung. Bei gut gepflegten Leitungen treten je Stunde Verluste von 8—10 m³ a. L. je 100 m Rohrlänge oder 0,8—1 m³ a. L. je „Dichtungsmeter" auf. Bei einem täglichen Druckluftverbrauch von z. B. 700000 m³ werden infolgedessen von einer Kompressorleistung von 300—350 PS etwa 750 PS nutzlos vertan. Aus diesen Gründen muß das Leitungsnetz sorgfältig instand gehalten und regelmäßig überwacht werden[2].

Besondere Beachtung ist daher den Mengenverlusten durch Beseitigung der Undichtigkeiten zu schenken. Dichtungen erfüllen nur dann ihren Zweck, wenn sie durch Einbau von Stopfbüchsen in die Rohrleitung von den durch Wärmeausdehnung und Abbauwirkung entstehenden Druck- und Zerrungseinwirkungen befreit werden. Wichtig ist es, gute Dichtungen anzubringen und regelmäßig die Flanschen nachzuziehen. Überflüssige Absperr- und Verteilungsventile, die leicht zu Undichtigkeiten Anlaß geben, sind zu entfernen. Um die Zahl der Dichtungen herabzusetzen, empfiehlt es sich, die Hauptleitungen verschweißt zu verlegen. Die Rohre selbst sollten in den am wenigsten gefährlichen und zugänglichen Stellen der Strecke und je nach Streckenprofil und Druckverhältnissen, entgegen der sonst gebräuchlichen Aufhängung an den

---

[1] H. von Velsen-Zerweck: Preßluftmessung- und -überwachung im Bergwerksbetrieb. Diss. Aachen 1925.

[2] Druckluft 1934, S. 7; C. H. Fritzsche: Die Fortleitung der Druckluft im Untertagebetrieb von Steinkohlenzechen und Mittel zur Behebung der Druck- und Mengenverluste.

Kappen, auch auf niedrige Stützböcke am Liegenden verlegt werden, falls hier die Leitung den Druckwirkungen am wenigsten unterliegt. Schutzgleitbleche können dann die Flanschverbindungen vor Beschädigungen durch entgleisende Förderwagen schützen.

Die Höhe der Mengenverluste müssen mindestens jährlich einmal festgestellt werden. Es kann dieses nach dem **Abpreßverfahren** geschehen. Es werden alle Verbraucher abgeschaltet und nur so viel Luft in das Rohrleitungsnetz gepumpt, als nötig ist, um den Luftdruck in ihm auf gleicher Höhe zu halten. Die hierzu notwendige Luftmenge entspricht dem festzustellenden Mengenverlust. Ein anderer Weg besteht darin, das gegen alle Verbraucher abgesperrte Netz bei erreichtem Betriebsdruck auch vom Verdichter zu trennen. Darauf wird der Druckabfall in Abhängigkeit von der Zeit bestimmt. Einer Atmosphäre Druckabnahme entspricht dann ein Mengenverlust vom Inhalt der Rohrleitung. Genauere Ergebnisse lassen sich durch Düsen oder **Askania**messer erzielen, die zu einer Dauerüberwachung geeignet sind. Kleinere Luftmengen können mit Hilfe des Luftmessers der **Demag** gemessen werden[1].

128. — Der Druckabfall. Druckabfall entsteht durch Reibung und Wirbelung der Luft in sich, an den Wandungen und sonstigen Widerständen sowie durch Beschleunigung der ruhenden oder strömenden Luft in Verengungen, ferner durch ihre Fortleitung entgegen der Erdschwere. Er führt zu einer Verminderung der Dreh- und Anzugsmomente von Motoren und der Leistung der schlagend und stoßend wirkenden Werkzeuge.

Eine vollständige Vermeidung des Druckabfalls ist nicht möglich. Es gilt aber, ihn durch richtige Bemessung der Rohrdurchmesser (s. Ziff. 129) sowie durch möglichst geradlinige Verlegung der Leitungen, Wahl strömungstechnisch einwandfreier Krümmer und Armaturen möglichst gering zu halten. Auf Steinkohlengruben sollte er vom Verdichter bis zum entferntesten Betriebspunkt 1—1,5 at nicht übersteigen. Auch empfiehlt es sich, die Leitungen verschiedener Sohlen in möglichst weiter Entfernung vom Schacht zu „Ringleitungen" miteinander zu verbinden. Ähnliche Ringleitungen ergeben sich durch Anschluß der Strebleitung an die Rohrleitungen beider zugehörigen Abbaustrecken. Es wird auf diese Weise die Möglichkeit eines leichteren Druckausgleichs und eines schnelleren Nachströmens der Druckluft zu den Verbrauchern gewährleistet. Zur Herabminderung von Druckschwankungen kann es unter Umständen auch vorteilhaft sein, Windkessel vorzusehen, die neben, nicht in die Leitung angeordnet werden[2]. Jedenfalls ist es wichtiger, auf einen geringen Druckabfall zu achten, als diesen durch einen höheren Anfangsdruck ausgleichen zu

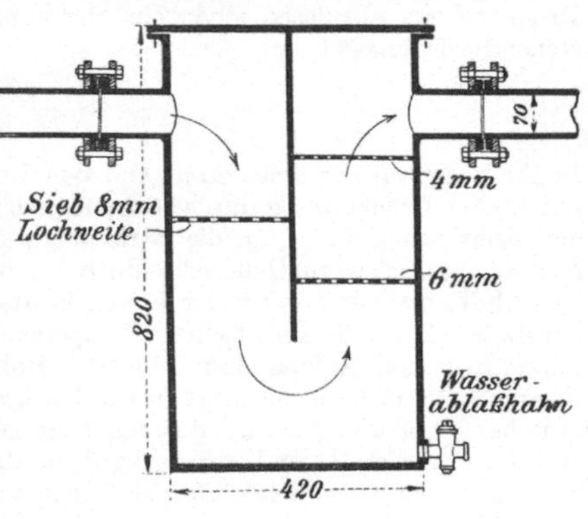

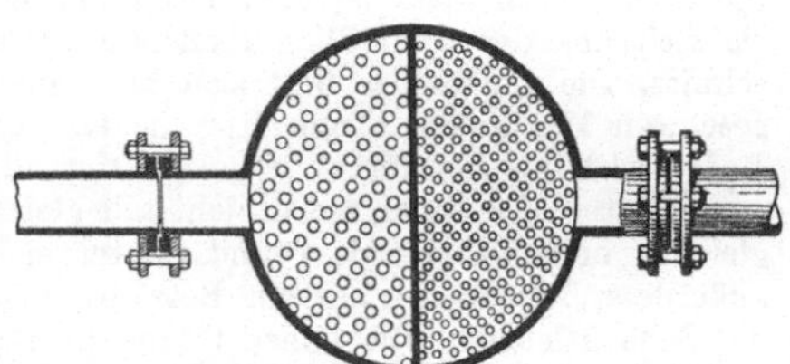

Abb. 542. Wasserabscheider.

wollen. Dieser würde insbesondere zu stark gesteigerten Undichtigkeitsverlusten und zu einem höheren Kraftverbrauch des Verdichters führen.

Ein besonderes Augenmerk ist weiterhin auf die **Wasserabscheidung** in den Rohrleitungen zu richten. Das Wasser verengt die Rohrleitungen, wirkt drosselnd und erhöht die Reibungsverluste. Es sammelt sich gern in durchhängenden Rohrteilen an und bildet „Wassersäcke". Von hier wird es plötzlich weitergetrieben und gibt zu Wasserschlägen Veranlassung. Wenn es in die Maschinen gelangt, begünstigt es die Rostbildung und Vereisung. Man muß daher an den tiefsten und an den kältesten Punkten Wasserabscheider aufstellen. Abb. 542 veranschaulicht eine ohne weiteres

---

[1] H. und C. **Hoffmann**: Lehrbuch der Bergwerksmaschinen. 3. Auflage, 1941.

[2] Glückauf 1925, S. 1; O. **Cleff**: Wirtschaftlichkeit und Ausgestaltung von Preßluftspeichern unter Tage.

verständliche Ausführungsform eines Wasserabscheiders. Daß die zu beseitigenden Wassermengen namentlich im Sommer nicht unbeträchtlich sind, zeigt die folgende Berechnung für eine bestimmte Annahme: Förderung 3000 t täglich; angesaugte Luftmenge 250 m^3/t $= 3000 \cdot 250 = 750000$ m^3; Wasserdampfgehalt bei 20° C und voller Sättigung $750000 \cdot 16,9 = 12675000$ g $= 12,6$ m^3 oder t; entsprechend der Verdichtung der Luft werden etwa $^4/_5$ dieser Menge, also etwa 10 m^3 täglich abgeschieden.

Bei tiefen Gruben spielt die durch die Schachtteufe erzeugte Druckgewinnung eine Rolle; sie beträgt für je 100 m Teufe bei 1 ata und 45° C mittlerer Lufttemperatur:

$$p = \frac{100 \cdot 7}{29,27 \cdot 317} = 0,075 \text{ ata.}$$

Umgekehrt sind zur Überwindung der Steigung in den Streben, Überhauen und Stapeln entsprechende Werte als Verluste zu buchen.

129. — Berechnung des Rohrleitungsnetzes.

Die Berechnung wird abschnittsweise durchgeführt, und zwar gesondert für die im Schacht, in den Richtstrecken, Abteilungsquerschlägen, Blindschächten, Abbaustrecken und im Abbau verlegten Rohrleitungen.

Zur Bestimmung der Reibungsverluste können die von Hinz[1]) und Reinhard[2]) entworfenen Nomogramme verwendet werden, aus denen die angenäherten Druckverluste abzulesen sind. Zur Berechnung dienen Formeln, wie z. B. die nachstehend wiedergegebene:

$$\varDelta p = \frac{\beta}{R \cdot T} \cdot \frac{p \cdot l \cdot w^2}{d} \pm \frac{H \cdot p}{R \cdot T} \text{ kg/cm}^2 \,{}^3).$$

In ihr bedeuten der erste Summand den Reibungsverlust und der zweite den Druckabfall oder Druckanstieg durch steigende oder fallende Leitung. Ferner sind l die Länge der Rohrleitung in m, w die Strömungsgeschwindigkeit der Druckluft in m/s; errechnet aus Q/F, worin Q die sekundlich durch den Rohrleitungsquerschnitt F strömende Druckluftmenge ist, p ist der Druck in ata, d der Durchmesser in mm, R die Gaskonstante 29,27, T die absolute Temperatur der Druckluft und H der Höhenunterschied zwischen Anfang und Ende der Rohrleitung, der nur bei Unterschieden von mehr als 100 m berücksichtigt zu werden braucht; β ist die Widerstandszahl. Sie liegt zwischen 1 und 2 und kann mit genügender Genauigkeit nach der Formel $\beta = 2,86/G^{0,184}$ berechnet werden. G ist hierin in kg/h die durch die Leitung gehende Gewichtsmenge, die sich aus der stündlichen Druckluftmenge und ihrem spezifischem Gewicht errechnet.

Die Strömungsgeschwindigkeit w sollte in der Regel 20 m/s nicht überschreiten. Sie kann durch Messung oder Rechnung ermittelt werden. Bei der Rechnung ergibt sie sich aus der sekundlich fließenden Druckluftmenge und dem Rohrleitungsquerschnitt. Die Luftmenge läßt sich bestimmen durch Multiplikation der Zahl der eingesetzten Maschinen, ihrem stündlichen Nennluftverbrauch und dem Gleichzeitigkeitsfaktor. Letzterer berücksichtigt die Tatsache, daß bei einer Vielzahl von eingesetzten Maschinen meist nicht alle gleichzeitig in Betrieb zu sein pflegen. Er ist gleich 1 oder kleiner als 1 und richtet sich nach der Art der Luftverbraucher und außerdem danach, ob nur ein Betriebspunkt, mehrere Betriebspunkte oder (z. B. für die Schachtleitung) die ganze Grube in Betracht gezogen wird. Für einen Abbaubetriebspunkt z. B. ist bei Schüttelrutschen der Gleichzeitigkeitsfaktor 1; für die ganze Grube 0,7—0,8; bei Abbauhämmern ist er in einem Abbau, in dem 50 Hauer eingesetzt sein mögen, etwa 0,8; in der ganzen Grube vielleicht nur 0,6—0,7. Bei den Luftverbrauchern der Sonderbewetterung ist er dagegen gleich 1 zu setzen, da diese meist ununterbrochen in Betrieb sein müssen.

Bei der Benutzung der Formel für den Druckabfall, für die Planung von Rohrleitungen oder der Nachprüfung eines vorhandenen Rohrleitungsnetzes geht man zur

---

[1]) Glückauf 1916, S. 997; A. Hinz: Schaubildliche Ermittlung des Druckverlustes in Rohrleitungen.

[2]) Glückauf 1922, S. 433; W. Reinhard: Ermittlung des Druckabfalls in Preßluftleitungen unter Tage.

[3]) Für die Berücksichtigung der im Betrieb erfolgenden Aufrauhung der Innenwand der Leitungen empfiehlt sich ein Zuschlag zu den Werten dieser Formel von mehreren 10 % (bis zu 50 %).

Vermeidung von zwei Unbekannten entweder von einem bestimmten noch zulässigen Druckabfall für den zu berechnenden Rohrleitungsabschnitt (z. B. Richtungsstrecke bis Blindschacht oder Blindschacht bis Abbaustrecke) aus, oder man nimmt verschiedene Rohrdurchmesser an und errechnet danach den Druckabfall.

130. — Luftverbrauch der einzelnen Arbeitsmaschinen. Der ungünstige Wirkungsgrad der Druckluftmaschinen erfordert einen hohen Luftverbrauch. In einer Steinkohlenzeche weisen Schüttelrutschen- und Bandbetriebe den stärksten Luftverbrauch auf. Hier vereinigen sich hohe Laufzeit und verhältnismäßig großer Luftverbrauch je Stunde. An zweiter Stelle folgen die Häspel, dann die Abbauhämmer und in weitem Abstand die Bohrhämmer und Düsen.

In der nachstehenden Zahlentafel ist der ungefähre stündliche Luftverbrauch der verschiedenen Arbeitsmaschinen beim Druck von 4 atü, wenn man die Leitungsverluste mit einrechnet, ausgedrückt in der Ansaugeleistung des Verdichters wiedergegeben:

Schüttelrutschen, Zylinderdurchmesser 300 mm		200 m³
,, ,, 350 ,,		300 ,,
,, ,, 400 ,,		400 ,,
Gesteuerte Gegenzylinder		75— 200 ,,
Bohrhämmer		60— 90 ,,
Abbauhämmer		50— 60 ,,
Stoßbohrmaschinen		150— 240 ,,
Freihand-Drehbohrmaschinen		70— 80 ,,
Schrämmaschinen		1000—1500 ,,
Bandantriebe		600—1400 ,,
Strahldüsen		90 ,,
Luttenlüfter		60— 300 ,,
Streckenlüfter		120—- 300 ,,
Häspel verschiedener Bauart je PS		40— 130 ,,

131. — Der Rohrleitungsplan. Zur Überwachung des Rohrleitungsnetzes empfiehlt sich dessen zeichnerische Darstellung in Rohrplänen, aus denen sich genau

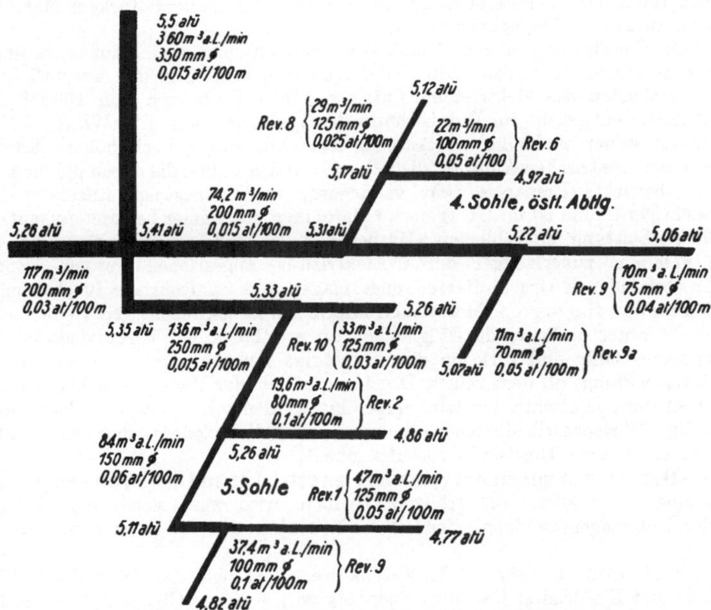

Abb. 543. Teil des Druckluftrohrplanes einer Steinkohlenzeche.

Lage, Länge und Durchmesser der Leitungen, ihr Zustand, Art und Güte der eingebauten Armaturen, schließlich Zahl und Luftverbrauch der angeschlossenen und in einzelne

Gruppen zusammengefaßten Verbraucher entnehmen lassen. Eine Unterteilung in Ist- und Soll-Rohrpläne (Abb. 543), die als Sohlen-, Abteilungs-, Flöz- und Gesamtrohrpläne anzulegen sind, ist zweckmäßig. Räumliche Darstellung ist immer dann vorzuziehen, wenn dadurch größere Klarheit und Anschaulichkeit erreicht wird. Ein **Verbraucherrohrplan** gibt einen Überblick über den **Luftverbrauch der Arbeitsmaschinen** während der einzelnen Betriebsstunden, zum mindesten aber über die Höchstmenge und den Durchschnitt der während einer Schicht verbrauchten Luft. An·Hand solcher Rohrpläne kann man Fehlerquellen erkennen und sofort an richtiger Stelle deren Beseitigung veranlassen.

132. — Elektrizität und Druckluft. Der „gemischte Antrieb". Hand in Hand mit der Zunahme der Verbreitung der Elektrizität ist die technische Entwicklung des elektromotorischen Antriebs und der Stromverteilung fortgeschritten. Einfachheit, Übersichtlichkeit und auf Schlagwettergruben Schlagwettersicherheit sind Forderungen, die heute befriedigend erfüllt werden können. Wenn trotzdem auch heute noch nicht eine Vollelektrifizierung des Untertagebetriebes im deutschen Steinkohlenbergbau Platz gegriffen hat, so liegt diese Ursache in der bevorzugten Verwendung von schlagend wirkenden Maschinen im Abbau sowie in der Aus- und Vorrichtung begründet, die sich praktisch nur für den Druckluftbetrieb eignen. Der Bau von elektrisch angetriebenen Abbau- und Bohrhämmern ist über Versuche noch nicht hinausgekommen. Solange sich daher die schlagend und stoßend wirkenden Maschinen noch nicht durch Elektromotoren antreiben lassen und solange der Abbauhammer eine solch große Verbreitung besitzt, kommt der vollständige Ersatz der Druckluft durch Elektrizität nicht in Frage. Vielmehr handelt es sich entweder um Druckluftantrieb oder um „gemischten Betrieb", d. h. um die Verwendung von Druckluft für die schlagend wirkenden Maschinen, von Elektrizität für die drehend arbeitenden. In Oberschlesien hat bei der weit verbreiteten Bohr- und Schießarbeit die Elektrizität schon lange eine große Rolle gespielt. Das gleiche gilt für den Kalibergbau, der meist über Druckluftanlagen überhaupt nicht verfügt, während im Erzbergbau infolge der Bohrarbeit im Gestein die Druckluft das Feld beherrscht. Im westdeutschen Steinkohlenbergbau bedient man sich der Elektrizität als Antriebskraft unter Tage in immer größerem Umfang. Im Ruhrgebiet sind es von rund 160 Zechen bereits etwa 60, die in mehr oder weniger starkem Maße zum „gemischten Betrieb" übergegangen sind.

Für diese Entwicklung ist eine Reihe von Gründen zu nennen. Zunächst sind es die vielfach geringeren Betriebskosten. Sie haben ihre Wurzel in den wesentlich niedrigeren Kraftkosten des elektrischen Antriebs. Dem Verbrauch von 100 m³ a. L. (0,25—0,30 RM.) entspricht im Durchschnitt der Verbrauch von 1,2 kWh (0,02 RM.). Demgegenüber stehen meist höhere Anschaffungs- und daher auch höhere Kapitaldienstkosten der elektrischen Anlagen, die jedoch in vielen Fällen die durch die niedrigen Kraftkosten bewirkte Ersparnis zwar verringern, aber keineswegs aufzehren. Ein weiterer wichtiger Grund ist im Übergang zu Maschinen von immer besserer Ausnützung und größerer Leistung zu erblicken (Häspel von 75—300 PS und mehr), die, rein technisch gesehen, zuverlässiger durch Elektrizität angetrieben werden. Zudem reichen die vorhandenen Drucklufterzeugungsanlagen und das Rohrnetz für Erzeugung und Fortleitung der für so große Motoren erforderlichen Druckluftmengen vielfach nicht aus. Auch ist unter anderem die Möglichkeit zu erwähnen, bei Vorhandensein eines Starkstromnetzes billig und wirksam die untertägige Beleuchtung zu verbessern.

Der Entscheidung, ob dem reinen Druckluftantrieb der Vorzug gegeben oder ob und inwieweit der „gemischte Antrieb" eingeführt werden soll, haben in jedem Einzelfall sorgfältige Wirtschaftlichkeitsberechnungen unter Berücksichtigung aller kostenmäßig nicht erfaßbaren Umstände voraufzugehen[1]).

133. — Der Betrieb mit einem elektrisch angetriebenen Untertagekompressor. Im allgemeinen, vor allem auf größeren Gruben, wird man versuchen, die zum Antrieb der Untertagemaschinen erforderliche Druckluft über Tage zu erzeugen. Die

---

[1]) Glückauf 1930, S. 1381; C. H. Fritzsche: Vergleich der Wirtschaftlichkeit von Preßluft und Elektrizität im Ruhrkohlenbergbau; — ferner Glückauf 1934, S. 221; C. H. Fritzsche: Die technische Entwicklung in der Verwendung der Elektrizität im Steinkohlenbergbau unter Tage; — ferner: Elektrizität im Bergbau 1935, S. 36; P. W. Scheel: Die Betriebseigenschaften von Preßluft- und Elektroantrieben im rheinisch-westfälischen Steinkohlenbergbau.

zweifellos erheblichen Vorteile, welche die elektrische Kraftübertragung an und für sich bietet, und die Vorzüge, die auf der anderen Seite insbesondere die schlagend und stoßend wirkenden Druckluftgewinnungswerkzeuge besitzen, führten zu dem Bestreben, die beiden Betriebskräfte zu vereinigen. Die an beliebiger Stelle erzeugte elektrische Kraft wird mittels Kabels bis in die Nähe des Arbeitsortes gebracht. Durch einen Elektromotor wird hier unter Zwischenschaltung einer Zahnradübertragung ein Kompressor betrieben, der die Druckluft für die vor Ort arbeitenden Bohrmaschinen liefert. Verhältnismäßig kurze Rohrleitungen führen die Druckluft vom Kompressor bis vor Ort.

Der Kompressor kann entweder für längere Dauer in der Nähe der Betriebspunkte fest aufgestellt sein, oder er wird fahrbar gemacht und in schußsicherer Entfernung vom Arbeitsorte dem Vorrücken des Betriebspunktes entsprechend nachgerückt. Im ersten Falle kann man größere Anlagen wählen; z. B. besitzen Kompressoren mit 1500—2000 m³ stündlicher Ansaugeleistung noch Abmessungen und Gewichte, die ihre Einzelteile durch Schächte und Strecken der üblichen Abmessungen zu befördern gestatten. Solche Kompressoren genügen bereits für den gleichzeitigen Betrieb von 20 mittelschweren Bohrhämmern oder von 40 Abbauhämmern. Die fahrbaren Kompressoren sind kleiner und kommen über 400 m³/h Ansaugeleistung nicht wesentlich hinaus, so daß die Zahl der gleichzeitig zu betreibenden Hämmer entsprechend sinkt. Dafür können die Rohrleitungen kürzer als im ersten Falle gehalten werden. Bei Querschlagsbetrieben wird man die Leitungslänge auf 100—150 m beschränken können.

Bei dieser Betriebsweise erhält man durch die elektrische Leitung billige Kraft bis nahe an die Verwendungsstelle. Der Druck der Druckluft kommt nahezu ohne Spannungsabfall den Druckluftgeräten zugute, so daß diese mit einem Drucke von etwa 4 atü arbeiten und sehr gute Leistungen erzielen können. Die Erwärmung der Luft bei ihrer Zusammenpressung geht nicht vollständig verloren, sondern wird zum Teil in den Maschinen wieder ausgenutzt. Allerdings macht diese Erwärmung in tiefen Gruben sich ungünstig bemerkbar.

Derartige Anlagen sind namentlich für nicht zu tiefe Gruben, die ein elektrisches Leitungsnetz, aber wegen ihres verhältnismäßig geringen Druckluftbedarfs keine allgemeine Druckluftrohrleitung besitzen sowie für Tagebaue, Steinbrüche u. dgl. durchaus empfehlenswert und haben sich bereits vielfach bewährt.

B. Die Elektrizität im Untertagebetrieb[1]).

134. — Stromart und schlagwettergeschützte Kapselung. Die unter Tage verwendete Stromart ist der **Drehstrom**. Eine Ausnahme bilden lediglich die Fahrdraht- und Speicherlokomotiven, die mit Gleichstrom-Reihenschlußmotoren angetrieben werden. Für die übrigen Antriebe verdient der Drehstrom den Vorzug, da er leicht umgespannt werden kann, seine Fortleitung infolgedessen einfacher und billiger ist, und da der Drehstrom-Käfigläufermotor keine Schleifringe besitzt, betriebsmäßig also keine Funkenbildung bei ihm auftritt. Auch bei Betrieb von Umspannern findet keine Funkenbildung statt. Um sie aber auch in außergewöhnlichen Fällen auszuschließen, werden diese Geräte mit „erhöhter Sicherheit“ im Vergleich zu der normalen, über Tage gebräuchlichen Bauart ausgeführt. Diese besteht darin, daß die zulässige Temperatur, bis zu der sich die isolierten Wicklungen der Motoren und Umspanner erwärmen dürfen (die sogenannte **Übertemperatur**), um 10⁰ herabgesetzt ist. Erreicht wird dieses Ziel durch einen Überlastungsschutz sowie durch bauliche und wicklungstechnische Maßnahmen. Bei Motoren im Abbau kann die Belastung allerdings nicht immer mit der genügenden Sicherheit vorausbestimmt werden. Sie müssen daher besonders geschützt werden. Es geschieht dadurch, daß man sie druckfest einkapselt. Diese **druckfeste Kapselung** ist eine Art der schlagwettergeschützten Kapselung, wie man

---

[1]) W. Philippi: Elektrizität unter Tage, Leipzig 1932 und W. Philippi: Leitungen, Schaltgeräte und Beleuchtung in Bergwerken unter Tage, Leipzig 1939; ferner AEG Hilfsbuch für elektrische Licht- und Kraftanlagen, Essen 1939; ferner Glückauf 1934 S. 221; C. H. Fritzsche: Die technische Entwicklung in der Verwendung der Elektrizität im Steinkohlenbergbau unter Tage. Ferner Elektrizität im Bergbau 1941, S. 3 u. 21: C. H. Fritzsche u. B. Passmann, Die technische Entwicklung der Elektrizifizierung des Flözbetriebes im Ruhrkohlenbergbau.

sie bei all denjenigen elektrischen Einrichtungen, z. B. Schaltern, vorsieht, deren Betätigung und Betrieb mit Funkenbildung verbunden ist.

Die schlagwettergeschützte Kapselung wird auf drei Arten durchgeführt, und zwar als druckfeste Kapselung, als Plattenschutzkapselung und als Ölkapselung. Jede von ihnen hat einen bestimmten Anwendungsbereich. Die druckfeste Kapselung eignet sich für Niederspannungsschalter und kleinere Niederspannungsmotoren (bis 80 kW) sowie für Schleifringe kleinerer und größerer Motoren. Sie besteht in einem allseitig geschlossenen Gehäuse, das zwar nicht gasdicht, aber druckfest ist. Es hält eine in seinem Innern etwa auftretende Explosion aus, deren Druck erfahrungsgemäß nicht über 8 at steigen kann. Außerdem werden an Flanschen, Stopfbüchsen usw. etwa durchschlagende Flammen unter die Zündtemperatur von Schlagwettern abgekühlt. Die Plattenschutzkapselung wird insbesondere an Akkumulatorenkästen vorgesehen. Sie besteht darin, daß an einem im übrigen geschlossenen Gehäuse Öffnungen mit Paketen von Metallplatten von höchstens 0,5 mm Abstand versehen sind, an denen durchschlagende Flammen sich abkühlen können. Die dritte Kapselung ist die Ölkapselung. Sie wird bei Hochspannung an Umspannern und an Schaltern angewandt. Etwa auftretende Funken werden in Öl abgelöscht und kommen mit den Wettern nicht in Berührung.

Alle schlagwettergeschützten und von der Versuchsstrecke in Dortmund-Derne bestätigten Geräte erhalten das Zeichen (Sch) und sind mit einer deutlich angebrachten Typenbezeichnung zu versehen.

135. — Fortleitung und Verteilung des Stromes. Der Strom wird wie aus Abb. 544 zu ersehen ist, als hochgespannter Drehstrom von 3000—6000 Volt in ein oder mehreren Kabeln nach unter Tage geleitet, und zwar zunächst zum Raum der Hoch-

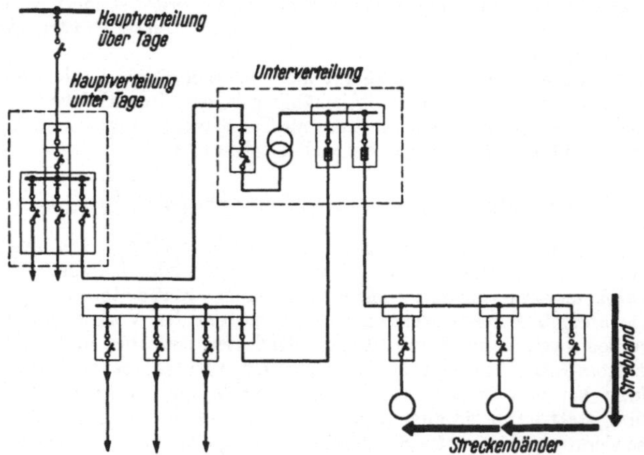

Abb. 544. Schematische Darstellung der Stromverteilung unter Tage.

spannungshauptverteilung, der sich in der Regel in der Nähe des Füllortes befindet. Der Strom wird hier meist offenen Sammelschienen zugeführt, von denen für jede der drei Phasen eine vorhanden ist. Von ihnen nehmen andere Hochspannungskabel — etwa 5, 6 oder mehr — ihren Ausgang, die den Strom bis zu den Umspannstationen der einzelnen Bauabteilungen bringen. Zuweilen schaltet sich zwischen Hochspannungshauptverteilung und Umspannstation noch eine Hochspannungsunterverteilung.

In den Umspannstationen wird der Hochspannungsstrom in Niederspannungsstrom umgewandelt. Dessen Spannung beläuft sich heute noch meist auf 380 Volt; jedoch wird neuerdings der Spannung von 500 Volt mehr und mehr der Vorzug gegeben[1]). Meist mit der Umspannstation verbunden oder in ihrer Nähe befindet sich die Nieder-

---

[1]) Glückauf 1940, S. 541; W. Altena: Die Wahl der zweckmäßigsten Betriebsspannung für die Elektrifizierung unter Tage; ferner Elektrizität im Bergbau 1940, S. 83; B. Passmann: Zur Wahl der Niederspannung im Untertagebetrieb.

spannungsverteilung. In ihr wird das vom Umspanner kommende Niederspannungskabel Sammelschienen zugeführt, die allerdings nicht offen sind, sich vielmehr in geschlossenen Schienenkästen befinden, von denen eine ganze Anzahl nebeneinander angeordnet zu sein pflegen. Jeder dieser Schienenkästen bildet zugleich den Ausgang für ein Niederspannungskabel, von denen jedes den Strom den einzelnen Stromverbrauchern, wie Haspeln, Bändern, Lüftern, Schüttelrutschenmotoren usw., zuführt. Eines dieser Kabel kann auch zu einer weiteren Niederspannungsunterverteilung führen und ein anderes zum Umspanner für den Beleuchtungsstrom, der in der Regel 220 Volt Spannung aufweist.

136. — Die Schalter. Die Zuführung des elektrischen Stroms auf Sammelschienen oder in Schienenkästen sowie die Wiederabnahme des Stroms von diesen bedarf der Eingliederung besonderer Vorrichtungen und Überwachungsorgane, als welche die Schalter dienen. In der Regel kann der Strom weder den Sammelschienen zugeleitet noch von ihnen wieder abgenommen werden, ohne daß er vor und hinter den Sammelschienen Schalter durchlaufen hat. Diese Schalter haben allgemein die Aufgabe, von Hand betätigt, den Strom ein- oder abzuschalten, ferner ihn selbsttätig abzuschalten, 1. wenn der Strom aus irgendeinem Grunde vom Netz aus plötzlich wegbleiben sollte; 2. bei Überstrom, d. h. wenn Strom von einer Stärke, dem die Anlage nicht gewachsen ist, zum Fließen kommt; 3. bei Kurzschluß, also bei stark gesteigertem Überstrom. Alle solche Schalter, die insbesondere in der Lage sind, fließenden Strom zu- oder abzuschalten, werden Leistungsschalter genannt. Bei Hochspannung sind diese Schalter entweder Ölschalter oder neuerdings mehr und mehr Expansionsschalter, die mit Wasser (Expansion) als Löschflüssigkeit arbeiten, oder Hartgasschalter, bei denen Gas zum Ablöschen des Funkens dient, das im Augenblick der Kontaktunterbrechung aus einem festen Stoff erzeugt wird. Bei Niederspannung werden öllose, druckfeste Schalter benutzt. Diese Leistungsschalter für sich allein genügen aber noch nicht. Um sie öffnen und an ihnen arbeiten zu können, müssen die Anschlußkontakte des ankommenden Kabels noch spannungsfrei gemacht werden können. Diese Aufgabe fällt den Trennschaltern zu. Sie sind nicht in der Lage, bei durchfließendem Strom zu schalten, sondern vermögen lediglich nach Abschaltung des Stroms durch einen Leistungsschalter diesen spannungsfrei zu machen.

Bei Durchgang durch eine Hoch- oder Niederspannungsverteilung hat also der elektrische Strom grundsätzlich folgenden Weg zu nehmen: ankommendes Kabel, Trennschalter, Leistungsschalter, Sammelschienen, Trennschalter, Leistungsschalter, abgehendes Kabel. Zuweilen kann auf einen Trennschalter beim ankommenden und abgehenden Kabel verzichtet werden, und zwar ist dieses z. B. beim abgehenden Kabel dann der Fall, wenn sich in einer Umspannstation der Hochspannungsleistungsschalter in unmittelbarer Nähe befindet und durch ihn die ganze Niederspannungsanlage sowohl strom- wie spannungslos gemacht werden kann. Der Stromweg ist dann folgender: Trennschalter, Hochspannungsleistungsschalter, Umspanner, Schienenkästen, Leistungsschalter für jedes abgehende Kabel.

Bei den Niederspannungsleistungsschaltern sind zwei Gruppen zu unterscheiden: handbetätigte Schalter und selbsttätige Schalter. Die handbetätigten Schalter sind dadurch gekennzeichnet, daß, wie ihr Name besagt, die betriebsmäßige Ein- und Ausschaltung des Stromes durch Betätigung eines Handhebels erfolgt, wogegen der Schutz gegen Überstrom von Schmelzsicherungen übernommen wird. Sie werden besonders gern als Schutzschalter für Kabel, Leitungen und Beleuchtungsanlagen benutzt.

Die selbsttätigen Schalter sind zweierlei Art: Selbstschalter, auch Motorschutzschalter oder Automaten genannt, und Schütze. Bei den Selbstschaltern werden die beweglichen Schaltkontakte auf mechanischem Wege (durch mechanische Verklinkung) in ihrer Einschaltlage gehalten. Bei den Schützen geschieht dieses auf elektromagnetischem Wege, d. h. ein Elektromagnet hält die Schaltkontakte in der Einschaltlage fest. Außerdem unterscheiden sich beide Schalterarten dadurch, daß der Selbstschalter eines besonderen Spannungsrückgangauslösers bedarf, der bei einer willkürlichen Spannungsunterbrechung oder bei unvorhergesehenem Ausbleiben des Stromes oder bei Spannungsrückgang den Schalter ausschaltet. Es geschieht dieses durch Abfallen eines Magnetankers, der die mechanische Verklinkung frei macht, wodurch die Schaltkontakte unter Federkraft abfallen. Beim Schütz dagegen bedarf es eines solchen besonderen Spannungsrückgangauslösers nicht, da der Anker des die Schaltkontakte haltenden Elektromagnets unmittelbar die Schaltkontakte trennt. Ein dritter Unterschied besteht darin, daß der Schutz gegen Kurzschluß bei den Schützen durchweg von Schmelzsicherungen übernommen wird, während er bei Selbstschaltern meist durch Schnellauslöser erfolgt. Ein solcher Schnellauslöser besteht in einer elektromagnetischen Auslösevorrichtung. Bei ihr wirkt ein Elektromagnet auf die Auslösevorrichtung des Schalters. Der Schutz gegen Überlastung (ein langer, andauernder Überstrom von mäßiger Höhe, der zu einer gefährlichen Erwärmung der Leitungen oder Motoren führen kann) geschieht dagegen bei beiden Schalterarten auf grundsätzlich ähnliche Weise, und zwar durch Erwärmen einer Metallegierung oder zweier Metalle mit verschiedenen Wärmeausdehnungsziffern, wodurch eine Auslösung des Schalters bewirkt wird. Die Ausführung eines Schützes zeigt Abb. 545.

Eine gemeinsame Eigenschaft beider Schalter ist die Möglichkeit ihrer Betätigung aus beliebiger Entfernung. Sie geschieht auf elektrischem Wege über eine Hilfsleitung,

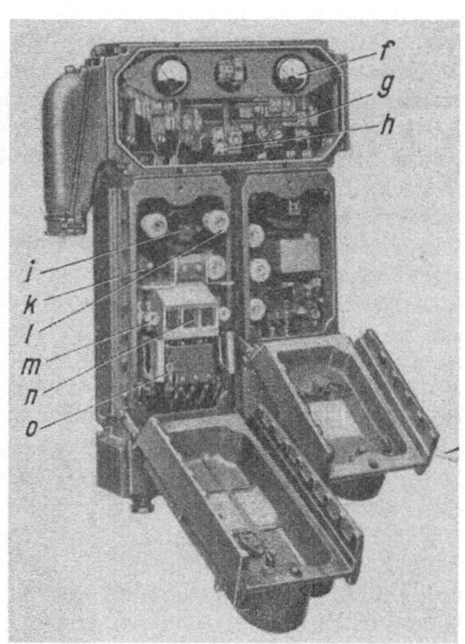

<table>
<tr><td>a) geschlossen</td><td>b) offen</td></tr>
</table>

Abb. 545. Ansicht eines Schützes der SSW.

a) Sammelschienenkasten	h) Schutzstromwandler
b) Trennschaltergriff	i) Trennschalter
c) Schaltstellungsanzeiger	k) Glimmlampe
d) Leistungsschaltergriff	l) Kurzschlußsicherung
e) Anschlußkasten	m) Steuerleitungssicherung
f) Strommesser	n) Lichtbogenkammer
g) Sammelschiene	o) Bimetallrelais

die Steuerleitung genannt wird, z. B. durch Betätigung von Druckknöpfen oder Zugkontakten. Infolge dieser Eigenschaft werden Selbstschalter und Schütze in erster Linie zum Schalten und zum Schutz von Motoren benutzt. Von beiden gibt man den Schützen vielfach den Vorzug, da sie bei gleicher Lebensdauer häufiger geschaltet werden können. Außerdem sind sie bei gleicher Nennleistung der Antriebe kleiner als die Selbstschalter, da bei ihnen der Kurzschlußschutz durch die hoch belastbaren Schmelzsicherungen geschieht, während die Selbstschalter in ihrem ganzen Aufbau von vornherein für einen zu erwartenden Kurzschluß bemessen werden müssen.

Als Hochspannungsleistungsschalter werden dagegen unter Tage nur Selbstschalter angewandt, die in ihrer Wirkungsweise den Niederspannungsselbstschaltern ähnlich, jedoch Ölschalter, Expansionsschalter oder Hartgasschalter sind.

137. — Kabel und Gummischlauchleitungen. Die Fortleitung des elektrischen Stromes geschieht in Schächten, Hauptstrecken, Blindschächten und Abbaustrecken durch Kabel. Da es sich um die Fortleitung von Drehstrom handelt, besitzen die Kabel drei aus Kupfer bestehende Leiter, die gegeneinander verdrillt, d. h. verseilt sind. Man spricht daher von verseilten Dreileiterkabeln. Jeder dieser Leiter ist mit Papier als Isolationsschicht umgeben, und alle drei Leiter zusammen sind in einer Papiergarnmasse eingebettet. Das Ganze ist zur Isolation von einem geschlossenen Bleimantel umgeben, der wegen seiner Weichheit gegen Beschädigungen geschützt werden muß. Dies geschieht meist durch eine aus Flach- oder Runddrähten bestehende Stahlbewehrung. Um sie in ihrer Lage zu sichern, wird sie noch spiralförmig gegenläufig mit einem Flachdraht oder Stahlband umwickelt. Zwischen Schachtkabeln und Streckenkabeln besteht ein Unterschied in der Stärke der Bewehrung, die bei Schachtkabeln zur Aufnahme der beim Einhängen auftretenden Zugbeanspruchungen größer sein muß. Den Querschnitt durch ein Streckenkabel zeigt Abb. 546. An Stelle von Kupferleitern werden auf Kali- und Erzgruben weitgehend Kabel mit Aluminiumleitern verwendet. Das gleiche bahnt sich auf Schlagwettergruben für die Fortleitung der Hochspannung an. Außerdem sei erwähnt, daß neben Papierbleikabeln z. Zt. noch in größerem Umfange auch Gummibleikabel Verwendung finden.

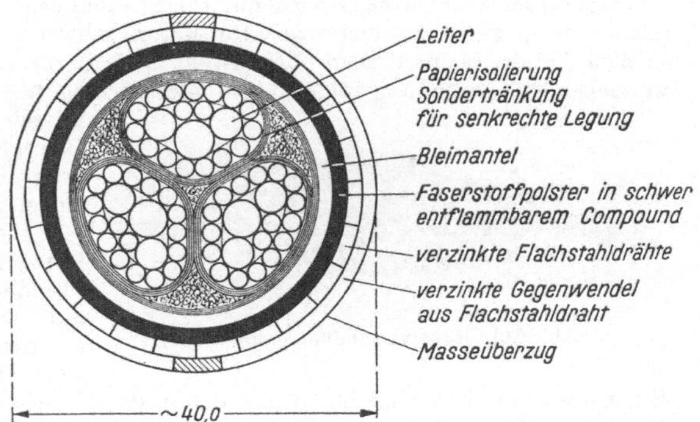

Abb. 546. Querschnitt eines Streckenkabels.

Bei ortsveränderlichen elektrischen Antrieben, in erster Linie also in Abbauräumen, sind die schweren und wenig biegsamen Bleimantelkabel nicht anwendbar. An ihre Stelle treten Gummischlauchleitungen. Bei ihnen ist, wie Abb. 547 zeigt, jeder Kupferleiter für sich von einer vulkanisierten Gummihülle umgeben. Außerdem sind die verseilten Adern mit einem alle Hohlräume ausfüllenden gemeinsamen Gummimantel umpreßt. Auf diesen legt sich ein gewebtes Band und darüber der äußere Gummimantel. Um eine gegenseitige Verschiebung bei Biegungen zu ermöglichen, dürfen weder die Adern noch die beiden Gummimäntel fest untereinander verbunden sein. Abb. 548 zeigt eine Gummischlauchleitung für Schrämmaschinenmotoren. Sie besitzt vier Leiter

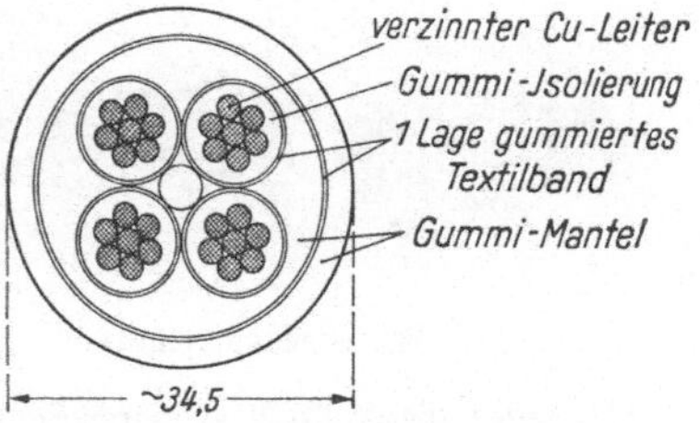

Abb. 547. Querschnitt einer Gummischlauchleitung.

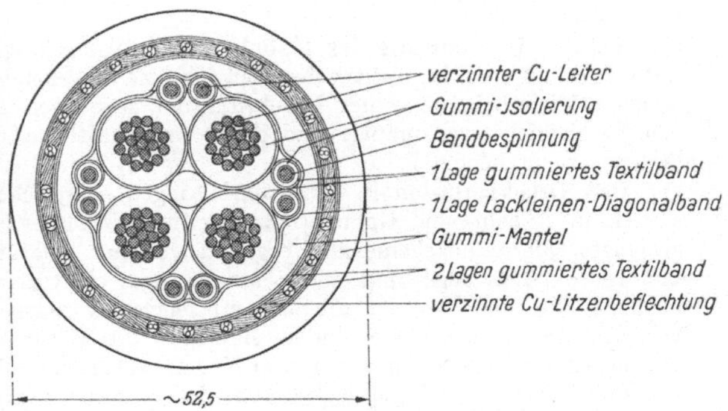

Abb. 548. Querschnitt eines Schrämkabels.

von je 25 mm² Querschnitt, von denen drei als Stromleiter dienen und der vierte Erdleiter ist. Außerdem sind noch acht Leiter von je 2,5 mm² Querschnitt vorgesehen. Diese Leiter sind für Hilfsstromkreise, mit denen ferngesteuert, d. h. ferngeschaltet werden kann, bestimmt. Schließlich befindet sich zwischen dem inneren und äußeren Gummimantel der Leitung ein Kupferlitzengeflecht. Es hat den Zweck, bei einer tiefer gehenden Beschädigung der Gummischlauchleitung zu bewirken, daß der zugehörige, in der Strecke stehende Schalter selbsttätig ausgelöst wird, bevor ein Kurz- oder Erdschluß eintritt.

Gummischlauchleitungen sind nur für Spannungen bis 750 Volt verwendbar und reichen daher z. B. als Zuleitungen für Motore schwerer Abteufpumpen nicht aus. In solchen Fällen benutzt man Leitungstrossen, die auch im Braunkohlentagebau weitgehende Verwendung finden. Sie unterscheiden sich von den Gummischlauchlei-

Abb. 549. Kabelverbindungsmuffe.

tungen im wesentlichen durch eine Bewehrung mit verzinktem Stahldraht oder durch besondere in sie eingelegte Tragseile.

Die Verbindung einzelner Kabelstücke untereinander hat sehr sorgfältig zu geschehen, und zwar muß sie allen mechanischen und elektrischen Beanspruchungen gewachsen sein und insbesondere das Eindringen von Feuchtigkeit in das Innere der Kabel, d. h. in deren empfindlichen Isolationsstoffe verhindern. Diese Forderungen werden von den Kabelverbindungsmuffen erfüllt, von denen die Abb. 549 eine Ausführung der Siemens-Schuckert-Werke darstellt. Die Kabelenden werden sorgfältig von beiden Seiten in die Muffe eingeführt und ihre Leiter einzeln an Klemmen befestigt. Der gesamte Raum der Muffe wird mit sogenannter Kabelmasse vergossen, die in elektrisch beheizten Kochern verflüssigt wird und nach dem Einfüllen und Erkalten erstarrt. Ein Eindringen von Feuchtigkeit ist dadurch unmöglich gemacht.

Abb. 550. Steckvorrichtung.

Zur Verbindung von Gummischlauchleitungen dienen Steckvorrichtungen, die nicht vergossen zu werden brauchen, jedoch verriegelt sein müssen, damit sie nicht unter Strom gezogen werden können, weil dann ein Öffnungsfunke entstünde. Entweder dient ein besonderer Schalter zur Verriegelung oder aber die Steckvorrichtung ist so gebaut, daß sie beim Kuppeln oder Ziehen selbst als Schalter wirkt (Abb. 550). Außerdem gibt es für größere Stromstärken Steckvorrichtungen, die weder einen Schalter besitzen, noch als Schalter wirken, bei deren Trennung vielmehr ein Hilfsstrom unterbrochen wird. Diese Unterbrechung löst einen vorgeschalteten Motorschutzschalter aus, so daß die Steckvorrichtung selbst in stromlosen Zustand gezogen wird.

138. — Berechnung des Kabel- und Leitungsnetzes. Ebenso wie im Druckluftbetrieb ist auch im elektrischen Betrieb eine eingehende Berechnung des Leitungsnetzes erforderlich, um unter Beachtung der gegebenen sicherheitlichen Vorschriften eine betrieblich zweckmäßige und dabei wirtschaftliche Fortleitung des elektrischen Stromes zu erzielen.

Den Druckverlusten in den Rohrleitungen entspricht hierbei der Spannungsabfall in Kabeln- und Gummischlauchleitungen. Dieser Spannungsabfall muß durch geeignete Querschnittsbemessung begrenzt werden. Andernfalls würde bei den Elektromotoren ein Leistungsabfall eintreten oder sogar ein Unvermögen, aus dem Stillstand hochzulaufen und bei der Starkstrombeleuchtung wäre eine entsprechende Lichtverschlechterung die Folge. Zudem sind z. B. die Motoren nach VDE 0530 § 65[1]) so gebaut, daß sie bei Nennleistung und Nennfrequenz nur mit einer Spannung betrieben werden können, die bis zu $\pm$ 5 % von der Nennspannung abweicht, wobei die nach § 39 zulässige Grenzerwärmung um höchstens 5⁰ überschritten werden darf. Jeder unzulässige, länger dauernde Spannungsabfall kann daher eine schädliche Erwärmung des Motors zur Folge haben, soweit er nicht schon vor Erreichen des kritischen Punktes bereits selbsttätig durch den vorgeschalteten Motorschutzschalter abgeschaltet und

---

[1]) Vorschriftenbuch des Verbandes Deutscher Elektrotechniker (VDE) 22. Aufl. Berlin 1939.

damit der Betrieb stillgelegt wird. Der räumlich davor liegende Umspanner muß also bei einer entsprechenden Spannung angezapft und der Leitungsquerschnitt der Zuleitung zwischen Umspanner und Motor so bemessen werden, daß an den Motorklemmen keine geringere Spannung als die Nennspannung (z. B. 380 oder 500 V) minus 5 % entsteht. Die aus dem Ohmschen Gesetz entwickelten Berechnungsformeln für den Spannungsabfall bei Drehstrom lauten:

a) wenn der Strom bekannt ist

$$u = \frac{1{,}73 \cdot L \cdot J \cdot \cos\varphi}{k \cdot q}$$

b) wenn die Leistung bekannt ist

$$u = \frac{L \cdot N}{k \cdot q \cdot U}\,.$$

Für die Querschnittsberechnung nach dem Spannungsabfall im Drehstrombetrieb bestehen die Formeln

a) wenn der Strom bekannt ist

$$q = \frac{1{,}73 \cdot L \cdot J \cdot \cos\varphi}{k \cdot u}$$

b) wenn die Leistung bekannt ist

$$q = \frac{L \cdot N}{k \cdot u \cdot U}\,.$$

Hierin bedeuten:

J = Strom in einer Leitung in A.
L = einfache Länge der zu betrachtenden Leitungsstrecke in m.
N = übertragene Leistung in W.
U = Betriebsspannung in V, Phasenspannung.
k = Leitfähigkeit (für Kupfer etwa 56, für Aluminium etwa 35).
q = Querschnitt der Leitung in mm^2.
u = Abfall der Spannung in V vom Anfang bis zum Ende der Leitung.

Neben dem Spannungsabfall spielt die **Kabel-** und **Leitungserwärmung** durch den Strom eine große Rolle. Auch hierüber bestehen besondere VDE-Vorschriften, die eine unzulässige Erwärmung dieser Teile verhüten sollen. Für die Errichtung von Anlagen in Bergwerken unter Tage geben die VDE-Vorschriften 0118 § 8 entsprechende Hinweise. Der hier[1]) gebrachten Zahlentafel II ist zu entnehmen, ob das nach dem Spannungsabfall errechnete und gewählte Leitungsstück auch im Hinblick auf die vorhandene und zugelassene Strombelastung ausreichend ist. Liegt bei dem vorgesehenen Leiterquerschnitt die betriebliche Strombelastung höher als die nach Tafel II zulässige Dauerbelastung, dann muß ein größerer Querschnitt gewählt werden, der so bemessen ist, daß er den VDE-Vorschriften entspricht. Meist ist es praktisch so, daß der nach dem Spannungsabfall errechnete Leiterquerschnitt auch zur Verwendung unzulässiger Erwärmung ausreicht.

Eine dritte Forderung, die hinsichtlich des Querschnittes gestellt wird, betrifft nach VDE 0118 § 8 den **Kurzschlußschutz** und damit verknüpft die Einstellung des Schnellauslösers eines Selbstschalters oder die Größe der Nennstromstärke der Schmelzsicherungen eines Sicherungsschalters oder eines Schützes. Das in Betracht kommende Kabel- oder Leitungsstück muß einen genügenden Querschnitt besitzen, um den vorgesehenen Kurzschlußstrom auch durchzulassen[2]). Diese Forderung kann in Einzelfällen dazu führen, daß über die nach den zwei vorhergehenden Bestimmungsfällen berechneten Kabelquerschnitte hinaus, noch eine weitere Querschnittsvergrößerung erforderlich wird.

139. — Umspanner. Die unter Tage benutzten Hochspannungs-Drehstrom-Kraftumspanner sind, wie Abb. 551 zeigt, in stählernen, mit Kühlrippen versehenen Gefäßen mit Ölfüllung untergebracht, und zwar sind Größen bis zu 320 kVA üblich. Gegen unzulässige Erwärmung werden sie auf mehrfache Art geschützt. Da die Gefahr eines Ölbrandes nicht ausgeschlossen ist — bisher hat sich zwar unter Tage ein solcher Brand noch nicht ereignet —, müssen sie in einem feuersicheren Raum untergebracht werden,

---

[1]) Vorschriftenbuch des Verbandes Deutscher Elektrotechniker (VDE) 22. Aufl. Berlin 1939.

[2]) M. Walter: Kurzschlußströme in Drehstromnetzen. München und Berlin 1938; ferner Glückauf 1941, S. 433: K. Lomberg: Berechnung der Kurzschlußströme usw.

den man meist gleichzeitig auch zur Aufstellung der Niederspannungshauptverteilung benutzt. Diese Umspannräume sollten so nahe als möglich an den Aufstellorten der Stromverbraucher, also so nahe als möglich am Abbau liegen, um die Vorteile der Hochspannung für die Fortleitung weitgehend auszunützen.

140. — Die Motoren. Wie schon in Ziff. 44 S. 351 erwähnt, finden im Flözbetrieb durchweg Käfigläufermotoren Verwendung, die auf schlagwettergefährdeten Gruben druckfest gekapselt sein müssen. Um die Lagerhaltung zu verringern und die Auswechselbarkeit zu erleichtern, wird nach Möglichkeit versucht, auf jeder Schachtanlage mit drei bis vier Motorgrößen auszukommen. Bei stärkeren Antrieben werden daher neuerdings häufig statt eines großen Motors zwei kleinere Motoren eingesetzt[1]). Es empfiehlt sich dieses z. B. bei Förderbändern von mehr als 200 m Nutzlänge und auch bei größeren Häspeln (Zwei-Motoren-Haspelantrieben).

Bei Haspelantrieben steht die Regelbarkeit im Vordergrund. Daher herrscht hier noch der Drehstrom-Schleifringmotor (mit gekapselten Schleifringen) in Verbindung mit Anlaß- und Regelwiderständen vor. Da man aber gelernt hat, mit Hilfe von Differentialrutschkupplungen den stoßweisen Anlauf des Käfigläufers zu dämpfen und sanfter zu gestalten und dadurch auch das Getriebe vor Überlastung zu schützen, führt sich der Käfigläufermotor neuerdings auch bei Haspelanlagen ein.

Abb. 551.
Hochspannungs-Drehstrom-Kraftumspanner.

a) Öl-Ausdehnungsgefäß
b) Kabelstutzen für Hochspannungskabel
c) Kabelstutzen für Niederspannungskabel
d) Gefahrmelder
e) Kühlrippen

141. — Schutzmaßnahmen. Von den mannigfachen Schutzmaßnahmen sei hier nur auf die Schutzerdung hingewiesen. Sie hat in erster Linie den Zweck, gefährliche Körperströme bei der Berührung von Teilen der elektrischen Anlagen, falls Schäden an ihnen aufgetreten sein sollten, zu vermeiden. Es geschieht dies dadurch, daß solchen Strömen ein bequemerer Weg als durch den berührenden menschlichen Körper zur Verfügung gestellt wird. Als Erdleitungen dienen in Kabelnetzen Bleimantel und Bewehrung der Kabel, denen oft noch ein zusätzlicher Erdleiter aus Kupfer- oder Stahldraht beigegeben wird. Bei den Muffen ist darauf zu achten, daß die Erdleitung nicht unterbrochen wird. Nach Möglichkeit wird der zusätzliche Erdleiter vom Schacht aus mitgenommen, wo er am Erder im Schachtsumpf, am Tübbingausbau oder an der Wasserleitung angeschlossen wird. Vom Schalter bis zum Antrieb dient bei Kabelanschluß als Erdleiter wieder Bleimantel und Bewehrung oder bei dem meist üblichen Gummileitungsanschluß ein eigener, innerhalb des Gummimantels mitverlegter vierter Leiter von gleichem Querschnitt wie die Stromleiter (Abb. 548). Bei sehr hoch beanspruchten Leitungen, wie denen der Beleuchtungsanlagen und Schrämmaschinen, pflegt man die Unversehrtheit des Erdleiters noch besonders zu überwachen. Es geschieht dies durch die Schrämmaschinenschutz- und Steuerschaltung und bei Abbaubeleuchtungen z. B. durch den von Grümmer vorgeschlagenen Leitungswächter[2]).

---

[1]) Elektr. im Bergbau 1940, S. 87; C. Kellner: Elektrische Zweimotorenantriebe im Steinkohlenbau unter Tage.

[2]) Elektrizität im Bergbau 1939, S. 31; A. Grümmer, Leitungswächter für Abbaubeleuchtungen.

IV. Die abwärts und aufwärts gehende Zwischenförderung.

A. Abwärts gehende Förderung.

a) Bremsberg- und Bremsschachtförderung.

142. — Vorbemerkung. Bremsberge (vgl. Bd. I, Ziff. 59, S. 350) und Bremsschächte waren die einfachste und natürlichste Art der abwärts gehenden Zwischenförderung, solange die Wagenförderung schon an den Abbaustellen begann und eine Bergeförderung im gegenläufigen Sinne nicht gebraucht wurde. Wo diese notwendig wurde, ging man von dem reinen Bremsbetriebe zur Benutzung von Häspeln mit motorischem Antriebe in Seigerschächten über. Man erreicht damit eine größere Unabhängigkeit in der Gestaltung des Förderbetriebes. Die Haspelmotoren wurden so vervollkommnet, daß ihr Kraftverbrauch gegenüber ihren Annehmlichkeiten zurücktrat. Mit dem Aufkommen der mechanischen Abbauförderung, die nach Möglichkeit durch Schüttelrutschen und Bänder bis zur Hauptsohle geführt wird, hat die Förderung in Seigerschächten überhaupt vielfach an Bedeutung eingebüßt. Im übrigen zieht man es vor, die Abwärts- von der Aufwärtsförderung zu trennen. Erstere wird mit Hilfe von Wendelrutschen, Rollöchern, Stürzrollen und in abnehmendem Maße auch von Gliederförderern durchgeführt, letztere mit Gefäßen oder Gestellen, die auch zur Seilfahrt dienen.

Infolge dieser Entwicklung hat der reine Bremsbetrieb heute nur noch unter besonderen Abbauverhältnissen Bedeutung.

143. — Einteilung der Bremsberge. Je nachdem die Wagen auf besondere Fördergestelle, die am Seil hängen, aufgeschoben oder unmittelbar ans Seil angeschlagen werden, kann man zwischen Gestell- und Wagenbremsbergen unterscheiden.

Die Anwendung von Gestellen ist notwendig bei steilerem Einfallen von etwa 25^0 aufwärts, bei dem die Wagen nicht mehr unmittelbar ans Seil angeschlagen werden können. Man findet sie aber auch bei kleineren Fallwinkeln, wenn es sich um die Förderung von Zwischenanschlägen und um einen zweiflügeligen Betrieb handelt. Denn sie ermöglichen eine leichte Bedienung von beiden Seiten, und das Aufschieben erfolgt rascher und gefahrloser als das Anschlagen der Wagen ans Seil. Allerdings machen die Gestelle eine größere Höhe erforderlich. Es muß deshalb mehr Nebengestein nachgerissen werden, was die Anlage verteuert. Beim Bau der Gestelle, für den die Abbildungen 552 u. 553 Beispiele bieten, wird deshalb darauf gehalten, die Bauhöhe möglichst zu verringern. Wagenbremsberge werden in der Anlage billiger, die Bedienung an den Anschlägen ist bei ihnen jedoch schwieriger und zeitraubender. Man unterscheidet ferner zwischen Transport- und Örterbremsbergen je nachdem, ob mit ihnen die Förderung einer Sohle zur Hauptfördersohle oder diejenige verschiedener Abbaubetriebe zur Sohle geschieht.

Die Bremsberge können eintrümmig mit Gegengewicht oder zweitrümmig betrieben werden. Der eintrümmige Betrieb eignet sich besonders für Örterbremsberge, wo von Zwischenanschlägen gefördert werden muß. Er wird deshalb gern bei Gestellbremsbergen angewendet. Hier bietet er auch dadurch Vorteile, daß man das Gegengewicht auf einem Gestänge zwischen den Schienen unterhalb des Gestelles laufen lassen kann. Es ist deshalb nur eine geringe Breite mit entsprechend geringen Kosten für Gesteinsarbeit erforderlich. Wagenbremsberge können ebensogut zweitrümmig betrieben werden, da auch bei eintrümmigem

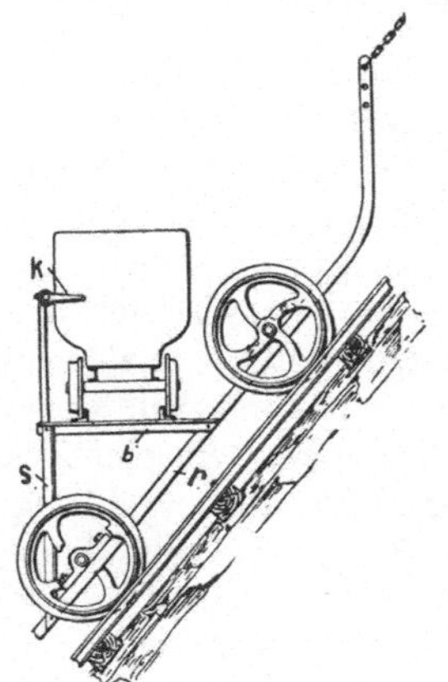

Abb. 552. Stählernes Bremsgestell.

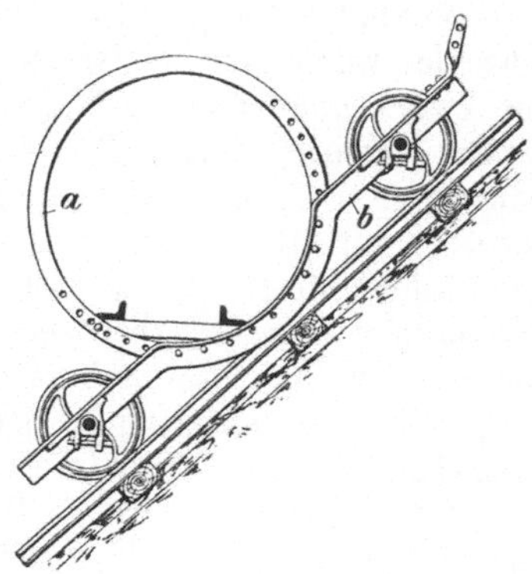

Abb. 553. Bremsgestell nach Koepe mit verstellbarer Bühne.

Betriebe ein besonderes Gleis für das Gegengewicht neben dem Fahrgestänge verlegt werden muß. Von der Einrichtung von Ausweichstellen sieht man gerne ab, da sie die Betriebssicherheit beeinträchtigen.

144. — Einrichtungen an den Anschlägen. Der Hauptanschlag am Fuße eines Bremsberges muß drei Forderungen gerecht werden: er muß ein möglichst bequemes und gefahrloses Überleiten der Wagen aus der Bremsberg- in die Streckenförderung ermöglichen, eine Störung der Bremsberg- durch die Streckenförderung und umgekehrt verhüten und die Wetterführung unbehelligt lassen. Hiernach fallen die Anschläge verschieden aus, sowohl nach dem Förderverfahren (Gestell- oder Wagenbremsberge) als auch nach der Lage des Bremsberges zur Streckenförderung. In letzterer Hinsicht ist zu unterscheiden, ob am Fuße des Bremsberges noch eine durchgehende Streckenförderung vorbeizuführen ist oder der Bremsberg am Ende einer Flözförderstrecke oder in der Nähe eines Querschlages steht.

Führt am Fuße des Bremsberges oder doch ganz in seiner Nähe eine Förderung mit Seil (oder Kette) ohne Ende vorüber, so braucht nur ein kleiner Wechsel für den unteren Anschlag vorgesehen zu werden, da dann ein sofortiges Überführen der vollen Wagen vom Bremsberge zum Seile und der leeren Wagen von diesem zum Bremsberge möglich ist. In allen anderen Fällen muß für einen genügend großen Wechsel am Fuße des letzteren gesorgt werden, der als Vorratsraum für volle und leere Wagen für die Zeit zwischen je 2 Pferdezügen (oder Lokomotivfahrten) dient. Ist Platz in der Länge vorhanden und hat man außerdem Grund, das Nebengestein möglichst wenig anzugreifen, so richtet man am besten den Bremsberg zum Durchschieben ein, so daß die vollen Wagen hinter ihm zu einem Zuge gesammelt werden und das Pferd (oder die Lokomotive) den leeren Zug bis zum Bremsberge bringen und den vollen hinter ihm abholen kann. Man zieht dann die beiden Streckengestänge zu einem einzigen Gestänge zusammen und kommt so mit einem Durchfahrtgleis und einem zur Aufstellung der Wagen dienenden Sammelgleis aus. — Bei gutem Gebirge und flotter Förderung kann die Streckenförderung zweispurig durchgeführt werden.

Die Erleichterung der Arbeit des Anschlägers durch Herstellung von Gefälle zum selbsttätigen Ab- und Zulaufen der Wagen ist besonders für die Lokomotivförderung wichtig, da es sich bei dieser um längere Züge und Wechsel handelt und die Lokomotive die Steigung, die zur Gewinnung des erforderlichen Gefälles an irgendeiner Stelle hergestellt werden muß, leichter als ein Pferd überwinden kann.

Eine andere Art von Wechseln sind die kurzen, aber breiten Wechsel, wie sie bei größerer Flözmächtigkeit namentlich für Bremsberge am Ende einer Förderstrecke oder an deren Einmündung in einen Querschlag (Abb. 554) benutzt werden. Sie bieten für den vollen und den leeren Zug nebeneinander Platz und entsprechen bei Lokomotivförderung den Wechseln mit Verschiebegleis, während bei Pferdeförderung (Abb. 554) zwischen beiden Gleisen so viel Raum bleibt, daß das mit dem leeren Zuge im Gleis *l* angekommene

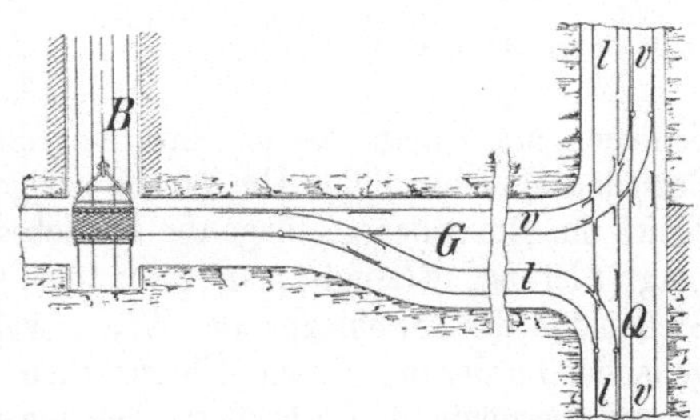

Abb. 554. Bremsberganschlag an der Einmündung einer Grundstrecke *G* in einen Querschlag *Q*.

Pferd nach dem Abschirren zwischen den Gleisen vor den im Gleis *v* bereitstehenden vollen Zug geführt werden kann.

Verhältnismäßig einfach sind die Anschläge für Gestellbremsberge. Hier ist die oben an erster Stelle geforderte gefahrlose Überleitung ohne weiteres gegeben. Den ungestörten Betrieb der Strecken- neben der Bremsbergförderung ermöglicht man durch Verumbruchen des Bremsberges im Hangenden oder im Liegenden. Bei einem Umbruch der ersteren Art muß in flacher Lagerung die Strecke durch besondere Vorrichtungen gegen abgehende Wagen und Gestelle geschützt werden, während ein Umbruch im Liegenden die Strecke unter dem Bremsberge hindurchführt und so ohne weitere Vorkehrungen schützt. Was die Wetterführung betrifft, so erfordern die meisten Abbauverfahren den wetterdichten Abschluß der Bremsberge an ihrem unteren Ende durch Verschläge mit Wettertüren, damit Kurzschluß durch den Bremsberg hindurch verhütet wird. (Vgl. im übrigen Bd. I, 8. Aufl., 4. Abschn., Ziff. 62: „Anschluß der Bremsberge an die Grundstrecken", wo auch der Schutz der Streckenförderung gegen abgehende Wagen behandelt ist.)

Wagenbremsberge werden in der Regel durch eine söhlige, mit Platten belegte Bühne und eine kurze Anschlußdiagonale mit der Grundstrecke verbunden; in die Diagonale wird die Wettertür gestellt.

Am oberen sowie an den Zwischenanschlägen sind zunächst Sicherheitsvorrichtungen für einen Abschluß der einmündenden Strecken (vgl. Ziff. 170 S. 500) vorzusehen. Außerdem sind Einrichtungen zur Erleichterung des Wagenwechsels bei Wagenbremsbergen wichtig. Sie bestehen aus Bühnen, die im Bremsberg liegen und entweder nur die Räume zwischen den Schienen ausfüllen oder die Schienen vollständig ersetzen. Im letzteren Falle erhalten sie Nuten für die Spurkränze. Solche Bremsbergbühnen entsprechen den bei den Zwischenanschlägen der Streckenförderung erwähnten Bühnen. Nur ist an ihrem unteren Ende noch ein Widerstand, bestehend in einer angegossenen Rippe oder aus einer aufgenagelten Leiste, zu befestigen, um das Durchgehen der Wagen während des Drehens zu verhüten. Außerdem sind verschiedene Mittel gebräuchlich, um namentlich bei etwas größerem Fallwinkel das Einfallen des Bremsberges an der Anschlagstelle abzuschwächen. Das kann zunächst durch Hochziehen der Schienen am Unterstoße der Strecke (Abb. 555a) oder durch Tieferlegen der Schienen am Oberstoße (Abb. 555b) erfolgen. Jedoch beeinträchtigt ein solcher Knick im Bremsberggestänge die Betriebssicherheit der durchgehenden Bremsbergförderung, weshalb man öfter das Gestänge im Bremsberg an solchen Stellen für das Anschlagen der Wagen vollständig unterbricht und die durchgehende Förderung durch Überbrücken des Zwischenraumes mit Einlegeschienen ermöglicht. Bei größerer Neigung sind Schwenkbühnen vorzuziehen,

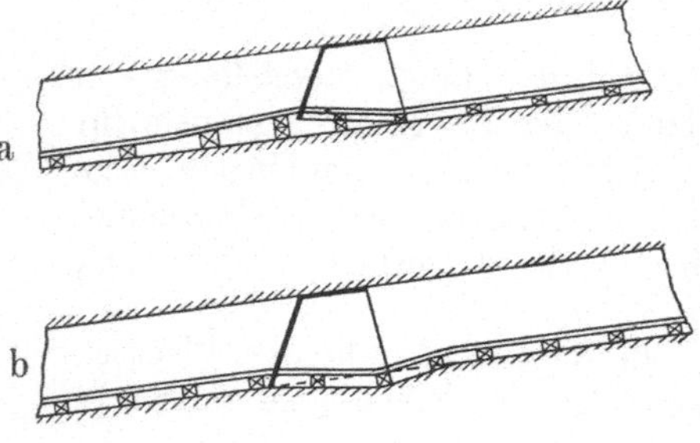

Abb. 555a u. b. Hilfsmittel zum Erleichtern des Anschlagens in Wagenbremsbergen.

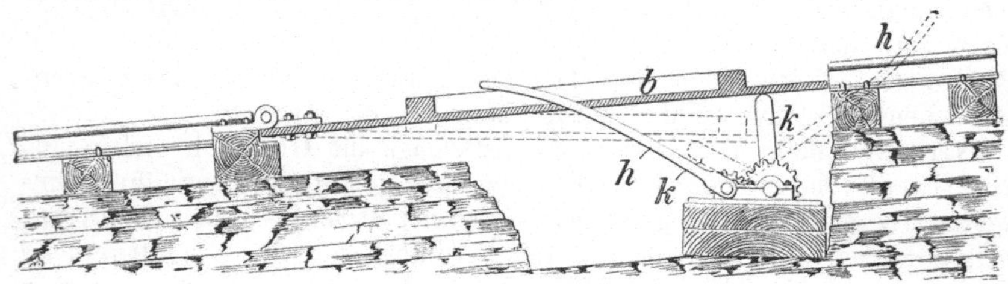

Abb. 556. Schwenkbühne mit Kranzplatte für Zwischenanschläge.

die das Anschlagen wesentlich erleichtern; sie liegen in der unteren Endlage söhlig, in der oberen im Gefälle des Bremsberges. Eine solche Bühne mit Hebelübertragung zeigt Abb. 556[1]): der Handhebel h bringt mittels Zahnradübersetzung die Knagge k, auf der die Bühne ruht, in die obere oder untere Endlage.

145. — **Seigere Bremsschächte.** Sie haben den Bremsbergen zwei wichtige Vorzüge voraus, nämlich 1. bedeutend höhere Förderleistung, weil einerseits der Weg durch die Senkrechte abgekürzt wird und andererseits wegen des Fehlens von rollenden Teilen mit bedeutend größerer Geschwindigkeit gefördert werden

---

[1]) Zeitschr. f. d Berg-, Hütt.- u. Sal.-Wes. 1921, S. 227; Versuche und Verbesserungen.

kann; 2. Verringerung der Unterhaltungskosten, die sowohl durch den geringeren Gebirgsdruck als auch durch den Wegfall des Verschleißes an Rädern, Schienen und Achsen ermöglicht wird.

Für größte Förderleistungen von einem Anschlag zur Sohle wird der Betrieb zweitrümmig geführt, wobei ein Unterseil von größerem Gewicht als das Förderseil Vorteile bietet, da es zu Beginn des Treibens beschleunigend und zum Schluß verzögernd wirkt. Die Höchstgeschwindigkeit wird daher rasch erreicht, und der Auslauf ist trotzdem gefahrlos. Insbesondere ermöglicht das schwerere Unterseil auch die Anwendung von Förderkörben mit 2 Tragböden, da sonst kein Umsetzen möglich wäre. Nach der Bedienung des ersten Tragbodens befinden sich nämlich auf jedem Korbe 1 leerer und 1 voller Wagen, so daß ohne das schwere Unterseil kein Übergewicht für das Umsetzen vorhanden wäre[1]. Für kleinere Leistungen, insbesondere wenn Zwischenanschläge bedient werden müssen, wie das beim Gruppenbau (vgl. Bd. I 8. Aufl. 4. Abschn. Ziff. 33) die Regel ist, werden die Seigerschächte ebenso wie die Bremsberge meist mit eintrümmiger Förderung versehen.

146. — Hochfördern von Versatzgut in Bremsbergen und Bremsschächten. Man kann durch verschiedene Kunstgriffe das beim Bremsbetrieb ausgenutzte Übergewicht der Nutzlast auch zum Hochfördern von Versatzbergen ausnutzen. Es leuchtet aber ein, daß dabei darauf verzichtet werden muß, das dem Kohlengewicht entsprechende Gewicht an Bergen auf die Höhe, von der die Kohlenwagen kommen, zu bringen. Es muß also entweder ein Gewichtsüberschuß der Kohlenwagen künstlich hergestellt werden, oder es können die Bergewagen nur auf eine geringere Höhe gefördert werden.

Am einfachsten liegt der Fall bei der Förderung mit Seil oder Kette ohne Ende, wo bei nicht zu schwacher Neigung das überschüssige Gewicht ausreicht, um eine beschränkte Anzahl von Bergewagen auf der Seite der leeren Wagen mit hochzuziehen. Bei Förderung mit offenem Seile verringert man meist die Zahl der gleichzeitig zu fördernden Bergewagen im Vergleich zur Anzahl der Kohlenwagen, am einfachsten in der Weise, daß man durch je 2 mit Kohlen beladene Wagen einen leeren und einen Bergewagen ziehen läßt. Bei Wagenbremsbergen bedarf es dazu keiner besonderen Einrichtungen, abgesehen von der notwendigen Verstärkung der Bremsscheibe und ihrer Verlagerung.

Bei Gestellbremsbergen sind für diesen Fall die bei der Haspelförderung (s. unter Ziff. 157) zu behandelnden Doppelgestelle für 2 Wagen neben- oder übereinander erforderlich.

147. — Das Bremswerk. Das Bremswerk besteht aus einer Scheibenbremse. Bei ihr wird das Seil über eine Scheibe geführt, die durch Reibung die erforderliche Bremskraft überträgt. Die Scheibe ist mit einem Rillenfutter von großem Reibungswiderstand versehen, das brandsicher sein muß. Sie trägt ferner einen Bremskranz, auf den die Bremse wirkt, die durch ein Gewicht aufgelegt wird, so daß das Bremswerk gewöhnlich gegen Drehung gesichert ist. Wenn es in Bewegung gesetzt werden soll, muß die Bremse durch einen Fußtritt oder Handzug gelüftet werden. Abb. 557 zeigt eine solche Scheibenbremse, die als doppelte Bandbremse ausgebildet ist. Bandbremsen wurden früher fast

---

[1] Bergbau 1936, S. 190; Enzig: Senkhaspel.

ausschließlich verwendet, obgleich sie sich grundsätzlich nur für eine Drehrichtung eignen. In diesem Fall kann das Ende des Bremsbandes, an dem die ganze Bremskraft wirkt, in einem feststehenden Lager gelagert werden. Das Gewicht braucht dann nur die an dem schwach belasteten Bandende erforderliche kleinere

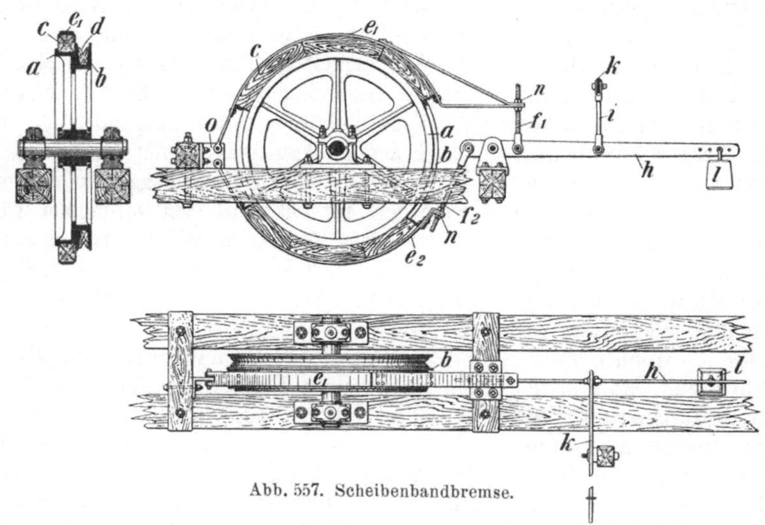

Abb. 557. Scheibenbandbremse.

Kraft aufzubringen. Man kann also mit einem kleinen Gewicht eine große Bremskraft erzeugen. Sobald aber auch in der andern Drehrichtung gebremst werden muß, kann dieser Vorteil nicht ausgenutzt werden, und es bleibt gegenüber der Backenbremse nur der Vorteil einer einfachen Ausführung. Ihm steht der Nachteil einer geringeren Betriebssicherheit gegenüber. Sie ist durch die Möglichkeit eines Bandbruches bedingt, der leichter eintreten kann als ein entsprechend schwerer Schaden an einer Backenbremse. In neuerer Zeit wird deshalb öfter die Backenbremse ausgeführt.

Bei flacher Lagerung finden für geringere Förderleistungen die sog. „fliegenden Bremsen" Verwendung. Sie werden einfach mit Haken (Abb. 558a) oder Kette (Abb. 558b) an einen Stempel gehängt

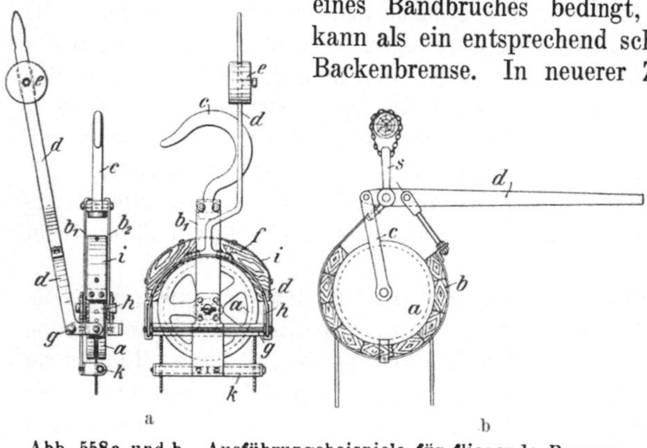

Abb. 558a und b. Ausführungsbeispiele für fliegende Bremsen.

und im Abbau sowie beim Aufhauen von Überhauen und Bremsbergen benutzt. Bei der Bremseinrichtung nach Abb. 558a erfolgt die Bremsung durch den mittels des Gegengewichtes e selbsttätig niedergedrückten Winkelhebel d, der um den Bolzen g drehbar ist und mit Hilfe der Bänder h die in das Stahlband i eingeschraubten Bremsklötze f

andrückt. Des Verschleißes der letzteren wegen sind in den Zugbändern *h* verschiedene Bolzenlöcher ausgespart. Die Eickhoffsche Bremsscheibe nach Abb. 558 b ist nicht fest verlagert, sondern kann mit Hilfe der Zugstange *c* durch den Bremshebel *d* angehoben werden. Der letztere dient hier also nicht zum Bremsen, sondern im Gegenteil zum Lüften der Bremse. Auf diese Weise wird erreicht, daß die Last selbst die Scheibe mit dem Bremskranz in das unten vorliegende Bremsband hineinzieht und so die bergpolizeiliche Forderung, daß die Bremse selbsttätig geschlossen sein soll, auch ohne Gegengewicht erfüllt wird.

Das Bremsband oder die Bremsbacken besitzen einen Bremsbelag, der entweder aus einem Asbestgurt oder aus Asbestklötzen besteht, die durch Verkittung von Asbestfäden mit besonderen wärmebeständigen Bindemitteln, meist Kunstharzen, hergestellt sind. Sorgfalt ist der Abführung der Wärme zu widmen, die beim Bremsen erzeugt wird und sowohl eine schnellere Abnutzung des Bremsbelages und des Bremskranzes als auch ein Zerspringen der Bremsscheibe verursachen kann. Die Asbestfasern werden deshalb um Messingdrähte versponnen, die die Wärmeleitfähigkeit vergrößern und gleichzeitig die Festigkeit der Fäden erhöhen. Die Bremsscheibe erhält eine besondere Belüftung, um die Luftkühlung zu verbessern. Die Sachtleben A.G. Meggen schlug zu diesem Zwecke eine Unterteilung des Bremskranzes in Luftkammern mit seitlich vorstehenden Luftschöpfern vor[1]). Am besten werden die Bremsscheiben in Breite und Durchmesser reichlich bemessen, so daß sie ausreichende Kühlflächen bieten.

b) Fließende Bremsförderung in Seigerschächten.

148. — Die Ausführung der Seigerförderer. Die kurz als Seigerförderer bezeichneten Vorrichtungen sind bei der Entwicklung von Bremsförderern für stärkeres Einfallen entstanden und bilden deren Weiterentwicklung für seigere Schächte. Sie haben jedoch schon nach verhältnismäßig kurzer Zeit an Bedeutung erheblich eingebüßt, seitdem es gelang, den Wendelrutschen (vgl. Ziff. 154) durch verschleißfeste Einlagen eine große Lebensdauer zu sichern. Damit entfiel ein sehr bedeutsamer Vorteil, den die Seigerförderer bis dahin vor den Wendelrutschen hatten.

Wie Abb. 559 erkennen läßt, besteht der Seigerförderer im wesentlichen aus einer endlosen Förderkette *1*, die in Abständen von 1 m gelenkig mit ihr verbundene Mitnehmer *2* trägt. Die Kette, die aus 2 Laschenketten besteht, läuft mit ihrem abwärts gehenden Strang in einem Blechkasten *3*, der oben an eine Einlaufschurre *4* angeschlossen ist und unten einen Auslauf *5* besitzt. Dieser kann den örtlichen Verhältnissen entsprechend verschiedenartig ausgeführt werden, wobei insbesondere die Lage des Schachtes zur Hauptförderstrecke maßgebend ist (Näheres vgl. Ziff. 152). Die Mitnehmer sind leicht gebogen und so an der Kette gelenkig befestigt, daß sie bei der Abwärtsbewegung mit ihrer Außenkante an der Kopfseite des Kastenquerschnitts schleifen und dadurch im Kasten Taschen bilden, die das Fördergut aufnehmen. In der Aufwärtsrichtung legen sie sich an die Kette. Die gebogene Form hat sich durchgesetzt, da die

---

[1]) Glückauf 1933, S. 996; E. Siegmund: Luftgekühlte Bremsscheiben.

Mitnehmer in ihr am leichtesten über eine Ansammlung von Fördergut am Boden des Kastens hinweggelangen. Kasten und Mitnehmer werden im Grundriß auch trapezförmig ausgebildet mit kürzerer Außenseite des Mitnehmers, da dieser sich dann am leichtesten so einlegt, daß er den Kasten abschließt und eine dichte Tasche bildet.

Der Betrieb erfordert eine dauernde Bremsung von guter Gleichmäßigkeit. Es liegt daher nahe, die Bremsarbeit nutzbringend zu verwerten, um gleichzeitig die Schwierigkeiten zu umgehen, die durch eine Umsetzung der Bremsarbeit in Wärme bei gewöhnlicher Bremsung entstehen. Das Polygonrad, über das die Kette läuft, wird deshalb mit einem Motor gekuppelt, der auch als Generator laufen kann. Bei elektrischem Betriebe kann ein normaler Kurzschlußmotor benutzt werden, der auch ohne weiteres bremsend arbeitet. Bei Druckluftbetrieb muß ein Motor angewendet werden, der sich nach Überschreitung einer Höchstgeschwindigkeit auf einen Betrieb als Verdichter und damit auf eine Bremswirkung umschaltet. Das Umsteuern muß sehr sanft geschehen, da andernfalls gefährliche Massenkräfte eintreten können, die die Kette gefährden. Der elektrische Antrieb eignet sich aus diesem Grunde am besten. Eine besondere Bremse zum Stillsetzen ist in jedem Fall erforderlich.

149. — Leistung und Anwendungsbereich. Infolge des pausenlosen Betriebes sind sehr große Leistungen mit einer Fördergeschwindigkeit von nur etwa 0,5 m/s zu erreichen. Die Leistung ist von der Teufe unabhängig und wie bei jeder Fließförderung außer von der Geschwindigkeit nur vom Querschnitt abhängig. Die gewöhnliche Ausführung ist für eine Förderung von 300 t/h bemessen. Die Förderteufe ist allerdings beschränkt. In der Regel werden 100 m nicht überschritten, doch können auch Förderer für Teufen bis zu 150 m und Leistungen bis zu 500 t/h gebaut werden. Die Widerstandsfähigkeit gegen Verschleiß ist groß, so daß

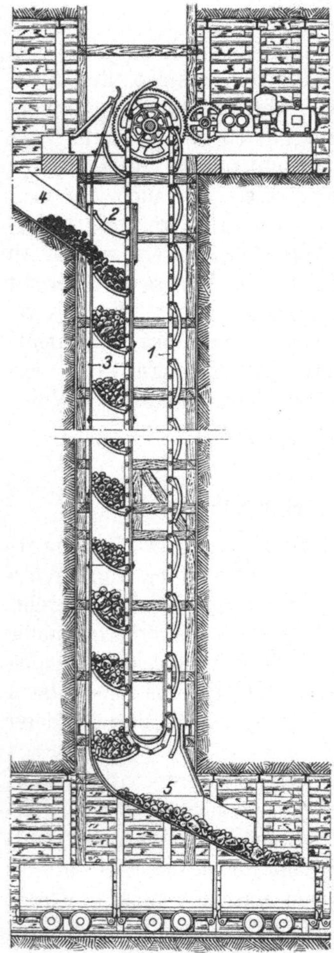

Abb. 559. Seigerförderer.

Durchsätze von 1,5 Mill. t ohne wesentliche Instandhaltungsarbeiten erzielt wurden. Der Betrieb ist weitgehend störungsfrei und erlaubt ohne Schwierigkeit eine Förderung von mehreren Örtern. Er bietet eine gute Schonung der Kohle bei mäßiger Staubentwicklung.

150. — Betriebskosten. Vergleichende Untersuchungen über die Betriebskosten verschiedener Bremsfördermittel in Seigerschächten sind u. a. von

Hodum[1]) und Glinz[2]) angestellt. Nimmt man als Grundlage für die Kosten der Gesteinsarbeiten mit Hodum eine Benutzungsdauer des Blindschachtes von 2 Jahren an, so errechnen sich die Betriebskosten eines Seigerförderers bei 50 m Teufe, 500 t Schichtleistung und einschichtigem Betriebe zu 0,10 RM./t gegenüber 0,17 RM./t bei der Gestell- und 0,155 RM./t bei der Gefäßförderung. Hierbei ist jedoch zu beachten, daß der Seigerförderer eine Gestellförderung nicht völlig ersetzt. Eine solche muß vielmehr daneben für Seilfahrt, Material- und gegebenenfalls auch Bergeförderung vorhanden sein. Berücksichtigt man die hierfür in Rechnung zu stellenden anteiligen Kosten, so ergibt sich, daß der maßgebende Vorteil des Seigerförderers nicht so sehr in den Betriebskosten als vielmehr in seiner Leistungsfähigkeit und guten Eingliederung in eine stetige Förderung zu erblicken ist.

c) Rolloch- oder Bunkerförderung (Wendelrutschen).

151. — Bedeutung der Rollochförderung. Die Rollochförderung kann als die älteste und einfachste Abwärtsförderung bezeichnet werden. Ihrer Verwendung beim Auffahren von Aus- und Vorrichtungsbetrieben und beim Abbau, die im Erzbergbau erheblich ist und in früheren Zeiten auch im Steinkohlenbergbau großen Umfang erreicht hat, ist bereits im Bd. I (4. Abschnitt) gedacht worden. Hier ist sie noch insoweit zu behandeln, als sie in den laufenden Förderbetrieb eingeschaltet wird.

Die Vorzüge der Rollochförderung bestehen in ihrer Einfachheit und Billigkeit sowie in der Speicherfähigkeit, die einen erwünschten Ausgleich für Betriebsschwankungen zu schaffen gestattet. Nachteilig sind die Verstopfungsgefahr, die erschwerte Lohnberechnung, wenn die Hauer nach Wagen bezahlt werden, und die Zerkleinerung des Fördergutes. Die Zerkleinerung der Kohle und die Staubentwicklung haben es mit sich gebracht, daß die gewöhnliche Rollochförderung im Steinkohlenbergbau auf wenige Sonderfälle beschränkt bleiben mußte. Erst die Entwicklung der **Wendelrutsche** oder **Schachtwendel** (vgl. Ziff. 154) hat hier einen Wandel geschaffen.

152. — Ausbau und Ausrüstung der Rollöcher. Über den Ausbau der Rollöcher ist bereits im Bd. I gesprochen worden; er muß sich den Beanspruchungen, die insbesondere durch die Härte, das spezifische Gewicht und die Stückgröße des Förderguts entstehen, anpassen. Heute wird vielfach eine Auskleidung des Rollochs mit Stahlblech angewandt, um die Reibungs- und damit die Verstopfungsgefahr möglichst herabzudrücken.

Die Beschickung bietet keine Besonderheiten. Nur muß, wenn mit großen Stücken eines Förderguts zu rechnen ist, für Abkleidung durch einen Gitterrost gesorgt werden, der die Stücke zurückhält und nach Bedarf ihre Zerkleinerung gestattet. Soll das Rolloch auch von Zwischenanschlägen aus beschickt werden, so ist Unterbrechen der Auskleidung und Einschalten von Zwischentrichtern erforderlich.

---

[1]) R. Hodum: Die Zwischensohlenförderung im Steinkohlenbergbau. Diss. Aachen 1934.

[2]) Glückauf 1935, S. 973; H. K. Glinz: Die maschinenmäßige Zwischenförderung in Steinkohlengruben; — ferner: Bergbau 1936, S. 279; P. Meuß: Die gegenwärtige Betriebsgestaltung bei der Anlage eines Seigerförderers im Steinkohlenbergbau.

Besondere Sorgfalt ist auf die zweckmäßige Ausbildung des Auslaufs am unteren Ende zu verwenden. Hier sind zunächst offene und geschlossene Rollen zu unterscheiden. Bei den offenen Rollen wird das Fördergut durch Kratzen oder durch Verschieben von Rundhölzern, die den unteren Abschluß bilden, in den Wagen entleert. Eine neuzeitliche Ausbildung des Verschlusses für offene Rollen stellt der Verschluß durch ein Querförderband dar. — Geschlossene Rollen müssen zur Entlastung des Bodenverschlusses einen schrägen Auslauf („Füllschnauze") erhalten. Auf einen besonderen Verschluß verzichtet man häufig ganz und läßt den Abschluß nur durch den auf dem Förderwagen entstehenden Kohlenhaufen bilden. Bei geringen Förderhöhen kann ein einfacher Verschluß durch einen Schieber gebildet werden, der sich beiderseits in steilgeneigten Schlitzen führt. Größere Förderhöhen und Förderleistungen machen aber eine Verschlußeinrichtung erforderlich, die nicht nur leicht und gefahrlos zu betätigen ist, sondern auch beim Schließen den Strom des Fördergutes rasch und sicher abzuschneiden gestattet.

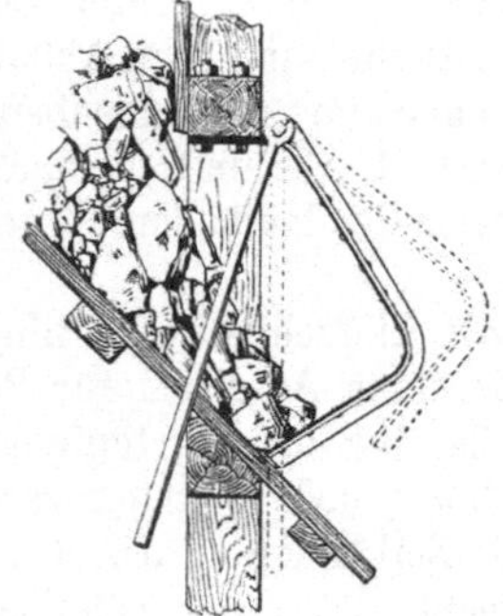

Abb. 560. Hebelverschluß für Stürzrollen.

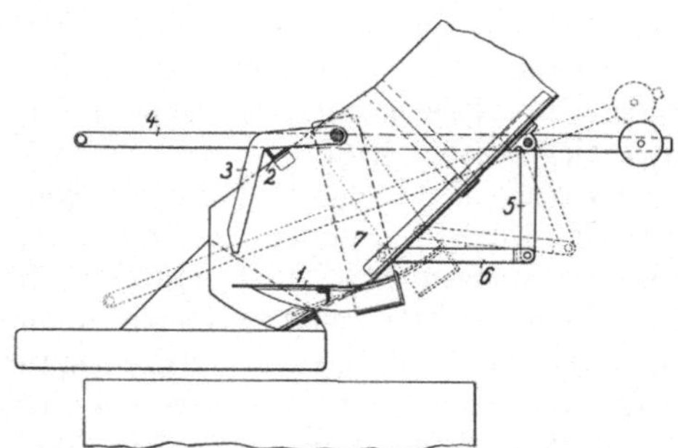

Abb. 561. Bunkerverschluß nach Bleichert.

Ein Beispiel gibt der einfache Hebelverschluß nach Abb. 560. Eine Vervollkommnung, die auch bei größeren Förderhöhen noch genügt, stellt der in Abb. 561 wiedergegebene Bleichertsche Verschluß dar. Das Bodenblech 1 bildet in der gezeichneten Stellung zusammen mit dem auf dem Winkelstahl 2 aufliegenden gebogenen Hängerost 3 infolge des vom Ladegut gebildeten Böschungswinkels einen ausreichenden Abschluß. Wird der Handhebel 4 heruntergezogen, so wird über die angewinkelten Hebel 5, die Zugstange 6 und die Lenker 7, das an diesen sitzende Bodenblech 1 in die getrichelte Lage bewegt, wodurch der Verschluß geöffnet wird.

Ein maschinell bewegter Verschluß, der in der Bunkerachse angebracht ist, wird durch Abb. 562 veranschaulicht. Der Bunker B wird durch die beiden auf Rollen laufenden Bodenschieber $a_1\,a_2$ verschlossen gehalten, die mittels der in dem Druckluftzylinder $b_1\,b_2$ laufenden Kolben bewegt werden; letztere werden durch abwechselnde Verbindung der Druckluftleitung 1 mit den Zweigleitungen 2—4 gesteuert. Die Seitenwangen c verhindern das seitliche Abrutschen von Fördergut.

Um die einzelnen Wagen eines Zuges in rascher Folge unter dem Verschluß entlang führen zu können und dabei Verluste durch vorbeifallendes

Fördergut zu vermeiden, werden seitlich angeschlossene Füllschnauzen zweckmäßig in der Längsrichtung der Wagen angeordnet und diese durch über-
gehängte Bleche miteinander verbunden. Am einfachsten und raschesten
erfolgt die Beladung, wenn der Schlepper mit dem Fuße eine Fernsteuerung
für einen Schlepperhaspel betätigt und so den Zug in kleinen Gruppen sich
fortbewegen läßt, oder wenn dieser auf einer schiefen Ebene steht und der
Schlepper mit dem Fußhebel die Bremse nach Bedarf lüftet.

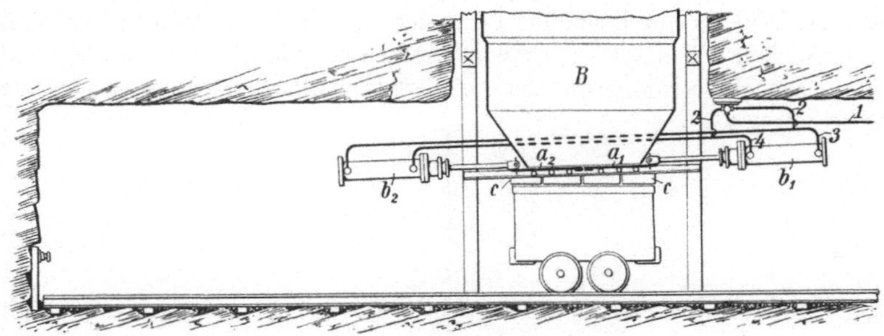

Abb. 562.
Bunkerverschluß der Zeche Rheinpreußen mit Doppelschieber und Druckluftbetätigung.

Vielfach wird auch an Ladestellen unter Wendelrutschen, Seigerförderern,
Becherwerken auf Verschluß überhaupt verzichtet und gewissermaßen der
ganze Förderwagenzug als Abschluß benutzt.

153. — Stürzrollen zwischen Tagesoberfläche und Grubenbauen.
Da der Blasversatz die Zuführung größerer Versatzmengen erfordert, anderseits das Versatzgut von groben Stücken frei sein muß und sich daher
auch für die Seigerförderung in Rohren eignet, haben neuerdings verschiedene Gruben wieder den im 1. Bd. dieses Werkes erwähnten Weg beschritten, das Versatzgut gleich von der Tagesoberfläche aus nach vor-
herigem Absieben der groben Stücke durch eine Rohrleitung abzustürzen.
Wichtig ist dabei, daß der Durchmesser der Rohrleitung nicht zu groß genommen wird, damit Störungen durch mitgerissene Luft vermieden werden.
Abb. 563 zeigt eine auf der Schachtanlage Sterkrade der Gutehoffnungshütte in Betrieb genommene Anlage, die auf Grund guter Erfahrungen,
die man auf der Zeche Rheinpreußen 5 mit einer ähnlichen Einrichtung gemacht hatte, ausgeführt worden ist. Die Rohrleitung R von
250 mm l. W. besteht (Abb. 563 d) aus Muffenrohren von rund 4 m Länge,
die auf Schellenbändern s_1 ruhen, die ihrerseits zur Hälfte eingemauert
sind. Um den Ausbau eines verstopften Rohrstücks zu ermöglichen,
ist bei jedem zehnten Rohr eine Unterbrechungstelle von 100 mm Höhe
vorgesehen, die durch ein Paßstück p ausgefüllt und durch ein Schellen-
band s_2 überbrückt ist. Durch die Rohrleitung fallen die Berge zunächst
300 m tief bis zur 1. Sohle und gelangen von dort in den schrägen Schurren-
Querschlag B_1, der sie in den von der 2. bis zur 3. Sohle reichenden Bunker
B_2 führt, aus dem sie in Förderwagen abgezogen werden. Der Anprall auf
der 1. Sohle wird durch ein Bett aus großen Basaltblöcken a in Beton-
lagerung aufgenommen, die von einem Rost von Stahlschienen getragen

werden. Die daran anschließende Rinne (mit halbkreisförmigem Querschnitt) ist durch Gußplatten aus Schmelzbasalt gebildet und, wie Abb. 563c erkennen läßt, in der einen Hälfte des Querschlags B_1 untergebracht, dessen andere Hälfte durch eine Mauer c abgetrennt und als Fahrabteilung eingerichtet ist.

154. — Ausführung der Wendelrutschen. Wendelrutschen sind in offener Ausführung zur Beförderung von Säcken, Kisten u. dgl. in Lagerhäusern, Postanstalten seit langem in Benutzung. Im Untertagebetrieb des Bergbaues sind sie erst seit 1935 als eine besondere Form der Rollochförderung zur Anwendung gelangt. Sie haben sich rasch in großem Umfang eingeführt, da sie im Gegensatz zur einfachen Rollochförderung das Fördergut gegen Zerkleinerung schützen.

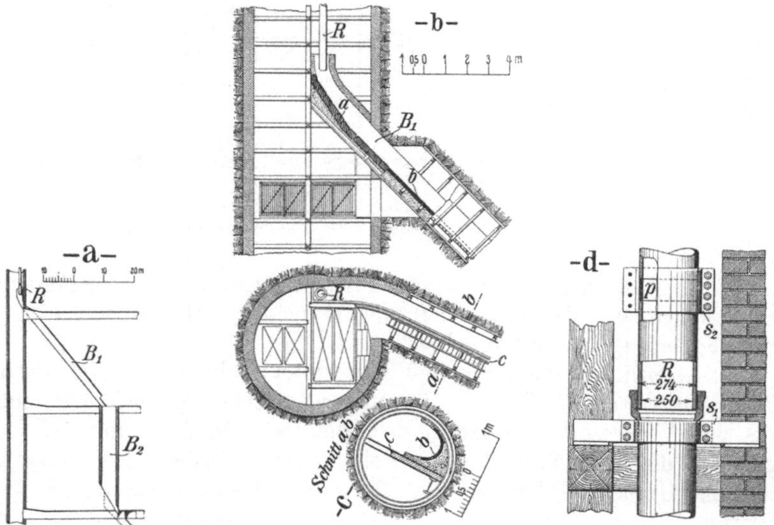

Abb. 563 a—d. Schachtstürzleitung mit Anschlußschurre und Bunker.

An die Stelle des Abstürzens tritt ein Abgleiten auf schraubenförmiger Bahn. In Anlehnung an die obengenannten Benutzungszwecke wurde sie anfänglich als oben offene Wendelschurre ausgeführt. Wegen der großen Staubentwicklung wurde sie aber schon bald in einem geschlossenen Blechmantel untergebracht, wie in Abb. 564 dargestellt ist. Das Fördergut wird oben oder auch an Zwischenörtern durch Schurren zugeführt und gleitet mit einer Geschwindigkeit von etwa 1,5 m/s abwärts. Diese Geschwindigkeit hat sich als zweckmäßig erwiesen, um eine gute Verteilung des aus verschiedener Stückgröße bestehenden Fördergutes im Rutschenquerschnitt bei gleichzeitig ausreichender Schonung zu erzielen. Der Gefällewinkel beträgt dabei außen 22°. Die Querschnittsform des Rutschenbleches ist auf Grund von Erfahrungen ebenfalls mit dem Ziel einer guten Verteilung des Fördergutes entwickelt worden, um dadurch Verstopfungen der Rutsche nach Möglichkeit zu vermeiden. Da Verstopfungen jedoch trotzdem gelegentlich vorkommen, sind im Mantel am Umfange versetzt Öffnungen vorgesehen, die das Innere zugänglich machen. Wenigstens ein Teil der Öffnungen ist dabei groß genug, daß auch ein Mann einsteigen kann, um Ausbesserungen vorzunehmen. Jeder Mantelschuß ist einen halben Schraubengang lang. Der Mantel wird aus gewöhnlichem 5 mm starkem Baublech ausgeführt. Die Wendelbahn ist aus V.T.-Stahl oder aus Stahlblech St. 50.11 mit Schleißauflagen aus Manganhartguß oder Schmelzbasalt hergestellt.

Der Mantel wird entweder mit den Flanschen der Schüsse oder mit besonders angeschweißten Laschen oder Konsolen in der Schachtzimmerung oder an besonders eingebauten Stahlträgern angehängt. Außerdem empfiehlt sich eine Abstützung des Bodens auf kräftigen Trägern, da im Falle des Bunkerns sehr große Gewichte aufzunehmen sind.

Der Austrag am untern Ende wird je nach den örtlichen Verhältnissen verschieden ausgeführt. Kann nahe am Schacht geladen oder auf ein Band ausgetragen werden, so genügt eine einfache, mit einer Neigung von 30⁰ verlegte Schurre. Bei etwas größerer Entfernung, etwa bis zu 4 m, wird nach Abb. 564 ein Rütteltisch, der durch einen Schüttelrutschenmotor angetrieben wird, darüber hinaus ein besonderes Band angewendet (vgl. Abb. 566 S. 484). Der Austrag wird in der Regel durch einen Bogenschieber mit Druckluftantrieb verschließbar eingerichtet. Bei Anwendung eines Schütteltisches oder eines Bandes ist dies jedoch nicht unbedingt notwendig, da sich das Fördergut anstaut und selbsttätig einen Abschluß bildet, sobald der Austräger stillgesetzt wird.

Die Wendelrutschen werden in 3 Größen mit 1050, 1250 und 1450 mm Manteldurchmesser von den Firmen Westfalia-Dinnendahl-Gröppel, Bochum, Eisenhütte Westfalia, Lünen und Hauhinco, Essen, geliefert. Die weitaus vorherrschende ist zur Zeit diejenige von 1050 mm Durchmesser, doch sind die größeren Ausführungen in der Zunahme begriffen, da sie sich weniger leicht verstopfen.

155. — Leistung und Anwendungsbereich. Sowohl hinsichtlich der Förderleistung wie -teufe kann schon die kleinste Ausführung im allgemeinen allen Bedürfnissen gerecht werden, da sich mit ihr Stundenleistungen von 300 t leicht erreichen lassen. Die größeren Abmessungen werden daher nicht aus Gründen der Förderleistung gewählt, sondern nur wegen ihrer größeren Sicherheit gegen Verstopfungen bei grobstückigem Fördergut. Als größte Förderhöhe, die zweckmäßig mit einem durchgehenden Mantel bewältigt wird, kommen etwa 250 m in Betracht. Bei noch größeren Höhen empfiehlt es sich, die Rutsche zu unterteilen und nachgiebige Verbindungsschurren zwischen den einzelnen Teilen vorzusehen. Durch diese Maßnahme wird eine streckenweise Überlastung von Aufhängestellen vermieden.

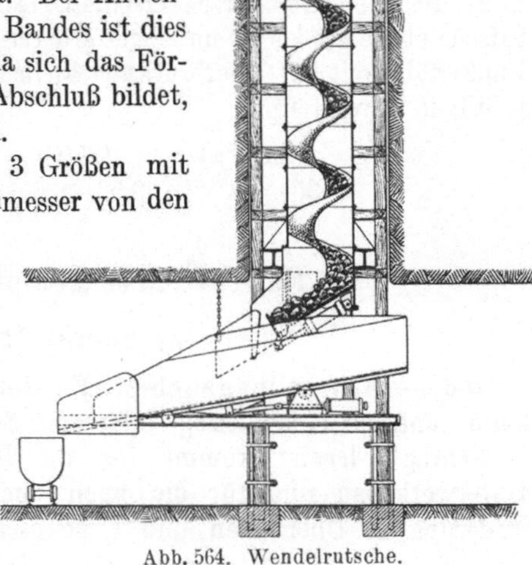

Abb. 564. Wendelrutsche.

Der Verschleiß der Wendelbleche, der naturgemäß sehr stark von der Art des Fördergutes abhängt, stand zunächst der Verbreitung entgegen, trotzdem die Einfachheit und insbesondere das Fehlen von bewegten Teilen große Vorteile gegenüber dem Seigerförderer boten. Anfänglich galt eine Durchsatzmenge von 300000 t Kohlen als hohe Leistung. Durch verschleißfeste Einlagen konnte die Lebensdauer jedoch stark erhöht werden, so daß heute mit Einlagen aus Manganhartguß 2 Mill. t Gasflammkohlen durchgesetzt werden können. Die Betriebskosten würden sich damit auf Grund der in Ziff. 150 benutzten Grundlagen auf 0,05 RM./t stellen. Für die Bergeförderung ist die Verschleißfestigkeit der Wendelbahn natürlich besonders wichtig. Hier kann auch die Anwendung von Schmelzbasalt lohnend werden, dessen Verschleißwiderstand denjenigen von Hartguß noch erheblich übertrifft. Schmelzbasaltfutter werden aus etwa 2 cm starken Platten zusammengesetzt, die von dem Schmelzbasaltwerk Kalenborn b. Linz am Rhein geliefert werden.

Einige Schwierigkeiten können sich unter Umständen aus der Staubentwicklung ergeben. Die Öffnungen im Mantel, durch die Verstopfungen beseitigt und andere kleine Instandhaltungsarbeiten erledigt werden können, müssen deshalb möglichst staubdicht verschlossen werden, was durch Schieberdeckel oder sich selbsttätig schließende Gummiklappen erreicht wird. Besonders wichtig ist es, daß kein Wetterzug durch die Wendel hindurchgeht. Der Einlauf erhält deshalb in der Regel einen Schürzenverschluß. Der Abrieb der Kohle ist in der Wendelrutsche etwas größer als im Seigerförderer. Vorteilhaft ist dagegen eine gewisse Bunkerfähigkeit zur Überbrückung kleiner Störungen. Die Bunkermöglichkeit je lfd. m beträgt für

1050   1250   1450 mm Durchmesser
0,35—0,4   0,55—0,6   0,7—0,8 t Kohle.

B. Aufwärts gehende Förderung.

a) Schrägförderung.

156. — Anwendungsgebiet. Förderverfahren. Die Aufwärtsförderung kann zunächst eine Schräg- oder eine Seigerförderung sein.

Schrägförderung kommt für die Kohlenförderung aus Abhauen im Unterwerksbau und für die nach oben gerichtete Kohlen- und Bergeförderung in Überhauen und Gesteinschwebenden in Betracht. Sie kann eine Wagen- (Pendel-) oder eine Band- (Fließ-) Förderung sein. Die Wagenförderung kann mit einzelnen Wagen erfolgen und bietet dann gegenüber der Streckenhaspelförderung nur die Besonderheit, daß bei eintrümmiger Haspelförderung für das Herabfördern des leeren Wagens der Bremsbetrieb genügt und daher die besondere lösbare Kuppelung der Haspeltrommel oder -scheibe mit dem Motor (vgl. Abb. 485 auf S. 398) hier den Zweck hat, den Haspel als Bremse laufen zu lassen. Das Gegengewicht muß schwerer bemessen werden als bei eintrümmiger Bremsförderung, weil der aufwärts gehende Wagen mit seinem stärkeren, durch das Gegengewicht zu überwindenden Reibungswiderstand hier voll, bei der Bremsförderung dagegen leer ist. Erfolgt der Betrieb wegen stärkeren Gebirgsdrucks, der zu schmalem Auffahren der Förderwege nötigt, und wegen geringer Förderansprüche eingleisig, so fällt ein Gegengewicht aus, und der Haspel muß, da er nicht durch dieses entlastet wird, stärker ausgeführt werden.

Eine besondere Form der Schrägförderung ist diejenige mit ganzen Zügen. Sie hat neuerdings Bedeutung gewonnen für die zahlreichen Fälle, in denen infolge einer Zusammenfassung benachbarter Gruben zu einer einheitlichen Großförderanlage Höhenunterschiede zwischen den in verschiedenen Höhen aufgefahrenen Sohlen der einzelnen Betriebsabteilungen überwunden werden müssen. Ein Gesenk würde in solchen Fällen, da es sich um eine Förderung von 100 t/h und mehr handelt, teuer werden und größeren Lohnaufwand erfordern, da oben und unten Anschläger erforderlich würden und die Lokomotivzüge jedesmal oben aufgelöst und unten wieder zusammengestellt werden müßten; außerdem würde es immer eine geknickte und daher unvollkommene Verbindung zwischen den verschiedenen Grubenabteilungen darstellen. Eine schräge Hochförderung der geschlossenen Lokomotivzüge dagegen löst die Aufgabe günstiger. Solche Förderanlagen sind neuerdings im Ruhrbezirk verschiedentlich von der Gesellschaft für Förderanlagen Ernst Heckel m. b. H. und der Maschinenfabrik Hasenclever ausgeführt worden; das Ansteigen der Bahn beträgt etwa 1:15 bis 1:12.

Die Bandförderung in Schrägstrecken aufwärts bietet gegenüber derjenigen in söhligen Strecken keine Besonderheiten; nur muß der Antrieb entsprechend stärker gewählt werden. Für stärkeres Einfallen finden Plattenbänder mit eingehängten Bremsklappen Verwendung.

b) Seigerförderung.

157. — Förderverfahren. Die aufwärtsgehende Förderung in Blindschächten des Steinkohlenbergbaues dient meistens zum Fördern von Versatzbergen, jedoch sind auch öfter große Kohlenmengen aufwärts zu fördern. Man bedient sich hierzu bisher noch nahezu ausschließlich der Haspelförderung. Doch sind in neuester Zeit im Zusammenhang mit Förderbändern in den Strecken für kleine Sohlenabstände bis zu 55 m auch Becherförderer eingesetzt, in ähnlicher Weise, wie es bereits früher im Braunkohlentiefbau für die Förderung zutage der Fall war (vgl. Ziff. 204 S. 546). Die nach einem Modell hergestellte Abb. 565 veranschaulicht eine Ausführung der Demag, zu der sich weitere Erläuterungen erübrigen. Bei einem Becherinhalt von 120 l, einem Becherabstand von 1,2 m und einer Geschwindigkeit von 0,4—0,5 m/s beträgt die stündliche Förderleistung 130—160 t. Bei 50 m Förderhöhe wird eine Motorleistung von 30—35 PS erforderlich.

Die Haspelförderung wird für kleine und mittlere Leistungen in der Regel eintrümmig mit Gegengewicht betrieben, weil hierfür ein geringer Schachtquerschnitt genügt und der wegen seiner mannigfachen Vorteile gern angewendete Treibscheibenantrieb hierbei die Förderung von Zwischenanschlägen erlaubt. Man benutzt dabei auch Fördergestelle mit 2 Wagen, die entweder hintereinander auf 1 Tragboden oder auf 2 Tragböden aufgeschoben werden. In ersterem Falle erspart man die Zeit des Umsetzens, hat dafür aber die Mehrkosten für einen größeren Schachtquerschnitt in Kauf zu nehmen. Er kommt deshalb hauptsächlich für kleine Förderwege in Frage, bei denen einerseits die Förderpausen von großem Einfluß auf die Leistung sind, andererseits aber die Schachtkosten weniger ins Gewicht fallen.

Man richtet die Anlage auch wohl zweitrümmig ein, betreibt sie jedoch mit 1 Gestell und 1 Gefäß jeweils nur eintrümmig, indem man das Gefäß für die Massenförderung, in der Regel von Bergen, benutzt, wobei das Gestell entsprechend beladen als Gegengewicht läuft. Das Gestell dient zur Seilfahrt und Materialförderung, wobei das Gefäß das Gegengewicht darstellt. Diese Lösung eignet sich besonders für Bandförderung in der Abbaustrecke, in die sich die Gefäßförderung gut einfügt. Die Einrichtungen für die Gefäßförderung sind grundsätzlich die gleichen wie bei Hauptschächten (vgl. Ziff. 178 S. 508). Eine besondere Ausbildung der Gefäße der Gutehoff-

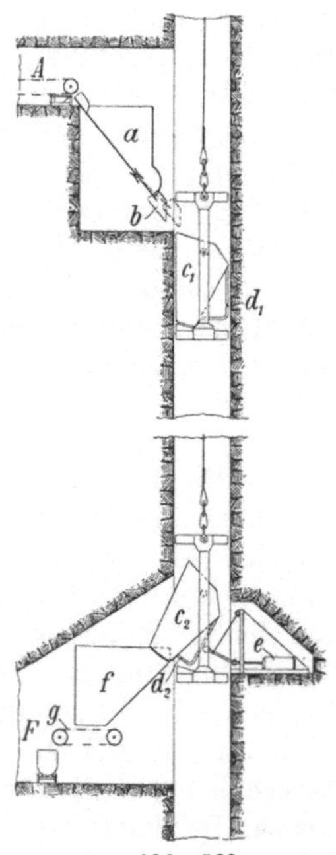

Abb. 566.
Gefäßförderung in einem Blindschacht auf Zeche Rheinpreußen.

Abb. 565. Becherförder im Blindschacht.

nungshütte, die sich für die kleineren Maße eines Blindschachtes gut eignet, geht aus Abb. 566 hervor, die eine Gefäßförderung in Blindschächten der Zeche Rheinpreußen zeigt[1]. Die Beschickung erfolgt am oberen Anschlag durch das Streckenförderband A, das in den Bunker a austrägt, an den eine Schurre b anschließt, die durch eine (nicht mitgezeichnete) Druckluftsteuerung unter gleichzeitiger Öffnung eines Verschlußschiebers in Kreissegmentform in die gestrichelt gezeichnete Stellung vorgeschoben und über den oberen Rand des Gefäßes c_1 gebracht wird. Am unteren Anschlag wird

---

[1] Zeitschr. f. d. Berg-, Hütt.- u. Sal.-Wesen 1929, S. B 32; Versuche und Verbesserungen.

durch Druck gegen den Druckbügel d_2, der durch eine mit Hilfe des Druckluftzylinders e vorgeschobene Druckrolle ausgeübt wird, der Kübel c_2 über
seinen Boden hinausgeschoben und dadurch seine untere Öffnung freigegeben,
so daß sein Inhalt in den Bunker f entleert und aus diesem durch das
Querband g in den Förderwagen ausgetragen wird. Das Gefäß besitzt also
keinen besonderen Bodenverschluß, der zur Betätigung Leitschienen mit
Kurvenbahnen benötigt, und kann daher in gleicher Weise zur Ab- und Aufwärtsförderung dienen[1]).

Sehr große Förderleistungen werden durch einen zweitrümmigen Betrieb
erzielt, wobei neuerdings auch Gestelle mit 4 Wagen auf 2 Tragböden verwendet
werden. Man hat sich bemüht, derartige Betriebe auch bei Treibscheibenhäspeln
für die Förderung von Zwischenanschlägen einzurichten. Bedbur[2]) suchte dieses
Ziel unter Mitverwendung eines Wickelhaspels zu erreichen, dessen Trommel die
bei geringeren Förderwegen überflüssige Seillänge aufnahm. Goebel[2]) schlug
vor, mit 2 Treibscheiben und einem Spanngewicht zu arbeiten, wobei 1 Treibscheibe von der Haspelachse entkuppelt werden konnte. Die Vorschläge sind
aber nicht zur Ausführung gekommen, weil sie durch
die Seilführung und den Seilverbrauch Schwierigkeiten
erwarten ließen. Statt dessen sind für diese Verhältnisse
wieder Trommelhäspel in Aufnahme gekommen mit besonderen Schnellversteckvorrichtungen, die in kürzester
Zeit den Wechsel der Anschläge ermöglichen.

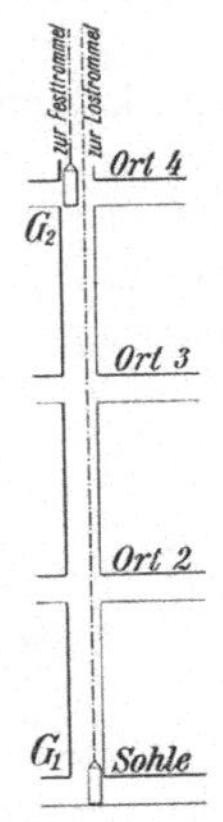

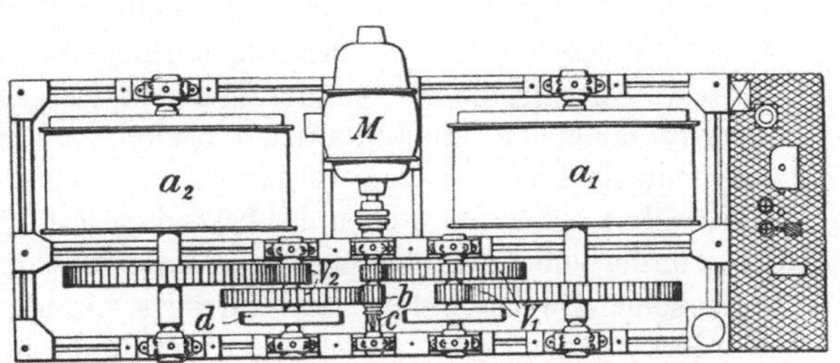

Abb. 567. Haspel mit Umsteckeinrichtung.

Abb. 568. Anwendung des
Umsteckhaspels.

Eine solche Ausführung der Siemens-Schuckertwerke mit hintereinander
liegenden Trommeln, die in einer langen und schmalen Haspelkammer untergebracht werden kann, also mit Rücksicht auf den Gebirgsdruck unter Tage
günstig ist, zeigt Abb. 567. Sie stellt 2 Trommeln a_1 a_2 dar, von denen a_1
(als „Festtrommel" bezeichnet) dauernd mit dem Vorgelege V_1 in Eingriff
bleibt, a_2 (die „Lostrommel") dagegen durch Verschieben des Ritzels b auf dem
Vierkant c und durch das Vorgelege V_2 nach Bedarf mit der Hauptwelle des
Motors M in Verbindung gebracht werden kann. Da das Ritzel b mit der
Feststellbremse d, die auf die Vorgelegewelle für die Trommel a_2 wirkt, durch
eine (nicht gezeichnete) Verriegelung verbunden ist, so wird gleichzeitig mit

---

[1]) Glückauf 1939, S. 721; H. Kuhlmann: Neuzeitliche Maschinen für den
Untertagebetrieb.
[2]) Elektrizität im Bergbau 1934, S. 48; C. Baur: Ausführung neuzeitlicher
Stapel- und Blindschacht-Förderhäspel für zweitrümmige Förderung aus mehreren
Anschlägen.

dem Ausrücken des Ritzels die Bremse angezogen und die Lostrommel in ihrer augenblicklichen Stellung festgehalten. Für gewöhnlich sind beide Trommeln gekuppelt, so daß zweitrümmig gefördert werden kann. Soll nun z. B., nachdem zwischen Ort *4* und der Sohle (Abb. 568) gefördert worden ist, auf Ort *2* umgestellt werden, so wird die Lostrommel, an der das Fördergestell G_1 hängt, abgekuppelt und durch die Feststellbremse gehalten, während das Gestell G_2 mit der Festtrommel bis nach Ort *2* eingehängt wird; nach Wiedereinschalten der Lostrommel kann dann zwischen Ort *2* und der Sohle zweitrümmig gefördert werden. Diese Anordnung verlangt einen verhältnismäßig großen Raumbedarf, da zwei Trommeln erforderlich sind, und einen kräftigen Motor, da während des Umsteckens das eine Fördergestell ohne Gegengewicht zu heben oder einzuhängen ist. Auch für nebeneinander liegende Trommeln werden Schnellversteckeinrichtungen gebaut, bei denen das in der Regel mit Hilfe eines Druckluftzylinders bewegte Kupplungsglied unmittelbar an der Lostrommel angreift. Die Anordnung des Vorgeleges und der Bremsen wird dann zwar übersichtlicher und teilweise einfacher. Doch werden lange Wellen erforderlich, die durch eine Verdrehungsfeder für den Eingriff von Zähnen Schwierigkeiten ergeben können. Der Grundriß der Haspelkammer nähert sich mehr der ungünstigeren quadratischen Form. Auch ergeben sich stärkere Ablenkungswinkel für die Seile, da der Haspel seitwärts der Strecke aufgestellt werden muß und die Seilscheiben deshalb schräg übereinanderliegen müssen (vgl. Ziff. 158). Trotzdem hat sich diese Bauart weit mehr eingeführt als diejenige nach Abb. 567. Der Grund ist hauptsächlich in den geringeren Kosten der Ausführung zu erblicken. Auch gestaltet sich das Kuppeln an dem langsam laufenden Trommelantrieb leichter als an dem schnellaufenden Vorgelegerad.

Erwähnt sei endlich noch der besondere Fall, in dem von je einer Teilsohle ober- und unterhalb der Fördersohle abwechselnd ab- und aufwärts zu dieser gefördert werden soll, wobei die Hauptförderung von der oberen Teilsohle ausgeht. Man kann dabei zweckmäßig, wie Abb. 569 andeutet, mit einer Treibscheibe und 3 Gestellen arbeiten, indem von der oberen Teilsohle zweitrümmig gefördert wird, während die Förderung von der unteren Teilsohle nur eintrümmig ist, wobei ein Gestell als Gegengewicht dient. Es muß natürlich so belastet sein, daß sein Eigengewicht·gleich dem der Summe der beiden andern ist. Um Seilfahrtunfälle wie überhaupt Störungen zu vermeiden, muß man dabei Vorsorge treffen, daß nicht alle 3 Gestelle gleichzeitig an den drei verschiedenen Sohlen vorstehen.

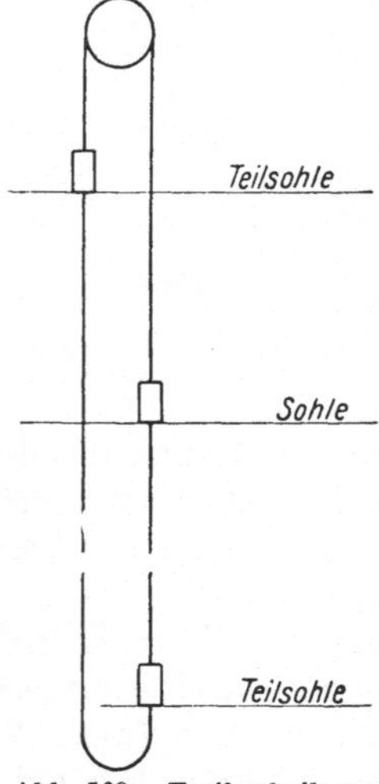

Abb. 569. Treibscheibenförderung von zwei Teilsohlen zu einer dazwischen liegenden Hauptsohle.

158. — Aufstellung der Förderhaspel. Nach der Art der Aufstellung werden feststehende und fahrbare Haspel unterschieden. Die letzteren (vgl. auch Abb. 486 auf S. 398) können Verwendung finden für die Förderung aus mehreren, nicht weit voneinander entfernten Abhauen bei beschränkter Förderleistung oder auch für das

Hochziehen von Holz in Aufbrüchen, die im Hochbrechen begriffen sind. Jedoch hilft man sich bei der Förderung aus Abhauen auch durch Verwendung eines feststehenden Haspels, von dem aus nach Bedarf mit Hilfe von Ablenkrollen das eine oder andere Abhauen bedient wird. Heute werden an Stelle der fahrbaren Haspel meist die oben (Ziff. 79) erwähnten Säulenhaspel verwandt, da es sich bei ortsveränderlichen Haspeln in der Regel um kleinere Leistungen handelt.

Fest eingebaute Haspel können oberhalb des Blindschachtes oder am obersten Anschlag oder auch auf der unteren Sohle aufgestellt werden. Die Aufstellung in der Achse des Schachtes bietet den Vorteil, daß man mit wenig Raum auskommt und über den an den Anschlägen vorhandenen Raum für die Wagenbewegung frei verfügen kann. Anderseits wird dann eine besondere Bewetterung der Haspelkammer erforderlich; auch ist bei nicht genügender Vorsicht hier mit Brandgefahr zu rechnen. Scheibenhaspel muß man in diesem Falle gemäß Abb. 570 schräg zum Schachtquerschnitt verlagern, wenn, wie das meist der Fall ist, bei eintrümmiger Förderung das Gegengewichtstrumm g in einer Ecke des Schachtes untergebracht ist.

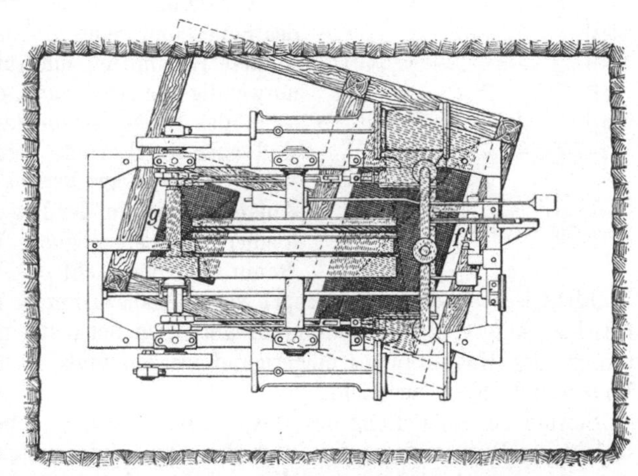

Abb. 570. Aufstellung eines Scheibenhaspels über einem Blindschacht für eintrümmige Förderung.

Man bringt auf diese Weise die beiden Seiltrumme in die Mittelachsen des Fördertrumms f und des Gegengewichtstrumms g.

Die Aufstellung auf dem oberen Anschlag muß seitwärts der Strecke geschehen, so daß das Seil vom Haspel zum Schacht senkrecht zur Strecke läuft. Es werden 2 schräg übereinanderliegende Seilscheiben erforderlich, die bei jedem Treiben zusätzliche Biegungen des Seiles und daher einen größeren Seilverbrauch mit sich bringen. Die Aufstellung erfordert eine besondere Haspelkammer Sie erleichtert dem Haspelwärter seine Tätigkeit, da die Bewetterung in der Regel besser und der Haspel leichter zugänglich ist. Auch Aufstellung und Instandhaltungsarbeiten lassen sich leichter ausführen. Diese Vorteile werden noch größer, wenn der Haspel nach Berghoff[1]) auf der unteren Sohle so aufgestellt wird, daß die Treibscheibe im unteren Ende des Fahrtrumms liegt. Die beiden Förderseilstränge werden im Fahrtrumm entsprechend eingeschalt zu den Seilscheiben fortgeführt, die verschieden groß und gemäß Abb. 571 im Grundriß so angeordnet sind, daß jeweils eine Seite senkrecht über der zugehö-

---

[1]) Bergbau 1940, S. 121; O. Mannherz: Fördereinrichtung für Blindschächte.

rigen Ablaufseite der Haspeltreibscheibe und die andere über der Förderkorb-
mitte liegt. Das Förderseil muß zwar mehr als doppelt so lang sein als bei Aufstellung des Haspels oben, aber da es an jeder Stelle nur über 1 Scheibe gebogen
wird, ist seine Lebensdauer auch mehr als doppelt so groß. Hierbei wirkt sich
noch der ruhigere Lauf des Seiles günstig aus, da in den von der Treibscheibe
ablaufenden langen Seilstrecken nicht so leicht Schwingungen erregt werden wie
in kurzen Strecken. Die Seilkosten sind infolgedessen nicht größer, sondern
erheblich kleiner. Der Seilkanal vom Haspel zu den Seilscheiben wird gespart.
Das Haspelfundament kann leichter gehalten werden und erfordert zur Instandhaltung geringeren Aufwand, da die Wirkungen des Gebirgsdruckes geringer
sind. Soll der Stapel weiter hochgebrochen werden, so brauchen nur die Seilscheiben verlegt zu werden.

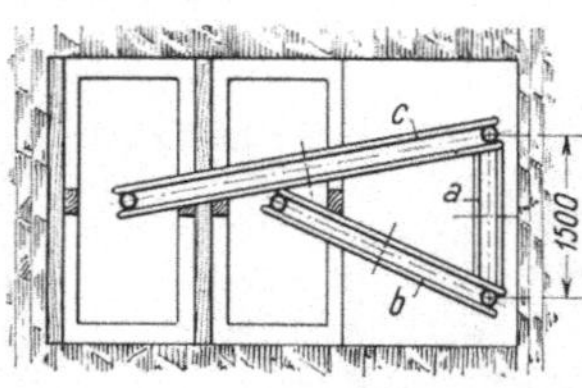

Abb. 571. Anordnung der Seilscheiben (b u. c) und Treibscheibe (a) nach Berghoff.

Nachteilig ist die schwierigere Überwachung
des Seiles und seine größere Dehnung, die besondere Hilfsmittel zum Aufschieben der Wagen
notwendig macht. Auch das erstmalige Auflegen des Seiles ist umständlicher. Insgesamt
sind aber die Vorteile besonders in sicherheitlicher Hinsicht größer als die Nachteile. Die
Aufstellung ist in der Regel allerdings nur für
kleinere Häspel möglich, da für größere der
Raum nicht ausreicht.

Elektrisch angetriebene Haspel werden nahezu immer neben dem obersten
Anschlag aufgestellt, da andernfalls über dem Schacht eine besondere Bewet-
terung des Haspelraumes eingerichtet werden muß und der Raum für die
Widerstände nicht ausreicht.

Sowohl bei Aufstellung des Haspels über als auch neben dem Schacht geschieht die Bedienung häufig durch den Anschläger mittels sogenannter Fernsteuerung vom Anschlag aus. Man erspart auf diese Weise den Haspelführer,
muß aber eine geringere Betriebssicherheit in Kauf nehmen, da natürlich
Mängel am Haspel eher erkannt werden und auch eine sachgemäße
Bedienung eher zu erwarten ist, wenn der Haspelführer das Arbeiten der
Maschine verfolgen kann.

159. — Antrieb der Förderhaspel. Man unterscheidet nach dem Treibmittel Druckluft- und elektrisch angetriebene Häspel. Der Drucklufthaspel spielt
im Steinkohlenbergbau immer noch die Hauptrolle, allerdings nur in den kleineren
und mittleren Einheiten bis zu etwa 150 PS. Der elektrisch angetriebene Haspel,
der in den größten Ausführungen das Feld beherrscht, wird auch zunehmend in
kleineren Ausführungen angewendet. Er kostet in der Anschaffung zwar das
Mehrfache des Drucklufthaspels, ist aber insbesondere bei angestrengtem Betriebe und großen Förderwagen wegen der insgesamt doch geringen Betriebskosten wirtschaftlicher. Außerdem ist er durch seinen ruhigen Gang und
sein gleichmäßiges starkes Anzugmoment angenehmer im Betriebe. Als
nachteilig ist hauptsächlich seine größere Wärmeentwicklung zu nennen, die
es empfehlenswert machen kann, die Widerstände außerhalb der Haspelkammer
aufzustellen.

160. — Bauarten der Haspelmotoren. Für den Druckluftantrieb eignen
sich sowohl Kolben- als Zahnradmotoren.

Als Kolbenmotoren kommen nur solche mit Schubkolben in Frage, da der Drehkolbenmotor wegen seiner zwangläufigen Expansion ein zu geringes Anzugmoment hat. Langsam laufende Schubkolbenmotoren arbeiten mit 2 liegenden Zylindern, Kulissenschiebersteuerung zum Umsteuern und mit 2 um 90⁰ versetzten Kurbeln. Sie sind wegen ihres verhältnismäßig langsamen Ganges auch bei mangelhafter Wartung noch dauerhaft und betriebssicher und haben daher trotz eines im allgemeinen erheblichen Luftverbrauches besonders für mittlere Leistungen die weitaus größte Verbreitung. „Schnelläufer" sind nach Art der Kraftwagenantriebe und Diesellokomotiven als „Blockmotoren" mit meist 4 stehenden Zylindern gebaut, deren Kolben auf eine gemeinsame gekröpfte Welle arbeiten. Der Lufteintritt wird durch Drehschieber, der Austritt aus Schlitzen im Zylinder durch den Kolben gesteuert. Die Luft strömt im Zylinder also nur in einer Richtung (Gleichstrom). Die Frischluft wird infolge-

Abb. 572. Scheibenhaspel von A. Beien mit Backenbremse und
Antrieb durch Blockzylindermotor.

a = Kuppelungshebel; c = Fußhebel für die Bremse;
b = Bremshebel; d = Steuerhebel.

dessen nicht durch die Abluft abgekühlt, so daß der Vereisungsgefahr nach der Expansion entgegengewirkt wird. Die Umlaufzahl der Blockmotoren liegt zwischen 300 und 650 je Minute. Der Aufbau eines Haspels mit Blockmotor geht aus Abb. 572 hervor.

Noch schneller als die Blockmotoren, nämlich mit 700—4000 Umdrehungen minutlich, laufen die Zahnradmotoren. Nach der Zahnform kann man bei ihnen Pfeilrad- und Geradzahnmotoren unterscheiden. Sie zeichnen sich vor den Kolbenmotoren, insbesondere den Zweizylindermotoren, durch gleichmäßigen Gang aus. Während die Geradzahnmotoren ohne Expansion arbeiten und daher einen größeren Luftverbrauch haben, arbeiten die Pfeilradmotoren nur beim Anlaufen ohne Expansion, wodurch sie ein großes Anzugsmoment entwickeln. Mit zunehmender Drehzahl stellt sich aber bei ihnen selbsttätig Expansion ein. Sie sind daher sparsamer im Luftverbrauch. Allerdings wächst bei allen Zahnradmotoren der Luftverbrauch stark mit dem Verschleiß. Mit den schnell laufenden Druckluftmotoren sind in den Größen bis zu etwa 80 PS gute Ergebnisse erzielt worden. Wenn ihre Verbreitung im Blindschachtbetriebe trotzdem nur beschränkt geblieben ist, so erklärt sich dies vielleicht daraus, daß die Instandhaltung eine größere Sorgfalt erfordert als diejenige langsam laufender Kolbenmaschinen.

Als Luftverbrauch kann man bei guter Expansion und größeren Förderwegen, auf denen diese besonders zur Geltung kommt, etwa 30—40 m³ je PSh rechnen. Er steigt aber leicht insbesondere bei den langsam laufenden Zwillingskolbenmotoren und verschlissenen Zahnradmotoren auf 60—70 m³.

Im einzelnen kann auf die Bauart und die Besonderheiten der verschiedenen Druckluftmotoren hier nicht eingegangen, sondern nur auf die einschlägigen Werke der Maschinenlehre[1]) verwiesen werden. Erwähnt sei nur noch, daß die Motoren selbst umsteuerbar sein müssen, da eine Umsteuerung durch das Getriebe etwa mit Hilfe von Wechselrädern nicht genügend zuverlässig ist.

Als Elektromotor für den Haspelantrieb dient der Drehstrom-Asynchronmotor[2]) mit Regelwiderständen im Läuferstromkreis. Er arbeitet allerdings jeweils nur bei einer ganz bestimmten Fördergeschwindigkeit wirtschaftlich, weshalb man sich bei diesem Antrieb am besten auf eine einheitliche Geschwindigfür Seilfahrt und Förderung festlegt. Bei kleinen Einheiten bis zu höchstens 70 kVA wendet man auch Motoren mit einfachem Kurzschlußläufer an, wobei unter Umständen Rutschkupplungen im Antrieb vorgesehen werden. Die Unterhaltungskosten sind wesentlich geringer als die der Druckluftmotoren. Die Stromspannung beträgt meistens 500 V, doch geht man in neuerer Zeit auch auf Spannungen bis zu 5000 V.

Der Aufbau der Häspel mit schnell laufenden Motoren, sei es für Druckluft oder für Drehstrom, ist sehr genau übereinstimmend, da die Motoren mit den erforderlichen Vorgelegen den gleichen Raumbedarf haben. Auch besteht kein wesentlicher Unterschied zwischen dem Raumbedarf von Haspeln mit langsam oder schnell laufenden Motoren, da die geringeren Abmessungen der letzteren durch die erforderlichen umfangreicheren Vorgelege im Raumbedarf ausgeglichen werden.

161. — Der Seilantrieb durch den Haspel. Der Antrieb des Seiles erfolgt in gleicher Weise wie in Hauptschächten durch Trommeln oder Treibscheiben, beim Abteufen auch durch Bobinen. Es sei deshalb im allgemeinen auf die Ausführungen in diesem Abschnitt verwiesen (vgl. insbesondere die Ziffern 242 u. 245). Hier möge nur auf die Trommel- und Treibscheibenförderung insoweit eingegangen werden, als sie für Blindschächte Besonderheiten aufweisen.

Der Trommelhaspel hat wegen der Breite der nebeneinander liegenden Trommeln an sich einen großen Raumbedarf. Dieser wird noch dadurch vergrößert, daß man zum Einhalten eines seitlichen Seilablenkungswinkels von $1\frac{1}{2}^0$ einen bestimmten Abstand zwischen Trommel und Seilscheiben einhalten muß. Will man diesen Abstand, wie überhaupt den Raumbedarf dadurch verringern, daß man schmale Trommeln anwendet, so muß man das Seil sich in mehreren Lagen übereinander aufwickeln lassen. Es wird aber hierbei an den Enden einer Lage rasch schadhaft, da es sich hier zwischen dem letzten Umschlag und der Trommelstirnwand einklemmt. Man verwendet Trommeln deshalb in der Regel nur noch

---

[1]) Bergbau 1930, S. 721; J. Maercks: Die Druckluftverwendung im Bergbau; — ferner Glückauf 1931, S. 785; A. Sauermann: Versuche an Druckluft-Zahnradmotore für den Bergbau.

[2]) Glückauf 1938, S. 425; H. Koch: Betriebsverhalten, Aufbau und Arbeitsverbrauch von Förderhaspeln mit Antrieb durch einen Drehstrom-Ansynchronmotor; ferner Elektrizität im Bergbau 1934, S. 33; Wimmelmann: Elektrifizierung im Untertagebetrieb auf der Zeche Auguste Victoria, Hüls.

dort, wo zweitrümmig von verschiedenen Anschlägen aus gefördert werden soll. Die Trommel des einen Seiles wird dann auf ihrer Nabe versteckbar eingerichtet. Bei Förderungen für große Leistungen wird dabei zur Erleichterung des Sohlenwechsels eine Schnellversteckvorrichtung[1]) ausgeführt. Für jede Trommel muß ein besonderer Teufenzeigerantrieb eingerichtet werden.

Die Treibscheibe ermöglicht eine gedrängte, billigere Bauart und eine größere Freiheit in der Aufstellung des Haspels. Die Arbeiten, die das Auflegen, Überwachen und Instandhalten des Seiles erfordern, sind geringer. Besonders wertvoll ist die Möglichkeit, daß durch ein Rutschen des Seiles auf der Treibscheibe unter Umständen Überbeanspruchungen, die zu einem Bruche führen können, vermieden werden, da die Blindschächte häufig unter starkem Gebirgsdruck stehen und aus diesem Grund sich leicht ein Förderkorb in den Führungen festklemmt. Sie hat sich deshalb weitgehend auch das Feld der Zwischenförderung unter Tage erobert. Für seigere Blindschächte wird die Scheibe in senkrechter Ebene angeordnet (Abb. 570 u. 572). Häspel, die für die Förderung aus Abhauen bestimmt sind, werden dagegen auch als Flachscheibenhäspel gebaut, d. h. mit einer in der Fallebene liegenden und durch ein Kegelrad getriebene Scheibe ausgerüstet.

Die weite Verbreitung, die die Treibscheibe auch unter Tage gefunden hat, ist insofern besonders bemerkenswert, als sie eine Förderung von mehreren Anschlägen, wie sie hier häufig vorkommt, nur eintrümmig erlaubt. Auch ist in Blindschächten wegen der verhältnismäßig kleinen Teufe das Seilgewicht und damit die Leerlast in der Regel gering. Dies ist aber, wie in Ziff. 246 näher ausgeführt wird, für die Reibkraft der Scheibe ungünstig. Wenn also unter solchen ungünstigen Bedingungen die Treibscheibe sich noch stark durchgesetzt hat, so beweist dies, wie hoch die oben angeführten Vorteile bewertet werden.

162. — Die Erzielung der Reibkraft beim Treibscheibenbetrieb. Die wegen der geringen Leerlast knappe Reibkraft der einfachen Koepescheibe macht es wünschenswert, ihr einen möglichst hohen Reibungswert zu verschaffen. Dieser hängt bekanntlich nach Eytelwein von der Größe $e^{\mu\alpha}$ ab (vgl. Ziff. 246) in der μ die Reibungszahl und α den Umschlingungswinkel der Scheibe bedeuten. Infolgedessen stehen zur Vergrößerung der Reibung grundsätzlich die beiden schon bei der Streckenförderung angeführten Wege offen, entweder für einen bestimmten Umschlingungswinkel eine möglichst große Reibung zu erzeugen oder auch den Umschlingungswinkel selbst zu vergrößern[2]). Der erstere Weg ist der einfachere. Er ist daher fast ausschließlich beschritten.

Anfänglich wurde in großem Umfange eine spitzwinklige Rillenform im gußeisernen Scheibenkranz ausgeführt. Das Seil klemmte sich keilartig in diese Rille und erfuhr hierbei einen starken Auflagedruck. Es lief sich infolgedessen bald in die Rillenflanken ein, wodurch sich die Klemmung und damit auch die Reibung verringerte. Sodann trat aber auch ein erhöhter Seilverschleiß ein, der

---

[1]) Elektrizität im Bergbau 1934, S. 48; C. Baur: Ausführung neuzeitlicher Stapel- und Blindschacht-Förderhäspel für zweitrümmige Förderung aus mehreren Anschlägen.

[2]) Vgl. Berichte der Versuchsgrubengesellschaft m. b. H. Nr. 6 (Gelsenkirchen, C. Bertenburg); H. Herbst: Untersuchungen an Treibscheiben mit besonderer Reibkraft.

sich allerdings bei dünnen Seilen bis zu etwa 25 mm Durchmesser noch in erträglichen Grenzen hielt. Die „Keilrillen" werden deshalb heute kaum noch angewendet. Wegen des erhöhten Seilverschleißes haben auch andere klemmend wirkende Bauarten, z. B. die Karlikscheibe (vgl. Ziff. 86 S. 404) in Blindschächten keine größere Bedeutung erlangt, zumal sich herausstellte, daß die sehr hohe Reibkraft dieser Scheiben nicht erforderlich war. Vielmehr zeigte es sich, daß eine völlig ausreichende Reibkraft schon durch besondere Rillenfutter zu erzielen war, wenn einfache vaselinartige Fettschmieren beim Seil vermieden werden und statt deren Lacke oder zähklebrige Schmieren (Klebschmieren) angewendet werden.

Heute sind in weitestem Umfange Aluminium oder dessen Legierungen als Rillenfutter nach dem Vorschlage von Klein in Aufnahme gekommen[1]), bei denen jedoch eine mäßige, einfache Fettschmierung des Seiles einer Klebschmiere vorzuziehen ist. Auch Zink von weicher Beschaffenheit wird verwendet. Die Leichtmetallfutter haben neben einer hohen Reibungszahl ($\mu = 0,7$ bei trockenem Seil) und einem hohen Verschleißwiderstande den für den Untertagebetrieb sehr wichtigen Vorteil einer unübertroffenen Brandsicherheit. In nassen Schächten können auch mit Vorteil organische Stoffe verwendet werden, die noch eine bessere Schonung des Seiles gewähren, z. B. Baumwollgewebe. Sie werden durch eine Kunstharzträkung gehärtet und erhalten zur Verbesserung der Reibung Zwischenlagen aus Gummi.

Von großer Wichtigkeit für die Haltbarkeit des Futters ist seine zuverlässige Befestigung auf der Treibscheibe. Es wird in der Regel durch einen keilartigen Anzug in schwalbenschwanzförmige Nuten eingepreßt. Bei Metallfuttern muß darauf geachtet werden, daß im Fall eines Durchschleißens eines Klotzes nicht etwa eine Hälfte abgeschleudert werden und den Haspelführer gefährden kann[2]).

Eine Vergrößerung des Umschlingungswinkels durch eine mehrmalige Umschlingung der Scheibe bedingt ein Wandern des Seiles auf der Scheibe in ihrer Achsrichtung. Es sind sehr breite Scheiben nötig, die eine Trommelform annehmen und daher „Reibungstrommeln" genannt werden. Sie kommen hinsichtlich des Raumbedarfes den Wickeltrommeln sehr nahe und haben diesen gegenüber den Nachteil, daß mit ihnen nicht zweitrümmig gefördert werden kann. Auch verläuft das Seil sich leicht nach einem Trommelende hin, was zu Schwierigkeiten führen kann, da es schwer in die Mitte zurückzuführen ist. Die einzige in Frage kommende derartige Lösung stellt deshalb die spillartige Parabolscheibe[3]) dar, die vorübergehend Verbreitung erlangt hat.

Das Wandern des Seiles in der Achsrichtung der Scheibe kann durch die Schuhkette oder Schraubrille von Ohnesorge ausgeglichen werden. Gemäß Abb. 573 besteht bei ihr die Seilrille b aus einer Anzahl von gelenkig miteinander verbundenen Gliedern, die außen die Form von Sektoren einer Seilrille haben und so eine „Schuhkette" bilden. Sie wird von der mittels des Stirnradvorgeleges $Z_1 Z_2$ gedrehten Scheibe T durch Vermittlung einer Anzahl Schnecken a mitgenommen. Deren Wellen sind mittels Kurbeln e an eine Hilfsscheibe S an-

---

[1]) Glückauf 1937, S. 913; L. Klein: Treibscheiben mit erhöhter Reibkraft.

[2]) Bergbau 1941, S. 217; W. Berke: Befestigungsmöglichkeiten von Seillauffuttern auf Treibscheiben für Bergwerksförderanlagen.

[3]) Glückauf 1934, S. 183; G. Frantz und L. Bacmeister: Erfahrungen mit Paraboltreibscheiben auf oberschlesischen Seilfahrtblindschächten.

geschlossen, die mit einer inneren Kreisfläche exzentrisch zur Scheibe T auf den beiden Rollen $f_1 f_2$ gelagert ist. Wegen dieser exzentrischen Lagerung bleiben die Kurbeln der Schnecken dauernd in ihrer senkrechten Stellung, und die

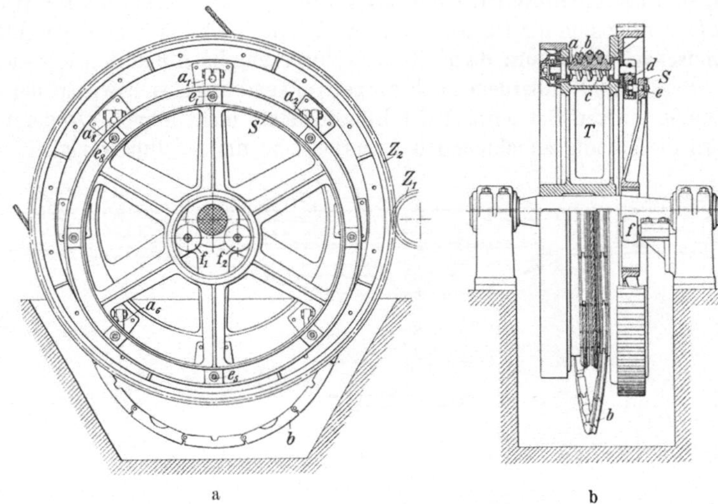

Abb. 573. Treibscheibe mit Schuhkette.

Schnecken werden bei jeder Scheibenumdrehung einmal gedreht. Sie schrauben dabei die Seilrille auf der Kette um eine Kettenbreite nach links, so daß der Anfangszustand wiederhergestellt wird. Die Scheibe, die eine gute Schonung des Seiles gewährt, wird von der Maschinenfabrik Hasenclever, Düsseldorf, gebaut. Sie ist aber im Blindschachtbetrieb nur wenig angewendet worden.

163. — Die Führung der Gefäße und Gestelle im Schacht muß den durch den Abbaudruck verursachten Bewegungen des Schachtes Rechnung tragen. Aber selbst bei günstigen Verhältnissen wird man den Ausbau weit genug wählen, um einen ausreichenden Spurlattenabstand aufrechterhalten zu können, auch wenn der Ausbau zusammengedrückt wird. Man befestigt die Spurlatten mit

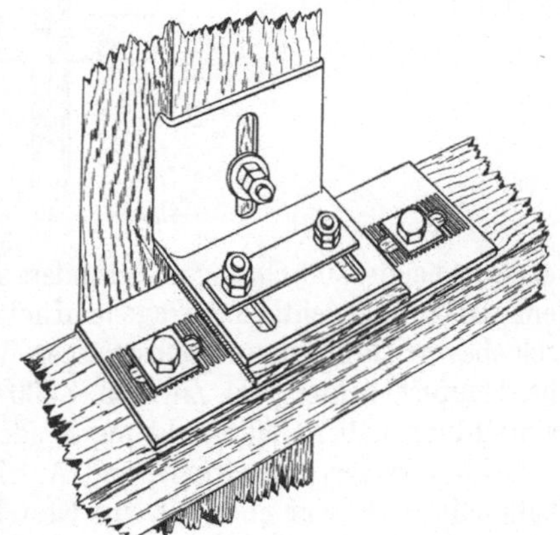

Abb. 574. Spurlattenhalter von Wiemann.

Zwischenlagen an den Einstrichen, die nach dem Einsetzen von Druck herausgenommen werden können. Als gutes Hilfsmittel, die Lage der Spurlatten bei einer Veränderung der Schachtzimmerung zu berücksichtigen, hat sich der Spurlattenhalter von Wiemann bewährt. Gemäß Abb. 574 wird die Spurlatte an einem Blechwinkel befestigt, der sie an den Flanken schwach umfaßt und in Schlitzen senkrecht zum Schachtholz verschoben werden kann, so

daß der Spurlattenabstand damit verändert wird. Gleichzeitig ist eine Verschiebung auch in Richtung des Schachtholzes möglich, und endlich kann auch
die Spurlatte in ihrer Längsrichtung gegen das Schachtholz verschoben werden.

164. — Einrichtungen an den Anschlägen. Im Verhältnis zur Hauptschachtförderung sind die Umtriebe und Abstellgleise an den oberen Anschlägen
der Blindschächte nur kurz, da die Zubringeförderung im Abbau nur mit kleinen
Zügen arbeitet und außerdem auch große Aufwendungen sich wegen der verhältnismäßig kurzen Betriebszeit der Blindschächte nicht lohnen. Andererseits
erfordern die ständig zunehmenden Ansprüche an die Leistungsfähigkeit doch

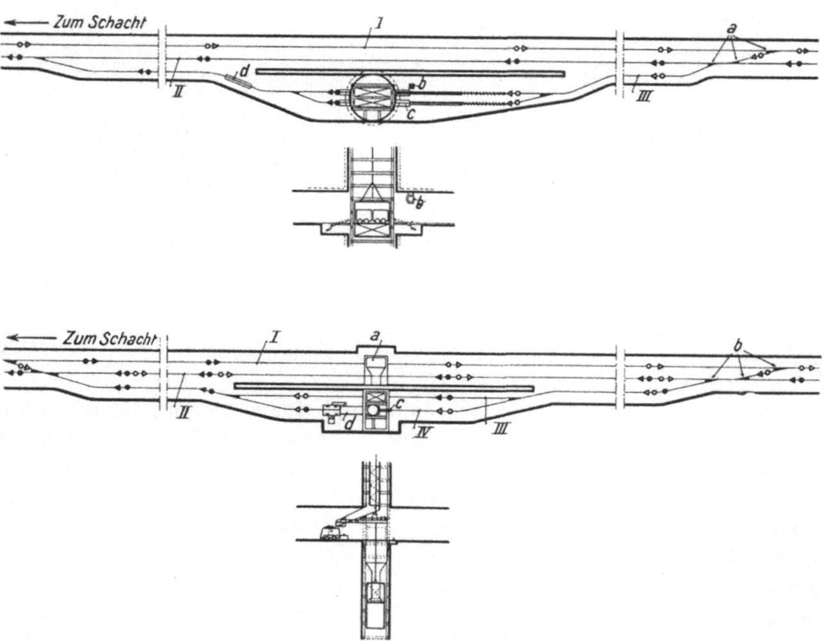

Abb. 575. Blindschachtbahnhöfe.

entsprechende Einrichtungen, besonders solche maschineller Art. Hierzu gehören
ein glatter übersichtlicher Wagenlauf mit Vorziehhaspeln, Schwingbühnen, Aufschiebevorrichtungen und selbsttätigen Wagensperren für Gestellförderungen wie
bei Hauptschächten (vgl. Ziff. 195 S. 530 und Ziff. 197 S. 535), Be- und Entlade-
einrichtungen bei Gefäßförderungen oder Seigerförderern besonderer Art.

Abb. 575 zeigt in Grund- und Aufrissen zwei Beispiele für Blindschachtbahnhöfe und zwar oben für eine Gestellförderung mittlerer Leistung, wie sie
hauptsächlich bei steiler Lagerung vorliegt. Der vom Hauptschacht kommende
Zug mit leeren und Bergewagen wird im Gleis *I* bis über die Weichen *a* hinaus
vorgezogen und dann durch diese zurück in das Gleis *III* gesetzt, wo die Wagen,
nachdem sie mittels des Haspels *b* vorgezogen wurden, den Aufschiebern *c* mit
Gefälle zulaufen. Die vom Gestell ablaufenden Kohlenwagen gelangen auf eine
Kettenbahn *d*, von der sie dem Gleis *II* zugeschoben werden.

Abb. 575 zeigt unten eine Einrichtung für eine große Leistung bei flacher
Lagerung mit gleichzeitig großem Bergebedarf. Für die Berge dient eine ein-

trümmige Gefäßförderung, deren Gegengewicht neben dem Fahrschacht läuft, während die Kohlen in einer Wendelrutsche herunterkommen. Die auf Gleis *I* ankommenden Bergewagen werden mit dem Wipper *a* in die Fülltasche der Gefäßförderung entleert. Die leeren Wagen gelangen mit den vom Hauptschacht über Gleis *II* kommenden durch die Weichen *b* in Gleis *IV*, in dem sie mit Hilfe einer Kettenbahn durch den Blindschacht unter der Wendelrutsche hergeschoben und mittels des Schütteltisches *d* gefüllt werden. In dem Gleis *III* können Wagen mit Holz, Gezähe oder Maschinenteilen auf das mit einem hierfür bestimmten Tragboden versehene Gefäß gebracht werden (vgl. Ziff. 188 S. 524).

Für das Festhalten der Wagen auf dem Fördergestell kommen die gleichen Hilfsmittel wie bei der Hauptschachtförderung (s. Ziff. 192) in Betracht. Die dort erwähnten Rollenhemmvorrichtungen haben sich in großem Umfange eingeführt. In Fällen, in denen am oberen und unteren Anschlage die gleiche Aufschieberichtung innegehalten werden muß, ist bei maschinenmäßigem Aufschieben der Wagen für Festhalten der Wagen auf dem Korbe nach Ablauf der von diesem gebrachten Wagen zu sorgen, was durch Zusammenwirken einer Hebelanordnung am Anschlag mit einer Sperrvorrichtung auf dem Korbe geschehen kann[1]).

165. — Signalvorrichtungen. Das Signalwesen erfordert in Blindschächten mit mehreren Zwischenanschlägen, von denen abwechselnd gefördert wird, große Sorgfalt, um Unfälle durch eine unzeitige Inbetriebsetzung des Förderhaspels zu vermeiden: Sie entstehen am leichtesten durch Fahrsignale, die entweder von einem Ort gegeben werden, von dem gerade nicht gefördert wird, oder durch solche, die von einem Ort gegeben werden, während Schachthauer im Schachte arbeiten.

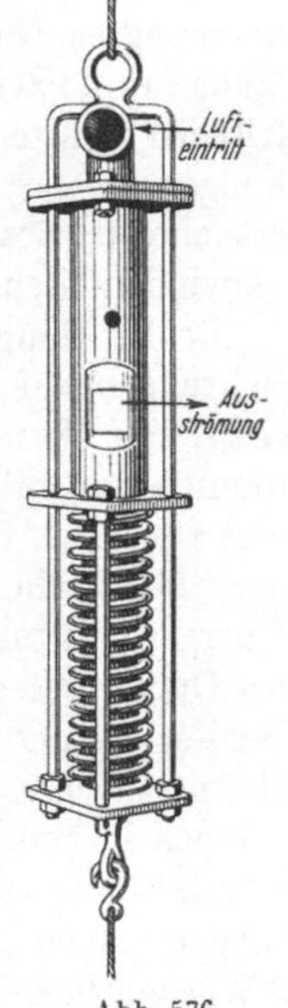

Abb. 576.
Drucklufthupe.

Die am weitesten verbreitete Signalvorrichtung ist der einfache Signalhammer, der durch einen Draht oder eine Drahtlitze gezogen wird und gegen eine Blechplatte schlägt. Außer dem Hammer, der bei der Förderung und der Seilfahrt verwendet wird, ist noch ein Rückfragehammer für Signale in entgegengesetzter Richtung erforderlich. Auch findet man häufig einen besonderen Hammer nur für den Gebrauch der Schachthauer. Dessen Zuglitze wird an den Anschlägen in Rohren geführt, damit sie hier nicht zugänglich ist. Statt des Hammers und der Blechplatte wird häufig eine Drucklufthupe angewendet, die leichter zu handhaben ist. Abb. 576 zeigt eine Ausführung von P. Stratmann & Co., Dortmund. Der obere Teil, der die Pfeife und den Luftzutritt enthält und von einer Feder getragen wird, wird durch Zug an dem Seil mittels eines Umführungsgestänges gegen den Widerstand der Feder herabgezogen, dabei öffnet sich in ihm ein Ventil, das einen Luftstrom durch den Pfeifenspalt treten läßt. Eine ähnliche Ausführung wird auch von der Firma van de Sand, Bochum, geliefert. Bei Seilfahrtschächten unterliegt die Benutzung der Hupe in der Regel behördlichen Vorschriften.

In großen Blindschächten findet man immer häufiger elektrische Signalvor-

---

[1]) Glückauf 1928, S. 54; **K. Eisenmenger:** Wagenhaltevorrichtung für Förderkörbe.

richtungen wie in Hauptschächten (vgl. Ziff. 240). Sie haben neben einer leichten und zuverlässigen Handhabung den Vorteil, daß zeitlich nicht zur Signalgebung berechtigte Anschläge abgeschaltet werden können, so daß irreführende Signale von diesen sicher vermieden werden können.

Außer durch die eigentliche Signalvorrichtung müssen die verschiedenen Anschläger durch ein Sprachrohr oder einen Fernsprecher mit dem Hauptanschlag oder dem Haspelführer verbunden sein, durch die sie u. a. den Korb anfordern oder sonstige Mitteilungen machen können.

166. — Seilfahrt in Blindschächten. Die großen Fördermengen, die infolge der Betriebszusammenfassung unter Tage in den Blindschächten bewältigt werden müssen, machen größte Sicherheit des Förderbetriebes zu einer unbedingten Notwendigkeit. Dadurch lag es auch nahe, sie in weitgehendem Maße für die Seilfahrt einzurichten, um die Belegschaft möglichst rasch und mit frischen Kräften vor Ort zu bringen. Die Bergbehörde kommt diesen Bestrebungen insofern entgegen, als sie gegenüber der Seilfahrt in Hauptschächten erleichterte Bestimmungen erläßt, was sachlich durch die kleineren Fahrgeschwindigkeiten bei der Seilfahrt in Blindschächten von 2—4 m/s begründet ist.

In der Hauptsache beschränken sich die Vorschriften hinsichtlich der Einrichtungen auf die Ausrüstung des Haspels mit einem zuverlässigen Teufenzeiger mit Warnglocke und einer selbsttätig schließenden Bremse. Diese wirkt unmittelbar auf die Trommel oder die Treibscheibe und muß, sofern nicht noch eine zweite auf das Vorgelege wirkende Bremse vorhanden ist, als Backenbremse ausgeführt sein. Jede Bremse muß das größte bei der Seilfahrt vorkommende Übergewicht mit zweifacher Sicherheit halten können. Die Seilscheiben sollen als Durchmesser mindestens das 40fache des Seildurchmessers haben. Für die Bemessung der Förderseile und Zwischengeschirre gelten die Vorschriften der Hauptschächte. Die offenen Seiten der Korbgeschosse müssen durch Querstangen in Brusthöhe oder Türen gesichert sein. Es müssen Vorrichtungen für Hörsignale sowie Sprachrohre oder Fernsprecher vorhanden sein. Die Einrichtungen müssen täglich nachgesehen werden. Die Förderseile sind außerdem alle 3 Wochen besonders gründlich nachzusehen; dabei sind auch die Unterseile zu überprüfen. Es dürfen gleichzeitig nicht mehr als 10 Personen und nur mit einer Höchstgeschwindigkeit von 2 m/s fahren. In Gestellen mit 2 Tragböden darf nur der obere benutzt werden.

Es wird auch zugelassen, daß gleichzeitig mehr als 10 Personen mit einer größeren Geschwindigkeit als 2 m/s fahren, doch treten dafür etwas verschärfte Bedingungen in Kraft. U. a. wird ein Geschwindigkeitsanzeiger, verstärkte Bremsen und eine besondere Hupensignaleinrichtung gefordert, die nur bei der Seilfahrt benutzt werden darf.

Fangvorrichtungen oder Fahrtregler werden nicht gefordert.

167. — Leistungen und Kosten der Haspelförderung. Bei den Leistungen sind die rechnerisch möglichen Leistungen des Haspels und diejenigen der Förderanlage im ganzen zu unterscheiden. Die Haspelleistungen berechnen sich nach den in Ziff. 3 gegebenen Gleichungen für die ein- und zweitrümmige Förderung, wobei die Größen N und w von der Stärke des Motors abhängen. Die folgende Zahlentafel gibt einen Überblick über die mit verschiedenen Haspelstärken in e i n e r Richtung rechnerisch möglichen Stundenleistungen. Wird in beiden Richtungen gefördert (z. B. Berge aufwärts, Kohlen abwärts),

Dauerleistung am Seil in PSe	30			60			80			120		
höchste Seilgeschwindigkeit in m/s	1,5	2,5	3,0	2,0	3,0	4,0	2,0	3,0	4,0	2,5	4,0	5,0
unausgeglichene Zugkraft am Seil in kg	1500	900	750	2250	1500	1125	3000[1]	2000	1500	3600[1]	3000	1800
mögliche Nutzlast[2] eintrümmig kg ..	1460	870	730	2180	1460	1090	3160[1]	1940	1460	3800[1]	2920[1]	1750
zweitrümmig kg .	1010	610	510	1520	1010	740	2140	1350	1010	2570	2030	1220
Wagenzahl eintrümmig ...	2	1	1	2	2	1	—	2	2	—	—	2
zweitrümmig ..	1	1	1	2	1	1	—	2	1	—	2	2
Pausen eintrümmig s ..	12	10	10	12	12	10	7	12	12	8	12	12
zweitrümmig s .	10	10	10	12	10	10	5	10	12	6	12	12
mögliche Förderleistung in einer Richtung etwa[3] eintrümmig t/h .	25—30			45—60			55—90			75—130		
zweitrümmig t/h .	35—45			60—80			85—130			105—180		

[1] Gefäßförderung (Bergeförderung).　[2] Schachtreibung mit 10% angenommen.
[3] Von der Beschleunigung und Überlastbarkeit des Motors abhängig.

so erhöhen sich die Leistungen entsprechend. Dabei ist ein Verhältnis von Totlast : Nutzlast = 1,5 bei der Gestellförderung und 1,0 bei der Gefäßförderung und eine Förderhöhe von 100 m zugrunde gelegt. Für die Pausen ist bei der Förderung mit zwei Wagen mit ihrer Aufstellung auf einer Gestellbühne gerechnet worden; bei zwei Wagen übereinander können 18 s angenommen werden. Es ergeben sich bei jeweilig gleicher Haspelstärke die größeren Leistungen für größere Nutzlasten und kleinere Geschwindigkeiten, weil die Bedeutung der Nutzlast in der Leistungsgleichung größer ist. Die eintrümmige Förderung leistet bei jeweils gleicher Haspelstärke mehr als die Hälfte der zweitrümmigen, weil der Ausgleich durch das Gegengewicht eine größere Nutzlast ermöglicht.

Die Schichtleistungen hängen von der zeitlichen Ausnutzung der Förderanlage ab und werden durch mangelhafte Wagenzu- und -abfuhr, durch Luftmangel, Störungen in der Haspelförderung oder an den Anschlägen u. a. herabgedrückt, so daß man in vielen Fällen nur mit etwa 2—3 Stunden reiner Förderzeit je Schicht rechnen kann.

Die Kosten der Blindschachtförderung sind von Wedding für den Ruhrkohlenbezirk nach dem Stande vom Januar 1931 mit durchschnittlich 0,37 RM./t für die Gestell- und 0,20 RM./t für die Gefäßförderung errechnet worden, wobei die Gesamt-Förderleistung in Kohlen, Bergen und Werkstoffen in Rechnung gestellt ist. Im einzelnen ergeben sich erhebliche Unterschiede je nach der Ausnutzung der Förderanlage (sowohl nach der Zeit als auch nach der mehr oder weniger großen Zahl der Leerzüge), nach der Arbeitskraft, nach dem Förderverfahren (ein- oder zweitrümmig) und nach dem Ersatz der Bedienungsleute durch maschinenmäßige Hilfsvorrichtungen; durch letztere kann die Durchschnitt-Schichtenzahl je 100 t von rund 2,5 auf rund 1 herabgedrückt werden. Man kann für Handbedienung etwa mit folgender Kostenverteilung auf die einzelnen Kostenarten rechnen:

Kostenarten	schwache Ausnutzung (2 Stunden reine Förderzeit je Tag)		gute Ausnutzung (8 Stunden reine Förderzeit je Tag)	
	Druckluft-antrieb %	elektrischer Antrieb %	Druckluft-antrieb %	elektrischer Antrieb %
Tilgung, Verzinsung, Instandhaltung	12—15	20—25	8—10	15—20
Kraft	10—20	1—2	30—50	5—15
Löhne	60—75	65—70	35—55	60—70
Seilverschleiß u. kleine Ausgaben	4—5	3—4	3—4	4—6

Bei weitgehender Verwendung maschinenmäßiger Hilfsmittel verschiebt sich das Verhältnis zwischen Lohnkosten und Kapitaldienst entsprechend.

Im einzelnen kosten Drucklufthaspel je nach Größe (15—150 PS) und Bauart etwa 1300—12000 RM., elektrische Haspel in den gleichen Grenzen etwa 3500—26000 RM., Fördergestelle 1200—2000 RM., Gegengewichte 800 bis 1500 RM. Für die Seilkosten gelten ähnliche Berechnungen wie bei der Schachtförderung.

Der elektrische Förderbetrieb wird bei kleinen Leistungen und schlechter Ausnutzung teurer, bei großen Leistungen und guter Ausnutzung billiger als der Druckluftbetrieb.

C. Sicherheitsvorrichtungen bei der Brems- und Haspelförderung[1].

a) Fangvorrichtungen.

168. — Überblick. Die Förderung in Bremsbergen, Abhauen und Haspelschächten erfordert außer den bereits erwähnten Einrichtungen am untersten Anschlage Sicherheitsvorkehrungen gegen das Abgehen seillos gewordener Wagen oder Gestelle, gegen den Absturz von Leuten und gegen verschiedene andere Unfallmöglichkeiten, die sich namentlich bei der Haspelförderung in Blindschächten ergeben. Bei der Einzelbesprechung können die Fangvorrichtungen für Blindschächte hier ausscheiden, da sie sich von den bei der Hauptschachtförderung zu besprechenden nicht wesentlich unterscheiden.

169. — Einrichtungen gegen das Abgehen seillos gewordener Wagen in tonnlägigen Förderungen. Meistens ist man bestrebt, abgehende Wagen möglichst unbeschädigt mit Hilfe besonderer Vorrichtungen aufzufangen. Die einfachste solcher Vorrichtungen, die allerdings nur bei aufwärts fahrenden Wagen anwendbar ist, ist der sog. „Faulenzer" oder „Schleppsäbel", eine hinten an den Wagen gehängte, um ein Gelenk pendelnde Gabel, die auf der Sohle nachgeschleppt wird und sich im Falle eines Seilbruches gegen die nächste Schwelle stützt. Eine ähnliche, auch abwärts geförderte Wagen sichernde Vorrichtung ist der in

---

[1] Glückauf 1938, S. 29; W. Heidorn: Die Unfallgefahren im Förderbetriebe des Ruhrbergbaus und Vorschläge zu ihrer Bekämpfung.

Abb. 577 dargestellte mit b bezeichnete Fanghaken, der mittels des Doppel-
bügels a an der Vorderwand des Wagens aufgehängt ist und gewöhnlich auf der
straff gespannten Zugkette ruht.

Andere Fangvorrichtungen werden in gewissen Abständen im Gleis selbst
angebracht. Sie müssen so eingerichtet sein, daß sie in beiden Richtungen mit
gewöhnlicher Betriebsgeschwindigkeit laufende Wagen ungehindert durchlassen,
wogegen mit großer Geschwindigkeit ab-
wärtsrollende Wagen aufgefangen werden. Eine solche von der Firma
Heckel, Saarbrücken, gebaute Fangvorrichtung zeigt Abb. 578. An dem
Steg einer zwischen den Fahrschienen
an den Schwellen befestigten Fangschiene ist ein Reibkörper mäßig fest
angeklemmt, der auf einer Achse einen
Fühlhebel a und zwei aufgekeilte Fänger b trägt. An den Fühlhebel ist ein
Gewicht mit kreisförmigem Schlitz so

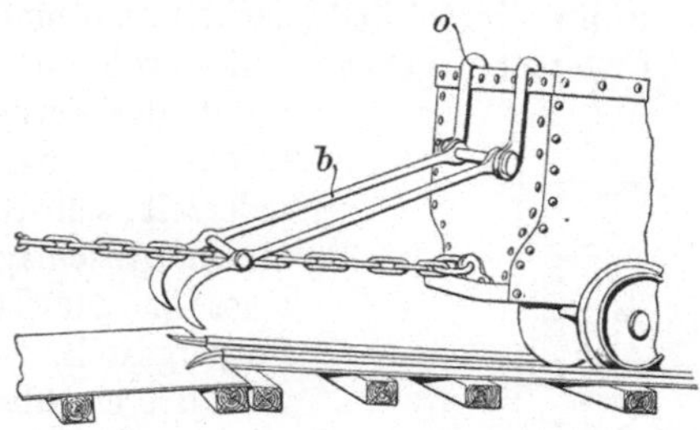

Abb. 577. Fanghaken für Bremsberge nach
E. Hese.

angeklemmt, daß er durch die Schwerkraft in einer Lage senkrecht zum
Gleis gehalten wird. Der aufwärts gehende Wagen schlägt mit seiner Achse
den Fühlhebel leicht zur Seite, wobei er infolge einer an seiner Nabe befindlichen Aussparung den am Fanghaken sitzenden Mitnehmer c nicht bewegt.
Ein mit gewöhnlicher Geschwindigkeit abwärts laufender Wagen verursacht
denselben geringen Ausschlag des Fühlhebels, der ebenfalls ohne Wirkung auf

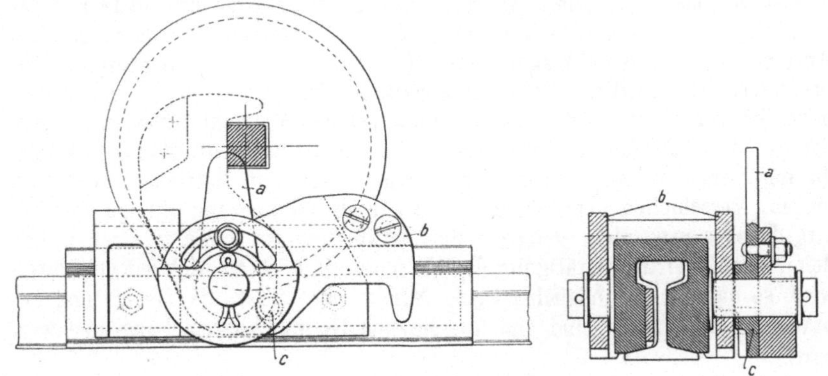

Abb. 578. Fangvorrichtung für tonnlägige Förderung.

die Fänger bleibt. Dagegen versetzt die erste Achse eines mit großer Geschwindigkeit abgehenden Wagens dem Fühlhebel einen so kräftigen Stoß,
daß dieser durch den Mitnehmer die Fanghaken hochreißt, so daß diese
sich gegen die zweite Achse legen, wobei sie sich andererseits gegen Anschläge am Reibkörper legen. Dieser gleitet nunmehr unter einer durch
Druckschrauben eingestellten Reibung eines Bremshebels an der Fangschiene
und vernichtet hierbei das Arbeitsvermögen des Wagens, so daß dieser allmählich
zur Ruhe kommt.

b) Sicherheitsverschlüsse.

170. — Allgemeines. Für Bremsberge mit steilerem Einfallen (von 30° aufwärts) sowie für Blindschächte wird eine Sicherung der Zugänge notwendig, um die Anschläger sowohl als auch dritte Personen vor dem Absturz zu schützen. Am einfachsten sind solche Verschlüsse am Fuße und Kopfe eines Blindschachtes, wo einfache Türen Verwendung finden, die als Gittertüren gebaut und sowohl am unteren als auch am oberen Anschlag durch das Fördergestell selbst betätigt werden können, so daß der Verschluß bei Abwesenheit des Fördergestelles jederzeit selbsttätig gesichert ist. Das Anheben am oberen Anschlag erfolgt durch unmittelbares Erfassen eines an der Tür vorspringenden Nockens durch das Fördergestell, wogegen am unteren Anschlag nach Abb. 579 ein über eine Rolle geführtes Seil b zwischenzuschalten ist. Am Kopfe ist außerdem die Möglichkeit gegeben, einen im Schachte selbst liegenden Deckel zu verwenden, der durch das Fördergestell gehoben wird.

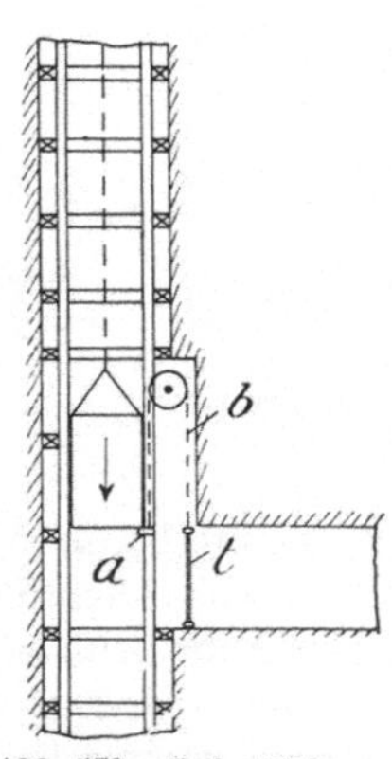

Abb. 579. Selbsttätiger Gittertürverschluß am unteren Anschlage eines Bremsschachtes.

Dagegen ergeben sich an den Zwischenanschlägen Schwierigkeiten, weil durch die Verschlußvorrichtungen die Förderung im Bremsberge und Bremsschachte nicht behindert werden darf. Die Verschlüsse an den Zwischenanschlägen können entweder allgemein gegenüber jedem Manne, der sich dem Bremsberge nähert, in Wirksamkeit treten oder besonders auf den häufig vorkommenden Fall zugeschnitten sein, daß der Anschläger mit seinem Wagen heranfährt und nicht genügend achtgibt. Die besondere Schwierigkeit, die in der Schaffung eines brauchbaren Verschlusses liegt, beruht nicht in der Bauart einer solchen Vorrichtung an sich, sondern in den scharfen Anforderungen, die an sie gestellt werden müssen, da der Verschluß auch nach den Veränderungen im Betriebe durch Verbiegen, Verschieben der Schacht- und Streckenzimmerung infolge des Gebirgsdruckes usw. nicht versagen darf. Außerdem ist dahin zu streben, daß dem Anschläger die Betätigung des Verschlusses nach Möglichkeit erleichtert wird, so daß für ihn möglichst wenig Anreiz gegeben ist, die Vorrichtung unbrauchbar zu machen, und daß überdies die Unbrauchbarmachung erschwert wird.

171. — Einfache Verschlüsse. Die einfachsten Verschlüsse sind Schranken in Gestalt schwenkbarer Stahlstangen (a in Abb. 580) u. dgl. Als einfache Zusatzsicherung für den Fall, daß das Schließen der Drehschranke vergessen wird, wurde vielfach eine in etwa 20 cm über der Oberkante des Wagens fest eingelegte Stahlstange (b in Abb. 580) angewendet, die sich so weit vom Bremsberge befindet, daß sie den Wagen anhalten kann, wenn er beim Abkippen in den Bremsberg hinten hochschlägt. Allerdings können durch die Stange größere Kohle oder Bergestücke abgestreift werden, die den Anschläger verletzen können. Man hat aus diesem Grund die Stange auch wohl nach Abb. 581 durch zwei an den Anschlaghölzern angebrachte Stahlwinkel f_1 und f_2 ersetzt.

Einen vollkommeneren, bei schwachem Licht auffallenderen Verschluß bilden Gittertore, die meistens als Schiebetore ausgebildet werden. Sie müssen beim Durchschiebebetrieb so eingerichtet sein, daß das Tor der Ablaufseite entweder zwangsläufig mit demjenigen der Aufschiebeseite bewegt wird, oder daß es durch den ablaufenden Wagen geöffnet wird und sich darauf wieder selbsttätig schließt. Abb. 582 zeigt eine Kupplung der beiden Tore durch eine durch den Blindschacht

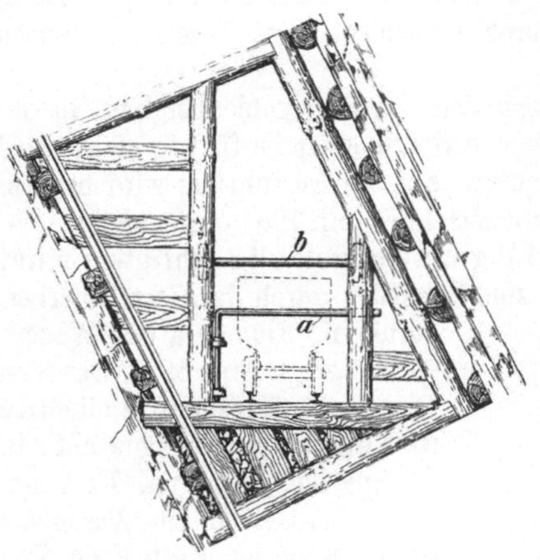

Abb. 580. Bremsberg-Zwischenanschlag mit Drehschranke und fester Stahlstange.

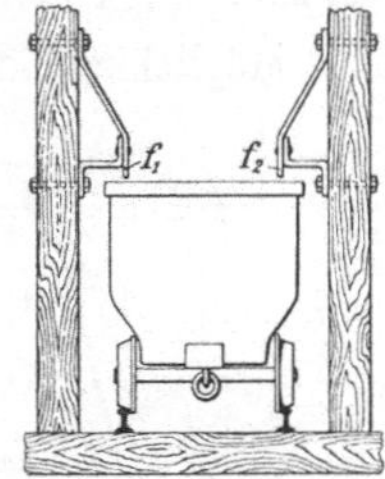

Abb. 581. Stahlwinkel als Wagenfänger.

hindurchgehende, doppeltgebogene Stahlstange a, die sich in Augen b an den Toren führt und die Tore hierdurch verbindet. Einfacher ist die in Abb. 583 dargestellte Lösung mit einem sich selbsttätig schließenden Pendelstabverschluß

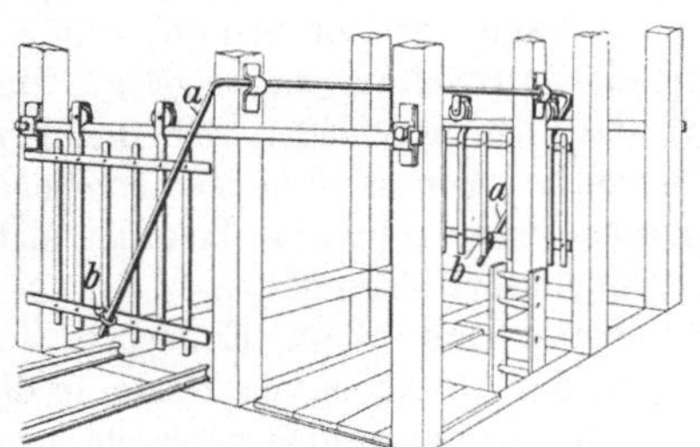

Abb. 582. Gittertüren mit Kuppelungsbügel.

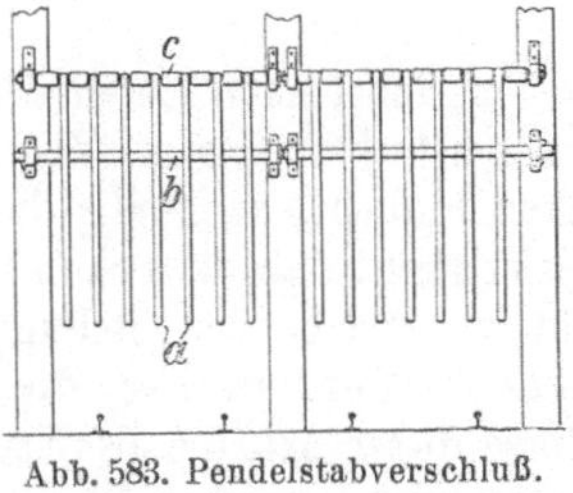

Abb. 583. Pendelstabverschluß.

auf der Ablaufseite. Die drehbar aufgehängten Gitterstäbe a legen sich nach dem Durchfahren des Wagens gegen das Gasrohr b und halten einen etwa zurücklaufenden Wagen auf. Ihr Abstand an der Aufhängestange wird durch Rohrzwischenstücke c gesichert. Die Einrichtung hat sich gut bewährt und ist weitgehend in Benutzung.

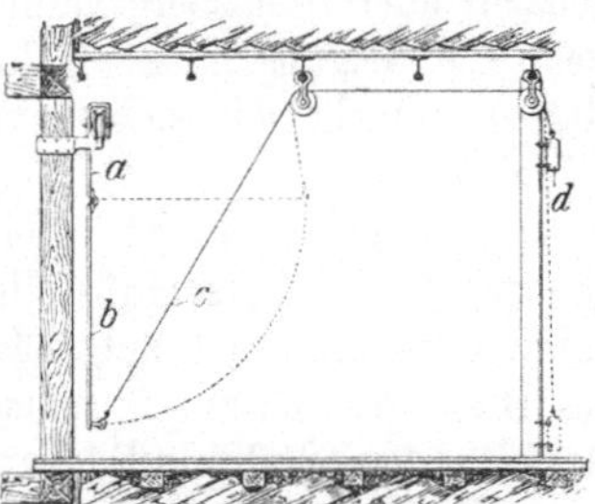

Abb. 584. Schiebetür mit Fallklappe.

Das Öffnen von Schiebetoren ist für den Anschläger umständlich, wenn er den Wagen selbst aufschieben muß, da er dann erst vor den Wagen treten muß, um das Tor bewegen zu können. Eine Erleichterung bedeutet die in Abb. 584

dargestellte Einrichtung, bei der die Schiebetür *a* im unteren Teile als eine gelenkig mit dem oberen Teile verbundene Fallklappe *b* ausgebildet ist, die der Anschläger von hinten her durch Anziehen des Seiles mit dem das Gewicht von *b* ausgleichenden Gegengewicht *d* anheben und vorläufig festlegen kann. Im übrigen bleibt die Möglichkeit, durch Verschieben des Tores den ganzen Querschnitt freizugeben.

Bei starker Förderung, bei der, wenigstens im Steinkohlenbergbau, in der Regel schon Druckluft für eine Aufschiebevorrichtung zur Verfügung steht, wird diese auch zur Bewegung der Tore benutzt. Auf die Ausführung wird bei Besprechung der Einrichtungen für Hauptschächte (Ziff. 198) eingegangen.

172. — Verschlüsse, die der Anschläger zwangsläufig schließen muß. Es besteht die Möglichkeit, den Zwang zum Schließen durch das Gestell herbei

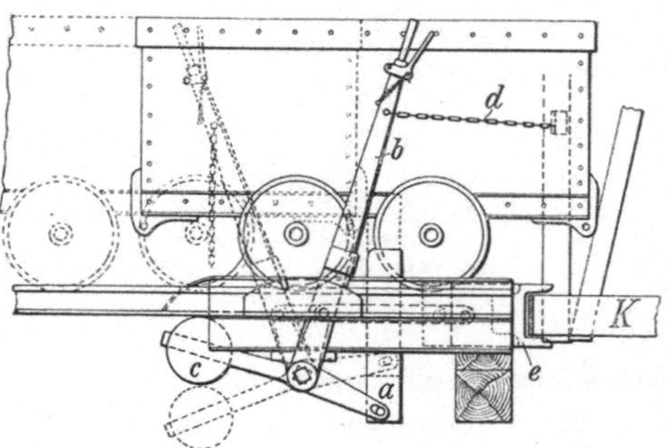

Abb. 585. Blindschachtverschluß mit Hebelfestlegung.

zuführen. Eine derartige Wagensperre zeigt Abb. 585. Der den Riegel *a* betätigende Handhebel *b* wird durch das Gegengewicht *c* in der Sperrlage gehalten. Er kann, wenn das Gestell am Anschlage steht, durch die Kette *d* an ihm befestigt und in der Öffnungsstellung gehalten werden, wobei gleichzeitig das Gestell durch den mit dem Auslegen des Handhebels vorgeschobenen Schuh *e* festgehalten wird. Seine Freigabe kann also nur dadurch erfolgen, daß der Hebel nach Lösen der Kette in die Sperrstellung zurückgelegt wird. Vorteilhaft bei diesem Verschluß ist, daß der Anschläger sich nicht zu bücken braucht, nachteilig die bei allen solchen Verschlüssen sich ergebende Schwierigkeit, daß der Schuh nur bei einer bestimmten, im Stapelbetriebe nicht leicht zu erreichenden Stellung des Gestells einspielen kann.

173. — Verschlüsse, die sich selbsttätig schließen. Einfachste Verschlüsse dieser Art, die als Wagensperren nur das Abstürzen von Wagen in den Schacht oder Bremsberg verhindern, sind heute bergpolizeilich vorgeschrieben, wenn die Neigung mehr als 30° beträgt. Eine sehr weite Verbreitung hat der ebenso einfache wie sichere von Moll eingeführte Kippriegel nach Abb. 586 gefunden.

Der Riegel *a* hängt infolge des Übergewichtes seines vorderen Endes dauernd in der Verschlußstellung. Da er in einer um den Bolzen *c* schwenkbaren Doppellasche *b* aufgehängt ist, kann der Anschläger ihn nach Ankunft des Bremsgestells am Anschlage hochziehen (Stellung III) und dann auf den Gestellboden (Stellung I) legen. Die freie Beweglichkeit des Hebels ermöglicht sein selbsttätiges Anheben gemäß Stellung II, so daß der Verschluß die Abwärts- sowohl wie die Aufwärtsförderung im Bremsberge oder Stapelschachte gestattet und sich selbsttätig schließt, wenn der Korb den Anschlag verläßt. Zweckmäßig wird nach der Verbesserung von Betriebsführer Romberg der Riegel aus der Mitte heraus nach der Seite gerückt, um das Hängenbleiben der Wagenkupplungen an ihm zu verhüten. Später führte die Maschinenfabrik Mönninghoff ihn als Doppelriegel mit zwei Flachstählen aus, wodurch gemäß Abb. 587 gleichzeitig der Vorteil erzielt wird, daß die beiden Flachstähle eine Gleisverbindung zwischen Anschlag und Gestell herstellen und somit eine einfache Schwingbühne (vgl. unten, Ziff. 187) bilden, die Höhenunterschiede

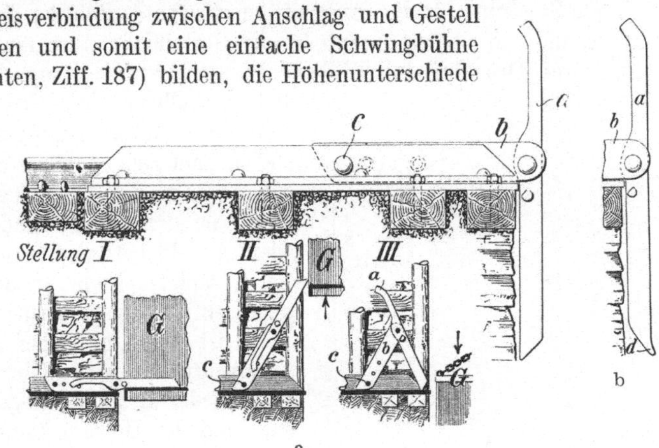

Abb. 586 a und b. Kippriegelverschluß von Moll.

auszugleichen gestattet. Allerdings wird dadurch dem Anschläger das Anheben des Riegels erschwert, das ohnehin einen Nachteil des Kippriegels bildet. Zweckmäßig erscheint daher eine auf der Zeche Königsgrube erprobte Abänderung, bei der gemäß Abb. 586b der Riegel unten (bei d) nach dem Schacht hin umgebogen wird, so daß er durch das hochkommende Fördergestell selbst mitgenommen wird.

Öfter findet man an Endanschlägen den bereits in Ziff. 170 angeführten, vom Fördergestell betätigten Verschluß durch in senkrechter Richtung bewegliche Schiebetore. Es ist jedoch darauf hinzuweisen, daß diese vom Gestell unmittelbar betätigten Verschlüsse

Abb. 587. Kippriegel als Schwingbühne.

der bergbehördlichen Vorschrift widersprechen, nach der das Fahrsignal vom Anschläger erst gegeben werden darf, wenn die Tore geschlossen sind. Da die Tore jedoch hierbei so lange offenbleiben wie das Gestell vorsteht, darf der Anschläger kein Signal geben. Dasselbe gilt natürlich auch für Torverschlüsse mit Druckluftbetätigung, wenn das Gestell die Druckluft selbsttätig steuert. Diese selbsttätig gesteuerten Verschlüsse eignen sich zudem nicht für Zwischenanschläge. Auch sind Steuereinrichtungen jedweder Art, die von einem in Bewegung befindlichen Gestell betätigt werden, durch die unvermeidlichen Stöße raschem Verschleiß ausgesetzt. Sofern es sich um Steuereinrichtungen für Druckluft handelt, ist deshalb der zuerst von der Firma Mönninghoff, Bochum, beschrittene Weg richtiger, den Verschluß in geschlossener Stellung durch Absperren der Druckluft zu blockieren, solange das Gestell nicht am Anschlag steht und die zum Öffnen notwendige Druckluft erst freizugeben, sobald das Gestell vorsteht.

Hierzu dient das „Sperrab“-Hilfsventil der genannten Firma, das in Abb. 588 dargestellt ist. Das mit einem Tasthebel ausgestattete Ventil wird am Anschlag im Schacht in die Zuleitung für die Druckluft so eingebaut, daß der Tasthebel bei seiner Bewegung mit seinem Endpunkt die Gestellbahn durchläuft. Der Hebel a wird durch Druckluft mit Hilfe eines nur gestrichelt angedeuteten

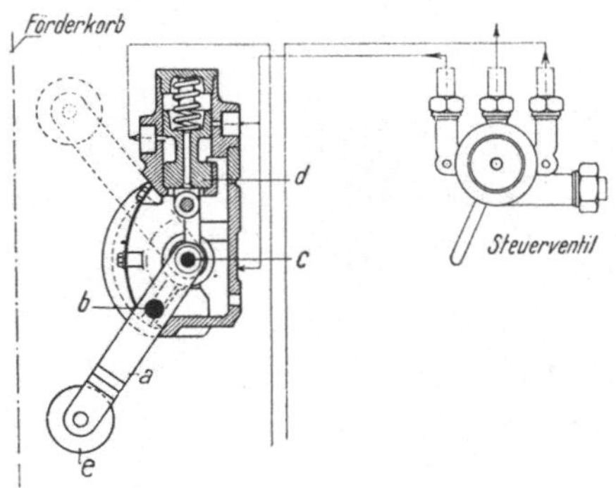

Abb. 588. „Sperrab“-Hilfsventil von Mönninghoff.

Schwingkolbens, der mittels einer auf seiner Achse befestigten Kurbel in dem Hebelpunkt b angreift, zunächst um den Punkt c gedreht. c ist in dem einen Ende einer kleinen Pleuelstange gelagert, deren anderes Ende an dem Absperrventil d gelagert ist. c wird zunächst durch den über das Absperrventil d wirkenden Druck einer Feder in seiner Lage gehalten, und der Hebel a kann seinen ganzen Weg durchlaufen, ohne daß das Ventil sich öffnet. Steht dagegen das Gestell am Anschlag, so findet die Rolle e des Tasthebels an ihm einen Widerstand, und der Schwingkolben drückt jetzt an seinem Angriffspunkt b auf den Endpunkt c des Hebels und damit das Ventil d hoch. Die Luft kann jetzt durchströmen und den Verschluß öffnen. Die Öffnung ist also nur möglich, wenn das Gestell am Anschlag steht.

Endlich sei noch ein zweckmäßiger Verschluß durch eine aus einer gekröpften Stahlstange bestehende Schranke erwähnt, der in Abb. 589 dargestellt ist. Die

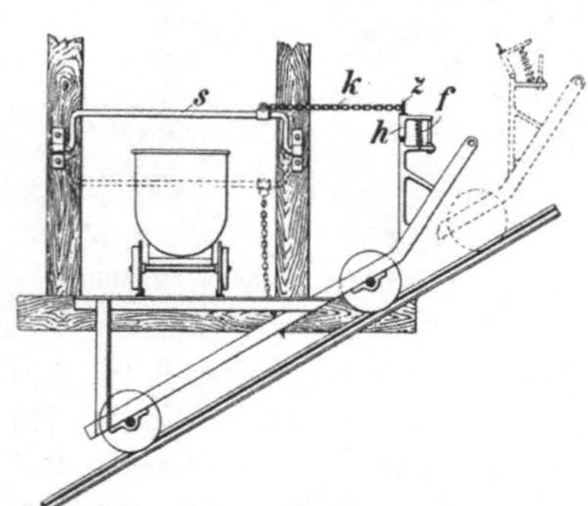

Abb. 589. Bremsbergverschluß mit gekröpfter Stange und Kette.

Stange s hängt gewöhnlich infolge ihres Eigengewichtes in der gestrichelten Lage und versperrt dann den Bremsberg gegen Wagen. Ist das Gestell am Anschlag angekommen, so wird die Stange hochgeklappt und kann in dieser Stellung durch eine an ihr befestigte Kette k gehalten werden, indem diese mit einem Gliede an den Stift z gehängt wird, der sich an einem drehbaren Winkelhebel h des Gestelles befindet. Dieser Winkelhebel wird durch eine Feder f in der gezeichneten Lage gehalten. Verläßt das Gestell den Anschlag, so löst sich die Kette von dem Stift z, wobei notwendigenfalls der Winkelhebel h etwas ausschlägt. Die Stange fällt dann selbsttätig durch ihr Eigengewicht in die Sperrstellung.

Es sei noch besonders darauf hingewiesen, daß Einrichtungen jeglicher Art, die durch das Gestell selbsttätig bewegt werden, grundsätzlich in ganz besonders sorgfältiger Weise ausgeführt werden müssen, da sie sonst durch Stoßwirkungen in kurzer Zeit unbrauchbar werden.

174. — Sonstige Sicherheitsvorrichtungen. Eine wichtige Unfallursache ist bei Haspelschächten noch das vorzeitige Anziehen des Fördergestells infolge eines Mißverständnisses bei der Signalgebung, wie es namentlich bei besonderen Arbeiten (Fördern von Langholz, Schienen, Maschinenteilen, Ausbesserungsarbeiten u. dgl.) eintreten kann. Bekämpft werden solche Unfälle in erster Linie durch eine einwandfreie Signalvorrichtung. Außerdem sind Vorrichtungen vorgeschrieben, die das Fördergestell während der Arbeiten am Anschlage festhalten. Ein einfaches Hilfsmittel dieser Art ist der in Abb. 585 wiedergegebene Schuh, der den Gestellboden umfaßt. Auch werden kräftige Bolzen verwandt, die am Anschlage von der Seite her durch eine Aussparung in der Spurlatte und durch die Seitenwand des Gestells gesteckt werden. Eine für den Schutz der Schachthauer bei Ausbesserungsarbeiten im Schachte bestimmte Einrichtung ist die in Abb. 590 dargestellte von **Korfmann.** Am Fördergestell ist die Rundstahlstange a drehbar verlagert. Sie ist mit einem festen Ansatz b_1, der eine Bewegung nach unten durch Anschlagen gegen den Einstrich E_1 verhindert, und einem mittels eines Schellenbandes c verschiebbaren Anschlag b_2 versehen, der unter den oberen Einstrich faßt und so gegen Hochziehen sichert. Der Handgriff d dient zum Drehen, der Zapfen e, der unter eine Hülse auf dem Gestellboden faßt, zum Feststellen der Stange während der Förderung.

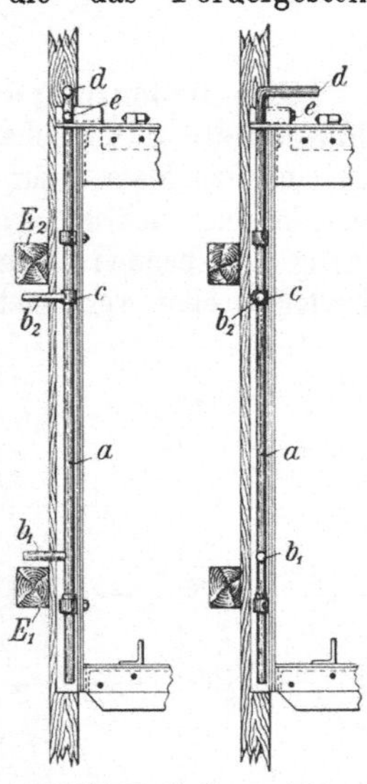

Abb. 590. Festhaltevorrichtung
für Stapelkörbe.

Eine andere Gruppe von Sicherheitsvorrichtungen wendet sich gegen die Folgen eines fahrlässigen oder absichtlichen Offenlassens des Fahrventils bei den Drucklufthaspeln; der letztere Fall tritt ein, wenn der Haspelwärter, um am Ende der Schicht rasch nach unten zu kommen, den Haspel mit leicht angezogener Bremse in Gang setzt und auf den Korb springt. Der Haspel läuft dann, wenn am unteren Anschlag kein Absperrventil vorhanden ist oder der Haspelwärter dieses zu schließen vergißt, weiter, so daß die Bremsklötze in Brand geraten können. Die dagegen angewandten Mittel[1]) sind zunächst solche, die zur Verhütung des Entstehens oder Umsichgreifens von Bränden zur Verfügung stehen: selbsttätige Löschverfahren mit Benutzung von Wasser oder Gesteinstaub, feuersichere Ausbauverfahren und Verwendung feuersicherer Bremsklötze. Andere Vorrichtungen, wie sie die Maschinenfabrik E. **Wolff** und andere entwickelt haben, wirken auf die Steuerung des Haspels, indem sie bei Überschreitung der Förderhöhe durch eine Wandermutter die Luftzufuhr absperren lassen oder für selbsttätigen Ventilschluß sorgen, sobald der Haspelwärter den Ventil- oder Bremshebel losläßt (W. **Büse,** Dortmund) oder (Firma O. **Adolphs,** Dortmund) durch Ausbildung des Ventil-Handrades als geschlossene Scheibe sein Feststellen in

---

[1]) Glückauf 1924, S. 891 und 1925, S. 254; R. **Forstmann:** Bekämpfung und Verhütung von Haspelkammerbränden.

Öffnungstellung verhindern. Selbstschlußventile sind neuerdings in den von der Bergbehörde aufgestellten Richtlinien für die Brandbekämpfung unter Tage[1]) vorgeschrieben.

V. Die Schachtförderung[2]).

A. Einleitung.

175. — Bedeutung der Schachtförderung für die verschiedenen Bergbaugebiete. Die Schachtförderung umfaßt die Förderung der unterirdisch gewonnenen Massen zur Erdoberfläche. Sie ist heute für zahlreiche Bergbaubezirke sehr wichtig geworden, weil sowohl die Förderteufen als auch die gleichzeitig zu hebenden Lasten mehr und mehr angewachsen sind. Die durch diese beiden Größen verursachten Schwierigkeiten steigern sich gegenseitig, indem

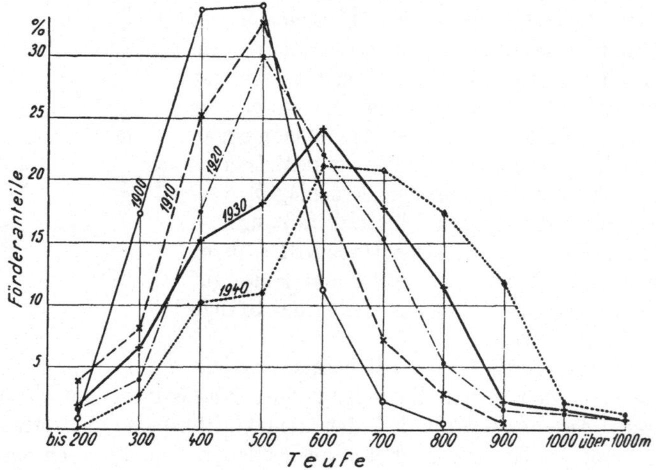

Abb. 591. Entwicklung der Förderung des Ruhrbezirks aus verschiedenen Teufen.

größere Tiefen nicht nur zur Aufrechterhaltung einer gewissen Förderleistung dazu nötigen, die gleichzeitig zu fördernden Lasten entsprechend zu steigern, sondern darüber hinaus zu einer erheblichen Erhöhung der Förderleistung selbst zwingen, um die für tiefere Gruben erheblich gesteigerten Kapitalaufwendungen auf größere Fördermengen verteilen zu können.

Diese Entwicklung zeigt sich insbesondere im Steinkohlenbergbau. So ist im Ruhrbezirk schon eine größte Förderteufe von 1035 m erreicht. Die mittlere Förderteufe ist hier in den letzten Jahrzehnten durchschnittlich, und zwar ziemlich regelmäßig, um 47 m gewachsen. Sie betrug im Jahre 1941 rund 625 m. Die größte Nutzlast eines Gestelles beläuft sich auf 14 t (bei 572 m Teufe). Einen Überblick über die Entwicklung der Förderung nach der Teufe seit dem Jahre 1900 bietet Abb. 591. Sie läßt erkennen, mit welchen Anteilen an der Gesamtförderung die verschiedenen Teufenstufen jeweils beteiligt waren. Der Linien-

---

[1]) Verlag Herm. Bellmann, Dortmund, 1941.
[2]) Bansen-Teiwes: Die Schachtförderung (Berlin, Springer), 1913; — ferner Th. Möhrle: Die Fördermittel (Breslau, Phönix-Verlag), 1911.

zug, der die senkrecht über den Teufen aufgetragenen Werte der Förderanteile verbindet, verschiebt sich dauernd nach der Seite der größeren Teufen, wobei sich die Hauptmenge der Förderung über einen größeren Teufenbereich ausdehnt. Gleichzeitig ist auch die Leistung der einzelnen Fördereinrichtungen gesteigert worden. Während 1900 nur 22% der Förderung auf Fördereinrichtungen mit Tagesleistungen über 1500 t gefördert wurde, waren es 1940 75 %. Die größte mit einer Fördermaschine bewältigte Leistung beträgt 6000 t täglich, und zwar aus einer Teufe von 625 m.

Sehr ähnlich liegen die Verhältnisse im Kalibergbau, wo auch die Zusammenlegung von Betrieben zu sehr großen Förderleistungen von in Einzelfällen bis zu 8000 t täglich mit einer Maschine geführt hat. Die Schachtleistungen bleiben allerdings hinter denjenigen des Steinkohlenbergbaues zurück. Die Teufen sind jedoch die gleichen, da die größte Teufe 1013 m beträgt.

Der Erzbergbau kommt in Deutschland wegen seiner verhältnismäßig geringen Fördermengen und mäßigen Förderteufen mit bedeutend kleineren Förderleistungen aus, stellt jedoch in manchen ausländischen Bergbaugebieten (z. B. am Oberen See in Nordamerika, in Australien und in Transvaal) ebenfalls sehr hohe Anforderungen, in erster Linie wegen der großen Teufen. (Transvaal über 2000 m in ungebrochener Förderung mit Nutzlasten bis zu 8 t.)

Der Braunkohlentiefbau endlich hat bedeutende Fördermengen aus meist geringfügigen Teufen zu bewältigen.

176. — Allgemeine Möglichkeiten der Schachtförderung. Die Ausführung der Schachtförderung ist verschieden, jenachdem man

1. sich damit begnügt, die gewonnenen Massen einfach in besondere Schachtfördergefäße zu stürzen, also ohne die tote Last der Förderwagen zutage zu heben (Gefäß- oder Kübelförderung, vgl. Ziff. 186, S. 519 u. f.), oder

2. die Streckenfördergefäße auf besondere Gestelle aufschiebt und mit diesen zutage hebt (Gestellförderung).

Im Steinkohlenbergbau herrscht die Gestellförderung durchaus vor. Sie verdankt diese herrschende Stellung in erster Linie dem Umstande, daß sie die Kohle ohne Umladung zu fördern und infolgedessen ihre Zerkleinerung sowohl als auch die Staubbildung entsprechend zu beschränken gestattet.

Im Salz- und Erzbergbau hat dieser Gesichtspunkt nur untergeordnete Bedeutung. Es ist deshalb verständlich, daß die Gefäßförderung wegen ihrer großen Leistungsfähigkeit hier schneller Eingang gefunden hat als im Steinkohlenbergbau[1]).

Aber auch bei diesem hat die Frage der Kohlezerkleinerung heute sehr an Bedeutung verloren, da einerseits die Kohleveredlung, bei der die Feinkohle gut verwertet wird, große Fortschritte gemacht hat und andererseits auch die Dampfkesselfeuerungen für kleinkörnige Kohlen sehr vervollkommnet wurden. Es kommt hinzu, daß beim Füllen wie beim Leeren der Gefäße Einrichtungen zur Anwendung gekommen sind, die eine größere Schonung des Fördergutes ermög-

---

[1]) Z.V. d. I. 1914, S. 780; B u h l e: Die Förder- und Speicheranlagen der Gewerkschaft W e f e n s l e b e n; — ferner Glückauf 1916, S. 108; P. C a b o l e t: Die unterirdischen Mahl- und Speicheranlagen der Kaliwerke H e i m b o l d s h a u s e n und R a n s b a c h usw.; — ferner Glückauf 1928, S. 1377; Fr. H e r b s t und A. W o e s t e: Die Kübelförderanlage Hattorf der Kaliwerke Aschersleben.

lichen als früher. Infolgedessen ist die Gefäßförderung neuerdings auch im Steinkohlenbergbau stark in Aufnahme gekommen[1]).

B. Füllort und Hängebank.

177. — Vorbemerkungen. Für neuzeitliche Schachtanlagen mit ihren hohen Förderleistungen ist die zweckmäßige Ausgestaltung von Füllort und Hängebank von besonderer Bedeutung geworden. Für die Besprechung sind zu unterscheiden die auf die Anlage dieser Anschläge und auf die allgemeine Gestaltung des Förderbetriebes bezüglichen Erwägungen und ferner die zur Durchführung der Fördervorgänge dienenden Maßnahmen und Vorrichtungen.

178. — Aufgaben der Füllörter und die für ihre Anlage maßgebenden Gesichtspunkte. Das Füllort mit seinen Einrichtungen hat die Aufgabe, die waagerechte Hauptstreckenförderung in die senkrechte Schachtförderung überzuleiten. Hierbei sind die Einrichtungen so zu treffen, daß eine sofortige Übernahme der Vollzüge und eine Bereithaltung der entsprechenden Leerzüge erfolgen kann. Zu diesem Zwecke empfiehlt sich eine vollständige Trennung zwischen der Hauptstreckenförderung und dem eigentlichen Füllortbetrieb[2]).

Das Füllort hat infolgedessen, ähnlich wie der Pumpensumpf, eine gewisse **Speicheraufgabe.** Es soll einen Mengenausgleich zwischen der Strecken- und der Schachtförderung schaffen, um eine gleichmäßige Bedienung und damit größtmögliche Ausnützung der Schachtfördereinrichtungen zu ermöglichen. Diese Aufgabe ist um so wichtiger, je größer die Förderleistung ist und je länger es dauert, bis nach Beginn der Schicht die regelmäßige Zufuhr aus den Bauabteilungen einsetzt. Durch das Anfahren der Belegschaft nach Steigerabteilungen, durch die Beförderung der Leute mit Lokomotiven in den Hauptstrecken und durch die immer mehr Verbreitung erlangende Seilfahrt in den Blindschächten hat zwar eine wesentlich raschere Aufnahme der Kohlenförderung an den einzelnen Betriebspunkten stattgefunden, als es früher der Fall war. Gleichwohl hilft man sich aber außerdem für die Morgenschicht in mehr oder weniger großem Umfang durch das Vollsetzen, d. h. durch die Aufstellung einer großen Anzahl von beladenen Wagen, das durch Nachtschicht-Gewinnungsbetrieb einiger Abbaue ermöglicht wird.

Die Abgrenzung des Speichers einer Füllortanlage ist von der Reichweite des Fördermittels des Füllorts abhängig. Nur diejenigen Wagen können zum Füllortspeicher gerechnet werden, deren weitere Beförderung bis zum Anschlag ohne Inanspruchnahme der eigentlichen Streckenförderung möglich ist. Für das Größenverhältnis des Füllortspeichers gilt im allgemeinen, daß die Leerseite mehr Raum beansprucht als die Vollseite, und zwar deshalb, weil die zur Leerseite gehörigen Material- und Bergewagen nicht als vollgültige Wechselwagen betrachtet werden können und zu ihrer Verteilung besondere Gleise erforderlich sind.

Bei einer Stundenleistung zweier Schachtförderungen von je 240 Wagen,

---

[1]) „Technische Mitteilungen" 1939, S. 180; H. Herbst: Neuere Entwicklung und Aussichten der Schachtförderung im Steinkohlenbergbau.

[2]) J. Reusch: Untersuchungen über die Ausgestaltung der Füllörter im Ruhrbergbau. Dissertation Clausthal 1937.

eine Leistung, die bei den noch verbreiteten Kleinförderwagen bei Teufen von 600—1000 m durchaus erreichbar ist, empfiehlt es sich, je Schachtförderung mindestens 2—2$^1/_2$ Züge — also insgesamt 4—5 Züge mit 200—300 Vollwagen — aufstellen zu können. Auf der Leerseite entsprechen dieser Menge 300—500 Wagen, so daß die Zahl der Leerwagen das 1,3—1,75fache der Vollwagen beträgt. Die Zahl der Gleise ist infolgedessen auf der Leerseite größer als auf der Vollseite, das Füllort demnach auch breiter. Auf der Vollseite genügen im allgemeinen bei Doppelförderung 3 Gleise, und zwar 2 Vollgleise und 1 Lokomotivgleis. Die Leerseite benötigt dagegen mindestens 4 Gleise, 2 Leergleise, 1 Gleis für Bergewagen und 1 Gleis für Materialwagen. Hinzu kommt zuweilen noch 1 Lokomotivgleis, wenn es sich auch empfiehlt, auf dieses nach Möglichkeit zu verzichten.

Bei richtig ausgenutzter Speichertätigkeit sammeln sich bei verstärkter Kohlenzufuhr über die Schachtförderleistung hinaus überschüssige Vollwagen auf der Vollseite an, während die Leerseite von ihrem Vorrat abgibt. Umgekehrt wird der Schacht in Zeiten geringerer Kohlenzufuhr von dem Vorrat der Vollseite gespeist, während die Leerseite die Vollwagen aufspeichert. Die Summe der im Füllort befindlichen Voll- und Leerwagen ist dabei immer etwa gleich groß. Es findet lediglich, entsprechend dem Gang der Streckenförderung, ein dauerndes Wechselspiel der Anteile von Leer- und Vollwagen statt.

In allen Fällen sucht man heute eine einheitliche Förderrichtung am Füllort zu schaffen, damit der Förderbetrieb unabhängig von der Laufrichtung der mit der Streckenförderung herangebrachten Wagen gleichmäßig gestaltet und auf die Höchstleistungsfähigkeit gebracht werden kann. Man kann dann nicht nur mit Durchschiebebetrieb für die Förderkörbe arbeiten, sondern auch alle Hilfseinrichtungen, die weiter unten zu beschreiben sein werden, auf diese Bewegungsrichtung abstellen. Daraus ergibt sich, soweit nicht der seltene Fall vorliegt, daß die ganze Förderung von einer Seite her herangebracht wird, die Notwendigkeit, die von der Leerseite kommenden Wagen auf die andere Seite umzuleiten.

Für die Raumbemessung eines Füllorts spielt die Förderung und die Wetterführung eine Rolle. Aus der Zahl der notwendigen Gleise ergibt sich die Füllortbreite und aus der Bemessung der Voll- und Leerbahnhöfe, d. h. aus der Notwendigkeit mehr oder weniger Wagen zu speichern, die Füllortlänge. Die Füllorthöhe ist außer von der vorgesehenen Füllortbreite von der Wetterführung, d. h. von der Wettermenge abhängig, die, ohne eine Höchstgeschwindigkeit von 6 oder 8 m zu überschreiten, aus dem Schacht durch das Füllort ganz oder geteilt geleitet werden muß.

Einen wichtigen Punkt stellt der eigentliche Schachtanschlag dar — also die Verbindung des Füllortausbaus mit dem des Schachtes und die Anlage des Seilfahrtkellers. Um die Wetter allmählich und den Gesetzen der Strömungsforschung entsprechend aus der senkrechten in die waagerechte Richtung umzulenken, empfiehlt sich ein allmähliches Hochziehen der Füllortfirsten in den Schacht hinein. Dagegen ist ein rechtwinkliges Absetzen des Füllorts an der Schachtwandung unzweckmäßig. Die durch das Hochziehen der Firsten geschaffene große Anschlaghöhe ist außerdem noch mit Rücksicht auf das Ein- und Ausladen von langen Teilen (Schienen, Rohren u. dgl.) erforderlich. Der Seilfahrtkeller muß ganz den Erfordernissen der Seilfahrt angepaßt werden, um eine reibungslose und rasche Abwicklung der Mannschaftsförderung zu ermöglichen. Als Breite der Keller genügt die Breitenausdehnung der beiden Schachtförderungen. Die Länge der Keller braucht eine Korblänge nicht wesentlich zu übersteigen.

Das Füllort eines Hauptschachtes kann in der Richtung des zum Schacht führenden Hauptförderweges oder quer dazu oder parallel zu ihm (im „Nebenschluß") liegen. Die allgemeine Füllortanordnung wird durch die Lage des Schachtes und der Schachtscheibe sowie durch Lage und Verlauf der Hauptförderstrecke bestimmt und ist außerdem davon abhängig, ob die Kohlenzufuhr zum Schacht von einer oder von zwei Richtungen erfolgt. Auch spielen Art, Einrichtung und Leistung der Schachtförderung sowie Leistung-, Betriebs- und Arbeitsweise der Streckenförderung eine Rolle. Die Wahl der Füllortbauart kann infolgedessen nicht willkürlich getroffen werden, vielmehr ergibt sie sich je nach Art und Anzahl der vorliegenden Bedingungen mehr oder weniger zwangsläufig. Eine besondere Rolle spielt hierbei die Lage der Aufschiebeseite im Füllort. Sie kann von der Hängebank und damit von der Tagessituation abhängen. Die Beschickung der Förderkörbe im Füllort erfolgt nämlich vielfach auf der entgegengesetzten Seite wie auf der Hängebank, und zwar geschieht dieses dann, wenn Laufrollen als Aufhaltevorrichtungen für die aufgeschobenen Wagen auf den Förderkorbböden verwendet werden. Bei Benutzung der neuen Aufhaltevorrichtungen von Hemscheidt sind die Richtungen der Beschickung auf der Hängebank und im Füllort jedoch unabhängig voneinander. Sie gestatten also, die Vollseite des Füllortes unbeeinflußt von den Verhältnissen der Hängebank zu wählen. Für sie ist dann in erster Linie die Richtung der untertägigen Kohlenzufuhr maßgebend.

Die Verwendung von Großförderwagen hat insofern einen besonderen Einfluß auf die Füllortgestaltung, als die Füllortlänge bei gleicher Leistung kleiner werden kann. Bei Gefäßförderung verringert sich außerdem noch die Füllortbreite, so daß hier vielfach sehr einfache Füllortformen möglich sind. Eine völlige Umgestaltung des Füllortbetriebes wird durch die Verbindung von Bändern des Hauptstreckenfördermittels und der Gefäßförderung erreicht. Es können dann, abgesehen von der eigentlichen Füllstrecke am Schachtanschlag, alle für die Füllörter sonst notwendigen Anlagen fortfallen.

179. — Die verschiedenen Füllortbauarten. In der nachstehenden Übersicht[1]) sind die verschiedenen Füllortbauarten zusammengestellt, wobei ihre Anwendbarkeit unter Berücksichtigung der Kohlenzufuhr entweder auf der Vollseite, auf der Leerseite oder auf beiden Seiten in Betracht gezogen und eine fördertechnische Beurteilung der einzelnen Bauarten vorgenommen ist. Das als Nr. 3 dargestellte Schleifenfüllort ist bei Überwiegen der Kohlenzufuhr von der Vollseite aus üblich, während das als Nr. 4 bezeichnete Schleifenfüllort mit besonderer Umfahrungsstrecke vor allem bei hoher Förderleistung und anteilmäßig hoher Kohlenzufuhr von der Leerseite gebräuchlich ist. Zweckmäßiger als dieses ist jedoch — besonders bei Großraumförderung — das als Nr. 6 bezeichnete Streckenfüllort mit Umfahrungsstrecke. Außerdem sei noch auf die ausbau- und wettertechnischen Vor- und Nachteile der verschiedenen Bauarten hingewiesen.

---

[1]) J. Reusch: Untersuchungen über die Ausgestaltung der Füllörter im Ruhrbergbau. Dissertation Clausthal 1937.

Die Bauarten 1—3 haben den Nachteil, eine verhältnismäßig große Füllortbreite zu bedingen, während die Bauarten 8, 9 und 10 mit besonders geringen Füllortquerschnitten auskommen.

Nr. der Bauart und der Abb.	Grubenbildliche Kennform	Bezeichnung der Bauart	Anwendbarkeit bezüglich Richtung der Kohlenzufuhr	Fördertechnische Beurteilung der Bauart
I	II	III	IV	V
	Erklärung ▬▬▬ *Vollbahnhof* ░░░░ *Leerbahnhof*		**A. Füllörter mit Lage des Schachtes im Hauptförderweg**	
1		Strecken- füllort ohne Umfahrung	a) Zufuhr v. d. Vollseite b) Zufuhr v. d. Leerseite c) beiderseitige Zufuhr	Nachteil: Nebeneinander von Füllortbetrieb u. Streckenförderung. Gegenläufigkeit. Eignung: Kleine Förderleistung, einfache Schachtförderung (keine Doppelförderung).
2		Schleifen- füllort Normalform	Zufuhr von der Vollseite	Vorteil: Vollständige Trennung von Füllortbetrieb und Streckenförderung, geringste Leerfahrt der Lokomotiven vom Vollzug zum Leerzug. Nachteil: Langer Gefälleablauf an der Leerseite, deshalb steigende Leerkette unentbehrlich.
3		Einfache Abwandlung des Schleifen- füllorts	beiderseitige Zufuhr	2 Leerbahnhöfe. Nachteil: Wie 1.
4		Schleifen- füllort mit besonderer Umfahrungs- strecke f. den Förderteil v. d. Leerseite	beiderseitige Zufuhr	Vorteil: Wie 2, vollständige Trennung der Förderung aus beiden Feldesteilen, 2 Leerbahnhöfe, hohe Leistungsfähigkeit. Nachteil: Wie 2, umfangreiche, teure Anlagen.
5		Strecken- füllort mit Umfahrungs- strecke	Zufuhr von der Leerseite	Vorteil: Kleinstmöglicher direkter Gefälleablauf, einfachster Füllortbetrieb, vollständig getrennt von der Streckenförderung. 1 Leerbahnhof, 1 Umfahrungsstrecke für Leerzüge und Kohlenzüge. Ausreichende Leistungsfähigkeit bei anteilmäßig wechselnder Zufuhr. Einfachste Anlage und Streckenführung.
6			beiderseitige Zufuhr	

Nr. der Bauart und der Abb.	Grubenbildliche Kennform	Bezeichnung der Bauart	Anwendbarkeit bezüglich Richtung der Kohlenzufuhr	Fördertechnische Beurteilung der Bauart
I	II	III	IV	V
		B. Füllörter mit Lage des Schachtes abseits vom Hauptförderweg.		
7		Schleifenfüllort	Aufschiebeseite von Hauptförderstrecke. Genügender Abstand des Schachtes	wie 2
8		Abwandlung d. Schleifenfüllorts. Leerumtrieb mündet getrennt im H.-Qu.	Wie 7	Vorteil: Wie 2, Fortfall der steigenden Leerkette. Nachteil: Größere Leerfahrt der Lokomotiven.
9		Füllort mit diagonalen Umtriebstrecken	Schacht nahe mit der Leerseite zur Hauptförderstrecke gelegen. Kohlenzufuhr zweiflügelig durch diagon. Umtriebstrecke	Vorteil: Zweiflügelige Anordnung, Trennung der Förderungen aus beiden Feldesteilen; 2 Leerbahnhöfe; hohe Leistungsfähigkeit; Fortfall der steigenden Leerkette.
10		Füllort für Gefäßförderung	a) Zufuhr von der Vollseite	Vorteil: Einfacher Förderbetrieb infolge Gleichartigkeit der Produktenförderung und Fortfall der Wagenverteilung und Korbbeschickung, ausreichend für höchste Schachtförderleistung.

Die Füllortbauarten 1, 3, 4, 5, 6, 8 und 9 haben den Vorteil, eine Teilstrombildung am Schacht zu ermöglichen, so daß auch bei großer Wettermenge die Wettergeschwindigkeit im Füllort ohne Schwierigkeit in mäßigen Grenzen gehalten werden kann. Die Bauarten 2, 7 und 10 ermöglichen eine solche Teilstrombildung nicht, vielmehr muß bei ihnen der Einziehstrom ungeteilt bis zur Hauptförderstrecke geleitet werden. In diesen Fällen ist es jedoch möglich, das Füllort durch einen tonnlängigen Wetterkanal zu entlasten. Dieser zweigt oberhalb der Fördersohle im Schacht ab und mündet am Wetterverteilungspunkt in die Richtstrecke. Voraussetzung für die Anwendung einer solchen Aushilfe ist allerdings, daß die Entfernung zwischen dem 1. Wetterverteilungspunkt auf der Sohle und dem Schacht nicht übermäßig groß ist.

Für die Beanspruchung des Füllortausbaus ist es von Wichtigkeit, ob die Füllörter querschlägig oder streichend verlaufen. Im allgemeinen überwiegt der querschlägige Verlauf. Im übrigen ist bei flachem Einfallen die Frage des Füllortverlaufs von geringerer Bedeutung als bei mittlerem und steilem Einfallen. Hier lehrt die Erfahrung, daß die querschlägige Linienführung günstiger ist und weniger Unterhaltungskosten erfordert als eine streichende, es sei denn, daß es bei der Wahl des Sohleneinsatzpunktes möglich war, das streichend verlaufende Füllort in eine besonders günstige Gebirgsschicht zu legen.

180. — Allgemeines über den Förderbetrieb in Füllörtern. Als Hilfsmittel zur Erledigung der Bewegungsvorgänge des Wagenumlaufs in Füllörtern kommen Gefällestrecken als auch maschinenmäßige Hilfsmittel in Betracht. Die Gefällestrecken können entweder den freien Ablauf der einzelnen Wagen oder auch ganzer Züge ermöglichen. Als maschinenmäßige Hilfsmittel sind Haspel, söhlige und ansteigende Unterkettenbahnen, Drucklufttrecker, Aufschiebevorrichtungen, seltener auch Seilbahnen üblich. Auch kann unter Umständen eine Bewegung ganzer Züge durch Rangierlokomotiven erfolgen. Im allgemeinen gilt, daß die Gefälleförderung zwar den Vorzug großer Einfachheit hat, jedoch die Förderwagen sehr beansprucht, zum Verschütten von Fördergut und zu Zerfall der Kohle — also zur Verschlechterung des Sortenanfalls führt. Diese Mißstände steigern sich mit der Länge der Gefällestrecken und mit zunehmender Wagengröße. Es ist daher zweckmäßig, die Vollseite nach Möglichkeit söhlig anzulegen, die Wagen also durch Unterkettenbahnen zu bewegen und die Gefällestrecke für eine zulässige Belieferung der Schachtbeschickungseinrichtungen auf die für eine Korbbeschickung notwendige Länge zu beschränken. Das Aufschieben der Wagen für die Aufschiebevorrichtung soll nach Möglichkeit auf söhliger Bahn erfolgen.

Auf der Leerseite sind dagegen Gefällestrecken weniger leicht zu entbehren als auf der Vollseite. Da es sich aber auf der Leerseite in überwiegendem Maße um Leerwagen handelt, die Zertrümmerung von Kohle, das Verschütten von Fördergut und die Staubentwicklung nicht in Betracht kommen, wirken sich die Nachteile mit Ausnahme für die ablaufenden Bergewagen wesentlich weniger oder überhaupt nicht aus. Im allgemeinen ist denjenigen Füllortformen der Vorzug zu geben, die ohne Einschaltung einer steigenden Leerkettenbahn einen unmittelbaren Ablauf der Wagen in den Leerbahnhof auf kürzestem Wege ermöglichen.

Besondere Aufmerksamkeit ist auch der Leerfahrt der Lokomotive nach Abgabe des Vollzuges bis zur Übernahme des Leerzuges zu schenken. Sie soll so schnell wie möglich und jedenfalls ohne Stockung des Förderbetriebs im Füllort vonstatten gehen. Die günstigsten Bedingungen bietet in dieser Beziehung das Schleifenfüllort. Bei ihm liegt das obere Ende der Vollseite und das Ende des Leerbahnhofs sehr dicht beieinander, die Lokomotiven können also unmittelbar nach Einsetzen des Vollzuges an den Leerzug gelangen.

Es wurde bereits auf die Zweckmäßigkeit hingewiesen, das eigentliche Füllort von der Streckenförderung zu entlasten. Zur Leerfahrt der Lokomotiven sowie zur Überleitung von Voll- und Leerwagen werden daher am besten Umtriebstrecken vorgesehen. Fahren dagegen, wie es häufig geschieht, die Lokomotiven von der Vollseite zur Leerseite am Schacht vorbei, so geht eine Aufstellbahn verloren, oder das Füllort verbreitert sich für die Aufnahme eines dafür notwendigen zusätzlichen Lokomotivgleises.

181. — Beispiel für die Planung eines Füllortes[1]. Es seien folgende Annahmen getroffen:

Doppelförderung zu je 4 Böden mit je 2 Wagen hintereinander. Beschickungszeit: 40 s. Treibzeit: 80 s.

Zahl der Treiben je Schachtförderung und h: 30.

Stundenleistung: 2 · 240 Wagen = 480 Wagen = 360 t.

Die Kohlenzufuhr zum Schacht möge zu gleichen Teilen von der Leerseite und der Vollseite erfolgen. Die Zahl der Kohlenzüge auf der Vollseite und auf der Leerseite beläuft sich infolgedessen auf je 5/h. Die Belastung der Umfahrungsstrecke ergibt sich zu 10 Zügen/h, die aus 5 Leerzügen und 5 Vollzügen bestehen. Der Füllortbetrieb wickelt sich nach Abb. 592 wie folgt ab:

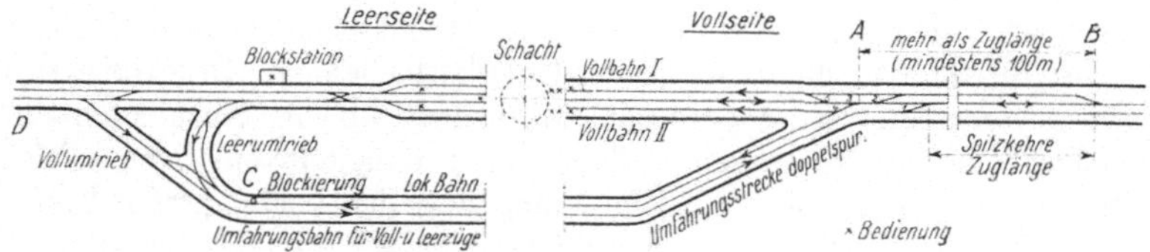

Abb. 592. Streckenfüllort mit Umfahrungsstrecke.

Die Vollzüge aus Richtung der Vollseite laufen auf der rechten Stoßbahn der Strecke $A-B$ ein und beliefern die Vollbahn I. Die Lokomotiven ziehen dabei einen Zug über die als Rangierbahn dienende Mittelbahn auf, wobei sie über die Weiche 2 zur Mittelbahn wechseln und den Zug mit der Kette in die Vollbahn I ziehen. Alsdann fährt die Lokomotive über die Weichen 3 und 4 in die Lokomotivbahn der Umfahrungsstrecke zur Leerseite. Zur Trennung der aus dem Umtrieb kommenden Leer- und Vollzüge dient die Weiche 1. Die Vollzüge werden durch diese Weiche aus der von hier ab nur noch als Leerbahn dienenden Stoßbahn in die Mittelbahn $A-B$ geleitet. Diese dient lediglich als Spitzkehre und steht immer für die Züge von der Leerseite frei. Die auf diese Weise herangebrachten Züge werden durch einfaches Zurücksetzen über die Weichen 3 und 4 in die Vollbahn II gefahren. Die frei werdende Lokomotive fährt über die Weiche 4 in die Lokomotivbahn der Umfahrungsstrecke zurück. Die Umfahrungsstrecke erhält auf der Leerseite eine doppelte Ausfahrt. Die eine führt als doppelspuriger Leerumtrieb zum Ladebahnhof, während die andere als einspuriger Vollumtrieb für die Überleitung der Vollzüge dient. Bei Punkt C, bei dem die Leer- und Vollzüge auf die gemeinsame Bahn geleitet werden, ist die Anlage einer Blockierung notwendig. Sie kann in einer einfachen Signallampe bestehen, die bei der Abfahrt eines Leerzuges aus dem Leerbahnhof die Durchfahrt eines Vollzuges oder den Gleiswechsel der Rangierlokomotive bei C sperrt.

Die Überleitung der Vollzüge von der Leerseite zur Vollseite übernimmt eine Rangierlokomotive. Zu diesem Zwecke läßt die Hauptstreckenlokomotive den Vollzug bei D stehen und fährt unmittelbar zum Leerbahnhof. Hier erfolgt ihre Abfertigung unabhängig von den Leerzügen, die zur Vollseite fahren. Bei einer Zugzahl von 5/h — also einer Zugfolge von 12 min — reicht eine Rangierlokomotive aus.

---

[1] Dieses Beispiel ist der auf S. 510 angegebenen Arbeit von J. Reusch entnommen.

Die Länge der Aufstellbahnen der Vollseite sei zu 2 Zuglängen angenommen, was gemessen von den Unterkettenbahnen bis zum Punkt A einer Länge von 170 m entspricht. Bei normaler Betriebsweise beträgt dann der Speicher der Vollseite $2 \cdot 100 = 200$ Wagen. Dazu kommen noch 100 Wagen, wenn bei A in beiden Zufahrtgleisen je 1 Zug abgesetzt wird. Dieses Verfahren gestattet ein bequemes Einsetzen der Vollzüge. Die zuerst kommende Lokomotive läßt ihren Zug bei A stehen und fährt unmittelbar zum Leerbahnhof. Die nachfolgenden Züge drücken dann jeweils die vorhergehenden in die Aufstellbahn vor. Die Größe des Leerbahnhofs wird ebenfalls mit 2 Zuglängen bemessen, so daß dieser bei 4 Bahnen ein Gesamtfassungsvermögen von 400 Wagen bietet. Die Länge der Umfahrungsstrecke ergibt sich somit zu etwa 400 m. Ihr Ansteigen beträgt etwa $1 : 200$. Maßgebend ist dabei, daß sie am Ende des Leerbahnhofs abzweigt und auf der Vollseite erst am oberen Ende der Aufstellbahn mündet.

An Bedienung sind außer einem Förderaufseher 2 Mann für die Unterkettenbahn an der Vollseite, 4 Anschläger, 1 Mann am Stellwerk und 2 Mann am Leerbahnhof notwendig.

182. — Die Hängebank. Allgemeines. Die Notwendigkeit, für eine genügende Höhe für den Haldensturz und die Verladung zu sorgen, hat dazu geführt, daß die Förderhängebank bei der Verwendung von Kleinförderwagen etwa 10—12 m oberhalb der Rasenhängebank gelegt wird. An der Hängebank werden die Wagen durch Wipper auf die Schwingsiebe der Sieberei oder in dem Regelfall, daß eine Aufbereitung angeschlossen werden muß, auf die zum Abscheiden des Aufbereitungsgutes von den groben Stücken dienenden Siebroste, Plansiebe, entleert. In der Regel ist hier auch für den unmittelbaren Absatz in der Nachbarschaft („Landabsatz" oder „Landdebit") ein Wipper vorhanden. Außerdem muß für die Weiterbeförderung der zum Kesselhaus und zur Bergehalde laufenden Wagen und für das Einschalten der Bergeversatz-, Holz- und Werkstoffwagen in die der Auflaufseite zuzuführenden leeren Wagen gesorgt werden. Ferner ist ein Wipper zum Vorreinigen und Schmieren der Wagen vorzusehen. Im ganzen gesehen ist es also Aufgabe der Hängebank die von den Förderkörben abgezogenen vollen Wagen den Wippern und die leeren Wagen sowie Holz- und Materialwagen auf möglichst einfachem und kurzem Wege der Leer- oder Aufschiebeseite des Schachtes wieder zuzuführen.

183. — Beispiel für eine Hängebank mit Wagenumlauf. In Abb. 593 ist der Wagenumlauf einer Förderhängebank für eine tägliche Förderung von etwa 12—15000 t dargestellt. In jedem der Schächte *1* und *2* sind 2 Fördereinrichtungen für Gestellförderung vorgesehen. Die Fördergestelle haben drei Böden, von denen jeder einen Großraumförderwagen für 3500 l Inhalt aufnimmt. Schacht *1* dient als Hauptförderschacht, Schacht *2* als Reserveschacht und zum Einhängen von Holz, Berge und Material. Die im Schacht *1* geförderten Vollwagen werden mittels Aufschiebevorrichtungen *3* vom Förderkorb abgestoßen und dabei gleichzeitig die leeren Wagen aufgeschoben. Die Vollwagen rollen mit Eigengefälle über Gleise und Weichen den automatischen Wippern *5* zu, in welchen das Fördergut gestürzt wird und auf die Lesebänder *13* gelangt. Die aus den Wippern selbsttätig auslaufenden Leerwagen werden gegebenenfalls in Reinigungswippern *6* gereinigt und geschmiert und laufen vier Kettenbahnen *7* zu, durch die sie gehoben und weiterbefördert werden. Von Druckluftbremsen *8* werden die ablaufenden Wagen aufgefangen und gelangen nacheinander zur Aufstellung. Von den beiden äußeren Kettenbahnen rollen die Leerwagen unter Bergetürme *9*, wo sie mit Versatzbergen gefüllt werden. Die Leerwagen rollen von den Bremsen *8* weiter nach Schacht *1*, wo sie wieder von Druckluftbremsen *8* festgehalten und zum Aufschieben bereitgestellt werden. Nach Öffnen der Bremsen *8* rollen die Leerwagen bis unmittelbar zum Schacht, wo sie von Schachtsperren *4* festgehalten werden. Das Aufschieben erfolgt, wie oben erwähnt, mit Aufschiebevorrichtungen *3*. Die mit Berge gefüllten Wagen werden nach Schacht *2* abgezweigt und gelangen über die Kettenbahn *10* zu den Bremsen *8*, wo sie ähnlich wie am Schacht *1* durch Aufschiebevorrichtungen *3* auf die Körbe aufgeschoben werden.

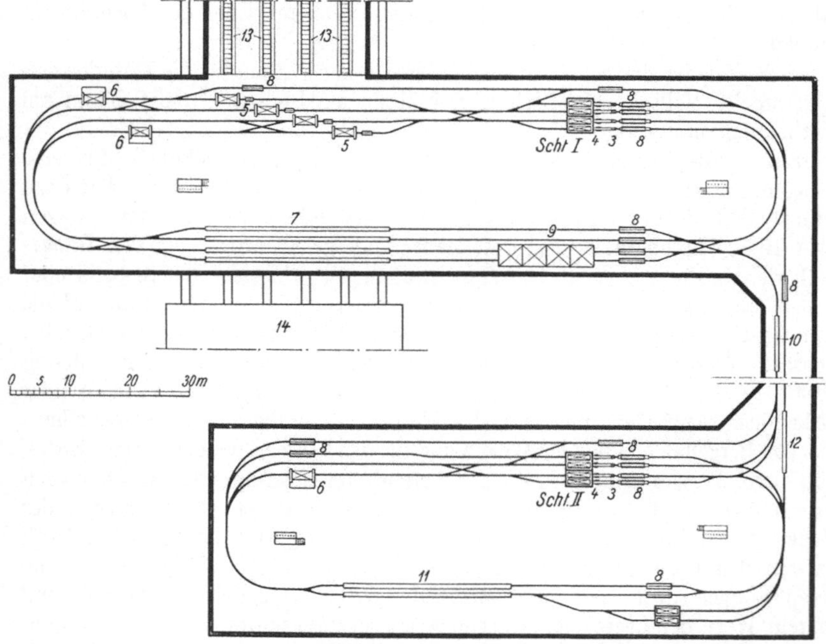

Abb. 593. Wagenumlauf einer Großförderanlage.

Wird aus Schacht *2* gefördert, so laufen die Vollwagen, nachdem sie von Anhebekettenbahnen *11* und *12* angehoben und von Bremsen *8* aufgefangen wurden, über die Verbindungsbrücke zwischen Schacht *1* und *2* an Schacht *1* vorbei den automatischen Wippern zu.

Im Schachtgebäude des Schachtes *2* befindet sich ein doppeltrümmiger Aufzug für Holz und Material. Neben Schacht *2* sind Abstellgleise vorgesehen, auf denen die vom Schacht *1* zugeführten Leer- und Bergewagen vorübergehend aufgestapelt werden können. Die Weichen werden von zentral angeordneten Stellwerken aus mit Hilfe kleiner Druckluftzylinder betätigt.

184. — Die Rasenhängebank mit Spitzkehren. Große Förderwagen bedingen mit 14—16 m eine größere Höhe der Hängebank als Kleinförderwagen. Wegen des großen Wageninhalts ist es nämlich nicht möglich, daß ein Wipper unmittelbar auf ein Sieb entleert, vielmehr muß die ganze Kohlenmenge auf 2 Siebe verteilt werden. Auch nehmen die Wipper selbst einen großen Umfang ein. Diese Entwicklung hat dazu geführt, sich mehr und mehr auch der Vorteile zu erinnern, die mit der Beschränkung auf die Rasenhängebank für die ganze Schachtbedienung verbunden sind. Diese bestehen in erster Linie in der wesentlichen Verringerung der Höhe des Fördergerüstes und damit seiner Kosten sowie auch der Kosten für die Hängebank selbst mit ihrem Wagenumlauf; auch wird auf diese Weise die Sieberei und Verladung hinsichtlich der Höhenlage ihrer Hauptbühne von der Schachtförderung unabhängig und diese selbst von der Belästigung durch den auf der Wipperbühne entwickelten Staub befreit; ferner wird die Seilfahrt wesentlich erleichtert. Die Ersparnis an Höhe beim Fördergerüst ist für die heutigen Großförderanlagen mit ihren großen Massenkräften, die eine genügende Höhenlage der Seilscheiben noch oberhalb der Hängebank erfordern, von besonderer Bedeutung. Anderseits entfällt der früher vorhandene Nachteil, die erforderliche Höhe durch eine ansteigende Kettenbahn einzubringen, wodurch der Verkehr des Schachtes behindert und mit Rücksicht auf das zulässige Ansteigen der Kettenbahn ein größerer Abstand zwischen Schacht und Verladung erforderlich ist. Dieser

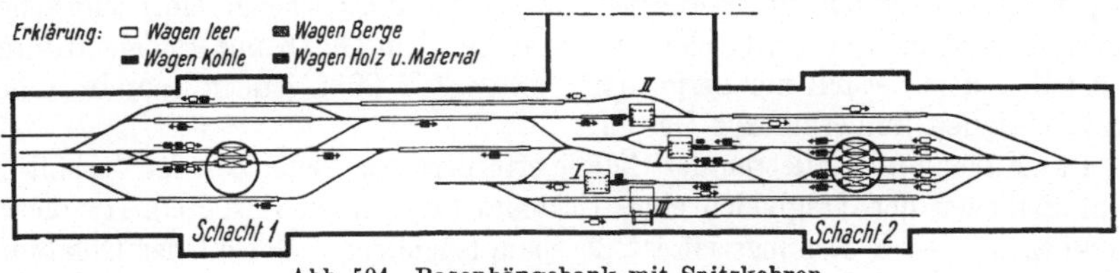

Abb. 594. Rasenhängebank mit Spitzkehren.

Nachteil ist heute durch die Verwendung von Bändern behoben, die von den Wippern ihren Ausgang nehmen und ansteigend zur Sieberei und Verladung fördern. Infolgedessen ist es in neuerer Zeit mehrfach zur Anlage von Rasenhängebänken gekommen.

Ein Beispiel für eine solche Hängebank, bei der an Stelle eines Wagenumlaufs Spitzkehren vorgesehen sind, ein die Anlage sehr vereinfachendes Hilfsmittel, das allerdings zur Geringhaltung der Anzahl der Wipper und Gleise, weniger für Kleinförderwagen als für Großförderwagen geeignet ist, zeigt Abb. 594. Die vom Hauptförderschacht, Schacht 2, abgestoßenen Vollwagen rollen mit Gefälle über Weichen den Wippern I zu. Aus den Wippern laufen die geleerten Wagen selbsttätig mit Gefälle Spitzkehren zu, von denen sie, nachdem sie gegebenenfalls im Wipper III gereinigt und geschmiert wurden, in entgegengesetzter Richtung über Anhebekettenbahnen am Schacht vorbei auf die Leerseite des Schachtes gelangen, um mittels Aufschiebevorrichtungen auf die Körbe aufgeschoben zu werden. Schacht 1 dient als Reserveschacht, in dem Berge, Holz und Material, nach Bedarf auch zusätzlich Leerwagen, eingehängt werden. Wird aus Schacht 1 gefördert, so laufen die Vollwagen über Weichen und Anhebekettenbahn dem Ersatzwipper II zu, aus dem sie geleert entweder in gleicher Richtung weiter über eine Anhebekettenbahn und Spitzkehre auf die Leerseite des Schachtes 2 befördert werden oder über eine Weiche in entgegengesetzter Richtung über Anhebekettenbahnen am Schacht 1 vorbei auf die

Aufschiebeseite dieses Schachtes gelangen. Sollte aus Schacht 2 Holz oder Material gefördert werden, so laufen diese Wagen über Weichen und Anhebekettenbahnen am Schacht 1 vorbei ihrem Bestimmungsorte zu.

C. Die Arten der Schachtförderung.

185. — Grundsätzliche Unterschiede zwischen der Gefäß- und der Gestellförderung. Die Gefäße können unbeschadet ihres Fassungsvermögens mit kleinem Querschnitt in großer Länge ausgeführt werden. Auch in einem engen Schacht kann daher bei jedem Treiben eine große Nutzlast gefördert und hierdurch bei mäßiger Geschwindigkeit eine große Förderleistung erzielt werden. Dagegen ist der Raumbedarf eines Gestelles im Schacht bei gleicher Nutzlast naturgemäß größer als der eines Gefäßes. Zwar ist auch eine Steigerung der Nutzlast durch eine Vergrößerung der Tragbodenzahl möglich, jedoch nur in beschränktem Maße, da mit der Zahl der Tragböden auch die Dauer der Bedienungspausen wächst, so daß der Vorteil einer größeren Nutzlast hierdurch wieder aufgehoben wird.

Die Leerlast eines Gefäßes ist geringer als die eines Gestelles mit Förderwagen. Damit können auch Förderseil, Unterseil und Zwischengeschirr schwächer gewählt werden. Der Unterschied ist zwar bei dem Gefäß mit Bodenentleerer gegenüber dem Gestell nur gering (vgl. unten Ziff. 201), jedoch kommt er bei großen Teufen immerhin zur Geltung.

Das Füllen und Entleeren der Gefäße erfordert nur wenig Zeit im Verhältnis zum Bedienen der Tragböden eines Gestelles (vgl. unten Ziff. 202). In dieser Verkürzung der Bedienungszeit ist der hauptsächlichste Vorteil der Gefäßförderung· gegeben.

Alle diese Umstände begründen eine größere Leistungsfähigkeit der Gefäßförderung gegenüber der Gestellförderung. Wo eine Leistung gefordert wird, die auch mit einer Gestellförderung ohne Schwierigkeit erzielt werden kann, erlaubt die Gefäßförderung eine schwächere und entsprechend billigere Fördereinrichtung.

Die Förderwagen brauchen bei der Gefäßförderung nicht wie bei der Gestellförderung den Schacht zu durchfahren. Ihre Größe und Form kann daher ganz nach den Verhältnissen des Grubenbetriebes ohne Rücksicht auf den Schachtquerschnitt gewählt werden. Dies wirkt sich besonders günstig aus, wenn Umstellungen im Grubenbetrieb die Einführung anderer Wagen wünschenswert machen. Da die Wagen nur in der Grube umlaufen, also schon nach kurzer Zeit für einen neuen Förderweg wieder zur Verfügung stehen, genügt ein kleiner Wagenpark. Den Wagen werden ferner die recht hohen Beanspruchungen erspart, denen sie beim Aufschieben auf die Gestelle ausgesetzt sind, so daß sie besser geschont werden. Sowohl die Beschaffungs- als auch die Unterhaltungskosten der Förderwagen sind deshalb bei der Gefäßförderung beträchtlich niedriger als bei der Gestellförderung. Weitere Ersparnisse ergeben sich bei der Gefäßförderung noch aus den einfacheren Einrichtungen zum Füllen und Entleeren der Gefäße, wobei jedoch zu beachten ist, daß die Staubabsaugung einen etwas größeren Aufwand erfordert. In den meisten Fällen dürften sich auch noch die Lohnkosten durch Einsparen an Anschlägermannschaften geringer stellen.

Als weitere Annehmlichkeiten der Gefäßförderung sei noch erwähnt, daß bei ihr ein Sturz von Wagen in den Schacht ausscheidet, der bei der Gestellförderung trotz weitgehender Sicherungsmaßnahmen recht häufig beträchtlichen Schaden anrichtet. Die Störungen, die sich vereinzelt bei nicht ordnungsgemäßem Zustand des Bodenverschlusses ergaben, stehen in keinem Verhältnis zu denjenigen, die bei Gestellen durch nicht richtig aufgeschobene oder gesicherte Wagen entstehen können.

Endlich sei noch erwähnt, daß die Füllung und Entleerung der Gefäße am leichtesten im Anschluß an Förderbänder bewerkstelligt werden kann, so daß sich die Gefäßförderung günstig in die neuzeitliche Fließförderung einfügt.

Der hauptsächlichste Vorteil der Gestellförderung liegt dagegen in ihrer guten Eignung für die besonderen Aufgaben, die sich für die Schachtförderung neben der Förderung des eigentlichen Fördergutes ergeben. Es handelt sich in erster Linie um die Seilfahrt, ferner um die Förderung von Gezähe, Holz und andern Baustoffen sowie von Maschinen, die von der Gestellförderung ohne weiteres bewerkstelligt werden können, während sie bei Gefäßförderung große Schwierigkeiten bereiten. Auch erlaubt die Gestellförderung ohne weiteres das gleichzeitige Einhängen von Bergen, wodurch der Energieverbrauch der Fördermaschine verringert wird. Endlich wird bei der Gestellförderung ein Umladen des Fördergutes erspart und damit eine Schonung erzielt, die besonders bei der Kohleförderung zeitweise als sehr wertvoll betrachtet wurde. Das Fördergerüst wird niedriger, da das Gestell nicht so hoch gezogen zu werden braucht, wie es für ein Gefäß mit Rücksicht auf die Entladung notwendig ist.

Der Übersichtlichkeit halber seien die Vorteile der beiden Förderarten im folgenden noch kurz zusammengestellt:

Vorteile der Gefäßförderung.

1. Möglichkeit der Anwendung von Gefäßen großen Fassungsvermögens bei kleinem Querschnitt im Schacht. 2. Geringe Totlasten. 3. Abkürzung der Bedienungspausen zwischen den Förderzügen. 4. Unabhängigkeit der Wagengröße und Wagenform vom Schachtquerschnitt. 5. Verringerung und Schonung des Wagenparks. 6. Sicherheit gegen Sturz von Wagen in den Schacht. 7. Guter Anschluß an Bandförderungen auf der Sohle und an der Hängebank.

Vorteile der Gestellförderung.

1. Gute Eignung auch für besondere Förderzwecke, wie z. B. Seilfahrt, Förderung von Gezähe, Holz und anderen, insbesondere langen Baustoffen, Maschinen u. dgl. 2. Möglichkeit gleichzeitigen Einhängens von Bergen. 3. Schonung des Fördergutes. 4. Geringere Höhe des Fördergerüstes.

a) Gefäß- oder Kübelförderung [1]).

186. — Die Fördergefäße (Kübel). Die Gefäße hängen in der Regel in einem Formstahlrahmen, der sich im Schacht an Spurlatten oder Seilen führt und das Anhängen eines Unterseiles gestattet. Sie werden entleert durch Kippen

---

[1]) Näheres s. Z. V. d. I. 1924, S. 665; Schütt: Hauptschacht-Gefäßförderungen; — ferner ebenda 1927, S. 626; P. Walter: Die Kübelförderung im Bergwerksbetriebe; — ferner ebenda 1930, S. 929; Fr. Herbst: Der heutige Stand der Gefäß-Schachtförderung im deutschen Bergbau; — ferner Glückauf 1937, S. 1; G. Felger: Die neuere technische Entwicklung der Gefäßförderung im europäischen Bergbau.

oder Öffnen eines Bodenverschlusses, und man unterscheidet danach Kippkübel oder Bodenentleerer.

Die im ausländischen Erzbergbau seit langem gebräuchliche Ausbildung des Fördergefäßes ist diejenige als Kippkübel, wie er in Abb. 595 für die tonnlägige Förderung veranschaulicht ist und mit entsprechender Umgestaltung auch für die Seigerförderung verwandt werden kann.

Eine weitverbreitete Durchführung des Kippvorganges ergibt sich aus der Abbildung. Die Vorderräder des Kübels K laufen auf einem Gleise d mit geringerer Spurweite, als sie das für die Hinterräder bestimmte Gestänge c hat. Die inneren Schienen sind oberhalb des Bunkers B aus der Förderebene heraus nach vorn (e) geführt, so daß das am unteren Ende mittels des drehbaren Bügels a vom Seil gefaßte Gestell an der Hängebank selbsttätig hinten hochgehoben und in die Kipplage gebracht wird.

Bei Seigerförderung läßt man in der Regel eine am Kübel angebrachte Rolle an der Hängebank in eine Kurvenführung einlaufen, während das

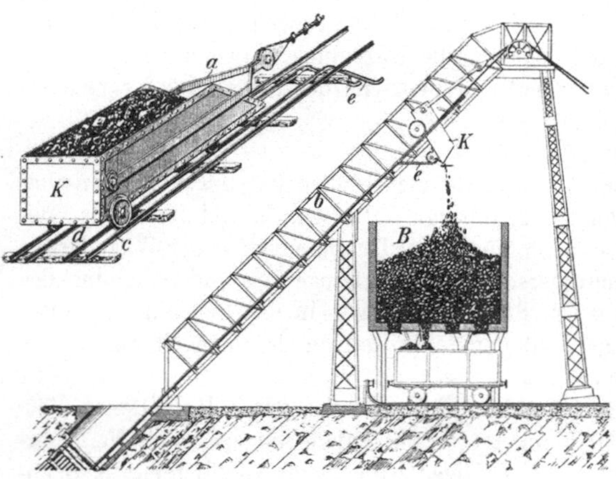

Abb. 595. Tonnlägige Kübelförderung der Gesellschaft für Förderanlagen Ernst Heckel m. b. H. in Saarbrücken.

Abb. 596. Gefäß mit Bodenentleerung und Seilfahrttragböden.

von der Fördermaschine gezogene Rahmengestell seinen Weg geradlinig fortsetzt.

Der Kippkübel zeichnet sich durch einfache und kräftige Bauart aus. Nachteilig ist aber, daß er große Bewegungskräfte für den Kippvorgang verlangt, ein stärkeres Zerschlagen des Fördergutes infolge des Vorrollens der größeren Stücke beim Kippen herbeiführt und das Seil während des Kippvorganges so weitgehend entlastet, daß die Koepeförderung wegen des Seilrutsches nicht anwendbar ist. Auch führt die Notwendigkeit des langsamen Einfahrens in die Anschläge, wie sie zur Vermeidung gefährlicher Stöße erforderlich ist, zu einer verringerten Förderleistung. Endlich ist die Höhe des Kippkübels im Verhältnis zu seinen Breitenmaßen mit Rücksicht auf die beim Kippen auftretenden Kräfte beschränkt, so daß er einen größeren Querschnitt im Schacht beansprucht als der Bodenentleerer. Daher hat sich dieser rasch eingeführt; hinzu kommt, daß sein Verschluß mit geringem Kraftaufwand geöffnet werden kann und er eine sanftere Behandlung des Fördergutes beim Entleeren ermöglicht. Abb. 596 zeigt im Lichtbild die Form eines Bodenentleerers, die sich als zweckmäßig durchgesetzt hat. Er ist unten mit spitz zulaufendem Querschnitt gebaut, der das Entleeren erleichtert. Beim Füllen kann sich infolge dieser Form rasch ein mit Fördergut gefüllter Keil bilden, der den Aufprall der nachfolgenden Sturzmassen mildert. Das Gefäß ist mit einem Kurbelverschluß ausgerüstet, dessen Wirkungsweise aus Abb. 597 hervorgeht. An der Hängebank werden die zunächst

seitlich am Gefäß liegenden Führungsrollen *a* (vgl. auch Abb. 596) durch Kurvenführungen *b* erfaßt und in der aus der Abbildung hervorgehenden Weise abgelenkt. Dadurch werden die beiderseits angeordneten Kurbeln *c* gedreht. Sie senken ihrerseits durch die Zugstangen *d* die Bodenklappe *e*, die darauf als Brücke zur Schurre dient. Die Entleerung beginnt bereits bei teilweiser Freigabe des Auslaufquerschnitts und setzt sich während des weiteren Hochganges des Kübels fort. Ein seitliches Herausfallen des Fördergutes wird durch kreisförmig begrenzte Seitenbleche verhindert. Für die äußerste Lage der Rollen *a* ist die Kurvenbahn

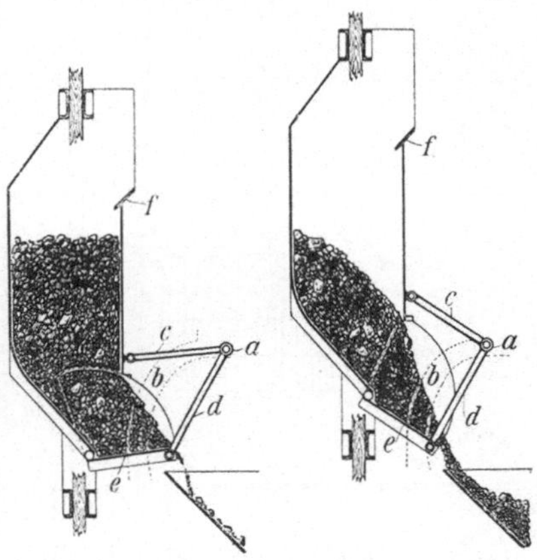

Abb. 597. Fördergefäß mit Entleerung durch Öffnen einer Bodenklappe.

nach oben geöffnet, damit im Falle eines geringen Übertreibens die Rollen sich mitheben können und eine Beschädigung des Kurbelverschlusses vermieden wird.

Eine einfachere Form der Bodenentleerung für kleinere Gefäße in Blindschächten wurde bereits in Ziff. 157 erwähnt.

Der Bodenentleerer vermeidet die erwähnten Nachteile des Kippkübels. Er ist insbesondere wegen der größeren Schonung des Fördergutes, die sich sowohl bei der Füllung wie bei der Entleerung ergibt, das gegebene Fördergefäß für die Steinkohlenförderung. Der Kippkübel kommt dagegen höchstens für die Erz- oder Bergeförderung in Betracht.

Allerdings baut sich der Bodenentleerer schwerer. Man kann etwa mit folgenden Eigengewichten rechnen:

     Kippkübel für Erz . . . . . 0,65—1,15 t je Tonne Nutzlast
     Bodenentleerer . . . . 1,1 —1,4 t „   „   „

Die Gewichte der Kippkübel entstammen Angaben über den amerikanischen und südafrikanischen Erzbergbau. Die kleineren Werte dürften sich auf besonders leichte, wenig widerstandsfähige Ausführungen beziehen, die sich rasch verbrauchen. Die beim Bodenentleerer angegebenen höheren Werte sind durch Tragböden für die Seilfahrt sowie durch Einrichtungen zum schonenden Rutschen der Kohlen bedingt. Im allgemeinen erfordert auch der größere Rauminhalt

für leichteres Fördergut ein größeres Eigengewicht. Während man bisher im
ausländischen Erzbergbau nicht über eine Nutzlast von 8 t für das Gefäß hinaus-
gegangen ist, um bei den großen Teufen mit mäßigen Seilquerschnitten auszukommen, liefert die **Skip-Co.**, Essen, für die **Reichswerke Hermann
Göring** Bodenentleerer für Erz mit 21 t Nutzlast. Für Kohleförderung beträgt
die größte Nutzlast bisher 14 t.

187. — Einrichtungen am Füllort und an der Hängebank. Die Gefäßförderung bietet an sich die Möglichkeit, in Bunkerräumen am Füllort größere
Mengen des Fördergutes zu speichern, damit die Schachtförderung von der Streckenförderung weitgehend unabhängig zu machen und sie gleichmäßig und daher sehr leistungsfähig zu gestal-
ten. Jedoch sind große Bunkerräume kostspielig.
Wegen des im Grundriß beschränkten Raumes
müssen sie sehr tief wer-
den und bringen daher
eine erhebliche Zerkleinerung von empfindlichem
Fördergut durch Sturz
und Abrieb, unter dem
Druck der überlagernden
Massen mit sich. Ande-
rerseits ermöglicht die
Gefäßförderung die Ver-
wendung großer Förder-
wagen und erleichtert
damit die Speicherung
größerer Fördermengen
im Füllort selbst.

Man wendet Bunker
deshalb nur noch an,
wenn sie aus besonderen
Gründen geboten erschei-
nen. Insbesondere fin-
den sie sich im Salz-
und Erzbergbau, wenn

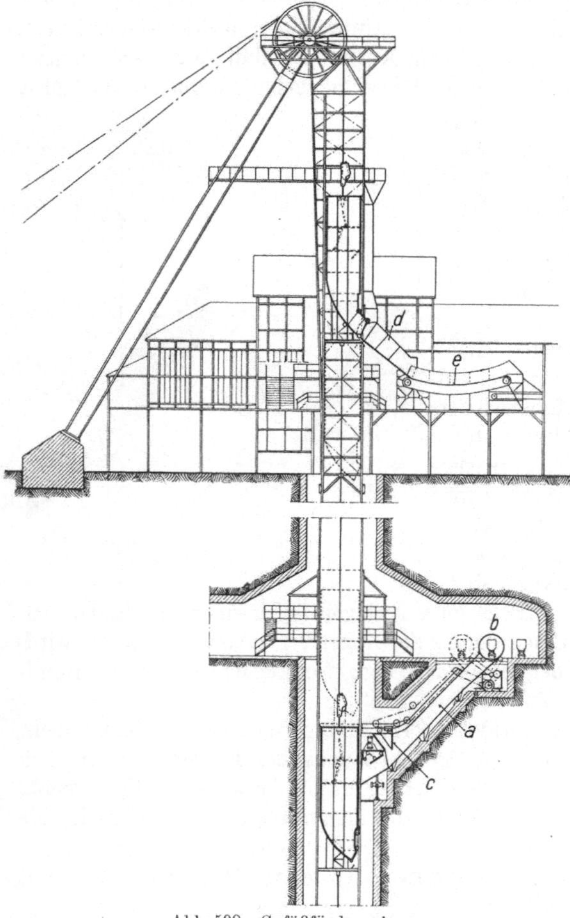

Abb. 598. Gefäßförderanlage.

verschiedene Sorten von Fördergut vorkommen. Im Steinkohlenbergbau begnügt man sich im allgemeinen nach Abb. 598 mit Füll- oder Meßtaschen *a*
von der Größe eines Gefäßinhalts, der gleichzeitig so bemessen wird, daß
er eine ganze Zahl von Förderwagen faßt. Die Wagen entleeren in die
Taschen durch unmittelbar über diesen aufgestellte Wipper *b*. Bei Großraumwagen steht in der Regel über beiden Taschen ein gemeinsamer Wipper, der je

zur Hälfte in jede Tasche entleert. Bei kleineren Wagen wird für jede Tasche mindestens ein Wipper vorgesehen. Die Wipper werden dann abwechselnd beschickt. Die Förderung wird mit einem halb gefüllten Gefäß begonnen, so daß im weiteren Verlauf bei der Füllung eines Gefäßes stets die eine Tasche voll und die andere halbvoll ist. Sehr einfach gestaltet sich die Füllung naturgemäß bei Bandbetrieb in der Hauptförderstrecke direkt vom Förderbande aus. Läuft in der Strecke neben dem Wagenbetriebe noch ein Förderband, so entladen beide zunächst auf ein kurzes Zubringeband, das natürlich auch immer angewendet werden kann, wenn die Wagenführung um den Schacht herum es wünschenswert macht. Bei empfindlichem Fördergut, besonders also bei Kohle, sieht man zur Schonung in den Fülltaschen eine bewegliche Schaufel vor (vgl. *c* in Abb. 598), mit der das Fördergut abgesenkt wird. Die Bewegung dieser Schaufel wird in Abhängigkeit von der Oberflächenhöhe des Gutes in der Tasche selbsttätig gesteuert.

Die Öffnung einer Tasche wird vom Steuerstande des Bedienungsmannes ferngesteuert, wobei eine vom Gefäß betätigte Verriegelung eine unzeitige Öffnung verhindert. Eine zuverlässige Überwachung der Füllung und Entleerung der Taschen ist natürlich von großer Wichtigkeit, insbesondere wenn etwa eine Störung der Schachtförderung eintritt. Man macht deshalb die Taschenfüllung auf optischem Wege schaubildlich sichtbar[1]).

Bei Großförderwagen bietet sich die Möglichkeit, auch die Fülltaschen zu entbehren, indem der Förderwagen unmittelbar in das Gefäß entleert. Da allerdings in der Regel die Füllung eines Gefäßes mehrere Wagen erfordert, ergibt sich eine längere Füllpause, die die Leistungsfähigkeit herabsetzt. Auch ist ein wirksames Absaugen des beim Füllen entstehenden Staubes schwer einzurichten. Es kommt infolgedessen nur für kleine Fördereinrichtungen in Frage, insbesondere für Bergeförderungen in Blindschächten. Am einfachsten gestaltet sich diese Füllung bei Wagen mit Seitenentleerung[2]), die am Schacht vorbeifahren und gegebenenfalls, ohne entkuppelt zu werden, über eine Schurre seitlich in das Gefäß entleeren. Umständlicher ist die unmittelbare Füllung bei Wagen mit Bodenentleerung, die zu diesem Zweck auf Fahrschienen im oberen Teil des Gefäßes durch dieses hindurch geschoben werden müssen[3]).

Es ist nicht zu vermeiden, daß beim Füllen der Gefäße etwas Fördergut vorbeifällt, das auf die Dauer beseitigt werden muß. Es empfiehlt sich deshalb, zur Beseitigung dieses „Schlabbergutes" geeignete Vorrichtungen von vornherein vorzusehen, entweder ein Schrägband oder eine Vorrichtung zum Anhängen eines Förderwagens oder eines kleinen Fördergefäßes an das Hauptgefäß.

An der Hängebank wird in der Regel das Fördergefäß durch Vermittlung einer Entladetasche (*d* Abb. 598) auf ein Förderband *e* entleert, das gleichzeitig die Möglichkeit bietet, das Fördergut auf die für die Aufbereitung und Verladung erforderliche Höhe zu heben.

Bei trocknem Fördergut muß der Staubentwicklung begegnet werden. Der Staub wird unmittelbar an denjenigen Stellen, wo er sich entwickelt, abgesaugt

---

[1]) „Fördertechnik" 1938, S. 264; F. Köhler: Die Gefäßförderanlage Maybach.

[2]) Glückauf 1939, S. 729; H. Kuhlmann: Neuzeitliche Maschinen für den Untertagebetrieb.

[3]) Glückauf 1941, S. 108; H. Schäfer: Entwicklungsmöglichkeiten für Gefäßförderwagen.

und in Wasser niedergeschlagen oder abgefiltert. Wo es möglich ist, z. B. an
der Hängebank, wird die Absaugung durch Einkapselung der in Frage kommenden Stellen wirksamer gemacht.

188. — Gefäßförderung und Berge- oder Baustofförderung. Die
Gefäßförderung eignet sich nicht für eine gleichzeitige Förderung verschiedener
Güter in entgegengesetzter Richtung, wie es beispielsweise die Förderung von
Versatzbergen während der Kohlenförderung bedingt, da jedesmal eine verschiedene Höheneinstellung zwischen Gefäß und Anschlag erforderlich ist. Diese
Schwierigkeiten werden am einfachsten dadurch überwunden, daß man das Versatzgut überhaupt nicht mit der Schachtförderung, sondern mit Fallrohrlei-
tungen einfördert, und zwar entweder trocken gemäß Abb. 563 auf S. 480 oder
für Spülversatz als Spülstrom mit dem für die Verspülung erforderlichen Wasser
zusammen. Läßt sich diese Möglichkeit nicht ausnutzen, wie es bei Baustoffen
oder Maschinen der Fall ist, so kann das Gefäß für diese mit besonderen Tragböden ausgestattet werden, die dann auch zur Seilfahrt verwendet werden
können (vgl. Ziff. 189). Sie sind jedoch durch die Gewichtsvermehrung des
Gefäßes nachteilig, was besonders bei großen Teufen mit Rücksicht auf die
Bemessung der Förderseile ins Gewicht fällt. Am besten ist es daher, wenn für
diese Sonderzwecke eine Gestellförderung verwendet werden kann und die
Gefäßförderung allein dem eigentlichen Fördergut vorbehalten bleibt. Man
richtet auch wohl besondere Gefäßförderungen gegebenenfalls eintrümmig mit
Gegengewicht zum Einhängen von Bergen ein. Als Nachteil, der sich in allen
Fällen ergibt, sei noch erwähnt, daß keine Entlastung des Fördermotors durch
das Einhängen von Bergen möglich ist.

189. — Gefäßförderung und Seilfahrt. Auch für die Seilfahrt eignet sich
die Gefäßförderung nicht. An Hilfsmitteln, um sie zu ermöglichen, kommen
folgende in Betracht:

1. Ausgestaltung der Seitenwände als bewegliche Klappbühnen, die beim
Übergange von der Förderung zur Seilfahrt heruntergeklappt werden und als
Standböden dienen.

2. Auswechseln der Fördergefäße gegen Seilfahrtgestelle durch Vermitte-
lung großer, auf Schienen laufender Laufkatzen, mit denen die Gefäße nach
dem Loskuppeln vom Zwischengeschirr aus- und die Gestelle eingefahren
werden.

3. Eintrümmige Förderung mit Benutzung eines Seilfahrtgestells als Gegengewicht.

4. Ausrüstung des Fördergefäßes mit einer oder mehreren Standflächen für
die Seilfahrt.

Von diesen Möglichkeiten hat man die unter 2 genannte im südafrikanischen
Bergbau ausgenutzt. Im deutschen Bergbau kommen hauptsächlich die Hilfsmittel 1 und 4 gemeinsam zur Anwendung, indem man nach Abb. 596 den
Füllraum oben durch einen Deckel verschließt, der als Tragboden dient. Ein
Teil des Bodens wird als Klappe ausgebildet, die während der Güterförderung
geöffnet bleibt (vgl. auch Abb. 598). Über diesem Tragboden ist noch ein zweiter
angebracht, der in gleicher Weise teilweise aufgeklappt werden kann. Für die
Seilfahrt sind dann noch Verschlußtüren anzubringen. Die Höhenverhältnisse
gestatten, daß sowohl auf der Sohle wie an der Hängebank ein Tragboden unmittelbar bestiegen werden kann, während für den zweiten eine besondere Bühne

eingerichtet werden muß. Die Tragböden können auch zum Fördern von Holz (vgl. auch Ziff. 188) oder sonstigen Baustoffen dienen, wofür gegebenenfalls zum Zweck des Aufschiebens von Förderwagen noch Fahrschienen angebracht werden müssen.

Im allgemeinen bringt überhaupt die Vereinigung von Förderung und Seilfahrt den Nachteil, daß man dann an die Vorschriften der größeren Seilsicherheit für die Seilfahrt gebunden ist und damit auf die durch die Gefäßförderung gebotene Möglichkeit, mit geringeren Seilstärken auszukommen, verzichten muß. Gerade diese Möglichkeit ist aber für tiefe Schächte, für welche die Beschaffung von Seilen mit der erforderlichen Tragfähigkeit rasch anwachsende Schwierigkeiten verursacht, von besonderer Wichtigkeit. Da anderseits die Sicherstellung der Förderung auf großen Anlagen ohnehin eine zweite Förderanlage erfordert und bei der Gestellförderung Schachtanlagen mit zwei bis vier Fördermaschinen häufig sind, so verdient die Einrichtung einer besonderen Förderung für die Seilfahrt den Vorzug, zumal diese dann auch für die Holz- und Bergeförderung und für andere, mit der Gefäßförderung schwieriger zu lösende Förderaufgaben ausgenutzt werden kann. Man hat dann für die Seilfahrt mehr Zeit und kann demgemäß mit schwächerer Besetzung der Fördergestelle und entsprechend geringerer Seilbelastung auskommen. (S. auch unten, Ziff. 199).

b) Die Gestellförderung[1]).

1. Die Fördergestelle.

190. — Ausführung der Fördergestelle. Die Fördergestelle, die auch als „Förderkörbe, -schalen oder -gerippe" bezeichnet werden, können für einen oder mehrere Wagen eingerichtet sein. Im letzteren Falle sind noch ein- oder mehrbödige Gestelle zu unterscheiden. Gestelle für nur einen Wagen finden wir in Deutschland nur noch für kleine Erzförderungen. Im allgemeinen hat das Bestreben, mit jedem Förderzuge eine möglichst große Nutzlast zu heben, zu Gestellen für mehrere Wagen (bis zu 12) auf verschiedenen Tragböden geführt. Am meisten verbreitet sind Gestelle für 8 Wagen, die zu je zweien auf einem Tragboden stehen. In älteren engen Schächten, die nur eine Förderung enthielten, standen die Wagen meistens nebeneinander, da sie bei dieser Anordnung ohne mechanische Aufschiebevorrichtungen von Hand am schnellsten aufgeschoben werden konnten. Die Gestelle hatten einen annähernd quadratischen Querschnitt und erlaubten die sog. Seitenführung (Näheres s. Ziff. 228 S. 572 Abb. 639).

Nach Einführung mechanischer Aufschiebevorrichtungen für die Förderwagen konnten auch zwei Wagen hintereinander schnell aufgeschoben werden. Man konnte Gestelle ausführen, die im Querschnitt die Form langer und schmaler Rechtecke hatten, und die es unter günstigster Ausnutzung der Schachtscheibe erlaubten, in einem Schacht zwei Förderungen von großer Leistungsfähigkeit zu betreiben. Der Schachtausbau gestaltet sich einfach, da die Körbe am besten an ihren Schmalseiten, mittels sog. Kopfführung (vgl. Ziff. 228 S. 572 Abb. 639), geführt werden. Gleichzeitig bieten die Spurlatten auch eine gute Sicherung

---

[1]) Glückauf 1937, S. 487; H. Herbst: Neuere Gestellförderungen in Hauptschächten des Ruhrbergbaues.

gegen ein Ablaufen der Wagen vom Korbe. Endlich gestattet die rechteckige Querschnittsform eine widerstandsfähigere Ausführung des Gestelles als die quadratische, da der Kopfrahmen steifer gehalten werden kann.

Obwohl in neuerer Zeit die Größe der Wagen erheblich gesteigert wurde, hat man zur Steigerung der Förderleistung auch noch öfter die Wagenzahl je Gestell auf 12 vergrößert, wobei man meistens 4 Wagen auf einem Tragboden paarweise nebeneinander anordnet. Auch findet man 4 Tragböden mit je 3, seltener 6 Tragböden mit je 2 hintereinander stehenden Wagen. Die Anordnung der Wagen auf dem Korbe hängt von dem verfügbaren Schachtquerschnitt ab, so daß die zuletzt erwähnte nur angewendet wird, wenn in einem alten engen Schacht eine leistungsfähige Förderung eingerichtet werden soll und eine Gefäßförderung sich aus bestimmten Gründen nicht eignet. 3 hintereinander stehende Wagen auf einem Tragboden kommen in Betracht, wenn in einem großen Schacht zwei gleiche starke Förderungen betrieben werden sollen, während bei 4 Wagen neben einer starken Förderung bestenfalls noch eine schwache, etwa von einer andern Sohle, möglich ist. Die größte mit einem Gestell geförderte Nutzlast beträgt 14 t.

Die Gestelle bestehen im wesentlichen aus einem Kopf- und einem Grundrahmen, die durch Streben verbunden sind. An diesen Streben sind auch die Tragböden befestigt. Die Seitenwände werden in der Regel durch gelochte Bleche gebildet, während die Stirnseiten offen sind. Wo mehrbödige Gestelle zu ihrer Beschickung auf Aufsetzvorrichtungen (vgl. Ziff. 194) gesetzt werden sollen, müssen die Streben knicksicher ausgeführt werden. Bei Körben, die am Seil freihängend mit Hilfe von Schwenkbühnen beschickt werden, werden die Streben auf Zug beansprucht und können deshalb schwächer und biegsamer, am besten aus Flachstahl, aus-

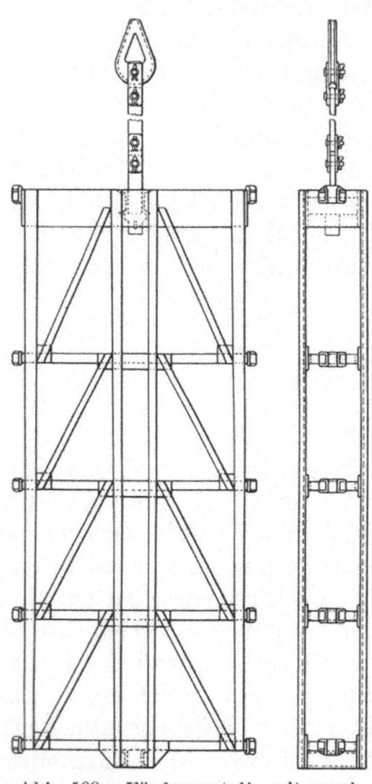

Abb. 599. Fördergestell mit nach unten verjüngten Hängestreben.

geführt werden. Hierdurch wird nicht nur am Gewicht gespart, sondern auch eine bessere Haltbarkeit der Streben erzielt, da diese sich etwaigen Krümmungen in den Führungsstrecken besser anpassen und daher geringere Biegespannungen erleiden, wenn das Gestell solche Strecken durchläuft. Die Westfalia-Dinnendahl-Gröppel A.-G. wendet entsprechend der geringeren Belastung im unteren Teil des Gestells gemäß Abb. 599 nach unten verjüngte Streben an. Um die Enden der Tragböden noch besonders zu stützen, sieht man Schräge vor (vgl. auch DIN Berg 1371), die die Belastungskräfte der Aufhängung in der Mitte des Gestelles zuleiten.

Das Gestell wird in der Regel an einer „Königstange" aufgehängt. Der Name soll die Wichtigkeit der Stange andeuten, die in einem Querschnitt die ganze

Korblast aufnehmen muß. Die früher oft angewendete Aufhängung mit Ketten an vier Punkten ist für hohe Gestelle verlassen worden, da diese in den Spurlatten eine ausreichende Führung haben und die Belastungsverteilung auf die Ketten sehr unsicher ist, so daß eine Überbelastung eines Stranges immer möglich ist. Bei niedrigen Gestellen mit einem Tragboden kann eine mehrfache Anhängung Vorteile bieten, um ein Kippen des Gestelles beim Aufschieben der Wagen zu verhindern (vgl. Ziff. 227, S. 570).

Um eine leichte Ausführung zu ermöglichen, werden die Gestelle aus hochwertigem Baustahl ($\sigma_b \sim 50\ \text{kg/mm}^2$) ausgeführt. Versuche, das Gewicht durch Anwendung von Leichtmetallen noch weiter zu verringern, sind wieder aufgegeben worden, weil die Gestelle sehr kostspielig und außerdem durch Korrosionen gefährdet wurden. Auch erschien bei den bisherigen Teufen die Verwendung des Leichtmetalles für die Gestelle noch nicht dringlich.

191. — Die Sicherung und das Festhalten der Wagen auf dem Gestell.
Wenn die Wagen von Hand auf das Gestell geschoben werden, ist es möglich, sie so zu bewegen, daß sie in der richtigen Stellung zur Ruhe kommen. Sie können dann während des Treibens in dieser Stellung durch Drehklinken gesichert werden, die entweder in halber Höhe jeder Abteilung oder unmittelbar über den Auflaufschienen oder -winkelstählen verlagert sind. Sie werden vom Anschläger entweder mit der Hand oder dem Fuß umgelegt. Abb. 600 zeigt eine Fußklinke s, die mittels der beiden Knaggen $a_1\ a_2$ die Schiene sperrt und mit Hilfe der Klauen $b_1\ b_2$ herumgeworfen werden kann. Trotz der Drehklinken sind jedoch häufig Wagen vom Korbe abgelaufen. Es war dann nicht sicher festzustellen, ob die Klinken nicht eingelegt waren, oder ob sie durch einen Stoß, den das Gestell in den Führungen erlitt, zurückgefallen sind. Man wendet daher heute

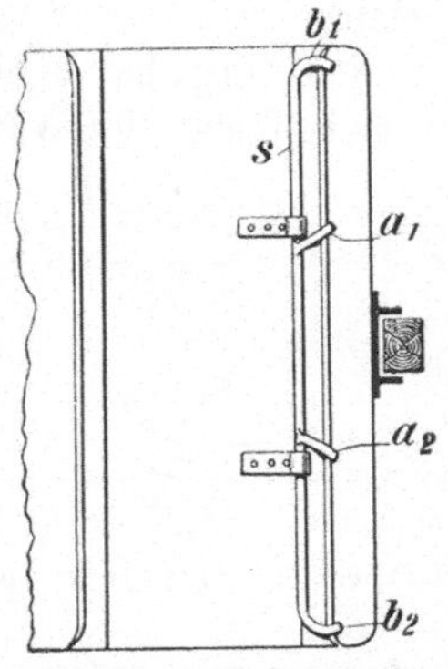

Abb. 600. Fußklinke für das Festhalten der Wagen.

lieber nach Abb. 601 Einsenkungen für die Räder in den Auflaufschienen oder noch besser, weil weniger der Verschmutzung ausgesetzt, auch Erhöhungen auf den Schienen zwischen den Rädern an. Solche Vorrichtungen erschweren allerdings das Aufschieben, doch spielt ihr Widerstand bei den heute vorherrschenden maschinenmäßigen Aufschiebevorrichtungen keine Rolle.

Bei diesem mechanischen Aufschieben erhalten die Wagen eine größere Geschwindigkeit, und sie müssen infolgedessen zuverlässig daran gehindert werden, durch das Gestell hindurchzulaufen. Hierfür haben sich die auf den Schienen laufenden Rollenhemmungen nach Romberg gut bewährt, für die Abb. 602 ein Beispiel gibt,

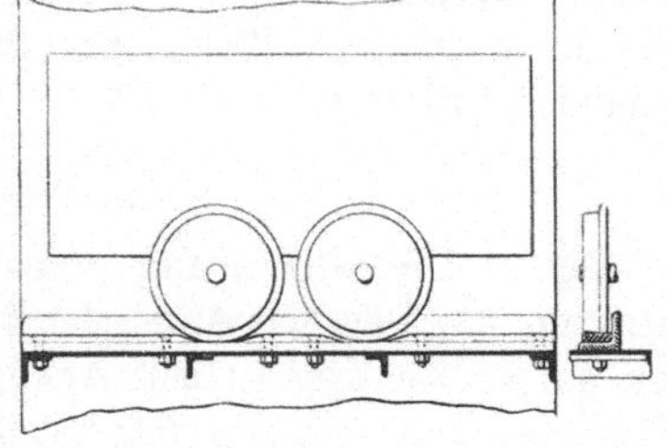
Abb. 601. Gestellboden mit Einbuchtungen für die Räder.

die den sog. „Pufferblock" von Gebr. Ruß, G. m. b. H., Essen-Altenessen, darstellt: die auflaufenden Förderwagen schieben die Achse a mit den vier auf der Oberkante der Auflauf-Winkelstählen laufenden Rollen $b_1 - b_4$ vor sich her und fahren sie in die Fanghaken c, wo die Räder durch die um die Achsen d schwingenden und daher sich ihrem Umfange völlig anpassenden Bremsblöcke e festgehalten werden; dabei werden die Stöße durch die Schraubenfeder f aufgenommen.

Bei einer ähnlichen Hemmvorrichtung der Maschinenfabrik E. Hese (Abb. 603) schiebt der Wagen eine Laufachse a vor sich her; diese wird seitwärts

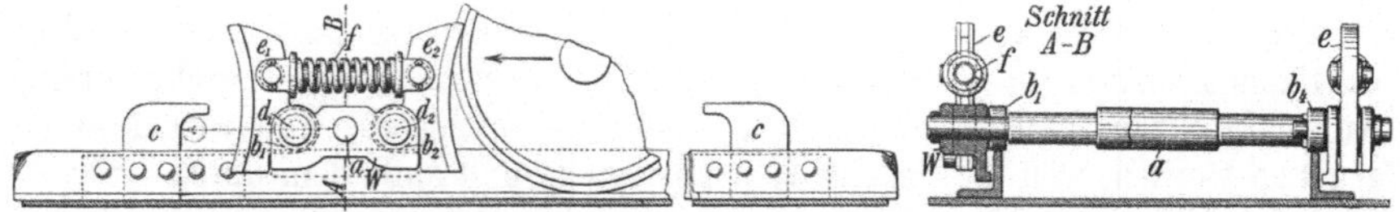

Abb. 602. Rollen-Hemmvorrichtung mit Federung.

durch die ⊔-Stähle $b_1\,b_2$ geführt, in die sie mittels der Schlitze $c_1\,c_2$ eingelegt wird, und am Ende ihres Weges durch die abgefederten Puffer d_1—d_4 aufgefangen.

Neuerdings hat Steinfurth in Essen eine Vervollkommnung geschaffen, bei der die Wucht des Wagens gleichzeitig durch Reibung vernichtet wird, so daß der Wagen durch die gespannte Feder nicht zurückgeworfen werden kann.

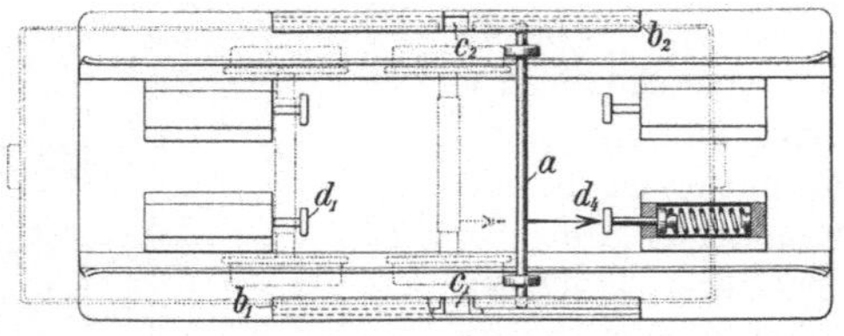

Abb. 603. Rollen-Hemmvorrichtung mit federnden Puffern.

Diese Vorrichtungen erfordern allerdings an Füllort und Hängebank eine entgegengesetzte Richtung des Wagen-Zu- und Ablaufs, was sich aber einrichten läßt. Nachteiliger ist, daß das Gestell jedesmal die Kraft zum Aufhalten der Wagen aushalten muß, weshalb gelegentlich Brüche der Streben an den Tragböden beobachtet werden. Die Firma Hemscheidt, Wuppertal, ist deshalb dazu übergegangen, die aufgeschobenen Wagen mittelbar dadurch anzuhalten, daß die ablaufenden Wagen hinter dem Gestell durch einen abgefederten Riegel angehalten werden und hierdurch auch die aufgeschobenen Wagen zum Stehen bringen. Das Gestell ist dann vollkommen entlastet.

2. Der Wagenwechsel.

192. — Die Bedeutung eines raschen Wagenwechsels auf den Gestellen. Je größer der Anteil der Bedienungspausen an der gesamten Förderzeit ist, um so wichtiger ist eine Abkürzung dieser Pausen für die Steigerung der Förderleistung. Wie sich daher auch aus der Leistungsgleichung für die Pendelförderung (vgl. S. 279) ergibt, ist eine Abkürzung dieser Pausen, also grundsätzlich bei kleinen Teufen, wertvoll. Mit wachsender Schachttiefe erscheint nach der Leistungsgleichung rechnerisch zwar eine Steigerung der Nutzlast und der Fördergeschwindigkeit bedeutsamer für die Förderleistung als eine Abkürzung der Bedienungspausen. Es ist aber zu beachten, daß gerade bei großen Teufen einerseits die Steigerung der Nutzlast mit Rücksicht auf die notwendigen Förderseilquerschnitte große Schwierigkeit bereitet. Andererseits sind aber auch große

Fördergeschwindigkeiten in tiefen Schächten schwer zu erreichen, da die Schächte mehr unter Gebirgsbewegungen leiden und auch die Schachtführungen schon wegen ihrer großen Länge in der hierfür verfügbaren knappen Zeit nur schwer in einem derart guten Zustande erhalten werden können, wie er für große Fördergeschwindigkeiten unbedingt im Interesse der Betriebssicherheit geboten ist. So bleibt zu einer Steigerung der Leistung doch nur übrig, die Zeit für den Wagenwechsel auf den Gestellen nach Möglichkeit abzukürzen. Kurze Bedienungspausen sind daher auch bei großen Teufen nachdrücklichst zu fordern[1]).

193. — Durchführung des Wagenwechsels. Die Bedienung einbödiger Fördergestelle bietet keine Besonderheiten, zumal sie nur für geringe Förderleistungen in Betracht kommen, die keine größeren Auslagen rechtfertigen. Bei mehrbödigen Gestellen ist zunächst zu beachten, ob sich die beiden Gestelle bei einem bestimmten Drehwinkel der Fördermaschine um ein gleiches Maß bewegen, Dies ist nämlich nur der Fall, wenn die Maschine mit einer Treibscheibe oder mit zylindrischen Trommeln ausgestattet ist. Bei konischen Trommeln oder Bobinen sind die Wege der beiden Gestelle wegen der ungleichen Aufwickeldurchmesser der Seile verschieden. Im ersteren Fall kann man „umsetzen", d. h. einen Tragboden nach dem andern vorziehen, wobei jedesmal am Füllort wie an der Hängebank gleichzeitig ein Tragboden in die richtige Höhenlage kommt. Im letzteren Falle arbeitet man am besten mit zweibödigen Gestellen, die außer von der Hauptbühne auch von einer Nebenbühne aus auf beiden Tragböden gleichzeitig bedient werden, so daß die Pausen zwischen den Förderzügen denkbar kurz ausfallen. Richtet man jeden Boden für 4 Wagen ein, was allerdings einen großen Gestellquerschnitt und Raumbedarf im Schacht ergibt, so kann die Förderung sehr leistungsfähig gestaltet werden. Die Beförderung der Wagen von und zu den Nebenbühnen geschieht am besten mit Kettenbahnen auf schiefen Ebenen (vgl. die Ziffern 99 u. 181).

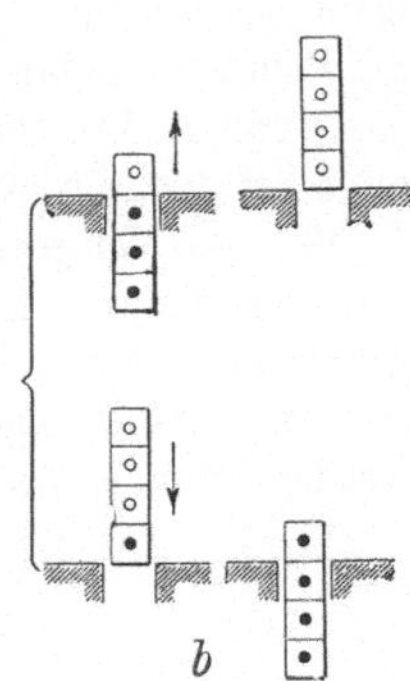

Abb. 604a und b. Verschiedene Reihenfolge des Wagenwechsels an der Hängebank und am Füllort.

Nebenbühnen werden auch in neuzeitlichen Anlagen, bei denen umgesetzt werden kann, zur Beschleunigung des Wagenwechsels bei Gestellen mit 4 Tragböden angewendet. Es können dann jeweils der 1. und 3. sowie der 2. und 4. Tragboden gleichzeitig bedient werden. Statt dreimal wird dann nur einmal umgesetzt, wodurch die Bedienungspause erheblich abgekürzt wird.

Beim Umsetzen von Gestellen mit mehreren Tragböden wird in der Aufwärtsförderung der obere beladene Korb zunächst bis in seine höchste Stellung gehoben und dann geschoßweise abgesenkt, wie es aus Abb. 604 hervorgeht, in der *I* die Anfangs- und *IV* die Endstellung vierbödiger Gestelle am oberen und unteren Anschlag darstellen. Andernfalls müßte die Maschine das schwere Gestell gegen das leichte von Tragboden zu Tragboden heben, was wenigstens bei Dampf-

---

[1]) Glückauf 1930, S. 1226; K. Remmen: Höchstleistungen von Kohlenförderanlagen in Schächten von verschiedenen Teufen und Durchmessern.

betrieb die Steuerung der Maschine sehr erschweren würde. Bei Abwärtsförderung, etwa zwischen zwei Sohlen, wird dagegen das schwere Gestell am unteren Anschlag zunächst in seiner höchsten Stellung angehalten und alsdann allmählich abgesenkt, am oberen Anschlag das Gestell entsprechend gehoben.

194. — Aufsetzvorrichtungen. In früheren Zeiten bildete es die Regel, daß das Fördergestell sowohl an der Hängebank als auch am Füllort auf Aufsetzvorrichtungen (auch „Schachtfallen" oder nach der englischen Bezeichnung „Keps" genannt) gesetzt wurde. Abb. 605 zeigt eine Ausführung, bei der mit Hilfe des Handhebels h und der Zugstange z die beiden Riegel r_1 r_2 von beiden Seiten in den Schacht vorgeschoben werden.

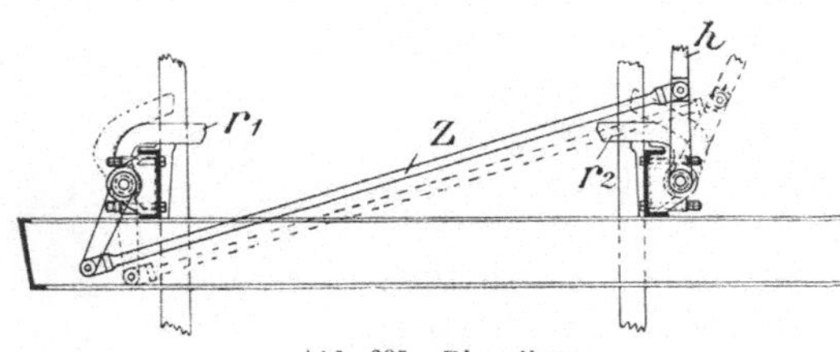

Abb. 605. Riegelkeps.

Beim Aufsetzen des Gestelles war ein gewisses Hängseil über ihm nicht zu vermeiden. Infolgedessen wurde das Gestell beim Anfahren mit einem mehr oder minder starken Stoß angehoben, der den Seileinband und das Zwischengeschirr stark beanspruchte. Außerdem konnten beim harten Aufsetzen des Gestells auf ihm befindliche Personen durch Stauchungen gefährdet werden. Die Bergbehörde verbot deshalb die Benutzung von Aufsetzvorrichtungen bei der Seilfahrt, und sie werden infolgedessen auch bei der Förderung nur noch in kleinen Betrieben verwendet.

195. — Wagenwechsel am freien Seil. Schwing- oder Anschlußbühnen. Heute wird der Wagenwechsel fast ausschließlich am „freien Seil" vorgenommen, so daß Hängseil völlig vermieden wird. Das obere Gestell wird an der Hängebank so genau vorgesetzt, daß die Wagen ohne weiteres aufgeschoben werden können. Am Füllort werden die Höhenunterschiede nach Eickelberg

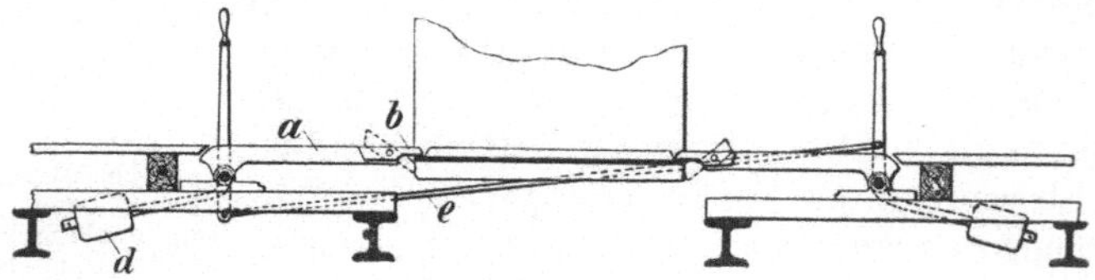

Abb. 606. Doppelseitige Schwingbühnenanlage.

durch schwenkbare Bühnen ausgeglichen, die mit der Spitze auf den Tragboden gelegt werden. Die Bühne schwingt dann mit dem in der Regel am Seil schwingenden Gestell auf und nieder und hält die Verbindung mit dem Anschlag aufrecht, so daß die Wagen aufgeschoben werden können, ohne daß eine Beruhigung der Seilschwingungen abgewartet zu werden braucht. Sie vermag Höhenunterschiede von 15 cm und mehr nach oben und unten auszugleichen, was sich besonders angenehm nach dem Auflegen eines neuen Seiles bemerkbar macht, da infolge der anfänglich starken Reckung das Seil sich so stark längt, daß es andernfalls unter einer Unterbrechung des Betriebes gekürzt werden müßte.

Die Bühne, die in Abb. 606 nach ihrer allgemeinen Anordnung gezeichnet ist, besteht aus einer um einen Bolzen drehbaren und mit Schienenbelag versehenen Plattform a, die durch das Gegengewicht d annähernd ausgeglichen und deren vorderster Teil b drehbar angeordnet ist, so daß er nötigenfalls vom niedergehenden Fördergestell heruntergeklappt werden kann, während das hochgehende Gestell die Bühne so weit anzuheben vermag, daß es vorbei kann. Wenn das Gegengewicht etwas leichter als die Bühne gehalten wird, legt diese sich nach Ausklinken des Handhebels aus seiner Sperrstellung selbsttätig auf den zu

bedienenden Gestellboden. Die beiderseitigen Bühnen werden in der üblichen Weise mittels der Zugstange e gleichzeitig bewegt. Die Betätigung durch den Handhebel ist so eingerichtet, daß dieser während des Spielens der Bühne in Ruhe bleibt.

Man benutzt die Bühne gern als eine zusätzliche Sicherung dagegen, daß Wagen in den Schacht laufen, indem man sie in ihrer nach oben geneigten Stellung gesperrt hält. Abb. 607 zeigt eine solche Ausführung nach dem Vorschlage von Notbohm. Die durch den Handhebel a bewegte Bühne b mit dem Schnabelstück c, die durch den Gegengewichtshebel d ausgeglichen wird, ruht auf dem Traghebel e, der vom Scheitelpunkt des Bogenhebels f gefaßt und so in der rechts gezeichneten Standlage gehalten wird. Diese wird durch das Herumlegen des Handhebels a (s. das linke Bild) aufgehoben, in dem der Hebel f den Bolzen g herüberdrückt. Die Hebel h und i vermitteln die Verbindung mit der gegenüberliegenden Seite.

Nach Schlieper[1]) wird die Bühne mit einem Zahnsegment versehen. Eine Feder drückt eine Sperrklinke in dieses ein und verriegelt die Bühne.

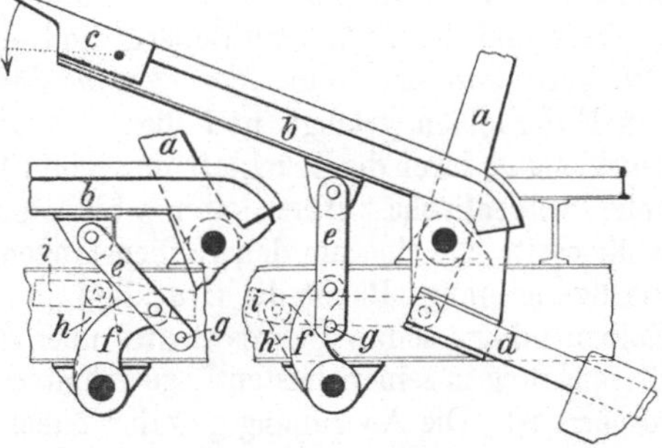

Abb. 607. Schwingbühne nach Eickelberg, verbesserte Ausführung nach Notbohm.

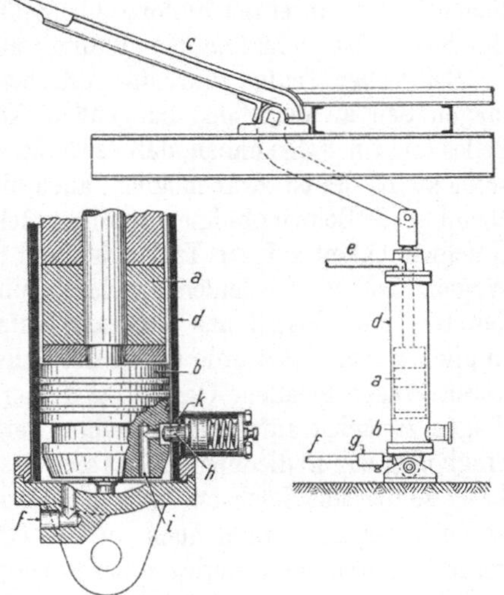

Abb. 608. Sperrung einer Schwingbühne bei Druckluftantrieb.

Die Sperrklinke kann vom Gestell oder vom Anschläger entweder durch ein Hebelgestänge oder besser durch Druckluft zurückgezogen werden.

Die Maschinenfabrik Hauhinco, Essen, verbindet den Druckluftantrieb der Schwingbühne unmittelbar mit dem Gegengewicht, wobei sie ebenfalls die Möglichkeit einer Sperrung der Bühne in angehobener Stellung vorsieht. Nach Abb. 608 dient ein mit Zusatzgewichten a belasteter Kolben b als Gegengewicht der Bühne c. Der Kolben spielt in einem drehbar gelagerten Zylinder d, dessen oberer Raum durch eine Schlauchleitung e ständig mit dem Druckluftnetz in

---

[1]) DRP. 514127.

Verbindung steht, während der untere durch eine Leitung f über einen Steuerapparat sowohl mit der Druckluft als auch mit der Außenluft verbunden werden kann. In letzterem Fall entweicht die Luft durch ein Rückschlagventil g gedrosselt, so daß das Absinken des Kolbens und damit das Anheben der Bühne gebremst wird. Beim Absinken drückt der Kolben den an einem Federkolben befindlichen Stift h vorübergehend zurück, bis dieser in der tiefsten Kolbenstellung in eine Ringnut am Kolben springt und dadurch eine Bewegung des Kolbens und der Bühne verhindert. Soll die Bühne aufgelegt werden, so wird Druckluft unter den Kolben gegeben, die durch die Bohrungen i und k auch vor den Federkolben gelangt und diesen zurückdrückt. Der Kolben b wird freigegeben und durch die Druckluft unter ihm hochgedrückt, da sie hierbei auf die volle Kolbenfläche wirken kann, während für den Gegendruck auf die obere Kolbenseite nur eine um den Kolbenstangenquerschnitt kleinere Ringfläche zur Verfügung steht. Bleibt die Druckluft infolge einer Störung aus, so sinkt der Kolben infolge seines Übergewichtes über die Bühne abwärts und wird durch die Sperrung in seiner tiefsten Lage gehalten, so daß die Bühne in ihrer höchsten gesperrt ist. Die Anordnung gewährt daher neben einem ruhigen Arbeiten der Bühnen eine gute Sicherheit gegen den Absturz von Wagen. Sie ist ferner noch durch ihren geringeren Raumbedarf in dem meistens für die Seilfahrt erforderlichen Raume unter der Füllortsohle (Seilfahrtskeller) vorteilhaft, was angesichts des hier meist recht knappen Raumes angenehm empfunden wird.

Bei großen Teufen führt das Aufschieben der beladenen Wagen auf den am langen Seil an der Sohle hängenden Korb zu beträchtlichen Längungen des Seiles, die zur Folge haben, daß der letzte Tragboden erheblich unter der Füllortsohle steht. Es ist zwar möglich, auch diesen Höhenunterschied durch entsprechend große Schwingbühnen zu überbrücken, doch rollen die Wagen mit großer Geschwindigkeit auf den Tragboden und treffen mit starkem Stoß auf die leeren Wagen. Die Wagen leiden hierdurch, und es entsteht gleichzeitig die Gefahr, daß die vom Gestell aus aufwärts laufenden leeren Wagen zurückrollen. Es empfiehlt sich daher, die Länge des Seiles nur so zu bemessen, daß das mit leeren Wagen beladene Gestell am Füllort über der Sohle steht und die vollen Wagen zunächst aufwärts geschoben werden müssen. Kommt dann der letzte Tragboden zur Bedienung, so hat sich das Seil mittlerweile so weit gelängt, daß dieser söhlig oder höchstens wenig tiefer steht. Eine weitergehende Anpassung ist noch möglich, wenn auch an der Hängebank Schwingbühnen vorgesehen werden. Durch ein Tieferlegen der Sohle an der Ablaufseite gegenüber der Auflaufseite am Füllort kann ferner noch die Sicherheit gegen ein Zurücklaufen der leeren Wagen vergrößert werden.

196. — Das Bereitstellen und Aufschieben der Wagen. Die Maßnahmen zur Verbilligung der Bedienung der Gestelle gehen in erster Linie auf die Verringerung der Anschlägermannschaften durch selbsttätige Einrichtungen aus, die gleichzeitig eine erwünschte körperliche Entlastung der Leute bedeuten. Gleichzeitig soll die Bedienung beschleunigt werden.

Im Füllort werden die in Lokomotivzügen ankommenden Wagen zunächst abgekuppelt und durch eine Kettenbahn auf die Höhe einer Gefällstrecke gehoben, auf der sie dem Schachte zulaufen. An der Hängebank ist in der Regel ein selbsttätiger Wagenumlauf (vgl. Ziff. 183) eingerichtet, der die vom Gestell abgestoßenen Wagen nach ihrer Entleerung in Wippern wieder dem Schachte zuführt, wobei ebenfalls zwischen Gefällstrecken eine Strecke eingeschaltet wird, auf der die Wagen durch eine Kettenbahn gehoben werden, um erneut Gefälle zu gewinnen.

Eine Übersicht über die Einrichtungen am Schacht zum Bereitstellen und Aufschieben der Wagen bietet die Gesamtdarstellung einer Füllortanlage in Abb. 609, die vom Eisenwerk Brauns in Dortmund ausgeführt wurde. Die am Schacht ankommenden Wagen werden zunächst in einer Vorsperre aufgehalten, die hier aus einem Kipphebel a besteht, dessen Nase b_1 sich vor den Puffer des vordersten Wagens legt und dessen Achse in einem Kreuzkopf-Schlittenstück c gelagert ist, das mit der Kolbenstange des Luftzylinders d gekuppelt ist. Die auflaufenden Wagen werden durch die Nase b_1 festgehalten und ziehen die Kolbenstange nebst Kolben unter allmählich zunehmender Luftverdichtung im vorderen Teile des Zylinders heraus, werden also annähernd stoßfrei gebremst. Die Vorsperre gibt jeweils so viel Wagen frei als gleichzeitig auf einen Tragboden des Gestells gehen, in diesem Falle also 2. Zum Freigeben der Wagen zieht der

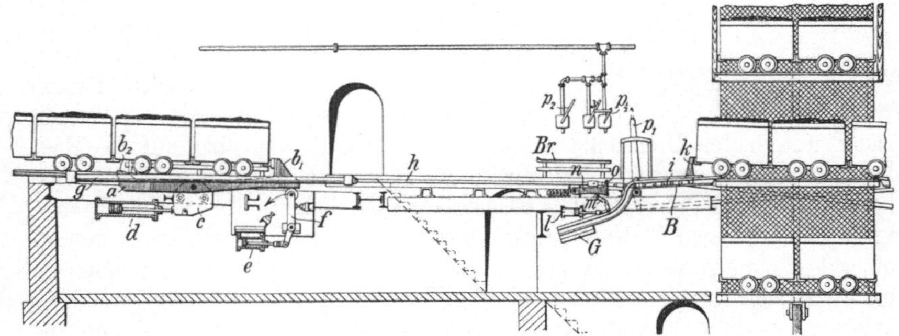

Abb. 609. Füllortbedienung mit Druckluft-Brems- und -Aufschiebevorrichtungen.

Anschläger durch Vermittlung des Luftzylinders e den Stützhebel f zurück, wodurch der Hebel a infolge des Übergewichts seines vorderen Armes zum Kippen gebracht wird. In dieser Stellung hält er mittels des Sperrkopfes b_2 an seinem hinteren Ende die nachfolgenden Wagen fest, um sie bei Rückbewegung des Hebels f wieder freizugeben und vorn wieder aufzufangen usw. Von der Vorsperre laufen die Wagen unter Gefälle der Endsperre zu, die den in die Bremsführung Br einfahrenden Wagen festhält: vom Druckluftzylinder l aus wird der Stützhebel m betätigt, der den federnd verlagerten Kipphebel n mit der Fangnase o in Fang- und Freigabestellung bringen kann. Sobald der Tragboden des Gestells vorsteht, wird die durch das Gegengewicht G im Gleichgewicht gehaltene Schwingbühne aufgelegt, die Endsperre aufgehoben, und die Wagen werden durch eine Aufschiebevorrichtung mittels des langen Druckluftzylinders g, der Kolbenstange h und des in der Schlittenführung i laufenden Stößels k auf das Gestell geschoben.

Die verschiedenen Bewegungen werden durch die Hebel $p_1 - p_4$ durchgeführt; die an $p_1 - p_4$ anschließenden Druckluftleitungen sind der Übersichtlichkeit halber nur angedeutet.

Eine einfache Vorrichtung für das Aufhalten und Abteilen der Wagen zeigt Abb. 610. Sie besteht in einem drehbaren, vierarmigen Sperrkreuz, auf dessen Achse eine Daumenscheibe d aufgekeilt ist, gegen deren Daumen sich die Sperrklinke s stützt und dadurch die Feststellung des Kreuzes, also das Festhalten des mit seiner vorderen Achse gegen den Arm 1 stoßenden Wagens bewirkt. Durch den Handhebel h kann die Sperrklinke für einen Augenblick ausgelöst werden, um dann infolge ihrer Belastung durch das Gegengewicht g in die frühere Lage zurückzufallen. Das Kreuz wird nunmehr durch die 4 Achsen der ablaufenden 2 Wagen viermal um je 90⁰ gedreht und ist dann in der Anfangstellung angelangt, in der die Sperrklinke wieder vor den Daumen tritt und die weitere Drehung verhindert.

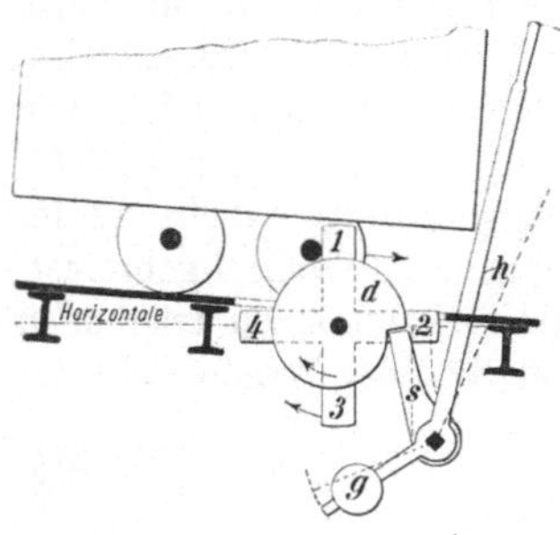

Abb. 610.   Sperrvorrichtung für ablaufende Wagen.

Mit zunehmender Wagengröße mußte man gesteigerten Wert auf ein stoßfreies Anhalten der Wagen in den Sperren legen, sowohl um die Wagen zu schonen als auch um ein Verschütten von Fördergut im Füllort zu verhindern[1]). Neben der in Abb. 609 angedeuteten Vorsperre mit durch Luft gepuffertem Sperriegel wird deshalb auch häufig eine durch Druckluft betätigte Bremse angewendet. Die Wagenräder unterlaufen Bremsbalken, die durch Druckluft von oben auf die Radkränze gedrückt werden. Bei älteren Ausführungen finden sich die Bremsbalken um einen Punkt drehbar gelagert, was zur Folge hatte, daß die Bremskraft nur auf einen Radsatz wirkte, dessen Räder stark verschlissen. Neuerdings legt man großen Wert darauf, beide Radsätze möglichst gleichmäßig zu bremsen. Meistens wendet man eine Parallelführung der von einem Druckluftzylinder bewegten Bremsbacken an, die aber auch noch keine vollkommene Lösung darstellt.

Die Maschinenfabrik Hauhinco, Essen, benutzt deshalb einen Zylinder mit 2 Kolben nach Art der Abb. 611, in dem die Räume rechts und links der Kolben

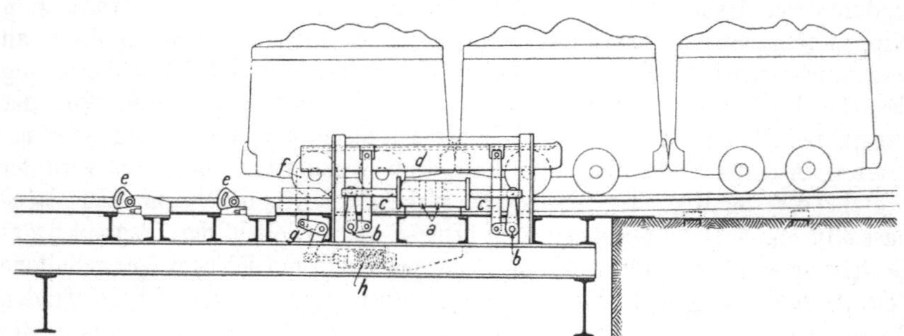

Abb. 611. Förderwagenvorsperre von Hauhinco.

dauernd unter Druckluft stehen, während der Raum zwischen den Kolben durch den Steuerschieber sowohl mit der Druckluft als der Außenluft verbunden werden kann. Die Kolben aa wirken mittels ihrer Kolbenstangen über Winkelhebel b auf Zugstangen c, die an den Bremsbalken d angreifen. Soll die Bremse ge-

---

[1]) Bergbau 1942, S. 67; A. Müller: Die Förderwagenbremsen.

schlossen werden, so wird in dem mittleren Zylinderraum zwischen den Kolben die Ausströmung geöffnet. Die links oder rechts der Kolben stehende Druckluft bewegt die Kolben gegeneinander und zieht die Bremsbalken herab. Die Steuerung der Druckluft geschieht bei Fördergestellen mit 2 auf einem Tragboden hintereinander stehenden Wagen in sinnreicher Weise mit Hilfe zweier durch die Wagenräder betätigter Ventile *e e*. Diese arbeiten so zusammen, daß die Bremse, nachdem sie vom Anschläger durch den Tritt auf ein Fußventil geöffnet worden war, sich sofort wieder schließt, nachdem der letzte Radsatz des zweiten Wagens aus dem Bereich der Bremsbalken heraus ist. Es ist auf diese Weise möglich, jeweils 2 Wagen aus einer größeren Reihe so abzuteilen, daß nach dem zweiten Wagen nur ein geringer Zwischenraum entsteht. Die beiden Wagen haben bis zur Endsperre nur einen kleinen Weg zurückzulegen, den sie bei geringem Gefälle mit kleiner Geschwindigkeit in kürzester Zeit durchlaufen. Sie kommen so an der Endsperre nach nochmaliger schwacher Bremsung ohne Stoß leicht zum Stehen.

Die Bremsen werden im allgemeinen durch Druckluft betätigt. Dabei muß allerdings für den Fall des Ausbleibens der Druckluft eine sich selbsttätig schließende Notsperre vorgesehen werden. In Abb. 611 wird eine solche durch den Riegel *f* gebildet, der mit Hilfe des Winkelshebels *g* durch eine im Zylinder *h* liegende Feder hochgedrückt wird und sich vor die Achsbüchse eines Radsatzes legt, sobald der Luftdruck vor dem Kolben nachläßt.

Das Aufschieben der Förderwagen von Hand gestaltete sich mit der Zunahme der Wagengrößen immer schwieriger. Am Füllort richtete man deshalb wohl eine kurze Strecke mit starkem Gefälle ein, auf dem die vollen Wagen eine genügende Geschwindigkeit und Wucht erlangen können, um die leeren Wagen vom Gestell zu stoßen. Das Gefälle unterliegt jedoch der Gebirgsbewegung, so daß es auf die Dauer seinen Zweck nicht zuverlässig erfüllt. Auch bringt es in erhöhtem Maße die Gefahr mit sich, daß bei versagender Sperre Wagen in den Schacht laufen. Endlich geschieht das Abschieben der Wagen hierbei durch einen reinen Stoß, der für die Haltbarkeit der Wagen wie für das Fördergut nachteilig ist. An der Hängebank ist außerdem ein solches Gefälle nicht wirksam genug, um den leichten leeren Wagen eine ausreichende Wucht zum Abstoßen der schweren vollen Wagen zu verschaffen. Man ging deshalb zu mechanischen Aufschiebevorrichtungen über, die nicht so sehr stoßweise als vielmehr durch einen ruhigen Druck arbeiten.

197. — Aufschiebevorrichtungen. Die Aufschiebevorrichtungen arbeiten mit einem mechanisch, durch Druckluft oder elektrisch bewegten Stößel, der sich gegen die Stoßplatte des Wagens legt. Der Stößel bewegt sich in Gleitführungen zwischen den Schienen.

Als hauptsächlichste Anforderungen, die an die Stößelbewegung zu stellen sind, können folgende gelten. Die Bewegung soll in ihrer Kraftwirkung feinfühlig regelbar sein, so daß der Stößel mit geringer Kraft zunächst gegen die Stoßplatte gelegt werden kann und dann erst mit entsprechend größerer Kraft weiterbewegt wird. Es muß angestrebt werden, die auf dem Tragboden befindlichen Wagen nicht „abzustoßen", sondern „abzudrücken". Die Krümmung der Bahn, die sich durch die Neigung der Schwingbühne ergibt, muß glatt durchlaufen werden. Bei der Rückwärtsbewegung muß sich der Stößel umlegen, so daß er unter den Wagen hergeführt werden kann, ohne an diesen anzustoßen.

Für den Arbeitsvorgang muß sich der Stößel zuverlässig in seine richtige Arbeitslage aufrichten, so daß er den Wagen richtig an der Stoßplatte erfaßt.

Abb. 612 bietet ein Beispiel einer Aufschiebevorrichtung mit Druckluftantrieb. Zwischen den Schienen ist ein langer Zylinder gelagert. Die kräftige Kolbenstange ist an ihrem freien Ende durch eine Laschenkette mit dem Mitnehmerwagen verbunden. Die Kette führt sich in besonderen Schienen und ist gelenkig genug, um die Bewegung der Schwingbühne mitmachen zu können. Zum Unterfahren von Wagen bei seiner Rückwärtsbewegung kann sich der Mitnehmer umlegen. Bei seiner Vorwärtsbewegung wird er zunächst mit geringer Kraft leicht gegen den Wagen gelegt, und erst, wenn er anliegt, wird die zum Aufschieben notwendige Kraft entwickelt. Dies geschieht teilweise mit Hilfe eines besonderen Regelventils, das den vollen Durchströmquerschnitt für die Druckluft selbsttätig erst freigibt, wenn der Mitnehmer den Wagen gefaßt hat. In der Abb. 612 ist eine Steuerung der Firma Hauhinco, Essen, wiedergegeben, die den Unterschied der vorderen und hinteren Kolbenflächen ausnutzt. Aus der Rückfahrstellung I wird der Steuerschieber zunächst in die Stellung II gedreht,

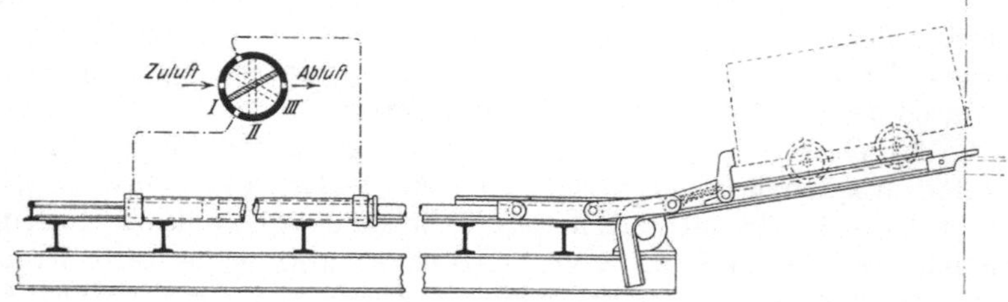

Abb. 612. Druckluftaufschiebevorrichtung.

in der er Druckluft vor und hinter den Kolben leitet. Als Kolbenfläche wird dann nur der Kolbenstangenquerschnitt wirksam. Hat der Mitnehmer den Wagen gefaßt, so wird der Schieber in die Stellung III gebracht, in der er Druckluft hinter den Kolben treten läßt, während er die Luft vor dem Kolben ins Freie treten läßt. Am Schluß wird der Kolben durch einen Luftpuffer im Zylinderende elastisch aufgefangen.

Für elektrischen Antrieb hat sich die in Abb. 613 dargestellte Ausführung der Demag bewährt. Der Motor M bewegt mittels der Kupplung a das Schnekkengetriebe $b\,c$ und damit das Reibrad d. Dieses kann abwechselnd mit den großen Reibrädern $e_1\,e_2$ dadurch gekuppelt werden, daß diese exzentrisch verlagert sind und infolgedessen durch Betätigung des Hebelantriebs $f_1\,g_1\,h$ und $f_2\,g_2\,h$ mittels des Handhebels i nach Bedarf an d angepreßt werden. Gleichzeitig bewegt die die Verbindung der beiderseitigen Hebel vermittelnde Schwinge k, die sich mit ihrem unteren Bolzen l in der Kurvenschleife m bewegt, den Hebel n und damit den Sperrhebel o, so daß dieser zurückgezogen wird. Das von der Trommel p mitgenommene Seil S faßt an dem federnd angeschlossenen Schlitten q an und drückt mittels der in der Führung r laufenden Gelenkstange s und des Stößels t die Wagen auf den Förderkorb. Die Gelenkstange, die durch eine über die Schwingbühne B sich fortsetzende ⊔-Stahlführung r_2 gegen das Durchknicken nach oben gesichert ist, ermöglicht das Verschieben der Wagen über die in beliebigem Winkel zum Füllort aufliegende Schwingbühne hinweg bis unmittelbar auf den Förderkorb.

Für lange Stößelwege bevorzugte man zunächst den für den elektrischen Antrieb gegebenen Seilzug des Stößels, doch hat sich herausgestellt, daß lange Stößelwege auch mit entsprechend langen Druckluftzylindern gut zu erzielen sind. Der Druckluftantrieb erlaubt bei sorgfältiger Durchbildung ein feinfühligeres Anpassen der Steuerung an den notwendigen Kraftaufwand und daher gewöhnlich auch ein rascheres Arbeiten, wogegen der elektrische bei strenger Kälte unempfindlicher gegen Erschwernisse durch Frost ist. Man findet daher häufig an der Hängebank Elektro-Aufschieber und am Füllort Aufschieber mit Druckluftantrieb.

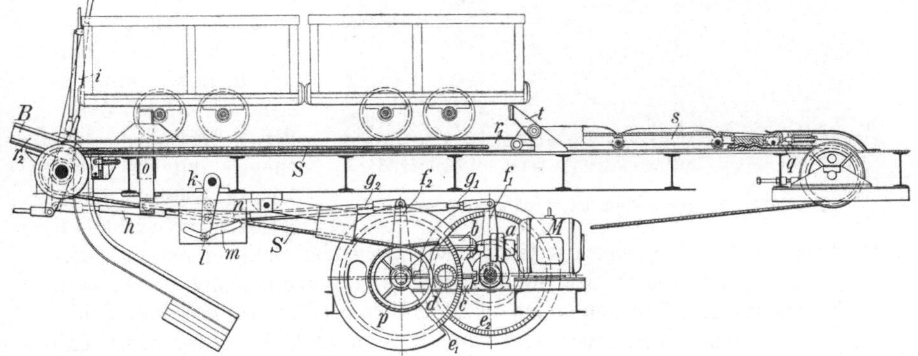

Abb. 613. Aufschiebevorrichtung mit Seilzug.

198. — **Schachtverschlüsse** werden fast ausschließlich durch **Schiebetore** gebildet, die in neuerer Zeit meistens durch Druckluft bewegt werden, da ein Verschieben von Hand nicht nur eine starke Belastung der Anschläger bedeutet, sondern auch eine den Betrieb störende und gefährliche Bewegung der Leute unmittelbar am Schachte verlangt. Auch läßt sich die gleichzeitige Bewegung der Tore auf der Ablaufseite durch Druckluft am einfachsten bewerkstelligen. Endlich bietet auch der Druckluftantrieb die Möglichkeit, die Beweglichkeit der Tore in zuverlässiger und einfacher Weise zu sperren, solange das Gestell nicht am Anschlag steht. In der Druckluftleitung wird zu diesem Zweck ein Absperrventil vorgesehen, das vom Gestell durch den Druck auf ein Gestänge geöffnet wird oder das erst geöffnet werden kann, wenn das Gestell am Anschlag steht (vgl. Ziff. 173). Man hat auch wohl eine Druckluftsteuerung angewendet, bei der das ankommende Gestell die Tore selbsttätig öffnet und das abgehende sie ebenso schließt. Eine solche Einrichtung widerspricht jedoch den bergpolizeilichen Bestimmungen, nach denen der Anschläger außer beim Umsetzen des Gestelles das Fahrsignal erst geben darf, wenn die Tore geschlossen sind. Das Gestell darf danach also erst nach dem Schließen der Tore in Bewegung gesetzt werden, so daß es nicht durch seine Bewegung die Tore schließen kann. Besondere Sicherheitsmaßnahmen zum zuverlässigen Verschließen der Tore haben überhaupt bei Hauptschächten nicht die Bedeutung wie bei Blindschächten, da der Anschläger hier stets unter Aufsicht oder wenigstens unter der Beobachtung anderer Leute steht. Auch eine Kupplung des Antriebes der Tore mit andern Antrieben, etwa demjenigen der Schwingbühne durch die Druckluft, empfiehlt sich nicht. Am besten bleibt die Bedienung des Schachtverschlusses für sich getrennt von andern Einrichtungen.

Eine Ausführung des Druckluftantriebes der Tore durch die Firma P. Stratmann G. m. b. H. in Dortmund verwendet (Abb. 614) für die einzelnen Türen Druckluftzylinder a_1—a_4, deren Kolbenstangen die Türen mittels der Gabelstücke b_1—b_4 und der Schrägstreben c_1—c_4 erfassen. Betätigt wird die Einrichtung durch einen mittels eines Handhebels zu bewegenden Kolbenschieber, der nach Art eines Dreiwegehahnes abwechselnd die zu den Zylindern führenden Leitungen mit der Luftleitung oder der Auspufföffnung verbindet.

Abb. 614. Gitterverschluß mit Preßluftbetätigung.

Die beiden auf beiden Schachtseiten gegenüberliegenden Zylinder werden jedesmal gleichzeitig gesteuert, die Türen also gleichzeitig geöffnet und geschlossen.

Bei andern Ausführungen laufen die Tragrollen der Tore auf geneigten Schienen. Die Neigung der Schienen wird durch Druckluftzylinder so verändert, daß die Tore unter ihrer Schwerkraft ihrer Öffnungs- oder Verschlußstellung zulaufen. Da die Bewegung der Tore nicht zwangsläufig erfolgt, so kommen sie am Ende ihres jeweiligen Weges stoßweise zum Stehen, wodurch sich stärkere Beanspruchungen ergeben.

3. Seilfahrt.

199. — Seilfahrt mit Fördergestellen. Die Gestellförderung bietet die günstigste Möglichkeit für die Seilfahrt. Die Ordnung der Seilfahrt muß nach einem Plane geschehen, der neben einer kurzen Inanspruchnahme des Schachtes für diesen Zweck auch eine möglichst gute Ausnutzung der Arbeitszeit jedes Mannes gewährt, die auch die Zeit für die Seilfahrt umfaßt. Als bester Weg hat sich das „revierweise Anfahren" erwiesen, wobei man die Leute nach Steigerabteilungen zusammenfaßt, so daß jede Abteilung über ihre Belegschaft

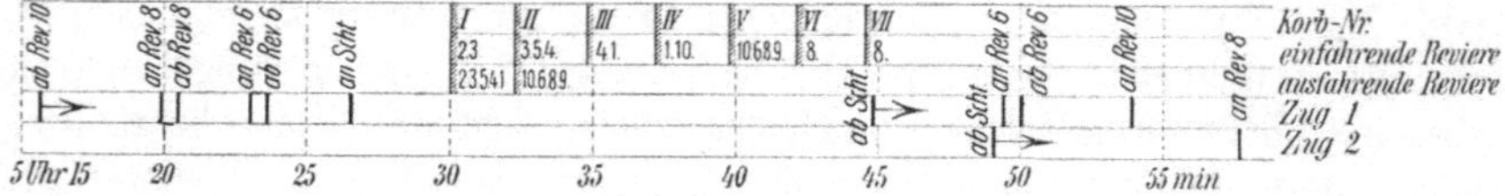

Abb. 615. Fahrplan für Seilfahrt und Lokomotivfahrung.

bei Beginn der Schicht voll verfügen kann und nicht auf Nachzügler zu warten braucht. Auf diese Weise kann für den einzelnen Mann, da die Verlängerung seiner Fahrzeit im Schachte nicht von Belang ist, die Bedeutung der Teufe nahezu ausgeschaltet werden. Das Schaubild in Abb. 615[1]) veranschaulicht einen solchen

---

[1]) Glückauf 1927, S. 231; F. Dohmen: Untersuchung der Seilfahrtverhältnisse auf den Schachtanlagen 1/4 und 2/3 der Zeche Wilhelmine Victoria.

Seilfahrtplan in Verbindung mit dem Fahrplan für die anschließende Lokomotivförderung. Die Förderkörbe sind mit römischen, die Steigerreviere mit arabischen Ziffern bezeichnet. Die Leute aus den entfernter gelegenen Revieren 6, 8 und 10 fahren mit den Lokomotivzügen 1 und 2 zur Arbeitsstelle und zurück, und zwar genügt für das Abholen der schwächer belegten Nachtschicht zum Schachte Zug 1, der dann am Schachte die einfahrende Belegschaft der Reviere 6 und 10 abwartet, während diejenige des Reviers 8 durch Zug 2 abgeholt wird. — Dagegen kann für die Schachtförderung nur dadurch Zeit gewonnen werden, daß die Seilfahrt möglichst leistungsfähig gestaltet oder einer besonderen Fördereinrichtung zugewiesen wird.

Für die Steigerung der Leistungsfähigkeit der Seilfahrt kommen dieselben Möglichkeiten in Betracht, wie sie gemäß der Gleichung für die Pendelförderung (Ziff. 3) auch für die Güterförderung gegeben sind: Erhöhung der Nutzlast, d. h. Vermehrung der Zahl der gleichzeitig fahrenden Leute, Vergrößerung der Fahrgeschwindigkeit und Abkürzung der Pausen. Die Höchstzahl der auf einem Gestell gleichzeitig fahrenden Leute soll bei Koepeförderung 70 nicht übersteigen. Im einzelnen richtet sich die zulässige Zahl nicht nur nach der Größe der Standfläche, sondern auch nach der Höhe der Geschosse. Bei 1,75 m Höhe soll für jeden Fahrenden eine Standfläche von 0,18 m², bei geringerer Höhe eine größere Standfläche gewahrt sein. In neuen Anlagen beträgt der Tragbodenabstand in der Regel 2 m. Die Belastung des Seiles bei der Seilfahrt soll nicht mehr als 90 v. H. der Belastung bei der Güterförderung betragen, eine Vorschrift, die sich in der Regel von selbst erfüllt. Bedeutungsvoller ist dagegen die Vorschrift einer 9,5- oder 8fachen Sicherheit des Seiles gegenüber der Belastung bei der Seilfahrt im Gegensatz zu einer 7- oder 6fachen bei der Güterförderung. Sie führt bei großen Teufen dazu, daß das Seil nicht mehr nach der Höchstbelastung bei der Güterförderung, sondern bei der Seilfahrt berechnet werden muß. Die folgende Zahlentafel gibt eine Übersicht über die Verhältnisse für eine größte Korblast bei der Güterförderung von 20 t und bei der Seilfahrt von 13 t unter Annahme einer Zugfestigkeit von 180 kg/mm². (Erforderliche Seilquerschnitte in cm² entsprechend 7facher Sicherheit bei der Güterförderung [20 t] und 9,5facher bei der Seilfahrt [13 t].)

Teufe . . . . m	200	400	600	800	1000	1200
I Güterförderung . . cm²	8,39	9,11	9,95	10,95	12,2	13,76
II Seilfahrt . . . . . . ,,	7,63	8,56	9,77	11,35	13,55	16,80
Verhältnis II : 1	0,91	0,94	0,98	1,04	1,11	1,22

Während in dem vorliegenden Beispiel für Teufen unter 800 m die Rechnung für die Güterförderung größere Seilquerschnitte ergibt, muß für größere Teufen der Rechnung die Seilfahrtbelastung zugrunde gelegt werden, die dann für die Güterförderung eine höhere als 7fache Sicherheit ergibt. Um große Unterschiede auszuschalten, genehmigt die Bergbehörde daher unter sonst günstigen Betriebsverhältnissen erforderlichenfalls eine Ermäßigung der Sicherheit bei der Seilfahrt auf 8,5 oder 7. Die Forderung der höheren Seilfahrtsicherheit führt bei Gefäßförderungen zu noch größeren Seilquerschnitten als bei Gestellförderungen, da das Gefäß in der Regel schwerer ausfällt als das entsprechende Gestell und die Totlast infolgedessen bei der Seilfahrt mit einem Gefäß größer ist. Verzichtet man also bei größern Teufen darauf, mit einer Gefäßförderung

Seilfahrt abzuhalten, so gewinnt man den doppelten Vorteil, daß man für das Gefäß das Gewicht der Seilfahrteinrichtung einspart und daß das Seil mit geringerer Sicherheit berechnet werden kann.

Die Geschwindigkeit kann nur bis zur bergpolizeilich zugelassenen Höchstgrenze gesteigert werden, die jetzt 10 m/s für die Förderung mit Dampfmaschine und 12 m/s für die Förderung mit elektrischer Fördermaschine beträgt. Die höhere Geschwindigkeit für die elektrische Förderung rechtfertigt sich durch den gleichmäßigen Gang der Förderkörbe und durch die weitgehende Beherrschung der Maschine durch Sicherheitsvorrichtungen. — Für die Abkürzung der Pausen steht hier das bei der Förderung im allgemeinen nicht gebräuchliche Hilfsmittel der gleichzeitigen Bedienung aller Gestellabteilungen zur Verfügung. Man verwendet heute für größere Förderanlagen allgemein an der Hängebank aufklappbare Treppen aus Stahlblech, die während der Förderung hochgehoben, während der Seilfahrt heruntergelassen werden und dann das gleichzeitige Aus- und Einsteigen aller Leute gestatten (vgl. Abb. 648 auf S. 580).

Während der Seilfahrt ist für einen Verschluß der offenen Seiten des Fördergestelles zu sorgen, der einerseits möglichst wenig wiegen darf und anderseits für möglichst rasche Betätigung eingerichtet werden muß sowie nicht nach außen aufgehen darf. Früher waren allgemein Angeltüren üblich, die vor Beginn der Seilfahrt eingehängt werden und sich nur nach innen öffnen lassen. Da diese Türen das Verlassen des Fördergestelles erschweren, außerdem auch die Standfläche des Gestelles nicht voll auszunutzen gestatten, werden neuerdings vielfach in einer Ebene bleibende Verschlüsse in verschiedener Form bevorzugt. Diese öffnen sich beispielsweise durch Zurückschieben nach den Seiten oder durch Hochziehen nach Art von Vorhängen mit Hilfe einer Rolle mit Sperrvorrichtung.

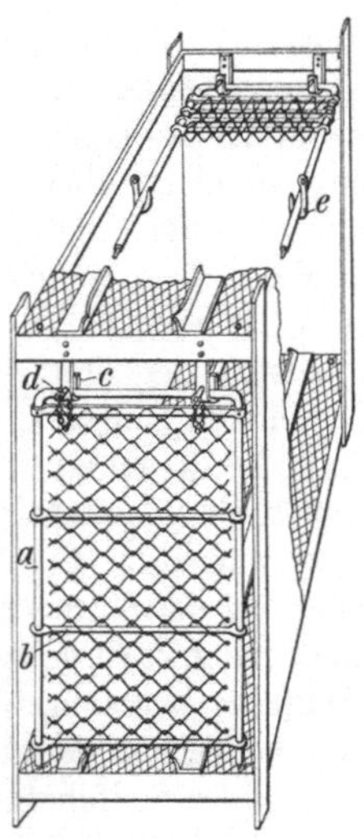

Abb. 616. Maschendrahtverschluß der Eisenwerkstätten Herm. Kleinholz in Oberhausen (Rheinland).

Einfacher sind leichte Maschendrahttüren, die während der Förderung hochgeklappt werden können. Abb. 616 zeigt einen solchen Verschluß, bei dem ⊔-förmig gebogene Bügel a das Drahtnetz an Ringstäben b tragen, die an den Anschlägen hochgeschoben werden können. Die durch die Ösen c gesteckten Bolzen d halten die Bügel, die unten mit Zapfen in Spurlager im Gestell eingreifen, in dieser Stellung fest.

200. — Ersatzfördergestelle. Bei dem großen Wert, den Förderanlagen mit Massenförderung auf möglichste Vermeidung längerer Unterbrechungen legen müssen, sind an der Hängebank stets Ersatzfördergestelle für den Fall von Unfällen bei der Förderung bereitzuhalten. Für diese ist wegen des heutigen großen Gewichtes der Gestelle die Ausstattung des Fördergerüstes an der Hängebank mit besonderen Schienen für eine einfache Laufkatze üblich, an der der Förderkorb aufgehängt ist und durch die er rasch und leicht an den Schacht gefahren werden kann (vgl. Abb. 647 auf S. 580).

c) Leistung und Kosten der Schachtförderung[1]).

201. — Einfluß der Totlasten. Für die Gefäßförderung seien nur die bei uns ausschließlich verwendeten Bodenentleerer berücksichtigt, für die in Ziff. 186 ein Verhältnis der Tot- zur Nutzlast von 1,1 bis 1,4 angegeben wurde. Beim Gestell hängt die Totlast auch von der Ausführung und Größe der Wagen ab, die mit einbezogen werden müssen. Das Verhältnis schwankt hier bei Steinkohle etwa zwischen 1,3 und 1,7. Die kleinern Werte gelten in beiden Fällen für größere Nutzlasten, beim Gestell insbesondere auch für große Förderwagen mit über 1 t Nutzlast.

Einen Überblick über den Einfluß der unterschiedlichen Totlasten für verschiedene Teufen bietet ein Beispiel für 10 t Nutzlast, in dem die nachstehenden Verhältniszahlen zugrunde gelegt werden: Gefäßförderung 1,2; Gestellförderung 1,4. Das Gewicht des beladenen Gefäßes beträgt dann 22 t und das des beladenen Gestelles 24 t. Zu diesen Lasten kommt das Gewicht der Zwischengeschirre und Seilbefestigungen in Höhe von etwa 3,5 v. H. der überschlägig ermittelten Gesamtlasten am obersten Seilquerschnitt hinzu, die also auch das Seilgewicht enthalten. Dann ermittelt man Seilquerschnitt und Seilgewicht genau nach der in Ziff. 215 S. 558 entwickelten Gleichung. Hierbei müssen, um den wirklichen Verhältnissen Rechnung zu tragen, mit zunehmender Teufe auch höhere Zugfestigkeiten für die Drähte eingesetzt werden. Die Steigerung der Zugfestigkeit werde derart angenommen, daß sie, bei 200 m mit 160 kg/mm² beginnend, für je 200 m Teufe um 5 kg/mm² bis zum Höchstwert von 180 kg/mm² zunehme. Bei einer 7fachen Seilsicherheit ergeben sich die in Abb. 617 zu den verschiedenen Teufen aufgetragenen Gesamtlasten am Seil. Die Last ist im äußersten Falle einer Teufe von 1200 m bei der Gestellförderung um 8,5 v. H. größer als bei der Gefäßförderung. Soll sie den gleichen Wert haben, so muß die Nutzlast der Gestellförderung um 8,5 v. H. verringert werden.

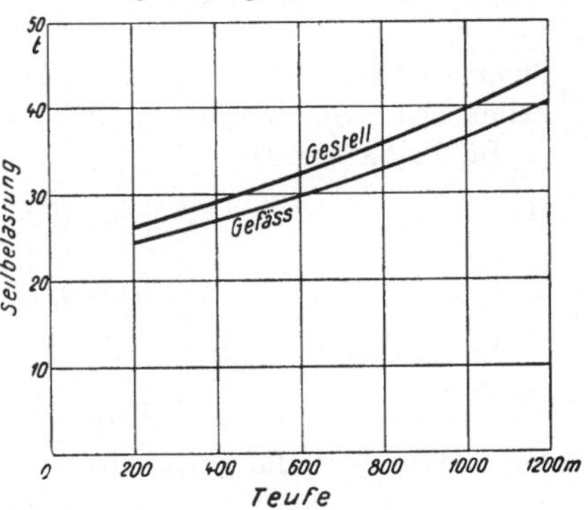

Abb. 617. Abhängigkeit der Seilbelastung bei Gefäß- und Gestellförderungen von der Teufe.

Um das gleiche Maß würde also bei gleicher stündlicher Zügezahl die Leistung der Gestell- hinter der Gefäßförderung zurückbleiben. Bei kleinern Teufen sind die Unterschiede noch geringer.

202. — Bedeutung der Bedienungspausen. Der Unterschied der Bedienungspausen bei den beiden Förderarten macht sich stärker bemerkbar. Bei einem Gefäß kann man im gewöhnlichen Betriebe als Pause etwa 2 s je 1 t Nutzlast rechnen. Bei angestrengtem Betriebe läßt sich der Wert für große Gefäße auf 1,5 s/t verringern. Bei einem Gestell erfordert das Bedienen eines Tragbodens einschließlich des Signalgebens etwa 13 s, beim Umsetzen erhöht sich

---

[1]) Glückauf 1930, S. 1189; K. Remmen: Höchstleistungen von Kohlenförderanlagen in Schächten von verschiedenen Teufen und Durchmessern.

dieser Wert auf 15 s. Bei angestrengtem Betrieb lassen sich auch diese Zeiten noch etwas verkürzen.

Den Einfluß der Bedienungspausen auf die Leistungsfähigkeit der Förderung verfolgt man an Hand der Leistungsgleichung für die Pendelförderung (vgl. Ziff. 3) und bestimmt zunächst den Wert des Ausdrucks L/w im Nenner der Gleichung, der die Dauer T des Treibens darstellt.

Es sei: L die Länge des Förderweges, $w_{\max}$ die Höchstgeschwindigkeit, b die mittlere Beschleunigung, die gleichzeitig auch die mittlere Verzögerung sei, t_1 die Dauer des Beschleunigungs- oder Verzögerungsabschnitts, so daß $T - 2\,t_1$ diejenige des Abschnitts der Höchstgeschwindigkeit ist.

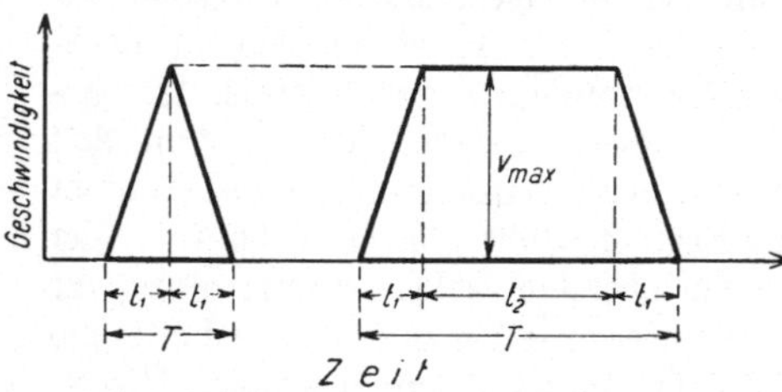

Abb. 618. Zeit-Geschwindigkeits-Diagramm von Förderzügen.

Das Zeit-Geschwindigkeits-Diagramm eines Förderzuges kann die beiden in Abb. 618a und b dargestellten Formen haben. Im Fall a schließt an die Beschleunigung unmittelbar die Verzögerung an, während im Fall b zwischen beiden noch ein mit gleichbleibender Höchstgeschwindigkeit gefahrener Abschnitt liegt. In jedem Fall stellt der Inhalt der Diagrammfläche als Summe der Produkte aus kleinsten Zeitwerten mit den zugehörigen Geschwindigkeiten den Förderweg L dar.

Im Fall a ist:

(1)
$$t_1 = \frac{T}{2} \quad \text{und}$$
$$L = T \cdot \frac{w_{\max}}{2}\,.$$

Es ist ferner:

(2)
$$w_{\max} = b \cdot t_1 = b \cdot \frac{T}{2}\,.$$

Mit diesem Wert für $w_{\max}$ wird:

$$L = \frac{b \cdot T^2}{4}\,, \quad \text{oder}$$

(3)
$$T = 2\sqrt{\frac{L}{b}}\,.$$

Im Falle b ist:

$$L = (T - t_1) \cdot w_{\max} = \left(T - \frac{w_{\max}}{b}\right) \cdot w^{\max}\,.$$

Daraus folgt:

(4)
$$T = \frac{L}{w_{\max}} + \frac{w_{\max}}{b}\,.$$

Man kann die Werte von T an Stelle der Werte L/w in die Leistungsgleichung einsetzen und gleichzeitig die verschiedenen Größen für t, die den Bedienungspausen bei der Gefäß- und Gestellförderung für eine bestimmte Nutzlast entsprechen, berücksichtigen. In dieser Weise sind für eine Nutzlast von 10 t eine Höchstgeschwindigkeit von $w_{\max} = 16$ m/s und eine mittlere Beschleunigung und Verzögerung von 0,8 m/s² die stündlichen Förderleistungen für Teufen von 200—1200 m berechnet. Bei 200 m wird nur eine Höchstgeschwindigkeit von 12,6 m/s erreicht. Als Bedienungspausen wurden für das Gefäß 20 s, für ein vierbodiges Gestell mit Bedienung von 2 Bühnen 32 s und von 1 Bühne 58 s angenommen. Der Wert von 32 s bei der Bedienung von 2 Bühnen ist etwas größer als nach den eingangs gegebenen Richtlinien gewählt, weil sich aus dem gleichzeitigen Arbeiten an 4 Anschlägen eine geringe Verzögerung gegenüber 2 Anschlägen ergibt.

Abb. 619 gibt eine Darstellung der so berechneten Förderleistungen. Für Teufen von 500 m aufwärts sind die Werte außerdem auch für $w_{max} = 20$ m/s gestrichelt angedeutet. Die Darstellung zeigt, daß bei 400 m Teufe die Leistung der Gefäßförderung um 53 v. H. und bei 800 m Teufe noch um 43 v. H. größer ist als diejenige der Gestellförderung mit Bedienung von einer Bühne. Der Vorteil der Gefäßförderung durch die kürzere Bedienungspause nimmt also mit zunehmender Teufe ab, weil der Anteil der reinen Fahrzeit gegenüber den Pausen größer wird, die Pausen also an Einfluß abnehmen. Jedoch ist der Vorteil der Gefäßförderung in Wirklichkeit bei großen Teufen noch höher zu bewerten, als es rein zahlenmäßig zum Ausdruck kommt, da die Förderleistung allgemein bei großen Teufen kleiner ist und deshalb jede, wenn auch kleine Steigerung der Leistung sehr wichtig ist.

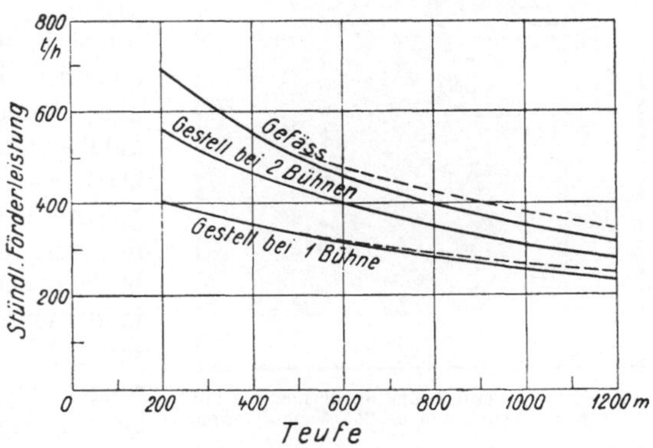

Abb. 619. Vergleich der Förderleistungen von Gefäß- und Gestellförderungen.

Aus der Bedeutung kurzer Bedienungspausen für die Leistungsfähigkeit, die aus der Abb. 619 hervorgeht, ergibt sich anderseits, daß es auch gerade für die Gestellförderung sehr wichtig ist, diese Pausen nach Möglichkeit abzukürzen, woraus die Wichtigkeit von Schwingbühnen, mechanischen Aufschiebevorrichtungen und rasch arbeitenden Signaleinrichtungen erhellt. Insbesondere gilt dies für kleinere Teufen, bei denen der Anteil der Pausen an der gesamten Förderzeit am größten ist.

Anderseits sind von einer großen Höchstgeschwindigkeit, durch die die Fahrzeit abgekürzt wird, nur dann wesentliche Vorteile zu erwarten, wenn die Fahrzeit stark im Vordergrunde steht. Das gilt bei Gestellförderungen nur bei größten Teufen. Bei Gefäßförderungen treten die Vorteile stärker hervor, und zwar hier auch schon bei kleinern Teufen als bei Gestellförderungen.

Den vorstehend errechneten und nachgewiesenen Stundenleistungen entsprechen nun nicht ohne weiteres die Schichtleistungen. Diese hängen vielmehr von der Ausnutzungsmöglichkeit der Schachtförderung und von den in Kauf zu nehmenden Betriebsstörungen ab. Solche Störungen können durch Entgleisen von Wagen, durch Beschädigungen an den Aufschiebevorrichtungen, Sperren oder Bremsen, durch mißverstandene Signale, durch Entgleisen oder gegenseitiges Fassen der Fördergestelle im Schachte, Abrollen von Wagen vom

Korbe u. dgl. verursacht werden. Für die Ausnutzung ist wiederum die Leistungsfähigkeit der Streckenförderung und die Sicherung der sofortigen Aufnahme der Schachtförderung bei Beginn der Schicht durch die Wagenspeicherung am Füllort wichtig. Bei begrenzter Leistung der Fördermaschine oder bei nicht vollständig lotrechtem Schachte können nämlich in der ersten Förderstunde entstandene Ausfälle nicht wieder eingebracht werden. Auch wird die Ausnutzung beeinträchtigt, wenn die Förderabteilung auch zur Seilfahrt benutzt werden soll und daher die Förderung nicht während der ganzen Schicht betrieben werden kann. — Betriebsstörungen sind im allgemeinen bei der Gestellförderung leichter möglich als bei der Gefäßförderung, da bei dieser nicht nur die Einrichtungen an den Anschlägen wesentlich einfacher und betriebsicherer sind als bei der Gestellförderung, sondern auch Unfälle im Schacht wegen der im allgemeinen geringeren Fördergeschwindigkeit und des Fortfalls der Förderwagen kaum vorkommen können. Da außerdem bei Gefäßförderungen nicht alle Beschleunigungsmöglichkeiten so auf die Spitze getrieben zu werden brauchen wie bei Gestellförderungen für größere Leistungen, kann eine Gefäßförderung auch Ausfälle durch Zurückbleiben der Streckenförderung besser wieder einbringen als eine Gestellförderung. Man wird daher bei Gefäßförderungen im allgemeinen näher an die aus Stundenleistung und Stundenzahl je Schicht sich rechnerisch ergebende

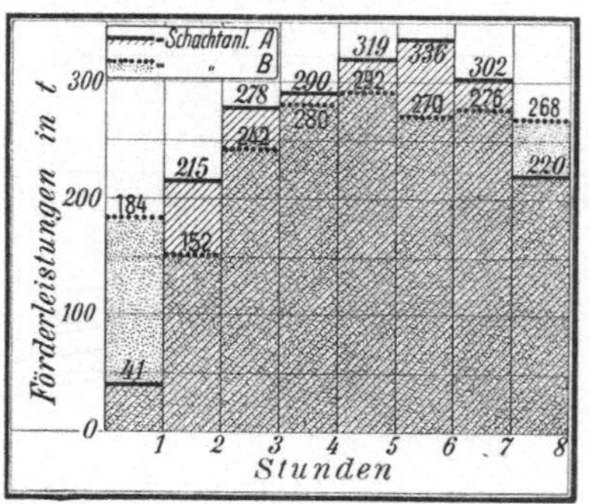

Abb. 620. Verteilung der Fördermengen auf die einzelnen Stunden bei 2 Schachtanlagen.

Schichtleistung herankommen als bei Gestellförderungen. Für die letzteren kann man im großen und ganzen, wenn man das Verhältnis zwischen rechnerisch möglicher und tatsächlich erreichter Schichtförderleistung als „Schachtwirkungsgrad" bezeichnet, mit einem solchen von 60—75% rechnen[1]). Zwei Beispiele für die verschiedene Größe der in den einzelnen Förderstunden aus den Bauen zum Füllort gelangenden Fördermengen und für die entsprechend wechselnde Belastung der Schachtförderung gibt das Schaubild in Abb. 620. Die Schachtanlage A zeigt während der ersten Stunde eine starke Minderleistung infolge der in diesen Zeitabschnitt fallenden Seilfahrt. Schachtanlage B hat infolge „Vollsetzens" gleich mit einer guten Stundenleistung einsetzen können; doch hat diese Speicherung nicht mehr für den Bedarf der zweiten Stunde ausgereicht.

203. — Kosten der Schachtförderung[2]). Da die Kosten der Schachtförderung je nach den Förderteufen und Fördermengen, der mehr oder weniger weitgehenden Heranziehung maschinenmäßiger Hilfsmittel, dem mehr oder weniger günstigen Schachtwirkungsgrad (Ziff. 202) usw. stark schwanken können und infolgedessen für den Ruhrbezirk Grenzwerte von 12 Rpf.

---

[1]) Beispiele s. Glückauf 1926, S. 629; P. Francke: Der Begriff des Schachtwirkungsgrades in der Förderung.

[2]) Glückauf 1931, S. 1317; F. W. Wedding: Leistungen und Kosten des Förderbetriebes im Ruhrkohlenbergbau.

und 86 Rpf. je Tonne Förderung ermittelt worden sind, soll hier nur ein bestimmtes Beispiel herausgegriffen werden, das sich den Durchschnittsverhältnissen möglichst nähert, und zwar ein Schacht mit nur einer Fördermaschine, mit der aus 540 m Teufe jährlich 600000 t (das sind 2000 t täglich und etwa 140 t stündlich) gehoben werden. Die angenommene Teufe bietet für die Rechnung den Vorteil, daß 1 t, auf 540 m gehoben, genau der Arbeit von 2 PSh in gehobenem Fördergut entspricht.

Die Anlagekosten einer solchen Fördereinrichtung können ausschließlich der Kosten für Herstellung des Schachtes und des Füllortes etwa wie folgt veranschlagt werden:

Fördergerüst mit Hängebank und Wagenumlauf 250000—310000 RM.
Fördermaschine mit Gebäude . . . . 200000—250000 „
Einstriche, Spurlatten (einschließlich Einbaulöhne) 60000— 80000 „
Förderkörbe und Zwischengeschirre . . . . . 20000— 25000 „
Füllortausrüstung . . . . 40000— 60000 „

Zusammen 570000—725000 RM.

Rechnet man mit einem Durchschnittsatz von 15% für Abschreibung und Verzinsung, so würde die Verzinsung und Abschreibung die Tonne Kohlen mit 14,3 bis 18,2 Rpf. belasten.

Löhne sind für Maschinenführer, Anschläger und sonstige Bedienungsleute an Füllort und Hängebank sowie für Schachthauer und Schlosser aufzuwenden. Legt man einen Förderbetrieb mit Aufschiebevorrichtungen und selbsttätigem Wagenumlauf an der Hängebank zugrunde, so wird man für die Posten 1.—3. mit 8—10 Mann je Schicht oder 16—20 Mann in der Doppelschicht auskommen können, deren jährlicher Lohn einschließlich sozialer Aufwendungen mit 45000—55000 RM. angenommen werden soll. Rechnet man dazu 4 Schachthauer und 3 Schlosser mit jährlich 20000 bis 22000 RM , so ergibt sich ein Lohnaufwand von insgesamt 10,8—12,8 Rpf./t.

Für den Kraftbedarf der Fördermaschine möge Dampfbetrieb angenommen werden. 1 PSh in gehobener Kohle (Schacht-Pferdekraftstunde) erfordert etwa 12 kg Dampf. Rechnet man mit durchschnittlichen Dampfkosten von 2,3 RM. je Tonne Dampf, so ergeben sich jährlich 40 000 RM., entsprechend 6,7 Rpf. je Tonne Förderung.

Gegenüber den vorgenannten drei Hauptposten sind die weiteren Kosten für Werkstoffe, Spurlattenschmiere, für Druckluft zum Betriebe der Aufschiebevorrichtungen und für elektrischen Strom sowie für die Seile (s. Ziff. 221 S. 566) von geringerem Belang. Sie können mit 50—70 RM. täglich oder mit 2,5 bis 3,5 Rpf. je Tonne eingesetzt werden.

Die Instandhaltungskosten sind auf etwa 2% des Anlagekapitals, also auf 11400—14500 RM. jährlich oder auf 1,9—2,4 Rpf./t zu veranschlagen.

Danach würde die Hebung einer Tonne Fördergut insgesamt kosten:

für Verzinsung und Tilgung . . . . 14,3—18,2 Rpf./t
für Löhne . . . . 10,8—12,8 „
für Betriebskraft . . . . 6,7—14,4 .
für Werkstoffe, Seile und verschiedene klei-
    nere Aufwendungen . . . . 2,5— 3,5 „
für Instandhaltung . . . . : . . . . 1,9— 2,4 „

Insgesamt 36,2—51,3 Rpf./t

Hierbei ist ein Ausnutzungsgrad der Förderanlage von etwa 70% angenommen. Die Kosten ermäßigen sich, wenn Ausnutzung und Leistung der Anlage steigen, da die Kosten für Verzinsung und Tilgung und in der Hauptsache auch für die Löhne unverändert bleiben. Im umgekehrten Falle steigen die Kosten.

Wenn zwei Fördereinrichtungen statt einer in dem Schachte vorhanden sind, steigen die Anlagekosten nicht im gleichen Maße wie die Leistungsfähigkeit. Bei gleichem Ausnutzungsgrade und entsprechend erhöhter Leistung werden also die Förderkosten sinken.

Mit der Tiefe wachsen die Förderkosten nicht im gleichen Verhältnis, weil die Löhne unverändert bleiben und auch die Anlagekosten nicht entsprechend der Tiefe zunehmen.

Wedding hat in dem mehrerwähnten Aufsatze auf einer allerdings etwas abweichenden Rechnungsgrundlage einen Mittelwert von 36 Rpf./t und eine Zunahme um 4 oder 8 Rpf. je 100 m Schachtteufe innerhalb der Teufenbereiche 400—700 m und 700—1000 m errechnet.

Wie aus der obigen Zusammenstellung der Förderkosten je Tonne hervorgeht, sind unter den Verhältnissen des Ruhrbezirks in erster Linie die Kosten für Verzinsung und Tilgung und für die Löhne ausschlaggebend.

Mit elektrischem Strom betriebene Förderanlagen sind in der Anlage etwa 30% teurer. Wenn auch die Betriebskraftkosten der Dampffördermaschinen verhältnismäßig hoch sind, so werden doch, wenn man nur die Schachtförderung in Rechnung stellt, die hier durch Verwendung des elektrischen Stromes zu machenden Ersparnisse in der Regel nicht hinreichen, um die höheren Kosten für Verzinsung und Tilgung aufzuwiegen (vgl. Ziff. 208 S. 548). Anders sind die Verhältnisse in Bergbaubezirken zu beurteilen, die mit hohen Kohlenpreisen rechnen müssen.

Was schließlich die Gefäßförderung angeht, so steht sie im Steinkohlenbergbau für Hauptförderschächte noch nicht genügend in Anwendung, um gut begründete Erfahrungszahlen mitteilen zu können. An sich sind für diese Art der Förderung nicht unerheblich geringere Kosten zu erwarten, weil die Anlagekosten über Tage wesentlich niedriger ausfallen und sich außerdem die Ausgaben für Kraftbedarf, Löhne und Instandhaltung erheblich verringern.

d) Andere Arten der Schachtförderung.

204. — Dauerförderung mit kleinen Fördergefäßen an endlosem Zugmittel. Im deutschen unterirdischen Braunkohlenbergbau sind in mehreren Fällen für Förderungen aus Teufen bis zu 65 m und Stundenleistungen bis zu 200 t Becherförderer zur Anwendung gekommen. Es handelt sich im wesentlichen um dieselben Einrichtungen, die bereits in Ziff. 157 für Blindschächte erwähnt wurden. Ihre Anwendung dürfte auch in Zukunft auf diese beschränkt bleiben. Für die bei der Hauptschachtförderung in Frage kommenden Teufen wird die Ausführung zu schwierig. Auch wird die Möglichkeit von Störungen infolge der Vielgliederigkeit und das damit verbundene Wagnis zu groß, als daß eine praktische Anwendung erwartet werden könnte.

205. — Bandförderung für Grubenholz. Für den Sonderzweck des Einhängens von langen Grubenhölzern für mächtige Flöze baut die Maschinenfabrik Walter in Gleiwitz Bandförderungen, für die ein Seitentrumm von kleinem

Querschnitt genügt. Das Band, das oben und unten über Trommeln geführt ist, trägt in Abständen, die der größten Länge der Hölzer entsprechen, Teller, auf denen die Hölzer stehen; diese werden durch eine senkrechte Blechrinne geführt und in stehender Lage gehalten.

Die Einrichtung ist in erster Linie für die auf den oberschlesischen Sattelflözen bauenden Gruben gebaut worden. Sie hat sich jedoch auch in andern Bergbaugebieten bewährt, da sie die Schachtförderung entlastet und das Einhängen längerer Hölzer auch während der Tagesschichten ermöglicht, dabei nur geringe Antriebs- und Unterhaltungskosten verursacht.

206. — Rückblick. Obwohl also die Pendelförderung mit Seil für tiefe Schächte bedeutende Nachteile hat, die sich in dem stoßweise erfolgenden Förderbetrieb mit seinen ungünstigen Beschleunigungen und Verzögerungen, in den großen Seilschwierigkeiten und in dem verhältnismäßig großen Energieverbrauch der Fördermaschine ausprägen, ist doch bisher kein erfolgreicher Versuch zu verzeichnen gewesen, für größere Tiefen dieses in die ältesten Zeiten zurückreichende Förderverfahren durch andere, zweckmäßigere Verfahren zu ersetzen.

D. Weitere Teile der Fördereinrichtungen.
a) Die Fördermaschinen[1]).

207. — Die Entwicklung der Fördermaschinen. Bis etwa um die Jahrhundertwende beherrschte die Zwillingsdampffördermaschine mit direktem Antrieb ausschließlich das Feld. Sie war anfänglich mit Kulissensteuerung ausgerüstet. Allmählich kam die Knaggensteuerung auf, die heute allein noch ausgeführt wird.

Um die genannte Zeit erschien die ebenfalls direkt angetriebene elektrische Gleichstromfördermaschine, die sehr bald durch die Verbindung mit einer Steuerdynamo in Leonard-Schaltung zu großer Vollkommenheit entwickelt wurde. Bei dieser Schaltung wird der Gleichstrom des Fördermotors in einem Maschinensatz aus einem an das Netz angeschlossenen Drehstrommotor mit Gleichstromdynamo erzeugt, wobei die erzeugte Stromstärke durch die Erregung der Dynamomaschine geregelt wird, die deshalb als Steuerdynamo bezeichnet wird. Die vorübergehende hohe Leistung der Maschine, insbesondere beim Anfahren, bedingt eine stoßweise Belastung des Netzes, die bei einem nicht sehr großen Stromnetz fühlbare Spannungsschwankungen zur Folge hat. Man rüstete deshalb den Umformersatz nach Ilgner mit einem schweren Schwungrad als Energiespeicher aus, um damit diese Belastungsstöße abzuschwächen. Mit der Vergrößerung der Stromnetze im Laufe der Zeit wurden die Ilgner-Räder jedoch wieder entbehrlich.

Der Wettbewerb der elektrischen Fördermaschine, die sich sowohl durch gleichförmigen Gang wie durch vorzügliche Steuerfähigkeit auszeichnete, führte zu einer Entwicklung der Dampffördermaschine hauptsächlich in der Richtung der Dampfersparnis. Es entstanden Zweizylinder-Verbund- und Zwillingstandemmaschinen, die aber wegen ihrer nicht vollbefriedigenden Steuerfähigkeit wieder verlassen wurden, als eine Verwertung des Abdampfes besonders in

---

[1]) H. und C. Hoffmann; Lehrbuch der Bergwerksmaschinen. 3. Aufl. (Berlin, 1942); — Bansen-Teiwes: Die Schachtförderung (Berlin, 1913).

Turbinen möglich wurde, wodurch die Dampfkosten erheblich herabgesetzt wurden. Als Dampffördermaschine herrscht heute wieder die Zwillingsdampfmaschine, doch gewinnt in neuester Zeit allgemein die elektrische Gleichstrommaschine stark an Verbreitung, da einerseits die Stromkosten durch die Stromerzeugung in großen Hochdruckdampf-Kraftwerken stark ermäßigt werden und anderseits die Stromnetze zu derartigem Umfang ausgebaut sind, daß die wechselnde Stromentnahme durch die Fördermaschinen für sie praktisch bedeutungslos ist.

Häufig kommen auch Drehstrommaschinen zur Anwendung, insbesondere bei schwach betriebenen Förderungen. Bei diesen fallen die Leerlaufkosten des durchlaufenden Umformersatzes der Gleichstrommaschinen stärker ins Gewicht, während umgekehrt bei lebhaften Förderungen die beim jedesmaligen Anlaufen in Widerständen vernichtete Energie die Wirtschaftlichkeit herabsetzt. Drehstromfördermaschinen bedürfen stets eines Vorgelegeantriebs, da Drehstrommotore nicht mit genügend niedriger Umlaufzahl gebaut werden können. Sie sind außerdem weniger steuerfähig als Gleichstrommaschinen.

In neuester Zeit sind in dem Bestreben, die Dampfmaschine den neuzeitlichen höheren Dampfdrücken anzupassen, vereinzelt schnellaufende Dreizylinder-Dampffördermaschinen mit Vorgelege gebaut worden[1]). Sie arbeiten mit Dampfdrücken bis zu 32 atü. Abgeschlossene Betriebserfahrungen liegen jedoch noch nicht vor.

208. — Vergleich zwischen Elektrizität und Dampf als Antriebskraft von Fördermaschinen. Bei der Wahl der Antriebskraft von Fördermaschinen sind betriebstechnische und wirtschaftliche Gesichtspunkte in Betracht zu ziehen[2]).

Betriebstechnisch ist es zunächst von Bedeutung, daß sich das gleichförmige Drehmoment des Elektromotors günstig auf die Lebensdauer und somit auch auf die bergpolizeilich zugelassene Aufliegezeit der Förderseile auswirkt. Der gleichförmige Gang der elektrischen Fördermaschine ermöglicht ferner ihre Aufstellung in einem Schachtturm über dem Schacht (vgl. Abb. 648 S. 580), was manche Vorteile bietet. Demgegenüber besitzt die Dampffördermaschine einen größeren Ungleichförmigkeitsgrad, der auch bei der schnellaufenden Drillingskolbenmaschine noch nicht ganz beseitigt werden konnte. Auch läßt sich die elektrische Fördermaschine, insbesondere bei Leonard-Schaltung, feinfühliger steuern als die Dampffördermaschine. Die Fahrgeschwindigkeit ist bei der Leonard-Maschine lediglich abhängig von der Steuerhebellage und wird von Richtung und Größe der Last nicht beeinflußt. In der Generatorbremsung besitzt zudem der elektrische Antrieb ein einfaches Mittel, die Überschreitung der zulässigen Höchstgeschwindigkeit zu verhindern. Ebenso läßt sich ein Anfahren in falscher Richtung sowie ein Übertreiben bei der elektrischen Fördermaschine durch einfachere Maßnahmen vermeiden als bei der Dampffördermaschine (vgl. Ziff. 256 S. 608). Anderseits ist der Wirkungsgrad der Dampffördermaschine nicht so stark von der Belastung abhängig wie derjenige der elektrischen. Während man deshalb letztere möglichst genau nach der gefor-

---

[1]) Glückauf 1939, S. 493; H. Presser: Schnellaufende Dampffördermaschinen mit Getriebe.

[2]) Elektrizität im Bergbau 1933, S. 81; Hochreuter: Dampf- oder elektrisch betriebene Fördermaschine?

derten Leistung bemessen muß, kann eine Dampffördermaschine, ohne ihre Wirtschaftlichkeit wesentlich zu verschlechtern, stärker bemessen werden, als es zunächst unmittelbar notwendig ist. Sie bietet dann eine gewisse Reserve, wenn später die Anforderungen durch Vergrößerung der Nutzlast oder der Teufe steigen.

Die Wirtschaftlichkeit beider Antriebsarten kann nur von Fall zu Fall im Rahmen der gesamten Energiewirtschaft einer Zeche oder Zechengruppe beurteilt werden. Es ist daher bei Fördermaschinen nicht möglich, von feststehenden Strom- und Dampfkosten auszugehen, den Energieverbrauch festzustellen und dann unter Berücksichtigung von Abschreibung, Verzinsung und Unterhaltung die Kosten zu errechnen. Dieser Weg ist nicht gangbar, weil die Energiekosten von Fall zu Fall außerordentlich schwanken. Sie sind abhängig von den Kosten der für die Energieerzeugung notwendigen Brennstoffe[1]), von den Möglichkeiten einer Abdampfverwertung, vom Dampfdruck des Kesselhauses und der Möglichkeit, in Vorschalt- oder Gegendruckturbinen billigen Strom zu erzeugen usw.

In einer Reihe von Fällen ist die eine oder die andere Antriebsart von vornherein vorzuziehen. Auf Gruben z. B., die keine eigene Stromerzeugung haben, dagegen Dampf für Fabrikations- und sonstige Zwecke benötigen, wie es auf Kaligruben oder auf isoliert gelegenen Kohlengruben der Fall sein kann, wird die Dampffördermaschine vorgezogen. Anderseits scheidet die Dampffördermaschine von vornherein überall dort aus, wo keine eigene Kohlenbasis vorhanden ist und nicht Heizdampf in größeren Mengen benötigt wird. Es ist dies in der Regel im Erzbergbau und auch auf Kaligruben ohne Fabrik der Fall. Ebenso ist die elektrische Fördermaschine auf Außenschächten, die nicht über ein eigenes Kesselhaus verfügen, der Dampffördermaschine von vornherein überlegen. Aber auch für Hauptschachtanlagen des Steinkohlenbergbaus wird in neuerer Zeit der elektrischen Fördermaschine in immer stärkerem Maße der Vorzug gegeben. So entfällt der größte Anteil der im Laufe des letzten Jahrzehnts beschafften Fördermaschinen auf solche mit elektrischem Antrieb. Diese Entwicklung wird in Zukunft durch die im Gang befindlichen Bestrebungen des Steinkohlenbergbaus, die Zechenkraftwirtschaft zu vereinheitlichen, Zechengruppen zu einer Stromverbundwirtschaft zusammenzuschließen und in stärkerem Maße an der öffentlichen Stromversorgung teilzunehmen, einen weiteren Auftrieb erhalten. Eine Vereinheitlichung kann nämlich nur durch weitgehende Elektrifizierung und eine Verbundkraftwirtschaft mit ihren Vorteilen — Bau größerer Kraftwerke, bessere Ausnutzung der Anlagen, Verwendung minderwertiger Brennstoffe, geringere Reservehaltung — nur mit Hilfe von Elektrizität durchgeführt werden[2]).

Anhaltspunkte für einen Wirtschaftlichkeitsvergleich beider Antriebsarten vermitteln die beiden nachstehenden Zahlentafeln. Die eine gibt die Anlage-

---

[1]) Glückauf 1934, S. 893; C. H. Fritzsche: Bewertung von Abfallbrennstoffen auf Steinkohlengruben.

[2]) H. Bohnhoff: Die Elektrifizierung des Ruhrbergbaus in ihrer Bedeutung für eine planmäßige Vereinheitlichung und Zusammenfassung der Zechenkraftwirtschaft. Diss. Aachen 1933; — ferner Elektrizität im Bergbau 1941, S. 12; H. Bohnhoff: Stand nnd neuere Entwicklung der elektrischen Energiewirtschaft im Bergbau.

kosten der verschiedenen Fördermaschinen im Vergleich zur Leonard-Förder-maschine mit direktem Antrieb wieder. Sie zeigt, daß die Leonard-Maschine mit direktem Antrieb am teuersten ist. Es folgen die Leonard-Maschine mit indirektem Antrieb, die Zwillingskolben-Dampffördermaschine und die Dreh-strommaschine. Die Anlagekosten der Drillingsgetriebe-Dampffördermaschine bewegen sich fast in der Höhe der Kosten der Leonard-Fördermaschine mit direktem Antrieb.

Die andere Zahlentafel enthält eine Zusammenstellung über den Energie-verbrauch von Fördermaschinen je Schacht — PSh, und zwar in kWh oder in kg Dampf und außerdem in kcal, die im Kraftwerk dafür aufzuwen-den sind. Hierbei sei darauf hingewiesen, daß sich im Gegensatz zur elektrischen Fördermaschine der Kraftverbrauch einer Dampffördermaschine wegen der Stillstandsstrahlungs- und Undichtigkeitsverluste und der stoß-weisen Dampfentnahme nicht genau messen läßt. Man muß daher im Jahresdurchschnitt mit einem um etwa 25% größeren Dampfverbrauch rechnen[1]). Bei der Drehstromfördermaschine ist zu beachten, daß die An-laßverluste einen erheblichen Einfluß auf den Kraftverbrauch haben und daher der Verbrauch für große und kleine Teufen getrennt angegeben worden ist. Im ganzen gesehen ist der Wärmeaufwand in kcal im Kessel-haus bei allen elektrischen Fördermaschinen erheblich geringer als bei den üblichen Zwillingskolbenmaschinen. Auch die schnellaufende Drillingskolben-maschine erreicht die niedrigen Werte der Leonard- und Ilgner-Antriebe nicht. Hierbei ist noch in Betracht zu ziehen, daß bei elektrischen För-dermaschinen der Wirkungsgrad und damit der Kraftverbrauch unverändert bleibt, während er bei Dampffördermaschinen mit zunehmendem Lebensalter ungünstiger wird.

Fördermaschinenart		Verhältniszahl der Anlagekosten in %[2])
Leonard-Fördermaschinen mit direktem Antrieb		100
Leonard-Fördermaschinen mit indirek-tem Antrieb (Getriebemaschinen)	große Maschinen kleine ,,	90 75
Drehstrom-Fördermaschinen	große Maschinen mit Fahrtregler, kleine Maschinen ohne Fahrtregler	60
	kleine Maschinen mit Fahrtregler	80
Zwillingskolben-Dampffördermaschinen	große Maschinen kleine ,,	50 70
Drillingskolben-Getriebe-Dampfförder-maschinen		80—100

---

[1]) Schellewald: Dynamik, Regelung und Dampfverbrauch der Dampf-fördermaschinen. Berlin 1918.

[2]) Einschließlich elektrischer und Dampfverbindungsleitungen innerhalb der Anlage sowie Schaltapparate und Armaturen.

Elektrische Fördermaschinen		Stromverbrauch bei Nennleistung	Wärmeaufwand im Kesselhaus bei	
			20 atü	80 atü
Antriebe		kWh je Sch.PSh	kcal je Sch.PSh	kcal je Sch.PSh
Leonard	Große Maschinen	1,0—1,2	4500—4800	3100—3700
	Kleine ,,	1,2—1,5	4800—6000	3700—4700
Ilgner	Große Maschinen	1,3—1,5	5200—6000	4000—4700
	Kleine ,,	1,6—1 7	6400—6800	5000—5300
Drehstrom	Große Teufe	1,0—1,3	4000—5200	3100—4000
	Kleine ,,	1,2—1,8	4800—7200	3700—5600
Dampffördermaschine		Dampfverbrauch bei Nennleistung 12 atü — Gegendr. 1,2 ata	Wärmeaufwand im Kesselhaus mit	ohne Abdampfverwertung
		kg Dampf je Sch.PSh	kcal je Sch.PSh	kcal je Sch.PSh
Zwillingsmaschinen	Große Maschinen	9—12	4200—5500	8000—10500
	Kleine ,,	12—15	5500—6800	10500—13000
Drillingsmaschinen	Große Maschinen		35 atü	
		7,5	3500	7000

b) Die Förderseile[1]).

209. — Allgemeines über die Herstellung der Drahtseile. Werkstoffe. Heute kommt für die Schachtförderung nur noch das Drahtseil in Betracht. Es wird aus bestem Siemens-Martin-Stahldraht mit Festigkeiten von 120—180 kg/mm² hergestellt. Geringere Festigkeiten ergeben zwar eine bessere Haltbarkeit der Drähte im Betriebe, doch zwingen die größeren Teufen etwa von 700 m ab sowie die großen Förderlasten, die heute einschließlich des Seilgewichtes selbst schon häufig 40 t erreichen, zur Ausnutzung der größeren Festigkeiten bis zu 180 kg/mm², damit die mit der Herstellung und Verwendung von Seilen großen Durchmessers verknüpften Schwierigkeiten vermieden werden. Es wird auch möglich sein, Drähte noch höherer Festigkeit (bis zu 220 kg/mm²) anzuwenden, doch sollten diese wegen ihrer größeren Empfindlichkeit gegen Biege- und Stoßbeanspruchungen auf Fälle besonders großer Gewichtsbelastung beschränkt bleiben. Je nach Bedarf werden die einzelnen Drahtlängen durch Hartlöten miteinander verbunden, um die erforderlichen Längen zu erreichen. Die Lötstelle bedeutet zwar eine Schwächung des einzelnen Drahtes; doch bleibt diese für das Seil belanglos, wenn darauf geachtet wird, daß nicht die Lötstellen mehrerer Drähte nahe zusammenliegen. An die Drähte werden hinsichtlich der Gleichmäßigkeit ihrer Zugfestigkeit sowie guter Biegsamkeit und Verwindefähigkeit sehr hohe Anforderungen gestellt (vgl. Ziff. 219 S. 563).

[1]) H. Altpeter: Die Drahtseile, ihre Konstruktion und Herstellung. (Halle a. d. S., M. Boerner), 1938; — R. Meebold: Die Drahtseile in der Praxis. (Berlin, Springer), 1938. — ferner Glückauf 1923, S. 261; H. Herbst: Schäden an Förderseilen und ebenda 1938, S. 849; H. Herbst: Bedeutung und Ursachen innerer Drahtbrüche bei Draht-, im besonderen Förderseilen; — ferner W. Bornhardt: V. A. J. Albert und die Erfindung der Eisendrahtseile. (Berlin, VDI Verlag G. m. b. H.), 1934.

Große Bedeutung kommt dem Rostschutz zu, worauf schon bei der Herstellung der Seile durch eine gründliche Innenschmierung Rücksicht genommen werden muß. Die Hanfeinlage des Seiles muß mit einem geeigneten Schmiermittel durchtränkt werden, und die einzelnen Drahtlagen der Litzen müssen einen rostschützenden und gleichzeitig auch schmierenden Überzug zur Verringerung der gegenseitigen Reibung zwischen den Drähten erhalten. Am besten eignen sich zähklebrige Fette (Seilfirnisse, hochsiedende Fraktionen des Erdöls), die bei mäßig erhöhter Temperatur flüssig und leicht streichfähig werden. Auch Wollfett wird vielfach benutzt.

Den besten Rostschutz gewährt eine Verzinkung von ausreichender Dicke. Der Wert der Verzinkung ist stark umstritten worden, da sie die Zugfestigkeit sowie die Biege- und Verwindefähigkeit der einzelnen Drähte herabsetzt[1]). Dies wirkt sich aber im Seil nicht immer nachteilig aus, da bei Dauerbiegeversuchen Seile mit einer mäßig starken Verzinkung, die allerdings als Rostschutz nicht genügend wirksam ist, höhere Biegezahlen ergeben als blanke Seile sonst gleicher Machart. Der Grund ist wahrscheinlich darin zu erblicken, daß die Zinkschicht der Drahtoberfläche einen gewissen Schutz gegen den Berührungsdruck benachbarter Drähte bietet. Starke Verzinkungen, bei denen sich in der Regel auch eine stärkere spröde Übergangsschicht aus Eisen-Zink bildet, die aber einen guten Rostschutz gewähren, verringern jedoch im allgemeinen die Widerstandsfähigkeit der Seile gegen die mechanischen Dauerbeanspruchungen des Betriebes.

Förderseile aus verzinkten Drähten sollten deshalb nur angewendet werden, wenn die Rostgefahr von größerer Bedeutung als die mechanischen Beanspruchungen ist. In erster Linie ist an Seile für schwach benutzte Förderanlagen zu denken, die eine lange Lebensdauer erwarten lassen, ferner an solche für Betriebe mit salzigen oder sauren Wässern. Bei freier Schwefelsäure im Wasser empfehlen sich verbleit-verzinkte Drähte, bei denen an der Oberfläche ein schwer löslicher, schützender Überzug von Bleisulfat entsteht. Da früher öfter unbefriedigende Ergebnisse mit verzinkten Seilen auf eine zu schwache Verzinkung zurückgeführt werden mußten, sind heute Mindestwerte der Zinkauflage für Förderseildrähte vorgeschrieben, für die dünnsten Drähte in Höhe von 100 und für die dicksten von 150 g je 1 m² Drahtoberfläche[2]).

Versuche, durch Zusatz von Nickel zum Stahl die Rostgefahr zu verringern, haben ergeben, daß geringe Zusätze nichts nützen, größere dagegen den Stahl unverhältnismäßig verteuern und seine Zugfestigkeit zu sehr herabsetzen. Auch ein geringer Kupfergehalt, der sich in anderen Fällen als rostschützend bewährt hat, hat sich bei Förderseilen als unwirksam erwiesen.

Nach der Querschnittsform unterscheidet man Flachseile und Rundseile.

210. — **Flachseile (Bandseile)** werden in der Weise hergestellt, daß (Abb. 621) eine Anzahl kleiner Seile oder „Schenkel" *1—6* (in der Regel aus je 4 Litzen bestehend) nebeneinander gelegt und durch Nählitzen oder Näh-

---

[1]) Z. V. d. I. 1935, S. 1281; Klein-Woernle: Drahtseilforschung; — ferner Glückauf 1910, S. 790; Speer: Mechanische Untersuchungen über den Einfluß der Verzinkung auf Förderseile; — ferner ebenda S. 901; Winter: Metallographische Untersuchungen über den Einfluß usw.

[2]) Vgl. DIN Berg 1254 Drahtseile. Technische Lieferbedingungen für Förderseile.

drähte zu einem breiten Seile verbunden werden. Dabei läßt man zur Verhütung eines einseitigen Dralles im Seile die Windungen der Drähte oder Fasern je zweier benachbarter Litzen in entgegengesetztem Sinne verlaufen.

Die Flachseile lassen sich als Förderseile leicht in zahlreichen Lagen übereinander aufwickeln. Hierdurch ergibt sich der Vorteil, daß mit Hilfe von Wickeltrommeln, „Bobinen" genannt, in einfacher Weise ein Ausgleich des Seilgewichtes bis zu einem gewissen Grade erreicht werden kann (vgl. Ziff. 244 S. 591). Gegenüber den schweren Trommeln für Rundseile sind dabei die Bobinen verhältnismäßig leicht. Zu diesen Vorteilen kommen noch eine gute Biegsamkeit und eine völlige Drallfreiheit der Flachseile.

Diesen Vorteilen stehen aber schwerwiegende Nachteile hauptsächlich hinsichtlich der Haltbarkeit der Seile gegenüber. Beim Aufwickeln drückt das Fördergewicht die Seilumschläge fest aufeinander. Die Drähte erleiden

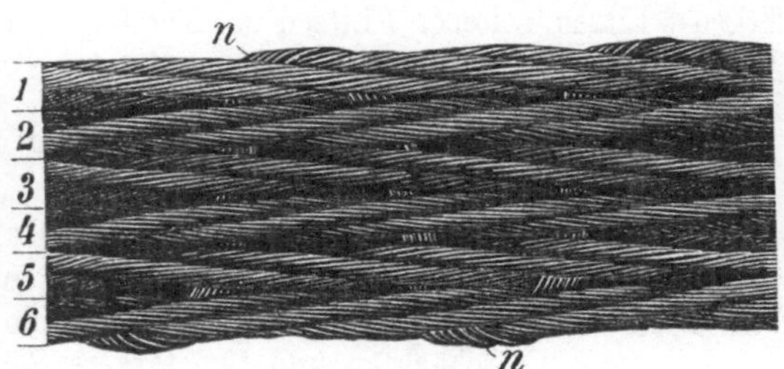

Abb. 621. Sechsschenkeliges Stahlbandseil.

dadurch besonders auch an den Kreuzungsstellen mit den Nählitzen Quetschungen, so daß sie einem erheblichen, wenn auch teilweise äußerlich unsichtbaren Verschleiß unterliegen, der zu vorzeitigen Drahtbrüchen führt. Auch bei Flachseilen, die als Unterseile verwendet werden, findet sich besonders bei gleichzeitigem Rostangriff häufig ein auffallender Verschleiß an den gegenseitigen Berührungsstellen der Litzen im Innern des Seiles, der leicht zu unerwarteten Brüchen führen kann. Gute Fettschmierung der Endstrecken, die erfahrungsgemäß diesem Verschleiß besonders ausgesetzt sind, ist deshalb hier sehr wichtig[1]).

Ferner neigen die Flachseile zu starken Verformungen[2]). Falls sich die einzelnen Schenkel, aus denen ein Flachseil besteht, im Betriebe ungleichmäßig dehnen, läuft das Seil nicht mehr glatt, sondern verwirft sich windschief, oder es treten einzelne Litzen schlaufenförmig aus dem Seil heraus. Endlich ist noch als Nachteil zu erwähnen die Erhöhung des Eigengewichts durch die nicht an der Belastungsaufnahme teilnehmenden Nählitzen.

Die genannten Nachteile werden im Betriebe so stark empfunden, daß heute Flachseile, von wenigen Ausnahmen abgesehen, als Zugseile nur noch beim Abteufen im Betriebe sind, wo die Vorteile der Drallfreiheit und des annähernden Ausgleiches des Seil-Eigengewichtes sowie des bequemen Umsteckens der Bobinen mit dem Fortschreiten des Abteufens besonders hervortreten. Sonst werden sie, ebenfalls wegen der Drallfreiheit, hauptsächlich noch als Unterseile verwendet.

---

¹) Vgl. das von der Seilprüfstelle der Westfälischen Berggewerkschaftskasse in Bochum herausgegebene „Merkblatt für den Betrieb von Schachtförderseilen".

²) Glückauf 1923, S. 288; H. Herbst: Schäden an Förderseilen.

211. — Rundseile. Allgemeines über den Aufbau. Hinsichtlich der Anordnung der Drähte sind bei Rundseilen folgende drei Gruppen zu unterscheiden[1]):

1. **Litzen**, d. h. Seile aus einer oder mehreren umeinander gewickelten
Drahtlagen, in starken Ausführungen auch als „Spiralseile" bezeichnet, mit dem
Zusatz „verschlossen" oder „halbverschlossen", wenn die Außenlage aus Form-
drähten oder abwechselnd aus Form- und Runddrähten mit ineinander greifenden
Querschnitten besteht.

2. **Rundlitzen-, Dreikantlitzen-, Flachlitzenseile**, d. h. Seile aus
Litzen mit kreisförmigem, dreieckigem oder ovalem Querschnitt. In der Regel
liegen 6 Litzen, seltener 7 Litzen in einer Lage um eine Hanfseele. Liegen die
Litzen bei größerer Anzahl in mehreren konzentrischen Lagen, so wird „mehr-
lagig" der Bezeichnung vorangestellt.

3. **Kabelseile**, d. h. Seile, die in gleicher Weise aus Litzenseilen wie die
Litzenseile aus Litzen bestehen. Die Drähte werden also erst zu Litzen, die
Litzen zu Litzenseilen und die Litzenseile zu Kabelseilen verarbeitet.

Die Drahtdurchmesser schwanken im großen und ganzen zwischen 1,4
und 3 mm. Die dickeren Drähte werden für die stärkeren Seile in nassen
Schächten und für stärkere Reibungsbeanspruchungen, die
dünneren für dünnere Seile mit größeren Biegebeanspruchungen bevorzugt.

212. — Verschlossene Seile stellen eine besondere
Art von Spiralseilen dar. Wie Abb. 622 erkennen läßt,
besteht ein solches Seil aus drei verschiedenen Arten von
Drähten. Der Kern wird durch einen Seelendraht s und
eine oder mehrere Lagen von Runddrähten r_1 r_2 gebildet. Um diese legen sich mehrere Lagen von Drähten t_1 t_2
mit trapezförmigem Querschnitt, während die äußere
Fläche durch die schuppenartig übereinanderliegenden und
das ganze Seil zusammenhaltenden „Deckdrähte" d_1 d_2
von eigenartiger Querschnittsform gebildet wird. Solche
Seile haben den großen Vorzug, daß der Seildurchmesser
auf das geringstmögliche Maß herabgedrückt ist, da Zwischenräume fast ganz fortfallen und daher der Seilquerschnitt nahezu ausschließlich durch die Summe der nutzbaren Metallquerschnitte der einzelnen Drähte gebildet

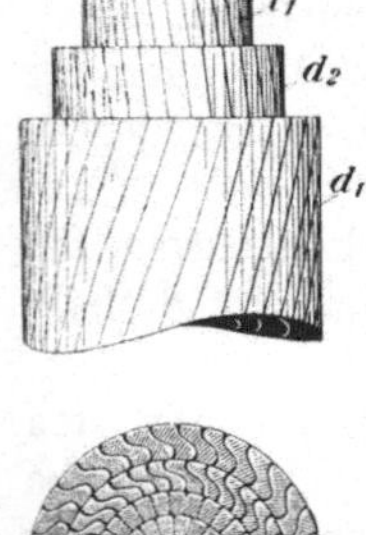

Abb. 622.
Verschlossenes Seil
mit je zwei Draht-
lagen.

wird. Dazu kommen als weitere Vorteile: Verringerung
des Gewichtes wegen des Wegfalls der Hanfseelen und
der Seelendrähte, Drallfreiheit, geringer Verschleiß und
weitgehende Rostsicherheit wegen des dichten Abschlusses durch die Deckdrähte.

Anderseits sind aber die verschlossenen Seile steifer als Litzenseile. Auch
erfüllen die übereinander greifenden Deckdrähte nicht immer ihren Zweck,
im Falle von Drahtbrüchen den gebrochenen Draht durch einen Nachbardraht
am Herausspringen aus der Seiloberfläche zu verhindern. Endlich stellt sich
bei ihnen im Laufe des Betriebes leicht eine unterschiedliche Spannung der

---

[1]) Vgl. DIN Blatt DVM 1201.

verschiedenen Drahtlagen ein, und es kommt infolgedessen vor, daß sich die äußere Drahtlage korbartig von der darunterliegenden abhebt. Die Seile haben sich daher bei uns als Förderseile nicht behaupten können, zumal man vermutet, daß sie wegen ihrer glatten Oberfläche in den Rillen von Treibscheiben keine ausreichende Reibung für eine Koepeförderung ergeben. In England sind sie jedoch bei den dortigen Trommelförderungen in Ausführungen mit dünnen Formdrähten sehr weit verbreitet. Besonders gut eignen sich die Seile wegen ihrer glatten Oberfläche und großen Steifigkeit als Tragseile für Drahtseilbahnen und als Führungsseile (Ziff. 231 S. 577).

213. — Rundlitzenseile. Als Förderseile kommen fast ausschließlich Seile, die aus mehreren Litzen bestehen, zur Anwendung. Einfache Litzen- oder Spiralseile eignen sich nicht, da sich bei ihnen ein gebrochener Draht auf seiner ganzen Länge aus dem Seile lösen würde. Auch bei verschlossenen Seilen (vgl. Ziff. 212) ist diese Gefahr nicht gänzlich ausgeschlossen. Anderseits sind Kabelseile nicht verwendbar, da sie bei dauerndem Laufen über

Scheiben wegen der un-
günstigen Berührungsver-
hältnisse der Drähte im
Seil und der meist verhältnismäßig dünnen Drähte
einem starken inneren Verschleiß unterliegen würden.
Sie werden deshalb haupt-
sächlich zum Tragen schwebender Bühnen beim Ab-
teufen benutzt, wo ihre
Biegsamkeit bei den not-
wendigerweise kleinen Leit-

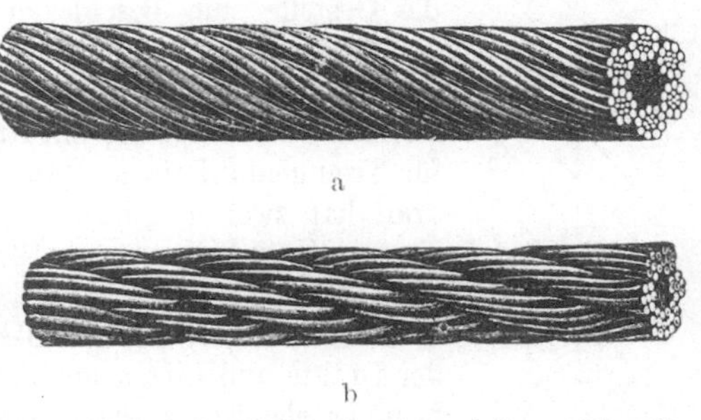

Abb. 623a und b. Gleichschlag (a) und Kreuzschlag (b) bei Rundlitzenseilen.

rollen sowie ihre Drallfreiheit vorteilhaft zur Geltung kommen. Wegen der seltenen Bewegung bleibt der Verschleiß hier gering.

Hinsichtlich der Flechtung unterscheidet man zwischen Gleich- und Kreuz-schlag. Die früher an Stelle von Gleichschlag vielgebrauchte Bezeichnung „Längsschlag“ ging auf den Engländer Lang zurück, der lange nach der Erfindung durch Albert diese Flechtart zuerst in England einführte. Die Bezeichnung „Albert-Schlag“ (früher auch wohl „Altes Machwerk“) ist dagegen nicht in Aufnahme gekommen. Bei dieser Flechtung werden die Drähte in den Litzen im gleichen Sinne wie die Litzen im Seil verwunden (Abb. 623). Beim Kreuzschlag haben dagegen die Drähte in den Litzen den entgegengesetzten Windungssinn wie die Litzen im Seil.

Der Gleichschlag stellt eine losere Verflechtung der Drähte dar, wie schon aus Abb. 623 erkennbar ist. Auf einer Litzenganghöhe gelangt ein Draht nur einmal, beim Kreuzschlag dagegen dreimal an die Seiloberfläche. Beim Biegen des Gleichschlagseiles gehört daher eine geringere Kraft zu dem erforderlichen Verschieben der Drähte gegeneinander, und die Beanspruchungen der Drähte bleiben geringer. Die Seile sind infolgedessen biegsamer als Kreuzschlagseile. Außerdem schmiegen sich die Außendrähte besser dem Rillengrunde von Seilscheiben an, so daß der Auflagedruck sich besser verteilt und geringere Beanspruchungen ergibt. Endlich ergibt sich durch die zur Richtung der Seilachse

stark geneigte Lage der Außendrähte eine gewisse Verzahnung mit dem Rillenfutter und deshalb ein größerer Reibungswiderstand in den Rillen der Koepescheiben. Die Gleichschlagseile sind deshalb sowohl haltbarer als auch besser
für die Koepeförderung geeignet als die Kreuzschlagseile. Sie haben aus diesen
Gründen als Förderseile in immer steigendem Maße Verbreitung gewonnen.

Anderseits wird beim Gleichschlag das Drallmoment der Drähte in den
Litzen infolge des gleichen Flechtsinnes der Drähte und Litzen durch dasjenige
der Litzen im Seil verstärkt, so daß der Seildrall als Summe von beiden groß
ausfällt, während er beim Kreuzschlag wegen des entgegengesetzten Flechtsinnes von Drähten und Litzen als Differenz der Drallmomente nur gering ist.
Der starke Drall der Gleichschlagseile drückt die Fördergestelle einseitig gegen

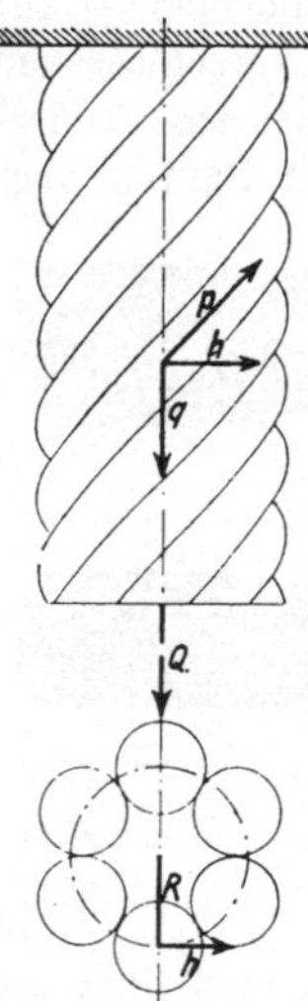

Abb. 624.
Erklärung des
Belastungsdralls.

die Spurlatten und bewirkt hierdurch einen stärkeren Verschleiß an diesen. Noch wichtiger ist aber die Neigung, bei
schlaffem Seil „Klanken" über dem Einband zu verursachen.
Da diese Gefahr besonders vorlag, als bei Trommelförderungen
die Gestelle zum Beschicken auf Aufsetzvorrichtungen (s.
Ziff. 194) gesetzt wurden, konnten bei diesen Förderungen
nur Kreuzschlagseile verwendet werden, weshalb noch heute
vielfach die Auffassung anzutreffen ist, daß Kreuzschlagseile
für Trommelförderungen besonders geeignet seien. Der Seildrall hat zwei verschiedene Ursachen. Man kann danach
einen „Herstellungsdrall" und einen „Belastungsdrall" unterscheiden.

Der Herstellungsdrall ergibt sich durch das Bestreben
der Drähte und Litzen, aus der beim Verseilen erlittenen Verformung elastisch zurückzufedern und sich wieder dem ursprünglich geraden Zustande zu nähern. Diesem Herstellungsdrall begegnet man neuerdings dadurch, daß man die Drähte
der Litzen vor dem Verseilen durch eine entsprechende
Verformung in die genaue Form hineinbringt, die sie im
Seil haben müssen (Trulay-Verfahren) oder dadurch, daß
man das fertige Seil in verschiedenen Ebenen scharf durchbiegt, „walkt" (Pawo-Verfahren). Man erhält hierdurch drallarme Seile,
die im unbelasteten Zustande auch beim Gleichschlag kein Drehbestreben erkennen lassen.

Der Belastungsdrall dagegen ergibt sich aus einer einfachen Betrachtung
der auf die Drähte und Litzen im geraden Seil wirkenden Kräfte an Hand der
Abb. 624. Auf die Litze eines Seiles entfalle ein Anteil q der am Seile wirkenden
Belastung. q wirkt in Richtung der Seilachse. Die Gegenkraft p der Litze
fällt in die Richtung der Litzenachse. q und p ergeben eine resultierende Kraft h
in waagerechter Richtung, und man erkennt, daß h an dem Hebelarm R wirkend
ein Drehmoment bildet, das bestrebt ist, das oben angehängte Seil aufzudrehen.
Es leuchtet ein, daß der Belastungsdrall nur durch einen Wechsel im Flechtsinn
der Drähte, Litzen oder Schenkel vermieden werden kann dergestalt, daß eine
Anzahl rechts drehender einer solchen links drehender gegenübersteht. Bei
Flachseilen wechseln daher rechts- und linksgängige Schenkel miteinander ab.
In mehrlagigen Litzenseilen wechselt der Flechtsinn zwischen den aufeinanderfolgenden Litzenlagen und in verschlossenen Seilen der aufeinanderfolgender

Drahtlagen. Hierdurch ist es möglich, völlig „drallfreie" Seile zu erzielen, die sich von den obenerwähnten drallarmen Seilen dadurch unterscheiden, daß sie auch unter Belastung kein Drehbestreben zeigen. Sie eignen sich also insbesondere als Förderseile beim Abteufen.

In der Regel sind 6—7 Litzen um ein Hanfseil als Seileinlage oder „Seele" angeordnet, das aus Manila- oder Jutefaser besteht und mit Vaseline, Seilfirnis oder Kienteer getränkt ist, um ein Eindringen von Wasser zu vermeiden. Die Einlage bietet den Litzen ein weiches Auflagepolster und verhindert einen

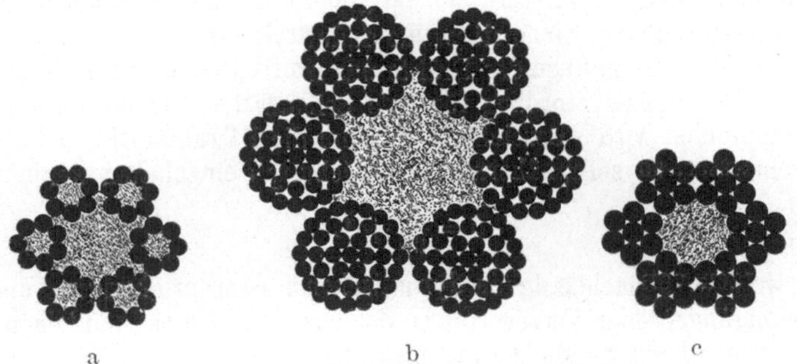

Abb. 625 a—c. Beispiele für Rundlitzenseil-Querschnitte.

zu starken gegenseitigen Druck der Litzen. Die Litzen bestehen je nach der Stärke des Seiles aus einer oder mehreren — bis zu vier — Drahtlagen. Vereinzelt enthalten sie auch im Innern eine Hanflitze als Einlage. Jede Drahtlage wird zum Schutz gegen Rost sorgfältig mit Vaseline oder einem Seilfirnis überzogen. Abb. 625 zeigt einige Seilquerschnitte; das Seil nach Abb. 625 a enthält Litzen mit Hanfeinlagen. Unter der Betriebsbelastung ziehen sich die Litzen fest auf die Seileinlage; das Seil streckt sich und wird gleich in den ersten Tagen um 0,5—1%, also bei Hauptschächten um mehrere Meter, länger.

214. — **Flach- und dreikantlitzige Seile** sind Seile, bei denen an Stelle der Kerndrähte in den Litzen Ovaldrähte oder dreikantige Formdrähte benutzt

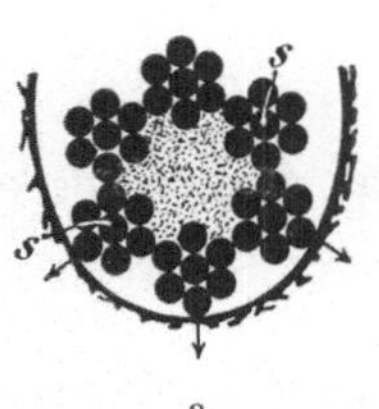

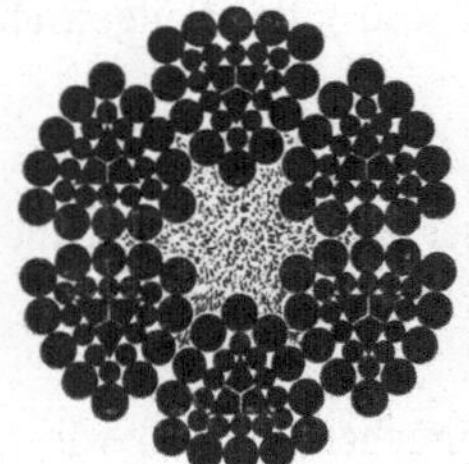

<table>
<tr><td>a</td><td>b</td><td></td></tr>
</table>

Abb. 626 a und b. Schematische Darstellung der größeren Auflagefläche eines flachlitzigen Seiles (b) im Vergleich mit einem rundlitzigen (a).

Abb. 627. Querschnitt eines dreikantlitzigen Seiles.

werden. Flachlitzige Seile (Abb. 626 b) werden in der Regel aus fünf, dreikantlitzige (Abb. 627) aus sechs Litzen zusammengesetzt; beide zeichnen sich vor den rundlitzigen Seilen, wie der Vergleich der Abb. 626 b mit Abb. 626 a erkennen läßt, durch eine bedeutend größere Auflagefläche und demgemäß verringerten Verschleiß aus.

215. — Berechnung von Förderseilen. Die Förderseile werden nur auf Zugbeanspruchung durch ruhende Belastung, also auf statischer Grundlage, berechnet. Es werden also zunächst die Beanspruchungen vernachlässigt, welche die Drähte beim Biegen der Seile über den Scheiben erleiden. Eine genaue Berücksichtigung dieser Beanspruchungen erscheint auch heute noch nicht möglich. Erleichtert man aber die Berechnung der Biegespannungen in den Drähten durch vereinfachende Annahmen, so kann man zu dem Ergebnis kommen, daß zur Verringerung dieser Spannungen dünne Drähte zu wählen seien, die dann wieder in verstärktem Maße dem Rost und Verschleiß unterliegen. Die angestrebte höhere Sicherheit würde dadurch wieder eingebüßt. Deshalb werden die Biegespannungen der Drähte nur mittelbar berücksichtigt, indem durch die Bergpolizeiverordnung für jede Seilstärke eine bestimmte Drahtstärke empfohlen wird[1]). Bezeichnet δ in mm die Drahtstärke, d in mm den Seildurchmesser, so soll annähernd die Beziehung eingehalten werden:

$$\delta = \frac{d}{30} + 1.$$

Ferner werden vernachlässigt die dynamischen Beanspruchungen, die durch Beschleunigungen oder Verzögerungen der bewegten Massen entstehen. Diese können zwar erhebliche Maße annehmen, doch lassen sich für ihre Ermittlung keine allgemein gültigen Größen angeben.

Um den vernachlässigten Beanspruchungen Rechnung zu tragen, hat man entsprechend hohe Sicherheitszahlen festgesetzt. In Deutschland muß während der ganzen Betriebszeit bei der Seilfahrt mindestens eine achtfache, bei der Förderung eine sechsfache Sicherheit gewährleistet sein. Für die Berechnung neuer Seile werden zu diesen Zahlen 15—20% zugeschlagen, um dem Verschleiß während des Betriebes Rechnung zu tragen. Man rechnet deshalb mit den Sicherheitszahlen 7 für die Belastung bei der Güterförderung und 9,5 bei der Seilfahrt. Diese Zahlen sind für die Berechnung von Koepeseilen auch vorgeschrieben.

Bezeichnet Q die Förderlast in kg, S den tragenden Seilquerschnitt in cm², k_z die Bruchfestigkeit des Seildrahtes in kg/cm², ν die Sicherheit, T die Teufe in m und γ das Seilgewicht in kg/cm³, so ist die zulässige Belastung des Seiles:

$$\frac{S \cdot k_z}{\nu}.$$

Dieser zulässigen muß die tatsächliche Belastung des Seiles durch Förderkorb und Eigengewicht, also

$$Q + \gamma \cdot S \cdot T \cdot 100$$

entsprechen, so daß wir nach einer Umformung die Gleichung erhalten:

$$S = \frac{Q}{\dfrac{k_z}{\nu} - \gamma \cdot T \cdot 100}.$$

Um einen Überblick über die Bedeutung der Festigkeit des Seilwerkstoffes für große Teufen zu gewinnen, seien nachstehend die erforderlichen Seilquer-

---

[1]) Vgl. Bergpolizeiverordnung des Oberbergamts Dortmund für die Seilfahrt vom 23. Dezember 1936 (Berlin, Bernard & Graefe), Anl. 5: Grundsätze für die Beschaffenheit der Förderseile.

schnitte und -gewichte bei einer Last von $Q = 10000$ kg für Seile aus Hanffaser ($k_z = 700$ kg/cm²), Eisendraht ($k_z = 6000$ kg/cm²) und Stahldraht von zwei verschiedenen Festigkeiten ($k_z = 15000$ und 18000 kg/cm²), entsprechend 150 und 180 kg/mm² für verschiedene Teufen ausgerechnet. γ sei für Hanfseile mit 0,00107 und für Eisen- oder Stahlseile mit 0,0093 kg/cm³ angenommen. Diese Werte liegen über den spezifischen Gewichten der Werkstoffe. Hierdurch wird einerseits dem Umstande Rechnung getragen, daß der wirkliche Querschnitt infolge der durch das Verflechten bedingten geneigten Lage der Fasern und Drähte größer als der Nennquerschnitt ist, und anderseits bei den Drahtseilen auch das Gewicht der Hanfseele berücksichtigt. Mit einer Sicherheit $\nu = 7$ ergibt sich die folgende Zahlentafel:

Teufe in m	400	600	800	1000
Bezeichnung der Seile	Querschnitt in cm²			
Hanfflachseil	175	280	695	
Eisendraht-Rundseil	20,6	33,4	88,5	
Stahldraht-Rundseil 150 kg/mm² . . .	5,65	6,30	7,15	8,24
„ 180 „ . . .	4,55	4,97	5,47	5,10
	Gewicht je kg je lfd. m			
Hanfflachseil	18,7	30,0	74,3	
Eisendraht-Rundseil	19,2	31,0	82,3	
Stahldraht-Rundseil 150 kg/mm² . . .	5,3	5,9	6,6	7,7
„ 180 „ . . .	4,2	4,6	5,1	5,7

Die Zahlentafel läßt den gewaltigen Vorsprung der Stahldrahtseile erkennen; dabei ist noch zu bedenken, daß statt der angenommenen Förderlast von 10 t heute Lasten von 30 t schon überschritten sind. Rechnet man für die 4 Seilarten diejenige Teufe aus, bei der ein nicht verjüngtes Seil gerade noch eine 7 fache Sicherheit gegenüber der Belastung durch sein Eigengewicht hat, so ergibt sich diese aus der Gleichung

$$\frac{S \cdot k_z}{\nu} = \gamma \cdot S \cdot T \cdot 100$$

mit $\nu = 7$

$$T = \frac{k_z}{700 \cdot \gamma} \, ,$$

mithin für Hanfseile zu . . . . 935 m
Eisendrahtseile zu . . . . 922 „
Stahldrahtseile 150 kg/mm² . . . 2300 „
„ 180 „ . . . 2770 „

216. — Das Auflegen der Förderseile. Bei Trommel- oder Bobinenförderungen gestaltet sich das Auflegen der Seile verhältnismäßig einfach. Während auf der einen Trommel das alte Seil ab- und das neue aufgewickelt wird, wird die andere Trommel von der Nabe gelöst und festgestellt, wobei gleichzeitig das Seil mit dem Korbe dieser Trommel im Schacht abgefangen wird. Wo dies nicht möglich ist, muß der andere Korb während des Wickelns der einen Trommel im Schacht hin und her gefahren werden. Die zusätzlichen

Windungen müssen dann von Hand aufgelegt werden, was freilich bei schweren Seilen umständlich ist.

Schwieriger ist das Auflegen von Treibscheibenseilen. Am sichersten bedient man sich dabei eines durch Dampf oder elektrischen Strom angetriebenen Haspels, der gemäß Abb. 628 zwischen die Trommel w_1, auf der das Seil angeliefert ist, und die Fördermaschine eingeschaltet wird und mittels Reibung auf zwei gegenüberliegenden Reibungstrommeln b_1 b_2 die Last des im Schachte hängenden Seiles zu tragen vermag. Man kann mit Hilfe dieses Haspels zunächst das alte Seil über Tage auf einer Trommel aufwickeln, nachdem es von den zuverlässig festgestellten Körben gelöst ist, wobei die Fördermaschine langsam mitläuft. Dann wird das neue Seil eingehängt. Um dieses über die

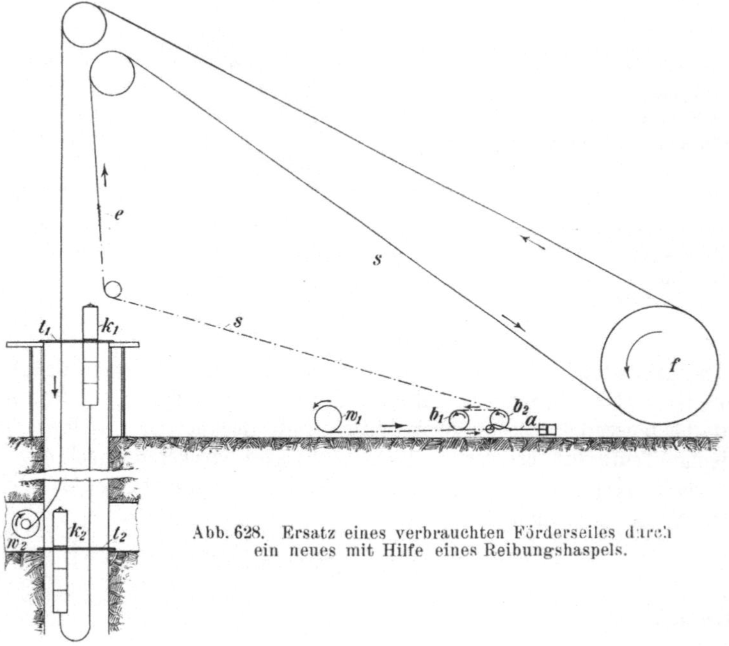

Abb. 628. Ersatz eines verbrauchten Förderseiles durch ein neues mit Hilfe eines Reibungshaspels.

Seilscheiben zu führen, wird es an der Rasenhängebank mit dem letzten Ende des alten Seiles zusammengespleißt und mit ihm über die Seilscheiben und die Treibscheibe gezogen. Man kann aber auch gleich das neue Seil mit dem alten verspleißen und das alte im Füllort aufwickeln, um das Einhängen des neuen Seiles zu erleichtern. Hierbei ist aber damit zu rechnen, daß aus dem neuen Seil Drall in das alte hineinläuft, sofern die Verbindungsstelle nicht durch einen Schlitten geführt wird. Dieses Verfahren ist in Abb. 628 dargestellt. Die beiden Fördergestelle k_1 k_2 sind an der Hängebank und am Füllort durch Träger t_1 t_2 abgefangen, sodann die beiden Seilenden aus den Einbänden gelöst und das untere an der Wickeltrommel w_2 befestigt, das obere bei e mit dem gestrichelt angedeuteten neuen Seil verbunden. Letzteres wird mittels eines Flaschenzuges od. dgl. bis zu diesem Punkte herangeholt. Es wird nun der Dampfhaspel a in Betrieb gesetzt und das neue Seil langsam von der Trommel w_1 abgewickelt und durch das Übergewicht des im Schacht hängenden alten Seiles nachgezogen, bis das vordere Ende beim unteren Fördergestell k_2 und das hintere beim oberen Fördergestell k_1 angelegt ist, worauf das Einbinden dieser beiden Seilenden erfolgen kann.

Will man den Hilfshaspel mit Reibungstrommeln ersparen, so kann man auch eine verbreiterte Treibscheibe, auch wohl „Magazinscheibe" genannt, verwenden, die zu beiden Seiten der Seilnut Platz zum Aufwickeln des alten und neuen Seils zwischen zwei Wangenblechen bietet. Man schlägt dann zunächst das Unterseil unter dem an der Sohle stehenden Förderkorbe ab und hängt es am Schachtstuhl auf. Alsdann löst man die Verbindung des alten Förderseils am obern Korbe, befestigt das Seilende an der Treibscheibe und wickelt das Seil zunächst auf der Scheibe auf, wobei der an ihm hängende untere Förderkorb hochgezogen wird. Dann wird es vom Korbe gelöst und wieder abgewickelt. Das neue Seil wird aufgewickelt, sein letztes Ende über die Seilscheibe gezogen, am Korbe befestigt, und dieser wird dann in den Schacht gelassen, wobei das Seil sich abwickelt. Das letzte Ende muß dann nach entsprechendem Festklemmen des Seiles oben im Fördergerüst über die zweite Seilscheibe gezogen und am zweiten Förderkorbe befestigt werden. Das Verfahren ist umständlicher als dasjenige mit Hilfe eines Reibungshapsels. Auch erfordert es besonders bei großen Teufen eine starke Fördermaschine, die das große Gewicht des im Schacht hängenden Seiles mit leerem Förderkorb sicher zu beherrschen vermag.

Bei Treibscheibenförderungen ist während des Seilauflegens besondere Vorsicht erforderlich, da nach dem Lösen vom oberen Fördergestell das Seil nirgends mehr gehalten wird und in den Schacht stürzen kann, was wiederholt geschehen ist. Es darf deshalb keine Verbindung gelöst werden, ehe das Seil durch Festklemmen an den richtigen Stellen abgefangen ist.

Als Halteklemmen verwendet man Stücke von Buchen- oder Eichenkantholz mit V-förmigem Ausschnitt für das Seil, die durch 2 Schrauben zusammengeklemmt werden. Nach Angabe der Seilprüfstelle der Westfälischen Berggewerkschaftskasse, Bochum[1]), kann man mit einem Schraubenpaar der folgenden Abmessungen die angegebenen Seillasten mit ausreichender Sicherheit aufnehmen:

Schraubendurchmesser	$^3/_4$	$^7/_8$	1	$1^1/_8$	$1^1/_4''$
Seillast	2	2,6	3	3,3	3,5 t

Die Klemmen werden um 90° kreuzweise versetzt fest übereinander angebracht. Wendet man längere Klemmen mit mehreren Schraubenpaaren übereinander an, so ist je Schraubenpaar nur der 0,7fache Betrag der obigen Werte anzusetzen.

Das neue Seil ist in gut eingefettetem Zustande, gegen Witterung geschützt möglichst in einem ungeheizten Raume bis zum Auflegen aufzubewahren.

217. — Unterseile[2]) sind Seile, die mit beiden Enden unter den beiden Förderkörben befestigt sind und bis zum Schachttiefsten herabhängen, wo sie gemäß Abb. 629 durch Einstriche geführt werden. Man hat sie auch wohl durch eine Nutenscheibe geführt, die aber einen erhöhten Seilverschleiß bewirkte und mehr Arbeit für Instandhaltung beanspruchte.

---

[1]) Mitteilungen aus der Seilprüfstelle der Westf. Berggewerkschaftskasse 1934/35.

[2]) Z. f. d. Berg-, Hütt.- u. Sal.-Wesen 1913, S. B 19; S p a c k e l e r : Wirkung und Ausführung der Unterseile.

Die Unterseile dienen zum Ausgleich des im Schacht hängenden Förderseilgewichtes und haben deshalb in der Regel das gleiche Metergewicht wie die Förderseile (vgl. Ziff. 242 S. 590). Man verwendet vorwiegend Flachseile wegen ihrer guten Biegsamkeit und ihrer Drallfreiheit. Bei schmalen Förderguttträgern, z. B. Fördergestellen mit hintereinanderstehenden Wagen, bei denen also ein kleiner Mittenabstand von etwa 1 m vorliegt, fällt die Krümmung des Seiles in der „Bucht" klein aus. In solchen Fällen empfiehlt es sich, die Drähte im Seil nicht stärker als höchstens 2 mm zu wählen. Früher wurden auch vielfach Kreuzschlag-Rundseile angehängt, die vorher als Förderseile benutzt worden waren[1]). Seitdem man aber Kreuzschlagseile wegen ihrer geringeren Haltbarkeit

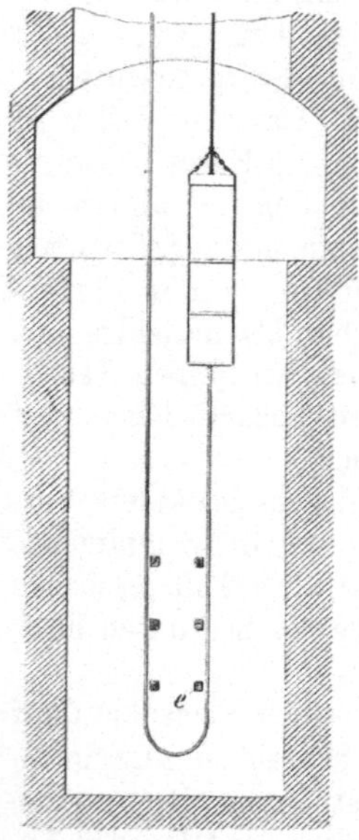

Abb. 629. Führung des Unterseils im Schachttiefsten.

als Förderseile ziemlich verlassen hat, kommen diese auch nur noch selten als Unterseile vor. Gleichschlagseile eignen sich wenig für Unterseile, da sie sich wegen ihres Dralles stark aufdrehen, wodurch sich ihre Flechtung lockert. Damit bekommt das Wasser leicht Zutritt zum Innern und verursacht schnelles Verrosten. Das Aufdrehen kann aber nicht wie bei Förderseilen verhindert werden, da die Seile sich dann wegen ihrer schwachen Belastung verklanken würden.

Die Bedeutung des Seilausgleichs für die von der Fördermaschine aufzubringende Leistung geht aus einem in Ziff. 242 auf S. 590 ausgeführten Beispiel hervor. In diesem ist ein vollkommener Seilausgleich angenommen, wie er durch ein Unterseil von gleichem Metergewicht wie das Förderseil erzielt wird. Durch ein schwereres Unterseil kann die Entlastung der Fördermaschine noch weiter getrieben werden. Das an dem oberen Korbe hängende Seilübergewicht beschleunigt dann das Anlaufen der Fördermaschine, während es am Ende des Treibens eine schnellere Verzögerung bewirkt. Allerdings bedingt das schwerere Unterseil auch eine erhöhte Tragkraft des Förderseils, so daß von dieser Entlastung der Fördermaschine nur Gebrauch gemacht wird, wenn bei mäßigen Teufen für eine geforderte Förderleistung keine genügend starke Maschine zur Verfügung steht. Bei großen Teufen wird man im Bestreben, mit einem möglichst geringen Förderseilquerschnitt auszukommen, kaum ein schwereres Unterseil verwenden.

Allerdings bringt ein Unterseil auch Nachteile mit sich. Es macht das abwechselnde Fördern von verschiedenen Sohlen mit beiden Körben unmöglich, da bei einem entsprechenden Verstecken von Fördertrommeln die Unterseilbucht verschiedene Höhenlagen einnimmt, wodurch die Führung des Seiles unmöglich wird (vgl. Ziff. 242 S. 590). Nicht zu unterschätzen sind ferner die Nachteile, die sich aus der Notwendigkeit der Überwachung und Pflege, aus der möglichen Beschädigung durch in den Schacht gestürzte Förderwagen, durch Rost und Verschleiß, auch wohl durch starke Schwingungen ergeben.

---

[1]) Glückauf 1920, S. 666; H. Herbst: Die Verwendung abgelegter Förderseile als Unterseile.

Trotz dieser verschiedenen Nachteile ist das Unterseil bei uns in weitestem Umfange im Gebrauch, da es für die Koepeförderung die einfachste Möglichkeit des Seilausgleichs darstellt und sich im großen und ganzen auch gut bewährt hat.

218. — Das Anhängen der Unterseile geschieht am einfachsten in der Weise, daß man das auf einer Trommel aufgewickelte Seil, wie es von der Fabrik geliefert wurde, zum Füllort einhängt, das alte Seil von dem untenstehenden Förderkorbe löst und dafür das neue an ihm befestigt. Nach Entfernung der Führungshölzer wird mit dem Aufwickeln des alten Seiles auf einer Trommel im Füllort begonnen. Alsdann werden die Körbe langsam durch den Schacht gefahren, wobei das alte Seil im Füllort weiter auf- und das neue abgewickelt wird.

Sehr starke und lange Seile erfordern derart große Wickeltrommeln, daß es zu große Schwierigkeiten bieten würde, diese zum Füllort zu schaffen. In solchen Fällen wendet man entweder statt eines starken zwei schwächere Unterseile an, die man noch im Schacht bequem einhängen kann[1]). Oder man bedient sich zum Anhängen in ähnlicher Weise wie beim Auflegen eines Förderseiles (vgl. Ziff. 216) eines Hilfshaspels.

219. — Prüfung und Überwachung. Entsprechend der Wichtigkeit der Förderseile sind die Prüfbestimmungen sehr streng. Vor dem Auflegen des Seiles ist jeder einzelne Draht auf Zug, Biegung und Verwindung zu prüfen. Durch die Zugprüfung ist nachzuweisen, daß die einzelnen Drähte nicht um mehr als $\pm 10\%$ von der mittleren Zugfestigkeit abweichen und daß sie die zugelassenen Höchstwerte der Festigkeit von $200\,\mathrm{kg/mm^2}$ bei blanken und $190\,\mathrm{kg/mm^2}$ bei verzinkten Drähten nicht überschreiten. Die Mittelwerte sämtlicher Drähte dürfen höchstens 190 oder $180\,\mathrm{kg/mm^2}$ erreichen. Hinsichtlich der Biegefähigkeit hat die Bergpolizeiverordnung für die Seilfahrt Mindestbiegezahlen vorgeschrieben, die bei der Hin- und Herbiegeprobe erreicht werden müssen. Sie sind verschieden je nach dem Durchmesser und der Festigkeit des Drahtes, auch wird unterschieden zwischen blanken und verzinkten Drähten. Für die Verwindeprobe sind in Deutschland bestimmte Zahlen zur Zeit noch nicht festgelegt; doch wird auch die Zweckmäßigkeit dieser Prüfung in immer weiteren Kreisen anerkannt. Drähte, die den vorgeschriebenen Bedingungen nicht entsprechen, scheiden für die Berechnung der Bruchlast des Seiles gänzlich aus.

Neben diesen Prüfungen muß durch Werksbescheinigungen der Lieferfirma nachgewiesen werden, daß der Gesamtgehalt an Phosphor und Schwefel $0,05\%$ nicht überschreitet, sowie daß die Seele aus guten Fasern mit einwandfreier Tränkung hergestellt ist.

Trotz vorsichtigster Berechnung und Prüfung der Seile vor dem Auflegen ist aber ihre dauernde gewissenhafte Überwachung im Betriebe unentbehrlich[2]). Die Überwachung erstreckt sich auf regelmäßiges Nachsehen und bei Trommelseilen auf Drahtprüfungen an abgeschnittenen Probestücken. Täglich werden die Seile bei $1\,\mathrm{m/s}$ Geschwindigkeit nachgesehen, wobei hauptsächlich größere Beschädigungen festgestellt werden sollen, die im Laufe des Tages durch in

---

[1]) Glückauf 1911, S. 660; **Kaltheuner:** Gekreuzte Unterseile: — ferner ebenda 1913, S. 141: **Rossenbeck:** Versuche mit gekreuzten Unterseilen.
[2]) Bergbau 1925, S. 701; **H. Herbst:** Die Überwachung, Pflege und Prüfung der Förderseile.

den Schacht gestürzte Gegenstände oder auf ähnliche Weise plötzlich entstanden sein können. Auch Klanken gehören hierher. Wöchentlich werden die Seile einmal genauer bei 0,5 m/s Geschwindigkeit nachgesehen; dabei werden insbesondere die Drahtbrüche festgestellt und in bildlichen Darstellungen der Lage nach eingetragen. Es genügt dazu, die Drahtbrüche gruppenweise für eine einer Fördermaschinenumdrehung entsprechende Seilstrecke zusammenzufassen. Eine genauere Lagebestimmung einzelner Brüche ist mit Hilfe einer Meßrolle möglich[1]). Alle 6 Wochen findet eine noch eingehendere Besichtigung statt, bei der nach Reinigung einzelner Stellen besonders auf den Verschleiß und den Rostangriff geachtet werden soll. Bei den Besichtigungen kann natürlich nur der äußere Zustand des Seiles beurteilt werden. Er ist jedoch fast immer für die Sicherheit maßgebend. Eine Möglichkeit, innere Schwächungen, insbesondere solche durch Drahtbrüche, nachzuweisen, bietet ein von der Seilprüfstelle der Westfälischen Berggewerkschaftskasse, Bochum, eingeführtes elektromagnetisches Meßverfahren[2]) nach Wever-Otto, das Querschnittsschwächungen von 0,5 v. H. zuverlässig kenntlich macht. Das Förderseil durchläuft dabei eine Gruppe von Drahtspulen, die mit einer besonderen Vorrichtung um das Seil gewickelt werden, mit einer Geschwindigkeit von etwa 0,2 m/s.

Von besonderer Wichtigkeit ist stets ein gründliches Nachsehen der Einbandstellen, im Bedarfsfalle unter teilweiser oder völliger Öffnung der Einbände, da hier stärkere Schäden sehr leicht vorkommen und am schwersten erkennbar sind. Bei Trommelseilen werden deshalb die Einbandstücke nebst dem anschließenden Seilstück von etwa 3 m Länge in Zeiträumen von $^1/_4$—$^1/_2$ Jahr, je nach den Betriebsverhältnissen, abgeschnitten und die Einbände erneuert, was bei Treibscheibenseilen nicht möglich ist. An den abgeschnittenen Stücken werden Drahtprüfungen vorgenommen, für die wieder besondere Vorschriften gelten. Die Ergebnisse bieten aber nur ein unvollkommenes Bild von der tatsächlich noch vorhandenen Bruchlast des Seiles, da einerseits etwa gelockerte Drähte noch als tragend gelten, die in Wirklichkeit nicht mehr tragen, während anderseits Drähte etwa wegen zu geringer Biegezahl gänzlich unberücksichtigt bleiben, trotzdem sie in Wirklichkeit noch an der Belastungsaufnahme teilnehmen. Zu einem sicheren Ergebnis gelangt man daher, wenn man, wie das z. B. bei der obengenannten Seilprüfstelle geschieht, das Seil mit Hilfe sehr starker Zerreißmaschinen im ganzen zerreißt. Die größte dieser Maschinen hat eine Zugkraft von 400 t.

Zur Überwachung der Seile gehört auch die Nachprüfung der besonderen Betriebsbeanspruchungen, denen sie unterliegen, insbesondere der dynamischen Beanspruchungen infolge unruhigen Ganges der Fördermaschine sowie infolge von Stößen durch mangelhafte Fördermaschinenbremsen oder schlechte Gestellführungen im Schachte, die ihrerseits wieder durch Abweichungen der Schachtachse aus dem Lot oder durch Druckerscheinungen verursacht werden können. Diese Beanspruchungen bilden die Hauptursachen für die gefährlichen Beschädigungen der Einbände. Ein geeignetes Gerät für die Messung der dynamischen Kräfte ist der Beschleunigungsmesser von Jahnke-Keinath[3]).

---

[1]) Vgl. 5. Aufl. dieses Buches S. 583.
[2]) Glückauf 1933, S. 471; A. Otto: Elektromagnetisches Verfahren zur Prüfung von Drahtseilen.
[3]) Zeitschr. f. d. Berg-, Hütt.- u. Sal.-Wes. 1921, S. 153; Jahnke u. Keinath: Zur Überwachung von Schacht und Förderung während der Betriebsfahrt.

der zu diesem Zweck auf einem Förderkorb befestigt wird. Der Grundgedanke dieser Vorrichtung ist durch Abb. 630 veranschaulicht. Das an einer Feder a aufgehängte Gewicht b übt nur im ruhenden Zustande des Förderkorbes F seinen vollen Zug aus, wogegen es bei freiem Fall vollständig gleichmäßig mit dem Förderkorb fällt, also im Vergleich zu diesem gewichtslos wird. Zwischen diesen beiden Grenzfällen sind je nach der Größe der Beschleunigung (d. h. je nach der Annäherung an den freien Fall) alle möglichen Zwischenstufen denkbar. Bei Beschleunigung in Aufwärtsrichtung erscheint das Gewicht schwerer. Die Feder wird entsprechend ent- oder belastet; sie zieht sich zusammen oder dehnt sich aus, und die Bewegung des Gewichtes wird durch ein Schreibwerk c auf einem Diagrammstreifen d verzeichnet. Die erforderliche Dämpfungsvorrichtung ist durch den in dem Zylinder e sich bewegenden Kolben, der Glyzerin durch die Öffnungen $f_1 f_2$ ansaugt oder verdrängt, an-

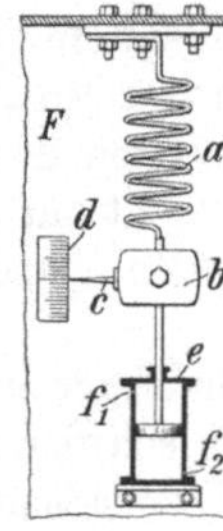

Abb. 630. Grundgedanke des Beschleunigungsmessers von Jahnke-Keinath.

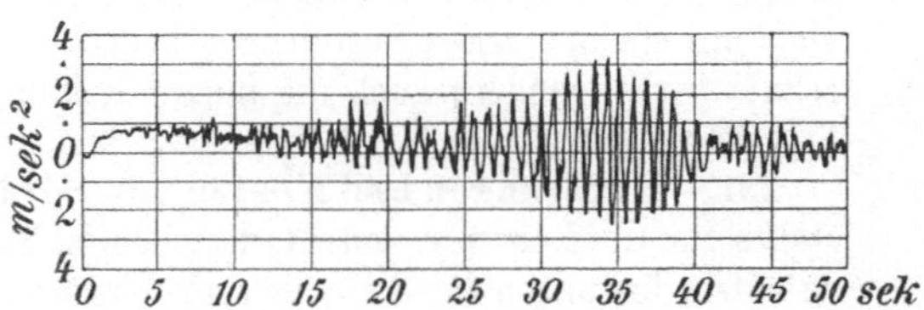

Abb. 631. Beschleunigung-Schaubild, aufgenommen mit dem Beschleunigungsmesser.

gedeutet. Ein Beispiel für die Aufzeichnung mit dieser Vorrichtung gibt Abb. 631. Hier war bei rund 115 m Tiefe eine Annäherung der Spurlatten durch den Gebirgsdruck herbeigeführt und dadurch eine Klemmung des Förderkorbes zwischen den Führungen veranlaßt worden, die sich in einer Verzögerung der Bewegung des Förderkorbes und entsprechenden Seilschwingungen äußerte.

220. — Die Bruchgefahr bei Förder- und Unterseilen. Eine besonders gefährdete Stelle der Seile bilden gemäß Ziff. 222 S. 567 die Einbände, da die Seile hier einmal starken Klemmungen ausgesetzt sind und ferner die auslaufenden Seilschwingungen eine sehr große Zahl von zusätzlichen dynamischen Beanspruchungen erzeugen[1]). Die Gefahr ist hier auch deshalb größer, weil die Drahtbrüche häufig verdeckt liegen und der Überwachung entgehen. Stärkerem Verschleiß sind auch die Seilstrecken ausgesetzt, die während der Beschleunigung und der Verzögerung des Treibens über die Seilscheiben laufen; in diesen Abschnitten schwingen die Seile stärker und laufen heftig schlagend auf die Scheiben auf.

Bei stärkerem Rostangriff entsteht die Gefahr, daß die Außendrähte dünn und locker werden. Sie reiben dann in verstärktem Maße in den Rillen einerseits und auf den darunterliegenden Innendrähten anderseits, so daß der Verschleiß mit ständig wachsender Geschwindigkeit fortschreitet. Die Lockerung erreicht schließlich ein solches Maß, daß die Außendrähte überhaupt nicht mehr tragen und die ganze Belastung von den Innendrähten aufge-

---

[1]) A. Heilandt: Ein Beitrag zur Berechnung der Drahtseile usw. München 1916; — ferner Glückauf 1930, S. 1089; H. Herbst: Bemerkenswerte Brüche von Förderseilen.

nommen werden muß. Diese brechen dann vorzeitig, und es entsteht die Gefahr, daß das Seil infolge der starken inneren Schwächung plötzlich bricht, während von außen wohl ein starker Verschleiß, aber vielleicht keine oder nur vereinzelte Drahtbrüche erkennbar waren. Aus diesem Grunde ist es auch nicht möglich, die Sicherheit eines Förderseiles nach den festgestellten Drahtbrüchen zu beurteilen. Es muß stets auch der Grad des Rostangriffes und des Verschleißes berücksichtigt werden, wozu allerdings eine gewisse Erfahrung gehört.

Besonders zu erwähnen ist auch noch die recht große Bruchgefahr der **Flach-Unterseile**. Diese erleiden erfahrungsgemäß auf den Endstrecken bis zu etwa 50 m von den Körben entfernt einen sehr starken inneren Verschleiß und Rostangriff. An den Stellen, an denen sich Drähte benachbarter Litzen berühren, und an den Kreuzungsstellen mit den Nählitzen schleißen sie völlig durch, ohne daß die Bruchenden heraustreten. Schließlich genügt ein Bremsstoß der Fördermaschine beim Umsetzen an der Hängebank, um den Bruch herbeizuführen. Von großer Wichtigkeit ist es deshalb, die genannten Seilstrecken stets mit einem starken Fettüberzug bedeckt zu halten, der nicht nur als Rostschutz wirkt, sondern auch die innere Reibung und damit den Verschleiß im Seil verringert.

221. — Leistungen und Kosten von Förderseilen. Die Frage eines Maßstabes für die Leistung von Förderseilen ist außerordentlich schwierig, da die Arbeitsbedingungen für die Seile sehr verschiedenartig sind. Verschiedene Verhältnisse der Scheibendurchmesser zu den Seildurchmessern sowie die Zahl der Seilscheiben bedingen verschiedene Biegebeanspruchungen. Unterschiede im Gange der Fördermaschinen und ihrer Bremsen, in der Fördergeschwindigkeit, in mehr oder minder stark unrunden Seilscheiben, in der Beschaffenheit der Korbführungen im Schachte führen zu verschiedenen dynamischen Beanspruchungen infolge von Seilschwingungen. Verschiedene Feuchtigkeit ergibt Unterschiede im Rostangriff. Man wird deshalb mit einem der üblichen Leistungsmaßstäbe keinen genauen, sondern höchstens einen überschlägigen Vergleich von Seilen verschiedener Förderungen erwarten können.

Dies gilt auch für die heute gebräuchliche Förderleistung je 1 kg Seilgewicht in tkm/kg, wobei die Förderleistung als Produkt aus den geförderten Gesamtgewichten (einschl. der Totlasten) und der Förderteufe ermittelt wird. Bewertungsmaßstäbe von Seilen, die auf rein statistischer Grundlage aufgestellt wurden[1]), erwiesen sich bisher als nicht in genügendem Umfange anwendbar. Sofern es sich darum handelt, nur Seile ein und derselben Fördereinrichtung miteinander zu vergleichen, genügt es in der Regel, die Zahl der Aufzüge als Grundlage zu benutzen.

Am besten beschränkt man sich darauf, nur Seile von solchen Fördereinrichtungen untereinander zu vergleichen, die in gewissen wichtigen Merkmalen übereinstimmen. Man unterscheidet z. B. grundsätzlich zwischen zutage ausgehenden und Blindschächten, zwischen trockenen und nassen Schächten und zwischen Hauptförderungen, die starke mechanische Seilbeanspruchungen bedingen und Nebenförderungen, bei denen die Seile wenig benutzt werden, infolgedessen längere Liegezeiten erreichen und dem Rosten stärker ausgesetzt sind.

---

[1]) W. Döderlein: Möglichkeiten und Wert statistischer Untersuchungen an Schachtförderseilen. Diss. Berlin 1935.

Für Seile von Hauptförderungen in zutage ausgehenden Schächten eignet sich am besten der Leistungsmaßstab in tkm/kg, für Nebenförderungen genügt sehr häufig die Liegezeit. Für Blindschächte läßt sich kaum ein allgemein brauchbarer Maßstab angeben, da die Anstrengungen der Seile gar zu verschieden sind. Nach der Dortmunder Seilstatistik ergeben sich etwa folgende Mittelwerte für Hauptförderungen in trockenen Schächten:

$$\text{Trommelseile} \ldots \ldots \ldots 240 \text{ tkm/kg}$$
$$\text{Treibscheibenseile} \ldots \ldots 330 \quad \text{,,}$$

Die Werte entsprechen etwa 70000 oder 120000 Treiben (bei Trommelseilen-Doppeltreiben). Die geringeren Werte der Trommelseile erklären sich hauptsächlich dadurch, daß sie in der Regel nur in Förderungen mit mäßigem Betriebe arbeiten.

Als Kosten für 1 kg Förderseil kann man 1,1 RM. einsetzen. Dieser Wert enthält einen Zuschlag für die Kosten der Seillänge, die über die Förderteufe hinaus notwendig ist und die in der Leistungsformel nicht berücksichtigt wird, ferner für die Kosten der Schmierung und des Auflegens. Damit ergeben sich folgende Förderseilkosten:

$$110 : 240 \sim 0,46 \text{ Rpf./tkm für Trommelseile und}$$
$$110 : 330 \sim 0,33 \text{ ,, \quad ,, \quad ,, Treibscheibenseile.}$$

Da auf 1 t Kohlenförderung in flachen Schächten etwa 1,5—2,0, in tiefen Schächten etwa 3—4 Gesamt-tkm entfallen, so belaufen sich die Seilkosten je 1 t Förderung

für Trommelseile   auf etwa 0,7—0,9 Rpf. bzw. 1,4—1,8 Rpf.
,, Treibscheibenseile ,, ,, 0,5—0,7 ,,   ,, 1,0—1,3 ,,

In nassen Schächten beträgt die durchschnittliche Leistung der Seile 80% der obigen Werte, so daß für sie die errechneten Förderseilkosten mit 1,25 zu multiplizieren sind.

Außer den Kosten für die Förderseile sind noch diejenigen für die Unterseile zu berücksichtigen, die etwa 50 v. H. derjenigen der Förderseile ausmachen.

c) Die Verbindung zwischen dem Seil und dem Fördergutträger[1].

222. — Allgemeines über die Verbindung. Würde man das Förderseil unmittelbar am Gefäß oder Gestell befestigen, so hätte man keine Möglichkeit, in einfacher Weise Längenänderungen des Seiles, die sich im Laufe des Betriebes einstellen, auszugleichen. Auch würde es nicht möglich sein, eine neue Befestigung herzustellen, wenn die Befestigungsstelle schadhaft werden würde. Endlich hat es sich als zweckmäßig erwiesen, zwischen dem Seil und dem Fördergutträger Zwischenstücke, das sogenannte Zwischengeschirr, anzuordnen, um zu vermeiden, daß die Seilschwingungen unmittelbar an einer großen Masse auslaufen. Sie würden in diesem Falle eine rasche Zerstörung der Befestigungs- (Einband-)stelle

---

[1] Glückauf 1928, S. 1205; H. H e r b s t: Beurteilung von Förderseileinbänden; — ferner Berg- u. Hüttenmänn. Jahrb. 1929, S. 150; G. E l s t e r: Drahtseilklemmen; — ferner Bergbau 1930, S. 740; E. B e c k e r: Kauschenseilklemmen; — ferner Glückauf 1931, S. 81; L. K l e i n: Die Reibung von Drahtseilen in Klemmen.

bewirken. Man befestigt das Seil deshalb allgemein an einem Haltekörper, der durch das Zwischengeschirr mit dem Fördergutträger verbunden wird. Die Befestigung muß zuverlässig sein, d. h. sie muß nicht nur die Zugkraft mit Sicherheit aufnehmen können, sondern sie muß auch übermäßige Beanspruchungen und als deren Folge eine rasche Ermüdung des Seiles an der Befestigungsstelle ausschließen. Sie soll gut zu überwachen sein, um Schäden, die hier besonders leicht eintreten können, rechtzeitig erkennen zu können. Endlich soll sie mit Rücksicht auf die über einem Förderkorbe in seiner höchsten Stellung verfügbare freie Höhe möglichst kurz sein. Dies ist auch deshalb erwünscht, weil dann eine Beschädigung am oberen Ende unter Einbau von einer kurzen Laschenstrecke ohne große Schwierigkeit bis an eine entlastete Stelle durchgezogen werden kann.

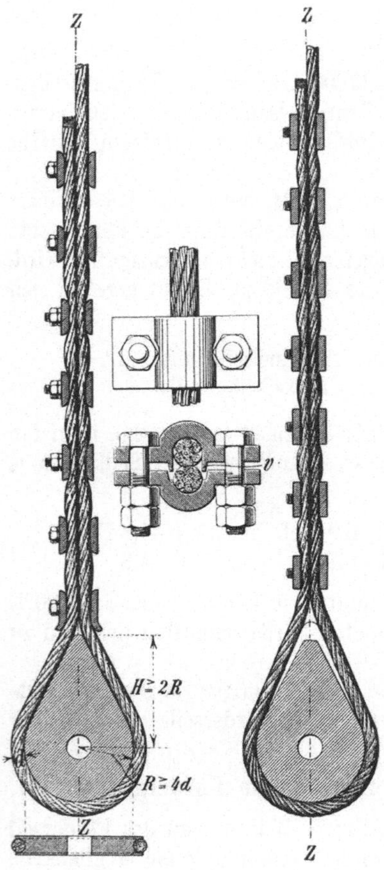

Die Befestigung oder der Einband kann entweder durch Klemmen hergestellt werden oder dadurch, daß das Seilende aufgeflochten und die Drähte zu einem Konus auseinandergebogen und alsdann in einer konischen Büchse festgekeilt oder mit einem leicht schmelzenden Metall vergossen werden. Die letztere Art genügt insbesondere wegen der schwierigen Überwachung nicht den obigen Anforderungen. Sie ergibt allerdings gewisse Vorteile bei verschlossenen Seilen und wird daher im englischen Bergbau, wo diese Seile viel in Anwendung sind, oft benutzt. In unserem Bergbau werden die Seile ausschließlich festgeklemmt.

223. — Der gewöhnliche Kauscheneinband. Das Seil wird um eine herzförmige Scheibe, das Kauschenherz, geschlungen und der Endstrang gemäß Abb. 632 mit Klemmbügeln

Abb. 632. Richtiger und falscher Kauschenseileinband (Z-Z = Zugachse).

durch Schrauben am tragenden Strange festgeklemmt. Zur Gewichtsersparnis ist die in Abb. 633 wiedergegebene ausgesparte Form des Kauschenherzens genormt. Als Klemmbügel kommt die einfachste Form der sogenannten „Einsteckklemme" nach Abb. 634a wie auch die Bleichertsche Backenzahnklemme c nur für dünne Seile in Frage. Für starke Seile ist eine gute Auflage des Seiles in den Bügeln notwendig, weshalb hierfür die Form b der Gutehoffnungshütte, Sterkrade, in Stahlguß und die besonders sorgfältig durchgebildete im Gesenk geschmiedete Ausführung d (Heuer-Hammer, Grüne i. W.) gewählt werden. Zur Schonung des Seiles erhalten die Klemmbügel ebenso wie die Kauschenrillen Einlagen aus fettdurchtränktem Kernleder.

Bezeichnet F den Förderseilquerschnitt, F_k den Kernquerschnitt der Schrauben in mm², so wählt man den letzteren annähernd nach der Beziehung

$$F_k = 40 + \frac{F}{3}\,.$$

Durch die Biegung des Seiles um die Kausche ergibt sich eine große Reibungskraft, so daß in der Regel 6 Klemmbügel genügen. Bei Hauptschächten nimmt man der besonderen Vorsicht halber meistens 8.

Der Einband hat den Vorteil, daß die Seilschwingungen sich allmählich auslaufen, weil der angeklemmte Endstrang eine mäßige Versteifung bildet, die die Querschwingungen dämpft. Die Beanspruchungen durch diese halten sich daher in mäßigen Grenzen. Ferner ist eine verhältnismäßig gute Überwachung möglich. Nachteilig ist dagegen, daß eine

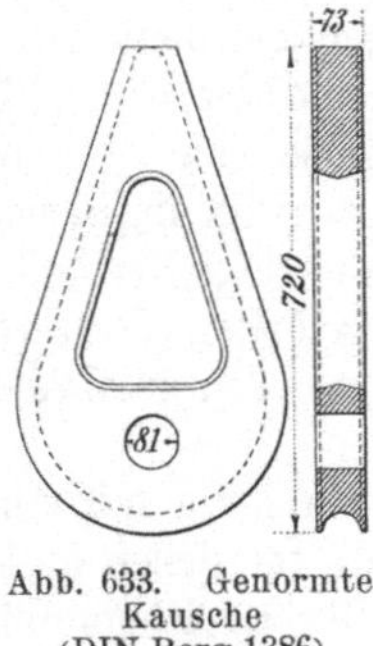

Abb. 633. Genormte Kausche (DIN Berg 1386).

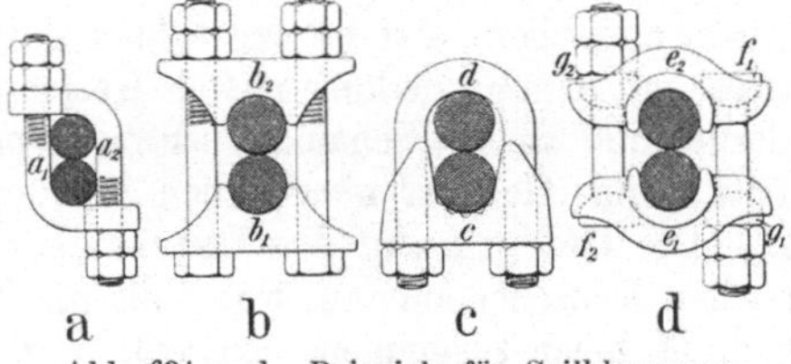

a b c d

Abb. 634 a—d. Beispiele für Seilklammern.

gute Ausführung besonders bei starken Seilen schwierig und zeitraubend ist und sehr von der Geschicklichkeit und Sorgfalt der Arbeiter abhängt. Auch nimmt er eine größere Länge in Anspruch, die von der freien Höhe über dem Förderkorb verlorengeht.

224. — **Klemmkauschen** vermeiden die angeführten Nachteile des gewöhnlichen Kauscheneinbandes. Bei ihnen wird entweder der Endstrang nach der Krümmung um den Kauschenbogen, also an einer wenig beanspruchten Stelle, am Kauschenkörper angeklemmt, oder das Seilende wird um ein Kauschenherz gelegt und mit diesem in ein Gehäuse eingeführt, in dem es sich unter dem Seilzug selbsttätig infolge der Keilform des Kauschenkörpers festklemmt. Zu der ersten Art gehört die Kausche von Eigen[1]), die neuerdings von der Demag, Duisburg, durch eine solche erheblich geringerer Höhe ersetzt worden ist.

Ein Beispiel der letzteren Art bietet die in Abb. 635 wiedergegebene Kausche von Droste, ausgeführt von Heuer-Hammer, Grüne. Das Seil wird um das Kauschenherz a gelegt und mit diesem von unten in das Gehäuse b geschoben, in dem es sich durch die keilartige Wirkung des Kauschenherzens selbsttätig festzieht. Ein durch Schrauben c angezogener Querriegel d verstärkt noch die einziehende Wirkung und sichert

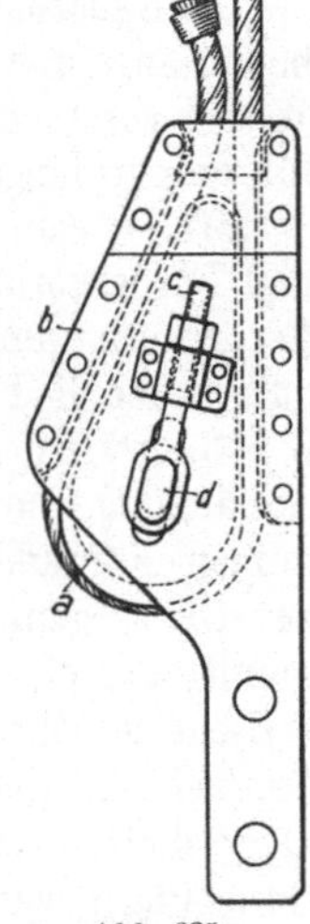

Abb. 635. Klemmkausche von Droste.

---

[1]) Vgl. die 3. bis 5. Auflage dieses Buches.

gleichzeitig das Kauschenherz gegen ein zufälliges Lockern, wenn etwa infolge Aufsetzens des Förderkorbes über ihm Hängeseil entsteht.

Ähnliche Klemmkauschen liefern auch die Gutehoffnungshütte, Sterkrade, und das Ingenieurbüro G. Schönfeld, Berlin.

225. — Keilklemmen (Seilschlösser) vermeiden die Krümmung des Seiles um ein Kauschenherz. Das Seil wird einfach zwischen Hohlkeile gelegt, die sich unter dem Seilzug selbsttätig in ein Gehäuse hineinziehen. Um hierbei eine ausreichende Reibung für die Befestigung des Seiles zu erzielen, hängt die Demag den Förderkorb mit Ketten an Hebeln an, die mit einer Übersetzung die Keile vordrücken[1]), während die Firma F. A. Münzner, Obergruna i. S., die Keile mit einem Metallausguß versieht, in den das Seil sich hineinpreßt und hierdurch eine hohe Reibung gewinnt.

Die Vorteile der Klemmkauschen und Keilklemmen gegenüber dem gewöhnlichen Kauscheneinbande liegen in der geringen Bauhöhe und der Einfachheit der Handhabung. In sicherheitlicher Hinsicht erfordern sie eine besondere Vorsicht, da im oberen Teil des Einbandes infolge der Seilschwingungen leicht Drahtbrüche entstehen. Man begegnet ihnen durch eine nachgiebige Verbindung der Gehäuse mit dem Förderkorb mittels Ketten oder Kreuzgelenken (G. Schönfeld, Berlin) und richtet Schauklappen oder -platten ein, um den gefährdeten Seileintritt in das Gehäuse überwachen zu können.

226. — Die Befestigung des Unterseiles geschieht durchweg mit einem gewöhnlichen Kauscheneinband, wobei die für Flachseile erforderlichen breiten Kauschen aus Blech zusammengeschweißt werden. An Stelle der Klemmbügel treten breite Klemmplatten, deren Kanten sorgfältig abgerundet werden müssen. Sie sind ebenso wie die Kausche mit weichen, fettdurchtränkten Beilagen zu versehen.

Die Kauschen werden mittels Laschen und Bolzen an einem unter dem Korbboden angebrachten Querträger angehängt. Bei Rundseilen ist auch noch ein Wirbel vorzusehen. Die früher öfter gebrauchte Anhängung mittels eines Umführungsgestänges unmittelbar am Förderseilzwischengeschirr hat man verlassen.

227. — Das Zwischengeschirr bildet die weitere Verbindung zwischen Seil und Förderkorb. Sein unterstes Glied ist meistens die Königstange, die den Förderkorb unmittelbar trägt. Bei Verwendung einer Keilklemme zum Einband oder, wenn die Fangvorrichtung eine Tanzgewichtauslösung besitzt (vgl. Abb. 663 S. 603), wird der Förderkorb in der Regel an zwei Punkten aufgehängt. Eine Anhängung an vier Ketten findet sich höchstens vereinzelt bei besonders kurzen Förderkörben, da die Schmiedeteile für die Zwischengeschirre heute zuverlässig genug hergestellt werden, um auch bei nur einem tragenden Querschnitt ausreichende Sicherheit zu gewähren. Notketten, die im Falle eines Zwischengeschirrbruches die Last aufzunehmen vermögen, werden von der Bergbehörde nur noch bei Belastungen unter 10 t gefordert, da bei kleinen Querschnitten Widerstände des Korbes in den Führungen bedenkliche Beanspruchungen verursachen können. Bei entsprechend stärkerer Ausführung der Zwischengeschirre brauchen Notketten nicht vorgesehen zu werden.

Verschiedene Arten von Zwischengeschirren sind in den Abbildungen 636 und 637 dargestellt. Als äußerste Glieder werden der besseren Beweglichkeit

---

[1]) Vgl. Abb. 705 auf S. 598 der 5. Aufl. dieses Buches.

halber wohl Schäkel ($f_1 f_2$ in Abb. 636, $a_1 a_2$ in Abb. 637) gewählt. Den Hauptteil bilden vielfach Laschenketten, in denen einzelne Verstecklaschen (b in Abb. 636a) mit zahlreichen Löchern zum Ausgleich von Seildehnungen vorgesehen werden. Muß aus diesem Grunde eine ganze Lasche herausgenommen werden, so kann der Anschluß an das nächste Glied mit einem Gabelstück bewerkstelligt werden (Gabelstück g gegen Lasche c in Abb. 636a). Sehr einfach und genau sind Längenänderungen durch Gewindespindeln nach Abb. 636b

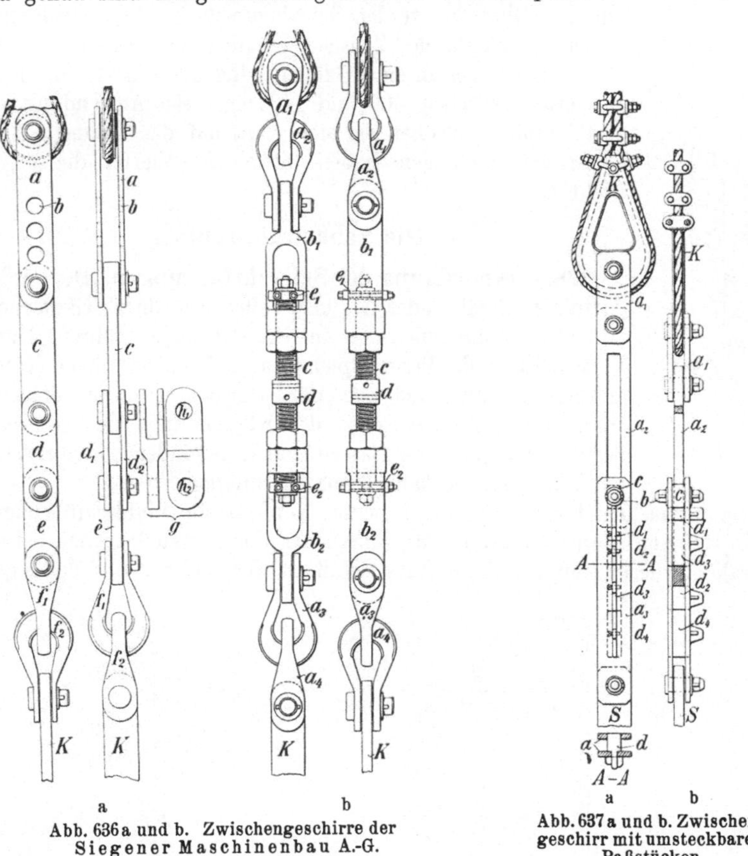

Abb. 636a und b. Zwischengeschirre der Siegener Maschinenbau A.-G.

Abb. 637a und b. Zwischengeschirr mit umsteckbaren Paßstücken.

auszugleichen. Es muß jedoch Rundgewinde angewendet werden, da Spitzgewinde durch die Einkerbungen, die die Gewindegänge bilden, eine Bruchgefahr herbeiführt. Eine sehr schöne Lösung stellt die in Abb. 637 wiedergegebene Ausführung der Gutehoffnungshütte, Sterkrade, mit Einsatzstücken d in geschlitzten Laschen a dar, die je nach Bedarf unter oder über das Tragbolzenstück $b c$ gesteckt und gegen Herausfallen durch Spaltkeile gesichert werden.

In kleinen Abteufbetrieben werden häufig Rundseile verwendet, die nicht völlig drallfrei sind. In solchen Fällen sind Wirbel im Zwischengeschirr vorzusehen. Eine einfache und billige Ausführung stellt der Kegelrollenwirbel von Heuer-Hammer, Grüne, dar.

Um die dynamischen Beanspruchungen der Einbände durch Bremsstöße der Fördermaschine oder durch Seilschwingungen zu verringern, kann auch ein Stoßdämpfer vorgesehen werden. Eine Ausführung der Demag, Duisburg, nach dem Vorschlag von Hort[1]), zeigt Abb. 638. Der Förderkorb ist an einem Kolben c aufgehängt, der von einer Feder d getragen in einem mit Glyzerin gefüllten Zylinder c spielt. Die Feder gibt den Belastungsstößen nach, und durch eine Drosselung des Glyzerins werden Schwingungen der Feder gedämpft.

Die Gewichte der Zwischengeschirre betragen i. M. etwa 3,5 v. H. der gesamten an ihnen hängenden Last. Sie liegen also etwa zwischen 400 und 1400 kg. Bei Anwendung von Stoßdämpfern erhöhen sie sich etwa auf das Doppelte. Die Unterseilanhängungen haben etwa ein Viertel dieses Gewichtes.

d) Die Schachtführungen.

228. — Anordnung der Schachtführungen. Die Fördergutträger, Gefäße oder Gestelle, sollen sich durch Gleitschuhe mit etwa 5 mm Spielraum in den Führungen führen. Durch Verschleiß ·soll dieser Spielraum auf nicht über 20 mm anwachsen. Zwischen den Förderkörben und der Schachtzimmerung sowie zwischen den Körben unter sich sind mindestens 100 mm frei zu lassen; nur in besonders guten Schächten kann man bis auf 80 mm heruntergehen.

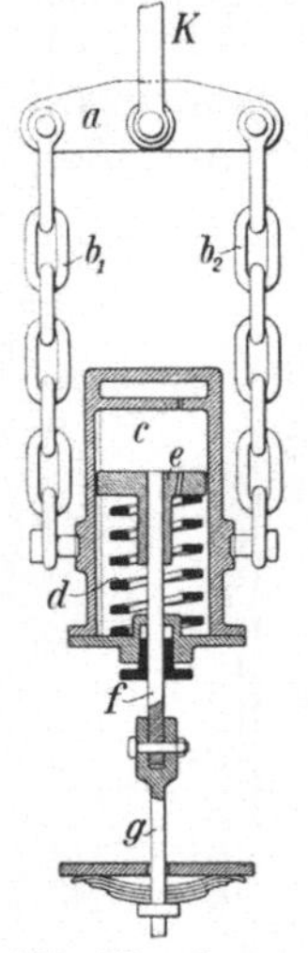

Abb. 638. Grundgedanke des Stoßdämpfers.

Man unterscheidet nach Art der Anbringung Kopf-, Seiten- und Eckführungen.

Kopfführungen nach Abb. 639a führen das Fördergestell an den bei der Mineralienförderung offenen Seiten, das Gefäß an einer offenen und der gegen-

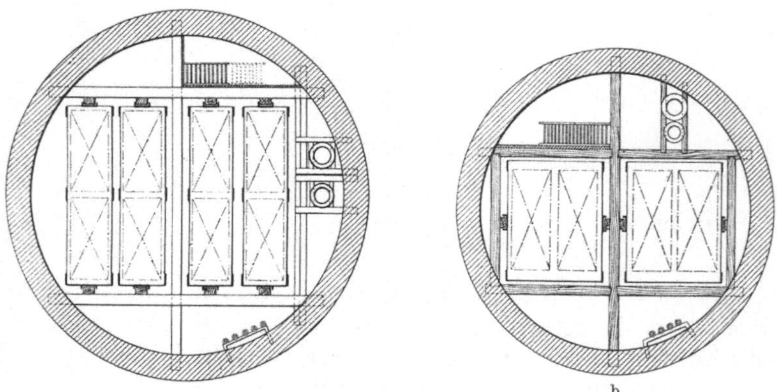

a　　　　　　　　　　　　　　　　　b

Abb. 639. Kopf- (a) und Seitenführungen (b) von Fördergestellen.

überliegenden Seite. Sie haben die weiteste Verbreitung gefunden und bilden insbesondere bei langen und schmalen Querschnitten der Fördergutträger die Regel, da sie für diese die sicherste Führung bei gleichzeitig einfachster Anord-

---

[1]) Glückauf 1928, S. 365; H. Hort: Stoßdämpfeinrichtung für Förderseile.

nung der Einstriche und bester Ausnutzung des Schachtquerschnitts ergeben. Bei der Gestellförderung bieten die Kopfführungen gleichzeitig eine gute Sicherung der Wagen gegen ein Abrollen während der Förderung.

Als Nachteil ist zu nennen, daß die Führungen an den Anschlagstellen unterbrochen werden müssen, um die Bedienung der Förderkörbe zu ermöglichen. Dies tritt besonders in Erscheinung, wenn von mehreren Sohlen gefördert werden soll, und wenn es sich um niedrige Gestelle mit nur einem oder zwei Tragböden handelt. An den Anschlagstellen werden deshalb Eckführungen aus 4 Winkelstählen nach Abb. 640 vorgesehen. Bei hohen Fördergestellen schadet die Unterbrechung der Führungen zwar weniger, weil einige Führungs-schuhe die Führung noch aufrecht-erhalten. Doch richtet man auch in solchen Fällen Eckführungen ein, um das Gestell beim Aufschieben der Wagen noch besonders gegen ein seit-liches Ausweichen zu stützen.

Seitenführungen nach Abb. 639 b liegen an den geschlossenen Seiten der Gefäße oder Gestelle und eignen sich nur für solche mit annähernd quadrati-schem Querschnitt, wie er sich bei ne-beneinander stehenden Wagen ergibt. Sie sind insbesondere vorteilhaft, wenn von mehreren Sohlen gefördert werden

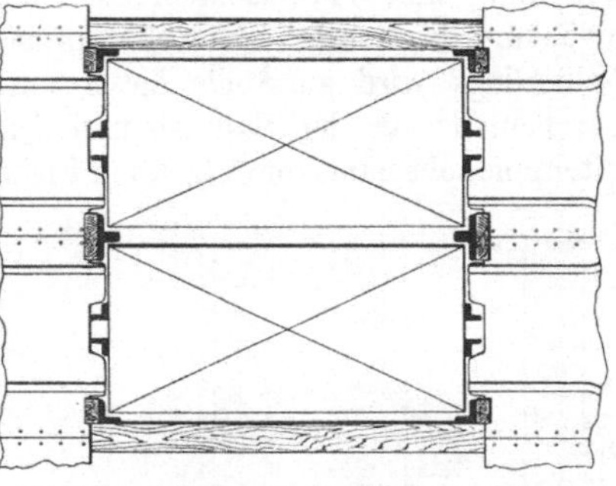

Abb. 640. Eckführung für Fördergestelle an Füllort und Hängebank.

soll, weil sie dann keine Unterbrechungen an den Anschlägen notwendig machen. In solchen Fällen wendet man sie auch bei Gestellen mit länglichem Querschnitt an, wobei man allerdings wenigstens an einer Seite zwei Führungsstränge vorsieht. Da die Sicherheit gegen ein Ablaufen der Wagen aber nicht unter allen Umständen gewährleistet erscheint, besonders wenn der Schacht unter Einwirkung des Gebirgsdruckes krumm geworden ist, baut man im Schacht wohl besondere Schleifbohlen vor den offenen Seiten ein, um die Sicherheit zu verbessern.

Außer diesen Führungen der Förderkörbe an zwei gegenüberliegenden Seiten, die die Regel bilden, kann man bei stählernen Führungen nach Briart auch solche an nur einer Langseite gemäß Abb. 644 u. 645 (Ziff. 230) vorselien. Bei Seilführungen hat man in der Anordnung der Führungsseile verschiedene Möglichkeiten (vgl. Ziff. 231 S. 577).

229. — Ausführung der Schachtführungen im einzelnen. Holzführungen. Holzführungen, „Spurlatten" oder „Leitbäume" genannt, sind im Bergbau besonders beliebt, weil sie einen ruhigen Gang der Förderkörbe ermöglichen und sich bequem bearbeiten und einbauen lassen. Nacharbeiten, die durch Veränderung des Schachtes unter Gebirgsdruck notwendig werden, sind daher ebenso wie Instandsetzungen nach einer Störung leicht und rasch auszuführen. Bei plötzlichen Veränderungen des Schachtes können schwere Störungen dadurch vermieden werden, daß einzelne Späne von den Spurlatten abgerissen werden, ohne daß ein Korb sich etwa festklemmt oder stärker beschädigt wird. Geeignete Holzarten (Eiche, harzreiche Lärche) sind auch in feuchten Schächten und bei schlechten Wettern sehr haltbar, was insbesondere für die Schachthölzer (Einstriche), an denen die Spurlatten befestigt werden, wichtig ist. Nachteilig ist die im Vergleich zu Stahl geringere Festigkeit, die zu größeren Abmessungen mit entsprechendem Raumbedarf zwingt. Auch der Verschleiß der Spurlatten kann insbesondere bei unzureichender Schmierung groß sein. Es besteht jedoch die Möglichkeit, ihn durch aufgenagelte Schleißlatten auszugleichen. Die Brandgefahr des Holzes ist nur selten nachteilig in die Erscheinung getreten.

Die Spurlatten werden in Längen von 4—10 m eingebaut. In großen Hauptschächten werden die großen Längen sehr bevorzugt, um die Zahl der Stöße klein zu halten. Da das Holz gerade gewachsen und frei von stärkeren Ästen sein muß, sind hauptsächlich das Holz der amerikanischen Pechkiefer (Pitchpine) und das australische Eukalyptus- (Jarrah)- Holz in Aufnahme gekommen. Neuerdings wird an Stelle dieser ausländischen Hölzer in großem Umfange Lärchenholz aus den Sudeten und den Ostalpen verwendet, das einem guten Pitchpine sehr nahe kommt. Auch Eichenholz hat sich als sehr wertvoll erwiesen, ist aber nur in Längen bis zu 6 m zu haben.

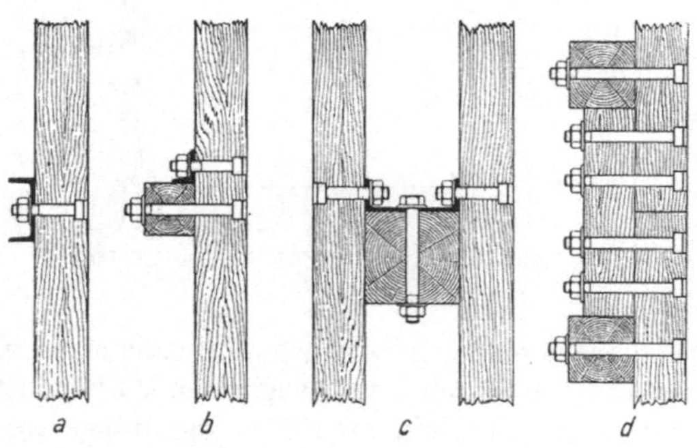

Abb. 641. Befestigungen von Spurlatten an den Einstrichen.

Die Spurlatten werden mit $^3/_4$—1″ starken Schrauben an den Einstrichen befestigt, wobei die Schraubenköpfe in die Spurlatte eingelassen werden. Der Höhenabstand der Schachthölzer beträgt in der Regel etwa 1,5 m, doch findet man auch Abstände von 1,0 und 3,0 m. Abb. 641a zeigt die Befestigung an einem stählernen Einstrich und Abb. 641b an einem hölzernen. Bei letzterem ist außerdem noch ein L-Stahl auf dem Einstrich befestigt, um eine zweite Halteschraube für die Latte zu ermöglichen. Abb. 641c zeigt die Befestigung von Spurlatten an einem Mitteleinstrich bei Seitenführung. Endlich ist in Abb. 641d ein knicksicher gestützter Spurlattenstoß dargestellt. Der Stoß ist zwischen zwei Schachthölzer gelegt, und die Spurlattenenden sind mit je 2 Schrauben an einem hinterlegten Holz befestigt, das gerade den Abstand der Schachthölzer ausfüllt. An Stelle des hinterlegten Holzes kann auch ein ⊏-förmig gebogenes Stahlblech von 5—8 mm Stärke treten. Die beiden Flanschen können allerdings nur eine geringe Höhe von etwa 1,5 cm haben, damit die Führungsschuhe mit ausreichendem Spielraum vorbeigehen. Man hat früher die Enden zweier aufeinanderfolgender Spurlatten wohl ineinander eingezapft. Diese Ausführung ist aber im allgemeinen verlassen worden, da es sich als zweckmäßig erwiesen hat, einen geringen Spielraum von etwa 5—10 mm zwischen den Lattenenden zu belassen, um einem Setzen des Schachtes Rechnung zu tragen. Eine Verzapfung wird dadurch zwecklos.

Zur Verbesserung der Befestigung an den Schachthölzern hat man zwischen Spurlatte und Schachtholz beiderseits gezahnte Stahlplatten gelegt, die aber leicht zu einer Zerstörung des Holzes führen und daher keine Bedeutung gewonnen haben. Dagegen hat sich die Befestigung mit Hilfe von Führungsschuhen stark verbreitet, für die Abb. 642 als Beispiel eine Ausführung der Firma **Wiemann & Co.**, Bochum, bietet. Die Spurlatte wird mit Hilfe von zwei Schrauben durch den seinerseits gleichfalls mit zwei Schraubenbolzen vom Einstrich getragenen Schuh a gehalten und durch dessen Seitenwangen b gegen Seitenverschiebungen gesichert. Der Schuh a greift, damit die Last im Holz des Einstrichs auf eine größere Fläche verteilt wird, mit angegossenen Hülsen c in diesen ein.

Eine Befestigung, die es mit Hilfe von Langlöchern für die Halteschrauben ermöglicht, die Lage der Spurlatten Bewegungen des Schachtes anzupassen, wurde bereits in Abb. 574 auf S. 493 für Blindschächte dargestellt, da sie hier von besonderer Bedeutung ist. Entsprechende

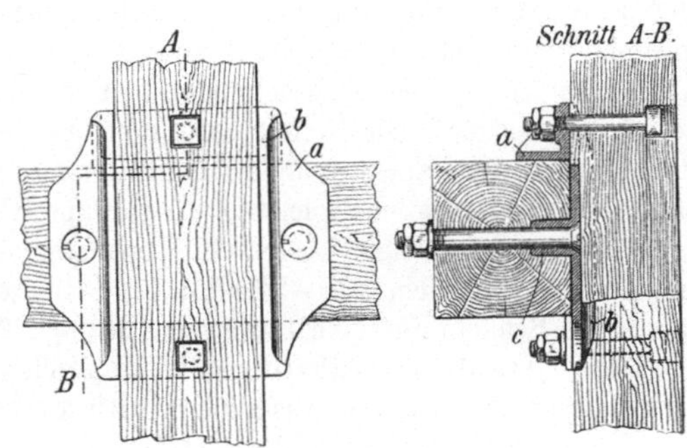

Abb. 642. Spurlattenbefestigung von **Wiemann & Co.** in Bochum.

Ausführungen werden auch für Hauptschächte geliefert. Spurlattenhalter ähnlicher Art liefert auch die Firma **J. Brand**, Hamborn.

Bei Anwendung von Spurlattenschuhen wird der Spurlattenstoß zweckmäßig unmittelbar auf den Einstrich verlegt. Die Enden finden dann eine gute Stützung in dem Schuh und können mit je 2 Schrauben an diesen befestigt werden.

In Schächten, die unter dem Einfluß von Gebirgsbewegungen stehen, wird öfter ein sehr starker Spurlattenverschleiß beobachtet. In solchen Fällen ist eine sorgfältige Überwachung besonders geboten. Als Hilfsmittel hat sich hierbei der von **R. Fueß** in Berlin-Steglitz gelieferte Spurlattenprüfer **Adam-Fueß** gut bewährt[1]). Wie Abb. 643 erkennen läßt, wird er im Förderkorb an den Spannsäulen $a_1 a_2$ und b verlagert. Die Rollenpaare c_1 und c_2, die durch die Zugfeder d angedrückt werden (wobei die Ketten e die Rollenhebel hinten zusammen

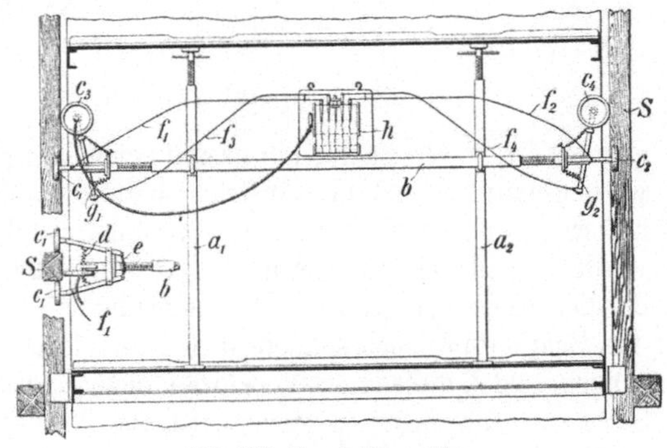

Abb. 643. Spurlattenprüfer.

halten), zeigen die Breitenänderungen der Spurlatten S, die Rollen c_3 und c_4, die auf den Hebeln $g_1 g_2$ sitzen und in ähnlicher Weise durch Federn angedrückt und durch Ketten gehalten werden, die Abstände der Innenflächen der beiderseitigen Führungsschuhe von den Spurlatten und damit, da der Förder

---

[1]) Glückauf 1928, S. 479; G. Cremer: Spurlattenprüfvorrichtung.

korb sich immer senkrecht einzustellen sucht, die Abweichung der Spurlatten
aus der Lotlage an. Die Bewegungen der Rollen werden durch die Drahtzüge
l_1—l_4 hebelartig auf Schreibstifte übertragen, die auf der Papiertrommel h
fortlaufend Linien aufzeichnen, aus denen sich ein Bild des Zustandes und Abstandes der Spurlatten ergibt. Und zwar verzeichnen die äußersten Stifte links
und rechts die Spurlattenbreiten und die nach innen folgenden die Abstände
der Führungsschuhe von den Spurlatten; der Mittelstift, der durch Zahn-
getriebe mit seinen beiden Nachbarstiften in Verbindung steht, gibt in ver-
kleinertem Maße die Abweichungen des Spurlattenabstandes vom Sollmaß
selbsttätig wieder. Die Rolle c_3 ist mit schwacher Zahnung versehen und dient
zum Drehen der Papiertrommel mittels der mit ihrer Achse verbundenen biegsamen Welle, so daß beispielsweise 1 m Papierweg = 200 m Schachtteufe ist.

Hölzerne Spurlatten kosten je Festmeter in Pechkiefer oder Lärche 180
bis 190 RM., in Eiche 210—220 RM. und in Jarrah 300—320 RM.; je laufenden m im Schacht für eine Fördereinrichtung 22—25, 27—30 oder 38—42 RM.

230. — Stählerne Führungen beanspruchen nur geringen Raum. Sofern
sie gut geschmiert werden, was auch mit Rücksicht auf den Verschleiß unbedingt

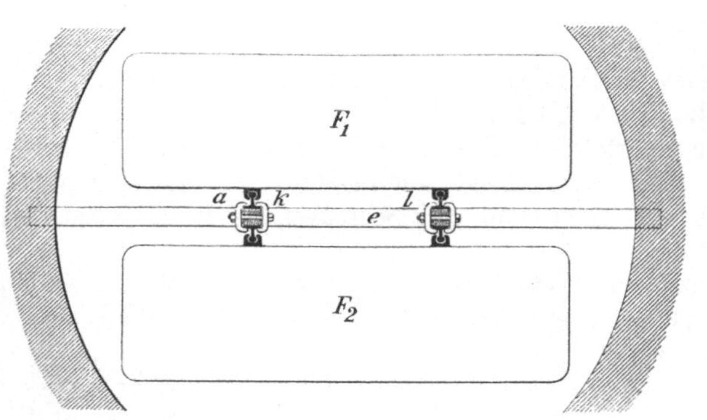

Abb. 644. Briartsche Führung mit einem Mitteleinstrich.

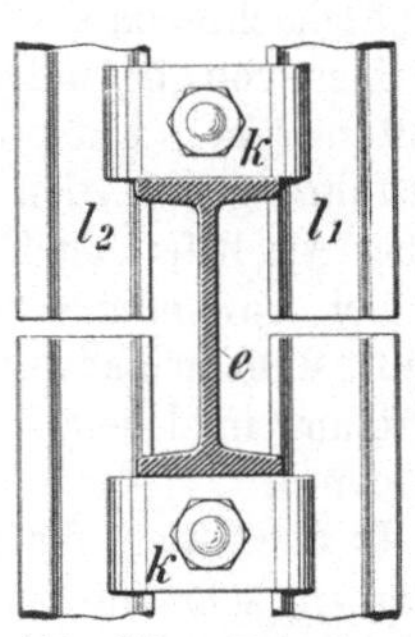

Abb. 645. Befestigung
der Schachtführungen
bei der Briartschen
Führung mit Mittel-
einstrich.

geboten ist, rosten sie auch in nassen Schächten nur wenig. Von der Rostgefahr
werden hauptsächlich die Einstriche betroffen. Vorteilhaft ist ferner die Brandsicherheit, da auch Brände des Schmiermittels, die gelegentlich befürchtet
werden, nicht bekannt geworden sind. Als nachteilig gelten die harten Stöße,
die der Korb bei geringen Unregelmäßigkeiten erhält sowie die Schwierigkeit
der Bearbeitung insbesondere bei Instandsetzungen nach eingetretenen Störungen, so daß diese in der Regel weit länger dauern als bei hölzernen Führungen.
Stählerne Führungen werden aus diesen Gründen in unserem Bergbau kaum
noch neu eingerichtet.

In älteren Schächten findet man noch öfter die Briartsche einseitige Führung. Sie ist für lange und schmale Fördergestelle bestimmt, deren jedes nur
an einer Seite, dafür aber an je zwei Führungen geführt wird. Und zwar können
diese entweder an zwei äußeren Einstrichen oder (Abbildungen 644 und 645)
an einem gemeinsamen Mitteleinstrich befestigt werden. Man erreicht dadurch
den Vorteil, daß bei Vermeidung der Nachteile der Kopfführung an Einstrichen
im Schachte gespart wird, so daß sich ein sehr günstiger freier Schachtquer-

schnitt für die Wetterführung ergibt, der Einbau sich wesentlich verbilligt und der Schacht besser für eine Doppelförderung eingerichtet werden kann. Die Befestigung erfolgt in diesem Falle am besten nach Abb. 645. Die beiden Führungsschienen $l_1\,l_2$ legen sich in Ausschnitte des I-Trägers e, der den Einstrich bildet; ihre Füße werden durch die Klauen k umfaßt, die durch Schrauben zusammengehalten werden. Eine unverrückbare und doch etwas elastische Verlagerung sichern die gemäß Abb. 644 zwischen die Klauen gelegten Holzklötze. — Wichtig für stählerne Schachtführungen ist eine ständige Schmierung, die am einfachsten durch Schmierbüchsen ermöglicht wird, die oberhalb der Führungsklauen am Fördergestell befestigt werden.

231. — Seilführungen. Bei Verwendung von Seilführungen fallen die Schachthölzer oder Einstriche fort, man spart also wesentlich an Kosten, an Raum und an Widerstand gegen die Wetterbewegung. Außerdem sind Führungsseile sehr bequem einzubauen und zu erneuern und infolge ihrer Biegsamkeit wenig dem Verschleiß ausgesetzt. Auch sind sie feuersicher und ermöglichen einen stoßfreien Gang der Förderkörbe. Daher stellen sie für mäßig tiefe Schächte ein vorzügliches Führungsmittel dar. Dagegen sind sie gerade für große Fördertiefen, für die die Möglichkeit einer stoßfreien Führung von besonders großer Bedeutung ist, weniger geeignet, weil hier der Vorteil der geringen Raumbeanspruchung, wie ihn die Seile an sich bieten, durch das Schlagen der Seile aufgewogen wird. Dieses läßt sich auch bei möglichst starren und stark gespannten Seilen nicht vermeiden und nötigt der Sicherheit halber zu einem entsprechend großen Zwischenraum zwischen den Fördergestellen. Dieser Zwischenraum beträgt für Teufen von 500 m schon mindestens 30 cm. Seilführungen haben daher bei uns, wo es sich bei beschränkten Schachtquerschnitten vielfach schon um größere Tiefen handelt, nur untergeordnet Verwendung gefunden, zumal sie auch der Betätigung der bei uns vorgeschriebenen Fangvorrichtungen große Schwierigkeiten entgegensetzen. Dagegen sind sie im englischen Steinkohlenbergbau, in dem sie von jeher größere Bedeutung gehabt haben, auch heute noch überwiegend in Gebrauch[1]).

e) Die Fördergerüste und Seilscheiben[2]).

232. — Fördergerüste. Bei der Ausgestaltung der die Seilscheiben tragenden Fördergerüste ist außer den auftretenden Zugkräften einmal die erforderliche Höhe und ferner die Art der Verlagerung der Seilscheiben zu berücksichtigen.

Die Höhe wird in erster Linie durch die Erwägung bedingt, daß zwischen der Hängebank und den Seilscheiben ein genügender Spielraum

---

[1]) T. C. F u t e r s: Mechanical engineering of collieries (London, Chichester Press), 1905, Bd. I. S. 95; — ferner Rev. de l'ind. min. 1925, S. 273; L. L a h o u s s a y: Le guidage en câbles.

[2]) Th. M ö h r l e: Das Fördergerüst, seine Entwicklung, Berechnung und Konstruktion (Berlin, Phönix-Verlag), 2. Aufl., 1928; — ferner Fördertechn. u. Frachtverkehr 1925, S. 64; H. R o b e r t: Aus der Entwicklung der Fördergerüste; — ferner Glückauf 1928, S. 310; F. K ö g l e r: Grundsätze für die statische Berechnung der Fördergerüste.

bleiben muß, um im Falle eines Übertreibens eine gewisse Sicherheit zu bieten. Je größer also das Gewicht und die Geschwindigkeit der Fördergestelle und die Schwungmassen der Fördermaschine sind, um so höher muß das Gerüst werden. Daher verlangt die Bergbehörde für größere Seilfahrtanlagen wenigstens 10 m „freie Höhe“, d. h. Abstand zwischen dem Förderkorb und den Prellträgern, wobei diese so anzuordnen sind, daß der Seileinband nicht auf die Seilscheibe gelangt. Für kleinere Anlagen wird eine freie Höhe von 3 m als ausreichend erachtet. Ein zweiter Gesichtspunkt ist die Höhenlage der Förderhängebank. Wird die Rasenhängebank als solche benutzt, so kann das Fördergerüst wesentlich niedriger werden (vgl. Ziff. 184). Im deutschen Bergbau, in dem im allgemeinen für größere Förderanlagen mit einer erhöhten Hängebank gerechnet werden muß, dient die Rasenhängebank zum Einhängen von schweren Maschinenteilen, von Holz, Schienen, Bergen, zum Einbau neuer Fördergestelle u. dgl.

Die Seilscheiben können neben- oder übereinander liegen. Ersteres ist der Fall bei Fördermaschinen mit Seiltrommeln oder Bobinen, weil deren Breite oder Abstand zur Verringerung der schädlichen seitlichen Seilablenkung einen seitlichen Abstand der Seilscheiben erforderlich macht, der am besten gleich der Entfernung von Mitte zu Mitte Trommel oder Bobine ist. Bei Fördermaschinen mit Treibscheibe dagegen ist es aus demselben Grunde erwünscht, die Seilscheiben unter sich und mit der Treibscheibe in eine seigere Ebene zu verlegen, so daß dann die Seilscheiben übereinander zu liegen kommen; das Gerüst wird dann freilich schmaler, aber entsprechend höher, und es ergibt sich ein etwas kleinerer Umschlingungswinkel für die Treibscheibe. Für Rundseile wird im allgemeinen ein größter Seilablenkungswinkel von $1^1/_2{}^0$ noch als zulässig betrachtet.

Die Fördergerüste werden, da die gemauerten und durch Strebepfeiler verstärkten Schachttürme früherer Zeiten den heutigen Beanspruchungen nicht mehr gewachsen sind, jetzt in Stahl oder in Stahlbeton ausgeführt.

233. — **Stahl-Fördergerüste** haben ein verhältnismäßig geringes Eigengewicht. Sie können daher auch geringere Seitenkräfte, wie sie durch den Seilzug ausgeübt werden, nicht durch ihr Eigengewicht aufnehmen, sondern müssen, wie Abb. 646 an einem Doppelbockgerüst der Gutehoffnungshütte mit zunächst nur einer Förderung zeigt, durch Streben, deren Richtung der Resultierenden aus dem Seilzug zur Fördermaschine und demjenigen im Schachte entspricht, gegen die Maschine hin abgestützt werden. Statt der früheren Vergitterung der Streben führt man diese heute vollwandig aus. Man gewinnt damit neben einem ruhigeren Bilde die Vorteile einfacherer Herstellung und vor allem leichterer Instandhaltung des Anstriches. Das Gerüst enthält in der Mitte den verhältnismäßig schwachen Führungsteil für die Förderkörbe und trägt oben den Aufbau für einen Laufkran zum Einbauen der Seilscheiben.

Das Gewicht der Stahlkonstruktion neuzeitlicher Fördergerüste für größere Lasten erreicht bei Doppelförderungen etwa 400 t, ihr Preis also bei einem Einheitsatze von 500 RM./t etwa 200000 RM. Ihre Höhe bewegt sich in den Grenzen von etwa 20 und 55 m.

234. — **Stahlbeton-Fördergerüste** können bei geringerer Höhe und schwächeren Seitenkräften ohne Strebe gebaut werden, weil dann das Eigengewicht, das etwa das Vierfache desjenigen der Stahlgerüste beträgt, zur Aufnahme des Seilzuges noch ausreicht. Wird eine Strebe benötigt, so muß diese mehrfach gegen das Führungsgerüst abgesteift werden[1]).

235. — Fördertürme[2]). Bei der Treibscheibenförderung kann man, da hier die breite Fördertrommel mit ihrer ungünstigen Seilablenkung fortfällt, die Fördermaschine unmittelbar auf das Fördergerüst selbst setzen. In der Tat hat Koepe gleich in seinem Patent für die Treibscheibenmaschine deren Aufstellung über dem Schachte vorgesehen, und in dieser Weise ist auch die Treibscheibenförderung in der ersten Zeit ihrer Anwendung verschiedentlich. betrieben worden[3]). Man ist dann wegen der starken Beanspruchung des Seilscheibengerüstes durch die Erschütterungen des Maschinenbetriebes, die wiederum auch auf die Maschine selbst zurückwirkten, wegen des großen Gewichtes und der Abmessungen der neuzeitlichen Fördermaschinen, wegen der Schwierigkeit, die Dampfleitung dicht zu halten und wegen der Gefährdung der Maschine im Falle eines Übertreibens über die Hängebank wieder von dieser Anordnung abgegangen, so daß nach wie vor auch bei Treibscheibenmaschinen die Aufstellung seitwärts vom Schachte und die Leitung des Seiles über Seilscheiben die Regel bildet.

Für die elektrische Fördermaschine mit ihrem geringeren Gewicht, ihrem gleichförmigen, sicher zu regelnden Gang sind diese Bedenken jedoch größtenteils gegenstandslos geworden.

Abb. 646. Doppelbockgerüst mit übereinanderliegenden Seilscheiben.

Daher ist heute schon eine Anzahl von Fördertürmen für Treibscheibenförderungen mit elektrischem Antrieb in Betrieb.

Bei einer solchen Turmaufstellung der Maschine fallen also die Seilscheiben

---

[1]) Glückauf **1921**, S. 901; F. Kögler: Fördertürme und Fördergerüste in Eisenbeton; — ferner ebenda 1922, S. 917 vom gleichen Verfasser: Neue Fördertürme und Fördergerüste in Eisenbeton; — ferner ebenda 1927, S. 185, vom gleichen Verfasser: Neuere Fördertürme und Fördergerüste aus Eisenbeton; — ferner ebenda 1927, S. 767; Ackermann: Das Eisen als Baustoff für Fördertürme und Fördergerüste.

[2]) Kali 1912, S. 265; Th. Möhrle: Förderturm oder Fördergerüst?

[3]) Z. f. d. Berg-, Hütt.- u. Sal-Wes. 1881, S. 261; Versuche und Verbesserungen; — Glückauf 1928 S. 1173; F. Schmidt: 50 Jahre Koepe-Förderung.

37*

fort, und an die Stelle des gegen die Fördermaschine hin abgestützten Gerüstes tritt ein einfacher Turm, der die während der Förderung auftretenden Zug- und Druckspannungen in sich selbst aufnehmen muß. Ein solcher Turm wird an sich verhältnismäßig teuer, da er ja gleichzeitig das Eigengewicht der Förder- maschine zu tragen hat. Dafür fallen aber die Streben und das Fördermaschinen- haus fort, so daß die Anlagekosten zwar bei Schächten mit nur einer Förderung erhöht, bei Doppelschächten aber etwas erniedrigt werden. Günstig ist ferner die Raumersparnis, die besonders für bereits vorhandene Schachtanlagen mit beengten Raumverhältnissen von Belang ist, das Freihalten der Umgebung des Schachtes und der Wegfall des sonst zwischen För- dermaschine und Schacht durch- hängenden Seilstückes, wodurch das Schlagen des Seiles im Schachte wesentlich vermindert wird. Auch wird das Seil mehr geschont, da es weniger Biegungen

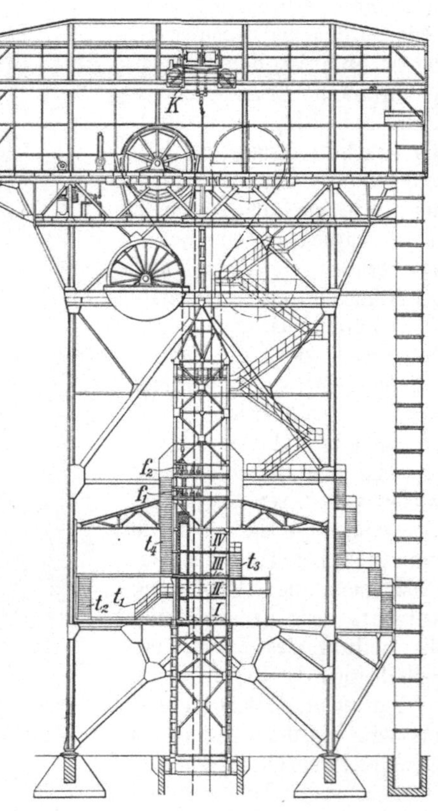

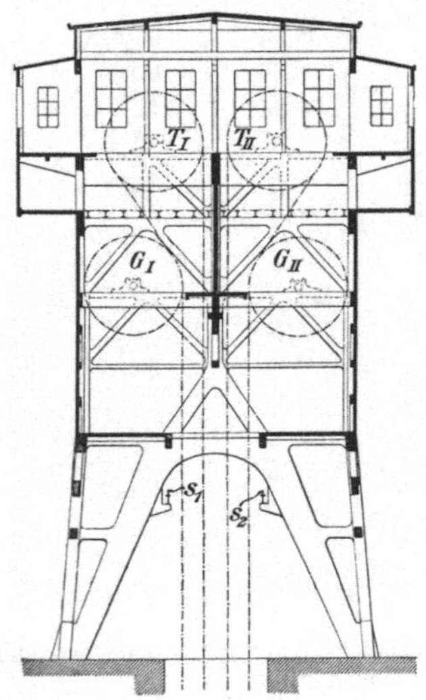

Abb. 647. Förderturm aus Stahlbeton für einen Doppelförderschacht auf der Saargrube Camphausen.

Abb. 648. Doppelförderturm aus Stahl für die Schachtanlage Hannibal 1 bei Hordel i. W.

erleidet und den Witterungseinflüssen entzogen wird. Ein weiterer Vorteil ist die Verringerung der Seilrutschgefahr durch Vergrößerung des Umschlingungs- winkels, da ohnehin Gegenscheiben vorgesehen werden müssen, um jeweils das eine Seiltrumm in die Mittelachse des Fördertrumms abzulenken.

Einen aus Stahlbeton gebauten Förderturm für eine Doppelförderung zeigt Abb. 647. T_I und T_{II} sind die beiden Treibscheiben, G_I und G_{II} die Gegenscheiben und $s_1 s_2$ Schienen für eine Laufkatze zum Zwecke des Ein- baues neuer Fördergestelle und des Einhängens schwerer Teile.

Abb. 648 veranschaulicht einen in Stahl ausgeführten Förderturm, der, gleichfalls für 2 Fördermaschinen gebaut, vorläufig aber nur mit einer ausgerüstet ist. Die auftretenden Kräfte werden in den unteren Höhenabschnitten durch Sprengwerke, in den oberen durch Diagonalversteifungen aufgenommen. Für die Seilfahrt werden vier Bühnen (I—IV) benutzt, von denen die drei oberen mittels der Treppen t_1—t_3 erreicht werden können. Die Fanglager (vgl. Ziff. 258 S. 611) sind doppelt angeordnet (f_1 f_2) und mittels der Treppe t_4 zugänglich. Die äußeren Trumme der Förderseile werden durch Gegenscheiben abgelenkt. Der Laufkran K ermöglicht den Einbau der Fördermaschine und die Auswechslung ersatzbedürftiger Teile. Der rechts sichtbare, am Turm aufgehängte Personen- und Werkstoffaufzug ist mit Stahlblech verkleidet. Der Fördermaschinenraum ist, um an Gewicht zu sparen, in Stahlfachwerk mit Ausmauerung in Leichtbeton und weitgehender Verglasung ausgeführt.

Der aus Stahlbeton erbaute Förderturm der Schachtanlage Maurits in Holl.-Limburg zeigt die Besonderheit, daß er aus dem vorhin angeführten Grunde nur an drei Stellen aufruht.

Fördertürme werden wegen der für den Maschinenraum vorzusehenden Höhe und der erforderlichen Zwischenschaltung von Ablenkscheiben höher als Fördergerüste. Die wichtigsten Zahlen für einige Ausführungen ergeben sich aus nachstehender Zusammenstellung[1]):

Schachtanlage	Höhe m	Gewicht t	Baustoffe	Hersteller
Camphausen . . .	40,7	840	Stahl-Beton	C. Brand, Düsseldorf
Maurits	54,1	4800		F. Schlüter AG., Dortmund
Minister Stein . . Schacht Emil. .				Ver. Stahlwerke, Abtlg. Dortmunder Union
Kirdorf	62,4	630		Friedrich-Alfred-Hütte, Rheinhausen
Hannibal I	65	850		
Königsborn IV . .	66,8	950	Stahl	Maschinenfabrik Humboldt, Köln-Kalk
Hohenzollerngrube Kaiser-Wilhelm-Schacht	60,0	1300		Ingenieurbau B. Walther, Gleiwitz

236. — Vergleich zwischen Stahl- und Stahlbetonausführung. Stahlfördergerüste bieten den Vorteil des raschen Aufbaues, der einfachen Ausführung von Änderungen (z. B. Erhöhung, Verstärkung, Abbruch und Wiederaufbau an anderer Stelle) und eines geringen Bodendruckes. Von ihrem Beschaffungspreise kann der spätere Erlös für den Schrott abgerechnet werden. Anderseits sind ihre Schwingungen infolge des Förderbetriebes und die damit verbundenen ungünstigen Rückwirkungen auf die Maschinenausrüstung, auf Fenster (insbesondere bei Hängebänken mit Wetterschleuse), auf die Seilscheibenlagerung und die Seile selbst stärker. Auch müssen im Laufe der Zeit erhebliche Aufwendungen für Rostschutz gemacht werden. Die Ausführungen in Stahlbeton sind dagegen wegen ihrer massigen Bauart weitgehend unempfindlich gegen Erschütterungen und zeichnen sich durch große Wetterbeständigkeit aus.

---

[1]) Z. d. V. D. I. 1931, S. 1465; K. A. Wölbling: Das Turmfördergerüst der Hohenzollerngrube, Oberschlesien; ferner Der Bauingenieur 1936, S. 36; E. Ackermann: Turmfördergerüst auf der holländischen Zeche Laura en Vereenigung.

Sie machen allerdings anderseits wegen des großen Bodendrucks umfangreiche Gründungskörper, namentlich bei unzuverlässigem Baugrunde, notwendig. Auch können spätere Veränderungen nur mit großen Kosten ausgeführt werden.

Hinsichtlich der Kosten der ersten Anlage besteht kein großer Unterschied, da die Stahlbetongerüste zwar etwa das vierfache Gewicht der Stahlgerüste bei gleicher Beanspruchung haben, aber je Tonne nur etwa den vierten Teil kosten. Die für den Aufbau selbst benötigte Zeit ist bei den Stahlfördergerüsten, die für die Ausführung des Bauauftrags insgesamt erforderliche Zeit bei den Stahlbetongerüsten niedriger.

237. — Seilscheiben[1]). Die Seilscheiben-Durchmesser werden etwa mit dem 100fachen Seildurchmesser gewählt, so daß die großen Förderanlagen Scheiben mit 6—7 m Durchmesser haben. Diese verhältnismäßig großen Durchmesser haben sich lohnend erwiesen, weil sie sowohl die Biegebeanspruchung als auch den spezifischen Auflagedruck des Seiles in der Scheibenrille verringern und dadurch die Lebensdauer verlängern.

Die Scheibenkränze wurden früher vielfach aus Gußeisen ausgeführt. Sie erhielten angegossene Taschen, in die die Flacheisenarme eingepaßt wurden.

a   b   c

Abb. 649. Kränze von Seilscheiben mit und ohne Ausfütterung.

Die Arme wurden alsdann durch Schrauben paarweise an dem Kranz befestigt[2]). Die gußeisernen Kränze haben sich aber als nicht genügend widerstandsfähig erwiesen, da sie zu rasch verschlissen. Auch lockerten sich gelegentlich die Armbefestigungen. Im deutschen Salzbergbau hat man mehrfach mit holzgefütterten Rillen gußeiserner Scheiben gute Erfahrungen gemacht. Die Futter haben eine gute Lebensdauer erreicht und offenbar sehr zur Schonung der Seile beigetragen[3]). Die letztere Auswirkung wird um so größere Bedeutung erlangen, je wertvoller die Seile mit zunehmenden Teufen werden. Es ist deshalb damit zu rechnen, daß die Ausfütterung der Scheibenrillen mit Holz oder anderen weichen Stoffen in Zukunft größere Bedeutung erlangt, zumal bei elektrischen Fördermaschinen. Diese ergeben bekanntlich einen sehr gleichmäßigen Antrieb, so daß das Seil nur wenig schwingt und deshalb nicht an den Einbänden, sondern in dem über die Scheiben laufenden Teil zuerst schadhaft wird. Eine Schonung dieser Seilstrecke wird daher besonders lohnend. Abb. 649a und b zeigt die Befestigung eines Futters in einer schwalbenschwanzförmigen Nut der Scheibenrille. Die Holzklötze von etwa 20 cm Länge werden in ihrer Form der Rille angepaßt und senkrecht zur Grundfläche, jedoch schwach geneigt zur Umfangsrichtung geteilt. Sie bilden auf diese Weise zwei Keile, die sich gegeneinander in der Nut festziehen. Die Schlußlücke wird dann durch einen nach Abb. 649b

---

[1]) Th. Möhrle: Das Fördergerüst, seine Entwicklung, Berechnung und Konstruktion. (Berlin, Phönix-Verlag), 2. Aufl., 1928; — ferner Kali 1926, S. 61: Über den Werkstoff der Seilscheibenkränze im Kalibergbau.

[2]) Siehe Abb. 771 auf S. 680 der 5. Aufl. dieses Buches.

[3]) Näheres s. Kali 1937, S. 31; Döderlein: Über holzgefütterte Seilscheiben im deutschen Salzbergbau.

dreigeteilten Klotz ausgefüllt. Dessen Mittelstück wird noch durch Nägel mit den beiden Seitenstücken verbunden, was aber nicht unbedingt notwendig ist, da die Holzstücke sich ohnedies vollkommen festdrücken. Stahlgußkränze bewirkten einen zu raschen Verschleiß der Seile.

Man stellt die Kränze heute überwiegend aus gewalztem Flußstahl her, der in Kreisform mit dem gewünschten Durchmesser gebogen wird. Die Querschnittsform hat gemäß Abb. 649 c einen verstärkten Rillengrund erhalten, um das Durchschleißen hinauszuziehen. Je nach der Größe wird der Kranz aus 4—6 Teilen zusammengesetzt und zweiteilig ausgeführt, wobei die Stoßstellen durch angeschweißte Flanschen verbunden werden. Die Arme werden der

besseren Steifigkeit halber aus ⊥- oder ⊔-Stahl gebildet, die sowohl mit der Stahlgußnabe als auch mit dem Kranz verschweißt werden, überdies werden sie paarweise durch eingeschweißte Zwischenstücke verbunden. Infolge der Einfachheit der Schweißverbindung bereitet es keine Schwierigkeit, die Scheiben mit sehr zahlreichen Armen auszurüsten, was der Steifigkeit des Kranzes zugute kommt. Die Nabenhälften werden durch Schrauben und Schrumpfringe verbunden. Abb. 650 zeigt eine Ausführung der West-falia-Dinnendahl-Gröppel A.-G., Bochum.

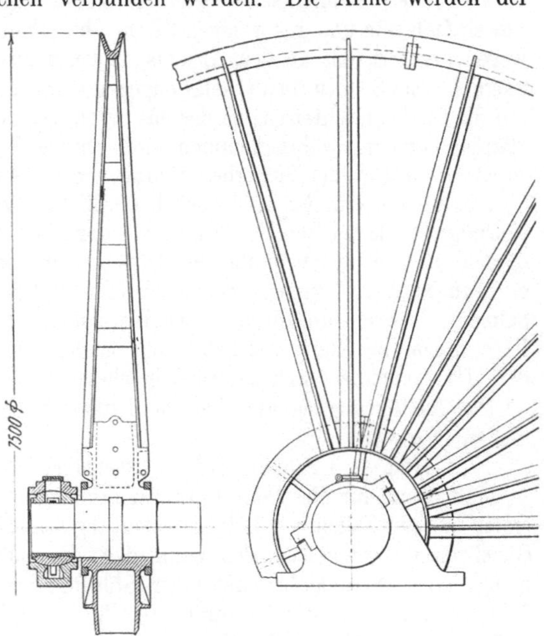

Abb. 650. Geschweißte Seilscheibe.

Die Kränze müssen im Betriebe mit Hilfe von Schablonen vierteljährlich auf ihren Verschleiß geprüft werden. Es ist zwar ein sehr weitgehender Verschleiß zulässig, da ein Auseinanderbrechen des Kranzes wegen der Versteifungen durch die Armansätze nicht zu befürchten ist. Jedoch soll der Vorsicht halber an der schwächsten Stelle noch eine Wandstärke von etwa 7 mm verbleiben.

Die Scheiben werden statt wie bisher in Ringschmierlagern in zunehmendem Maße in Wälzlagern gelagert, da deren geringere Reibung zu einer fühlbaren Beschleunigung des Anfahrens und einer entsprechenden Ersparnis an Maschinenleistung führt.

f) Die Signaleinrichtungen.

238. — Allgemeines über den Signaldienst. Für die Verständigung mit Hilfe von Signalen bei der Schachtförderung kommen drei Hauptfälle in Betracht, nämlich:

1. Verständigung zwischen Füllort oder Zwischensohle und Hängebank,
2. Verständigung zwischen Hängebank und Fördermaschine,
3. Signalgebung von einer beliebigen Stelle des Förderschachtes aus bei Schacht-Ausbesserungsarbeiten, Besichtigungen, Unfällen usw.

Ihrem Grundgedanken nach können die Signale sein:

1. akustische oder Hörsignale und
2. optische oder Schausignale; auch gibt es
3. Signalvorrichtungen, die sich gleichzeitig an Ohr und Auge wenden.

Hörsignale werden von dem Empfänger aufgenommen, ohne daß er durch eine besondere Aufmerksamkeit auf ein Signal vorbereitet ist. Sie dürfen jedoch nur einfach sein und aus wenigen Zeichen bestehen. Andernfalls sind, besonders wegen des meistens an den Anschlägen herrschenden Lärmes, leicht Irrtümer möglich. Ein Schausignal setzt dagegen voraus, daß der Blick des Empfängers auf die Stelle gerichtet ist, an der das Signal erscheint. Es wird also unter Umständen verspätet wahrgenommen, kann aber leicht einige Zeit bestehen bleiben, so daß es mit großer Sicherheit richtig verstanden wird.

Aus diesen Gründen sind nach behördlicher Vorschrift die einfachsten Ausführungssignale für den Fördermaschinisten als Hörsignale zu geben, und zwar dürfen sie ihm im gewöhnlichen Betriebe nur von dem Hängebankanschläger gegeben werden. Um bei zwei nebeneinander liegenden Förderungen in einem Schacht Verwechslungen zu vermeiden, sollen sich die Hörzeichen der beiden Förderungen im Klang deutlich unterscheiden. Außerdem muß gleichzeitig mit dem Hör- auch ein Schauzeichen erscheinen.

Die Ausführungssignale sind im deutschen Bergbau einheitlich folgendermaßen festgesetzt:

Halt = 1 Schlag, Auf = 2 Schläge, Hängen = 3 Schläge.

Maßgebend für diese Regelung war der Gedanke, für das Haltsignal, das in erster Linie in Fällen von Gefahr Bedeutung hat, das kürzeste Signal zu wählen. Gleichzeitig werden Gefahren vermieden, die dadurch entstehen, daß infolge mangelhafter Signalgabe oder einer Störung der Signaleinrichtung von zwei Schlägen nur einer durchkommt. In diesem Falle wird statt „Auf" „Halt" ertönen, was zu keiner Gefahr führen kann.

Signale, die gewisse Besonderheiten oder Änderungen im Förderbetriebe ankündigen, sogenannte Ankündigungssignale, werden mit steigender Verbreitung elektrischer Signalanlagen in zunehmendem Maße durch Schauzeichen gegeben. An die Stelle umständlicher Hörsignale, die öfter zahlreiche, in mehreren Abschnitten gegebene Schläge umfassen, können hierbei im durchscheinenden Licht hinter farbigen Glasscheiben deutliche Schriftzeichen erscheinen. Werden bei der Seilfahrt gleichzeitig mehrere Tragböden von Hilfsbühnen aus bestiegen, so müssen die Anschläger auf diesen Bühnen die Fahrbereitschaft ihres Tragbodens dem Hauptanschläger durch Schauzeichen anzeigen, der dann das Fahrsignal mit Hörzeichen an den Maschinisten gibt.

Außer durch die Signaleinrichtung müssen die verschiedenen Anschläge auch durch eine Einrichtung zu mündlicher Verständigung verbunden sein. Für kleine Entfernungen bis zu etwa 100 m genügt ein Sprachrohr, für größere wird ein Fernsprecher notwendig.

239. — Der Schachthammer, zur Gruppe der akustischen Signalvorrichtungen gehörig, war als einfachste Signalvorrichtung lange Zeit ausschließlich

in Benutzung. Er wird durch einen den ganzen Schacht durchlaufenden Draht-
oder Seilzug bewegt und schlägt gegen eine im Maschinenraum oder am oberen
Anschlag angebrachte Blechplatte. Bei großen Teufen arbeitet er wegen des
langen Zugseiles recht schwerfällig und langsam. Er wird deshalb heute in der
Regel nur noch bei Arbeiten im Schacht benutzt, da er ohne weiteres an jeder
Stelle im Schacht betätigt werden kann. Dabei wird der Hammer und die
Blechplatte vielfach durch einen Zugkontakt einer elektrischen Signaleinrichtung
ersetzt, um die Signalgebung zu beschleunigen.

240. — Elektrische Signalvorrichtungen[1]). Sie haben sich in weitestem
Umfange eingeführt, da sie nicht nur zuverlässig, sondern auch schnell arbeiten
und dadurch zu einer erheblichen Beschleunigung des Förderbetriebes beitragen.

Eine elektrische Signalanlage besteht aus drei Hauptteilen:

    a) der Stromquelle, als welche man meist eine besondere Sammelbatterie
        verwendet, unter gewissen Bedingungen aber auch das Starkstromnetz
        verwenden kann,

    b) dem Leitungsnetz (Kabel),

    c) den elektrischen Signalgeräten, nämlich Kontakten, Signalsendern und
        Signalempfängern.

Bei nebeneinander bestehenden Anlagen ist für jede außer einem völlig
getrennten Leitungsnetz eine besondere Stromquelle notwendig, um Fehlsignale
durch Stromübergänge von einer Anlage zur andern zu vermeiden.

Als Signalsender können Drucktasten, Hebelschalter oder Zugkontakte
dienen. Die letzteren werden im allgemeinen bevorzugt, da sie die beste Sicherheit gegen eine zufällige, unbeabsichtigte Betätigung bieten. Sie werden in einem
geschlossenen Gehäuse unter Öl betätigt.

Als akustische Signalerzeuger an den Empfangsstellen werden elektrische
Wecker und Hupen verwendet. Bei den Weckern unterscheidet man je nachdem, ob, wie bei Hausklingeln, eine große Anzahl hintereinander folgender Töne
oder nur ein Ton gegeben wird, die „Rasselwecker" einerseits und die „Einschlagwecker" anderseits. Bei den ersteren wird der Strom in rascher Folge
selbsttätig unterbrochen, so daß die Glocke des Weckers entsprechend schnell
angeschlagen wird. Beim Einschlagwecker dagegen wird bei jedem einzelnen
Stromschluß der Klöppelanker nur einmal angezogen, die Glocke also nur einmal
angeschlagen. — Die elektrischen Hupen besitzen wie die Rasselwecker ein
Magnetsystem mit einem Selbstunterbrecher, doch wirkt hier der bewegliche
Anker auf eine vor einem Schalltrichter eingespannte Metallmembran, die entsprechend der Ankerbewegung in Schwingungen versetzt wird, so daß ein
Summerton erzeugt wird.

Für die Fördersignale eignen sich in erster Linie die Einschlagwecker, da
die Signale bei ihnen besonders rasch und deutlich ertönen und die Gehörnerven
auf die Dauer nur mäßig beansprucht werden. Die Hupen dienen in der Regel
für Notsignale.

---

[1]) S. H. W. Goetsch: Taschenbuch für Fernmeldetechniker. München,
8. Aufl., 1940, Kapitel XVI: Grubensignalanlagen; — ferner Glückauf 1925,
S. 1326; Ullmann: Die elektrischen Schachtsignalanlagen; — ferner C. Körfer:
Vorschriften, Verordnungen und Verfügungen über die Errichtung von elektrischen Signalanlagen (Essen, Selbstverlag des Ver. z. Überwach. d. Kraft-
wirtsch. der Ruhrzech.), 1930.

Abb. 651 zeigt einen grundsätzlichen Schaltplan einer elektrischen Signaleinrichtung, der zunächst einen Stromkreis für die Verständigung zwischen Füllort und Hängebank enthält mit den Signalsendern T_1-T_3 und den hintereinander geschalteten Einschlagweckern EW_1-EW_3. Man erkennt, daß bei jedem von einem Anschläger gegebenen Signal dieses auch durch den Wecker am Anschlagsorte selbst ertönt. Der Anschläger hört also selbst das von ihm gegebene Signal und vermag die Richtigkeit zu überprüfen. An der Hängebank ist ein Umschalter U vorgesehen, der den Zweck hat, eine Signalgebung jeweils nur von einer Sohle zu ermöglichen. In der gezeichneten Stellung kann nur von der 1. Sohle signalisiert werden, während die 2. Sohle „blockiert" ist (Sohlenblockieranlage). Ein weiterer Stromkreis mit einem Signalsender und 2 Weckern verbindet die Hängebank mit der Fördermaschine, an der der Wecker EW_5 ertönt, während der 2. Wecker wieder dem Anschläger

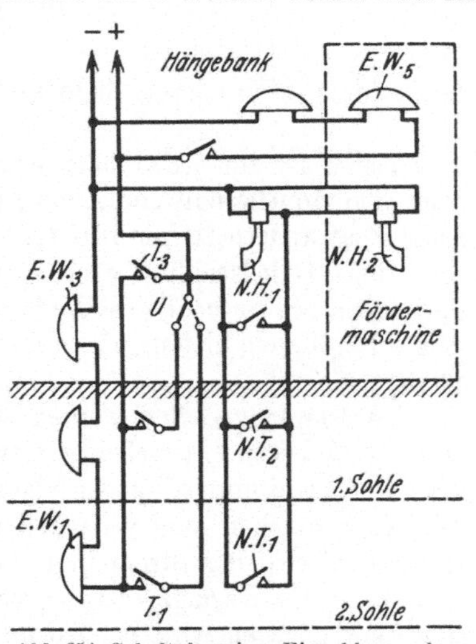

Abb. 651. Schaltplan einer Einschlagwecker-Signalanlage mit einpoligen Kontakten.

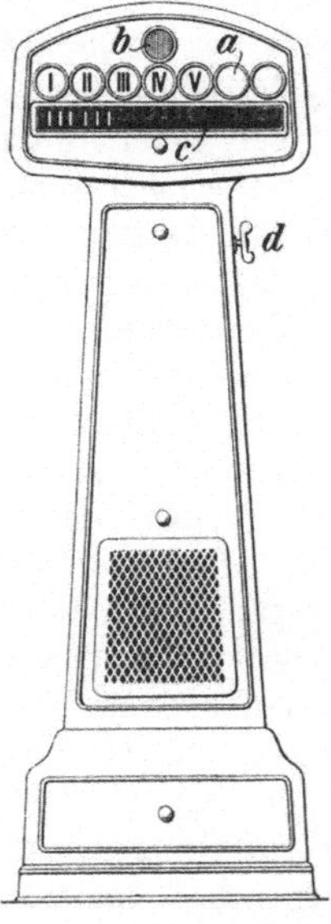

Abb. 652. Signalständer der Neufeldt & Kuhnke-G. m. b. H. für elektrische Hör- und Schausignalgebung.

das gegebene Signal zu Gehör bringt. Für Notsignale endlich ist ein dritter Stromkreis vorgesehen, der die Notsignalsender NT_1, NT_2 usw. sowie die beiden Hupen NH_1 und NH_2 enthält. Er verbindet nicht nur die Anschläge in und am Schacht, sondern mit ihnen auch die Fördermaschine. Notsignale können also von jedem Anschlag unmittelbar zur Fördermaschine gegeben werden.

Diese Einrichtung für Hörsignale kann für Schausignale in verschiedener Weise ergänzt werden. Es kann die Einrichtung getroffen werden, daß mit dem Anschlagen des Weckers an der Hängebank ein optisches Sohlenzeichen aufleuchtet, das mit der Weitergabe des Signals zur Fördermaschine wieder erlischt. An dem Zeichen erkennt der Hängebankanschläger die Herkunft des Signales, und er erhält damit auch bei einer Doppelförderung die Bestätigung, daß das Signal für ihn gilt. Es können ferner optische Ankündigungssignale wie „Seilfahrt", „Schachtbesichtigung" od. ä. gegeben werden, die so lange bestehen bleiben, bis sie gelöscht werden und deshalb auch als „Standsignale" bezeichnet werden.

Abb. 652 veranschaulicht einen am Stande des Fördermaschinisten aufgestellten
Signalständer für derartige Signale, der in seinem Kopfteil die Signaltafel, im
Schaft den Wecker, die Notlampe und die erforderlichen Hilfsvorrichtungen
trägt. In den Fenstern *a* erscheint durch Aufleuchten einer Glühlampe die jeweils
bediente Sohle; *b* ist das bei Seilfahrt beleuchtete Fenster und *c* der Schlitz,
in dem die Schausignale erscheinen. Diese werden gegeben durch einen durch
den Strom betätigten und in der Schlitzrichtung verschiebbaren Hammer, der
bei jeder Signalübermittlung gleichzeitig mit den vom Anschläger gegebenen
Glockenzeichen ein Bündel frei auf einer Welle pendelnder Stahlblechlamellen
hochschlägt. *d* ist ein „Quittungsschalter", den der Maschinist umlegt, wenn
er vom Anschläger das Signal „Seilfahrt" erhält; der Schalter läßt an der
Hängebank die Seilfahrtlampe aufleuchten.

Auch der in Abb. 653 wiedergegebene Zeigertelegraf, wie er z. B. auf Schiffen für die Befehlsübermittlung an der Kommandobrücke
zum Maschinenraum in Anwendung ist, wird
für Standsignale verwendet. Er ist mit zwei
verschiedenfarbigen Zeigern ausgerüstet, von
denen der eine mit dem Handrad auf das zu
gebende Signal eingestellt wird, während der
andere an der Empfangsstelle auf das Signal
springt. Der Empfänger kann dann das angekommene Signal bestätigen, und der Geber erkennt an der Deckung beider Zeiger seines
Apparates die richtige Übermittlung des Signals.

Neuerdings sind Schreibgeräte eingeführt
worden, die sämtliche Signale in Verbindung
mit der Geschwindigkeitsaufzeichnung der Fördermaschine aufzeichnen — und zwar getrennt
nach den von den Füllörtern und von der
Hängebank gegebenen Signalen — und die
auch das Lüften und Schließen der Bremse

Abb. 653. Zeigertelegraf der
Siemens & Halske A.-G.

angeben. Man kann auf diese Weise alle Vorgänge bei der Förderung nachträglich verfolgen und Anschläger wie Maschinisten zur Sorgfalt erziehen.

241. — Fertig-Signaleinrichtungen. Während bei den gewöhnlichen
Signalvorrichtungen geschilderter Art sämtliche Signale von den Sohlen und
Hilfsanschlägen erst zum Hängebankanschläger gehen müssen und dann von
diesem zum Fördermaschinisten gegeben werden, werden bei den neueren sog.
„Fertig-Signaleinrichtungen" die Signale an jedem Anschlag völlig unabhängig
von den anderen Anschlägen gegeben. Die Signale ertönen oder erscheinen
jedoch an der Fördermaschine erst dann, wenn der letzte Anschlag das Signal
gegeben hat. Der besondere Stromkreis zwischen Hängebank und Fördermaschine fällt hier also fort, und alle Anschläge sind hintereinander geschaltet.
Abb. 654 zeigt den Schaltplan einer solchen Anlage. Es ist nur eine Hängebank
für vier gleichzeitig zu besteigenden Böden des Förderkorbes, also mit insgesamt
vier Anschlägen, dargestellt. Sämtliche Signalkontakte sind im Stromkreis *I a*
hintereinander geschaltet, so daß der Strom zum Fördermaschinenraum erst
nach Schluß aller Kontakte fließen kann. Nach dem Schließen eines Kontaktes

leuchtet auf dem Anschlage statt der an den Stromkreis *1b* angeschlossenen grünen Lampe *f*, die das Ein- und Aussteigen von Fahrenden gestattet, die im gleichen Stromkreis liegende rote Warnlampe *w* auf und verbietet weiteren Verkehr. Im Fördermaschinenraum leuchtet mit Schluß des letzten Kontaktes die grüne Fertiglampe f_5 auf, und der Wecker ertönt. Sobald der Maschinenführer die Bremse lüftet, betätigt er den unter der Batterie *B* sichtbaren „Löschkontakt", der den Stromkreis unterbricht und alle Lampen erlöschen läßt. Die Abbildung veranschaulicht den Augenblick, wo die Kontakte am 2. und 4. Anschlag bereits geschlossen und die zugehörigen Lampen entsprechend umgeschaltet sind.

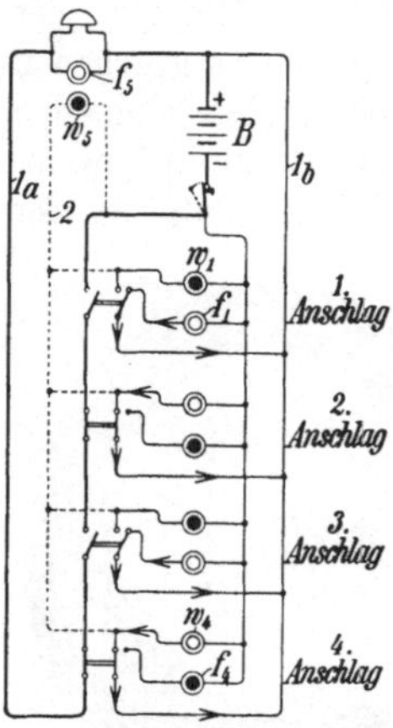

Den zeitlichen Verlauf der Signalgebung für eine Fertig-Signalanlage im Anschluß an den jeweiligen Wagenwechsel für die einzelnen Böden eines dreibödigen Förderkorbes zeigt das Schaubild in Abb. 655[1]). Die obere Linie stellt die Zeit für das Aufschieben und Ablaufen der Wagen dar, die untere die Signalgebung. Man sieht, daß die Hängebank im allgemeinen etwas eher für die Signalgebung fertig ist als das Füllort, und daß die Zeiträume für den Wagenwechsel etwas kleiner sind als diejenigen für das Umsetzen des Förderkorbes + Signalgebung. Die Gesamtbedienungszeit beträgt rund 30 s.

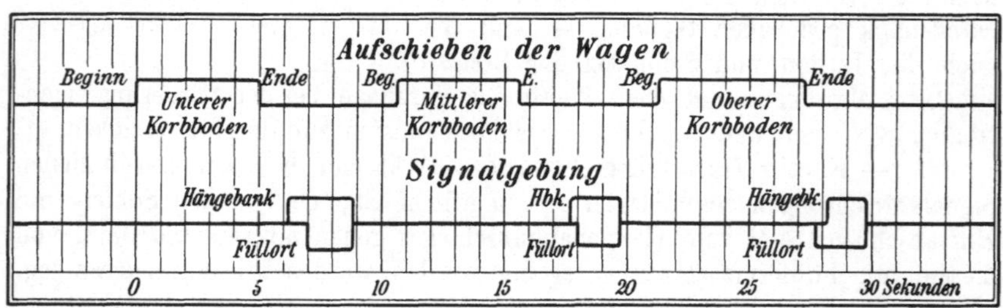

Abb. 654. Schaltbild einer Fertig-Signalanlage.

In dem der Abb. 654 zugrunde gelegten Fall, in dem bei der Seilfahrt auf sämtlichen vier Tragböden gleichzeitig aufgestiegen wird, brauchen also die Hauptanschläger an Füllort und Hängebank nicht erst die Signale aller Nebenanschläger abzuwarten, ehe sie ihrerseits das Signal weitergeben. Ihr Vorrang fällt fort, und es leuchtet ein, daß die für das Signalisieren erforderliche Zeit, die nach Abb. 655 immerhin ins Gewicht fällt, abgekürzt wird. Auch wenn bei

Abb. 655. Zeitlicher Verlauf des Wagenwechsels und der Signalgebung.

der Förderung nur jeweils ein Tragboden beschickt wird, wird die Beschleunigung der Förderkorbbedienung durch diese Signalgebung fühlbar beschleunigt, da hier um so öfter umgesetzt werden muß.

---

[1]) E.T.Z. 1930, S. 1294; W. Philippi: Anforderungen und Fortschritte beim Bau elektrischer Fördermaschinen.

E. Der Förderseilantrieb[1].

a) Die Trommel- und Bobinenförderung.

242. — Zylindrische Trommeln. Die Förderung mit Hilfe von Seiltrommeln oder Seilkörben geht auf die uralte Förderung mit dem Haspelrundbaum zurück. Das Seil ist mit einem Ende an der Trommel befestigt und wickelt sich zum Zwecke des Hochziehens des Förderkorbes auf dieser auf. Für jeden Förderkorb ist daher ein besonderes Seil erforderlich. Die einfachste Form der Trommeln ist die zylindrische. Damit das Seil sich ordnungsgemäß aufwickelt und dabei möglichst geschont wird, erhält die Trommel einen Holzbelag, in den eine schraubenförmig verlaufende Seilrille eingedreht wird. Die Rille muß einen geringen Zwischenraum von etwa 3—6 mm je nach der Dicke des Seiles zwischen je zwei Seilumschlägen gewähren. Der seitliche Ablenkungswinkel der Seilstrecke zwischen Seilscheibe und Trommel soll von der Mitte aus nach jeder Seite $1{,}5^0$ nicht überschreiten, da sich andernfalls das Seil nicht mehr regelmäßig aufwickelt, sondern Rillen überspringt oder an Nachbarumschlägen reibt. Für eine Entfernung der Seilscheibe von der Trommel von 40 m darf beispielsweise die größte Nutzbreite der Trommel eines Seiles nicht größer als $2 \cdot 1{,}04 = 2{,}08$ m werden. In dem Beispiel für 800 m Teufe auf S. 590 ist ein Seil von $11{,}35$ cm² oder etwa 57 mm Durchmesser erforderlich. Der Rillenabstand muß $57 + 5 =$ 62 mm werden. Die Trommel kann also $2080 : 62 = 34$ benutzbare Umschläge aufnehmen, von denen 2 als Reserve für Einbanderneuerungen betrachtet werden, so daß 32 Umschläge für einen Förderzug aus 800 m verfügbar bleiben. Die Trommel muß daher einen Durchmesser von $\dfrac{800}{32 \cdot 3{,}14} = 8$ m erhalten.

Der Durchmesser würde etwas kleiner ausfallen können, wenn die Entfernung der Maschine vom Schacht vergrößert und dann die Trommel entsprechend breiter gewählt würde. Hierbei sind aber größere Querschwingungen des Seiles zwischen Seilscheibe und Seiltrommel möglich, durch die das Seil trotz mäßiger Ablenkung noch eine Seilrille überspringen kann. Man erkennt jedenfalls, daß sehr große und schwere Trommeln erforderlich werden, wenn große Lasten aus großen Teufen gefördert werden sollen. Die Gewichte der Trommeln von 6—8 m Durchmesser liegen etwa zwischen 55 und 95 t, wogegen für die weiter unten (Ziff. 248) zu besprechenden Treibscheiben nur Gewichte von 25—40 t einzusetzen sind. Ein Übereinanderwickeln des Seiles in mehreren Lagen, wie man es wohl bei kleinen Förderungen findet, kommt für größere mit über 30 mm starken Seilen wegen des starken Seilverschleißes nicht in Frage.

Schwierigkeiten ergeben sich bei der Trommelförderung durch den ungleichmäßigen Verschleiß der beiden Trommelbeläge, wodurch die beiden Förderkörbe an den Anschlägen ungleichmäßig vorstehen und das Umsetzen erschwert wird. Man hilft sich wohl durch Aufnageln von Brettern auf der am stärksten verschlissenen Trommel, was aber natürlich nur einen schlechten Notbehelf darstellt, da die Trommel unrund wird und Seilschwingungen verursacht.

Mit einer Trommelförderung kann leicht von verschiedenen Sohlen gefördert werden, und zwar jeweils gleichzeitig mit beiden Förderkörben von derselben

---

[1] H. und C. Hoffmann: Lehrbuch der Bergwerksmaschinen. (Berlin Springer), 3. Aufl., 1942; — Bansen-Teiwes: Die Schachtförderung. (Berlin, Springer), 1913.

Sohle. Zu diesem Zweck wird eine der beiden Trommeln, „die Lostrommel", auf ihrer Nabe versteckbar eingerichtet. Für den Wechsel zu einer höheren Fördersohle fährt man zweckmäßig den Förderkorb der Lostrommel an die neue Sohle, stellt die Trommel mit einer besonderen Vorrichtung oder Bremse fest und entkuppelt sie von der Nabe. Darauf zieht man den zweiten Förderkorb an die Hängebank und kuppelt die Lostrommel wieder mit der Nabe. Man hat auf diese Weise mit der Maschine nur den leeren Korb mit einer kurzen Seilstrecke zu heben. Beim Übergang zu einer tieferen Sohle wird der Förderkorb der Lostrommel zunächst an die Hängebank gehoben und dann entsprechend verfahren.

Bei großen Teufen gewinnt das Eigengewicht des im Schachte hängenden Förderseiles große Bedeutung, wie aus Abb. 656 ersichtlich ist. Sie enthält für eine Gestellförderung mit 8 t Nutzlast aus 800 m Teufe bei einem Seilgewicht von 11 kg je lfd. m die Zugkräfte und Schachtleistungen der Fördermaschine. Dabei ist angenommen, daß während der Anfahrt die Beschleunigung von 1 m/s² allmählich auf 0 abnimmt, so daß nach 350 m Weg eine Höchstgeschwindigkeit von 16 m/s erreicht ist. Die Verzögerung ist gleichmäßig 1 m/s² und beginnt nach 670 m Weg. Die Kurven der Zugkräfte und der Maschinenleistungen sind für einen Betrieb ohne und mit Ausgleich des Seilgewichtes gekennzeichnet. Man erkennt, daß sowohl die Zugkräfte als auch die Leistungen der Maschine mit Seilausgleich erheblich gleichmäßiger ausfallen, und daß als größte Maschinenleistung nur $^2/_3$ des Höchstwertes beim Betriebe ohne Seilausgleich notwendig ist.

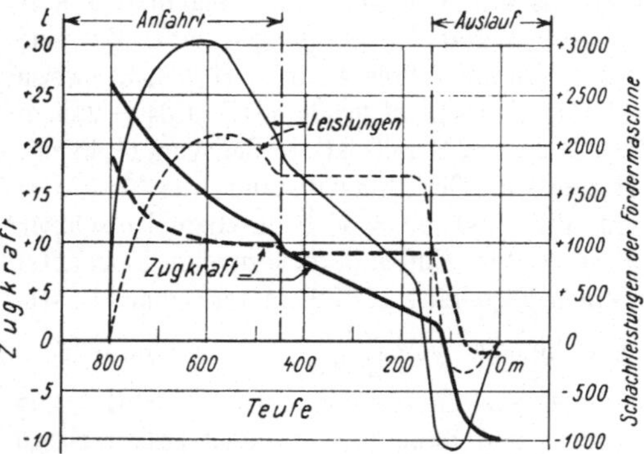

Abb. 656. Fördermaschinenleistung ohne (—) und mit (---) Ausgleich des Seilgewichtes.

Man kann den Seilausgleich durch ein Unterseil vom gleichen Metergewicht wie das Förderseil bewirken (vgl. Ziff. 217 S. 561). Durch ein solches Unterseil wird aber ein Sohlenwechsel unmöglich gemacht, da das Seil in seiner unteren Kehre, der „Seilbucht", geführt werden muß. Beim Fördern mit beiden Körben von einer oberen Sohle würde sich aber die Seilbucht heben, und die Führung müßte verlegt werden, was praktisch zu große Schwierigkeiten bereiten würde.

243. — Konische Trommeln. Betrachtet man in Abb. 656 den mittleren Teil des Treibens, in dem weder eine Beschleunigung noch eine Verzögerung vorliegt, so verläuft die Zugkraftkurve ohne Ausgleich des Seilgewichtes geradlinig geneigt abwärts, d. h. die Zugkraft nimmt in dem Maße ab, wie der Förderkorb hoch kommt, was sich durch das abnehmende Seilgewicht ohne weiteres erklärt. Es liegt daher nahe, ein gleichmäßiges Drehmoment für die Fördermaschine dadurch zu erzielen, ·daß man im gleichen Maße den Aufwickelhalbmesser des Förderseiles größer werden läßt wie die Zugkraft abnimmt. Man erhält dann konische Trommeln, wie sie Abb. 657a und b zeigen. Die Ausführung a mit glatten Trommeln, im engeren Sinne des Wortes als konische Trommeln bezeichnet, wird bei Neigungswinkeln bis höchstens 30°

und im allgemeinen nur für kleine Förderungen angewendet, da die großen Kräfte, die bei starken Seilen auftreten, einen zu starken Seilverschleiß durch das Reiben des auflaufenden Seilstranges am Nachbarumschlag verursachen. Bei größerem Neigungswinkel und starken Seilen versieht man den Trommelmantel mit einer spiralig verlaufenden Seilrille nach Abb. 657b und bezeichnet daher diese Art als Spiraltrommel.

Die einfach konischen Trommeln ermöglichen nur einen statischen Ausgleich des Seilgewichtes. Sie bauen sich für große Teufen sehr schwer, da die Hälfte mit kleinem Durchmesser nur wenig Seil aufzunehmen vermag und der größte Durchmesser sowie die Breite größer ausfallen müssen, als es bei Zylindertrommeln notwendig ist. Man ist daher bestrebt gewesen, den Ausgleich der Maschinenleistung gleichzeitig auch auf die Beschleunigungs- und Verzögerungskräfte zu erstrecken. So haben im ausländischen Bergbau zylindro-konische Trommeln eine große Verbreitung gefunden, die nur in der Mitte einen stark konischen Teil haben, an den sich beiderseits zylindrische Teile anschließen[1]).

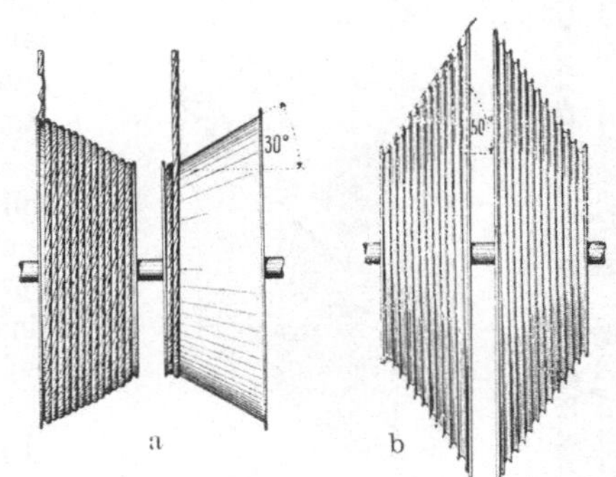

Abb. 657a und b. Konische und Spiral-Seilkörbe.

Im südafrikanischen Goldbergbau fördert man mit derartigen Trommeln von 10,7 m größtem und 4,0 m kleinstem Durchmesser aus einer Teufe von 2020 m. Obwohl die Seile nur eine 4,8fache Sicherheit haben, wiegt jede Trommel 125 t[2]).

In Deutschland sind die konischen Trommeln durch die Koepescheibe verdrängt worden. Maßgebend hierfür war nicht nur das große Gewicht der Trommeln, durch das die Maschinen schwerfällig im Betrieb werden, sondern vor allem die Unmöglichkeit des Umsetzens. Da einem bestimmten Drehwinkel der Maschine wegen der verschiedenen Trommeldurchmesser verschiedene Wege für den unteren und den oberen Förderkorb entsprechen, können außer dem ersten keine weiteren Tragböden der beiden Körbe gleichzeitig vorgesetzt werden. Es sei auch noch erwähnt, daß sich beim Übergang der Seile von den zylindrischen Teilen auf den konischen leicht stärkere Seilschwingungen ergeben, die unter Umständen zu einem Herausspringen des Seiles aus der Rille führen können.

244. — Bobinen. Bei Anwendung von Flachseilen kann sich das Drehmoment im Hinblick auf das Seilgewicht ohne weiteres dadurch ausgleichen, daß das Seil sich auf einer „Bobine" mit seinen Umschlägen übereinander aufwickelt und dadurch seinen Wickelhalbmesser mit abnehmender Seillänge im Schacht

---

[1]) Rev. de l'ind. minér. 1923, S. 597; M. Berthold: Machines d'extraction à tambour bicylindro-conique; — ferner ebenda 1924, S. 271; L. Lahoussay: Les machines d'extraction à tambours bicylindro-coniques; — ferner Coll. Guard. 1926, S. 550; — J. Parker: The adjustment of ropes on bi-cylindro-conical drums.

[2]) Engineering 1935, Bd. 139, S. 229: Electric winders for 6600 ft. shaft.

vergrößert. Der Ausgleich ähnelt also sehr stark demjenigen bei konischen Trommeln. Er unterscheidet sich von diesem nur dadurch, daß die Zunahme des Wickeldurchmessers von Umschlag zu Umschlag nicht mehr beliebig, sondern gleich der Seildicke ist.

Wie Abb. 658 zeigt, besteht die Bobine aus einer Nabe mit 8—12 Speichen a_1 usw., die das Abfallen der Seilumschläge verhindern. Die Speichen bestehen in der Regel aus ⊏-Stahl, die zur Schonung der an den Seilwänden vorstehenden Nählitzen mit Eichenholz ausgefüttert sind. Sie sollen dem Seil einen Spielraum von 10—15 mm gewähren. Die äußeren Enden der Speichen sind durch Ringe b abgestützt.

Der kleinste Durchmesser der Bobine soll nicht geringer als etwa das 80fache der Seildicke gewählt werden. Zum Fördern aus zunehmender Teufe wird eine Bobine ähnlich wie eine Trommel auf ihrer Nabe versteckbar eingerichtet.

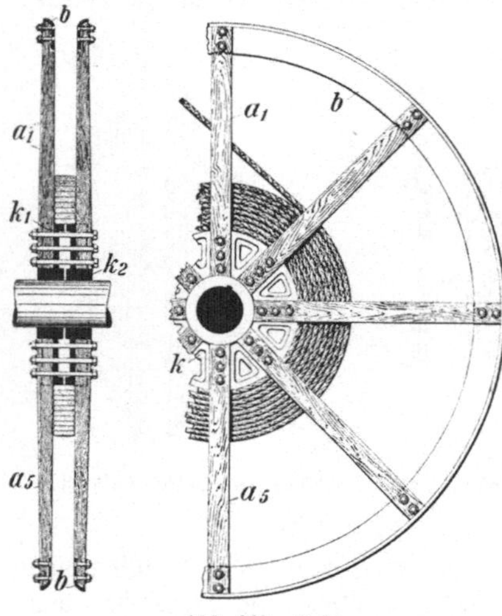
Abb. 658. Bobine.

b) Die Treibscheiben- (Koepe-) Förderung.

245. — Das Wesen der Treibscheibenförderung. Die Treibscheibenförderung, die nach ihrem Erfinder Bergwerksdirektor Koepe allgemein Koepe-Förderung genannt wird, wurde zum ersten Male im August 1877 auf der Schachtanlage Hannover bei Bochum in Betrieb genommen[1]).

Man hat bei ihr nur ein Förderseil, das an jedem Ende ein Gefäß oder Gestell trägt. Das Seil wird durch die Reibung von einer Treibscheibe mitgenommen; da es also nicht aufgewickelt zu werden braucht, bietet das Fördern auch aus größten Teufen keine Schwierigkeit. Im Gegenteil eignet sich die Treibscheibe für große Teufen besser als für kleine, wie in Ziff. 246 gezeigt wird. Die Fördermaschine bleibt leicht und gut manövrierfähig. Für besonders schwere Belastungen, für die es sich nicht mehr empfiehlt, die Last an einem Seile aufzuhängen, können auch mehrere Förderseile nebeneinander angewendet werden, wie dies bei Aufzügen heute bereits allgemein geschieht. Das Umsetzen gestaltet sich in der Praxis einfacher als bei zylindrischen Trommeln, bei denen sich durch ungleichmäßigen Verschleiß leicht Unterschiede der Korbstellungen zu den Anschlägen ergeben. Der Verschleiß der Treibscheibenrille ist demgegenüber ohne Einfluß. Im Falle eines Übertreibens können starke Überbeanspruchungen des Seiles, die zu einer Gefährdung des Seiles oder sonstiger Teile der Fördereinrichtung führen, dadurch vermieden werden, daß das Seil auf der Scheibe rutscht. Sehr angenehm ist ferner die große Freiheit, die man in der Aufstellung der Fördermaschine zum Schacht hat. Man kann beide Seilscheiben in einer Ebene schräg über-

---

[1]) Glückauf 1928, S. 1173; Fr. Schmidt: 50 Jahre Koepeförderung.

einander anordnen. Dadurch wird eine Ablenkung des Seiles vermieden, und der Abstand der Maschine vom Schacht kann erheblich kleiner gehalten werden als bei der Trommelförderung.

Nach dem Vorschlage von Mommertz und Lenze[1]) wurden auf Zeche Walsum die Fördermaschinen unmittelbar neben dem Schacht aufgestellt, so daß die Seilstränge von der Treibscheibe nahezu senkrecht zu den Leitscheiben führen. Sie fallen kurz aus und unterliegen nur unbedeutenden Querschwingungen. Auch stellt man bei beschränktem Raume Maschinen mit elektrischem Antriebe unmittelbar über dem Schacht auf (vgl. Abb. 648 u. Ziff. 235). Man spart damit eine Seilscheibe und infolgedessen bei jedem Treiben eine Seilbiegung, was der Lebensdauer des Seiles zugute kommt, und gewinnt durch eine nahe der Treibscheibe angeordnete Leitscheibe gleichzeitig einen größeren Umschlingungswinkel des Seiles auf der Treibscheibe, was vorteilhaft für die Reibkraft ist. In Fällen, wo die beiden Seilscheiben im Fördergerüst nebeneinander liegen müssen, ist der Ablenkungswinkel des Seiles auch nur von geringerer Bedeutung. Die Seilscheiben können so ausgerichtet werden, daß das Seil an ihnen keine Ablenkung erfährt. Diese macht sich vielmehr nur an der Treibscheibe bemerkbar, wo sie in der Regel höchstens zu einem etwas breiteren Ausschleißen der Seilrille führt. Nur bei sehr großer Ablenkung kann das ablaufende Seil infolge der Reibung an den Flanken der Treibrille eine Drehung um seine Achse erfahren, die die Lebensdauer verkürzt, wenn sie zu schraubenartigen Entformungen führt.

Endlich sei als Vorteil angeführt, daß die Treibscheibenförderung auch einen Mehrseilbetrieb[2]) ermöglicht, wie er bei Personen-Aufzügen allgemein vorgeschrieben ist. Die ständig zunehmenden Teufen und Korblasten führen zu außerordentlich starken Förderseilen, die sowohl bei der Herstellung wie im Betriebe beträchtliche Schwierigkeiten bereiten. Die Fried. Krupp A.-G. richtet deshalb auf ihrer Zeche Hannover eine Förderung ein, bei der statt eines starken vier schwächere Seile angewendet werden. Ein solcher Betrieb bietet eine größere Sicherheit und erlaubt Seile zu verwenden, die sich leicht handhaben lassen und für die kleine Seilscheiben genügen, was sich auch vorteilhaft auf den Preis der Fördermaschine auswirkt. Durch abwechselnd entgegengesetzten Flechtsinn der Seile wird ihr Drall (vgl. Ziff. 213) aufgehoben, so daß ein geringerer Spurlattenverschleiß zu erwarten ist. Allerdings ist durch Ausgleichsmöglichkeiten an den Befestigungen dafür zu sorgen, daß die Last auf alle Seile gleichmäßig verteilt wird. Anderenfalls kann beispielsweise durch einen ungleichmäßigen Verschleiß der Treibscheiben eine starke Überlastung einzelner Seile weit eher als bei Aufzügen eintreten, bei denen diese Schwierigkeiten wegen der kleinen Förderwege kaum bedeutsam werden.

Diesen Vorteilen stehen zwar auch Nachteile gegenüber, die aber jedenfalls nicht verhindern konnten, daß die Treibscheibenförderung in Deutschland heute das Feld völlig beherrscht. Als hauptsächlichster Nachteil wird im Auslande angeführt, daß die Reibung des Seiles auf der Treibscheibe keinen ausreichenden Kraftschluß darstelle. Dies ist jedoch unbegründet, wie die zahlreiche Anwendung beweist. Höchstens ist anzuerkennen, daß Koepe-Seile zur Vermeidung des Seilrutschens nicht so wirksam geschmiert werden können wie Trommel-

---

[1]) DRP. 589 677.
[2]) Techn. Blätter, 1939, Seite 213; H. Herbst: Seilfragen bei der Steinkohlenförderung aus großen Teufen.

seile. Jedoch ist auch bei ihnen ein ausreichender Rostschutz durchaus möglich; lediglich ist die Auswahl des Rostschutzmittels beschränkter (vgl. Ziff. 162).

Öfter wird auch als Nachteil angeführt, daß zum Ausgleich des Seilgewichtes ein Unterseil erforderlich ist. Ein Ausgleich des Seilmomentes ist aber für mittlere bis große Teufen unter allen Umständen sowohl aus Gründen der Sicherheit als auch der Wirtschaftlichkeit geboten. Ohne Seilausgleich ist in hohem Maße mit der Gefahr eines Übertreibens zu rechnen, und gleichzeitig wird der Betrieb durch den hohen Energieverbrauch der Fördermaschine unwirtschaftlich (vgl. Abb. 656). Ein Ausgleich durch ein Unterseil verdient aber den Vorzug vor demjenigen durch konische Trommeln. Bei letzteren ist insgesamt annähernd die gleiche Seillänge im Betriebe, die sich teilweise auf kleine Durchmesser aufwickeln muß und dadurch stärker beansprucht wird. Eine Ersparnis an Seilkosten kommt daher nicht in Betracht. Anderseits bedingt aber die Schwerfälligkeit der Fördermaschine infolge der großen Trommelmassen eine geringere Leistungsfähigkeit. Man kann es daher nicht als Nachteil der Koepe-Förderung ansehen, daß sie einen Seilausgleich durch ein Unterseil notwendig macht.

Als Nachteil hat dagegen zu gelten, daß ein Fördern mit beiden Körben nur von einer Sohle möglich ist. Im Steinkohlen- und Salzbergbau kommt dieser Nachteil allerdings nicht zur Geltung, da die Einrichtung des Förderbetriebes ohnehin zu einer Beschränkung auf eine oder wenige Fördersohlen geführt hat, so daß eine Fördermaschine fast immer durch die Förderung von einer Sohle voll ausgenutzt ist. Im Erzbergbau liegen allerdings andere Verhältnisse mit meistens geringeren Fördermengen vor, so daß hier die Trommelförderung oder eine eintrümmige Koepe-Förderung mit Gegengewicht angewendet wird. Ferner ist nachteilig, daß die Einbände nicht wie bei Trommel- oder Bobinenförderungen in entsprechenden Zeiträumen abgeschnitten und erneuert werden können. Wenngleich sie auch nicht derart stark beansprucht werden wie bei Trommelförderungen mit Aufsetzvorrichtungen (vgl. Ziff. 194), so werden sie doch auch erheblich beansprucht, namentlich wenn eine starke Fördermaschine mit leichter Treibscheibe vorliegt, die scharf anspringt und stärkere Seilschwingungen verursacht, unter denen die Einbände leiden. Endlich ist noch zu berücksichtigen, daß im Falle eines Seilbruches unmittelbar beide Förderkörbe seillos werden und abstürzen, falls die Fangvorrichtung versagt.

246. — Die Reibkraft der Treibscheibe. Da das Förderseil nur durch die Reibkraft der Treibscheibe mitgenommen wird, muß zunächst der Unterschied der in den beiden Seilsträngen an der Treibscheibe wirkenden Kräfte möglichst gering sein, d. h. in statischer Hinsicht nur durch die Nutzlast gegeben sein. Das Eigengewicht des Seiles muß ausgeglichen sein, was nur mit Hilfe eines Unterseiles (vgl. Ziff. 217) möglich ist.

Bezeichnet S_v die Kraft im Vollaststrang und S_l diejenige im Leerlaststrang, so ist nach der bekannten Seilreibungsgleichung von Eytelwein[1]:

$$(1) \qquad S_v - S_l \leqq (e^{\mu \alpha} - 1)\, S_l \,,$$

wo μ die Reibungszahl zwischen Seil und Treibscheibe, α der vom Seil umschlungene Winkel der Treibscheibe und $e = 2{,}718$ die Basis des natürlichen Logarith-

---

[1] Vgl. „Hütte" 26. Auflage, 1936, Bd. 1, S. 307.

mus ist. $e^{u\alpha}$ bedeutet daher einen Reibungswert der Treibscheibe, der um so größer ist, je größer μ und α sind. Führt man für den statischen Fall, also den Zustand der Ruhe oder der gleichförmigen Geschwindigkeit, für $S_v - S_l$ die Nutzlast N ein, so kann man die Gleichung (1) auch schreiben:

$$(2) \qquad \frac{S_v - S_l}{S_l} + 1 = \frac{N}{S_l} + 1 \leqq e^{u\alpha}.$$

Soll also der Reibungswert der Treibscheibe $e^{u\alpha}$ nicht überschritten werden, so kommt es darauf an, nicht nur die Nutzlast genügend klein, sondern auch die Leerlast genügend groß zu halten. Wird die Leerlast im Verhältnis zur Nutzlast sehr groß, so nähert sich die linke Seite von Gl. (2) dem Wert 1. $e^{u\alpha}$ braucht also auch nur den Wert 1 zu haben. Mit kleiner werdendem S_l wird dagegen $N : S_l$ und damit die linke Seite größer. Erreicht beispielsweise die Leerlast den Wert $S_l = 2\,N$, so müßte $e^{\alpha\mu} = 1,5$ sein. Je größer also die Leerlast im Verhältnis zur Nutzlast ist, um so geringer darf die Reibung sein, oder um so größer ist die Sicherheit gegen ein Rutschen des Seiles. Aus diesem Grunde ist also die Sicherheit bei der Gestellförderung größer als bei der Gefäßförderung, und da die Leerlast auch bei großen Teufen durch das Eigengewicht des Seiles stark zunimmt, ergibt sich für große Teufen auch die größte Sicherheit gegen ein Rutschen des Seiles.

Noch wichtiger als der statische Zustand ist aber derjenige der Beschleunigung oder Verzögerung. Es mögen auch die hierbei auftretenden Werte von S_v und S_l berechnet werden, wobei die folgenden Bezeichnungen gelten mögen: G das Gewicht des Gefäßes oder Gestells mit leerem Wagen, N die Nutzlast, q das Metergewicht des Seiles, H seine Länge, G_s das auf die Seilmitte bezogene Gewicht einer Seilscheibe, b die Beschleunigung und g die Erdbeschleunigung. Die Kraft im aufwärtsgehenden Vollaststrang ist dann:

$$S_v = G + N + q \cdot H + b/g\,(G + N + q \cdot H + G_s),\ \text{und}$$

die Kraft im Leerlaststrang:

$$S_l = G + q \cdot H - b/g\,(G + q \cdot H + G_s).$$

Für den Unterschied der beiden Kräfte erhalten wir jetzt:

$$(3) \qquad S_v - S_l = N\,(1 + b/g) + 2\,b/g\,(G + q \cdot H + G_s).$$

Für den Vollaststrang tritt jetzt an Stelle des Wertes $G + N + q \cdot H$ im statischen Zustande ein größerer, der in erheblichem Maße von der Beschleunigung b abhängt. Gleichzeitig wird auch die statische Kraft im Leerlaststrang $G + q \cdot H$ um einen Betrag kleiner, der ebenfalls von b abhängt. Die Auswirkung ergibt sich aus einem Vergleich der beiden $e^{u\alpha}$-Werte, die in dem Beispiel aus Ziff. 242 einerseits für den Zustand der Ruhe oder der gleichförmigen Bewegung, anderseits der Beschleunigung notwendig werden. Für den letzteren Fall mögen noch die Werte $G_s = 2700\,\text{kg}$ und $b = 1\,\text{m/s}^2$ gelten.

Man erhält aus Gl. (2):

Für Ruhe oder gleichförmige Geschwindigkeit $e^{u\alpha} \geqq 1,37$
Für Beschleunigung $1\,\text{m/s}^2$ $\qquad\qquad\qquad\qquad e^{u\alpha} \geqq 1,71$.

Ist für den Fall übereinander liegender Seilscheiben der Umschlingungswinkel $\alpha = 180^0$ oder im Bogenmaß 3,14, so wird im ersten Falle:

$$\mu \geq \frac{\log 1,37}{3,14 \cdot \log 2,718} = 0,10,\ \text{und im letzteren Falle}\ \mu \geq 0,17.$$

Die Beschleunigung von $1\ \mathrm{m/s^2}$ erfordert also gegenüber der Ruhe eine um 70% größere Reibungszahl. Im Betriebe können besondere Fälle eintreten, die eine noch weit stärkere Reibung erfordern, wenn z. B. eine Last eingehängt und hierbei durch Bremsen eine stärkere Verzögerung bewirkt wird. Auch entstehen durch Seilschwingungen erheblich höhere Beschleunigungen. Man ist deshalb bestrebt, sich erheblich größere Reibungswerte $e^{\mu\alpha}$ zu sichern, als sie nach der obigen einfachen Rechnung erforderlich erscheinen. Dies geschieht in der Hauptsache durch geeignete Rillenfutter der Treibscheibe einerseits und durch Vermeiden einer ungeeigneten Schmierung der Förderseile anderseits, wodurch ein hoher μ-Wert erreicht wird. Nach Versuchen, die auf der Versuchsgrube in Gelsenkirchen[1]) vorgenommen wurden, kann für die hauptsächlich in Frage kommenden Stoffe mit nachstehenden Werten gerechnet werden:

Rillenfutter	Zustand des Seiles	
	Ungeschmiert	Mit Lacküberzug
Naturholz (Ulme, Buche, Eiche)	0,45	0,40
Leder (gefettete Treibriemenausschnitte) . .	0,40	0,25
„ (besonderer Verarbeitung)	0,65	0,50
Baumwollgewebe mit Kunstharz getränkt .	0,42	0,40
Gummi mit Baumwollgewebe.	0,60	0,65
Leder-Baumwolle-Balata	0,45	0,50
Aluminium	0,70	—

Die angeführten Reibungszahlen liegen beim Beginn eines Rutschens vor. Sie sind also maßgebend für den Eintritt des Rutschens. Sobald das Rutschen eingetreten ist, ermäßigen sie sich im allgemeinen auf $30\text{—}50\%$ der obigen Werte. Bei Gummi und Aluminium ist der Abfall geringer. Diese Abnahme der Reibung hat jedoch in der Regel keine nennenswerte Bedeutung. Das Rutschen tritt nämlich nur infolge einer besonders starken Beschleunigung oder Verzögerung ein. Sobald diese mit dem Beginn des Rutschens aufhören, kommt das Seil trotz der kleineren Reibungszahl bald wieder zur Ruhe.

Noch größere Bedeutung als dem Rillenfutter kommt der sachgemäßen Schmierung des Seiles zu. Gewöhnliche Schmieröle oder vaselinartige Fette vermindern bei jedem Rillenfutter die Reibkraft bis zur Rutschgrenze. Vaselin, das gern zum Tränken der Hanfseele angewendet wird, darf daher nur mit großer Vorsicht in geringer Menge gebraucht werden, so daß es sich nicht in einem solchen Maße aus dem Seil herausdrücken kann, daß es in die Rille gerät. Besser sind stark klebrige Fette, die durch mäßige Erwärmung dünnflüssig werden (vgl. Ziff. 209), zum Tränken der Hanfseele geeignet. Für den äußeren Überzug eignen sich am besten Seillacke, die dünn aufgetragen werden müssen, damit die Schicht rasch vollkommen durchtrocknet.

---

[1]) Berichte der Versuchsgrubengesellschaft m. b. H., Nr. 3; H. Herbst: Reibungszahlen für Koepescheiben. (Gelsenkirchen, C. Bertenburg), 1931.

247. — Besondere Hilfsmittel zur Vergrößerung der Reibkraft.
Solche Hilfsmittel kommen bei der Schachtförderung im allgemeinen nur für
kleine Fördereinrichtungen in Frage, da sie in größeren Ausführungen entweder
einen unverhältnismäßig hohen Verschleiß der Seile herbeiführen würden oder
keinen genügend zuverlässigen Betrieb gewährleisten. Sie sind deshalb bereits
in Ziff. 162 für Blindschachtförderungen besprochen worden, obgleich sie auch
hier nur selten angewendet werden, da es sich erwiesen hat, daß mit einem
geeigneten Rillenfutter und richtiger Seilschmierung auch die für diese Förderungen erforderliche größere Reibkraft zuverlässig erzielt werden kann.

Bei Hauptschachtförderungen ist vereinzelt von der Firma Heckel, Saarbrücken, ein vergrößerter Umschlingungswinkel durch eine doppelte Treibscheibe mit Gegenscheibe (amerikanische „Whiting"-Bauart) ausgeführt worden.
Die Anordnung bietet auch die Möglichkeit, zweitrümmig abwechselnd von
verschiedenen Sohlen fördern zu können, wenn man die Gegenscheibe auf
einem Schlitten verschiebbar macht. Der Verschiebeweg muß die Hälfte des
Sohlenunterschiedes betragen. Es ist leicht einzusehen, daß sich dies Verfahren
aber praktisch zu umständlich gestaltet, als daß es sich hätte einführen können.

248. — Ausführung der Treibscheiben. Die Treibscheiben werden entweder aus Stahlguß oder aus Walzstahl angefertigt. Die letztere Ausführung

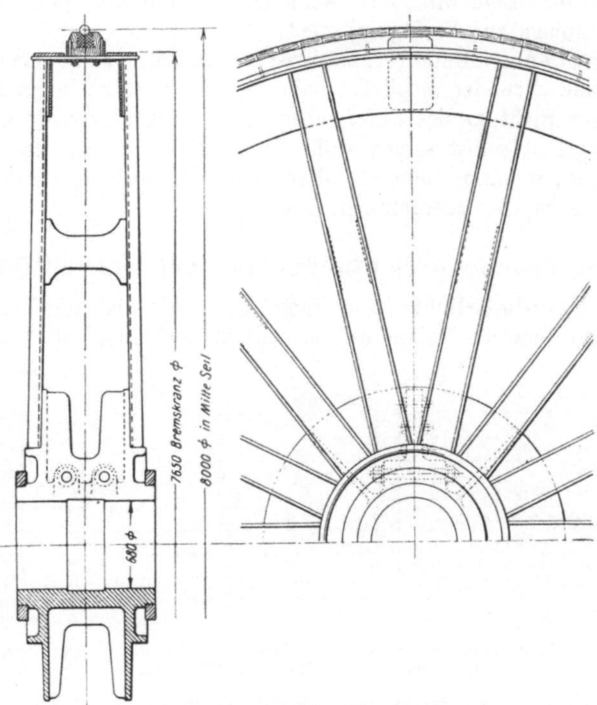

Abb. 659. Geschweißte Treibscheibe.

wird in neuerer Zeit bevorzugt, da sie namentlich durch die Anwendung von
Schweißverbindungen billiger wird. Abb. 659 bietet als Beispiel eine Ausführung
der Demag, die den grundsätzlichen Aufbau aus einer Stahlgußnabe, Blechen

und Walzstahlarmen zeigt und gleichzeitig erkennen läßt, wie leicht mittels der Schweißung an jeder erforderlichen Stelle Versteifungen anzubringen sind. Insbesondere sei auf die kräftige Versteifung der mit besonderen Schleißringen ausgestatteten Bremskränze durch die hohen Stahlblechsegmente hingewiesen, da gerade für die Bremskränze eine gute Steifigkeit unerläßlich ist. Für den Seillauf sind Holzklötze zwischen aufgeschweißten Blechkränzen mit je zwei Schrauben am Kranz befestigt. In schwalbenschwanzförmigen Nuten dieser Klötze ist ein besonderes Futter eingebracht, das sowohl eine große Reibkraft, als auch eine hohe Verschleißfestigkeit besitzt[1]).

249. — Anwendungsgebiet der Treibscheibenförderung. Wie aus den vorstehenden Ausführungen zu entnehmen ist, kommen die Vorzüge der Treibscheibenförderung besonders in folgenden Fällen zur Geltung:

1. Bei der Förderung großer Massen aus tiefen Schächten. Hier ist wegen des hohen Seilgewichtes die Gefahr des Gleitens des Seiles gering und anderseits der Gewichts-, Raumbedarfs- und Preisunterschied zwischen Treibscheibe und Trommel sehr erheblich.
2. Wenn kein Bedürfnis besteht, von mehreren Sohlen abwechselnd zu fördern oder wenn doch wenigstens die Gesamtförderung sich ohne große Schwierigkeiten auf einer Sohle vereinigen läßt, so daß ein Umstecken nicht erforderlich wird, oder wenn für jede Fördersohle eine besondere Förderanlage zur Verfügung steht.
3. Bei beschränkten Raumverhältnissen am Schachte, wenn man die Fördermaschine entweder möglichst nahe an den Schacht heranrücken oder quer zur Richtung des Aufschiebens der Wagen aufstellen oder auf das Fördergerüst selbst setzen will. Solche Fälle werden besonders dort vorliegen, wo man auf einer älteren Schachtanlage nachträglich einen neuen Schacht niedergebracht hat.

F. Die Sicherheitsvorrichtungen bei der Schachtförderung.

250. — Unfallmöglichkeiten. Einen Überblick über die Verteilung der tödlichen und schweren Unfälle bei der Seilfahrt auf die wichtigsten Ursachen

Gruppe	Unfallursache	1910–1919		1920–1929		1930–1939	
I	Starke Korbstöße während der Fahrt	24	4,2 %	32	5,2 %	18	5,5 %
I	Absturz vom Korbe	51	8,8 %	38	6,2 %	33	10,1 %
II	Seilloswerden	56	9,7 %	36	5,9 %	25	7,7 %
III	Übertreiben u. hartes Aufsetzen	89	15,4 %	171	27,8 %	35	10,7 %
III	Unzeitiges Anheben des Korbes	90	15,6 %	45	7,3 %	38	11,6 %
III	Jrrtum bei den Signalen	69	11,9 %	102	16,6 %	37	11,3 %
IV	Unzeit. Betreten u. Verlassen des Korbes	108	18,7 %	82	13,3 %	50	15,3 %
IV	Sonstige, auch ungeklärte Ursachen	91	15,7 %	109	17,7 %	91	27,8 %
	Zahl der Verunglückten	578		615		327	

Abb. 660. Anteile der Unfallursachen an der Gesamtzahl der tödlichen und schweren Seilfahrtunfälle in der Zeit von 1910—1939.

gibt Abb. 660 nach den Ergebnissen der Statistik für die Jahre 1910—1919, 1920—1929 und 1930—1939. Die Auftragungen sind im Maßstab der absoluten Unfallzahlen vorgenommen, während jeweils die Prozentzahlen für den einzelnen

[1]) Bergbau 1941, S. 217; W. Berke: Befestigungsmöglichkeiten von Seillauffuttern auf Treibscheiben für Bergwerksförderanlagen.

Zeitabschnitt eingetragen sind. Die Unfallursachen lassen sich in einige Hauptgruppen zusammenfassen, nämlich:

I. Unregelmäßigkeiten der Korbführungen im Schacht, auf die meistens auch die Abstürze vom Korbe zurückzuführen sind (Nr. 1 und 2).

II. Seil- und Zwischengeschirrbrüche (Nr. 3).

III. Störungen an der Fördermaschine oder unrichtige Maschinenführung, die teilweise auf Irrtümer bei den Signalen zurückzuführen ist (Nr. 4—6).

IV. Unrichtiges Verhalten der Verunglückten oder zufällige besonders unglückliche Umstände (Nr. 7 und 8).

Nach einem vorübergehenden mäßigen Anwachsen der Unfälle in der Zeit von 1920—1929, das hauptsächlich in der ersten Hälfte dieses Zeitabschnitts eintrat, nehmen sie in der Zeit von 1930—1939 in erfreulichem Maße ab. Die Gruppe I weist wenig Veränderungen auf. Zum Teil sind die Unfälle dieser Gruppe auf Veränderungen der Korbführungen durch Gebirgsdruck zurückzuführen und daher als Folgen höherer Gewalt nicht völlig zu vermeiden. Zum Teil erklären sie sich aber auch aus einer mangelhaften Instandhaltung der Schächte, die sich aus einer Überlastung durch den Förderbetrieb ergibt. In solchen Fällen werden am besten für Seilfahrt und Güterförderung völlig getrennte Fördereinrichtungen verwendet. Die Unfälle der Gruppe II infolge von Seil- oder Zwischengeschirrbrüchen nehmen stetig ab, was zum Teil der aufklärenden und beratenden Tätigkeit der in neuerer Zeit geschaffenen Seilprüfstellen zuzuschreiben ist. In Gruppe III hat die Einführung der Fahrtregler für Fördermaschinen durch die Seilfahrtverordnung von 1927 zu einer sehr starken Abnahme der Übertreiben geführt, die früher eine große Zahl von Opfern forderten (Nr. 4). Die Vereinheitlichung der Signale und die Verbesserung der elektrischen Signaleinrichtung hat dazu beigetragen, die Unglücksfälle durch unzeitiges Arbeiten der Fördermaschine zu verringern. Endlich ist auch die Zahl der Unfälle geringer geworden, die auf unrichtiges Verhalten der Fahrenden zurückzuführen sind. Die sorgfältige Schulung des bergmännischen Nachwuchses ebenso wie die allgemeine Pflege des Verständnisses für die Bedeutung der Unfallbekämpfung zeigt hier erfreuliche Auswirkungen.

Im folgenden sei auf einige besondere Sicherheitsvorrichtungen näher eingegangen, nämlich die Fangvorrichtungen für Förderkörbe, die Vorrichtungen gegen das Übertreiben und gegen das unzeitige Inbetriebsetzen der Fördermaschinen.

a) Die Fangvorrichtungen für Förderkörbe[1]).

251. — Bedeutung und allgemeine Anforderungen. Mit der Abnahme der Unfälle infolge von Seil- und Zwischengeschirrbrüchen, die aus Abb. 660 hervorgeht, scheinen gleichzeitig die Fangvorrichtungen an Bedeutung zu verlieren. Trotzdem werden sie noch für unentbehrlich gehalten, da eine vollkommene Sicherheit gegen Seil- und Zwischengeschirrbrüche praktisch kaum

---

[1]) Bansen-Teiwes: Die Schachtförderung. (Berlin, Springer), 1913, S. 77; — ferner in Zeitschrift f. d. Berg-, Hütt.- u. Sal.-Wes. 1880, S. B 1; Selbach: Kritik der Fangvorrichtungen an Förderkörben; — ferner Berichte der Versuchsgrubengesellschaft m. b. H.. Nr. 8 (Gelsenkirchen, C. Bertenburg), 1940; H. Herbst: Untersuchungen an Fangvorrichtungen für Schachtförderungen. 1. Teil.

zu erreichen ist. Der Grund hierfür liegt darin, daß Anrisse von Zwischengeschirr-
teilen und auch gewisse Seilschäden außerordentlich schwer erkennbar sind; es
ist auch nicht möglich, Hilfsvorrichtungen für die Untersuchung, wie elektromagnetische oder Röntgeneinrichtungen, in kurzer Zeitfolge zur Anwendung zu
bringen. Weiter lassen sich die Möglichkeiten dynamischer Überlastungen, die
auch ein gutes Seil zum Bruch bringen können, nicht völlig ausschalten, und endlich erscheint eine gut durchgebildete Fangvorrichtung wertvoll, um dem am
Seil fahrenden Bergmann das Gefühl einer erhöhten Sicherheit zu geben.

Die Fangvorrichtung soll im Notfall zuverlässig und schnell eingreifen, damit
insbesondere bei einem in der Abwärtsfahrt begriffenen Förderkorb die ohnehin
hohe Geschwindigkeit nicht bis zum Eingreifen noch stark anwachsen kann.
Sie darf jedoch anderseits nicht zur Unzeit eingreifen, also nicht etwa, wenn
der Förderkorb infolge von Längsschwingungen des Förderseiles (vgl. Ziff. 219)
beschleunigte Abwärtsbewegungen ausführt, die derjenigen beim Absturz kurz-
zeitig sehr ähnlich sind. Ein solches unzeitiges Eingreifen, das leicht bei der
Güterförderung vorkommen kann, hat in der Regel eine längere Förderstörung
zur Folge, da meistens die Spurlatten, u. U. auch Schachthölzer auf größeren
Strecken beschädigt werden. Es ist ferner möglich, daß ein abwärts gehender,
zur Unzeit von der Fangvorrichtung festgebremster Korb durch die im Unterseil
infolge der Aufwärtsbewegung des anderen Korbes entstehende Spannung
wieder losgerissen wird, in Hängseil fällt und dabei das Seil zerreißt. Das unzeitige Eingreifen von Fangvorrichtungen, das nach der amtlichen Statistik
etwa doppelt so häufig vorkommt wie Notfälle eintreten, kann also sehr schwere
Folgen haben.

Beim Eingreifen soll die Fangvorrichtung auch im ungünstigsten Fall einen
voll beladenen Förderkorb mit Unterseil und über die Seilscheiben nachzu-
ziehendem Förderseilrest nicht nur unbedingt sicher auffangen, sondern das
Auffangen muß auch allmählich und nicht ruckartig geschehen. Es muß also
nicht nur dafür Sorge getragen werden, daß die Fangkraft zum Abbremsen
und Halten des Korbes unter allen Umständen ausreicht, sondern sie darf auch
ein gewisses Maß nicht überschreiten, da sie andernfalls zu einer Zerstörung
des Schachteinbaues oder noch leichter bei der Seilfahrt zu schweren Beschädigungen der auf dem Korbe Fahrenden führen kann. Das richtige Maß der Fangkraft muß auch bei mehr oder weniger stark verschlissenen Spurlatten noch
erhalten bleiben.

Sowohl für die Auslösung als auch für den eigentlichen Fangvorgang sind
danach die Möglichkeiten eng begrenzt. Es kommt hinzu, daß die Betriebssicherheit eine möglichst einfache Ausführung bedingt, und daß sich das Gewicht
in mäßigen Grenzen halten muß, damit die vom Seil zu tragende Totlast auf das
äußerste beschränkt bleibt. So erklärt es sich, daß man trotz einer großen Zahl
vorgeschlagener Ausführungen noch keine als vollkommene Lösung betrachten
kann.

252. — Die Auslösung der Fangvorrichtungen geschieht bei der
Schachtförderung bisher entweder mit Hilfe der Königstangenfeder oder
eines sog. Tanzgewichtes.

Die Auslösung durch eine Königstangenfeder. Sie wird in Abb. 661
an dem Beispiel der Fangvorrichtung von White und Grant veranschaulicht. Die an das Zwischengeschirr i angeschlossene Königstange a, die den

Förderkorb trägt, ist bei b gabelartig ausgebildet. In der Gabel ist die Blattfeder c mit Hilfe eines Keiles f befestigt. Die Feder ist so geformt, daß sie gespannt ist, wenn der Korbkopf auf dem Tragkranz der Königstange aufliegt. Verschwindet der Seilzug im Falle eines Seil- oder Zwischengeschirrbruches, so wird die Königstange durch die Spannkraft der Feder gegen den Korb abwärts gezogen. Dabei werden mit Hilfe des Gestänges $d\,e_1\,e_2$, das an Kurbeln auf den Wellen $g_1\,g_2$ angreift, die letzteren gedreht und die ebenfalls auf diesen Wellen sitzenden gezahnten Exzenter $h_1\,h_2$ gegen die Spurlatten gedrückt. Sowie diese einigen Halt an den Spurlatten gefunden haben, werden sie durch das Gewicht des Korbes noch stärker eingedreht und an die Spurlatten gepreßt. Sie sollen auf diese Weise den zum Abbremsen des Korbes notwendigen Widerstand erzeugen.

Für die Anordnung der Feder bieten sich zahlreiche andere Möglichkeiten, doch kann hier nur auf die grundsätzliche Wirkungsweise eingegangen werden.

Die Königstangenfeder hat sich aus folgenden Gründen als unzuverlässig erwiesen. Sofern der Bruch des Seiles nicht dicht über dem Korbe eintritt,

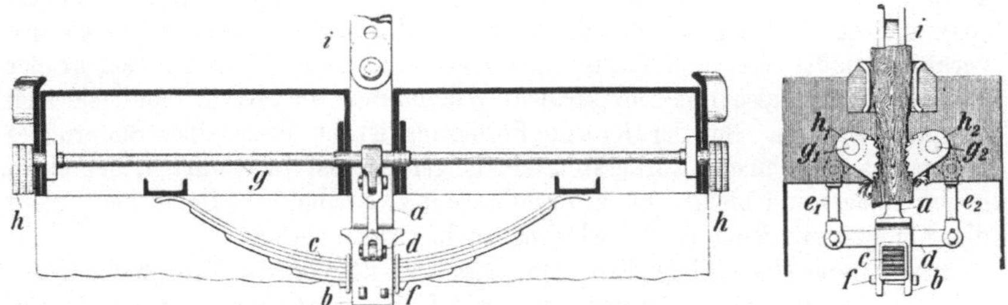

Abb. 661. Fangvorrichtung von White & Grant.

sondern über diesem ein längerer Seilrest verbleibt, muß dieser über die Seilscheiben nachgezogen werden. Dabei bietet sich dem Seilrest ein gewisser Widerstand, so daß also der Seilzug an der Königstange nicht völlig verschwindet, sondern nur geringer wird[1]). Wenn die Feder sich zur Auslösung entspannen soll, so muß sie daher eine stärkere Vorspannung besitzen, um diese Kraft zu überwinden. Nun darf aber die Feder nur eine mäßige Spannung erhalten, damit eine unzeitige Auslösung sicher vermieden wird. Dies ergibt sich aus folgender Überlegung.

Hängt ein Förderkorb von der Masse m an einem Seil im Ruhezustande, so muß bei der Erdbeschleunigung $g = 9,81\ m/s^2$ an dem oberen Seilende eine nach oben gerichtete Kraft $k = m \cdot g$ wirken, um den Gleichgewichtszustand aufrechtzuerhalten. Verschwindet diese Kraft vollkommen, so verschwindet auch die Seilspannung, und der Korb fällt mit der Erdbeschleunigung g. Verbleibt dagegen eine Restkraft $k_1 < k$, so fällt der Korb mit einer Beschleunigung $b < g$, und die Seilspannung wird

$$(1) \qquad\qquad k_1 = m \cdot (g - b).$$

Nun können aber durch Längsschwingungen des Förderseiles starke Abwärtsbeschleunigungen eintreten. Im gewöhnlichen Betriebe sind Werte von $b =$

---

[1]) Glückauf 1933, S. 1005; K. Bax: Die Betriebssicherheit der Auslösung von Förderkorbfangvorrichtungen.

8 m/s² gemessen worden. Das bedeutet nach Gl. (1) eine starke Verminderung des Seilzuges. Gleichzeitig ist aber auch mit der geringsten Korbmasse m zu rechnen, die vorliegt, wenn ein leerer Korb in der Nähe des Füllorts hängt, also vom Unterseil entlastet ist. Selbst wenn man für b nicht den größten gemessenen Wert, sondern nur 7 m/s² in Rechnung stellt, erhält man als geringste im gewöhnlichen Betriebe mögliche Seilspannung.

$$k_1 = m \cdot (9{,}81 - 7{,}00) = 2{,}81 \cdot m,$$

wobei m als Masse des leeren Korbes gilt. Bezeichnet man das Gewicht des leeren Korbes mit Q_1, so wird $m = Q_1/g$ und $k_1 = 2{,}81 \cdot Q_1/g = 0{,}28 \cdot Q_1$. Die Seilspannung kann also auf r. 28% des Gewichtes vom leeren Korb sinken, und die Feder darf infolgedessen auch nicht stärker gespannt sein, da sie andernfalls eine unzeitige Auslösung bewirken kann. Praktisch wird sie allerdings unter Berücksichtigung der Reibungswiderstände, die sie zu überwinden hat, etwas stärker ausgeführt, doch müssen 40% des Korbgewichtes als Höchstwert der Federspannung gelten. Bei großen Teufen kann man das Gewicht des leeren Korbes etwa zu 20% der Höchstbelastung des Seiles annehmen. Die Federspannung darf daher nur r. 8% der größten Seilbelastung betragen. Sie ist also verhältnismäßig sehr schwach, und der Korb muß nach Gl. (1) mit sehr großer Beschleunigung, also mit sehr kleinem Widerstande abstürzen, damit sie sich entspannen kann. Bei der Koepe-Förderung ist im Falle eines Seilbruches wenigstens über einem Korbe stets ein langer Seilrest zu erwarten, der einen hohen Widerstand bietet. Es ist deshalb sehr zweifelhaft, ob in solchen Fällen die Königstangenfeder eine Auslösung zu bewirken vermag.

Als weiterer Nachteil der Königstangenfeder ist bei ihr der Einfluß der Korbbelastung zu nennen. Bei einem schweren Korbe oder einem solchen, der im oberen Teil des Schachtes durch ein langes Unterseil belastet ist, ist zur Auslösung eine viel weitergehende dynamische Entlastung, also eine viel größere Fallbeschleunigung notwendig als bei einem leichten Korbe. Endlich können bei einem fallenden Korbe die bereits eingeschlagenen Fänger wieder zurückgezogen werden, wenn sich der Seilrest irgendwo im Fördergerüst oder Schachteinbau verhängt.

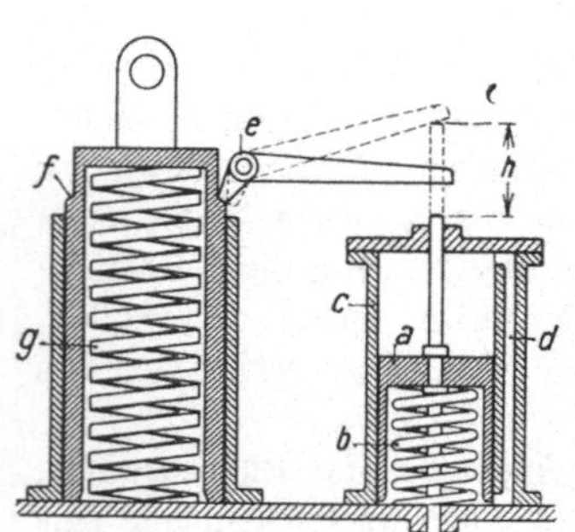

Abb. 662. Grundsätzlicher Aufbau einer Tanzgewichtsauslösung.

Die Auslösung durch ein Tanzgewicht. Die Wirkungsweise geht aus der grundsätzlichen Darstellung in Abb. 662 hervor. Auf dem Förderkorb hält ein Gewicht a im Ruhezustande eine Feder b gespannt. Bei einer Abwärtsbeschleunigung wird das Gewicht so weit dynamisch entlastet, daß es von der Feder angehoben werden kann. Die Bewegung dient zum Auslösen der Fangvorrichtung. Die Entlastung geschieht dabei in gleicher Weise wie die Verringerung des Seilzuges nach Gl. (1). Sie wird infolgedessen auch ebenso bei Seilschwingungen eintreten. Um hierbei ein unzeitiges Auslösen sicher zu vermeiden, verlangsamt man die Bewegungen des Gewichtes durch eine Ölbremsung. Zu diesem Zwecke ist das Gewicht als Kolben ausgebildet, der in einem mit Öl gefüllten Zylinder c spielt und bei seinen Bewegungen das Öl durch den einen Drosselkanal d drücken muß. Die Bewegung des Gewichtes wird dadurch so verlangsamt, daß es nicht in der Zeit des Bruchteils einer Seilschwingung die Höhe h erreichen kann, die notwendig ist, um eine Klinke e von dem Kranz eines Federkolbens f abzuziehen, wobei dann eine Arbeitsfeder g zur Betätigung der Fänger freigegeben wird. Durch die Bremsung wird allerdings auch die Auslösung im Notfall bei anhaltender Abwärtsbeschleunigung hinausgezögert, was zu einer Geschwindigkeitszunahme des fallenden Korbes vor dem Eingreifen der Fänger führt. Es ist aber durch sie möglich, eine Auslösung auch dann noch zu erreichen, wenn die Absturzbeschleunigung infolge eines Widerstandes am Seilreste erheblich kleiner als die gewöhnlichen Schwingungsbeschleunigungen ist.

Will man das Tanzgewicht nicht übermäßig schwer ausführen, so ist mit ihm nur eine kleine Auslösekraft zu erzielen, die nicht ausreicht, stark gespannte Federn, wie sie für die Bewegung der Fänger notwendig sind, zu entriegeln. Es muß also noch eine schwächere Hilfsfeder oder eine andere Energiequelle, Druck-

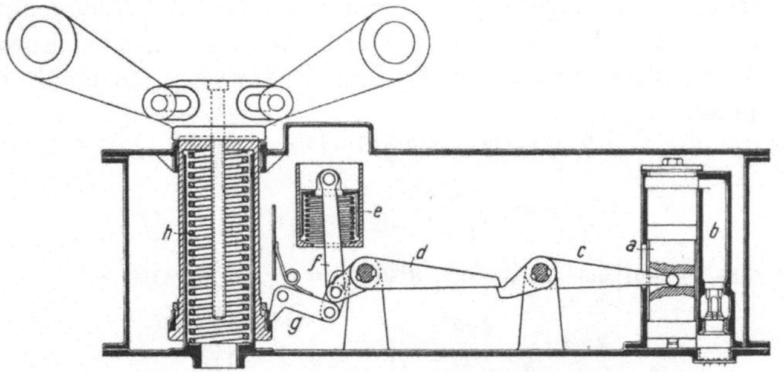

Abb. 663. Tanzgewichtsauslösung nach Wedag-Scherrer.

luft o. ä. zu Hilfe genommen werden. Eine andere vielausgeführte Lösung ist die in Abb. 663 grundsätzlich dargestellte von Wedag-Scherrer. Das in Form eines Kolbens ausgebildete Tanzgewicht a spielt in einem ölgefüllten Zylinder und drängt bei seiner Bewegung das Öl durch einen Drosselkanal b. Es hält über die beiden Hebel c und d, die sich mit Schneiden berühren, eine Feder e gespannt. Wird das Gewicht a dynamisch entlastet, so vermag die Feder e es anzuheben. Bei einer bestimmten Steighöhe gleiten dabei die Schneiden der Hebel c und d voneinander ab. Die Feder wird dadurch vollkommen vom Gewicht entlastet. Sie entspannt sich, wobei der Bolzen am Ende der Zugstange f das Langloch einer Lasche durchläuft und schließlich mittels dieser die Klinke g schlagartig abreißt, mit der die Arbeitsfeder h gepannt gehalten wird. Die Einrichtung gestattet eine feine Regelung der Bremsung des Tanzgewichtes, und die ganze Spannkraft der Tanzgewichtsfeder kann für die Entriegelung der starken Arbeitsfeder nutzbar gemacht werden. Infolgedessen wird bei guter Sicherheit gegen eine unzeitige Auslösung im Notfall noch eine Auslösung bei einer Fallbeschleunigung bis herab zu $5\,\mathrm{m/s^2}$ erzielt.

In neuerer Zeit ist von Schüßler[1]) vorgeschlagen, die Auslösung auf elektrischem Wege in der Weise zu bewerkstelligen, daß durch das im Falle eines

---

[1]) Bergbau 1941, S. 5; H. Schüßler: Über die Auslösung der Fangvorrichtungen.

Seilbruches herabsinkende Unterseil eine Verbindung mit einer Stromquelle geschaffen wird. Der Strom fließt durch das Unterseil zu Elektromagneten auf den Förderkörben, die alsdann Sperrklinken zurückziehen und damit Arbeitsfedern entriegeln. Auf diesem Wege ist bei größter Sicherheit gegen unzeitiges Auslösen ein äußerst rasches Auslösen im Notfall gewährleistet.

253. — Der eigentliche Fangvorgang[1]) besteht in der Vernichtung des Arbeitsvermögens des abstürzenden Korbes, das den Wert $m \cdot w^2/2$ hat, wenn m die Masse und w die Geschwindigkeit des Korbes im Augenblick des Angreifens der Fänger ist. Wird ein in der Abwärtsbewegung befindlicher Korb seillos, so ist w größer als die Fahrgeschwindigkeit, da vom Augenblick des Seilbruches bis zum Angreifen der Fänger eine gewisse Zeit vergeht, innerhalb derer die Geschwindigkeit zunimmt. Bezeichnet Q das Korbgewicht und g die Beschleunigung, so erhält man für das Arbeitsvermögen den Ausdruck $Q \cdot w^2/2\,g$. Die Vernichtung dieses Arbeitsvermögens darf nicht plötzlich geschehen, da in diesem Falle eine sehr große Kraft notwendig wäre. Sie geschehe vielmehr auf einem Wege s, wobei von den Fängern auf die Spurlatte eine Kraft R ausgeübt werde. Berücksichtigt man, daß das Arbeitsvermögen eines frei fallenden Korbes auch während des Bremsweges noch um das Maß $Q \cdot s$ wächst, so erhält man die Arbeitsgleichung:

$$R \cdot s = Q \cdot w^2/2\,g + Q \cdot s, \text{ also:}$$

$$s = \frac{Q \cdot w^2}{2\,g\,(R-Q)} \cdot$$

Setzt man das Verhältnis $R:Q = \alpha$, also $R = Q \cdot \alpha$, so wird:

$$(1) \qquad s = \frac{Q \cdot w^2}{2\,g \cdot Q\,(\alpha - 1)} = \frac{w^2}{2\,g\,(\alpha - 1)} \cdot$$

Mit Hilfe des Bremsweges läßt sich unter Annahme gleichbleibender Verzögerung diese letztere nach der Gleichung:

$$(2) \qquad b = w^2/2\,s = g\,(\alpha - 1) \text{ ermitteln.}$$

Der erforderliche Bremsweg nimmt also mit dem Quadrat der Fallgeschwindigkeit zu. Der Einfluß des Wertes α, also der Bremskraft im Verhältnis zum Korbgewicht, ergibt sich aus der nachfolgenden Zusammenstellung. Sie enthält für eine Fallgeschwindigkeit von 25 m/s und verschiedene Werte von α die zugehörigen Bremswege s und Verzögerungen b:

		α	1	2	3	4
$w = 25$	s		∞	32	16	10,6
	b		0	9,8	19,6	29,4

Auf diese Werte ist auch ein an einem Seilrest auftretender Widerstand ohne Einfluß, da er zwar die Fallbeschleunigung verringern, jedoch nicht etwa eine Verzögerung bewirken kann. Das in Bewegung befindliche Förderseil fällt deshalb trotz seines Widerstandes schneller als der Korb und übt keinen Widerstand auf ihn aus, der die Bremswirkung verstärkt. Die Bergpolizeiverordnung

---

[1]) J. Maercks: Bergbaumechanik. (Berlin, Springer), 1940.

läßt eine größte Verzögerung von 30 m/s² zu und fordert entsprechend für die Spurlatten eine 4fache Sicherheit. Die Zahlentafel gibt die Begründung für das Größenverhältnis dieser Werte. Es muß allerdings als zweifelhaft gelten, ob der menschliche Körper eine so große Verzögerung ohne Schaden ertragen kann, entspricht sie doch einer Belastung um das 3fache des Körpergewichtes. Jedenfalls ist zu beachten, daß eine Bremskraft, die eine Seilfahrtlast mit 30 m/s² verzögert, die entsprechende Last der Güterförderung weniger stark verzögert. Bei der Güterförderung ist also im allgemeinen mit größeren Bremswegen zu rechnen.

Der aufwärts gehende Korb wird trotz seiner bei der Güterförderung größeren Belastung in der Regel leichter zu fangen sein als der abwärts gehende, da seine Fallgeschwindigkeit und somit auch sein Arbeitsvermögen wesentlich geringer ist.

254. — Die Ausbildung der Fänger. Die Fänger werden durchweg so ausgebildet, daß sie sich selbsttätig unter dem Einfluß des Förderkorbgewichtes an den Spurlatten festziehen, sobald sie durch die Kraft einer Feder zu einem ersten Angriff gebracht worden sind. Sie erzeugen dann eine Bremskraft in Richtung der Spurlatte und daneben aber auch eine dazu senkrechte Kraft, die bei einseitiger Wirkung die Spurlatte zu stark auf Biegung beanspruchen würde. Man ordnet die Fänger deshalb paarweise gegenüberliegend an. Als hauptsächlichste der angewandten Grundformen kann man unterscheiden 1. drehbare Fangmesser, 2. Exzenter, 3. Keile.

Drehbare Fangmesser, wie sie von Undeutsch[1]) vorgeschlagen wurden, ergeben eine ungenügende Bremskraft, die noch dazu stark von dem Verschleiß der Spurlatten abhängt.

Geeigneter erscheinen dagegen Exzenterfänger, wie sich aus der in Abb. 664 dargestellten grundsätzlichen Kräftewirkung ergibt. In der gezeichneten Stellung ist der Fänger gerade zum Anliegen an die Spurlatte S gebracht, wobei von dieser eine waagerechte Gegenkraft k_w auf ihn ausgeübt wird, die zusammen mit der aus der Reibung stammenden senkrechten Gegenkraft k_s die Resultierende K in der Richtung AB bildet. Da der Fänger sich selbsttätig festziehen soll, so muß K oberhalb des Drehpunktes a liegen, wobei ein eindrehendes Moment $K \cdot r$ zustande kommt. Hierbei würden sich aber K und $K \cdot r$ ständig gegenseitig steigern, und die Bremskraft würde schließlich die Spurlatte zerstören. Dieser Steigerung wird nun dadurch entgegengewirkt, daß mit stärkerem Eindrehen der Berührungsmittelpunkt des

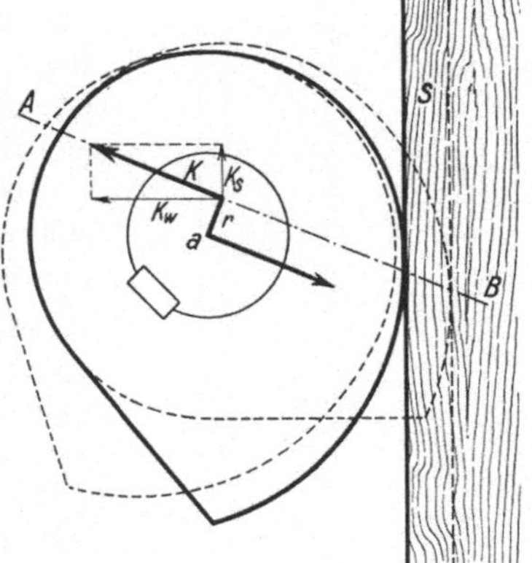

Abb. 664. Kräfte an einem Exzenterfänger.

Exzenters mit der Spurlatte sich nach unten verschiebt, wodurch auch der Hebelarm r kleiner wird und damit das eindrehende Moment ein bestimmtes Höchstmaß nicht überschreitet. Theoretisch ist es daher möglich, eine gewollte Höchstkraft K und damit eine bestimmte Bremskraft k_s innezuhalten. Gleich-

---

[1]) H. Undeutsch: Theorie, Konstruktion, Prüfung und Regelung der Fallbremsen und Energieindikatoren. (Verlag Deuticke, Leipzig und Wien), 1905.

zeitig läßt sich eine Form der Exzenterkurve finden, für die auch bei verschlissenen Spurlatten die Lage der Kraftrichtung AB unverändert bleibt, wie sich aus der in der Abb. 664 gestrichelt angedeuteten Exzenterlage ergibt.

Praktisch schwankt aber die Reibungszahl, die die Richtung von K bestimmt, unter verschiedenen Einflüssen zu stark. Man hat daher die verschiedensten Ausführungen der Exzenter hinsichtlich ihrer Reibflächen geschaffen, auf die hier nicht näher eingegangen werden kann. Erwähnt sei nur, daß sich Verzahnungen sehr leicht mit Holzsplittern zusetzen und unwirksam werden. Besonders gilt dies für solche mit Zähnen in der Querrichtung zur Spurlatte. Der in Abb. 665 wiedergegebene neuere Fänger der Wedag, Bochum, ist mit langen, sich nach oben verdickenden Fangmessern a ausgestattet. Das Holz wird also zwischen den einzelnen Messern stark zusammengequetscht. Außerdem stehen die Messer gegen die Senkrechte schwach geneigt, so daß sie das Bestreben haben, schräg in die Latte hineinzulaufen und immer größere Teile des Lattenquerschnitts zu erfassen und gegen die Wange b zu drücken. Hierdurch wird einmal einem Entgleisen der Fänger vorgebeugt, sodann wird die Reibkraft durch die Reibung an der Wange b erheblich gesteigert. Die Anschlagfläche c verhindert ein zu weitgehendes Eindrehen des Fängers und ergibt gleichzeitig eine zusätzliche Reibkraft. Eine ähnliche, das Entgleisen verhütende „Ruderwirkung" wie durch schrägstehende Messer ist bei sonst glatter Reibfläche auch durch mäßig starke Führungswülste zu erreichen, die von der Demag, Duisburg, vorgeschlagen wurden.

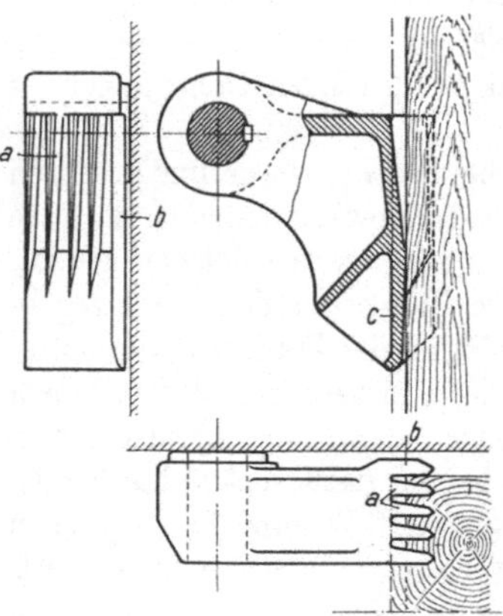
Abb. 665. Exzenterfänger der Wedag.

Bei einem Keilfänger, wie ihn Abb. 666 darstellt, muß die resultierende Gegenkraft K der Spurlatte auf den Keil derart gegen die schiefe Keilebene AB geneigt sein, daß sie die Reibung an dieser Fläche überwinden kann, damit der Keil sich selbsttätig festzieht. Es darf also keine Selbstsperrung durch die Reibung an der Fläche AB eintreten. Auch hier steigern sich die Kräfte mit dem Einziehen selbsttätig bis zu einem die Spurlatte gefährdenden Maß. Es ist dabei nicht ohne weiteres möglich, sie in ähnlicher Weise durch einen einfachen Anschlag zu begrenzen wie oben bei dem Exzenter, da die Keile sich bei einer verschlissenen Spurlatte stärker einziehen müssen als bei einer neuen[1]).

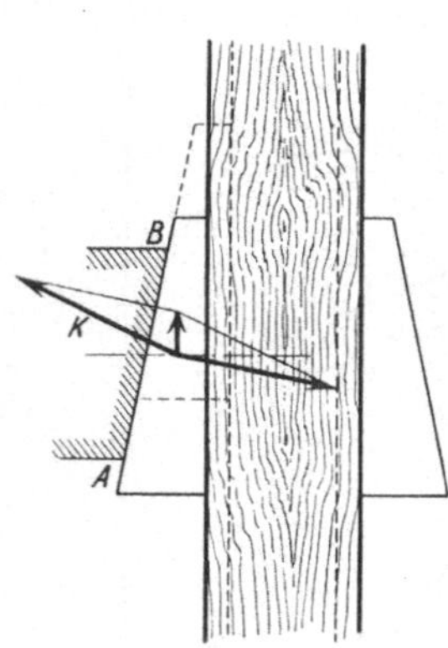
Abb. 666. Kräfte an einem Keilfänger.

Die vorstehenden Ausführungen zeigen die Schwierigkeiten, die es bietet, ein richtiges Maß von Bremskraft mit Fängern zu erzielen, die selbsttätig durch die Energie des fallenden Korbes zur Wirkung gebracht werden. In Erkenntnis

---

[1]) Einen Vorschlag zur Lösung der Aufgabe enthält DRP. 682608.

dieser Schwierigkeiten schlugen Schweder[1]) und Jordan[2]) vor, glatte Bremsbacken mittels Arbeitszylindern durch Kohlensäure oder Druckluft gegen die Spurlatten zu drücken. Die Aufgabe erscheint auf diesem Wege zweifellos grundsätzlich leichter lösbar, doch haben entsprechende Ausführungen in der Schachtförderung unseres Bergbaues noch keinen Eingang gefunden, obgleich die Druckluft-Fangvorrichtung von Jordan bei Aufzügen öfter angewendet wird. Die hierfür ausreichende Ausführung genügt bisher nicht den bei Schachtförderungen zu stellenden Ansprüchen. Insbesondere muß bei der Gestaltung der Bremsbacken der Möglichkeit der Entgleisung begegnet werden, da diese hier wegen der größeren Geschwindigkeit und daher auch längeren Bremswege besonders berücksichtigt werden muß.

b) Vorrichtungen gegen das Übertreiben.

255. — Teufenzeiger und Geschwindigkeitsmesser. Vorbedingung für die Sicherheit gegen ein Übertreiben der Förderkörbe ist für den Maschinisten die Möglichkeit, in jedem Augenblicke eines Treibens Gewißheit über die Stellung der Förderkörbe und ihre Geschwindigkeit zu haben. Hierzu dienen ihm Teufenzeiger und Geschwindigkeitsmesser.

Die Teufenzeiger sind in neuerer Zeit durchweg mit je einer senkrechten Schraubenspindel für jeden Förderkorb versehen, durch die ein Zeiger an einer Skala entsprechend der Korbbewegung auf- oder abwärts geschraubt wird, so daß die Stellung jedes Korbes aus dem Stande des zugehörigen Zeigers an der Skala zu erkennen ist. Die beiden Spindeln werden über ein entsprechendes Vorgelege in zuverlässiger Weise, meist durch eine Gelenkkette, von der Fördermaschinenwelle aus angetrieben. Bei Koepe-Scheiben erfolgt der Antrieb beider Spindeln gemeinsam, bei Trommeln und Bobinen, von denen jeweils eine auf der Welle versteckt werden kann, muß jede Spindel besonders von der zugehörigen Trommel oder Bobine angetrieben werden.

Es sind öfter Zweifel aufgekommen, ob bei der Koepe-Förderung ein von der Fördermaschine angetriebener Teufenzeiger mit Rücksicht auf die Möglichkeit eines Seilrutschens auf der Treibscheibe genügend zuverlässig sei, und man hat deshalb versucht, ihn von einer Seilscheibe anzutreiben. Dies hat sich aber als undurchführbar erwiesen, da über eine Seilscheibe das Seil in einer Richtung stets stärker belastet läuft, als in der entgegengesetzten. Es ist deshalb im ersten Falle stärker gedehnt und länger, und die Seilscheibe muß sich in einer Richtung immer mehr drehen als in der andern. Sie verläuft sich also dauernd gegen das Seil, womit sich auch die Anzeige des Teufenzeigers dauernd ändern würde. Eine allmähliche, allerdings geringere Änderung der Teufenanzeige wird auch beim Antrieb von der Fördermaschine aus beobachtet, wenn die beiden Körbe nicht gleich belastet werden. Das Förderseil verläuft sich dann gegen die Koepe-Scheibe ständig etwas in Richtung nach demjenigen Korbe, der durchschnittlich schwerer ist, und der Teufenzeiger muß dann von Zeit zu Zeit neu eingestellt werden.

---

[1]) Glückauf 1907, S. 1100; Undeutsch: Die Ergebnisse und Untersuchungen der Transvaaler Seilfahrtkommission.
[2]) Z. V. d. I. 1920, S. 697; Jordan: Absturzsicherheit und Leistungsfähigkeit bei Aufzügen und Schachtanlagen.

Man hat auch besondere, unmittelbar von den Förderkörben elektrisch betätigte Anzeigevorrichtungen vorgeschlagen[1]). Die Einrichtungen haben jedoch auf die Dauer nicht befriedigt. Auch sind seit der Einführung der Fördermaschinen-Fahrtregler (s. Ziff. 256) und der Anwendung reibungsstärkerer Seilrillenfutter der Koepe-Scheiben keine Unfälle durch Seilrutsch mehr bekannt geworden, ebenso wie auch Fälle von Übertreiben aus diesem Grunde nur selten und in unbedeutendem Umfang eingetreten sind. Die Gefahren des Seilrutsches (vgl. auch Ziff. 246) werden daher heute nur gering eingeschätzt, so daß auch für Koepe-Förderungen der Teufenzeiger mit üblichem Antrieb allgemein als genügend zuverlässig gilt.

Durch den Teufenzeiger wird auch noch eine Warnglocke zum Ertönen gebracht, wenn die Maschine noch zwei Umdrehungen bis zum Ende des Treibens zu machen hat.

Als Geschwindigkeitsmesser wurde früher hauptsächlich der von Karlik angewendet, während in neuerer Zeit der von Th. Horn, Leipzig, mehr in Aufnahme gekommen ist. Ersterer enthält ein lyraförmig gebogenes Rohr mit einem senkrechten Mittelschenkel, das von der Maschine her um eine senkrechte Achse in Drehung versetzt wird und teilweise mit Quecksilber gefüllt ist. Je rascher die Maschine läuft, um so mehr wird das Quecksilber durch die Fliehkraft in die Außenschenkel getrieben. Der Spiegel im mittleren Rohr sinkt und mit ihm ein Schwimmer, dessen Bewegung durch einen Zeiger mit starker Vergrößerung angezeigt wird. Gleichzeitig wird die Bewegung auch auf einem Papierstreifen mit einem Vorschub von 1 cm/min aufgezeichnet, so daß nachträglich der Geschwindigkeitsverlauf eines jeden Treibens nachgeprüft werden kann. Die Form der äußeren Rohrschenkel ist so gewählt, daß der Zeigerausschlag stets verhältnisgleich der Geschwindigkeit zunimmt. Dies ist bei dem mit Fliehkraftpendeln arbeitenden Gerät von Horn nicht der Fall, das im übrigen aber Anzeigen und Aufzeichnungen in ähnlicher Größe liefert. Die Genauigkeit der Anzeige beider Geräte wird durch eine gewisse Trägheit beeinträchtigt, worauf von Steffen und Schmidt[2]) hingewiesen wurde.

256. — Fahrtregler für Fördermaschinen. Um ein Übertreiben sicher zu vermeiden, muß dafür gesorgt werden, daß die Bewegung der Förderkörbe unter allen Umständen um so mehr verlangsamt wird, je mehr sie sich ihren Endstellungen nähern. Gleichzeitig darf auch im mittleren Abschnitt des Treibens die Höchstgeschwindigkeit nicht in einem Maß überschritten werden, das die Beherrschung des Ganges der Förderkörbe durch die Maschine in Frage stellt. Damit eine entsprechende Führung der Fördermaschine auch für den Fall eines Versagens des Maschinisten gesichert ist, müssen die Fördermaschinen mit Fahrtreglern ausgestattet werden, sofern die Seilfahrtgeschwindigkeit größer als 6 m/s ist. Die Fahrtreglung gestaltet sich für die elektrische Gleichstromfördermaschine sehr einfach mit Hilfe einer zusammen mit dem Teufenzeiger

---

[1]) Glückauf 1926, S. 1629; K. Dünkelberg: Elektrisch betätigter Hängebank- und Teufenzeiger für Koepemaschinen; — ferner Elektr. i. Bgb. 1930, S. 74; W. Scherer: Elektrischer Teufenzeiger bei der Förderung im Schachte „Emil Kirdorf".

[2]) Z. f. Berg-, Hütt.- u. Sal.-Wes. 1931, S. B 471; Steffen: Über Geschwindigkeitsmesser bei Hauptschachtfördermaschinen und ihre Meßgenauigkeit; — ebenda S. 485; F. Schmidt: Über das Verhalten der Geschwindigkeitsmesser für Hauptschachtförderanlagen im praktischen Förderbetrieb.

von der Fördermaschine aus angetriebenen Kurvenscheibe, die mittels eines Gestänges auf den Steuer- und Bremshebel wirkt. Die Kurve ist so eingerichtet, daß sie im mittleren Teile des Treibens die volle Auslage des Steuerhebels gestattet, ihn am Ende des Treibens jedoch entsprechend der notwendigen Verzögerung nach der Mittellage hin verschiebt. Diese einfache Lösung ist möglich, da die Geschwindigkeit der Maschine nahezu von der Belastung der Körbe unabhängig nur durch die Auslage des Steuerhebels bestimmt wird.

Für elektrische Drehstrom- und Dampffördermaschinen sind verwickeltere Einrichtungen notwendig, so daß hinsichtlich ihrer hier auf das einschlägige Schrifttum verwiesen werden muß[1]). Erwähnt sei hier nur, daß die Einwirkung auf Steuerung und Fahrbremse grundsätzlich durch Zusammenarbeiten eines Geschwindigkeitsreglers mit der bereits obenerwähnten Kurvenscheibe erfolgen muß. Als Geschwindigkeitsregler werden bei den neueren Bauarten Öldurchflußregler verwendet, die so vervollkommnet wurden, daß sie der behördlicherseits gestellten Forderung einer stetigen Regelung weitgehend gerecht werden. Hierunter wird eine Regelung verstanden, die in sanfter Weise die Geschwindigkeit nur in einem solchen Maße verringert, wie es der Sicherheitserfordernis entspricht. Die Maschine wird also durch ein Eingreifen des Fahrtreglers nur im Notfalle stillgesetzt. Auch wird sie nicht etwa am Ende des Treibens vollkommen zum Stillstand gebracht. Vielmehr muß ein Durchfahren der Endstellung mit einer mäßigen Geschwindigkeit (4 m/s) noch zugelassen werden, damit der Maschinist die nötige Freiheit zum Steuern behält, um die Körbe genau einfahren und umsetzen zu können. Dies ist gefahrlos, da die Körbe bei der mäßigen Geschwindigkeit erfahrungsgemäß in den verdickten Spurlatten (vgl. die folgende Ziff.) sanft zur Ruhe kommen, besonders da auch noch kurz nach dem Durchfahren der äußersten Betriebsstellung die Bremse der Fördermaschine mit voller Kraft ausgelöst wird.

Ein einwandfreies Arbeiten der Fahrtregler, unter denen besonders die Bauarten der Atlas GmbH., Berlin (Iversen), der Gutehoffnungshütte, Sterkrade, und von G. Schönfeld, Berlin, genannt seien, setzt allerdings voraus, daß die Fördermaschine mit Knaggensteuerung und einer gleichfalls vorgeschriebenen regelbaren Bremse ausgestattet ist[2]).

Sofern die Geschwindigkeit bei der Seilfahrt zwar 4 m/s überschreitet, jedoch höchstens 6 m/s beträgt, läßt die Bergbehörde an Stelle der Fahrtregler auch Sicherheitsapparate älterer Bauart (Baumann, Römer u. ä.[3])) zu. Sie verhindern ebenfalls ein Überschreiten der in den verschiedenen Abschnitten des Treibens zulässigen Geschwindigkeit, jedoch nicht stetig wie die Fahrtregler, sondern plötzlich in äußerst energischer Weise, indem sie nicht nur die Dampfzufuhr in dem jeweils notwendigen Maße verringern und nur im Bedarfsfall die Bremse auflegen, sondern sie bringen unvermittelt den Steuerhebel in die Null- oder Gegendampflage und werfen die Bremse mit voller Kraft

---

[1]) Z. f. d. Berg-, Hütt.- u. Sal.-Wesen 1927, S. B 111; Bockemühl: Kritik der Fahrtregler im Bergbau Preußens; — auch Bergbau 1930, S. 259; H. Herbst: Zur Kenntnis der Fahrtregler für Dampffördermaschinen.

[2]) Glückauf 1928, S. 461; Fr. Schmidt: Die Bremsdruckregler; — ferner ebenda 1929, S. 357; Fr. Schmidt und G. Dalman: Die Prüfung des Bremsdruckreglers.

[3]) Z. f. d. Berg-, Hütt.- u. Sal.-Wes. 1898, S. B 87; R. Mellin: Über Sicherheitsapparate an Fördermaschinen.

auf. Sie verlangsamen also den Lauf der Maschine nicht nur, sondern setzen diese ganz still.

Eine Ergänzung der Fahrtregler bieten die sogenannten Übertreibsicherungen, durch die die Bremse der Fördermaschine mit größter Kraft zur Wirkung gebracht wird, wenn ein Korb seine höchste Betriebsstellung um etwa 1,5 m überfährt, auch wenn dies nur mit geringer Geschwindigkeit geschieht. Die Auslösung der Bremse kann vom Teufenzeiger aus geschehen. Bei elektrischen Fördermaschinen wird statt dessen aber im Fördergerüst ein Endschalter vorgesehen, durch den der Korb unmittelbar den Strom der Fördermaschine und eines Haltemagneten für ein Fallgewicht zur Bremsbetätigung abschaltet. Die Einrichtung ist deshalb besonders für Koepe-Förderungen vorteilhaft, weil sie unabhängig von einem etwa vorhergegangenen Seilrutsch auf der Koepe-Scheibe zuverlässig arbeitet. Aus diesem Grunde hat man auch wohl bei Dampffördermaschinen elektrisch oder mechanisch vom Förderkorb betätigte Bremsauslösungen angewendet.

257. — Verdickte oder gegeneinander geneigte Spurlatten[1]). Auch ein Durchfahren der Hängebank mit geringer Geschwindigkeit kann den Förderkorb oder die auf ihm Fahrenden in Gefahr bringen, wenn der Korb durch einen Stoß gegen die unter den Seilscheiben angeordneten Prellträger plötzlich zum Stehen kommt. Es muß daher auch für diesen Fall ein sanftes Anhalten gesichert sein. Dies geschieht am besten durch verdickte Spurlatten oberhalb und unterhalb der äußersten Betriebsstellungen der Körbe. Die Gleitschuhe bremsen sich an den Verdickungen fest, wodurch die Körbe sanft zum Stehen kommen. Die Verdickungen sind symmetrisch auf jeder Seite mit einer Steigung 1 : 100 bis zu einem Höchstmaß von 5 cm auszuführen, so daß ein Gesamtmaß von 10 cm erzielt wird. Danach verlaufen die Seitenflächen wieder parallel. Die Verdickung kann durch entsprechend schräges Zuschneiden der Spurlatten oder durch Auseinanderspreizen von zwei Spurlattenhälften mittels eines zwischen sie gesetzten Keiles ausgeführt werden; dagegen empfiehlt es sich nicht, Keilstücke außen aufzusetzen, da solche leicht abgestreift werden. Die Führungsschuhe am Förderkorb müssen durch Rippen sehr gut versteift sein, damit sie dem Keildruck widerstehen können. Statt die Spurlatten zu verbreitern, verringert man auch wohl im Schacht unterhalb des Füllortes ihren lichten Zwischenraum, wobei man jeder Spurlatte eine Neigung 1 : 50 gegen die Senkrechte gibt bis zu einer gesamten Verringerung des Abstandes um 20 cm. Die Spurlatten müssen auf dieser Strecke besonders stark gegen die Schachtwand abgesteift werden. Für die Endstrecke oberhalb der Hängebank kommt diese Ausführung nicht in Frage, da der starke auf die Spurlatten nach auswärts wirkende Druck das Fördergerüst verbiegen würde. Überdies führt das Zusammenziehen der Spurlatten leicht zu einem Verbiegen des Korbes, während bei der Verbreiterung von Spurlatten in der Regel nur diese beschädigt werden. Endlich ist es auch im Schachtsumpf bei Seitenführungen nicht möglich, da die an den Mitteleinstrichen befestigten Spurlatten nicht genügend abgestützt werden können. In allen Fällen müssen die äußersten Enden sowohl von verbreiterten als auch von zusammengezogenen Spurlatten durchaus zuverlässig

---

[1]) Bergbau 1938, S. 151; D ü w e l l: Technische Erklärungen zu polizeilichen Bestimmungen über die Seilfahrt in Blind- und Hauptschächten mit besonderer Berücksichtigung der Anfertigung von Genehmigungsanträgen.

in der Längsrichtung abgestützt werden, damit sie die starken Bremskräfte der Körbe aufnehmen können. Am besten werden sie mit den Stirnenden unmittelbar gegen starke Träger gestützt und mittels Winkelblechen mit ihnen gegen seitliches Abgleiten verschraubt.

258. — Prellträger und Fangstützen[1]). Wenn auch die geschilderten Sicherheitsvorrichtungen ein gefährliches Übertreiben nahezu ausschließen, so ist man trotzdem bestrebt, auch dem ungünstigsten Falle nach Möglichkeit Rechnung zu tragen. Man sichert deshalb die Seilscheiben durch unterhalb angeordnete starke Prellträger gegen eine Beschädigung durch den Korb für den Fall, daß die Wucht der in Bewegung befindlichen Massen nicht durch die verdickten Spurlatten vernichtet werden konnte. Bei einem Anprall eines Korbes gegen diese Prellträger liegt die Gefahr sehr nahe, daß das Seil abreißt, und der Korb, der sich allerdings in der Regel an den verdickten Spurlatten festklemmt, zurückfällt. Um ihn dabei vor dem völligen Absturz zu bewahren, müssen nach behördlicher Vorschrift Fangstützen (Notkeps) angebracht werden, die vor dem hochgehenden Korbe ausweichen, um dann zurückzufallen und den etwa abstürzenden Korb aufzufangen. Abb. 667 stellt das Zusammenwirken von verdickten Spurlatten s, Prellträgern T_2 und Fangstützen k dar. Die letzteren, von denen auf jeder Seite zwei für jedes Gestell vorgesehen sind, werden in einer solchen Höhe angeordnet, daß sie mindestens den obersten Tragboden zu fassen vermögen, wenn der Korb bis an die Prellträger gekommen ist. Besser ist es noch, wenn sie in diesem Fall unter den Korbboden greifen können, da sie bei einem erstmaligen Versagen dann noch bei mehreren Tragböden und dem Korbkopf fassen können.

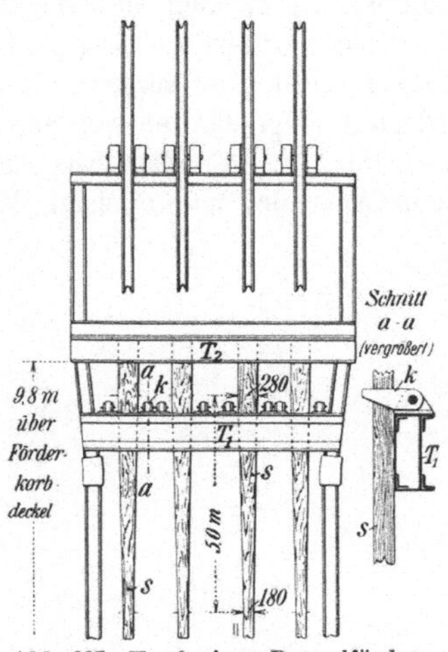

Abb. 667. Kopf eines Doppelfördergerüstes mit Prellträgern und Fangstützen.

259. — Fördermaschinen-Sperreinrichtungen[2]). Wie sich aus Abb. 660 ergibt, bildet die Zahl von Unfällen, die durch unzeitiges Betreten oder vorzeitiges Wegnehmen des Förderkorbes entstehen, einen recht erheblichen Teil der Gesamtzahl der Seilfahrtunfälle. Sie hat auch im Laufe der Zeit nur wenig abgenommen. Die Bergbehörden fordern deshalb in neuerer Zeit eine zuerst von Weinand auf Zeche Rheinpreußen eingeführte Einrichtung, die es dem Fördermaschinisten unmöglich macht, die Bremse

Abb. 668. Schachttor mit selbsttätiger Kontaktvorrichtung.

---

[1]) Bergbau 1938, S. 167; Düwell: Technische Erklärungen zu bergpolizeilichen Bestimmungen usw.

[2]) Bergbau 1939, S. 204; M. Schensky: Sicherung der Seilfahrt durch Fördermaschinen-Sperreinrichtungen.

39*

zu lüften, solange nicht sämtliche Schachttore geschlossen sind. Zu diesem Zwecke ist der Bremshebel bei aufgelegter Bremse gewöhnlich durch eine Klinke gesperrt, die durch einen Elektromagnet abgezogen werden kann. Der Magnet liegt in einem Stromkreise mit Kontakten, die nach Abb. 668 beim Schließen der Schachttore geschlossen werden. Das Schließen erfolgt durch die schräge Fläche a an der Tür, die mittels der Rolle b und der Hebel $c\,d$ den im Gehäuse e untergebrachten Kontakt schließt. Der Strom kann nur fließen, wenn sämtliche Schachttore und damit auch die Kontakte geschlossen sind. Solange die Maschine gesperrt ist, leuchten an allen Anschlägen grüne Lampen als Zeichen, daß der Korb gefahrlos betreten werden kann.

Bei der Güterförderung sind in der Regel die Torkontakte überbrückt und die Einrichtung ist ausgeschaltet. Sie kann aber an jedem Anschlag auch jetzt jederzeit eingeschaltet werden, um in besonderen Fällen den Korb über die normale Zeit des Wagenwechsels am Anschlag festzuhalten, etwa um einen beim Aufschieben entgleisten Wagen wieder einzuspuren.

Wasserhaltung.

I. Die Beziehungen zwischen Bergbau und Wasser.

A. Die Wasserzuflüsse nach Herkunft, Menge und Zusammensetzung.

1. — Vorbemerkung. Die „Wasserhaltung" oder richtiger die „bergmännische Wasserwirtschaft" umfaßt alle Fragen, die sich mit der Bedrohung der Grubenräume durch das Auftreten von Wasser, mit den Maßnahmen und Vorrichtungen zur Fernhaltung der Wasser von den Grubenbauen, mit der Ausrichtung der Grube im Hinblick auf die Wasserhaltung und mit der Wasserhebung aus den Bauen beschäftigen. Die gründliche Behandlung dieser Fragen liegt freilich vielfach nicht mehr im Rahmen rein bergmännischer Betrachtungen. Ganz besonders gilt dies für die maschinentechnische Seite der Wasserhebung. Es muß deshalb in dieser Beziehung auf eingehendere Sonderarbeiten verwiesen werden[1]).

2. — Die atmosphärischen Niederschläge, die auf die Tagesoberfläche niederfallen, gehen zum Teil durch Verdunstung unmittelbar wieder in die Atmosphäre über oder werden von den Pflanzen aufgesaugt und entweder zu deren Aufbau verwandt oder ebenfalls zum Verdunsten gebracht. Ein anderer Teil der Niederschläge sickert in das Erdreich ein, bildet das sog. Grundwasser, bleibt als solches mehr oder weniger in Bewegung und tritt nach längerer Zeit als Quelle sichtbar an der Tagesoberfläche oder unsichtbar unter dem Spiegel von Wasserläufen oder Seen oder unter dem des Meeres wieder aus. Ein dritter Teil fließt oberirdisch als Oberflächen- oder Tageswasser ab, indem sich das Wasser zu Bächen und Flüssen sammelt und dem Meere zuströmt.

Der alsbald wieder verdunstende Teil der Niederschläge ist bei weitem am größten und beträgt durchschnittlich $^3/_4$ bis $^4/_5$ der Gesamtmenge. Von dem verbleibenden Rest sickert der größte Teil ein, während eine verhältnismäßig geringe Menge unmittelbar oberirdisch abfließt. Doch unterliegt das Verhältnis je nach der Neigung des Geländes und der Beschaffenheit der oberflächlichen Schichten starken Schwankungen[2]).

---

[1]) Matthießen-Fuchslocher: Die Pumpen (Berlin, Springer), 5. Aufl., 1941; — ferner L. Quantz: Kreiselpumpen (Leipzig 1941).
[2]) Kegel: Bergmännische Wasserwirtschaft (Halle, W. Knapp), 1938.

Die jährliche Niederschlagshöhe schwankt, wie die folgenden Zahlen erkennen lassen, schon in unserem Vaterlande in weiten Grenzen; die mittleren Niederschlagsmengen betragen z. B. in:

Aachen	840 mm	Brocken	1520 mm	Ratibor	640 mm
Köln	660 mm	Plauen	680 mm	Donaueschingen	730 mm
Essen	860 mm	Waldenburg	810 mm	Freiburg/Br.	880 mm
Bochum	790 mm	Breslau	580 mm	Saarbrücken	780 mm

Geringe, jedoch nicht näher abschätzbare Mengen des Grundwassers werden durch chemische Vorgänge in der Erdrinde dauernd gebunden. Dafür treten durch Entgasung glühender Gesteinsmassen mit chemisch gebundenem Wasser in großer Erdtiefe gewisse Wassermengen neu in den atmosphärischen Kreislauf des Wassers ein, so daß man der Herkunft nach zwischen dem durch geologisch-chemische Vorgänge neu gebildeten juvenilen und dem aus Niederschlägen aller Art in die Erdrinde eingesickerten vadosen Wasser unterscheiden kann.

3. — Das Grundwasser. Das Auftreten und Verhalten des in das Erdreich einsickernden Wassers hängt von den Eigenschaften der Schichten ab, auf die es trifft. Die wasserführenden Schichten werden als Wasserträger bezeichnet, während die nach oben und unten abschließenden, wasserundurchlässigen Schichten Wasserstauer genannt werden. Die Wasserdurchlässigkeit ist in vielen Schichten durch ihre lose und lockere Beschaffenheit bedingt, indem die im Sand, Kies oder Schotter befindlichen Hohlräume dem Wasser ein schnelles Eindringen ermöglichen und Raum bieten. Aber auch feste Gesteine, die in kleineren Stücken völlig undurchlässig sein können, werden, wenn sie von feineren oder stärkeren Rissen, Absonderungsspalten, Schichtfugen oder sonstigen Klüften durchzogen sind, häufig wasserdurchlässig. Mehr oder weniger wasserführend sind z. B. die Sandsteine und Konglomerate des Karbons. Sehr erhebliche Wassermengen sind aufgespeichert in dem weißen Mergel in manchen Teilen des Ruhrbezirks und in dem Plattendolomit in Thüringen sowie in dem Buntsandstein des Saargebietes[1]). Schließlich spielen Auswaschungs-Hohlräume, wie sie als Höhlen im Kalkstein und als Schlotten im Gips und im Salzgebirge auftreten, als Wasserbringer eine bedeutende Rolle.

Allgemein besteht bezüglich der Wasserführung ein Unterschied zwischen geschichteten und ungeschichteten Gesteinen. Bei den ersteren wechselt je nach der Beschaffenheit der einzelnen Schichten die Wasserführung öfter; ungeschichtete Gesteine dagegen zeigen häufig ein durch ihre ganze Mächtigkeit gleiches Verhalten.

Undurchlässige, im bergmännischen Sinne trockene Schichten, die als Wasserstauer wirken können, sind z. B. Lehm, Mergel, Ton, tonige Schiefer und andere tonige Gesteine.

Gewöhnlich ist die Erdrinde im senkrechten Schnitt aus einer Wechsellagerung von wasserführenden und wasserstauenden Schichten zusammengesetzt. Das in das durchlässige Erdreich einsickernde Wasser staut sich über der obersten wassertragenden Schicht an und erfüllt alle Hohlräume bis zu

---

[1]) Zeitschr. f. Berg-, Hütten- u. Salinenwesen 1940, Bd. 88, S. 247; Semmler: Quellen und Grundwasser im Deckgebirge des Saarbrücker Steinkohlenvorkommens.

einer bestimmten Höhe, dem sog. Grundwasserspiegel. Dieser ist also die Fläche, in der man beim Stoßen eines Bohrloches oder beim Graben eines Brunnens auf Wasser stößt. Ähnlich wie die oberirdischen Wasserläufe ist auch das Grundwasser mehr oder weniger in Bewegung und fließt (freilich der Widerstände wegen nur langsam) nach denjenigen Punkten hin, wo es als Quelle wieder an die Erdoberfläche tritt. Als Geschwindigkeit eines mit mittlerer Schnelligkeit fließenden Grundwasserstromes werden z. B. 2—3 m in der Stunde angegeben. Jedoch schwankt die Zahl außerordentlich, da der innere Reibungswiderstand der wasserführenden Schichten sehr verschieden sein kann.

Das Gefälle des Grundwasserspiegels ist abhängig von der Durchlässigkeit der Schichten. In leicht durchlässigem Gebirge fällt der Spiegel nur lang-

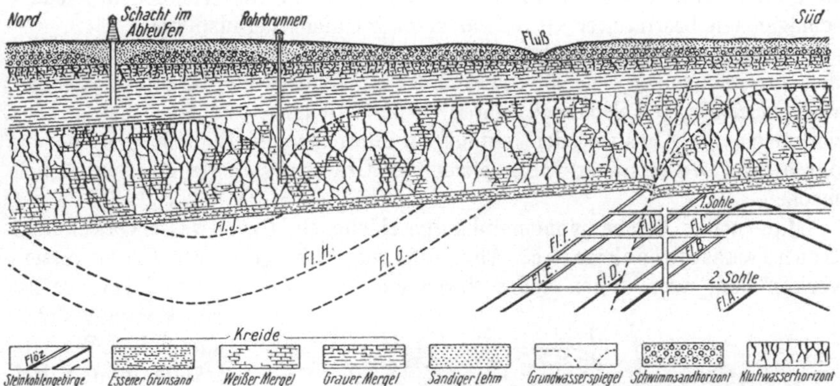

Abb. 669. Schematisches Bild der Grundwasserabsenkung durch Bergbau und Bohrbetrieb nach Kukuk.

sam ab, während er in Schichten, die dem Wasser beim Durchgange eine erhebliche Reibung bieten, schnell sich einsenken kann. Je größer nämlich der Widerstand ist, den das Wasser bei seiner Bewegung findet, um so schneller wird der Druck aufgezehrt.

Hiernach ist klar, daß der Grundwasserspiegel keine waagerechte Ebene sein wird. Bis zu einem gewissen Grade schmiegt er sich der Erdoberfläche an und liegt unter Hochflächen und Bergen höher als im Tale. Im übrigen ist die unterirdische Abflußrichtung entscheidend, da in dieser Richtung der Grundwasserspiegel sich niedriger einstellen muß. Dieser kann auch örtlich z. B. durch Brunnen von oben her oder durch Anzapfen aus Grubenbauen von unten her gesenkt werden. Es bilden sich dann Entwässerungstrichter heraus, deren Ränder sich um so steiler einstellen, je stärker die Wasserentnahme und je undurchlässiger das Gebirge ist. Abb. 669 zeigt den Verlauf eines Grundwasserspiegels im Schwimmsandhorizont, der von einem zweiten Grundwasserspiegel im weißen Mergel durch einen Wasserstauer, Essener Grünsand, getrennt ist. Nach Kukuk[1]) kann eine Wasserentziehung des Deckgebirges durch Einwirkungen des Abbaues erfolgen: 1. Unmittelbar durch Zer-

---

[1]) Kukuk: Geologie des niederrheinisch-westfälischen Steinkohlengebietes. (Berlin: Springer), 1938.

reißen des Wasserstauers und 2. mittelbar durch Bewegungen im Wasserstauer längs alter tektonischer Verwerfungen, wobei sich das Wasser auf diesen durchdrücken kann. Außerdem ist aus der Abb. 669 zu ersehen, daß durch das Anschneiden wasserführender Klüfte und Schwimmsandhorizonte beim Schachtabteufen annähernd paraboloidische Wasserabsenkungstrichter entstehen, die auch weitreichende Wasserentziehungen zur Folge haben, bis sich nach Abschluß des wasserdichten Ausbaues der normale Wasserstand schnell wieder einstellt.

Der Höhe nach schwankt der Grundwasserspiegel je nach der Jahreszeit. Er wird in der Regel im Frühjahr, einige Zeit nach der Schneeschmelze, am höchsten, im Herbst am niedrigsten sein.

In einem Gebirge, das in stärkerem Umfange nach unten hin durch den Bergbau entwässert ist, kann sich natürlich auch bei reichlichen Niederschlägen ein bestimmter Grundwasserspiegel nicht herausbilden.

Wie aus Abb. 669 weiterhin ersichtlich ist, sammelt sich nicht nur oberhalb der wasserstauenden Schicht Grundwasser an, sondern die darunter folgenden wasserdurchlässigen Schichten führen ebenfalls Wasser, solange nicht die Einwirkungen des Abbaues oder tektonische Störungen die Bildung eines neuen, durch zwei Wasserstauer völlig getrennten Grundwasserhorizontes unmöglich machen.

Man nennt solche voneinander geschiedenen Grundwasservorkommen **Grundwasserstockwerke**. Abb. 670 zeigt drei getrennte Grundwasservorkommen, von denen jedes durch ein Bohrloch (I, II und III) gelöst

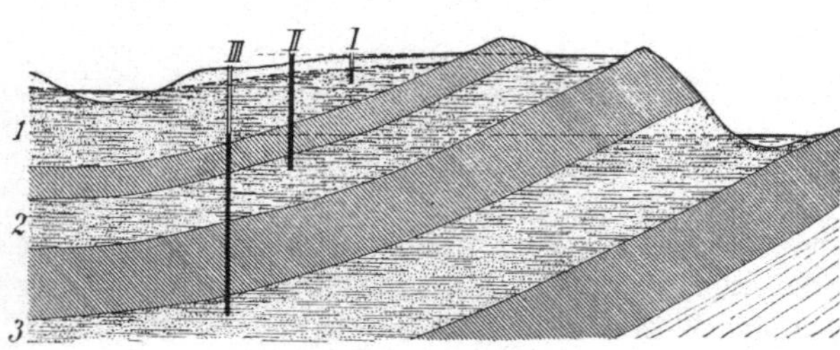

ist. Wie man sieht, sind die Wasserstände in den drei Bohrlöchern verschieden hoch, und zwar zeigt II den höchsten und III den tiefsten Wasserstand. Die Bohrlöcher II und III haben gespanntes oder Druckwasser erbohrt.

Abb. 670. Voneinander geschiedene Grundwasservorkommen (Grundwasserstockwerke).

Der Wasserstand in II steigt über die Erdoberfläche; das Bohrloch liefert also springendes Wasser, es ist ein **artesischer** Brunnen.

Das Wasser der unteren Vorkommen wird an der Bewegung des oberen Wassers in der Regel nicht teilnehmen; auch wird zumeist, wenn nicht Störungsklüfte eine gewisse Verbindung herstellen, eine gegenseitige Wechselwirkung der Wasser nicht vorhanden sein. Je tiefer die Grube ist und je mächtiger die zwischen die verschiedenen Grundwasservorkommen eingeschalteten wasserstauenden Schichten sind, um so weniger ist, namentlich bei flacher Lagerung und ungestörtem Gebirge, solche Verbindung zu fürchten.

Viele Gruben sind völlig trocken, obwohl im Deckgebirge über wassertragenden Schichten ganz erhebliche Wassermengen vorhanden sind. Anderseits können auch tiefere Schichten viel mehr Wasser als die oberen führen. Auf Braunkohlengruben sowie auf Steinkohlengruben, deren Flöze über dem klüftigen Kohlenkalk abgelagert sind, kommt es öfter vor, daß die Wasser in der Hauptsache nicht aus hangenden, sondern aus liegenden Schichten den Grubenbauen zufließen.

Der Bergmann bezeichnet als Tagewasser im Gegensatz zum Grundwasser das in das Erdreich eingedrungene Wasser, das dieses durchsickert und, ohne sich auf einer wasserstauenden Schicht anzusammeln, in offene Grubenräume austritt. Alte, verlassene Grubenbaue erfüllende Wasser nennt der Bergmann Standwasser.

4. — **Störungen als Wasserzubringer.** Von erheblicher Bedeutung sind die Klüfte, Spalten und Risse, die als Folge von Schollenverschiebungen in der Erdrinde (Gebirgstörungen) die Schichten durchsetzen. Besonders geeignet für die Wasserführung sind Verwerfungen, da in ihrer Umgebung das Gestein kluftreich und zerrüttet zu sein pflegt. Sie können als gefährliche Wasserzubringer auftreten, indem sie aus großer

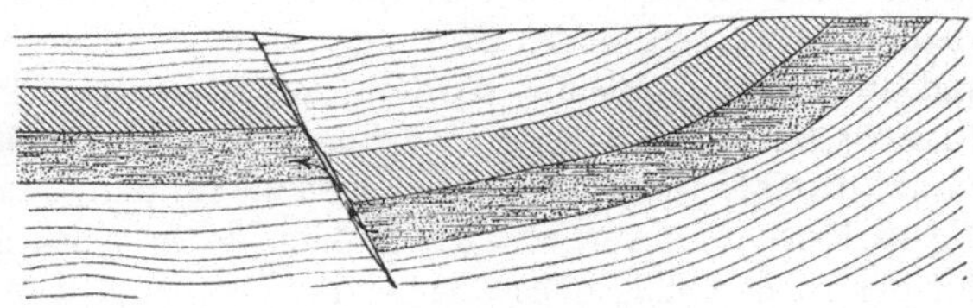

Abb. 671. Gebirgstörung als Wasserzubringer.

Entfernung Wasser herbeileiten oder eine Verbindung durch ein im übrigen wasserstauendes Mittel hindurch herstellen (Abb. 671). Jedoch sei darauf aufmerksam gemacht, daß tektonisch gestörte Grundwasserstauer eine Wasserentziehung oder eine Wasserzuführung nicht unbedingt zur Folge haben brauchen. Bei hinreichend toniger und plastischer Beschaffenheit kann sich nämlich die wasserstauende Schicht durchbiegen, ohne zu brechen oder durch Zuschlämmen und Aufquellen wieder schließen, so daß das Wasser dann weiter gestaut bleibt.

5. — **Die verschiedenartige Stellung des Bergbaus gegenüber den Wassern.** Am gefährlichsten sind die Wasser für den Salzbergbau, da hier ein Tropfen Sickerwasser in den Bauen der Anfang vom Ende sein kann. Bei der Empfindlichkeit insbesondere der Kalisalze gegen Feuchtigkeit ist Kalisalzbergbau ohne ein schützendes Deckgebirge nicht denkbar. Dieses in seinem Zusammenhange zu erhalten, ist deshalb das erste Bestreben des Salzbergmannes. Man arbeitet mit ausreichenden Sicherheitspfeilern und Bergfesten, die imstande sind, das Hangende zu tragen, oder wendet Spülversatz an.

Im schärfsten Gegensatze hierzu steht der Braunkohlenbergbau. Da bei ihm in der Regel von vornherein das Fernhalten der hangenden Wasser von den Grubenbauen eine Unmöglichkeit ist und man mit dem Zerreißen und einer dadurch eintretenden Entwässerung des Hangenden rechnen muß, arbeitet man mit Absicht auf eine baldige Abtrocknung des Hangenden hin.

Der Steinkohlenbergmann wird, ohne die Wasserzuflüsse ganz verhindern zu können, durchaus das Bestreben haben, sie sich soviel wie möglich fernzuhalten, um seine Selbstkosten zu verringern. Beim Vorhandensein eines tragenden Deckgebirges sowie von wasserstauenden Schiefertonschichten im flach gelagerten Steinkohlengebirge selbst sucht er deshalb durch geeigneten Abbau darauf hinzuwirken, daß das Hangende sich nach Möglichkeit ohne

Bruch senkt. Es gelingt dies nicht immer gänzlich, aber in vielen Fällen zum Teil. Mit zunehmender Teufe verteuern die Wasserzugänge den Betrieb zwar erheblich, und ganz besonders dann, wenn die Wasser warm sind. Anderseits pflegen die Wasserzuflüsse nach unten hin schwächer zu werden, weil wasserstauende Schichten in größerer Zahl wirksam werden.

Der Erzbergbau wird zumeist auf Lagerstätten betrieben, die zutage ausgehen und deshalb des schützenden Deckgebirges entraten. Er muß also mit dem im Gebirge vorhandenen und den Bauen zusitzenden Wasser rechnen. Je nach der Art des Gebirges und der Lagerstätte sind die Zuflüsse verschieden groß.

6. — **Die Wasserführung des Gebirges im Ruhrbezirk**[1]). Im Süden des Bezirkes, wo das Steinkohlengebirge zutage ausgeht, gewähren die vielfach gefalteten, durch Störungen in eine Anzahl von Schollen zerrissenen und außerdem durch die Wirkung des Abbaues zerklüfteten Schichten dem Tageswasser einen leichten Zugang. Die Wasserzuflüsse sind demgemäß verhältnismäßig bedeutend und haben die für die Wasserhaltung unerwünschte Eigenschaft, stark veränderlich zu sein, da sie einen gewissen Zusammenhang mit der Niederschlagshöhe zeigen. Ihr Maximum liegt in der Zeit der Schneeschmelze, ihr Minimum im August bis Oktober. Die Wasserzugänge im Frühjahr steigen zum Teil auf das Dreifache derjenigen in der trockensten Zeit. Dementsprechend müssen die Wasserhaltungen verhältnismäßig stark bemessen sein, so daß für Anlage und Tilgung hohe Beträge aufzuwenden sind.

Im Norden des Bezirkes spielt die Wasserführung des das Steinkohlengebirge überlagernden Kreidedeckgebirges[2]) für die Gruben eine bedeutende Rolle. Im einzelnen ist folgendes zu bemerken: Das unterste Glied, der Essener Grünsand, ist zwar im Westen als toniger Sandmergel undurchlässig. Er bietet jedoch keinen zuverlässigen Schutz gegen die Wasser der auflagernden Schichten, da seine Mächtigkeit stark wechselt und seine wasserstauende Beschaffenheit wegen des Wechsels seiner Gesteinsausbildung nicht überall gleichbleibt. Nach Nordosten verliert der Essener Grünsand seine wasserstauende Eigenschaft fast vollständig, da er hart und klüftig wird und daher selbst Wasser führt.

Wegen seiner Wasserführung gefürchtet ist der weiße Mergel. Er ist von einem Netz von Klüften und Spalten durchzogen, die mittelbar oder unmittelbar miteinander in Verbindung stehen und zusammen einen riesigen Kluftwasserbehälter darstellen. Allerdings scheint das Spaltennetz einen verhältnismäßig großen inneren Reibungswiderstand zu besitzen, so daß die Wasserbewegung in ihm nur langsam vor sich geht. Die Wasser sind durchweg salzig, soweit sie sich unterhalb des Verbreitungsgebietes des stauenden Emscher-Mergels bewegen. Die Wasserführung des weißen Mergels ist nicht überall gleichmäßig stark, weder zonenmäßig noch regional. Zonenmäßig ist sie abhängig von der Gesteinsbeschaffenheit der Schichten. Besonders stark wasserführend

---

[1]) Kukuk: Geologie des niederrheinisch-westfälischen Steinkohlengebietes. Berlin 1938; — Linsel: Neue Gesichtspunkte und Verfahren zur Bekämpfung von Wassereinbrüchen sowie zur Geringhaltung von Wasserzuflüssen im rheinisch-westfälischen Steinkohlenbergbau. Diss. Aachen, 1940; Arch. f. bergb. Forschung 1941, Heft 1, S. 1.

[2]) Vgl. Bd. I dieses Werkes; ferner Kukuk: Geologie des niederrheinisch-westfälischen Steinkohlengebietes. Berlin 1938.

sind die harten Mergelkalke des oberen und mittleren Turons. Regional ist zu sagen, daß sie im Südwesten von jeher gering gewesen ist, während östlich von Herne sein Spaltennetz früher gewaltige Wassermengen enthielt. Durch die Wasserhebung der Gruben, denen diese Wassermengen lange Jahre größte Schwierigkeiten verursachten, ist jedoch hier jetzt der weiße Mergel über große Flächen hin trockengelegt.

Der dem weißen Mergel aufgelagerte Emscher-Mergel ist, von seinen hangendsten Schichten abgesehen, undurchlässig und trocken.

Das oberste Glied des Kreidegebirges im Ruhrbezirk, das Senon, insbesondere die Sande von Haltern und die Recklinghäuser Sandmergel, sind, soweit sie mehr sandig als mergelig entwickelt sind, sehr wasserreich und bereiten teils als Schwimmsande, teils als Kluft- oder Schichtwasser dem Abteufen von Schächten Schwierigkeiten. Der unterlagernde, wasserstauende Emscher-Mergel verhindert jedoch, daß die Wasser dem Bergbau lästig werden.

Überlagert wird die Kreide von einer dünnen diluvialen Decke, die vielfach den sog. „Fließ" führt. Er besteht aus feinen, sehr wasserreichen Sanden, die teils als Talsande der Flüsse und teils als Löß anzusprechen sind. Die Mächtigkeit des Fließes schwankt zwischen 6 und 10 m, steigt stellenweise aber auch auf 12—15 m an. Der Fließ ist beim Schachtabteufen lästig, weniger wegen seines Wasserinhalts, der verhältnismäßig gering ist, als wegen der leichten Beweglichkeit der ganzen Masse. Da er als oberste Schicht mit den Grubenbauen keine Verbindung hat, spielt er jedoch für die Wasserwirtschaft keine wesentliche Rolle.

Im Nordwesten des Bezirkes schieben sich zwischen Kreide und Steinkohlengebirge die Schichten des Buntsandsteins und des Zechsteins. Während der Zechstein fast wasserfrei ist, führt der Buntsandstein rechtsrheinisch zwar Wasser, jedoch nicht in solchen Mengen, daß sie dem Bergbau gefährlich werden. Weiter nach Nordwesten und Westen hin (links des Rheines) nimmt mit der Mächtigkeit und der wachsenden Lockerung des Buntsandsteins auch der Wasserinhalt dieser Schichten (Schwimmsandschichten) zu. Sie haben das Abteufen der Schächte am linken Niederrhein sehr erschwert. Das gleiche gilt von den sandigen Tertiärschichten mit ihren Schwimmsandhorizonten, die hier an die Stelle der Kreide treten.

Was schließlich die im Steinkohlengebirge selbst unter dem Deckgebirge vorhandenen Wasser betrifft, so ist in der Regel ihre Menge gering Größere und länger anhaltende Wasserzugänge im Steinkohlengebirge stammen im Gebiete der Mergelüberlagerung immer aus dem Deckgebirge. Das Deckgebirgswasser kann dadurch seinen Weg in das Steinkohlengebirge finden, daß die wasserführenden Mergelschichten bei schlechter Ausbildung des stauenden Essener Grünsandes ihr Wasser unmittelbar an steilgestellte, sandsteinreiche Zonen des Karbons abgeben, oder daß vom Steinkohlengebirge ins Deckgebirge übersetzende Störungen gute Kanäle bilden.

Ein Vergleich der ungefähren Wasserhebungs- und Förderziffern des Ruhr- und Saargebietes für die letzten 50 Jahre ist in Abb. 672 wiedergegeben. Vielfach übersteigt die gehobene Wassermenge die Menge der geförderten Kohle. Während man im Ruhrgebiet 1885 noch mit über 4 m³/t, 1920 noch mit über 2 m³/t, 1930 mit 1,5 m³/t rechnen mußte, ist das Verhältnis infolge der gesteigerten Förderung auf 1,2 m³/t Kohle im Jahre 1939 zurückgegangen. Die

Teufen haben demgegenüber jedoch zugenommen und betrugen im Jahre 1940 rund 625 m. In den einzelnen Teilen jedes Bergbaubezirks sind die Wasserzuflüsse naturgemäß sehr verschieden hoch. Sie hängen insbesondere von dem Vorhandensein und der Art des Deckgebirges ab, wie die Abb. 672 schematisch darstellt. Wenn auch die hier angegebenen Verhältniszahlen kein zutreffendes Bild für die Höhe der Wasserzuflüsse einer Einzelgrube vermitteln können, sondern nur Allgemeinwerte darstellen, so lassen sie immerhin erkennen, wie günstig die wasserwirtschaftlichen Verhältnisse der Gruben durch das Vorhandensein von Deckgebirge beeinflußt werden.

Für die einzelne Grube erhält man einen schnellen Überblick, wenn man beachtet, daß 1 m³ minutlich einer jährlichen Wasserförderung von 525000 t entspricht. Um diese Wassermenge aus nur 100 m Teufe zu heben, sind jährlich rechnungsmäßig r. 200000 PSh aufzuwenden. Das bedeutet, daß eine Pumpe von 23 PS wirklicher Leistung dauernd betrieben werden müßte[1]).

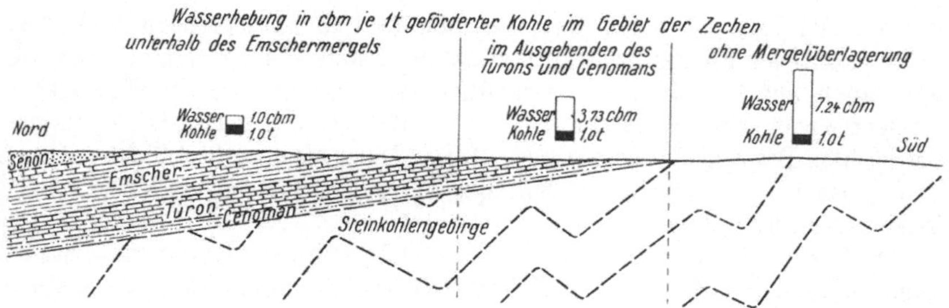

Abb. 672. Schematisches Bild der Wasserförderung im Ruhrgebiet nach Kukuk.

7. — Zusammensetzung des Grubenwassers[2]). Die im Pumpensumpf sich sammelnden Grubenwasser sind selten rein, sondern enthalten teils in mechanischer Beimengung und teils in Lösung stets mehr oder weniger fremde Bestandteile. Für den Bergbau und die Wasserhaltung lästig sind sowohl schlammige als auch saure und salzige Wasser. Durch schlammiges Wasser, wie es besonders auf Gruben, die mit Spülversatz arbeiten, vorkommt, leiden die bewegten Teile der Pumpen sehr. Deshalb muß dem Wasser Zeit und Gelegenheit zur tunlichst weitgehenden Klärung gegeben werden. Saure Wasser greifen das Metall der Wasserhaltungsmaschinen an und zerstören es mit der Zeit. Man hat in solchen Fällen mit gutem Erfolg die Wasser vor der Hebung dadurch entsäuert, daß man sie in besonderen Kästen über gebrannten Kalk fließen ließ, der die freie Säure band und unschädlich machte.

Salzige Wasser greifen Pumpenteile aus Stahl ebenfalls an, so daß man,

---

[1]) Linsel: Neue Gesichtspunkte und Verfahren zur Bekämpfung von Wassereinbrüchen sowie zur Geringhaltung von Wasserzuflüssen im rheinisch-westfälischen Steinkohlenbergbau. Dissertation, Aachen. Arch. f. bergb. Forschung 1941, Heft 1, S. 1.

[2]) Techn. Bl. 1929, S. 109; Fuchs: Die Wasserwirtschaft der Zechen im Ruhrkohlengebiet.

da die Fällung des Salzes vor der Hebung betrieblich unmöglich ist, in solchem Falle gezwungen ist, die sämtlichen mit dem Wasser in Berührung kommenden Pumpenteile aus Bronze anzufertigen oder sie in mit Schmelzbasalt ausgekleideten Rohren zu fassen. Salzige Wasser sind auch insofern lästig, als sie das spezifische Gewicht der Wassersäule stark erhöhen (bei voller Sättigung um 21%), so daß die Pumpe eine entsprechende Mehrarbeit zu leisten hat und die Leitungen mit dem höheren Druck in Anspruch genommen werden.

Für die Wasserhebung unangenehm sind ferner solche Wasser, die Absätze bilden. Am häufigsten sind wohl Niederschläge von kohlensaurem Kalk, die erscheinen, sobald aus dem in die Grubenbaue übertretenden, vom Drucke befreiten Wasser Kohlensäure entweicht, wobei der gelöste, doppeltkohlensaure Kalk in unlöslichen, einfachkohlensauren Kalk übergeht.

Im Ruhrbezirk sind auch mehrfach Schwerspatbildungen vorgekommen, die auftreten, sobald Wasser mit einem Chlorbariumgehalt mit Wasser, das Schwefelsäure führt, zusammentrifft. Wo es angängig ist, wird man das Zusammentreten derartiger Wasser vermeiden.

Die Niederschläge verengen unter Umständen in kurzer Zeit die Pumpenleitungen (Ziff. 20), auch haben sie sich namentlich in Kreiselpumpen durch Ansätze unangenehm bemerkbar gemacht. Auf manchen Zechen des Ruhrbezirks müssen die Kreiselpumpen regelmäßig nach je 1000 Betriebstunden auseinandergenommen und gereinigt werden[1]). Statt des bisher geübten mechanischen Reinigungsverfahrens hat man neuerdings auch die chemische Reinigung der Pumpen und Rohrleitungen durchgeführt[2]).

B. Maßnahmen und Vorrichtungen zur Fernhaltung der Wasser von den Grubenbauen[3]).

8. — Maßnahmen über Tage. Vor allen Dingen ist Vorsorge zu treffen, daß die Tagesöffnungen des Grubengebäudes hochwasserfrei liegen. Die Schachtöffnungen müssen nötigenfalls künstlich aufgesattelt werden; Stollen sind in jedem Falle so hoch anzusetzen, daß ihr Mundloch über dem höchsten zu erwartenden Wasserstand des Tales liegt.

Aus Flußläufen, die über Grubenfeldern liegen, fallen bei fehlendem oder durchlässigem Deckgebirge häufig den Bauen Wasser zu. Man kann diesen Übelstand durch Geradelegung des Laufes mildern, da hierdurch zunächst die Länge der schädigenden Linie verkürzt und außerdem das Gefälle erhöht wird. Der letztere Umstand hat ein schnelleres Abfließen der Wasser zur Folge. Mehrfach hat man Wasserläufe nicht allein gerade gelegt, sondern ihre Sohle auch mit Ton ausgestampft oder ausbetoniert.

Bei Vorhandensein von Seen und Teichen über dem Grubenfelde kann es notwendig werden, sie trockenzulegen und die ihnen zufließenden Wasser durch Ringkanäle abzufangen (früher Salziger See im Mansfeldschen), wenn

---

[1]) Glückauf 1916, S. 754; M. Schimpf: Die Reinigung von Pumpen und Steigleitungen.

[2]) Bergbau 1930, S. 6; A. Hentschel: Die chemische Reinigung der Wasserhaltungsrohre der Zeche Sachsen bei Heeßen.

[3]) E. Linsel: Neue Gesichtspunkte und Verfahren zur Bekämpfung von Wassereinbrüchen sowie zur Geringhaltung von Wasserzuflüssen im rheinisch-westfälischen Steinkohlenbergbau. Dissertation, Aachen 1940.

nicht, wie Abb. 673 zeigt, der Untergrund des Stausees (Auelehm) durch abgelagerte Verwitterungsprodukte des Nebengesteins sowie durch zuschlämmende Sinkstoffe praktisch wasserundurchlässig geworden ist. Durch die tonige Beschaffenheit des Auelehms ist ein Undichtwerden des Wasserstauers infolge der unausbleiblichen Wirkungen des Abbaues nicht zu befürchten[1]).

9. — Maßnahmen und Vorrichtungen unter Tage. Schon bei Besprechung der verschiedenartigen Stellung des Bergbaues zu den Wassern (s. Ziff. 5) ist auf die Bedeutung der Abbauart für die Fernhaltung der Wasser hingewiesen worden. Hier sei nur noch allgemein hinzugefügt, daß der Versatz um so besser das Hangende unterstützen und Zerreißungen bei dessen unvermeidlicher Durchbiegung verhindern wird, je dichter und fester er ist. Abb. 674 (links) veranschaulicht, daß bei gutem Versatz v die infolge des Abbaues eintretende Senkung nicht hinreicht, die wasserstauende Schicht a völlig zu zerreißen und den Wassern der hangenden wasserführenden Schichten c den Zutritt zu dem durchlässigen Sandsteinhangenden b des Flözes zu eröffnen, während unzureichender oder völlig fehlender Versatz nach Abb. 674 (rechts)

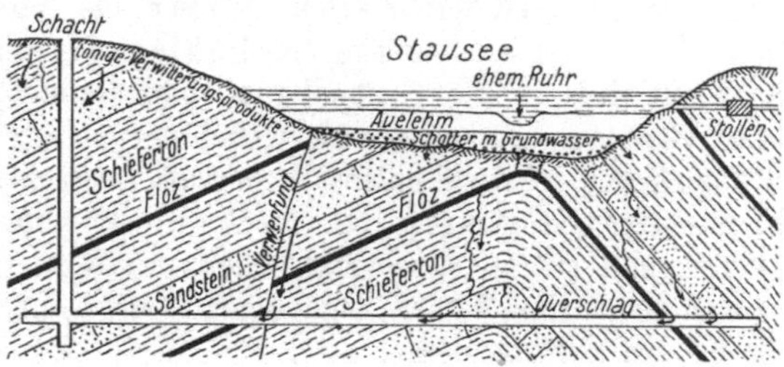

Abb. 673.
Schematische Darstellung der Beziehungen zwischen Stausee, Grundwasser und Bergbau nach Kukuk.

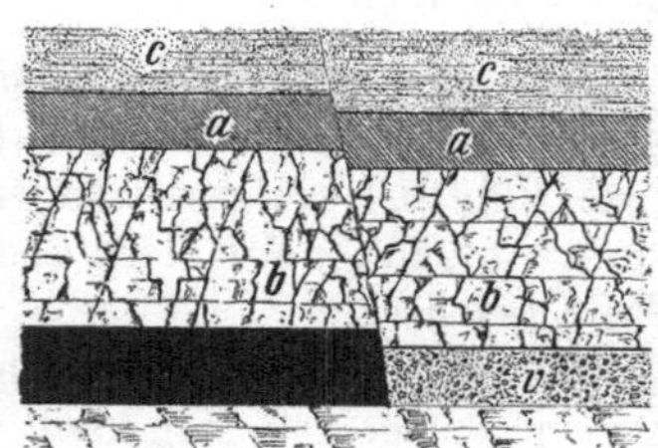

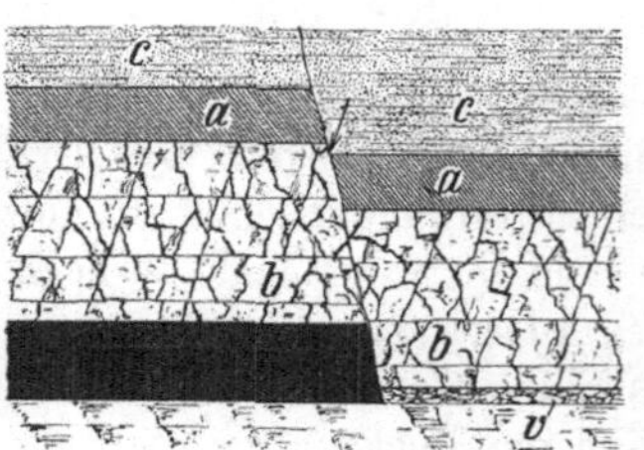

Abb. 674. Verschieden weitgehende Zerreißung des Hangenden in Abhängigkeit von der Vollständigkeit des Versatzes.

eine größere Senkung und dann ein völliges Durchreißen der Schicht a im Gefolge haben kann. Spülversatz wird in dieser Beziehung sich am günstigsten verhalten. Zweckmäßig ist es, zwischen zwei im Abbau befindlichen Gruben an den Markscheiden keine Sicherheitspfeiler stehen zu lassen, um eine gleichmäßige Senkung des hangenden Gebirges zu erzielen.

Wo die wasserführenden Schichten den Bauen nahekommen, wird man als Schutzdecke einen unverritzten Sicherheitspfeiler von genügender Stärke zwischen jenen und diesen stehen lassen, der auch durch Aus- und Vorrichtungstrecken nicht durchörtert werden darf. Seine richtige Bemessung —

---

[1]) Kukuk: Geologie des niederrheinisch-westfälischen Steinkohlengebietes. (Berlin: Springer), 1938.

je nach Umständen auch durch geophysikalische, seismische oder elektrische Methoden — ist von großer Wichtigkeit. Besonders im Kalisalzbergbau ist diese Vorsichtsmaßregel von Wichtigkeit. Von Bedeutung für den Abschluß wasserführender Baue oder Gebirgschichten ist die Herstellung wasserdichten Ausbaus der in Frage stehenden Grubenbaue selbst und die Verfestigung und die Undurchlässigmachung der umgebenden Gesteinsschichten durch Versteinen und andere Mittel.

10. — **Wasserabdämmungen. Allgemeines.** Schon die im Abschnitt „Grubenausbau" besprochenen wasserdichten Schachtauskleidungen, die verhüten, daß das im Deckgebirge angefahrene Wasser durch den Schacht den Grubenbauen zufällt, sind nach ihrer Wirkung als Wasserabdämmungen zu betrachten, wenn sie auch nicht hierhin gerechnet zu werden pflegen. Das Kennzeichen der eigentlichen Abdämmungen ist, daß sie einzelne Teile des fertiggestellten Grubengebäudes gegen andere oder auch gegen Nachbargruben absperren.

Solche Abdämmungen werden vorgenommen, wenn das Grubengebäude zu ersaufen droht und man einzelne Teile dem Wasserandrange preisgeben, dafür aber andere Teile wasserfrei erhalten will, oder wenn ein bereits abgebauter Feldesteil zur Entlastung der Wasserhaltung abgedämmt werden soll. Man baut dann einen geschlossenen **Wasserdamm** ein. Es geschieht dies in der Regel in Strecken, unter Umständen aber auch in Schächten. Das Vorgehen ist namentlich bei Kluftwasserzuflüssen erfolgversprechend, während solche Entlastung bei Wasser aus dem Hangenden wenig dauernde Aussicht bietet.

Ist ein Feldesteil einstweilen nur gefährdet derart, daß erhebliche Wasserzugänge zu befürchten stehen oder daß es zweifelhaft ist, ob die vorhandenen Zuflüsse dauernd werden bewältigt werden können, so baut man **Dammtore** (Ziff. 12) ein. Diese bleiben zunächst geöffnet, so daß der Betrieb in dem gefährdeten Feldesteil aufrechterhalten werden kann. Nur im Falle der Not schließt man die Türen und läßt die Wasser hinter ihnen ansteigen. Dammtore werden nie in Schächten, sondern nur in Strecken gesetzt. Als geeignete Stellen kommen dafür hauptsächlich Querschläge und Richtstrecken in Betracht.

11. — **Wasserdämme.** Von besonderer Wichtigkeit ist die Wahl des Standortes für den Damm. Das Gebirge muß fest, gesund und geschlossen sein und darf auch nach seinen sonstigen Eigenschaften in keinem Falle Wasser durchlassen, da ja sonst der Damm seinen Zweck verfehlen und das Wasser durch das Gebirge seinen Weg suchen würde. Sandsteine und Konglomerate z. B. pflegen für die Aufstellung von Wasserdämmen wegen ihrer Porosität nicht geeignet zu sein, während Schieferton zwar dicht, aber zu wenig druckfest ist. Am besten eignen sich feste, tonhaltige Gesteine, wie sandige Tonschiefer u. dgl. Einer geringen Durchlässigkeit des Gebirges kann man unter Umständen durch Anschluß eines Längsdammes an den Querdamm entgegentreten, indem man die Strecke rundum auswölbt und danach das Mauerwerk durch Zementhinterpressung dichtet. Auch Torkretieren kommt für solche Anschlußverdämmungen in Betracht.

Für die Herstellung der Widerlager darf Sprengarbeit nicht angewandt werden, um das Gebirge nicht zu zerklüften. Vielmehr geschieht die Arbeit ausschließlich mit Hand durch Wegspitzen und neuerdings mit Druckluft-Spitzhämmern. Auch Bohrhämmer hat man mit Erfolg angewandt, indem man Loch an Loch bohrte und so die Gesteinstücke aus dem Gebirge gleichsam herausschnitt.

Früher wurden die Wasserdämme als Kugelgewölbe hergestellt. Neuere Untersuchungen[1]) haben aber gezeigt, daß der gewaltige Wasserdruck, der oft mehrere hundert Atmosphären betragen kann, im Mauerwerk des Gewölbes nicht nur eine Querausdehnung hervorruft, sondern den Damm ebenfalls auf Abscheren und Haftfestigkeit am Gebirge beansprucht. Es genügt also nicht, den Wasserdamm als Kugelabschnitt zu berechnen und zu bemessen, vielmehr muß nach den Gesetzen der Festigkeitslehre. stets das ungünstigste Belastungsmoment in Rechnung gestellt werden, d. h. Scher- und Adhäsionskräfte sind für die Bemessung und Sicherheit des Dammes von ausschlaggebender Bedeutung. Abb. 675 zeigt einen als Pfropfen ausgebildeten Wasserdamm, der zur wirksamen Entlastung des Wasserdruckes auf der Wasserseite sowie auf der dem Wasser gegenüberliegenden Seite ausgehöhlt ist und damit durch Er-

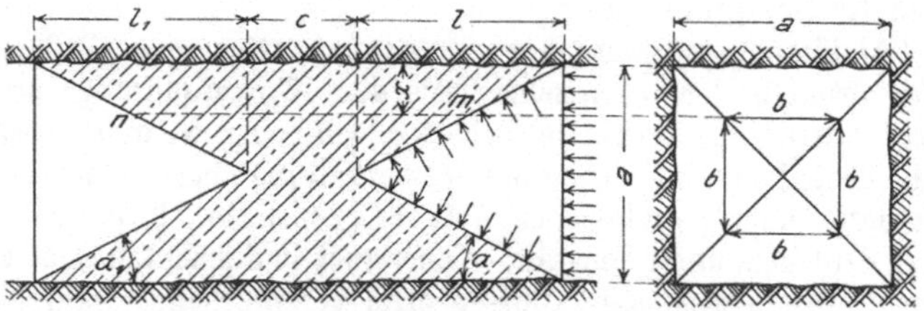

Abb. 675. Erhöhung des Einflusses der Querausdehnung durch Aushöhlen des Pfropfens.

höhung der Querausdehnung einen großen Teil des horizontal gerichteten Wasserdruckes von Anfang an auf das Gebirge überträgt. Außerdem wird durch die erhöhte Anpressung an das Gebirge der Gleit- oder Reibungswiderstand und damit die Haftfestigkeit des Betons am Gebirge wesentlich wirksamer gestaltet. Die Gesamtlänge des Dammes kann rechnerisch ermittelt werden nach

der Formel: $c_1 = \dfrac{p \cdot a}{4 \cdot \tau}$, wobei p = Wasserdruck in t/m², a = größte Streckenbreite in m (oder Höhe), τ = Scherfestigkeit in t/m² bedeuten. Die geringste

Dammstärke — in der Mitte des Dammes — ergibt sich zu $c = \dfrac{c_1}{4}$. Nach der Wasserseite greift der Damm um den Betrag $l = c$ vor, und auf der dem Wasser gegenüberliegenden Seite $l_1 = 2c$. Da jedoch die Haftfestigkeit des Betons am Gebirge nur mit rund 3 kg/cm² angenommen werden kann, müssen zur sicheren Übertragung des Druckes auf das Gebirge besondere Vorkehrungen getroffen werden. Der zweckmäßig ausgebildete Wasserdamm Abb. 676 ist durch Widerlager rings um die Strecke gegen Herausdrücken gesichert und nach der Wasserseite zu konisch erweitert. Die Rohre a dienen zum Versteinen des Gebirges, das Rohr b zum Messen des Wasserdrucks. Zur Erhöhung der Scherfestigkeit können da, wo die größte Scherbeanspruchung auftritt, eine Anzahl Rundstahlsplinte mit etwa 40—50 mm ⌀ in das feste Gebirge eingelassen werden, ohne jedoch das Gefüge des Gebirges zu lockern. Als Baustoff wird fester und

---

[1]) Glückauf 1931, S. 1381; Schlüter und Abeles; Neuartiger Dammverschluß.

dichter Beton in einer Mischung 1 : 4 oder 350 kg Zement auf 1 m³ Beton mit sorgfältiger Kornzusammensetzung verwendet, und zwar empfehlen sich besonders durch Kalkarmut und große Säurebeständigkeit ausgezeichnete Hochofen-, Traßportland- oder Tonerdezemente. Durch besondere Anstriche oder durch Verkleidung mit Klinkern in Säurezement kann eine Korrosion von schädlichen Wassern vermieden werden. Um ein seitliches Durchdringen des Wassers durch das Gebirge zu vermeiden, empfiehlt sich weiter eine Verfüllung des Querschlages auf der Wasserseite mit reinem Lehm ohne Sandzusatz auf etwa 10—20 m Erstreckung, die durch eine Ziegelmauer vor dem Wegspülen geschützt wird. Der Lehm wird dann auch die feinsten Risse und Spalten des umgebenden Gebirgskörpers abdichten.

Ganz besondere Sorgfalt ist den Wasserabdämmungen im Salzbergbau zu widmen. Als Mörtel wird sorgfältig hergestellter Magnesiazement, der mit scharfkörnigem Sande angemacht wird, verwandt. Um zu verhüten, daß das

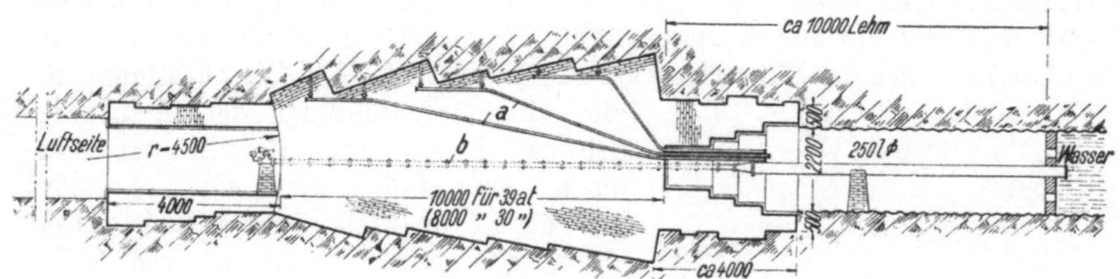

Abb. 676. Wasserdamm.

Wasser das Salzgebirge um den Damm herum auflöst, muß man dafür sorgen, daß hinter dem Damme eine gesättigte, ruhende Lauge steht. Zu diesem Zwecke bildet man durch Aufführen einiger Quermauern aus Magnesiazement mehrere 10—15 m lange Kammern, die mit Chlormagnesium dicht versetzt werden[1]). Tatsächlich haben solche Abdämmungen sich vollauf bewährt.

12. — **Dammtore** bestehen aus dem **Widerlager**, dem **Türrahmen** und der **Tür** oder, falls es ein Doppeltor ist, den **Türen**.

Das Widerlager wurde früher, solange es sich nicht um höhere Drücke als 30—40 at handelte, als Mauerwerk aufgeführt. Das Kugelgewölbe ist in diesem Falle nicht geschlossen, sondern läßt eine entsprechend große Öffnung mit abgeschrägten Widerlagerflächen für den Türrahmen frei. Für sehr hohe Drücke genügt die Dichtigkeit des Mauerwerkes nicht. Man wendet in solchen Fällen ein an dem Türende konisch gehaltenes Gußringrohr von 10—20 m Länge an, das man, nach Art des Gußringausbaues in Schächten, aus Ringteilen zusammenbaut und während des Einbauens sorgfältig mit Beton hinterstampft (Abb. 677).

Dem Gußringrohr gibt man einen Durchmesser von 2—3,5 m, je nachdem ein ein- oder ein zweiflügeliges Tor vorgesehen ist. Der Einbau ist allerdings schwierig, da die in der engen Strecke anwendbaren Hilfsmittel für das Anheben und Bewegen der schweren Stücke kaum hinreichen[2]). Wenn das

---

[1]) **Kegel**: Bergmännische Wasserwirtschaft (Halle, **Knapp**), 1938.
[2]) **Glückauf** 1923, S. 1107; J. **Riemer** d. Ä.: Die Entwicklung des gußeisernen Schachtausbaues.

Gebirge nicht ganz zuverlässig erscheint, so kann das Gußringrohr durch
Einpressen von Zementmilch noch besonders abgedichtet werden.

Der wegen seiner Größe und Schwere aus mehreren Teilen bestehende

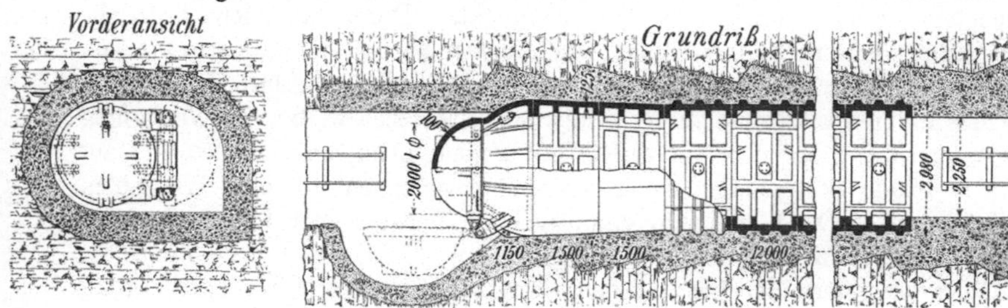

Abb. 677. Dammtor in Verbindung mit Gußringausbau.

Türrahmen wird unter Tage zusammengebaut und verschraubt. Bei Mauerwerk liegt er keilförmig in diesem (Abb. 678); einem Gußringrohr wird er als
Schlußstück nach der Wasserseite hin aufgesetzt (Abb. 677). Die Türöffnungen,

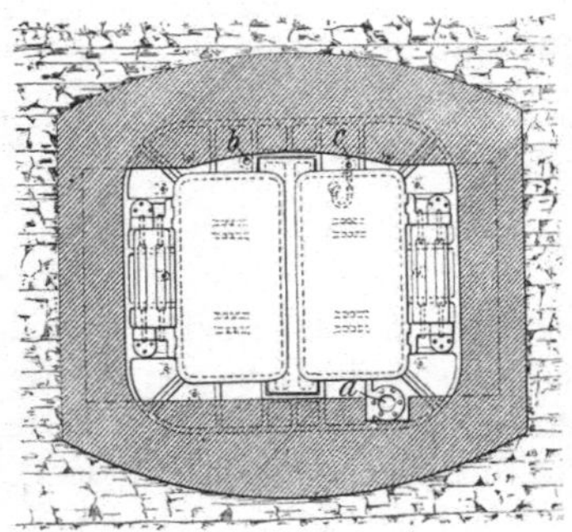

die zur Durchführung der Schienenleitung dienen und für Lokomotiven
hoch genug sind, pflegen als Lichtmaße
0,9 bis 1,0 m Breite und 1,8 bis 2,0 m
Höhe zu besitzen. Im unteren Teile
des Rahmens kann ein Rohr *a* vorgesehen sein, das gewöhnlich offen ist
und als Wasserseige dem Grubenwasser
den Durchfluß gestattet. Werden die Türen
geschlossen, so schließt man durch einen
gewölbten Deckel auch dieses Rohr und
zieht den Deckel von der entgegengesetzten
Seite an. Etwa in halber Höhe des Rahmens ist bisweilen ein anderes Rohr ein-
gegossen, das durch ein auf der Druck-
seite vorgeschraubtes Ventil abgesperrt
werden kann. Das Ventil läßt sich von
der Schachtseite her einstellen und hat den
Zweck, die hinter der Tür angesammelten
Wasser abzulassen, falls dies erwünscht
sein sollte. Ferner ist nach Abb. 678 oben
in dem Rahmen ein Rohr *b* angebracht,
das zur Luftabführung dient und geschlossen wird, sobald der Querschlag mit
Wasser gefüllt ist. Ein Stutzen *c* zum Anbringen eines Manometers zwecks Ab-

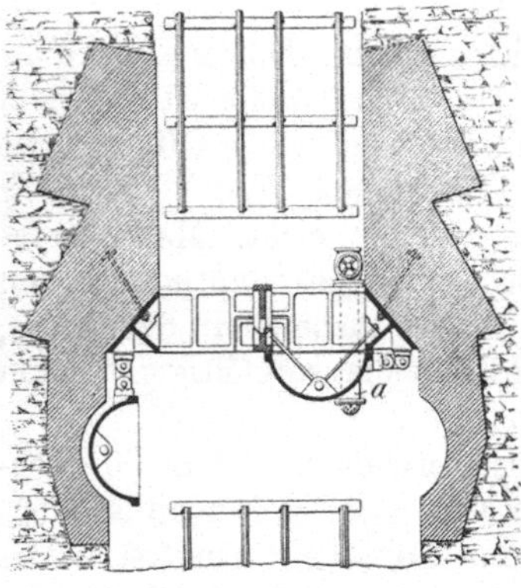

Abb. 678. Dammtor mit zwei Türen.

lesung des Druckes vervollständigt die
Ausstattung des Tores.

Die Türen sind dem Wasserdrucke entgegen aufgewölbt; sie bestehen,
wenn nicht höhere Drücke als 30—40 at in Frage kommen, aus Stahlblech
von 35—65 mm Stärke, bei höheren Drücken aus Stahlguß, dessen Stärke

dem zu erwartenden Wasserdrucke entsprechend gewählt wird. Die Buderusschen Eisenwerke zu Wetzlar liefern für hohe Drücke gußeiserne Dammtore, bei denen unter Anwendung einer kreisrunden Türöffnung das Tor selbst die Form einer Halbkugel erhält[1]), um Zugspannungen, welche für Gußmaterial bedenklich sind, vollständig zu vermeiden. Das Tor schließt einen längeren zylindrischen Gußkörper ab, der in die abzusperrende Strecke einzementiert wird. Die Abdichtung der geschlossenen Tür kann durch einen stählernen Liderring geschehen, der mit geteertem Segeltuch bewickelt und auf die Dichtungsfläche gelegt wird. Durch eine um die Türöffnung laufende, vorspringende Leiste wird der Ring vor dem völligen Zerdrücken geschützt. Auch Bleidichtungen haben sich bewährt.

Alle zum Schließen des Dammtores erforderlichen Teile (Spannbrücke, Schrauben, Liderring, Deckel, Schraubenschlüssel usw.) pflegt man in einer kleinen, verschließbaren Kammer unweit der Dammtoranlage unterzubringen.

Ein zweiflügeliges Tor von der üblichen Größe kostet für Drücke von 40 bis 50 at etwa 8000—12000 RM. Dammtore mit Gußringausbau als Widerlager kosten 30000—60000 RM.

C. Grubenbaue und Wasserhaltung.

13. — Stollen. Die Ausrichtung einer Lagerstätte durch einen oberhalb der Talsohle angesetzten Stollen ist die einfachste Wasserlösung der Grube. Da der jetzige Bergbau aber sich in der Regel unter der Talsohle bewegt, sind Stollengruben, bei denen Abbau nur über der Stollensohle umgeht und die sämtlichen zusitzenden Wasser ohne weiteres abfließen können, selten geworden. An die Stelle der früheren Stollengruben sind Tiefbaugruben getreten, aus denen die Wasser künstlich gehoben werden müssen.

Immerhin haben die Stollen auch heute noch nicht völlig ihre Bedeutung verloren, wenn sie vielfach auch nur zur Abführung der ihnen aus tieferen Teilen der Grube zugehobenen Wasser dienen[2]). Man denke an den 31 km langen Schlüsselstollen im Mansfeldschen, der mit einem Kostenaufwande von $3^1/_2$ Mill. RM. hergestellt ist und noch jetzt sämtliche Wasser aus den Tiefbauen der Mansfelder Gruben abführt. Der Stollen nimmt den Wasserhaltungen 80—100 m Hubhöhe ab. Für die Gruben des Oberharzes ist der 23,6 km lange Ernst-August-Stollen, der etwa 400 m Seigerhöhe einbringt, von dauernder Wichtigkeit.

14. — Sumpfanlagen und Pumpenleistung unter Tage. Der „Sumpf" in Tiefbaugruben soll zur vorläufigen Aufnahme und Ansammlung der Wasser bis zur Hebung durch die Wasserhebevorrichtungen und zu einer gewissen Abklärung dienen. Die Anlagen für den Sumpf sind sehr verschieden umfangreich je nach der Bedeutung, die die Wasserhaltung für die Grube hat. Bei geringen und gleichmäßigen Wasserzugängen kann es genügen, den Schacht 10 bis 25 m weiter abzuteufen, als es für die Zwecke der Förderung notwendig

---

[1]) Kali 1914, S. 709; Gröbler: Neuerungen in der Ausführung von Dammtüren für Kalibergwerke.
[2]) Zu vgl. Bd. I, 8. Aufl., 4. Abschnitt unter „Stollen".

wäre, und lediglich das Schachttiefste als Sumpf zu benutzen. Bei stärkeren
und wechselnden Zuflüssen werden besondere Sumpfstrecken aufgefahren,
die so tief unter der Fördersohle liegen, daß sie sich vollständig mit Wasser
anfüllen können, ehe dieses die Sohle der Förderstrecken erreicht. Bisweilen
treibt man die Sumpfstrecken weit ins Feld, um ihnen die Wasser schon
dort zuführen zu können und die Wasserseige in den Förderstrecken entbehrlich zu machen. Eine solche Maßnahme ist namentlich in druckhaftem
Gebirge zweckmäßig, weil das Vorhandensein der Wasserseige in den
Förderstrecken bei unruhiger Sohle leicht zu Wasseranstauungen und bei
wasserempfindlichen Schichten zu vermehrtem Gebirgsdruck führt und
Ausbau- und Gleissenkungsarbeiten behindert.

Die Sumpfstrecken selbst werden zweckmäßig in standfesten Sandstein-
schichten aufgefahren, um sie vor schädlichen Abbauwirkungen möglichst zu

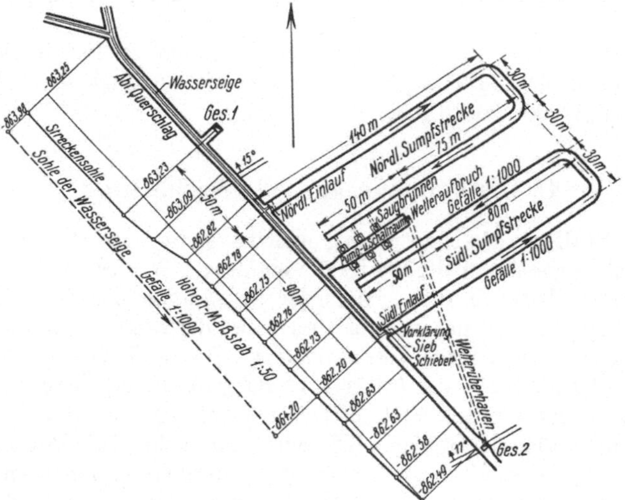

Abb. 679. Anordnung einer neuzeitlichen Sumpfstreckenanlage.

schützen. Ist dies nicht möglich, so muß bei Auffahrung der Strecken im Schiefer
auf den Ausbau besondere Sorgfalt gelegt werden. Auch empfiehlt es sich,
sie nicht unmittelbar durch den Pumpenraum zu führen, sondern sie zur
Schonung der Maschinenfundamente unter Stehenlassen eines Gesteinkerns von
etwa 10 m Dicke und mehr seitlich durch Querstrecken mit den Saugbrunnen
zu verbinden.

Die in Abb. 679 wiedergegebene Sumpfstreckenanlage läßt eine Zweiteilung
des Sumpfes in eine nördliche und eine südliche Sumpfstrecke erkennen. Diese
Anordnung ermöglicht eine leichte Reinigung des Sumpfes, was je nach dem
Grad der Verunreinigung der zufließenden Wasser alle paar Jahre notwendig
wird. Durch Absperrschieber kann dann die eine Sumpfstrecke von der anderen
getrennt werden. Beiden Sumpfstrecken ist nur ein Pumpenraum zugeordnet.
Das Wasser fließt aus dem Abteilungsquerschlag durch abgedeckte Wasserseigen dem Sumpf zu. Der Einlauf des Wassers befindet sich möglichst weit
entfernt von den Saugbrunnen, um dem Wasserstrom Gelegenheit zu geben,

sich zu beruhigen und auch die feinsten Schlammteilchen zur Ablagerung zu bringen. Ein Sieb, das Holz und Papier zurückhält, und ein einfaches Staubecken mit Überlauf dient zur Vorklärung, die durch zusätzlich eingebaute Koksfilter noch wirksamer gestaltet werden kann. Das eingezeichnete Wetterüberhauen sorgt für eine durchgehende Bewetterung der gesamten Sumpfanlage. Der Ausbau der Sumpfstrecken richtet sich nach den Gebirgsdruckerscheinungen. Bei standfestem Gebirge genügt Stahlausbau oder einfaches Torkretieren. Druckhaftes und rissiges Gebirge erfordert dagegen wegen der Neigung zum Quellen und damit verbundenen Gefahr einer schleichenden Querschnittsverengung Vollbetonausbau oder Ausbau mit Betonformsteinen. Ein in die Strecke verlegtes Gestänge dient zur Abförderung des in Förderwagen geladenen Schlammes.

Ein Zufluß von 1 m³ minutlich bedeutet 1440 m³ Wasser täglich, so daß seine Speicherung im Sumpf für 24 Stunden einen Raum von rund 1500 m³ voraussetzt. Der Rauminhalt, den der Sumpf zweckmäßig besitzen soll, richtet sich insbesondere nach der Zahl und Stärke der Wasserhebeeinrichtungen und nach der für die Pumpen vorgesehenen täglichen Arbeitszeit. Wenn nur eine einzige Pumpe vorhanden ist, muß der Sumpf groß genug sein, um für Ausbesserungen die nötige Zeit zu gewähren. In solchem Falle wird es auch bei einer an sich reichlich starken Pumpe erwünscht sein, daß der Sumpf die Wasserzugänge von mindestens 24—48 Stunden fassen kann. Sind mehrere Aushilfspumpen vorhanden, so ist es statthaft, den Sumpf entsprechend zu verkleinern. Anderseits will man häufig, um einen Spitzenausgleich im eigenen Kraftbetriebe herbeizuführen oder um den billigeren Nachtstrom beziehen zu können, die Pumpen nur in den betriebsruhigen Stunden laufen lassen. Alsdann sind eine entsprechend größere Pumpenanlage und ein ebenfalls vergrößerter Sumpfraum erforderlich. Im Ruhrbezirk arbeitet man, um die Wasserhebung allein in der Nachtschicht zu bewältigen, gern so, daß die Leistung der betriebenen Pumpen reichlich das Dreifache der Zuflußmenge beträgt und hierfür noch eine volle Aushilfe an Pumpeinrichtungen vorhanden ist. Das bedeutet, daß insgesamt die Pumpenleistung für die 6—8 fachen Wasserzugänge ausreicht. In solchem Falle wird der Sumpfraum so groß bemessen, daß er die Zuflüsse für mindestens 24 Stunden faßt.

In keinem Falle dürfen die Anlagekosten des Sumpfes in einem Mißverhältnis zu den durch die Herstellung oder Vergrößerung erzielten Vorteilen stehen. Auf Erzgruben hat man deshalb vielfach nur einen kleinen Sumpf, weil ein vorübergehendes Ersaufen wenig schadet, falls nur die Pumpe geschützt steht.

15. — Sumpfanlagen auf verschiedenen Sohlen und Ausnutzung der sog. Abfallwasser. Es kommt häufig vor, daß einer Grube Wasser auf verschiedenen Sohlen zusitzen. Nicht selten sind es gerade die oberen Sohlen, die unter stärkerem Wasserandrange als die tieferen zu leiden haben. Es ist meist unwirtschaftlich, namentlich wenn größere Mengen in Frage kommen, die Wasser sämtlich der tiefsten Sohle ungenutzt zufallen zu lassen, um sie von hier aus zutage zu heben. Statt dessen stellt man auf jeder höheren Sohle einen Sumpf her, der zunächst die Wasser sammelt, und hat nun die Möglichkeit,

1. aus diesem die Wasser durch eine besondere Pumpeinrichtung unmittelbar zutage zu heben, oder

2. sie der Pumpe auf der tieferen Sohle unter Ausnutzung des Gefälles (d. h. unter Druck) zuströmen zu lassen (Betrieb mit Abfallwasser), oder

3. mit dem herabgeleiteten Wasser auf der tieferen Sohle zur Ausnutzung der Kraft einen Motor zu betreiben, der z. B. zur Lichterzeugung oder zur Förderung dienen kann.

Alle drei Mittel können je nach den Verhältnissen auch gleichzeitig Anwendung finden und durch Anordnung von Zubringepumpen weiter abgewandelt werden.

Die Aufstellung von Pumpen auf verschiedenen Sohlen ist trotz der damit verbundenen Zersplitterung des Betriebes besonders dann ratsam, wenn die Zuflüsse auf der oberen Sohle erheblich stärker als auf der unteren sind. In solchen Fällen benutzt man häufig die Wasserhaltung der oberen Sohle als Hauptwasserhaltung der Grube, während man die Wasser der unteren Sohle durch eine besondere Pumpe nicht bis zutage, sondern nur bis in den Sumpf der oberen Sohle heben läßt. Von dem zweiten Mittel sollte man in allen den Fällen Gebrauch machen, wo die Aufstellung einer besonderen Pumpenanlage auf der oberen Sohle nicht verlohnt.

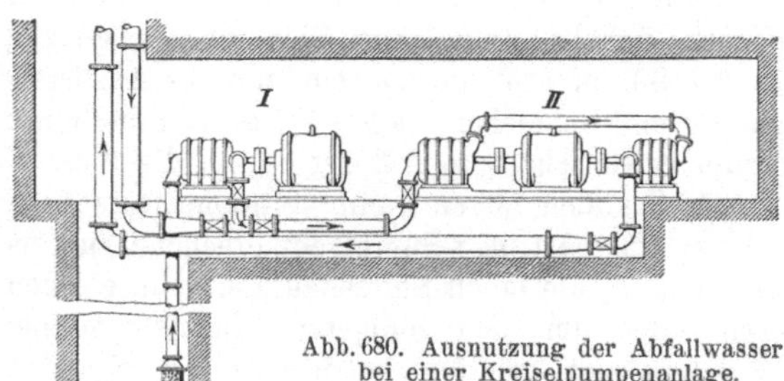

Abb. 680. Ausnutzung der Abfallwasser bei einer Kreiselpumpenanlage.

Besonders gut läßt es sich bei Kreiselpumpen anwenden, da man entsprechend dem Drucke, mit dem das Wasser in die Pumpe tritt, bei der Einführung des Abfallrohres einfach die ersten Stufen überspringt. Man nutzt so das Gefälle fast völlig aus. Das dritte Mittel ist am Platze, wenn auf der unteren Sohle das Bedürfnis nach dem Antriebe eines Motors besteht.

Bei beträchtlichem Abstande der Sohlen und erheblichen oberen Wasserzuflüssen kann die Anordnung der Abb. 680 vorteilhaft sein. Die Pumpe wird in 2 Sätze I und II geteilt. Um von der unteren und oberen Sohle das Wasser zu heben, arbeiten I und II hintereinander. II kann aber auch allein das Abfallwasser der oberen Sohle unter Ausnutzung des Gefälles zutage fördern, wobei I stillgesetzt wird.

16. — **Neigung der Ausrichtungstrecken.** Die Neigung, die man den Ausrichtungstrecken mit Rücksicht auf ein gutes Abfließen der Wasser geben muß, beträgt etwa 1:1000. Bei sehr gutem Liegenden oder ausgemauerter Sohle kann man auch auf 1:2000 herabgehen. Bei unruhigem, quellendem Liegenden sind stärkere Neigungen von etwa 1:500 zweckmäßig, damit der Schlamm besser mitgenommen wird und sich nicht Anstauungen an einzelnen Punkten bilden.

17. — **Entwässerung des Gebirges vor Einleitung des Abbaues.** Die eigenartige, schon in Ziff. 5 berührte Stellung des Braunkohlen-

bergbaues gegenüber den Gebirgswassern hat auf Braunkohlengruben vielfach zu einer planmäßigen Entwässerung des Gebirges vor Einleitung des Abbaues geführt. Eine solche künstliche Entwässerung bringt den Vorteil, daß die Abbauverluste vermindert, die Sicherheit des Betriebes erhöht und die Arbeitsleistungen gesteigert werden[1]).

Die Mittel, die man zu solcher vorherigen, planmäßigen Entwässerung anwendet, sind zunächst die sog. Entwässerungstrecken, die man in der Lagerstätte selbst oder in deren Hangendem oder — wenn auch seltener — im Liegenden auffährt[2]). Bei gut durchlässigem Gebirge kann man hiermit gute Erfolge erzielen. Die Wirkung läßt sich durch Hochbohren von Entwässerungsbohrlöchern oder durch Zubruchwerfen des Hangenden an geeigneten Punkten vor Beginn des planmäßigen Abbaues erhöhen. Mit gutem Erfolge bringt man auch von Tage aus Tiefbohrlöcher oder Schächte nieder und bewirkt die Entwässerung durch eingehängte Pumpen. Bei Tagebauen baggert man das Gebirge bis einige Meter unter dem Wasserspiegel fort, um sodann den Wasserspiegel durch Pumpen, die schließlich aus kleinen Schächtchen saugen, unter die geschaffene Sohle niederzuziehen[3]). Alsdann kann wieder mit dem Baggern begonnen werden.

II. Wasserhebevorrichtungen.

18. — Allgemeines. Für die regelmäßige Wasserhebung kamen früher zwei große Gruppen von Maschinen in Betracht, nämlich die Kolben- und die Kreiselpumpen. Während im vorigen Jahrhundert noch die Kolbenpumpen fast alleinherrschend waren, sind sie seit Anfang des laufenden Jahrhunderts stark durch die Kreiselpumpen zurückgedrängt worden. Jetzt werden für große Pumpenleistungen fast nur noch die letzteren gebaut. Als Antriebsmittel für beide Arten von Maschinen dienen elektrische Kraft, Druckluft und Dampf. Die Kraftübertragung durch elektrischen Strom überwiegt bei weitem; sie kommt für Pumpen größerer Leistung fast ausschließlich in Betracht. Die Verwendung von Druckluft ist zwar häufig, beschränkt sich aber, abgesehen von beim Schachtabteufen auftretenden Fällen, nur auf Pumpen geringer Leistung.

Die Wasserhebevorrichtungen spielen im Grubenbetriebe eine verschiedene Rolle, je nachdem ob es sich um die zutage hebende **Hauptwasserhaltung** oder um **Sonderwasserhaltungen** handelt. Diese haben als „Zubringepumpen" den Zweck, jener die Wasser zuzuheben. Schon in Ziff. 15 ist darauf hingewiesen worden, daß häufig Wasserhaltungen auf verschiedenen Sohlen notwendig werden, da es unzweckmäßig wäre, die Wasser der jeweilig tiefsten Sohle zufallen zu lassen. Es tritt also vielfach bereits in der Nähe des Schachtes selbst eine Zersplitterung der Wasserhaltung ein. Noch häufiger ist die Verwendung von Sonderwasserhaltungen im Felde, wobei es sich

---

[1]) Kegel: Bergmännische Wasserwirtschaft (Halle, Knapp) 1938.

[2]) Braunkohle 1932, S. 687; Lehmann und Schultz: Neuartiges Verfahren zur Abtrocknung eines Braunkohlenflözes.

[3]) Klein: Handbuch für den deutschen Braunkohlenbergbau (Halle, Knapp), 3. Aufl., 1927.

hier um einzelne Grubenbaue wie Abhauen und Gesenke oder um Unterwerks-
baue mit ausgedehnten Abbaubetrieben handeln kann, aus denen die Wasser
bis zur nächsthöheren Wasserseige gehoben werden müssen. In der Regel
werden die Pumpen der Hauptwasserhaltung an Zahl gegenüber denjenigen
der Sonderwasserhaltungen zurückstehen, werden sie aber an Größe und
Leistungsfähigkeit übertreffen. Weitere Unterschiede ergeben sich daraus,
daß für die großen Pumpeneinheiten der Hauptwasserhaltung geräumige,
gut ausgebaute und gegen Gebirgsdruck geschützte Maschinenkammern
notwendig werden, daß man dabei auf größere Sumpfanlagen Wert legen
wird und daß schließlich eine ständige, sorgfältige Wartung angebracht
sein und verlohnen wird. Für die im Felde aufgestellten, häufiger ihren
Standort wechselnden Pumpen, die meist ohne größeren Sumpf und ohne
dauernde Wartung arbeiten müssen, tritt dagegen die leichte Einstellbarkeit
auf verschiedene Leistungen, die geringe Pflegebedürftigkeit und die Sicherheit gegen etwaiges Durchgehen bei Erschöpfung des Wasservorrats in den
Vordergrund. Insgesamt läßt sich sagen, daß bei den Hauptwasserhaltungen
die Kreiselpumpen und bei den Sonderwasserhaltungen noch eher die Kolbenpumpen in Frage kommen.

19. — Aufstellung des Antriebes unter oder über Tage. Die Entwicklung der Wasserhaltungen hat von der oberirdischen Wasserhaltung ihren
Ausgang genommen. Da die theoretisch mögliche Saughöhe bei einem Luftdruck
von 760 mm Quecksilbersäule nur 10,3 m beträgt und zweckmäßig nicht über
4—5 m gesteigert wird, keinesfalls aber 7—8 m überschreiten darf, da jede un-
nötige Saugarbeit die Gefahr von Betriebsstörungen erhöht, muß sich in jedem
Fall die Pumpe selbst unter Tage befinden.

Früher wurde für die langsam arbeitenden Kolbenpumpen die Antriebsmaschine über Tage aufgestellt, wobei die Verbindung mit der Pumpe entweder
unmittelbar oder über Feldgestänge und Kunstkreuz (durch Gelenke bewegliches
Gestänge) durch ein im Schacht herabgeführtes Gestänge aus Holz, Schmiede-
eisen oder Rundstahl hergestellt wurde (Gestänge-Wasserhaltung[1])).

Erst verhältnismäßig spät (im Ruhrbezirk seit den 80er Jahren) ist man zu
den unterirdischen Wasserhaltungen übergegangen. Dem einzigen Vorteil, daß
beim Ersaufen der Grube die Antriebsmaschine nicht gefährdet ist, die Pumpe
also unter Wasser weiterfördern kann, standen schwerwiegende Nachteile gegenüber, wie geringe Leistungsfähigkeit, bedingt durch die auf- und niedergehenden
toten Massen des Gestänges, Betriebsstörungen durch gelegentliche, unvermeid-
liche Gestängebrüche und große Platzbeanspruchung im Schacht, die sehr bald
einen wirtschaftlichen Betrieb nicht mehr ermöglichten.

Demgegenüber haben unterirdische Wasserhaltungen den Vorzug, daß
sie sich in Anlage und Betrieb wesentlich billiger stellen, weil das teure Ge-
stänge fortfällt und Antriebsmaschine und Pumpe wegen der gesteigerten
Umdrehungszahl kleinere Abmessungen erhalten können. Dazu kommt eine
große Betriebsicherheit, weil die Unterhaltung und die Wartung des
Schachtgestänges sich erübrigen, was besonders für druckhafte und unruhige
Schächte von Bedeutung ist. Dem einzigen Bedenken, daß die unterirdische
Wasserhaltung zeitweilig unter Wasser kommen und dann die ganze Grube

---

[1]) Näheres siehe in den früheren Auflagen dieses Werkes.

ersaufen kann, läßt sich durch reichliche Bemessung der Anlage, durch Höherlegung der Maschine (Ziff. 21), unter Umständen auch durch den Einbau von Dammtoren, begegnen. Selbstverständlich wird man auch für einen reichlich großen Fassungsraum des Sumpfes Sorge tragen. Aus diesen Gründen sind in den letzten Jahrzehnten fast nur noch unterirdische Wasserhaltungen eingebaut worden.

20. — Steigleitungen. Als Steigleitungen werden jetzt meist nahtlos gewalzte, verzinkte Stahlrohre mit aufgeschweißten Bunden und losen Flanschen in Längen von 6—10 m verwendet. Die Wandstärken pflegen zwischen 8 und 15 mm zu liegen; sie werden entsprechend dem Durchmesser der Leitung und dem Wasserdrucke in den verschiedenen Teufen abgestuft. Zur Aufnahme des Rohrgewichts werden in Abständen von 100—120 m Tragrohre *a* (Abb. 681) eingebaut, die auf Trägern *b* verlagert werden. Unterhalb der Tragrohre werden gewöhnlich Dehnungstopfbüchsen *c* („Kompensatoren") eingebaut, die zum Ausgleich der bei wechselnden Temperaturen auftretenden Längungen und Kürzungen dienen. Die Knickgefahr wird durch Knicksicherungen (Abb. 682) behoben, die in Abständen von 6—10 m angeordnet werden.

Pumpenkammer und Rohrleitung müssen so angelegt sein, daß stets eine gute Wasserführung unter Berücksichtigung der Rohrhydraulik gewährleistet ist. Knickungen des Wasserstromes um 90° rufen beträchtliche Widerstandsverluste und damit größeren Kraftverbrauch hervor und müssen unter allen Umständen vermieden werden. Geeignete Knickkrümmer mit genügend großem Krümmungsradius sind zu wählen, die Energieverluste auf ein Mindestmaß herabsetzen.

Eine starke Verkrustung der Steigleitung kann den gesamten Wasserhaltungsbetrieb gefährden, wenn keine zweite Leitung vorhanden ist. In der zur Verfügung stehenden Pumppause muß dann die Reinigung der Steigeleitung vorgenommen werden. Hierzu empfehlen sich besondere, an einer Welle um 90° versetzte Messer, die durch zwei Häspel in Richtung von oben nach unten und von unten nach oben durch die Rohrleitung

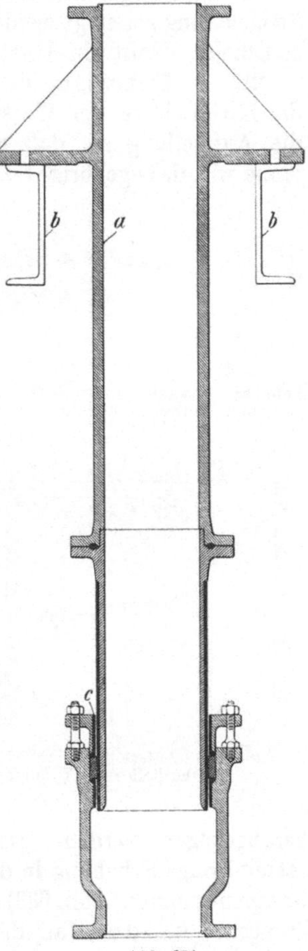

Abb. 681.
Tragrohr mit Dehnungstopfbüchse.

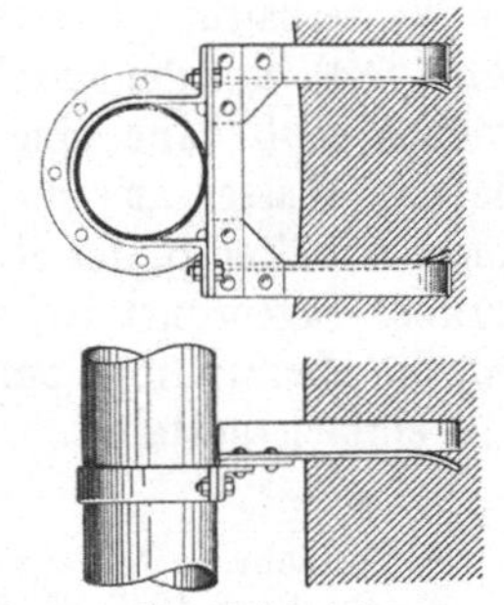

Abb. 682. Knicksicherung.

gezogen werden. Durch Anordnung von Schneiden mit verschiedenem Durchmesser kann sogar mit einmaligem Durchziehen der ganze Querschnitt der Steigeleitung gereinigt werden, wobei die Leitung reichlich mit Wasser zu durchspülen ist, damit ein Verstopfen vermieden wird[1]).

21. — Höhenlage der Wasserhaltung zur Bausohle. Wichtig ist die Höhenlage der Wasserhaltung zur Bausohle. In der Regel erfolgt die Aufstellung so, daß der Flur der Maschinenkammer sich in gleicher Höhe wie die zugehörige Sohle, die Sumpfanlage dagegen etwa 4 m unter dieser befindet[2]). Bei solcher Anordnung kann die Sumpfanlage völlig und die Sohle noch etwa ½—1 m unter Wasser kommen, ehe dieses bis an die Motoren steigt und der Betrieb der Maschine unmittelbar gefährdet wird. Der Fortbetrieb kann aber noch weiter dadurch gesichert werden, daß man den Zugang zur Maschinenkammer von den Querschlägen oder Richtstrecken der Tiefbausohle aus mit einem Dammtor versieht, das im Falle des Ansteigens der Wasser geschlossen werden kann. Es bleibt alsdann nur noch ein zweiter Zugang zur Maschinenkammer, der 10—15 m über der Tiefbausohle in den Schacht mündet. Auf diese Weise können die Baue der Sohle für Notfälle als leistungsfähiger Sumpf mit

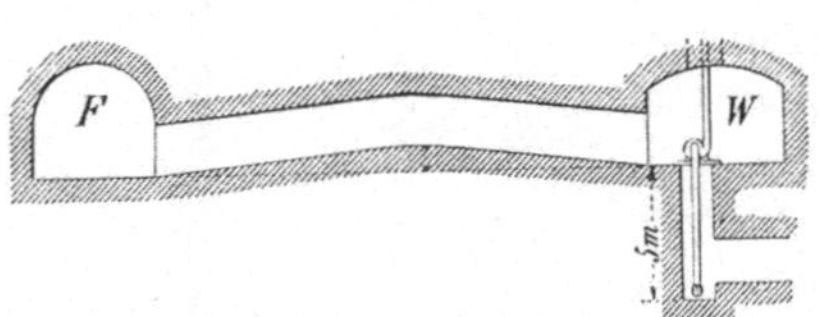

Abb. 683. Sattelförmige Erhebung der Sohle zwischen Förderstrecke und Pumpenkammer.

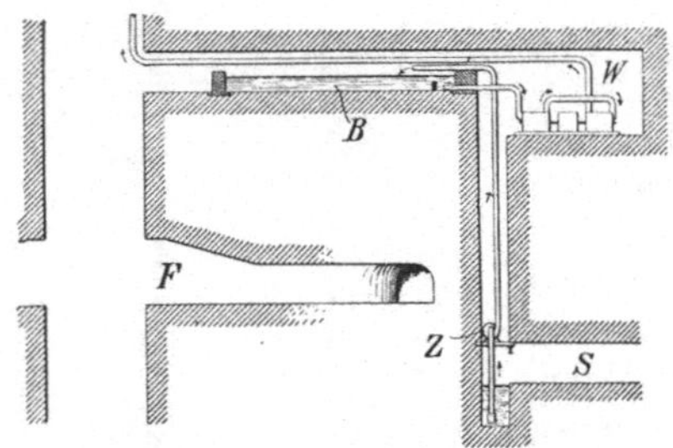

Abb. 684. Aufstellung der Wasserhaltung oberhalb der Fördersohle.

herangezogen werden. Als teilweiser Ersatz für ein Dammtor dient eine sattelförmige Erhebung in der Verbindungsstrecke zwischen Fördersohle und Pumpenkammer (Abb. 683). Hierbei kann das Wasser auf der Fördersohle F immerhin um das Maß der Sattelhöhe ansteigen, ehe die Pumpe W bedroht wird.

Falls für die Grube eine größere Wassergefahr besteht, kann man auch die Wasserhaltung von vornherein 10—15 m über der Tiefbausohle aufstellen (Abb. 684), um die Maschine noch sicherer gegen ein Ersaufen zu schützen. Freilich muß dann eine besondere Zubringepumpe Z vorgesehen werden, die das Wasser aus dem unter der Fördersohle F befindlichen Sumpf S einem Behälter B, der etwa in Höhe der Wasserhaltung W oder noch besser darüber angeordnet ist, zuhebt. Diese Anordnung hat den weiteren Vorteil, daß die Hauptpumpe ganz ohne Saughöhe arbeiten kann und das Anlassen sich einfach gestaltet.

---

[1]) Zeitschr. f. d. Berg-, Hütten- u. Salinen-Wesen 1941, Heft 1, S. 18.
[2]) Glückauf 1917, S. 313; M. Gaze: Richtlinien für den Bau großer elektrischer Wasserhaltungen.

A. Kolbenpumpen.

22. — Die Pumpen. Die für die unterirdische Wasserhaltung benutzten Kolbenpumpen sind stets Druckpumpen. Da die unterirdischen Maschinenräume am leichtesten und sichersten langgestreckt, aber mit geringen Höhenabmessungen hergestellt werden können, findet man bei Kolbenpumpen fast ausnahmslos die liegende Anordnung der Pumpenzylinder. Die Pumpenkolben sind für hohe Drücke ausschließlich Tauchkolben, wie dies z. B. die Abb. 685—687 zeigen. Für niedrige Drücke werden auch Scheibenkolben benutzt.

Die Regel ist, daß Pumpen mit zwei-, drei- oder vierfacher Wirkung benutzt werden, (s. die Abbildungen 685—687). Die Pumpenkolben werden zu diesem Zwecke durch Umführungsstangen s (Abb. 685) oder unmittelbar (Abb. 687) miteinander verbunden oder werden von einer gemeinsamen Kurbelwelle w aus bewegt (Abb. 686). Auf diese Weise gibt die

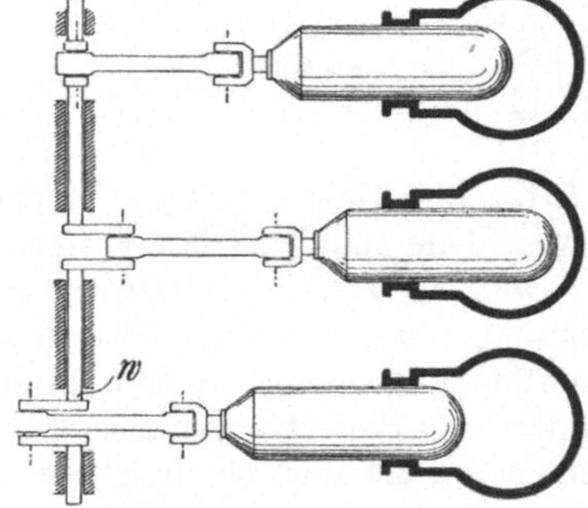

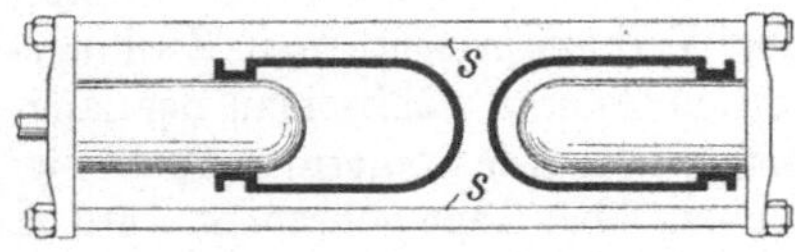

Abb. 685. Druckpumpe mit zweifacher Wirkung.

Abb. 686. Druckpumpe mit dreifacher Wirkung.

Antriebsmaschine in jedem Augenblick annähernd gleiche Leistungen ab, und die Wassersäule bleibt in der Steigleitung, begünstigt durch die Wirkung der Windkessel, in gleichmäßiger, ununterbrochener Aufwärtsbewegung, was besonders für elektrisch angetriebene Pumpen wichtig ist.

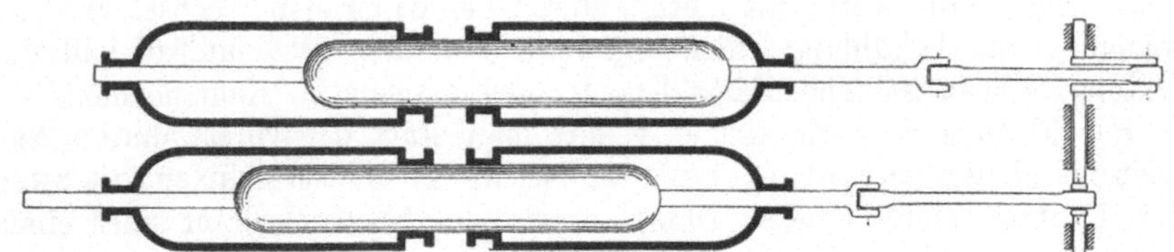

Abb. 687. Druckpumpe mit vierfacher Wirkung.

Das gleiche Ziel der ununterbrochenen Aufwärtsbewegung des Wassers in der Steigleitung erreicht man mit nur 2 Ventilen bei der Differentialpumpe durch Anwendung eines Stufenkolbens (Abb. 688). Beim Gange des Kolbens nach rechts wird das Wasser angesaugt und steigt durch das Saugventil s in den linken Zylinder empor. Gleichzeitig wird ein Teil des im rechten Zylinder bereits befindlichen Wassers in die Steigleitung D befördert. Beim Gange nach links wird das angesaugte Wasser über das Druckventil d in den rechten Zylinder und aus diesem zum Teil in die Steigleitung gedrückt. Bei entsprechender Bemessung der Kolbendurchmesser k_1 und k_2 wird beim Hin- und beim Rückgange des Kolbens die gleiche Menge Wasser in die

Steigleitung gelangen. Wegen der größeren Raumbeanspruchung werden derartige Pumpen nur für mäßige Leistungen angewandt. Auch müssen bei hohen Leistungen die Ventile einen unbequem großen Durchmesser erhalten.

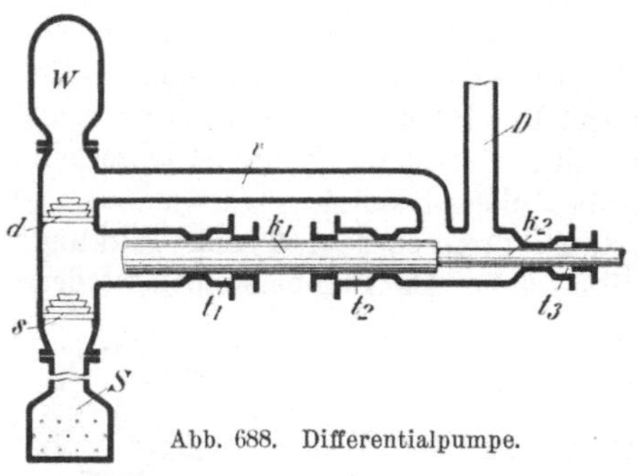

Abb. 688.   Differentialpumpe.

Die mit Druckpumpen im Betriebe erreichbare Druckhöhe scheint bei etwa 800 m zu liegen. Bei größeren Druckhöhen treten Schwierigkeiten, insbesondere ein schneller Verschleiß der Ventile auf, die den Wirkungsgrad herabmindern und schließlich den Fortbetrieb unmöglich machen[1]).

23. — Treibkräfte. Der Dampfantrieb. Die unterirdischen Wasserhaltungen können mit Dampf, Druckluft, Druckwasser oder Elektrizität angetrieben werden. An die Stelle des Dampfantriebs, der früher an erster Stelle stand, ist fast ausschließlich der elektrische Antrieb getreten.

Die für größere unterirdische Wasserhaltungen gebrauchten Dampfmaschinen arbeiten mit Schwungrad, wobei Verbundmaschinen in Zwillingsanordnung bevorzugt werden. In druckhaftem Gebirge wählte man der langgestreckten Bauart wegen gern Tandemmaschinen. Die Steuerungen sind dieselben, wie sie auch für die gleichen Maschinen über Tage gebraucht werden. Kondensation ist stets vorhanden.

Der Dampfverbrauch bei den noch in Betrieb befindlichen ist bei ununterbrochenem Betriebe auf etwa 8—10 kg je PS-Stunde in gehobenem Wasser zu schätzen. Mit der Abnahme der täglichen Betriebszeit nimmt freilich der Dampfverbrauch für die PSh zu, was darin begründet liegt, daß man die von der Kesselanlage zur Wasserhaltung führende Dampfleitung während des Stillstandes der letzteren bis zur Maschine unter Tage unter Dampf stehen lassen muß. Andernfalls würde die Leitung durch den dauernden Wechsel von Erwärmung und Abkühlung leiden und undicht werden. Man muß deshalb die Leitungsverluste während des Stillstandes der Maschine in Kauf nehmen.

Für kleinere Wasserhaltungen wählte man statt der vorerwähnten Antriebsmaschinen gern einfachere, schwungradlose Maschinen, die zwar den Nachteil eines höheren Dampfverbrauches besitzen, dafür aber einer minder sorgfältigen Wartung bedürfen, einen geringeren Raumbedarf haben und leicht und schnell (bei kleinen Leistungen sogar ohne Gründungsmauerwerk) aufgestellt werden können. Am verbreitetsten sind die Duplexpumpen, wie sie in mehr oder minder ähnlicher Ausführung z. B. von Schwade & Co. in Erfurt, von Weise & Monski in Halle a. S., von der Maschinenfabrik Oddesse in Oschersleben u. a. geliefert werden. Sie sind so einfach und betriebssicher, daß sie stundenlang ohne alle Wartung laufen können. Duplexpumpen werden jedoch heute unter Tage nicht mehr mit Dampf, sondern mit Druckluft angetrieben.

---

[1]) Glückauf 1915, S. 81; M. Vahle: Wasserhaltungschwierigkeiten bei großen Teufen; — ferner ebenda 1915, S. 614; B. Gilbert: Betriebserfahrungen mit Wasserhaltungsanlagen in großen Teufen.

Duplexpumpen sind Zwillingspumpen, bei denen jede Maschinenhälfte aus einem Dampfzylinder mit zugehörigem Pumpenzylinder besteht. Der Kraft- und der Pumpenkolben sind durch ihre Kolbenstangen unmittelbar miteinander verbunden. Dabei bestehen die Eigentümlichkeiten, daß die eine Maschinenhälfte die Umsteuerung der anderen betätigt und daß die Kolben der einen Hälfte nach beendetem Hingange zur Ruhe kommen und so lange ohne Bewegung bleiben, bis die Kolben der anderen Seite ihren Weg gemacht und an dessen Schlusse die Umsteuerung der anderen Seite betätigt haben. Die beiderseitigen Kolben machen also ihren Weg nacheinander mit Pausen am Ende eines jeden Hubes. — Die Vorzüge der Duplexpumpen machen sie besonders für Schachtabteufen geeignet. Abb. 689 zeigt eine von der Firma O. Schwade & Co. gebaute Senkpumpe, die mittels eines Drahtseiles oder einer Kette, die um eine obere Rolle gelegt ist, gehoben und gesenkt werden kann. — Je nach dem Verhältnis der Durchmesser der Kraft- und Pumpenzylinder und nach dem Luftdrucke werden mit den Duplexpumpen Förderhöhen bis zu 200 m überwunden und dabei Leistungen bis zu 4 m³ minutlich erzielt.

24. — Nachteile des Dampfes als Antriebsmittel unter Tage. Die Benutzung des Dampfes für den Antrieb der Wasserhaltung unter Tage ist für die Grube unbequem und unter Umständen gefährlich. Ist man gezwungen, die Dampfzuleitung teilweise oder ganz in den einziehenden Schacht zu verlegen, so wird der Wetterstrom behindert und geschwächt. Im ausziehenden Schachte wirkt freilich die Wärmeabgabe förderlich und wird durch eine Minderbelastung die Bewetterungs-

Abb. 689. Duplexpumpe für Abteufzwecke von Otto Schwade & Co. zu Erfurt (für 3,2 m³ minutlich auf 200 m Druckhöhe).

maschine wirtschaftlich ausgenutzt. In jedem Falle muß aber für Abführung der in die Maschinenkammer ausstrahlenden Wärme durch einen genügend starken Teilstrom Sorge getragen werden. Ferner darf mit Rücksicht auf die zu befürchtende Austrocknung und die dadurch entstehende Brandgefahr der Schacht, durch den die Leitung geführt ist, nur mit feuerbeständigem Ein- und Ausbau versehen sein.

25. — Der Druckluftantrieb wird zwar häufig, jedoch vom Schachtabteufen abgesehen, immer nur für Pumpen von geringer Leistung benutzt. Die Druckluft hat gegenüber dem Dampfe außer der Kühlwirkung auf die Grubenwetter den Vorteil, daß eine Kondensationseinrichtung nicht nötig ist und sich hieraus eine erhöhte Einfachheit und Verwendungsmöglichkeit ergibt. Nachteilig ist aber die Unwirtschaftlichkeit der Druckluft-Kraftübertragung. Auf die Pferdekraftstunde in gehobenem Wasser sind etwa 60—80 m³ angesaugte Luft zu rechnen, so daß die indizierte Pumpenleistung mit einer 6—8fach höheren Kompressorleistung aufzuwiegen ist.

Dieses wirtschaftliche Bild wird bestätigt, wenn man die Gesamtkosten des Druckluft- und des Dampfantriebes miteinander vergleicht. Rechnet man, wie vielfach üblich, für 1 kg Dampf 25 Rpf. und für 1 m³ angesaugte Luft 0,25 Rpf., so betragen die Betriebskosten für eine Duplexpumpe mit 27—50 kg Dampfverbrauch je PSh 6,6—12,5 Rpf., während die des Druckluftantriebes sich auf 15—25 Rpf belaufen würden.

26. — **Der Antrieb durch Druckwasser** erfordert, wenn größere Wassermengen gehoben werden müssen, umständliche und teuere Einrichtungen. Eine über Tage aufgestellte Dampfmaschine betreibt eine **Druckpumpe**, in der das Kraftwasser auf den Betriebsdruck von 200—300 at gepreßt wird. Ein **Druckspeicher**, der gewöhnlich aus einem großen Druckluftkolben besteht, der auf einen kleinen Druckwasserkolben wirkt, nimmt das Wasser zunächst auf und dient zum Ausgleich der auftretenden Wasserstöße. Von hier wird das Wasser durch die in den Schacht eingebaute **Fallrohrleitung** dem unterirdischen Teile der Wasserhaltung zugeführt. Dieser Teil besteht aus **Wassersäulenmaschine** und **Pumpe**.

Eine solche hydraulische Wasserhaltung scheint zwar auf den ersten Blick mancherlei Vorteile zu bieten: Wassersäulenmaschine und Pumpe sind einander ähnliche und unter annähernd gleichen Bedingungen arbeitende Maschinen, deren Hubzahl zueinander paßt. Das Wasser ist ein ohne erhebliche Kraftverluste arbeitendes Kraftübertragungsmittel, es übt keine schädlichen Wärmewirkungen auf die Grube aus, sondern kühlt sie eher ab. Selbst unter Wasser kann die hydraulische Wasserhaltung noch eine Zeitlang fortarbeiten.

Dem stehen aber schwerwiegende Nachteile gegenüber: Die Anlagekosten sind wegen der Notwendigkeit dreier Leitungen im Schachte und der Einrichtung einer besonderen Druckwasseranlage über Tage groß. Die hohen Drücke stellen große Anforderungen an die Ventilkästen, die leicht springen, und erfordern besondere Sorgfalt und die Aufwendung hoher Kosten für Stopfbüchsendichtungen. Schließlich ist auch unter Umständen der Frost dem Betriebe solcher Wasserhaltungen schädlich. Wegen dieser Nachteile sind hydraulische Wasserhaltungen schon seit einer Reihe von Jahren nicht mehr gebaut worden.

27. — **Der Antrieb durch elektrischen Strom.** Bei den elektrischen Wasserhaltungen wird die Pumpe durch einen **Elektromotor** angetrieben. Die hohe Umdrehungszahl des Elektromotors ließ ihn von vornherein als zum Betrieb einer Kolbenpumpe weniger geeignet erscheinen. Man suchte zuerst einen Teil der Schwierigkeiten auf die Pumpen abzuwälzen, indem man nach den Vorschlägen **Riedlers** rasch laufende Pumpen, die 200, ja sogar 300 Spiele in der Minute machen sollten, baute. Diese Schnelläufer haben sich aber wenig bewährt, so daß man später allgemein wieder langsamer laufende Pumpen mit Spielzahlen von etwa 100—140 minutlich vorzog.

Für kleinere, namentlich für fahrbare Pumpen verzichtete man meist auf die unmittelbare Kuppelung des Motors mit der Pumpe und schaltete, um für den Motor kleinere Abmessungen zu erhalten, eine Kraftübertragung ins Langsame (gewöhnlich eine Zahnradübersetzung) ein.

Die besonderen Vorteile der elektrischen Wasserhaltung sind die Einfachheit und der geringe Raumbedarf des Kraftübertragungsmittels im Schachte.

B. Kreiselpumpen.

28. — Wesen, Wirkung und Antrieb. Die Wirkungsweise der Kreisel- (Schleuder-, Zentrifugal- oder Turbo-) Pumpen beruht darauf, daß ein Schaufelrad das Wasser annähernd tangential fortschleudert und axial ansaugt. Eine solche Pumpe arbeitet nach dem gleichen Prinzip wie der Fliehkraftlüfter. Solche Pumpen pflegen für niedrige Druckhöhen bis etwa 20 m einstufig und ohne Leitrad mit Spiralgehäuse und konisch erweiterten Stutzen, der als Diffusor dient, gebaut zu werden (Abb. 690) und finden z. B. in Aufbereitungsanlagen vielfach Verwendung. Pumpen, die

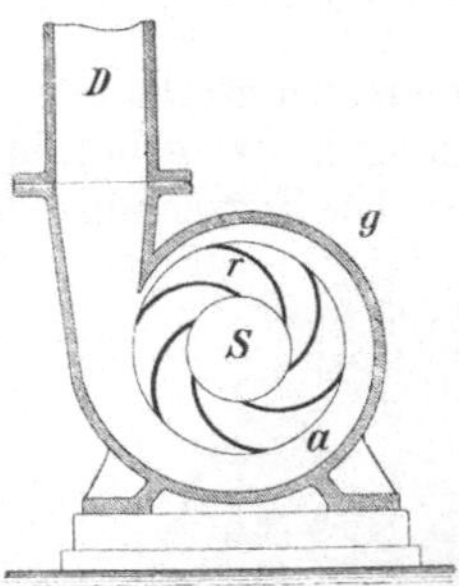

Abb. 690. Kreiselpumpe ohne Leitschaufeln. (*r* Schaufelrad, *a* Auslauf, *D* Steigrohr.)

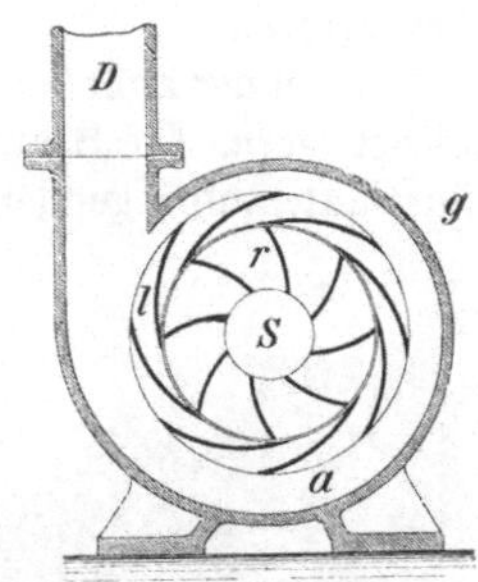

Abb. 691. Kreiselpumpe mit Leitschaufeln. (*l* Leitschaufeln.)

mehr als 20 m Druckhöhe zu bewältigen haben, erhalten hinter dem Leitrad noch Leitschaufeln (Abb. 691), denen die Aufgabe zufällt, Verluste bei der Umsetzung der kinetischen Energie in Druckenergie zu verringern oder zu vermei-

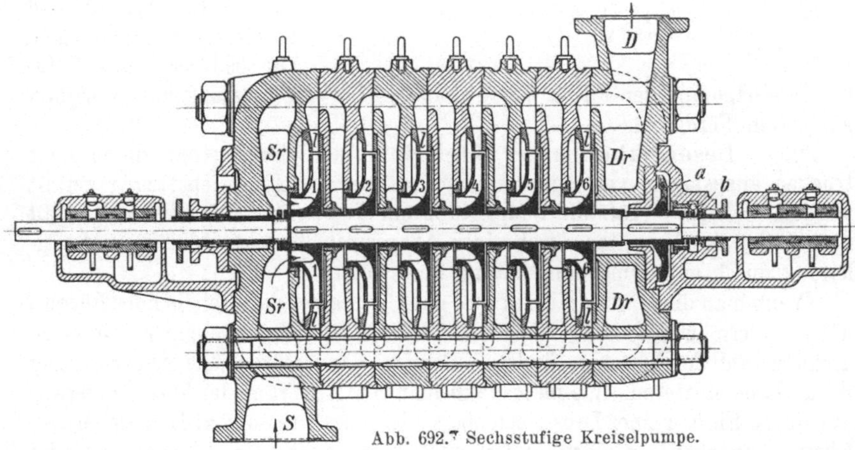

Abb. 692. Sechsstufige Kreiselpumpe.

den. Es ist dies die übliche Bauart für die im Bergwerksbetriebe gebrauchten Kreiselpumpen.

Der von dem Schaufelrade erzeugte Druck wächst mit dem Quadrate der Umfangsgeschwindigkeit. Die Druckhöhe beträgt bei den meist üblichen Umfangsgeschwindigkeiten des Rades von 35—50 m etwa 70—140 m.

Handelt es sich um größere Druckhöhen, so schaltet man mehrere Räder hintereinander. Abb. 692 zeigt eine Pumpe, bei der 6 Räder (mit *1—6* bezeichnet) hintereinander geschaltet sind. Das Rad *1* saugt das Wasser axial aus der Ringsaugleitung *Sr* an und gibt ihm eine gewisse Druck- und Geschwindigkeitsteigerung. Aus den dahinter angeordneten Leitschaufeln *l* fließt das Wasser mit wieder verminderter Geschwindigkeit, aber erhöhtem Drucke dem Laufrade *2* zu. In diesem wiederholt sich der Vorgang, so daß das Wasser bereits mit dem doppelten Drucke die Leitschaufeln des zweiten Rades verläßt. So durchströmt das Wasser die einzelnen Räder, um aus dem Rade *6* in den Druck-Ringraum *Dr* und aus diesem in die Steigleitung *D* überzutreten.

Je nach der Zahl der hintereinander geschalteten Räder kann man die Druckhöhe steigern. Die Beanspruchung der Welle begrenzt die Zahl der in einem Gehäuse unterzubringenden Räder. Die Verwendung von 8—10 Rädern in einem Gehäuse macht heute keine Schwierigkeiten mehr. Ausgeführt wurden in einem Einzelfall 14 Stufen in einem Gehäuse von der Firma Weise & Monski für die Otavi-Gruben. Allgemein werden bei mehr als 10 Rädern 2 Gehäuse gewählt. „Eingehäusepumpen" haben aber den Vorteil des niedrigeren Anschaffungspreises, des geringeren Platzbedarfs und der einfacheren Wartung[1]).

Abb. 693. Kreiselpumpe mit Antriebsmotor der Firma Jaeger & Co.

Abb. 693 zeigt eine 5stufige Kreiselpumpe der Firma Jaeger & Co. für eine Leistung von 8 m³/min auf 390 m Förderhöhe.

29. — Besonderheiten der Kreiselpumpen. Da Kreiselpumpen nicht trocken anzusaugen vermögen, müssen sie vor der Inbetriebsetzung gefüllt werden. Hierfür erhält die Saugleitung ein Fußventil. Das Füllwasser läßt man meist aus der unten durch einen Absperrschieber verschließbaren Steigleitung durch eine Umgehungsleitung überströmen.

Wenn man die Wasserlieferung der Pumpe bei gleichbleibender Förderhöhe ändern will, so darf man nicht wie bei Kolbenpumpen die Umdrehungszahl der Maschine ändern. Denn alsdann würde eine Änderung der Förderhöhe eintreten. Vielmehr kann man eine Änderung der Wasserlieferung nur durch Einbau eines Drosselschiebers oder eines Drosselventils in die Druckleitung erreichen. Freilich ändert sich dabei auch der Wirkungsgrad der Maschine etwas, da dieser nur für eine ganz bestimmte Wassermenge am günstigsten sein kann. Immerhin kann man bei Veränderungen des Wirkungsgrades um 10% die Wasserlieferung um etwa je 20% nach oben (durch Aufheben der Drosselung) und nach unten (durch Schließen der Drosselung) von der mittleren abweichen lassen.

---

[1]) Bergbau 1931, S. 208; W. Ostermann: Neuere Kreiselpumpen für Hauptwasserhaltungen unter Tage.

Alle Turbopumpen weisen, falls das Kreiselrad das Wasser nur von einer Seite her ansaugt, einen starken Axialdruck auf. Man gleicht ihn heute meist dadurch aus, daß man auf der Achse eine Entlastungscheibe (a in Abb. 692) anordnet, die auf der einen Seite mit dem vollen Wasserdrucke entgegen dem Axialschube belastet, auf der anderen Seite aber (im Falle der Abb. 692) durch vorgesehene Spaltöffnungen und das Ablaufrohr b entlastet wird. Freilich tritt hierbei ein geringer Verlust von hochgepreßtem Wasser ein.

Fremdkörper im Wasser, wie sie namentlich beim Schachtabteufen leicht in die Saugleitung gelangen, können die Wirkung der Turbinenpumpen sehr stark beeinträchtigen, da die Kanäle eng sind und bei der oftmaligen Wiederholung der engen Stellen sich die Körper leicht festsetzen. Es kommt deshalb

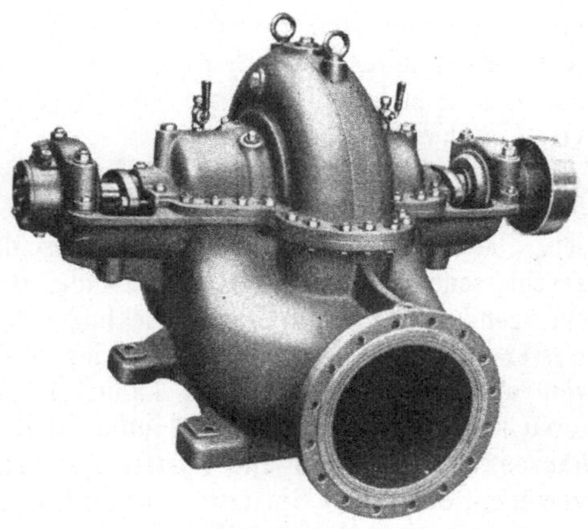

Abb. 694. Einstufige Niederdruckpumpe der Firma Weise & Monski.

auf zugängliche Bauart an, die ein Nachsehen und Reinigen ohne allzuviel Mühe gestattet. Sand und Schlamm schaden weniger. Dagegen bilden sich bei manchen Wassern an den inneren Teilen der Turbinenpumpen leicht Ansätze, die den Querschnitt verengen und den Wirkungsgrad verringern.

Abb. 694 zeigt eine einstufige Niederdruckpumpe der Firma Weise & Monski mit horizontal geteilter Bauart. Die besondere Bauart ermöglicht es, ohne Abbau der Rohrleitungen durch Abheben des Gehäuseoberteils das Laufrad mit der Welle sofort freizulegen. Bei stark verschmutztem Wasser haben sich Schrauben- und Schlauchpumpen bewährt, die von den Firmen Schwade & Co., Erfurt, und Weise-Söhne, Halle, geliefert werden (Abb. 695). Durch die weiten Förderdurchgänge dieser Pumpenart wird ein Zusetzen oder Verstopfen der Pumpe vermieden.

Abb. 695.
Schlauchradpumpe der Firma Schwade & Co

Schließlich leiden Kreiselpumpen mit gußeisernem Gehäuse und Bronzerädern leicht unter Anfressungen, die auf elektrochemische Wirkung zurückzuführen sind, wenn es sich um saure oder salzige, also gut leitende Wasser handelt. Am stärksten treten solche „Korrosionen" an den Schaufelenden der Laufräder und an den Leitradspitzen auf. Sie treten im Bergbau jedoch selten auf.

30. — Der Antrieb der Kreiselpumpen. Der gegebene Antrieb für Kreiselpumpen sind die Elektromotoren, weil diese mit ihren hohen Drehgeschwindigkeiten ohne lästige Zwischenmittel unmittelbar mit ihnen gekuppelt werden können. Schleifring-Drehstrommotoren herrschen bei weitem vor, doch wird in Zukunft der Käfigläufermotor stärker in Erscheinung treten, da er den einfachsten, betriebssichersten und auch billigsten elektromotorischen Antrieb darstellt. Der bisher größte in einer Wasserhaltung eingebaute Käfigläufermotor steht auf der Grube Eschweiler Reserve; er hat eine Leistung von 1760 kW.

Für große Wasserhaltungen pflegen bei dem üblichen Drehstrom mit 50 Perioden die Motoren 1500 Umdrehungen zu machen und 4polig gebaut zu sein. Man unterscheidet tropfwassergeschützte, spritzwassergeschützte und geschlossene Motoren mit Rohranschluß. Bei den erstgenannten sind die vorspringenden Köpfe der Ständerwicklung nur durch Schutzbleche gegen Tropfwasser geschützt, so daß wegen der offenen Bauart die Kühlluft leicht von allen Seiten herantreten kann. Bei den spritzwassergeschützten Motoren sind die Schleifringe mit ummantelt, und die Öffnungen in den Gehäusen für den Luftein- und -austritt sind so angeordnet oder mit Schutzhauben versehen, daß selbst Spritzwasser nicht in sie eindringen kann. Auch sie entnehmen die Kühlluft aus dem Maschinenraum und entsenden sie wieder in diesen. Wo die Luft staubhaltig ist, kann sie vor Eintritt in den Maschinenraum gefiltert werden. Die geschlossenen Motoren mit Rohranschluß werden durch gefilterte Luft gekühlt, die durch angeschlossene Leitungen zu- und abgeführt wird. Die erforderlichen Luftmengen sind nicht unbeträchtlich; sie betragen für einen Motor von 200 kW etwa 65 m^3 und für einen solchen von 1600 kW etwa 300 m^3 minutlich. Die Luft erfährt im Motorgehäuse eine Erwärmung um 15—20° C.

Im Bergbau haben sich wegen ihrer Einfachheit am besten die spritzwassergeschützten Motoren bewährt. Man legt in der Regel die Maschinenkammern so an, daß sie unmittelbar vom einziehenden Strom bewettert werden. Allerdings besteht hierzu nicht immer die Möglichkeit. Auch können einziehende Schächte zu ausziehenden werden, wenn im Laufe des fortschreitenden Abbaues eine Änderung der Wetterführung notwendig wird. Die dann zur Verfügung stehende Kühlluft ist feucht, staubhaltig und hat vielfach Temperaturen über 35°, so daß sie zur Kühlung der Motore, auch gefiltert, nicht mehr in Frage kommt. Deshalb ist man dazu übergegangen, nicht die Luft als Kühlmittel zu verwerten, sondern das Grubenwasser selbst. Die Kühlung des Motors wird somit unabhängig von der Temperatur des Wetterstromes oder der in der Pumpenkammer befindlichen gefilterten Luft. Das Kühlwasser wird gedrosselt aus der ersten Pumpendruckstufe entnommen und durchläuft mit gleichmäßiger Geschwindigkeit ein Kühlrohrsystem, das bei stark angreifenden Wässern aus besonderer Legierung hergestellt und außerdem mit einem säurefesten Anstrich der Innenseite der Wasserkammern versehen ist. Steinausfall ist wegen der nur geringen Erwärmung des Kühlwassers nicht zu befürchten. Der Vorteil dieses Kreislaufkühlverfahrens besteht darin, daß die zur Kühlung verwendete Luft von der Luft im Pumpenraum vollkommen abgeschlossen ist und stets die gleiche Luftmenge zum Umlauf kommt. Abb. 696 zeigt einen Schleifring-Drehstrommotor in geschlossener Bauart für Rohranschluß mit Ringlaufkühler.

Vereinzelt findet sich bei Kreiselpumpen auch der Dampfturbinen-antrieb[1]). Er läßt sich in Sonderfällen rechtfertigen, falls die Dampfkosten der Zeche im Verhältnis zu den Kosten des elektrischen Stroms niedrig sind und keinerlei Bedenken bestehen, den Dampf in die Grube zu führen. Die gegenüber dem genormten Elektromotor höhere Umdrehungszahl der Dampf-turbine (in der Regel minutlich r. 2700) hat den Vorteil, daß man dem Kreiselrade höhere Umfangsgeschwindigkeiten geben und damit die Druck-höhe je Stufe steigern kann. Dieser Umstand führt zu einem sehr geringen Platzbedarf für die Maschinenkammer. Auf Zeche Carl Funke wird eine Förderhöhe von 303,7 m mit einer nur dreistufigen Pumpe und auf Zeche Dahlhauser Tiefbau sogar eine Förderhöhe von 504 m mit einer ebenfalls nur dreistufigen Pumpe überwunden.

31. — **Die Anordnung mehrerer Kreiselpumpen in einer Pumpen-kammer[2]).** Für die Anordnung von nur 2 Kreiselpumpen mit ihren

Abb. 696. Drehstrommotoren mit Schleifringläufer und Ringlaufkühlern.

Motoren in einer Pumpenkammer bestehen 4 Möglichkeiten. Die Maschinen-sätze können nebeneinander (Abb. 697) oder in einer Achse hintereinander angeordnet werden. In letzterem Falle können die Pumpensätze in völlig gleicher Ausführung hintereinander (Abb. 698) oder in Spiegelbildausführung mit einander zugekehrten Pumpen (Abb. 699) oder ebenso mit einander zu-gekehrten Motoren (Abb. 700) aufgestellt sein. Für mehr als zwei Pumpen pflegt man die Pumpenkammern zu verlängern, wobei im einzelnen sich noch eine größere Zahl von Möglichkeiten ergibt.

---

[1]) Glückauf 1923, S. 1113; M. Schimpf: Untersuchung einer Zentrifugal-pumpe mit Dampfturbinenantrieb; — ferner Bergbau 1931, S. 251; W. Oster-mann: Die Antriebe der Kreiselpumpen bei untertägigen Hauptwasserhaltungen.

[2]) Bergbau 1931, S. 385; W. Ostermann: Die Aufstellung von 2 Turbo-pumpen in Pumpenkammern unter Tage.

Für festes, druckfreies Gebirge wählt man gern die Anordnung nach Abb. 697, die für stärkere Pumpen (bis zu etwa 1600 kW) eine Breite der Pumpenkammer von 6 m verlangt. Die Aufstellung ist gut übersichtlich und gestattet eine leichte Wartung, namentlich wenn man, um mit einem einzigen Saugbrunnen auszukommen, die Pumpen in Spiegelbildausführung herstellt. Freilich wird man den Saugbrunnen der bequemen Reinigung wegen zweckmäßig unterteilen. Für druckhaftes Gebirge zieht man die Aufstellung der Maschinensätze hintereinander vor, bei der man sich für die angegebenen Pumpenstärken mit einer Breite des Maschinenraumes von nur 4 m begnügen kann. Die völlig gleiche Ausführung der beiden Sätze nach Abb. 698 gestattet bei 2 Saugschächten die Auswechselbarkeit aller Maschinenteile. Die Spiegelbildausführung nach Abb. 699 läßt eine etwas kürzere Maschinenkammer zu, weil beide Pumpen vom gemeinsamen Mittelraum aus ein- und ausgebaut werden können. Auch ist hier nur ein Saugschacht notwendig. Die Anordnung nach Abb. 700 schließlich bietet Vorteile, wenn zur Kühlung der Motoren gefilterte Luft verwandt wird und die Luttenleitung von der Filteranlage zu den Motoren tunlichst kurz sein soll.

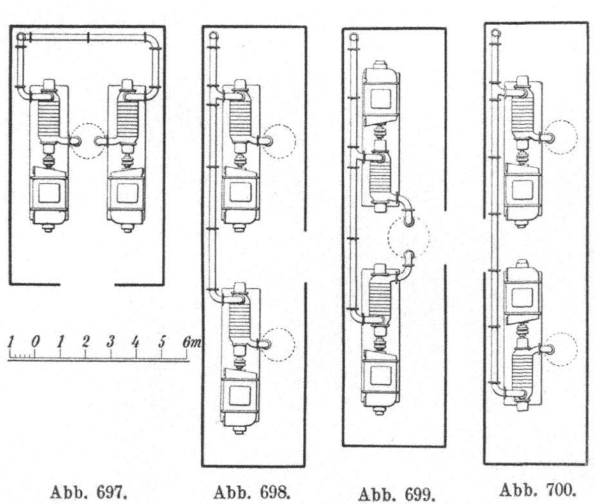

Abb. 697. Abb. 698. Abb. 699. Abb. 700.

Anordnungen von 2 Kreiselpumpen mit Motoren in der Pumpenkammer.

In der Pumpenkammer ist ferner auf die Unterbringung der Schaltanlagen, die einen Raumbedarf von 1,5 m Breite und etwa 1—1,25 m Länge je Pumpe haben außer einem gleichen Anteil für die Felder jedes speisenden Kabels, Rücksicht zu nehmen. Wo des Druckes wegen eine Verbreiterung der Maschinenkammer untunlich ist, werden die Schaltanlagen in der Verlängerung der Kammer oder auch in besonderen, abseits hergestellten Räumen aufgestellt. Wegen der vielen verschiedenen Möglichkeiten sind die Schaltanlagen in den Abbildungen 697—700 nicht eingezeichnet.

32. — **Vergleich zwischen Kolben- und Kreiselpumpe.** Die Wahl geeigneter Pumpen, ob Kolben- oder Kreiselpumpe, ist nach wirtschaftlichen Gesichtspunkten zu treffen. Ausschlaggebend ist die tägliche Betriebszeit, da die Kolbenpumpe einen Wirkungsgrad von 84—90%, bezogen auf die ihr zugeführte Energie, erreicht, während die Kreiselpumpe nur einen solchen von 65—75% aufweisen kann und deshalb mehr Betriebskraft verbraucht. Der hohe Wirkungsgrad der Kolbenpumpe hängt aber im praktischen Betriebe von der Widerstandsfähigkeit der Dichtung zwischen Ventilkörper und Pumpen-

gehäuse ab, die bei großen Teufen von 800 m und mehr schon wiederholt erhebliche Schwierigkeiten bereitet hat. Da die Wasserhaltungspumpen in der Regel aber nur einige Stunden in Betrieb sind, fällt der schlechtere Wirkungsgrad und damit der höhere Energieverbrauch weniger ins Gewicht, anderseits aber wirken bei dieser kurzen Betriebsdauer infolge der wesentlich höheren Anlagekosten der Kolbenpumpe die Kosten für Verzinsung und Tilgung ungünstig auf die Wirtschaftlichkeit ein. Hinzu kommt, daß mit Rücksicht auf den größeren Raumbedarf der Kolbenpumpe auch die Herstellung der Pumpenkammer höhere Kosten verursacht und außerdem die Fundamente der Kolbenpumpe bedeutend größer und schwerer ausgeführt werden müssen. Im übrigen ist die Betriebssicherheit der Kreiselpumpe wesentlich größer und der Aufwand für Bedienung und Pflege und der Verbrauch von Schmiermitteln wesentlich geringer. Auch läßt sich die zu fördernde Wassermenge bei Kreiselpumpen durch Einbau eines Drosselschiebers ohne erhebliche Verluste in gewissen Grenzen regeln, während eine Regelung der Fördermenge bei den Kolbenpumpen auf diese Weise nicht ohne weiteres durchführbar ist. Eine Mengenregelung durch die für diese Pumpenart zweckmäßigste Drehzahlregelung bei dem heute fast ausschließlich vorhandenen Antrieb durch asynchrone Drehstrommotore ist auf wirtschaftliche Weise nicht möglich. Da die Kreiselpumpe unmittelbar mit dem Antriebsmotor gekuppelt werden kann, weist sie eine größere Betriebssicherheit, Anwendungsmöglichkeit und Leistung auf.

Infolgedessen haben die Kreiselpumpen die Kolbenpumpen in der Hauptwasserhaltung immer mehr verdrängt. So stand 1940 die elektrisch angetriebene Kreiselpumpe in der Hauptwasserhaltung der Anzahl nach mit 94%, der Fördermenge nach mit 95,6% im Ruhrgebiet an erster Stelle, wobei die Durchschnittsantriebsleistung $\sim$ 780 PS betrug. Anders liegt das Verhältnis auf dem Gebiete der Sonderwasserhaltung, d. h. bei den Zubringerpumpen. Hier spricht zugunsten der Kolbenpumpen, die bei der geringeren Durchschnittsleistung von $\sim$ 12 PS meist durch Druckluft angetrieben werden, daß sie für verschieden starke Zuflüsse durch Änderung der Spielzahl leicht einstellbar sind, dabei einer sehr geringen Wartung bedürfen und auch bei Abreißen der angesaugten Wassersäule nicht durchgehen. Jedoch weisen die Kreiselpumpen mit 47,6% und die Kolbenpumpen mit 49,8% auf dem Gebiete der Zubringerwasserhaltung im Ruhrgebiet fast den gleichen Maschineneinsatz auf.

C. Sonstige Wasserhebevorrichtungen.

33. — Wasserhebung mittels der Fördermaschine. Die einfachste Wasserhaltung, die die geringsten Anforderungen hinsichtlich der Beschaffung besonderer Einrichtungen stellt, ist diejenige in Kübeln, Kasten oder Wasserwagen mittels der Fördermaschine.

Wenn es sich um bereits in Betrieb befindliche Gruben handelt, wendet man statt der Kübel Wasserkasten und Wasserwagen an. Wasserkasten können an dem Boden der Förderkörbe aufgehängt werden. Bei ersoffenen Gruben (s. Ziff. 42) werden auch größere Kasten mit Führungsschuhen für die Schachtleitungen unmittelbar an das Seil an Stelle der Förderkörbe angeschlagen. Durch selbsttätige Bodenventile, die sich beim Eintauchen der Kasten in das Wasser öffnen, geht die Füllung leicht vor sich. Wasserwagen pflegt man anzuwenden, wenn in einiger Entfernung vom Füllorte des Schachtes Abhauen oder Gesenke gesümpft werden sollen. Die durch Schöpfarbeit oder Handpumpen gefüllten Wasserwagen werden sodann zum Schachte gefahren und mit dem Förderkorbe zutage gehoben. Die Entleerung der Kasten und Wasserwagen erfolgt über Bodenventile in untergeschobene Gerinne.

Die Wasserhaltung mittels der Fördermaschine arbeitet in jedem Falle teuer. Sie wird deshalb, abgesehen vom Schachtabteufen, nur dann am Platze sein, wenn es sich um sehr geringe oder vorübergehende Wasserzuflüsse handelt, so daß die Beschaffung besonderer Pumpen nicht verlohnt.

Für ersoffene Schächte hat die Wasserhebung mittels Kasten freilich noch die besondere Annehmlichkeit, daß man dem sinkenden Wasserspiegel ebenso wie dem etwa ansteigenden einfach bei Trommelförderung durch Umstecken der Fördertrommel folgen kann. In solchen Fällen hat man deshalb die Kastenförderung häufiger angewandt.

34. — Strahlpumpen. Strahlpumpen werden mit Druckwasser, Dampf oder auch Druckluft betrieben. Ihre Wirkung beruht darauf, daß der Strahl des aus einer Düse mit großer Geschwindigkeit ausströmenden Betriebsmittels das Wasser einerseits ansaugt und anderseits im Steigrohr hochdrückt. Es handelt sich also um eine unmittelbare Einwirkung des Treibmittels auf das Wasser, wie sie, allerdings auf einem anderen Grundgedanken beruhend, auch bei den Mammutpumpen und Pulsometern vorhanden ist.

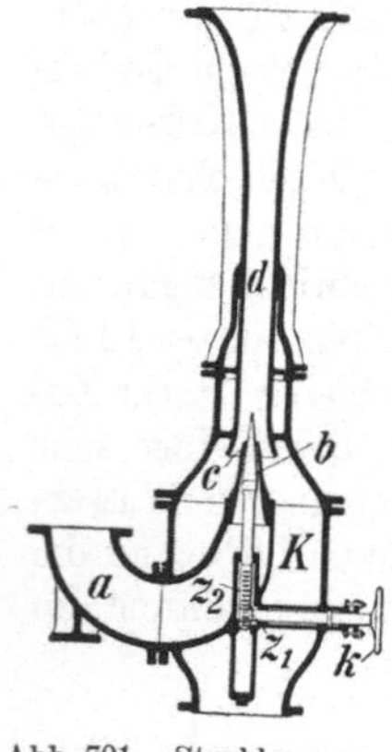

Abb. 701. Strahlpumpe im Schnitt.

Die Abb. 701 zeigt eine Wasserstrahlpumpe, wie sie die Firma Gebr. Körting in Hannover liefert, im Schnitt. Durch das Rohr a wird das Druckwasser zugeleitet. Es strömt aus der mittels des Kegels b mehr oder weniger verschließbaren Düse c aus, saugt das zu hebende Wasser bis in die Saugkammer K und befördert es von hier durch die Steigleitung d nach oben. Solche Pumpen werden für 100—1000 l minutlich bei Förderhöhen, die bis zu 80, ja 120 m ansteigen, zu Preisen von 400 bis 1300 RM. geliefert. Man wendet sie zuweilen beim Weiterabteufen von Schächten an, falls die Zuflüsse sich in mäßigen Grenzen halten und in der Steigleitung der ständigen Wasserhaltung Betriebswasser von genügend hohem Drucke zur Verfügung steht.

Von Dampfstrahlpumpen, deren Einrichtung im wesentlichen der Abb. 701 entspricht, macht man heute nur noch selten Gebrauch. Bei 5—6 at Dampfspannung sind Druckhöhen von 20—30 m erzielbar. Die Anschaffungskosten für solche Pumpen sind sehr gering und betragen nur etwa 100—200 RM.

Alle Strahlpumpen besitzen nur einen niedrigen Wirkungsgrad, der auf 10—20% eingeschätzt werden kann. Deshalb wendet man sie auch nur für geringe Leistungen an. Am günstigsten arbeiten noch die Wasserstrahlpumpen, falls billiges Druckwasser zur Verfügung steht; am teuersten stellt sich, wie auch sonst, die Druckluft.

35. — Mammutpumpen[1]) (Druckluft-Wasserheber, kolbenlose Pumpen) sind bereits mehrfach in diesem Bande erwähnt worden. Ihre eigenartige Wirkung beruht darauf, daß in eine von zwei einander das Gleichgewicht haltenden Wassersäulen Druckluft gedrückt wird, die im Wasser in Blasen aufsteigt, hierdurch das spezifische Gewicht dieser Wassersäule vermindert und ihr einen Auftrieb gegenüber der schwereren Wassersäule erteilt. Die Bauart geht aus den schematischen Abbildungen 702—704 hervor. Nach Abb. 702 ist das Steigrohr *a* von einem nur wenig weiteren Rohre *b* umgeben, dessen Kopfstück *c* nach oben hin luftdicht an das Rohr *a* anschließt. Die Druckluft wird durch das Röhrchen *d* eingepreßt und durch das Rohr *b* bis an das untere Ende des Steigrohres *a* geführt. Hier tritt sie in dieses über und steigt in und mit dem Wasser hoch. Nach Abb. 703 wird die Druckluft durch

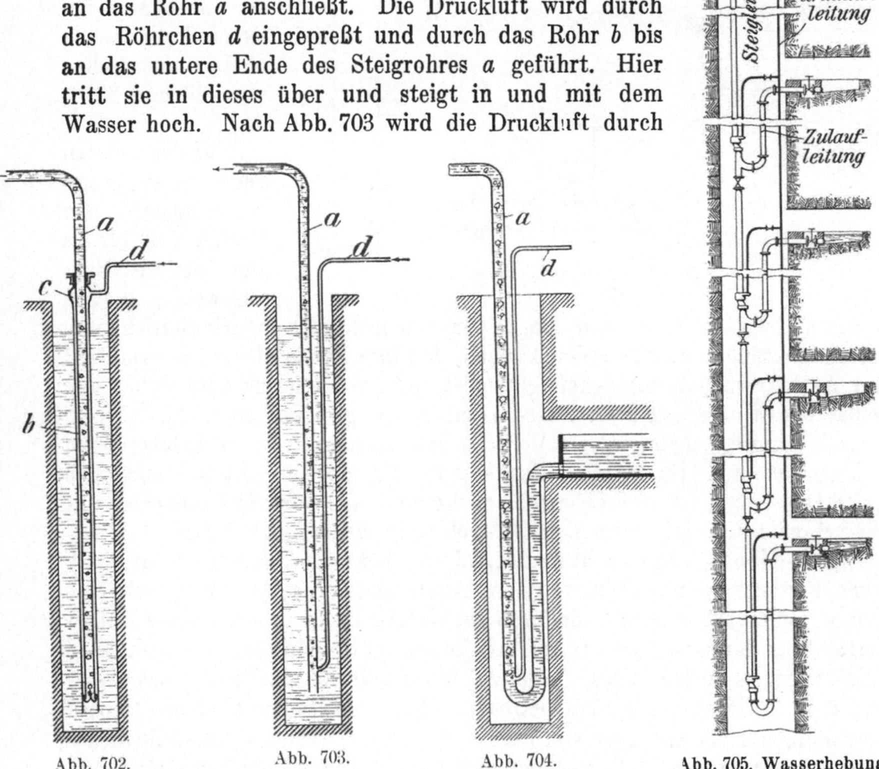

Abb. 702. Abb. 703. Abb. 704.

Mammutpumpen in verschiedenen Ausführungen.

Abb. 705. Wasserhebung mittels Mammutpumpe von verschiedenen Sohlen.

eine besondere, enge Rohrleitung *d* bis an das untere Ende der Steigleitung *a* geführt, wo sie in diese übertritt. Abb. 704 schließlich zeigt eine Ausführung, bei der die beiden Flüssigkeitsäulen ein unter dem Spiegel des Zuflusses liegendes U-Rohr erfüllen, so daß ein eigentliches Eintauchen nicht stattfindet. Im übrigen ist die Wirkung die gleiche. Die letztere Ausführung wird gern für die Wasserhebung aus Schächten von verschiedenen Sohlen angewandt, wie die Abb. 705 veranschaulicht.

---

[1]) Zeitschr. d. V. d. I. 1909, S. 545; H. Lorenz: Die Arbeitsweise und Berechnung der Druckluft-Flüssigkeitsheber; — ferner Zeitschr. d. Oberschl. Bergu. Hüttenm. Ver. 1926, S. 13; Fr. Dabrowski: Druckluftwasserheber

Der Druck der zugeführten Druckluft braucht nicht der vollen Steighöhe des Wassers, sondern nur der Tauchtiefe zu entsprechen, da ja zur Einleitung der Wasserhebung ein höherer Druck als der dieser Tiefe entsprechende beim Eintritt der Druckluft in das Wasser nicht zu überwinden ist.

Wie man leicht einsieht, tritt bei Mammutpumpen ein eigentliches Ansaugen des Wassers nicht ein; dieses muß vielmehr unter Druck dem Steigrohr zufließen. Die Eintauchtiefe beträgt zweckmäßig $^1/_2 - ^1/_3$ der Steighöhe, kann aber auch auf $^1/_8$ und noch darunter sinken. Zugleich sinkt freilich auch der Wirkungsgrad, der überhaupt in jedem Falle gering bleibt und zwischen etwa 20 und 30 % liegt.

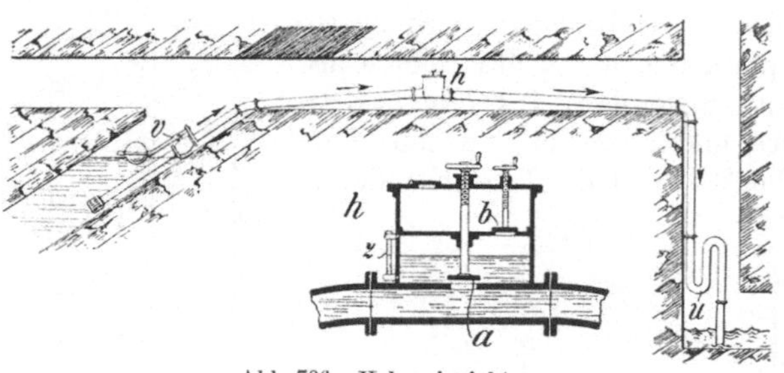

Abb. 706.   Hebereinrichtung.

Auf der anderen Seite haben Mammutpumpen den Vorteil, daß für sie ohne weiteres Röhrengestänge, die aus anderen Gründen, z. B. zum Tragen eines Schachtbohrers, erforderlich sind, als Steigleitung benutzt werden können, daß ihre Betriebsicherheit groß und ihre Ausbesserungsbedürftigkeit gering ist und daß sie ferner zum Heben von schlammigen und sandigen Wassern vorzüglich geeignet sind. Aus diesem Grunde benutzt man sie mit Vorliebe und ausgezeichnetem Erfolge beim Schachtabbohren im toten Wasser, wo die nötige Eintauchtiefe ohne weiteres gegeben ist, und es darauf an kommt, aus dem Tiefsten eines mit Wasser gefüllten Schachtes den Bohrschlamm herauf zu fördern.

36. — Heber. Es kommt manchmal vor, daß man Abbaue, die unterhalb einer Fördersohle umgehen, auch Abhauen und Gesenke, falls noch eine tiefere Sohle vorhanden ist, dadurch entwässern kann, daß man eine Hebervorrichtung einbaut, deren Ausflußöffnung unterhalb des zu senkenden Wasserspiegels liegen muß. Die zu überwindende Steighöhe des Wassers darf im Höchstfalle 10 m betragen. Beim Arbeiten mit solchen Hebern muß man, um ein Ansaugen von Luft zu vermeiden, zunächst für völlig dichte Leitungen Sorge tragen. Ferner muß man verhüten, daß Luft durch den Saugkorb oder auch durch den Ausguß aufsteigen kann. Zu diesem Zwecke sollen beide regelmäßig unter Wasser liegen. Damit der Heber den Saugkorb nicht bloßlegt, kann man nach Abb. 706 im Saugbehälter einen Schwimmer anbringen, der durch Hebelübertragung auf ein Einlaßventil v wirkt und dieses abstellt, sobald der Wasserspiegel unter ein bestimmtes Maß gesunken ist. Die Ausgußleitung kann man nach Abb. 706 (rechts unten bei u) U-förmig umbiegen, um ein Aufsteigen von Luftblasen, das natürlich nur bei langsamer Wasserförderung stattfinden kann, zu verhindern. Trotzdem kann am höchsten Punkte der Leitung sich allmählich aus dem Wasser Luft abscheiden, die schließlich die Wassersäule zum Abreißen bringt. Zur Entlüftung des Scheitelpunktes der Leitung werden bisweilen dauernd arbeitende Luftpumpen,

z. B. Strahlgeräte, vorgesehen. Wenn die Falleitung senkrecht an einen annähernd waagerecht zwischen Saug- und Falleitung verlegten Rohrstrang angeschlossen werden kann und die Fallgeschwindigkeit des Wassers nicht zu gering ist, kann man ein Fortsaugen der Luft durch das fallende Wasser selbst erreichen, so daß der Heber selbstentlüftend wirkt[1]). Unter anderen Umständen ordnet man am höchsten Punkte eine Entlüftungshaube h (Abb. 706, s. auch Nebenzeichnung) an, die eine obere und untere Abteilung besitzt. Die untere Abteilung steht während des Betriebes über das geöffnete Ventil a hinweg mit der Heberleitung in Verbindung, so daß Luftblasen in sie eintreten können. Ein Wasserstandszeiger z gibt über den Stand des Wasserspiegels Aufschluß. Sinkt dieser unter ein bestimmtes Maß, so schließt man Ventil a, öffnet Ventil b und füllt die untere Abteilung der Haube wieder mit Wasser, wobei die angesammelte Luft nach oben entweicht. So kann leicht ein ununterbrochener Betrieb des Hebers sichergestellt werden.

Beobachtet man die vorstehend kurz erläuterten Vorsichtsmaßregeln nicht, so wird man mit Hebern keine guten Erfahrungen machen. Bei genügender Sorgfalt arbeiten sie bis zu Steighöhen von 7—8 m einwandfrei.

D. Sonderwasserhaltung.

37. — Anwendung der verschiedenen Pumpenarten. In der Regel werden die von der Sonderwasserhaltung zugeführten Wasser in offenen oder, um den Wetterstrom nicht zusätzliche Feuchtigkeit aufnehmen zu lassen, in abgedeckten Wasserseigen der Sumpfstreckenanlage zugeleitet. Zu diesem Zweck werden kleine, mit Druckluft betriebene Duplexpumpen mit einer Förderleistung bis 400 l/min auf 85 m Förderhöhe oder bei größeren Leistungen die von der Firma Jaeger & Co., Leipzig, gelieferten Streckenpumpen mit 500 l/min bis zu 125 m Förderhöhe an tiefer gelegenen Punkten der Grubenbaue aufgestellt; die Förderhöhen werden allerdings selten ganz ausgenützt (Abb. 707). Die in einem kräftigen Arbeitsgestell eingebaute Pumpe kann in senkrechter, waagerechter und schräger Lage arbeiten. Bei Antrieb durch einen Elektromotor ist sie mit einer Schaltvorrichtung versehen, die die Pumpe selbständig abstellt, wenn der Wasserspiegel so weit gesunken ist, daß die Pumpe leerläuft. Am häufigsten wird aber in der Sonderwasserhaltung die Mammutpumpe eingesetzt, die sich durch Einfachheit,

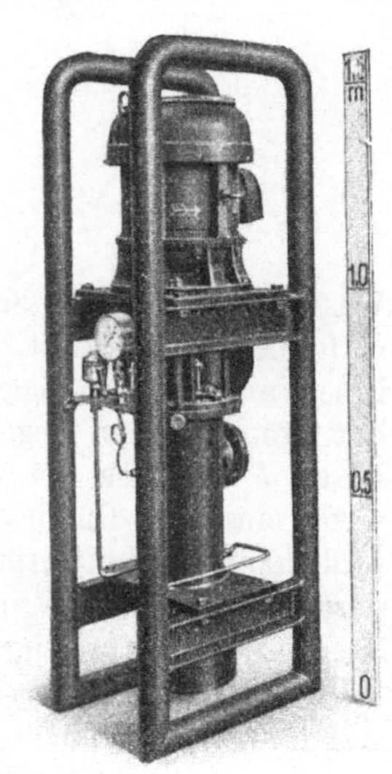

Abb. 707.
Streckenpumpe der Firma
Jaeger & Co.

Betriebssicherheit und Zuverlässigkeit auszeichnet. Die Wirtschaftlichkeit beim Einsatz solcher Pumpen ist aber nur dann gewährleistet, wenn nach den örtlichen Betriebsbedingungen richtig gewählte und berechnete Abmessungen ver-

---

[1]) Braunkohle 1929, S. 769; A. Vogt: Der selbstentlüftende Heber im Bergbau.

wendet werden, wobei der Durchmesser des Pumpenrohres nach der Menge der Zuflüsse, der Durchmesser des Druckluftrohres nach der Menge der nötigen Druckluft bestimmt wird. Diese einzelnen Pumpenarten werden sinngemäß ebenfalls in Abbaustrecken, Bandstrecken und Streben eingesetzt.

In Gesenken, Abhauen und Bremsbergen findet außerdem auch vielfach die Voco-Pumpe der Firma Göllner & Vonderbank, Aachen (Abb. 708), Anwendung. Sie kann sowohl als Unterwasser- wie auch als Druck- oder Saugpumpe arbeiten und besteht aus einem Kessel B, in den durch das Einlaßventil A das Wasser gesaugt wird. Der Schwimmer C schließt bei ansteigendem

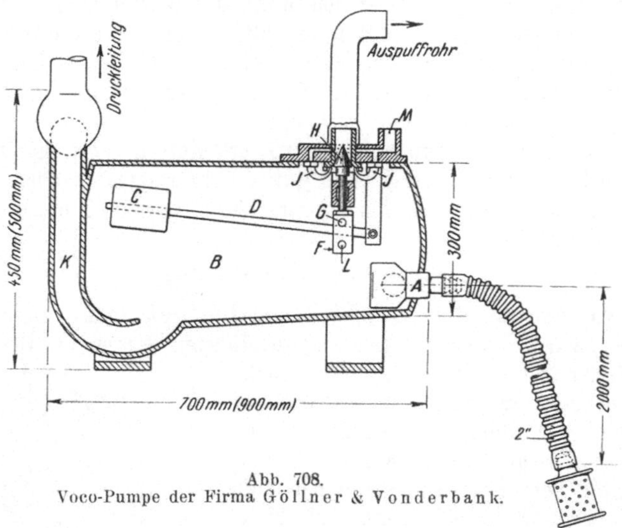

Abb. 708.
Voco-Pumpe der Firma Göllner & Vonderbank.

Wasserspiegel über die Schwimmerstange G durch den Steuerhebel H das Auspuffrohr. Die Druckluft, die aus den Düsen J tritt, drückt das im Kessel befindliche Wasser in die Steigleitung K. Dabei sinkt der Schwimmer, und die Druckluft strömt an dem Kegel H vorbei in das Auspuffrohr und erzeugt durch die Düsen J im Kessel ein Vakuum, welches das Wasser durch das Einlaßventil wieder ansaugt. Durch einen Bohrhahn, der in den Anschluß M geschraubt wird, kann der Luftverbrauch bei verschieden starkem Wasserzufluß geregelt, werden. Diese einfache und zuverlässig arbeitende Pumpe wird für Leistungen bis zu 200 l/min für eine Druckhöhe von 40 m gebaut.

Sind die Querschläge und Richtstrecken in zum Quellen neigendem Gebirge aufgefahren, so kann es zweckmäßig sein, an Stelle der Wasserseigen Rohrleitungen vorzusehen und das Wasser mit Hilfe von an geeigneten Punkten aufgestellten Pumpen der erwähnten Bauarten bis zur Sumpfstrecke zu fördern, wie dieses z. B. auf der Zeche Graf Moltke der Gelsenkirchener Bergwerks A.G. geschieht.

E. Die Wasserhaltung beim Schachtabteufen.

38. — Allgemeines. Das Auftreten von Wasser beim Abteufen eines Schachtes verursacht nicht nur unmittelbare Kosten durch Einbau und Betrieb von Pumpen, sondern auch mittelbare, da die auf der Sohle vorzunehmenden Arbeitsvorgänge erschwert werden und die Schachthauerleistung sowie die Vortriebsleistung beträchtlich sinken. Bei einem Schacht von 6 m lichtem Durchmesser z. B. verursachen Wasserzuflüsse von 100—250 l/min bis zu etwa 100 m Teufe im Durchschnitt Mehrkosten von rund 35%, 250 bis 500 l/min rund 50%, 500—750 l/min rund 60% und Zuflüsse von 750—1000 l/min sogar Mehrkosten von rund 80%.

Schon bei 200 m Teufe verschlechtert sich dieses Verhältnis immer mehr, so daß bei Zuflüssen von 750—1000 l minutlich rund 90% Mehrkosten aufgewendet werden müssen als bei einem völlig trockenen Schacht. Bei 300 m Teufe beläuft sich dieser Satz auf über 100% usw. Bei einer Normalleistung von 1 m je Tag erschweren schon Zuflüsse von 500 l/min die Abteufarbeiten so stark, daß dieselbe Leistung im gleichen Schacht von 6 m Durchmesser erst in zwei Tagen erzielt werden kann. Diese Erfahrungen haben dazu geführt, daß man bestrebt ist, nach Möglichkeit schon bei Zuflüssen von über 200 l/min die zusitzenden Wasser durch Zementieren abzusperren.

Werden Pumpen eingesetzt, so fordern die besonderen Bedingungen des Schachtabteufens, daß sie wenig Platz einnehmen und den Querschnitt des Schachtes wenig verengen. Dementsprechend ist eine hohe Bauart zulässig, wenn nur die Grundfläche keine großen Abmessungen besitzt. Die Abteufpumpen müssen außerdem leicht tiefer gebracht und unter Umständen auch aufwärts bewegt werden können. Am besten ist es, wenn sie nicht fest verlagert zu werden brauchen und einen so ruhigen Gang haben, daß sie an Seilen aufgehängt werden können. Erwünscht ist ferner, daß sie das Wasser möglichst in einem Satze bis zutage heben, damit nicht eine mehrfache Anordnung von übereinander befindlichen Pumpen im Schachte notwendig wird. Dabei muß unter Umständen die Wasserhaltung sehr leistungsfähig sein und soll selbst bei schlammigem, unreinem, salzigem oder saurem Wasser betriebsicher bleiben. Schließlich ist auch eine Erwärmung des Schachtes möglichst zu vermeiden. Die größtmögliche Billigkeit im Betriebe ist wohl erwünscht, steht aber beim Schachtabteufen, das doch immer nur eine beschränkte Zeit dauert, nicht in erster Linie. Der Wirkungsgrad tritt also in den Hintergrund.

39. — Anwendbarkeit der verschiedenen Wasserhebevorrichtungen. Bei einem Schachtdurchmesser von 4—5 m werden geringe Zuflüsse bis zu 15 l/min, ebenfalls Zuflüsse bis 30 l/min bei einem größeren Schachtdurchmesser von etwa 6—7 m am einfachsten durch die Kübelförderung selbst kurz gehalten. Zu diesem Zweck stellt man eine kleine, tragbare Kreiselpumpe (Abb. 709), wie sie von der Firma Jaeger & Co., Leipzig, geliefert wird, auf der Schachtsohle auf, die in einen seitlich abgestellten Bergekübel das zufließende Wasser pumpt. Diese kleine Pumpe, „Wasserjäger" genannt, ist sehr handlich, wiegt etwa 25—50 kg und bedarf keinerlei Wartung. Sie wird auch an anderen Stellen gern verwandt. Der Druckluft- oder Drehstrommotor ist durch eine senkrechte Welle mit dem Laufrad der Pumpe verbunden. Durch Vorschalten einer Schwimmerschaltvorrichtung kann die Pumpe selbsttätig arbeiten.

Sind die Wasserzuflüsse größer, so kann dieser Wasserjäger bei einem Preßluftdruck von 5 atü 50 l/min auf 40 m Höhe fördern oder 200 l/min auf 25 m Höhe. Für diese Leistungen hat sich auch die Voco-Pumpe der Firma Göllner & Vonderbank, Aachen, gut bewährt, die im Abschnitt „Sonderwasserhaltung" näher beschrieben ist. Daneben werden Druckluft-Duplexpumpen bis zu einem

Zufluß von 500 l/min mit Erfolg eingesetzt. Bei stark sandhaltigem und beim Zementieren oder beim Schachtausbau durch Zement verunreinigtem Wasser kommen vielfach auch Pleiger-Druckluftpumpen zur Anwendung (Abb. 710), mit einer Förderleistung bis zu 800 l/min, bei einer manometrischen Förderhöhe bis zu 150 m. Diese Pumpe besitzt eine Ledermembrane als Trennwand zwischen Druckluft, Steuerorganen und Flüssigkeit. Zur Überwindung von Förderhöhen, welche größer sind als der vorhandene Betriebsdruck, kann nach Art einer Mammutpumpe durch einen Strahlrohrhahn Druckluft zugeführt werden. Zuflüsse über 200 l/min bis zu 1 m³/min werden entweder durch mit Druckluft betriebene Abteufsenkpumpen (Weise-Söhne, Schwade) oder bis zu mehreren m³/min durch elektrische Kreiselhängepumpen kurz gehalten (s. Ziff. 42). Sie

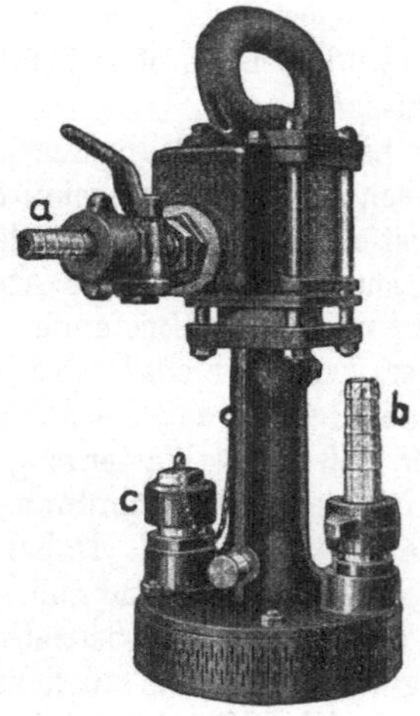

Abb. 709.
Tragbare Kreiselpumpe der
Firma Jaeger & Co.

Abb. 710. Druckluftpumpe
der Firma Pleiger.

lassen sich mit senkrechter Achse einbauen, so daß sie den Querschnitt des Schachtes nur in geringem Maße in Anspruch nehmen (Abb. 711). An Seilen aufgehängt können sie leicht gehoben und gesenkt werden. Sie sind weniger empfindlich gegen schmutziges, schlammiges Wasser und lassen sich leicht auch unempfindlich gegen salzhaltiges und saures Wasser herstellen.

Die Kreiselpumpen erreichen nach Ziff. 29 ihren günstigsten Wirkungsgrad nur dann, wenn ihre Umlaufzahl, die Förderhöhe und Fördermenge in einem bestimmten Verhältnis stehen. Gerade beim Schachtabteufen kann dieses Verhältnis naturgemäß nicht eingehalten werden. Bei zu geringer Förderhöhe und Fördermenge kann man sich durch Abdrosseln helfen, obwohl dies Verfahren unwirtschaftlich ist. Will man in solchem Falle an Kraft sparen, so setzt man statt eines oder mehrerer Laufräder Blindflanschen ein, so daß nur ein Teil der Laufräder wirksam bleibt und die Pumpe mit dem jeweils besten Wirkungsgrad arbeitet. Freilich muß hierfür die Pumpe zutage gehoben und der Betrieb unterbrochen werden.

Übersteigt die Förderhöhe nur zeitweise den von der Pumpe erzeugten Druck, so kann man sich beim Vorhandensein eines Kompressors dadurch helfen,

daß man in die Steigleitung Druckluft (nach Art einer Mammutpumpe) einströmen läßt. Die in Blasen aufsteigende Luft vermindert das Gewicht der
Wassersäule beträchtlich, so daß die Förderhöhe entsprechend steigt. Selbstverständlich ist dies Verfahren teuer; immerhin kann es über manche beim
Abteufen auftretenden Schwierigkeiten unter Vermeidung größerer Kosten
hinweghelfen und deshalb angebracht sein.

Pulsometer sind dagegen als veraltet zu betrachten. Sie haben einen zu hohen Dampfverbrauch und
sind wegen ihrer Wärmeentwicklung lästig; zudem erfordert ihr Betrieb drei Leitungen: eine Dampfzuleitung, eine Dampfableitung und die Wasser-
steigeleitung.

Auch Mammutpumpen lassen sich beim Schachtabteufen mit Arbeit auf der Sohle verwenden,
wenn, wie dies Abb. 712 für einen bestimmten Fall[1])
veranschaulicht, ein genügend tiefes Bohrloch benutzt
werden kann. Um den Schacht unter den gegebenen
Verhältnissen von 100—175 m Tiefe im wasserführenden Gebirge niederzubringen, wurde ein Bohrloch
bis 250 m Teufe hergestellt und mit gelochten Rohren
von 525 mm lichter Weite verkleidet. Eine Mammutpumpe förderte sodann aus dem Bohrlochtiefsten nicht
allein das zusitzende Wasser, sondern auch das mit
Hacke und Spaten gelöste Gebirge, das man in das
Bohrloch warf, zutage.

Ähnlich verfuhr man beim Abteufen der am Niederrhein gelegenen Schächte Walsum 1 und 2, als sich
im Steinkohlengebirge Wasser einstellten, die bis zu
2,3 m³/min anstiegen[2]). Zunächst wurde ein Bohrloch
von 300—400 mm Durchmesser und 100 m Teufe
hergestellt, das mit Sand bis auf 30 m unter der
Abteufsohle angefüllt wurde. Die eingehängte Mammutpumpe hob bei einer Eintauchtiefe von 30 m die
Wasser auf eine Höhe von 60 m einer ortsfest aufgestellten Pumpe zu. Entsprechend dem Abteuffortschritt wurde die Mammutpumpe zwecks Beibehal-
tung ihrer Eintauchtiefe gesenkt, wobei der Füllsand
ohne weiteres durch die Saugwirkung der Pumpe
entfernt wurde. Um Beschädigungen der Mammut-

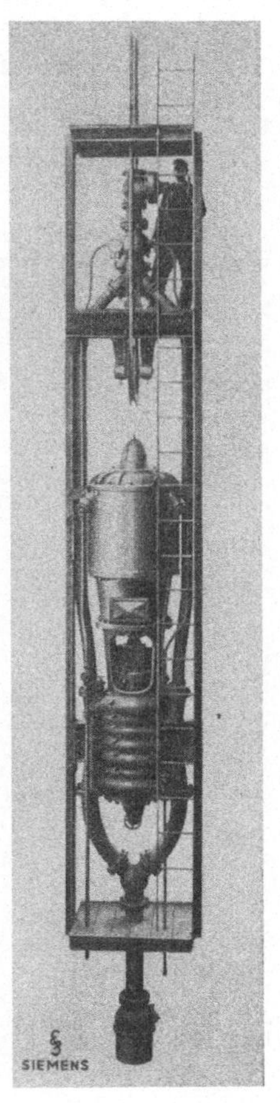

Abb. 711. Kreiselhänge-
pumpe der Siemens-
Schuckert-Werke.

pumpe bei der Schießarbeit zu vermeiden, wurde in die Bohrlochmündung
ein Schutzrohr von 40 mm Wandstärke eingehängt, das 3,5 m tief in das
Bohrloch reichte und noch 1,5 m über die Schachtsohle hinaus ragte. Im
oberen Drittel war die Wandung zwecks Erleichterung des Abflusses der
Wasser in das Bohrloch gelocht. Das Verfahren bewährte sich in jeder

---

[1]) Glückauf 1921, S. 1137; Th. Steen: Erfahrungen mit Mammutpumpen
im Bergwerksbetriebe.
[2]) Bergbau 1932, S. 127; W. Roelen: Verwendung von Mammutpumpen beim
Schachtabteufen.

Hinsicht und stellte sich bei stark gesteigerter Abteufleistung insgesamt erheblich billiger als die Verwendung der vorher benutzten Duplex-Abteufpumpen.

Übersteigt die Teufe die Förderhöhe der Pumpen, so muß die Wasserhebung absatzweise durchgeführt werden. Es geschieht dies dadurch, daß alle 80—120 m kleine Pumpenkammern angesetzt werden, die zur Aufnahme ortsfester, elektrisch angetriebener Kreiselpumpen dienen. Ist bei mächtigem Deckgebirge die Anlage einer solchen Pumpenkammer nicht möglich, so müssen im Schachtquerschnitt selbst Wassergefäße als Sumpf dienen, aus denen das Wasser durch elektrische Hängepumpen weiter nach oben gedrückt wird. Oder aber es wird unterhalb des Deckgebirges eine größere Pumpenkammer hergestellt, aus der das Wasser in einem Satz zutage gehoben werden kann.

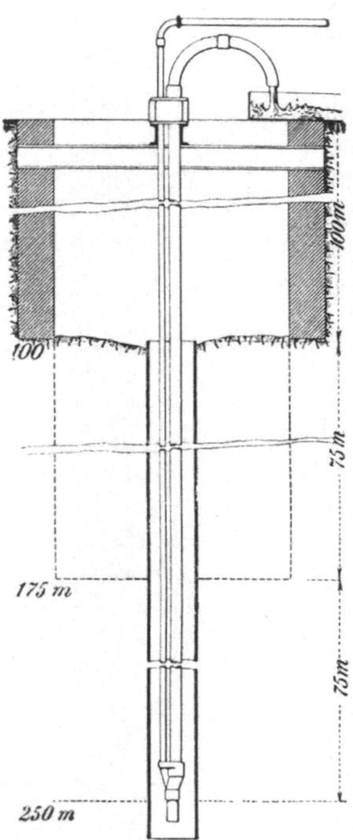

Abb. 712. Schachtabteufen unter Benutzung einer Mammutpumpe.

40. — Besondere Vorkehrungen an Abteufpumpen. Die Notwendigkeit des Senkens der Abteufpumpen während des Betriebes macht über Tage besondere Vorkehrungen für den Anschluß des Kraftmittels und für den Wasserausfluß notwendig.

Bei den elektrisch angetriebenen Pumpen macht freilich die Kraftzuleitung keine Schwierigkeit, da das auf Rollen gewickelte Kabel leicht nachgelassen werden kann. Bei Druckluftpumpen aber muß man in die Zuleitung des Betriebsmittels ein Stopfbüchsenrohr einschalten, das sich auf eine gewisse

Abb. 713. Ausziehbares Schläucherrohr.

Länge ausziehen läßt. Bei kleineren Pumpen verbindet man auch wohl statt dessen den waagerechten Teil des Kraftzuleitungsrohres über Tage mit dem im Schachte befindlichen senkrechten Teile durch einen längeren Schlauch. Um ein Auf- und Niederbewegen des Ausflußrohres möglich zu machen, läßt man die Steigleitung in einiger Höhe über einem Abflußgerinne ausgießen.

Damit man bei nur geringer Vertiefung des Schachtes nicht so oft die ganze Pumpe senken muß, wird man häufig vorziehen, allein mit dem Saugrohr dem Tieferwerden des Schachtes zu folgen. In solchem Falle wendet man sog. „Schläucherrohre", die in einer das „Degenrohr" umgebenden Stopfbüchse ausziehbar sind, an (Abb. 713). Auch benutzt man zu diesem Zweck als Saugleitung biegsame, mit Hanf umsponnene Gummi-

schläuche, die innen durch eine Stahlspirale verstärkt werden. Das unterste
Stück dieses Schlauches kann auf die Sohle gelegt werden, so daß eine gewisse Vertiefung des Schachtes möglich ist, ohne daß der Saugkorb die
Schachtsohle verläßt. Dabei besteht noch die Annehmlichkeit, daß das
Ende mit dem Saugkorbe ohne weiteres an den jeweilig tiefsten Punkt
der Schachtsohle gebracht werden
kann.

Da längere Schläuche aus Gummi
mit Innenspirale teuer und wenig
haltbar sind, begnügt man sich
auch wohl mit kurzen, biegsamen
Zwischenstücken, die zwischen die
Pumpe und das starre, stählerne
Saugrohr eingeschaltet werden und
diesem eine gewisse seitliche Beweglichkeit gestatten.

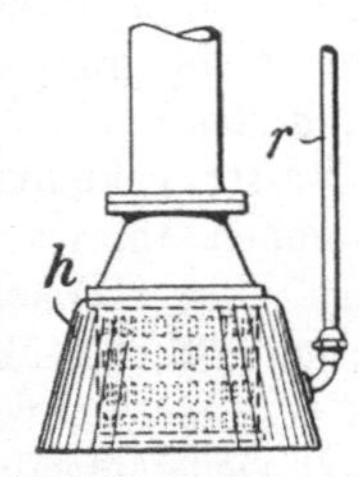
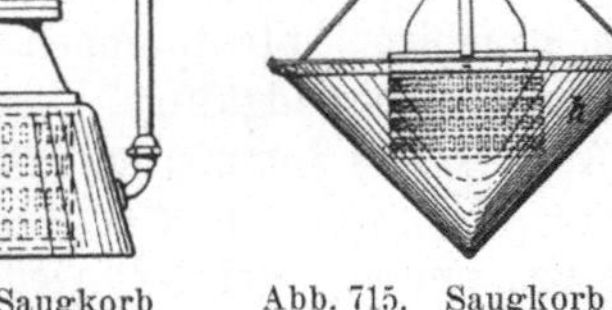

Abb. 714. Saugkorb mit oben geschlossener Haube.

Abb. 715. Saugkorb mit oben offener Haube.

Der Saugkorb ist beim Schachtabteufen sorgfältig gegen den Eintritt von Verunreinigungen zu schützen. Abb. 714 zeigt einen Schutz gegen
schwimmende Stoffe wie Holzspäne u. dgl. Die mit der Atmosphäre durch ein
Rohr *r* in Verbindung stehende Haube *h* umschließt den Saugkorb. Sinkt der
Wasserspiegel unter die Eintrittstelle des Rohres *r*, so tritt Luft in die
Haube, und das Pumpen hört auf. Abb. 715
zeigt einen Saugkorb mit einer gegen
das Ansaugen von Gasen nach unten gerichteten Haube *h*[1]). Beide Vorkehrungen
können auch miteinander vereinigt werden.

**41. — Abteufen unter Benutzung
eines Bohrlochs.** Bisweilen kann man
die beim Schachtabteufen zusitzenden
Wasser durch Stoßen eines Bohrlochs bereits vorhandenen tieferen Grubenbauen
zuführen. Die Abführung der Wasser durch
das verrohrte Bohrloch macht insofern
Schwierigkeiten, als die in das Rohr im
jeweiligen Schachttiefsten geschlagenen
Abflußlöcher nur schwer auf die Dauer

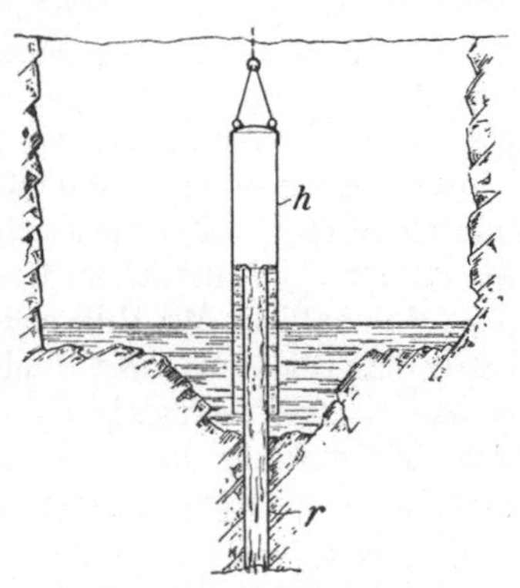

Abb. 716. Glockenheber.

offen zu halten und auch unter Umständen Verstopfungen des Rohres
selbst zu befürchten sind.

Für solche Fälle hat sich ein Glockenheber (Abb. 716) gut bewährt[2]).
Das im Bohrloche niederstürzende Wasser übt eine starke Saugwirkung aus,
die zur Folge hat, daß der Wasserspiegel innerhalb des Hebers ansteigt,
bis das Wasser von oben in das Rohr fällt. Um den Heber in Tätigkeit
zu setzen, braucht man im Schachttiefsten nur ein Loch in das Rohr zu
schlagen, so daß Wasser in dieses zu fallen beginnt. Der Glockenheber

---

[1]) Montanist. Rundsch. 1915, S. 531; F. Koneczny: Betriebserfahrungen
mit Zentrifugalpumpen.

[2]) Montanist. Rundsch. 1918, S. 515; H. Neubauer: Der Glockenheber,
eine betriebsichere Wasserlosungseinrichtung usw.

kann so kräftig ausgeführt sein, daß er auch beim Schießen in seiner Stellung verbleibt und die obere Rohröffnung gegen das Hineinfliegen grober Stücke schützt.

42. — **Die Sümpfung ersoffener Gruben** hat insofern mit der Wasserhaltung beim Schachtabteufen Ähnlichkeit, als zunächst die Pumpen leicht senkbar im Schachte selbst untergebracht werden müssen. Die Schwierigkeiten der Sümpfung sind nicht groß, wenn die Wasserzugänge gering sind und die Grube nur durch das Fehlen genügender Pumpeinrichtungen oder deren Versagen unter Wasser gekommen ist. In solchen Fällen wendet man beliebige Abteufpumpen an, bis man die tiefste Sohle erreicht hat und hier eine endgültige Wasserhaltung in Betrieb bringen kann.

Auch ist das Sümpfen mit Tauchgefäßen bei geringeren Teufen von 100 bis 200 m üblich, wobei diese entweder für sich am Seil oder unter dem Förderkorb befestigt werden. Bei der Wiederaufwältigung des Schachtes Gemeinschaft des Eschweiler Bergwerksvereins[1]) erfolgte z. B. das Sümpfen mit Hilfe zweier Tauchgefäße, die ohne Führungseil sich frei im Schacht mit einer Geschwindigkeit von 2—3 m/s bewegten. Über Tage wurden diese zylindrischen Tauchgefäße mit rund 1 m³ Inhalt durch ein Bodenventil in einem Wasserwagen entleert.

Dieses Sümpfen mit Tauchgefäßen ist eine Abart der veralteten, früher häufig angewandten Tomsonschen Wasserziehvorrichtung. Der besondere Vorteil dieses Verfahrens bestand darin, daß alle erforderlichen Einrichtungen an Seilen aufgehängt, entsprechend dem Wechsel des Wasserspiegels oder dem Vorrücken des Abteufens, gehoben oder gesenkt werden konnten. Als Tauchgefäße wurden zylindrische Wasserkübel bis zu 12 m³ Inhalt verwendet, die durch Führungsseile geführt, in Sumpftonnen bis zu 16 m³ Inhalt getaucht wurden und sich durch Ventilklappen selbständig füllten. Als Zubringerpumpen dienten zwei mit Druckluft betriebene Duplexpumpen mit einer Förderleistung von etwa 7—8 m³ minutlich. Mit Hilfe solcher Wasserzieheinrichtungen konnten 4—6 m³ Wasser minutlich aus einer Teufe von 600 m gehoben werden. Die durch sie bedingte starke Verengung des Schachtquerschnitts und außerdem die technische Entwicklung der Kreiselpumpen haben diese an sich leistungsfähige Wasserziehvorrichtung inzwischen verdrängt.

Allerdings macht häufig die Unterbringung der Pumpeneinrichtungen im Schachtquerschnitt Schwierigkeiten. In der Regel steht ja nicht die gesamte Schachtscheibe zur Verfügung, da ein oder mehrere Trumme für das Einhängen der Maschinenteile der später einzubauenden, ortsfesten Wasserhaltung und für sonstige Förderzwecke frei gehalten werden müssen. Man greift in solchen Fällen gern auf Pumpen der gedrängtesten Bauart (z. B. auf Mammutpumpen) zurück, die zudem oft die schnellste und einfachste Hilfe darstellen, wenn die nötige Eintauchtiefe vorhanden ist und Druckluft in ausreichender Menge zur Verfügung steht. — Eine Spitzenleistung beim Einsatz von Mammutpumpen hat man bei der Sümpfung lothringischer Kohlengruben erzielt[2]). So wurden bei der Sümpfung der Merlenbach-Schächte, denen 32—35 m³ Wasser

---

[1]) Glückauf 1937, S. 881; C. H. Fritzsche: Die Wiederaufwältigung des Schachtes Gemeinschaft des E. B. V.

[2]) Bergbau 1941, S. 201; von Bernstein und Pickert: Der Einsatz von Mammutpumpen bei der Sümpfung der lothringischen Kohlengruben.

minutlich zufließen, 3 Mammutpumpen eingesetzt. Sie lieferten bei einer Eintauchtiefe von 60 m insgesamt 90 m³ Wasser minutlich auf eine Förderhöhe von 120 m und 40 m³ Wasser auf 335 m Förderhöhe. Der Druckluftverbrauch belief sich auf stündlich 150000 m³ angesaugter Luft. Da jede der Mammutpumpen einschließlich Rohre und Seile rund 80 t wogen, wurde eine besondere Anordnung der Aufhängung der Pumpen im Schacht gewählt, die aus Abb. 717

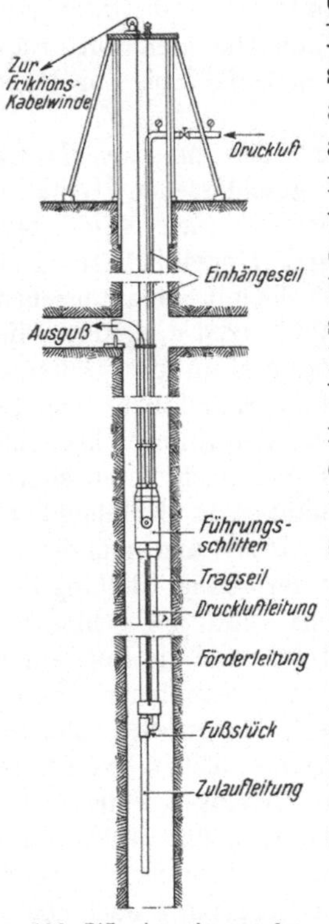

Abb. 717. Anordnung der Aufhängung von Mammutpumpen im Schacht.

ersichtlich ist. Ein an einem Seil aufgehängter Führungsschlitten übernahm das Gewicht der Gesamtlänge der Rohrleitungen, von denen rund 300 m auf dem Schlitten stand und etwa 100 m unter ihm an einem Tragseil aufgehängt waren. Diese Anordnung ermöglicht es, dünnwandigere Blechrohre zu verwenden, deren Wandstärke lediglich nach dem Betriebsdruck und auf Knickung berechnet zu werden braucht. Durch sorgfältige Bemessung des erforderlichen Rohrquerschnittes wurde der günstigste Wirkungsgrad im Verhältnis von Luftmenge zur Wassermenge erzielt und ein reibungsloser und wirtschaftlicher Verlauf der Sümpfungsarbeiten durchgeführt.

Ferner eignen sich für eine Leistung bis zu etwa 5 m³/min auch Unterwasserpumpen der Firmen Siemens-Schuckert-Werke in Berlin (Abb. 718), Deutsche Werke in Kiel, Gebr. Ritz & Schweizer in Schwäbisch-Gemünd, Pleuger in Berlin u. a., die wegen ihrer gedrängten Bauart auch zu mehreren Pumpen gleichzeitig in den ersoffenen Schacht eingehängt werden können und deren Besonderheit darin besteht, daß sie unter Wasser arbeiten können. Diese Unterwasserpumpen sind Tauchkreiselpumpen, auf welche die frei tragende Steigeleitung aufgesetzt wird. Der Motor wird durch das Wasser selbst gekühlt. Durch Kabelwinden werden die Tauchpumpen entsprechend dem sinkenden Wasserspiegel nachgelassen.

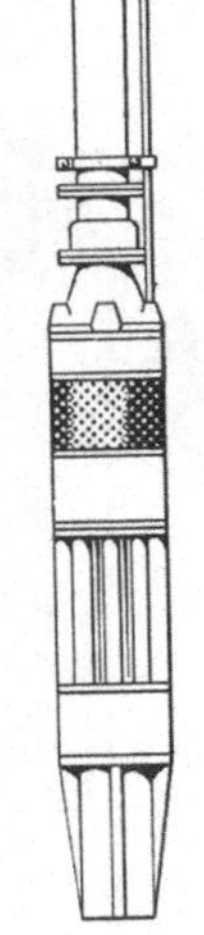

Abb. 718. Tauchkreiselpumpe der Siemens-Schuckert-Werke.

Bei größeren Leistungen von etwa 3—8 m³/min und Druckhöhen bis etwa 250 m werden häufig auch stärkere Kreiselpumpen eingesetzt, die mittels eines meist hölzernen Pumpenbockes an einem Tragseil, welches über eine an der Pumpe befestigten Rolle führt, aufgehängt und durch Kabelwinden im Schacht bewegt werden. Zwischen den Tragseilen wird durch Schellen die Steigeleitung geführt, die beim Hängenlassen der Pumpe durch Aufsetzen weiterer Rohre verlängert werden kann.

Bei starken Wasserzugängen in tiefen Gruben muß man absatzweise sümpfen, indem man seitlich des Schachtes auf einer vorhandenen oder zu diesem Zwecke neu geschaffenen Zwischensohle ortsfeste Wasserhaltungsanlagen aufstellt, denen die Senkpumpen auf eine verhältnismäßig niedrige Druckhöhe zuzuheben haben.

43.—Schachtsumpf-Entleerer[1]). Oft sind zum Trockenhalten des Sumpfes unter Förder- und Stapelschächten, Bremsbergen usw. besondere Wasserhebevorrichtungen erforderlich. Zu solchem Zwecke benutzt man z. B. Strahlund Mammutpumpen (s. Ziff. 34 und 35), die nach Bedarf in Betrieb gesetzt werden, oder auch bei einem gewissen Wasserstande sich selbsttätig einschaltende Druckluftgeräte, die das Wasser durch unmittelbaren Luftdruck auf die Flüssigkeitsoberfläche in einem geschlossenen Gefäße bis zur Höhe der Wasserseige fördern.

Sehr verbreitet ist die „Schwimmerpumpe" der Maschinenfabrik Prein & Co. in Dortmund (Abb. 719). Im geschlossenen Gehäuse a ist ein oben offener Schwimmer b angeordnet, in den von oben her das Steigrohr c eingeführt ist. Das Wasser tritt durch die mit Schlammsieben versehenen Einlaufstutzen $d_1 d_2$ über die Rückschlagklappen $e_1 e_2$ in das Gehäuse ein, füllt zunächst dieses und fließt schließlich von oben in den Schwimmer, bis auch dieser gefüllt ist und nach unten sinkt. Der Schwimmer betätigt durch Hebelübertragung $f_1 f_2$ die Luftaus- und -einlaßventile g_1 und g_2. In der oberen Stellung des Schwimmers ist das Ventil g_2 geschlossen, das Ventil g_1 geöffnet, und die Luft kann frei aus dem Gehäuse entweichen. Beim Niedersinken des Schwimmers schließt sich g_1, während sich g_2 öffnet. Nun tritt Druckluft in das Gehäuse, schließt die Rückschlagklappen $e_1 e_2$ und drückt das in und über dem Schwimmer stehende Wasser durch das Steigrohr c nach oben. Sobald dies geschehen ist, steigt der Schwimmer wieder in die Höhe, verschließt das Ventil g_2 und öffnet das Ventil g_1, so daß das Spiel von neuem beginnen kann. Ein Rückschlagventil h in der Steigleitung verhindert ein Zurückfallen des Wassers. Durch die verschließbare Öffnung i kann der etwa eingedrungene Schlamm entfernt werden.

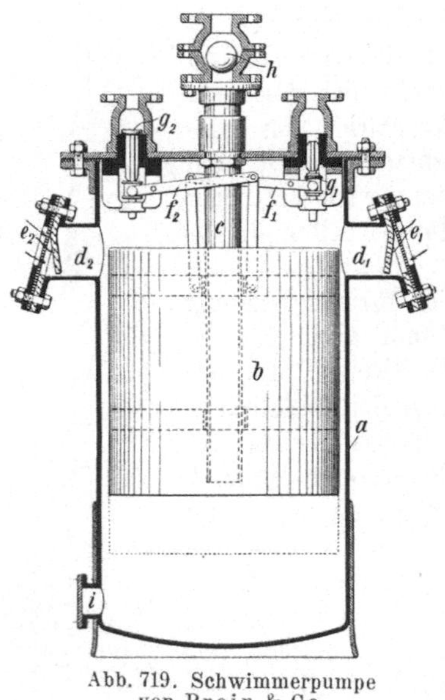

Abb. 719. Schwimmerpumpe von Prein & Co.

Die Schwimmerpumpe, die für Leistungen von 6—30 m³ in der Stunde gebaut wird, arbeitet einfach und zuverlässig. Sie schaltet sich, falls Druckluft vorhanden ist, beim Ansteigen des Wassers selbsttätig ein und kommt auch von selbst zum Stillstand, wenn der Wasserzufluß aufhört.

In ähnlicher, freilich nicht selbsttätiger Weise kann auch die Schlamm-

[1]) Bergbau 1928, S. 481; E. Nattkemper: Selbsttätige Schachtsumpfentleerer; — ferner Zeitschr. f. d. Berg-, Hütt.- u. Sal.-Wes. 1929, S. B 15; Versuche und Verbesserungen.

entfernung aus den Sümpfen bewirkt werden[1]). Man saugt zunächst den Schlamm in einen Behälter, indem man in diesem durch eine Strahlpumpe Luftverdünnung erzeugt. Nach Umstellung der Ventile wird der Schlamm durch Druckuft in Förderwagen gedrückt, um sodann weiterbefördert zu werden.

III. Die Überwachung und die Kosten der Wasserhaltung.

44. — Wassermessung. Für die Sicherheit des Grubengebäudes ist eine planmäßige Überwachung der Wasserzuflüsse von großer Wichtigkeit. Diese Überwachung erstreckt sich nicht allein auf die Ermittlung der gesamten geförderten Wassermenge über Tage, sondern es muß vielmehr auch zur richtigen Beurteilung festgestellt werden, von welcher Stelle die Grubenwasser unter Tage fließen und wie stark deren einzelne Zuflüsse sind. Zweckmäßig werden in den einzelnen Strecken an geeigneten Punkten Meßstellen eingerichtet, an denen die Zuflüsse mindestens einmal im Monat gemessen werden. An Hand der Meßergebnisse, die durch Wasseranalysen ergänzt werden, gibt ein besonders aufgestellter **Grubenwasserstammbaum**[2]) einen klaren Überblick der Wasserverhältnisse der Grube und ermöglicht ein sicheres Urteil ihrer jeweiligen Veränderungen (Abb. 720).

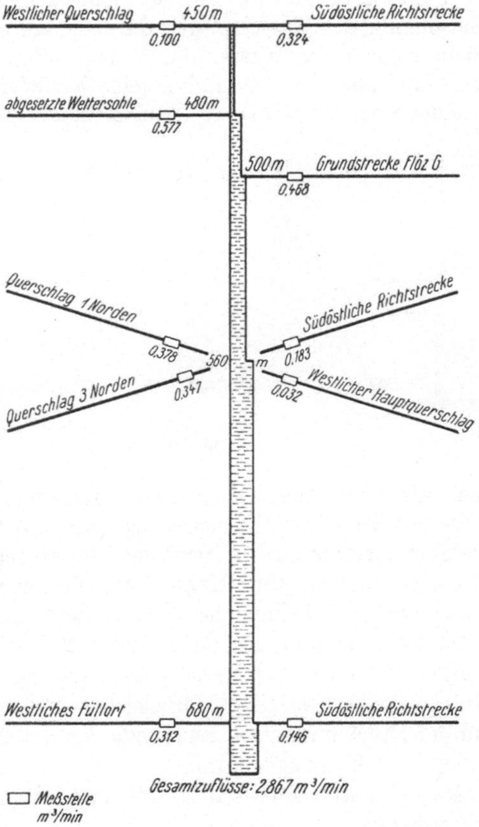

Bei Kolbenpumpen wurde früher die Wassermessung durch Hubzähler vorgenommen, indem man die Anzahl der Hübe mit dem durch die Pumpenkolben verdrängten Raum multipliziert. Dabei blieben aber die unvermeidlichen Undichtigkeiten der Stopfbüchsen und Ventile unberücksichtigt. Ebenso ist eine Ermittlung der für die Wasserhaltung verbrauchten kWh, wonach vielfach heute noch die geförderte Wasser-

Abb. 720. Grubenwasserstammbaum.

---

[1]) Zeitschr. f. d. Berg-, Hütt.- u. Sal.-Wes. 1930, S. B 75; Versuche und Verbesserungen.

[2]) G. A n t o n o w: Grubenwasserverhältnisse im Aachener Steinkohlenbezirk unter besonderer Berücksichtigung der Gruben Carolus Magnus und Carl Alexander der Baesweiler Scholle. Dissertation. Aachen, 1941.

menge errechnet wird, ungenau, da die Schieber undicht, die lichte Weite der Steigleitung durch Inkrustation verengt sein können und der Wirkungsgrad der Pumpen nachlassen kann. Brauchbare Ergebnisse erzielt man nur durch Messung der tatsächlich geförderten Wassermenge. Am einfachsten kann solche Messung vorgenommen werden durch Meßbehälter oder Gerinnemesser, die meist über Tage in der Nähe der Rasenhängebank eingebaut werden. Die Messung im Behälter kann nur unterbrochen vorgenommen werden, indem die Zeit ermittelt wird, in der das ausfließende Grubenwasser einen Betonmeßzylinder von bestimmtem Inhalt füllt. Eine ständige Überwachung der Ausflußmenge gewährleistet der Gerinnemesser, der in Abb. 721 schematisch dargestellt ist.

Die zu messende Wassermenge fließt durch das Rohr r dem Gerinne zu. Nach Beruhigung des Wasserspiegels durch mehrere in den Wasserstrom eingebaute Siebe s fließt das Wasser durch den völlig söhlig gelagerten Gerinneteil a und fällt über die Überfallschneide b nieder, wobei die Höhe des Wasserstandes über der Schneide einen Maßstab für die abfließende Wassermenge

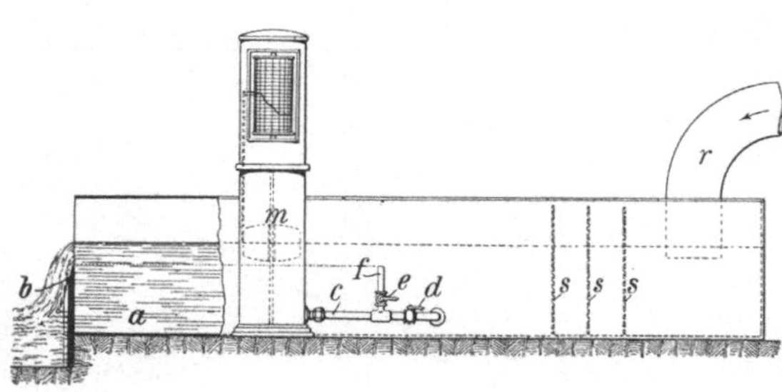

Abb. 721. Gerinnemesser.

bildet. Man kann solche Messer selbstschreibend einrichten, wobei das aus Schwimmer und Schreibtrommel bestehende Meßgerät m in der Rinne selbst oder nach Abb. 721 daneben Aufstellung findet. In letzterem Falle wird es durch eine Rohrleitung c mit dem Hahn d mit dem Gerinne verbunden. Ein durch Hahn e absperrbares Standrohr f, dessen Oberkante auf gleiche Höhe mit der Überfallschneide abgeglichen wird, dient dazu, die Nullstellung des Schreibgeräts nach zeitweiliger Absperrung des Zuflusses zu überwachen. Um dies zu tun, wird Hahn d geschlossen und Hahn e geöffnet. Das im Schwimmerrohr befindliche Wasser fließt dann bis zur Höhe des Überfalls durch das Rohr f ab, und der Schreibstift muß die Nullinie erreichen. Die genaueste und ununterbrochene Wassermessung erfolgt dagegen in den Druckleitungen selbst, wo als Meßdruckgeber eine Stauscheibe (Abb. 722) verwandt und der Druckunterschied beiderseits des Meßdruckgebers hydraulisch auf den Meßapparat übertragen wird.

45. — Kosten der Wasserhaltung. Die unmittelbaren Kosten setzen sich zusammen aus:

a) den Kraftkosten,

b) der Verzinsung und Tilgung der Anlagekosten,

c) den Kosten für Wartung und Unterhaltung,

wobei die Kraftkosten den Hauptteil der Wasserhaltungskosten ausmachen.

Für die Hauptwasserhaltung kommt als Antriebskraft fast ausschließlich der elektrische Strom in Frage, dessen Kosten je nach Größe, Art und Zustand der Energieerzeugungsanlage bei Steinkohlenzechen zwischen 1,5 und 2,5 Rpf./kWh liegt, bei Strombezug aus Fremdwerken auch höher. Bei diesen

Strompreisen kann man damit rechnen, daß die Hebung von 1 m³ Wasser auf eine Höhe von 100 m jährliche Kosten von etwa 10000—15000 RM. verursacht. Der Ruhrbergbau verbraucht für die Hauptwasserhaltung jährlich etwa 400 bis 430 Millionen kWh.

Von nicht zu vernachlässigender Bedeutung sind weiterhin die mittelbaren Kosten der Wasserhaltung. Sie entstehen als Mehrkosten bei der Aufrecht-

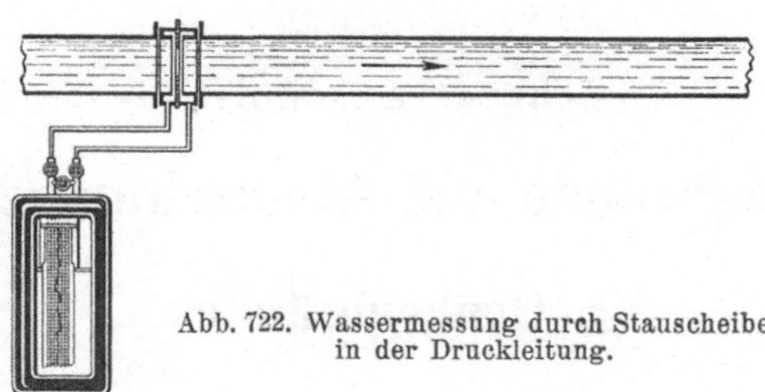

Abb. 722. Wassermessung durch Stauscheibe in der Druckleitung.

erhaltung von Strecken in tonigen Gesteinsschichten, die durch Wasseraufnahme ihre Standdauer einbüßen, durch eine bei Wasserzuflüssen hervorgerufene Erschwerung der Gewinnungsarbeiten in Abbau- und Ausrichtungsbetrieben, durch den schädlichen Einfluß der Feuchtigkeit auf Holz sowie auf das Grubenklima und schließlich infolge zersetzender Wirkung von säure- oder salzhaltigem Wasser an Maschinen und Stahlteilen.

Grubenbrände und Atemschutzgeräte.

I. Grubenbrände.

A. Wesen, Entstehung und Verhütung von Grubenbränden.

1. — Gefährdung der Gruben durch Brände über Tage. Brände von einziehenden Schächten oder nahe an Stollenmundlöchern befindlichen Tagesgebäuden können der Grube dadurch gefährlich werden, daß sich das Feuer in sie fortpflanzt oder daß Brandgase in die Grubenräume treten. Erinnert sei an den Brand einer Schachtkaue über einem einziehenden Schacht auf den kons. Fürstensteiner Gruben in Waldenburg[1]) am 25. Mai 1901, der zur Folge hatte, daß 20 Mann in der Grube durch Einatmen der Brandgase tödlich verunglückten. Seitdem haben sich glücklicherweise Unglücke ähnlichen Ausmaßes nicht mehr ereignet.

2. — Abwehrmaßnahmen. Das sicherste Mittel, Fälle solcher Art zu verhüten, ist eine völlig brandsichere Einrichtung und Ausstattung der in Frage kommenden Baulichkeiten sowie die Fernhaltung feuergefährlicher Stoffe aus ihnen. Ferner müssen alle einziehenden Schächte an den Hängebänken mit Stahlklappen od. dgl. versehen werden, die beim Ausbruche eines Brandes über Tage leicht geschlossen werden können. Diese Absperrungen sind in solchem Falle sorgfältig mit Lehm oder Sand abzudichten und durch darübergelegte Schienen zu schützen, damit sie nicht durch herabstürzende, schwere Gegenstände durchgeschlagen werden.

3. — Bedeutung und Arten der Brände unter Tage. Wenn durch Brände über Tage nur in seltenen Ausnahmefällen die Grubenbaue gefährdet werden, so ist das anders bei Bränden unter Tage. Ganz abgesehen von den wirtschaftlichen Verlusten, die ein jeder solcher Brand für die betroffene Grube mit sich bringt, sind durch sie auch häufig Menschenleben in großer Zahl hingerafft worden. Der folgenschwerste Brand der letzten Jahrzehnte war der auf der Kaligrube Buggingen in Baden, der sich im Jahre 1934 ereignete und 86 Todesopfer forderte. Nicht selten sind leider Blindschacht- und Bandstreckenbrände, die in den letzten Jahren in mehreren Fällen je 4—6 tödliche Verunglückungen im Gefolge hatten. Vereinzelt ist es auch vorgekommen, daß sich im Anschluß an einen Grubenbrand, und zwar während der Abdämmungs-

---

[1]) Zeitschr. f. d. Berg-, Hütt.- u. Sal.-Wes. 1902, S. 92; Der Grubenbrand im Hermannschachtfelde der kons. Fürstensteiner Gruben usw.

arbeiten, eine Schlagwetterexplosion ereignete. Das schwerste Unglück dieser Art fand 1941 auf der Saargrube Frankenholz statt; es forderte 41 Tote. Der größte Grubenbrand der letzten Zeit, der glücklicherweise keine Opfer forderte, brach 1938 auf der Zeche Consolidation 2/7 aus. Er nahm von einem Blindschacht seinen Ausgang und griff über den Wetterquerschlag auf den 300 m entfernten Ausziehschacht 2 über und zerstörte ihn[1]). Diese Angaben lehren, von welcher großen Wichtigkeit die Kenntnis von dem Wesen, der Entstehung und der Bekämpfung der Grubenbrände für jeden Grubenbeamten sein muß.

Man kann die Grubenbrände einteilen in:

1. **Flözbrände**, zu denen auch die Brände im Alten Mann zu zählen sind, und

2. **offene Brände.**

Die Flözbrände ergreifen das Mineral der Lagerstätte selbst. Sie kommen hauptsächlich auf Stein- und Braunkohlengruben vor, finden sich aber auch auf Schwefelkies- und Kupferkiesbergwerken[2]). Flözbrände auf Kohlengruben sind verhältnismäßig häufig, so daß ihre wirtschaftliche Bedeutung für diese groß ist.

Die offenen Brände unter Tage können insbesondere Zimmerungsbrände in Schächten, Strecken oder anderen Räumen sein, oder es können gelegentliche Ansammlungen von brennbaren Gegenständen, z. B. von Grubenholz auf Lagerplätzen, von Putzwolle in Maschinenräumen oder von Futtervorräten in unterirdischen Pferdeställen, in Brand geraten. Gefährlich sind namentlich Schachtbrände. Das für die Zimmerung, und zwar sowohl für den Ausbau wie für den Einbau (Einstriche, Spurlatten) verwandte Holz bietet dem Feuer reichliche Nahrung. Die senkrechte Richtung der Schächte begünstigt das schnelle Emporlodern der Flammen, so daß in kurzer Zeit der Brand eine große Ausdehnung erreicht haben kann. Besonders gefährlich wird der Brand in einem einziehenden Schachte oder in einer einziehenden Hauptstrecke, da alsdann die giftigen Gase sich weit verbreiten, so daß die ganze Belegschaft oder doch wenigstens diejenige einer größeren Abteilung in Gefahr kommt.

4. — Entstehung der Flözbrände durch Selbstentzündung. Unter den Entstehungsursachen der Flözbrände ist an erster Stelle die Selbstentzündung der Kohle zu nennen. Diese beruht auf der Eigenschaft frisch entblößter Kohle, den Sauerstoff der Luft bis zu einem gewissen Grade aufzusaugen und in sich zu verdichten. Als Folge dieses Vorganges bildet sich unter Kohlensäure-Erzeugung Wärme. Die eintretende Temperaturerhöhung begünstigt die weitere Verbindung zwischen Kohlenstoff und Sauerstoff, so daß die Erwärmung fortschreitet und unter Umständen bis zur Selbstentzündung gehen kann. Die Erhitzung nimmt mit der luftberührten Oberfläche der Kohle zu, ist also bei klüftiger Kohle größer als bei kluftfreier, bei poröser stärker als bei dichter Kohle und besonders groß bei Feinkohle. Aber auch von Natur feste Kohle kann, wenn sie durch Druck oder auf sonstige Weise zermürbt oder zerkleinert wird, brandgefährlich werden.

---

[1]) Glückauf 1939, S. 761; Luyken: Der Grubenbrand auf der Zeche Consolidation im Jahre 1938.

[2]) Glückauf 1907, S. 897; Hilt: Grubenwasser und Grubenbrand in dem Erzbergwerk Neu-Diepenbrock III bei Selbeck; — ferner Zeitschr. d. Oberschl. Berg- u. Hüttenm. Ver. 1926, Februarheft, S. 118; Grubenbrände auf Erzgruben.

Mittelbar kann auch der in der Kohle etwa vorhandene Schwefelkies an der Selbstentzündung der Kohle mitwirken. Denn seine Zersetzung ist mit einer Volumenzunahme verbunden, infolge deren die feste Kohle auseinandergetrieben und zum Bersten gebracht wird. Auf den sich öffnenden Rissen und Spalten findet der Sauerstoff Wege, in die Kohle einzudringen, so daß er das Werk der allmählichen Oxydation um so leichter vollbringen kann, als ja durch seine Einwirkung auf den Schwefelkies eine geringe Erwärmung bereits eingetreten ist.

Da bei der Selbstentzündung Sauerstoff die Hauptrolle spielt, ist eine gewisse Bewetterung des Erwärmungsherdes die Vorbedingung für die Einleitung der Erhitzung. Auch muß die Sauerstoffzufuhr andauern, damit die bereits gebildete Kohlensäure durch frischen Sauerstoff ersetzt werden kann. Stockt der Sauerstoffzufluß, so stockt auch die fernere Oxydation, und die weitere Erwärmung hört auf. Eine starke Bewetterung wirkt ebenfalls hemmend auf die Selbstentzündung, weil ein lebhafter Wetterstrom die entstehende Wärme aufnimmt und fortführt. Infolge der schnellen Abkühlung kann dann in der Kohle eine gefährliche Temperaturerhöhung nicht eintreten.

Aus dem gleichen Grunde erklärt sich die wichtige Tatsache, daß der Brand nicht unmittelbar an der Oberfläche, sondern im Innern der Kohlenmasse ausbricht. Ebenso kann ein Flözbrand nur entstehen, wenn die Kohle in größeren Massen vorhanden ist. Handelt es sich um kleinere Kohlenmengen, so ist die Wärmeabgabe an die Umgebung zu stark, und die Wärmeerzeugung reicht nicht aus, die Kohle zum Brennen zu bringen und das Nachbargestein bis zur Glut zu erhitzen. Je dünner die Flöze sind, um so weniger neigen sie zu Brand.

Die Vorbedingungen für die Entstehung von Grubenbränden durch Selbstentzündung — nämlich mürbe, poröse Kohle in größeren Mengen, eben genügende, aber nicht reichliche Bewetterung — finden sich am häufigsten im Alten Mann. Bei flacher Lagerung ist dies besonders in sehr mächtigen Flözen der Fall, in steiler Lagerung auch in Flözen mittlerer Mächtigkeit. Ausschlaggebend ist dabei die Möglichkeit des Luftzutritts zu stehengebliebener oder noch nicht abgebauter Kohle. Beim Pfeilerbruchbau und ähnlichen Abbauverfahren muß stets mit Abbauverlusten durch zurückbleibende Kohlenbeine gerechnet werden. Aber auch beim Scheibenbau von unten nach oben ist die Gefahr groß, da durch den Abbau der unteren Scheiben die in den oberen Scheiben noch anstehende Kohle absinkt, rissig wird und auf diese Weise Wege für den Luftzutritt geöffnet werden. In steiler Lagerung sind auch schon Flöze mittlerer Mächtigkeit gefährdet, da der Versatz in ihnen nur langsam zusammengedrückt wird und Kurzschlußwetterströme zurückgebliebene Kohle oder angebaute Brandschieferpacken u. dgl. zur Entzündung bringen können. Der gleichen Gefahr sind Anschwellungen geringmächtiger Flöze ausgesetzt. Auch Überschiebungszonen mit starker Anhäufung von Kohle und Störungszonen, deren Kohle nicht abgebaut werden kann, müssen als besonders gefährlich angesehen werden. Es ist dies um so mehr der Fall, als sich der Gebirgsdruck auf solche Kohlenpfeiler konzentriert und die Kohle zerdrückt.

Seltener als Brände im Alten Manne kommen Entzündungen des frischen Kohlenstoßes vor. Hier handelt es sich meist um die Kohle in der Firste (Firstenbrände). Die Entstehung von Bränden in solchen Fällen ist so zu erklären, daß die hängende Kohle sich auf die Kappen der Streckenzimmerung setzt, ohne völlig hereinzukommen. Die Luft kann nun meterweit in die zerklüftete Kohle eindringen. Die Abkühlung nach der Strecke hin genügt nicht, so daß sich unter Umständen ein Brand schnell entwickelt. Dieser frißt sich, wenn er einmal entstanden ist, in der Richtung auf die frische Luft eilig fort. Kurze Zeit nach den ersten Spuren des Brandes ist vielleicht schon die glühende Kohle an der Streckenfirste sichtbar. Das Auftreten solcher Brände ist naturgemäß auf mächtige oder steil stehende Flöze beschränkt. Eine besondere Gefährdung liegt ferner an den Rändern von Schacht- und Streckensicherheitspfeilern und in der Nachbarschaft von Klüften und Sprüngen vor, da die Kohle hier mehr oder minder zermürbt ist und ihre Festigkeit verloren hat.

In Oberschlesien sind von 1900—1909 von insgesamt 404 Flözbränden 314 durch Selbstentzündung entstanden. Im Ruhrgebiet entfallen von 438 Grubenbränden der Jahre 1910—1940 allein 357 auf Flözbrände, die fast ausnahmslos auf Selbstentzündung zurückgeführt werden müssen[1]).

5. — **Bekämpfung der Gefahr der Selbstentzündung.** In Flözen, die zur Selbstentzündung neigen, soll man die für die Aus- und Vorrichtung, Wetterführung und Förderung dienenden Strecken möglichst außerhalb der Lagerstätte auffahren. Der Abbau selbst ist innerhalb jedes Vorrichtungsabschnitts tunlichst schnell und ununterbrochen und möglichst vollständig durchzuführen, wobei für Luftabschluß des abgebauten Raumes zu sorgen ist.

Von den Abbauarten ist zur Verhütung von Flözbränden am besten der Stoßbau, nächstdem der Strebbau geeignet. Am gefährlichsten erweist sich der Pfeilerbau, weil bei ihm beträchtliche Kohlenverluste unvermeidlich sind. Da es darauf ankommt, das frühzeitige Regewerden des Gebirgsdruckes hintanzuhalten, kann es zweckmäßig sein, beim Abbau die Baulängen zu beschränken und die einmal in Angriff genommenen Bauabteilungen möglichst schnell zu verhauen. Auch soll man das Augenmerk darauf richten, abgebaute Feldesteile durch wetterdichte Dämme gegen die übrigen Grubenbaue abzuschließen. Von den verschiedenen Versatzarten verhält sich am günstigsten der Spülversatz, da er das Gebirge gut trägt und völlig dicht und für den Wetterzug undurchlässig wird. Auch Waschberge liegen wegen ihrer Feinheit sehr dicht, namentlich bei steilem Einfallen oder Tonschiefer-Hangendem. Trotz eines oft vorhandenen hohen Kohlenstoffgehaltes pflegen sie daher selber in der Grube nicht der Selbstentzündung zu unterliegen. Ist allerdings in der Nähe ein Brand ausgebrochen, so kann er in den Waschbergen Nahrung zu längerer Fortdauer finden. In Sachsen wendet man zur Verhütung der Brandgefahr zuweilen die Verbindung von Hand- und Spülversatz an, indem man zunächst gewöhnlichen Bergeversatz aufführt, sodann aber dessen Hohlräume mit Schlamm vollspült.

Bei der Durchörterung brandgefährlicher Flöze in Querschlägen empfiehlt es sich, die Kohle 2—3 m tief herauszunehmen und den entstandenen Hohlraum mit Sand, Gesteinsstaub, Lehm oder feinen Bergen dicht zu verfüllen und ihn

---

[1]) Mitteilung der Hauptstelle für das Grubenrettungswesen des Bergbauvereins in Essen.

alsdann mit einer nassen Mauer abzuschließen[1]). Ähnlich geht man vor, wenn Stapel von Flözen durchschnitten werden. Auch hier kann hinter dem Ausbau eine sorgfältige Zementierung oder Einschlämmung angebracht sein. Bei nicht druckhafter Kohle kann in solchen Fällen schon eine mittels Zementspritzung hergestellte dichte und feste Zementhaut genügen. In druckhaftem oder durch Abbauwirkungen oder Störungen zerklüftetem Gebirge dagegen dehnt man zuweilen die Ummantelung des Stapels auf seine ganze Höhe aus. Zu diesem Zwecke werden die Schachtgevierte a (Abb. 723) mit einem dichten Bretterverzug b, der durch Quetschhölzer c in einem gewissen Abstande gehalten wird, umgeben, und der auf 10—15 cm

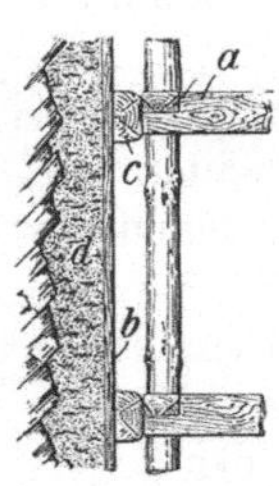

Abb. 723.
Ummantelung
eines Stapels.

erweiterte Zwischenraum zwischen Verzug und Gebirge wird mit feinem, leicht in etwaige Risse oder Spalten eindringendem Schlamm d vergossen. Ähnlich kann man auch bei Strecken verfahren. Den gleichen Zweck erfüllen die nur auf dem einen Streckenstoße längs des Alten Mannes nachgeführten Dämme, die man aus Bergemauern mit Flugaschen-Zwischenfüllung aufzuführen pflegt.

Zur Wiederabkühlung bereits erwärmter Kohlenstöße wendet man mit gutem Erfolge das sog. Stoßtränkverfahren an. Man bohrt 2—3 m tiefe Bohrlöcher in die Kohlenstöße und zementiert kurze Standrohre ein, an die die Berieselungsleitung angeschlossen wird. Wenn das Wasser einige Tage unter dem Leitungsdrucke auf den Stoß eingewirkt hat, ist in der Regel die Entzündungsgefahr beseitigt[2]).

Besteht im Alten Manne Brandgefahr, so werden die in ihn führenden, abgeworfenen Strecken auf 6—10 m Länge sorgfältig versetzt und durch Einschlämmen abgedichtet.

6. — Sonstige Ursachen von Grubenbränden. In Gruben, auf denen mit offenem Lichte gearbeitet wird, kann durch dieses leicht ein Zimmerungsbrand und durch ihn wieder ein Flözbrand verursacht werden. In Oberschlesien, wo noch mit offenem Lichte gearbeitet wird, ist in vielen Fällen der Gebrauch der offenen Lampe als Ursache der Entzündung anzusehen. Auch im Erzbergbau spielt das offene Geleucht als Entzündungsursache eine große Rolle.

Mehrfach sind Flözbrände durch Anschießen von Bläsern entstanden. Die Flamme des durch den Schuß entzündeten Bläsers greift auf den Kohlenstoß über, und ehe die Leute zurückkehren, steht die ganze Kohlenwand in Flammen, so daß unmittelbare Löschversuche bereits vergeblich sind. — In ähnlicher Weise können ausblasende Schüsse wirken, wenn sie in der Kohle angesetzt und vielleicht sogar noch mit Kohlenstaub besetzt sind. Der durch die Schußflamme entzündete, glühende Staub kann den an den Stößen haftenden Staub, die Zimmerung und die Kohlenstöße selbst in Brand setzen. Auch auskochende Schüsse können unter Umständen den Kohlenstoß entzünden.

---

[1]) Richtlinien des OBA. Dortmund für die Brandbekämpfung unter Tage auf Steinkohlengruben vom 4. Februar 1941. Bellmann, Dortmund; — ferner Richtlinien des OBA. Bonn für die Brandbekämpfung unter Tage auf Steinkohlengruben vom 20. November 1941. Gebr. Scheur, Bonn.

[2]) Zeitschr. f. d. Berg-, Hütt.- u. Sal.-Wes. 1913, S. 195; Versuche und Verbesserungen.

Öfter haben ferner Schlagwetter- und Kohlenstaubexplosionen Flözbrände im Gefolge. Durch die Explosionsflammen werden zunächst Holz-
reste, Papier, Kleidungstücke u. dgl. in Brand gesetzt. Das Feuer findet
in der Zimmerung und in bloßliegenden Kohlenhaufen Nahrung und greift
schließlich auf das Flöz über.

An allen maschinellen Einrichtungen kann dauernde Reibung zu unzulässiger Erhitzung und schließlich zu einem Brande führen. Besonders
gefährdet sind Blindschächte und Bandstrecken, falls sie nicht von Natur
feucht sind. In Blindschächten kann es zu Bränden kommen, wenn
der Förderhaspel unbeabsichtigt und unbeaufsichtigt weiterläuft und
durch die am Bremsband und in der Seilnut der Treibscheibe auftretende
Reibung Funken erzeugt werden. Brems- und Seilscheibenkammern sind daher
nebst ihren Einbauten feuersicher herzustellen. Die Verwendung von Holz ist
nur kurzfristig zur vorübergehenden Sicherung der Räume und ihrer Einrichtungen gestattet. In den Blindschächten selbst darf zum Verzug der Stöße
nur unbrennbares Material oder gehobeltes Eichenholz oder anderes schwer entflammbares Material benutzt werden. Außerdem müssen Blindschächte mit
Wasserleitungen bis zu den einzelnen Anschlägen ausgerüstet werden.

In Bandstrecken, namentlich bei Gummigurtförderung, sind häufig
Brände dadurch verursacht worden, daß der Antriebsmotor unter dem aus
irgendeinem Grunde festgeklemmten Band weiter in Betrieb blieb. Außerdem
hat es sich als gefährlich erwiesen, wenn in Bewegung befindliche Teile der Bandanlage, das Band selbst, die Tragrollen oder die Motorrollen mit Holz oder
Kohle in reibende Berührung geraten und sich infolgedessen Reibungswärme
bildet, die Kohle oder Holz entzünden kann. Bandstrecken und -berge müssen
daher mit einem solchen Querschnitt aufgefahren werden, daß ein mindestens
80 cm breiter Fahrweg verbleibt und die Bänder hoch genug über der Sohle
verlegt werden können. Die Verlegung der Bänder soll möglichst auf Böcken
aus unbrennbarem Material, die tunlichst verstellbar sind, oder an Ketten oder
Seilen erfolgen. Werden die Rollenböcke ausnahmsweise durch Unterlagen von
Holz wieder ausgerichtet, so müssen diese Unterlagen mit den Böcken so verbunden sein, daß sie gegen seitliches Verschieben zuverlässig gesichert sind.
Hierbei soll schwer entflammbares Holz (bearbeitetes Eichenholz) verwandt
werden. Außerdem ist es ratsam, Feinkohle unter den Bändern und lose umher-
liegendes Holz regelmäßig zu beseitigen.

Mit ganz besonderer Vorsicht sind Lötlampen, Schweißgeräte und
Schneidbrenner in der Grube zu benutzen. Durch sie sind schon häufig
Brände verursacht worden. Vor Beginn solcher Arbeiten sind geeignete Löschgeräte gebrauchsfertig bereitzustellen. Die Arbeitsstelle selbst ist gründlich
und ausgiebig zu befeuchten. Nach Beendigung der Arbeit muß eine sorgfältige,
zweckmäßig wiederholte Untersuchung des Arbeitsortes und seiner Umgebung
stattfinden.

Auch elektrische Einrichtungen können durch Kurzschluß, Funkenbildung
an den Schaltern oder Glühwirkungen Entzündung brandgefährlicher Gegenstände im Gefolge haben.

7. — **Sicherheitsvorkehrungen.** Die gegenüber der Brandgefahr unter
Tage anzuwendenden Vorkehrungen entsprechen im allgemeinen den auch
über Tage zu treffenden Vorbeugungsmaßregeln. Es können hier nur die

wichtigsten, soweit sie vorwiegend bergmännischer Natur sind, aufgezählt werden. Als Beleuchtung soll man überall da, wo besondere Gefahr besteht, also in trockenen Schächten, Maschinenräumen, Pferdeställen und Füllörtern, geschlossene, nicht explosionsgefährliche Lampen benutzen. Vor allen Dingen muß Vorsicht bei der Beförderung, Handhabung und Aufbewahrung feuergefährlicher Gegenstände (z. B. von Putzwolle, Schmieröl, Futtervorräten, Benzol usw.) geübt werden. Überflüssige Mengen davon, seien sie gebraucht oder noch ungebraucht, sollen nicht in der Grube lagern. Die Aufbewahrungsräume müssen völlig brandsicher sein. Sonstige brennbare Gegenstände, z. B. das für die Verpackung von Sprengstoffen gebrauchte Papier, sind alsbald aus der Grube zu entfernen. An Punkten erhöhter Gefahr (in Maschinenräumen, Bremskammern usw.) soll nur schwer entflammbarer Ausbau verwandt werden. Holz, Wetterleinen, Arbeitsanzüge sind nötigenfalls feuersicher zu tränken. Hierzu benutzt man „Feuerschutzlösungen“, z. B. solche von Cellon, das aus Ammoniumbromid und anderen Ammoniumsalzen besteht. Holz muß mehrere Tage lang in solche Lösung eingetaucht werden, um schwer entflammbar zu werden. Die Tränkung hält bei trockenem Standort für mehrere Jahre vor. Einen gewissen Schutz gewährt auch bereits ein mehrfaches Bespritzen oder Begießen mit der Lösung. Bereits eingebautes Holz hat man gelegentlich durch Bespritzung mit Zement- oder Kalkmilch schwer entflammbar gemacht.

In Schächten ist zwar der hölzerne Ausbau mit der Zeit immer seltener geworden, und an seine Stelle tritt Mauerung und stählerner Ausbau, Der Einbau ist aber in den meisten Fällen noch aus Holz. Ist der Schacht an sich trocken, so empfiehlt sich zeitweise oder dauernde Befeuchtung der Zimmerung durch herabfallendes Wasser. Hierfür sind zweckmäßig rund um den Schacht laufende „Rieselkränze“ vorzusehen. Will man, z. B. im Winter der Eisbildung wegen, solche Befeuchtung nicht anwenden, so müssen wenigstens Wasseranschlüsse vorhanden sein, um im Notfalle sofort den Schacht bewässern zu können. Die Betätigungsvorrichtungen für die Schachtberieselung müssen in einer gewissen Entfernung vom Schacht angebracht und besonders kenntlich gemacht sein.

Auch unter Tage soll man nach Möglichkeit Vorsorge treffen, daß im Falle von Bränden in einziehenden Schächten der Übertritt der Brandgase in die Grubenbaue verhindert wird. Man sieht zu diesem Zwecke in der Nähe der Füllörter brandsichere Türen vor oder trifft die erforderlichen Vorkehrungen, um nötigenfalls durch Branddämme schnell den Schacht abzuschließen.

Streckenkreuzungen in Hauptstrecken von Steinkohlengruben sind feuersicher auszubauen. Auch sind in Gesteinstrecken von mehr als 500 m Länge feuersichere Zonen von mindestens 75 m vorzusehen. Beträgt dagegen die Wettergeschwindigkeit mehr als je 6 m/s, so muß die Länge der feuersicheren Strecke mindestens 100 m betragen. Auch sollen Wettertüren zur Trennung der Hauptein- und -ausziehströme mit ihren Rahmen feuersicher sein. Wettertüren in Gesteinstrecken müssen in gemauerte Rahmen gesetzt werden. Auch sind die Strecken auf der Wettereinziehseite der Türen auf mindestens 10 m feuersicher auszubauen. Feuersicherer Ausbau muß außerdem für sämtliche Maschinenräume, Werkstätten usw. vorgesehen werden. Als feuersicherer Ausbau sind Mauerung, Betonausbau, Stahlausbau mit Stahlverzug u. dgl. anzusehen. Ist es wegen zu erwartender Druckeinwirkungen erforderlich, die Mauerung nachgiebig zu gestalten, so sind Holzeinlagen aus gehobeltem Eichenholz zu wählen.

Bezüglich der Sicherheitsvorkehrungen für Blindschächte und insbesondere Bremskammern sind die Ausführungen in Ziff. 6 zu vergleichen.

Für brandgefährliche Gruben schließlich sind diejenigen Löschgeräte und Löschmittel, die man im Falle des Brandes zu benutzen gedenkt, an den vorgesehenen Punkten vorrätig und dauernd instand zu halten. Hierzu gehören

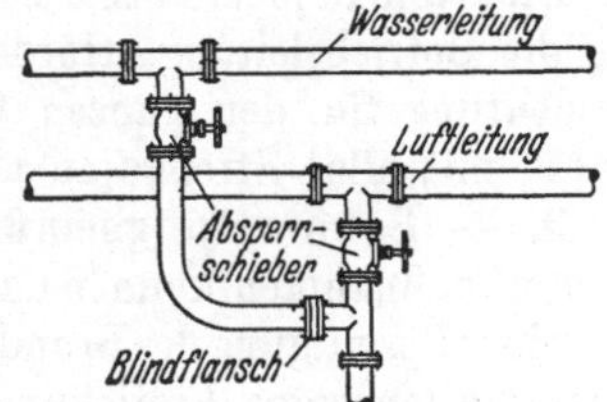

Abb. 724. Umstellvorrichtung.

vor allem Feuerlöschgeräte, Schläuche, Gezähe und Baustoffe für die Errichtung von Branddämmen. Besonders wichtig ist das Vorhandensein eines weitverzweigten Wasserleitungsnetzes mit zahlreichen Anschlußstellen für die Entnahme von Löschwasser. Dort wo Wasserleitungen nicht vorhanden sind, hat es sich als zweckmäßig erwiesen, Vorkehrungen zu treffen, um Druckluftleitungen ohne Zeitverlust an eine Wasserleitung anschließen zu können. Abb. 724 zeigt beispielhaft eine zu diesem Zwecke geeignete Umstellvorrichtung.

B. Bekämpfung ausgebrochener Brände.

8. — Die Anzeichen entstehender Brände und die Feuermeldung. Grubenbrände lassen sich mit um so größerer Aussicht auf Erfolg bekämpfen, je frühzeitiger man sie erkennt. In brandgefährlichen Gruben oder Feldesteilen richtet man deshalb für Sonn- und Feiertage, an denen die regelmäßige Beobachtung der Baue durch Belegschaft und Beamte fehlt, Brandwachen ein, die auf Anzeichen entstehender Brände achten müssen. Zur ständigen Überwachung der Ausziehwetter am Wetterschacht zu Zeiten der Werksruhe empfiehlt sich die Anbringung eines Schnüffelrohres am Diffusor. Insbesondere Flözbrände machen sich häufig infolge ihrer langsamen Entwicklung einer aufmerksamen Beobachtung frühzeitig bemerkbar. Das erste Anzeichen einer beginnenden Selbsterhitzung der Kohle ist eine Zunahme der Temperatur und damit verbunden eine Steigerung des Feuchtigkeitsgehaltes des Wetterstromes. Besteht Verdacht, so sind Feststellungen mit dem Thermometer und hygrometrische Messungen empfehlenswert. Schreitet die Erhitzung fort, so bilden sich Schwitzstellen an den Abbaustrecken, besonders am Alten Mann und am Hangenden; auch tritt Nebelbildung ein. Bald macht sich dann der beginnende Brand dem Geruchsinn bemerkbar. Zunächst ist es ein schwacher Petroleum- oder Paraffingeruch, bei anderen Bränden außerdem ein Holz- oder Gummischwelgeruch, danach ein deutlicher Brandgeruch. Schließlich entwickelt sich Rauch, und offenes Feuer bricht durch.

In jedem Falle sind aber die frühzeitigen Anzeichen von Flözbränden bis zu einem gewissen Grade unsicher, da sie nicht im Wetterstrom in der unmittelbaren Nähe der Brandstelle selbst erkennbar zu werden brauchen. Diese kann vielmehr durch den Alten Mann oder sonstwie Verbindung mit dem ausziehenden Strom haben, so daß die ersten Erzeugnisse der Selbsterhitzung unbeachtet abziehen können. Unter solchen Verhältnissen wird die Glut ohne warnende Anzeichen plötzlich durchbrechen können.

Stets und in jedem Falle ist die sofortige Meldung der ersten Brandanzeichen an die Betriebsleitung erforderlich. Hierauf ist angesichts der weitgehenden Bedeutung für den ganzen Grubenbetrieb, die jedem Brande innewohnen kann, mit aller Strenge zu achten.

9. — **Bekämpfungsmaßnahmen. Spritzwasser. Löschstaub.** Die Kampfmaßnahmen können das unmittelbare Ablöschen des Feuers, verbunden mit einer Beseitigung des Brandherdes, oder das Ersäufen oder das Einschlämmen oder die langsame Erstickung des Brandes zum Ziele haben. Welches Verfahren und welche Mittel zu seiner Durchführung gewählt werden, hängt von der Art des Brandes, seinem Umfange und den örtlichen Verhältnissen ab.

Wenn der Brand noch im Entstehen begriffen, klein und sein Herd zugänglich ist, so läßt er sich oft durch einfaches Spritzen löschen. Namentlich bei offenen Bränden ist dies der Fall. Die etwa vorhandenen Wasserleitungen und auch die Druckluftleitungen, falls sie sich gemäß Ziff. 7 schnell mit Wasser füllen lassen, können hierfür mit Erfolg benutzt werden. Als sehr lästig erweist sich unter Tage die starke Dampfentwicklung beim Auftreffen des Wassers auf die glühenden Massen. Es ist deshalb zu empfehlen, den Strahl nicht von vornherein in die Mitte des Brandherdes, sondern auf die Ränder zu richten und so vom Umfange her den Brandherd einzuengen.

Insbesondere Schachtbrände lassen sich, falls sie noch nicht einen zu großen Umfang angenommen haben, durch fallendes Wasser wirksam bekämpfen.

Auch Gesteinstaub ist an Stellen, wo er leicht auf das Feuer aufgeworfen werden kann, gut als Löschmittel brauchbar. Eine Schichtstärke von etwa 50 mm genügt, um die Luftzufuhr völlig abzuschneiden und das Feuer zu ersticken. Gegenüber dem Wasser hat Gesteinstaub den Vorteil, daß kein Dampf entwickelt wird.

10. — **Feuerlöschgeräte.** Mit gutem Erfolg sind verschiedentlich Feuerlöschgeräte zur Bekämpfung von Entstehungsbränden eingesetzt worden[1]). Es sind dies Behältergeräte, die mit einem Löschmittel gefüllt sind und unabhängig von jeder äußeren Treibmittelzuführung jederzeit sofort benutzt werden können. Das Treibmittel ist in ihnen selbst vorhanden, und zwar in Form von Preßgas, oder es bildet sich im Gebrauchsfall durch chemische Umsetzung im Gerät selbst und schleudert das Löschmittel aus dem Behälter heraus.

Man unterscheidet je nach den in den Geräten enthaltenen Löschmitteln Naßlöscher, Schaumlöscher, Trockenlöscher und Kohlensäurelöscher. Für den Unter-Tage-Betrieb kommen nur die Luftschaum- und die Kohlensäurelöscher in Betracht. Die Luftschaumgeräte können überall zur Bekämpfung von Bränden fester Stoffe eingesetzt werden, während für elektrische Einrichtungen mit blanken, stromführenden Teilen Kohlensäurelöscher dienen.

Bei den Luftschaumlöschern wird eine Schaumbildnerlösung mit Luft durcheinandergewirbelt und dadurch verschäumt. Die Schaumausbeute ist das 16—20fache der Löschmittelmenge.

Sehr einfach sind die Kohlensäurelöscher. Sie bestehen aus einer mit flüs-

---

[1]) Bergbau 1931, S. 372; M e u ß: Brandverhütung und Brandbekämpfung bei Entstehungsbränden, 5. Teil; — ferner Glückauf 1940, S. 357; B r e d e n b r u c h: Feuerlöschgeräte unter Tage.

siger Kohlensäure gefüllten Stahlflasche. Nach Öffnen des Ventils strömt die Kohlensäure durch einen Schlauch in ein aus Isolierstoff bestehendes „Schneerohr". Hier wird sie bei der Druckentspannung teilweise zu Kohlensäureschnee mit einer Temperatur von — 71° C verwandelt, der zusammen mit der gasförmig austretenden Kohlensäure auf den Brandherd geschleudert wird.

Da der Bergbau an die äußere Formgebung der Feuerlöschgeräte besondere Anforderungen stellt, sind für ihn „Spezial-Bergbaulöschgeräte" entwickelt worden. Sie sind Luftschaumgeräte und derart gestaltet, daß auch bei einer schnellen Beförderung in engen Grubenbauen keinerlei Beschädigungen, die die Einsatzbereitschaft in Frage stellen würden, vorkommen können. Man unterscheidet hierbei zwei verschiedene Größen, und zwar die Einmanngeräte, die eine Löschmittelmenge von rund 15 l und ein Gesamtgewicht von 30 kg haben, so daß sie bequem von einem Mann getragen werden können, und die Großgeräte, die bei einem Inhalt von 50 l rund 100 kg wiegen. Die Form beider Gerätearten ist granatenartig. Sie können entweder getragen oder auch geschleift werden.

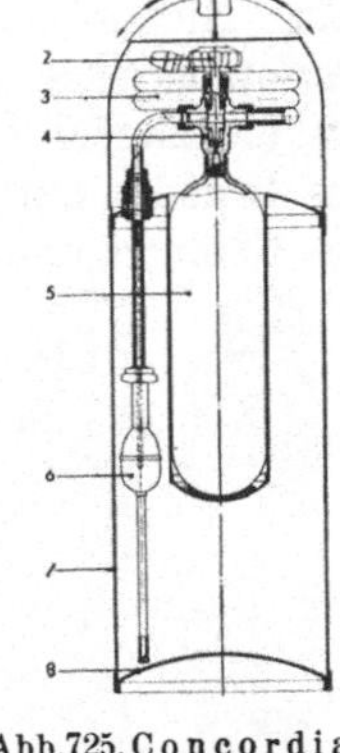

Abb. 725. Concordia-
Einmanngerät.

1 Handgriff mit Haube
2 Handrad
3 Schlauch
4 Doppelventil
5 Druckluftflasche
6 Schaumkammer
7 Behälterrumpf
8 Boden.

Als Beispiel eines Einmanngerätes ist das Concordia-Einmanngerät HLB, das von der Concordia-Elektrizitäts-AG., Dortmund, hergestellt wird, in Abb. 725 wiedergegeben. Die Haube, unter der der Spritzschlauch und die Armaturen geschützt verlagert sind, besteht aus zwei Hälften, die beim Einsatz seitlich auseinandergeklappt werden. Der Spritzschlauch wird herausgenommen und die Armaturen sind der Handbedienung zugänglich.

Zur Gruppe der Bergbau-Großlöschgeräte gehört das Minimax-LUB 50 (Abb. 726). Der Behälter ist auf der Unterseite mit zwei Gleitkufen versehen, die ein Schleifen ohne Beschädigung des Behälters ermöglichen. Die bewegliche obere Hälfte der Haube läßt sich visierartig in die feste untere Hälfte hineinschieben. Unter der Haube liegen der 3 m lange Spritzschlauch und die übrigen Armaturen geschützt verlagert.

Die Total-Kommanditgesellschaft, die ebenfalls Bergbau-Einmann- und Großlöschgeräte herstellt, hat einen

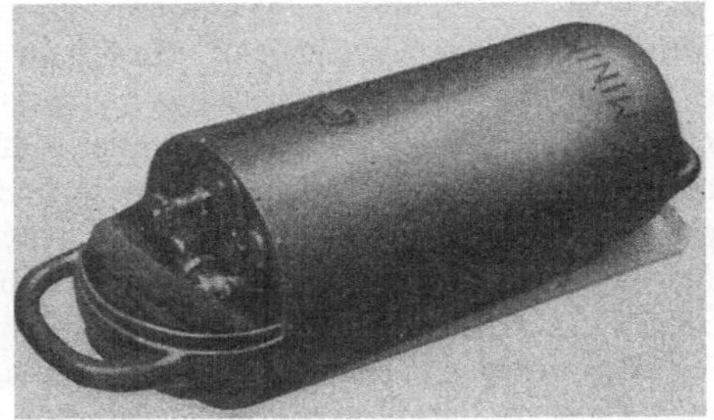

Abb. 726. Minimax-Bergbau-Großlöschgerät.

Grubenlöschwagen mit 3 Einmann- (BS 13) und 4 Großgeräten (BS 50) entwickelt, der in Abb. 727 wiedergegeben ist. Die Einmanngeräte sind für den ersten Angriff gedacht, und die Großgeräte können nach Anschluß an eine am Wagen befindliche Sammelleitung nacheinander abgespritzt werden. Gelingt es nicht, den Wagen bis unmittelbar an die Brandstelle heranzufahren, dann können die Geräte abgenommen und einzeln befördert und benutzt werden.

11. — Abbau, Umfahren, Ersäufen des Brandherdes. Das Ablöschen eines Flözbrandes ist oft durch die Lage des Herdes tief im Flöze außerordentlich erschwert. Wenn die anderen Mittel nicht zum Ziele führen oder nicht anwendbar sind, kann der **Abbau** des Brandherdes selbst die letzte Rettung sein. Hierzu entschloß man sich z. B. auf Zeche Vondern I/II bei Oberhausen bei einem Flözbrande, der im Schachtsicherheitspfeiler selbst wütete[1]). Da die zunächst versuchten Mittel der Abdämmung und der Erstickung des Brandes durch Stickgase versagten und ein Ersäufen wegen Zerklüftung des Gebirges unmöglich war, drang man in den in einem etwa 2 m mächtigen

Abb. 727. Grubenlöschwagen.

Flöze liegenden Brandherd selbst ein und baute unter fortwährendem Ablöschen der glühenden Kohle diese in einzelnen Abbaustößen ab, worauf man jeden einzelnen sofort mit Schlackensand zuschlämmte. Die Arbeiten waren wegen der großen Hitze zwar außerordentlich schwierig, gelangen aber vollständig und führten zum Ziele. Auch in neuerer Zeit ist dieses Mittel mehrfach angewandt worden.

Falls auch der unmittelbare Abbau des Brandherdes unmöglich ist, kann man diesen bei günstiger Lage ringsum umfahren und die geschaffenen Hohlräume sodann durch Spülversatz dicht verfüllen, so daß wenigstens ein Übergreifen des Brandes auf die benachbarten Flözteile unmöglich gemacht wird.

Gelegentlich kann ein **Ersäufen** des Brandherdes mit Aussicht auf Erfolg benutzt werden. Verhältnismäßig einfach ist diese Maßnahme in einem Unterwerksbau durchzuführen. Sie wurde z. B. 1937 auf der Zeche Nordstern im Ruhrgebiet, als es nicht gelang, den Brand auszugraben und abzulöschen, angewandt. Man hat aber auch schon ganze Sohlen unter Wasser gesetzt, so z. B. nach der großen Schlagwetterexplosion auf Zeche Radbod im Jahre 1908 und erneut 1926, als hinter der Holzklotzmauerung im Füllort ein Brand ausgebrochen war. Auch ein teilweises Unterwassersetzen einer Sohle ist durchführbar, wenn es gelingt, die gefährdete Abteilung wasserdicht abzudämmen. So ist auf Radbod im Jahre 1939 verfahren worden[2]).

12. — Verschlämmung des Brandes. Von der Verschlämmung kann man ohne weitere Vorkehrungen dann Gebrauch machen, wenn die vom Brande bedrohten Grubenräume ausgemauert oder betoniert sind oder noch festes Gebirge zwischen Brandherd und Strecke ansteht, oder aber wenn es sich um einen Versatzbrand handelt, der von oben her zugänglich ist und über-

---

[1]) Glückauf 1911, S. 1789; Hasse: Der Grubenbrand im Schachtsicherheitspfeiler der Schachtanlage Vondern I/II bei Oberhausen.

[2]) Kohle und Erz 1939, S. 684; Tschauner: Die Schlagwetterexplosion auf der Zeche Radbod vom 9. Mai 1939.

spült werden kann. In den erstgenannten Fällen bohrt man die Stöße an, führt in das Bohrloch ein Rohr ein, das in beliebiger Weise gegen die Bohrlochwandung abgedichtet wird, und spült nun Lehm, Sand oder Kalkmörtel in den Brandherd.

Bei nicht mit Mauerung oder Beton ausgebauten Strecken kann man sich die Möglichkeit der Verschlämmung der Streckenstöße dadurch schaffen, daß man eine den Wiederaustritt des eingeführten Schlammes verhindernde Streckenauskleidung behelfsmäßig herstellt. Dies kann z. B. so geschehen, daß die Türstöcke mit festgenageltem Wetterleinen überspannt werden und danach der zwischen dem Leinenverzug und Streckenstoß verbleibende Raum mit Ton oder auch mit Heu ausgestampft wird. Diese Auskleidung braucht nicht etwa dicht zu sein, sie soll nur den festen Schlamm zurückhalten und das Wasser abfiltern. Auf französischen Gruben hat man so das Verschlämmen von Bränden in großem Umfange mit ausgezeichnetem Erfolge durchgeführt[1]). Hier benutzte man als einzuspülende Stoffe vorzugsweise Flugasche und feine Sande, denen 20—25% Ton beigemischt wurden. Der Tongehalt macht den Abschluß dichter. Fließt der Schlammstrom leicht ab, so sind auch gröbere Versatzstoffe zulässig; je mehr der Widerstand wächst, um so feinere Aufschlämmungen müssen gewählt werden. Beim Verschlämmen von Versatzbränden wird das Schlämmrohr an der Brandgasaustrittsstelle in den Versatz getrieben und der Brandherd überspült. Im Ruhrgebiet verwendet man neuerdings als Schlämmaterial den zur Durchführung des Gesteinstaubverfahrens vorhandenen Kalksteinstaub[2]). Der Schlamm wird unter Tage in Mischkästen oder Mischmaschinen hergestellt. Am günstigsten liegen die Verhältnisse, wenn die Bereitung des Schlammes 10—40 m über dem Brandherde stattfinden kann, so daß der Schlammstrom durch Eigengewicht dem Brandherde zufließt. Dies schließt aber nicht aus, daß am Ende der Leitung der Schlamm wieder einige Meter aufwärts geführt werden kann. In anderen Fällen ist zwischen Mischgefäß und Brandherd noch eine Schlammpumpe einzuschalten.

Abb. 728 zeigt in vereinfachter Darstellung eine im Ruhrgebiet übliche Schlämmeinrichtung für Gesteinstaubtrübe.

Abb. 729 zeigt ebenfalls schematisch die Anwendung des Verfahrens mit einer zwischen Mischer und Brandherd eingeschalteten Schlammpumpe, wobei der Streckenstoß durch Wetterleinenverzug mit Hinterstopfung ausgekleidet ist.

In wenig tiefen Braunkohlengruben kann ein Brandherd auch von über Tage her durch Stoßen von Bohrlöchern aufgeschlossen und von diesen aus verschlämmt werden[3]).

13. — Abdämmung. Gelingt es nicht, einen Brand durch Ablöschen, Ausgraben, Umfahren, Ersäufen oder Verschlämmung zu bekämpfen, dann muß

---

[1]) Rev. de l'ind. min. 1927, S. 65; Abadie: Lutte contre les feux de mines; — ferner ebenda S. 109; Max: Note sur un appareil d'embouage etc.; — ferner Glückauf 1935, S. 46; Lewien: Neuartiges Verfahren zur Abriegelung brennender Flözteile und zur Abdämmung von Strecken.

[2]) Glückauf 1940, S. 105; Bredenbruch: Die Bekämpfung von Flözbränden durch Einschlämmen von Gesteinstaubtrübe.

[3]) Braunkohle·1923/24, S. 572; G. Kain: Ursache, Verhütung und Bekämpfung von Flözbränden beim Braunkohlentiefbau.

die Abdämmung des Brandherdes vorgenommen werden, um auf diese Weise dem Brande jede Luftzufuhr zu unterbinden und ihn durch die Brandgase selbst zu ersticken. Je näher die Branddämme an die Brandstelle herangerückt werden können, um so besser ist die Wirkung dieser Maßnahme und um so geringer ist die Beeinträchtigung des übrigen Betriebes. Die Abdämmung eines Brandes geschieht grundsätzlich in der Weise, daß zunächst die Dämme im Einziehstrom

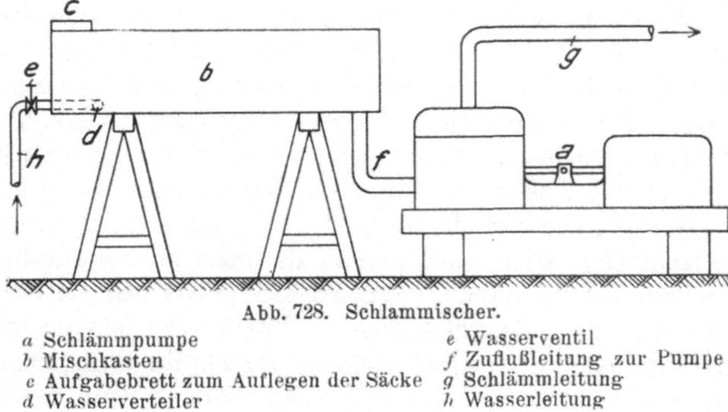

Abb. 728. Schlammischer.

a Schlämmpumpe	*e* Wasserventil
b Mischkasten	*f* Zuflußleitung zur Pumpe
c Aufgabebrett zum Auflegen der Säcke	*g* Schlämmleitung
d Wasserverteiler	*h* Wasserleitung

und dann die Dämme im Ausziehstrom errichtet werden. Letzteres ist in den meisten Fällen nur unter Verwendung von Gasschutzgeräten möglich.

Besteht bei offenen Grubenbränden oder bei Flözbränden, bei denen man damit rechnen muß, daß sie sich in der Zeit der Abdämmung zu offenen Bränden entwickeln können, die Gefahr, daß sich Schlagwetter im Brandfeld ansammeln

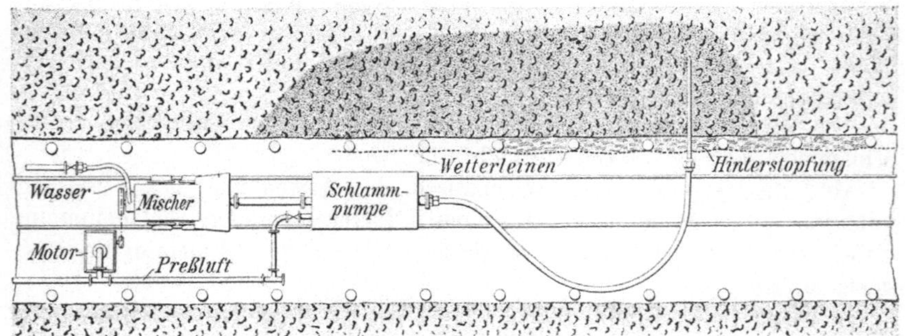

Abb. 729. Verschlämmen eines Streckenstoßes.

oder daß Schlagwetter im Alten Mann stehen, die durch den Brand zur Entzündung gelangen können, so ist besondere Vorsicht beim Abdämmen anzuwenden[1]).

In solchen Fällen müssen die Dämme so weit zurückverlegt werden, daß im Falle einer Explosion die Abdämmungsmannschaften nicht gefährdet sind. Außerdem sind zunächst schnell herstellbare Vordämme von großer Stand-

---

[1]) Merkblatt für das Abdämmen von Grubenbränden in Steinkohlengruben usw. Herausgegeben vom Grubensicherheitsamt.

festigkeit zu errichten. Während der Errichtung der Vordämme muß eine hinreichende Durchlüftung des Brandfeldes gewährleistet sein. Das geschieht am besten in der Weise, daß man zunächst sowohl im Einziehdamm als auch im Ausziehdamm je eine Öffnung von gleicher Größe freiläßt, durch die die Bewetterung des Brandfeldes erfolgen kann. Sobald die Vordämme bis auf die Öffnungen fertig sind, sind die verbliebenen Öffnungen unverzüglich, und zwar gleichzeitig im Ein- und Ausziehstrom zu schließen. Die Abdämmungsmannschaften sind durch schnell zu errichtende Gesteinstaubsperren zu sichern[1]) (Abb. 730). Diese sind so weit von dem möglichen Explosionsherd zu errichten, daß ihr Ansprechen im Falle einer Explosion gewährleistet ist. Zwischen den Sperren und den Dämmen muß ebenfalls ein größerer Abstand gewahrt werden.

Vor dem gleichzeitigen Schließen der in den Vordämmen verbliebenen Öffnungen sind sämtliche nicht mit dieser Aufgabe betrauten Mannschaften zurückzuziehen. Mit dem dann folgenden Setzen der Hauptdämme darf erst begonnen werden, wenn seit dem Schließen der Vordämme längere Zeit ohne Explosion vergangen ist und eine solche nicht mehr befürchtet. zu werden braucht.

Die Wiedereröffnung von Dämmen darf erst geschehen, wenn aus der Zusammensetzung der Brandgase (s. Ziff. 17) das Erlöschen des Brandes gefolgert werden kann. Solange in den Brandgasen noch Kohlenoxyd vorhanden ist, ist der Brand noch nicht erloschen. Es empfiehlt sich, das Öffnen in

Abb. 730. Errichtung einer Schnellsperre.

jedem Falle im Schutze einer Schleuse, die vor den zu öffnenden Damm mit Hilfe von stählernen, dicht schließenden Türen zu errichten ist, vorzunehmen. Es besteht dann die Möglichkeit, das Durchstoßen des Dammes bei geschlossenen Schleusentüren durchzuführen, wodurch jegliche Wetterbewegung im Brandfeld vermieden wird. Das Durchlüften des Brandfeldes kann dann gefahrlos erfolgen, wenn durch eine mit Gasschutzgeräten ausgerüstete Mannschaft das endgültige Erlöschen des Brandes festgestellt ist.

Bei den Branddämmen unterscheidet man zwischen Hilfsdämmen, zu denen die einfachen Wetterabschlüsse und die Vordämme zählen, und den Hauptdämmen für den endgültigen Abschluß.

14. — Hilfsdämme. Bei den zu den Hilfsdämmen zählenden Wetterabschlüssen kommt es vor allem auf tunlichst schnelle Herstellung, weniger auf Haltbarkeit und völlige Wetterdichtigkeit an. Durch das Errichten der Wetterverschläge will man einen vorläufigen Abschluß der Wetterzufuhr erreichen,

---

[1]) Bergbau 1941, S. 265; S c h u l t z e - R h o n h o f und W i l k e: Schnellsperren als Explosionsschutz bei Grubenbränden.

damit der Brand in der Zeit der Errichtung der endgültigen Dämme nicht weiter an Ausdehnung zunehmen kann. Die Errichtung von Wetterverschlägen ist immer dann angezeigt, wenn mit der Möglichkeit einer Explosion innerhalb des Brandfeldes nicht gerechnet zu werden braucht.

Wetterverschläge pflegt man meist aus Holzbrettern oder Betonbohlen zu errichten. An zwei oder mehrere in einer Linie quer durch die Strecke aufgestellte Stempel wird ein Bretterverschlag genagelt, der mit Mörtel berappt wird. Oder man stellt 2 Stempelreihen in kurzer Entfernung voneinander auf und bildet zwei Bretterverschläge, um den Zwischenraum mit Letten, Lehm, Kohlenklein od. dgl. auszufüllen. Man hat auch den Raum zwischen den Verschlägen mit grobem Bergeversatz verfüllt und sodann durch Einblasen von Gesteinstaub abgedichtet. Betonbohlenwände lassen sich nach Abb. 731 sehr schnell errichten, wenn die erforderlichen Betonplatten vorrätig gehalten werden.

Besteht jedoch die Gefahr einer Schlagwetterexplosion, dann müssen an Stelle von einfachen Wetterverschlägen sogenannte Vordämme gesetzt werden.

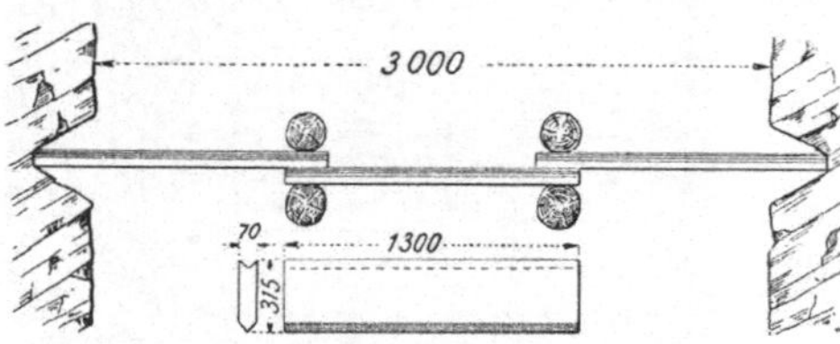

Abb. 731. Hilfsdamm aus Betonbohlen.

Als Vordämme finden in den weitaus meisten Fällen Sandsack- oder Lehmknüppeldämme Verwendung. Ihre Stärke richtet sich nach dem Querschnitt der anzudämmenden Strecke, soll aber im allgemeinen nicht weniger als 3 m betragen.

Die Sandsackdämme werden aus mit trockenem Sand gefüllten Jutesäcken, deren Füllgewicht 30 kg nicht übersteigen soll, hergestellt. Es empfiehlt sich, auf Gruben, die häufiger mit Grubenbränden zu tun haben, immer einen gewissen Vorrat an leeren Sandsäcken und trockenem Sand an geeigneter Stelle bereitzuhalten. Die Säcke dürfen nicht zu prall gefüllt sein, da andernfalls keine genügende Dichtigkeit des Dammes erzielt werden kann. Die Dichtigkeit des Dammes wird dadurch erhöht, daß auf jeder Lage Sandsäcke eine etwa 5 cm dicke Schicht losen Gesteinstaubes geschüttet wird. Gleichzeitig wird hierdurch ein zusätzlicher Schutz im Falle der Zerstörung des Dammes durch eine Explosion erreicht.

Die Lehmknüppeldämme bestehen aus übereinandergeschichteten, in der Streckenrichtung längsgelegten Hölzern, deren Zwischenräume mit feuchtem Lehm ausgefüllt werden[1]) (Abb. 732). In besonders druckhaften Strecken, in denen ein starrer Mauerdamm sehr schnell zerstört und wieder undicht würde, ist die sorgfältige Errichtung eines Lehmknüppeldammes als endgültiger Abschluß vorteilhafter, da ein derartiger Damm den Druck aufzunehmen vermag, ohne zerstört und undicht zu werden. Ein Beispiel für die Abriegelung eines Brandfeldes mit Hilfe einer Reihe von Holzknüppeldämmen gibt Abb. 733 wieder.

Neuerdings haben auch Versuche mit aus Glaswolle hergestellten Dämmen

---

[1]) Glückauf 1937, S. 511; Cabolet: Branddämme aus Holzknüppeln und Lehm.

zum vorläufigen und auch endgültigen Abschluß gute Erfolge gezeitigt[1]). Die Glaswolle kann z. B. in Form von durch Drahtumschnürung zusammengehaltenen Ballen von 1 m Breite und 40 cm Durchmesser benutzt werden. Das Gewicht eines derartigen Ballens beträgt 10 kg. Neben und -aufeinandergepackt sind 6 oder 7 Ballen für die Absperrung eines Streckenquerschnitts von 1 m² notwendig. Wandstärken von 1 m scheinen im allgemeinen zu genügen, bei Dämmen von größerer Höhe als 2,5 m wird am Dammfuß zweckmäßig eine Wandstärke von 1,5—2 m gewählt. Glaswolledämme lassen sich wesentlich schneller setzen als Sandsack-dämme, die zudem den Nachteil haben, daß die Jutehülle auch bei ursprünglich feuchtem Inhalt allmählich durchbrennt und der getrocknete Sand im üblichen Böschungswinkel abrutscht.

15. — Dämme für den endgültigen Abschluß. Als Dämme für den endgültigen Abschluß eignen sich am besten nasse Mauerdämme aus Ziegelsteinen. Bei der Errichtung derartiger Dämme ist zu beachten, daß durch tiefes Einschlitzen der Sohle, Stöße und Firste der Anschluß an das feste Gebirge erreicht wird. Man gibt solchen Dämmen eine Stärke von etwa 0,5 m, an druckhaften Stellen aber bis zu 2 oder 3 m. Auf richtiges Ausfüllen aller Fugen mit gutem Zementmörtel ist großer Wert zu legen. Es ist zweckmäßig, einen nassen Mauerdamm nach der Fertigstellung zu berappen und ebenso den Übergang

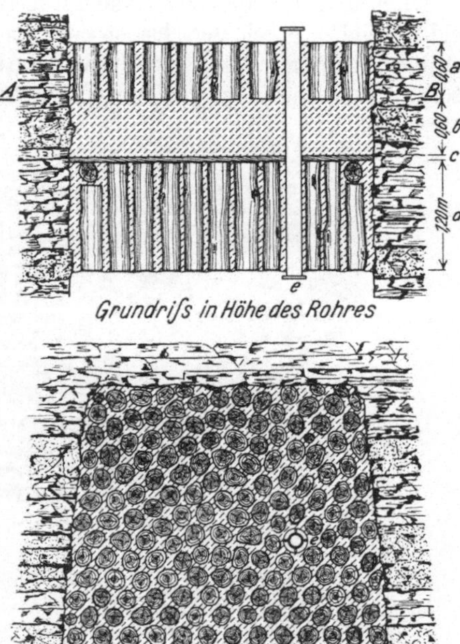

Abb. 732. Aufbau eines Branddammes aus Holzknüppeln und Lehm.

zwischen Mauerwerk und Gebirge mit Zementmörtel dicht zu verschmieren.

Treten die Brandgase auf eine längere Entfernung aus dem Gebirge in eine Strecke aus, oder muß eine vom oder zum Brandherd führende Flözstrecke gegen einen Querschlag abgeschlossen werden, so ist die Errichtung eines mehr oder weniger langen Mauergewölbes erforderlich. Hierbei muß darauf geachtet werden, daß das Gewölbe vor allen Dingen an den beiden Enden dicht an das feste Gebirge angemauert wird.

Solange der Brand noch nicht erloschen ist, müssen die Branddämme ständig überwacht und etwaige Risse nachgedichtet werden. Zur Prüfung der Dämme auf Dichtigkeit steht der mit dieser Aufgabe betrauten Aufsichtsperson der von

---

[1]) Bergbau 1940, S. 239; G. Hoffmann: Neuartiger Branddamm mit Schutzwirkung vor Brandgasexplosionen; — ferner Bergbau 1941, S. 209; Schultze-Rhonhof und Klinger: Versuche mit Dämmen, Matten und Schutzschichten aus Glaswolle.

der Auergesellschaft, Berlin, herausgebrachte „Wetterprüfer" zur Verfügung[1]).

16. — Brandtüren. Will man die Zugänglichkeit der abgesperrten Räume erhalten, so versieht man die Mauerdämme sofort beim Errichten mit dicht schließenden Stahltüren. Es ist zweckmäßig, den endgültigen Damm dann als Doppeldamm auszubilden mit einem Abstand von wenigstens 5 m. Durch die auf diese Weise entstehende Schleuse kann das Brandfeld ohne Herbeiführung einer Wetterbewegung mit Gasschutzgeräten betreten werden.

Türen in den Branddämmen sind insbesondere nötig, wenn man das Brandfeld allmählich durch Vorschieben der Dämme einengen will. Dieses Vorgehen ist immer dann am Platze, wenn man die Abdämmung infolge Explosionsgefahr (s. Ziff. 13) zunächst in größerer Entfernung vom Brandherd errichten muß.

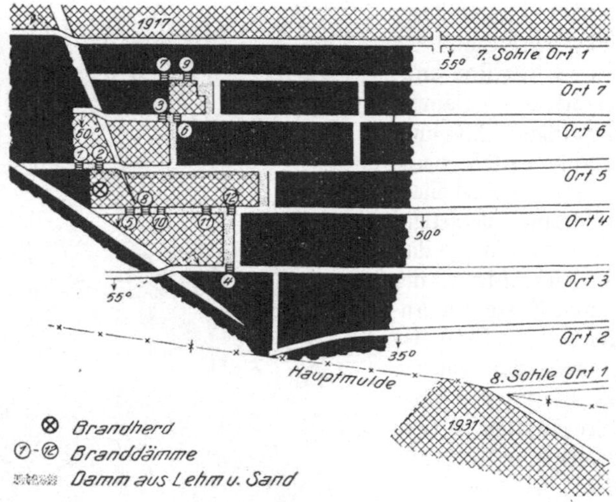

Abb. 733. Abriegelung eines Brandfeldes mit Lehmknüppeldämmen.

Wenn auf Grund der aus dem Brandfeld entnommenen Wetterproben mit einer Explosion nicht mehr zu rechnen ist, dringen Mannschaften, die mit Gasschutzgeräten ausgerüstet sind, über den Damm hinaus vor und errichten in einiger Entfernung einen neuen, mit Türen versehenen Doppeldamm. Ist diese Arbeit gelungen, dann kann der erste Doppeldamm entfernt werden. Dieser Vorgang kann so oft wie notwendig wiederholt werden. Dieses Verfahren wird häufig angewendet und führt in den meisten Fällen zum Ziele.

Um die Wirkung der Abdämmung zu beschleunigen, ist man in jüngerer Zeit häufig dazu übergegangen, durch einen der das Brandfeld begrenzenden Dämme (entweder durch eine hierfür besonders eingebaute Leitung oder durch das „Schnüffelrohr") Kohlensäure in das Brandfeld zu leiten[2]). Die günstige

---

[1]) Glückauf 1940, S. 145; Bredenbruch: Der Auer-Wetterprüfer in Verbindung mit den Auer-Rauchröhrchen als Hilfsgerät für den Oberführer der Rettungstruppe und den Wettersteiger.

[2]) Glückauf 1939, S. 781; Bredenbruch: Die Bekämpfung von Grubenbränden im Ruhrgebiet.

Wirkung wird weniger in einem unmittelbaren Ablöschen des Brandes als darin zu suchen sein, daß durch die Kohlensäure der Vorgang der Erstickung des Brandes beschleunigt wird. Diese Wirkung wird namentlich dann erwünscht und wichtig sein, wenn die Abdämmung an sich nicht dicht genug ist, um das Feuer zu ersticken.

An Stelle der Kohlensäure kann auch Stickstoff benutzt werden, doch ist die Kohlensäure leichter in größeren Mengen zu beschaffen. Die Verwendung von Wasser ist aber auf jeden Fall zu vermeiden. Es wirkt abkühlend und ruft daher ein vermehrtes Ansaugen von Frischluft hervor, so daß das Gasgemisch hinter dem Damm wieder explosionsfähig werden kann.

C. Die bei Bränden auftretenden Gase.

17. — Brandgase, Brandwetter, Brandgasexplosionen. Die in einem Brandfelde abgedämmten Gase nennt man „Brandgase"; treten diese in den Wetterstrom der Grube über, so spricht man von „Brandwettern".

Die Zusammensetzung der Brandgase hängt zunächst von der Entwicklung des Brandes ab. Im ersten Entwicklungsabschnitt ist, wenn es sich um Selbstentzündung handelt, die Sauerstoffzufuhr beschränkt. Es tritt dabei nur ein Schwelen der Kohle ein (Schwelabschnitt). Die Brandgase sind durch hohen Gehalt an Kohlenoxyd, Wasserstoff und Kohlenwasserstoffen gekennzeichnet, während der CO_2-Gehalt bis etwa 3% ansteigt.

Im zweiten, nämlich dem Verbrennungsabschnitt, kommt es zum Aufflammen des Feuers; die brennbaren Gase verbrennen zu Kohlensäure, so daß diese vorwiegt und bis zu 6% beträgt.

Im dritten Abschnitt (Erlöschungsabschnitt) reichern sich die Gase weiter an Kohlensäure bis zu 15% an und werden an brennbaren Gasen immer ärmer, falls nicht ohnehin Grubengasentwicklung vorhanden ist.

Durch die Probenahme verwischt sich allerdings dieses Bild sehr, da stets Gemische der drei Abschnitte oder auch Gemische der Brandgase mit atmosphärischer Luft auftreten werden. Zum Beispiel wurden bei einem Brande folgende Proben genommen:

	im frischen Wetterstrom in der Nähe des entstehenden Brandes %	aus dem Brandfelde nach mehrwöchiger Abdämmung %
O_2	19,5	11,8
N_2	79,0	79,6
CO_2	0,9	6,0
CO	0,006	1,1
Sonstige brennbare Gase (ohne CO)	0,6	1,5

In 64 Brandgasanalysen von oberschlesischen Gruben hat L. Wein folgende Mindest- und Höchstgehalte der in der Zusammenstellung aufgeführten Gase gefunden[1]):

<hr>

[1]) Glückauf 1921, S. 653; L. Wein: Die chemische Zusammensetzung der Grubenbrandgase und ihre Bewertung für die Bekämpfung des Grubenbrandes; — ferner Glückauf 1931, S. 401; H. Winter: Die Auswertung der Wetteranalysen für die Flözbrandbekämpfung; — ferner Bergbau 1936, S. 415; H. Sanders: Die Auswertung der Wetteranalysen für die Flözbrandbekämpfung.

	nicht brennbar			brennbar			brennbare Gase zusammen
	O_2	CO_2	N_2	CO	H_2	CH_4	C_2H_2 u. C_2H_4	
	%	%	%	%	%	%	%	%
Mindestgehalt	0,05	0,1	65,4	0,01	0,01	0,02	Spuren	0,04
Höchstgehalt	20,6	15,6	93,5	7,7	7,3	8,4	0,5	20,5

Hiernach sinkt der Sauerstoffgehalt unter Umständen bis annähernd auf Null; der Kohlensäuregehalt kann demgegenüber bis auf etwa 15 und der Stickstoffgehalt bis 93% steigen. Der letztere schwankt dabei in weiten Grenzen, da der festgestellte Mindestgehalt 65,4% ist.

Der Kohlenoxydgehalt insbesondere hat in den 64 Proben betragen

1 mal mehr als 7%		7 mal 0,5—1,0%	
4 „ 1,5—3%		21 „ 0,1—0,5%	
4 „ 1,0—1,5%		42 „ weniger als 0,1%.	

Frei von Kohlenoxyd ist keine Brandgasprobe gefunden worden[1]).

Wasserstoff ist ebenfalls stets vorhanden und steht in der Regel unter den brennbaren Bestandteilen an erster Stelle. Methan ist fast durchweg stärker vertreten als Kohlenoxyd. In schlagwetterführenden Gruben kann selbstverständlich ein viel höherer Methangehalt, als in der Zusammenstellung angegeben, erwartet werden.

In jedem Falle ist es unsicher, aus der Zusammensetzung der Brandgase auf ein dauerndes Erlöschen des Brandes zu schließen. Ein ausgedehnter Brandherd kühlt schwer ab und wird durch Zutritt frischer Luft leicht wieder zum Aufflammen gebracht, selbst wenn er schon lange die Fähigkeit, sich weiter zu fressen, verloren hat.

Brandgasexplosionen sind mehrfach im Verlaufe von Bränden vorgekommen. Früher hielt man sie für Kohlenoxyd-Explosionen; doch erscheint das Auftreten von Kohlenoxyd in solchen Mengen, daß das Gemisch mit Luft explosibel wird, ausgeschlossen. Die Explosionen sind also auf andere brennbare Gase, insbesondere Wasserstoff, Methan und schwere Kohlenwasserstoffe, zurückzuführen.

II. Atemschutzgeräte[2]).

18. — Einleitung. Es kommt im Grubenbetriebe häufig vor, daß Arbeiten in giftigen (insbesondere CO-haltigen) Gasen oder in matten Wettern, z. B. zum Zwecke der Abdämmung und der Löschung von Bränden, verrichtet werden müssen. Weiter strömen bisweilen giftige oder unatembare Gase aus dem Gebirge (z. B. Schwefelwasserstoffgas oder Kohlensäure) in solcher Stärke aus, daß die regelmäßige Wetterführung nicht genügt und der Fortbetrieb der Arbeiten auf die gewöhnliche Weise zur Unmöglichkeit wird.

---

[1]) Zu vergl. I. Band, 6. Aufl., 5. Abschnitt: „Kohlenoxyd".

[2]) W. Haase-Lampe: Handbuch für das Grubenrettungswesen (Lübeck, Rahtgens), Bd. I u. II, 1924, u. Bd. III, 1929; — ferner G. Ryba: Handbuch des Grubenrettungswesens (Leipzig, Felix), 1929.

Nach größeren Unglücksfällen, wie Grubenbränden, Schlagwetter- und Kohlenstaubexplosionen, kommt es ferner darauf an, möglichst schnell in die Nachschwaden vorzudringen, um Verletzte und Betäubte zu retten oder um durch Wiederherstellung einer geordneten Wetterführung der vielleicht abgeschnittenen und gefährdeten Belegschaft eines Feldesteiles Hilfe zu bringen. Diese Aufgaben haben die Einführung von sog. Atemschutzgeräten zur Folge gehabt.

Die Atemschutzgeräte lassen sich wie folgt einteilen:
1. Filtergeräte,
2. Frischluftgeräte,
    a) Saugschlauchgeräte,
    b) Druckschlauchgeräte;
3. frei tragbare Sauerstoffgeräte, und zwar
    a) Geräte ohne Wiederbenutzung der Ausatemluft (Flüssige-Luft-Geräte),
    b) Geräte mit Wiederbenutzung der Ausatemluft.

Die letzteren Geräte wieder können in solche mit verdichtetem, gasförmigem und in solche mit chemisch gebundenem Sauerstoffvorrat gegliedert werden.

A. Filtergeräte.

19. — Kohlenoxydfilter. Vorläufer der Filtergeräte waren die einfachen Mundbinden (Schwämme), die, vor Mund und Nase gebunden, zum Auffangen von Staub oder, mit Natronkalk oder Essig getränkt, zur teilweisen Befreiung der Einatemluft von der Kohlensäure dienten.
Infolge der Erfahrungen im Kriege 1914—18 hat man diese einfachen Mundbinden dadurch verbessert, daß man besondere Atemmasken mit einschraubbaren Filtereinsätzen, die der Bindung von unatembaren und giftigen Gasen dienen, entwickelte. Der Gebrauch dieser Filtergeräte setzt jedoch einen Sauerstoffgehalt der Luft von mindestens 17% voraus. Da ein solcher Sauerstoffgehalt nach großen Schlagwetter- oder Kohlenstaubexplosionen in der Grube oder in Brandfeldern nicht immer vorhanden ist, dürfen sie grundsätzlich unter Tage nicht verwendet werden. In Ausnahmefällen ist jedoch die Benutzung von Kohlenoxydfiltergeräten möglich. Sie dienen der Beseitigung des Kohlenoxyds aus der Ein-

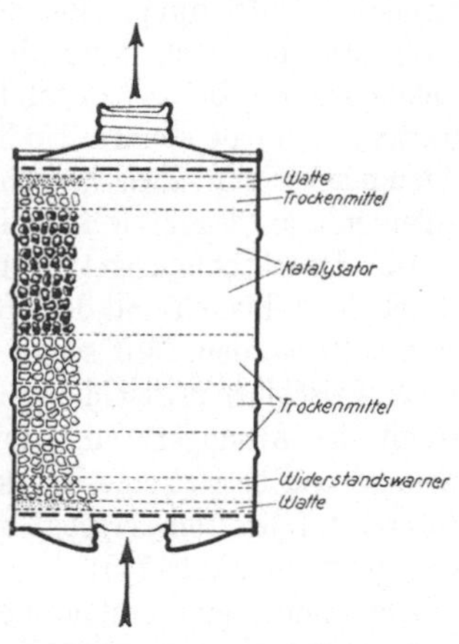

Abb. 734. Dräger-CO-Filter.

atemluft. Aus diesem Grunde soll im folgenden nur der Aufbau und die Wirkungsweise dieser Gruppe von Filtergeräten beschrieben werden:

Die Kohlenoxydfiltergeräte (Abb. 734) bestehen aus einer Filterbüchse, die mittels eines Zwischenschlauches mit der Atemmaske verbunden ist. Die Beseitigung des Kohlenoxyds geschieht in der Weise, daß es beim Durchgang durch die aus Metall- (Kupfer- und Mangan-) Oxyden bestehende Katalysatormasse unter Verbrauch von Sauerstoff, allerdings unter erheblicher Wärmeentwicklung, zu

Kohlensäure verbrannt wird. Die Metalloxyde erhalten so lange ihre katalytische Wirksamkeit, als sie vollkommen trocken sind. Da die Atemluft immer einen gewissen Feuchtigkeitsgehalt besitzt, müssen den Metalloxyden trocknende Schichten vorgeschaltet werden. Die Gebrauchsdauer eines derartigen Kohlenoxydfiltergerätes richtet sich nach dem Feuchtigkeitsgehalt der Atemluft und ist bei absolut trockener Luft unbegrenzt.

B. Frischluftgeräte.

20. — Allgemeines. Zu der Gruppe der Frischluftgeräte gehören sämtliche Atemschutzgeräte, bei denen der Gerätträger Frischluft von einer gasfreien Stelle durch eine geschlossene Leitung (Schlauchleitung) zur Atmung erhält. Sie sind daher im Gegensatz zu den in Ziffer 19 genannten Filtergeräten von der Zusammensetzung der den Geräträger umgebenden Luft unabhängig. Da jedoch durch die Art der Luftzuführung eine gewisse Behinderung des Gerätträgers vorliegt, ist ihre Verwendung immer nur dann möglich, wenn es sich um stationäre Arbeiten mit kurzem Anmarschweg handelt. Es gibt Saugschlauch und Druckschlauchgeräte. Für den Grubenbetrieb sind jedoch nur die Druckschlauchgeräte zugelassen.

21. — Druckschlauchgeräte. Bei den Druckschlauchgeräten wird dem Geräträger die Luft zugeführt. Dieses geschieht entweder durch einen Blasebalg oder durch eine mittels eines atembaren Preßgases (Sauerstoff oder Druckluft) betriebenen Strahldüse. Neuerdings erfolgt die Luftzuführung sehr häufig auch durch Anschluß des Luftzuführungsschlauches an eine vorhandene Niederdruckluftleitung. Bei den Druckschlauchgeräten herrscht im Gerät ein ständiger Überdruck, weshalb sie eine größere Sicherheit bieten als die Saugschlauchgeräte, bei denen infolge des bei der Einatmung herrschenden Unterdrucks durch jede kleinste Undichtigkeit am Schlauch oder an der Atemgarnitur (Atemmaske und Zwischenschlauch) gifthaltige oder unatembare Gase von außen mit angesaugt werden können.

Die Druckschlauchgeräte mit Blasebalgluftzuführung bestehen aus dem Blasebalg, Schlauch und dem Rauchhelm. Der Blasebalg muß in Frischwettern aufgestellt werden. Mit seiner Hilfe drückt der Bedienungsmann dem Geräteträger Frischluft in reichlichem Maße zu, so daß dessen Atemtätigkeit von der Arbeit des Ansaugens entlastet wird. Der Blasebalg ist gewöhnlich doppeltwirkend und besitzt eine Druckausgleichkammer, so daß ein gleichmäßiger und stoßfreier Luftstrom erzeugt wird. Er ist in einem geschlossenem Gehäuse untergebracht (Abb. 735).

Der Rauchhelm besteht gewöhnlich aus Leder; er ist in Augenhöhe mit einem zweiteiligen aufklappbaren Fenster versehen und schließt mit einem breiten Halskragen an die Schultern an. Die Abdichtung am Halse geschieht durch Zusammenziehen des Kragens mittels eines schaubenartig eingearbeiteten schmalen Lederriemens. Auf gute Abdichtung braucht kein besonderer Wert gelegt zu werden, da durch die Undichtigkeiten die in reichlichen Mengen zugeführte Überschußluft zusammen mit der Ausatemluft entweicht. Bei Arbeiten in hohen Temperaturen kann die entweichende Überschußluft durch Anlegen des Lederkragens unter der Jacke eine gute Abkühlung des Körpers herbeiführen.

Abb. 735. Druckschlauch-Atemgeräte der Firma C. B. König in Altona.

Durch Verwendung eines genügend weiten Hauptzuführungschlauches, an den mehrere Schläuche angeschlossen werden, und eines entsprechend großen Blasebalges wird es ermöglicht, auch mehrere Leute gleichzeitig an eine Hauptleitung anzuschließen (Abb. 735). In der hier dargestellten Ausführungsform tragen die Leute leichte Lederkappen, in welche die Luftschläuche mit je 2 Zweigschläuchen einmünden. Der Schlauch wird auf eine Trommel aufgewickelt und mit dieser in einen Kasten gesetzt, der nebst dem Blasebalgbehälter in einem gewöhnlichen Förderwagen Platz findet.

Bei den mittels Strahldüsen betriebenen Druckschlauchgeräten (Abb. 736) wird die Strahldüse durch verdichteten Sauerstoff oder hochgepreßte Luft aus Stahlflaschen betätigt. Sie arbeitet mit einem Druck von 9 at, der aus der Vorratsflasche abgeleitet und durch ein Druckminderungsventil auf dieser Höhe gehalten wird. Die Leistung der Strahldüse ist so groß, daß bei einer Schlauchlänge bis 200 m noch 75 l Luft minutlich zum Träger geblasen werden können.

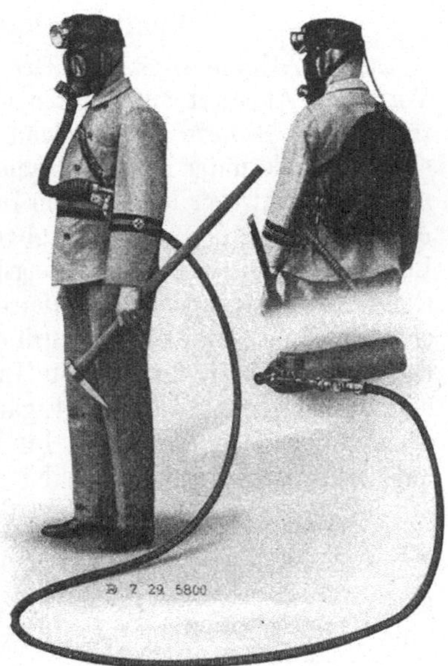

Abb. 736. Strahldüsen-Druckschlauchgerät des Drägerwerkes.

Als Atemeinrichtung wird bei diesen Geräten ein Zwischenschlauch mit je einem Ein- und Ausatemventil und einem vor dem Einatemventil eingeschalteten

Ausgleichsatembeutel und eine Atemmaske verwandt. Der Ausgleichsbeutel nimmt in der Ausatemphase, wenn das Einatemventil durch den Ausatemüberdruck geschlossen und das Ausatemventil geöffnet ist, die zugeführte Atemluft auf. Hierdurch wird eine Streckung des zur Verfügung stehenden Preßgasvorrates erreicht.

Bei den an die **Druckluftleitung** angeschlossenen Druckschlauchgeräten wird in den meisten Fällen als Atemeinrichtung der Rauchhelm verwandt, da auch hierbei Frischluft in praktisch unbegrenzten Mengen zur Verfügung steht. Zwischen Luftzuführungsschlauch und Druckluftleitung schaltet man ein mit einem Drosselventil versehenes Luftreinigungsfilter ein. Dieses Filter hat die Aufgabe, die Druckluft vor Eintritt in das Atemschutzgerät von Öldünsten und Feuchtigkeit zu befreien. Durch das Drosselventil wird eine dem Bedarf entsprechende Luftzumessung ermöglicht.

Um möglichst schnell und an jeder beliebigen Stelle der Druckluftleitung einen Anschluß herstellen zu können, verwendet man die auch für die Herstellung von Wasseranschlüssen zu benutzenden Anbohrvorrichtungen[1]).

Für größere Entfernungen als etwa 200 m von der Entnahmestelle der frischen Luft wird bei den Druckschlauchgeräten das Nachziehen des Schlauches zu lästig und die Gefahr für den Mann im Falle einer Zerstörung oder Verklemmung des Schlauches zu groß. Wenn so die Entfernung, in der die Geräte benutzt werden können, begrenzt ist, ist anderseits die Benutzungsdauer unbeschränkt, insofern der Träger bis zu den Grenzen seiner Arbeitsfähigkeit überhaupt Arbeit leisten kann.

C. Frei tragbare Sauerstoffgeräte[2]).

22. — Allgemeines. Der Grundgedanke dieser Geräte ist, einen gewissen Vorrat an Atemluft mitzuführen und durch einen Atemschlauch dem Geräteträger dem Bedarfe entsprechend allmählich zuzuleiten. Sie sind demnach ebenso wie die unter B angeführten Frischluftgeräte von der Zusammensetzung der den Geräteträger umgebenden Luft unabhängig. Darüber hinaus weisen sie den Vorteil auf, daß sie frei tragbar sind, d. h. der Geräteträger wird durch die Luftzuführung in seiner Bewegungsfreiheit nicht behindert. Es gibt bei diesen Geräten zwei Gruppen. Sie unterscheiden sich dadurch, daß die Ausatemluft entweder durch ein Ausatemventil entweicht und nicht wieder benutzt werden kann, oder daß die ausgeatmete Luft nach ihrer Reinigung von Kohlensäure und Feuchtigkeit sowie nach Ergänzung des verbrauchten Sauerstoffs wieder der Atmung zugeführt wird. Im Bergbau werden nur Sauerstoffgeräte mit Wiederbenutzung der Ausatemluft angewandt.

a) Sauerstoffgeräte mit Wiederbenutzung der Ausatemluft.

23. — Allgemeines. Luftverbrauch des Menschen. Diese Gasschutzgeräte beruhen auf dem Gedanken, daß bei der Atmung des Menschen von dem rund 21% betragenden Sauerstoffgehalt der Einatemluft lediglich rund 4%

---

[1]) Glückauf 1939, S. 781; **Bredenbruch**: Die Bekämpfung von Grubenbränden im Ruhrgebiet.

[2]) Siehe Handbuch für die Ausbildung von Grubenwehren; herausgeg. v. d. Hauptstelle f. d. Grubenrettungswesen des Bergbauvereins in Essen; — ferner **C. v. Hoff**: Die Entwicklung der deutschen Sauerstoffgasschutzgeräte in der Nachkriegszeit, Essen 1939 (als Manuskript gedruckt).

verbraucht und in Kohlensäure umgesetzt werden. Demnach enthält die Ausatemluft neben dem unverminderten Stickstoffgehalt von rund 79% noch rund 17% Sauerstoff und rund 4% Kohlensäure. Wird diese Ausatemluft in einer besonderen Vorrichtung von der Kohlensäure befreit und der verbrauchte Sauerstoff aus einem mitgenommenen Sauerstoffvorrat ergänzt, dann ist sie wieder zur Einatmung verwendbar. Während also bei Sauerstoffgeräten ohne Wiederbenutzung der Ausatemluft jeder Atemzug in seiner ganzen Größe aus dem mitgenommenen Vorrat entnommen werden muß, werden bei diesen Geräten lediglich 4% der Größe eines Atemzuges ergänzt. Daraus ergibt sich, daß mit einem wesentlich geringeren Sauerstoffvorrat ein Mehrfaches an Gebrauchsdauer erzielt wird.

Der Luftverbrauch des Menschen und dementsprechend der Sauerstoffverbrauch ist von dem jeweiligen Betätigungsgrad abhängig und steigert sich mit zunehmender Arbeitsleistung. Zahlreiche Beobachtungen und Versuche haben ergeben, daß der Luftverbrauch eines erwachsenen Menschen in der Ruhe sich unter gewöhnlichen Verhältnissen auf etwa 8 l/min beläuft. Bei mittlerer Arbeitsleistung beträgt er durchschnittlich 30 l/min, bei schwerer Arbeitsleistung 50 l/min und für kürzere Zeit und sehr starker Anstrengung kann er sich bis auf 70 l/min steigern[1]).

Berücksichtigt man, daß bei angestrengter Atmung, wenn man also minutlich 50 l Luft ein- und ausatmet, in derselben Zeit nur 2 l CO_2 erzeugt werden oder ebensoviel Sauerstoff verbraucht wird, so ergibt sich, daß bei voller Wiederausnutzung der Ausatmungsluft höchstens eine Sauerstoffmenge, die dem angegebenen Betrage gleichkommt, durch künstliche Zufuhr hinzuzufügen ist. Für 2 Stunden = 120 Minuten sind also 240 l Sauerstoff mehr als ausreichend, während im übrigen, um die Lunge genügend füllen zu können, die immer wieder von der Kohlensäure befreite Luft im Kreislaufe verbleiben muß. Für die Lunge ist die Einatmung reinen Sauerstoffs statt der Luft bei atmosphärischem Drucke ohne jede schädliche Wirkung; vielmehr wirkt der Sauerstoff in Fällen von Bewußtlosigkeit sogar belebend.

1. Geräte mit gasförmigem Sauerstoffvorrat.

24. — Einleitende Bemerkungen. Die neuzeitlichen Sauerstoff-Atemschutzgeräte für den Bergbau sind ausnahmslos Lungenkraft-Kreislaufgeräte, d. h. der Kreislauf der Atemluft wird vom Geätträger mit eigener Lungenkraft getätigt. Sie bestehen im wesentlichen aus dem Sauerstoffbehälter nebst der Ausflußregelung, dem Luftreiniger für die Bindung der Kohlensäure sowie dem Ventilkasten zur Umlaufsteuerung der Atemluft. Hinzu kommen die Hilfseinrichtungen, insbesondere der Atembeutel, der Druckmesser, die Verbindungsschläuche und die Atemeinrichtung. Die Arbeitsweise der neuzeitlichen Sauerstoff-Atemschutzgeräte mit gasförmigem Sauerstoff wird in den Ziffern 31 und 32 näher behandelt.

25. — Die Sauerstoffbehälter und die Ausflußregelung. Die zum Mitführen des Sauerstoffvorrates notwendigen Behälter sind Stahlflaschen, die

---

[1]) Kali 1916, S. 122; Haldane: Die Bedeutung des Sauerstoffs und der Kohlensäure für die Arbeit; — ferner Zeitschr. f. d. Berg-, Hütt.- und Sal.-Wes. 1926, S. B 95; Gutachten über die Anforderungen, die in physiologischer Hinsicht an Gasschutzgeräte für den Bergbau zu stellen sind.

auf einen Druck von 225 atü geprüft sind und deren Inhalt bei den Bergbaugeräten 2 l und bei den kleineren, über Tage in Anwendung stehenden Geräten 1 l beträgt. Eine 2-l-Flasche z. B. faßt bei einem Druck von 150 atü 300 l Sauerstoff, die nach Ziffer 23 für 2 Stunden voll ausreichen.

Zwecks Regelung des Ausflusses ist an die Flasche zunächst ein Druckminderungsventil angeschlossen, das den Gasdruck auf 3 atü herabsetzt. Der Übertritt des Sauerstoffs in den Kreislauf des Gerätes erfolgt also unter gleichmäßigem Druck und ist bei den modernen Geräten so geregelt, daß durch eine Düse eine gleichbleibende Menge von 1,5 l/min einströmt, die gemäß Ziffer 23 für eine mittlere Arbeitsleistung ausreicht. Bei Mehrbedarf infolge größerer Arbeitsleistung wird durch ein lungengesteuertes Ventil zusätzlicher Sauerstoff zugesetzt. Es findet also eine „kombinierte Dosierung“, d. h. eine doppelte Sauerstoffzufuhr statt. Als Beispiel für ein lungengesteuertes Ventil ist der Lungenautomat der Drägerwerke, Lübeck, in Abb. 737 wiedergegeben.

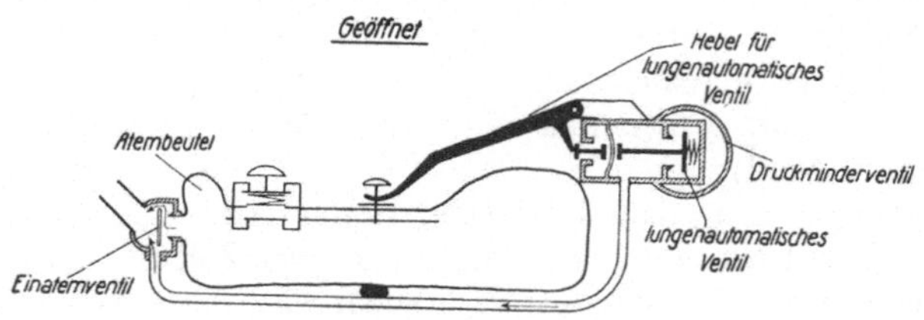

Abb. 737. Dräger-Lungenautomat.

Der Lungenautomat ist ein durch Federdruck verschlossenes und mit einem Steuerhebel versehenes Ventil. Der Steuerhebel befindet sich im Atembeutel oder ist außen an der vorderen Beutelwand beweglich befestigt. Durch den bei der Einatmung erzeugten Unterdruck fällt der Beutel zusammen, und seine Wände drücken die Steuerhebel zusammen oder ziehen den Steuerhebel herunter, wodurch das Ventil geöffnet und dem Sauerstoff der Weg in den Atembeutel freigegeben wird. Am Ende der Einatemperiode schließt sich das Ventil wieder.

Darüber hinaus besitzen die modernen Geräte eine Einrichtung, die es dem Geräteträger ermöglicht, durch Druck auf einen Knopf über eine Umgehungsleitung weiteren Sauerstoff in das Gerät strömen zu lassen (Handzusatz). Die Einrichtung schließt sich selbsttätig nach Gebrauch. Ist zuviel Atemluft im Gerät vorhanden, so kann sie durch ein Überdruckventil ins Freie entweichen. Ein solcher Luftaustritt darf nicht lediglich als Verlust angesprochen werden. Es hat sich nämlich gezeigt, daß die allzu sparsame Ausnutzung des Sauerstoffs, falls dieser nicht ganz besonders rein (etwa 99,5%) geliefert wird, allmählich zu gefährlichen Ansammlungen von Stickstoff in den Atmungsäcken führen kann. Bei den mit reichlichem Ausfluß des Sauerstoffs arbeitenden Geräten liegt diese Gefahr nicht vor, weil der das Gerät verlassende Luftüberschuß den Stickstoff in genügendem Maße mitspült.

26. — Bindung der Kohlensäure. Für die Beseitigung der Kohlensäure bedient man sich des Ätzkalis und Ätznatrons, die sich durch Aufnahme von Kohlensäure leicht in Kalium- oder Natriumkarbonat umwandeln. Die Verbindung geht bei dem Ätzkali nach folgender Gleichung vor sich:

$2 \text{KOH} + \text{CO}_2 = \text{K}_2\text{CO}_3 + \text{H}_2\text{O}$ und entsprechend bei dem Ätznatron. Bei den neuzeitlichen Luftreinigern wird ein Gemisch von rund 94% Ätznatron und rund 6% Ätzkali verwandt.

Während man früher die Ätzalkalien entweder flüssig als Lauge oder in der Form von dünnen Stangen verwandte, benutzt man sie heute ausschließlich in Form von Körnern. Die Körner befinden sich in geschlossenen Behältern, den sogenannten Patronen, die in das Gerät eingesetzt werden. Bei der Einlagerung der Körner in die Patronen kommt es darauf an, bei möglichst geringem Durchflußwiderstand eine möglichst große Angriffsfläche zu erzielen. Gleichzeitig darf während der Benutzung der Patrone durch das zwangsläufig erfolgende Rütteln und Stoßen der Patrone keine Umlagerung des Chemikals erfolgen. Diese Forderungen werden erfahrungsgemäß am besten erfüllt durch Verlagerung der Körner auf Faltensieben. Abb. 738 zeigt als Beispiel den Aufbau einer neuzeitlichen Auer-Alkalipatrone. Die Luftreinigungspatronen werden in verschiedenen Größen hergestellt, von denen die Größe 9 × 18 cm für die Bergbaugeräte und 7 × 14 cm für die Einstundengeräte Verwendung finden.

Ein Übelstand der Verwendung von Ätzalkalien zur Bindung von Kohlensäure ist die Tatsache, daß bei dem oben angeführten che-

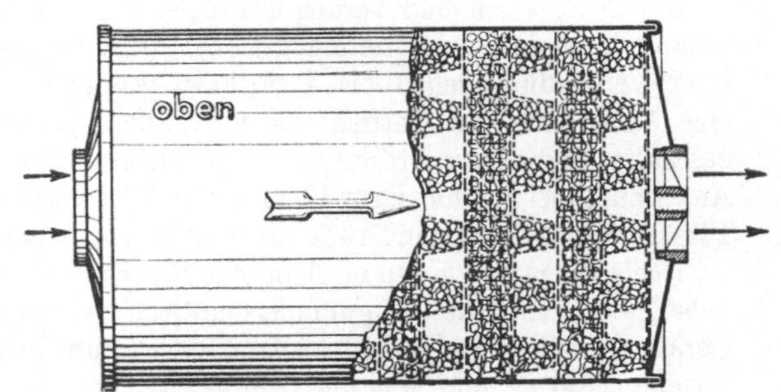

Abb. 738. Schnitt durch eine Auer-Alkalipatrone.

mischen Umwandlungsvorgang nicht unerhebliche Wärmemengen frei werden. Hierdurch erfolgt eine vom Geräteträger sehr unangenehm empfundene Erwärmung der Atemluft und eine merkbare Herabsetzung der körperlichen Leistungsfähigkeit.

27. — Der Umlauf der Atemluft. Um eine möglichst restlose Reinigung der Ausatemluft von Kohlensäure und eine gute Auffrischung mit dem aus dem Vorratsbehälter zugesetzten Sauerstoff zu erreichen, wird die Atemluft mit Hilfe von Steuerventilen im Kreislauf durch das Gerät geleitet (Sauerstoffkreislaufgeräte). Durch einen Ausatemschlauch wird die ausgeatmete Luft zunächst zum Ventilkasten geführt, von wo sie durch das sich öffnende Ausatemventil in die Alkalipatrone strömt. Nach dem Durchströmen der Patrone gelangt sie in den Atembeutel, der so groß gehalten ist, daß er außer der ausgeatmeten Luft eine gewisse Reserveluftmenge enthält. Aus dem Atembeutel gelangt die Atemluft bei der Einatmung durch das im Ventilkasten ebenfalls befindliche Einatemventil und den Einatemschlauch zum Atemorgan des Geräteträgers zurück. Der Sauerstoff strömt entweder unmittelbar in den Atembeutel oder durch eine besondere Rohrleitung von dem Ausflußregelstück um den Atembeutel herum in den Einatemschlauch.

28. — Hilfsvorrichtungen. Der Atembeutel, der aus gummiertem Stoff oder aus Paragummi besteht, weist in der Regel einen nutzbaren Inhalt von wenigstens 5 l auf, so daß dem Geräteträger auch in Augenblicken plötzlich erhöhten Luftbedarfs, der sich neben der Vermehrung der Zahl der minutlichen Atemzüge auch in der Vergrößerung des einzelnen Atemzuges auswirkt, genügend Luft zur Füllung der Lunge zur Verfügung steht. Gleichzeitig wird durch ihn ein Ausgleich geschaffen und der Kreislauf der Luft verlangsamt, so daß sie Zeit erhält, eine gleichmäßige Beschaffenheit anzunehmen und sich etwas abzukühlen.

Zur Überwachung des in der Sauerstoffflasche vorhandenen Vorrates sind die Geräte mit einem Manometer (Finimeter) versehen. Dieses ist bei den auf dem Rücken getragenen Geräten entweder abklappbar an einem der beiden Trageriemen auf der Brust befestigt und durch eine biegsame Hochdruckleitung mit dem Sauerstoffbehälter verbunden, oder es ist am Gerät selbst angebracht. Im ersteren Falle kann der Gerätträger selbst jederzeit den Sauerstoffdruck ablesen, während im zweiten Fall die laufende Beobachtung durch einen zweiten Mann, in der Regel den Führer des Trupps, erfolgen muß.

Gar nicht selten sind Verunglückungen von Gerätträgern durch „Stickstoffnarkose", infolge Sauerstoffmangels bei nicht geöffnetem Flaschenventil. Zu ihrer Vermeidung sehen die Drägerwerke nach Angaben von C. v. Hoff eine akustische Warnvorrichtung vor. Diese ist in den Atemkreislauf eingeschaltet und derart mit der Sauerstoffzuführung verbunden, daß während der Ausatmung bei geschlossener Flasche eine Warnhupe ertönt, die bei geöffnetem Flaschenventil durch den Druck des ausströmenden Sauerstoffes ausgeschaltet ist.

Nachgiebige und gegen mechanische Beschädigungen weitgehend unempfindliche Faltenschläuche aus gummiertem Stoff verbinden die einzelnen Teile des Gerätes miteinander. Leicht lösbare Verschraubungen gestatten ein bequemes Zusammensetzen und An- und Ablegen des Gerätes.

Zum Auffangen des Speichels, der den Gerätträger belästigen und, falls er bis in die Alkalipatrone gelangt, das Chemikal verflüssigen würde, wird an geeigneter Stelle ein abschraubbarer Speichelfänger angebracht.

29. — Atemeinrichtungen (Mund- und Nasenatmung). Dem luftdichten Anschluß des Gasschutzgerätes an das Atemorgan des Gerätträgers dienen entweder das Mundstück mit der zugehörigen Nasenklemme und der Rauchschutzbrille oder die Atemmaske. Der früher an Stelle der Atemmaske verwandte Rauchhelm wird heute nur noch in Verbindung mit den Druckschlauchgeräten benutzt.

Die Mundstücke und Masken haben genormte Anschlußstücke. An sie wird der Doppelschlauch, durch den die frische Luft ein- und die verbrauchte Luft ausgeatmet wird, mittels Zentralgewindeanschlüssen angeschraubt. Bei der Maske, die mittels einer elastischen Bebänderung am Kopf des Gerätträgers dicht befestigt wird und das ganze Gesicht umschließt, wird gleichzeitig auch ein Augenschutz erzielt. Beim Mundstück, das durch entsprechende Ausführung zwischen den Lippen und Zähnen abdichtet und an besonderen Beißzapfen mit den Zähnen gehalten wird, ist zum luftdichten Abschluß der Nase eine Nasenklemme und zum Schutz der Augen beim Vorgehen in beizenden Gasen eine Rauchschutzbrille erforderlich.

Bei der Verwendung des Mundstücks ist der Gerätträger entgegen der Gewohnheit gezwungen, nur durch den Mund zu atmen. Hierdurch werden die Schleimhäute sehr schnell trocken, was zu Hustenreiz führt. Ein weiterer Nachteil ist der, daß der Träger keine Möglichkeit zu sprechen hat. Diese Nachleile sind bei der Maske nicht vorhanden, jedoch ist diese infolge der weit größeren Abdichtlinie nicht in allen Fällen so sicher wie das Mundstück, weshalb das Mundstück in den meisten Fällen vorgezogen wird.

30. — Richtlinien für den Bau und die Zulassung von Gasschutzgeräten. Der Ausschuß für das Grubenrettungswesen hat 1925 „Richtlinien für den Bau und die Zulassung von Gasschutzgeräten" aufgestellt, die für die Zulassung von Sauerstoff-Gasschutzgeräten in Deutschland maßgebend sind. — Aus den für den Bau von Gasschutzgeräten mit zweistündiger Arbeitsdauer veröffentlichten Richtlinien seien hier die wichtigsten Forderungen in Stichworten genannt: Sauerstoffvorrat wenigstens 300 l; Sauerstoffzuteilung mindestens 2 l/min, falls nicht selbsttätige Sauerstoffspeisung vorhanden ist; Sauerstoffgehalt der Einatmungsluft mindestens 25%, Kohlensäuregehalt in der Regel nicht mehr als 0,5%; Einrichtung für „Handzusatz"; Überdruckventil; Widerstand des Luftreinigers bei 50 l Durchströmung nicht mehr als 20 mm W.S.; Gewicht nicht über 18 kg; nur eine Sauerstoffflasche; Manometer mit Absperrmöglichkeit; Speichelfänger.

Vor der Zulassung sind die Geräte auf den Hauptstellen für Grubenrettungswesen in Essen oder Beuthen zu prüfen.

Die bisher vom Ausschuß zugelassenen Geräte sind in der folgenden Zusammenstellung aufgeführt:

Die für den Bergbau zugelassenen 2-Stunden-Atemschutzgeräte.

Bezeichnung	Regelung des Sauerstoffzuflusses[1]	Gewicht in		Umfang		
		Stahl kg	Leicht-metall kg	Höhe cm	Breite cm	Dicke cm
Dräger-Lungen-kraftgerät 1924	feste Einstellung auf 2,1 l oder selbsttätige Speisung entsprechend dem Lungenbedarf	18	16	54	44	13,5
Audosgerät 1926/27	feste Einstellung auf 2,1 l oder feste Einstellung auf 1,6 l und zusätzliche selbsttätige Speisung entsprechend dem Lungenbedarf	16,8	15,8	47,5	43	15
Audosgerät MR 2 1932	feste Einstellung auf 1,5 l und Lungenautomat	—	16,8	51	45	15
Dräger-Bergbau-gerät 160 A	feste Einstellung auf 1,5 l und Lungenautomat	—	17,5	50	44	15

[1]) Alle aufgeführten Geräte besitzen außerdem „Handzusatz" (s. Ziff. 25).

Im Gegensatz zu den älteren Geräten, „Dräger Modell 1924" und „Auer-Audos Modell 1926/27", sind die neueren Geräte Dräger Modell 160 A und Auer-Audos Modell 1932 zur Vermeidung von mechanischen Beschädigungen während der Benutzung vollgekapselt. Da von den obengenannten Geräten die ersten beiden immer mehr verschwinden und durch die neuzeitlichen vollgekapselten Geräte aus Leichtmetall ersetzt werden, außerdem ihre Herstellung nicht mehr erfolgt, soll auf ihre nähere Beschreibung verzichtet werden.

31. — Das Audos-Gerät Mod. 1932 der Auergesellschaft, Berlin.
Die Sauerstoffzumessung erfolgt auf doppeltem Wege („kombinierte Dosierung"):
durch eine ständige Zufuhr von 1,5 l/min und bei Mehrbedarf durch ein lungengesteuertes Ventil. Der Vorgang bei der Atmung ist aus Abb. 739 ersichtlich.

Die ausgeatmete Luft gelangt durch den Ausatemschlauch a und das Ausatemventil b in die Alkalipatrone c und gibt hier ihre Kohlensäure und Feuchtigkeit ab. Dann strömt sie in den Atembeutel d, wo sie mit Sauerstoff aufgefrischt
wird und wieder für die Einatmung zur Verfügung steht. Diese erfolgt über
das Einatemventil e und den Einatemschlauch f. Durch ein Druckminderungsventil g gelangt der Sauerstoff der ständigen Zufuhr (1,5 l/min) und der durch

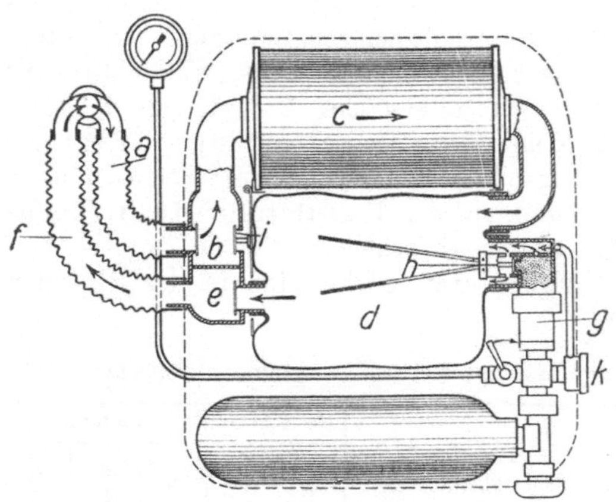

Abb. 739. Audos-Gerät der Auergesellschaft, Berlin.

das lungengesteuerte Ven-
til h zugesetzte Sauerstoff
in den Atembeutel. Das
Überdruckventil befindet
sich im Ausatemluftstrom.
Hierdurch wird erreicht, daß
bei einem im Gerät auftretenden Überdruck kohlen-
säurehaltige und feuchte
Ausatemluft und nicht, wie
bisher der Fall war, die mit
Sauerstoff angereicherte ge-
reinigte Atemluft aus dem
Atembeutel ausgespült wird.
Ein als Druckknopfventil
ausgebildetes Zuschußven-
til k befindet sich auf der
Rückseite des Geräts oberhalb des Sauerstoffflaschenventils.

**32. — Das Dräger-Bergbaugerät, Modell 160 A der Drägerwerke,
Lübeck.** Vom Modell 1924 hat man die Anordnung der liegenden Sauerstoffflasche
und der liegenden Alkalipatrone übernommen; neu sind Lagerung und Form des
Atembeutels, der teilweise hinter der Sauerstoffflasche und der Alkalipatrone
liegt. Bei diesem neuen Bergbaugerät ist, ebenso wie bei dem neuen Dräger-
Einstundengerät, eine zweifache Sauerstoffzumessung vorgesehen, d. h. neben
der ständigen Sauerstoffgabe von 1,5 l/min kann durch das lungengesteuerte
Ventil ein Mehrbedarf an Sauerstoff dem Kreislauf zugeführt werden. Der aus
der Sauerstoffflasche entströmende Sauerstoff wird nicht in den Atembeutel,
sondern unmittelbar in den Einatemschlauch geleitet.

Das Gerät arbeitet, wie Abb. 740 erkennen läßt, in folgender Weise: Die
Ausatemluft strömt durch den Ausatemschlauch a und das Ausatemventil b
in die Alkalipatrone c, wird hier von der Kohlensäure gereinigt und gelangt
in den Atembeutel d. Der aus der Sauerstoffflasche e über das Druckminderungsventil f durch die Zumessungsdüse oder das lungengesteuerte Ventil g zu-
strömende Sauerstoff gelangt durch das Sammelrohr h in den Einatemschlauch
k und vermischt sich hier mit der aus dem Atembeutel durch das Einatemventil
i bei der Einatmung angesaugten Luft. Versagen ständige und lungengesteuerte
Zumessung oder will sich der Geräteträger aus einem anderen Grunde frischen
Sauerstoff unmittelbar zuführen, so ist dies jederzeit durch das von Hand zu

betätigende Zuschußventil *l* möglich. Das Überdruckventil *m* bläst bei Überdruck im Gerät selbsttätig ab. Die Warnhupe *n* ist neben dem Ventilkasten angeordnet und dem Ausatemventil vorgeschaltet. Sie ertönt, wenn die Sauerstofflasche unbeabsichtigt und unbemerkt geschlossen geblieben ist.

33. — Gasschutzgeräte für kürzere Benutzungsdauer. Außer den vorerwähnten Bergbaugeräten, deren Verwendungsdauer mit Rücksicht auf die unter Tage in den meisten Fällen zurückzulegenden langen Anmarschwege wenigstens 2 Stunden betragen muß, sind für übertätige Verwendungszwecke, vornehmlich für Kokereien, Nebenproduktenanlagen, Feuerwehren, Hüttenbetriebe und für die Wehrmacht, entsprechende Geräte mit kürzerer Verwendungsdauer — meist 1 Stunde — entwickelt worden. Sie sind kleiner und leichter als die Bergbaugeräte, unterscheiden sich von diesen in Bau und Arbeitsweise aber nicht wesentlich.

2. Geräte mit chemisch gebundenem Sauerstoffvorrat.

34. — Alkalisuperoxydgeräte (Proxylengeräte). Bei diesen Geräten werden Alkalisuperoxyde als Sauerstoffträger benutzt. Diese Chemikalien haben die bemerkenswerte Eigenschaft, durch Einwirkung von Kohlensäure und Wasser, also von zwei Bestandteilen der Ausatemluft, Sauerstoff abzugeben.

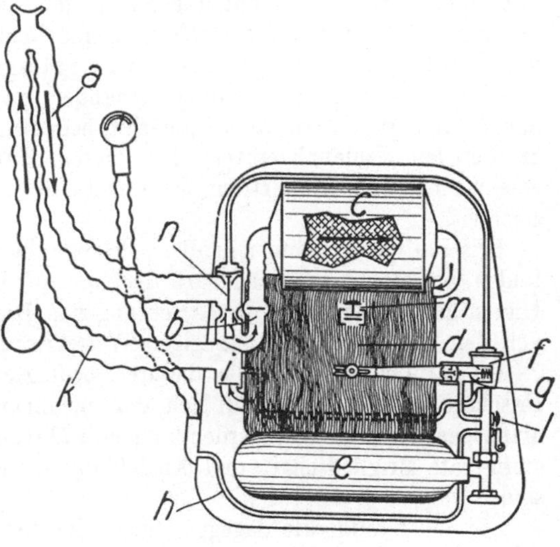

Abb. 740.
Dräger-Bergbaugerät der Drägerwerke, Lübeck.

Wird Natriumsuperoxyd, das auch den Namen Proxylen hat, verwandt, so spricht man von Proxylengeräten.

So vorteilhaft die erwähnte chemische Umsetzung ist, so nachteilig macht sich bemerkbar, daß die Sauerstofflieferung nicht sofort nach der Inbetriebnahme des Gerätes in ausreichendem Maße einsetzt. Da auch eine sehr starke Erwärmung der Atemluft eintritt, haben sich Geräte dieser Art noch nicht eingeführt.

35. — Kaliumchloratgeräte (Naszogengeräte). Eine andere Möglichkeit zur Mitführung des Sauerstoffs in chemisch gebundener Form ist die Verwendung von Kaliumchlorat, das, allerdings unter erheblicher Wärmeabgabe, Sauerstoff abspaltet, wenn es einmal von außen her auf die hierfür erforderliche Temperatur gebracht ist. Der Aufbau dieser Geräte ist ähnlich wie der der Geräte mit gasförmigem Sauerstoffvorrat, lediglich wird an Stelle der Sauerstofflasche ein auswechselbarer Behälter mit Kaliumchloratfüllung verwandt. Die chemische Umsetzung des Kaliumchlorats wird durch Initialzündung eingeleitet und verläuft sodann mit gleichmäßiger Entwicklung von Sauerstoff.

Auch diese Geräte sind bisher noch zu keiner weiteren Verbreitung gelangt.

Ihr besonderer Vorteil liegt jedoch darin, daß sie im Gegensatz zu den Geräten mit gasförmigem Sauerstoff nur sehr geringer Wartung bedürfen und ein Verlust von Sauerstoff durch geringe Undichtigkeiten bei längerer Liegezeit nicht eintreten kann. Die Auergesellschaft hat daher neuerdings ein Kaliumchlorat-Fluchtgerät für die niederschlesischen Kohlensäuregruben entwickelt. Allgemein eingeführt ist.es jedoch noch nicht.

D. Allgemeine und vergleichende Ausführungen.

36. — Vergleich zwischen den Schlauch- und den Sauerstoffgeräten. Während die Frischluftgeräte nur in begrenzter Entfernung, aber mit unbeschränkter Benutzungsdauer gebraucht werden können, ist bei den Sauerstoffgeräten die Entfernungsmöglichkeit unbegrenzt, aber die Benutzungsdauer beschränkt. Freilich ist naturgemäß auch in letzterem Falle eine Begrenzung der Entfernung vorhanden, da diese ja von der Benutzungsdauer abhängt; sie tritt aber immerhin bedeutend weniger in die Erscheinung als bei den Schlauchgeräten. Mit diesem Unterschied ist von vornherein eine verschiedene Bewertung der Geräte für verschiedene Arbeiten gekennzeichnet.

Frischluftgeräte können in allen solchen Fällen mit gutem Erfolg Verwendung finden, wo es sich um stationäre Arbeiten mit kurzem Anmarschweg handelt. Hierzu gehört vor allem die Errichtung von Branddämmen in der Nähe eines von den Brandgasen unabhängigen Wetterstroms.

Die Einfachheit und die dadurch bedingte große Betriebssicherheit der Frischluftgeräte bringt es mit sich, daß mit ihnen u. U. auch nicht ausgebildete Mannschaften eingesetzt werden können, während bei der Benutzung der Sauerstoffgeräte Mitgliedschaft und Ausbildung in der Grubenwehr Voraussetzung sind.

Die Sauerstoffgeräte dagegen eignen sich für solche Zwecke, bei denen beispielsweise zu Erkundungen ein Vorstoß auf größere Entfernungen erforderlich ist oder wo Brandbekämpfungs- oder Rettungsarbeiten mit einem größeren Anmarschweg durchzuführen sind. Hierbei ist jedoch vom Führer der vorgehenden Rettungsmannschaft immer darauf zu achten, daß der Rückweg früh genug angetreten wird, d. h. zu einem Zeitpunkt, an dem die Geräte mindestens noch das Doppelte des für den Rückweg erforderlichen Sauerstoffs besitzen.

Die Benutzungsdauer der Sauerstoffgeräte ist also für das Grubenrettungswesen von besonderer Bedeutung. Die üblichen Zweistundengeräte genügen zwar in den meisten Fällen. Die Entwicklung von Geräten mit noch längerer Benutzungsdauer erscheint jedoch wünschenswert. Ein Weg zur Erreichung dieses Zieles dürfte in der völligen Anpassung der Sauerstoffdosierung an den tatsächlichen Sauerstoffbedarf des Geräteträgers liegen.

Im deutschen Bergbau standen 1940 etwa 6300 Gasschutzgeräte in Gebrauch. Hiervon waren etwa 5300 frei tragbare Sauerstoff- und etwa 1000 Frischluftgeräte. Auf den Ruhrbezirk allein entfallen 1700 Sauerstoff- und 800 Frischluftgeräte. Durchschnittlich werden r. 1500 Geräte jährlich in Ernstfällen eingesetzt.

37. — Behandlung der Atemschutzgeräte. Damit die Atemschutzgeräte im Ernstfalle nicht versagen, sind sie sorgfältig in hellen, luftigen Räumen zu lagern, regelmäßig zu prüfen und dauernd in bester Ordnung zu halten.

Während bei den Frischluftgeräten eine Überprüfung des Luftzuführungsschlauches und der Verschraubungen genügt, müssen die Sauerstoffgeräte vor jeder Benutzung einer eingehenden Prüfung durch einen besonders ausgebildeten Gerätewart unterzogen werden. Mit einem besonderen Dichtprüfer ist das Gerät zunächst auf absolute Dichtigkeit des gesamten Kreislaufes zu untersuchen. Sodann ist mit einem Mengenmesser die minutlich ausströmende Sauerstoffmenge auf ihre vorschriftsmäßige Größe zu prüfen. Weiterhin sind das lungenautomatische Ventil und das Überschußlüftungsventil auf ordnungsgemäßen Zustand zu untersuchen. Neuerdings sind von den Firmen Dräger und Auer für diesen Zweck kombinierte Prüfgeräte entwickelt worden, mit denen alle die obengenannten Prüfungen durchgeführt werden können. Schließlich ist vor dem Anschließen der Atemschläuche an die Atemgarnitur (Mundstück, Nasenklemme und Rauchbrille oder Atemmaske) diese auf dichten Sitz zu untersuchen.

38. — Füllung der Sauerstoffflaschen. Die Füllung der in den Sauerstoffgeräten mitgeführten Sauerstoffflaschen erfolgt aus großen Vorratsflaschen, die einen Fassungsraum von 10—40 l haben, auf einen Druck von 225 atü geprüft und auf einen Druck von 150 atü gefüllt werden. Da durch einfaches Überströmenlassen in den Gebrauchsflaschen nie der erforderliche Druck von 150 atü erreicht werden kann, bedient man sich heute fast ausschließlich sogenannter Umfüllpumpen, die von Hand oder durch einen Elektromotor betätigt werden.

Bei der Verwendung von verdichtetem Sauerstoff ist besonders darauf zu achten, daß Fett jeglicher Art ferngehalten wird, da sich Fett in Gegenwart von reinem Sauerstoff entzündet und Öldämpfe explodieren können. Aus diesem Grund dürfen weder die Umfüllpumpen noch die Sauerstoffflaschenventile mit Öl oder sonstigem Fett geschmiert werden. Vielmehr verwendet man ein Gemisch aus 1 Teil Glyzerin und 3 Teilen Wasser.

39. — Wiederbelebungsvorrichtungen. Bei der Wiederbelebung Bewußtloser ist es in jedem Falle nützlich, Sauerstoff anzuwenden. Beim Fehlen anderer Hilfsmittel ist es immerhin zweckmäßig, vor den Atmungsorganen des Betäubten aus einer Sauerstoffflasche Sauerstoff ausströmen zu lassen, um ihm so eine mit diesem Lebensgase angereicherte Luft zuzuführen. Man setzt dies insbesondere dann fort, wenn man künstliche Atmung anzuwenden gezwungen ist.

Ein vollkommeneres und sparsameres Mittel, dem Bewußtlosen bei der Atmung Sauerstoff zuzuführen, bieten die sog. Sauerstoffkoffer oder Sauerstofftaschen. Sie sind so eingerichtet, daß sie von den Rettungsmannschaften in der Hand oder umgehängt an einem Riemen bequem getragen und mitgenommen werden können. Sie enthalten zunächst eine mit einem Manometer versehene Sauerstoffflasche von etwa 1 l Inhalt, die mit 150 at Druck gefüllt ist. Aus der Flasche fließt der Sauerstoff über ein Druckminderungsventil durch einen Schlauch in einen Vorratsbeutel und zu einer kleinen Atmungsmaske, die Nase und Mund des Bewußtlosen überdeckt. Die Ausflußmenge des Sauerstoffs ist in der Regel auf 5 l minutlich eingestellt, so daß die Benutzungsmöglichkeit eine halbe Stunde beträgt. An der Maske befinden sich zwei Ventilchen, von denen das eine als Rückschlagventil verhindert, daß die Ausatmungsluft in den Schlauch und den Vorratsbeutel zurückströmt, während das andere die Ausatmungsluft ins

Freie entweichen läßt, aber in der Verschlußstellung das Einströmen der
äußeren Luft in die Maske verhindert. Bereits bei der Rettung Bewußtloser
aus unatembaren Gasen kann man dem zu bergenden Manne die Maske vor
das Gesicht schnallen, damit er schon während des Herausschaffens un-
gefährliche Luft zu atmen in der Lage ist.

Ein anderes Mittel zur Wiedererregung der ruhenden Atemtätigkeit ist
eine Einspritzung des von der I. G. Farbenindustrie hergestellten Reiz-
mittels Lobelin-Ingelheim unter die Haut des Verunglückten. Auch
dieses Mittel übt eine starke Reizwirkung auf das Atemzentrum aus.

In jedem Falle aber soll man, wenn bei Bewußtlosen Atmung und Herz-
tätigkeit ausgesetzt haben, künstliche Atmung anwenden.

Hierfür gebraucht man einfache Handverfahren oder aber mechanische
Hilfsmittel. Von den mit Hand durchzuführenden Verfahren sind die be-

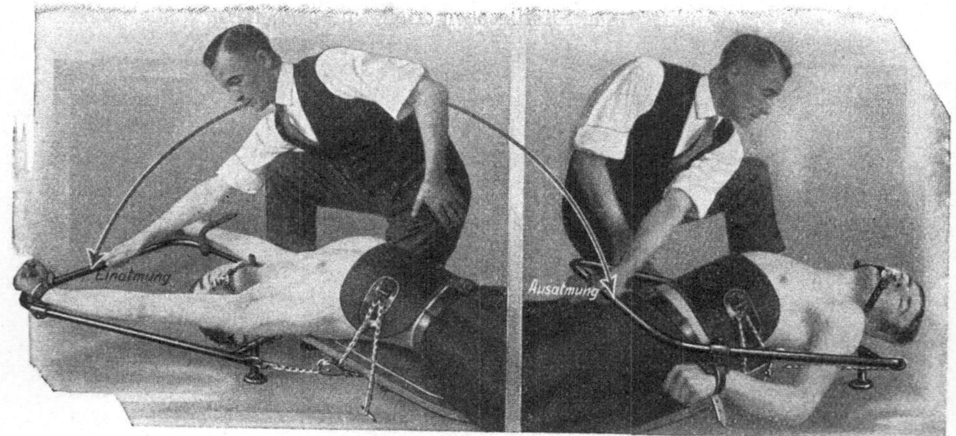

Abb. 741. Inhabad-Wiederbeleber.

kanntesten die Beatmung nach Silvester und diejenige nach Schaefer
oder Howard. Erstere ist auf dem europäischen Festlande, letztere in England und in den Vereinigten Staaten von Amerika üblich.

Nach dem Silvester-Verfahren wird der Bewußtlose auf den Rücken gelegt, und zwar so, daß die Schultern durch Unterlegen eines gerollten Tuches
10—20 cm angehoben werden, während der Kopf herunterhängt und auf die
Seite gedreht wird. Nun faßt der über dem Kopfe des Verunglückten kniende
Rettungsmann die Ellenbogen der beiden Arme, zieht sie langsam und kräftig
nach oben über den Kopf, bis sie zu dessen beiden Seiten liegen, bringt sie
ebenso wieder zurück und drückt sie gegen die Seiten des Bewußtlosen. Bei
dem Schaeferschen und ebenso dem Howardschen Verfahren wird der
Bewußtlose auf den Bauch gelegt, wobei man dem Gesicht eine saubere
Unterlage gibt. Der Rettungsmann kniet seitlich neben dem Verunglückten
nieder, faßt mit beiden Händen dessen Seiten und drückt mit seinem
Körpergewicht nach, so daß die Luft aus der Lunge gepreßt wird. Danach
wird der Verunglückte vom Drucke entlastet, und seine Lunge saugt Luft

an. Das Silvester-Verfahren ist das wirksamere. Wenn aber äußere Verletzungen, insbesondere Armbrüche, vorliegen, kann das Schaefersche Verfahren zweckmäßiger sein.

Von den mechanischen Hilfsmitteln zur Erzeugung der künstlichen Atmung sei hier der Inhabad-Wiederbeleber genannt (Abb. 741). Er soll die für die Durchführung der künstlichen Atmung nach Silvester erforderliche Tätigkeit des Bedienungsmannes erleichtern und besteht aus einem Brette, auf das der Bewußtlose gelegt wird, und einer damit verbundenen hebelartigen Armstreckvorrichtung mit Bauchgurt. Auch schwächliche Personen können mit Hilfe dieser Vorrichtung die künstliche Beatmung eines Verunglückten längere Zeit durchführen. Das Gerät wird mit und ohne Sauerstoffzuführung geliefert.

Noch einen Schritt weiter gehen die Wiederbelebungsvorrichtungen, von denen der Pulmotor des Drägerwerks die weiteste Verbreitung besitzt, während das Gerät von Dr. Brat zwar noch vereinzelt benutzt, aber nicht mehr hergestellt wird. In beiden Fällen wird abwechselnd durch die Wirkung einer Strahldüse Sauerstoff mit einem gewissen Überdrucke in die Lunge geblasen und, sobald diese gefüllt ist, mittels derselben Einrichtung nach Umstellen eines Hebels wieder herausgesaugt. Bei der

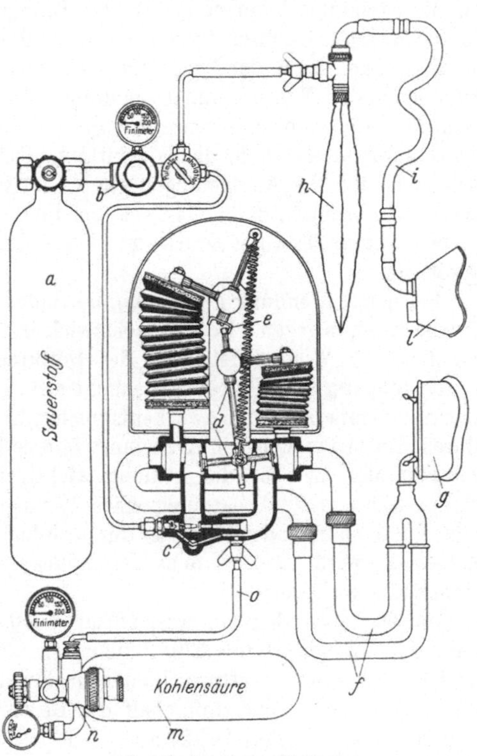

Abb. 742. Dräger-Pulmotor.

Vorrichtung nach Dr. Brat geschieht das Umstellen des Hebels von Hand, bei der des Drägerwerks selbsttätig, nachdem der Überdruck oder die Saugwirkung eine gewisse Größe erreicht hat.

Der Pulmotor ist in einem Holzkasten untergebracht und besteht nach Abb. 742 aus folgenden Hauptteilen: Sauerstofflasche a, Sauerstoffdruckminderventil b, Injektor c mit Steuerungskammer d, Steuerautomat e mit Schutzkasten, Ein- und Ausatemschlauch f mit Atemmasken g verschiedener Größen und ein Inhalationsgerät mit Sparbeutel h, Schlauch i und Maske l. Die neueren Pulmotoren besitzen außerdem noch ein Kohlensäurezusatzgerät, bestehend aus Kohlensäureflasche m und Kohlensäuredruckminderventil n mit Verbindungsschlauch o.

Vor Anlegung des Pulmotors ist der Verunglückte richtig zu lagern; auch muß für die Erhaltung seiner Körperwärme gesorgt werden. Besonders wichtig

ist das Freilegen der Atemwege und das Verschließen der Speiseröhre durch
Druck auf den Kehlkopf, damit die Luft nicht in den Magen gedrückt wird
sowie das gute Abdichten der Atemmaske. Sofort mit dem Öffnen der Sauerstofflasche erfolgt eine der Größe der Lunge entsprechende regelmäßige Beatmung. Die Arbeitsweise des Pulmotors ist folgende: Der durch das Druck-
minderventil b auf normalen Gebrauchsdruck gebrachte Sauerstoff strömt durch
den Injektor c, wobei infolge der Saugwirkung Frischluft mitangesaugt wird,
in die Steuerungskammer d. In der Einblasephase (Einatmung) strömt das
Luft-Sauerstoff-Gemisch durch das rechte offene Ventil und den Einatemschlauch
in die Lunge. Ist in der Lunge ein Überdruck von 20 cm WS erreicht, dann hat
sich der in den Nebenschluß geschaltete linke Steuerbalg aufgebläht, und durch
den Steuermechanismus e werden die Ventile in der Steuerungskammer auf
Saugen umgestellt, d. h. die Saugwirkung der Saugdüse wirkt auf den Ausatemschlauch, und die Ausatmung beginnt. Ist in der Lunge ein Unterdruck von
25 cm WS erreicht, dann zieht sich der linke Steuerbalg wieder zusammen und
steuert automatisch auf Druck um. Der Pulmotor paßt sich also jeder Lungen-
größe an.

Bei der Anwendung des Pulmotors findet wohl eine gute Durchlüftung der
Lunge statt, dagegen wird die nächstwichtigste Forderung der Wiederbelebung,
nämlich die Wiederherstellung des Blutkreislaufes durch Herzmassage oder
durch reflektorische Erregungen, nicht erfüllt. Deswegen empfiehlt es sich, in
der Ausatemperiode eine zweckentsprechende Herzmassage durchzuführen oder
durch Einspritzungen von Arzneimitteln eine reflektorische Erregung der Herz-
muskeln und der für die Atmung wichtigen Nervenzentren herbeizuführen.
Wenn während der Beatmung eines Verunglückten die Selbstatmung wieder
einsetzt, dann kann der Pulmotor durch einfache Hebelumstellung auf Inhalation
umgestellt werden, wobei dem Verunglückten vorher die Maske l des Inhala-
tionsgeräts aufzusetzen ist[1]).

Im deutschen Bergbau waren Ende 1940 1114 Wiederbelebungsgeräte vorhanden. Hiervon waren 679 Pulmotoren, 352 Inhabad-Wiederbeleber und
83 Dr.-Brat-Geräte. Hinzu kamen noch 591 Inhalationsgeräte. Diese haben
die Aufgabe, den Sauerstoffgehalt der Beatmungsluft bei der Wiederbelebung
von Hand oder mittels Inhabad-Wiederbeleber zu erhöhen. Diese zusätzliche
Sauerstoffmenge beträgt bei leichteren Unfällen 4—6 l/min, in schweren Fällen,
insbesondere bei Kohlenoxydvergiftungen, 6—15 l/min. Ein Mangel an Einatemluft kann bei diesen Geräten nicht eintreten, da sich an der Atemmaske
eine Öffnung befindet, durch die Außenluft mit angesaugt wird.

40. — Rettungstruppen. Für Arbeiten mit Sauerstoffgeräten müssen besondere Mannschaften — Grubenwehren — vorhanden sein, deren Sicherheit
im Gebrauch der Geräte in immer wiederholten Übungen aufrecht erhalten
werden muß. Eine derartige Grubenwehr setzt sich aus einem Oberführer
und wenigstens 2 Gruppen, bestehend aus einem Führer und 4 Wehrleuten,
zusammen. Außerdem gehört zu jeder Grubenwehr ein ausgebildeter Gerätewart. Die Stärke der Wehr richtet sich nach der Größe der betreffenden Schachtanlage. In die Grubenwehr dürfen nur erprobte Bergleute im Alter von 21 bis
40 Jahren aufgenommen werden. Die Aufnahme ist von einer ärztlichen Unter-

---

[1]) Handbuch f. d. Ausbildung der Grubenwehren, herausgegeben v. d. Hauptstelle f. d. Grubenrettungswesen in Essen.

suchung, die in Abständen von 2 oder 3 Jahren und nach schweren Krankheiten wiederholt werden muß, abhängig. Die der Grubenwehr angehörenden Arbeiter haben im Alter von 45 und die Beamten im Alter von 50 Jahren aus der Wehr auszuscheiden. Je mehr und je besser ausgebildete Leute vorhanden sind, um so eher kann man damit rechnen, daß im Ernstfalle der Zweck der in raucherfüllten Räumen vorzunehmenden Arbeiten erreicht wird. In der Regel müssen von den Mitgliedern einer Grubenwehr wenigstens 4 Übungen jährlich mit Sauerstoffgasschutzgeräten und eine Übung mit Frischluftgeräten durchgeführt werden. Für die Übungszwecke pflegt man besondere, den unterirdischen Grubenstrecken nachgebildete Räume, die sich dem Ernstfall entsprechend mit Rauch füllen lassen, herzurichten. Die Arbeitsräume ordnet man zweckmäßig so an, daß sie hufeisenförmig um einen Beobachtungsraum sich erstrecken, von dem aus die übenden Mannschaften durch Beobachtungsfenster überwacht werden können.

Im Ernstfalle dürfen die mit Gasschutzgeräten ausgerüsteten Mannschaften nur in geschlossenen Gruppen, 1 Führer und 4 Mann, vorgehen, damit die Leute sich im Falle des Versagens des einen oder anderen Gerätes gegenseitig helfen können. Dem Führer obliegt die Überwachung der Arbeiten und die Beobachtung der Gasschutzgeräte. Durch Ablesen der an den Geräten befindlichen Finimeter hat er sich ständig von dem noch vorhandenen Sauerstoffvorrat zu überzeugen und den Rückweg früh genug anzuordnen. Außerdem muß für jede vorgehende Gruppe an der Bereitschaftsstelle eine Reservegruppe bereitgestellt werden. Die Bereitschaftsstelle, von der aus der Einsatz der einzelnen Gruppen erfolgt, ist im Frischwetterstrom in der Nähe des raucherfüllten Raumes zu errichten. An ihr werden von einem ausgebildeten Gerätewart Reserveteile für die Instandsetzung der Geräte nach jedem Einsatz, wie Alkalipatronen und gefüllte Reservesauerstoffflaschen, bereitgehalten.

41. — Hauptrettungsstellen. Die Überwachung des gesamten Grubenrettungswesens in den einzelnen Bergbaugebieten obliegt den „Hauptstellen für das Grubenrettungswesen". Gehören zu einem größeren Bergbaugebiet einzelne räumlich voneinander getrennte, in sich geschlossene Bezirke, dann sind in diesen Bezirken wieder besondere „Bezirksrettungsstellen" eingerichtet. Die einzelnen Werke sind verpflichtet, eine Grubenwehr und ein der Größe der Grubenwehr entsprechendes Gerätelager zu unterhalten. Von den Haupt- oder Bezirksrettungsstellen werden die Einrichtungen der Grubenrettungsstellen laufend überwacht. Außerdem obliegt den Überwachungsstellen die Ausbildung der Oberführer, Führer und Gerätewarte in mehrtägigen Kursen. In kleineren Bezirken werden auch die einzelnen Mannschaften von den Überwachungsstellen ausgebildet, während in größeren Bezirken, wie z. B. im Ruhrgebiet, die Ausbildung der Mannschaften auf den Werken selbst durch die ausgebildeten Oberführer und Führer erfolgt. In Bergbaubezirken, in denen auch die Mannschaften in mehrtägigen Kursen auf den Haupt- oder Bezirksstellen ausgebildet werden, bilden diese gleichzeitig eine ständige Bereitschaft, die im Ernstfalle sofort mit den erforderlichen Geräten zu der betroffenen Schachtanlage ausrücken kann. Im übrigen sind von den Hauptstellen besondere „Hilfeleistungspläne" ausgearbeitet, nach denen jeder Schachtanlage eine gewisse Zahl von Nachbarschachtanlagen im Ernstfalle mit Mannschaften und Geräten auf Anforderung zur Verfügung stehen muß.

Sach- und Namenverzeichnis.